安全系统科学学导论

Introduction to Science of Science Applied to Safety & Security Systems

吴　超　王　秉等　著

本书由国家自然科学基金重点项目“安全科学原理研究”（项目编号：51534008）资助

科学出版社
北　京

内 容 简 介

安全学科是一门大交叉综合学科并具有系统属性，安全系统科学学是安全学科的上游理论和基础及框架，是安全科学的重要支撑学科分支。本书包括13章，分为上下两篇，上篇由绪论、安全人性论、安全系统论、安全方法论、安全运筹学、安全信息学和安全复杂理论7章内容组成，下篇由安全认同理论、安全容量理论、安全信息管理理论、安全信息行为理论、安全信息经济理论和安全大数据理论6章内容组成。上篇为安全系统科学的学科理论，下篇为安全系统科学的专题理论。由于安全信息科学是21世纪的安全科学的前沿和标志，本书有5章的篇幅对其重点论述。

本书可以作为安全科学研究者和高层次安全管理者的阅读学习资料，也可以作为安全科学与工程、管理科学与工程、国家安全学、公共管理、公安技术等学科的研究生理论课程参考用书。

图书在版编目(CIP)数据

安全系统科学学导论／吴超等著. —北京：科学出版社，2021. 3

ISBN 978-7-03-068004-4

Ⅰ. ①安… Ⅱ. ①吴… Ⅲ. ①安全科学–系统科学 Ⅳ. ①X9

中国版本图书馆CIP数据核字（2021）第025286号

责任编辑：杨逢渤／责任校对：樊雅琼

责任印制：吴兆东／封面设计：李姗姗

科学出版社 出版

北京东黄城根北街16号

邮政编码:100717

http://www.sciencep.com

北京中石油彩色印刷有限责任公司 印刷

科学出版社发行 各地新华书店经销

*

2021年3月第 一 版 开本：787×1092 1/16

2021年3月第一次印刷 印张：37 1/4

字数：900 000

定价：298.00元

（如有印装质量问题，我社负责调换）

Synopsis

Safety & security discipline is a comprehensive interdisciplinary discipline with systematic attribute. The science of safety & security system science is the top theory, foundation and framework of safety & security discipline, and an important supporting discipline branch of safety & security science. This book consists of 13 chapters, which are divided into two parts. The first part is composed of seven chapters: introduction, safety & security humanity theory, safety & security system theory, safety & security methodology, safety & security operation research, safety & security informatics and safety & security complex theory. The second part is composed of six chapters: safety & security identity theory, safety & security capacity theory, safety & security information management theory, safety & security information behavior theory, safety & security information economy theory and safety & security big data theory. The first part is the discipline theory of safety & security system science, and the second part is the special topic theory of safety & security system science. Since security information science is the frontier and symbol of safety & security science in the 21st century, this book has five chapters to discuss it.

The content of this book is novel and systematic, both academic and comprehensive. This book is suitable for safety & security science researchers and senior safety & security managers to read and study. It is also suitable for graduate students' theoretical reference books in safety & security science and engineering, management science and engineering, national safefy & security science, public administration, public safety & security technology and other disciplines.

作者简介

吴超，1957年出生，汉族，广东揭阳人，工学博士。现任中南大学教授、博士生导师，中南大学安全理论创新与促进研究中心主任，中南大学教学名师和首届研究生最喜爱导师十佳，国务院政府特殊津贴获得者。1991年12月开始任原中南工业大学教授，近一二十年主要从事安全科学理论的教学和科研，先后创立了安全科学方法学、比较安全学、安全统计学、相似安全系统学等安全科学新分支，并构建了一系列新的安全理论模型。曾主讲10多门本科和研究生课程，培养100多名硕士和博士研究生；曾获国家和省部级教学与科研奖和图书奖19项；在国内外发表论文400多篇（含通讯作者），其中100多篇被EI、SCI收录；作为第一和第二作者出版了专著和教材30多种，其中3部专著获国家科学技术学术著作出版基金资助，2部教材被列为国家级规划教材，1部专著获中国图书奖，主讲的两门课程获评国家级精品课、国家级精品共享资源课和国家级精品在线课。

王秉，1991年出生，汉族，甘肃兰州榆中人。安全科学与工程学科博士，现为中南大学安全科学与工程学科特聘教授，博士生导师，中南大学安全理论创新与促进研究中心副主任。担任《中国安全科学学报》《西安科技大学》青年编委、全国公共安全基础标准化技术委员会安全文化工作组委员、中国职业健康协会安全文化专家、中国冶金矿山企业协会安全应急产业工作委员会委员、湖南省应急管理专家等学术和社会兼职。主要从事安全信息学、安全情报学、安全文化学、安全学科建设等安全科学理论研究。创立了安全文化学/安全信息学/安全情报学学科理论体系。以第一作者或通讯作者在国内外本领域重要期刊发表SSCI/SCI/CSSCI/CSCD检索论文100余篇；出版《安全文化学》与《安全信息学》等专著或教材6部；在《中国应急管理报》等发表安全评论或科普文章数十篇；主持或参与国家级、省部级重要科研项目多项。

本书章节撰写分工

第 1 章　吴　超　贾　楠　黄　浪

第 2 章　吴　超　王　秉　康良国　贾　楠

第 3 章　雷海霞　吴　超

第 4 章　吴　超　王　秉　欧阳秋梅　李思贤

第 5 章　黄淋妃　黄　浪　吴　超

第 6 章　罗通元　吴　超　华佳敏

第 7 章　杨　冕　吴　超　廖伯超

第 8 章　章雅蕾　吴　超　王　秉

第 9 章　谢优贤　吴　超

第 10 章　李思贤　吴　超

第 11 章　雷　雨　吴　超

第 12 章　华佳敏　吴　超

第 13 章　欧阳秋梅　吴　超

前　言

安全学科是一门大交叉综合学科，这就决定了安全学科具有系统属性且必须有学科理论作支撑。安全学科理论是安全大交叉综合学科能够独立存在和拥有科学地位的理论基础，其核心内容主要包括安全学科的知识来源、结构、特征、属性、体系、发展规律、研究方法、核心分支学科等，这些内容属于安全科学学的范畴。安全学科科学范围非常宽广，大的范畴可以分为两大类，即理论安全学科科学和应用安全学科科学，本书的核心内容是以前者为目标。安全科学学层面的问题基本都是系统问题，而且本书整体框架和核心内容也都是基于系统思想而搭建和撰写的，故本书命名为《安全系统科学学导论》。

安全学科理论的研究需要站在科学学的高度和巨人的肩膀上，俯瞰整个安全学科理论体系和把握已有的安全学科各层次知识分支内容，并需要具有比较丰富的安全实践经验和安全学科建设经验及综合归纳知识的能力。本书作者团队何故与上述研究方向结缘呢？这还得简单回顾一下我在一二十年前投入安全学科建设研究的经历。2002 年，我在主持中南大学安全工程本科专业的筹办论证和建设工作时，就开始涉足安全学科理论体系的研究；2004 年，我作为当时的教育部安全工程学科教学指导委员会委员和学科建设分委会副主任，承担了“关于设立我国安全科学与工程研究生教育一级学科”的论证报告起草工作并兼任申报工作小组副组长，在当时开展国内外文献资料调查研究和论证报告的撰写过程中，就深深体会到有关安全学科的结构体系、学科发展规律、新分支建设及其研究方法论等学科基础理论几乎是空白的，也认识到这是创建安全学科基础理论的好机会，因而对安全学科理论研究产生了浓厚的兴趣。2007 年，我在《中国安全科学学报》上发表了《安全科学学的初步研究》一文，并从那以后正式开始了安全学科理论的创建研究工作并将该领域作为指导多名研究生的研究方向，在十多年持续研究中取得了系列成果。

2011 年，安全科学与工程正式成为我国研究生教育的一级学科，更需要加速安全学科理论的研究和建设工作；2015 年，我作为项目负责人成功申请了国家自然科学基金重点项目“安全科学原理研究”（项目编号：51534008），更是使得本课题组有了正式任务和经费去完成安全学科理论建设研究的使命。工夫不负有心人，经过这些年的研究，本课题组在安全科学理论、方法、原理、模型等方面取得了丰硕的研究成果，也为撰写本书积累了经验和奠定了重要的基础。

本书的研究内容、框架设计、质量提升和各章统稿等工作主要由我完成，王秉主要承担全书校对并协助统稿。下面对本书的基本框架设计进行一个扼要说明，以便使读者能快速了解全书的概况和作者的思路，从而更方便阅读全书的内容。

（1）第1章绪论仅针对安全学科层面，讨论安全科学学和安全系统学的理论基础、学科属性、研究途径和创新及典型课题等，目的是使读者更好地了解安全学科框架、研究内容、方法、途径、问题等，从而使读者对安全学科体系有一个总体上的了解。

（2）对于安全系统而言，人这一要素极为重要，其他要素或组分的重要性均不及人的重要性，人既是安全系统的主导者、建设者、运行者和受益者，又是安全系统出现灾难时的受害者，还可能是安全系统的破坏者。因此，第2章专门对人性问题进行研讨。

（3）系统科学通常由系统论、信息论和控制论“老三论”构成，同样地，安全系统科学也应该考虑这三大组成部分。因此，本书第3章专门阐述安全系统论，安全系统是本书的研究对象，安全系统论是安全科学的核心思想和方法基础。本书虽然没有出现控制论章目名称，但本书第4章和第5章分别讨论了安全思想方法和安全运筹技术科学方法层面的内容，安全方法论在某种程度上也包含安全控制论的意义，同时作为一部安全理论著作，方法论也是不可或缺的。第6章安全信息学既是安全系统科学的重要组成部分，又可以代表21世纪安全科学研究的新方向。

（4）在很多情况下安全都是复杂问题，特别是对于类似城市这类复杂巨系统或航天航空等这类高科技复杂系统而言，很多事故灾难不是传统可靠性理论或数学能够解释和计算的，这类问题往往需要复杂系统安全论才能加以解释和表达。因此本书第7章为安全复杂理论研究，这也是现代安全系统科学所必须包括在内的。

（5）第8～第13章为本书的安全系统科学专题篇。安全的关键问题是安全观，安全观念问题的根本是安全认同，对安全认同度越高，安全的价值就越大，从而安全的砝码也会越重，安全认同是提升安全水平的原动力。为解决人的安全观念问题，本书第8章专门讲述了安全认同理论。安全容量在某种程度上可以形象地表征安全系统，如分散化解系统风险是安全降容理论的典型应用，安全容量理论可为系统安全提供理论指导，故本书第9章专门讲述了安全容量理论。

（6）安全信息科学是21世纪安全科学的前沿和核心领域，因此本书从安全信息管理、安全信息行为、安全信息经济、安全大数据4个角度，对安全信息科学理论做了大篇幅的讨论，这也是本书的特色和理论联系实际的体现。

(7) 作为系统学、科学学和安全科学的交叉学科的安全系统科学学，本书所界定的范围主要是安全系统复杂问题，包括开放复杂巨系统，而不是针对简单安全系统和具体技术问题；另外，科学学本身就是针对宏观的科学问题，安全科学学也是如此。本书兼具安全科学学和安全系统学两个方面的特点。

(8) 安全是一个巨大的领域，安全系统科学的内容非常之多，作为一部系统理论著作，所涵盖的核心内容较丰富，因此篇幅较大，讲述较详细，这同时也便于读者对安全系统科学的整体理解。

还有一些涉及本书撰写方面的问题也做以下说明：

(1) 本书面向的读者是高层次安全科学研究者和管理干部等，因此，书中并未赘述关于系统学的一些基础知识，这样既能节省本书的篇幅，也不至于与现有的相关图书内容重复。

(2) 本书的参考文献标注基本原则是，引用本书作者（包括文前页中提到的各章撰稿人）的参考文献，在书的正文中一般不予具体标注，书正文中标注的参考文献主要是非本书作者的参考文献。参考文献的标注采用与国际接轨的具体人名标注方式。

(3) 本书是第一部安全系统科学学的著作，其主要内容都是本书作者的研究成果。我曾经是本书其他所有作者的研究生导师，由于其研究是在不同时间和围绕不同的题目所展开的研究，有关内容不一定协调统一。尽管我在统稿时已经尽力进行修改，但仍难免存在不足之处，希望读者进行指正。

(4) 本书的出版得到了国家自然科学基金重点项目“安全科学原理研究”（项目编号：51534008）的资助，同时也得到了中南大学安全科学与工程学科一流学科创新能力提升计划经费的资助，在此特别表示感谢。另外，也对本书所引参考文献的所有作者表示衷心的感谢。

吴　超

目　　录

下篇　安全系统科学专题理论

上 篇

安全系统科学学科理论

1 绪　论

【本章导读】本章从安全学科的层面，讨论安全科学学和安全系统学的理论基础、学科属性、研究途径和创新及典型问题等，目的是使读者更好地了解安全学科框架、研究内容、方法、途径、问题等，使读者对安全学科体系有一个总体的了解。本章首先介绍了安全科学学和安全系统学的定义、安全学科建设涉及的交叉学科问题和学科体系；其次简述了安全思维、安全系统思想、安全系统学研究路径、安全系统学研究方法、安全的维度、安全研究的预设和途径；最后给出了安全创新的理论问题和安全系统学的典型科学问题。

1.1　安全科学学与安全系统学概述

1.1.1　安全科学学简述

安全科学学即为安全科学的科学。一方面，安全科学学研究安全科学的内涵外延、属性特征、社会功能、结构体系、运动发展及促进安全学科分支创建和应用等的一般原理、原则和方法等；另一方面，安全科学学研究还包括安全科学研究的研究、安全科学研究成果向现实安全生产力转化的研究、安全科学发展同经济和社会相互关系的研究等。因此，安全科学学是一门以整个安全科学为对象，研究安全科学自身及安全科学同经济、社会相互关系的客观运动规律的科学，同时其也研究如何利用这种客观运动规律以促进安全科学同经济、社会协同发展的应用原理、原则和方法。安全学科是一门典型的大交叉综合学科，安全学科的建设和安全科学的创新更需要安全科学学的指导。

从上面的描述可知，安全科学学主体研究内容包括两方面：一方面是关于安全科学的“认识内容”，另一方面是关于如何利用这些“认识内容”的“应用内容”。前者包括安全科学的性质、特点、分类、体系结构、社会功能、发展规律、未来趋势等，它们是对安全科学客观对象认识的概括和总结，具有系统理论的形态，构成了安全科学学的基础理论，因而这一部分可以称为理论安全科学学。后者包括在安全科学学的基础理论指导下，研究获得安全科学发展战略、规划及对安全科学进行应用的原理、原则和方法等，它们是对安全科学应用研究的研究，因而这一部分可以称为应用安全科学学。但理论安全科学学与应用安全科学学之间没有明确的界限，它们之间常有不同程度的交叉或重叠。运用这两方面所提供的安全科学学基础理论和应用原理，可以进一步发展创新安全学科和指导解决安全科学技术中的种种宏观层面上的科学问题。

由于理论安全科学学和应用安全科学学的内容各自包括许多不同的方面，对这些不同的方面分别进行的深入研究及其研究成果就形成了许多相关的安全科学学的分支学科。从安全科学学的研究内容，可以理解研究安全科学学的重要意义。

安全科学学除了对安全学科自身发展有重大作用之外，还有如下作用：①可以帮助人们提高对安全科学技术作用的认识和重视程度；②可以为国家制定发展安全科技的路线、战略、政策提供理论依据；③可以促进安全科学技术的组织管理工作实现合理化和提高效率；④可以帮助安全科技研究人员扩展知识宽度、推进思维深度和提高创新能力等。联系到安全科学技术在现代社会中的关键地位，安全科学学的意义就更加容易理解。

安全科学学的研究对象、研究目的和研究内容共同决定了安全科学学的学科性质。安全科学学虽然以安全科学为主体研究对象，但它不是研究具体的专门安全科学，而是把安全科学作为一种社会现象和社会的建制并从社会的角度来研究的。因此，安全科学学的学科性质并不是纯粹的自然科学或社会科学，它与多种自然科学和社会科学相交叉，同时也与工程技术相交叉。

安全学科是一门典型的大交叉综合学科，理、工、文、管、法、医等都有所涉及，自然科学和社会科学互相交融，工程与管理并重。安全学科的特殊属性和巨大时空，使得其研究内容和层次、组织机构和科研团队均不同于专门学科。

1.1.2 安全系统学简述

1. 安全系统学定义及内涵

由于科学技术的飞速发展，社会进入更加高级复杂的阶段，此时难以用狭义的系统安全的认识方法解决安全问题，安全系统学便应运而生。系统科学的飞速发展为安全系统学的进步提供了理论及科学背景方面的基础支撑。安全系统工程自身的理论方法具有定性及定量科学性，故安全系统方法在整个工业领域中得到了发展与运用，安全系统学理论研究得到了进一步推动。

综合安全学科的特性，首先对安全系统学的核心概念——安全系统进行定义：安全系统是由与安全有关的多个部分按特定方式结合、能够不断演化发展的，可以影响、实现并提高人类生产生活中的安全状态，且具有自身属性、功能与价值的有机整体。

根据安全系统的定义，安全系统学是一门指导人们如何开展系统安全思维、如何研究获得做系统安全分析与评价的方法和原理、如何预测和控制系统安全的发展规律、如何研究和更好实践安全系统工程等系列科学问题的安全科学新分支。或简单定义为：安全系统学是研究安全系统的结构、功能、运行、与环境的关系及发展演化规律等的安全科学分支学科。对于安全系统学定义的内涵可通过以下几点做进一步理解。

（1）安全系统学虽然还处于未完全成熟阶段，但是关于系统及安全系统工程的研究已有百年历史，关于安全工程技术的研究更是历史悠久，而安全意识更是由远古时代延续至今。安全是人类生存的最基础和最本性的需求之一。因此，对安全系统学的研究并不是无据可依的。

（2）安全科学的学科理论体系是在认识与解决人类生产及生活中的事故、灾难等安全问题的过程中逐步形成的，安全系统学也是基于上述过程研究形成的，因而安全系统学具有明确的目的性。

(3) 人在安全系统中起着至关重要的作用，因此，安全系统学的研究内容和研究方法不仅仅涉及自然科学，同时也涉及人理学、生理学和人文社会科学等。

(4) 安全系统学虽是安全科学学科之下的重要分支，但迄今其学科基础理论仍然不足并处于发展之中。对于安全系统学的研究，在一定程度上可以理解为是对安全系统工程这门学科的理论提升，同时也是对系统安全的延展与升华。

(5) 安全系统学的研究兼具安全科学与系统学的特性。系统学的研究特性包括整体性、相关性、层次性、目的性等，安全科学的研究特性包括复杂性、非线性、动态性、模糊性等，安全系统学的研究是两者的有机结合。

2. 安全系统学研究内容与层次

任何一门成熟的学科，都离不开完整丰富的理论体系支撑及借助实践应用的进一步发展。安全系统学是一门致力于通过对安全系统的组成、运行、演化等进行研究来提升并实现安全状态的学科。因此，安全系统学的研究内容可分为两大模块，即认识模块和实践模块（图 1-1）。这两大模块是从横向上对安全系统学的研究内容加以划分的。

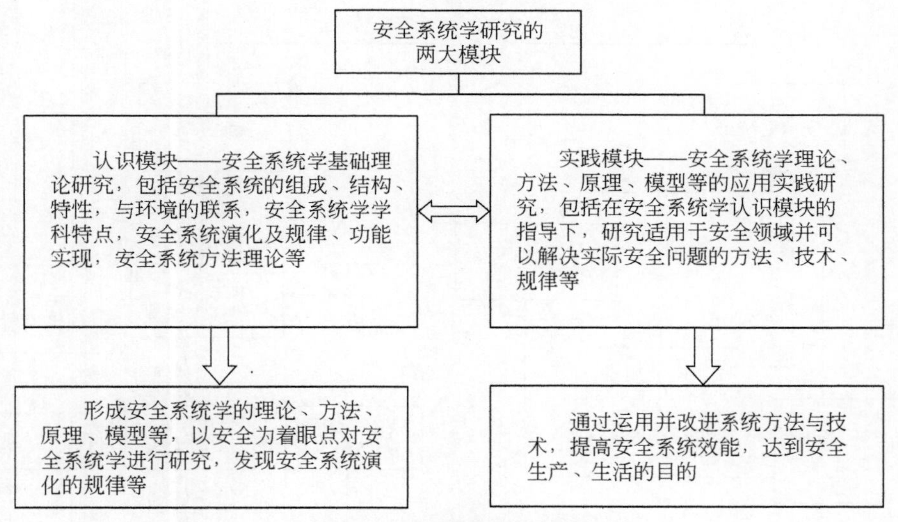

图 1-1 安全系统学研究的两大模块

从纵向上看，结合现代系统科学及一般系统学的理论观点，将安全系统学的研究层次划分为纵向的四个层次，从下往上分别是技术层次、学科层次、方法论层次及哲学层次（图 1-2）。

在对横向的研究内容及纵向研究层次做分析的基础上，综合图 1-1 与图 1-2，可将安全系统学的研究进行领域的拓展和划分，形成安全系统学的研究层次拓展例子（图 1-3）。如图 1-3 所示，将安全系统科学和应用实践等全部问题作为研究出发点的研究，称为安全系统研究。单向箭头表达的是将安全系统研究分为两个更局部的领域，双向箭头表达的是不同领域之间的相互联系和相互作用。该层次框架的建立依据两个原则：①将系统研究的“实在的”工程技术实践和对其所做的理论认识同对该领域研究的理论“思考区”划分开；②较为完整地表达了方法论与技术理论研究的关系层次。

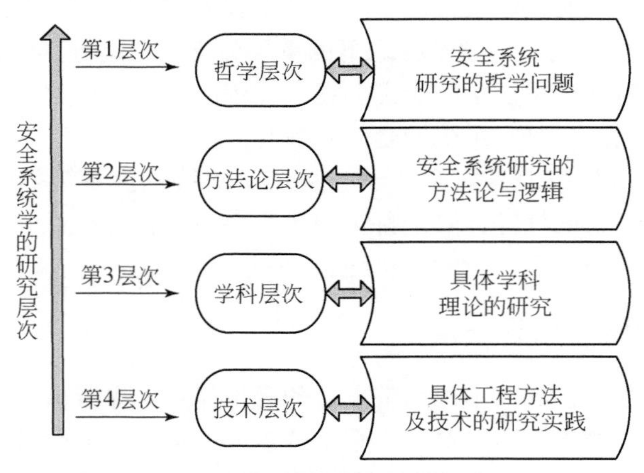

图 1-2　安全系统学的研究层次

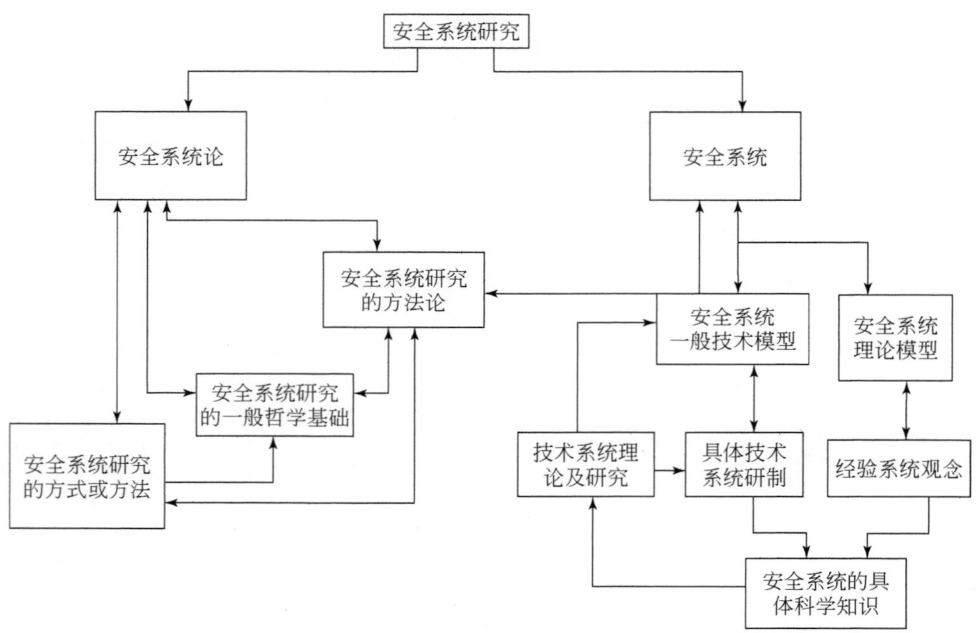

图 1-3　安全系统学的研究层次拓展例子

1.2　安全科学学科建设理论

随着社会的不断发展，各种安全新问题层出不穷，安全所涉及的领域和范畴变得越来越宽广，安全科学学科体系亦在不断丰富和发展。人们能够不断创建安全科学学科新分支，一方面是由于安全科学作为一门新兴的交叉学科，其学科体系还不完善，其学科理论基础还非常薄弱，急需建构安全科学学科新分支；另一方面是由于安全科学是一门大交叉综合学科，如果能够从实践出发和站在科学学的高度，运用安全科学的交叉属性和交叉生长思路，就可以创建出许多新的安全科学学科新分支。

尽管有关安全科学的应用技术著作及教科书已初具规模，特别是安全教育培训的系列教材和科普读物已经非常丰富，但安全科学基础理论著作还非常缺乏。世界范围内从事安全科学领域研究的人员规模非常庞大，但他们所从事的研究大都是在安全的应用层面。在国外，即使在生产和生活安全已经达到较高水准的发达国家，他们对安全科学的研究也基本是处于分散的状态和应用的层面，从创建新学科的高度开展安全科学的研究仍然涉猎很少。在中国，学科建设在很大程度上受到管理体制的主导，而这恰恰也是中国学科建设的优势。在 1992 年颁布的《学科分类与代码》（GB/T 13745-1992）中，安全科学技术已被列为一级学科；2011 年，安全科学与工程正式成为中国研究生教育的一级学科。虽然安全科学学科建设还需要相当漫长的时间，但中国安全科学学科设置布局已经处于国际领先的地位。

1.2.1 交叉学科的基础问题

1. 交叉学科的属性

安全科学是一门交叉学科，因此研究安全科学学科建设问题需要了解交叉学科的基础理论和得到交叉理论的指导。

如果仔细考究现代科学技术的创新和新学科的创建过程，会发现它们大都是基于交叉而成的，不论是理论的交叉、方法的交叉、原理的交叉还是技术的交叉，交叉都可以萌发出无穷多的新的生长点。这里要论述的不是一门学科内部细微的交叉，而是学科大类的大交叉，如理工交叉、文理交叉等。什么是交叉学科？过去已有许多学者对其进行了科学的定义，如 20 世纪 80 年代钱学森给出的定义是：“所谓交叉学科是指自然科学和社会科学相互交叉地带生长出来的一系列新生学科”。但学者对交叉学科的特征开展的研究并不多。通过对交叉学科性质的研究，归纳出来了一些共性特征，而且这些共性特征反过来可以判断一门学科是否属于交叉学科。

这些共性特征是：①交叉学科的形成必须以多门专业科学为基础。②交叉学科的形成必须有一定的客观需要或由此引领而成。③交叉学科必须要有自己相对独立的领域，以产生学科自己的新东西。④当两门或两门以上学科出现交叉时，通常只能称为交叉学科，当一门学科同时与很多门学科都有交叉时，这类交叉学科则可以称为综合学科。其形成的顺序是交叉在前，综合在后。综合学科的形成历程是从交叉到综合，这是一个基本的规律。⑤交叉学科的边界具有模糊性和不确定性。⑥交叉学科要有原创性的知识。⑦交叉学科的许多知识都具有相关学科的痕迹和烙印。⑧交叉学科的发展一般都是从借鉴别的学科知识开始的，但交叉学科在借鉴别的学科知识的过程中具有明显的目的性、实用性、前瞻性。⑨交叉学科在发展过程中，与别的学科的互渗越来越深入，久而久之交叉学科的“帽子”逐渐被摘掉了。实际上，很多应用科学和技术科学也都是交叉发展起来的。

2. 交叉学科的研究层次

如果将学科分为专门学科和交叉学科（尽管现在所有的学科已经很难说没有与其他学科交叉），专门学科的研究层次通常可分为3类：基础研究、应用基础研究和应用研究，简称为上中下游研究，显然上游与中游、中游与下游之间是没有明显界限的。如果与专门学科进行比较，对于交叉学科而言，其研究是否也可分为几个层次？如果可以，各个层次的内涵怎样来定义？显然回答这两个问题对于交叉学科是有意义的。其实，交叉学科的研究同样可以分为3个层次，但各个层次的内容与专门学科是不相同的。

交叉学科研究的上中下游3个层次分别是：上游研究主要是交叉学科的科学学问题，中游研究主要是交叉学科自身的知识创新和交叉知识的吸纳，下游研究主要是交叉学科的应用，三者分别相当于专门学科的基础研究、应用基础研究和应用研究3个层次。

下面对上述交叉学科研究的3个层次进行进一步解释。①交叉学科的科学学问题研究。解决交叉学科的交叉的理论是科学学理论，这个内容与专门学科的基础理论有很大的不同，交叉学科的基础研究关注的是各学科之间的关联与交叉综合渗透等理论问题，是横断的科学问题，而专门学科的基础问题是自身的理论问题，是纵深的科学问题。②交叉学科的应用基础研究主要有两大领域：一是对交叉学科自身领域的应用基础问题的研究；二是从其他专门学科中提取可作为交叉学科的科学知识的问题研究。前者称为交叉学科的“自科学”（self-science）研究，后者称为交叉学科的“他科学”（other-science）研究，其中“他科学”研究是交叉学科与其他专门学科研究的重要区别。由于交叉学科涉及很多学科，需要一部分研究人员专门从事这一层次的研究，即基于所在交叉学科的发展目标和研究目的，源源不断地从所在的专门学科中提取并拓展出大量的适用于交叉学科的科学知识，为交叉学科的应用研究提供理论和技术支持。③交叉学科的应用研究与专门学科是一样的，但需要补充说明的是，交叉学科的应用研究领域比专门学科要宽广很多，因为其应用研究领域包括“自科学”和“他科学”应用领域，而“他科学”应用研究领域几乎涵盖所有领域。

3. 交叉学科的交叉形式

交叉学科的交叉属性有利于新学科、新事物等的诞生，当两种适宜的学科交叉或碰撞到一起时，可能就出现了新理论、新方法、新原理，但如何运用它们去解决实际问题，有待于深入研究。交叉形式有多种分类方式：①按交叉形式分类，可分为穿插、重叠、捆绑、平面、立体等交叉；②按交叉的自动程度分类，可分为人工交叉、自然交叉及两种交叉同时作用；③按交叉的可视化分类，可分为有形交叉和无形交叉；④按交叉变化的情况分类，可分为静态交叉和动态交叉；⑤按交叉的涌现性分类，可分为正涌现交叉和负涌现交叉；⑥按交叉的范围大小分类，可分为小交叉、中交叉、大交叉等；⑦其他。研究交叉的分类、形式和规律有利于交叉学科的发展和解决交叉中存在的问题。

绕不过去的“交叉”是交叉学科的一大特征。安全学科的交叉是不可避免的问题，这是由安全学科的交叉属性决定的。学科的交叉、知识的交叉、组织的交叉、管理的交叉、文化的交叉、信息的交叉等，各种交叉之间肯定存在相似性和互补性，交叉问题的设计、处理、实施等，存在着很大的研究空间和空白，安全学科同样如此。

4. 交叉学科的知识命名

在开展交叉学科的研究中，除了研究交叉科学自身的本质属性和存在领域的科学与应用问题之外，交叉科学不可避免地要运用或改造吸纳别的专门学科的知识，但如何称呼这些已经被吸纳到交叉学科中的别的专门学科的知识呢？这是多年来交叉学科遇到的尴尬问题，为了解决这个问题，可用“自科学”和“他科学”来表达和回答上述的问题。“自科学”和“他科学”构成了交叉科学的整体科学内容，而且两者没有明显的界线。

安全学科是典型的交叉综合学科，安全学科的“自科学”包括各种事故致因理论、各种事故统计规律等，这里不妨将其称为“自安全科学”（self safety & security science）；但迄今安全学科的大部分科学知识都是以安全为目的，通过从别的专门学科挖掘适合用于安全的理论、方法、原理等知识，使之发展成为安全科学的重要分支，这里不妨将这些来自“他科学”的安全知识称为“他安全科学”（other safety & security science），如安全法学、安全管理学、安全心理学、安全教育学、安全文化学、安全系统工程、安全人机工程、安全检测技术、职业卫生与防护、风险评价技术、机械安全工程、化工安全工程、建筑安全工程、交通安全工程等，这些学科都是已经被业界认可的重要安全学科分支，但都带有别的学科的烙印和交叉特征。交叉学科的“自科学”和“他科学”的新分类和新命名简单明了，从字面上也可理解其实质意义，同时也给出了一种开展交叉学科研究的方法论和基本途径。另外，随着交叉学科的发展，交叉学科的“自科学”与“他科学”也在不断地交融和发展，从而生成比较成熟的“自-他科学”（self-other science）。

5. 现有交叉学科研究存在的问题

在深度分化基础上的高度交叉融合是当代学科发展的显著趋势和必然趋势。近年来，国内外高校和研究机构普遍高度重视、推进学科交叉，积极倡导文、理、工等学科间相互渗透结合，各类跨学科计划、项目和研究平台纷纷出现。学科交叉的成绩有目共睹，以至于有人说，21 世纪是交叉学科的时代，然而，现有交叉学科研究仍存在如下几个问题：

（1）国外研究交叉科学的发展规律已经有很长的历史，而我国学者比较系统地研究交叉科学的发展规律始于 20 世纪 80 年代，迄今已有 30 多年的历史，并取得了长足进展，但学界对交叉学科的研究很大程度上还停留在口头方面，研究的仅仅是学科的简单叠加或跨界研究，如将 A 和 B 两领域的现有研究内容、方法、原理或技术混合和互相借用，之后把 A 领域的成果放到 B 领域去发表，或是把 B 领域的成果放到 A 领域去发表，这种简单换位的交叉研究结果，往往不被专业人士看好和认可，甚至被认为是业余和外行，最终导致交叉学科被边缘化和虚无化。

（2）目前，中国交叉学科发展的一个明显的软肋，是不仅缺乏对当代交叉学科发展的全局性、整体性的理论、方法、战略、对策研究，更缺乏能够推进这一研究的学术机构、学术交流平台、人才培养机制、立项和评审渠道等。

（3）一些研究者虽然声称其在进行交叉学科领域研究，但做的仍是某一纵深方向的研究，不是真正意义上的交叉学科领域研究。

（4）迄今可以用于指导交叉学科发展的理论或方法少之又少。若从交叉学科自身反思，上述问题源于交叉学科的自身发展不成熟，针对交叉学科发展的专门性理论研究还不够。

6. 安全学科的创新思路

当承认安全学科的存在及其交叉属性后，安全学科的研究与创新之路在何方？这是一个非常重要的问题。安全学科既然是一门交叉学科，那么它就符合交叉学科的发展规律。因此，上面讨论的交叉学科的发展规律都适用于安全学科。

（1）安全学科研究要着眼于未来。即使是研究已经发生的事故，从时间维度来看，也是为了防止未来再次发生同类事故。社会总是在不断发展和变化，对未来安全没有预见性，安全研究就会失去意义，安全学科就会失去本身的发展价值。因此，一定要在未来安全中寻找新课题。

（2）安全学科研究要着眼于交叉。安全交叉学科研究是从安全的视角出发，以安全为目标，在所有学科中寻求一个可能的学科与安全学科交融。已有的实践例子有很多，安全学科的很多分支都是这么生成的，如安全科学学、安全科学方法论、安全统计学、比较安全学、相似安全系统学等，都是基于这种思想创立的。

（3）安全学科研究要着眼于综合。综合不是对现有安全学科自身的一些分支学科的综合，而是从安全的视角出发，以安全为目标，在所有学科中寻求可能的有限学科的综合，但这种综合绝不是简单的拼凑和排列组合，而是有机的合成，而且有 $N+N>2N$ 的涌现效果。组合也是创新，这是不可否认的。

（4）安全学科研究要有科学学思想。有人说科学学已经被系统学替代了，这里不赞同。科学学思想对交叉综合学科的创新起着重要的作用，没有科学学的视角和高度，就很难俯瞰所有的现有学科，也就很难捕捉到可以利用的已有学科，科学学思想有着如总工程师的思想，即把恰当的东西用到恰当的地方就是最好的。而系统学主要是基于系统性或整体性看问题并开展研究，它们是有区别的。

（5）现实中，大家推崇原始创新，而忽略了组合创新，那么，交叉学科有没有自己原创的理论和纵深的领域呢？回答是肯定的。不同科学理论组合创新和服务于综合学科的发展，其实同样有大量的科学问题需要研究，如组合的原则、方法、原理、流程、范式、适宜性、效果评价等，各学科之间的比较、相似、交融、涌现等，这本身就是值得研究的课题。安全学科值得研究的东西还很多，如安全学科自身的理论非常少，上中游的层面（或者说是学科科学和专业科学）仍然有很多空白可去填补，即可发展出更多的安全学科分支出来。另外，当科学技术发展到一定程度后，向纵深发展的难度就会越来越大，组合创新将更加有利于现有学科的综合利用和发展。

7. 安全学科研究的视角与分类

由于安全学科是一门交叉综合学科，其维度和时空巨大，从不同的视角可以有不同的研究重点和工作方式，如发生事故视角、财产损失视角、伤亡人数视角、职业健康视角、地域安全视角、行业安全视角、学科发展视角、安全理论视角、安全技术视角、安全人文视角、政府职能视角、企业管理视角、安全效益视角、灾害类别视角、社会稳定视角、政治需要视角、公共安全视角、学科层次视角、信息安全视角、安全信息视角等，都可以建立不同的研究领域和获得相应的研究成果，也可以形成不同的学科分类方式。

上述诸多视角还有一个很重要的问题没有提及，那就是从时间的维度来审视安全学科研究及其分类，按照时间轴分析，安全学科研究可分为“过去时研究”、“现在时研究”和“将来时研究”。“过去时研究”主要是针对已经存在的事物，如安全史、事故统计等方面的研究；“现在时研究”主要是针对当下的安全管理、行为安全管控、安全教育和安全工程技术等的事故灾难预防研究；“将来时研究”主要是对未来安全发展等的前瞻研究，如安全学科建设、安全科学理论创新、安全规划和预测等研究。上述 3 类研究实际上没有明显的界线。

8. 安全学科研究成果的多样性

许多数学问题都有唯一解，但安全问题却没有唯一解，只有相对较优解，这是由安全多样性原理决定的，或者说是由安全问题的复杂性决定的。安全多样性原理是以安全科学理论和实践为基础，以构成安全问题的人、物及人与物的关系为研究对象，运用系统思维和协同理论思想，解决人们在社会生产生活中的安全问题，并实现预定安全目标的基本规律。安全多样性原理以大量实践为基础，从科学的原理出发，对具体安全实践起指导作用。

安全系统是一个复杂的巨系统，其构成要素多种多样，与安全有关的因素纷繁交错。安全系统中各因素之间，以及因素与目标之间的关系多数存有一定的灰度，这就决定了安全系统也是一个灰色系统。安全问题所涉及的系统范围，包括人、机、环境等方面的因素，并涵盖空间和时间跨度，人、机、环境等因素彼此相互联系形成复杂的人-机安全系统、机-环境安全系统、人-环境安全系统及人-机-环境安全系统，安全系统大小之差悬殊。因此，将多样性原理应用于安全系统中，将会赋予安全系统多样性原理生命力。因此，为丰富安全科学理论的选择并为安全实践提供多种安全方案，需要安全研究工作者从多视角去研究安全问题和发现安全规律，如建立丰富多彩的安全模型和模式等，而不要陷入追求安全唯一解的陷阱，导致创新思维和研究领域受限。

9. 基于安全学科属性建设安全专业的例子

安全学科既然是一门大交叉综合学科，它的专业建设发展就必须符合大交叉综合学科的发展规律。因此，基于安全学科属性建设一流安全专业，是符合安全学科发展规律的。下面用举例方式加以说明。

（1）安全专业建设要着眼于交叉。要结合新工科建设优化专业课程体系，确保学生与社会需求接轨，不以单一行业背景限制学生的安全认知，要强调安全专业知识的通用性和交叉性，使学生具备向各行业发展的能力。

（2）安全专业建设要着眼于综合。要尽可能地引进文理兼优的师资人才，要着重培养学生的综合能力，要构建提升学生综合素质的平台。要探索安全管理型和产业型交融的人才培养模式，多层次提高学生安全管理素养和创新创业能力，使学生的综合素质、知识和能力向复合型成长。

（3）安全专业师资队伍建设要使学缘、专业和年龄等多样化。要坚持老中青相结合、校内校外相结合，打造一支既有良好的科研能力和工程素质，又有较高教学水平的“综合素质型”师资队伍。

（4）安全专业教学建设要使科研与教学相结合。科学研究的优势要能转化为教学优势，形成具有品牌特色的研究型、案例式、体验式、实物化教学等新型课堂教学模式，鼓励学生参与创新创业项目，结合实践完成学习。

（5）安全专业课程建设要系统化和交叉化。要强化学生主体参与行为和主动学习精神，要培养学生的系统思维和综合分析社会问题的能力；要引入线上线下学习模式、课内课外互促学习模式、校内校外都可学习模式。

（6）安全专业实践基地建设要善于利用交叉专业资源。要开发校内相关实验室和校外相关实践基地等教学资源，形成校内校外的实践训练互动互促，加快学生创新能力和工程及管理经验积累。

（7）安全专业科学研究要着眼于组合创新。交叉综合学科有没有自己原创的理论和纵深的领域呢？回答是肯定的。不同科学理论组合创新和服务于综合学科的发展，其实同样有大量的科学问题需要研究，如组合的原则、方法、原理、流程、范式、适宜性、效果评价等，各学科之间的比较、相似、交融、涌现等。

（8）安全专业文化建设要包含师生的安全观念文化、安全行为文化、安全物质文化、安全传播与引领文化、安全人才多样性文化、安全和谐向上文化等的有机融合。

1.2.2 安全学科体系构建

在欧美发达国家，科研机构和高校对学科专业设置及科学研究经费配额具有较大的自主权，故其不太在意官方机构颁布的学科分类目录，也不会去抢占学科分类目录中的位置，安全学科也是如此。因此，安全学科体系建设及其在学科分类目录中的位置在国外没有受到太多关注。然而，在中国，情况完全相反，政府对学科专业设置及科学研究经费配额有很大的影响，它基本是在学科分类目录下进行经费投入的，主要表现在：①学界向政府申请项目经费时，要根据学科分类目录提交申请书，如果申请的项目没有相应的学科分类目录，则项目经费很难找到申请渠道；②如果高校的学科建设和专业设置与官方机构颁布的学科分类目录不相符，则很难得到支持；③高校的招生人数是按学科专业配额的，没有学科专业就没有招生配额，也没有相应的办学投入。基于上述多种原因，多年来，安全界迫切希望发展安全学科，将安全学科纳入官方学科分类目录中。与此同时，安全界多年来也非常关注安全学科体系建设，现在安全学科已经在多个政府部门设置的学科分类目录中被设为一级学科。安全学科是一门大交叉综合学科，具有大交叉综合属性，这些属性决定了安全学科构建的思想基础是安全系统科学思想。安全系统具有特定的目的性、功能系统性、复杂非线性和整体综合性等特性，而且安全学科的属性和特性对安全学科体系构建具有客观的决定作用。因此，不同的研究者可从不同视角和应用目标出发，构建出不同的安全学科体系。

从学理上分析，安全学科体系构建是一个安全科学学领域的课题，研究者要有科学学的思想。从已有的安全学科体系可知，研究者在构建安全学科体系时，其基本思路大致有以下几种：①基于哲学–基础科学–应用科学的分类思路；②基于学科层级或层次分类的思路；③基于学科知识类型分类的思路；④基于某一应用目的的思路；⑤基于安全理论模型拓展的思路；⑥基于信息和方法等分类拓展的思路；⑦基于安全在某一时空范围的思路；⑧基于安全实践经验的思路等。下面对现有构建的安全学科体系进行系统综述。

1. 基于哲学–基础科学–应用科学分类的安全学科体系——四横四纵说

我国安全科学的创立者刘潜基于哲学–基础科学–应用科学的传统学科知识分类的思路，构建了安全学科体系模型，见表 1-1。这个模型实际上等同于一个安全学科体系。模型表明：安全科学的横向理论层次为哲学层次（安全哲学，其桥梁是安全观）、基础科学层次（安全学）、技术科学层次（安全工程学）、工程技术层次（安全工程）。这个横向理论层次既是安全哲学到安全工程方向的实践认识，又是安全工程到安全哲学方向的理论升华。安全学科的 4 个纵向分支学科是安全人体学（人的因素）、安全设备学（物的因素）、安全社会学（人与物关系的因素）、安全系统学（三要素内在联系的因素）。这 4 个纵向分支学科各自表现在基础科学、技术科学和工程技术 3 个层次上，并形成安全学科专业教育的 3 个层次，即培养安全科学基础理论研究人才的教育、培养安全技术科学研究人才的教育、培养侧重各类行业安全技术与管理工程人才的教育。同时，安全学科体系的构建，也为进一步发展和完善安全科学理论研究及中、高级安全工程师的培养和注册安全工程师的社会实践等提供了学科基础。

表 1-1 一种安全学科体系模型（刘潜，1988）

<table>
<tr><th colspan="2">哲学层次</th><th colspan="2">基础科学层次</th><th colspan="3">技术科学层次</th><th colspan="3">工程技术层次</th></tr>
<tr><td rowspan="13">安全哲学</td><td rowspan="13">桥梁为安全观</td><td rowspan="13">安全学</td><td rowspan="2">安全设备学（自然科学类）</td><td rowspan="13">安全工程学</td><td rowspan="2">安全设备工程学</td><td>安全设备机电工程学</td><td rowspan="13">安全工程</td><td rowspan="2">安全设备工程</td><td>安全设备机电工程</td></tr>
<tr><td>安全设备卫生工程学</td><td>安全设备卫生工程</td></tr>
<tr><td rowspan="5">安全社会学（社会科学类）</td><td rowspan="5">安全社会工程学</td><td>安全管理工程学</td><td rowspan="5">安全社会工程</td><td>安全管理工程</td></tr>
<tr><td>安全经济工程学</td><td>安全经济工程</td></tr>
<tr><td>安全教育工程学</td><td>安全教育工程</td></tr>
<tr><td>安全法学</td><td>安全法规</td></tr>
<tr><td>……</td><td>……</td></tr>
<tr><td rowspan="3">安全系统学（系统科学类）</td><td rowspan="3">安全系统工程学</td><td>安全运筹学</td><td rowspan="3">安全系统工程</td><td>安全运筹技术</td></tr>
<tr><td>安全信息论</td><td>安全信息技术</td></tr>
<tr><td>安全控制论</td><td>安全控制工程</td></tr>
<tr><td rowspan="3">安全人体学（人体科学类）</td><td rowspan="3">安全人体工程学</td><td>安全生理学</td><td rowspan="3">安全人体工程</td><td>安全生理工程</td></tr>
<tr><td>安全心理学</td><td>安全心理工程</td></tr>
<tr><td>安全人机工程学</td><td>安全人机工程</td></tr>
</table>

2. 基于上中下游三层科学构成的安全学科体系——上中下游三层说

在思考交叉学科发展规律中得出，大交叉学科比“非交叉”学科多一层上游学问——学科科学，学科科学的功能之一是研究、发展和创造新的交叉学科，学科科学的最大优势是可以使科学得到低成本的快速发展。安全学科是大交叉综合学科，安全学科科学在创造新的安全分支学科中具有重要的意义。因此，安全学科体系的第一层次（上游）由安全学科科学组成，第二层次（中游）由职业安全工作者的工作范畴涉及的安全专业科学技术组成，第三层次（下游）由所有学科专业工作者所涉及的安全应用科学技术组成。

（1）安全学科科学。安全学科科学在某种意义上等同于安全科学学。安全科学学是以安全科学为主要研究对象，研究认识安全科学的内涵外延、属性特征、社会功能、结构体系、运动发展及促进安全学科分支创建和应用等的一般原理、原则和方法的一门学科。可以把安全科学学理解为一门以安全科学为对象，研究安全科学自身及安全科学同经济、社会相互关系的客观运动规律，以及如何利用这种客观规律以促进安全科学与经济、社会协调发展的应用原理、原则和方法的科学。它的主体研究内容分为两方面：①安全科学的“认识内容”，它包括安全科学的性质、特点、分类、体系结构、社会功能、发展规律、未来趋势等，是对安全科学客观对象认识的概括和总结，具有系统理论的形态，构成了安全科学学的基础理论，称为安全理论科学学；②可以利用“认识内容”的“应用内容”，它包括在安全科学学基础理论指导下，研究安全科学发展战略、规划及对安全科学进行应用的原理、原则和方法等，是对安全科学应用的研究，称为安全应用科学学。安全理论科学学与安全应用科学学之间没有明确的界线，各分支学科之间常有不同程度的交叉或重叠。因此，安全学科科学的研究主要是理论层面的研究，研究尺度比较宏观，研究成果具有普适性，获得的安全科学学基础理论和应用原理可用于创新安全学科和指导解决安全科学技术中的种种宏观层面的问题。安全学科科学研究是少数人从事的活动，他们需要有较强的科学学思维和思辨能力。

（2）安全专业科学技术。安全专业科学技术是在安全学科科学理论的指导下，针对人类生存、生产和生活过程中遇到的共性安全问题，研究减小或减弱外界因素对人身安全健康等的危害、设备设施等的破坏、环境社会等的影响而建立的安全知识体系，可为各种具体领域中的技术、工程与管理等提供保障安全的方法、手段和措施等。从事安全专业科学技术研究与实践的人才，需要秉持安全科学基础理论与安全工程技术实践相结合的宗旨，具有安全系统思想和安全专业的科学技术知识体系，能够跨学科、跨专业、跨领域解决通用的安全问题。安全学科专业的学士、硕士和博士三级学位教育，应该是文理兼备的教育。目前，我国的安全学科专业三级学位教育，大都侧重于安全应用科学技术层面，学科基础理论层面的安全学科专业教育还亟待发展。安全学科专业的本科教育，已形成了自己的专业科学技术体系，其横向为文理学科基础、安全基础理论、安全工程理论、安全工程技术 4 个知识层次；其纵向是以安全工作的专业技术类别为依据，有安全设备工程、安全卫生工程、安全社会工程、安全系统工程、安全检测检验技术等方向。因此，安全专业科学技术是安全工程、消防工程、应急管理、公共安全等专业需要拥有的专门知识体系，上述各专业人才的培养方案中的所有知识均属于安全专业科学技术的范围。在我国，安全领域已经独立成为一个行业，目前已形成由数百万职业安全工作者组成的庞大队伍。

（3）安全应用科学技术。安全应用科学技术是以各学科的专业背景为基础，力求实现各专业赋予的目的和功能，并解决各专业具体安全问题的所有安全知识体系（安全科学技术与各领域的学科专业知识体系交叉）。实际上，所有学科的专业活动都需要同时考虑安全，只是侧重点、关注点及周期长短各异而已。安全应用科学技术体系由各领域分解而成的若干梯级分支，如化工安全、矿业安全、冶金安全、建筑安全、交通运输安全、机械安全、航空航天安全、环境安全、社区治安、财产保卫等组成。从事安全专业科学技术和安全应用科学技术的研究者的主要区别在于：前者在考虑安全问题时更侧重系统思维和全生命周期思维及人因思维，而后者很难做到这一点。因此，安全应用科学技术是赋存于所有学科专业领域的，安全应用科学技术的工作者更应归属于所在的学科专业的范畴，而不属于职业安全工作者的范畴。在应用实践的层面，为了使系统安全效果更好，职业安全工作者应该尽量兼具多个专业的知识背景，而各学科专业工作者也需要拥有更多的安全专业科学技术知识，这样才能使安全效果更佳。

3. 基于《学科分类与代码》的安全学科体系——国标（GB）分类说

在 1992 年 11 月 1 日颁布的《学科分类与代码》（GB/T 13745—1992）中，“安全科学技术”被列为一级学科（代码 620）。其中包括“安全科学技术基础”、“安全学”、“安全工程”、“职业卫生工程”和“安全管理工程”5 个二级学科和 27 个三级学科。在 2009 年修订的《学科分类与代码》（GB/T 13745—2009）中，“安全科学技术”一级学科内容涵盖自然科学、社会科学和综合科学，二级学科有 11 个，分别为安全科学技术基础学科（代码 62010）、安全社会科学（代码 62021）、安全物质学（代码 62023）、安全人体学（代码 62025）、安全系统学（代码 62027）、安全工程技术科学（代码 62030）、安全卫生工程技术（代码 62040）、安全社会工程（代码 62060）、部门安全工程理论（代码 62070）、公共安全（代码 62080）、安全科学技术其他学科（代码 62099），三级学科有 50 余个。

4. 基于研究生学位教育的安全学科体系——学科专业方向说

2011 年，安全科学与工程（代码 0837）独立成为中国研究生教育一级学科。之后，国务院学位委员会第六届学科评议组组织各个学科组撰写《学位授予和人才培养一级学科简介》，由安全科学与工程学科组牵头编写了安全科学与工程一级学科的简介，其简介包括学科概况、学科内涵（研究对象、理论、知识基础、研究方法）、学科范围。安全科学与工程设在工学门类中，授予工学学位。此学科重点针对自然灾害、事故灾难、公共卫生、社会安全等领域。其学科范围设置安全科学、安全技术、安全系统工程、安全与应急管理、职业安全健康 5 个二级学科或学科方向。

5. 基于五大类型知识的安全学科体系——五大块知识说

安全是人类的共同需求，构建安全学科体系的主要目的是保证人类的安全，因此安全学科体系首先需要涉及的内容是安全生命科学；防灾减灾等需要自然科学知识的支撑，安全学科体系明显也需要自然科学知识的支撑；人类在生存发展过程中营造了大量的人造工程和制品，在建设（生产）、利用和报废这些人造工程和制品时，需要涉及安全技术；人类需要接受安全教育和获得安全知识，国家社会的安全和人们生产生活的安全都需要接受安全法律法规和安全管理等的约束，这些都属于安全社会科学；人类生命、自然系统、人造系统和社会系统组成了一个庞大的巨系统，保障系统的安全自然需要安全系统科学。根据上述五大类型安全知识，可构建出一套完整的安全学科体系。

（1）安全生命科学。它是安全科学与生命科学的交叉学科，主要研究生命特征、生命运动规律、生命与环境的相互作用等现象对人的安全状态造成的影响，以顺应生命运动规律、保障人的安全、实现人的健康和舒适为根本目标。从安全的范畴和视角出发涉及的主要内容有安全人性学、安全人体学、安全生理学、安全心理学、安全生物力学等，它们构成安全生命科学的核心内容。

（2）安全自然科学。它主要研究自然灾害和生产安全等的类型、状态、属性及运动形式，揭示各种灾害和事故的现象及发生过程的实质，进而把握这些灾害和事故的规律性，并预见新的现象和过程，为预防和控制各种灾害与事故开辟可能的途径。安全自然科学涉及很多科学问题，如事故灾难致因、安全容量、安全多样性、灾害物理学、灾害化学、安全毒理学等。

（3）安全技术科学。它是研究指导安全生产技术的基础理论学科，以基础学科为指导，以安全技术客体为认识目标，研究和考察各个安全技术门类的特殊规律，建立安全技术理论，应用于安全工程技术客体。安全技术科学一方面将安全科学转化为安全技术，另一方面又将安全技术的一些共性原理提升为安全科学。安全技术科学是安全科学中发展较早的、内容较丰富的主体学科，可以从物质、设备、能量、工程、环境等方面设立安全技术科学学科，如安全物质学、安全设备学、安全能量学、安全工程学、安全环境学等。

（4）安全社会科学。安全社会科学主要是从文化、法律、经济、教育、伦理道德、社会结构等角度对安全现象、安全规律、安全科学进行研究，探索社会科学诸多方面的变化对人的安全状况造成的影响，从社会科学角度总结保障人的安全的基本规律。安全社会科学的核心内容主要有安全文化学、安全法学、安全经济学、安全教育学、安全伦理道德学等。

（5）安全系统科学。安全系统是灾害和事故发生的场所，是安全管理的对象，安全系统思想是安全科学的核心思想，安全系统科学是安全科学学科的主体。安全系统的构成要素包括人、机、环境、信息、管理等，因此，可将安全系统科学划分为安全系统管理学、安全环境系统学、安全人机系统学、安全信息系统学、安全系统协同学等分支。

6. 基于广义安全模型的安全学科体系——广义模型体系说

广义安全模型是从安全科学学的高度和大安全的视角，运用系统工程的原理和方法，通过表征人群与机群相互作用的“微匹配”关系、安全科学体系内学科的“中匹配”关系、安全科学与其他学科的“宏匹配”关系，从而构成的具有特定功能的有机体系和安全学科体系（图 1-4），各学科分支的内容和相互关系同样可以在图 1-4 中清楚看出。

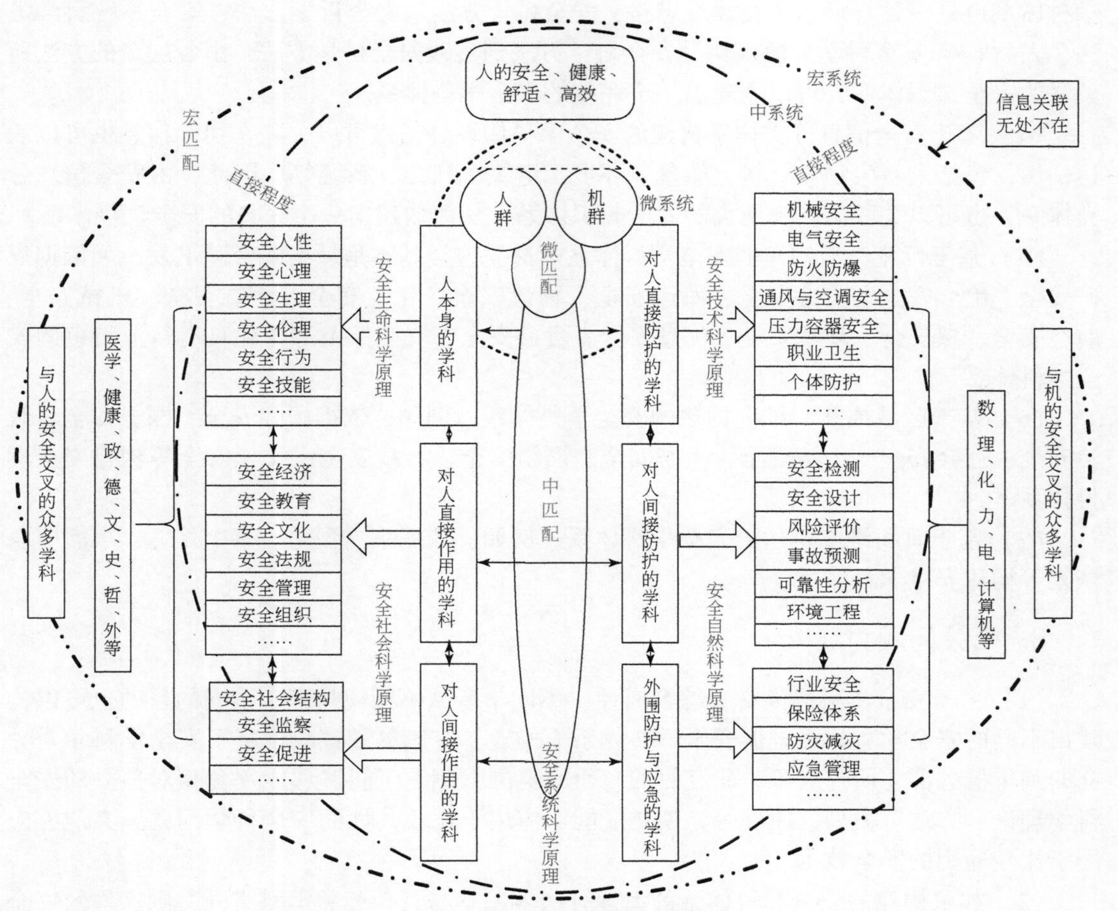

图 1-4 基于广义安全模型的安全学科体系

7. 其他已构建的安全学科体系

（1）基于安全科学定义构建的安全学科体系。根据“安全”的元定义：“安全是指一定时空内理性人的身心免受外界危害的状态。”该定义指出人受到的外界因素的危害可分为 3 类：①身体伤害。它一般可在近距离、较短时间内形成；身体痊愈后，还可能留下心理创伤。②心理创伤。它可在远距离、较长时间内连续伤害。③ 两种危害同时作用与交互作用。由安全定义并借助数理逻辑工具，可以推理演绎出整个安全科学的概念群，进而构建出安全科学的学科体系，为开展安全学科建设提供指导。

（2）基于事故预防模型构建的安全学科体系。安全专家傅贵等人从事故预防的视角出发，依据轨迹交叉论建立行为安全“2-4”模型，通过模型关联的各层次要素，提出了依据行为管控预防事故原理构建的安全学科体系，内容包括安全科学基本概念和基础理论、行为安全及安全科学基础理论、个人不安全行为的解决方案、组织不安全行为的解决方案、行为安全方法在行业中的应用等方面涉及的相关知识体系和学科分支。

（3）基于安全科学方法体系构建的安全学科体系。由安全科学方法体系来引领出安全学科体系也是一种合理的学科建设思路，安全科学方法从安全哲学方法、安全系统科学方法、人–机–环安全科学方法、典型安全科学方法到实践安全科学方法，由各层级的方法所关联的安全知识体系，可以构建出一个完整的安全学科体系。

（4）基于安全信息分类体系构建的安全学科体系。信息可以关联一切，信息也可以表达一切，包括人、生物、材料、能量、环境、组织、社会、系统等。因此，由安全信息分类体系，也可以关联出一个庞大的安全知识体系，从而构建出一个完整的安全学科体系。

（5）基于行业类型构建的安全学科体系。这类分类基本是从实践经验出发，如依据煤矿安全、冶金安全、交通安全、海运安全、物流安全、化工安全、建筑安全、机械安全、航空安全、核安全、环境安全、信息安全、食品安全、安全保卫等构建具有行业特色的安全学科体系。

（6）基于区域或某一维度构建的安全学科体系。例如，依据国际安全、国土安全、政治安全、社会安全、经济安全、生态安全、网络安全、科技安全、文化安全等构建安全学科体系。

（7）基于时间维度构建的安全学科体系。例如，依据事前预防、事中处理、事后应急恢复等构建安全学科体系。

8. 相关问题讨论

（1）由于安全学科的大交叉综合属性，不同学者从不同视角基于不同的目的也可以构建出不同的安全学科体系。但安全学科体系的构建，应该尽量着眼于基于安全学科相对独立的基本概念群、研究对象、研究目的、研究范围，侧重于能够形成一套相对独立的安全科学理论、方法、模型、原理等，使之既能够应用于比较共性的安全科学问题，又能够应用于比较通用的安全技术。

（2）如果构建的安全学科体系的大部分内容基本与其他相关学科雷同，则这样的安全学科建设将可能浪费大量的资源，并与相关学科产生重复甚至矛盾，由此构建的安全学科体系不太可能长期生存下去，也不利于安全学科的健康发展。

（3）安全学科体系与大学里的安全类专业培养方案虽有相关性，但并不是一回事。安全学科体系设置更需要体现科学性、先进性、前瞻性等，而高校里的安全类专业培养方案除了需要有上述的要求外，还需要考虑学科体系满足各层次安全人才培养目标的要求，知识体系具有实践性、合理性、协调性、逻辑性等。

（4）社会是发展的，人们对安全的需求也是在变化的。安全学科体系也需要与时俱进，不断充实、发展和更新，安全学科体系不能过多考虑现实，而更需要面向未来，特别是一些前瞻领域或研究方向的设置，更要给予优先。

（5）在未来相当长时间里，安全学科体系在引领我国安全学科发展和保持其应有地位方面仍然非常重要，我们在进行安全学科建设的同时，还需要更加关注安全学科体系的完善和发展。只有这样，我国的安全学科体系建设才能继续保持国际领先地位，并成为世界范围内认同的安全学科体系。

1.3 安全系统学学科理论体系

安全系统思想是安全科学的核心思想，安全系统科学原理是安全科学的核心原理。在实践层面，安全问题是一个复杂系统工程问题。因此，解决安全问题需用系统工程理论与方法。此认识目前已获得广泛共识。由学科发展史可知，一门学科的理论体系架构关乎该门学科本身的科学性与可持续性。

目前，有关安全系统理论研究与实践的论著已有很多，但这些论著对安全系统学的理论研究尚处于起步阶段。有关安全系统学的关键概念、研究路径、研究内容等基础性问题尚需进一步探讨和明确，主要表现在以下4方面：①这些论著尚未严格区分安全系统工程与系统安全工程，这是没有明晰系统安全思维与安全系统思维的区别与联系造成的，实际上，这两者具有不同的内涵。②这些论著的核心内容均基本相同，都侧重于系统安全分析、安全评价、安全预测、安全决策等具体方法的应用（从理论层面严格来讲，这些内容都还属于系统工程或系统可靠性范畴），缺乏对安全本质属性的探析。③根据刘潜提出的“安全认识4阶段”，上述论著都还属于系统安全认识阶段。随着人类社会对安全认识的深入及对安全要求的不断提高，系统安全认识需要上升到安全系统认识。④按照现行学科分类标准及钱学森对系统科学体系的划分，安全系统工程（学）或系统安全工程（学）都属于安全系统学的下游实践学科，安全系统学是安全系统工程或安全系统工程学的基础理论。目前，学界在安全系统学基础理论研究方面还很缺乏，还需继续深入研究。

1.3.1 系统安全思维与安全系统思维辨析

系统安全（思维）和安全系统（思维）都是安全系统学的核心概念，亦是安全科学理论的核心概念。但是，学界对系统安全和安全系统的提法则存在诸多争议，部分观点见表1-2。

表1-2 有关系统安全和安全系统的主要观点

文献来源	引用观点源自的文献作者和内容
具体见黄浪等2018年在《中国安全科学学报》第5期发表论文中引用的参考文献	张宇栋等：系统安全运用工程技术及管理方法保障系统获得可接受的安全形态，是系统安全性的特定性能。安全系统将安全本身作为系统，研究其内在机制，可认为是实现系统安全状态的载体和方法支撑
	周荣义等：安全系统是安全相关系统的简称，是当危险发生时采取适当措施使受控设备处于安全状态的相关系统
	方来华：安全系统用以保障生产系统安全，依附于生产系统的安全产品、安全设备与安全设施等
	张舒等：安全系统是生产系统的组成部分，是安全系统管理学研究的主要对象
	雷海霞等：安全系统是事故发生的场所，人、物和环境仅是安全系统中的部分要素
	朱邦盛：安全系统归纳起来有三大子系统，即政府安全系统、企业安全系统与社会安全信息系统

续表

文献来源	引用观点源自的文献作者和内容
具体见黄浪等2018年在《中国安全科学学报》第5期发表论文中引用的参考文献	刘潜：系统安全和安全系统代表了人类对安全认识发展的不同历史阶段
	张景林等：安全系统由人、机、环境组成，建立在安全功能构件的物质基础之上，即寄生在某一个客体系统之上的整体
	成连华等：安全系统是依附于生产系统的、与实现安全生产目的相关的一系列相互作用元素的集合
	赵秀珍等：系统安全是对安全外延的认识，安全系统是对安全本身的认识

由表1-2可知，系统安全和安全系统既相互区别又相互联系。因此，需正确区分这两个概念。

（1）系统安全中的“系统”和“安全”：①安全实践中的安全分析与安全评价等都是针对某个特定系统而言的（可称为自系统），如一个车间或工厂。通过安全分析与安全评价等得到的结果，也是针对自系统的，如某车间或某厂矿的安全评价等。因此，系统安全中的“系统”是指自系统。②系统安全概念源于系统可靠性，而系统可靠性分析往往只关注自系统本身的可靠性，忽视他系统对自系统可靠性的影响。同理，系统安全理论也是只针对自系统，旨在对自系统的整个生命周期或过程中存在的危险与有害因素进行系统分析，并提出有针对性的事故预防与系统安全促进措施，进而确保自系统的安全运行。因此，系统安全中的“安全”是指自系统不发生事故、处于安全运行状态。

（2）安全系统中的“系统”和“安全”：①在进行自系统的安全分析与安全评价等时，除自系统本身，还需考虑与自系统具有物质、能量及信息交换关系的外部系统（可称为他系统）对自系统安全的影响，即与自系统安全状态相关的所有系统（包括自系统和他系统），以及它们间的关联关系的集合。因此，安全系统中的“系统”是指自系统与他系统及两者之间的关联关系。②一般而言，事故后果都是显性的、可观测的，但部分不安全状态则是隐性的（如安全感的下降、重特大事故对涉事人及其周围的人的心理创伤等）。因此，随着安全内涵与外延的不断拓展，安全的反面并非仅包括事故，安全的内涵不只是预防事故等显性事件的发生，还应包括预防隐性事件的发生。换言之，系统安全中的“安全”内涵已不能满足安全科学发展需求。此外，无事故发生并不代表系统处于良好安全状态。例如，虽然系统发生了人的不安全行为或设备的不安全状态，由于采用安全冗余技术而未发生事故，但此时的安全系统明显存在安全问题。由此推之，安全系统中的“安全”是指一种安全思维方式，即从安全本身去审视安全系统的安全问题。

综合上述分析，本研究将系统安全思维和安全系统思维的区别进行了归纳，详见表1-3。

表1-3　系统安全思维和安全系统思维的区别

比较维度	系统安全思维	安全系统思维
基本概念方面	系统安全思维即通过系统工程原理、方法与技术，分析与评价自系统存在的危险、有害因素，并采取控制措施，预防系统事故的发生	安全系统思维指从安全本源开始，探析安全系统的本质属性与运行规律，为系统安全思维的实践提供基于安全本质内涵的理论基础

续表

比较维度	系统安全思维	安全系统思维
安全认识阶段方面	人类对安全认识的第三阶段，即系统安全的认识阶段。前两个阶段分别是自发的安全认识阶段、局部的安全认识阶段	人类对安全认识的第四阶段，即安全系统的认识阶段
安全观方面	系统安全观属于对安全外延的认识，基于系统视角，针对自系统的安全理论、方法与技术	安全系统观是基于安全本身、基于安全系统的系统安全理论、方法与技术
安全研究路径方面	是以事故为研究对象、以预防事故发生为目的的，带有消极性质（负向）的相对静态研究	是以安全系统为研究对象、以优化安全系统和安全促进为目的的，带有积极性质（正向）的相对动态研究
安全实践理念方面	尽量少地发生错的事情，类似于 Hollnagel 提出的"Safety-Ⅰ"理念	尽量多地发生对的事情，类似于 Hollnagel 提出的"Safety-Ⅱ"理念
安全价值体现方面	主要体现在预防事故发生而减少的损失，其本身并不能创造价值，属于"负向"性质的安全价值	除了体现在预防事故发生而产生的价值，还体现在可以通过拓宽和实现安全的内涵，而产生"正向"的安全价值，如安全提升、安全作为商品的交易等

1.3.2 安全系统学研究路径、研究内容

从系统的视角去审视，安全可以定义为系统的一种属性或状态，即系统的安全属性或安全状态。根据对安全系统学研究方法论的研究，安全系统学研究包括两大模块，即理论认识模块和应用实践模块。其中，理论认识模块是指探析系统的本质安全属性（体现安全系统思维），应用实践模块是指通过系统工程分析、评价、优化和控制系统安全状态（体现系统安全思维）。

实际上，表 1-3 中的系统安全思维与安全系统思维的比较分析并不是为了指出各自的缺陷或将两者进行分离。相反地，对安全系统的认识，只采用系统安全思维而忽略安全系统思维是错误的、片面的；只采用安全系统思维而忽略系统安全思维则是形而上学的。换言之，系统安全思维的实践需要安全系统思维从安全本源出发，提供更高层次的理论支撑；基于安全系统思维形成的安全认知型基础理论需要系统安全思维进行实际应用。此外，安全系统学本身就是由安全科学（提供安全系统思维）与系统科学（提供系统安全思维）交叉渗透而成的。由此推知，安全系统思维和系统安全思维的有机融合，是安全系统学研究与实践的根本方法论。

综上，可从安全系统思维和系统安全思维两种路径去分析安全系统学的理论体系，论述如下：①安全系统思维路径。安全系统学理论研究与实践，首先需要去探析和认识安全系统的本质安全属性，即基于安全的视角去认识安全系统的信息、演化与突变等本质安全属性，由此而形成的安全系统学理论，包括安全系统信息理论、安全系统演化理论等，构成了安全系统学在"安全"方面的认知型基础理论（表 1-4）。②系统安全思维路径。在基于安全系统思维路径形成的认知型基础理论的基础上，需要利用系统工程原理、方法与

技术去分析、评价、预测、控制、优化安全系统的安全状态，如此形成了系统安全分析、安全评价、安全预测等内容，它们构成了安全系统学在“系统”方面的应用型基础理论（表1-5）。

表1-4　基于安全系统思维路径的理论分支

理论分支	主要内涵
安全系统信息理论	信息是一切系统要素相关联的核心纽带，安全系统的一切属性、行为与状态都是通过信息予以体现和表征的。系统安全评价、预测、决策、控制等也都是以系统安全信息理论为基础的。从信息的视角去研究系统安全问题和建模，更能够体现系统安全的本质机理，更有利于构筑符合新时代的需求和现状的安全系统
安全系统演化（涌现）理论	安全系统演化包括系统内部结构方式的根本变化、系统外部整体形态和行为方式的根本变化，主要研究内容包括安全系统演化的动因、方向、过程、模式、控制等，或安全系统行为或安全状态在时空中的平衡、稳定、运动、传递、相变、转化、适应、进化、分化与组合、自组织与选择性随机演化等规律
安全系统结构理论	安全系统结构是指支撑系统安全状态及安全功能的结构，是系统内部各要素间的相互作用及共同表现的系统行为在系统安全方面呈现的特征属性。安全系统结构理论主要研究内容包括安全系统结构定义、演变原理、定性定量分析，以及安全系统结构与系统安全现象、系统安全功能、系统安全状态互相关联的基础理论
安全系统协同理论	系统中各组成要素及其关联关系从无序到有序的有序化过程和有序化状态是系统安全的本质体现，安全系统协同理论从安全的角度运用系统协同思维去设计和优化安全系统，旨在探析如何使系统形成时间上、空间上和功能上的有序结构；分析各子系统之间在运行过程中的合作、协调与同步机理
安全系统突变理论	安全系统突变理论旨在研究从一种安全状态跃迁到另一种安全状态的现象和规律，解释为何系统元素的连续变化引起系统状态的突变（如事故），以及人、物因素在这种突变过程中的作用，探析系统的安全状态随外界控制参数的改变而发生安全流变–突变的规律，以及突然变化因素与连续变化因素之间的关系
安全系统混沌理论	安全系统混沌理论研究内容主要包括基于混沌理论的系统事故致因分析、系统安全评价、系统安全预测、系统安全管理、系统安全混沌动力学与系统安全混沌控制等。运用安全系统混沌理论，可以进一步深化对系统安全本质特征与运行规律的认识，是对安全学传统原理的突破与创新
安全系统韧性理论	安全系统韧性是指系统在一定时空内面对风险的冲击与扰动时，维持、恢复和优化系统安全状态的能力。安全系统韧性理论是对传统系统安全学理论的继承与发展，是实现系统安全与可持续发展的新思路，同时也是安全系统学研究领域中新的理论范式

表1-5　基于系统安全思维路径的理论分支

理论分支	主要内涵
系统安全分析理论	传统经典的系统安全分析方法已经得到广泛应用，但是随着社会技术系统复杂性和耦合性的不断叠加，需要在继承和整合传统系统安全分析方法的基础上，提出适应信息社会与风险社会的系统安全分析方法，如基于大数据的系统安全分析方法、基于机器学习的系统安全分析方法等

续表

理论分支	主要内涵
系统安全评价理论	从安全价值理论来看，系统安全评价就是评价主体对安全系统功能满足主体安全需求（如是否符合相关安全技术标准、是否满足安全经济效益、是否符合社会利益等）程度的认识与估量。从系统论角度，系统安全评价可分为安全系统结构稳定性评价、“系统-环境”安全影响评价、系统“安全输入-安全输出-安全反馈”评价等
系统安全预测理论	系统安全预测是立足于系统安全发展变化的实际数据和历史资料，运用预测理论与方法，分析系统安全演化发展的规律性，对未来一定时间段内的系统安全行为、安全状态进行预先的估计与推测。系统安全预测路径一般包括因果分析路径、相似与比较分析路径、安全统计学路径、大数据路径等
系统安全决策理论	系统安全决策是针对特定的系统安全问题，根据安全标准和要求，运用安全科学的理论和分析评价方法，系统地收集分析信息资料，进行系统安全分析、评价和预测，得出各种安全方案，同时经过论证评价，从中选定最优的安全方案并予以实施的过程
系统安全控制理论	根据安全结构与安全环境决定安全功能的原理，可通过控制、改变和调整安全结构和/或安全环境及两者之间的关联关系来实现所期望的系统安全功能。系统安全控制理论就是从系统控制的角度研究安全问题，包括系统安全控制原理、安全控制与反馈模型、基于控制论的系统事故致因模型等
系统安全模拟理论	系统安全模拟是指根据系统安全理论模型，结合相关模拟技术，通过系统安全结构模拟、系统安全功能模拟、系统安全环境模拟，进行系统“事故↔风险↔安全”演变的仿真实验，进而实现对系统安全行为、安全现象与安全状态的仿真模拟，同时实现系统安全的可感化与可知化，为系统安全预测、决策等提供理论支撑
系统安全运筹、规划与优化理论	系统安全运筹、规划与优化理论是在给定的有限条件下，通过系统的安全结构调整、安全机制设计、安全运筹优化、安全适应协同、安全反馈调控、安全合作与博弈，使系统内部各变量之间、各变量与各子系统之间、各子系统之间、系统与环境之间实现最佳组合与协调，进而最大限度地满足系统安全要求，使系统处于最佳安全状态
系统安全实践（执行）理论	任何一项系统安全理论的实践，都是一个具体的实践系统。实践对象是一个系统，实践主体也是一个系统且包括人在内，把两者结合起来还是一个系统。任何系统安全理论实践都有明确的目的性和组织性，并有高度的综合性、系统性和动态性。因此，应用系统安全实践理论指导具体的安全实践活动是自然的和必然的

1.3.3 安全系统学理论体系框架

随着安全科学理论的发展与完善，以及所面对的安全问题的复杂性的增加，人们对安全内涵认识的广度和深度也在不断扩大。安全问题涉及范围的大小不同，安全系统大小及所需的安全系统学理论的广度和深度可能相差很大。因此，可基于系统粒度，将安全系统划分为微系统（如生产车间、工段）、中系统（生产企业或组织）和宏系统（生产组织所属的经济社会系统）。视野范围不同，系统粒度的尺度也不同。基于此，可将安全系统学理论概括为4个范围：①有关组件或部件的安全理论，这是最早的安全系统理论研究，主要关注系统元素的可靠性问题，认为事故是由系统元素（包括人）的失效造成的。②有关微系统的安全理论，在这个系统粒度层面，开始寻找事故背后的组织因素，并考虑外部环境对系统安全的影响，如温度、湿度、光照等，但也只是局限于事故发生的生产车间、工段等微系统。③有关中系统的安全理论，在这个系统粒度层面，开始分析组织安全文化、安全氛围、安全投入等对系统安全的影响。④有关宏系统的安全理论，现有的系统安全理论主要属于前 3 个系统粒度层面，但是随着系统安全问题面临的系统复杂性的增加，以及新型系统科学思维的出现（如社会–技术系统思维、系统的系统思维等），安全系统理论研究需要考虑整个社会大背景，如社会结构、政治与文化、法律法规法制体系、经济结构与浪潮、产业结构调整、供给侧改革等对系统安全的影响机制、应对机制等。

需指出的是，上述根据系统粒度划分安全系统理论研究的目的不是指出各个类型理论的缺陷，而是明确不同系统粒度层面的安全系统理论研究应该齐头并进、互相融合进而满足安全系统学理论研究与实践需求。根据基于安全系统思维路径与系统安全思维路径划分的安全系统学理论分支及其内涵解释，结合安全系统粒度划分，可构建如图 1-5 所示的安全系统学理论体系框架。基于该框架，在理论方面，可以进一步进行开放性安全系统学课题的研究；在实践方面，可以指导解决所面临的安全系统问题。

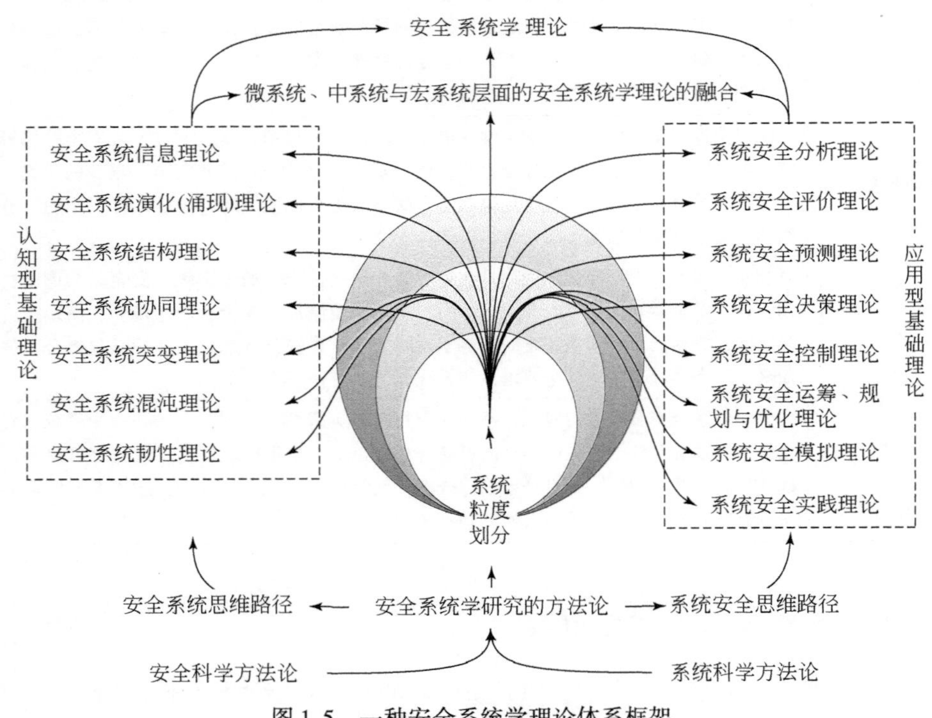

图 1-5　一种安全系统学理论体系框架

需指出的是，图 1-5 中的各项研究内容是密切关联并相互影响的，只是侧重点和目的不同。安全系统学理论体系本身就构成了一个系统：①其系统结构由各个理论分支及其关联关系构成，可根据需要选择并组合形成不同的理论体系结构进而产生不同的理论功能，如基于安全系统信息理论的系统安全分析、安全评价、安全预测，基于安全系统韧性理论的系统安全优化、安全控制等。②其系统环境由安全科学理论、系统科学理论及其他相关学科组成，在将安全系统学应用于具体的实践领域时，还需要考虑该领域的应用型学科知识。③其系统功能则随着系统环境和系统功能的变化而变化，但其核心都是指导安全系统学理论研究与实践。此外，安全系统学理论体系还具有如下特征：①动态开放性，即该体系是随着研究与实践的深入需要不断完善的；②交叉复杂性，安全系统学可用来解决复杂的系统安全问题，但其自身也具有复杂性，不同的视角、理论分支进行交叉、渗透与融合可以产生不同的功能。

系统安全与安全系统具有不同的内涵，其中，系统安全中的“系统”是指自系统，“安全”是指自系统不发生事故、处于安全运行状态。安全系统中的“系统”是指自系统和他系统及两者之间的关联关系，“安全”是指一种安全思维方式，即从安全本身去审视安全系统的安全问题。安全系统学研究路径及对应的理论分支包括：①安全系统思维路径，基于该路径得到安全系统学在“安全”方面的认知型基础理论，包括安全系统信息理论、安全系统结构理论、安全系统协同理论等 7 门理论分支。②系统安全思维路径，基于系统工程路径得到安全系统学在“系统”方面的应用型基础理论，包括系统安全分析理论、系统安全评价理论、系统安全预测理论等 8 门理论分支。安全问题涉及的范围大小不同，对应的安全系统学理论也不同。基于不同的系统路径，将安全系统划分为微系统、中系统和宏系统，分别对应微系统层面的安全系统学理论、中系统层面的安全系统学理论和宏系统层面的安全系统学理论。基于安全系统学理论研究的两条路径及其下属理论分支和不同系统粒度的安全系统划分，构建了安全系统学理论体系框架。该框架需要在后续研究与实践中不断完善。

1.4 安全系统学方法论

方法论是以解决问题为目标，对某学科所使用的主要方法、规则和基本原理或是对某一特定领域相关探索的原则与程序的分析。在我国，安全领域相关的方法论研究成果并不多，吴超等对安全科学研究的方法论进行了深入研究，出版了《安全科学方法论》等论著，为安全系统学研究提供了方法学基础。

目前安全系统学正处于科学发展的初始阶段，在安全系统学方法论方面存有大量不足和空白。为了促进安全系统学的完善及发展，下面从学科建设视角出发，通过对安全系统学方法论及其特点、原则进行论述，从切入思考维度及方法模型两个角度进行综合分析，给出安全系统学方法研究的动态模型。

1.4.1 安全系统学方法论基础

1. 安全系统学方法论内涵

科学方法论是通过对方法的研究、描述和解释，揭示客体所需遵循的途径及路线，以达到对研究问题的科学认识的目的。

基于上述对安全系统及安全系统学定义的描述，这里对安全系统学方法论做出概念性解释：安全系统学方法论是用于指导安全系统学的一般理论取向，研究安全系统学方法的基本逻辑、规则，是对安全系统学研究方法的高度概括。与具体的安全系统方法相比，安全系统学方法论有如下特点：

（1）系统性。安全系统学方法论本身就是由诸多理论方法及层次思路组成的系统，它强调了从系统分析到系统优化再到应用实践整个研究过程的完整性与系统性，每个步骤环环相扣，形成系统整体。

（2）严谨性。由客观事实出发，实事求是，以发展的思维进行研究，并用实践作为检验真理的唯一标准是唯物辩证思想的精髓。严谨的安全系统的研究，就是要以之为方法论的基点开展进一步的扩展建设。

（3）可重复验证性。安全系统论注重现实和数据或经验的基础作用，安全系统的分析、评价、应用等必然是以科学的和客观的数据为前提的。

2. 安全系统学方法论原则

辩证唯物思想是客观认识世界的一种方法论，也是安全系统学及其他学科的研究中最基本的原则。它强调的是“唯物”与“辩证”这两大要素。“唯物”即认为事故并不是无来由的突发事件，而是系统客观存在着的危险因素或不安全行为作为事故发生的风险，并存在让该风险增加、扩大并造成危害的客观条件，如有毒有害物质、高温高压的环境等。“辩证”即认为安全系统中的因素在不断变化与运动，强调整体与个别的关系，这与系统的思想是不谋而合的。

因此，在从事安全系统的分析、构建、决策、管理等研究时，需以辩证唯物主义为科学的方法论原则。与安全系统工程技术的研究方法论不同的是，安全系统学是对安全系统（或系统安全）工程技术在方法、理论、规律方面的总结概括、延展与升华，所以，在遵循辩证唯物思想这一大原则的前提下，还应遵循以下一般方法论原则。

（1）整体性原则。该原则是指在对安全系统进行研究时，要全面系统地考察安全系统所涉及的一切因素，并进行综合整体的把握。即在安全系统的研究中，需要将分散的、看似独立的系统因素从整体的角度加以考虑，充分了解其分散的个体与系统整体间的关联及个体对系统所发挥的作用。同时，由于安全系统不仅包括物质的机械、设备等，还包括了人的因素及社会因素（政策、文化等），因此，整体性原则也体现了对于这些外界因素的充分考虑。

（2）相关性原则。任何事物都不是孤立地存在，事故不是凭空地出现，系统中任何要素也不是绝对独立的，要素之间及要素与整体间都存在着相互联系与影响。故在对安全系统进行分析研究时，必须要以联系的观点，统筹所有的因素与相关方面。

（3）动态性原则。时间动态性是安全系统的一大特性。因此，对于安全系统的方法论研究，必然不能忽略在时间维度上所带来的动态变化。这一变化包括，可预见的与不可预见的政策性变化、技术性的提高、人的自身安全文化及安全素质水平的提升等所带来的安全效果的整体改变。

1.4.2 安全系统学方法分析

1. 安全系统学方法统计分析

安全系统学体系是在认识与解决人类生产及生活过程中事故、灾难等安全问题的过程中逐步形成的，是包括自然科学与社会科学的大交叉综合学科。因此，自然科学和社会科学的通用研究方法亦适用于本学科。综合分析多种方法，并根据方法的思考维度的不同，将现存方法分为系统整体性研究、系统横断研究、系统分解研究。表 1-6 对三种分析维度包含的部分方法进行列举分析。

表 1-6 安全系统学研究方法实例分析

分析视角	涵盖方法举例	方法概述
系统整体性研究	大数据挖掘	大数据挖掘分析，可全面、深化认识事故、灾难的发生机理及其发展规律，从而为科学预测事故、灾难的发生及其发展趋势，以及制定应急预案和其他安全管理等工作提供支撑
	高精度数值模拟	高精度数值模拟研究，既可再现事故、灾难过程，又可节约研究时间及成本，是全方位、深层次研究事故、灾难的机理和规律必不可少的研究手段之一
	大尺度物理模拟	通过大尺度物理模拟研究，可获取真三维、高相似比的模拟结果，既可丰富对相关事故、灾难认识的实验数据，又可对相关的高精度数值模拟结果进行验证
	工程验证试验	针对难以通过缩尺度实验模型进行的模拟验证，在条件许可的情况下，通过工程验证试验对相关防治技术或方法进行有效性验证等，将是本学科研究必将坚持的手段之一
系统横断研究	层次分析方法	安全系统与普通系统相似，都存在着多层次结构等级结构。运用层次分析方法，将安全系统问题分层次进行分析，会使看似复杂的问题条理化，有助于形成清晰解决问题的思路
	比较安全研究方法	比较安全研究方法是一种运用比较思维，通过对安全系统中彼此有某种联系的不同时空的事、物、环境、人的行为等进行对照分析，揭示其共同点和差异点，并提供借鉴、渗透、提升的方法。比较安全研究方法通过某一层面的切入点，可以将不同的系统进行横向并列，从整体与横断两个层次实现安全系统的综合分析
	相似安全系统研究方法	相似安全系统研究方法是围绕系统内部和系统之间的相似特征，研究相似系统的结构、功能、演化、协同和控制等的一般规律，进而对系统安全开展相似分析、相似评价、相似设计、相似创造、相似管理等活动，寻求实践安全效果最优化的方法
系统分解研究	安全容量法	安全具有容量属性，以风险承载力度量安全；同时容量具有安全属性，以安全为前提保障容量。基于此，提出系统性的安全容量概念。安全容量由 n 维风险维度共同决定，以薄弱环节安全容量作为评估中权重最大的一个维度
	子系统研究方法	将复杂的系统进行分解，划分为多个子系统，会将看似无序的问题简化，从而形成解决问题的清晰思路。对于安全系统而言，比较传统的分解方法，如人、机、环境、管理等，也可按照功能分解、结构分解等划分

（1）系统整体性研究是系统方法的核心，也是系统思想的精髓所在。系统的相关性、整体性，要求在对安全系统进行分析时不能仅仅聚焦于系统的局部某点，否则会忽略由局部组成的整体在功能上的变化。

（2）系统横断研究是从系统的某一视角横向切入的研究，如进行系统安全比较研究或相似研究等，可同时研究各安全子系统间或安全学科群的关系。将该思路相较于安全学自身方法，建立的比较安全法、相似安全系统法正是得其精髓。

（3）系统分解研究，安全系统涵盖范围极广，小至工序的操作程序，大至整个国家的安全体系，因此，将安全系统分解成各类子系统进行研究，是安全系统研究的主要切入点之一。

2. 安全系统学方法模型分析

模型方法是以研究模型来揭示原型的形态、特征和本质的方法，是逻辑方法的一种特有形式。通过舍去次要的细枝末节和非必要的联系，以简化和理想化的方式去再现原型的各种复杂结构、功能和联系，是连接理论和应用的桥梁。而安全方法模型就是将安全系统不同的功能模块或目的的具体的技术方法进行条理化，并进行分类，使管理者在实现分析、决策、评价等安全系统功能时，可以有理有序合理地选择方法。在安全系统中，可将安全系统方法模型划分为七大类，其中的一些模型是基于整个学科的高度而建立的，而一些模型只是针对某些具体问题，具体参见表1-7。

表1-7　安全系统学方法模型类型实例

模型类型	模型描述
构件模型	该类模型用于描述系统的组成成分，如“人–机–环境”系统方法、“人–事–物”方法等
层序模型	该类模型可以表征能阻止事故发生的事件或活动的原因及顺序，或者用以表示事件或活动诱导事故发生的过程，如事故树分析法、鱼刺图分析法等
介入模型	该类模型用于描述能够增加安全的介入的媒介，如机械干预模型、安全教育模型、政策强制模型等
数学模型	该类模型基于定量分析，用以数据分析及结果的评价、评估，如粗糙集、模糊数、层次分析法等
过程模型	该类模型可以表达系统操作及系统活动的关系及过程、事故中一些特定的事件发生的顺序，如事故链模型、能量转化模型等
安全管理模型	该类模型能确定系统的组成部分、各子系统、组分相互关系、输入输出等；能描述风险可控系统的方式及过程，如安全管理系统、风险管理系统等
系统模型	该类模型可以描述系统的目标、组成、关系、相关性、动态性等

3. 安全系统学方法研究的动态模型

一个学科的发展离不开其理论体系及方法体系的支撑，安全系统学作为安全科学的重要分支，其自身的方法体系还存在大量空白。安全系统学是以系统学和安全科学为基础，并依托于自然科学、工程科学及人文科学而发展的，因而多数被广泛应用的安全系统学方法均来自对其他相关学科的借鉴与改进应用。依据此思路，可构建出安全系统学方法研究的动态模型（图 1-6）。该模型涵盖了垂直方向和水平方向两条探索路线。垂直方向的研究路线包括：①相关学科和相关领域的资料的调研。相关学科主要包括系统学、系统工程、人文科学、管理学等学科领域；资料查询方式可通过数据库关键词查询，如安全+方法、安全+模型、系统+方法、系统+模型、安全+系统等。②筛选和提取有价值的资料方法。其包括可能用于安全系统学的全新的方法、与安全领域相似但具有可供借鉴或更先进之处的方法、对现有安全系统方法的改进有可资借鉴之处的方法等。③判断和验证能否应用于安全系统学。判断及验证思路是，运用比较、相似、演绎的思想，分析方法与安全系统自身方法的相似性、差异性，为后续的实践应用奠定基础。④改进及应用。从其他领域借鉴而来的方法一般难以直接运用于安全系统领域，因此，需要根据实际情况对安全系统进行改进。水平方向的研究路线，即实践中探索发现—提取有价值的方法—判断方法是否可用—改进与应用。该模型之所以涵盖垂直方向和水平方向两条探索路线，是因为初始的方法资料来源不同（分别源于其他学科和实践操作）。

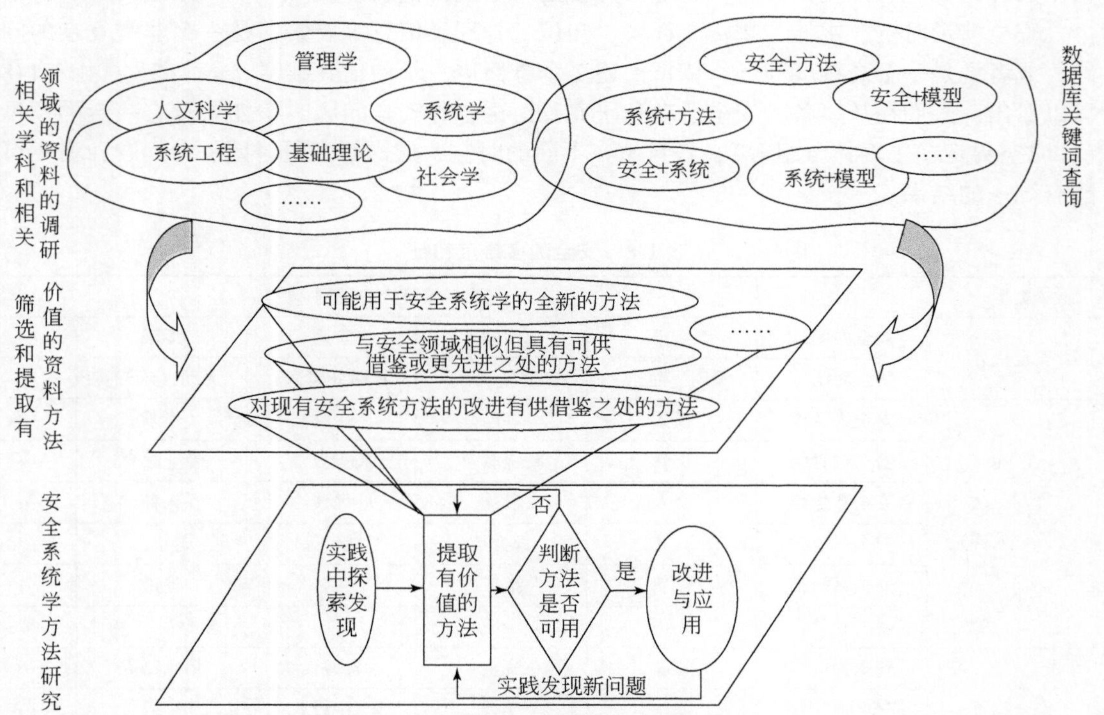

图 1-6 安全系统学方法研究的动态模型

1.5 安全研究的预设和途径

本节从安全边界、安全主体、安全物资、安全环境、安全知识、安全管理、安全信息 7 个方面梳理了安全的维度，以便于读者更为直观地认识安全问题的复杂性和高维度特征。本研究给出了几条安全研究预设，以此来解释“安全研究者对安全理论统一性的认同度很低”的原因。

迄今安全研究的主要途径可归纳为事故预防、风险管理和本源安全，它们都存在优势和劣势，安全研究的 3 条主要途径彼此之间可以相互补充、相互支撑，其研究目的和关联的因素是殊途同归的。

1.5.1 安全的维度

多年来，针对安全术语等问题存在纠缠不清的状态，许多安全研究者和工作者希望制定一些安全标准、安全词条、安全定义等，来改变人们对安全问题认识不一致的现状，但实际收效甚微。其主要原因包括：首先，安全问题在客观上是复杂多样的；其次，不论是专业人群还是非专业人群，每个人都不可能去系统地学习和理解并记住那些由专业人士写出来的长文；再次，安全队伍不断扩大，新人不断接替老人，他们对安全都有自己的体会和认识，主观上都认为自己的认识是正确的；最后，很多人没有认识到对安全的研究及其得出的理论都是有前提条件的，这些条件就是本研究讨论的预设。

安全涉及时空、主体、物资、环境、知识、管理、信息等要素，是一个非常复杂的问题，或者说是一个高维度问题，依据上述 7 个方面进一步构建其维度（表 1-8）。由表 1-8 可以看出，人们在从事各种安全活动和研究及讨论各种安全问题时，如果没有一定的预设（如时空界定、主客体分组等），各自站在不同的时空、层次等来研讨同一个问题，将不可能有统一的结果。

表 1-8　安全的多维度特征

类型	维度	维度内容举例				
安全边界	安全空间维	微观	中观	宏观	无限	……
	安全时间维	短期（过去）	中期（现在）	长期（将来）	无期（未知）	……
安全主体（人、人群）	安全人性维	损人	利己	中性	奉献	……
	安全教育维	文盲	初级教育	高等教育	专业教育	……
	安全数量维	个人	群体	民族	人种	……
	安全对象维	幼儿	青少年	成年人	老年人	……
	安全目标维	创新	推广	科普	促进	……
	……	……	……	……	……	……
安全物资	安全物资维	物质	资金	物资替代物	信息物资	……
	安全生产力维	原始	初级	中级	高级	……
	……	……	……	……	……	……
安全环境	社会维	社会结构	社会组织	伦理道德	文化精神	……
	政治维	原始生态	强权专治	民主法制	自由	……
	经济维	封闭经济	计划经济	市场经济	混合经济	……
	……	……	……	……	……	……
安全知识	专业维	安全工程	安全技术	安全设备	安全设施	……
	逻辑维	安全理论	安全模型	安全原理	安全方法	……
	……	……	……	……	……	……

续表

类型	维度	维度内容举例				
安全管理	要素维	人员	资金	机物	场所	……
	组织行为维	计划	执行	协调	控制	……
	……	……	……	……	……	……
安全信息	信息维	感知	数据	情报	事实	……
其他	……	……	……	……	……	……

如果人们对安全的复杂性和高维度有了基本的了解，就会认识到安全研究要想得到一致或统一的结果，必须具有相同的预设；就会理解并允许安全研究和安全理论的不统一；就会科学地看待安全研究和认识的局限性及其适用条件。下面依据安全实践经验，运用理论研究、科学分类和逻辑思辨等方法，首先提出安全问题研讨的几个预设，其次归纳安全研究的 3 条主要途径，最后列举近年国际上安全研究的 3 种代表性新思想。

1.5.2 安全研究的几条预设

由表 1-8 及其分析可知，由于安全是一个非常复杂的问题，研究和讨论具体的安全问题时，必须先预设研讨的前提，即研讨安全具体问题需要有相同的语境。通过实践到理论的循环反复，归纳出以下几条基本预设。

1. 安全研究的时间界定预设

安全是一个古老的问题，也是未来永恒的问题，因此安全有巨大的时间尺度。如果讨论的安全问题不是在同一个时间段范围内，则很难将问题进行比较，也很难得出相对统一的结论。例如，100 多年前的手工生产模式及其安全管理方式，与当今现代机械化、自动化乃至智能化的生产模式及其安全管理体系，就不可能有一致性和通用性，其安全管理方法也不能错位应用。

2. 安全研究的空间界定预设

具体安全问题的空间可大可小，不同空间尺度的安全复杂性和与之相适应的安全管理方法等是有天壤之别的。例如，一个简单的手工方式作业车间，其安全管理就非常简单，主要是防止人有不安全的动作和物存在不安全的状态，并使人与物分开，就基本可以确保不发生伤害事故。但对于一个非常复杂的现代化物流配送车间，甚至是更复杂的航天航空系统而言，其安全关键问题及其需要应用的安全管理方法，显然与上述的手工作业场景是完全不一样的，也便没有可比性。

3. 安全研究的出发点和应用范畴的预设

安全是一个高维复杂问题，从不同的层面和不同的出发点，都可以提出相应的安全定义、理论和方法等，因此需要对安全研究的出发点和应用范畴进行说明。例如，安全的定义：如果该定义是从最高的层面，如哲学层面或是从最基础的层面提出来的，则其适用于所有安全问题；如果该定义是从某一领域提出来的，则只能适用于所在领域。仍以安全定义为例，有的安全定义是从关键问题出发（如事故、风险等）提出来的，进而关联出相关的一切事物；有的安全定义是从系统、主体、结果或目的出发，进而关联出更多的要素，并形成系统和安全知识体系。综上所述，安全定义、理论和方法等，具有多样性特征。

4. 安全主体（人群）的界定预设

不同的人群主体，他们的安全责任和权力是不一样的，讨论安全工作需要对安全主体（人群）加以界定，否则就会出现人员错位现象。例如，对于广大的群众而言，他们的主要安全责任和义务是接受安全教育、遵守安全规章等，实现安全预防为主等；对政府部门而言，他们需要制定安全法规、建设必需的安全工程，并对大众开展安全教育等；对于职业安全工作者而言，他们除了有普通大众的安全责任和义务之外，其主要职责是开展日常安全事务性工作，辨识危险和预测风险，做好应急救援准备，并尽量做到既安全又经济，对下服务于大众，对上为领导提供安全决策咨询服务等；对于企业领导和监管部门而言，他们的主要职责是开展科学安全决策和监管等。如果上述几方面的主体职责和义务发生错位，则整个社会就会出现混乱，安全就不可能得到保障。许多安全理论的适用主体和对象也是不一样的，这里就不一一加以说明了。

当人们要讨论安全科学理论问题及其应用时，只有在共同的时空、共同的主体、共同的出发点和范畴的基础上，来谈安全定义、安全科学理论、安全科学研究对象、安全科学研究方法、安全实践问题等，才能有共同的语境和说法，否则就会争论不休，也毫无意义。另外，如果是开展创新研究，那就不必完全按照已有的安全理论体系而行，甚至可以完全抛弃原有的理论体系。

当专家和同行评价安全科学理论的价值时，也需要先将上述问题界定清楚，这样思想上才能统一，才能避免误判从而得出正确的结论。

1.5.3 安全研究的三条途径

通过对过去安全研究的大量事实和研究成果的系统梳理，安全研究的主要途径可概括为事故预防、风险管理和本源安全。

第一条研究途径，以事故预防为主线，从事故致因等方面研究安全，这种研究思路可以简称为“逆向研究”，即从事故来研究安全，先研究事故发生的规律，再从中获得安全规律。应该指出，事故致因理论并不等于安全科学，它只是安全科学的重要内容之一。第一条研究途径已有近百年的悠久历史。

第二条研究途径，以风险控制为主线，从风险管理等方面研究安全，这种研究思路可以简称为“中间研究”，如从尚未形成事故的隐患出发来研究安全。走第二条研究途径的研究通常也需要考虑隐患会导致什么样的事故，其研究历史比第一条研究途径短暂。

第三条研究途径，以系统安全为主线，从本源安全方面开始研究安全，这种研究思路可以简称为“正向研究”，即一开始就从安全出发开展研究。走第三条研究途径的研究通常需要以第一条和第二条研究途径的研究思路为基础，其研究历史最为短暂。

由于安全问题是一个系统，无论是从事故预防、风险管理还是从本源安全研究途径出发，研究过程所涉及的因素最终都会关联到一起，只是侧重点不同和出现的先后顺序等不同而已。另外，三条研究途径相互关联、相互支撑，有殊途同归的效果，最终目的还是以安全为主。

安全研究的三条途径的特征比较见表 1-9。安全研究的三条途径的安全工作范畴及其相互包含关系如图 1-7 所示。

表 1-9 安全研究的三条途径的特征比较

比较项目	逆向研究（从事故出发）	中间研究（从风险出发）	正向研究（从本源安全出发）
安全工作的主要特征	预计可能发生的各种事故，采用相关和相应的措施加以预防和控制	主要考虑系统的薄弱环节和可能发生故障的概率及危险性，对风险进行针对性防控	以安全为目标，从系统出发，尽可能地提高系统安全性，处理好各种事务，使之更加安全
安全研究的侧重点	侧重事故致因理论和模型、事故统计分析等	侧重风险评估和危险源的控制等	全面系统关注安全，提高人和系统的抗灾变能力等
思维方式	逆向思维	关键思维	系统思维
主要优点	可以根据以往大量已经发生的事故进行预测判断； 如果掌握了比较确定的可能发生的事故类型，安全工作会比较有针对性； 相对比较节省人力、物力、财力等的直接投入； 能让普通人容易理解安全的作用和功能	可以借鉴以往发生的事故判断风险； 根据危险源和隐患分析判断风险； 安全工作比较容易找到切入点； 能够集中逆向研究和正向研究两种研究途径的优势	学习安全样板现象； 发挥人的超规范能力； 安全员发挥作用的范围较大； 安全经济效益考虑正面效益和负面效益； 正面范围比较广泛； 提升安全感； 适用于大安全； 可以把安全融入各项工作之中，发挥系统中所有要素的安全功能和积极性
主要不足	忽略了更多可以学习和借鉴的安全榜样； 使安全工作的范围变得狭窄，安全员发挥作用的范围很小； 安全经济效益仅考虑负面效益，未计入安全感提升等正面效益； 实际上很难精准预计未来会发生什么事故； 主要适用于生产安全，对于新风险和大安全很难有效； 难以考虑类似心理创伤等内隐伤害； 对人的创造性产生的影响和对人造成的破坏性考虑不够或难以纳入	精准确定系统的风险仍然非常困难； 相关的安全风险管理还没有形成自身的理论体系，仍然离不开事故致因理论等； 仍然存在逆向型研究途径的部分缺点或不足； 没有很好地利用正向型研究的优点	仍然需要依靠安全实践经验； 总的来说安全投入花费较大； 很多工作难以得到立竿见影的效果； 很多安全理论方法还不成熟或没有形成，有待未来发展

续表

比较项目	逆向研究（从事故出发）	中间研究（从风险出发）	正向研究（从本源安全出发）
包含关系	被正向研究包含	被正向研究包含	包含逆向研究和中间研究
时代特征	传统的安全研究方向	近代的安全研究方向	现代和未来的安全研究方向

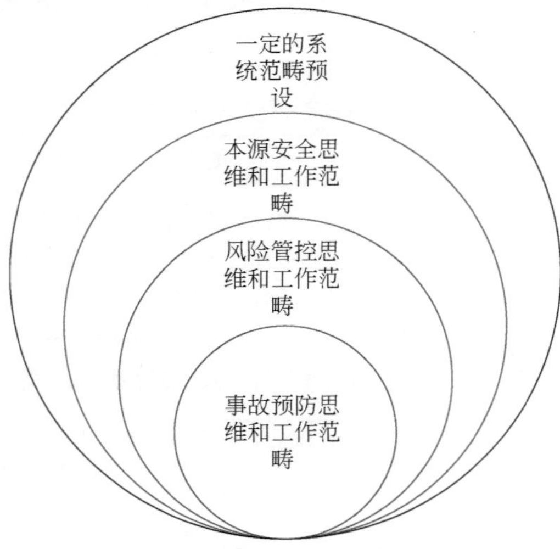

图 1-7　安全研究的三条途径的安全工作范畴及其相互包含关系

1. 从事故出发研究安全的问题分析

事故预防研究仅仅是安全科学的一部分。事故致因理论是从大量典型事故的本质原因分析中提炼出的事故机理和事故模型。这些机理和模型反映了某类事故发生的规律性，能够为事故原因的定性、定量分析，事故的预测预防，安全管理工作的改进等，从理论上提供科学的依据。现有的事故致因理论主要着重于从人的特性与机器性能和环境状态之间是否匹配和协调的观点出发，认为机械和环境的信息不断地通过人的感官反映到大脑，人若能通过正确地认识、理解、判断，做出正确的决策并采取行动，就能避免事故和伤亡；反之则会发生事故和伤亡。现有的事故致因理论对安全教育、安全文化等方面的致因研究很少。应用链式事故致因模型分析事故，得到的事故原因和逻辑均比较清楚，应用也比较简单，其不足是链式事故致因模型所包含的事故原因不全面，实际分析的安全问题不够全面。其实，链式事故致因模型也同样构成了一个系统，因此还需要从系统的策略去开展研究。事故致因理论可以用来清楚地分析已经发生的已知事故，但还不可以用来分析未知事故的具体原因。

2. 从风险出发研究安全的问题分析

现有风险管理基本是基于“风险辨识–风险评价–风险控制”三阶段的风险管理方法。风险管理目前主要用于经济安全领域，在事故灾难预防和控制方面的研究及应用有待于加强与拓展。现有风险辨识的主要方法大都与事故分析方法相同，没有太大的区别和发展。风险评价方法与安全评价方法也基本相同。风险控制方法主要有风险避免和减少法、风险分散化法、风险自留法、风险转移法、保险法等，其风险控制原理仍然基于就事论事的思维方式，从整体和系统的视角开展风险控制的方法研究仍然不足，风险管理研究未形成独特的方法论体系。

3. 从本源安全出发研究安全的问题分析

从本源安全出发开展安全研究的思想，是在以事故和风险为主要研究对象的基础上发展起来的，从本源安全出发开展安全研究的思想消除了“安全科学不研究安全而研究事故和风险”的悖论，更具有先进性。从本源安全出发开展安全研究的基本思想为整体性安全思想，但目前整体性的安全研究方法尚待深入研究，急需找到整体性研究的切入点或突破口。如果仍然运用整体分解成子系统的研究思路，则会存在“安全系统学不从系统入手开展研究”的悖论。目前系统安全分析与评价方法是安全界比较认可并广泛应用的从本源安全出发的整体性研究方法。

1.6 安全创新的表达及其关联问题

新概念是新理论和新发明的开始或原点。安全科技创新也需要有安全新概念的创新。把安全创新需要与商业和科技创新相提并论，安全才能得到更加实质性的重视。概念创新是安全创新的重要体现和支撑。

在中国万众创新和科技创新等热潮的涌动中，国外二三十年前提出的颠覆性创新（disruptive innovation）这一名称或概念也流行起来。在相关文献中，颠覆性创新所涉及的内容基本上为商业和科技等领域对人类有益的创新，大都是从正面积极的方向去思考问题的。

安全也有颠覆性元事物或元问题，但人们对负面的突发灾难事件等的防控和思考却远远少于正面的颠覆性创新，也未出现有类似颠覆性的合适概念可以概述对重大自然灾害、灾难事故、突发公共卫生事件和社会安全事件等负面内容的防控研究所取得的巨大成就，更没有一个概念能够统一正负两个方面创新性的名称。基于此，下面首先对描述安全创新的新概念开展创设，其次提出所涉及的系列科学问题和评价方法等内容。

1.6.1 表达安全创新的新概念的提出及其内涵诠释

1. 元事物

这里把元事物（meta-matter，MM）当作一个新词，“元”表达起源、根本、核心、首要等含义，元事物包括元事件和元物质，这样内涵更加宽广，可以涵盖重要新事件、新发明、新理论、新方法、新材料等的创新。本节将元事物归属于创新主体以外的客体。

元事物表达的内涵：最初始和最根本的新事件或新物质。元事物在自然、生命、生态、人类社会等演化活动和助力的过程中，能发展成为能够影响很大范围和很多人的“大事物”，这里指的“大事物”可以是对人类有益的伟大发明或发现，也可以是对人类有害的重大灾难诱因等，如能改变人类生活方式的计算机和网络技术、能改变能量转化方式的核能技术、能改变人类繁衍的基因技术等。因此，有益于人类的元事物被称为正元事物，有害于人类的元事物被称为负元事物。

2. 正元事物

正元事物（positive meta-matter，PMM），在自然、生命、生态、人类社会等演化活动和助力的过程中，能发展成为有益于人类的“大事物”。

3. 负元事物

负元事物（negative meta-matter，NMM），在自然、生命、生态、人类社会等演化活动和助力的过程中，能发展成为有害于人类的“大事物”。

4. 元创事物

元创事物（innovation of meta-matter，IMM）表达的内涵是元事物的发现或创新，而且这种发现或创新，在自然、生命、生态、人类社会等演化活动和助力的过程中，能发展成为能够影响很大范围和很多人的“大事物”。本节将元创事物归属于创新的主体。

5. 正元创事物

正元创事物（positive innovation of meta-matter，PIMM），在自然、生命、生态、人类社会等演化活动和助力的过程中，能发展成为有益于人类的“大事物”。

6. 负元创事物

负元创事物（negative innovation of meta-matter，NIMM），在自然、生命、生态、人类社会等演化活动和助力的过程中，能发展成为有害于人类的“大事物”。

7. 颠覆性元创事物

颠覆性元创事物（disruptive innovation of meta-matter，DIMM）表达的内涵是发现或创新颠覆性的元事物，而且这种发现或创新在自然、生命、生态、人类社会等演化活动和助力的过程中，能颠覆性地发展成为能够影响很大范围和很多人的“大事物”。

8. 正颠覆性元创事物

正颠覆性元创事物（positive disruptive innovation of meta-matter，PDIMM），在自然、生命、生态、人类社会等演化活动和助力的过程中，能颠覆性地发展成为能够影响很大的有益于人类的“大事物”。

9. 负颠覆性元创事物

负颠覆性元创事物（negative disruptive innovation of meta-matter，NDIMM），在自然、生命、生态、人类社会等演化活动和助力的过程中，能颠覆性地发展成为有害于人类的“大事物”。从安全的视角，disruptive innovation 直译为破坏性创新也许还贴切一些。

参看图 1-8，上述系列新概念及其定义的价值在于：

（1）新概念是新理论诞生的起点或原点。根据提出的系列新概念，我们可以构建相关问题的安全科学新分支或新领域，如安全创新经济学等，还可以用于表达安全科技创新活动过程中的类型和等级等。

（2）有了上述这些新概念，安全科技创新价值才能得到充分的肯定，也能与起正面作用的商业新模式和科技发明创新等合并一起来讨论，从而有利于增强人们对安全科技研究的重视程度。

（3）上述这些新概念也可以为发明和发现颠覆性灾难防控成果提供原始思路或趋势判断，特别是为未来开创负颠覆性元创事物评价理论等奠定重要基础。

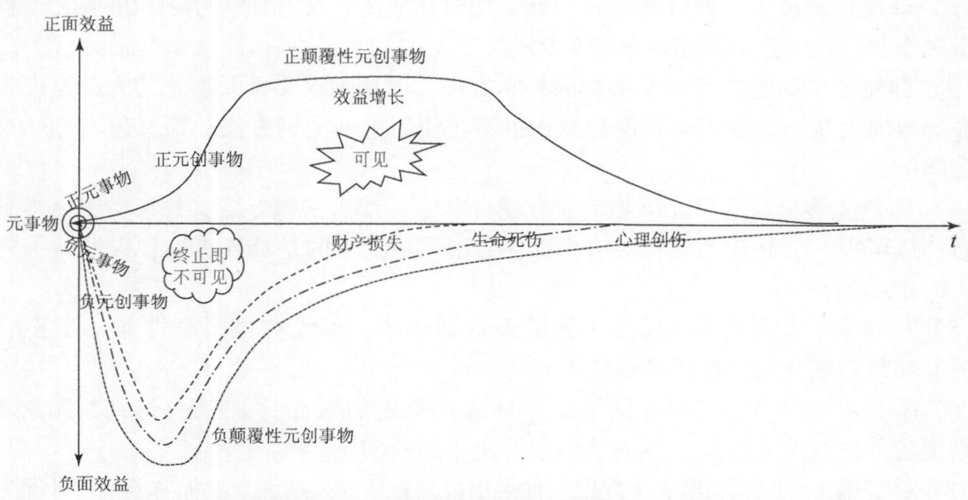

图 1-8 重大发明的正面效益和重大灾难的负面效益与时间关系示意图

1.6.2 与负元事物等系列概念关联的科学问题

如图 1-8 所示，正元创事物和正颠覆性元创事物所产生的效益增长很容易得到人们的理解和肯定，但负元创事物和负颠覆性元创事物就很难被普通人理解和认同，因为即使是真正的负颠覆性元创事物，一旦使得重大灾难终（中）止了，从表面上人们就看不出其作用和效益存在，其效益需要假设重大灾难继续发展下去才显而易见，而这又是人们所不愿意看到的，也不易得到人们的认可。因此，下面不详细讨论正元事物等正向作用的概念，而是主要讨论负元事物等负向作用的概念所涉及的科学问题。

“安全无小事”这句话隐含着一层意思——一些小事可以演化成大事故，即小事可以成为大事故的始作俑者，这句话也是一种经验之谈。不过，这句话本身没有表达出更深层的内涵，缺乏科学层面的意义。在安全工作中把什么小事都当作大事来抓，这是不太现实和不太可能的，也会出现反作用，如时间、人力和经济资源等的浪费，还会出现草木皆兵和无所适从的局面等。

那什么才是有价值会掀起大波澜的“小事”呢？其实这类“小事”本质已经不是小事了，是打引号的小事，属于前面所定义的负元事物。例如，新型冠状病毒肺炎的病毒源和第一个感染者，就不是小事。如果不知道它是恶性新病毒和具有很强传染性，基于一般病毒的认知，以类似感冒的征兆去看待它，那在一开始绝大多数人肯定认为是小事，肯定得不到大多数人的重视。基于这个问题我们可以提出如下更深层次的问题来加以讨论，这也是科学问题和值得研究的问题，下面先从负元事物说起。

（1）如果某一专业人员有机会遇见这样的负元事物，而且具有判别这类负元事物的鉴别准则和方法，并有手段将该负元事物扼杀在萌芽阶段，使“小事”化了，那该有多好啊！这是很多人都会有的想法和希望，但实际情况经常是没有，而且对是否为负元事物很难进行鉴别。

（2）即使是发现了这种负元事物，如新型冠状病毒，又有什么办法和措施让这种负元事物消失呢？这是个人一时难以解决的问题。

（3）即使有了鉴别这种负元事物的科学方法，但接触这类负元事物的大都是广大基层非专业的普通大众，他们不会有这种意识也不会使用这种鉴别方法，这又怎么办？这是新的深层问题。

（4）即使能够将这类负元事物消灭在萌芽状态，那这一很有意义的事实怎么得到大众和政府的认可呢？怎么让大众和政府来验证和承认所消灭的是负元事物，以及这一行为具有重大的作用呢？

（5）反过来，如果很多人实际上做的是普通小事，但谎称做了一件非“小事”的大事，那又如何判断和对待这类事情呢？

（6）有没有一种方法可以鉴别第 5 个问题中所说的情况的真假呢？即判断无意撒谎和有意撒谎的方法，这又是从上述问题中延伸出来的新问题。

（7）针对第3 个问题和第5 个问题，如果通过教育培养普通大众都拥有鉴别“小事”的能力，并要求当事人不能有意撒谎，那有没有什么教育培训和管理制度等来解决这些问题？

（8）实践表明，人们一般都需要经历很多惨痛教训，待逐渐养成一种习惯甚至文化之后，才会对一种负元事物的危害形成共识，此时可能要经历几十年甚至几代人的时间，如现在人们大都能自觉主动地去打天花等疾病的预防针。但遗憾的是，人类的寿命是有限的，一代又一代“无知”的新人不断涌现；而更可怕的是，新的负元事物又在不断涌现。人类的认识总是落后于自然界新负元事物的涌现，这是否又有客观规律需要研究？

（9）如果承认第 8 个问题是客观规律，那么这个客观规律的演化、周期等问题也是值得研究的。如何对其进行研究呢？这又带来了新课题。

（10）上述 9 个问题中哪个问题最重要？如何去研究其重要度的问题？不同的人和不同的组织从不同视角考虑和发挥的作用是不同的。

这里不再对更多的问题进行延伸阐述。上面所举的例子是对人类产生负面影响的负元事物。对人类发挥积极正面作用的重大科技发现和发明，也同样存在上述类似的系列科学问题。例如，按照上述定义，计算机和互联网技术发明显然是正元事物，萌芽时没有得到多少人的关注和肯定，因为当时的社会技术无法将该发明立即推广成当今的计算机和互联网，在当时是无法得到实证的，直到过了几十年以后，计算机和互联网技术发明才得到人类的一致肯定，可发明人已经不在世上。

元事物到“大事物”演化过程中的系列科学问题图解如图 1-9 所示。

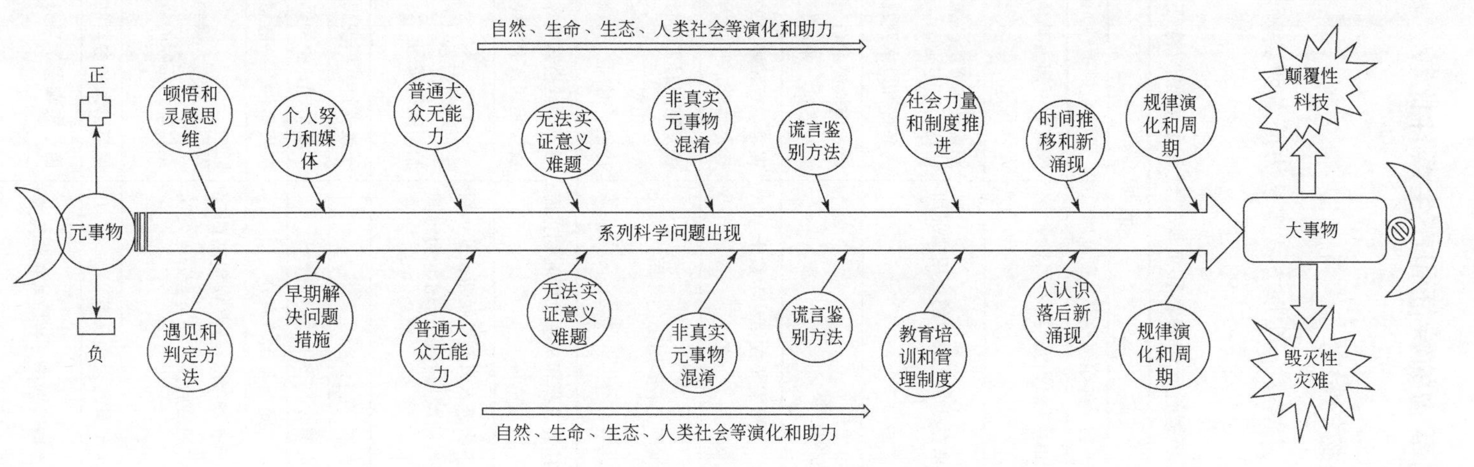

图 1-9 元事物到“大事物”演化过程中的系列科学问题图解

1.6.3 两类颠覆性元创事物的特征和产生条件比较

1. 两类颠覆性元创事物的特征

从可证性、方法、时间、主客体、实现方式等多方面对两类颠覆性元创事物的特征进行比较，典型特征见表 1-10。

表 1-10 正颠覆性元创事物和负颠覆性元创事物的特征比较

项目	元创事物	
	正颠覆性元创事物，如颠覆性科技创新	负颠覆性元创事物，如灾难性根源
初始实证性	在萌芽阶段无法看出实际价值，更不可能得到实证	发现时不知道其危害性，更不可能实证，也不允许实证
实证方法	实践方法，通过未来在社会实践中的运用情况加以证明	间接证实方法。未来仍然不可直接证明（只能运用过去已经发生的相似灾难来间接证明），因为条件和成本及社会伦理道德不允许直接证实
证明材料	可以用正增长 GDP 来佐证	需要用假设的负增长 GDP 和生命及健康代价来间接计算，难度较大，也难得到认可
被确认周期	从已有的案例看出，一般需要数年甚至数十年以上才能取得显著效果	灾难孕育和爆发的时间周期较短（如新型冠状病毒肺炎，时间为数月）
有效期	对国民经济可以持续产生较长时间的作用，从几年到几十年甚至更长	爆发期间对人类社会的影响可持续几个月或数年，相对有效期较短，但留下的伤害却可以维持很长时间，如核灾难、大地震等
作用性质	总的来说，对人类社会进步和文明发展起到正面推动作用	对人类社会起破坏作用，对人口增长和健康质量等起到负面阻碍作用
作用趋势	随着正颠覆性元创事物进入成熟发展期，其作用越来越大，直至有新的颠覆性正元创事物将其替代	突发期间损失巨大，之后转化为间接损失，较长时间后减弱
政府态度	一致积极鼓励	被动支持，居安思危者才积极支持
大众心理	大众跟从，大部分人期盼	一致拒绝，不得已而接受
思想准备	孕育发展时间较长，思想准备比较充分	突发事件，一般思想准备不足，应急很难
发明人荣誉	真正意义的颠覆性元创事物都会得到很高的评价，但往往带有一定的滞后性，甚至会等到发明人过世之后	发现或发明人得到的荣誉相对不显著，有的甚至得不到实际的认可，因为不能直接实证
研究者人数	愿意尝试和参与甚至献身的人数众多	愿意尝试和参与甚至献身的人数相对比较少
实现方式	可组织，使创新工作持续进行，政府或机构经常利用权力和资源给予支持	由于灾难发生具有不连续性和随机性，人们不愿意灾难发生，更不愿意激发灾难，预防性的工作和投入不持续也不显著

续表

项目	元创事物	
	正颠覆性元创事物，如颠覆性科技创新	负颠覆性元创事物，如灾难性根源
科研的机遇	总的来说，人类成功和获益的机会较多	可遇不可求，成功机会较少
成功风险	高风险，小概率事件	高风险，小概率事件

从表1-10可以看出：①本来元事物出现的机会就少，能被专业的人挖掘到的机会也少，能得到社会承认和助力推广的机会更是少之又少；②颠覆性元创事物的实证，需要付出巨大的代价，或是需要很长的周期，这也说明从一开始能发现元事物是有一定难度的；③两类颠覆性元创事物对人类和社会一样重要，两者的实现都不容易，甚至负颠覆性元创事物相对来说更加重要，但在实际中却得不到更多的支持和重视及人们的认可。

2. 两类颠覆性元创事物的产生条件比较

上面提到的元事物涉及的很多科学问题中，其产生条件是很值得关注的。近一二十年国内涌现出了很多关于正颠覆性元创事物的研究成果，体现在人才特征、制度评价和预见方法等方面，但几乎没有产生关于负颠覆性元创事物的研究成果。正颠覆性元创事物和负颠覆性元创事物出现条件的比较详见表1-11。

表1-11 正颠覆性元创事物和负颠覆性元创事物出现条件的比较

项目	正颠覆性元创事物：如颠覆性科技创新（本栏目有关标准或结论的出处参见吴超在《安全》2020年第2期发表的文章的参考文献）	负颠覆性元创事物：如灾难性根源发现（本栏目内容对应于左边栏目而归纳的认识）
人才特征	张丽等：颠覆性创新人才七要害：擅于应对开放式问题解决情境；对现状的深刻质疑；实践并完善突破性想法的经历；经常性地打破边界促成合作；制造跨界产出的经历；遭受他人强烈质疑及创新失败；挑战权威（成功或失败）	能经常接触实际和敏锐发现问题；具有极强关联思维能力；拥有系统科学思想；能跨学科归纳共性问题；具备韧性品格；有丰富实践经验；能站在巨人肩膀上审视已有知识，具有交叉综合学科知识和方法论支撑，有独立建树意识等
颠覆性元创事物特征或标志	杨卫等：基础研究领域的颠覆性创新特征：思想驱动，具有偶然性；挑战传统，对现有认知进行颠覆，导致领域的革命性变化；初期难以达成共识，在同行评议中表现不佳；高风险性，成败概率不定，难以在前期计算投入产出效益；学科交叉，协同创新和综合交叉特征明显	善于解决复杂系统学问题，能够预见具有以下特征问题的本质，如隐蔽性、随机性、混沌性、突变性、模糊性，等；擅长分析寄生于自然、生态、社会等交叉系统之中的共生事物；能预见这类元事物的动态演化特性和黄金防控期；等等
	靳宗振等：能引发四个转变的标志：消费结构的转变；市场结构的转变；产业结构的转变；社会行为方式的转变	负颠覆性元事物能引发人们习惯改变、技术变革、认知更新、关系重构等；负元事物失控时能导致大量人员死伤、经济停滞不前、人民安全感和幸福感大大下降等
	许泽浩等：评价指标为：新技术解决原技术与市场冲突的创新潜力评价；新技术解决自身与市场冲突的创新潜力评价	可根据以下方面判定：是否发生链式加速反应，如化学爆炸；是否发生人传人传染和致病死亡；是否为共享物质传播，如空气、水源、食品等；是否通过网络传播，如病毒等；是否导致生命线源头瘫痪，如首脑机关、发电站、通信中心、总服务器等；是否导致核电站、生物病毒库等泄露；等等

续表

颠覆性元创事物特征或标志	靳宗振等：实现标志为：挑战不可能获成功；颠覆传统思维；应用显示革命性成效	转变人际空间距离，转变互联网思维，转变系统思维，免疫力变革，促使传播变革、财富变革、城市变革等
评价方法	张守明等：德尔菲法的分析方法（问卷调查法，技术定义法，情景分析法，技术路线图法），基于理论模型的分析方法［层次分析法，基于解决创新问题（TRIZ）理论的技术选择方法，基于突变理论的科技评价方法］，基于专利、科学论文或情报的发现方法，钻石模型预见方法，等等	除了左边栏目所提的方法外，安全科学有大量的专业方法可以使用（Sundeen and Mathieu，1976；Luo and Wu，2019），还有大数据预测、统计预测、模型预测等等方法，这里不作专门罗列
评审方法	张守明等：一种非常规评审方式：非共识评审，负责任的自由裁量，交叉评审，扶优式评审，人本评审	同意类似左边栏目，还有更多的方式可以使用
层次分类	于文强：分为三层次：前无古人，后有来者；前有古人，后无来者；前有古人，后有来者	如果负元事物失控可导致全球性灾难、区域性灾难、小范围灾难等
内容分类	张鹏等：分为三种类型：科技、商业、新产品颠覆	可分为重大自然灾害、重大灾难事故、重大公共卫生疾病、重大社会安全事件、战争等
内容分类	张鹏等：新技术、新商业模式、新市场、新竞争力	可分为负颠覆性元创事因、负颠覆性元创物因等
发展格局	靳宗振等：探索一代，研发一代，生产一代	类似左边栏目的逻辑有：吃一堑长一智，前车之鉴后事之师，等等
实施分类	刘云等：纯政府主导，政府主导+市场参与，政府主导+市场主体，市场主体+政府支持	可以有类似左边的栏目内容
情报参与	陈超：帮助识别真正的颠覆性技术；帮助颠覆性技术不断完善发展；有助于颠覆性技术的跨界应用	可以有类似左边的栏目内容

从表 1-11 和上面的论述可以看出，对正颠覆性元创事物产生条件的判断的确不少，但大多数标准都是事后的判断，如能改变人类的生活方式、能替代现有人们使用的能源、能替代现有的商业模式等，这类判断准则都是事后诸葛亮式的，也说明能够有目的有计划地发明和发现正颠覆性元创事物几乎是不可能的，也可以说是碰运气的，其实很多科学家也都是这么解释的。正颠覆性元创事物的发明和发现及在萌芽阶段能够被认识到，是非常困难的。

但对于类似重大自然灾害、重大事故灾难、突发公共卫生事件等负颠覆性元创事物的研究讨论却极为少见，对于相关问题的人才特点、制度评价和预测方面的科学学研究，更是稀少。下面对有关负颠覆性元创事物的较为重要的判断准则进行分析。

（1）看危险源能量是否威力无比。例如，发生在城市附近的大地震，其能量可以摧毁一座城市甚至一个地区；连成一片的大面积森林火灾和海啸、龙卷风、原子弹等的破坏力也非常大。

（2）看与事物的关联性。现代社会人们生活衣食住行、生产经济活动相互依赖，各种生命线工程、互联网、物联网、海陆空多种交通并存等，甚至可以说整个地球已经变成“地球村”。各种系统的关联度越大，其相互影响就越大。例如，现在城市的交通系统、通信系统、供电系统、供排水系统、供气系统，一旦出现能导致源头中断或是骨干网中断的负元事物，就会造成巨大的负面效应和经济损失。

（3）看是否会以人为介质进行扩散。当今社会没有孤立的人，不论是人与人直接接触、人与物接触，还是人们与赖以生存的空气、水接触，抑或是情感信息关联接触，这些都是不可避免的。如果负元事物能以人为介质进行扩散，而且不能衰减甚至放大，就会成为大事件。不过这本身就是一个非常难以判断的问题，也是一个需要做大量科学研究的问题。

（4）看得病的状态。如果能使大量人群得重病不能自愈，甚至死亡，这是非常恐怖的结果。大家都知道，当每一个人都受到威胁或出现恐慌时，这里面就隐含着负元事物的存在。2019 年年底暴发的新型冠状病毒肺炎事件就是一个典型的例子。

（5）看处置的难度。如果人得病当下没有医治方法，无药可治；或是生命线工程被破坏无法修复等，这就更加严重了。更多的内容需要专门研究，这里不多做阐述。

1.7 安全系统学的典型问题

安全科学理论的创新无疑是非常重要的。但多年来我国学界在安全科学理论研究中一直都处于落后甚至空白的状态，直到近十多年来才有所好转。主要存在 3 个原因：一是实用主义的功利意识太强，绝大多数安全科技工作者仅重视做安全领域应用层面的研究，忽视中上游的安全理论研究；二是具有大交叉大综合思维和能够在安全科学理论层面开展创新研究的人才极少；三是研究过分看重国外理论或缺乏国际视野，安全理论工作者对独树一帜的理论创新很少进行思考。近十年来，本书作者所在科研团队在安全科学理论、方法、原理、模型等领域研究取得了显著进展，为思考归纳凝练提出城市安全系统学的理论基础问题奠定了基础。

1.7.1 安全认识论与安全本体论

安全认识论（safety & security epistemology）与安全本体论（safety & security ontology）的关系简称为 E-O 关系。为什么首先要提出这个问题呢？这是一个观念问题，因为安全观念至关重要，甚至决定一切。从本体论上讲，如果没有限定时空和性质，风险是客观存在的，是不以人的意志而消失的。人类只能辨识风险、规避风险、管控风险等，使风险在一定的时空范围内降低到可以接受甚至接近零的情况。

传统安全工作的主要目标是事故预防，因而零事故成为安全人和企业追求的美好目标。作为理念或是信念或是追求，毫无疑问零事故是可以倡导的；如果预设一定的时空范围，并对事故的性质进行具体界定，零事故是完全可以实现的。但是如果没有预设时空范围，从客观上讲，不限时空地提出零事故是难以实现的。下面基于科学哲学层面的认识论和本体论再进一步阐述这一重要观点。

对认识论比较一致的解释是人类个体的知识观，即人类个体对知识和知识获得所持有的信念，主要包括有关知识结构和知识本质的信念、有关知识来源与知识判断的信念，以及这些信念在个体知识建构和知识获得过程中的调节与影响作用，长久以来这一直是哲学研究的核心问题。总的来说，认识论主要指人类对世界的主观认识。对本体论比较普遍的解释是探究世界的本原或基质的哲学理论。广义指一切实在的最终本性。客观实在是不管人们喜欢不喜欢、知道不知道、承认不承认，它都不依赖于人的意识而实实在在地存在着。

客观地讲，迄今人类对客观世界的认识还是非常有限的，人类对自然界、生命系统、复杂系统等还有太多的规律不清楚，即使是人类自己创造的人造系统和社会，人类也并未完全掌握其变化的规律和各种涌现结果。但人类自身主观认识不足，经常抱有过高的期望，因而可能会夸大自己的认知能力，导致做出错误的决策判断。用一种简单的表达方式，就是人类的认识经常出现 E>O 的问题。

按照安全认识论和安全本体论的观点及复杂系统科学理论，涌现是自然规律和人类难以琢磨的现象，事故和灾难的发生其实也是一种涌现，如果不限定一定的时空领域，即不对讨论的范围进行界定，则事故和灾难总是会出现的，是不可避免的客观规律。

事故只有在一定的时空领域里面才可以被预防。如果泛泛谈事故是可以预防的，那只能作为一种理念或信念。要追求零风险的想法更是不切实际的夸张说法，广义上的风险指不确定性，不确定性是普遍存在的客观规律，因此，无风险和永远安全是不可能存在的。

出现的新冠肺炎疫情，也证明人类的认识总是落后于本体世界实在的涌现。

1.7.2 城市安全系统的基础问题

安全系统学是安全科学的核心基础理论，城市是一个开放的复杂巨系统，安全系统学和复杂科学很适用于研究和解决城市安全问题。

1. 2W 问题

2W 即全生命周期（whole-life-cycle）和全球视野（worldwide-view）的简称。我们考虑的大都是眼前短期的问题，百年大计、千年大计对有些工程也不能算是足够长远。例如，核电站、三峡大坝等之类涉及安全的特殊或特大工程，时间周期设计为 100 年甚至 1000 年都不够；我们许多设计对技术层面的问题考虑较多，而对政治、经济、人因、环境等层面的问题考虑较少，或是几乎没有考虑。现在无论是在产品设计还是在工程建设方面，大家对全生命周期及其应用谈论得较多，但实际上考虑生的事远远多于死的事，全生命周期大都是停留在表面或口号上，为寿终而设计的理念一直得不到很好的实现。例如，钢筋混凝土也是有寿命的，现在城市建造了如此多的高楼、高架桥、地下工程等，待到其使用寿命结束时，如何处理将成为巨大的难题。当人类寄托于某一物质资源而生存时，这种资源一旦被耗尽后，子孙后代又如何继续生存？从生态系统意义上讲，人类同地球上的其他生物是相互影响的，人类对其他生物的负面影响最终也会影响自身生存。

城市是一个开放巨系统，国家也是一个开放巨系统。如果从世界范围去思考问题，许多建设工程和需要考虑的问题就大不一样了。

2. 3MS 耦合问题

3MS 即微系统–中系统–宏系统（micro-meso-macro-systems）的简称。城市这个宏系统由各种各样的中系统和微系统组成，系统之间的耦合匹配非常重要，而且还需要考虑各系统之间边界的衔接和相互作用及交换问题。对于城市安全这个巨系统，顶层设计需要考虑各个层次系统间的耦合。如果各层次系统不协同、不匹配，客观上可能会产生不可解决的难题，从而给后面的运行和管理带来巨大的安全隐患。

3. 6S 结合问题

6S 即 sustainable（可持续）-smart（智慧）-service（公共服务）-systems（多系统）-safety（生活生产安全）-security（公共安全）的简称。同时协同考虑这些问题是国际城市安全发展的大趋势，六个关键词至关重要，其内涵非常丰富，可以研究构建相关的理论模型，这也是城市安全新协同耦合问题。

4. I-O 平衡问题

I-O 即 input（输入）和 output（输出）的简称。城市是一个开放宏系统，每时每刻都有大量的输入和输出现象发生，不管是日夜交替、四季轮回、人口流动、资金流动、物质流动、能量流动、信息交换、文化交流、生态平衡、新陈代谢、推陈出新，等等，都有安全平衡和安全调控等问题，多流耦合安全系统也是新兴前沿科研课题。

5. 2E 问题

2E 即 emergency（应急）和 emergence（涌现）的简称。城市复杂系统经常会涌现各种人们意想不到的问题，也包括大量的安全问题，应急非常重要。但盲目应急是无效的，还需要重视研究涌现规律。在有效应急方面，我们缺乏对系统涌现规律的研究，这里说的涌现可以指复杂系统运行发生的事故灾难，也可以指复杂系统形成的韧性和安全效应等。

6. 2I 问题

2I 即 information（信息）和 intelligence（情报）的简称。海量的大数据信息让人无所适从，精准安全是一个重要的发展方向，风险评估其实就是为了精准安全，精准安全需要有用的情报，安全情报学是一个新兴的研究领域。安全情报驱动智慧城市安全管理具有十分重要的理论与实践意义，城市安全管理的本质是基于安全情报的管理活动，城市安全管理失败的主要原因是安全情报缺失，安全情报驱动的城市安全管理是实现智慧城市安全管理的基本方法与工具。

7. 2S 问题

2S 即 supervision（管理）和 self-organization（自组织）的简称。管理或监管的作用是非常有限的，我们在思考如何做好安全监管的过程中，更需要运用系统自组织规律，自组织可以收到事半功倍的效果。而我们对安全系统自组织的研究太少，对安全自组织的机制的认识较少，这是我们未来需要加强的方面。

8. 2C 问题

2C 即 complex-city（复杂城市）和 complex-science（复杂性科学）的简称。城市安全研究需要什么基础理论做支撑？众所周知，城市是一个复杂巨系统，那么与之对应的科学是什么？显然是复杂科学、系统学等。但现在很少人研究复杂科学问题，如混沌、耗散、涌现、协同、自组织等，同时也未将复杂科学问题与城市安全问题联系起来。距离天津港较远的一个小工厂生产的硝化棉怎么会成为天津港“8·12”瑞海公司危险品仓库特别重大火灾爆炸事故的点火源？类似的案例用蝴蝶效应来解释也是很恰当的。

9. 2IS 问题

2IS 即 intrinsic safety（本质安全）和 infrastructure safety（基础设施安全）。很多人在研究和讨论本质安全时，经常将其当作基础设施的功能安全问题，这是很片面的，因为忽略了更主要的软系统安全等问题。其实设施功能安全本身也不安全，系统可靠性理论也有很多问题，如没有考虑系统涌现性，仍然是通过串联并联和复杂连接计算获得系统可靠性，冗余系数很大，环境条件未纳入，人因问题更多没考虑等。人们用物联网监控安全，往往忽略了物联网本身的安全；用数据解决安全问题，又忽略了数据本身的安全。

10. P-R 问题

P-R 是 precise-safety（精准安全）和 risk（风险）的简称。风险评估之所以难，主要原因是风险的不确定性，而精准计算可以消除不确定性，因此未来需要发展计算安全科学研究。例如，基于安全信息的典型系统安全精准化计算模型与方法，内容主要包括：基于安全信息的城市生命线系统安全精准化计算模型与方法，基于安全信息的社区系统安全精准化计算模型与方法，基于安全信息的典型生产系统安全精准化计算模型与方法，基于安全信息的系统安全管理精准化计算模型与方法等。

11. R-P 问题

R-P 是 resilience（韧性）和 physics（物理）的简称。近十多年来，国内城市安全研究者一直在关注城市韧性的主题。其实，韧性城市（resilience city）这个概念早在 1973 年就由加拿大生态专家 C. S. Holling 提出来了。国外城市韧性的内涵主要指一个城市的民众、社区、机构、企业和系统在经历各种慢性和急性压力冲击下，仍能存在、适应和成长的能力。韧性城市需要具有反思性、包容性、综合性、鲁棒性、冗余性、灵活性、智谋性等特性，基础建设上要着重从领导与战略、健康与福利、经济与社会、基础设施与环境几个方面来打造城市韧性。可见，城市韧性的内涵和外延非常丰富，而不是仅仅指抗灾应急的能力。

在较早几年的有关中文文献中，有些学者把 resilience 翻译为弹性，笔者也听到有些学术会议报告人在研究城市韧性建模时，将其当作物理学的弹性问题来研究，用力学的黏弹塑性模型来表达韧性，即把 resilience 理解成 physics（物理）、elastic force（弹力）、

toughness（韧度）问题，这显然是片面的。笔者觉得，城市的个体、群体、组织系统、文化等软问题的韧性也非常重要，如人的韧性状态要分析6P问题（physiological，physical，pathological，pharmaceutical，psychological，psychosocial，分别对应生理、身体、病理、药物、心理、社会心理）、城市安全管理也要考虑6R（reluctant，resistant，responsive，responsible，reliable，resilient，分别对应怠慢、勉强、响应、主动、可靠、韧性）的发展趋势和区域的不平衡问题。

12. 5Meic 要素

5Meic 即 mission（使命）-man（人）-machine（机）-material（物）-management（管理）-environment（环境）-information（信息）-culture（文化）的简称。这是在国内外多年实践证明有效的系统安全管理5M要素的基础上加上EIC三要素的概念模型，我们现在考虑安全问题还经常缺失其中的要素。例如，如果没有考虑使命要素，系统的目的性就会缺失，而这恰恰是最为重要的。另外，考虑上述要素时，还要考虑要素组合的新问题和新功能。

13. 3E+C 新内涵

3E+C 即 engineering-education-enforcement+culture（工程-教育-管理+文化）的简称。3E对策是国外几十年前就提出来和一直在实施的安全策略，近一二十年人们对安全文化作用的认识进一步加深，在3E的基础上又加上了安全文化C。但不同人对3E+C有不同的理解，我们觉得还要赋予新内涵。个人的解释是：工程造安（通过工程技术实现自然界和人造物及环境的安全）；教育根安（通过教育塑造安全人，使人类有正确的安全理念、安全科学知识和安全技能，在其生活和工作的一切活动中能辨识和规避风险，根治不安全人因）；管理维安（通过管理及其相关的组织行为，维持系统持续稳定的动态安全）；文化自安（通过形成先进的安全文化，实现复杂系统的安全自组织和正向的安全涌现）。

1.7.3 系统安全的一些新认知

系统安全工程自20世纪五六十年代在美国被创立以来，就已经在全世界得到广泛的应用。但从那之后，国际上有关系统安全工程方面的理论研究进展并不是很多，比较典型的理论研究新进展可能还属美国MIT的南希·莱文森（Nancy G. Leveson）教授所著的《基于系统思维构筑安全系统》（*Engineering a Safer World*：*Systems Thinking Applied to Safety*），该书于2012年在The MIT Press出版，后经唐涛和牛儒翻译，于2015年在国防工业出版社出版。

该书的第1章指出系统安全需要有新的方法，主要原因如下：①技术进步加快；②以往经验的作用降低；③事故本质发生变化；④新的危险类型；⑤复杂性和耦合性增加；⑥对单个事故的容忍度下降；⑦难以选择优先级及折中；⑧人与自动化系统之间的关系更加复杂；⑨法规及公众对安全认识的变化。第2章对传统安全工程基础提出质疑，认为“人们的苦恼不在于他们不懂，而在于他们懂得太多似是而非的东西”，同时提出安全性和可靠性出现了新的混沌现象，如可靠但不安全、安全但不可靠、安全性与可靠性之间出现矛盾，以及组织层的安全性与可靠性也有新问题。

南希·莱文森在该书中提出了关于系统安全的7点新认识，具体如下。

（1）老的认识：安全性随系统或组件可靠性的提高而增强。如果组件或系统没有故障，事故就不会发生。新的认识：高可靠性对安全性来说既不是必要条件也不是充分条件。

（2）如果将事故致因描述为事件链。老的认识：事故是由直接相关的一连串事件造成的，可通过分析导致损失的事件链来弄清事故和评估风险。新的认识：事故是涉及整个社会技术系统的复杂过程，传统的事件链模型不能充分描述这一过程。理由是：①直接原因，即事件链模型中事件之间致因要求是直接的和线性的，这表示前置事件必须发生且相应的条件必须具备以后，后置事件才能发生。如果事件A还没有发生，那么，其后置事件也不会发生。这很难或者不可能描述非线性关系。②选择事件的主观性。③选择事件链条件的主观性。④忽视系统因素。⑤在事故模型中包括系统因素。⑥概率风险评估的局限性。

（3）老的认识：基于事件链的概率风险分析是评估和表达安全与风险信息的最佳途径。新的认识：除了概率风险分析，还可以通过其他方式更好地弄清并交流风险和安全信息。

（4）事故中操作员的作用。老的认识：大多数事故是由操作员的错误引起的，奖励安全行为和处罚不安全行为将减少或消除事故。新的认识：操作员的行为是其发生环境的产物。为了减少操作员的“错误”，我们必须改变操作员的工作环境。

（5）事故中软件的作用。老的认识：高可靠性软件是安全的。新的认识：高可靠性软件不一定安全，增强软件可靠性或减少错误对于安全性影响较小。

（6）系统的静态观和动态观。老的认识：重大事故源自随机事件碰巧同时出现。新的认识：系统趋于向高风险迁移，这种迁移是可以预见的，并且能够通过适当的系统设计来防止或通过运行中风险增加的先兆指标来检测。

（7）关注追究责任。老的认识：划分责任对从事故或未遂事故中吸取教训及预防事故或未遂事故是必需的。新的认识：处罚是安全的敌人。应该将重点放在了解整体的系统行为是如何导致损失的，而不是把事故归咎于谁或什么方面。

有兴趣的读者可自行翻阅南希·莱文森的著作学习更多相关内容。

2 安全人性论

【本章导读】人是系统中的要素或组分之一，但对于安全系统，人是极为重要的，其他要素或组分可以说都是在人之下的，人既是安全系统的主导者，又是安全系统失效时的受害者，还可能是安全系统的破坏者。因此，很有必要对人性问题作专门讨论。本章介绍宏安全（global sustainable safety and security，GSSS）和元安全的定义；从多个视角论述安全的属性、安全的矛盾和安全的有限性；给出安全人性学定义及内涵、维度和学科分支，着重阐述安全人性学的基础原理和安全人性基本规律；介绍社会安全伦理和安全伦理原理定义与内涵，给出安全伦理学基础原理和推论；阐述心理安全感的定义与内涵、心理安全感在行业安全的范畴及其维度与分支；最后论述安全心理契约及其相关概念、心理安全契约的特点与功能等内容。通过本章的学习，可进一步加深对安全系统复杂性的理解和保障系统安全需要关注的重点。

2.1 宏安全与元安全的定义

2.1.1 宏安全的定义

所有问题都应以人为本展开思考，这是肯定的；但以人为本不能变成以人为中心，当人本主义盛行时，很多人类活动就会破坏地球的生态，最终导致人类自身也受到威胁，以人为本也不复存在。

在职业安全领域，大家所指的安全通常为生产安全 safety，简称“小 S”。在传统的公共安全领域，公安保安的安全通常为 security，这里也简称为“小 S”。由于安全一般都是复杂问题，一个安全问题可以关联出许多人和事物，而且随着社会的发展，上述两个“小 S”经常交错在一起，并且互相影响和关联，即成为“双 S”，安全界把“双 S”俗称为“大安全”。

如果把视域放在全球人类永久的安全上，上述的“大安全”其实也是短时间内局部的小安全。在地球上复杂多变社会系统的运动进程中，人-事-物之间、人（人群）与人（人群）之间、人（人群）与物之间、物与物之间、人（人群）与事之间、人（人群）与环境之间，人（人群）与其他生物之间，其中某一时间某一局部系统总会出现各种各样的不和谐或摩擦，即出现不安全的现象，或者说是局部系统出现了“负涌现”现象。为了预防、缓解、调节这种不安全现象，社会就出现了各类安全事务，并形成了当今的社会安全体系，如现在的生产安全、生活安全、国土安全、军事安全、经济安全、文化安全、社会安全、科技安全、信息安全、生态安全、生物安全、资源安全、核安全等事务。其实，在地球历史长河里，迄今的这些安全都是在短时间系统内起到类似充当某一局部不和谐现象的润滑剂或缓解剂等的作用而已。但当今的社会安全体系，并不能保证地球和人类永恒的安全。

那么什么安全体系能保障地球和人类永恒的安全呢？以保障地球和人类永恒的安全为目标的安全体系，才是真正意义的“大安全”，这里简称为宏安全。

宏安全可定义为：使全球生态及全人类能永续和谐生存和发展的平衡状态。为宏安全目标出发而开展的所有人类活动称为宏安全活动。宏安全是超越一切政治安全、国家安全、种族安全等的伟大使命；宏安全具有永久性、全球性、生态和谐性等特征；宏安全反对人类至上主义；宏安全不能完全靠人类自身的力量来保障或实现。下面再基于上述宏安全定义做进一步分析：

第一个问题是，在现有的各类安全中，如生产安全、生活安全、国土安全、军事安全、经济安全、文化安全、社会安全、科技安全、信息安全、生态安全、生物安全、资源安全、核安全等，如果从地球和人类永恒的安全着眼，最重要的安全是什么？可能答案是全球生态的永恒安全才是真正的大安全，因为如果地球的生态系统被完全毁灭时，地球的人类也同样消失，而其他安全也便都不复存在了，与全球生态安全比较，其他安全都是在其之下的。从人类纪以来，特别是短短的近一百多年以来，人类对地球的生态带来的巨大的冲击和破坏，是史无前例的。

第二个问题是，谁能够保障全球生态的永恒安全？显然，由于人类的好奇心、野心和贪婪之心太可怕了，人类是地球的生物之一（尽管人类是地球生物中的主角），但依靠人类自身来确保全球生态的永恒安全是不太可能的，由于人类的短见、偏见、功利、自私等，从长期的视角来看，人类自身所做出来的公约、安全规范等都是靠不住的。即使人类能够在数代人时间内通过自我约束维持较好的生态平衡，但也很难保证代代相传下去。过去的很多安全重大事件已经证明了人类不可能永恒保持这种自我约束状态。

因此，保障全球安全必须依靠第三方力量，而这种第三方力量是人类自身还是地球以外的外星人还是什么新生力量？这里认为都不是，这是一个需要大家研究的巨大课题。初步可认为，这种第三方力量可能是地球生态遭到人类或其他物种过分破坏时，地球生态自身抵抗人类或其他物种过分破坏而形成的巨大自然报复力量（包括以各种天灾的形式降临人类，以短期维护全球生态的平衡）。

第三个问题是，人类毕竟是地球生物中最聪明的，人类还是不愿意坐以待毙接受大自然或第三方的惩罚，那么人类如何认识到自身的什么活动才不会遭到自然惩罚，如何基于宏安全来规避自然灾难并节制其活动，这是未来人类面临的更加重要的课题。

第四个问题是，如果以宏安全，即全球生态系统安全为着眼点，人类如何来构建新的大安全学科体系？这也是宏安全研究的重大课题。

当然还可以构思出未来更多的宏安全科学问题，这些才是真正有重大意义的前瞻性宏安全科学问题。

2.1.2 元安全的定义

概念是科学的起点或原点。能够演绎一个学科体系的概念才可以成为元概念，安全的元定义也应该能够演绎出安全学科体系。

1. 安全的定义及其内涵

我国安全界的学者刘潜给出的安全定义，比较具有科学性和普适性。他将安全定义为："安全是人的身心免受外界因素危害的存在状态（或称健康状况）及其保障条件"。其定义的特征显著，能够表达安全的内涵并有可能演绎出安全的外延及安全学科体系。在刘潜给出的安全定义基础上，本书对其进行修改和诠释如下。

安全是指一定时空内理性人的身心免受外界危害的状态。该安全定义的内涵包括：

（1）对时间和空间进行了限定。不同场景、不同时期、不同地区、不同国家等对安全状态的认同度有很大的不同，在不限定时空的前提下谈安全将会产生混乱。在该安全定义中加入一定时空的表述，表明安全是随时空的迁移而变化的。

（2）强调安全以人为本。该定义中用理性人表达了安全是以绝大多数正常人为本，如果安全是以少数非正常人为本，那就失去了安全的大众意义。由此也可以推出，个别非正常人和正常人在非理性状态时，均不属于本安全定义中所指的理性人。另外，该安全定义中没有将物质与人并列，认为物质是在人之下的东西，即任何有形和无形的物质均是在人的安全之下的。

（3）指出人受到的危害是来自外界的，这一点把安全与人自身的生老病死区别开来，人自身的生老病死不是安全科学的范畴，而是医学和生命科学等学科的范畴，这一点也把安全科学与医学和生命科学区别开来。若一个人完全没有受到外界危害而自认为很不安全，则其很可能属于非正常人。

（4）指出人受到的外界因素的危害可分为三大类：一是身体受到危害，对身体的危害一般与人的距离较近，而且是较短时间的，身体的伤害痊愈后，还可能留下心理创伤；二是心理受到危害，对心理的危害与人的距离很远，而且可能是长期连续的危害；三是受到两种危害的同时作用或交互作用。由此推出，仅仅注意到人的身体危害是不科学的，心理危害有时更加突出。

（5）有价值物质的损失必然是人不希望看到的现象，物质损失对人的危害可归属为对人心理的危害和生理的危害，该定义间接反映了物质损失的危害情况。有价值的非物质文化损失和精神摧残等同样是对人的一种巨大伤害，理应归属于对人心理的伤害，在该安全定义中也可以表达出来。

（6）外界系指人–物–环、社会、制度、文化、生物、自然灾害等各种有形无形的事物，因此该安全定义可以涵盖大安全的范畴；同时也表达了人的安全一定是与外界因素联系在一起的，不能孤立地谈安全。由此可以推出，安全实际上一定是存在于一个系统之中，讨论安全需要以系统为背景，需要具有系统观。

（7）"人的身心免受外界危害"自然包括了职业健康或职业卫生问题，即该安全定义包含了职业健康或职业卫生，不需要像其他安全定义一样对职业健康或职业卫生做专门注解。

（8）由该安全定义可看出，安全科学的研究对象是关于保障人的身心免受外界危害的基本规律及其应用。

2. 安全定义的外延

(1) 本节提出的安全定义可指明“降低外界因素对人的危害程度”的3条主要途径：①从免受外界因素对“身”的危害出发，防控外界的不利因素，这类因素主要是物因所致，包括自然物和人造物，其控制主要依靠与安全有关的自然科学技术和工程；②从免受外界因素对“心”的不利影响出发，防控外界的不利因素，若仅是人的因素，则更多地依靠与安全相关的社会科学来解决；③上述两类问题的复合和交互作用，这类因素更加复杂，包括人的因素和物的因素及两者的复合作用，需依靠与安全有关的自然科学和社会科学的综合作用才能解决。上述3条主要途径又可进一步用于建立安全模型，并构建安全学科体系。

(2) 外界对“身”的危害往往有时空限制，只要脱离特定的时空范围就可避开。从免受外界因素对“身”的危害出发，需研究构筑各类安全保障的条件，包括自然和人为灾害的防范，确保系统内人的安全；同时也需对人进行安全教育，使人自身有安全意识、知识和技能等，能够辨识外界危险因素或能够有效应对各种伤害。

(3) 外界对“心”的危害往往无明显的时空限制，可随时随地长时间影响或伤害个体或群体。若从避免外界因素对“心”的伤害出发，这需涉及政治稳定、社会和谐、文化繁荣、气候宜人、防灾减灾和保险机制健全、个人物质财产无损等宏观层面的问题，同时也涉及人自身安全观念、安全心理和安全文化素养等问题。

(4) 更多情况下，外界对人的危害是对“身”和“心”同时造成伤害或交互造成伤害。上述(2)和(3)中所阐述的保障“身”与“心”免受伤害的所有内容应当同时进行，由此看出，安全学科无疑是涉及内容广泛的综合学科。

(5) 如果用一个数值来表达系统在某一时空的安全状态，这个数值一定是个平均值，是大多数理性人所感知的安全数值的平均值；既然是平均值，那么每一个具体的理性人都会认为安全的数值一定与平均值有偏差，但偏差必须限定在允许的范围内，此时系统的安全标准趋于一致。

(6) 理论而言，若某个体认为的安全数值与平均安全数值有较大偏差，就可将此个体归属为非正常人，由此亦可照此原则辨识过于小心谨慎的人或过于放纵冒险的人，可对人群进行分类和界定。若系统中部分个体认为的安全数值远远超出平均安全数值，则此系统的安全标准很难趋于一致。

(7) 系统中存在过于小心谨慎的人或是过于放纵冒险的人，对系统的经济可靠运行都是不利的。这类人越多，系统也越不安全可靠，或者说系统越危险。为保障系统安全可靠，这类偏离安全允许数值的个体或群体是安全管理的重点对象。具体解决办法有：①把这类人剔除出系统，使系统内人群的安全标准趋于一致，这是简单可靠的方法，但由于安全人性决定了正常人在不同时空里也会变成非正常人，这种方法实际上是一种理想化且不太可行的方法；②纠正这类人的安全认知偏差，这需用到多种方法，包括安全观的塑造，实施过程是一项长期的教育过程。

(8) 按照本节的安全定义，借助逻辑工具，可构建一系列理论安全模型，进而构建安全学科体系，形成安全学科的研究方向，促进安全类专业的学科建设和开展安全科学研究，也可指导具体系统的安全管理等工作。

3. 安全定义的推论

（1）根据本节的安全定义，可以推论出一系列安全科学的基础定义，详见表 2-1。

表 2-1 由本节给出的安全定义推论得出的安全科学的基础定义

概念名词	安全定义及其推论的定义
安全	安全是指一定时空内理性人的身心免受外界危害的状态
危害	危害是指一定时空内理性人的身心受到外界损伤的状态
危险	危险是指一定时空内理性人的身心可能受到外界危害的状态
风险	风险是指一定时空内理性人的身心受到外界危害的可能性及其严重度的乘积
事故	事故是指一定时空内理性人的身心已经受到外界危害的结果
隐患	隐患是可能造成一定时空内理性人身心危害的外界因素
危险源	危险源是确定能够造成一定时空内理性人身心危害的外界因素
重大危险源	重大危险源是在特定时空里存在着确定的可以使人的身心受到重大危害的外界因素

按表 2-1 中的例子类推，还可以推论出更多的安全学科新定义或新概念。通过上述分析，本节给出的安全定义便于描述安全科学中其他的定义，而且具有逻辑的推理性。

（2）根据本节的安全定义，可以对安全学科中各分支学科的概念进行定义。例如，“安全科学”是以保障一定时空内理性人的身心免受外界危害为目标的科学，“安全工程”是以保障一定时空内理性人的身心免受外界危害为目标的工程，“安全教育”是以保障一定时空内理性人的身心免受外界危害为目标的教育，“安全管理学”是以保障一定时空内理性人的身心免受外界危害为目标的管理学，等等。由此类推可得出通用的定义表达式：“安全 X 是以保障一定时空内理性人的身心免受外界危害为目标的 X”，其中 X 可以是各种学科名词或科学名词。

（3）根据本节的安全定义，可以推论出各行业安全术语的定义。例如，“农业安全”是指人们在从事农业活动时，其身心免受外界危害的状态，“工业安全”是指人们在从事工业活动时，其身心免受外界危害的状态，等等。由此类推可以得出通用的定义表达式：“Y 安全是指人们在从事 Y 活动时，其身心免受外界危害的状态”，其中 Y 可以是各行各业。

2.2 安全的性质

2.2.1 安全的属性

安全的属性包含安全的人性、安全的社会性、安全的交易性、安全的层次性、安全的组织性、安全的寄生性、安全的差异性、安全的专业性、安全的系统性等。安全的这些性质经常给职业安全人士带来困惑。

1. 安全的人性

安全必须以人为本，但以人的什么为本？首先是以安全人性为本。安全人性涉及人的安全本质、安全理性、安全可塑性等。不管是领导干部、普通职工，还是安全管理人员，他们都遵循安全人性的基础原理，如追求安全生存优越原理、安全人性平衡原理、安全人性层次原理、安全人性双轨原理、安全人性回避原理、安全人性的多面性和多样性原理、安全人性与利益的对立统一原理、安全人性淡忘原理、当下为安而逸的人性原理、安全人性教训强度递增原理等。

例如，安全人性平衡原理的内涵系指人受外界压力、环境、舆论等的影响，会呈现多种情绪，有消极的也有积极的。积极的安全人性，如生理安全欲、安全责任心、安全价值取向、工作满意度等；消极的安全人性，如好胜心、惰性、疲劳、随意性、一时冲动、感情用事等。这种“正负”的情绪之间是相互矛盾又相互平衡的。

2. 安全的社会性

由于人类都是生活在社会之中，这就决定了安全具有社会性，安全的社会性涉及安全政治、安全法制、安全伦理道德、安全文化等问题。

安全的政治性经常能使安全偏离科学性和公正性。安全的法制性的实质是依照安全法律法规和制度的执行，但如果安全法律法规和制度本身就不合理、不公正、不健全、不具可操作性，则执行起来就有很多问题；另外，执法人员是否懂法、是否依法执行，又是另外一回事。当出现法律法规和制度以外的问题时，就要靠安全伦理道德和安全文化等来解决问题，执行起来会有更大的偏差和随意性。

3. 安全的交易性

安全的社会性决定了安全具有交易性。安全并不是随便就能得来的，安全也是一种资源，有些地方和人员有充足的安全资源，而有些地方和个人的安全则成为稀缺资源。

安全是一种资源，其可以变成可交换的产物，因此安全交换过程可能会存在腐败现象，有些团体或个人可能将自己的安全建立在别的团体和别人的不安全的基础之上。

例如，有些企业领导明知企业达不到安全生产的基本要求但不愿意投入足够的费用加以改善，其设置一些安全管理岗位和人员从事企业安全管理工作的目的不完全是确保企业员工的安全，而是当企业出现安全生产事故时，领导可以利用这些安全管理人员来分担自己的安全责任而使自己达到安全的目的，这其实是一种安全腐败。有些企业把安全责任不断层层分解直至个人，结果出现生产事故以后由个人来承担事故责任，这也是领导推卸安全责任的常见方法。

4. 安全的层次性

安全的人性、安全的社会性、安全的交易性决定了安全具有层次性。社会分工不同及所在地区的不同，他们享受安全的保障水平和能接受的风险程度也是不一样的。例如，煤矿工人和企业老板对自己能够接受的安全标准与待遇显然是不一样的，穷人和富人对食品安全标准是差距很大的。

为了保证个人的安全健康，有些人的生命安全是建立在其他人生命安全的基础之上的。安全具有层次性，自然涉及安全的权益性、安全的冲突性等现实问题，也会致使不同分工的人群在处理安全问题时存在很大的偏差。

5. 安全的组织性

人类生活和工作在一个共同的社会里，但人们的安全人性、享受的安全资源、拥有的安全权利等是不一样的，为了避免协同这些差异，就需要有安全组织来进行强制监管，所以安全的组织性意味着强制性和监管性。人类总不愿意满足现状，这也客观上需要有强大的安全组织性来确保系统的安全运行。但如果安全组织的机制出现问题，就可能扭曲安全人性，造成安全不公，使系统安全埋下大隐患。

6. 安全的寄生性

安全的寄生性意味着寄生体消失了，安全问题也不复存在。当一个企业倒闭后，再讨论它的安全问题时，此时的意义不在于该企业本身，而是仅能供其他企业借鉴。如果整个社会不运转，物质也不运动，即一切都处于停止状态，此时安全问题就消失了。但社会是运动的，一切物质总是变化的，这才有了安全问题的存在。因此安全问题寄生于所有的领域。安全的寄生性决定了安全的从属性、安全的交叉性和若隐若现性等特性。

7. 安全的差异性

安全的差异性是显而易见的。安全人性的差异、安全阶级地位的差异、安全资源的差异等，使得个人、小集体、大团体乃至民族、国家等安全都具有个体性和多样性。

8. 安全的专业性

由于安全具有各种差异性和复杂性，为了尽量减少个人之间、团体之间、物质之间、子系统之间等的摩擦或事故，最简单的方式就是遵循“物以聚类，人以群分”的原则，这一原则实际上已成为人们解决安全主要矛盾的通用法则。这也就决定了安全的专业性或安全的分工是必然的结果。

9. 安全的系统性

安全的上述多种特性，决定了安全具有系统性。但系统性带来了复杂性，牵一发而动全身，处理安全问题不能采用快刀斩乱麻的方式。安全问题大部分是社会科学的问题；安全工作不仅需要讲奉献，还需要讲原则和艺术；安全人性、法制、公正、伦理、道德、权益、组织、系统等非技术问题的研究还任重而道远。

2.2.2 安全的矛盾

安全的矛盾包括如下几方面。

1. 生理需求与安全需求的矛盾

马斯洛的需求层次理论还是非常管用的，很多人的生理需求还没有得到满足之前，安全需求是很低的，此时只要感觉到目前自己还基本安全，那么安全需求就已经得到满足了。另外，有些人的生理需求也是无止境的。解决矛盾的关键途径是：人们需要意识到这个问题是客观规律，只有慢慢等待整个社会物质生活进入比较富裕的阶段后，人们的安全需求才会有所增加。

2. 人性与安全公益之间的矛盾

绝大多数理性人的安全本能总是先考虑自身安全，而安全是每一个人的事，关联着你我他。这就存在科学安全观与自私人性之间的矛盾及其平衡问题。解决矛盾的关键途径包括：通过后天的人性塑造，抑制人的私心，弘扬公益之心等。

3. 不同阶层人群对风险接受水平的差异矛盾

社会中的人群所承受的生存压力和追求是不一样的，进而导致对安全需求程度有很大的不同。这些对安全需求不同的人群在一个系统里活动，这就从客观上使系统产生了不和谐。尽管安全管理的本质是要求人的行为一致、组织行为一致、役物行为一致，但人本身的安全需求和对风险的判断标准不一样，就使得安全管理的功效大打折扣。解决矛盾的关键途径包括：遵循“物以类聚，人以群分”的原则，将系统进行分割、分类、分层等；强制统一安全标准等。

4. 安全观与冒险观的矛盾

迄今很多人对冒险观持认同观念，认为风险与利润成正比。由此看来，科学安全观尚未完全普及。解决矛盾的关键途径包括加强安全人生观的熏陶、倡导安全信仰和安全主义等。

5. 生命无价与现实有价的矛盾

生命至上、生命为天是现代的科学安全观，但现实中人的生命需要依靠物质维系，人们又不得不为了必需的物质而劳作。当一个人面临财产与生命的抉择时，他可能会选择保全生命，舍去财产，这时生命无价才能体现出来。解决矛盾的关键途径包括加强科学安全观的熏陶、认识安全与经济的对立与统一、把握对物质的需求度等。

6. 短暂安全与长期安全的矛盾

当一个人暂时处于安全状态而必须去做安全以外的事情时，他做的目的可能是实现所做事情之后更大程度上的安全，如赚足够多的钱使自己无后顾之忧，因此，他愿意先冒小风险去赢得大胜利。因此，安全第一经常说起来容易做起来难。解决矛盾的关键途径包括：拥有安全系统思维；认识重大灾难经常是由小事件引发的，不断增强风险意识等。

我们还可以梳理归纳出更多的矛盾，如失败容易成功难与人性希望成功不愿意失败的矛盾，出事故容易与维系安全难的矛盾，破坏与建设投入不成比例的矛盾，人类追求安全优越与人造物最终会失效的矛盾等。

上述安全矛盾的解决途径均涉及安全观念教育，而安全观念教育的关键在于人对科学安全观的认同。安全教育包括三项基本内容，即安全观念教育、安全知识教育和安全技能教育，其中安全观念教育起着引领带动作用。为何安全观念教育如此重要？其实，安全观念教育的本质是认同教育，其重要性在于驱使人们对科学安全价值观的认同，进而会变成安全的行动。

人类一旦真心认同某一事物，就会变成一种具有无限力量的兴趣、追求、信仰，就会自动效仿、跟随、支持、服从，甚至甘愿无报酬付出或服务，直至付出生命等。一旦人们对科学安全观产生了认同，那么遵章守纪、遵守行为规范就相对比较容易，安全事业也因此有所保障。

2.2.3 安全的有限性

消极安全观认为，如果不做预设，事故是不可避免的，这就如同人终将会走到生命的尽头一样。因而安全工作就像化学反应中的阻化剂，安全工作的意义在于延缓事故的发生，或者是减缓能量释放的速度，因为系统总会由于发生事故而崩溃。上述说法也不是完全没有道理。但是，积极的安全观认为，安全工作不仅是预防事故，还有很多正面的作用，如增加人的安全感和幸福感等。

反溯系统的某种安全现状产生的过程：这种安全现状的产生是由人和物（包括环境等外部可以考虑的因素）所组成的系统的安全性决定的，而系统的安全度又是在相关安全标准约束下制定的，安全标准本质上就是一种风险的接受阈，这种接受阈又是由主观的安全感决定的。总结来说，主观的安全感约束了接受阈，通过接受阈得出了安全标准，而又是相关标准约束了人与物等组成系统的安全度，继而在这种安全性之下出现了安全现状，之后就顺理成章地形成了现状的反馈循环。

因为安全是以人为本的安全，客观的安全现状必须由主观的安全感所接受才能称为安全，因而安全本质上就是主观安全感制约下的可接受的客观现状，即安全实质上就是安全感的满意度，而这种满意度又通过客观现状反映出来。所以安全本身存在这种意义上的滞后性：总是等到事故发生后人们才会意识到安全感程度的不足，继而寻求更高的安全感和更小的接受阈。在此循环过程中，原安全现状变成事故现状，再由事故现状变成安全现状。

因此，不做时空界定，事故的发生是必然的，没有事故的发生就不可能有标准的改善和安全感水平的提升，也就不可能有安全之说。安全依托于事故存在，不可能永远不发生事故。

另外，安全经常是被动于事故的，许多安全预防仅仅是以安全现状为反馈的，人们经常是在事故发生后，才体会到平常的安全感的宝贵。因为事故的发生使人们需要迫切增强安全感，所以安全标准体系内的措施得到了改善。

与阻化剂类似，安全措施的保障仅仅在于延缓能量的释放或将能量逸散的方式与速度改变成我们可接受的。但是，阻化剂也有自身的饱和度，一旦达到效率的峰值，如果还是对其一味地依赖，自然事故就会出现。

就像机器的耗损和人的寿命，机器或人时刻都在被事故释放的能量侵蚀，但因为操作规范、生活规律这些积极的保养措施起到了很好的阻化作用，所以能量的逸散就很缓慢。但是，事故仍然以某种我们很难察觉的效率发生着，直到量变引起质变，机器报废，人也寿终正寝。

事故的发生导致原有的安全标准失效，安全感等级急需提升，由主观到客观的循环不再验证并强化安全标准，事故的反馈信息会重构安全标准体系，新的可靠度会取缔原有的可靠度，从而使得安全感上升一个等级，并在该等级下维持相当的时间。在维持该等级的时间内，安全现状的强巩固反馈不断改善新的安全标准体系，进而又更好地刺激了人们对新的安全标准体系的信任度，直到下一轮使得系统崩溃的事故发生，人们不再接受对体系改善的安全满意度，届时新的安全体系就会应运而生，而安全感又会上升一个等级。安全就是一种弧式的阶梯形发展模式，而这种模式正是以事故的发生为驱动力，安全被动于事故，安全的主动预防仅仅只是局限在某一安全等级内对已重构好的体系的验证与改善，因而安全发展的新方向应该是对体系重构的探究，而不是再致力于对现状的借鉴考察、模拟验证。

无论是前车之鉴，还是其他系统的经验教训，抑或是依靠软件对当前系统运行模式的模拟，安全研究都进入了这样一种误区——依靠反馈的信息来改进或强化系统的安全体系。当然，其效果还是很显著的，我们不能否认这种模式，但安全研究更应该采用新的方法来打破上述的被动安全循环，从而提出一种真正体现安全主动性的模式。现在的安全主动性的模式仅仅就是依靠结果的反馈，主动改进，再被动地等待新结果的验证，继而肯定或否定前面的主动，这实质还是非主动安全的表现，也是安全工作经常存在的最大困惑。

所以到底应该怎么看安全？当前很多情况是把它定义成技术性的安全，通过研究或制定安全体系，提高人与物的可靠度，从工科的视角赋予安全更多的规范和操作，定量研究保障安全，这实际上是基于现状反馈下安全技术措施的改进。未来安全应该是从主观源头出发，致力于安全哲学的研究，从定性的角度更好地理解安全的意义所在，更好地理解安全体系不断重构而事故不断发生的规律，跳出安全是某个具体的等级，而以一种更广泛的安全观，研究安全不同等级之间的联系，探究体系从崩塌到新体系重构的这一安全全过程。

当然，综合上述两种观点才是对安全最完整的认识，但目前并没有结合上述两种观点进行阐述的完整安全理论，而且安全哲学自身的主观性，更使得其意义容易被忽视。但无论如何，这方面的研究对安全发展是很有意义的，相比于当前也是很超前的。

通过对安全哲学的一些思考就会发现，安全哲学相比一些安全技术更加重要，而目前所欠缺的并不是方法，而是安全科学观，即一种从主观出发的对安全等级的思考。

从无限时间来说，事故无法避免。不过，本研究讨论的安全都是有限时间内的安全。正如保健医生可以适当地延长人的寿命，但人最终也会走向生命的终点。医生职业的存在与安全职业的存在是类似的，现阶段安全工作只能是保证一段时间内的安全和延长发生事故的周期。

2.3 安全人性学学科理论

在安全系统中，人既是主体也是客体，不管设备多么坚不可摧，防御流程多么高效严密，最薄弱、最易被入侵的环节和最易产生失误的是人。因此，以人为本是安全科学的重要指导思想。以往以人为本的研究均将安全心理、安全生理、安全生物力学、人体参数等作为主要研究对象，但却忽略了对影响人类心理及行为的安全人性的研究。

一般的工学学科可以通过实验验证和数据测量等客观方法来获取事物的一般规律，揭示客观显现的本质。人性是人类天然具备的基本精神属性，是难以进行客观衡量的主观存在。人性论是传统伦理学说的重要理论基础，是对人自身本质的认识。只有从人性理论抽象出具体的安全人性理论，才能有效指导并解决人和社会中的实际问题。因此对安全人性的研究，有利于从人性本质上解释人的不安全行为，并进一步提高人的安全感知度。

安全人性具有的一大特性是主观性，对于这种看不见摸不到的主观性极强的学科，如何有效切入并深刻研究，是安全学科建设及发展的一大难题。

2.3.1 安全人性学定义及内涵

1. 安全人性学定义

安全人性学和安全心理学在研究对象及学科特性上存在一定的相似性。事实上，安全人性、安全心理、安全行为三者是呈动态关联的，人的后天心理及行为都是在安全人性基础上发展而来，并受其影响。但与之不同的是，对安全人性的研究更加侧重于人类与生俱来的本能特征，研究成果可以用于指导人类安全心理及安全行为的研究和实践。

综合分析安全科学及人性学的发展及特性，可以给出安全人性学的定义：安全人性学是以人性学和安全科学为基础，着眼于利用与塑造安全人性，以实现人的安全健康为目标，从安全人性的角度对人性变化与行为规律进行探索研究和运用的一门交叉性学科。安全人性学研究对象的特殊性，以及安全学科的复杂非线性，使得安全人性学具有以下特性。

(1) 先天遗传性。安全人性具有先天性。安全人性指导人的安全行为，安全人性的遗传性也决定了安全心理和行为具有一定的遗传性。

(2) 后天可塑性。安全人性具有后天可塑性，主要体现为后天培养，如安全技能培养、安全知识培养、安全观念培养。

(3) 分维性。可以分别从时间维、数量维、物质维、知识维等不同维度研究安全人性。

(4) 复杂性。安全人性是复杂的，后天的安全人性受思维、情感、意志等心理活动的支配，同时受道德观、人生观和世界观的影响。

对于安全人性学，在学科属性方面可做进一步理解与深化。安全人性学的综合性意味着学科涵盖范围广，包括哲学、人性学、安全学、心理学、生理学等；安全人性学具有交叉性；安全人性学的目的主要是实现劳动者生产安全、心理与生理健康；安全人性学的基础是关于安全人性表现的基础理论；安全人性学对安全人性活动具有指导性和实践性作用。

2. 安全人性学研究内容

安全人性学具有的先天遗传性是无法改变的，而后天的塑造与改变对于人类的发展具有更加实际的研究价值。因此，对安全人性学的研究，现阶段主要聚焦于后天可塑的安全人性。依据安全人性与安全心理、安全行为及周边环境、物质等的动态关联性，将安全人性学的研究分为 4 个层次：①安全人性与安全心理和安全行为的关系；②安全人性与环境、物质、文化、氛围、时空等因素的关系及其响应规律；③基于安全人性理论，有效管控人的不安全行为的方法、手段和措施等；④使安全人性与各影响因素相互协同。

包括安全学科在内，任何一门成熟的学科，都离不开完整丰富的理论体系的支持及实践经验的进一步发展。安全学科是一门致力于通过对人员的生理、心理、行为等研究来提升并实现安全状态的学科。因此，安全人性学研究内容也将分为两部分，即认识部分和实践部分，如图 2-1 所示。

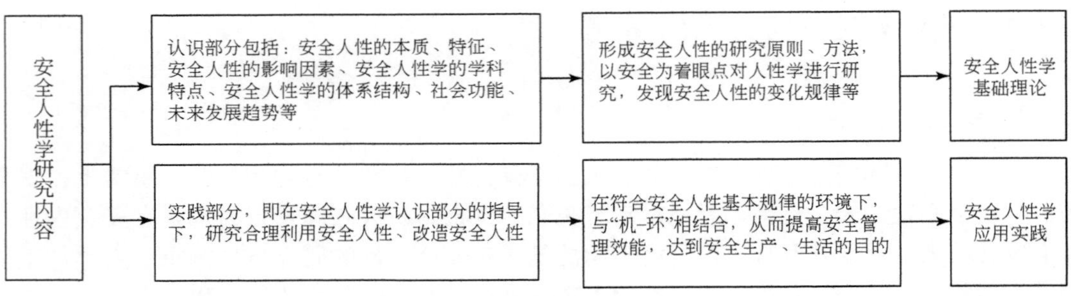

图 2-1　安全人性学研究内容

依据图 2-1 中安全人性学研究内容的分类，还可将安全人性学的应用研究分为理论应用与实践应用两部分。安全人性学的理论应用包括以下四方面：

（1）帮助人们更好地认清自己，提高人们的安全意识。安全人性学从人的角度出发，对每一类人群的人性特征深入分析，从自身心理状况考虑，能有效地规避大部分风险。

（2）发展和完善人性学理论与学科体系，为人性学实践提供范例。安全人性学的建立与发展，能有效推动人性学基础理论的研究与学科体系的完善。

（3）进一步了解人性学的结构属性和功能属性。例如，人的自然、社会、精神属性属于人的内在规定，它同人的个性和人的本质构成了人性内部结构。

（4）依据人与外部环境的关系，将人性视为能动性与受动性的统一、创造性与适应性的统一；依据人与他人的关系，将人性视为社会竞争性和社会合作性的统一。

安全人性学的实践应用包括以下三方面：

（1）工业设计方面。在工业设计时融入安全人性学的理念，实现功能安全甚至本质安全。

（2）安全预防管理方面。掌握安全人性的发展规律，有助于提出科学的安全管理制度、安全教育制度等，实现预防管理。

（3）安全法律法规的制定方面。安全的法律法规的制定需要建立在正确、全面地了解安全人性的基础之上，否则无法实现其应有的效益，甚至会起负面作用。

2.3.2 安全人性学的维度和学科分支

1. 安全人性学的维度

安全学具备多学科、综合性、交叉性的特性，而人性学自身也与社会学、行为学等学科综合相关，因此，安全人性学必然也具有多维的结构体系。综合安全学及人性学的基础、特征、方法等，建立安全人性学的多维结构体系，包括专业文化维、数量维、环境维、时间维、技术维和理论维，如图 2-2 所示。

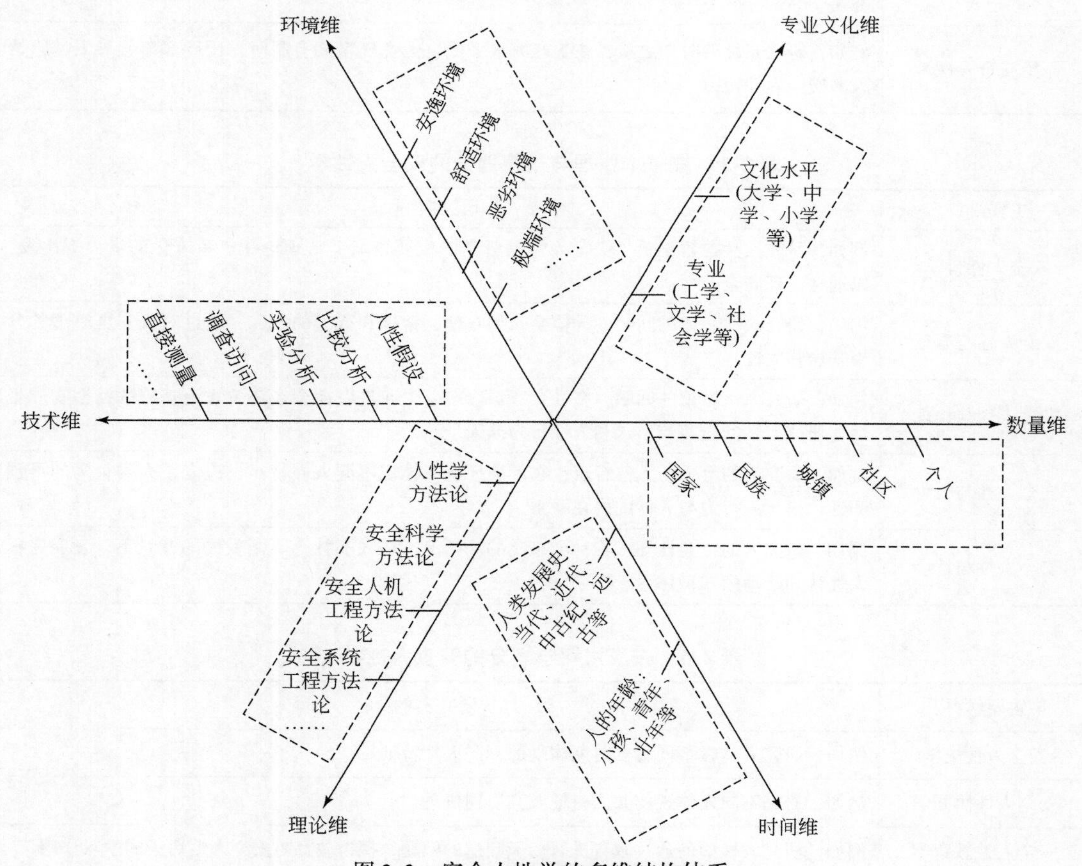

图 2-2 安全人性学的多维结构体系

2. 安全人性学的学科分支

安全人性学在时间、空间、文化等方面都具有大的跨度性，导致不同人群在不同时期对于安全的认识程度差异很大。因此，为了有条理地对安全人性学进行学科体系的划分，将其分别从时间维、数量维、物质维、专业文化维、关系维、环境维进行考量，在此基础上，从历史视角、基本原理与规律、应用科学及文化区域4个层面构建安全人性学多层次框架。其涵盖的主要学科分支和研究实例分别见表2-2～表2-5。

表2-2　按历史视角划分的安全人性学

主要学科	研究实例
当代安全人性学	例如，研究新民主主义社会和社会主义社会，人们开始有自己的新生活，在解决温饱情况下追求经济文化发展等上层建筑时，表现的安全人性行为
近代安全人性学	例如，研究半殖民地半封建社会时期，广大民众受帝国主义、封建主义的双重压迫和官僚资产阶级的剥削，在毫无政治、经济权利下，人们的安全人性行为
古代安全人性学	例如，研究奴隶社会和封建社会时，人们以家庭生产为主，但需把大部分生产物质上交给奴隶主或地主，奴隶主与奴隶、地主与农民阶级的安全人性行为
原始安全人性学	例如，研究尧舜禹时期之前，在生产力水平低、生产资料公有制时，氏族部落领导下，原始人的安全人性行为

表2-3　按基本原理与规律划分的安全人性学

主要学科	研究实例
安全人性哲学	例如，研究人性的哲学观，安全人性是哲学的重要范畴，从理论化、系统化的世界观出发，以理性论证安全人性
安全人性与心理	例如，研究人性心智的问题，具体至人类心理、精神和行为的研究，通过对人安全心理的分析来诠释人性
安全人性与伦理	例如，研究人性道德的问题，在社会意识形态下，通过以社会经济关系为基础的社会物质生活，研究人性的内容与形式和人性行为准则
安全人性与行为	例如，研究人的行为与人性特点，在不同环境下体现不同人性特点，决定了人类行为的可预测性，揭示人行为与人性的内在联系
安全人性与社会	例如，研究人的社会认知，在社会事实的基础上，在人类社会不断发展的背景下，发展完善人性认知活动的知识体系

表2-4　按应用科学划分的安全人性学

主要学科	研究实例
安全人性史学	例如，研究人类在不同历史时期体现的不同人性特征
安全人性协同学	例如，研究不同人体现的共同特征及其协同机理
安全人性教育学	例如，研究人性如何通过教育进行后天塑造的问题，探讨教育对安全人性后天的学习作用
安全人性博弈学	例如，研究如何在错综复杂的人性中相互影响得出合理策略
安全人性环境学	例如，研究不同环境下安全人性的各异性
安全人性管理学	例如，出于人本思想，研究人性、高效化的管理模式
安全人性法学	例如，与人性相协调，研究如何规范人性，如何更有效地颁布、施行法律

表 2-5 按不同文化区域划分安全人性学

主要学科	研究实例
东亚安全人性学	例如，研究东亚地区人们的安全人性学特点。以中国、日本、韩国、越南为代表国家，其信仰佛教，深受儒家思想影响，重视家庭、教育及讲究群体和个人的伦理及义务，人力资源量大且质优
南亚安全人性学	例如，研究南亚地区人们的安全人性学特点。以印度为代表国家，印度教影响生活的各个层面，种姓制度影响该地区的社会与经济发展
西方安全人性学	例如，研究西方人们的安全人性学特点。代表国家有美国、加拿大、英国、德国，其全球工业化和现代化程度较高，教育先进，有完善的社会保障体系
非洲安全人性学	例如，研究撒哈拉沙漠以南非洲人们的安全人性学特点。其经济发展较迟缓，有多民族、多语言与多种宗教信仰，多以自给性农牧业及原料输出为主

2.4 安全人性学核心理论

在安全科学发展史中，国内外学者为了研究安全的本质及其变化规律，从各个角度出发提出了不同的理论，其中安全三要素“人、机、环境”理论得到了人们的普遍认可。在安全三要素中，“机、环境”均是被动承受者，一旦被人为设定成某一状态就很难改变。而“人”这一要素具有主观能动性，受规章、制度、法律等约束，但不受其控制。因此，在安全管理中必须考虑到“人”这一不可控要素。在安全管理中需要突显人性，这必须建立在对安全人性原理、规律研究的基础上。安全法律法规是保障人生命、财产安全的一种强制安全管理手段。另外，研究安全人性与安全法律法规的关系，有助于进一步完善法律，以发挥法律的监管督促作用，避免负面影响。随着安全科学的发展，安全人性在安全科学系统中的地位越来越高。

2.4.1 安全人性学基础原理

安全人性学是以哲学、安全科学及社会学等理论为基础，以安全科学为主体，以利用和改造安全人性从而实现劳动者的安全、健康为目标，从人性的角度对安全科学基础原理进行探索研究的一门交叉性学科。其主要研究内容是人的精神需求、物质需求、道德需求和智力需求在安全中的体现。因此，在研究安全人性学时，应注重于该学科的交叉性与研究目标。

安全人性原理主要指通过研究人性基本规律对人的行为安全产生的影响，设计出符合人性基本规律的生活与生产环境、制度环境、社会环境等，保障人的安全，并基于上述目标和过程获得普适性基本规律。

1. 人类需求层次原理

根据马斯洛的需求层次理论可以推论出，安全人性需求可分为生理本能需求、安全需求、安全与健康同时需求、高级安全健康需求及优质生活需求5个层次。将安全人性需求层次由下到上划分为生理安全、器物安全、人–机安全、人本型安全、本质安全5个类型。在安全人性需求层次理论中，不同层次由低到高，大多数人只有当低层次需求得到满足之后，才能向高层次需求发展。

由上述需求层次可以推论出安全人性回避原理，即人们趋向安全、回避危险、避死减伤的原理。该原理兼具积极意义与消极意义。

（1）安全人性回避原理的积极意义即对于危险采用积极应对的方式。它包含两方面的内容：①当人们认定某一领域存在危险时，趋向安全、回避危险的安全人性，促使人们通过各种方法积极探索、解决该领域的安全问题，这是安全科学发展甚至社会发展的动力之源。②安全人性回避原理有着更深层的含义。当发现不能正面应对危险时，安全人性会引导人们采用迂回的方式。例如，对洪灾的防治，基于人类的科技水平采用直接抵抗方式的作用不大，只能采用迂回的方式，即对水道进行疏通、引流。这一理论观点是实现安全的重要途径。

（2）安全人性回避原理的消极意义即对于危险采取直接躲避的方式。当人们认定某一领域存在危险时，会直接放弃对该领域的探索，使得在面对该领域的危险时，无能为力。这对于安全科学的发展极其不利。

（3）安全人性回避原理的消极意义和积极意义之间的关系如下：①它们是相互矛盾、相互制约、相互联系的。②两者在一定条件下可以相互转化。当安全科技、经济水平及对该领域的重视达到一定的程度时，安全人性回避原理的积极方面将占主导地位，进而推动人们对该领域安全的探索。③当安全人性回避原理的积极意义占主导地位，但安全科技、经济水平又达不到一定高度时，采用迂回的方式解决安全问题是一条重要的途径。

2. 安全人性双轨原理

安全人性双轨原理即安全人性发展的双轨性和人们对安全人性态度的双轨性两方面。

安全人性发展的双轨性是指在人的发展过程中，安全人性的发展是双轨运行的，一条轨道是先天遗传，另一条轨道是后天培养。即在对安全人性进行研究时，要坚持先天和后天相结合的研究方法：①安全人性的先天遗传是指安全人性具有“遗传性”。安全人性指导着人们的安全行为，所以安全人性的先天遗传性决定了安全行为具有先天遗传性。②安全人性的后天培养是指安全人性具有后天“可塑性”。安全人性的后天培养主要有三种方式，即安全技能培养、安全教育培养、安全管理培养。从以人为本的观点出发，后天培养不仅要实现安全人性的积极要素的发展，而且要为劳动人员提供舒适的工作环境。基于此，安全技能培养是安全工作人员的首选，其次是安全教育培养，最后才是安全管理培养。

基于安全人性发展的双轨性，安全工作人员对安全人性的态度也应是双轨的，一条轨道是利用安全人性，另一条轨道是改造安全人性。从社会经济发展角度看，依循人性、利用人性，成本较低、效果较好；通过改造人性来实现社会经济发展，则成本较高、效果较差。因此，在安全工作中，主张利用安全人性为主，改造安全人性为辅，同时值得注意的是，对安全人性的改造必须建立在尊重安全人性的基础上。

3. 安全人性转变原理

由安全人性双轨原理可以推论出安全人性转变原理，即可以通过后天的人性塑造来改变安全人性。由于人性的发展需经历从不成熟到成熟的过程，基于该过程，可以通过教育等塑造安全人性，使其按图 2-3 的方式转变。安全人性转变原理包括以下三个过程。

（1）由被动安全状态发展到主动安全状态。法律法规等规章制度从一开始规定从业人员必须具有哪些安全行为，逐渐发展至引导人员主动意识到安全。从缺乏自觉的安全状态发展到自觉安全状态，也就是从“要我安全”到“我要安全”的转变过程。

（2）由肤浅安全状态发展到理解安全状态。这主要体现为以下变化过程：一开始只是对安全一时兴起，产生短暂的兴趣；之后一段时间会再回归到无安全意识状态，其后再发展到对安全有深刻的认识，对安全保持长久的、专一的状态。

（3）由短期安全状态发展到长期安全状态。短期安全状态从长远来看也许是一种危险的潜在状态。因此要具备长期安全意识。

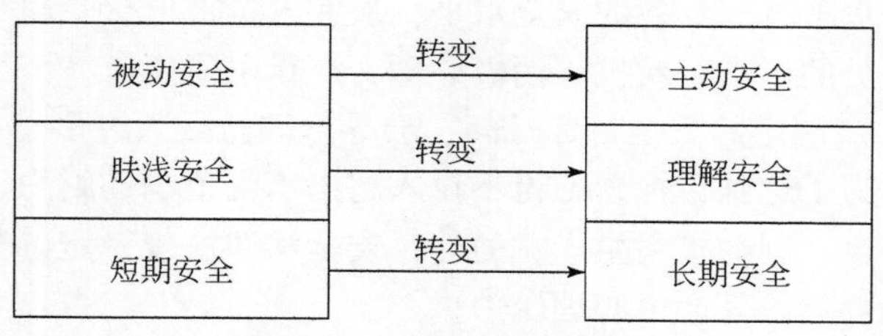

图 2-3　安全转变原理

4. 固定安全行为原理

人的固定行为模式很多是不科学的，但文化历史等的影响和熏陶，使人们形成了很多固定行为，包括固定思维等。例如，看到一个人的脸，就会反射出这人是坏人或好人，这并没有任何合理的依据，只是一种长期的环境（某种面相代表了某一类人）影响所致。由此，在安全生产活动中，也可以通过某种机制，训练或引导从业人员形成固定安全行为模式。

在将固定安全行为模式应用于安全法律法规制定时，可以考虑将某些安全行为模式设计成一系列必须完成的行为动作，即从业人员一旦处于某种状态时必须完成该系列安全行为。长期的强制训练，可以促使从业人员形成某种固定安全行为模式。

安全人性与安全法律法规并不是对立、压制的关系，而是相互制约、彼此促进的关系。将安全人性原理运用到安全法律法规的制定中，能更好地发挥安全法律法规的监管、督促及引导作用。

5. 安全人性的法规原理

安全法学是关于通过法律法规的控制手段，保障人的身心健康免遭外界因素危害的科学活动及认识规律的总称。早期学者认为法律与人性是对立、压制的关系。法的作用就是禁止人们放纵欲望，使那些不能按照理性活动的人能够约束自己，以维护个人的正义品德，即法的目的和作用就是控制那些没有理性的人的各种欲望。中国古代以性恶论为基础，形成的法律成为一种压制人的自律意志的对立物。一旦人性张扬，法律会采取强制性压制措施，促使人性回归一致水平。

文明的发展程度从某种程度上能以人性的自由程度来衡量。资本主义时代，人们已经意识到法律并不是简单地压制人性，法律会推动社会稳定发展，也会保障人权。人权在某种意义上实际就是人性的话语转换。人性与法律是相互制约、相互促进的关系。

在计划经济时代，集体的财产高于一切，为了在事故中抢救集体财产而献出生命的例子不在少数。然而追求安全生存优越层次理论中，人的生理安全位于最低层次，紧随其后的才是器物安全。不难看出，在面对安全问题时，首要的是保障自己的人身安全。因此在制定安全法律法规时，应当首要保障人的自身安全。制定法律时应结合实际情况来设定安全层次目标，过高或过低都会出现问题：

（1）安全法律法规制定的安全目标过低，会导致安全投入不足，致使安全水平低于当前的科技条件和经济水平下应具备的安全水平，从业人员被迫接受超出心理接受水平的风险，最终导致从业人员的不满、反抗等消极心理，严重阻碍生产。

（2）安全法律法规制定的安全目标过高，会导致安全投入过多。由于当前科技水平受限等，生产经营单位为了达到目标，不得不投入超出承受范围的财力，最终因安全投入过多，挤占生产经营资金，制约扩大生产；另外，安全法律法规制定的目标过高，从业人员短期内很难实现，也会导致其产生心理压力。

6. 安全人性平衡原理

安全人性是由生理安全欲、安全责任心、安全价值取向、工作满意度、惰性、疲劳、随意性等多种要素构成的。诸要素之间是相互矛盾又相互平衡的，这些要素的综合与时间的关系可抽象描述为图 2-4 所示。

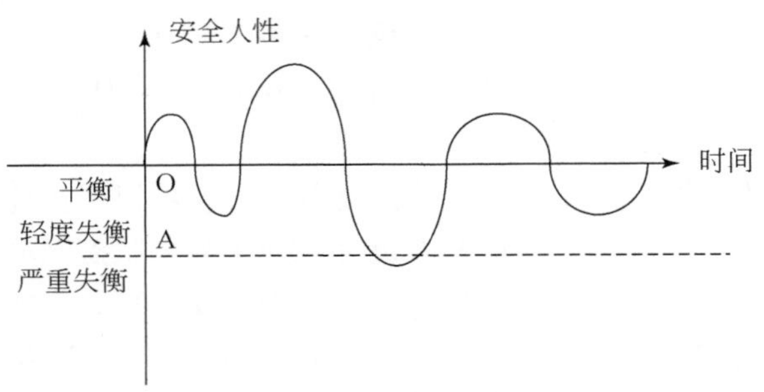

图 2-4　安全人性与平衡模型

安全人性从长远趋势来看，是趋于平衡状态的。整个过程中安全人性会受环境因素、心理因素等影响出现波动，一旦处于时间轴下方，从业人员就处于事故易发状态。安全法律法规是防止安全人性失衡的有效途径之一。

2.4.2 安全人性基本规律

安全人性学的基本规律就是通过对人性的基本特征规律及其对人的行为的影响进行研究，以设计符合人性需求的生活、生产环境和制度等，实现人身安全，获得普适性的规律。

1. 安全人性的多面性和多样性规律

人性是自然性与社会性的统一，人性的自然属性包括占有性、竞争性、劳动性、自卫性、好奇性、模仿性、从属性等，而人性的社会属性则包括信仰性、阶级性、法控性、道德性、献身性等。人性构成因素的多样性，导致每一个人都是一个独一无二的个体，每个人的形态、智力、生理、心理等均有差异，这就是人性的多样性。同时，人类社会的复杂性，使得一个人会同时处于多个系统中，面对不同的社会系统时，会呈现出不同的人性，这就是人性的多面性。

同理，人员的安全人性也具有多样性及多面性。不同的环境下，人对危险的处理能力是不同的，相同的环境不同的时间，面对相同的风险处置，人也会呈现不同的应激性。人在不同时间、空间、环境、压力、氛围、刺激等条件下表现出来的安全人性经常变化和波动。在了解安全人性的这一特性的基础之上，在安全管理及培训中，要充分尊重安全人性的多面性并允许安全人性多样性的存在。同时充分利用安全人性的这一特性，发挥每个人在团队中不同的作用，调动人员的积极性，取得 1+1>2 的团队效果。

2. 安全人性教训强度递增规律

事故和案件每天都会发生，但并不是所有的人都能从这些惨痛的事件中得到教训和启发。这种现象可以用安全人性教训强度增强规律来解释，“事不关己，高高挂起”是人躲避危险、避免麻烦的惰性的表现形式之一。人从事件中得到教训的程度是不同的，由小到大为别人的事件、别人的教训、别人的惨痛教训、自己的教训、自己的惨痛教训。同时，事件的严重程度不同，给人带来的教训的程度也是不同的，人们对惨痛教训的印象更加深刻。

3. 安全人性与利益的对立统一规律

对利益的追求是社会人的本性之一。出于对利益的追求，有些企业或个人，为获取更高的利益，会选择牺牲在安全措施、安全防护装置、人员安全培训等安全成本方面的支出，这可以理解为安全与利益的对立性。但是，如果增加安全投入，会相应地提高生产的安全性，避免不必要的人员伤亡和财产损失，因此，从某种程度上来讲，安全与利益又是统一的。这种安全与利益的非线性关系可用如下模型来表示，如图 2-5 所示。

该模型为研究“安全”与“投入”的平衡、底线等问题提供了解决问题的切入点。通过安全与利益的对立统一模型可以知道，在 C_0 点时，随着对于安全的投入，收益增加，到达最高点 C_1，之后由于安全投入过高，与利益不匹配。因此，顺应安全人性与利益的对立统一的规律，寻求利益与安全的平衡点，将有利于人员在安全的状态中获取利益。

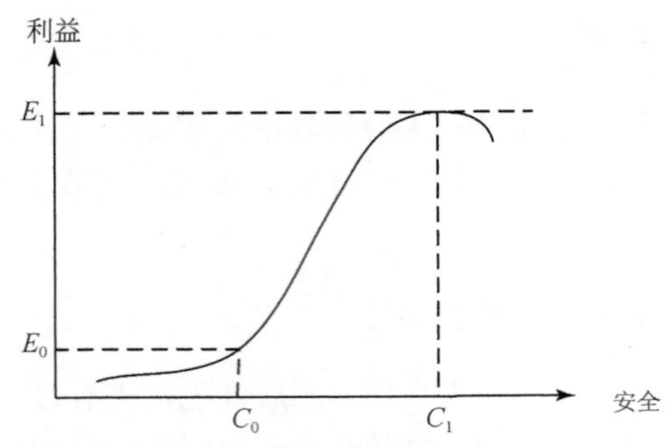

图 2-5　安全与利益的对立统一模型

4. 安全人性淡忘规律

安全人性淡忘规律最明显的表现就是“好了伤疤忘了疼”。当面临灾害时深刻的痛感及危机感会随着时间的推移而淡化，而当初的那种面对危险后的醒悟和事后对于风险排除的信念也会渐渐减弱。图 2-6 是人们对事故的记忆程度随时间的淡忘曲线，其中虚直线表示初始记忆深度值，虚线曲线表示在没有事故刺激及其他的刺激形式下的记忆深度曲线，实线曲线表示在不同刺激下的记忆曲线。

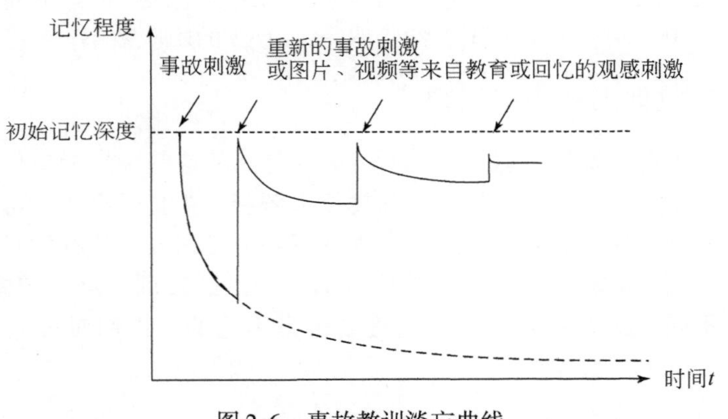

图 2-6　事故教训淡忘曲线

由图 2-6 可知，在最初事故刺激后，如果有再次的事故刺激，相似的观感刺激或者记忆点的反复回忆，会使人重拾对于初次事故的记忆深度和接受教训的高度谨慎的心态。因此，在生产及生活中，企业或相关部门应采取相应措施，不断提醒人们可能面临的风险，增加群众自我保护意识以及察觉危险的危机感，时刻保持好的状态，以面对可能的突如其来的灾难。

5. 当下为安而逸的人性规律

当下为安而逸的人性规律表达的是，在多数情况下，人会将安全的状态作为想当然的理想状态，在还没有遇到可见的风险时，一般很少会主动思考有哪些潜在风险的可能性，并采取措施来避免风险。归结这种安全惰性存在的原因，是人危机感过低，认为自己不会碰到危险。例如，长途客车上，尽管工作人员一再要求乘客系好安全带，但还是有很多乘客为了乘坐的舒适感而放弃系安全带，这一行为潜在的人性就是惰性，人会心存侥幸与惰性，认为自己不会遇到车祸等危险。面对这一现象，客运公司采取的措施是，播放相关车祸案例视频，并以实际数据来告知乘客安全带可在车祸中挽救95%的人员的生命。事实表明，在观看了视频之后，绝大多数乘客会自觉地系好安全带。

由上述实例分析，客运公司播放的车祸案例视频，是正面地向乘客灌输危险事故的直观概念，打消了当下为安的惰性，提高了人的危机意识，并使人自发地采取措施，进行风险的排除。该案例的启示是，在生产生活中，也要正面地、适时地增强人们的危机意识，以减少由当下为安而逸的人性带来的不必要的损失。

6. 安全感性先于理性规律

人在某种可能存在危险的环境中对于风险的判断，最开始往往是依据感性的直观判断，凭表象感知危险。对某种安全现象的判断，人会更加倾向利用肉眼观察到的表象分析风险，这就是安全感性先于理性规律。但在现实中，理性的安全分析比感性的表象分析更具有指导意义，也更具有客观性，图 2-7 为风险感知判断感性先于理性的思维模型。因此，应针对该规律，对人员进行危险认知的理性的指导，使人员能克服感性判断先于理性判断的缺陷，更加客观地评估可能面对的风险。

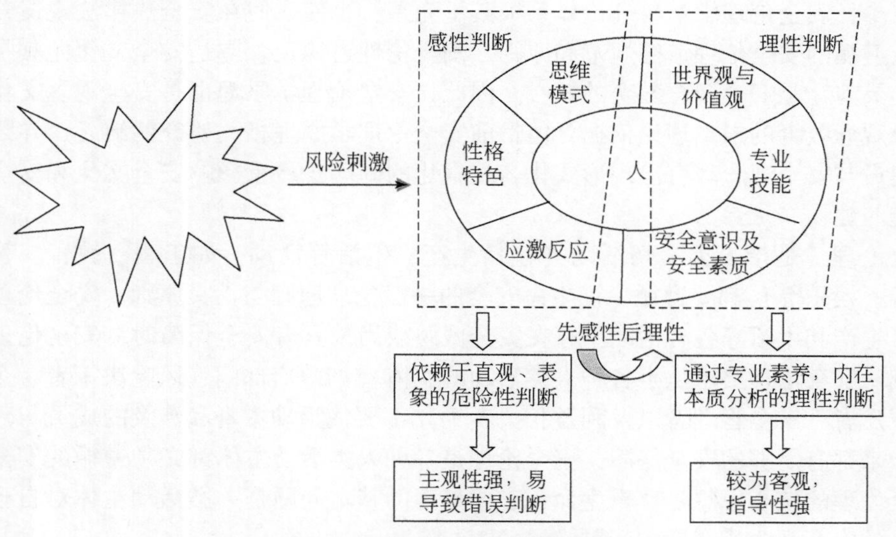

图 2-7 感性先于理性规律模型

7. 忽视小概率事故的人性规律

面对小概率事故时，人会表现出侥幸心理和冒险心理，由于小概率事故发生的概率低，人在活动或进行工程操作时，会侥幸地认为自己不会遇到危险，从而忽略了必要的安全防护，进行心存侥幸的冒险行为。在实际工程中遇到小的事件会听到“小事一桩”这样的结论论断，这体现的就是忽视小概率事故的人性规律。在安全生产中，最怕的就是这种忽视小概率事故的人性规律，多数事故的发生，都是由于操作人员没能正视看似小的安全隐患。因此，在对人员进行安全培训教育时，应针对这一安全人性特点，提高人员对于操作中看似不可能发生的事故的警觉性，建立人员“防微杜渐”的安全意识。

更多的安全人性规律还可以继续归纳，这里不再继续探讨。

2.5 社会安全伦理原理

2.5.1 社会安全伦理概述

伦理道德是人类社会亘古不变的话题，作为社会调控体系的重要手段，伦理道德与法律规定共同构成人们的行为规范内容。因此，伦理道德一直是伦理学、文化学、社会学与法学等社会科学领域的研究热点。在安全科学领域，安全伦理道德也是非常重要的。在当前安全防御保障技术失效的可能性已极低的情况下，诸多安全问题更多地表现为安全责任问题和如何对待自我与他人利益关系的问题，即其本质上是一个伦理道德问题。因此，安全伦理道德研究与建设已成为解决当前安全问题的必然选择，并由此形成安全伦理学这门独立的安全学科分支与研究方向。

在安全伦理学研究方面，围绕安全伦理学理论与实践已有一些研究，但基于学科高度的立论较少，安全伦理学学科理论体系极其不完善，也使人们在安全法律法规覆盖范围之外缺乏应遵循的安全伦理道德规范和原则。安全伦理道德观念应是安全文化尤其是安全观念文化的灵魂，是安全观念教育的核心。因此，安全伦理学原理也是安全观念文化建设与开展安全观念教育的根本理论依据，但目前安全伦理学原理相关研究的缺乏，导致安全观念文化建设与安全观念教育出现形式化与技术化的弊病，严重影响安全文化和安全教育根基的塑造与建设。

安全伦理，是指人类一切活动（包括生产、生活等活动，如工程、教育、管理、经营、旅行、娱乐等）都要遵循保证生命安全的一般伦理原则与正义原则。安全伦理对人们在生存、生产和生活等各种活动中存在安全威胁或尚未具有安全保障时，安全伦理会进行伦理批判。安全伦理要求从事各种人类活动的主体（如政府部门、风险决策者、企业、工程设计开发者、安全管理者以及利益相关者等）都要使活动本身和涉及的成员与环境等在现在和未来都有足够的安全保障，安全伦理是各种人类活动主体都必须遵循的安全道德规范。安全伦理的核心思想是尊重生命，它要处理的基本问题是人类活动主体对自己和对社会所持有的安全观念或态度的问题。

为了确保人类各种活动能够持续和方便使用丰富的安全资源，人类必须确保对安全有适当比例的投入并舍弃一些不利于安全的功能和欲望，为此也就需要用安全伦理和安全行为道德来规范限制不道德的安全活动和处理利益冲突。安全道德是指政府部门、企业、工程设计开发者、风险决策者及其利益相关者等在各种活动中涉及各种利益时，尤其是涉及生命安全健康利害关系等时，所表现出来的行为的指导思想或观念态度。

安全伦理的第一要义是保存生命，核心价值是人的生命安全健康，其基本道德要求是关注安全、关爱生命，以实现社会正义。安全伦理道德涉及安全道德正义、安全道德良心、安全道德权利与义务、安全道德责任等。有关安全伦理道德的原理还涉及庞大的伦理学领域，如价值、善与恶、应该与正当、事实与是非等。

2.5.2 安全伦理学原理的定义与内涵

1. 现代安全伦理学的定义

刘星教授指出，安全伦理学是关于安全道德的学问，即关于处理安全活动中人与人、人与社会等社会关系的伦理原则、伦理范畴和道德规范的知识体系。此外，安全伦理学研究受时空、文化与经济等因素的影响显著，所以相关安全伦理学研究应基于现代科学安全价值观和现代社会安全发展趋势与需求开展，目的是使相关安全伦理学研究成果更好、更有效地服务并指导现代安全文化建设、安全教育、安全决策、安全管理与安全科学研究等安全实践活动。

基于此，根据现代科学安全价值观、安全科学原理及已有安全伦理学的相关定义，较为具体而科学的现代安全伦理学的定义是：现代安全伦理学是以人本价值为取向，以提升人的安全伦理道德水平与塑造人的科学安全伦理道德观念为侧重点，以建构一套能指导、判断和评价安全行为的安全伦理道德原则、标准和体系为目标，以安全科学和伦理学为学科基础，以安全道德现象为研究对象，通过研究与探讨安全道德的起源、特征、功能、发展、本质，以及处理"安全获得与财富、利益获得"价值关系的原则、标准与方法等形成的一门集理论性与应用性于一体的新兴交叉学科。

2. 现代安全伦理学原理的定义与内涵

基于上述现代安全伦理学的定义，现代安全伦理学原理是依据现代科学安全价值观与现代安全科学原理，研究安全道德现象本身特性及处理"安全获得与财富、利益获得"价值关系的原则、标准与方法等，从提升人的安全伦理道德水平与塑造人的科学安全伦理道德观念角度，建构一套能指导、判断和评价安全行为的现代安全伦理道德原则、标准和体系，并基于上述目标和过程获得普适性基本规律。

由现代安全伦理学原理的定义可知，现代安全伦理学原理着力探讨如何提升人的安全伦理道德水平与人的科学安全伦理道德观念，以及如何最大化发挥现代安全伦理道德效用。此外，现代安全伦理学原理研究的核心应是建构指导、判断和评价安全行为的现代安全伦理道德原则、标准和体系（即一套区分安全活动的道德与不道德，以及处理安全活动"应该是什么"和"应该不是什么"的原则、标准和体系）所要遵循的伦理哲学层面的具有普适性的较高层次的原则和标准等，换言之，就是"原则的原则与标准的标准"，即现代安全伦理学核心原理，再辅以研究安全道德现象本身的普适性规律。

2.5.3 现代安全伦理学基础原理

基于现代安全伦理学原理的研究核心、现代科学安全价值观与现代安全科学原理，共提炼出伦理哲学层面的 3 条现代安全伦理学基础原理：人本价值取向原理、安全的公共性原理，以及安全健康信仰与事故可预防信念原理。

1. 人本价值取向原理

由现代安全伦理学的定义、现代科学安全价值观中的“以人为本”理念与现代安全科学公理之“生命安全至高无上”公理等可知，人本价值取向原理应是现代安全伦理学的最根本和最基本的原理。其内涵涵盖了刘星教授提出的安全伦理原则之保存生命原则（或安全权利原则）与生存正义原则，但又不仅仅限于上述内涵，主要包括以下两方面：

（1）从生存论意义上讲，现代安全伦理学之人本价值取向原理中的“人”特指人的生命权（主要包括生存权、安全权、健康权与自由权等）及人赖以生存的安全保障条件。①理论而言，每个人均有关心、选择和保护自己生命权，以及创造与索求生存安全保障条件的自然本性，这种自然本性源于人的安全需要；②安全（包括健康）作为人类的基本生存条件之一，其重要性不言而喻，可以说人的生命权的核心就是安全（包括健康）权，而安全实践活动是对人生命价值的关怀，安全保障条件是实现安全的必要条件；③人的生命权作为人权的最根本权利，它为人们的生产与生活定下了一些不可逾越的道德界限（道德规限）以保障与维护人的安全利益；④保障与维护人的安全（包括健康）权利是维护社会和谐稳定的基本条件，若人的安全（包括健康）权利得不到保障与维护，即人的安全需要得不到基本满足，人就会失去安全感，进而会使社会失去平衡与和谐。

（2）从价值理性与道德理性角度讲，现代安全伦理学之人本价值取向原理中的“本”指人类的一切生产与生活实践活动（包括实践活动的一切环节）都应以人的安全（包括健康）权及创造人生存的安全保障条件为根本价值取向。人类的一切生产与生活实践活动均应尊重人的安全权与安全人性，应努力为保障人类安全生产与生活创造条件（即实践活动都应围绕人的安全而展开，离开人的安全而谈实践活动没有任何意义和价值），这就需通过将这一根本价值原则不断内化，使之成为人类生产与生活实践活动的核心价值标准与目标。换言之，这一价值原则应是人类生产与生活实践活动（主要包括资源配置、管理方法模式和行为规范等）的原发点和生长点，这就要求人类在生产与生活实践活动过程中，必须做到两点：①必须优先考虑人的安全（包括健康）权及创造人生存的安全保障条件；②将把上述原则作为指导、判断与评价人类生产与生活实践活动的终极道德原则与标准，作为人类生产与生活实践活动过程的出发点与归宿点。

总而言之，现代安全伦理学原理建构在人本价值取向原理基础之上，即人本价值取向原理是建构现代安全伦理道德原则、标准和体系的最根本和最基本的依据，可将其内涵概括为以下 4 点：①安全建构在人本理念基础之上；②人是安全的主体与核心；③保存与尊重人的生命安全（包括健康）是现代安全伦理道德的底线原则；④安全保障条件的发展过程实则是基于人的存在方式诉求安全的过程。

2. 安全的公共性原理

罗云等（2012）归纳了一组公共安全科学公理与定理，如“人人需要安全”公理、“遵循安全人人有责准则”定理等；诸多安全事故的受影响对象均是群体（如安全事故一般会对他人甚至整个社会造成影响）、诸多安全保障条件的服务对象均是一个或若干群体（如社区、企业、学校、城市、地区与国家等），即共用性；“四不伤害”事故预防原则（即不伤害自己、不伤害他人、不被他人伤害与保护他人不受伤害）；事故应急救援一般需调动诸多社会力量（如政府、消防、军队与志愿者等）及安全问题的出现地点（主要包括企事业单位与社会）等诸多安全科学规律、特点与安全事实可知，安全具有公共性这个显著而重要的特点。换言之，安全的公共性可视为对上述安全科学规律、特点与安全事实的整体性概括与总结。

基于上述分析，安全的公共性可定义为：安全的公共性是指人们在安全实践活动（如工程建造与安全决策等）中为保障自身与他人安全所表现出来的一种组织或社会属性，是在人的“己安与他安”和“利己与利他”的整合中所形成的人类安全生产与生活的共在性，它体现了安全在人与人间的共在性与相依性。基于此，可以认为，安全作为一种价值基础的“公共性”，其本质上是一个公共性的安全生产和生活的伦理道德问题。因此，唯有培育与生成一种人们安全生产和生活应有的公共性安全伦理道德与公共性安全文化自觉视野，才可实现社会安全发展与保障水平的新高度与新境界。

因此，安全的公共性应是安全实践活动与安全科学研究的基础性依据，由此可以提出，现代安全伦理学基础原理之安全的公共性原理，其具体内涵主要包括以下 5 方面：①在安全和利益取向层面，人类安全实践活动不应仅仅局限于从自己的安全和利益来考虑问题，而应把安全的公共性置于首位，以免安全的公共性丧失；②在安全伦理价值层面，应依据安全的公共性原理，监督人类相关的实践活动行为，并评估其性质及安全伦理学后果；③在安全理念表达层面，安全的公共性是一种安全理性与安全道德，它支持公民及公共舆论的安全监督与参与作用，支持安全信息公开；④在公共安全资源配置与安全权力运用层面，安全的公共性必须要体现共享性、公平（公正）性与合法性；⑤在安全监督管理与教育宣传层面，其应揭示出安全管理与教育宣传目的的公益性，强调安全监督管理与教育宣传作为公众安全服务的出发点。总而言之，安全的公共性是用于描述、判断与评价现代人类安全实践活动基本性质和行为归宿的一个重要分析工具。

3. 安全健康信仰与事故可预防信念原理

信仰与信念是刺激人的意愿、意识、责任与行为等的根本精神力量。毋庸置疑，安全信仰与安全信念是安全伦理道德的根本，换言之，目前人的安全伦理道德缺失的根源之一就是人的安全信仰与信念缺失（危机）。因此，应将倡导安全健康信仰与秉持事故可预防信念作为现代安全伦理学基础原理，具体阐述如下：

（1）倡导安全健康信仰。把安全健康作为主义来倡导和追求绝不为过，其可作为指导人们安全健康的精神动力与信仰。换言之，人们的安全健康行为需要一种安全信仰对象，即安全健康主义提供的终极意义作为参照与向导。倡导安全健康信仰，可促使人自觉追求安全健康状态与践行安全健康行为，为实现人们安全生活与生产指明了精神方向与目标。

（2）秉持事故可预防信念。通过对事故的因果性及其致因规律的认知可知，理论而言，除当前尚不可抗拒的因素（如自然因素与根本技术缺陷等）所导致的事故外，绝大多数事故都是可预防的，且其后果是可控的，而事实也是如此，人类在漫长的与事故博弈的过程中，已获得了诸多预防事故的技术、知识与技能等。因此，目前我们更应秉持事故可预防信念，只有这样才会为人类逐渐迈向“零事故与零伤害”等安全终极目标注入源源不断的精神动力。

总而言之，安全健康信仰与事故可预防信念是人类两个最根本和最基本的安全信仰，其应是解决人的安全信仰缺失问题或塑造人的安全信仰的基点，故其应是现代安全伦理学基础原理的重要组成部分。

2.5.4　现代安全伦理学基础原理推论

基于伦理哲学层面的3条现代安全伦理学基础原理，即人本价值取向原理、安全的公共性原理，以及安全健康信仰与事故可预防信念原理，运用逻辑推理方法，可推导得出伦理哲学层面的8条现代安全伦理学基础原理推论，即最大安全原则、绝对安全责任原则、安全优先导向原则、尊重安全揭短原则、安全诚信原则、安全改进原则、道德行为的生命安全限度原则与遵守安全规则原则。由此，伦理哲学层面的3条现代安全伦理学基础原理及其8条推论共同构成现代安全伦理学核心原理。为方便与简单起见，不妨将它们概括为“3-8”现代安全伦理道德哲学原理，其逻辑结构如图2-8所示。需指出的是，“3-8”现代安全伦理道德哲学原理各原理间并不是相互独立的关系，而是相互促进与相互补充的关系。

1. 最大安全原则

显而易见，基于伦理哲学层面的3条现代安全伦理学基础原理，容易推导得出最大安全原则，其内涵主要包括以下两方面：

（1）英国著名哲学家、法学家与社会学家边沁提出的最大幸福原则（即为最大多数人创造最大的幸福），后被推广为法学原则和政治学原则。有鉴于此，能够为最大多数人带来安全的安全实践活动就是最好的安全实践活动。因此，在安全实践活动中，需调查研究安全实践活动可能产生的安全受益范围与强度，以便使最大多数人获得最大安全保障，这样的安全实践活动才是道德的。

（2）一般而言，在物质财富等许可的情况下，人类生产和生活的安全保障条件与水平应尽可能达到最优化，禁止片面追求物质财富（经济利益），这应是处理人的“安全获得与财富、利益获得”价值关系的重要安全伦理道德规范。

2. 绝对安全责任原则

由康德提出的道德哲学原理“一个人的道德品质不能从经验世界中自发地产生出来”可知，事故（生产事故、交通事故与医疗事故等）及借用事故开展的安全伦理道德教育，均不能真正使人从中吸取安全教训，并由此形成安全道德。此外，根据道德的普遍性与道

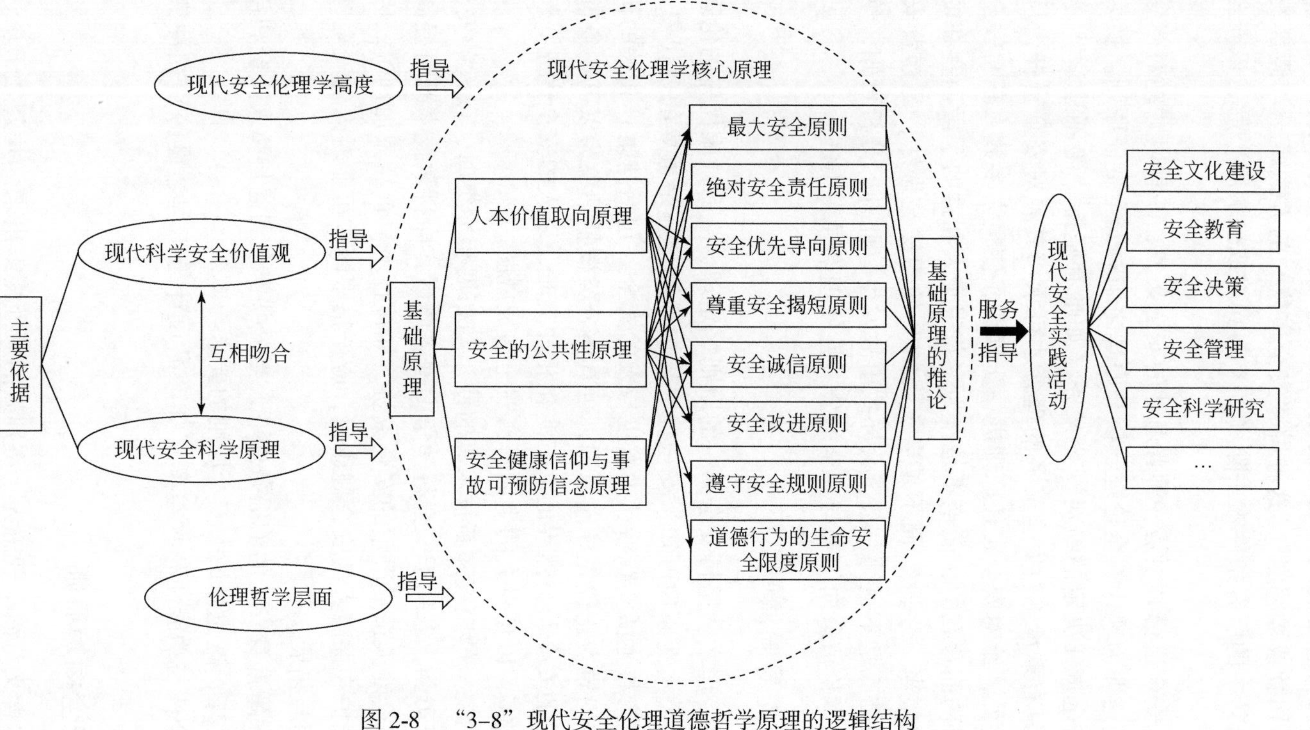

图 2-8 “3–8”现代安全伦理道德哲学原理的逻辑结构

德不能以“假言律令”的形式存在这两个重要的道德共性，一些表面看似非常合理的安全道德规范，也未必符合上述两个道德的重要性质。例如，“我得按照安全操作规范作业，否则，我将面临罚款或被解雇”，这种讲“安全道德”的方式属于“假言安全律令”形式的安全道德，当其中的所有条件被去除（如不再罚款或被解雇）后，该安全道德就会很快失去约束作用。

综上可知，安全道德必须是一种普遍性的安全义务，一种以“绝对律令”形式表达出来的安全责任，这即为现代安全伦理学核心原理之绝对安全责任原则。换言之，安全道德是一种由绝对安全责任决定的绝对安全义务（如唯有坚持“绝不违章”才可根本避免违章行为出现），只有秉承绝对安全义务的理念才可承担其绝对安全责任，从而建构起绝对的安全道德。此外，绝对安全责任原则进一步强调，使最大多数人获得安全保障是作为崇高的安全道德目的而存在的，而绝不是作为多获得个人利益的手段而存在的，即把满足人类安全需要的愿望当“手段”而不是当“目的”的想法与做法，是违背安全道德责任的绝对性的，归根结底是不道德，甚至会导致事故发生。此外，分析可知，绝对安全责任原则实质是基于人本价值取向原理与安全的公共性原理推导得出的。

3. 安全优先导向原则

由安全科学定理之“坚持安全第一的原则”定理、生命健康优先的伦理原则及人本价值原理和安全的公共性原理可知，安全优先导向原则理应是重要的现代安全伦理学原理。它指出人们在生产与生活实践活动中发生与人的安全（包括健康）相关的价值或矛盾冲突时，应当贯彻与倡导安全优先导向原则，可具体分类概括抽象为以下 4 条重要原则：

（1）当人类的安全与自然界的动态演化相冲突时，以人的安全优先。例如，要积极应对与预防自然灾害，以免对人的生命财产安全造成威胁。

（2）当人的安全健康权和新技术等的使用与拓展相冲突时，以人的安全健康权优先。科学技术是把双刃剑，若基于安全科学角度理解此话，即科学技术既可提高人的安全保障水平，但同时也会对人造成严重的安全威胁，如核技术与食品添加剂等。因此，当面临这类问题时，为维护和保障人的安全健康权，应严格限制有可能对人的安全健康造成威胁的新技术等的使用与拓展。

（3）在可保障自身安全的前提条件下，当公共安全利益与私人安全利益相冲突时，以公共安全利益优先，这也是最大安全原则的要求与体现。

（4）当安全性与功能性和收益率（如产品设计与工程建设等）相冲突时，以安全性优先。

4. 尊重安全揭短原则

揭短的基本含义可简单理解为：将别人的短处揭露出来，并公之于众。目前，以揭短作为学术术语已被广泛用于科学、技术与工程领域，如工程揭短与揭短管理等，且得到了诸多国家法律和规章的普遍认同。

一般而言，组织在保障安全方面往往存在一些“安全短板”，需及时弥补或消除，以避免事故发生或提升组织安全保障水平。因此，在实际安全监督管理实践中，需通过安全监督检查（如组织内部的自检、自查、自纠和互检、互查、互纠，以及组织外部的政府安监部门的安全监督检查或公众的安全监督举报等）来及时发现存在的“安全短板”，并立即进行整改和处理，以避免事故发生并提升人的安全保障水平，这实则就是一个安全揭短过程。基于此提出尊重安全揭短原则，这是由安全的公共性决定的。其具体内涵如下：

（1）人们在进行现实实践活动时，一定要把公共安全与健康放在首位，确保公众不受实践活动过程及其成果的伤害，这应该视为所有人的安全职责。

（2）为消除组织安全隐患（包括内部安全隐患与外部安全隐患），组织和个体均应该接受所有人对组织的安全揭短，尤其是那些基于现有事实、安全科学技术原理、安全法律法规、安全标准规范与逻辑推理，以及严格的安全评估或数学计算等的安全揭短行为，这是尊重安全揭短原则的最重要的内涵。

（3）组织与个体均应明白，任何形式的安全揭短都可起到暴露组织或个人安全问题的作用，都有助于更好地保障组织、个人与他人的安全，对安全揭短的尊重是对组织与社会的忠诚。此外，出于安全绝对责任考虑的安全揭短行为，是一种高尚而纯洁的行为，也是一种难能可贵的忠诚。

5. 安全诚信原则

诚信是保证人类有效交往的前提条件，是最基本的伦理规范和道德标准，是人的第二个“身份证”。诚信管理是现代重要的新型管理学理论，是社会道德文明进步的重要标志，备受学界、政界与企业界等关注，已被企业管理、政府管理与社会管理等管理领域广泛采用，并取得良好的实践效果。由安全的公共性原理、安全健康信仰与事故可预防信念原理、安全科学公理之“生命安全至高无上”公理，以及由人的安全诚信缺失（如个人违章作业、事故与隐患隐瞒不报、诡辩或推卸安全责任、产品假冒伪劣等）所导致的大量事故可知，诚信原则应是安全实践活动的基本道德准则，由此，政府和企业等积极倡导与推行安全诚信管理，如按照安全规章制度进行诚信作业与诚信安全监管等。

基于此提出安全诚信原则：组织（包括政府安监部门）与个人在实际安全实践活动过程中应把诚信作为一条不可逾越的安全道德规限，即做到有章必循、有诺必践与有过必纠，此原则是安全诚信道德与安全诚信文化的约束和导向等作用有效发挥与落地的根本保证。安全诚信原则的内涵主要包括以下两方面。

（1）安全诚信原则之“诚”的含义：①忠诚于安全，忠诚贯彻、执行与落实安全法律法规、规章制度、标准规范与政策指令等；②真诚于安全，塑造与培养互助保安与自主保安的真诚安全意愿、意识、态度与责任；③虔诚于安全，虔诚对待安全实践活动与承担安全责任，把安全健康信仰与事故可预防信念作为虔诚追求。

（2）安全诚信原则之“信”的含义：①立安全承诺，以安全伦理道德操守为保证，对安全目标、追求与责任做出安全承诺；②信守安全承诺，以安全伦理道德规范为准则，信守与恪守安全承诺（包括安全约定）；③践行安全承诺，以安全伦理道德责任与追求为约束和动力，主动承担安全责任，忠实履行并坚定兑现安全承诺，坚决做到言行一致。

6. 安全改进原则

人本价值取向原理与安全的公共性原理要求是一致的。安全道德可理解为：在现实生产与生活中人们在追求安全的实践中，至少应使一个人获得或改善了安全保障条件，而不会对其他任何人的安全造成损害，或不阻碍其他任何人追求安全的实践。

基于此提出安全改进原则：安全道德规范、安全法律规范与安全实践活动等应该能够至少有利于一个人，而又不会对其他任何人的安全（包括健康）造成损害或威胁，这也与底线伦理原则中的不伤害原则的含义是完全相吻合的。其内涵主要包括两方面：①不能为自身（包括组织与个体）安全而伤害其他组织或个体，如不合理的危险转移行为或政策与安全“霸王条款”（尤其是有些网络安全与职业健康方面的条款）等；②为别人安全而导致自身安全无基本保障，如自身无施救能力的情况下而盲目进行的“见义勇为”或“下水救人”等行为或公众进行安全举报后遭报复而无相应安全保护措施等。

7. 道德行为的生命安全限度原则

针对不考虑自身生命的安全性而盲目进行的表面看似合乎道德的行为的典例，如不会游泳者落水救人的行为、鼓励儿童救火的行为、无法保障自身安全的“见义勇为”行为及其他自身不具备相应安全知识、技能或能力而盲目进行的施救行为（如不知地窖空气稀薄而盲目下窖施救导致多人身亡、不懂触电施救知识而导致的死亡或盲目冲进大火救人的行为等），生命是一切价值的基础，在一般情况下，道德行为应有其生命安全之底线或限度（这也是由人本价值取向原理决定的），换言之，在提倡实现道德价值时要以保护自身生命的安全性为基本前提，这就是道德行为的生命安全限度原则。

此原则理应是现代安全伦理道德的一条重要原则，其具体内涵是：道德价值固然重要，但一般而言，生命价值应大于某种道德行为价值，因此，放弃或牺牲生命的安全性保证仅可限于一定的具体情况，即不论条件的“舍身尊德”行为肯定存在问题，这是有悖于“以人为本”的现代科学价值观的欠科学的道德观念或规范。

8. 遵守安全规则原则

许多特定条件下的研究发现，伤害事故大都是由人的不安全行为所致。一般而言，导致事故发生的人的不安全行为无非出于以下两种情况：①非故意性不安全行为，究其原因主要是安全责任心不强而疏忽大意；②故意性不安全行为，其又可细分为故意性安全破坏行为（如恐怖行为等）、故意性不作为（如无安全意愿、懒惰、侥幸或赌气等）和利益驱动型不安全行为（如赶工、省力、投机或腐败等）。需指出的是，人们在逃生过程中因不遵守安全秩序（如拥挤或推搡等）而导致事故后果严重化（如发生踩踏或过于拥挤而导致无法及时有效逃生），这实则也是一种不安全行为，是不遵守安全伦理道德规范的具体表现。但无论上述哪一种不安全行为，几乎都可归结为不遵守安全规则（主要指安全法律法规、规章制度、标准规范与伦理道德规范等）的行为，因此，究其原因是无安全规则意识。换言之，若所有人都能遵守安全规则，就基本可消除人为因素所致的事故或降低部分事故的伤亡损失。

由此提出遵守安全规则原则：人们在现实生产与生活实践活动中，必须都要遵守安全规则。一般而言，安全规则都是由群体成员共同制定并得到公认与遵守的安全条例和章程等，具有公共性，因此，此原则究其根本应是基于安全的公共性原理推导得出的。

2.6 心理安全感

安全感是社会心理学、临床心理学、社会学、社会工作及犯罪学等学科研究的热点问题，涉及心理学、教育学、社会学、管理学、经济学与法学等学科领域，也是落实“以人为本”思想的具体体现。自文明产生及社会发展以来，安全感状态影响人们生产、生活与生存的方式，且内涵伴随生产力发展而改变。因此，研究心理安全感对掌握人的心理动态、能力发挥与区域环境稳定等具有重要的理论与应用价值。

心理安全感是研究人心理状态与行为反应的重要理论基础。在现今强调风险管控的时代，心理安全感不仅应用于教育、社会治安、职业能力、人际关系等领域，还应用于企业安全生产保障，分为个体、群体、组织3个大层面研究，且越来越受到学界的关注。查阅国内外相关文献发现，目前心理安全感研究集中于工作绩效、创新行为、建言行为与领导力等企业管理领域。随着学科交叉融合的演变趋向，心理安全感不单单属于某一学科内容，已渗透到多学科、多领域，且作为直接变量或中间变量研究某一问题，但缺乏从框架层面完善心理安全感理论体系，从多个层面分析与探索心理安全感的基础性问题，理清心理安全感的定义、内涵及其分类。

本节内容基于具有代表性的心理安全感概念，给出心理安全感的基本定义、特性与应用功能，分析与探索心理安全感的研究类型与研究分支。

2.6.1 心理安全感的定义与内涵

1. 心理安全感的定义

心理安全感是一个相对模糊的概念，由于各学科的关注点不同，在使用安全感时，其定义存在较大的差异。表2-6枚举了几个不同年代不同视角的典型安全感定义，以供读者参考。

表2-6 安全感的一些典型概念

引文作者和年份	安全感定义
Maslow，1942	一种从恐惧和焦虑中脱离出来的自信、安全和自由的感觉，特别是满足一个人现在和将来各种需要的感觉
Sundeen 和 Mathieu，1976	那些正在成为被伤害对象的人的忧虑和对安全的关注程度
Bar-Tal 和 Jacobson，1998	个体对环境的危险性以及个体能否应对危险性的主观评价反应
丛中和安莉娟，2004	个体对可能出现的对身体或心理的危险或风险的预感，以及个体在应对时的有力或无力感，表现为人际安全感和确定可控制感
刘玲爽等，2009	对他人和世界的信任，并且感觉到自尊、自信以及对现实和未来的确定感和控制感
曹中平等，2010	一种主观感受、体验，包括情绪、人际、自我3个维度

当前中文文献把安全感与不安全感翻译成英文词汇时，经常使用 security 与 insecurity 表述，如工作安全感（job security）、公众安全感（the feeling of security）、消费者不安全感（consumers' insecurity）等；而把心理安全感翻译成英文词汇时，经常使用 safety 表述，将其应用于交通、建筑、矿业等企业人力资源发挥与身心健康领域，突出人心理作用，从而影响人的行为反应。换言之，中文文献对安全感与心理安全感的内容区分不明显，应用安全感表述时，大部分文献使用 security，而应用心理安全感表述时，大部分文献使用 safety。英文文献中，security 与 safety 表述安全感时具有差异性，即 security 经常与居住环境、犯罪活动、城市状况、学校等活动相联系，而 safety 经常与创新、领导力、氛围、劳动保障等状况相联系；两者也有相同之处，即反映内心需求与现实状况偏差的主观感受。

本节分析的心理安全感涵盖 security 与 safety 两种表述含义，包括工作与生活过程形成的安全感。因此，本节给出的心理安全感定义是：心理安全感是指辨识外部环境和氛围的状况及其应对这种状况时形成的主观心理感受。

2. 心理安全感的特性

安全感是心理学的基础性问题，已深入到多个学科领域，并衍生出许多学科交叉研究主题，蕴含人文环境与心理环境等状况，且具有以下特性。

（1）模糊性。安全感作为心理学概念，本身具有相对模糊性，在文科与工科领域等表述具有差异，使用 sense of security、sense of safety、psychological security 与 psychological safety 等词汇形容，且需与外显行为相结合才能指导实际应用。经研究人员探索，心理安全感的测评量表也不断涌现，但只是定性地描述安全感状态情况，其内容也并不是一成不变的，需根据研究对象（行业、企业、工种）进行相应改变。

（2）内隐性。安全感是对外部环境可能出现风险的预感以及个体在应对时的有力感或无力感，也是一种心理的状态，形成于个体大脑内部，不能直接用肉眼观察与度量，需通过行为表现观察或心理测量指标的社科实验才能预判安全感状态。社会实践应用过程中，从精神状态与行为反应等外显行为能粗略推测内隐安全感的状态，且内隐安全感与外显行为之间相辅相成。

（3）复杂性。心理安全感在外部层面受到个体的认知水平与外部环境状态的影响，但在内在层面研究作用机理则涉及神经学、医学等领域。从个体分析，心理安全感状态是后天的经历、教育、性格等多因素综合作用形成的，且与所处的社会、文化、经济、科技等时代特征密切相关，从而形成不同层次安全感类型。在具体定量研究安全感时，客观影响因素的筛选与确定较为烦琐。

（4）分维性。安全感涉及范围宽广，不同领域学者对其关注点存在差异，并由此开展了针对性的社会科学调查研究。安全感的研究对象涉及的学科属性或应用范围繁杂多样，包括时间、数量、空间、主体与环境等维度，且不同的维度内涵具有差异性，如时间维度侧重安全感的阶段性变化、环境维度侧重环境变化对人员的影响等。

（5）变化性。安全感在内在因素与外部环境的影响下，随时间呈现波动状态，且有大致变化规律可循。从外显状态分析，安全感过低易形成情感异常（恐惧、焦虑），影响其行为反应；安全感过高易形成信心过量，忽视危险信号特征，身体应激水平下降；安全感处于阈值状态（过高与过低之间），才能发挥人最佳的安全素养，且安全感阈值范围会发生变化。

（6）感知性。随着社会生产力发展，风险结构从自然风险占主导逐步演变成技术风险占主导。企业生产工艺蕴含的风险趋于集中化，更需要员工及时感知与辨识。此外，心理安全感是员工发挥安全素养与应急能力的基础，也是工作环境、风险或压力等状况变化的体现。

（7）依附性。如何保障员工身心健康及发挥其创造思维，越来越受到管理人员的重视与青睐。心理安全感作为中介变量，对建言行为、创新行为、组织认同、安全气氛等具有重要影响。此外，心理安全感可促进员工对风险演化的预判，进而保障企业安全生产。

（8）主观性。心理安全感对人的安全素养与应急能力发挥具有显著影响，易改变个体对外界环境风险的评判，影响其行为反应，进而造成行为结果偏差。在强调以人为本的时代，心理安全感能激发或调动员工的安全生产积极性与主观能动性。

3. 心理安全感的应用功能

根据马斯洛需求层次理论，安全感是在满足生理需求基础上的一种心理感觉，理清心理安全感的基本定义与外在特性，对分析安全感的应用功能具有重要意义。

（1）对于个体能力，心理是人对客观世界的主观反映，而安全感作为心理活动的综合体现，对发挥目标或任务的综合能力具有较大影响，易转变人对外界环境的评判，影响行为反应，造成行为结果偏差。在强调以人为本的和谐社会时代，如何激发或调动人的积极性与主观能动性，充分发挥人的价值与潜能，是一个重要的研究热点，而安全感状态的稳定是其基础条件。

（2）对于企业管理，企业运行过程中，人力资源管理扮演着越来越重要的角色。如何保障员工身心健康及发挥其创造思维，越来越受到管理人员的重视与青睐，如建言行为、创新行为、组织认同、安全气氛等内容。安全感是员工心理状态的综合体现，对预判风险及发挥主观能动性具有重要的应用价值，有利于保障企业的正常运行，也是企业人力资源状况的侧面反映。

（3）在城市安全领域，随着城市化发展，人口越来越集中于城市生活，城市包括社会治安、交通状况、居住环境、食品安全与学校教育等方面。随着科学技术演变，城市风险结构也从自然风险占主导逐步演变成人为不确定性占主导，而安全感是人对外部环境状况的心理反应，能体现城市风险状态的变化。例如，以理性人为假设，风险大小与安全感状态成反比。

2.6.2 心理安全感在行业安全的范畴

根据《国民经济行业分类》（GB/T 4754—2017），从大类分析，我国共有 97 个行业。此外，根据 2015 年修订的《中华人民共和国职业分类大典》，我国共有 1481 个职业。由此可见，无论是从行业视角还是从职业视角分析心理安全感应用范畴，都可能会获得丰硕的研究成果。从高危行业入手研究企业员工心理安全感状况也是非常迫切和必要的。由于心理安全感涉及的领域宽广，根据研究目的与应用需求，可总结相应的研究范畴。依据心理安全感的维度与发展趋势，从行业类型、高危行业、受众层次、受众规模、影响方式、作用水平、工种类型、工作维度、物质属性、需求层次 10 个方面总结与归纳心理安全感的范畴，如图 2-9 所示。

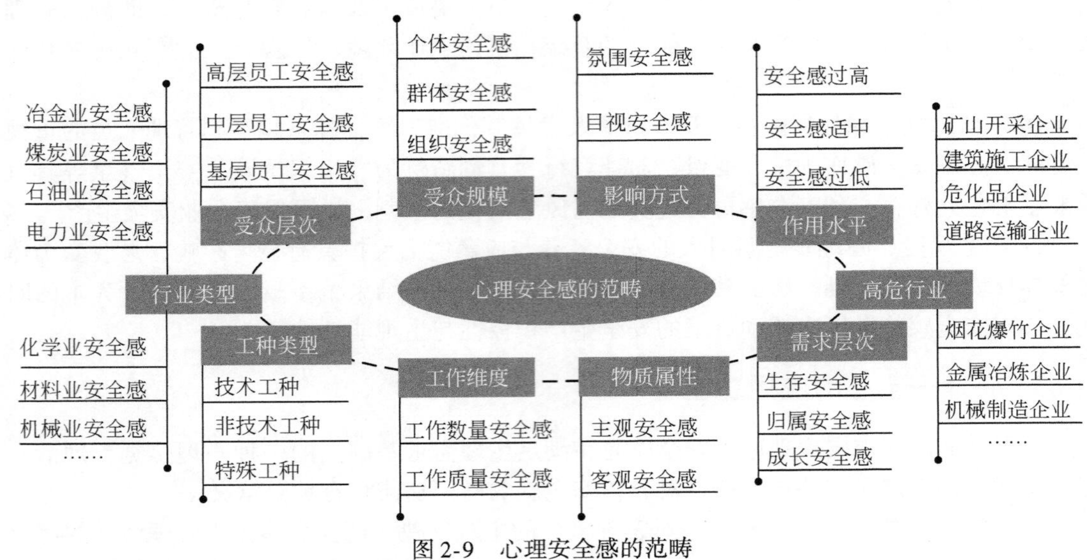

图 2-9　心理安全感的范畴

下面举例分析物质属性、受众规模、工作维度、影响方式 4 个方面 9 种心理安全感的范畴，详见表 2-7。此外，心理安全感的范畴复杂多样，可根据研究侧重点进行相应调整，以契合于实践需求。

表 2-7　心理安全感的范畴举例

范畴	内容
主观安全感	主观安全感指个体对外部环境的主观评价和感受，且该感受是环境信息特征作用于人们感官而形成的意识反应，是一种主观的风险认知。主观安全感的形成来源于个体的经历、沟通交流、媒体传播内容、物质运行状况等方面，以信息不对称背景下的非理性人为前提
客观安全感	客观安全感指影响人身心健康而真实存在的风险因素，且风险因素可导致情绪波动、行为异常、人员伤亡与财产损失。客观安全感以信息对称背景下的理性人为前提，也是基于对风险的客观评价和感受而形成的理论层面的心理安全感，且与主观安全感博弈形成人员的外显行为
个体安全感	个体安全感是个人层面的心理特征。依据马斯洛需求层次理论，满足生理需求后，人们有意识地对外部风险进行分析判断，从而形成心理安全感。基于个体的性格、气质、情绪等内在因素以及外部风险的多重影响，心理安全感呈现相应规律，进而指导企业安全生产，类似“微观”安全感
群体安全感	群体安全感指群体成员在风险认知中形成的安全信念，是一种心照不宣的安全氛围及潜移默化的影响。群体成员在共同的生产、生活与生存经历中形成的心理氛围，对企业安全状况具有重要影响，包括车间（部门）、班组等正式群体安全感及老乡、牌友等非正式群体安全感，类似“中观”安全感

续表

范畴	内容
组织安全感	组织安全感指组织环境对人员的影响，包括企业场所、企业管理、工作绩效、规则制度与心理氛围等，可从管理、角色、自我表达、目标贡献、组织认可与工作挑战6个维度分析，反映组织成员对组织环境风险的一种共享的心理信念，是企业整体氛围的外在表现，类似“宏观”安全感
工作数量安全感	工作数量指员工在一定时间内急需完成的工作任务量。从基层员工乃至管理层，工作任务量关乎个体的职业存亡，是其作业过程的一个重要心理压力源，对员工的安全态度及应急反应产生重大影响。此外，企业规章制度不合理时，员工易面临工作任务量与风险防控相冲突的情境
工作质量安全感	工作质量指员工对当前工作任务量的有效完成度。工作质量影响员工在未来的职业发展、薪资增长、工作环境、工作地位等，虽不直接关乎个体岗位存续性，但对员工的心理期望产生重大影响，干扰其工作投入度及安全积极性
氛围安全感	氛围安全感指个体对群体或组织的氛围开放程度的一种反应。在群体或组织氛围中，在个体愿敞开心扉、贡献智慧、尊重他人、信任认同等大环境中形成的安全与自由的感觉，是一种隐性影响的心理安全感。结合群体或组织心理特征，氛围是干预员工心理不安全感的“软性”策略
目视安全感	目视安全感指个体利用视觉器官感知外部环境所形成的心理感受，视觉冲击给人的心理带来深刻影响，能直接改变人的情绪变化，产生喜、怒、哀、乐等情绪，并具有一定态度倾向，是一种显性影响的心理安全感。结合虚拟现实等技术，目视手段是干预心理不安全感的“硬性”策略

2.6.3 心理安全感的维度

不同人群在不同时期具有不同水平的认知状态，其心理安全感具有相应内涵，而维度则是把握心理安全感研究与发展方向的坐标平衡点，结合管理学、心理学与安全学等学科研究趋势，从时间、空间、主体与环境4个维度进行思考，每个维度从不同层面对心理安全感进行分析与探讨，构建基于4维方向的心理安全感模型，如图2-10所示。

1. 时间维

时间维可从员工年龄层、企业发展阶段、安全认知阶段、某段时期等层面探讨心理安全感。

（1）员工年龄层的时间维。根据国家法定劳动年龄，员工年龄层可大致划分为青年（青春期、成熟期）、中年（壮实期、稳健期、调整期）两个阶段。随着年龄的增长，员工在安全方面的观念、经验与认知趋于成熟，其心理安全感状况呈现相应规律。换言之，同一风险信息在员工青年时期呈现焦虑状态，而在员工中年时期可能呈现淡定状态。

（2）企业发展阶段的时间维。与其他事物发展一样，企业发展也存在生命周期，即创业期、成长期、成熟期和衰落期。企业在不同生命周期对安全资源配置的重视程度存在差异，对员工心理安全感会产生潜移默化的影响。就企业发展四阶段对比而言，成熟期的企业有安全生产及风险防控方面的经验积累，安全管理体系趋于成熟，员工心理安全感处于相对良好状态。

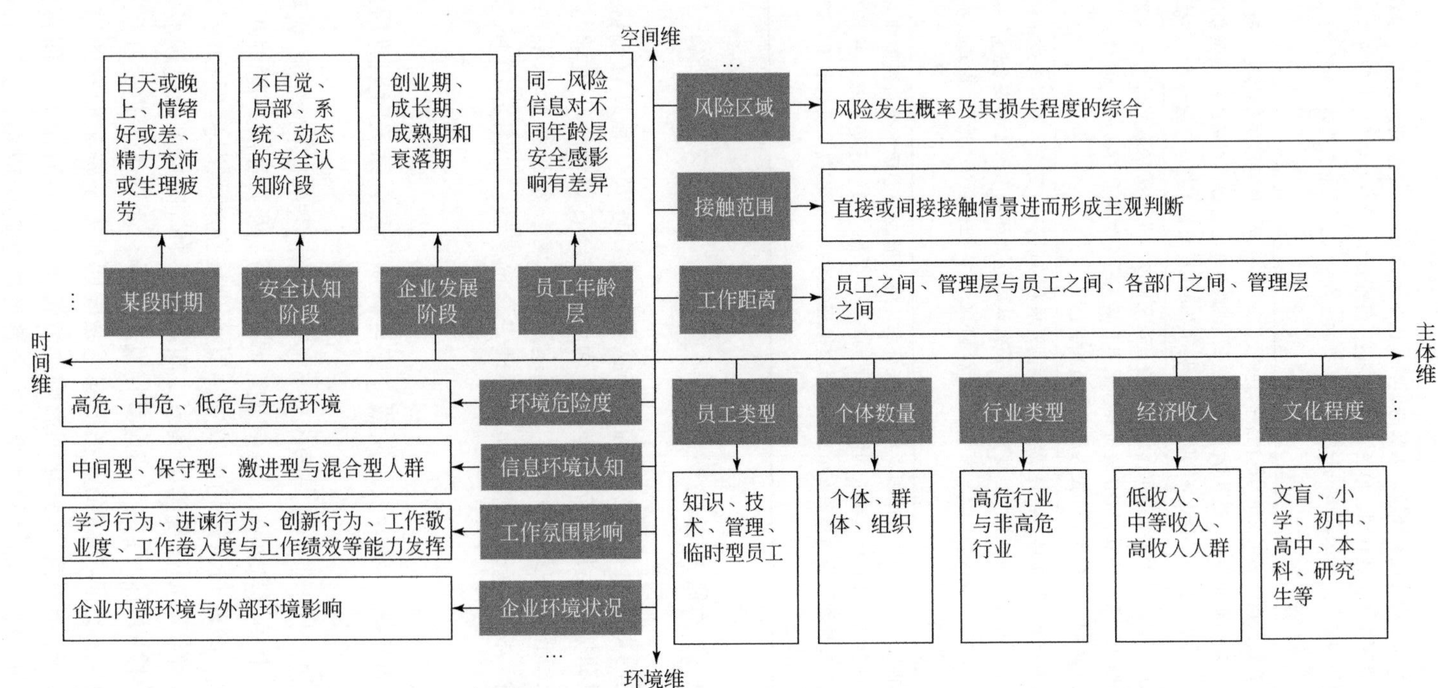

图 2-10　心理安全感的四维结构体系

（3）安全认知阶段的时间维。安全是人类永恒的话题，只有保障了人的身心健康，才能在劳动生产中持续创造财富。根据人的安全认知阶段，可分为不自觉的安全认知阶段、局部的安全认知阶段、系统的安全认知阶段与动态的安全认知阶段。随着安全认知阶段的跨越，心理安全感状况蕴含的风险信息越来越具有指导价值。

（4）某段时期的时间维。员工的心理活动并不是一成不变的，其心理安全感状况会随时间而改变。从人的属性分析，员工在白天的心理安全感比晚上高，在情绪好时的心理安全感比情绪差时高，在精力充沛时的心理安全感比生理疲劳时高。基于此，企业可根据员工在不同时间段心理安全感的状况进行分类管理。

2. 空间维

空间维指个体对空间距离远近呈现的心理安全感状况。空间距离会弱化人们对环境风险发生概率及其后果的感知，从而影响其心理安全感状况。

（1）工作距离的空间维。由于企业内部的分工不同，员工进行沟通与交往时，工作距离具有相应特征，可划分为员工之间、管理层与员工之间、各部门之间、管理层之间 4 类。此外，工作距离具有一定的空间界限，一旦逾越，可引起员工心理安全感发生变化，进而影响其工作能力的发挥。这对风险防控措施的落实具有指导意义。

（2）接触范围的空间维。人们评估外部环境风险时，会形成直接接触与间接接触两种情景。直接接触指直接经历或观察外部环境风险而形成的主观判断，对人的心理产生久远与深刻的影响，即心理安全感对人的影响深远。间接接触指间接从媒体信息、沟通交流或道听途说而对外部环境风险形成的主观判断，对人的心理产生浅析的影响，即心理安全感对人的影响有限。

（3）风险区域的空间维。风险量是风险发生概率（大、中、小）及其损失程度（严重、中度、轻微）的综合，其等级可根据应用需求进行分类。一般而言，风险影响范围按空间区域距离呈现逐级递减趋势，且心理氛围也呈现类似规律。换言之，不同风险区域的人群最终会形成相对稳定的心理安全感，且随外界干扰呈现相应的心理状况。此外，根据风险区域距离对员工的影响，可探究心理安全感的辐射范围与传播机制。

3. 主体维

主体维指心理安全感的研究主体对象。主体对象的心理安全感状况对稳定组织风险、提升员工幸福、促进企业发展具有重要的应用价值。

（1）员工类型的主体维。按照员工工作内容，可划分为知识型、技术型、管理型、临时型 4 类员工。不同类型员工的职责不同，面临的风险因素及其风险认知水平存在差异，其心理安全感具有相应规律，且该规律可应用于风险防控及应急反应。

（2）个体数量的主体维。个体数量层次不同，心理安全感内涵也随之演变，可从个体、群体、组织等数量层次进行分类研究。此外，不同数量层次的心理安全感，其研究侧重点存在差异。随着个体数量增加，群体层面呈现的是心理安全感的轮廓，即整体心理安全感，且群体数量层次的心理安全感侧重人群外在行为蕴含的心理状况。

（3）行业类型的主体维。根据不同行业企业生产工艺蕴含的风险等级，可划分为高危行业与非高危行业企业员工心理安全感。高危行业员工暴露在危险环境中的频次远高于非高危行业，导致其心理安全感状况在风险防控过程中处于重要地位。此外，高危行业员工心理安全感的影响因素具有共性，可归为整体进行分类研究，提出针对性措施以减少人为失误。

（4）经济收入的主体维。由于工作内容与工作绩效的差异，员工的经济收入存在分化，并由此划分为低收入人群、中等收入人群、高收入人群 3 类。例如，企业低收入人群心理安全感的影响因素偏重物质需求，对恶劣的工作环境忍受度较高；而企业高收入人群心理安全感的影响因素偏重精神需求，对高强度的心理压力忍受度较高。

（5）文化程度的主体维。教育对个体的认知与世界观具有重大影响。按照我国教育分级，划分为文盲或半文盲、小学、初中、高中、技校、中专、大专、本科、研究生等文化程度人群。员工的文化程度越高，对生产工艺风险的辨识能力相对越强。可根据不同文化程度研究外部环境风险对企业员工心理安全感状况的影响。

4. 环境维

人的心理与外部环境进行交互影响。换言之，人的心理活动可影响外界环境，外界环境也能反作用于人心理活动。环境维用以研究外部环境风险下人的心理安全感状况。

（1）环境危险度的环境维。依据外部环境风险可能对人造成的损害，可划分为高危、中危、低危与无危环境 4 类。高危环境指可能对人的生命健康造成危险的区域，中危环境指可能导致人的身体残疾的区域，低危环境指可能对人的身体造成轻微伤害的区域，无危环境指对人的身体影响在生理机能允许范围内的区域。不同外部环境中，心理安全感的影响因素存在差异。例如，高危环境下心理安全感的影响因素侧重于生命健康的保障，而无危环境下心理安全感的影响因素侧重于工作创新等能力的发挥。

（2）信息环境认知的环境维。个体接收外部环境的风险信息，经过大脑的加工与处理，转化为心理活动，进而支配人的行为。知识、经验、教育与个性等差异，带动出现中间型、保守型、激进型、混合型等人群，使得相同风险信息造成不同程度的心理冲击。换言之，即使是相同风险信息，对应不同类型的人群，其心理安全感也呈现不同规律。

（3）工作氛围影响的环境维。在竞争日益激烈的时代，如何有效地计划、挖掘、组织与控制自身资源，以完成安全目标或任务，越来越受到研究人员的重视。员工的学习行为、进谏行为、创新行为、工作敬业度、工作卷入度与工作绩效等能力发挥与心理安全感具有关联性。例如，心理安全感对创新行为具有显著的正向预测效果，且在学习型风格、创造型风格和创新行为的关系中有正向的调节效应。

（4）企业环境状况的环境维。员工所处的企业环境可分为企业内部环境与企业外部环境。企业内部环境指员工工作的环境，包括生产工艺设备、微气候环境、安全防护设备等，从微观层面影响企业员工心理安全感状况。企业外部环境指员工生活的环境，包括区域的交通状况、治安状况、环境状况、居住状况等，从宏观层面影响企业员工心理安全感状况。

2.6.4 心理安全感的分支

心理安全感涉及的学科领域宽广，根据不同的研究目的与应用需求，心理安全感的研究存在多种分支，通过查阅相关文献，并依据当前心理安全感的研究类型与发展趋势，可分为以下几种分支。

(1) 按照研究范围划分：分为社会安全感、学校安全感与企业安全感。社会安全感是衡量社会运转机制与人们生活安定程度的重要标志之一，蕴含于城市环境各种因素中。以社会治安例，其包括犯罪活动研究、犯罪威胁及其引发的被害风险研究、安全感状况引发的行为与特性研究、可能或已经实施的侵害后果评估及其对人们的影响研究 4 方面。学校安全感针对中小学生、大学生、研究生等在校人群，是反映学生心理状况的重要标志，也是衡量学生心理健康状况的因素，可分为师生关系、同学关系、学习心理、校园治安、亲子关系、家庭氛围与社会环境等内容。企业安全感是企业工作场所中多层面（个体、群体与组织）的认知型构念，涉及行业与工种众多。例如，矿业、建筑施工、烟花爆竹与交通运输等工业企业以及金融、文化、体育与教育等服务业，两者面临的安全因素具有差异，包括个体特征、人际关系、群体活动与领导特征等因素，且对员工的学习、创新、敬业、绩效与进言等具有重要影响。

(2) 按照物质属性划分：分为主观安全感与客观安全感。主观安全感是指对外部环境的主观评价和感受，且该感受是环境信息特征作用于人们感官形成的意识反应，是一种主观的风险认知。这种心理安全感的形成来源于个体的经历、沟通交流、媒体传播内容、物质运行状况等。客观安全感指影响人员身心健康而真实存在的风险因素，且风险因素可导致人们情绪波动、人员伤亡与财产损失等，以理性人假设为前提，对客观风险进行主观评价和感受，从而形成的心理状态，且与主观安全感的博弈心理决定人员的外显行为。

(3) 按照研究层面划分：个体安全感、群体安全感与组织安全感。个体安全感是个人层面心理特征，依据马斯洛需求层次理论，人们在满足生理需求后，会有意识地对外部环境进行分析判断，从而形成心理意识。个体安全感受个体的性格、气质、情绪等内在因素以及外部环境的影响，反映个体内部心理状态与自我感知，类似“微观”安全感。群体安全感指群体成员在长期认知风险实践中形成的安全信念，是一种心照不宣和理所当然的安全氛围，也是潜移默化的影响及共同的生产、生活与生存经历形成的总体感觉，包括车间（部门）、班组等正式群体安全感及老乡、牌友等非正式群体安全感，类似“中观”安全感。组织安全感指组织环境对人员的影响，包括企业场所、企业管理、工作绩效、规则制度与心理氛围等，可从管理、角色、自我表达、目标贡献、组织认可与工作挑战 6 个维度分析，反映组织成员对组织环境一种共享的心理信念，是企业整体氛围的外在表现，类似“宏观”安全感。

(4) 按照生存状态划分：分为生活安全感与工作安全感。生活安全感指个体在生活过程中获得信心、安全与自由的感觉，特别是满足现在或将来各种需要的感觉，是对生活中受到威胁的压力事件与环境的主观判断，包括与经济、人际、社会、环境、情感等生活状态相关联的安全感。工作安全感指个体在职业生涯中获得信心、安全与自由的感觉，特别是满足现在或将来各种需要的感觉，不用担心安全伤害、职业危机或限制，其影响因素包括努力得不到赏识、能力得不到发挥、工作技能达不到要求、竞争激烈、公司裁员、作业风险等内容。

（5）按照影响方式划分：分为氛围安全感与目视安全感。氛围安全感指个体对群体或组织的氛围开放程度的一种反应。在群体或组织氛围中，在个体愿敞开心扉、贡献智慧、尊重他人、信任认同等大环境中形成的安全与自由的感觉，是一种隐性影响的心理安全感。目视安全感指个体利用视觉器官感知外部环境所形成的心理感受，视觉冲击对人的心理产生深刻的影响，能直接改变人的情绪变化，产生喜、怒、哀、乐等情绪变化，并具有一定态度倾向，是一种显性影响的心理安全感。

（6）按照生物节律划分，分为白天安全感与晚上安全感；按照工作时间段划分，分为上班安全感与下班安全感；按照需求层次划分，分为生存安全感、归属安全感与成长安全感；按照生活需求划分，分为情感安全感、身体安全感、社交安全感、福利安全感、法律安全感、经济安全感与环境安全感等。总之，心理安全感的分支复杂多样，其划分标准可根据研究侧重点进行相应调整，以契合于实践应用需求。

2.7 安全心理契约

尽管心理契约（psychological contract）并非有形契约，但却发挥着有形契约的作用，且它可从本质或根源层面出发，阐释和塑造人的态度与行为。心理契约已成为管理学、心理学、行为学、经济学与文化学等众多学科中频繁出现和使用的学科术语，尤其是近年来颇受管理心理学和组织行为学领域研究者的关注。组织中的心理契约是组织成员与组织间建立联系的心理纽带，是影响组织成员态度和行为的直接而关键的因素，且大量调查统计表明，绝大多数事故都是由人的不安全行为所致，有鉴于此，心理契约对人的安全态度与行为也必会产生显著影响。由此，显而易见，安全心理契约理应也是安全管理学、安全心理学与安全文化学等安全学科分支领域的一个非常值得关注的概念。

大量实证研究表明：①心理契约缺失、破坏或违背程度越高的组织成员越有可能发出抱怨及对个人分内工作不尽职，甚至产生抵触或故意违规等不良心理；②心理契约可显著激发组织成员的自主能动性；③心理契约是企业文化的基石（即组织文化源于组织成员的心理契约），是组织安全文化建设和落地的关键环节。

有鉴于此，组织安全工作得不到组织实质性的重视与支持、组织的安全责任分配不当（很多组织将事故责任或原因过多地归于组织安全管理者和组织基层成员）、组织安全管理者的工作和组织成员的安全表现缺乏合理的鼓励或报偿（即激励）机制（如福利、奖励、加薪与晋升等）、组织安全保障条件与组织对组织成员的安全要求存在失衡现象（安全投入少、安全培训教育不足、作业环境恶劣、作息时间不合理或工作负荷大等与要求组织成员不可出现不安全行为间的严重矛盾）、违章行为屡禁不止、组织成员的安全自主性差及组织安全文化建设与落地难等一系列组织安全管理问题，其根源都可归于组织成员的安全心理契约缺失、破坏或违背。由此得出，组织安全管理（包括组织安全文化建设）的重要目的之一是在组织中建构并履行安全契约（尤其是隐性的心理安全契约），进而激发并增强组织成员的安全意愿、态度、责任和意识等，从而控制和减少人为事故发生。因此，毋庸置疑，心理安全契约理论的提出和研究对拓宽安全管理思路与方法，促进组织安全文化发展与落地，以及丰富安全科学原理等均具有重要的学术和实践价值。

下面阐释心理安全契约的概念、内涵、功能、特征与类型5个心理安全契约的基础性问题，以期为在组织中建构、履行并强化心理安全契约提供理论依据与指导，以及为后期学界关于心理安全契约的进一步研究奠定理论基础。

2.7.1 安全心理契约及其相关概念

1. 契约与心理契约的定义

主流契约理论，对组织（尤其是企业）的性质和本质做了进一步认识和考察，其认为企业是一系列契约的联结的命题。契约的定义包括：①就字面含义而言，可简单理解为“守信用”；②作为科学名词，基于不同学科（如法学、经济学与管理学等）视角，可给出契约的不同定义。为统一契约的定义，还有研究者将契约定义为：契约是指人们对于一切利益的付出与索取，以及对义务与权利之作为与不作为所达成的一致意向，是人们就所有利益交换关系所达成的共识。

显然，契约有文字（书面化）契约、语言（口头）契约和隐含契约（最为典型的是心理契约）等形式。其中，早期管理学家和组织行为学家等就意识到心理契约是组织成员态度和行为的重要决定因素，并先后尝试界定组织层面的心理契约概念。目前学界尚未给出统一的心理契约定义，本节将心理契约理解为：心理契约指组织（即组织代理者）和组织成员双方对彼此“应承担什么”、“应付出什么”和同时“应得到什么”的一种主观心理约定与期望，约定与期望的关键成分是双方隐含的非正式相互责任和义务。换言之，心理契约是存在于组织和组织成员间的一系列无形、隐含、未有正式书面规定的对彼此责任、义务与报酬等的心理期望或信念。显而易见，心理契约是内隐的，且不受法律保护，但其具有显著的激励和凝聚作用。

2. 安全契约与安全心理契约的定义

基于契约与心理契约的定义，给出组织层面的安全契约（safety contract）和心理安全契约（psychological safety contract）定义，依次为：

（1）安全契约是基于保障组织和组织成员安全这一目的而达成或订立的一系列约定、许诺和协议。安全契约也主要包括有形安全契约（如国家或政府部门制定并执行的安全法律法规、政策、规章制度和标准规范等实则是国家或政府部门与组织间建构的安全契约；组织制定的内部安全管理制度、安全行为规范、安全承诺制度和组织成员的个人安全保证书等实则是组织和组织成员间建构的安全契约）和无形安全契约（如“安全生产月”的安全宣誓或签名活动、口头安全承诺和心理安全承诺等）两种。

（2）心理安全契约是以保障组织和组织成员安全为目的，以组织成员与组织间的相互安全需求为前提，以心理承诺、感知和信任为基础，组织成员与组织（即组织代理者）间彼此建构的关于双方安全责任、义务或报偿的一套主观而内隐的心理期望和信念。心理安全契约的概念模型如图 2-11 所示。显然，心理安全契约应隶属于典型的无形安全契约和心理契约范畴。

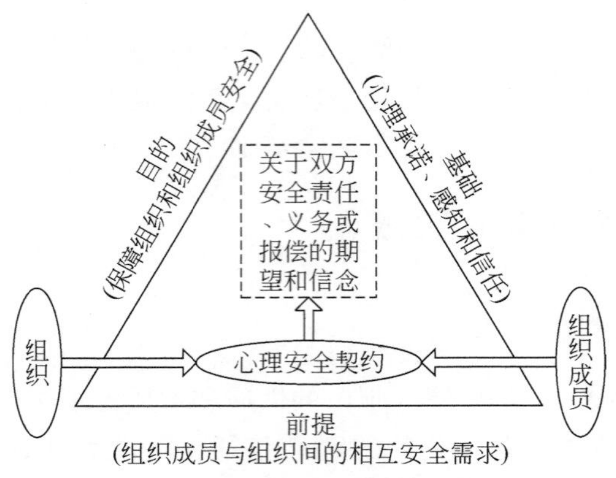

图 2-11　心理安全契约的概念模型

3. 安全契约与安全心理契约的内涵

为明晰心理安全契约的具体内涵，需对其定义作进一步阐释，具体解析如下：

(1) 建构与履行心理安全契约的最终目的是保障组织和组织成员安全。从理论上而言，人们一般都是为达到某一具体目的而建立和履行某一契约（如经济契约、雇佣契约与财产契约等)。同样地，组织与组织成员间安全契约（包括心理安全契约）的建立和履行也必是基于某一具体目的的（即保障组织和组织成员安全)。

(2) 建构与履行心理安全契约的基本前提是组织成员与组织间的相互安全需求。①组织安全是确保组织可持续发展的基本条件，保障组织成员安全是组织的基本责任与义务。换言之，对于组织而言，保障组织和组织成员安全是组织的期望和需求。②安全需求是人的基本需求之一，因此，安全需求也是组织成员的基本需求，而组织安全是保证组织成员安全的条件和基础（此外，组织中的心理契约研究表明，组织成员对组织责任的要求也比较强调安全)，毋庸置疑，组织成员也希望组织安全。简言之，对于组织成员而言，保障组织和组织成员安全也是其期望和需求。总而言之，安全需求是组织和组织成员共有的需求，保障组织和组织成员安全可达到双方互利的目的，正是组织和组织成员间存在的相互安全需求才为双方建构和履行心理安全契约提供了充分可能。

(3) 心理安全契约的核心是组织成员与组织双方隐含的非正式相互安全责任、义务或报偿。由上一点分析可知，保障组织和组织成员安全是组织和组织成员共同的责任和义务，这就难免会涉及组织和组织成员对各自责任与义务的主观分配。因此，细言之，心理安全契约的中心就是为保障组织和组织成员安全，组织和组织成员双方就彼此“应承担什么安全责任”、“应付出哪些安全义务或努力”和“安全投入（包括组织与组织成员各自的安全努力）应得到什么报偿”3 个核心问题所达成的主观心理约定。

(4) 心理安全契约的基础是心理承诺、感知和信任。心理安全契约主要源于组织（即组织代理者，如组织中高层）与组织成员的相互心理承诺、感知和信任。换言之，它的形成实质上是建立在组织代理者与组织成员的主观心理承诺、感知和信任之上，这是因为：①心理安全契约作为组织代理者与组织成员间建构的一种主观契约形式，其本质是组织代理者和组织成员对保障组织和组织成员安全所做的心理层面的相互承诺和感知，这里的感知主要指组织代理者和组织成员对于各自“所应承担的安全义务”、“所应肩负的安全责任”和“所应获得的安全报偿”的主观心理衡量和认定；②由契约的定义可知，建构和履行所有契约的基础是信用，换言之，若双方彼此间连最基本的相互信任都没有的话，那么建构和履行契约（特别是心理契约）就无从谈起，对于心理安全契约也是。

此外，需特别指出的是：①安全心理契约旨在强调组织成员自身的主观心理感知和认定（这与狭义的心理契约定义所强调的侧重点是相吻合的），因此，建构心理安全契约的主体和侧重点应置于组织成员之上；②心理安全契约并非全部是无形的非正式安全契约，其内容可能涉及正式书面的所规定的某些安全契约条款，但更多是无形的非正式的书面安全契约未涉及的内容。

4. 安全心理契约破坏、违背与缺失的定义

心理安全契约破坏（psychological safety contract breach）、心理安全契约违背（psychological safety contract violation）和心理安全契约缺失（psychological safety contract lack）是与心理安全契约紧密相关的 3 个重要概念。限于篇幅，这里仅对其定义进行简明扼要的阐释，而对其深层内涵及外延等将另行撰文论述。基于心理安全契约的定义，并在参照借鉴心理契约破坏、心理违背和心理契约缺失定义的基础上，给出心理安全契约破坏、心理安全契约违背和心理安全契约缺失的定义，分别为：

（1）心理安全契约破坏是指组织成员对组织未履行心理安全契约中所承诺的安全责任、义务或报偿而产生的主观心理感知或认知评价。显然，从理论上而言，组织成员的心理安全契约破坏感的强弱是由组织对心理安全契约整体的履行程度决定的，且因不同组织个体的性格和职位等的差异，不同组织成员所感受到的心理安全契约破坏感的强弱一般存在差异。

（2）心理安全契约违背是指组织成员基于自己对组织就心理安全契约的未履行程度或状况的主观心理感知或认知判断与评价而产生的一种消极情绪或情感体验和反应，如失望、生气与抵触等。显然，不同组织成员所感受到的心理安全契约违背程度也一般存在差异，且心理安全契约破坏并非一定会导致心理安全契约违背。

（3）心理安全契约缺失是指组织与组织成员未能有效建构或完全履行心理安全契约的状态。显然，组织的有形安全契约及其履行程度、组织安全文化氛围、心理安全契约破坏或违背程度和社会安全文化因素等均会显著影响心理安全契约的缺失程度。

由心理安全契约破坏、心理安全契约违背和心理安全契约缺失的定义可知，三者（尤其是前两者）主要是就组织成员而言的。其中，心理安全契约破坏侧重于强调组织成员对组织未能履行心理安全契约中所承诺的安全责任、义务或报偿而产生的主观认知性感受；心理安全契约违背侧重于强调组织成员就组织未履行心理安全契约而产生的不良情绪或情感体验和反应；心理安全契约缺失侧重于强调组织与组织成员因未能有效建构或完全履行

心理安全契约而产生的不良安全心理契约的状态。总言之，显而易见，心理安全契约破坏、心理安全契约违背和心理安全契约缺失都会对组织成员的安全态度、安全自觉性和安全努力程度等产生直接负面的影响。

2.7.2 心理安全契约的特点与功能

1. 特点分析

由心理安全契约的定义可知，心理安全契约至少具有主观性、隐含性、动态性、双向性与可塑性5个重要特点，详见表2-8。

表2-8 心理安全契约的特点

特点	基本内涵
主观性	心理安全契约的内容是组织成员与组织代理者对相互安全责任、义务或报偿的一种心理感知和认定，换言之，其是组织成员及组织代理者的一种主观心理感觉，而并非彼此双方相互的安全责任与义务等的事实本身
隐含性	心理安全契约的产生与形成并非组织成员与组织间正式签署的安全承诺和协议，其实质是建立在彼此双方的心理意会、感知与认知判断条件下的一种对彼此安全责任、义务或报偿的期望和信念，其更多是存在于组织和组织代理者的心理认知和意识中的一种无形安全契约。因此，心理安全契约具有隐含性（即隐蔽性或内隐性）
动态性	在一段确定的时段，正式的安全契约一般是稳定的，但由于心理安全契约的产生与建构尚未通过组织成员和组织双方真正地同意，且受组织安全文化氛围、心理安全契约履行情况和社会文化因素等的影响，心理安全契约易发生变化。简言之，一般而言，心理安全契约处于不断变化与建构的状态中。此外，心理安全契约的动态性说明其也应具有不确定性
双向性	心理安全契约体现了组织成员与组织间的一种双向互动关系，具体体现为组织成员或组织对于自身应承担的安全义务、应肩负的安全责任和应获得的安全报偿，以及对于对方应承担的安全义务和应肩负的安全责任等的信念和期望
可塑性	心理安全契约的动态性可从侧面说明心理安全契约具有可塑性，此外，还可根据实际需要对人们的心理安全契约进行有针对性的塑造与正面强化。心理安全契约的可塑性同时也表明研究心理安全契约现象的重要目的，即塑造与建构积极的心理安全契约，进而塑造组织成员的安全态度和行为

2. 功能分析

心理安全契约对于保障组织安全和塑造组织成员的安全态度与行为等具有相当重要的意义与决定性的功能作用。基于心理安全契约的定义，将其功能概括为4项，即规范与约束功能、激励与动员功能、凝聚与聚合功能、降低安全管理成本功能（表2-9）。

表 2-9 心理安全契约的特点

功能名称	基本内涵
规范与约束功能	一般而言，组织成员与组织间的心理安全契约一旦建构，为保障组织和组织成员安全，双方对各自该做什么、不该做什么、哪些行为是对心理安全契约的履行、哪些行为是对心理安全契约的破坏或违背都会具有较为明晰的意识，从而规范和约束自己的安全态度和行为。具体表现为：①对组织成员而言，组织成员会将个人对组织的安全责任、义务与组织对组织成员的安全责任、义务或报偿进行对比，并根据心理感知结果自觉调整自己的安全态度和行为；②对组织代理者（主要指组织中高层）而言，为保障组织和组织成员安全，以及满足组织成员的心理期望，其会自觉承担并履行自身的安全责任和义务。但因心理安全契约是隐性且非法律性的，因而，心理安全契约对组织成员和组织代理者的规范和约束作用几乎完全诉求于对各自的自我隐性监督
激励与动员功能	①心理安全契约的建立和履行可使组织成员一直保持适度的期望，进而对保障组织和组织成员安全萌生出强烈的安全责任感、忠诚和热情，即心理安全契约的建构与履行有助于激发组织成员的安全行为动机；②组织成员能从组织履行心理安全契约的行为中感受到组织对保障组织和组织成员安全的努力和付出，并满足了自己的期望和获得了自己的安全行为表现所应获得的报偿，这可动员组织成员对自身的安全自主能动性进行最大限度的开发。总而言之，建构和履行心理安全契约是激发组织成员的安全行为动机和安全能动性的关键因素，有助于充分发挥组织成员的安全积极性、安全自觉性和安全创造性，有助于提升组织安全管理和组织安全文化品位与层次水平
凝聚与聚合功能	①建立心理安全契约就是构建全体组织成员和组织的“安全共同体”（即保障组织和组织成员安全是双方共同的责任与义务），这为产生高水平的组织安全内聚力奠定了根基；②心理安全契约是组织与组织成员间的一种以心理承诺、感知和信任为基础的期望和信念集合，这一集合包括感情、安全动机、安全需求、安全态度和安全价值观等，这些均是组织安全管理制度和安全行为规范等无法体现的组织安全力量的凝聚与聚合动力
降低安全管理成本功能	由心理安全契约的上述 3 项功能可知，构建与履行心理安全契约可有效开发组织成员的安全潜力和激发组织成员的安全积极性与安全自觉性，即可提高组织安全管理效率和水平。因此，构建与履行心理安全契约可大幅度减少组织的安全管理成本和提高组织的安全绩效，进而更有利于推动组织安全可持续发展

3. 心理安全契约的类型

根据不同的分类标准，可将心理安全契约划分为不同类型，这里仅阐释一种较为科学而实用的心理安全契约类型划分方法。结合组织安全管理工作实际，根据实际存在主体（或对象）的不同，将组织成员和组织间建构的心理安全契约分为组织成员心理安全契约和组织心理安全契约两类。显而易见，每一类别的心理安全契约又均分别包含两方面内容：①组织成员对保障组织和组织成员安全的责任，可简称为组织成员安全责任；②组织对保障组织和组织成员安全的责任，可简称为组织安全责任。尽管心理安全契约的内容是组织和组织成员间的相互主观心理约定和期望，具有不确定性，且时刻保持动态变化，但从理论上而言，一些关键的组织成员安全责任和组织安全责任还是较为明确和固定的，部分举例见表 2-10。

表 2-10　关键的组织成员安全责任和组织安全责任的举例

安全责任类型	安全责任举例	含义解释
组织成员安全责任	遵守安全行为规范	安全行为规范作为保障组织和组织成员安全的核心准则，遵守安全行为规范应是每位组织成员的最基本和最重要的安全责任
	安全诚信	组织成员对待安全工作要时刻保持诚信，并不断摒弃侥幸、马虎、鲁莽与蛮干等不良安全人性。因此，安全诚信应是每位组织成员的安全责任
	自主保安	保障组织和组织成员安全需每位组织成员都充分发挥自身的安全潜力、安全积极性与安全自觉性。因此，自主保安应是每位组织成员的安全责任
	互助保安	组织成员在自觉确保自身安全的情况下，还应帮助其他组织成员提高安全意识、知识与技能或提醒其他组织成员重视安全，这样才可保证组织和全体组织成员安全。因此，互助保安也应是每位组织成员的安全责任
	体现组织安全形象	组织安全形象是组织形象的重要组成部分，维护和体现组织安全形象应是每位组织成员的安全责任
组织安全责任	提供安全培训教育	安全培训教育作为安全管理的重要对策，为组织成员组织并开展相应的安全培训教育理应是组织的安全责任
	优化改善作业环境	优化改善作业环境是使组织成员作业实现安全、舒适和高效的基本要求，因此，优化改善作业环境是组织的安全责任
	配备安全设施设备	配备相应的安全设施设备（包括劳动用品）是预防事故和保护作业人员安全健康的基本保障，因此，配备相应安全设施设备是组织的安全责任
	合理安排工作负荷	超负荷的工作量不仅会导致作业人员体力下降，使其在疲劳作业的过程中安全意识随之降低，从而引发事故，也会严重影响作业人员的身体健康。因此，合理安排工作负荷应是组织的安全责任
	设置相应安全报偿	无论是对安全管理人员，还是对基层组织成员而言，都期望自己的安全业绩和安全行为表现或努力能与工资、福利、奖励和职位晋升等挂钩。换言之，适当的安全报偿不仅可满足组织成员的心理期望，也是对组织成员安全努力的肯定，进而会大幅度激发组织成员的安全动机。因此，设置相应安全报偿应是组织的安全责任
	组织安全文化氛围营造	全体组织成员都希望拥有一个良好的组织安全文化氛围，但组织安全文化氛围营造（尤其是组织安全文化系统建设）需大量的人力、物力和财力，这就需组织安排相应投入。因此，安全文化氛围营造应是组织的安全责任

在此基础上，根据组织与组织成员对彼此所应承担的安全责任的高低（即大小）的不同心理衡量结果划分心理安全契约的类型。显而易见，按此方法划分的心理安全契约类型即为组织安全责任“高”和“低”与组织成员安全责任“高”和“低”的相互组合（图 2-12）。

组织成员安全责任 \ 组织安全责任	高	低
高	高组织成员，高组织安全责任	高组织成员，低组织安全责任
低	低组织成员，高组织安全责任	低组织成员，低组织安全责任

图 2-12　心理安全契约的 4 种类型

基于上述心理安全契约理论的分析可知：

（1）安全契约是指基于保障组织和组织成员安全这一目的而达成或订立的一系列约定、许诺和协议；心理安全契约是以保障组织和组织成员安全为目的，以组织成员与组织间的相互安全需求为前提，以心理承诺、感知和信任为基础，组织成员与组织（即组织代理者）间彼此建构的关于双方安全责任、义务或报偿的一套主观而内隐的心理期望和信念。

（2）心理安全契约破坏是指组织成员对组织未履行心理安全契约中所承诺的安全责任、义务或报偿而产生的主观心理感知或认知评价；心理安全契约违背是指组织成员基于自己对组织就心理安全契约的未履行程度或状况的主观心理感知或认知判断与评价而产生的一种情绪或情感体验和反应；心理安全契约缺失是指组织与组织成员未能有效建构或完全履行心理安全契约的状态。

（3）心理安全契约至少具有主观性、隐含性、动态性、双向性与可塑性 5 个重要特点；同时心理安全契约具有规范与约束功能、激励与动员功能、凝聚与聚合功能及降低安全管理成本功能 4 项重要功能。

（4）结合组织安全管理工作实际，根据实际存在主体（或对象）的不同，可将组织成员和组织间建构的心理安全契约分为组织成员心理安全契约和组织心理安全契约两类，且每一类别的心理安全契约又均分别包含两方面内容：①组织成员对保障组织和组织成员安全的责任，可简称为组织成员安全责任；②组织对保障组织和组织成员安全的责任，可简称为组织安全责任；在此基础上，根据组织与组织成员对彼此所应承担的安全责任的高低（即大小）的不同心理衡量结果，又可将心理安全契约划分为 4 种类型。

3 安全系统论

【本章导读】安全的基本属性是系统性，安全科学研究必须有系统思想，安全系统科学是安全学科的理论支撑和方法基础。本章主要从学科理论的层面，介绍安全系统学的定义、研究内容、学科理论基础和科学原理，阐述安全系统特性、结构、功能及管理，着重给出安全系统和谐原理、系统信息安全原理和安全控制系统原理三类核心原理及其下属原理的内涵和作用等。我们所遇到的问题大都是系统问题或复杂问题，现有的科技装备及组成的系统都是有缺陷的，安全系统科学正好可以用于解决上述问题和弥补上述的缺陷。

3.1 安全系统学概述

3.1.1 系统学与安全系统学的关系

系统科学创立于20世纪后半叶，系统学科的出现再次突破了人类的思维方式，也为安全科学发展奠定了重要的理论基础。要做好安全工作，必须要有安全系统学思想和运用系统工程方法。安全系统学是安全系统科学的简称。如果给出一个通俗的解释，安全系统学就是一门指导人们如何拓展系统安全思维、如何研究系统安全分析与评价的方法和原理、如何预测和控制系统安全的发展规律、如何研究和更好地实践安全系统工程等系列科学问题的安全科学新分支。

从学科基础性的视角看，安全系统学比安全系统工程高一个层次，但两者不能分开。安全系统学是安全系统工程的理论发展和上游，安全系统工程是安全系统学的实践基础，两者相互促进、相互依赖。

为了开展系统安全思维，则系统性思想（整体性思想）是必需的。在没有独立的安全系统学基础理论形成之前，现有系统科学的基本概念、属性、功能、结构、形态、环境、模型、分类等是可以运用的，基于系统科学研究建立安全系统（包括复杂安全系统）理论、方法、原理、模型等，也是安全系统学研究的主要方式。

安全系统整体性思维或思想虽然非常适宜圆满解释各种安全问题，但对解决安全问题却不容易具有可操作性，也不利于抓住重点和找到问题的切入点。因此，安全系统学必须研究在整体性思想前提下的灵活性问题，或者说必须研究能够基于系统思想又能解决实际安全问题的方法，这些方法归纳起来包括系统分解思想、系统横断思想、系统由表及里思想、局部范围思想等。

安全系统学的内涵应该至少包括安全系统学概念群、安全系统特性、安全系统学原理、安全系统学研究方法、安全系统学研究内容、安全系统分析方法研究、安全系统发展规律研究、安全系统评价方法研究、安全系统控制研究、安全系统实践研究等。

最早提出英文术语系统安全（systems safety）和最早提出中文术语安全系统的研究者，可能当时并没有太在意安全和系统的顺序，只是由习惯表达而书写出来，但有一点是肯定的，那就是都认识到了“安全是系统的问题”这一点。而后来有些研究者在研究安全系统或系统安全问题时，才慢慢地琢磨系统安全和安全系统的内涵区别。如果要讨论它们之间的区别，从“安全自系统”和“安全他系统”来思考比较科学和有理论基础，如果把“安全自系统”和“安全他系统”当作两个子系统（其实两者是不可分的），则“安全系统”等于“安全自系统 + 安全他系统”的集成系统。安全系统学的学科创立和深入研究，将有利于安全科学的发展和安全系统工程的广泛运用。

系统科学是从事物的整体与部分、局部与全局及层次关系的角度来研究客观世界的。相比还原论思想，系统思想是从宏观、整体角度看问题的，这为安全科学的研究思路开辟了新途径。系统无限延伸的性质决定了系统思想具有普适性。安全系统是事故发生的场所，是能量意外释放的作用场所，安全系统学可以说是系统学的典型应用分支。借鉴系统科学中的思想、理论、方法与手段等实现安全目的，以预防事故发生。

系统是指由一些相互联系、相互作用、相互影响的组成部分构成并具有某些功能的整体，而这个有机整体又是它从属的更大系统的组成部分。在与人类安全相关的生存、生产、生活中，为了研究方便，绝大部分情形都能将研究的安全问题经分析后简化为系统问题。因此，系统思想具有解决问题的一般性与普适性特点。系统的无限延伸特性，又使复杂与简单之间的界限变得具有相对性，因而可根据实际情况需要满足要求。将安全问题转换为系统相关安全问题后，系统要素可得到深刻剖析，所研究问题相关因素之间的关系变得清晰明了，便于把握问题的实质，分清事物的轻重缓急，以便采取针对性措施。在相同资源条件下，尽可能实现系统结构的最优化，从而为组织创造最大利益。

安全系统科学的基础理论研究相对还有很大发展空间，而理论基础支撑是一门学科能够深入发展的坚强后盾，也是一门学科能够源远流长的源泉所在，加强安全系统科学的基础理论研究非常重要。研究安全系统的本质、内涵、特点、机制与规律，透彻解析安全系统，可以为完善安全系统科学的体系框架、提炼安全系统科学的核心原理奠定基础。这样安全实践有了基础理论的支撑后，可减少盲目性，节约实践的成本，避免人力、财力、物力等资源的浪费。理论与实践充分结合后，可以促进系统安全向安全系统转型的飞跃。

3.1.2 安全系统学的研究内容

20 世纪 50 年代系统科学的发展为安全系统学提供了理论基础。同时，由于工业技术安全发展的需要，如航天安全、飞行安全等，开始形成了一些安全系统工程的分析方法和技术手段。由于安全系统工程的分析方法具有一定程度的完整性及定量科学性，其理论和方法被引入了整个工业安全领域。但已有的安全系统工程分析方法还是远远不够的，因此需要研究并创建更完善和更多的安全系统理论，如安全系统论、安全控制论、安全信息论、安全复杂系统理论、安全系统中人的问题等分支学科，由此也推进了安全系统学的发展。安全系统学研究的主要内容简述如下：

（1）安全系统论。安全系统论是研究安全系统的系统要素、关系、组织、功能及结构优化等的理论和方法。从安全系统的动态特性看，人类的安全系统是人、社会、环境、技术、经济等因素构成的大协调系统。安全系统最典型的研究对象是事故系统。事故系统涉及的因素有人的不安全行为和物的不安全状态，这是事故的最直接的因素；环境不良的影响和管理的欠缺是事故发生的间接而重要的因素，因为管理对人、机、环境都会产生作用和影响。认识事故系统因素，使我们对防范事故有了基本的目标和对象。更重要和更具一般意义的研究对象是安全系统，其要素是人的安全素质（人性、心理与生理素质、安全能力、文化素质等），物或设备、环境等的安全可靠性（设计安全性、制造安全性、使用安全性等），生产过程能量等的安全作用，以及充分可靠的安全信息流等，这些都是安全的基础保障。从建设安全系统的角度来认识安全系统原理更具有理论的意义，更符合安全预防为主的科学性原则。

（2）安全控制论。安全控制论是最终实现人类安全生产和安全生活的根本。如何实现安全控制？怎样才能实现高效的安全控制？这些问题主要依靠安全控制论原理来回答。例如，安全管理是生产或技术系统安全控制的重要手段，在现代安全管理中，要遵循的控制原则有闭环控制原则、分层控制原则、分级控制原则、动态控制原则、等同原则、反馈原则等；预防事故的能量控制理论也是安全控制论研究的重要内容之一。

（3）安全信息论。安全信息科学是指人类活动所涉及的一切领域中能够运用信息于安全及保障信息自身安全的科学规律、原理和方法及其应用理论等集成的学科。研究内容包括安全信息、安全信息不对称、安全信息学等基本概念，安全信息学的学科基本问题、理论基础与体系、传播模式和研究程序，安全系统认知方法和认知序，安全信息学方法论的定义、原则、研究方法和一般程序，安全信息学原理体系和内涵，安全信息的规制机制作用机理等。另外，就信息安全本身的研究内容包括信息的获取、处理、存储、传输、利用、控制等相关的安全理论、方法、原理及技术等，研究人-人信息流、人-机信息流、人-境信息流、机-境信息流等信息安全行为，安全信息动力学，以及安全管理信息系统等。

（4）安全复杂系统理论。安全问题很多情况下都是复杂问题，特别是对于类似城市这类复杂巨系统或航天航空等这类高科技复杂系统，很多事故灾难不是传统可靠性理论或数学能够解释的，这类问题往往需要复杂系统安全论才能加以解释和控制，需要研究开放式复杂巨系统理论、安全混沌理论、耗散理论、突变论、自组织理论、协同学理论、分形理论、灰色理论及其在复杂安全系统中的应用。

（5）安全系统中的人的问题。尽管人是系统中的要素或组分之一，但对于安全系统，人是极为重要的，其他要素或组分可以说都是在人之下的，人既是安全系统的主导者，又是安全系统失效时的受害者，还可能是安全系统的破坏者。因此，很有必要对人性问题作专门讨论，包括安全定义、安全属性、安全的矛盾和系统安全有限性，安全人性、安全人性维度，安全人性学的基础原理和规律，社会安全伦理和安全伦理原理，心理安全感，安全心理契约等内容，以及上述内容应用于安全复杂系统的方法和实践等。

3.1.3 安全系统学的研究现状

学科坚固的理论基础是一门学科能够不断发展、持续存在的坚强后盾。为从根本上推进安全系统科学的发展，还需更多研究者不断投入到安全系统科学内在规律的研究中，以期丰富安全系统科学理论，进一步夯实安全科学理论基础。

尽管安全系统工程的实践研究和运用在国际上已经开展了约半个世纪，安全系统工程通常包括系统安全分析、系统安全评价与决策等，但关于如何研究和运用安全系统工程的安全系统学研究却少之又少。随着安全研究对象与范畴的拓展，更需安全系统思想提供方法指导。

通过将系统思想植入安全科学，将系统科学的思想、理论、方法等经过结合安全科学自身学科特色的改造融合，形成安全系统科学理论。随着系统科学的不断深入发展，通过学者的不断努力，安全系统科学目前已经取得了一定的硕果。安全系统科学的诞生背景已然明朗，其现实意义与重要性也不言而喻，安全系统学科在内涵、运行机制、方法论、应用等方面也已有一定的研究基础，但目前对安全系统科学的研究仍主要集中于安全系统的分析、评价、预测、管理等实践层面。关于安全系统学科本身的性质、属性、特点、运行规律等基础理论的研究仍比较缺乏。

随着系统科学的不断发展，将系统科学中的思想、理论、方法等改造运用到安全科学中的优势越发明显，越来越多的学者意识到安全系统思想对安全科学研究的重要性与必要性。安全系统学派随着安全学科创立、学科理论形成和初步发展而逐渐形成。

在国内，系统工程思想自 20 世纪 70 年代末就开始推广，已得到国内各方人士的认同，他们从系统思想发展的历史轨迹过程中，探讨系统运动发展趋势，强调其中东方系统思考的作用，并明确提出安全系统思想运用于预防和控制各类事故发生的必要性；同时还将系统思想运用于部队中的安全工作，突出系统思想的整体性、动态性与结构性原则；除上述内容外，还有大量的文献、著作等强调安全系统思想的重要性。

从各类参考资料归纳总结安全系统的基础理论研究成果，可主要分为两类。第一类是在分析大量具体工程实践的基础上，探求共同运行机制，总结归纳普适规律，从而形成可以指导实践的学科基础理论；第二类是直接站在理论的高度，揭示安全系统科学的内涵、运动规律等。其中，第二类研究成果相比于第一类的研究成果要少得多，安全系统科学的基础理论研究仍需广大安全界人士共同努力充实。

2019 年王凯全在科学出版社出版了《安全系统学导论》，该书较完整地汇集了近几十年安全系统学的相关研究成果，内容有五章，包括安全系统学的基本概念，分析安全系统和事故系统的关系，阐述安全系统的思维、安全系统学的研究方法和内容；安全系统动力学的特征，简述安全系统结构论、信息论、协同学、控制论、突变论的基本内容；安全系统方法学的基本原则，分别介绍安全系统规划论、预测论、决策论、对策论、图论、价值论、排队论等内容；安全系统工程学的内涵，分别介绍安全系统的功能安全、结构整合、层级保障、持续改进及可靠性工程等内容；安全系统技术特征，分别介绍安全系统风险评估技术、事故防控技术、本质安全化技术等内容。

3.2 安全系统科学的学科理论

安全系统科学是巨大的知识体系，它的交叉性决定了在解决安全问题时需借用其他多个学科的知识，横断性又决定了它的应用之广泛，得出的各规律、提炼的各原理与预防方法等适用于与安全相关的各行各业。因此，安全系统科学的相关理论研究将显得更加必要与紧迫。

安全系统科学建立在已有安全科学与系统科学的基础之上，可以将其视为这两门独立学科的衍生学科，其发展在一定程度上取决于安全学科与系统学科的理论更新。系统科学发展已经较为完善，相对而言，安全科学成立较晚，发展还不够成熟，安全科学的基础内容也有待进一步丰富，尤其在基础理论研究方面更需安全界人士一起努力填补。目前，安全系统科学的发展主要依赖于安全科学的壮大及安全科学与系统科学两大学科的融会贯通，安全系统科学与安全科学及系统科学的关系甚密，在某种意义上可谓是荣辱共存。三者之间的关系如图 3-1 所示。

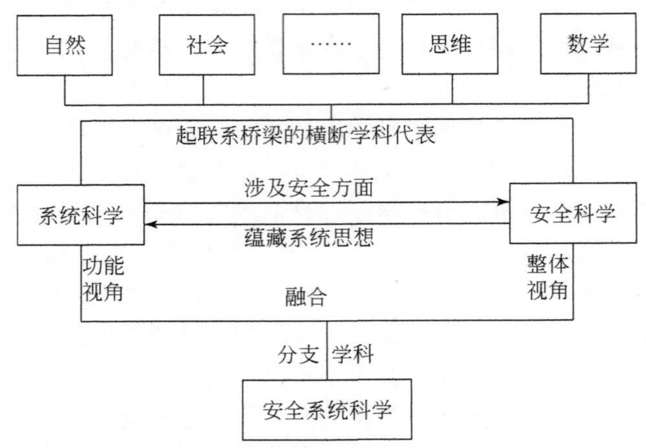

图 3-1　安全系统科学与安全科学及系统科学的关系

3.2.1　安全系统科学的学科基础

安全系统科学主要以安全科学与系统科学这两门学科及对应的理论与方法作为其坚实的学科理论基础。在安全系统科学的学科归类上，既可将其视为安全科学的学科分支，又可将其视为系统科学的学科分支。在某种意义上，安全系统科学甚至可视为安全科学与系统科学的综合，即上述的衍生科学。对安全系统科学的研究有助于进一步扩充安全科学与系统科学的内容，尤其在完善安全科学理论框架与丰富安全科学学科内涵方面。

不同于以往相对孤立地看待与安全相关的各个因素，安全系统科学旨在安全，从宏观的角度探索各因素的内在联系，可以使看似分散、独立的各因素通过系统的方法使之浑然一体，这也符合“一切事物都是联系的”这一哲学观点。安全系统科学的出现既然是基于安全科学与系统科学这两大学科，则注定了其研究内容的广泛与复杂。

1. 学科基础

安全系统科学作为安全科学与系统科学的衍生科学，使得安全学科与系统学科紧密结合，不仅在学科外部上成为两门独立学科的桥梁，更重在融合两门学科的内在精髓，从而不断碰撞产生出新的火花，形成一门内容丰富多彩的学科。

系统科学的发展已比较完善，目前学者正努力攻坚复杂巨系统。完善的系统科学成为安全系统科学发展最坚实有力的后盾，也为安全科学的发展提供了全新的突破口。系统科学整体的思维方式为安全科学的发展带来了强大的动力，打开了全方位的视角。

安全系统科学的相关学科包括安全科学与系统科学相关的学科，以及能为其研究提供方法与指导的学科。尤其安全科学的学科交叉性决定了安全系统科学与其他多种学科的密切联系，有些学科是在安全科学研究中必不可少的，而有些学科则是用以辅助安全学科的研究。安全问题的解决过程注定涉及自然与社会类相关学科，包括统计学、数学、教育、经济、文化等。而任何一门学科的研究都应有作为其切入口的工具，方法论就是在研究中运用的具体运作工具。因此，方法论的选取将直接影响学科的切入视角、剖析深度，进而影响得出的结论等。

安全系统科学的诞生和发展与安全科学、系统科学、各相关学科及相应方法论的知识体系密不可分，其相互关系如图 3-2 所示。

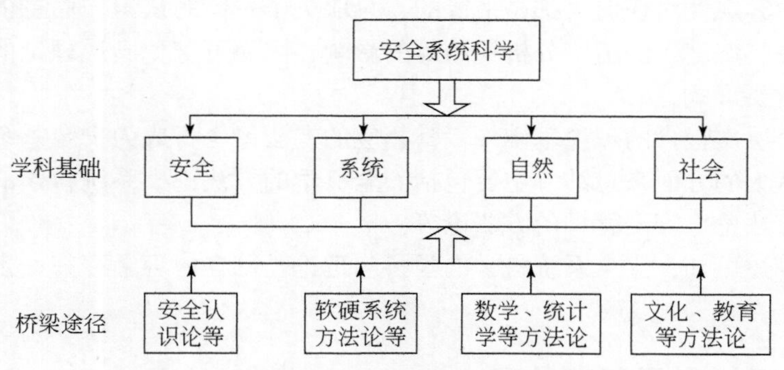

图 3-2 安全系统科学与其相关学科的关系

2. 安全系统科学理论基础

安全科学与系统科学所囊括的所有学科内容及相应的方法论都将成为安全系统科学的理论基础支撑。安全系统科学研究的是安全系统这一对象与人相关的安全及功能输出，这就决定了与人相关的理论、工程技术等将成为其最重要的系统要素。从纵向层次划分系统科学的方法，可以将安全系统科学相关的理论归为工程技术理论、技术科学与基础科学三个层次。其中，特别是技术科学与基础科学将成为其理论支撑的重中之重。技术科学就是在工程技术实践的基础上总结升华成的理论指导体系，基础科学是技术科学的进一步升华总结，内容更具概括性与普适性及一般性。安全系统科学由安全科学与系统科学结合而生，因此，安全科学与系统科学自身的理论基础起着举足轻重的作用。根据纵向划分的三个层次，加之兼具指导性与总结性的哲学，安全系统科学及其所涉学科的理论都可概括为以下几个方面。

（1）哲学科学。哲学作为学科的制高点，具有指导其他学科的作用。三个层次纵向划分是系统科学的内部划分，系统科学之上还有系统论，是联系系统科学与哲学的桥梁。从上至下其指导的普适性逐渐变弱，任何一门科学的产生都是为了更好地服务人类。适用范围狭小不利于学科理论的应用，因而普适性越强，越具有传播价值。哲学是对客观世界普适规律的探索，安全系统科学结论的呈现也应符合客观性。因此，哲学科学是安全系统科学的指导性理论与衡量标准，同时，哲学方法论也将为安全系统科学的研究提供可靠的指导方向。

（2）基础科学。这个阶段的理论已具有强大的适应性，是学科理论支撑的重要支柱。一门学科成熟与否，在很大程度上取决于其基础科学是否扎实与丰富。安全系统科学的研究可充分利用安全科学与系统科学的基础理论拓展思路。但考虑到学科内容的丰富性与涉及面的宽广，在研究时一定要有所侧重，要避免蜻蜓点水，尽量做到一定程度的深入研究。

（3）技术科学。理论源于实践，又高于实践。技术科学是对工程技术的具体实践的总结与升华，具有一定的普适性。但是，这一阶段的理论是较低层次的概括归纳，有较大提炼与升华的空间，却又已经带有总结者的主观色彩，可以说处在一个尴尬的阶段，但同时也是阻止错误理论传播的最佳时机，这需要读者具有质疑的眼光与敏锐的判断。

（4）工程技术理论。工程技术为理论的初步形成提供大量素材，是理论形成的源头，同时形成的理论也必须经过实践的考验，成为衡量理论正确与否的唯一标准。实践是最原始的资料，它的客观性对任何人都是平等的，只取决于主体的认识。而主体的认识受主体自身的教育背景、态度、经历、分析视角等的影响，因而可避免已成理论的思维固式，是新理论形成的重要形式。

除学科各个层次包含的理论基础外，其相应的方法论也将成为安全系统科学理论基础的重要部分。从大的方面来总结，主要包括安全科学的方法论、系统科学的方法论、安全系统工程学的方法论、安全管理的方法论等。

由上面的陈述可知，安全系统科学的学科与理论基础在内容上存在一定的重叠，各部分紧密相连。

3.2.2 安全系统科学原理体系

唯物辩证法告诉我们世界是运动的、联系的、不断发展的。因此，万事万物都处在一个有着直接或间接关系的交叉网中。安全系统就是研究与安全相关的诸多因素的联系，唯物辩证法在一定程度上也表明了安全系统科学研究的必要性及其研究成果的普适性。安全系统中各要素间的关系，相比客观世界中万事万物之间的联系，其构建更具目的性，关系也更加紧密、复杂。系统处于无限延伸中，系统总处于比自身更大的系统之中。系统中的子系统与上一层次系统、子系统间、子系统中的元素间及元素与跨级系统之间，都存在着一定规律的联系。系统中看似杂乱无章的各个部分，一旦建立起某种联系，则呈现出各个部分所不具有的功能，体现出整体性质，即 1+1>2 的非加和性。

安全系统科学一直以来都被视为安全学科的一门分支学科，即以系统的观点分析安全，在整个安全学科体系中成为其一门基础科学。然而，安全系统科学作为安全科学与系统科学的衍生科学，既然可视为安全科学的一门分支学科，自然也能作为系统科学的一门分支学科。安全系统在安全科学中的重要性（安全系统是其灵魂与精髓的客观存在），决定了安全系统科学内容的丰富繁杂性，因而安全系统发展成为一门独立的科学也不为过。深入剖析安全系统科学，得到一些以往看不到的性质、属性、运动规律等，摆脱一直处在具体实践层面的困境，更多地诠释安全系统科学本身，使其增加学科理论基础依托，真正成为一门独立的科学是安全界人士共同的期待。一门学科理论体系框架的确定极其重要，因为它在很大程度上决定了学科基础理论研究的范畴，也在一定程度上决定了学科今后研究的发展方向。

从基于渊源、基于安全学科分支视角、基于系统学科分支视角及基于双重目标保障视角四个大方面构建安全系统科学体系框架。

1. 基于渊源的安全系统科学体系框架

安全系统科学兼具安全科学与系统科学的特性，但像系统本身体现的整体涌现性一样，衍生出来后的学科又同时具备安全科学与系统科学所不具备的新的属性与特性等，且其发展主要依赖于产生出来的新生物，这些新的属性与特性等将成为区分安全系统科学与其他科学的标识。

安全系统以安全输出为最初目的，之后的优化、产生的安全问题等解决途径都是为了更好地实现系统安全的初衷。因此，要格外重视系统各要素按照一定的规则形成整体后的功能表达，在有限的资源条件下，实现系统的最优化。安全系统功能的表达主要取决于两部分，即内因与外因。因而，既要充分考虑安全系统内部复杂的关系，又要注重安全系统运行的环境。根据目前划分的学科，考虑安全系统科学在其基础上的形成过程，综合影响其运行的内因与外因，可构建基于渊源的安全系统科学体系框架（图 3-3）。

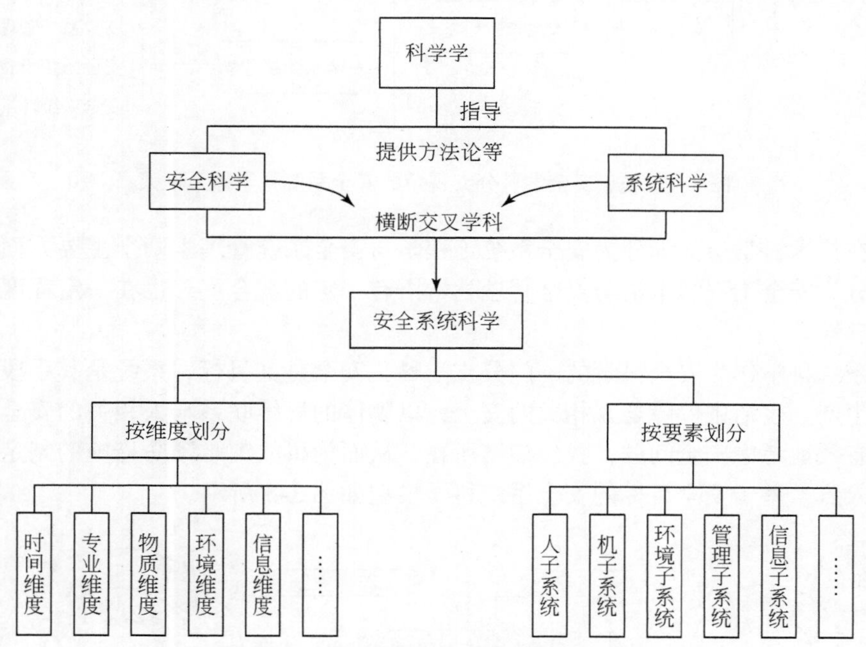

图 3-3 基于渊源的安全系统科学体系框架

从现有基础学科视角，探究安全系统科学的由来，并从内外部因素简要剖析安全系统科学。可从安全系统整体的内部结构出发，探求其相关的本质特征，又可将安全系统整体所处的外在环境作为切入点。内部因素主要包括组成安全系统的各要素，即人、机、环境、管理、信息等子系统。这里的环境子系统视为除自身之外且在安全系统之内有形或无形的物体，信息亦主要指安全系统内的信息流。外部环境，则可从不同的影响因素分析安全系统随其运行的状态，主要考虑时间维度、专业维度、物质维度、环境维度、信息维度等。

2. 基于安全学科分支视角的安全系统科学体系框架

安全科学在科学技术体系的横向划分中，是一门主要涉及自然科学、社会科学与思维科学等多门学科的交叉科学，而每一门学科在纵向上均可划分为哲学、基础科学、技术科学与工程技术四个层次。因此，安全系统科学的内容显得庞大复杂。但安全系统科学既然作为安全学科的一门分支，则可理解为以安全为主，系统为辅。安全是整个研究围绕的中心，系统仅作为一种手段，提供方法与途径。基于安全学科分支视角的安全系统科学体系框架如图 3-4 所示。

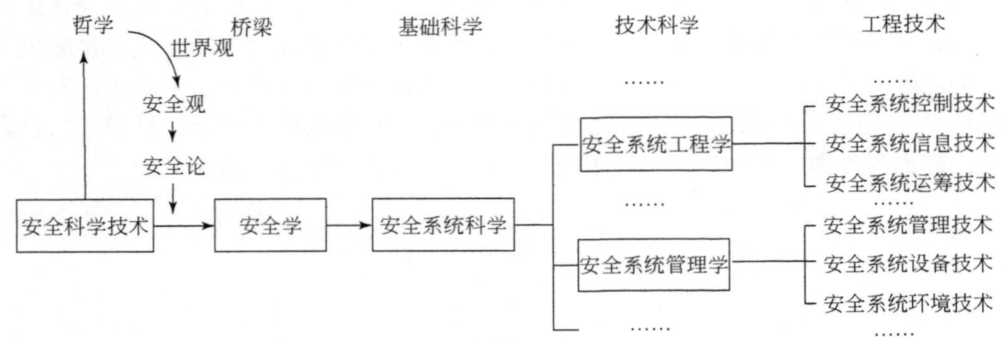

图 3-4　基于安全学科分支视角的安全系统科学体系框架

以上在技术科学层面划分为安全系统工程学与安全系统管理学两个主要方面，与安全科学术语分为安全工程学术语与安全管理学术语有一定的契合度，也在一定程度上说明了划分的合理性。

安全系统科学作为安全科学的一门分支学科，安全是其目标，系统是其手段。安全系统科学在生产、生活中保障与人相关的安全，以整体的思维联系与人相关的安全的诸多因素，综合有效地考虑安全问题，找出症结所在，从而为事故灾难预防措施的制定与事故处理提供切入点。基于安全目标的安全系统科学模型如图 3-5 所示。

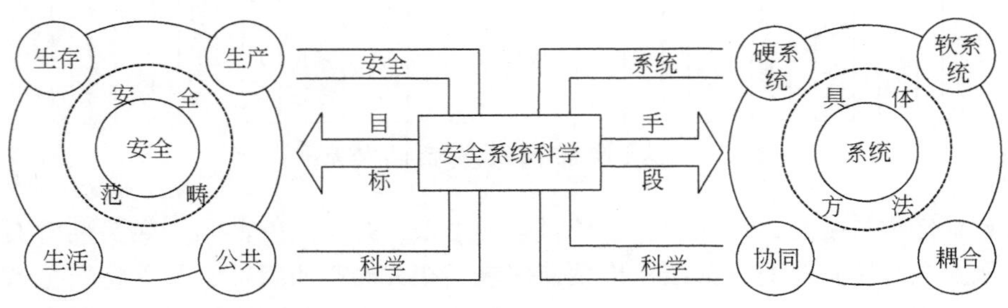

图 3-5　基于安全目标的安全系统科学模型

3. 基于系统学科分支视角的安全系统科学体系框架

1）纵向划分的安全系统科学体系框架

纵向划分的安全系统科学体系框架见表 3-1。

表 3-1 纵向划分的安全系统科学体系框架

哲学	基础科学	技术科学			工程技术	
安全系统观 安全系统哲学 安全系统认识论 安全系统方法论	安全系统学 复杂巨安全系统学	安全系统工程学	通用	安全系统运筹学 安全系统控制论 安全系统信息论 ……	安全系统工程	安全信息系统工程 矿山安全系统工程 化工安全系统工程 机电安全系统工程 建筑安全系统工程 交通安全系统工程 安全人机系统工程 ……
			具体技术科学	机电安全系统工程学 建筑安全系统工程学 交通安全系统工程学 安全人机系统工程学 ……		

根据横向划分产生的不同学科，又可纵向将自身内容进行不同层次的剖析。安全系统科学亦是如此，既通过基础科学与技术科学及工程技术 3 个层次呈现出丰富多彩的内容，又在横向上与其他学科知识相通，这由系统思想所决定。因此，安全系统科学是一门与自然科学、社会科学、思维科学及数学科学等交叉的综合横断学科。横向学科的划分依据将随着时代的不断发展处于动态变化中，今后安全系统科学有可能涉及更多横向学科的内容。因此，安全系统科学根据交叉学科的横断性与否又可划分为以下体系，如图 3-6所示。

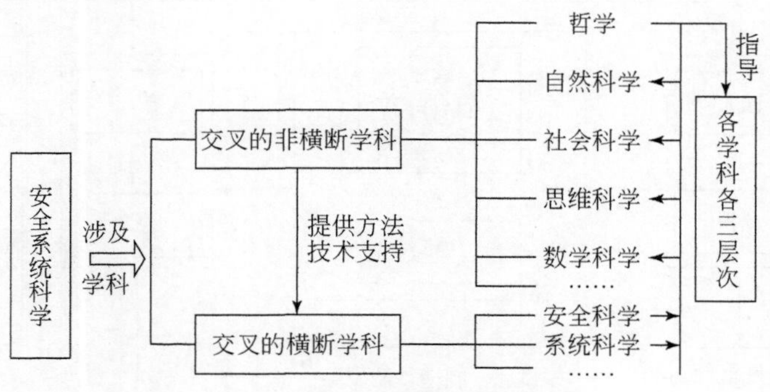

图 3-6 交叉学科横断性划分体系

2）基于边界安全划分的安全系统科学体系框架

系统作为明确的研究对象，在系统功能正常输出的前提下，将安全作为首要考虑因素进行充分分析。因为即使人类所需的功能正常输出，也不能保证不产生安全问题或不存在安全隐患。因此，可将系统边界内外的安全作为切入点，进行安全系统科学的体系构建，如图 3-7 所示。

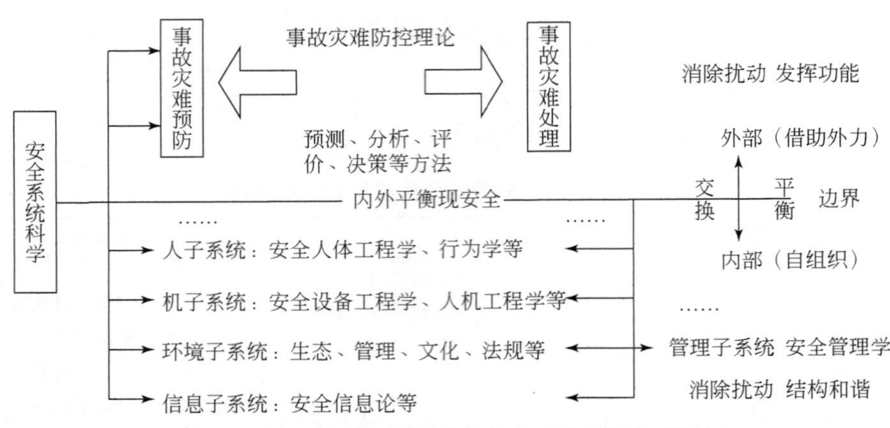

图 3-7　基于边界安全划分的安全系统科学体系框架

3）安全作为系统输出的安全系统科学体系

纵观客观世界中存在的大大小小的系统，它们各自担负着类似或不同的使命，但其存在的共同点均是，通过系统某种特定功能的输出实现其价值。外界信息进入系统后，经过系统复杂的作用，通过调整、改变以适应带来的扰动，以保证系统一直处在平衡态允许的波动范围内，直至系统输出结果。而系统结果输出的形式多种多样，包括信息、产品等有形物质，而更易让人忽视的是系统输出的无形物质，特别是安全这一效应。人们往往在安全效应转换为有形物质后才恍然大悟，但此时通常为时已晚，造成了健康、财产、环境的损失，甚至需要人们付出生命的代价。因此，从一开始就将安全作为系统输出的产物来对待，才能真正提高安全意识，从而降低事故发生的可能性。安全作为输出的安全系统科学体系框架如图 3-8 所示。

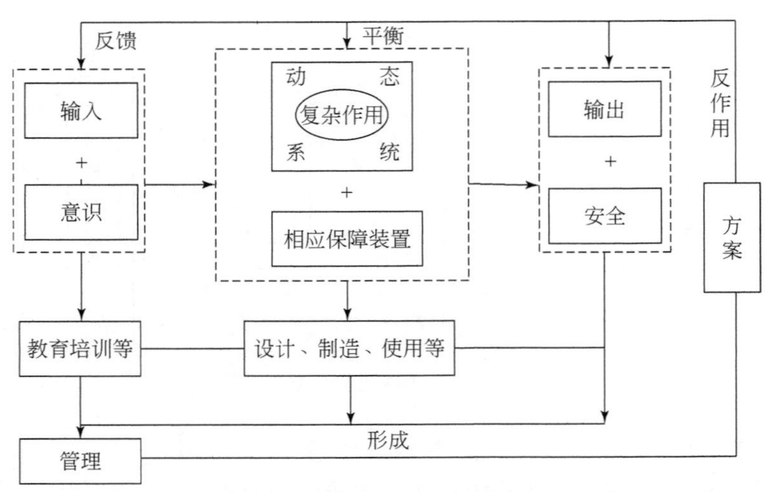

图 3-8　安全作为输出的安全系统科学体系框架

4）按本质附加安全划分的安全系统科学体系框架

站在系统产生初衷的视角，安全是随着功能输出出现的问题，属于附带产物。将安全作为输出过程中首要的考虑因素后，可从本质安全与附加安全两个方面来进行。客观存在的系统有千千万万个，看似如此庞大的家族其实也存在着一定的规律。首先将其分门别类，其中可根据安全的重视程度划分，以利于更好地深挖内在的运动规律。同时，系统分类的方法很多，因此可结合两方面内容对其进行分类。按本质附加安全划分的安全系统科学体系框架如图 3-9 所示。

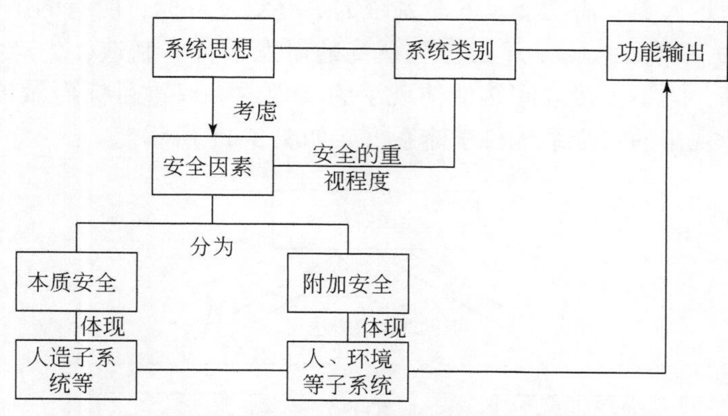

图 3-9　按本质附加安全划分的安全系统科学体系框架

5）根据要素关联程度划分的安全系统科学体系框架

系统中各要素间以各种形式相互关联、相互作用、相互制约，形成具有某种功能的整体。系统中的要素虽均存在直接或间接的相互作用，但作用程度各异。因此，根据要素关联程度划分的安全系统科学体系框架如图 3-10 所示。

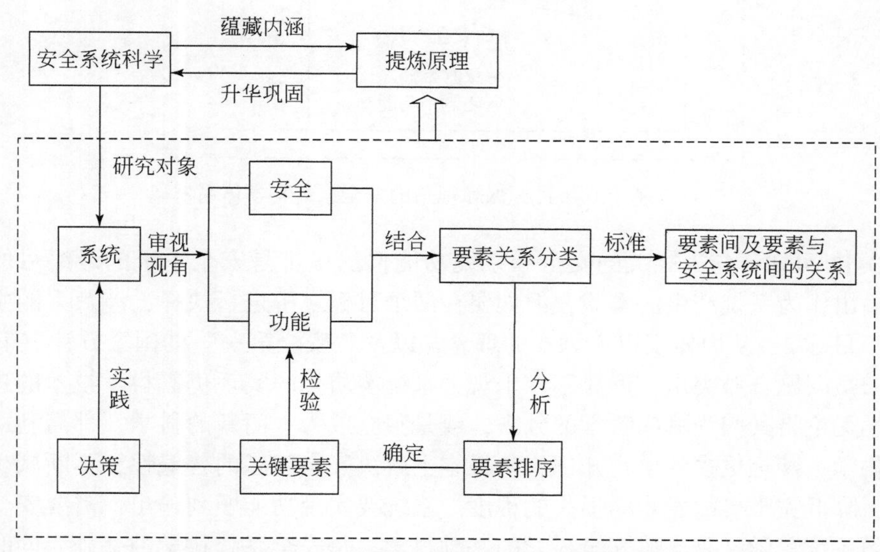

图 3-10　根据要素关联程度划分的安全系统科学体系框架

4. 基于双重目标保障视角的安全系统科学体系框架

安全作为系统输出的一部分，仅仅是安全系统顺利运行的必要条件，而非充要条件。最理想的莫过于在保证与人相关的安全的前提下，利用最少的资源实现最大的效益输出，这里的效益为综合效益，即所谓的最优化。从剖析安全系统最终体现的对象来看，保证与人相关的安全与满足人类所需功能是安全系统的最终双重目标，所有的工作都是为此双重目标的实现而努力。例如，从一开始安全系统的研发设计、制造、生产、投入使用、维修、人员的管理等，无不直接或间接地体现了为实现这一双重目标而做出的努力。因此，基于双重目标保障视角的安全系统科学体系框架如图 3-11 所示。

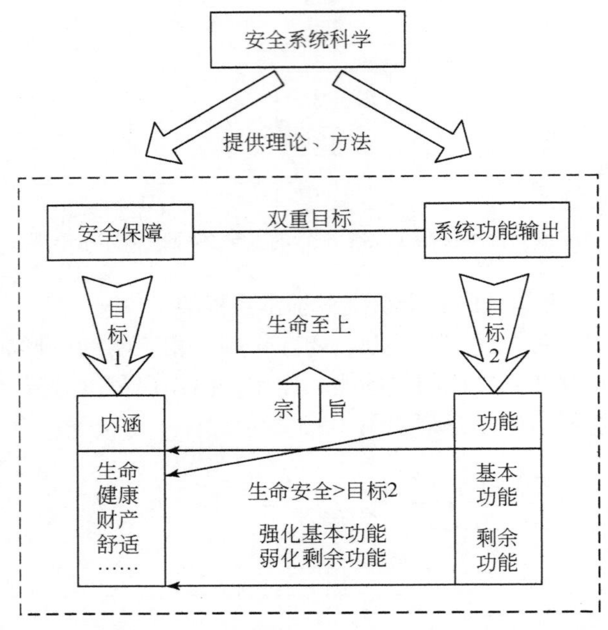

图 3-11　基于双重目标保障视角的安全系统科学体系框架

由图 3-11 可知，与人相关的安全和系统功能输出虽都是安全系统的最终目的，甚至系统功能输出作为系统产生的本质，但如要在两个目标之中进行抉择，涉及人的生命的安全永远大于目标 2，从而体现以人为本的理念，以及“安全第一”的国家方针政策。

当前安全问题日益突出，形势不容乐观，系统本质化的实现仍需科学技术的进步。安全系统科学无论将其归为哪门科学的分支，或是独立成为一门新的科学，都需利用安全科学与系统科学，甚至更多的学科知识，从根本上解决安全问题的普遍性，不断减少灾难事故的发生，降低灾难事故发生时损失的程度。系统要实现功能顺利输出，需要安全技术保驾护航，而系统科学又是支撑安全科学的基础科学，是安全系统科学的基础，同时也是其最重要的知识结构，这也是目前学者普遍认可的。从这一角度来说，安全系统科学归为安全科学的分支更有说服力。

3.3 安全系统特性

一门科学学科的确立首先要明确的是研究对象，其次是其特殊性和该科学所要揭示的特殊规律。认识的目的是指导实践，而实践又是检验认识正确与否的唯一标准。正确的认识有利于增强实践的效用性，进而促进社会的发展。因此，正确与充分认识安全系统的发展历程、相关的特点、结构、功能及其管理方法等，是更好地发现与理解安全系统科学原理的前提，也是安全系统科学原理正确与科学地应用于实践中的知识储备需要。

3.3.1 安全系统的特点

随着历史的进程和人类的发展，逐步形成了机（设备设施等）、人、环境、管理、信息这几个主要影响人的安全的因素，为合理地平衡与处理这几个主要因素，逐渐引用系统的方法，从而最终形成了以安全系统思想处理安全问题的模式。安全系统要素由原来的人、机、环境三要素扩展到了人、机、环境、信息、管理五要素。

安全系统在生活生产中无处不在，安全系统可以是简单的安全系统，也可以是复杂的安全系统。安全系统用来保障与人相关的安全，而一旦将人这一复杂巨系统牵扯其中后，安全系统的研究注定不会太过简单。因此，在安全系统复杂程度的归类上，安全系统归属于目前学术界仍需努力突破的复杂巨系统。

安全系统思想的出现终究须倚靠系统科学的形成发展，并在其基础之上结合安全科学自身的学科特色才得以应运而生。目前将系统科学的思想、理论、方法等移植到安全科学中也是得到学术界普遍公认的结果。

上述安全系统的由来过程如图 3-12 所示。

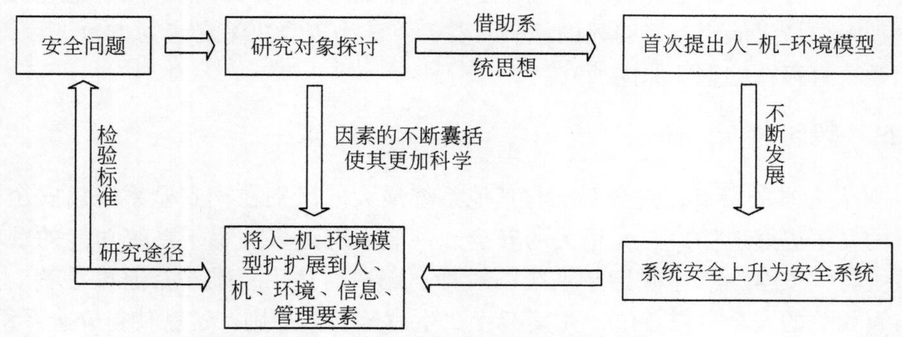

图 3-12 安全系统由来过程的典型实例

安全系统与系统是特殊与一般、个性与共性的关系，安全系统的实质还是系统的一种。因此，安全系统既具有一般系统所具有的特点，又在共性的基础上具有一般系统所不具有的某些性质与特点，甚至只属于安全系统自身的某些特性。因此，安全系统的特性分为一般特性与非一般特性两类。

1. 一般特性

（1）普遍性。正如世界上的万事万物具有普遍联系一样，安全系统的存在也具有普遍性，安全系统随处可见。这种普遍性是由生活中存在的各种各样的安全问题决定的。思考角度的不同，导致安全系统的分类也多种多样。就存在领域而言，包括生产、生活、社会活动等几方面，从而产生了生产中的安全系统、生活中的安全系统及社会活动中的安全系统等。就安全问题依赖的载体大小而言，可分为宏观安全系统、中观安全系统及微观安全系统。就安全系统涵盖内容的属性，又可将安全系统分为实体安全系统与抽象安全系统等。安全系统的普遍性有利于发现的原理与一般方法等的推广，也使得对安全问题的处理具有大致相似的基本思路与有章可循的处理步骤。也正是这种普遍性，才能使通过总结分析各类安全系统的特点，探索出一般的运动规律等，使其反过来应用在普遍存在的安全系统中，成为检验的标准，如此循环进而不断促进其发展。

（2）因地制宜的特点。所有的安全系统均具有“形似神不似”的特点，在万千世界中，有其自身存在于客观世界的必然特征。安全系统研究对象的差异，必然导致解决安全问题的方式各异。对于某具体的安全系统，在对其进行危险源分析、评价、预测、决策等过程中，需结合实际情况，根据现有的资源与条件，往往因考虑的侧重点不同，形成截然不同的解决方案。例如，在具有高度自动化的设备生产环境中，影响安全最主要的因素可能更多地在于人的主观因素，包括操作不当、管理不佳等，这就使得解决安全问题的方案重在提高人的安全意识，端正工作人员的安全态度，使其谨慎对待安全问题。具体措施便可从加强安全宣传与教育、采取更加有效的培训方法等入手。而对于技术条件还不够成熟的安全系统中，设备的不断改进可能成为解决安全问题的关键所在，这也是企业为保障安全、减少事故而努力的主要方向。这就意味着需要投入更多的资金用以研发或获取更先进的科学技术。所有安全问题的解决措施，在某种意义上最终将体现在加大安全投入上，只是往往这种安全投入能否带来明显的经济效益，将成为现今决策者考虑的重要因素，这也是安全问题一直存在的重要原因所在。

2. 非一般特性

（1）以人为本的特点。安全系统与其他系统最大的区别在于安全系统以安全为导向，研究的目的在于更好地保护与人相关的安全。一般系统更多注重于系统功能的顺利输出，而安全系统将“安全”二字贯穿于系统的设计、制造、使用、维修及退役等整个过程中，始终将与人相关的安全放在首位，尤其奉行“生命至上”原则，这就使得安全系统的诞生使命远比一般系统的职责更重，即不仅要保障安全系统功能的顺利输出，更要求在保障与人相关的安全基础之上使其功能顺利实现，在航天、动车、火车、汽车等直接关系到人类安全的交通运输等方面体现得尤为明显。“安全第一，预防为主”的方针也体现了对生命的关爱与尊重，生命只有一次，而社会正是由无数鲜活的生命构成，是其存在的核心。所以，我们应该竭尽所能创造出风险最低的安全系统，并努力将对安全可能造成不利的因素转化成无害甚至有利的因素。

（2）开放的复杂巨系统。安全系统由人、机、环境、信息、管理五大要素组成，而生物体系统、人脑系统、人体系统等都是开放的复杂巨系统，这些系统在结构、功能、行为和演化方面，都很复杂，以至于到今天，还有大量的问题我们并不清楚。因此，人这一要素的加入，使得安全系统毋庸置疑地归为了开放的复杂巨系统一类。人本身就是一个开放的复杂巨系统，安全系统还以与人相关的安全为其导向，且人与安全系统的其他各要素间又有着错综复杂的关系，因而呈现出“剪不断，理还乱”的混乱场面。面对这难解的开放的复杂巨系统，系统科学与安全科学及其他学科的学者必须开辟一条新的途径，这也是目前学者正在努力攻克的难题。安全系统主要特征与内涵见表3-2。

表3-2　安全系统的主要特征与内涵

类型	特征	特征内涵
一般特性	普遍性	安全系统在客观世界中无处不在
	有序性	系统内部结构具有规律性，有条不紊地进行功能输出
	相关性	安全系统中的各元素存在直接或间接关系，共同对整体产生影响
	目的性	功能的输出是每个安全系统存在的价值体现
	动态性	安全系统的状态不是一成不变的，时刻处于时空的变化中，也是系统发生异常的原因所在
	因地制宜的特点	针对不同特点的安全系统所处的不同状态，采取的措施各异
	非线性	一般不能直接写出系统的数学模型，但不是无迹可寻，需有一定的经验或利用智能工具探索其内在规律
	稳定性	安全系统基本处于稳定状态，事故的发生也是由一种状态转变为另一种状态
	……	
非一般特性	开放的复杂巨系统	人纳入安全系统要素后，使研究对象变得更加复杂，以往的方法已不能很好地解决
	以人为本的特点	目标明确锁定在安全上，在系统输出过程中体现“生命至上，安全第一”原则
	……	

3.3.2　安全系统的结构与功能及管理

安全系统的结构与功能有着唇亡齿寒的密切关系。安全系统的结构是其功能表征的基础与前提，而安全系统的功能表达又是安全系统结构存在的意义与最终目的。安全系统的结构与功能相辅相成，结构用以剖析安全系统的内在，功能用以探讨安全系统的外在表征。因而，结构是决定安全系统的关键因素，功能的表征反过来促进结构的更优化。

功能导向指引安全系统内部的结构形成，从而确定构成结构的元件。功能负责安全系统对外的交流，是安全系统内部与外部环境的桥梁。结构与功能之间及整个安全系统与系统之外的环境之间都存在一种无形的边界。同时功能需要在系统之外的环境中释放。不断优化结构与改善功能，其结果都是为了强化安全系统的基本功能，同时弱化安全系统的剩余功能。安全系统结构与功能的关系如图3-13所示。

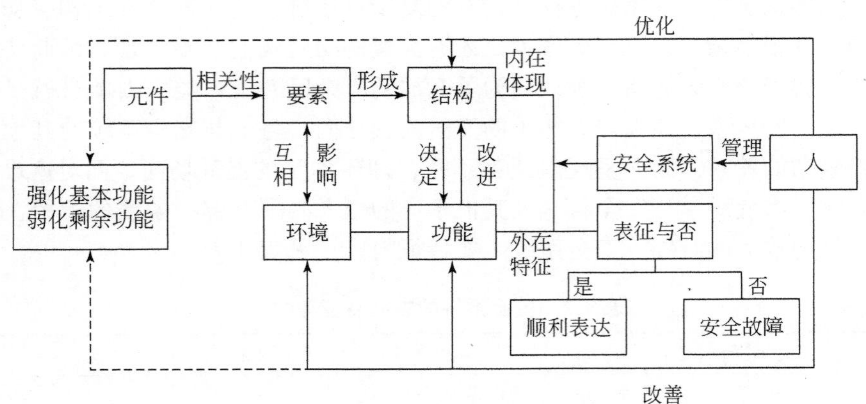

图 3-13　安全系统结构与功能的关系

1. 安全系统的结构

安全系统的结构定义为：以最终的用途为导向，充分考虑安全保障的设置，合理选取组成安全系统的元素，并通过转换规律的指引，形成密切相关、较为稳定的整体构架。因此，具体的安全系统结构，指的是人、机、环境、信息、管理等要素，通过某种特殊方式联结、共同作用，从而实现安全系统功能的输出。

安全系统的结构不仅强调其内在组成成分，更强调要素与要素及要素与整体间的复杂关联性，因为要素简单的堆砌不能实现安全系统整体性的飞跃。根据要素关联的其他要素的多少及涉及的复杂程度与性质等，可将安全系统要素的关联性粗略分为简单关联与复杂关联，这也是划分安全系统类型的一个重要衡量标准。分析安全系统中人、机、环境、信息、管理等要素，要素与要素间均呈现出复杂的关系，甚至其中一些要素与其他各要素都有着不可分割的关系。例如，人本身是安全系统诞生必须考虑的一个保护目标，同时又是创造与改变安全系统的主体，这就意味着人在创造或改变为社会服务的安全系统时，必须以保障自身的人身、财产安全、社会稳定等为前提，否则将出现违背初衷、本末倒置的现象，这必然导致人自食其果的结局。

剖析安全系统的结构，有利于更深刻地认识安全系统运行的规律，从而更好地根据出现的具体问题对症下药。不仅要在思想上认识安全系统的结构，更应想方设法将安全系统的结构表达出来，使其逻辑清晰化，甚至使其成为一种可量化的模型。目前，安全系统结构的形式化表达有链式结构、环形结构、嵌套结构、塔式结构、树状结构、网络结构等。而安全系统结构建模的方法也可借鉴系统学科中的有向图、邻接矩阵、可达矩阵、系统动力学等建模方式，并根据实际要求选择与修正建模方法。但安全系统以人为本的特点，决定了不能永远只停留在系统科学的基础上，必须体现安全系统本身特色，创新出一套“量体裁衣”的方法。

安全系统结构的实质及其重要性如图 3-14 所示。

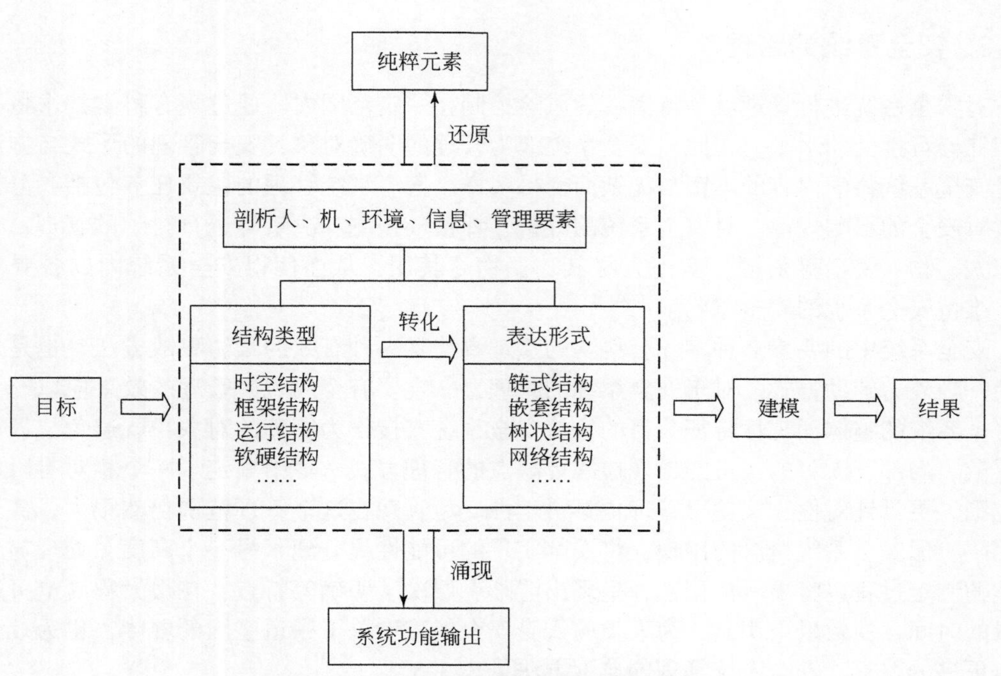

图 3-14 安全系统结构的实质及其重要性

2. 安全系统的功能

研究安全系统的内部结构，有助于更好地认识与理解其对外行为特征的内因与本质，而功能正是安全系统这种对外行为特征的总和。利用功能是人类创造或改造安全系统的目的所在，只是人类在获得这些功能的同时，不得不接收其他暂时未发现价值的其他功能，我们称这些功能为剩余功能，而将人类所需的功能称为基本功能。人类不断改善安全系统的内在结构，正是希望用最少的资源与最小的代价，达到强化基本功能与弱化剩余功能的目的。

安全系统功能的输出是其组成要素等共同作用的结果，其中任一要素状态的改变、时间与场合的不合适、要素间联系的改变等都将影响功能最终的输出结果。这说明功能的输出是整体性的结果，而非局部的单个贡献结果。虽说功能是各元素共同的成果，但各要素发挥的作用仍存在差异，这也为问题的解决提供了突破口。在安全系统中，那些直接关系到整体的要素及其相关的关联性等成为整体性表征的关键。安全系统功能的内涵如图 3-15 所示。

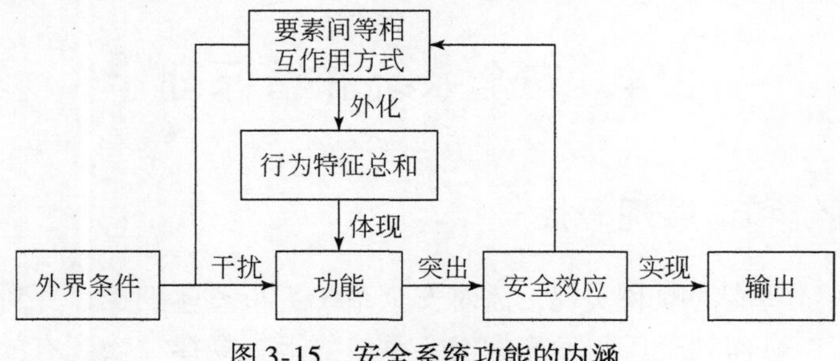

图 3-15 安全系统功能的内涵

3. 安全系统的管理

对安全系统进行管理就是将潜在的风险控制在一定范围内，通过现有科学技术将其下降到社会可接受的水平。在此，安全系统成为管理的明确对象，安全管理的形式与方法将随着安全系统科学内容的丰富与庞杂而变得多样。安全系统管理的主要任务包括：分析各要素对安全的影响规律；对安全系统的分析、评价、预测、决策等进行科学的管理；合理分配人、物、资金等资源，实现人尽其才，物尽其用，从而使得安全系统内的各要素协调，维持安全系统的安全态。

安全系统中的要素多种多样，科学的管理方法是一种有效的预防事故方法，也是最主要的一种外力辅助方式。对于安全系统的管理，一定要有全局观，管理的效果应以充分体现安全系统的整体涌现性特征为目的。将安全系统直接作为管理的对象，既避免了以前具有零散、局部、无目的、可能出现遗漏等缺点的管理方式，集中划定了一个相对有限的管理范围，更具针对性，又使得管理更具科学性。尽管现在这个管理范围仍然很大，甚至可能无限，但安全系统概念的出现，将安全实现的可能性提升到了另一个高度，处理与预防措施的制定过程也将更具依据性，呈现出清晰、层次、明确等特点，在很大程度上可赢得宝贵的时间，使效果更明显，为人类的人身安全保障增添了一道坚固的屏障，也为社会创造了更多的财富。安全系统管理的典型方法见表 3-3。

表 3-3　安全系统管理的典型方法

典型方法	特点
观察与总结法	观察生活、生产中等安全系统的现象，找寻规律，归纳出相应类型的安全管理方式
比较研究法	通过对不同国家、不同行业、不同时段等有关的安全系统资料进行比较，将管理方法进行总结归类，为新问题的解决提供科学借鉴
案例分析法	深入分析典型案例，探讨在管理方面的优势与不足，借鉴成功的管理经验，改进存在的不足，从而形成更加科学的管理方法
试验研究法	设定一定的环境，对管理效果进行模拟，从而揭示管理规律，保障实际情况发生时应对的成功率
统计法	对已有的大量资料进行分析，发现普适性的规律，从而运用发现的规律指导管理
软安全系统方法	充分考虑人的主观能动性，进行头脑风暴，主要包括切克兰德的学习调查法、物理-事理-人理等软方法
量化模型	与力学、数学等相结合进行建模，从而实现数字化管理

3.4　安全系统和谐原理

3.4.1　安全系统和谐原理概述

为保障安全系统功能的顺利实现，需对安全系统进行整体把控，并对安全系统内部各要素进行深刻剖析，进而利于运用发现的安全系统的运行规律，做到有的放矢，用最少的资源创造出最大的综合效益。

从安全系统和谐这一整体层次出发，在充分确保人身心健康、舒适与财产安全乃至社会稳定的前提下，探讨使安全系统最大限度地实现基本功能这一过程中所应遵循的内在规律，揭示系统安全的内在要求机制，并将这些原理运用在安全系统设计、制造、运用、维护等各阶段，以合理配置安全系统中的各子系统，指导故障检测、事故预防，保证系统功能最大化的正常输出，尽可能地减少甚至消除系统可能造成的过失，降低安全事故发生率，使系统输出朝着有益于人类的单向轨道行驶。

1. 安全系统和谐原理定义

从大安全视角提出将安全系统思想渗透于安全科学研究中，这是由系统的复杂性所决定的。安全系统由人、机、环境、信息、管理等要素构成，安全输出这一目标能否实现依赖于安全系统的运行状态。

和谐思想从“和而不同”的中国传统文化移植到系统管理中，其内在本质并不随形式多样的外在表征而改变，而是一种始终归于事物不断调整自身以适应环境、求得长远生存发展的形态模式。因此，将安全系统和谐原理定义如下：以与人相关的安全为着眼点，为使安全系统最大限度地完成人们所关注的某项或某些功能输出，且尽量减少其他剩余功能尤其是负效应功能输出，安全系统中人、机、环境、信息和管理等各要素协同合作，达到安全系统最优这一过程所获得的规律和核心思想。

安全系统和谐原理始终从保障与人相关的安全这一视角出发，探讨为实现以人为本，安全系统内各要素或子系统在实现系统最优过程中，其相应行为表现所应遵循的内在机制规律。安全系统和谐的最终目的与表现就是保证担任多种角色的人这一主体相关的安全，在此前提下充分发挥系统的功能和作用。人既是安全系统中的组成部分，同时又是创造和管理系统的主体，还是安全系统和谐原理围绕的中心之一，具有特殊的主观能动性作用。因此，在安全系统和谐原理研究中要特别重视人与安全系统间的复杂作用关系。

2. 安全系统和谐原理研究内容

安全系统和谐原理涉及安全系统中的人、机、环境、信息、管理等各要素，各要素自身的本质、内部结构、功能实现方式及各要素相互作用的最佳形式等，以及所有与人的安全相关的方面都是安全系统和谐原理的研究范畴。根据安全系统和谐的最终表现对象，可将安全系统和谐原理研究的内容主要概括为以下两个方面：

（1）安全以人为本的中心目标。始终将与人类相关的安全放在首位，坚持以人为本，保障人类的生命安全、身心健康、财富安全乃至社会安定。为人服务是系统产生的初衷，功能实现与安全保障在和谐的安全系统中紧密相连、相偎相依。这就要求着重研究人的相关特性，如生理活动规律、心理状态反应、活动区域、力的大小等，使设计制造出来的机械设备或人机系统符合人的特性，甚至达到舒适审美的高度。而在未能完全实现和谐的现有安全系统中，安全保障地位始终优于系统功能实现。同时，需进行理论到实践的不断循环，以提高安全工程技术，促进安全系统和谐。

（2）功能输出决定了安全系统中各子系统间相互作用、相互联系、相互影响的最佳组织形式。各子系统内部要素和各子系统间及要素与系统跨级间的相处方式，将成为实现系统和谐的关键，也成为安全系统和谐研究的最终落脚点。安全系统具有极其复杂性，包含多种类型子系统，子系统间的作用方式也纷繁复杂，尤其是在包含人这一具有能动性的子系统后更显复杂。因此，在系统安全高效运行过程中，归纳总结并利用其规律是系统实现和谐的关键所在，也是预防事故的重要举措。

3.4.2 安全系统和谐的下属原理

安全系统和谐原理旨在研究预防事故的内在机制，从系统思想层面出发，将与事故关联的所有因素视为一个整体进行研究，以揭示安全的内在要求。以安全系统中机的寿命过程，即从机的设计、制造、投入使用、维护直到退役等各阶段为主线，充分考虑人与安全系统的复杂关系，将环境、信息和管理等要素视为实现人与机两个子系统目标的手段，从而提出安全系统异物共存原理、安全子系统功能强制协同原理、安全系统整体涌现性原理、安全系统正负功能输出原理、安全系统人主体能动性原理和安全系统最优化原理 6 条子原理。

1. 安全系统异物共存原理

异物共存是安全系统和谐的前提，是其存在的基础和适用条件。安全系统异物共存原理可作为最基本原理。安全系统中的各物体与安全系统外环境中的各物体，均以有形或无形的物质形式存在，既各自独立又相互影响、相互作用。由系统的无限性可知，安全系统和外部环境可构成更大的系统。在这一更大系统中，除自身之外皆可视为环境。正是由于在这一更大系统中，任一物体与环境之间具有影响彼此生存发展的特性，引发了各物体以何种方式相处以有利于充分利用有限空间资源，从而实现综合效益最大化的探讨。安全系统中人、机、环境、信息和管理等各要素的性质、结构、功能和内在规律等存在差异，决定了适合各自生存发展所需条件的差异性。在共享资源环境中，必然存在不利于自身最佳发展的条件。这就要求各物体找寻适合自身生存发展的最佳平衡点，实现所有物体“聚集一室”时的和平共处。

2. 安全子系统功能强制协同原理

安全系统的功能输出通过下属各子系统功能的有序输出实现。安全系统中所有内部要素的聚集都是由于系统功能输出的表达需要，这种功能输出成为整个安全系统的行为导向，使这些原本各自独立的子系统从无序走向有序，成为一个内部紧密相连、有规律可循的整体。在安全系统中，共有信息指引着安全系统各子系统的行为方向。信源、信道、信宿和储存信息的场所形成了类似磁场的信息场，安全系统中各子系统在信息场的复杂作用下，形成规律性的内在机制，促使各子系统形成系统输出功能所需的有序结构。例如，在信息场作用下，不同安全系统具有其各自具体的行为耦合方式以协助整体涌现性的表现，其方式可表现在结构、外形、颜色、力的使用等多方面。各子系统在信息场的作用下齐心协力，有条不紊地执行相关功能。

在安全系统中，信息场作为一种强制力，规范各子系统的行为。信息场的存在指引着安全系统中各子系统和各子系统内部要素形成适应环境、利于自身和系统整体性发展的条件。系统功能正常输出要求各子系统行为协调，只有通过信息场的指引，各子系统的行为表现才能实现配合得当，各子系统才能通过行为表现的默契配合逐步完成系统功能的输出步骤。安全系统中人、机、环境、信息、管理等各子系统相对独立，具有适合各自生存发展的最佳状态。成为系统的组成部分后，各子系统为追求安全系统整体的最优化，强化更适应生存发展的功能，不断弱化或舍弃与和谐主旨相离或相悖的功能。系统的适应性，促使子系统不断向最优结构靠拢，并通过信息作用逐渐改变或摒弃阻碍功能实现的不良结构。信息场存在的宗旨为始终指向有利于系统整体相应功能输出的方向。安全子系统功能强制协同原理是安全系统实现和谐的根本途径和手段。

3. 安全系统整体涌现性原理

整体涌现性是指任何一个系统中的任一层次具有下属层次加和所不具备的新性质。安全系统中的各要素并不是杂乱无章地堆砌在一起，而是存在特有的内在机制，其最明显的表现便是系统的整体性特性。整体性是安全系统的根本属性，安全系统功能输出的实现正是基于这种整体性。任何一个系统都包括整体加和性和整体非加和性两种性质。对于质量和能量而言，由于物质不灭论和能量守恒定律，整体质量之和一定等于各部分质量之和，从而体现了整体加和性。但对于系统而言，我们更关注的是其对人类的功能价值。因此，安全系统主要体现的是一种整体非加和性，即整体性体现为各部分按照一定的方式组织成有序结构后，具备还原后各部分所没有的新性质。安全系统中人、机、环境、信息和管理等要素经过错综复杂的内部关系网形成整体后，才具备安全系统的功能行为表现。因此，安全系统和谐原理的研究目标是总体上的和谐，而不是部分和谐。这就要求了解掌握系统各组分的性质特点、组织结构、运行规律等知识，并寻求各组分的最佳相处方式。

4. 安全系统正负功能输出原理

保障与人相关的安全和系统最大限度地正常输出人类所需功能，是安全系统运行的期望目标。安全系统的最终行为表现受限于相关各要素自身状态和各要素间整体的协调配合程度，从而导致同一安全系统在不同条件状态下的输出结果各异。因此，在安全系统运行过程中始终存在两类输出形式：

（1）系统安全正效应输出。这种输出是指在保障与人相关的安全的前提下，安全系统顺利实现人类所需的基本功能。在此过程中，可能伴随着人类暂时不需要的其他剩余功能输出，且基本功能输出所对应的结构并不一定是最优结构。即在这里暂时不考虑安全系统的最优化，只侧重安全系统基本功能的正常实现。

（2）系统故障负效应输出。除上述安全系统在保障与人相关的安全条件下，实现人类所需基本功能这一情形外，其他各种情形均可视为系统故障负效应输出。因而系统故障负效应输出可划分为三种主要情形：①人类所需基本功能输出，但对与人相关的安全造成了损害；②对与人相关的安全未造成损害，但人类所需基本功能未能正常输出；③既未输出人类所需基本功能，同时又对与人相关的安全造成损害。系统故障负效应输出主要表现为事故。功能输出是安全系统诞生所背负的使命，因此，安全系统的最终目标还是实现功能输出，安全只是系统产生后的附带效应。事故实质上也是系统的输出部分，它是安全系统内不可控能量的外在体现。

安全系统和谐就是以增大安全系统安全正效应输出与减少安全系统故障负效应输出，尤其事故这一负效应为目的，并将这一目的始终贯穿在机子系统的设计、制造、使用、维护等各阶段及整个安全系统内部的协同合作中。只有明确了目标和方向，才能实现合理的配置。安全系统正负功能输出原理可以指导事故预防与事故处理的措施制定。

5. 安全系统人主体能动性原理

在安全系统各组成要素中，人这一要素极具特殊性。人是具有思维的高级动物，具有主观能动性，人成为安全系统的要素后，使原本复杂的安全系统内部关系变得更加错综复杂。人既是机子系统创造的主体，同时又是机子系统安全状态的监督者和管理者。本质安全化是机的最理想状态，但其实现受到当前科学技术水平的限制，换言之取决于人类潜力的不断挖掘。并且，人与安全系统其他各要素联系紧密，人可以通过改变现有的不利条件来改善自身与机的工作环境，整个安全系统和谐也需以与人相关的安全为前提。因此，人这一主体在实现和谐安全系统中占有举足轻重的地位。

人的主观能动性特点导致正反两种效应。在实现安全系统和谐的过程中，需充分发挥人的正效应的主观能动性，在安全子系统功能强制协同基础上，辅以外力以创造和维持和谐的条件与环境。

6. 安全系统最优化原理

不一样的结构具有不同的输出，而同一功能可具有不一样的结构，这是产生系统结构最优的根本原因。系统的结构与功能以区分系统独立性的边界为界限，结构用以揭示边界内部联系规律，功能用以表征系统与边界的外部作用。安全系统结构是安全系统功能实现的载体。由于系统的时空性和人类自身认识的局限性，人们只能从某一或某些层面认识系统的某些功能，而人类有时也只需某些功能即基本功能。安全系统最优化就是最大限度地节约资源、安全高效地输出基本功能，尽量减少安全系统剩余功能的耗散。

某个具体的安全系统在输出人类所需功能时，其内部需具备相应的结构，影响这种结构形成的因素，包括各个子系统内的要素和各子系统之间及要素与系统跨级间的相互作用、存在形式等。安全系统的最优化可通过借鉴已有的相似优良结构实现，并根据相似程度大小的比较，合理组装或重新设计安全系统。在安全前提下的系统最优是系统和谐的最终倾向状态。一个和谐的安全系统，一定能够高效利用资源并最大限度地输出人类所需基本功能，同时将系统的负效应降至最低乃至消除。系统整体性的根本性质也决定了系统组成成分需尽可能在有限资源条件下实现最优化。

运用安全系统和谐原理各子原理实现安全系统和谐的动态过程如图 3-16 所示。

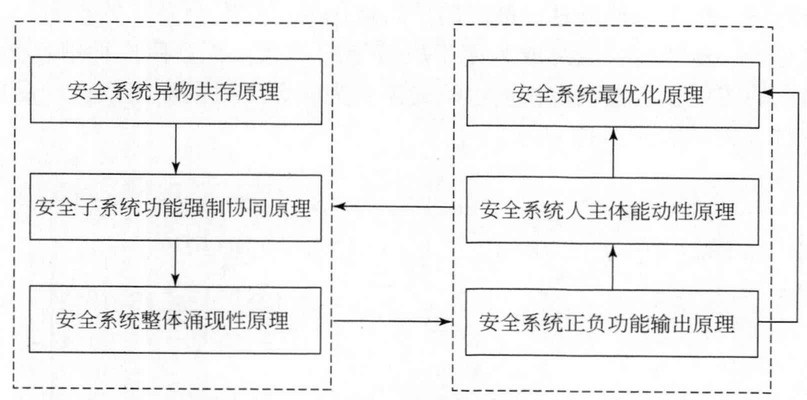

图 3-16　运用安全系统和谐原理中各子原理实现安全系统和谐的动态过程

3.5　安全系统信息原理

在当今信息化时代，掌握信息安全的本质、内涵、特点、运行机制与规律等已势在必行。在对信息安全的探索过程中，系统思想呈现出日趋重要的地位。本节以系统中信息的运动过程为研究主线，从方法论的高度，总结并提炼各行业、各类安全系统在实现信息安全过程中应遵循的规律与原理，并希冀利用这些规律与原理指导实践，从而规范系统中的信息使用。

3.5.1　安全系统信息概述

1. 安全系统中的信息定义

信息定义在 C E Shannon 提出的定义基础上，根据时代发展而不断改进。定义中需尽量考虑信息的各种属性特征，尤其是可靠性与完备性特点。信息是事物及其属性标识的集合，信息只能依附物质存在，而不能单独存在。由此可知，审视角度的不同导致了信息定义的差异，定义者可根据各自研究的范围与需要来适度地扩大或缩小定义的范畴。既能抽象化定义，又能具体化定义，以利于研究与理解的便利。

将信息解释为事物或记录，借鉴此种方法定义安全系统内的信息，则安全系统成为信息最大的载体，一切影响与人相关的安全与功能输出的有形或无形的物质所表征出来的东西都称为信息。但需要说明的是，信息的定义随着约束条件的增多，其使用的范围也相应变窄。具有最广应用的是无约束的信息定义，但却不太利于发现相关的具体原理。

信息是安全系统的脉络，安全系统科学可引进信息科学的理论与方法，但安全系统仍是研究的对象，只是采用了信息这一工具。其实质是将安全系统的状态转换为对应的信息语言，如从安全系统的子系统、构架、功能、相互作用关系等可获取对应的原始信息。在此基础上对整个安全系统进行分析、综合等，实现对原始信息的深度加工，并将其转换为中间信息。信息只是作为一种工具，最终的落脚点仍要回归安全系统的本质。其实现就是通过将中间信息进一步转化，最终成为用于决策等的信息，暂且称这种信息为最终信息。因此，最终信息的使用，实质就是根据组织的需要为领导层提供决策依据。信息处理过程与安全系统的对应关系如图 3-17 所示。

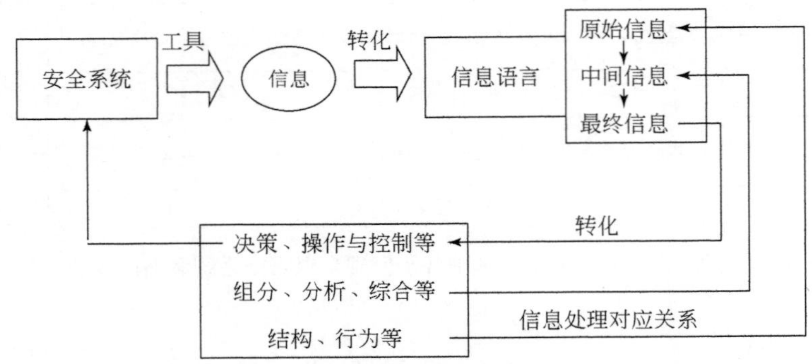

图 3-17　信息处理过程与安全系统的对应关系

2. 信息安全与安全信息的界定与关系

信息安全问题已经成为全民关注的热点，在学术界中也掀起了一阵信息安全的研究热潮，此时对信息安全的研究也已上升到了系统层面。目前，普遍认可的是从安全属性出发的“信息安全金三角”框架模型，主要包括机密性、完整性和可用性三个核心属性，并在此基础上，增加信息的内容安全，形成了新的信息安全模型，即“三层次四层面”模型（图 3-18）。这一模型的构建，使信息安全明确化，同时为制定保障信息的安全措施提供了方向指引。

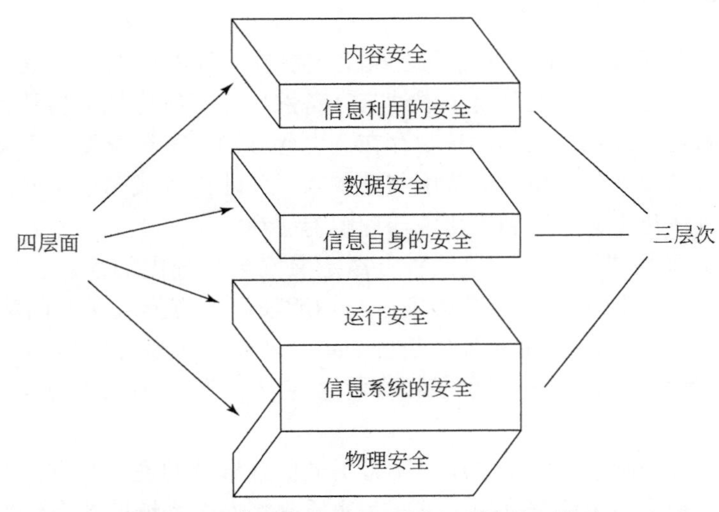

图 3-18　信息安全的“三层次四层面”模型

在安全系统中，安全信息主要指的是关系到与人安全相关的信息，这就自然会涉及安全系统的输出。对于安全信息，需采用系统与信息相结合的方法共同处理出现的安全问题。安全信息中的“安全”二字，包含着两层意思。第一层意思，是对信息的范围进行了限定，即与人有关的安全，大大缩小了研究对象的范围。第二层意思，则是信息本身的安全，即对与人相关安全的信息的保障，信息安全的“三层次四层面”模型同样适用于安全信息。

从对信息安全与安全信息定义的分析中，我们不难发现两者的关系。安全信息与信息安全往往都需要借助系统科学的理论与方法，并且这里的安全信息默认为安全系统中的信息，是与系统紧密结合的。两者的范畴不一样，既有共同的部分，又有其自身对应的特殊性。信息安全中的理论与方法适用于安全信息的处理，却又不完全适用于安全信息的范畴。综上所述，信息安全与安全信息的比较见表 3-4。

表 3-4　信息安全与安全信息的比较

比较对象	信息安全	安全信息
定义	对保护对象实现信息系统、信息自身及信息利用三个层次的安全，包括数据、运行、物理及内容四个层面的安全	保障与人安全相关的信息安全，同样从信息安全的三个层次与四个层面采取措施
对象	客观世界中存在的万事万物的信息	安全系统中与双重安全目标相关的信息
范畴	只注重“三层次四层面”的安全	不仅注重“三层次四层面”的安全，而且强调主要从安全两层含义进行措施划分
特点	注重保证信息的机密性、完整性、可用性等属性	注重保全信息自身属性的同时，重在保证安全系统的安全，培养主动安全意识
方法	往往借助系统思想，用系统科学与信息科学共同解决信息安全问题	安全科学、系统科学与信息科学并用，尤其需要利用安全科学的视角

3. 安全、信息、系统三个词语的组合排列

信息系统安全、系统信息安全、信息安全系统及安全信息系统的概念经常出现在文献著作等资料中，四个概念经常随意互换容易令人产生错觉。下面对这四个概念进行解释，并尽可能体现概念的本质。在此基础上，简要论述它们之间的区别与联系。

信息系统是一个由信息流组成的系统，通常将其视为一种由计算机软硬件、网络、人等构成的专门处理信息的系统。其中，信息是研究的对象，安全只是信息系统在应用发展的过程中，所出现并需要解决的问题，安全在信息系统中并不是本质研究。因此，信息系统安全只是为保障信息系统顺利运行等，而需要采取措施的一个侧重点。

对信息系统安全进行研究，主要就是对系统范围内的信息流安全进行研究。因此，信息系统安全有时也称为系统信息安全，很多时候这两者的研究本质是一致的，相比之下，系统信息安全对信息这一研究对象的表述显得更直观与具体，不用过多考虑信息系统中其他的元素组成，但系统信息安全的研究对象主要取决于系统的功能与目的。因此，广义上

信息系统安全的研究范围与系统信息安全略有不同。但对信息这一对象进行安全方面的研究时，信息需依赖物质不能单独存在的性质，决定了系统信息安全的研究同样会涉及信息系统中的一些硬件或其他元素。综合所述，在一般表述中，系统信息安全与信息系统安全的概念在内涵上是一致的。

当信息系统中的安全成为研究焦点后，日益增长的网络发展需求，迫切要求突破“信息安全被看作信息网络和安全措施的简单叠加”的原有理论，而必须意识到信息安全是一个高度开放的系统，从而产生了信息安全系统这一概念。信息安全系统是对以往保障信息系统安全采取方法的升级，将系统中的信息安全本身看成是一个具有结构、层次与功能的系统，在研究对象上可谓是系统中包含的系统。与信息系统安全作为整体研究对象相比，将信息安全系统作为整体研究对象，更具战略性与科学性。

而安全信息系统与信息安全系统相比，体现的安全更具主动性，类似于系统安全与安全系统的关系，即实现了由“要他安全”到“我要安全”的升华。安全信息系统中的安全有着双重含义，既包括系统中信息本身的安全，又包括安全系统目标的安全。相对来说，安全信息系统可谓是对具体系统中的信息进行双重安全目标保障所提出的专有名词，这个具体系统就是安全系统。在安全系统中，一方面是如何利用信息来确保系统安全，另一方面是通过保护信息本身的安全来实现安全系统目标的安全。因此，对安全系统中的信息进行研究时，应同时研究安全系统中信息用于安全和信息本身的安全。系统信息安全中，若系统是以安全系统为研究对象，那么此种特殊情况下，也可用系统信息安全来明确安全信息系统的研究对象。

安全信息系统与信息安全系统在范畴上有所不同，却又存在交叉性，其中一个共同点就是信息都是放在一个大的系统中的信息，并用系统的观点分析信息在系统中的作用。安全系统本身的特殊性，决定了安全信息系统中的信息范畴是与人相关的安全及安全系统输出的双重目标的安全信息，尤其突出与人安全相关的信息，这也是两者范畴存在差异的根本原因。信息系统安全、系统信息安全、信息安全系统与安全信息系统四个概念之间的关系如图 3-19 所示。

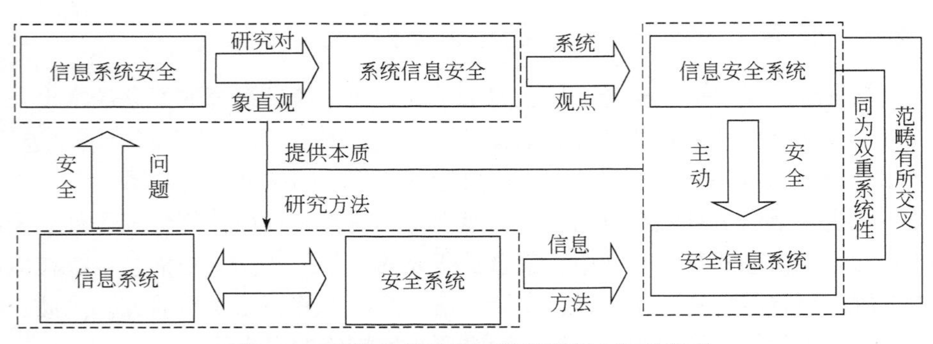

图 3-19　与信息相关的四种系统概念间的关系

4. 研究对象与信息特点及信息安全防护等级

安全系统是事故和灾害发生的场所，安全系统思想是安全科学的核心思想，安全系统科学是安全科学学科的主体。而信息又是安全系统的精髓与灵魂，研究系统信息安全的重要性可见一斑。研究对象与其相关的理论学科的关系如图3-20所示。

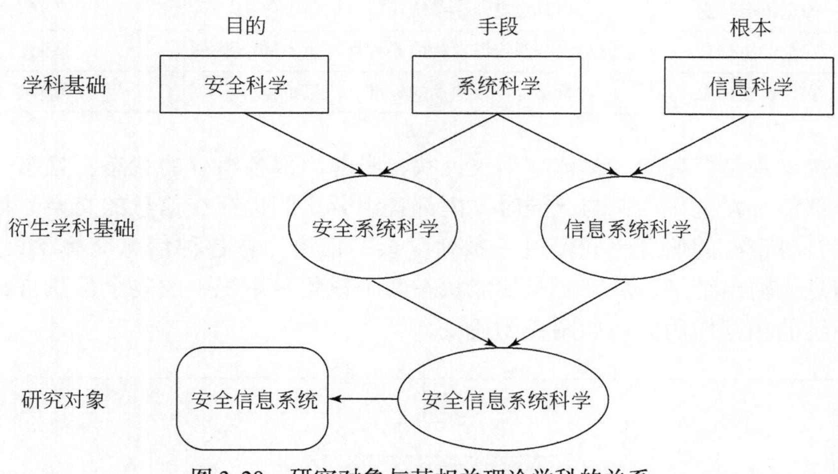

图3-20 研究对象与其相关理论学科的关系

上面内容已对系统信息安全与安全信息系统的概念进行了解释，有关信息在安全中的应用理论、方法、原理、模型等将在第6章和第10～第13章进行详细的介绍，下面将系统信息安全这一研究对象的具体内容定义如下：

人、计算机软硬件设备、网络、数据、管理等元素通过一定的方式集结在一起会形成特殊的系统，在进行信息的搜集、处理加工、分析、评价、存储、管理等过程中，始终保障信息完备、可靠且保密地传达，并根据反馈的偏差信息，及时控制调整系统的运行，并为最终的决策方案形成提供重要的判断依据，从而达到对安全系统中相关信息的保障，实现安全系统的双重保障目标。

信息根据目的与侧重点不同，采用不同的划分准则，从而导致分类繁多。除上面根据对信息的处理过程，分为原始信息、中间信息与最终信息外，还可从其他视角对安全信息进行分类。在此，安全系统中的信息均可理解为与安全相关的信息，即安全信息。下面从哲学、属性、来源、功能状态视角分类，划分为以下9种类型，各类安全信息的特点与实例见表3-5。

表3-5 从不同视角将安全信息分类及各自特点与实例

划分依据	具体类型	特点	实例
哲学	本体论信息	对象自身携带；客观、不为主观所改变等	事故现场信息
	认识论信息	经过人脑分析转换；带有一定主观色彩等	事故分析报告
属性	自然安全信息	大多直接客观；蕴藏有需转换的社会安全信息等	蜻蜓低飞
	社会安全信息	复杂多变；信息来源广泛等	生产信息
来源	外部安全信息	多为静态；较为规范等	环境信息
	内部安全信息	运行过程中的客观实际反映；动态调控等	组分信息

续表

划分依据	具体类型	特点	实例
功能状态	安全指令信息	相对稳定性；系统运行目的所在等	生产安全目标
	安全动态信息	系统调节主要依据；相同条件可产生不同结果等	适时信息
	安全反馈信息	判断是否符合预期的标准；决策依据等	异样信息

安全系统本身是信息的大载体，不仅反映自身与内部各组分的状态，且与来自自身外的信息即外部信息发生作用，与此同时，内部各组分之间也存在信息的交换。信息流入系统，与系统自身带有的信息一同经过一系列复杂的信道，在各种信息交叠、相互作用后，产生反馈信息，输出结果。从来源与功能状态两个视角对系统中的安全信息进行分类，各信息流与系统的相互作用关系如图 3-21 所示。

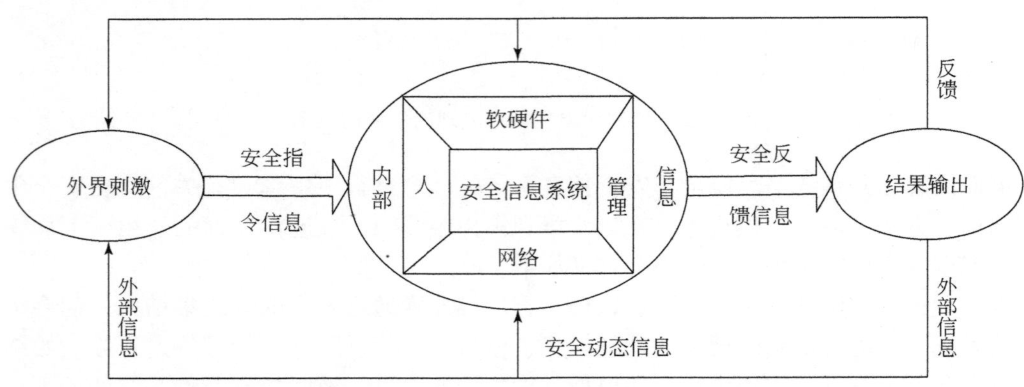

图 3-21　信息流与系统的相互作用关系

3.5.2　系统信息属性特征和等级

1. 系统信息属性特征

信息的可用性、完整性与机密性是公认的重要属性，这三种属性同样适用于安全系统中信息的安全作用和信息本身的安全保障。针对安全系统中的信息，其研究的对象就是系统中的信息保障安全，并以系统科学中的各种方法作为手段，最终实现安全的目的。在这一过程中，更注重系统信息的以下几个重要属性特征：

（1）系统信息的可靠性或有效性。可靠性是系统信息最重要的一个属性，可靠性相比精确性在系统中发挥的作用更为突出。精确性只强调系统信息是事物客观实际的表达，而可靠性更强调系统信息的因地制宜，即在系统运行的实际具体情形下，体现系统信息的适用性。系统信息的可靠性程度直接影响系统的顺利运行与否。

（2）系统信息的保密性。在信息共享涉及个人、企业、国家的权益时，系统信息的这一性质尤为重要。随着科技的不断发展，实现信息保密的方法也日益完善，如密码学、可信计算、网络安全和信息隐藏等技术的不断提高。

(3) 系统信息的共享性。任何事物都有其两面性，有利有弊。信息因其共享的特殊特性，它不同于物质与能量，任何人使用同一信息却不产生耗损。这是企业能够不再受限于空间地域性，从而遍布全国甚至全球的一个重要因素所在。但这一特性同样导致信息的安全性大大降低，成为不法分子的一个重要突破口，继而造成信息恶性事件。

从系统稳定性视角出发，输入与输出将成为信息与环境作用的唯一方式。在实际中，系统却常处于动态过程，信息流入系统后，任一环节都有与环境发生作用的可能，从而加大系统信息失真或信息泄露的可能性。减少系统处理各环节与环境的交流，有利于提高信息的可靠性和保密性；为保证信息的可靠性与适用性，必须增加与环境的交流，以便调整指令，并改变系统的结构以适应环境、发展自身。因此，在实际具体操作过程中，需全面衡量利弊，做出正确决策，实现信息资源的最大化利用。

更多安全系统中的信息特征，见表3-6。

表 3-6 安全系统中的信息特征

特征	含义
可靠性	执行初衷的概率大小，也是安全系统中最重要的性质
保密性	保障信息在计划的范围内传达、存储、使用等
共享性	信息资源的可重复利用，并不因利用而耗尽、消失
时效性	信息对于时间与空间的匹配要求性
有序性	信息是有序的源头，信息本身并非杂乱无章
相对性	信息的存在是客观的，但对信息的解读因人而异
方向性	总体上按照系统输出的方向流动，也存在反馈信息

2. 信息的安全防护意义与等级

在这个信息化时代，信息资源早已成为衡量一个国家发展水平的重要标准。信息化给人类的生产与生活带来巨大便捷的同时，安全隐患也如影随形。当前，信息安全问题日益突出，信息安全事件暴露频繁。由信息安全问题导致严重后果的事故已屡见不鲜，轻则损害个人权益，重则影响生产的顺利进行，进而阻碍国家经济发展。就个人层面而言，信息安全与否涉及公众个人的权益问题。就企业层面而言，信息安全的有效保障不仅可以在一定程度上提高效率和效益，更能从根本上防止生产事故发生，从而避免损失，真正贯彻“安全第一，预防为主”的指导思想。就国家层面而言，信息保护不当（以窃取情报等为主要的不法途径）可能危及国家乃至整个民族。

安全生产政策要求预防为主，对待信息安全问题亦应如此。在安全问题上应未雨绸缪，积极主动应对，尽可能避免事故后的被动处理。在信息安全的分级中，需要根据安全系统自身的功能作用与重要性及信息在系统中的规律进行风险评估，从而确认相应的信息安全保护等级，制定适宜的措施。

信息安全保护等级划分一般以信息所依附的系统载体所形成的信息系统为划分对象。信息系统的安全等级由系统在非正常状态下，受其影响的事物分类及其对受影响事物造成的伤害程度两个重要因素决定，现有典型的信息安全等级划分为五个等级，且第五级的安全等级最为严格，事关国家安全且造成的后果为特别严重损害。总体来说，信息安全等级对情况的划分相对较宽泛，还需结合具体的实际情况制定更加详细、周密的防护计划，做到量体裁衣，提高措施的有效性。

3.5.3 系统信息安全原理

系统信息安全原理旨在研究由人、软硬件设备、网络、管理、数据等组成的系统，信息作为整个系统运行方向的引领者与系统状态的客观反映者，在其与系统进行复杂的相互作用，保障信息的顺利传达与表征，实现信息价值的同时，避免对与此信息相关的人、事、物等产生负效应的过程中，应遵循的一般原则与共同规律。系统信息安全原理研究的内容应主要包括以下两个方面：

（1）信息的本质属性。深刻认识信息的本质、特点与运动规律，包括信息的可靠性、保密性与共享性特点，以及信息的搜集、分析、评价、存储、管理与偏差信息表达等，以便能更好地为系统的高效运行、实现预期目标创造适宜的条件与环境。

（2）信息与系统的复杂作用。系统信息始终是整个系统运行的核心所在，保障信息在与系统复杂作用的各环节中被满足要求地顺利表达，是研究的最终目标。信息本身并不带任何感情色彩，只是融入系统后附加了人类主观的服务需求，导致有了评判是非对错的标准。信息的表达因而也在一定程度上受到约束，在人类制定的轨道中运行。

根据系统信息安全原理研究的主要内容，围绕系统中的信息安全思考，可提炼出系统信息安全载体本质原理、系统信息安全传播原理、系统信息安全资源过程管理原理、系统信息安全资源管理法规原理、系统信息安全 3E 原则及系统信息安全不对称原理 6 条核心原理。

1. 系统信息安全载体本质原理

独立元论从哲学的高度阐述了物体的物质与信息的关系，说明任何系统信息都需要依附物质的某一种形式显示，信息与载体如影随形。保护信息的安全，首先应从根源上保证载体不易受到外界影响。系统信息安全载体的形式有多种，常见的有物质实体、物质波动信号及符号载体。载体具有多重中介性，在某种意义上是无限的，信息可深藏于载体之中。信息的交换实质上是承载信息的物质之间的相互作用，载体的类型与状态直接影响信息的表达。该原理意味着，系统信息的传达在任何时候都离不开载体的相伴，时刻保障系统信息依附的载体安全，即能从本质上保障系统中的信息安全。不断拓宽信息载体的类型，使之具有更便携、可靠、适应环境等性质。

2. 系统信息安全传播原理

信息传播是信息存在的根本原因。信息要实现其存在价值，最终将为他人所用。系统信息自身所反映内容被自身之外所理解的这一过程就是传播，根本目的就是传递系统信息，包括系统信息的接收、分析、加工处理、评价、反馈、储存、提取等各环节。这一过程相当于一个串联的电路，其中任何环节出现疏漏，都会导致系统信息特性的不完整，给系统的顺利运行带来隐患，致使其无法正常工作，甚至造成严重后果。信息的传播过程是系统运行的控制脉络，是最易受攻环节，同时也是保障严防的最佳时机，传播过程中各环节的安全重要性不言而喻。清楚了解系统信息在传播过程中的各环节，把握系统信息运行的内在机制，才能更好地展开工作，提前制定应急措施，防患于未然，将事故导致的损失降到最低。

3. 系统信息安全资源过程管理原理

信息资源主要分为宏观信息资源与微观信息资源。因此，管理既包括基于社会层面的宏观信息资源管理，又包括基于个人、企业层面的微观信息资源管理。两类信息资源在一定条件下可相互转换。微观信息资源在达到一定的量变与满足特定的条件下，可以实现质的飞跃，上升为社会层面的宏观信息资源。

例如，在人们的日常社会活动中，透露自身有关信息已成为难以避免的趋势。但信息获取单位内部系统的缺陷或管理不善，会导致大量个人信息泄露事件，而最终逐渐演变成社会的信息安全问题。管理为信息的安全传播奠定基础，通过系统信息资源的过程管理，保障系统信息在任何传播环节中的准确可靠性。系统的动态性，也要求进行系统信息资源过程管理，从而实现实时监控、及时控制与适时调整。

4. 系统信息安全3E原则：高效、实效和经济

在已有的有限信息资源条件下，通过合理组织、分配、管理等途径实现高效、实效与经济，从而最大限度地为组织创造价值。解决问题的途径往往不止一种，常常需要在几种方案中权衡综合利益抉择，系统信息安全3E原则是决策者在以人为本前提下的唯一准则。抉择的过程实质是信息的再生过程，将已有的信息资源，取其精华，去其糟粕，整理成3E信息，再结合具体问题的目标与期望，使客观信息转换为带有主观色彩的决策。这一决策过程是对系统信息进行深入解析的过程，决策者对系统信息的解读能力，与其教育背景、生活环境、学习能力等因素紧密关联。遵守系统信息安全3E原则的结果是形成一个最优的决策支持系统。

5. 系统信息安全资源管理法规原理

各类信息安全事件的频发，不仅反映信息技术有待进一步提高，同时也反映出国家相关的信息资源管理法规的不完善。不法分子犯罪后，维权者无法可依，其权益得不到保障；违法分子得不到应有的制裁，反而更加猖獗。现状迫切要求信息资源管理相关法律法规的健全与完善，为维权者提供一条法律途径。信息资源管理相关法律法规健全后，与系统信息相关的各人员可以更加明确自身的权利与义务。信息技术与法制分别是保障系统信息安全的内因与外因，只有两者双管齐下才能由内而外地实现信息安全。

6. 系统信息安全不对称原理

获取的信息资源的深度直接影响决策者的方案选择，进而影响个人、企业和国家的宏观战略方针，由面到点地产生作用，导致形成个人前途、企业发展与国家安定的不同结局。造成系统信息安全不对称的原因主要有以下两个方面：

（1）系统信息搜集能力的欠缺。系统信息资源的来源有限，导致收集的信息不全。在这个信息泛滥的时代，海量的信息已在不知不觉中带来了困扰，快速、准确地在众多信息中提取当前所需信息应成为一种必备技能。客观存在的信息资源总量对于任一组织都是不变与平等的，关键在于如何在信息的海洋中网罗到所需的信息。系统信息的搜集是其在系统中的初始，在个人、企业或国家的竞争中，信息资源广泛与有效的获取是提高竞争力的基础。在这一起跑线上占据绝对优势的组织，往往能达到事半功倍的效果，增大成功的概率。因此，提高获取系统信息的能力，可为系统的顺利运行奠定坚固基石。

（2）系统信息解读能力的差异。系统信息资源富含的内容充足，但获取人的解读方式不同导致获取到的信息各异。信息的自我彰显带有明显的主观色彩，信息所反映的那些真实内容始终如一，解读结果却因人而异。犹如事物的真理是唯一的，但人们在追寻真理的道路上总是通过社会的发展、科技的进步呈螺旋上升状态，无限接近真理，直至最后把握真理。在转换系统信息内容的过程中，解读程度各异，但总有解读者转换成功或更接近信息反映的客观实际，达到这一层次的人往往在决策上就胜人一筹。系统信息的误解带来的后果可谓是“差之毫厘，谬以千里”。

3.5.4 各原理在不同角色职责中的应用

系统信息资源更加集中化将成为今后的发展趋势，信息的提取将变得更加简单便捷，但同时也意味着信息的管理任务变得更加艰巨，每一环节失误引起的后果相比之下也将更加严重。因此，系统各环节所对应职责的履行也变得更加重要。在系统中，软硬件设备、网络与数据等可归为信息技术一类，技术水平取决于当下的社会整体水平，相对客观稳定。而人这一要素因其具有主观能动性，从而具有不可控性，对应职责的履行程度因人而异。人在系统中担任的角色，根据信息流程需要，主要可分为系统信息安全资源管理者、系统信息安全决策者、系统信息安全执行者及系统信息安全服务者。

1. 系统信息安全资源管理者

系统信息资源管理包括动态管理与静态管理两种。静态管理，即管理者负责将来自各方面的相关信息整理归类，包括各类系统相关信息，如相关行业的法律法规、事故教训、监测的实时运行状态等。静态资源是系统信息提供的源头处，最终存在意义的归宿。静态管理，最具代表性的职业为档案馆的工作人员。这一角色为更好地完成任务，需充分运用系统信息安全载体本质原理、系统信息安全资源管理法规原理等原理，完备所需的相关系统信息，同时保证信息的安全；静态管理相比动态管理，人的分工更加明确，职责更加专一。在动态管理中，系统中参与的每一个人，不分职责差异，都有义务反馈至少自身所处环节的系统信息状态。动态管理是一种人人参与的管理，更强调执行系统信息操作的人员，这就涉及系统信息安全载体本质原理、系统信息安全资源过程管理原理。系统信息资源管理的最终目的是方便安全决策者对资源的提取与使用。

2. 系统信息安全决策者

若将系统信息看作行进中的船，安全决策者就是航行的导航灯，控制整个船只的运行方向。决策者从宏观上运筹帷幄，做出整体战略部署。根据系统信息安全不对称原理，系统的高层管理者势必会加强对公共相关资源的攫取，尽量减少由信息不对称带来的选择偏差。然而，即使在拥有同样信息资源的条件下，不同决策者也可能做出大相径庭的抉择。原因在于，资源管理者提供的只是原始数据，未经任何加工，对任何人而言都是等量的客观信息量，关键在于信息的获取转换。信息的分析与评价将因视角、侧重点、用途等的不同产生不同的结果，信息的增值是分析的直接目的表现。安全决策者充分利用已有的信息资源，做出最符合实际情况的抉择，抉择的依据便是系统信息安全 3E 原则。在有限的时间和资源条件下，努力追求高效、实效与经济，从而实现组织效益的最大化。

3. 系统信息安全执行者

一个人的精力与能力是有限的，不可能任何事都亲力亲为。因而，一个社会需要个体分工合作、各司其职，如此才能平稳有序地前进。在系统中也是如此，需各施其才，使每一岗位上的人都与其各方面的能力、素质等相当。系统信息安全执行者在系统中担任职务最广，可以遍布整个系统。只有每一信息安全执行者都密切配合，才能最终完成安全决策者制定的整体战略规划。系统信息安全执行者也是监视所在环节信息状态的第一人，一旦出现系统信息异样警报，立即反馈偏差信息，及时控制异情，调整操作。

系统信息安全执行者是实际情况资料的来源者，他们反馈的信息将作为决策者抉择的重要依据。因此，在系统整个运行过程中，需时刻认识到系统信息安全传播原理、系统信息安全资源过程管理原理的内在精髓，把握运行的内在机制，履行自身职责，确保系统顺利发展。

4. 系统信息安全服务者

为人类的某种需求服务，是系统诞生的初衷，获得这种需求的人即为系统信息的服务对象。例如，某些系统的直接输出虽是产品，但其最终目的在于产品的销售，即为需要的顾客提供供给；某些利用顾客信息直接为其服务的行业，系统更是只作为一种服务的工具与手段，体现为系统信息安全对象服务的根本性。作为享受信息服务的对象，更要懂得如何维护自身的利益，将信息相关的法律法规作为维权的依据。利用系统信息安全资源管理法规原理，呼吁相关制度的完善，健全信息法律法规，让维权之路有法可依，走法律途径打压不法分子的气焰，保证个人信息的安全。

5. 提高信息安全素养的途径

一个人的信息安全素养在一定程度上决定了其对信息处理的能力，并为终身学习提供保障。在系统中，人员信息安全素养的提高，利于把握并利用系统信息安全相关的各原理，以更好地实施本职工作。

提高公民的信息安全素养，主要可从内外因条件出发。内因主要包括个人的教育背景、工作环境、学习能力、性格修养等；外因主要包括社会环境，即信息相关的法律法规制度与整个社会形成的信息安全伦理道德。提高信息安全素养的具体途径如下：

（1）重视自身信息安全相关能力的培养。可有意识地根据自身生活与工作的需要，不断挖掘自身潜能，培养自身的搜集信息能力、处理分析信息能力及评价信息的能力，尤其针对本职工作，特别培养相关的技能。个人、企事业单位等可通过定期培训，提高工作人员的信息安全能力与素养。

（2）提供良好的外部环境氛围。国家相关部门制定完善的法律法规，使得对违法分子有法可依，使之得到相应的惩罚制裁，从而保障公民的权利。公民长久生活在有序法治的社会环境中，在潜移默化中形成根深蒂固的伦理道德素质，自觉遵守信息的管理规则。

3.6 安全系统控制原理

安全系统以各种形式存在于万千世界中，这个有序的世界如若完全失去安全控制，将是不可想象的。安全系统凭借人类所需的某种功能得以存在，所以人类必须想方设法地让其按照初衷行事，也就是人类必须掌握控制的规律，并在充分认识与掌握其运动规律的基础上，在人类预料与可控的范围内尽可能地使其为人类创造更多价值。因此，对安全控制系统等相关理论进行研究非常必要。

3.6.1 安全控制的实质

对系统实施安全控制的目的，就是保障与人相关的安全与系统功能的顺利输出。实现以上双重目标时的安全系统处于一种最佳的平衡状态，而当出现外界干扰或因自身内部控制出现问题时，则会呈现出一种非常态。由此可知，从安全系统呈现的最终结果视角理解控制，控制的实质其实就是一种变化，是将非常态的安全系统调整为正常态的安全系统，也是改变外界干扰等突然出现的变化。这种变化不是简单的变化，更不是单一量的变化，是一种多因素、综合的、协调的变化。影响变化的因素有很多，如安全系统的类型、人的外界干预、系统外的条件、内部的相互作用方式、调控的方式等。任意一个因素的变化、变化的程度等都会导致不同的结果，从而导致控制过程的差异。

影响安全控制效果最重要的两个因素是被控制的系统类型与控制的方法。相同的控制方法用在不同的被控制系统上，控制的效果可能有天壤之别。同样，不同的控制方法用于安全控制也将有着截然不同的效果。需准确分析被控制系统的性质、特点、运行规律等，选取合适的控制方法，争取利用有限的资源达到最佳的控制效果，实现最佳的经济效益。

1. 安全控制系统的分类

根据安全控制系统的类型，可从不同的视角来划分。依据控制的对象范围，可分为自然控制系统、社会控制系统及工程控制系统。依据控制任务，则可分为定值控制系统、程序控制系统、随动控制系统。依据控制方式，粗略分为简单控制系统、补偿控制系统及反馈控制系统。根据具体控制过程的不同，又可进一步分为预给控制系统、适时控制系统及自学习型控制系统。依据管控性，可分为能观能控安全系统、能观不能控安全系统、能控不能观安全系统、不能控不能观安全系统。安全控制系统分类如图 3-22 所示。

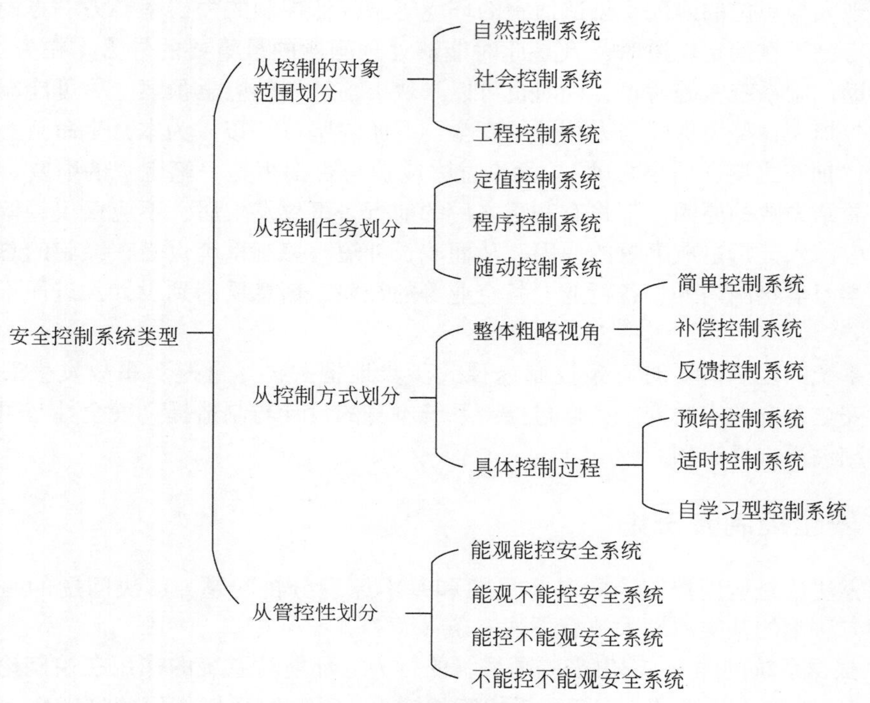

图 3-22 安全控制系统分类

虽然人们尝试从各种视角对安全控制系统进行分类，但不可否认的是，实际中遇到的控制系统在归类上往往不是单一的，而是交叉的复杂控制系统。因此，在解决实际问题时，需要掌握各类控制系统的特点，正确分析在具体情形下站在何种视角下，更利于找到问题的突破口并提供最优的解决方案。

2. 控制的途径

针对不同系统的安全控制方法有很多，对同种控制系统的分类方法也各异。在这里，我们不去讨论不胜枚举的具体控制方法，而是尝试从控制的源头、控制过程及控制效果分析控制的途径，从而可根据实际情况得出控制方法。

在对待安全的问题上，现在凡事都已力求本质安全。对于安全系统来说，本质安全主要指的是机子系统的设计与制造安全。赋予安全系统的这种本质安全本领，类似于大自然中很多事物的自净能力，如河流等的环境自净能力。它们都是在允许的时间与范围内容纳一时的失误，只不过安全系统的这种恢复平衡的能力所需的时间相比极短，像是一种爆发力的集聚。安全系统以功能为导向，进行合理的资源配置，设计最优的控制系统，以求在出现操作不规范或常见问题时，机子系统也能很快地处理这种扰动，而对系统的正常运行不造成影响。在本质安全的设计过程中，更主要的是控制系统的设计，这是整个安全系统的核心与关键部分，也是控制的源头。

在很多安全系统中，控制的过程往往离不开人与系统所处的环境。一方面，人的相关配合、适宜的环境都是影响控制的因素。对于以上两个因素，可以通过培训、安全教育、考核、实现人与岗位的匹配、创造适宜的环境等来降低控制的失误率。另一方面，在控制系统的运行已不在预定轨道时，人是此时能够处理问题的最重要的外力。在失去控制时，我们可协助控制系统实施矫正，同时也可以采取事前计划的应急预案，尽可能减少失控带来的影响与损失，努力保障与人相关的安全，并始终坚持“以人为本，生命至上”原则。

所谓“前车之鉴，后事之师”，无论过去成功与否都将是一笔宝贵的财富。借鉴成功的经验，总结失败的原因，都将有利于之后的前行。事故发生后，不应仅仅停留在处理的层面，更应深入分析造成事故的原因，从而取长补短。控制系统也是在经验的总结中不断完善的，学习借鉴国内外、各行业、各企业等的经验，信息反馈到设计，进而不断优化控制系统。

安全系统的控制需要对三条控制途径一步步地把关，尽量避免事故发生后的信息反馈，重在安全系统的本质安全，通过控制系统本身的设计与制造提高安全性与可控性，并在关键时刻灵活选择运用。

3.6.2 安全控制方法论

控制方法论是运用控制论的基本思想和基本原理分析问题、解决问题的一种科学方法。控制方法论的基本原理大致有下列三条：

（1）根据系统的输入–输出来刻画系统的行为。环境对系统的作用在控制论中被概括为“输入”，如物质、能量、信息和干扰等的输入；系统对环境作用的响应称为“输出”；系统的输出的集合及其变化实际上是系统的行为。控制论就是用一组分别表示输入和输出的时间函数的有序对来描述或刻画系统的行为及其变化规律。

（2）通过负反馈进行自稳控制。当系统的稳定态点已知而系统现时的状态尚未达到这一点时，或者当系统已达到稳定态点但内外扰动致使系统又偏离了原来的稳定态时，系统通过控制机构和负反馈回路，根据系统实际状态与稳定态偏离的信息反馈对系统的行为进行控制，使它达到或恢复到原来的稳定态。

（3）通过正反馈进行自组控制。如果当环境对系统的干扰超过某一临界阈值时，系统原来的稳定性受到严重的破坏，这时系统试图通过负反馈恢复到原来的稳定态已无意义。系统为了要维持自己的正常职能，实现对环境干扰的适应，就必须改变这个系统的结构及其行为方式，即系统必须“重组”其内部约束力，根据反馈回路探索出新的稳定态点的位置，使系统在该状态点上稳定下来，从而实现对环境干扰的适应。

控制方法论主要包括功能模拟方法、黑箱–灰箱–白箱方法、系统辨识方法等。功能模拟方法对机器、动物或人等系统，都不考虑其内部的物质、能量、结构和各种因果对应关系，只考虑整个系统功能上、行为上的等效性。电脑和机器人的诞生，都是这种方法成功的例证。

（1）黑箱是指那些既不能打开，又不能从外部直接观察其内部结构的系统。黑箱方法就是在系统的内部结构不知道或不可能知道的情况下，通过研究系统的输入–输出关系，即通过给系统以某种输入来判断其可能的输出，从而得出有关系统行为的一些规律性结论。

（2）灰箱是指这样一个系统，人们对这个系统已有局部的知识，但对其他方面是未知的。对待灰箱问题，要相应地运用灰箱方法，即充分利用已有的知识，这些知识可以使我们知道系统过去的历史，就如同系统内部存在着一种“记忆”，只要了解了这种“记忆”，再加上运用其他方法得到的一些知识，就可得出有关系统行为的一些规律性结论。

（3）白箱是指某些具有已知结构的物体。白箱方法是这样的一种方法，当人们通过诸如黑箱方法、灰箱方法等认识了系统的内部结构或规律性结论时，人们就可以把这种结构关系按一定的关系式表达出来，这就是“白箱网络”。制定“白箱网络”不是白箱方法的全部目的，更重要的是通过这种“白箱网络”对系统进行再认识，或者用这种“白箱网络”去控制系统以后的过程或预测系统的行为。

系统辨识方法是要辨别、测量与认识系统，即它对一个未知其内部结构的系统，不仅要找出反映其输入、输出之间关系的数值表，还要进一步找出输入、输出和系统状态变量之间的关系，建立数学模型即系统的状态方程，从而更有效地刻画系统的行为。由于结构与功能的复杂关系，人们很自然地提出了系统结构的可辨识性问题，即在什么条件下，系统的结构才可以由输入、输出数据来决定。当然，这个问题还远远没有彻底解决。但这并不影响系统辨识方法在工程、生物、经济等领域的应用。

控制方法论在现代科学技术发展中有重大作用，主要表现为：

（1）控制方法论使机器代替人脑的部分思维功能成为可能，为人工智能的研究开辟了一条重要途径。人脑具有记忆、判断、选择和计划等功能。控制方法论则可在弄清人脑功能特性的基础上，用机器来模拟人脑的部分功能，创造了用机器代替人的一部分脑力劳动的奇迹，并设计出具有某种类似人的智能的电脑。

（2）控制方法论开辟了向生物界寻求科学技术设计思想的新途径。科学技术发展到20世纪中期，生物界的种种奥妙逐步被人们揭示，因此，人们自然地把寻找新技术原理和方法的注意力转向生物界。控制方法论把目的和行为的概念赋予机器，为机器与生物之间进行功能模拟提供了理论根据，为用精确的物理技术的方法和工具来研究和模拟生物界现象的仿生学奠定了科学基础。

（3）控制方法论为研究生命系统、人脑神经系统和社会等复杂系统的特点与规律提供了一种重要途径。目前，控制方法论已超出了工程控制（包括安全工程）的范畴而延伸到生物、经济、社会、管理、生态环境、安全等各个领域，同时还包括对生物本身随客观变化的自然适应功能的研究，即在改造客观世界的同时也改造生物本身这种功能的研究。

（4）控制方法论在一定程度上丰富了唯物辩证法。世界的统一性在于其物质性，世界作为一个运动、变化的整体，各种物质形态之间都存在一定形式的联系。控制方法论正是从功能和信息的角度来说明这种联系，并通过信息变化和反馈作用来揭示这种联系的实质。它打破了机械系统、生物系统和社会系统的界限，从而能够把各种不同的科学领域和各种截然不同的系统沟通起来，形成一个有机的整体。控制方法论不是从事物的个别联系寻找事物的个别原因及其产生的某种结果，而是揭示事物变化、发展的总原因和总结果；它所注意的不是局部的最优化，而是从整体着眼、从部分入手，对整体目标和最优化综合考虑，统一规划。控制方法论突破了以抽象分析为核心的传统方法，而要求对事物进行整体的综合性的动态研究，可以说，它是唯物辩证法的辩证综合性在现代科学技术中的生动体现。

3.6.3 系统安全控制的典型原理

1. 定义

工程系统也称为人造系统，这类系统通常是人类的智慧转化。人类为了满足各种各样的需要，让生存、生产、生活等方方面面更加便捷，经过一代代人的前赴后继，终于慢慢地将创造出来的系统变得可以按照人类的意识行事，并努力避免带来的负面影响。在当今这个信息化时代，所有的工程系统都是按照人类所需设定而成，因而都是比较可控的。相比工程系统，自然系统与社会系统显得更加神秘，尽管人类仍在努力探索自然系统与社会系统，其中绝大部分也为人类所认识，并在不同程度上施加了影响，但仍有很多不为人类所认知或人类有一定认识但却处于被动局面的系统，无法干预。本节所研究的安全系统主要是指可控的安全系统，并尝试将系统安全控制原理定义如下：在系统的运行过程中，为保障与人相关的安全与系统功能顺利表征的双重目标，时刻检测系统的状态，当出现影响正常运行的干扰时，迅速收集相关信息，进行加工分析，形成利于矫正系统运行偏差的决策，及时发出指令，执行机构实施动态控制，使系统重新回到平衡安全状态，并在各类系统的安全控制过程中观察、总结、找寻共同的普遍运动规律。

2. 研究内容

由上述系统安全控制原理的定义可知，控制是为了实现双重目标，为目标需要所做出的行为。系统安全控制研究的范围非常宽泛，研究内容也可不断深入。

（1）常态控制。安全控制系统是按照人为的想法实施程序的步骤。在系统正常运行的允许范围内，控制系统的运动轨迹皆在之前的预料中。在常态控制的情况下，更多的是研究控制系统的优化，考虑如何在有限的条件下实现最大的安全综合效益。常态控制也是控制研究的终极追求目标，本质安全就是使得一切控制系统都处于常态控制状态，以此来实现安全系统的双重目标。

（2）非常态控制。这是在目前科学技术条件下的研究重点，是事故发生的根本原因，同时是预防事故的根本出发点。在突发的扰动下，控制系统将发生怎样的轨迹变化，遵循怎样的运动规律，不同干扰导致什么样的结果，怎样消除扰动以实现非常态向常态的跃迁等，都是非常态控制必须研究的内容。在研究的过程中，注意区分对待，有些不必追究过细，且有些过程的观察也比较困难。因此，应更多关注系统安全控制过程中共有的一些特点，以总结提升成可以指导的理论。

3. 系统安全控制原理

1）轨道迁移原理

正如原子外的电子随着能量等级的不同而变迁到不同的轨道一样，系统安全控制过程也随着时间的变化对其状态进行评估后发生迁移。控制过程中开始发生控制改变的时刻可以看作初始点，当系统运行过程中开始与功能相悖或不利于功能的输出时，系统将自发地实施控制，重新将系统调整在可控范围内，同时利于系统自身的发展，更好地适应环境。

每一次控制的过程都是初始点的改变，初始点的跳跃即为轨道的迁移。系统总的变化范围是安全可控的，由于迁移的时刻、程度、轨迹等是不可预测的，它由已有系统安全的状态与资源等决定。因此，通常来说，越是复杂的系统，安全可控性相对越弱，能量越容易溢出，从而事故的发生概率也越大。

2）人机匹配原理

人机关系自人类诞生时就产生，有人–机关系便有人–机的控制，只是随着科学技术的发展，控制的研究内容越来越丰富，形式也越来越复杂。在系统中，人与机是两个非常重要的子系统，也是主要的控制者与控制对象。人是机子系统控制系统的创造者与管理者，机子系统通过人赋予的要求有序地实现人所需要的功能。在整个系统中，人与机是控制能否顺利实现的最主要因素。在系统安全控制中，要充分认识到人与机自身的特点，发现其规律，为更好地实施控制、保障功能的顺利实现奠定基础。对系统安全进行控制的过程中，既要充分利用机子系统本身的自我调节能力，又要适时、适宜地借助人力，通过双重努力实现人机的完美结合，从而达到控制的目的。

3）双重安全整体性原理

在实现与人相关的安全与功能输出双重目标的过程中，控制的有效性起着至关重要的作用。然而，在系统遇到外界干扰时，想重新调整自身回到正常态，控制这一动作本身已不是整个事件中的根本，而是取决于控制系统本身的设计。无论隐患发现得多么及时，或在阻止事故发生千钧一发的那刻，没有一个完善应对突发事故的控制系统将会手足无措。因此，在安全控制系统设计过程中，就应正本清源，尽可能杜绝事故发生的源头。安全整体性要求分为硬件安全整体性要求和系统安全整体性要求两个方面。在系统中，也体现着机子系统本身可靠性的重要性，进而充分考虑整个系统中各子系统间的复杂关系，着重从安全的视角出发，在有限的资源条件下，设计创造出最优的安全控制系统，始终保障安全系统的整体安全性。

4）分层分级原理

复杂大系统的研究迫切需要找寻一个突破口，分层分级无疑是目前打破僵局最好的方法。目标的分解、整合的过程、问题的检测等都需要利用分层分级原理，系统整体的运行与安全控制过程也充分利用了分层分级原理。分层分级是深刻剖析问题的一种方式，但这并不意味着简单，分层分级后也可能是复杂系统，这种系统中仍包含子系统或更小的组成成分。但分层后，为未分层分级前的局势提供了一种解决思路，分层分级后使得问题呈现出熟悉感或降低问题的阶数。在复杂大系统中采用层次，相比普通的系统，更体现其综合性，包括解决问题所需知识体系的综合性、分层后研究对象的综合性、局部衔接作用的综合性等。

5）动态反馈原理

系统时刻处于一个变化的过程，任何一个微小的干扰都可能导致系统偏离原轨道。在允许的变动范围内，系统安全调节主要依靠控制系统的自主调节。控制系统根据安全系统的实时状态反馈信息，调配现有资源，调整安全系统的运行。而当出现允许范围外的干扰时，控制系统已无法控制局面，这时需要依靠外界的力量来控制，如强制关闭系统、启动应急预案等。控制系统的动态调节主要依赖控制器，以信息为导向，信息的传输方式、分析加工等都将影响控制器的控制调节。在普通的系统中，大多属于输出控制，但在系统安全控制中，更注重的是输入控制，这也是由安全系统的特殊属性所决定的。控制是为了避免将原本微小的干扰变成系统的危险源或将已产生的危险源变为事故的导火索。从直接导致事故的导火索看待问题，控制就是在系统中进行的一场“危险”与“反危险”的生死搏斗，它们是在系统中存在的一对矛盾，也是安全系统发展的动力，这符合哲学中的矛盾观点。因此，反馈是控制的基础，它直接决定控制的具体内容与方式。

6）辅助控制原理

对于普通的系统而言，控制指的是系统本身的控制系统调控行为。但就系统安全而言，双重目标与人是系统安全的子系统，决定了控制不仅仅包含机子系统的控制行为，更强调人在其中起的控制作用。人在安全系统中的地位极其特殊，不仅是其组成部分，而且同管理、环境等其他子系统有着密切的关系。人对整个安全系统的管理、环境的改造等都是属于外界控制，同时当机子系统本身的控制系统已无法正常消除外界扰动时，也需要人为的控制，进而采取合适的措施。在安全系统的整个控制中，人为的外界辅助控制也占据着重要的地位。在某些关键时刻，辅助控制是保障安全的另一道屏障，甚至成为此时安全系统的最主要的控制手段。因此，系统安全控制由自治控制与辅助控制共同协作完成。

3.6.4 安全控制系统的设计方法

1. 安全控制系统设计的基本原则

从控制论的角度考虑各类系统的安全设计问题，应该遵守以下基本原则。

（1）系统的目的性原则。系统必须有安全目标，这是设计和实施安全控制的前提。安全目标可能是一个事先设定的指标值，也可能是一组安全目标集。

（2）系统的可控性原则。根据控制论的基本原理，在系统设计时必须保证系统的安全可控性。在设计各类技术与社会系统时，要分析系统的各种状态及输出变量，设计合适的系统控制变量，使系统的状态及输出变量可以随着控制变量的变化而变化。这样，当系统的状态超出允许的安全界限时，能够通过控制措施使其回到安全状态。

（3）系统的可观测性原则。通过对系统输出的观测了解系统当前的状态，是对系统进行有效控制的前提。如果系统的状态不可观测，就不可能发现系统存在的安全隐患，也无法采取控制措施避免事故的发生。在设计各类技术与社会系统时，需要在系统中设置必要的监测仪表或安全检查人员，或者建立自动化的安全监测系统，以及时了解系统的状态。

（4）系统的稳定性原则。系统的稳定性与系统的安全性密不可分。在设计各类技术与社会系统时，在系统可控的前提下，通过给系统施加安全约束，通过监测系统及时识别出危险因素，并且通过控制器及时采取有效的控制动作等，可以保证系统的稳定性。

（5）系统控制的协调性原则。系统的控制应当基于合理的控制模型，即控制的作用应有利于安全目标的实现。当系统存在多个控制器时，它们的控制动作应协调一致。

2. 安全系统控制设计的基本方法

1）设立系统的安全控制目标

安全控制目标不仅与系统构建的成本密切相关，而且受当前的社会、经济和技术条件的限制。因此，确定系统安全控制目标要综合考虑多种因素，这是一个复杂的多目标优化决策过程。对于微观安全控制系统，其安全控制目标可能是一个具体的指标值，也可能是一个综合性的定性要求，如本质安全型系统。宏观安全控制系统，一般由若干个综合性的系统输出变量的约束值构成一套指标体系，如全国安全生产控制考核指标体系由总体控制考核指标、绝对控制考核指标、相对控制考核指标、重大和特大事故起数控制考核指标等指标构成。

2）识别可能引发事故的各种危险因素

安全控制的实质是对系统的各种危险因素施加适当的安全约束。因此，在系统设计阶段就应识别系统中可能引发事故的各种危险因素。这也是开展工程项目安全预评价的主要目的。识别系统中的危险源及危险因素的方法很多。

3）设计限制危险因素所需的安全约束

对危险因素的约束，主要是通过工程技术措施和管理措施，避免危险因素引发安全事故。相关的措施主要有：对危险因素的限制措施；提高系统的安全可靠性；消除人的不安全因素。

4）设计施加安全约束的安全控制方法及其结构

在设计系统的安全控制方法和结构时，应遵守前述安全系统设计的控制目的性、可控性、可观测性、稳定性和协调性等基本原则。除了技术层面的安全控制方法和控制结构之外，还应特别重视安全监督管理措施和安全信息的重要作用。

3. 安全控制系统设计

1）自适应控制

经过几十年的摸索与研究及计算机技术的迅猛发展，20 世纪 70 年代和 80 年代就形成了研究自适应控制的热潮。发展到现阶段，无论从理论研究还是从实际应用的角度看，自适应控制大致可分为两大类，即采用模型跟踪方式的模型参考自适应系统和系统辨识与最优控制相结合的自适应系统。

2）预测控制

预测控制，也称为基于模型的控制，是 20 世纪 70 年代末兴起的一类新型控制方法。一般认为，预测模型、滚动优化、鲁棒控制、容错控制是预测控制的四个本质特征。以下就这四个方面所包含的方法原理来说明预测控制对于安全系统这一复杂系统的适应性。

（1）预测模型。在预测控制算法中，需要一个描述对象动态行为的基础模型，称为预测模型。预测控制称为基于模型的控制，其意义即在于此。预测模型应具有预测的功能，即能够根据系统的历史信息和选定的未来输入预测出未来的输出值。作为产生于工业过程的某些早期预测控制算法，为了克服建模的困难，选择了实际工业过程中较易测量的脉冲或阶跃响应作为预测模型，但不能认为预测模型仅限于这种形式。从方法论的角度讲，只要是具有预测功能的信息集合，不论其有什么样的表现形式，均可作为预测模型。在这里，强调的只是模型的功能，而不是其结构形式。因此，预测控制打破了传统控制中对模型结构的严格要求，更着眼于在信息的基础上根据功能要求按最方便的途径建立模型。

（2）滚动优化。采用滚动式的有限时域优化策略，这种有限优化目标的局部性，使其在理想的情况下只能得到局部的次优解，但其滚动实施，却能顾及模型失配、时变、干扰等引起的不确定性，及时进行弥补，始终把新的优化建立在实际的基础上，使控制保持实际上的最优。这种启发式的滚动优化策略，兼顾了对未来充分长时间内的理想优化和实际存在的不确定性的影响，是最优控制对于对象的环境不确定性的妥协。在复杂的工业环境中，这要比建立在理想条件下的最优控制更加实际和有效。

3）鲁棒控制

鲁棒性（robustness），即稳健性或稳定性。鲁棒性一般用来描述某个东西的稳定性，即在遇到某种干扰时，其性质比较稳定。系统的安全性受很多不确定性因素的影响。这些不确定性的存在，是一切控制对象的共性。克服不确定性进行有效的控制，是当今控制领域最活跃的研究热点之一。大致地说，这一领域的研究方向可分为两个，一个是自适应控制，另一个是鲁棒控制。目前，有关鲁棒控制的设计方法很多，要找出一个确切的定义比较困难。不过一般来讲，凡具有鲁棒性的控制系统均可称为鲁棒控制器，而鲁棒性通常是指数学模型与实际过程出现失配时，能使系统性保持在允许范围内的能力。

4）容错控制

容错原是指系统虽然出现内部环节的局部故障或失效，但仍可继续正常运行的一种特性。人们虽然无法保证构成系统的各个环节的绝对可靠性，但若把容错的概念引入控制系统，从而构成容错控制系统，使系统中的各个故障因素对控制性能的影响显著削弱，那就意味着间接地提高了控制系统的可靠性。尤其是当构成控制系统的各个部件的可靠性验前未知时，容错更是在系统设计阶段保证系统可靠性的主要途径。控制系统是一类由被控对象、控制器、传感器、执行器等部件组成的复杂系统。容错控制策略主要有冗余策略。

3.6.5 安全管理系统的控制

从安全控制系统的主要特征出发来考察安全管理系统，可以得出这样的结论：安全管理系统是一种典型的控制系统。安全管理系统中的控制过程在本质上与工程、生物等系统是一样的，都是通过信息反馈来揭示成效与标准之间的差距，并采取纠正措施，使系统稳定在预定的目标状态上。因此，从理论上来说，适合于工程、生物等的控制论的理论与方法，也适合于分析和说明安全管理控制问题。

1. 安全管理控制的概念

在安全管理工作中，作为安全管理职能之一的控制是指：为了确保组织的安全目标及为此而拟定的安全计划能够得以实现，各级安全主管人员根据事先确定的安全标准或因发展的需要而重新拟定的安全标准，对下级的安全工作进行衡量、测量和评价，并在出现偏差时进行纠正，以防止偏差继续发展或今后再度发生；或者，根据组织内外环境的变化和组织的安全发展需要，在安全计划的执行过程中，对原安全计划进行修订或制订新的安全计划，并调整整个安全管理工作进程。因此，安全控制工作是每个安全主管人员的职能。安全主管人员常常忽视这一点，似乎安全控制工作是企业一把手或安全总监的事。实际上，无论哪一层的安全主管人员，不仅要对自己的安全工作负责，还必须要对整个安全计划的实施目标实现负责，因为他们本人的工作是安全计划的一部分，其下级的工作也是安全计划的一部分。因此各级的安全主管人员，包括基层安全主管人员都必须承担实际安全控制工作这一重要职能的责任。

2. 安全管理控制与控制的异同

1）安全管理与控制的相同之处

安全管理活动中的控制工作，是一完整的复杂过程，也可以说是安全管理活动这一大系统中的子系统，其实质和控制论中的控制一样，也是信息反馈。从安全管理控制工作的反馈过程可见，安全管理活动中的控制工作与控制论中的控制在概念上相似之处：

（1）二者的基本活动过程是相同的。无论是安全管理控制工作还是控制都包括三个基本步骤，即确立标准、衡量成效、纠正偏差。为了实施控制，均需事先确立控制标准，然后将输出结果与标准进行比较；若发现有偏差，则采取必要的纠正措施，使偏差保持在容许的范围内。

（2）安全管理控制系统实质上也是一个安全信息反馈系统，通过安全信息反馈，揭示安全管理活动中的不足之处，促进安全系统不断进行调节和改革，以逐渐趋于稳定、完善，直到达到优化的状态。同其他系统中的控制一样，在现代化安全管理中有许多情况要正反馈，两个组织之间的竞赛或竞争就是一例，你追我赶，相互促进，都是为了缩小和消灭与既定目标的差距的负反馈。

（3）安全管理控制和控制论中的控制系统一样，也是一个有组织的系统。它根据系统内的变化而进行相应的调整，不断克服系统的不肯定性，而使系统保持在某种稳定状态。

2）管理控制与控制的区别

（1）控制论中的控制实质上是一个简单的信息反馈，它的纠正措施往往是即刻就可付诸实施的。而且，若在自动控制系统中，一旦给定程序，衡量成效和纠正偏差就往往都是自动进行的，而安全管理工作中的控制活动远比上述更为复杂和实际。安全主管人员当然是要衡量实际的成效情况，并它与标准相比较以及明确地分析出现的偏差和原因。但是，为了随之做出必要的纠正，安全主管人员必须为此而花费一定的人力、物力和财力去拟定安全计划并实施这一计划，才有可能纠正偏差以达到预期的成效。

（2）简单反馈中的信息是一个一般意义上的词汇，即简单的信息包括能量的机械传递、电子脉冲、神经冲动、化学反应、文字或口头的消息及能够借以传递消息的任何其他手段。对于一个简单反馈的控制系来说，它所反馈的信息往往是比较单纯的。而安全管理控制工作中的信息，是根据安全管理过程和管理技术而组织起来的在生产经营活动中产生的，并且经过分析整理后的安全信息流或信息集，它们所包含的信息种类繁多数量巨大。这种安全管理信息（包括管理控制工作中的信息）和管理系统结合在一起，就形成了一个系统——安全管理信息系统。该系统既要反映生产安全过程，以便使其能起到控制生产安全的作用；又要适应安全管理决策的需要，使其能起到为各级安全管理服务的作用，使安全信息的流动符合安全管理决策的需要，使安全信息系统成为进行安全科学管理并严格执行计划的有力工具。

安全管理是否有效，其关键在于安全管理信息系统是否完善，安全信息反馈是否灵敏、正确、有力。灵敏、正确和有力的程度是一个安全管理制度或一个管理职能部门是否有充沛生命力的标志，这就是现代安全管理理论中的反馈原理。要灵敏就必须有敏锐的“感受器”，以便能及时发现变化着的客观实际与计划目标之间的矛盾。要正确，就必须有高效能的分析系统，以过滤和加工收集到的各种消息、情报、数据和信息等，去粗取精、去伪存真、由此及彼、由表及里。有力就是把分析整理后得到的信息化为安全主管人员强有力的行动，以修正原来的安全管理动作，使之更符合实际情况，以期达到安全管理和控制的目的。

（3）按照控制论的观点，生物或机械等各种系统的活动均需要控制。进行这种控制活动的目的是设法使系统运行中所产生的偏差不致超出允许范围而维持在某一平衡点上。对安全管理来说，安全控制工作的目的不仅是要使一个组织按照原定安全计划，维持其正常活动，以实现既定安全目标；还要力求使组织的安全水平达到新的高度，提出和实现新的安全目标。安全管理活动无始无终，一方面要像控制论中的控制一样，使系统的活动维持在某一平衡点上；另一方面还要使系统的活动在原平衡点的基础上，实现螺旋式上升。安全管理中推行的计划–行动–检查–改善（plan-do-check-action，PDCA）工作法，实际上就是体现了这个特点。

3. 安全管理控制工作的目的、作用及重要性

在现代安全管理活动中，无论采用哪种方法来进行安全控制，要达到的第一个安全目的是“维持安全现状”，即在变化着的外环境中，通过安全控制，随时将安全计划的执行结果与安全标准进行比较，若发现有不达标的偏差时，则及时采取必要的纠正措施，以使系统保持安全稳定，实现组织的既定安全目标。

安全控制工作要达到的第二个目的是“提升安全现状”。在某些情况下，变化的内外环境会对组织提出新的安全要求。安全主管人员对现状要进行改革、提升，就势必要打破现状，即修改已定的安全计划，使之更先进、更合理。

4 安全方法论

【本章导读】本章从安全思想和安全思维的高度论述安全方法论，首先介绍11类典型安全思维或思想；然后，阐述了安全观的内涵、塑造机理和一般方法；给出两类最重要最具普适性的安全工作原理，即安全降变理论和安全降维理论，并深入分析其内涵和应用方式；提出安全研究的3种新观点，经济学视域下的安全新观点；归纳5条安全经济学核心原理和14条安全经济学应用原理及其推论；最后还将分析安全第一的起源、特征和功能，并诠释辩证理解和运用安全第一的思想原则。这些内容都具有安全方法论的意义。

4.1 安全思维论

4.1.1 思维概述

思维最初是人脑借助于语言对事物的概括和间接的反应过程。思维以感知为基础又超越感知的界限。通常意义上的思维，涉及所有的认知或智力活动。它探索与发现事物的内部本质联系和规律性，是认识过程的高级阶段。

思维对事物的间接反映，是指它通过其他媒介作用认识客观事物，并借助于已有的知识和经验，已知的条件推测未知的事物。思维的概括性表现在它对一类事物非本质属性的摒弃和对其共同本质特征的反映。除了逻辑思维之外，思维形式和种类非常之多。

思维种类有很多，有些思维方式在训练与应用的过程中并不需要严格区分，一般都是很多思维方式共同起作用，有些思维方式统一在某种思维方式之中。按照不同的视角，有很多具体的分类方法。

（1）按思维形式性分：如感性具象思维，即在直接接触外界事物时感官直接感觉到的具体；抽象逻辑思维，即以抽象概念为形式的思维；理性具象思维，即在感性具象思维基础上经过思维的分析和综合，实现对事物多方面属性或本质的把握。

（2）按照思维智力品质分：如再现思维，即依靠过去的记忆而进行的思维；创造思维，即依靠过去的经验和知识，将其进行综合组织而形成全新的东西。

（3）按照思维形态分：如动作思维、形象思维、抽象思维。

（4）按照思维技巧分：如归纳思维，即从具体事例中，推导出它们的一般规律和共通结论的思维；演绎思维，即把一般规律应用于具体事例的思维；批判思维，即一面品评和批判自已的想法或假说，一面进行思维活动；集中思维，即从许多资料中，找出合乎逻辑的联系，从而导出一定的结论；侧向思维，即利用“局外”信息来发现解决问题的途径的思维，如同眼睛的侧视；发散性思维，即对同一个问题探求多种答案的思维；求证思维，就是用自己掌握的知识和经验去验证某一个结论的思维；逆向思维，即从反面考虑结果的思维；横向思维，简单地说就是左思右想，思前想后；递进思维，即从目前的一步为起点，以更深的目标为方向，逐级深入的思维；想象思维，即在联想中思维，这是在已知材料的基础上经过新的配合创造出新形象的思维，是由此及彼的过程；分解思维，把一个问题分解成各个部分，从各个部分及其相互关系中去寻找答案的思维；推理思维，即通过判断、推理去解答问题的思维；对比思维，即通过对两种相同或不同事物进行对比，寻找事物的异同及其本质与特性的思维。还有交叉思维、转化思维、跳跃思维、直觉思维、渗透思维、统摄思维、幻想思维、灵感思维、平行思维、组合思维、辩证思维、综合思维、核心思维、虚拟思维等。

4.1.2 11 类典型安全思维

管理的核心是方法，方法的灵魂是思维。拥有科学的安全思维，会让安全管理工作脑洞大开、得心应手、高人一筹、效果更佳。

不论是开展安全理论研究还是做具体的安全工作，思维至关重要。安全思维也贯穿安全科学原理。例如，安全管理思维可以决定安全管理成败，安全管理专家的过人之处，在于其拥有精湛的安全管理思维。

1. 整体式思考问题

（1）安全“系统思维”。该思维主要体现：安全涉及方方面面，可关联出所有的因素；安全是一个系统工程，要考虑人、机、环境、管理等多种因素；安全要靠大家，与每个人息息相关；安全需要向各个子系统借力并需要各个子系统发挥协同效应；安全需要考虑全生命周期；安全需要连续性；等等。

（2）安全“统计思维”。其主要体现为：事故统计是安全管理的基础与基本方法，安全的很多规律都是依靠统计得到的。事故是安全科学的一项重要研究内容，但事故的发生具有随机性和突发性，很难准确预测，统计方法为这种考虑随机现象的问题提供了很好的思路。实际上，在安全科学发展史中，事故统计分析方法早已运用于安全科学研究中，如著名的海因里希（1∶29∶300）安全法则。

（3）安全“长期思维”。其主要体现为：安全管理工作是一项持续性工作，只有起点，没有终点，需长期坚持，不断完善。普通安全管理者在进行安全决策时一般偏向短期思维，只顾迅速解决眼前的安全问题，很少用长远的眼光去看待安全管理问题。例如，目前大多企业的安全文化建设都是追求“短平快”，忽略了安全文化的“长期累积性”；安全管理制度设计缺乏长远性，既导致安全管理工作效果不理想、实施不连续，也导致安全资源浪费。

（4）安全“相似思维”。该思维主要体现：安全工作者需要拥有学习先进榜样和举一反三的思想，即能够进行相似安全学习、相似安全设计、相似安全管理、相似安全创造等。例如，对一个新建工程做职业健康安全预评价，可以找一个已经运行多年的相似工程进行相似安全分析和相似安全评价。

（5）安全“比较思维”。该思维主要体现在：安全管理工作者要拥有比较方法论。比较的内容非常广泛，安全与否本身就是一种比较。在安全管理领域，安全“比较思维”具体是指：运用比较方法对不同地域、行业与企业的安全管理现象，如安全文化、安全制度规范、安全管理模式、具体安全管理方法等，进行比较与借鉴，取长补短，借以发展和完善自身的安全管理。

2. 切入式思考问题

（1）安全“？思维”。该思维主要体现在：它是一种找安全问题、探究安全的方法，在发生事故的事前、事中、事后，都要探寻发生原因等，即安全管理失败总是有原因的。通过问问题，才容易发现不安全问题并及时采取有效措施加以防范，达到预防为主的目的。

（2）安全“忧思维”。该思维主要体现在：要拥有居安思危、思则有备、有备无患、预防为主的方略。任何一个人造系统随着时间的延续，若没有及时维护和保养，最终也会发生故障或失效。有了安全“忧思维”，才能持之以恒地及时做好系统运行的安全维修工作，才不至于松懈和失去警惕。

（3）安全“情感思维”。其主要体现在：人是情感动物，安全文化建设应注重情感安全文化建设。文化是因人的需要而创造的，基于人的情感安全需要可建设富有特色与功效的情感安全文化。将情感融入安全文化宣教与建设，不断提高人的安全意识和素质，营造安全氛围，才能使安全工作落到实处。

（4）安全“细节思维”。其主要体现在：安全生产必须注重细节，忽视细节就会出现隐患与发生事故，就会给我们的企业、家庭和个人带来重大损失。事故的发生，都是由于人们对于习惯的行为不够细心，缺乏耐心，认为无关紧要，然而，这便埋下了安全隐患。事故也许就是一瞬间，一个小细节。

（5）安全“薄弱思维”。其主要体现在：事故多发生于薄弱环节，安全管理需摸清安全管理的薄弱环节，并对其实施有针对性的安全管理措施。抓薄弱环节，能够使安全工作更加高效和经济。

（6）安全“能量思维”。其主要体现在：在正常生产过程中，能量因受到种种限制而按照人们规定的流通渠道流通。如果某种因素导致能量失去控制，超越人们设置的约束而意外释放，可导致事故发生，如事故致因模型之“能量意外释放论”就是从能量角度提出的经典事故致因模型。在实际安全管理中，我们应避免能量超越我们设置的约束而意外释放造成事故。

（7）安全“人因思维”。其主要体现在：绝大多数事故都是人因事故，人因管理理应是安全管理的首要任务。在实际安全管理中，我们应通过制度设计、文化建设、教育培训与人因设计等手段加强行为安全管理工作。

3. 把握式思考问题

（1）安全“可控化思维”。该思维主要体现在：安全实践需要有边界或范畴思想。对于任何一个系统，在有限的条件下我们很难100%保证不发生故障，但如果万一发生故障甚至事故，其故障或事故可以在我们的控制范围之内，不至于发展到不可收拾的程度，这也是安全设计和管理需要把握的。

（2）安全“可能化思维”。该思维主要体现在：安全管理工作需要有理论联系实际的思想。讨论具体安全工作不能离开边界和条件空谈，安全工作是需要可能化的，“没有条件苟且创造条件也要上”的做法本身就存在风险，也是一种冒险，这与安全思维是不相容的。

（3）安全“冗余思维”。其主要体现在：通过多重安全防护来增加系统的安全性。例如，在电力系统中线路双重保护属于设备性冗余保障电网安全，倒闸操作双监护通过制度性冗余来保障人身安全。安全“冗余思维”就是一种基于安全生产实际进行分析、管控而制定双重甚至多重措施预防事故发生的安全管理理念与方法。

（4）安全“底线思维”。其主要体现在：安全管理就是“做最坏的打算，谋最好的结局”，安全管理应凸显安全忧患意识。有了“底线思维”，企业安全管理者可以设想企业处于安全隐患包围中，然后针对设想的安全隐患逐一进行排查，发现问题及时整改，把安全隐患彻底消灭在萌芽状态；也可以带着问题开展安全检查，把安全形势考虑得复杂一些，把安全问题考虑得严峻一些，制定各类应急预案，做到有备无患，遇到安全突发事件，能冷静处理、积极应对，最大限度地降低安全事故带来的损失。总之，在安全管理中，我们要“在最坏的可能性上建立我们的安全政策”，且“把安全管理工作放在最坏的基础上来设想”。

4. 总结式思考问题

（1）安全“归纳思维”。其主要体现在：做安全评价和安全决策等工作经常需要用到归纳方法。例如，对一个项目开展安全现状评价，最终我们需要通过对大量的安全现状事实进行归纳总结从而得出一个总的结论。

（2）安全“模型化思维”。该思维主要体现在：开展安全管理等工作要不断升华。安全理论模型通常可以表达涉及安全的机制、模式等。例如，通过逻辑推导得到表示某一行为过程或生产过程各有关因素之间的关系，这种从理论出发，运用逻辑或数学等方法来表达安全因素的关系，称为理论安全模型。安全模型是一种范式思想、机制思想，这种模式化思想有利于经验和成果的推广运用和成为理论指导。

（3）安全“模糊思维”。其主要体现在：安全与不安全不是0与1两种状态，更多的是处于中间状态，安全问题是一个极为复杂的问题，涉及各种模糊的、不断变化和错综复杂联系中的各个因素，故解决安全问题很难有“精确数值”。一般情况下，在安全管理中，我们应以不确定发展趋势与现实状态来整体把握、了解和保证系统的安全态势。

5. 简化式思考问题

（1）安全“降维思维”。该思维主要体现在：要把复杂问题简单化，即所谓“物以类聚，人以群分”。这个在实际工作中非常有用，如危险品分类堆放；污染物和垃圾分类处理；安全教育培训人员分工种、分层次、分内容开展；等等。其实，安全管理、安全教育、安全标准化等，其实质都是降维思想。例如，道路交通安全标准化，在城市里面随处都可以看到，如果城市道路没有画线，即维度增加了，车辆也没有标准化，大小不一质量不齐，则整个城市交通就会乱成一团。

（2）安全“透明思维”。其含义为：在实际安全管理中，很难发现一些没有被安全管理者亲眼看到的安全管理漏洞，即这部分安全管理漏洞是“隐藏的”或“模糊的”，但这部分安全漏洞其实是非常多的，导致安全隐患不能及时得到整改。企业需要建立一种这样的安全文化，即鼓励企业员工报告安全事件和存在的隐患，并保护报告者，从而使安全管理变得“透明”等。

（3）安全“可视化思维”。该思维主要体现在：要发挥人类最主要的感知器官的功能。看得到的东西是最直接和有效的，因此，各种安全提示、警告、警戒和各种安全教育内容等，要尽量做到可视化。目视化安全管理就是可视化的一种，“一目了然”也很适合安全工作。

（4）安全“可感化思维”。该思维主要体现在：要发挥人类多种主要的感知器官的功能。人的感知器官有视、听、触、嗅等，多种器官感知可以增加可靠性和记忆持久性，需要对作业人员进行安全提示、警示等，则尽量考虑信息信号的可感知化和多功能感知化。

（5）安全“可知化思维”。该思维主要体现在：安全要需要发挥人类的聪明才智和创造能力。人的认知是感知的升华，当一个人懂得一个系统的工作原理，知道事故发生的原因和事故的演化过程之后，就能更好地预防控制事故发生，就会达到知其所以然的效果，就可能在紧急情况下做出正确的决策或行为，从而具有基于风险采取正确行动的能力，即所谓知其然且知其所以然。

6. 分解式思考问题

（1）安全“分解思维”。其主要体现在：系统安全中的分解思维、安全管理中的目标与任务分解思想和方法，以及安全评价中的划分评价单元等方法。一般意义上，分解思维是一种化大为小、化整为零，把大目标分解成小目标，然后累计得出“总和”的思考与实践方法。

（2）安全“演绎思维”。其主要体现在：做系统安全分析等工作经常需要运用演绎方法。例如，分析事故发生的原因时，通常需要不断地细化演绎，找到各种具体的细节和根源。

（3）安全“降容思维”。该思维主要体现在：把复杂问题进行分解的思维方式，把复杂大系统进行分割的思想，把高风险分解成多个低风险等。例如，把危险化学品分开存储，把高能量系统分解成多个低能量子系统，把一个大的危险区分割成多个小的危险区，把大量资金分散投资，即所谓不要把鸡蛋装在一个箩筐里等。

7. 方向式思考问题

（1）安全“正思维”。该思维主要体现在：安全管理工作还要从大量正面的和正常的安全现象中学习安全经验，如学习同类企业的安全工作先进经验等；一个系统之所以能够长期安全运行，其中有很多安全规律和原因；通过探索系统的安全规律和原因，有利于主动开展安全工作，保证系统安全，同时起到安全促进作用和提升安全感；等等。

（2）安全“逆思维”。该思维主要体现在：它是一种安全工作方式。安全的反义词是危险或不安全，安全“逆思维”可让安全管理工作者主动寻找系统的薄弱环节或可能发生事故的漏洞等，也可引导人们积极地借鉴同类事故的经验教训，这样更加有利于找到安全工作的重点和切入点等。

（3）安全“主动思维”。其主要体现在：安全管理工作需要主动出击，做在前面。安全追求可持续安全，安全管理工作者除了问自己昨天的组织的生产运营或个体生产生活是否安全以外，我们的主要领导者也应多问自己，组织的生产运营或个体生产生活今天是否安全，明天是否也安全。

8. 融合式思考问题

（1）安全“+思维”。该思维主要体现在：我们做什么事都要一并考虑安全问题；安全贯穿于每一件事和物，工程、设计、教育、管理等事情都需要“+安全”；任务工作岗位，在行动上都要加安全；等等。

（2）安全“+互联网思维”。该思维主要体现在：要运用现代最有效的传播平台技术，使所有人都树立安全意识。迄今传播信息最快的工具非互联网莫属，而且可以时时更新。例如，安全预警、事故通报、重要事件提醒等，均要尽量利用互联网技术。

（3）安全“+媒体思维”。该思维主要体现在：要依靠现代最有影响力的传播工具。开展安全教育培训、安全宣传，弘扬安全文化等，现代多媒体技术可将枯燥的安全教育内容等通过寓教于乐的方式，融入任何生活和工作场景之中。

9. 动静式思考问题

（1）安全“降变思维”。该思维主要体现在：要尽量使系统保持稳定和少变化。事故灾难都是在变化中发生，事故灾难发生过程都是变的表现，不变就不会发生事故。在工作中要尽量使人、机、环境、管理等因素少变化，当发生变化时，就要特别注意安全问题和采取有效措施预防事故发生。

（2）安全“循证思维”。其主要体现在：安全管理实践的本质是一个“循证”过程。在安全管理中，最重要的是基于可靠而充分的安全信息进行有效的安全决策。循证安全管理方法，即提出安全管理问题→收集证据→分析证据→评价证据，找出最佳证据→运用最佳证据进行安全决策，正好是使用目前最佳证据进行有效的安全决策的一种方法。

10. 关联式思考问题

（1）安全“大数据思维”。该思维主要体现在：大数据在各行各业都有重要和广泛的应用，安全领域也一样，大数据非常有价值。例如，大数据可以找出事故发生的规律和特征；大数据技术能够发现被忽略的数据和事故间的联系，捕捉潜在的危险信息，及时掌控事态，提前预测预警，为安全决策提供参考意见；大数据在安全监管中能更好地揭示安全问题的本质和一般规律，从而更科学地进行安全预测和安全决策；大数据在安全文化评价时可以根据不同的维度、指标和权重对海量信息进行处理和整合从而得出安全文化情况；等等。

（2）安全“信息思维”。其主要体现在：研究表明，安全管理失败的原因可统一归为安全信息缺失。在信息时代，特别是大数据时代，我们应树立“信息就是安全，安全就是信息”的新的安全管理理念，安全管理应充分应用和实施信息作为安全管理的重要抓手。

（3）安全“信息不对称思维”。其主要体现在：主体对客体的认知的信息对称性，信息不对称就容易发生事故。例如，我们之所以进入受限空间环境会发生气体中毒，是由于我们不知道空间环境存在毒气，我们与空间环境之间存在信息不对称；我们之所以在高处踩到腐烂的地板会坠落，是由于我们不知道地板已腐烂，我们与地板之间存在信息不对称；我们之所以食用有害物质会中毒，是由于我们不知道食物的含毒信息，我们与食物之间存在信息不对称；我们之所以会买到变质食品，是由于我们不知道食品的变质信息，我们与食品之间存在信息不对称；我们之所以炒股会产生亏损，是由于我们没有掌握股市的动态规律，我们与股市之间存在信息不对称；我们之所以听信谣言，是由于我们不了解真相，我们与真相之间存在信息不对称；等等。

11. 约束式思考问题

（1）安全“屏障思维”。其主要体现在：实施安全防护措施及策略，对危险有害因素发挥隔离、阻碍、缓冲或防护作用，以保障安全或降低伤害程度。安全屏障，指对环境、秩序、安全等有害要素发挥阻碍、缓冲或防护作用的事物总称，如各种基本安全防护设备与各种安全管理策略。

（2）安全“法制思维”。其主要体现在：法律法规是安全管理的利器和重要支撑。法治思维就是规则意识、程序意识和责任意识，事故往往是人因所致，而法治意识淡薄是最重要的人因之一。安全管理应运用法治思维加强安全法制意识建设，并运用好安全法制管理策略。

上述11类思维中，每类思维都有其优点和不足，甚至不同思维之间还存在矛盾。因此，这就需要安全管理工作者在具体应用中根据实际需要解决的安全问题，运用恰当的思维方式或多种思维方式的组合。另外，安全管理工作者在实践中也可以提出更多的新的思维方式。

4.1.3 安全思维在安全管理中的实践

思维方法在安全工作中的应用集中体现在事故预防方法、事故统计分析方法、危险源管理方法、事故调查方法、风险控制方法和安全管理方法等方面。通过下面的例子可以看出一些科学思维方法在安全管理工作中的具体应用。

例如，研究安全思维就是要从理性的高度揭示安全管理的本质规律、基本问题及其安全管理对象之间的相互关系，系统提出安全管理所特有的世界观和思维方式。具体目的有两个：一是保证安全管理行为准则的依据是理性、逻辑并符合安全运行内在规律；二是安全管理措施和方法具有严谨的逻辑结构和明确的目的。从安全管理实践来看，一整套正确的思维方式和方法，是安全管理者制定安全措施、实施安全管理时思路清晰、决策果断的基本保证。安全思维的研究，将促进企业安全管理者能动地指导或进行安全活动，帮助企业认识安全管理实践中各种矛盾的辩证关系，把握安全管理工作的发展趋势，从而正确总结经验，不断提高管理水平，推进安全工作发展。

安全思维是对安全管理理论和安全管理方法的高度概括与哲学思考，是安全管理理论的升华。反过来，它又促进安全管理理论的发展和安全管理方法的应用。因为，只有在科学的安全思维指引下，才能有效地克服安全管理的各种局限性，提高安全管理的科学性、系统性和哲学性。另外，任何一门独立的学科都有特定的科学态度和思维方式，强调安全思维是完善安全管理的必然要求。

1. 安全思维涉及的问题

安全思维的表现形式可分为两种：一种是安全管理的个性思维，另一种是安全管理的共性思维。个性思维是每个具体的安全管理者所具有的思维技能、方法和手段，安全管理者自身素质、观念、学识、才能、作风与外部因素相互作用，使每个管理者的个性思维呈现较大的差异。共性思维是安全管理普遍适应的安全思维，是相对稳定、较为规范的思维概括。

安全管理的共性思维涉及的问题，应该考虑以下几个因素：①安全管理的基本理论和基本观念。安全管理是一项人为的事业，离不开管理者和管理主体，同时具有特定的管理目标、管理客体和管理方法，这些理论与观念的概括是安全管理的共性思维产生的前提。②安全问题的哲学思考。安全管理者只有掌握科学的哲学思维和方法，才能提高安全管理的思维和理论素养。③其他学科理论。实践过程中，有许多安全问题仅靠安全理论难以正确解释，需要依靠其他学科理论的帮助。

2. 事故与安全矛盾的思维

事故与安全这对基本矛盾贯穿于安全管理的全过程，是安全思维的出发点和归宿。控制事故为“零”是企业安全管理追求的目标，而理想的安全思维标准是在一定的隐患状态下将事故控制在人们可接受的程度。因为隐患是动态的，不可能消除为“零”；若消除隐患需要的投入远远大于事故处理需要的投入，安全效益是负值，对企业而言是得不偿失的。

3. 安全管理的空间思维

安全管理的空间思维是指安全管理活动发生、展开和完成所涉及的全部领域，安全管理的空间思维是管理者对安全管理空间特征的主观反映。空间思维的重点是系统思想和观念，即从系统观念出发，综合考虑安全管理对象的整体与局部、局部与局部、结构与功能、整体与环境、控制与反馈之间的相互作用，以求对安全管理对象形成最完整的认识。形成正确的空间思维要注意两点：①不能与传统安全管理一样，只注重企业内部条件研究，而忽视外部环境对安全管理的影响，即要重视安全社会环境研究。②不能与传统安全管理一样，将管理对象孤立为人、机、物等几部分而分别采取措施，而要将安全管理对象看作一个具有内在因素的、结构科学的、层次合理的系统。

4. 安全管理中的常规思维与非常规思维

常规思维是按照规定的、一般的模式、程序、方法进行安全管理和控制，这种惯性思维习惯也称为思维定式。非常规思维是一种不受安全思维定式束缚，求异求新的一种思维形式。常规思维具有思维稳定、程序规范的特点，同时又有约束思维创造、缺乏灵活性的不足。非常规思维是管理者提高思维能力的重要形式，是安全思维的追求目标。这两类思维方式的选择不能顾此失彼，应该坚持常规思维与非常规思维的统一。随着安全管理科学和实践的发展，许多科学管理方法（如安全性评价方法、事故树等）可以普遍应用。但是，安全管理是一个动态发展过程，内、外部条件不同，各个行业与企业的具体情况也不尽相同，有些方法在某种特定情况下就可能无效。安全管理的非常规思维认为没有唯一的、最佳的、适用于所有情况的管理方法。企业需要突出自身的思维个性，确立本企业自己独特的安全管理策略和安全控制方法。

5. 安全管理中的确定性思维与随机性思维

确定性思维是一种单向思维，即认为事故的发生有着严格的因果关系，如安全性评价中根据设备种类和数量确定企业的危险性。随机性思维是一种多向思维，即认为事故的发生有着多因果关系。对安全管理而言，处理随机性安全问题的次数越多，经验就越丰富；处理随机性安全问题的成效越好，管理水平就越高。因此，概率统计的随机思维方式对安全管理者非常重要。一方面，可以使他们牢记安全系统中的因素是随机的、动态的，其未来值只能是一种猜测；另一方面，企业采取的安全控制措施难免发生失误，关键是要尽量避免较大的失误。

6. 安全管理的反馈思维与超前思维

安全管理是一个发现问题和解决问题的过程，在思维上必须强调对安全活动的过去、现在和将来的认识。树立反馈思维意识，可以重新认识安全活动过去的历史演变，从而总结经验教训；提高超前思维能力，将历史、现实和将来相联系，可以把握安全的现实状况和走向，增强事故发生态势的预见能力，从而适时调整安全策略。

7. 安全管理的抽象思维与辩证思维

抽象思维是把安全管理对象和环节分解为不同方面、不同阶段分别进行深入研究，从而把握和揭示本质的思维方式。辩证思维则从整体性、矛盾性、过程性来考虑安全活动，辩证思维是安全管理思维发展过程的理性阶段，其核心要求是安全管理必须遵循对立统一的规律。事故与控制、长期与短期、主观与客观、定量与定性、一般与特殊、确定性与非确定性等都存在对立统一的关系。例如，在安全管理中过分强调消除设备隐患的重要性，强调主观服从客观的思维方式都是片面的。再如，每年省、市、县的安全监管部门和企业的安全管理科室都会对管辖区或者企业内部过去一年内发生的事故进行统计分析，通过统计比较分析可以认识过去一年内管辖区或者企业的安全形势变化、事故发生的趋势、事故主要特点和规律，从而可以有针对性地制定下一年的安全工作计划和任务。其实，事故统计分析方法是数学方法和比较方法两种科学思维方法在安全工作中的具体应用。安全工作人员通过编制事故统计表、绘制事故统计图的方式，可以直观具体地表现出发生事故的趋势，并揭示事故的一些特点，如年度性、季节性和时间性等时间特点，以及行业特点、人群特点等。同时，通过图形和表格之间的对比分析，可以粗略地知道当年安全工作所取得的成果和不足。

危险源管理是安全工作中的一项重要工作，分类管理方法是当前对危险源管理的一种行之有效的方法。分类管理方法源自科学思维方法中的分类法。因此，在危险源管理中，按照危险源的危险程度可将危险源进行等级划分，根据等级高低可以明确安全监管的重点；按照危险源的性质可将危险源进行种类区分，依据危险源的类别，采用对应的预防和控制方法。总之，应用分类的方法来管理和控制危险源可以使安全工作更加有效，更加具有针对性。

一旦发生事故并采取了适当的应急救援和控制措施后，对事故进行调查，明确事故责任是一项非常重要的工作。由于事故具有突然性、瞬间性和毁灭性等特点，对事故进行调查是一项很复杂的工作。因此，要客观地揭示事故发生的原因，公正地划分事故责任归属，事故的整个调查程序必须采用逻辑思维方法，并遵循尊重科学、尊重客观事实的原则。在事故调查中一般会用到还原法和模拟法等科学思维方法，通过事故现场的一些事故痕迹、周边人员的调查笔录，应用还原法和模拟法再现事故发生过程。其实，整个事故调查过程，就是一个科学思维的过程，无处不体现科学思维方法的应用，特别是对演绎和归纳方法的应用。

安全工作中还有一项主要工作就是安全评价，安全评价是对危险进行辨识并评估其危险性的一个过程。安全评价过程也是一次科学思维过程与一次逻辑思维方法应用的过程，各种安全评价方法就是科学思维方法在安全评价工作中的具体应用。例如，事故树分析方法是演绎法的具体应用，可操作性研究方法是归纳法的具体应用。

安全科研中应用科学思维方法才能更加客观、更加有效地获得创新性成果，把握安全科学规律。在日常安全工作中充分应用科学思维方法，能提高安全工作效率，减少不必要的消耗。由于安全工作的复杂性、安全问题的模糊性，安全从业人员更应该注重科学思维的培养，掌握必要的科学思维方法并不断结合实际创新安全管理方法，这样安全工作才能得心应手、科学有效。

4.2 安全观塑造论

安全观指导人的行为表现，影响着人的认知、思维、信仰、态度、行为方式等。事故的发生绝大多数是由于人的不安全行为，错误、不健全的安全观会导致不安全行为，换言之，行为主体的安全观缺失、错误都可能导致事故发生。安全观与每个人都息息相关，探究安全观的本质内涵、塑造机理及方法对指导安全行为、减少人为失误从而降低事故发生的概率具有重要意义。

关联思想是对两个或两个以上的不同对象间的相关关系、相关程度及其关联本质属性的根本认识。从安全科学理论研究视角出发，目前国内外对安全观的研究多集中在以下几个方面：①将安全观与安全文化联系，从安全观念文化视角展开研究，如将安全观念文化作为安全文化的对象指标进行影响分析；②探究安全观与安全行为的相互影响机制，如对安全观与安全行为间的相互影响及其关联水平的评估进行研究；③在意识观念层面进行研究分析，如论述安全观与其他安全意识观念的关联关系；④安全观变迁研究，如对安全观进行概念界定，论述安全观的变迁和未来发展，从安全观转变视角论述如何提高安全观，并构建安全观思想模型等。

现有对安全观念的研究多间接依托于安全文化、安全行为、安全意识等内容展开，未在安全科学理论层面从本质上研究安全观、构成要素、层次结构、功能作用、特征属性、塑造机理等本质内容，不利于安全观塑造措施的提出。本节将探究安全观的本质内涵，进而构建安全观塑造机理模型，并提出安全观塑造的一般方法，以引导人形成安全认知和思维模式，输出安全行为，从而解决事故致因理论中人的不安全行为问题，避免和减少事故的发生。

4.2.1 安全观的内涵

1. 安全观定义

近年来，许多学者从不同的视角对安全观进行了阐述，为了获得安全观的真实含义，从安全科学领域出发，将几种有代表性的安全观的定义总结如下：① 从“安全”的本质内涵出发定义安全观，将“安全”和“观”分开来理解，强调对安全科学理论的认识和看法。② 从企业安全管理等视角出发定义安全观，着重于研究如何通过加强企业员工的安全观念、安全意识等来达到安全管理的目的；强调对安全科学实践的认识和理解。③从安全观的演化历程出发定义安全观，并将安全观归纳为宿命安全观、知命安全观、系统安全观和大安全观基本模式，从传统安全观和大安全观对比探讨安全观，强调对安全观的演化、变迁的认识。④从安全哲学视角出发，将安全观定义为在一定的环境下，每个人自身安全意识、安全观念、所处环境、安全技能等自身安全问题的综合反映；强调与人的价值观、人生观、世界观之间的关联关系。

从安全科学理论层面高度出发，在整合以上视角的基础上，以安全行为为落脚点，可这样理解安全观：它是人们对安全相关各事项所形成的认识和看法，既是安全问题的认识表现，又是安全行为的具体体现，影响着人的认知、思维、信仰、态度、行为方式等，其内容范畴涵盖了与安全相关的所有安全科学领域。安全观并不是多种安全观念等简单堆砌，而是指若干安全观念以独特的方式相互联系而构成的一个有特定功能的有机整体。安全观是指一定时空范围内的具有最终指导安全行为或行为倾向的安全认识，是安全观念、安全意识等的正负效应相互作用的结果，它具有阶段性，因此，常将安全观分为新安全观（大安全观）和旧安全观（传统安全观）。换言之，安全观不等同于安全观念，它是把安全观念零碎的部分系统化、整体化。由此可这样定义安全观：它是指人们对安全相关各事项所形成的认识和看法，并最终指导行为安全的具有积极效应的安全认识体系。

2. 安全观的属性特征

由安全观的定义可知，安全观至少具有相对稳定性、动态调节性、整体系统性、复杂非线性 4 个基本特征，具体解释见表 4-1。安全观的相对稳定性与动态调节性并不矛盾，正是由于人的安全观具有相对稳定性，人们才能预测在某个时空中可能出现的行为表现或行为倾向；并且正是由于人的安全观具有动态调节性，人们才能通过安全教育、安全管理、安全技术等措施来培养、完善、改造人的安全观。安全观的属性特征是提出安全观措施可行性的依据。

表 4-1　安全观的属性特征

特征	内涵解释
相对稳定性	安全观不断受社会生活条件、教育、经历等影响长期塑造而成。当主体的安全观较成熟且呈现规律性，或主体人性中因懒惰或惯性形成主体的习惯性时，呈现一定时期内的相对稳定性
动态调节性	客观事物在不断发展变化。随着知识、经验、实践等的积累，人的原有安全观也在不断被完善或创新。从总的安全观演化周期来看，呈现动态调节性
整体系统性	人的各种安全观并非彼此孤立存在，而是相互联系、相互依存地成为一个系统；安全观将零碎的观念相互关联以不断更新或创新，构成有机整体，是主体自身思想不断融合、“推陈出新”的过程，最终形成主体行为或行为倾向正当的理由
复杂非线性	安全观是针对有生命、思想活动的人而言，人本身的复杂非线性特性决定了安全观也具备同样的特征；安全观虽是完整的系统，但是其完善性和统一性并不是绝对的

3. 安全观的基本构成要素及其分类

结合安全科学属性特征，并剔除无关、重复、意义相近的词汇，将安全观概括为以下16个要素，即安全自主观、安全信仰观、安全生命观、安全预防观、安全规则观、安全价值观、安全契约观、安全协作观、安全目标观、安全法制观、安全宣传观、安全监督观、安全系统观、安全控制观、安全组织观、安全责任观。根据不同的标准进行分类，详见表4-2。由于某些要素从不同的角度有不同的解释或含义，会出现某些要素出现在同一个分类标准的不同模块中的现象。

表 4-2　安全观基本构成要素分类

视域	分类	内容
按层次	基础安全观	安全生命观、安全价值观、安全信仰观、安全自主观、安全预防观、安全规则观、安全契约观、安全协作观、安全责任观
	专业安全观	安全目标观、安全契约观、安全法制观、安全规划观、安全宣传观、安全监督观、安全系统观、安全控制观、安全组织观
按系统要素	人本安全观	安全生命观、安全信仰观、安全自主观、安全法制观、安全价值观、安全秩序观、安全契约观、安全责任观、安全预防观
	物本和事本安全观	安全监督观、安全控制观、安全目标观、安全协作观、安全规划观、安全系统观、安全组织观、安全宣传观、安全预防观
按所属关系	安全管理观	安全生命观、安全目标观、安全契约观、安全协作观、安全法制观、安全价值观、安全规划观、安全宣传观、安全监督观、安全系统观、安全控制观、安全组织观、安全责任观、安全预防观
	安全文化观	安全信仰观、安全自主观、安全规则观、安全价值观、安全契约观、安全协作观、安全法制观

续表

视域	分类	内容
按影响因素	个人安全观	安全生命观、安全责任观、安全价值观、安全法制观、安全规划观、安全控制观、安全预防观
	社会安全观	安全目标观、安全契约观、安全协作观、安全法制观、安全规划观、安全宣传观、安全监督观、安全系统观、安全控制观、安全组织观、安全责任观、安全预防观

安全科学理论和实践始终坚持以人为本的原则，事故可预防是树立安全预防观的基础，需将人的生命放在首位，人人都需要安全，生命价值平等，不进行对他人有伤害的行为，不可将风险转移给他人，因此，安全观需将安全生命观和安全价值观放在首位，将安全预防观深入人心，以此为核心进行安全活动。安全学科的基础思想为安全系统思想，在进行安全活动时，要将安全系统观贯穿始终，分析解决安全领域中复杂系统相互作用的安全问题，换言之，安全系统观是开展安全活动的根本认识。

4. 安全观的层次结构和功能作用

安全观不一定都具有安全价值，它还受时间属性、客观环境、安全知识、安全技能等的影响，换言之，安全观有正负效应之分，正面积极向上的安全观能指导人的安全行为，从而减少事故的发生，体现出安全观的正效应，此时安全观与行为表现呈现正关联；相反，负面消极向下的安全观会导致人的不安全行为，最终酿成事故，体现出安全观的负效应。另外，当安全观与某行为正负效应抵消或无关联或关联度小时，体现出安全观的平衡效应，如图 4-1 所示。需强调的是，安全观具有动态调节性，在安全活动的全周期内它是波动的，随时间变化具有正负效应，但其最终目的是加强正效应，弱化负效应，并指导人的安全行为。安全观的层次结构和功能作用相互影响，其影响模式如图 4-2 所示。

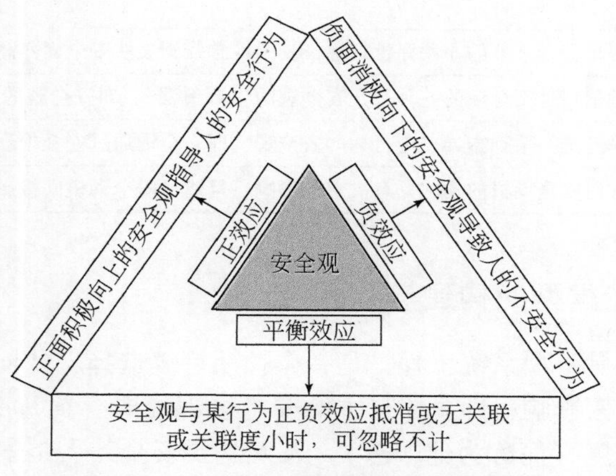

图 4-1　安全观与行为表现的关联关系

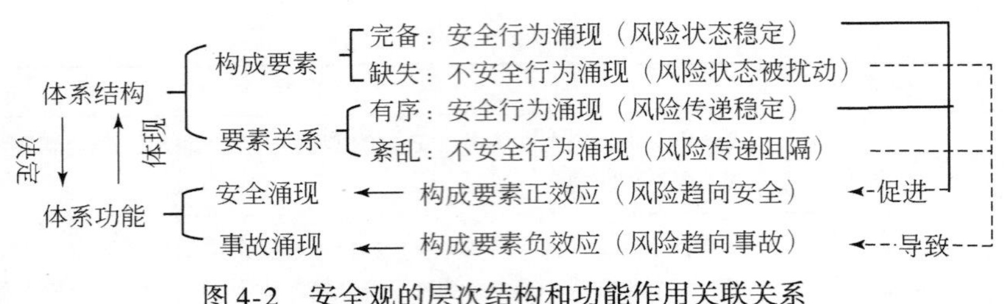

图 4-2　安全观的层次结构和功能作用关联关系

从图 4-1、图 4-2 中可以发现，只有当安全观的基本要素完备且各要素间关系和谐有序时，才会产生正效应，促成安全行为的涌现，避免事故的发生。正确的安全观是安全认识论的基础，是安全方针的指导理论，属于安全科学的研究范畴。因此，在进行安全观的安全教育、安全管理时，不仅要提升安全观教育和管理的广度，也要加强其深度。

4.2.2　安全观塑造机理

1. 安全观与其他安全体系间的关联关系辨析

以安全观为核心，以安全行为或行为倾向为目的，与安全观相关联的安全体系主要有安全意识、安全态度、安全理念、安全素养、安全道德、安全伦理、安全动机 7 种，其具体内涵及其与安全观的关联关系见表 4-3。

表 4-3　安全观与其他安全体系间关联关系释义

安全观相关术语	与安全观的关系
安全意识	安全意识包括了人在安全方面的所有意识要素和观念形态，结合人原有的思想形成安全观。换言之，安全意识是形成安全观的基础
安全态度	安全态度的对象是多方面的，包括客观事物、人、事件、团体、制度及代表具体事物的安全观等。换言之，安全观是安全态度的对象
安全理念	安全理念通过理性思维得到，是对安全观的一种再认识，即从安全观中提取出来的理性的认识
安全素养	安全观是安全素养的一项评价指标，安全观念强则表明安全素养高，两者呈正相关关系
安全道德	安全道德观是安全观的一种，是安全观的“调节器”，对安全观的建立具有规范和指导作用
安全伦理	安全伦理是一系列指导安全行为的安全观，即安全观通过安全伦理指导、规范安全行为
安全动机	安全观对安全动机的模式具有决定性影响，且通过安全动机间接影响安全行为

2. 安全观的塑造模型的构建与解析

安全观的塑造过程是一项系统工程，是一个长期持续选择、认同和内化的过程。安全观的塑造过程受两个因素影响，即主体自主的安全意识强弱（简称为自塑造）和受他人、组织、环境等的影响程度（简称为他塑造）。人人需要安全，人是安全的动力和主体，以提高个体的安全水平和技能为基点，以输出安全行为为目的，可建立安全观的塑造模型，如图 4-3 所示。其具体内涵解析如下：

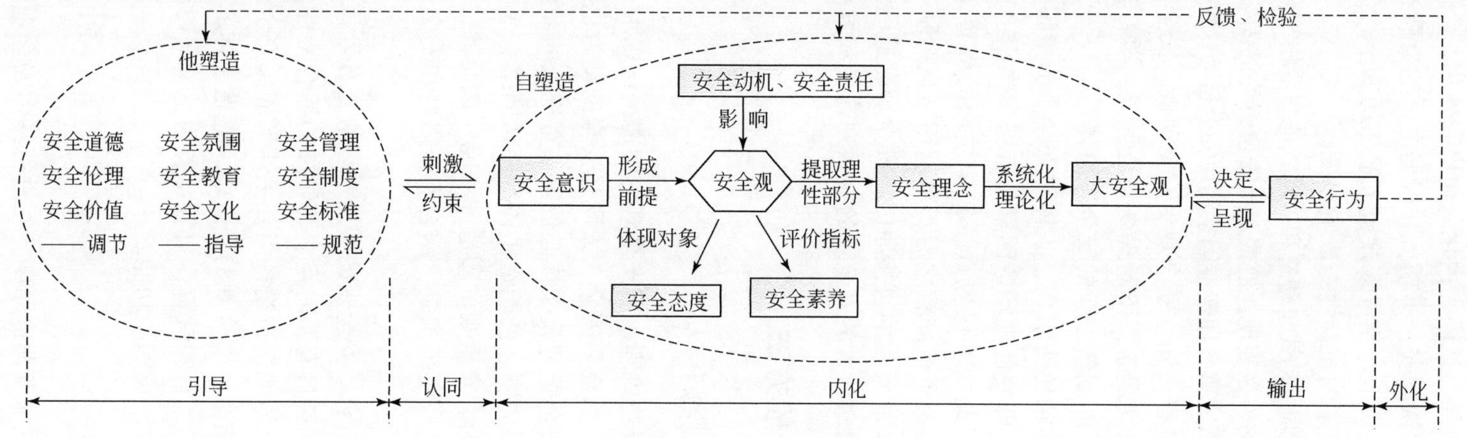
反馈、检验
他塑造
安全道德
安全伦理
安全价值
——调节
安全氛围
安全教育
安全文化
——指导
安全管理
安全制度
安全标准
——规范
刺激
约束
自塑造
安全动机、安全责任
影响
安全意识
形成
前提
安全观
提取理性部分
安全理念
系统化
理论化
大安全观
体现对象
评价指标
安全态度
安全素养
决定
呈现
安全行为
引导
认同
内化
输出
外化

图 4-3　安全观塑造模型

(1) 安全观的塑造包括引导、认同、内化、输出和外化5个阶段，首先安全观的他塑造因素刺激和引导主体认识并认同安全事项，并根据主体的自塑造因素选择性地将原有的安全观进行更新或强化，最终调节、指导、规范人输出的安全行为，主体的行为表现呈现并检验外塑造因素和内塑造因素的正确性与影响程度。

(2) 安全观的塑造过程强调主动式自塑造和被动式他塑造相结合，且自塑造是安全观的核心和灵魂，安全行为是安全观的外在表现，他塑造是安全行为的固化；同时，安全观支配安全行为，安全行为推动他塑造因素完善，他塑造因素约束安全行为，安全行为影响安全观。

(3) 从安全观的自塑造过程可知，安全观受安全动机、安全素养和安全责任等因素影响，因此，主体应树立自主保安观念，不断提高安全意识，学习和积累安全知识与安全技能，逐步建立大安全观，并不断创新出新的安全思想体系。

(4) 安全观的形成受主体情感影响大，主体对安全观的情感体验及由此产生的安全需要是实现安全观教育的关键，即要使他塑造因素具有引导作用，安全观的他塑造过程和自塑造过程间还需有认同感，因此，不仅应重视知识层面的教育，更应加强情感层面的认同，鼓励参与其中。当主体具备了认同感之后，可利用强化机制不断进行内化。

(5) 人的不安全行为是事故发生的直接原因，安全观塑造的最终作用结果是实现安全行为输出。从模型中可提炼出塑造人的安全观的一系列途径和方法。

4.2.3 安全观塑造的一般方法

1. 安全观塑造的基本原则

基于安全观的内涵及其塑造机理，对安全观的塑造提出以下4点基本原则：

(1) 坚持以人为本。人人都需要安全，人既是安全的动力也是安全的主体，是安全管理中最基本的要素，将人本安全管理放在核心位置，重视人的需要，充分体现安全观以安全生命观和安全价值观为首要原则，使塑造主体产生认同感。

(2) 坚持安全系统方法论。安全观的塑造并不能一蹴而就，它随社会发展不断更新与完善，是每个人一生的追求，应实事求是，结合安全需要和安全目的有效进行安全观的塑造活动。

(3) 主导性和多样性相结合。安全观的塑造过程应充分发挥主体的能动性，以自塑造为主，以他塑造为辅。安全学科具有跨时空、跨领域的综合特性，不仅要将安全观植入塑造主体心中，更要通过多样化的他塑造途径引导主体形成大安全观。

(4) 教育和自我教育相结合。安全观的塑造强调塑造主体的自塑造和塑造环境的他塑造相结合。自塑造以自我学习、自我教育、自我反省为主，同时他塑造应充分发挥主动引导、主动教育、主动管理及主动反馈的功能。

2. 安全观的塑造思路

基于安全观内涵、塑造机理及塑造原则，在进行具体安全观塑造活动时，以安全观塑造主体为对象实施“三步走”，即主体通过学习和积累安全知识与技能实现初步塑造，属于塑造安全观的内化过程，充分发挥塑造主体的主导作用；通过参与多样化的安全实践活动将安全观进一步强化，属于塑造安全观的外化过程；最后塑造主体和外界环境进行相互交流以获得全方位、多层次、内涵丰富的安全观，并将行为表现反馈以检验他塑造因素是否合理，属于安全观塑造的互化过程。塑造安全观的“三步走”思路如图4-4所示。

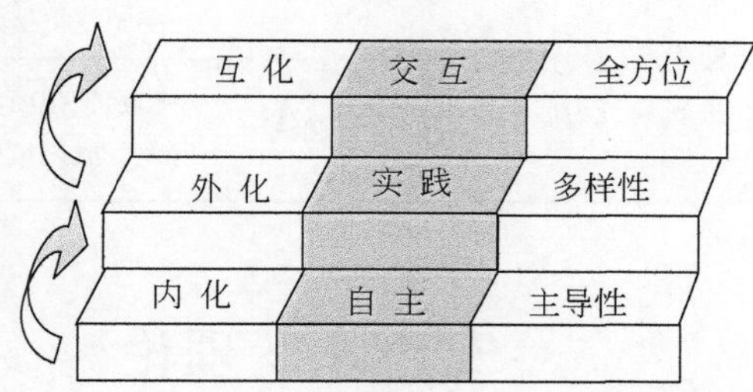

图4-4 塑造安全观的“三步走”思路

3. 安全观塑造的常见方法

安全观的塑造是有规律可循、有方法可依的。结合安全观的塑造机理、塑造思路，可利用自我知觉理论、需求理论、沟通理论、社会学习理论和强化理论等主要理论工具，提炼出安全观塑造的常见方法。安全观塑造的主要理论工具及常见方法详见表4-4。

表4-4 安全观塑造的主要理论工具及常见方法

主要理论工具	理论释义	常见方法	方法释义
自我知觉理论	主要阐释行为是否影响态度；可帮助主体更好地认识自我，是自我评价的重要理论基础	自我教育法	主体通过学习和积累安全知识与技能主动形成安全观；或主体不断对自我的思想、行为等进行反思与教育，使主体行为形成“要我安全—我要安全—我会安全”的转变
需求理论	根据个人活动的内在需求来理解、改造和纳入一定的价值准则。安全观的塑造以安全需要为基础	期望激励法	以激励和强化理论为基础，通过利用角色期待产生的效应，正面激励安全行为，弱化不安全行为
沟通理论	将信息在个体或群体间进行传递并获得理解的方法，包括单向、双向和多向三种方式	问答讨论法	通过问答方式与人交谈，抓住思维过程中的矛盾，启发诱导，层层分析，步步深入，引导人形成正确的安全观
		情感启迪法	用情讲理，让主体从内心深处理解并产生认同感
社会学习理论	主要探讨个人的认知、行为与环境因素三者及其交互作用对人类行为的影响，主张在自然的社会情境中而不是实验室里研究人的行为	氛围感染法	当主体受到良好环境和氛围感染，将自愿使自己与周围环境保持一致，产生与周围环境相符合的行为，并约束不安全行为
		情景模拟法	根据安全目的设置类似于真实情景的局部环境，让主体获得身临其境的操作、判断和决策感受，实现主体产生自主保安的目的

续表

主要理论工具	理论释义	常见方法	方法释义
强化理论	探讨刺激与行为的关系，多运用在教学和管理实践中，利用正强化或负强化的办法影响行为后果	强制服从法	通过制定法律法规、标准、制度和操作规范等强制约束或弱化主体的不安全观和行为
		代币管制法	用奖励强化所期望的行为促进更多安全行为出现，或用惩罚消除不安全行为的方法

4.3 安全降变理论

变化，是世间万事万物的共性。在安全领域，一直有研究者研究变化与事故的关系。变化，既有意料中的和有利的，又有意外的和不利的。国内外学者将变化中不利于安全的那一类变化视作扰动，并基于变化或扰动提出一系列安全理论与模型，如 Benner 提出的扰动起源事故理论，将事故看作以事件链中的扰动为开始，以伤害或损害为结束的过程；Johnson 提出的变化-失误模型，认为事故是由管理者或操作者未适应生产过程中物或人的因素的变化而导致的；Sklet（2004）将变化分析视为事故分析的一种可行的和重要的手段，并将其与多种经典事故分析方法置于等同地位进行分析研究；国内学者何学秋（1998）认为任一事物从诞生到消亡是动态的过程，任一事物的秩序都是由无序和有序两种状态的动态的更替变化所致，并基于此提出了经典的安全流变-突变这一系统的和动态的安全科学理论；此外，吴超基于扰动给出了安全容量的定义，在此基础上已有众多相关的研究成果。除上述基于变化的安全理论与模型之外，对于变化这一自然规律，在安全标准化和项目管理中有变更管理这一应对变化的重要理论与方法，即为了适应系统或项目中因素、状态、功能、理解和行为等的变化，随之进行变化的控制和管理，使系统朝着安全有序的状态演化。

变化是事物发展的客观规律，系统向更安全的状态演化需要经过变化，而系统的事故灾害发生过程也是一种变化。前者是我们所追求的，后者是我们需避免的。因此，从变化入手研究保障系统安全和预防事故灾难是一个非常关键的切入点。但目前已有的基于变化的理念、理论、模型和方法等的研究，大多仅停留在表层现象，系统的和成体系的研究甚少。因而，基于变化进行系统的、动态的和科学的安全理论、模型与方法的研究很有潜力并且大有可为，同时对安全科学的发展具有重要意义。

鉴于此，下面重点讨论与系统事故灾害发生相关联的不利的和偏离预期计划的变化，这里将这种变化简称为灾变或恶变。在此基础上，依据变化与系统安全和事故的一般规律，分析提出安全降变理论，基于安全降变理论给出作业场所事故致因的新定义和新分类，并构建基于安全降变理论的 C-S-R 事故致因新模型，提炼基于安全降变原理的事故致因新机制，为事故分析和事故防控提供有效的理论依据和方法。

4.3.1 安全降变理论的提出及其解析

1. 安全降变理论的内涵

系统是由若干要素组成的统一整体，任一事件或事故同样构成一个系统。根据“系统结构决定其功能”的基本系统原理可知，系统是结构和功能的统一体，结构是系统内部要素相互作用的秩序，功能是系统对外部作用的秩序。将讨论的系统具体为某一事件或事故，可将事件或事故发生前后各要素及各要素间关联的状态视为系统结构，将事件或事故的结果和影响视为系统功能，则系统变化（系统各要素及各要素间关联关系的变化）将导致系统目标、结果和影响的变化。若继续探究，进行辩证分析可知：

（1）变化会导致事故。系统结构决定其功能，系统结构变化则其功能变化；换言之，系统各要素及各要素间关联状态的变化，将影响系统结果。辩证分析系统的这种变化，其既可能促进系统出现好的结果，又可能导致系统出现坏的结果。分析其本质，当系统各要素及各要素间关联状态发生变化且作用于系统中的人、物与环境时，人的生理、心理和行为将对应发生变化，物的状态将对应发生变化，环境状态也将随之变化。当人的生理、心理和动作产生不利于系统安全的变化，物朝着衰变状态变化，环境朝着更加恶劣的状态发展时，共同的作用将导致系统朝着不利结果发展，将产生不利的影响。简言之，变化会导致事故，恶变必将导致事故。

（2）降变可预防事故。变化会导致事故这条一般规律，为事故预防提供了新的思路与方向。系统结构决定其功能，系统各要素及各要素间关联状态的变化会影响系统结果，变化会导致事故。逆向考虑，为使系统功能不改变，需保证系统结构不改变；即为使系统结果不改变，需保证系统各要素及各要素间关联状态不变化；为预防事故的发生，需使变化不发生。简言之，减少变化和避免变化可预防事故，即降变可预防事故。当然，趋好的变化有利于预防事故。

将以上两条安全系统分析的一般规律加以整理凝练，可总结成为一条新的安全科学基本理论——安全降变理论。安全降变理论，揭露了变化会导致事故的一般规律，同时指出了降变可预防事故，为系统分析和事故分析提供了新的视角，也为事故预防提供了新思路与新方法。

2. 安全降变理论的研究意义

理论而言，开展一项研究时应具有充分的缘由，这是顺利开展该项研究的基本前提，也是开展该项研究的价值和意义所在。概括而言，安全降变原理的提出与研究，其缘由主要有以下 5 个方面。

（1）系统变化的研究具有普适性。“无物常住，万物皆流”，系统是动态的和不断发展的，系统中各要素及各要素间的关联状态是不断变化的。系统变化是动态的和普遍的，因而对系统变化的研究也具有普遍意义和普适性。

（2）变化分析适用于系统各要素。随着社会和技术的发展，安全系统日趋巨大化与复杂化。安全系统的复杂性，使得系统分析变得复杂化与烦琐化，常规的分析视角很难兼顾系统中各个要素（如对系统中人的心理分析并不适用于系统中物和环境要素的分析）。由于系统的动态性，系统中各要素的动态变化成为系统中各要素的共性，系统变化的分析得以连接系统中各要素的分析，实现系统中各要素的连接和统一。

（3）安全降变理论是一般规律而非绝对规律，是适用于系统安全分析的基本理论。由系统安全韧性理论可知，安全系统在一定时空内面对风险的冲击与扰动时，具有维持、恢复和优化系统安全状态的能力。由于系统安全韧性，变化不一定都会导致系统事故，需要辩证分析与探究。安全降变理论是经辩证分析得出的理论，符合系统本质特性，具有合理性。

（4）安全降变理论的研究符合现代安全科学研究的“信息学化”和“行为学化”趋势。安全降变理论的合理性体现在理论研究和应用的辩证思想上，辩证分析的理论基础是系统安全韧性理论，系统安全韧性可由人的行为实现。安全降变理论的研究和应用，其实质最终会落到行为这一基本点，行为的指导又是由信息的感知和认知实现，因而安全降变理论的研究与应用，最终会落到信息与行为这两个实质基本点，这符合现代安全科学研究的“信息学化”和“行为学化”趋势，具有研究基础，因而是可行的。

（5）安全降变理论指出变化会导致事故，将变化作为基本研究要素，为系统安全分析和事故分析提供了新的视角，为事故致因的定义和分类提供了新的标准，为事故分析提供了新的理论依据；同时，安全降变理论提出降变可预防事故，指出可通过积极的降变手段和措施来预防事故的发生，为事故的预防和控制提供新的切入点和对策措施。

由此可见，进行安全降变理论的研究以及进行基于安全降变理论的一系列研究，在理论层面和实践应用层面都具有重要意义。下面从基于安全降变理论的系统变化分类方法和对作业场所事故致因定义和分类的创新，来证明安全降变理论的实际价值。

4.3.2 基于安全降变理论的应用例子

1. 基于安全降变理论的系统变化分类实例

系统变化的分类，是进行安全降变理论研究的基础。为准确表征变化与事故之间的联系，通常需要对系统变化进行准确的分类与分析。

（1）安全科学研究中，常将安全系统划分为宏观安全系统、中观安全系统和微观安全系统 3 个层面进行整体分析。宏观安全系统以社会技术系统的大环境作为中心，如国家政府层面、安全监督管理机构层面等；中观安全系统以公司等组织系统为中心，可划分为组织内部和组织外部进行分析；微观安全系统以人、机或人机交互为中心。因而在探究变化对系统安全的影响机制时，从宏观安全系统、中观安全系统和微观安全系统 3 个层面进行分析，寻求对研究对象的整体把握。

（2）无论是宏观安全系统的变化、中观安全系统的变化还是微观安全系统的变化，都可能引起系统内行为者的心理、生理、知识结构、感知、认知、决策和行为的变化，使行为者的行为状态由安全状态变化为不安全状态，从而引发事故。

（3）宏观安全系统的变化、中观安全系统的变化和微观安全系统的变化，一方面会影响系统内物的状态的自然变化，加速或阻碍系统内物的状态变化；另一方面会通过影响系统内行为者的行为，进而对系统内物的变化产生干预，使得系统内物的状态改变的速度发生变化，或使得系统内物的状态改变的轨迹发生变化。

（4）宏观安全系统、中观安全系统和微观安全系统间，既有沿着系统层级次序的正向的作用，又有逆向的反馈。一方面，宏观安全系统变化依次影响中观安全系统和微观安全系统的变化；另一方面，微观安全系统变化和中观安全系统变化的逆向反馈，最终会影响宏观安全系统的变化。各层级安全系统间的正向作用和逆向相互反馈，使得各层级系统间相互作用，形成统一整体。

宏观安全系统、中观安全系统和微观安全系统之间并无明显界定或界限，各层级系统中的变化从不同视角可有不同细致分类方法。

基于上述分析，可列出宏观、中观和微观等各级安全系统中的主要变化类型，如图4-5所示。

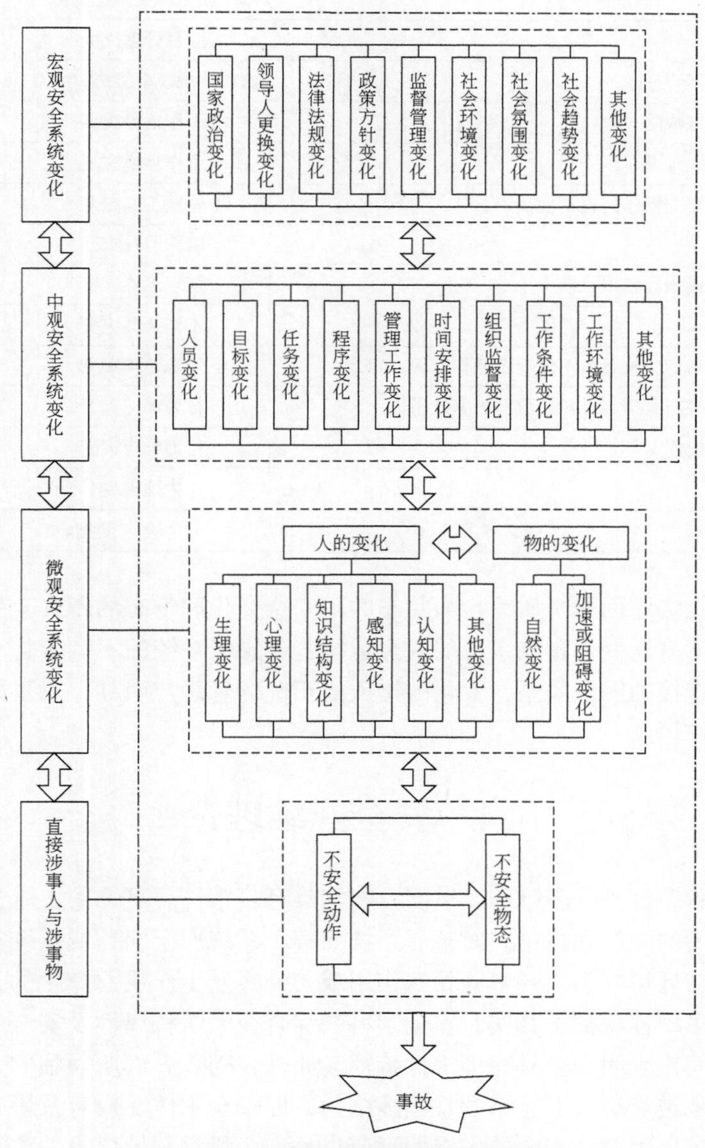

图4-5 各层级系统变化的分类实例

2. 基于安全降变理论的作业场所事故致因新定义及分类

安全降变理论揭示了变化会导致事故这一一般规律。将导致事故的每一动作、物态、环境情景等的发生瞬间视作特殊的时间节点，则每一特殊时间节点前后的动作、物态、环境情景等状态的差异，即为导致系统事故发生的变化（灾变），即事故致因。考虑事故致因出现的时间节点前后的系统状态的差异，重新定义事故致因，提出基于安全降变理论的事故致因新定义及分类和例子，详见表4-5。

表4-5 基于安全降变理论的作业场所事故致因新分类及实例

事故致因例子	基于安全降变理论的原因	变化尺度的归类
监督管理不到位	监督管理灾变	宏观安全系统变化
法律法规及政策方针不合理	法律法规及政策方针灾变	宏观安全系统变化
安全防护装置缺少或有缺陷	工作条件灾变	中观安全系统变化
生产（施工）场地环境不良	工作环境灾变	中观安全系统变化
没有安全操作规程或安全操作规程不健全	管理工作灾变	中观安全系统变化
劳动组织不合理	组织监督灾变	中观安全系统变化
对现场工作缺乏检查或指导错误	管理工作灾变	中观安全系统变化
技术和设计上有缺陷	工作条件灾变	中观安全系统变化
教育培训不够或未经培训，缺乏或不懂安全操作知识	知识结构灾变	微观安全系统变化
没有或不认真实施事故防范措施，对事故隐患整改不力	行为响应灾变	微观安全系统变化
违反操作规程或劳动纪律	行为响应灾变	微观安全系统变化
操作者生理不适	生理灾变	微观安全系统变化
操作者判断和操作不当	行为响应灾变	微观安全系统变化

事故发生的直接原因的实质为行为状态的不安全变化和物态的不安全变化，各层级系统的不利变化和不安全变化影响系统的安全运行，各层级系统的不利变化和不安全变化与事故的发生有着直接的因果关系，变化的错误或正确的管理与引导，对事故的发生或预防有着直接的决定作用。

4.4 安全降维理论

从哲学角度看，世界是多维的，世间万物均具有多维性。事物的多维性特征一直颇受各学科领域研究者的关注和讨论。对某一系统而言，系统安全问题或系统安全影响因素是由系统内人、物与环境等系统要素间相互作用或与外界发生作用而产生的，同样具有多维性，即安全具有多维性特征。其实，安全学科的综合交叉学科属性及安全的复杂性、非线性与动态性等也间接表明安全具有多维性特征。此外，随着人们所面临的安全问题或安全影响因素变得越来越复杂，安全科学日趋多维化，即安全主体、内容及影响因素等的多维性表现等日趋突出。因此，安全的多维性理应也是安全科学领域值得关注和研究的安全的重要属性之一。

显而易见，事物的维数的增加会使得人们对事物的认识更加本质化和系统化，但维数的膨胀也会使所研究问题或对象更加复杂。为解决“维数灾难”难题，学界很早就提出降维思想或方法，即通过一些特殊技巧和方法等把一个高维问题逐步分解为一些低维问题，以此来减轻“维数灾难”，目前学界主要集中于高维数据或系统等方面的降维研究和实践。同样，安全的多维性也会对安全科学研究，尤其是对安全系统学中的多维系统安全问题的解决与多维系统安全影响因素的控制带来诸多困难，如会显著增加对其进行科学分析、解释与应对等的难度，因此，对它们进行降维处理就显得尤为重要。此外，目前绝大多数系统安全保障对策均是从事故致因理论提出的，且尚未阐明各类安全系统学思想（如系统分解思想与问题归类思想等）与系统安全保障对策（安全标准规范与危险物质分类存放等）等所应遵循的普适性根本理论依据。显然，安全的多维性及其降维研究可为从正面视角（即基于安全的属性）提出系统安全保障对策，并为各安全系统学思想与系统安全保障对策的提出与应用提供理论依据，可谓是安全科学理论研究发展的一个重要新进展。

根据安全降维思维，提出安全系统降维理论。从学科理论建设的高度，进一步论证安全系统降维的必要性与可行性，并对安全系统降维理论基础问题开展深入系统研究和实证，以便为安全的多维性情形之下的安全系统学研究与安全管理实践等提供理论依据和指导。

4.4.1 安全的多维性基础问题

1. 安全的多维性的定义

维（即维度的简称）在不同学科领域有不同的含义，如数学（几何学）中的维是指独立的参数；物理学中的维是指独立的时空坐标。基于广义哲学视角，可给出维的统一定义，即维是指事物“有联系”的抽象概念的数量。细言之，“有联系”的抽象概念就是指事物的某一方面、某一属性、某一侧面或某方面联系等。多维，一般指 3 种以上维度同时存在并发生作用的状态。

就哲学角度而言，事物的客观属性具有多维性。因此，为实现对某一事物的全面认识，需基于不同维度（即视角或出发点）考量研究该事物。由此推理，安全也具有多维性。安全的多维性可定义为：n 种（一般 $n\geqslant3$）维度的安全问题或安全影响因素同时存在于某一系统并对该系统的安全状态产生影响。

2. 安全的多维性的表现

由安全的多维性的定义可知，安全的多维性主要体现在 3 方面，即安全主体的多维性、安全内容的多维性与安全影响因素的多维性，具体解析如下。

（1）安全主体的多维性。安全主体的多维性是指就某一较大系统而言，安全主体一般均是多层面的。以全球与国家两个巨系统为例：①就全球而言，安全主体包括国际系统、国际子系统（即国际组织）、单元（如国家与民族等）、子单元（如各国政府机构与企业等组织）和个人等不同层面；②就国家而言，若按国家行政区划办法划分，安全主体包括国家、省（市）和县等；若按组织规模划分，安全主体包括国家、民族、企业（学校）、家庭与个人等。

（2）安全内容的多维性。安全内容的多维性是指安全所涉及的内容一般均是多方面的。例如：①从大安全视角看，安全内容覆盖传统安全（如国家安全、社会安全、政治经济安全、生产生活安全等）和非传统安全（非政治、非军事、非常规问题引发的安全问题）；②从生产安全视角看，可划分出很多行业的安全问题；③从具体安全保护对象看，安全内容包括生命（包括健康）安全与财产安全；④从安全知识类型看，安全内容包括诸多学科分支，等等。显然，还可以枚举出无数的安全内容分类方式，由此可知，基于不同维度可将安全内容划分为若干较为具体的安全内容，即安全内容具有多维性。

（3）安全影响因素的多维性。安全影响因素的多维性是指一般情况下，系统的安全状态同时受多维度安全影响因素的共同影响，它是安全的多维性特征的最重要与最明显的体现。由此，根据常见的系统安全影响因素及其所属类别（即维度），建立的系统安全影响因素的多维结构模型如图 4-6 所示。

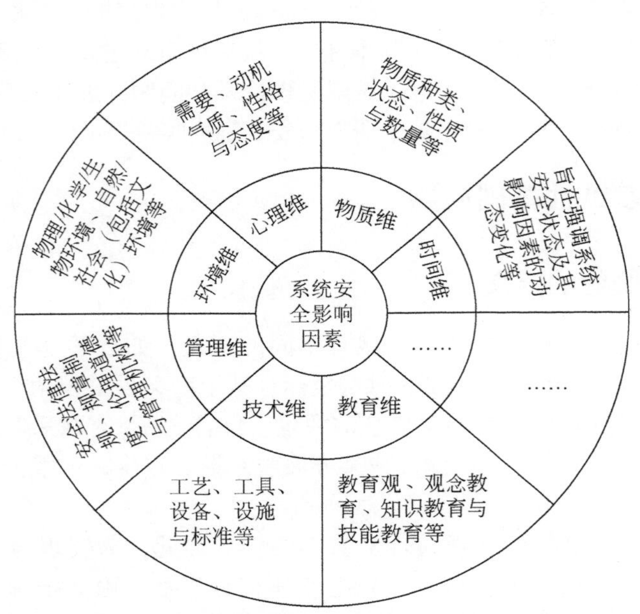

图 4-6　系统安全影响因素的多维结构模型

由图 4-6 可知，一般而言，某一系统的安全状态会受到图 4-6 中的几个或所有维度的安全影响因素的同时影响。此外，需特别指出的是，物质维、心理维、环境维与管理维等一级维度下的若干较为具体的系统安全影响因素，一般也具有多维性。例如，就心理维下的安全态度与动机而言，不同个体具有不同的安全态度与动机，且每个个体的安全态度与动机在时刻保持动态变化（即具有随意性）；就物质维下的物质种类与性质而言，物质种类成千上万，而各种物质的化学和物理性质等又不尽相同，等等。因此，显而易见，系统安全影响因素一般具有多维性。

综上所述可知，安全具有显著的多维性。换言之，多维性是安全的重要而普遍的特征之一。其中，安全主体与内容的多维性主要体现某一系统中所存在的安全问题的多维性，而安全影响因素的多维性则主要体现对系统安全状态有影响的因素的多维性。显然，安全主体的多维性、安全内容的多维性与安全影响因素的多维性三者间又可互相解释和说明，且彼此间相互关联，共同体现和决定安全的多维性特征。

4.4.2 安全降维理论的深度分析

1. 安全降维的必要性与可行性

在安全科学研究与实践中，人们一致认为，保障系统安全需从多角度、多因素、多手段与多环节着手。与此同时，人们不禁会思考并发问：①人们能够解决具有多维性的系统安全问题吗？②若能，那又如何从多维性的系统安全问题或系统安全影响因素中找到保障系统安全的具体安全对策呢？显然，对上述两个问题的回答便是安全降维问题的基本出发点和关键所在。具体解析如下：

（1）对于问题①，其回答肯定是“能”，而事实也是如此，这也是安全科学研究与实践的重要价值的体现。具体言之，就是运用安全降维方法（即降低系统安全问题或系统安全影响因素的维数）来解决具有多维性的系统安全难题。这就需回答另一问题，即为什么要进行安全降维，这是因为：鉴于安全具有多维性，为了解具体的系统安全问题或系统安全影响因素，并探寻较为具体且较具针对性的系统安全保障对策，就必须要对系统安全问题或系统安全影响因素进行降维处理，以实现对多维系统安全问题的解决或多维安全影响因素的控制。

（2）对于问题②，显而易见，其答案亦是安全降维。但是，该问题的答案的关键点并非仅为此点，还需回答隐含的另一关键问题，即安全降维是否可行。就理论而言，通过降维方法可实现对系统安全问题或系统安全影响因素的具体化（即低维化），从而找到较为具体且较具针对性的系统安全保障对策，即理论层面的“安全降维可行”；就实践而言，实则大量系统安全保障思路与对策等均是基于安全降维思想与方法得出的，即实践层面的“安全降维亦可行”。总而言之，安全降维方法是可行的，即其能从多维性的系统安全问题或系统安全影响因素中找到保障系统安全的具体安全对策。

由以上分析可知，就必要性与可行性而言，安全降维同时具有极强的必要性与可行性，这充分表明安全降维理论的提出与研究具有极高的学术意义与实践价值。

2. 安全降维理论的内容与内涵阐释

基于安全的多维性及安全降维的必要性和可行性分析，提出安全降维理论。安全降维理论，是指以保障系统安全为着眼点，针对安全的多维性特征，把多维系统安全问题或系统安全影响因素转化为较为简单具体的系统安全问题或系统安全影响因素，而且较容易对转化后的具体系统安全问题或系统安全影响因素进行科学理解和解释及有效控制，进而提出较具针对性和最优或近似最优的系统安全保障对策的一种安全系统学思维和方法。简言之，安全降维理论的主体内容是“着眼点（保障系统安全）→针对现象（安全的多维性）→思维方法（安全降维）→直接目的（实现安全降维优势）→最终目的（获得可行安全方案，即保障系统安全）”，如图 4-7 所示。

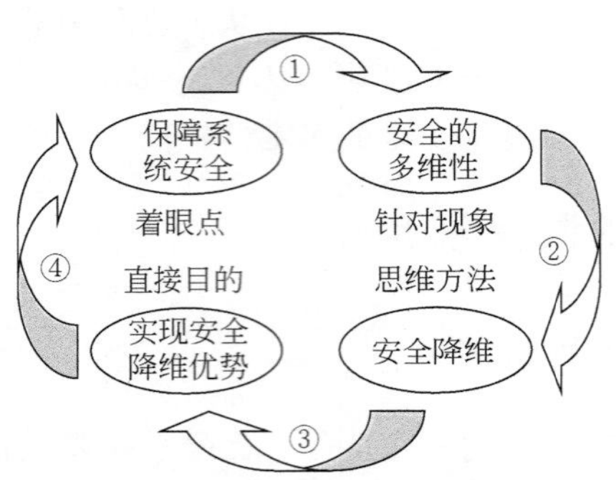

图 4-7　安全降维理论的主体内容示意图

基于安全降维理论的内容，阐释其内涵，具体分析如下。

（1）安全降维理论的着眼点是保障系统安全。由安全降维的必要性和可行性分析易知，安全降维的最终目的是找到保障系统安全的具体安全对策。换言之，保障系统安全是安全降维理论的基本着眼点（即出发点），也是安全降维理论的最终目的，即其着眼点与最终目的是相吻合的。

（2）安全降维理论是针对安全的多维性特征提出的。由安全的多维性的定义可知，多维性是系统安全问题或系统安全影响因素的重要特征，也正是它们的多维性特征致使解决系统安全问题或控制系统安全影响因素存在诸多困难，为克服这些困难，就需通过降维方法以解决多维系统安全问题或控制多维安全影响因素，换言之，安全的多维性是提出或催生安全降维理论的根本触发因素和驱动力；此外，正是安全的多维性特征才为安全降维提供了充分可能，换言之，若安全不具有多维性，安全降维也就失去了其必要性与价值。

（3）安全降维理论的关键是对多维系统安全问题或多维安全影响因素进行降维处理。换言之，如何将多维系统安全问题或多维安全影响因素转化为低维系统安全问题或安全影响因素，并由此发现其内在结构与特点等是安全降维理论的关键。安全降维主要包括两方面含义：①多维系统安全问题的降维处理，即根据安全主体与安全内容等的不同，将存在于系统中的多维安全问题进行降维处理，以实现对具体安全问题的具体分析和解决；②多维安全影响因素的降维处理，即根据安全影响因素的属性，将系统安全影响因素进行降维（如一致化与标准化等）处理，以实现对具体系统安全影响因素的控制。

（4）安全降维理论的直接目的是实现安全降维优势。由安全降维的必要性和可行性分析易知，概括而言，安全降维的优点主要体现在两方面：①对解决多维系统安全问题或控制多维系统安全影响因素颇具优势；②可大幅度改善对多维系统安全问题或多维系统安全影响因素的可理解性与可解释性，即有助于对多维系统安全问题或多维系统安全影响因素进行科学分析和解释。总而言之，安全降维可大大降低安全系统学中多维安全难题的研究和实际解决难度。由此观之，安全降维理论不仅对安全系统学实践具有重要的指导作用，还对安全系统学研究具有方法论层面的重要指导价值。正因安全降维具有上述两方面重要优势，所以有必要提出安全降维理论并开展其研究与实践。因此，安全降维理论的直接目的实则是实现安全降维优势。

（5）安全降维理论是对多维系统安全问题或多维系统安全影响因素进行全面考察和认

识的有效手段。由以上分析可知，通过安全降维处理，并非仅是从某一视角或侧面来解决系统安全问题或控制系统安全影响因素，而实则可基于多角度、多因素、多手段与多环节考量与探讨保障系统安全的安全对策，即实现了对系统安全问题或系统安全影响因素的全面考察和认识，这与安全系统学的研究视角（即系统视角）便不谋而合。

综上，究其本质，安全降维理论实则是一种在安全的多维性情形之下，对现实系统中的多维系统安全问题或多维系统安全影响因素进行分析、建模、解决和控制的典型而有效的安全系统学研究与实践的思维和方法。此外，显而易见，安全降维理论可谓是安全科学理论研究的一个新进展，是安全工作理论的高度概括，是遵循安全从繁到简的本质描述，是安全工作的基本法则之一。

4.4.3 安全降维理论的普适性

由安全降维理论的内容与内涵可知，安全降维理论可广泛运用至安全系统学的理论研究层面与实践应用研究层面。下面基于上述两个层面，对安全降维理论应用的普适性进行论证，以表明安全降维理论具有重要的应用价值和广泛的应用范围。

1. 理论层面的应用

就理论层面而言，安全降维理论是一种安全系统学研究方法，属于方法论的范畴。其在安全系统学理论研究中已被广泛应用，为方便和简单起见，运用归纳方法仅对安全系统学理论研究中的较具代表性的 8 种安全降维方法，即问题归类方法、因素归类方法、对策归类方法、系统分解方法、系统横断方法、局部安全方法、寻关键点方法与安全评价方法进行举例和解释（表 4-6）。

表 4-6 较具代表性的 8 种安全降维方法

应用实例	具体解释
问题归类方法	问题归类方法是指根据系统中各安全问题的本质属性的相同点和不同点，将安全系统学的具体研究对象分为不同种类的具体安全问题的一种安全系统学研究方法，其本质是一种典型的多维系统安全问题的降维方法，如生产安全问题可分为矿山安全、建筑安全、化工安全与电力安全等具体安全问题
因素归类方法	因素归类方法是指根据各系统安全影响因素的本质属性的相同点和不同点，将安全系统学的具体研究对象分为不同种类的具体系统安全影响因素的一种安全系统学研究方法，其本质是一种典型的多维系统安全影响因素的降维方法，如系统不安全因素可归纳为人、物、环境与管理 4 方面，每一方面的系统安全影响因素又可细分为若干小类（如人方面包括生理、心理与人性等方面）
对策归类方法	对策归类方法是指根据保障系统的各安全对策的本质属性的相同点和不同点，可将保障系统安全的对策划分为不同类型，进而安全系统学的具体研究对象可定为某类安全对策，其本质是一种安全降维方法，如最为典型的安全“3E”对策
系统分解方法	系统分解方法是指把一个规模庞大，安全主体、安全内容或安全影响因素繁多，安全信息量巨大且安全管理复杂而困难的系统，分解成若干个相对独立的子系统开展具体研究，其本质是一种安全降维方法，如可将组织安全文化系统划分为人与物两个子系统开展组织安全文化研究

续表

应用实例	具体解释
系统横断方法	系统横断方法是指针对系统某一断面（即剖面）的安全问题或安全影响因素开展安全系统学研究，其本质是一种安全降维方法，如对企业系统的组织层面和个人层面的安全问题或安全影响因素分别开展研究
局部安全方法	局部安全方法是指通过保障系统局部（即子系统）安全来实现保障整个系统安全的安全系统学研究方法，其本质是一种安全降维方法，这类似于系统分解方法，不再对其进行详细解释
寻找关键点方法	寻找关键点方法是指通过寻找系统突出安全问题或安全影响因素，解决系统突出安全问题或控制系统突出安全影响因素以实现系统安全的安全系统学方法，其本质是一种安全降维方法，如通过系统安全薄弱环节的改善以实现整个系统安全水平的改善
安全评价方法	由诸多系统安全评价方法可知，对整体系统安全状态信息的表达均是建立在安全降维基础之上，即一般通过将各风险维度的安全信息以打分与测量等方式，最终经归一化处理为无量纲的分值来表征系统整体安全水平，其本质是一种安全降维方法，类似于高维安全数据的降维处理

2. 实践层面的应用

就实践层面而言，安全降维理论是贯穿于整个安全系统学应用实践过程的一种根本指导理论和方法。经梳理分析发现，目前学界、政界与企业界等主要围绕多维系统安全问题解决和多维系统安全影响因素控制两方面开展安全降维理论方面的安全系统学应用实践活动。具体分析如下：

（1）在多维系统安全问题解决方面，目前人们主要运用上述提及的问题归类方法与系统分解方法等安全降维方法开展安全降维理论应用实践活动。对部分较具代表性的应用安全降维理论解决多维系统安全问题的实例进行举例，见表 4-7。

表 4-7　安全降维理论在多维系统安全问题解决方面的应用

应用实例	具体举例
政府安全监管机构设置	例如，根据安全主体的不同，我国将政府安全监管机构设置为国家、省（市）与县等不同层级；根据安全内容的不同，我国政府安全监管职责又分配至各个部门（如公安部门负有交通安全监管职责，卫生行政部门负有食品安全监管职责等），且各安全监督管理部门又内设不同机构（如危险化学品安全监管科、工商贸企业安全监管科与职业安全健康监管科等），等等
企业安全管理部门设置	例如，企业设有安全生产委员与安全部（科），且其他部（科）直至班组的负责人等均负有安全管理职责，等等
安全法律法规等的制定	例如，根据安全内容的不同，我国制定了《中华人民共和国安全生产法》（为加强安全生产工作，防止和减少生产安全事故）与《中华人民共和国职业病防治法》（为预防、控制和消除职业病危害，防治职业病，保护劳动者健康及其相关权益），且又制定了《中华人民共和国矿山安全法》、《建设工程安全生产管理条例》与《危险化学品安全管理条例》等具体配套安全法律法规，等等
安全学科专业课程设置	针对不同的安全问题，我国现行的学科划分标准将一级学科“安全科学技术”划分为“安全社会科学”、“安全物质学”与“安全工程技术科学”等二级学科，每一个二级学科又包含若干三级学科，等等

续表

应用实例	具体举例
安全学科专业方向设置	针对不同的安全问题，我国高等院校将安全学科专业方向设置为安全技术及工程与安全管理工程等，且又可细分为矿山安全、建筑安全、化工安全、应急管理与职业卫生管理具体专业方向，等等

（2）在多维系统安全影响因素控制方面，根据事故致因理论，即事故主要是由人的不安全行为与物的不安全状态所致，换言之，系统安全影响因素主要包括人因与物因两方面，故目前人们主要围绕人因降维与物因降维两方面开展安全降维理论在多维系统安全影响因素控制方面的应用实践。其实，若将“物以类聚，人以群分”的原则运用于多维系统安全影响因素控制，就是对安全降维理论的极好验证或实践。细言之，若将其用于多维系统安全影响因素控制，“人以群分”就是人因降维，“物以类聚”就是物因降维。在此，对此类应用实践实例进行概括举例，见表4-8。

表4-8 人因降维与物因降维的应用

类型	子类	具体举例
人以群分	人方面的危险有害因素分类	人方面的危险有害因素可划分为心理性危险有害因素、生理性危险有害因素与行为性危险有害因素等，又可细分为负荷超限、心理异常、操作错误与指挥错误等（Sundeen and Mathieu，1976）
	安全教育培训分类	安全教育培训按教育的对象可划分为领导干部的安全教育培训、专职安全管理人员的安全教育培训、其他管理人员的安全教育培训、新员工的三级安全教育培训、转岗及重新上岗人员的安全教育培训与特种作业人员的安全教育培训等
	危险作业分类	根据不同危险作业类型（如动火作业、高处作业、受限空间作业与动土作业等），把危险作业人员划分为不同类型的危险作业人员，以便于有针对性地开展安全管理和安全教育等
	岗位安全要求分类	一般而言，对不同岗位（如领导岗位、管理岗位与作业岗位等）的人员应有不同的安全要求（安全职责分配与安全知识技能掌握等），在实际安全管理工作中，需分类处理
	安全职责划分	就政府安全监管职责而言，交通运输部门（道路运输安全）、质监部门（特种设备安全）、住建部门（建筑工程安全）与公安部门（消防安全）等部门负有不同的安全监管职责；就企业安全生产管理职责而言，法人代表、总经理、副总经理、专职安全员与其他企业人员等，或安全环保部门、生产部门、采购部门和财务部门等部门负有不同的企业安全生产管理职责
	安全社区分类	一般而言，社区规模与社区居民的安全需求对安全社区的建设要求具有显著影响。因此，可按社区规模和社区居民的安全需求对安全社区的类型进行划分，前者包括巨型、大型、中型、小型与微型安全社区，后者包括高、中、低安全需求的3类安全社区

续表

类型	子类	具体举例
物以类聚	物方面的危险有害因素分类	物方面的危险有害因素可划分为物理性危险有害因素、化学性危险有害因素与生物性危险有害因素等，又可细分为化学品类、辐射类、生物类、特种设备类与电气类等（Sundeen and Mathieu，1976）
	生产现场区域划分	生产现场区域划分是进行安全目视化管理的关键。生产现场区域可分为作业区域、安全通道、易燃易爆区域与休息区等，以便于针对具体区域的物因开展有针对性的安全管理和防护
	危险物质分类	危险物质分类存放，可使小范围内的危险物质相同，即降低危险物质的多样性维数，便于对危险物质进行安全管理
	安全标志分类	根据安全标志所表示的不同安全意义，我国现行的《安全标志及其使用导则》（GB 2894—2008）将安全标志划分为禁止标志、警告标志、指令标志与提示标志等

此外，除上述“人以群分”的人因降维方法和“物以类聚”的物因降维方法外，其实，大量的安全法律法规、安全规章制度与安全标准规范等的本质作用理论也可归为人因降维或物因降维，具体举例如下。

（1）物因降维：①严格工艺技术设备准入，即降低物因多样性维数；②对不符合安全法律法规、安全规章制度或安全标准规范等要求的设施、设备、装置、器材与运输工具等进行淘汰或责令停止使用处理，即降低物因的多样性维数；等等。

（2）人因降维：①安全法律法规、安全规章制度与安全标准规范等可规范组织或个体的任意行为，即降低组织或个体行为的随意性维数；②安全教育与安全文化等可使人的安全态度、知识、技能和能力等趋于一致，即降低人的随意性维数；③严格人员素质准入，即降低人的安全素质维数，等等。

4.5 安全研究新论

随着社会的发展和人们对安全的要求不断提升，安全科学需要有新的理论加以补充，本节综述的三种安全新观点，在某种程度上填补了安全正向作用的理论空白，拓宽了安全工作的领域。

4.5.1 安全研究的三种新观点

1. 从研究事故到研究安全现象

安全科学研究的对象是什么？在生产安全领域较早的典型说法是以事故为研究对象，其基本思想是事故是生产生活中经常出现的问题，如果事故得到抑制，大家所处的环境就安全了。因此，得出“安全科学是事故预防的科学”的结论。显然，这一说法是有一定道理的。然而，人们在实际开展事故预防工作中，也遇到了诸多问题。

(1) 预防事故并不能包含所有的安全工作。例如，信息安全、安全文化、安全伦理、隐私保护等，日常很多工作用安全很容易囊括，但用事故预防就显得比较有局限性。

(2) 未发生的事故是未知的，如果事前能够知道何时某一确切地点或人会发生事故，那预防事故就变得非常简单，也不太容易会发生事故，但现实中事故还是经常发生。由此可以反过来说，事故具有不确定和未知性，进而可以说，安全的研究对象为不确定的事故，而这正是风险研究的说法，即安全科学以事故为研究对象的说法尚有待商榷，实际上并没有确定的研究对象。

(3) 如果安全科学不研究安全而研究事故，那安全科学就可以称为事故科学，因此，与“安全科学是事故预防的科学”本身存在悖论。

(4) 事故预防还是不够的，当发生事故时，人们还需要有应急处置、应急恢复、事故处理、事故教训等工作，即使局限在事故预防科学领域，仅仅开展事故预防工作还是不够的。

(5) 事故的范畴包括什么？这很难界定。例如，安全感、心理创伤、制度缺陷、落后的文化、错误的理念等，以及战争、灾害、流行病、恐怖活动、信息泄露、职业卫生、可靠性等，人们不习惯将这些问题归类到事故预防之中。

(6) 还有一个更明显的事实，不管是过去还是现在，人们都有一个很好的经验，就是从安全的人、人群、企业、公司、组织、社区、工程、装备系统等，学习其中的安全经验、方法及原理或好的做法，在大量的非常安全的系统中，有很多规律需要我们去挖掘和弘扬光大。这些大量的安全现象，我们学习得还不够。

在2012年，吴超和杨冕就提出安全科学要系统研究各种安全现象（包括事故现象），安全科学具有大交叉综合属性，这就决定了对安全科学的研究需要从多视角切入，这正像地球，需要从多视角看待和研究它。并且他们首次提出了安全多样性等安全原理，之后还专门对安全多样性等原理进行深入研究，认为安全多样性是一个具有普遍意义的客观存在，包括安全物质多样性、隐患多样性、安全状态多样性、安全过程多样性、安全功能多样性、事故类型多样性等，这些多样性既有安全系统本身具有的多样性，又包括人类活动所创造的多样性。各类安全多样性问题及它们之间的内在联系的普适性规律称为安全多样性原理。

2. 从安全Ⅰ到安全Ⅱ

2012年和2015年，南丹麦大学 Hollnagel Erick 教授发表了从安全Ⅰ到安全Ⅱ的研究报告，之后也发表了相关论文。安全Ⅱ是针对传统安全观的不足，提出了安全要系统全面分析看待问题，要发挥人的积极作用，要开发系统的正向安全涌现性。安全Ⅰ和安全Ⅱ的比较，见表4-9。

表4-9 安全Ⅰ和安全Ⅱ的比较

比较项目	安全Ⅰ	安全Ⅱ
安全的定义	尽可能不出现失误的事务	尽可能处理好各种事务
安全工作	某时对某一事物的响应或反应	主动地、连续地、尝试性地做各种事务

续表

比较项目	安全Ⅰ	安全Ⅱ
管理原理	发生事故或被列人不可接受风险	预测发展和未来事件
安全管理的人因视角	主要是由于人的过错倾向或危险源，并且被认为是确定关联的	人是系统韧性的资源，人使许多潜在的问题得到合理解决
事故调查	事故是功能失效，事故调查的目的是辨识原因	事故调查的目的是吸取曾经的教训，使事物变得更好
风险评价	目的是调查事故原因和影响因子	为了查清不可能由监控得到的可变行为和条件
研究侧重点	事情出错的规律	事情做对的科学

3. 安全变革新观点

Safety Differently（安全变革）主要是澳大利亚格里菲斯大学安全科学研究组的 Sidney Dekker 教授提出的，该课题组近年对 Safety Differently 已经做了一些初步研究，专门网页见 http://www.safetydifferently.com/lean-and-safety-differently/。

（1）Safety Differently 新观点是为改变组织中如何重新定义安全、人员的角色和组织的三个关键要素而开展工作的新名称，Safety Differently 新观点主要是要改变我们看待组织、员工、我们所面临的问题，以及我们所能获得的潜在解决方案的方式。因此，Safety Differently 首先是视角的改变，我们可以用新的不同方式和不同目标来做事情，当然 Safety Differently 并不否定以前有用的安全工作方式。

（2）Safety Differently 是安全理论发展的一个未来范式，Safety Differently 的本质与安全Ⅱ和韧性工程相似。Safety Differently 新观点要求人的知识、洞察力和知行合一来改善安全绩效，而不是试图阻止事情出错，我们需要理解为什么事情进展顺利，并增强组织感知和应对他们所面临的不断变化的情况的能力。

综合上述，Safety Differently 也许可以翻译为“安全变革”，主要是为了转变传统安全范式，提出安全新概念、新范式、新思路等，并用于实践，从而转变安全实践方法。

其实，吴超和杨冕、Hollnagel Erick 和 Sidney Dekker 各自提出的上述三种新观点在本质上是大同小异的，提出的时间也都比较接近，都是为了发展和拓宽传统的安全思维与安全范畴等，都认为安全需要更加积极地发挥正面的作用和功能。

4.5.2 经济学视域下的安全新观点

依据安全科学原理和上述归纳的安全经济学的应用原理，我们还可以推理出经济学视域下的安全新内涵。

命题1：安全不仅是生产生活的目标，而且是一种人类正常生产生活的资源。

安全是人类的一种共同需要，而这种需要并不是所有人都可以随便拥有的。因此，用经济学的视角来看，拥有了安全也就是拥有了安全资源。安全是人类正常生产生活的一种必要资源，就生产安全而言，这种资源可用来为人类增加“可劳动”和“可生产运营”的时间。就安全的具体价值而言，主要表现在两方面：①就个体而言，安全主要是通过增加“可劳动”的时间，而不是主要通过增加生产率来提升收入能力的；②就企业而言，安全主要是通过增加“可生产运营”的时间，而不是主要通过增加生产运营效率来提升企业产品产量和企业效益的。

由于在经济学中，资源的本质是一种生产要素（在经济学中，生产要素是指社会进行生产经营活动过程中必须具备的基本因素）。由此，根据命题1，可提出命题2。

命题2：安全是一种生产要素。

命题2表明，类似于“安全就是生产力”的命题均是真命题。由于在经济学中，资本指用于生产的基本生产要素。换言之，安全作为一种企业和个人的资源，实则是企业和个人的一种能力（即资本）体现。由此，根据命题2，可提出命题3。

命题3：安全是一种资本。

安全被当作一种资本，它可生产出安全的时间，也是人类生产力的具体体现。类似于健康资本与一般资本的关系，安全资本与一般资本的差异是：一般资本会影响市场或非市场活动的生产力，而安全资本则会影响可用于赚取收入或生产产品的总时间。换言之，就个体而言，非安全资本投资（如教育或培训等）的回报是增加工资，而安全资本投资的回报是延长个体用于工作的安全的时间；就企业而言，非安全资本投资（如员工教育培训或生产技术工艺改造等）的回报是提升生产经营效率，而安全资本投资的回报是增加企业用于生产经营的安全的时间。

显然，安全作为一种资本，人们可投资安全资本，可将其简称为投资安全、生产安全。这里所说的生产安全的生产的含义是经济学中的生产的含义。生产安全，是指一个将生产安全的投入转换为安全结果的过程，表现为安全资本存量的增加。对生产安全投入的需求是由生产安全结果而派生的需求，这类似于一般生产过程对生产要素的派生需求。人们生产（投资）安全所使用的生产要素，主要包括时间（工时）和从市场购买的物品（可统称为安全服务）。此外，生产安全的效率也受到特定环境变量（如个体的文化程度或企业员工的整体素质）的影响。

正是因为安全具有巨大价值（即可生产出安全的时间），消费者才需要安全。这里对消费者需要安全的理由进行进一步详细解释。根据命题1与命题2，从经济学中的产品概念（产品的经济学意义是指可增加消费者效用水平的东西）角度看，可提出命题4。

命题4：安全是一种产品。

显然，安全可增加消费者的效用水平，能给消费者生产出安全的时间和带来幸福（如“安全是人类最大的财富”此类说法）等。从这个意义上来看，可将安全视为一种产品。安全作为一种产品，这种产品的数量可表现为消费者某个时点上的安全状况，或可理解为安全资本存量（安全资本存量可根据其他非经济学视域下的安全内涵提出的某种安全测度来衡量）。由此观之，消费者需要安全的理由体现在两个方面：①消费上的利益，也就是可将安全视为一种消费品，它直接进入消费者的效用函数，让消费者得到满足，或反言之，发生事故或伤害会产生负效用；②投资上的利益，也就是可将安全视为一种投资品（即安全是一种资本），它可决定消费者从事各种市场与非市场活动的可用时间。

综合命题3与命题4可知，可将安全视为消费者生产安全的一项投入，也可视为消费者的一项产出。细言之，消费者作为安全资本的投资者，通过时间及安全服务的投入来为自身生产安全产品或安全投资品，以满足自身的投资需求。从这个意义上来看，这里的消费者身兼双重角色，其既是安全投资的需求方，又是安全投资的供给方，因此在没有时滞（即不考虑折旧）的条件下，消费者对安全的需求等同于消费者生产出的安全。

上述命题 1 至命题 4，共同构成了经济学视域下的完整的安全内涵。各命题的本质实则是统一的，只是各命题的切入视角和所强调的安全经济学意义存在差异而已。经济学视域下的安全内涵表明，安全是一种积极的概念，这不仅有助于使人们从积极的意义上认识安全的价值（作用），进而促进人们的安全需求和安全认同感的提升，更是强调了个人、组织（主要指企业）和社会必须投资安全（生产安全），以使安全这种资源能源源不断地用以保障人们的正常生产生活。若上升至理论与实践层面，提出经济学视域下的安全内涵的意义主要体现在理论意义与实践意义两方面。①理论意义上，安全的经济学意义使安全的内涵进一步延伸，并明确了安全经济学的元概念之安全的经济学内涵，有利于安全经济学学科理论体系的重构与科学化；②实践意义上，安全的经济学意义有助于对安全管理概念进行重新定位，即提出安全管理的经济学观点："既然是资源，就需要管理，因为所有的资源都是有限的。通过管理，可以最大限度地发挥资源的作用。安全是一种资源，通过管理，可充分发挥安全的作用"，以期弥补现有的解释安全管理内涵的基本视角所存在的缺失。基于安全的经济学意义，可重新定义安全管理：安全管理是针对个体或组织的安全需求对安全资源进行计划、组织、指挥、协调和控制的过程。

4.6　安全经济学应用原理

比较古老和典型的安全保险商业活动可能要属古代镖局押运贵重货物的现象。到了近代，事故、伤害、灾害等的损失赔偿及保险领域的投保赔偿等活动，为安全经济学的创立奠定了坚实的实践基础，从而使安全经济学成为较早建立的安全科学重要分支。我国对安全经济学的研究起步较晚，20 世纪 80 年代有学者开始探讨安全经济学问题；90 年代初，罗云和刘潜开始研究安全经济学的基本原理，随后罗云在《工业安全与防尘》杂志发表了《工业安全经济学》文章并出版了国内首部《安全经济学》著作；1992 年，《中国安全科学学报》出版了"安全经济学专辑"增刊，同年，荷兰举行了"国际安全经济学"讨论会，之后安全经济学研究似乎进入了停滞不前阶段；进入 21 世纪，随着高校安全类专业开办数量的快速增长，有关安全经济学的新教材陆续出版，同时也有少数学者开始研究安全经济学问题。然而安全经济学创立半个多世纪以来，其理论发展仍非常缓慢，在过去的几十年里，虽然许多安全经济学教科书和培训教材陆续出版，但安全经济学的新理论研究成果非常之少。

安全经济学是以经济学理论为基础，将相对成熟的经济学思想和研究方法运用于安全生产活动中，并研究安全经济活动规律及其应用的一门科学。在安全经济学诸多理论中，安全经济学原理是其中的核心内容。安全经济学核心原理侧重研究生产活动中定价、优化、价值分析等对安全活动影响较大的规律。本节首先对马浩鹏和吴超在 2014 年提炼出的几条安全经济学核心原理进行回顾，然后从应用的视角，首次归纳出安全经济学的 14 条应用原理及一些推论，以便充实安全经济学的应用理论和指导安全经济学的发展。

4.6.1 安全经济学核心原理

1. 生命安全价值原理

生产生活过程造成的人员伤亡一直是安全问题的核心。如何评估生命价值、保证公正合理的善后理赔正常进行的问题也是广受关注和争议的焦点。企业对因公死亡的员工进行经济补偿是普遍做法，我国工伤保险法律法规对此也有详细规定。赔偿做法在许多国家得到普遍认同甚至成为法规条例。然而，生命价值不仅是经济问题，也是伦理问题。从道德层面讲，经济学中的普遍做法相当于间接以金钱衡量生命，对生命进行明码标价，这是违背道义准则的，我们不应该把安全问题尤其是生命问题货币化，因为人的生命是无价的。

生命安全价值原理认可人的生命所创造的价值（如其劳动能力对社会的贡献），也承认对因公伤亡进行经济补偿的合理性。在生产过程中需要对生命价值进行估计的行为只是出于资源利用、正常生产、事故损失统计、法律标准制定等活动的需求，并非对生命进行交易性估价，这样有利于受损家庭迅速恢复正常，也有利于社会和谐稳定。

2. 安全经济最优化原理

将最优化思想与方法运用于安全生产活动中，使安全经济最优化作为安全经济学的一条核心原理，它揭示了安全投入与产出效果规律。该原理具体解释如下：

凡是社会实践活动，均要投入一定的人力、物力等资源。安全，作为人类生存的最基本需求，只有通过实践活动才能得以实现，因此必然要投入一定的资源，否则安全活动无法进行。盲目的安全投入易导致资源浪费和生产成本增加，不利于正常生产的进行，无益于实现安全最优化。因此，确定安全投入的最佳比例、建立安全投入的合理结构和安全产出效果的评估机制是安全经济最优化原理的核心部分。

根据安全经济最优化原理，当边际安全成本与边际安全收益相等即达到安全经济最优化，即用最小的安全投入获得了最佳安全产出。

3. 安全经济效益辐射原理

安全经济效益辐射原理可以作为安全经济学的一条核心原理，原因有：①安全生产方面，安全投入所产生的效益不像普通投资，这种投入的直接结果是企业不发生或少发生事故和职业病，而这个结果是企业持续生产、保证正常效益取得的必要条件。这是安全经济效益间接特性的体现，也是安全经济效益辐射原理的本质。②安全系统是一个涉及面广泛、相关因素复杂多变的系统，安全经济方面的投入势必影响到安全系统的多个因素，由安全投入带来的多因素状态的改变将引起辐射状的经济效益产出。③安全经济效益辐射原理为安全生产决策者提供指导性的建议，使人们认识安全所带来的间接的或者隐形的经济效益，从而重视安全投入和安全生产。

4. 安全经济复杂性原理

安全经济复杂性原理指出了安全经济变量的多样性和层次结构的交叉性。安全系统是复杂系统，在安全经济系统中，每一个经济单位都按其经济结构的性质实现自身利益的最大化，但是由于各个层次的经济利益通常并不一致，这种层次之间的交叉性也使安全经济系统更加复杂。

安全经济复杂性原理的表现，除了可见的投入会直接带来产出的增加外，系统中政策因素、环境因素乃至结构的变化会对安全和经济增长做出贡献。安全经济影响因素的多样性与广泛性，也是其复杂性的体现。安全经济复杂性原理揭示了安全生产过程中经济复杂性的根源，明确了影响安全经济投入产出因素的多样性与广泛性，对企业正确分析安全经济形势、做出最优决策有重要意义。

5. 安全价值工程原理

安全价值工程是一种实用的安全技术经济方法，在安全经济分析与决策中采用价值工程的理论和方法，对于提高安全经济活动效果和质量有重要意义。从安全系统工程的角度讲，系统由多个相互区别的要素组合而成，而且各个要素都致力于满足整体最优目标的需求，各个要素通过综合、统一形成整体从而产生新的特定功能，即系统作为一个整体才能发挥应用功能。因此，安全价值工程原理的基本思想源于系统的整体性和功能性。

在正常的生产过程中，欲提高安全价值，单纯地追求降低安全投入或片面追求提高安全功能是不明智的，必须要改善两者之间的比值。安全价值工程原理可用来指导研究安全功能与安全投入最佳匹配的关系。实现安全价值是综合考虑安全投入与安全功能的结果，出现于安全功能利润最大处。安全价值功能原理在思想和应用层面，对安全价值工程进行了阐释，为安全实践中安全功能的优化奠定了理论基础。

上述5条安全经济学核心原理主要是在原则上来指导安全投入与产出及其平衡优化等工作，但在应用实践上还是过于粗略，不具有可操作性。因此，下面进一步归纳提出14条安全经济学应用原理，并由这些应用原理得出一些相应的推论。

4.6.2 安全经济学应用原理及其推论

根据安全科学原理研究的方法论和安全经济学维度，践行从实践到理论的基本原则，运用理论研究和逻辑思辨等方法，可以归纳出以下安全经济学应用原理。

1. 安全经济问题的人性假设原理

经济学中最基本的前提假设是理性人假设，即经济人假设，这个假说总的来说也是符合安全经济学的，即安全经济学也同样可以有理性人假设，因为正常情况下绝大多数人个体的安全行为活动首先还是利己的。但安全经济学的人性假设还需要与安全人性原理相结合，安全人性是复杂多变的，与人自身和环境等影响密不可分，因而在研究具体的微观安全经济问题时，也可以对人性做出具体的不同假设。安全人性原理主要包括追求安全生存优越原理、安全人性平衡原理、安全人性层次原理、安全人性双轨原理、安全人性回避原理、安全人性的多面性和多样性原理、安全人性与利益的对立统一原理、安全人性教训强度递增原理、当下为安而逸的人性原理、安全人性淡忘原理、安全感性先于理性原理、忽视小概率事故的人性原理等。

2. 现实安全经济问题的空间边际预设原理

讨论现实安全经济问题，肯定需要涉及安全投入和产出及一系列具体的可操作事项和问题，如果没有事先限定在某一范围，便没有边际可言，如讨论的安全经济问题是一个基层组织，一个企业或集团公司，一个社区、省份、国家，等等，不同的空间领域安全投入及其优化方案是截然不同的。另外，这里谈的空间，并不仅仅指物理上的三维空间，而是可以包含人文社会环境多维度的安全容量。如果用系统的方式来表达，该原理也就是对系统的大小及其边界问题的预设。

由该原理和原理1，还可以得出如下推论：理性人都考虑安全经济问题的空间边际；安全经济问题的空间边际由理性人的行为目的确定；安全经济问题的空间边际改变从理性人的思想观念开始。

3. 现实安全经济问题的时间界定原理

讨论安全经济问题，如果按照时间维度划分，有过去时、现在时和将来时。如果讨论的是过去的安全经济问题，那属于过去时的安全经济史学问题；如果讨论的是现在的安全经济问题，那必然要理论联系实际，结合具体对象范畴来分析；如果讨论的是未来的安全经济问题，则需要设想未来的安全经济状况，运用预测安全经济学方法等。另外，安全经济问题与讨论的时间长度或周期长度密切相关，不同的时间长度或周期长度下安全的投入与产出及其安全经济最优化结果是完全不相同的。显然，没有时间范围的预设或界定，是难以有效开展安全经济活动的。时间界定原理还包含讨论的安全经济问题可以是时间的函数，即包含了静态与动态的安全经济问题。

由该原理和原理1，还可以得出如下推论：理性人都考虑安全经济问题的时间边际；安全经济问题的时间边际以理性人的行为目的而定。

4. 安全经济效益与生命价值观成正比原理

安全是相对的，安全经济效益与人的生命价值观等有很大的关系，安全经济行为在很大程度上与如何看待生命和物质的价值相关。因此，安全的认同、信仰至关重要，而且在很大程度上取决于人的安全人性，而安全人性是需要和可以通过安全教育加以塑造的。所以，可以认为安全经济效益与人接受安全教育的程度有密切关系，接受安全教育的程度越高，安全观越认同生命无价，则安全的经济效益越大；反之，就越可能践踏生命，将安全放置于脑后。

由该原理还可以得出如下推论：安全价值认同与安全经济效益成正比；主体对安全的认同度等同于对安全效益的认同度。

5. 安全经济投入者与安全受益者不完全同体原理

安全是一个系统工程，安全涉及方方面面的因素。安全经济问题也是一个系统工程，涉及很多因素。因此，从安全投入主体和受益主体的维度分析，当系统中的某一主体愿意提升系统安全水平并给予一定的安全投入时，安全效果很难完全使投入者受益，而是在很大程度上使系统中的其他主体受益，这类似于做公益事业；而且，由于事故发生具有随机性或不确定性（复杂性决定事故的随机性或不确定性），反过来推理，安全的受益者也具有随机性或不确定性。这一原理在很大程度上降低了理性人的安全投入的积极性，同时也决定了安全经济需要政府的公益投入和在法律法规上做出约束。

由该原理还可以得出如下推论：政府职能部门需要把安全投入作为公益事业的一项内容；安全投入需要运用系统增效的思想开展评价。

6. 安全经济效益的综合性原理

由于安全效果与安全认同、安全信仰等有关，安全是一个系统工程问题，安全经济效益不可以以类似金钱的一项指标来衡量，安全经济效益惠及方方面面，涉及系统中的多个主体；而且安全经济效益不仅仅是物质上的效益（如系统更加可靠不至于导致生命和财产损失），更多的是精神层面的效益，如可以提升人的安全感（如安全食品可以让人放心食用，安全感提升可以使人精神放松、身心愉快）等。这一原理也说明安全经济效益难以计算，安全经济效益需平心而论，提升安全感也需要成本投入。

7. 安全经济与生产力水平共同发展原理

安全经济在对人们生产、使用、处理、分配等一切用于安全的物资过程中，其生产、使用、处理、分配等行为活动自然受到生产力水平的限制，生产力水平提高，上述各种活动的效率就得到提升，反之则下降；另外，生产力水平提高，人们才能有更多的经济投入用于安全。经济富裕是安全投入的必要条件，但非充分条件；经济投入越多，安全经济投入也随之越多。

8. 安全经济活动受限于社会牵制的原理

社会是由人与人形成的关系总和，人类的安全经济活动存在于生产、生活、教育、政治等活动之中，因而，社会结构、社会组织、社会伦理道德、社会文化精神等，也对安全经济活动产生巨大的影响和制约作用。

9. 安全经济行为需要组织行为实现的原理

社会系统需要组织和离不开管理，经济活动需要市场和管理，组织行为需要计划、执行、协调、控制等。安全经济行为是社会活动的组成部分，因此安全经济行为需要组织行为，也需要计划、执行、协调和控制等过程。

10. 安全经济活动受限于政治的原理

如果政治可以是指治理国家所施行的一切措施，那么在国家的边际范围中，安全措施是其中的一部分，因为安全措施往往受国家政治行为的管控，因此，安全经济活动也会受限于政治。例如，安全经济投入有时也需要服从政治需要，也需要从政治效果方面去评价其效益；再如，为了某种政治需求，安全投入可以不讲究成本，也可以不惜代价。

11. 安全经济投入需要辨识风险和预测风险的原理

安全经济投入是一项专业性的工作，所以不可能产生盲目的投入。一般来说，风险辨识成本投入比例越高，工程实施的安全投入越精准；理性人的安全经济投入是有目的性的，都希望安全经济投入是有效的。因此，安全经济投入必须有一部分投入用于风险辨识和风险预测。

12. 安全科学和经济学适用于安全经济问题的原理

由于安全经济学是安全科学和经济学的交叉学科，安全经济问题需要运用到安全科学原理和经济学原理。因此，安全科学和经济学将为安全经济问题提供理论支撑，并将发展成为安全经济学自身的安全经济原理。

13. 安全经济问题需要考虑经济学要素和安全科学要素的原理

同原理12，安全经济学是安全科学和经济学的交叉学科，安全经济需要涉及安全领域的要素和经济学领域的要素。例如，安全和经济的主体都是人，安全经济问题离不开人员要素；安全经济都需要物质和资金作为基本支撑；安全经济需要有市场和环境并接受管理；安全经济要素涉及人员、机（物料）、资金、环境、市场、管理、场所等。

14. 安全经济问题均可通过信息表征的原理

安全经济投入与产出、安全投入经济行为过程、安全经济投入的组织和实施等所有的安全经济活动，都可以由信息来表征或表达，通过信息感知、数据获取、情报筛选、提取事实等，人们可以了解掌握所有的安全经济活动情况。人们还可以根据更多的安全经济实践归纳出更多的安全经济学应用原理。

4.7 安全第一思辨

“安全第一”本身包含安全观和安全方法论的意义，是我国安全生产方针的重要组成内容，在我国已经有了半个多世纪的历史。“安全第一”已经深入人心，特别是在企业里已经成为员工的口头禅。但多年来企业中也时有安全管理人士抱怨，“安全第一”只是一句口号，践行起来很难。

安全是人类的美好追求，有爱心和关爱生命的领导也是重视安全的，对于职业安全人士来说，安全更是他们的理想。出现上述问题的主要原因是人们对“安全第一”的内涵和科学性的理解出现了问题。

从逻辑和科学层面来研讨“安全第一”的内涵和性质，有利于人们加深对“安全第一”思想的理解和使安全工作落实到位，并且有助于安全管理人士在安全工作中消除困惑和迷茫。下面从“安全第一”的由来和时代特征开始论述。

4.7.1 “安全第一”的时代特征和沿革

1. 国际上“安全第一”的由来及特征

在工业界最早提出“安全第一”一词的人是美国钢铁公司董事长Elbert Henry Gary。1906年，Gary从公司多年出现的大量事故中得出教训，把公司原来“质量第一，产量第二”的经营方针改为“安全第一，质量第二，产量第三”。这项方针的变动和“安全第一”的纳入，在实践中促进了企业重视安全，又使质量、产量得到保证。Gary提出的“安全第一”口号及其采取的安全措施，为美国实业界树立了榜样，并形成了一种安全运动，当时芝加哥还创立了“全美安全协会”。不过，到了1970年，美国颁布的《职业安全与卫生法》中，并没有纳入“安全第一”一词，更没有把“安全第一”当作方针而是基于当时的工业生产水平的背景提出来的。

2. 我国“安全第一”的由来及沿革

我国工业生产中“安全第一”的思想也由来已久。1948年，在东北解放区政府煤矿管理局下发的《加强保安工作的措施》中，就指出“要完成生产任务，必须把保安做好，故在生产中保安第一”；同时提出了“积极防御事故，胜于消极处理事故”的口号。1949年11月中央人民政府燃料工业部召开的全国煤炭会议“决议案”明确提出要“在职工中开展保安教育，树立安全第一的思想”。1950年6月24日，《人民日报》发表了题为《坚决执行安全生产方针》的评论，对煤炭行业提出和坚持“安全第一”予以充分肯定，首次阐述了人民政府的“安全生产方针”。1952年12月中央人民政府劳动部召开全国劳动保护工作会议，随后《人民日报》发表社论，提出坚持“生产必须安全、安全为了生产，两位一体、不能分割”的原则。

《中国安全生产史（1949—2015）》提到，1957年10月，周恩来总理在国家民航局的一份报告上，做出了“保证安全第一，改善服务工作，争取飞行正常”的批示，这可能是有记载的我国领导人明确提出“安全第一”的指示。特别是1963年5月，我国第一艘万吨远洋货轮“跃进号”发生触礁沉没事件后，当时周恩来总理对当时的交通部门负责人再次指示：“你们搞航运的，也要安全第一”。

1985年7月全国安委会明确提出了要贯彻“安全第一，预防为主”的方针。1994年7月，“安全第一，预防为主”的方针被正式写进了《中华人民共和国劳动法》。2002年6月，“安全第一，预防为主”的方针被正式写进了《中华人民共和国安全生产法》。2014年8月31日，全国人大常委会第二次审议表决通过新修订的《中华人民共和国安全生产法》。安全生产方针不仅仍然保留有“安全第一，预防为主”，而且添加了“综合治理”四字。

从上还可以看出，我国“安全第一”的提法与美国一样，也是在工业化的初期阶段提出来的，也带着一些时代的烙印。

4.7.2 “安全第一”的逻辑诠释

1. 顾名思义看“安全第一”的问题

顾名思义是一般人对一个词汇意义的直接理解方式，对“安全第一”也是一样。“安全第一”首先涉及的是安全两字，安全的定义很多，争议较少的安全定义是指不存在不可接受的危害和风险；第一是排在最前的、首要的、最重要的。我国使用的“安全第一”主要是在讨论生产领域内的安全。

如果用顾名思义的方式机械地理解“安全第一”，则在个人和企业的各种行为中就会出现许多安全不是第一的现象。例如，企业在做战略规划和产品研发时，安全风险需要作为企业风险管理体系中的一个部分；企业在进行投资、品牌设计、商品策划、工程建设、人力资源建设、产品质量控制、目标成本控制、体系运营、绩效管理时，生产和安全同样重要；企业在进行原料供应、营销管理、信息管理、采购管理时，在具体的执行和操作过程中，安全也是前提条件和首要工作，对于存在不符合安全生产的人、设备和环境等条件，不符合安全要求的生产作业可以立即叫停。

由上文可见，企业行为非常之多，时时刻刻机械地运用“安全第一”就不那么符合逻辑了。人们经常事先并不知道如何才是安全的，如果把一个未知的东西当作第一，在实际上是不可操作的，也会导致一些人认为“安全第一”这个提法在实际运用中不具有可操作性。

因此，当我们不知道到底是否安全的时候，就需要遵循保守的做法并开展风险评估工作，这也是“安全第一”的具体体现。“安全第一”是方针，这已经很明确了，方针是一种选择，也是一种指导思想与纲领，但不是科学，也不是指导工作实践的方法。

2. 由马斯洛理论看“安全第一”的问题

1）从个人需求看“安全第一”的问题

马斯洛的需求层次理论被称为人本主义科学理论之一，马斯洛将人类需求从低到高按层次分为五种（五级），分别是：生理需求、安全需求、爱和归属感需求（社交需求）、尊重需求和自我实现需求。先假设马斯洛理论是正确的，从马斯洛理论至少可以看出：安全需求并不是第一位的；安全与其他层次的需求有联系，但安全不是全部；由于安全不是仅仅处于安全或不安全（即0或1）的状态，更多情况下是处于中间的状态，不同时间和不同条件下，安全需求与其他需求可以互为优先；人和社会是不断发展变化的，人在不同阶段的主要需求是动态变化的，即不总是“安全第一”的。由于上述现实问题的存在，如果机械地去理解“安全第一”，这是不符合人性的。

2）从对马斯洛理论的质疑看“安全第一”的问题

有些研究者也对马斯洛理论提出质疑，认为没有足够实验证据证明马斯洛的需求层次关系的确存在；即使需求层次存在，但其之间的联系并不明显。随着公司管理人员的升迁，他们的生理需求和安全需求在重要程度上有逐渐减少的倾向，而爱和归属感需求、尊重需求、自我实现需求有增强倾向。需求层次，随职位上升的结果而变化，而不是在低级需求得到满足后才有所提高。

上述对马斯洛理论的批评，说明安全并非总是第一，安全不是全部，安全需求与其他需求不可分割。

3）从人各项需求的变化看“安全第一”的问题

安全的需求是变化的。例如，在 1935 年，对美国工人优先需求的统计结果是：生理需求 35%，安全需求 45%，爱和归属感需求 10%，尊重需求 7%，自我实现需求 3%；在 1995 年，对美国工人优先需求的统计结果是：生理需求 5%，安全需求 15%，爱和归属感需求 24%，尊重需求 30%，自我实现需求 26%。到了 2017 年，其各部分的需求与 1995 年相比又发生了变化。再如，美国《时代周刊》对美国首席执行官的收入比例变化调查显示：1965 年工资占 64%，奖金占 16%，股票期权收入占 20%；1999 年工资占 12%，奖金占 18%，股票期权收入占 70%。当生理需求和安全需求得到一定的保障以后，其他方面的需求急剧增加，相比之下导致了安全需求比例的下降。

3. 从组织需求看“安全第一”的问题

组织需求是多方面的，比个人需求更加复杂。例如，一个企业或集团组织需要做的事很多：有战略规划和实施，产品研发，投资，品牌，商品策划，制造工程，人力资源，产品质量，目标成本，集体管理体系运营，绩效管理风险，安全管理，环保管理，原料供应，营销管理，信息安全，采购管理，法务风险，企业文化，现金流，库存风险，等等。由上可以看出企业组织不可能时时刻刻机械地实行“安全第一”。

4. 从典型企业安全文化看“安全第一”的问题

近一二十年来，我国许多著名企业在凝练企业安全核心理念和安全管理纲领时，也并不都是包含“安全第一”一词。例如，中国核工业建设股份有限公司提出：安全，就是“保安全”，“安全为上”；中国航天科工集团有限公司提出：大防务，大安全；中国兵器工业集团有限公司提出：零容忍；国家电网有限公司提出：相互关爱，共保平安；中国南方电网有限责任公司提出：一切事故都可以预防；中国华能集团有限公司提出：安全就是效益，安全就是信誉，安全就是竞争力；中国电力投资集团有限公司提出：任何风险都可以控制，任何违章都可以预防，任何事故都可以避免；哈尔滨电气集团有限公司提出：精于心而系于责，祸于疏而失于察；鞍山钢铁集团公司提出：最大的价值是生命，最高的责任是安全，制度是安全的保障，执行是安全的关键；宝山钢铁股份有限公司提出：员工的生命、健康比利润重要，安全风险可防可控、事故可以避免，全员参与、各尽其责、全过程安全管理精细化；中国铝业股份有限公司提出：安全是效益，员工是财富；中国商用飞机有限责任有限公司提出：生命至尊，安全至上；中国中材集团有限公司提出：敬畏生命，细节至上。

杜邦公司的安全文化是要求每一员工都要严守十大安全信念：一切事故都可以防治；管理层要抓安全工作，同时对安全负有责任；所有危害因素都可以控制；安全地工作是雇用员工的一个条件；所有员工都必须经过安全培训；管理层必须进行安全检查；所有不良因素都必须马上纠正；工作之外的安全也很重要；良好的安全创造良好的业务；员工是安全工作的关键。这其中也没有一个“安全第一”的说法。

5. 从安全工作本身看“安全第一”的问题

专职的安全职能部门的工作有很多，如企业的安全职能部门工作主要包括：贯彻执行国家及上级安全生产方针、政策、法令、法规、指示等；负责对职工和新入厂人员进行安全思想和安全技术知识教育，组织对特种专业人员的安全技术培训和考核，组织开展各种安全活动；组织制订和修订本企业安全生产管理制度和安全技术规程，提出安全技术措施方案，并检查执行情况；组织参加安全大检查，贯彻事故隐患整改制度，检查隐患整改工作；参加新建、改建、扩建及大修项目的设计审查、竣工验收、试车投产工作，使其符合安全技术要求；负责锅炉、压力容器安全工作；深入现场检查，解决有关安全问题，纠正违章指挥和违章作业；监督检查安全用火管理制度的执行情况；负责各类事故的汇总统计上报工作，并建立、健全事故档案，按规定参加事故的调查、处理工作；负责各单位的安全考核评比工作；检查督促有关部门和单位搞好安全装备的维护保养和管理工作；建立健全安全生产管理信息网络，不断提高基层安全员的技术素质；等等。但同时也需要搞好自身的福利和生活等。安全工作本身也有主次、轻重缓急、长期短期等之分，不可以“胡子眉毛一把抓”。

4.7.3 辩证理解和坚持“安全第一”的思想

1. 安全第一的辩证理解

“安全第一”是人们在实践、认识、再实践、再认识过程中总结出来的。“安全第一”已经成为我国安全生产的基本指导原则。“安全第一”体现了人们对安全生产的一种理性认识，这种理性认识包含两个层面。

一是生命观。它体现人们对安全生产的价值取向，也体现人们对人类自我生命的价值观。人的生命是至高无上的，每个人的生命只有一次，要珍惜生命、爱护生命、保护生命。事故意味着对生命的摧残与毁灭，因此，生产活动中，应把保护生命安全放在第一位。

二是协调观。从生产系统来说，保证系统正常就是保证系统安全。安全就是保证生产系统有效运转的基础条件和前提条件，如果基础和前提条件得不到保证，就谈不到有效运转。因此，应把安全放在第一位。换句话说，“安全第一”是一切经济部门和企业的头等大事，是企业领导的第一职责。在处理安全与生产的关系时，坚持安全第一、生产必须安全，抓生产必须首先抓安全；当安全与生产对立时，生产必须服从安全，在保证安全的条件下进行生产。

2. 在实际生产活动中正确贯彻“安全第一”

贯彻“ 安全第一”的指导思想，要求我们在生产活动中做到以下几点：

（1）要把劳动者的安全与健康放在第一位，确保生产的安全，即生产必须安全，也只有安全才能保证生产的顺利进行。

(2) 实现安全生产的最有效措施就是积极预防，主动预防。在每一项生产中都应首先考虑安全因素，经常地查隐患、找问题、堵漏洞，自觉形成一套预防事故、保证安全的制度。

(3) 要正确处理安全与生产的对立统一关系，克服片面性。安全与生产互相联系、相互依存、互为条件。生产过程中的不安全、不卫生因素会妨碍生产的顺利进行，当对生产过程中的不安全、不卫生因素采取措施时，有时会影响生产进度，会增加生产开支。这种矛盾通过正确处理又是统一的，生产中的不安全、不卫生因素通过采取安全措施后，可以转化为安全生产。劳动条件改善后，劳动生产率将会大大提高。

(4) 熏陶和塑造人的大爱精神。爱是一切道德的基础，包括安全伦理道德。这里要说的不是小爱，小爱是爱自己、爱家人、爱爱人等；大爱不仅包括小爱，还包括爱他人、爱工作、爱岗位、爱集体、爱制度、爱环境、爱社会等。大爱是爱人之爱。每个理性人都爱自己的生命，因此爱人之爱就是爱护别人的生命，这是大爱的基本价值取向。

(5) 弘扬积极向上的安全文化。安全文化需要全社会整体水平提高，而全社会安全文化的提升又取决于社会和国家文化的提升。安全文化既然是文化的一种，在弘扬和研究它时，也可以不必太在意它的安全功能，也可像文学艺术那样去欣赏它、传播它和对待它。

(6) 追求安全的相对优化。安全问题没有唯一解，只有相对较优解。是由安全多样性原理所决定的，或是说由安全问题复杂性所决定的。安全问题更多的是属于社会科学问题，而社会科学问题很难有唯一答案或标准，这是大家公认的。为了丰富安全科学理论和给安全实践提供多种安全方案的选择，需要安全研究工作者从多视角去研究安全问题和发现安全规律，如建立丰富多彩的安全模型和模式等，而不要陷入追求安全唯一答案的陷阱，导致创新思维和研究领域受限。

3. “+安全”思维是践行“安全第一”的最好途径

人们已经对“互联网+”如雷贯耳了，但对“+安全”还比较陌生，后者其实比“互联网+”更具普适性、前瞻性和持久性。不管是个人还是组织，做什么事都同时考虑是否安全，并实施安全措施以尽量保证安全，这就是“+安全”思维。

安全自古以来就是人类追求的目标之一，安全是现代人类社会活动的前提和基础，安全是国家和社会稳定的基石，安全是经济和社会发展的重要条件，安全是人民安居乐业的基本保证，安全是建设谐社会必须解决的重大战略问题。因此，所有“X+安全”是毫无疑问的。

从古到今到未来，“+安全”无处不在，如“生活+安全”、“经济+安全”、“发展+安全”、“创新+安全”等。

尽管“+安全”思维看起来首先是对“安全”有益，因为只有具备“+安全”思维，才能做到事事有安全思维，才能真正落实“安全是每一个人的事、安全是各行各业的事、安全是一个系统工程”，但“X+安全”的最终受益者是其中的X。

5　安全运筹学

【本章导读】运筹学是系统学的主要分支，以此类推可以认定安全运筹学理应是安全系统科学的重要分支，但过去只有实践没有学科。本章首先从学科建设的高度，介绍安全运筹学的意义和现状；分析安全运筹学的学科理论、内涵和特征、学科基础与研究内容和主要学科分支；从宏观和微观层面阐述安全运筹学的方法论和研究步骤及范式体系；其次分别介绍安全运筹学的主要理论分支——安全规划学和主要应用分支——物流安全运筹学的学科建设理论；最后还从安全运筹应急、管理、预测和分析方面开展应用实证。

5.1　概　　述

5.1.1　安全运筹学的意义和现状

运筹学是一门运用数学方法和现有的科学技术解决实际问题的应用性科学，在当今社会应用极为广泛。运筹学诞生之初主要应用于军事，之后不断发展，应用领域拓展至经济、测绘、物流与管理等，形成新的交叉应用学科分支。运筹学目前应用最多的领域是经济领域、工程领域和管理领域。在经济、工程、管理、军事等领域除了有运筹学实践的研究，亦有理论对其分支学科展开研究。随着运筹学的逐步发展，其应用领域不断拓展，亦需相应的理论来指导实践。

安全运筹学作为一门方法性学科，实际已广泛应用于安全科学领域，且在我国现行的《学科分类与代码》国家标准中，安全运筹学被划归为二级学科安全系统学下属的一个三级学科。安全运筹学的学科构建研究，其意义主要有以下方面。

1. 安全运筹学的理论意义

（1）作为安全科学的应用性分支学科，安全运筹学充实了安全科学的研究方法，为安全科学的研究提供了新的模式和思路。利用运筹学方法与思想解决安全运筹问题，优化安全决策，从而达到安全高效的目的。实际上，运筹学的方法与思想早已渗透至安全科学研究的领域，安全工作者自觉或不自觉地都在大量使用运筹学方法开展安全研究和工作，而且运筹学最优化的理论很好地契合了系统安全最优化的思想，有利于推动安全科学的发展与进步。

（2）安全运筹学作为安全系统学下属的三级学科，对其开展学科创建及基础理论研究，可填补安全基础学科分支的空白领域，培育新的分支学科，不断发展与完善安全学科体系。

（3）安全运筹学的基础理论及其学科分支体系创建，可夯实安全运筹学的发展基础，为解决安全运筹问题提供理论指导。系统地研究安全运筹学，可提供安全运筹问题解决的方法和思路，明确安全运筹学研究的薄弱点，为其发展方向提供指导。

（4）安全运筹学亦作为运筹学的应用性分支学科，拓展了运筹学的应用范畴，为运筹学的应用基础理论研究拓宽了方向，促进了运筹学的发展和创新。

（5）基于运筹学方法论、安全科学方法论、系统科学方法论等理论基础，结合安全运筹学的特点和实际，构建安全运筹学方法论，可充实安全科学方法学，为安全运筹学的实践应用提供方法指导。

2. 安全运筹学的实践意义

运筹学是一门应用性学科，将其运用于安全科学领域，构建安全运筹学，对于解决安全运筹问题，改善安全现状具有重要的意义，其研究的实践意义主要有以下 4 个方面。

（1）为安全工作者开展安全科学和安全行为学研究提供新的方法和思路，从而以最优化的方式提高系统安全性，对安全科学的研究，尤其是定量研究与优化，具有重要意义。

（2）对安全运筹学的应用实践实例进行分析总结，提出安全运筹问题的研究方法与研究程序，为解决安全运筹问题提供规范的研究模式，可减少研究时的随意性与盲目性，大大提高安全运筹学的研究效率与合理性，更有利于解决安全运筹问题。

（3）开展安全运筹学实践典例分析，如运筹学在应急救援、安全管理、安全预测、安全分析等方面的应用，可指导安全运筹学的实践运用。

（4）在安全运筹学理论和方法论的指导下，对系统中的安全运筹问题展开深入分析，以最优化的方法实现系统安全，或在满足安全的限定条件下，实现经济、效率等其他条件的最优化，可实现安全经济效益的最大化。

3. 研究现状

安全运筹学是安全科学研究领域极其重要的学科，安全运筹学的实践研究可追溯到很久以前，但这些研究都是自觉或不自觉地将运筹学运用于安全领域的诸多问题的研究中，研究多而杂、散而乱，缺乏系统的理论指导和方法论指导。将安全运筹学作为分支学科正式提出并开展学科理论层面的研究却是崭新的，现有的研究成果也不多见。

1）基础理论的研究现状

安全运筹学在 2009 年 5 月公布的国标《学科分类与代码》（GB/T 13745—2009）修订版中的“安全科学技术”一级学科之中首次被提出，同年刘潜和张爱军在《“安全科学技术”一级学科修订》一文中对此进行说明时再次提到安全运筹学为安全系统学下属的三级学科；此后，关于安全运筹学研究的字眼便逐渐淡出视野。2011 年吴超在《安全科学方法学》一书中亦指出运筹学是安全系统优化的重要方法，并阐述了安全运筹学的基本内涵，分析了安全科学与运筹学的内在联系。2014 年杨觅对运筹学在安全决策方面的应用进行了论述，并对安全决策类别进行了详细的分类，在此基础上，运用实际案例进一步证明运筹学可运用于安全科学领域，从理论上提出了两者的关系。2016 年黄浪和吴超在《物流安全运筹学的构建研究》一文中再次提到安全运筹学，首次从学科建设高度开展物流安全运筹学构建研究，给出物流安全运筹学的定义，并对其学科基本问题、学科框架、一般研究程序等进行了详细的论述。物流安全运筹学作为安全运筹学的分支学科，其学科的创建研究对后续开展安全运筹学研究起到了奠基性的作用，不过，其研究主要从物流安全运筹角度展开。2017 年吴超和黄淋妃首次开展安全运筹学构建研究，自此正式开启了安全运筹学的研究。2018 年黄淋妃等构建了安全运筹学的分支体系，提出安全运筹学的研究程序，并将安全运筹学应用于安全管理、应急救援、事故分析、安全预测四方面。

2）实践应用的研究现状

在安全领域的各项研究中，运筹学作为一个十分重要的工具，发挥着极其重要的作用。学者对此开展了大量的实践研究，主要可概括为两方面内容：一方面直接运用运筹学方法和理论解决安全系统问题；另一方面基于运筹学理论提出新的安全管理、预测等方法或构建新的安全模型等。

目前安全科学基础研究十分薄弱，同样其下属分支学科安全运筹学的基础研究更是少之又少，故需引起重视，加强安全运筹学的基础研究。安全运筹学是运用运筹学的理论和方法解决安全领域的问题，具有高度的应用性和实践性，是安全领域定性定量研究的重要工具。

5.1.2 安全运筹学的学科建设理论

1. 建构方法

安全运筹学的构建可运用以下方法：

（1）文献检索法。查阅、分析、整理运筹学、安全科学、系统科学等学科的基础理论知识的文献资料，如分析已有的安全运筹学的实践成果及军事运筹学、物流运筹学等运筹学分支学科；归纳总结相关理论，为安全运筹学学科构建和方法论研究提供素材。

（2）比较移植法。比较移植法是运用比较方法，对不同的研究对象进行比较分析，找出它们之间的相似点或相同点，然后以此为根据，把某个对象的有关知识、原理、技术或结论直接移植到另一类对象中。例如，通过比较分析，将运筹学中的某些理论和方法运用于安全运筹学等。

（3）类比推理法。类比推理法就是根据两个对象之间在某些方面的相似点或相同点，推出其在其他方面可能的相似点或相同点的一种逻辑方法。安全运筹学作为安全科学和运筹学的一门交叉学科，其知识体系构成包含很多“他科学”的理论知识和技术手段，通过运用类比推理方法，合理借鉴安全科学、运筹学、系统科学等其他学科的知识，推理安全运筹学的特征、理论等。另外，安全运筹学与军事运筹学、物流运筹学等运筹学分支学科都属于运筹学在某领域的应用分支学科，具有相似性，可通过对这些学科的类比分析，结合安全运筹学的特点等，类比推理，建立安全运筹学的独特的方法论。

（4）归纳–演绎法。归纳–演绎法是指综合运用归纳法和演绎法对研究对象展开分析。例如，通过对安全运筹实例的研究，归纳出安全运筹学的应用领域，运用归纳–演绎法对安全科学和运筹学的特性、原理等及安全运筹实践等进行演绎分析，推导安全运筹学的内涵、特征与知识等。

2. 安全运筹学的学科构建理论基础

大量关于安全领域的定性定量研究中，不乏将运筹学理论运用于安全领域的实践研究，但对其基础理论却少有成果。尽管安全运筹学被列为安全科学的三级学科，但对安全运筹学的内涵、研究内容、学科基础等并未进行系统的研究。这里从学科建设高度开展安全运筹学学科构建研究，对安全运筹学的学科定义、内涵、特征、功能等进行界定，并探讨其学科基础及主要研究内容，构建其学科分支，以期充实安全运筹学的学科内容，促进安全学科的发展。

依据运筹学公理及安全科学学公理，安全运筹学创建具有可行性。

公理 1：由于运筹学具有应用性和实践性的特征，可应用于各个领域，并在各个领域形成分支学科。结合各个领域学科的专业知识，形成特定的知识理论和交叉学科。

说明：许多领域的专业学科或领域加“运筹学”三字，形成新的运筹学分支学科，如计算（科学）加“运筹学”形成计算运筹学，类似的例子还有管理运筹学、工业运筹学、交通运输运筹学等交叉和应用学科分支。

推论：在安全领域亦可运用运筹学解决安全问题，故可在安全后加“运筹学”，形成安全运筹学。

公理 2：安全学科具有综合特性，其运用涉及其他各种学科，因此其他各学科的知识都可以交叉和渗透到安全学科的研究中。

说明：如果在 2011 年更新的中国研究生教育学科专业目录中，在专业名称前后或中间添加“安全”一词，构成新的学科分支，其绝大多数情况是可成立并具有研究价值的，如哲学前加“安全”两字得到安全哲学、土木工程中间加“安全”两字得到土木安全工程等。

推论：运筹学的知识也可交叉和渗透到安全学科的研究中，安全科学和运筹学交叉形成安全运筹学，即运筹学前加“安全”两字，形成新的安全科学分支——安全运筹学。另外，由于安全学科具有综合特性，方法学对各种学科的研究方法都可以应用到安全学科的研究中。而运筹学本身也可称为一门方法性的学科，具有极强的应用性，故更证明了安全运筹学诞生的可行性。

公理 3：由于安全学科具有综合特性，安全学科的思想基础是安全系统思想。

说明：钱学森称运筹学为系统工程的数学理论，虽然运筹学不仅仅是数学，更不是自然科学，而是关于如何办事的科学理论，但也说明了运筹学的指导思想是系统工程思想，这与安全科学的基础思想不谋而合，也从侧面论证了安全运筹学创建的可行性。

推论：安全科学和运筹学有共同的思想基础，即安全系统思想，这为安全运筹学的创立奠定了思想基础。另外，安全运筹学的研究对象是系统中的安全问题，研究的最终目的是实现系统安全最优化，故安全运筹学的指导思想也是安全系统思想。

公理 4：由于安全学科的综合特性，它具有浩瀚的时空，安全科学方法学是研究和发展安全学科的最重要和最基本方法。

推论：在安全科学研究的众多方法中，有相当一部分方法用到了运筹学方面的理论和知识，如模型方法、运筹学评价法、排队论法、博弈论法、目标决策法、动态规划法等，故可创建安全运筹学以统一其方法论，更好地指导安全科学方法学的研究。

公理5：由于安全学科的综合属性，它具有浩瀚的时空，比较研究方法是研究安全科学的最有效途径。

推论：通过比较安全科学定量研究方法和安全运筹学方法、安全科学理论和运筹学理论、安全科学分支学科和运筹学分支，进而构建安全运筹学的学科分支、核心理论等。故安全运筹学的产生本身就是采用了比较研究方法。

公理6：从安全学科的综合属性可以得到，安全学科具有特定目的性、功能系统性、复杂非线性和整体综合特征。

推论：安全运筹学的研究目的是实现系统安全最优化，安全运筹学具有安全学科分支所要求的各种属性和特征，且安全运筹学的研究对象是安全系统，安全系统具有功能系统性和复杂非线性。故可创建安全运筹学作为安全学科的分支学科。

上述6条运筹学和安全科学学公理及其推论，证明创建安全运筹学极具可行性，故可创建安全运筹学学科分支，以充实安全科学基础理论，完善安全科学学科架构。

5.2 安全运筹学的构建

5.2.1 安全运筹学的内涵和特征

1. 安全运筹学的定义及内涵

安全科学是运用人类已经掌握的科学理论、方法及相关的知识体系和实践经验，研究、分析、预知人类在生产和生活过程中的危险有害因素，通过应用多种方法和手段限制、控制或消除这种危险危害因素，从而达到过程安全的一门科学。运筹学是运用科学的方法、技术和工具，通过建立模型、求解模型，从而找出最优解或最满意解，进而解决系统运行中的实际问题，寻求最优的解决方法的学科。运筹学作为一门应用性学科，可将其运用于安全科学领域，从而形成一门新的分支学科——安全运筹学，安全运筹学的研究内容十分丰富。

安全运筹学是安全科学与运筹学在发展过程中相互交叉整合的必然学科产物，安全科学的发展需要应用运筹学的方法和理论，以帮助其解决系统中的安全问题，而运筹学的发展也需要安全科学的理论和体系，以帮助其丰富自身学科体系，故需要构建安全运筹学学科体系，以满足实践和理论发展的需求。因此，安全运筹学的学科体系必须建立在安全科学的基础之上，以安全为着眼点，以运筹学理论为基本内涵，将运筹学的方法和原理应用在安全领域。

基于此，综合安全科学、运筹学及系统理论，对安全运筹学做出如下定义：

安全运筹学是以系统安全为着眼点，以实现系统安全最优化为最终目的，运用安全科学、系统科学、运筹学的原理和方法，辨识与分析系统中存在的安全问题，通过运筹学原理和方法对系统中的安全问题进行分析、决策，从而采取最优化的方法实现系统安全的一门新兴学科。其内涵解析如下：

（1）以系统安全为着眼点。从系统和全局的观点来分析问题，不仅要求局部达到最优，而且要考虑在所处的环境和所受的约束条件下，使整个系统达到最优。研究安全运筹学问题，首先明确所需解决的问题和希望达到的目标；其次理清问题的相关因素和约束条件，用变量表达相关因素，应用运筹方法，结合安全科学方法，形成模型；最后对问题进行求解。

（2）以实现系统安全最优化为最终目的。安全运筹学旨在解决安全运筹问题，以最优化的方法实现系统安全，或在满足安全的限定条件下，实现经济、效率等其他条件的最优化。安全运筹学的目的是在考虑研究系统诸多因素后，采用安全运筹学方法，实现系统安全的最优化。

（3）应用安全科学、系统科学、运筹学的原理和方法。应用安全科学的原理和方法对人们生活、生产过程中的人、物、管理和环境等进行危险因素的辨识、分析、评价、控制和消除；应用系统科学的原理和方法，分析系统内外及系统与系统间的相互影响关系；应用运筹学原理和方法，根据危险有害因素辨识与分析结果，为安全规划、安全设计、安全决策等提供理论指导。

（4）辨识与分析系统中存在的安全问题（人们在生活、生产、生存领域与安全有关的问题）。研究安全运筹学的最终目的是使系统在满足各方面约束条件下以最优的方式达实现安全运行，故必须辨识、分析系统中存在的安全问题，明确安全运筹问题。

（5）通过运筹学原理和方法对系统中的安全问题进行分析、决策，选取最优化的解决方法。解决系统中的安全问题是安全运筹学最直接的目标，将运筹学的原理和方法应用于对安全问题的分析、决策，进行定量、定性建模分析，为解决安全问题提供最优化的方法，保证生产、生活和生存的最优安全状态。

（6）安全运筹学旨在以最优化的方法实现系统安全。而此中最优化的主要表现形式是安全资源的优化分配，安全资源包括人员、设备、资金、时间等。研究者在研究过程中寻求尽可能合理、有效的安全资源运用方案或使方案得到最大限度的改进，以获得预期的效果和效益。

（7）安全运筹学研究既有理论意义，也有实践意义。既有助于安全学科的发展，丰富安全学科的理论体系；也有助于企业实现安全管理的最优化、经济化、高效化。从运筹学视角出发，研究安全运筹相关问题，通过定性和定量相结合的方法，建立模型，求解出最优化的方法。研究安全运筹学，可在理论上丰富安全科学及运筹学理论，在实践中解决安全运筹问题。

2. 安全运筹学的特征

（1）实践性。安全运筹学是一门应用性学科，具有较强的实践性。安全运筹学的研究不仅可丰富安全科学理论体系，亦可运用其理论指导实践问题的研究，解决安全运筹问题，其学科的基础理论与素材均来源于实践活动，故而认为实践性是安全运筹学的典型特征。

（2）特定目的性。安全运筹学是运筹学运用于安全领域而衍生出的一门新兴应用性综合学科，是以满足人类安全需要为目的，以达到安全和其他条件之间的最优化状态为目标。

（3）综合性和交叉性。安全运筹学主要研究运用运筹学的方法解决系统中的安全问题，涉及范围广，且安全问题本身就具有综合性，在系统中寻求最优安全状态，更具有明显的综合性。从学科属性来看，安全运筹学是安全科学、运筹学、系统科学等学科的综合交叉性学科，其涉及学科和领域广泛，由此可见，其学科体系的综合性和交叉性是明显的。

（4）复杂非线性。安全运筹学是一门综合学科，而综合学科的科学目标系统，是由人参与其中的复杂系统。也正因为有人的参与，安全运筹系统成为一个非线性的复杂系统。

（5）系统性。安全运筹学的研究对象是系统中的安全运筹问题，在解决安全运筹问题时强调全局观念、整体观念，研究目的是实现系统安全最优化，故表现出明显的系统性特征。另外，安全运筹学本身就是一个由人、物、人与物关系及其内在联系整合而成的功能系统。因此，在解决安全运筹问题时，首先要树立系统的观点，清晰地阐明目标，划定系统的边界，将待解决的问题作为一个相对独立的系统或一个大系统的子系统，按层次、按功能结构对系统进行解析，准确定义和描述各要素的属性及要素之间的关联，然后再建立模型，求解安全运筹问题。

（6）科学性。安全运筹学由于其系统的复杂性，仅仅依靠定性分析或者定量分析的方法是不够的，而是强调要以定性与定量相结合的方式作为优化决策分析的方法基础，通过构建科学、精确的模型，收集数量足够的可信数据，运用先进的运算工具和手段，快速地生成决策方案并对方案进行反复的评估和改进，使原则上可行的决策方案逐渐接近量化准则上的最优。这恰恰体现了安全运筹学的科学性。

（7）最优性。安全运筹学研究旨在寻求系统安全的最优解，无论是以最优化的方法实现系统安全，还是在满足安全的限定条件下，实现经济、效率等其他条件的最优化，都表现出最优特性。

3. 安全运筹学的功能

基于安全运筹学作为安全科学的工具性分支学科及其对安全运筹实践的指导功能，将其功能与作用归纳如下：

（1）发展与完善安全运筹学理论，为安全运筹实践提供指导。安全运筹学的建立与发展，能有效推动安全学科体系的完善。而一门学科体系的完善一定程度上可促进人们对该问题的认识和重视，故安全运筹学在一定程度上可以帮助人们提高对安全的认识。

（2）作为安全科学的应用性分支学科，安全运筹学充实了安全科学的研究方法，为安全科学的研究提供了新的模式和思路，利用运筹学方法与思想解决安全运筹问题，优化安全决策，从而达到安全高效的目的。实际上，运筹学的方法与思想早已渗透至安全科学研究的领域，安全工作者自觉或不自觉地都在大量使用运筹学方法开展安全研究和工作，而且运筹学最优化的理论很好地契合了系统安全最优化的思想，有利于推动安全科学的发展与进步。

（3）为安全学者、研究人员等提供了一个新的行之有效的研究工具，且系统地梳理了安全运筹理论和方法，可促进安全运筹难题的求解，特别是对安全科学的定量研究与优化研究具有重大意义。

（4）为解决安全运筹问题提供了规范的研究模式，可减少研究时的随意性与盲目性，将大大提高安全运筹学的研究效率与合理性，更有利于解决安全运筹问题。

（5）在安全运筹学理论和方法论的指导下，对系统中的安全运筹问题展开深入分析，以最优化的方法实现系统安全，或在满足安全的限定条件下，实现经济、效率等其他条件的最优化，可概括为追求安全经济效益的最大化。故深入研究安全运筹学可在一定程度上提高安全经济效益。

5.2.2 安全运筹学的相关概念及其关系辨析

对系统学、系统工程、运筹学和安全系统工程、安全系统学等概念进行论述，从系统科学体系和安全系统科学体系两个层次辨析上述概念及其关系，并对易混淆的概念进行重点辨析。

1. 安全运筹学相关的基本概念

（1）系统学。系统学是以系统为研究对象的基础理论和应用开发的学科组成的学科群。它着重考察各类系统的关系和属性，揭示其活动规律，探讨有关系统的各种理论和方法。

（2）系统工程。系统工程是对系统进行合理规划、研究、设计和运行管理的思想、步骤、组织和技巧等的总称，可定义为以系统为研究对象，以现代科学技术为研究手段，以系统最优化为研究目标的工程学。它以系统的观点出发，跨学科地考虑问题，运用工程的方法去研究和解决各种系统问题。构成系统工程的基础理论有运筹学、控制论、以计算机技术为基础的信息科学、专业的系统工程和特殊的专业基础理论。

（3）运筹学。运筹学是20世纪40年代发展起来的一门学科，关于运筹学的定义不一，P. M. Morse与G. E. Kimball定义运筹学为：在实行管理的领域，运用数学方法，对需要进行管理的问题进行统筹规划，做出决策的一门应用科学。这一定义主要强调了其应用领域是管理领域，方法是数学方法，目的是做出决策。但随着对复杂系统的研究，不难发现仅仅依靠数学方法将很难实现目的，任何决策都包含定性研究和定量研究，故该定义存在一定的局限性。另有定义为：运筹学是一门应用科学，它广泛应用现有的科学技术知识和数学方法，解决实际中提出的专门问题，为决策者选择最优决策提供定量依据。此定义表明运筹学是具有多学科交叉特性的应用科学，是以数学知识为基础的综合性交叉学科，其运用现代的科学技术，对现有的人力、物力等资源进行量化分析与研究，以达到最优的或最为满意的结果。

（4）安全系统工程。安全系统工程是专门研究怎样运用系统工程的原理和方法来保证目标系统安全功能的工程技术学科，即采用系统工程的方法，对系统全寿命周期中的危险因素进行识别、分析和评价，进而依据分析的结果调整系统的结构、工艺、操作、管理和投资等因素，从而保证系统的安全性得到保障，事故得到控制。

（5）安全系统学。安全系统学是一门指导人们如何开展系统安全思维、如何研究获得系统安全分析与评价的方法和原理、如何预测和控制系统安全的发展规律、如何研究和更好地实践安全系统工程等系列科学问题的安全科学新分支。或简单定义为：安全系统学是一门研究安全系统的结构、功能、运行、与环境的关系及发展演化规律等的学科。

2. 安全运筹学与相关概念的关系分析

上述概念主要可分为三组：系统学、运筹学和系统工程；安全系统学、安全运筹学和安全系统工程；系统安全与安全系统。这三组概念可视为三个层面，三个层面之间又是相互关联的，可用图 5-1 表示。

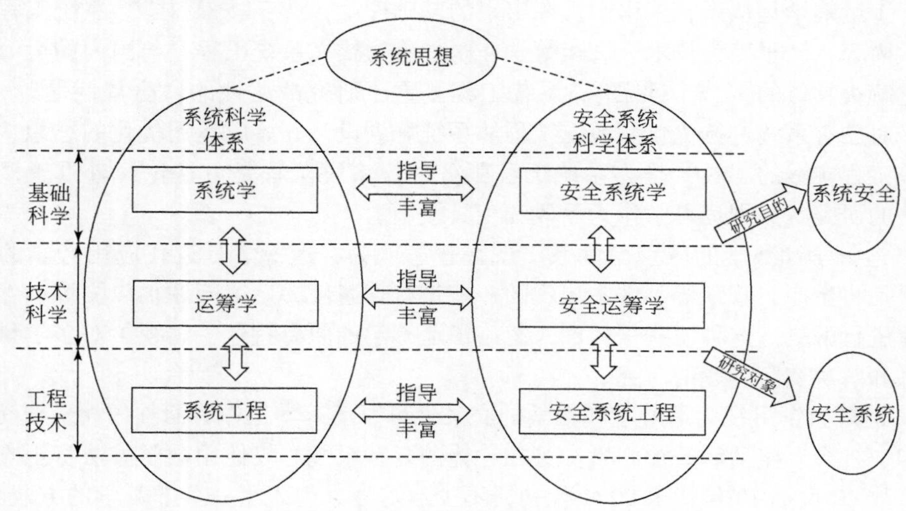

图 5-1 安全运筹学与相关概念的关系分析

对其解析如下：

（1）在系统科学体系层面，系统工程是直接与改造客观世界的社会实践相联系的一类新的工程学，属于工程技术层次，而运筹学是这类工程技术的共同理论基础，属于技术科学层次；而系统学基本理论，如协同学、开放复杂系统理论等，则属于基础科学层次。因此，虽然系统学、运筹学和系统工程三者属于不同层次，但三者都有共同的思想基础——系统思想。

（2）在安全系统科学体系层面，安全系统工程是专门研究如何用系统工程原理和方法确保实现系统安全功能的工程学，属于工程技术层次；安全运筹学是工程技术的共同理论基础，属于技术科学层次；而安全系统学则是安全系统工程的理论发展和上游，属于基础科学层次。因此，虽然安全系统学、安全运筹学和安全系统工程三者属于不同层次，但三者都有共同的思想基础——系统思想。

（3）安全系统与系统安全的区别，应从“安全自系统”和“安全他系统”来思考，如果把“安全自系统”和“安全他系统”当作两个子系统，则“安全系统”等于“安全自系统+安全他系统”的优化系统。据此，安全系统可视为系统的一个子系统，用以维持系统安全状态，而系统安全则指一个系统的安全状态。因此，安全系统工程、安全运筹学、安全系统学等的研究对象都是安全系统，而研究的最终目的都是保证系统安全。

（4）在系统科学体系层面和安全系统科学体系层面之间，系统科学体系是安全系统科学体系的基础，安全系统科学体系是对系统科学体系的丰富，具体体现在：安全系统学以系统学理论为指导，安全运筹学以运筹学理论和方法为指导，安全系统工程以系统工程原理和方法为指导。

3. 易混概念辨析

（1）运筹学和系统工程的区别与联系。关于运筹学和系统工程的区别与联系主要有以下几点：①运筹学是从系统工程中提炼出来的基础理论，属于技术科学。系统工程是运筹学的实践内容，属于工程技术。②运筹学在国外称为狭义系统工程，与国内的运筹学内涵不同，它解决具体的“战术问题”。系统工程侧重于研究战略性的“全局问题”。③运筹学侧重于对已有系统进行优化。系统工程从系统规划设计开始就运用优化的思想。④运筹学是系统工程实践的工具，是为系统工程服务的。系统工程是方法论，着重于概念、原则、方法的研究，只把运筹学作为手段和工具使用。

（2）运筹学和数学的区别与联系。现在普遍认为，运筹学是近代应用数学的一个分支，主要是将生产、管理等事件中出现的一些带有普遍性的运筹问题加以提炼，然后利用数学方法进行解决。这种说法很片面，忽略了运筹学的原有特色，忽视了对多学科的横向交叉联系和解决实际问题的研究。

（3）运筹数学可视为运筹学和数学的交叉学科。运筹学工作者面临的大量新问题是经济、技术、社会、生活和政治因素交叉在一体的复杂系统，仅使用数学方法将很难达到优化目的。故20世纪70年代末80年代初，不少运筹学家引入了一些非数学的方法和理论，如美国运筹学家 Thomas L. Saaty 于70年代末期提出的层次分析法（analytic hierarchy process，AHP）理论和网络分析法（analytic network process，ANP）理论，可视为解决非结构问题的一种尝试。P. B. Checkland 从方法论上对此进行了划分，把传统的运筹学方法称为硬系统思考，认为它适合解决那种结构明确的系统的战术及技术问题，而对于结构不明确的、有人参与活动的系统就要采用软系统思考的方法，也有学者称其为软运筹学。

4. 安全运筹学学科地位分析

在《学科分类与代码》（GB/T 13745—2009）中，安全运筹学是安全系统学二级学科的下属三级学科，安全系统工程是安全工程技术科学二级学科的下属三级学科，安全运筹学与安全系统工程同属三级学科，三级学科安全系统工程又包含安全运筹工程、安全控制工程、安全信息工程。故安全系统学、安全系统工程、安全运筹学、安全运筹工程的关系可由图5-2表示。具体解析如下：①安全系统学是运筹学发展的学科基础，安全运筹学是安全系统学的分支学科；②安全运筹学是安全运筹工程的理论发展，安全运筹工程是安全运筹学的实践基础；③安全运筹工程是安全系统工程的分支学科，安全系统工程是安全运筹工程的学科基础；④安全系统工程是安全系统学的实践基础，安全系统学是安全系统工程的理论发展；⑤安全系统学、安全运筹学、安全运筹工程和安全系统工程具有共同的思想基础，即系统思想。

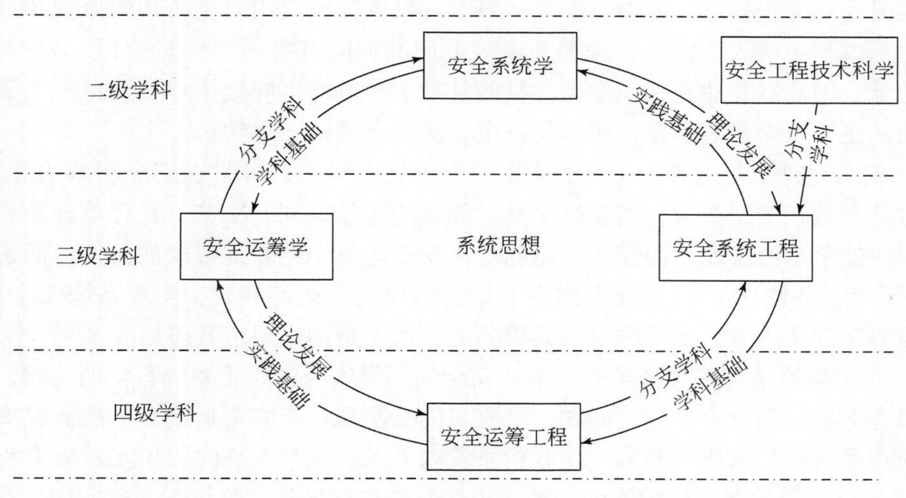

图 5-2 安全运筹学学科地位图解

5.2.3 学科基础与研究内容

1. 学科基础

安全运筹学广泛运用优化、决策分析的方法，通过系统观察安全现象来定性或定量分析人、事、物的最佳安全发展状态，是在满足其他约束条件下实现最优化安全目标的多学科理论和技术有机结合而形成的知识综合体，与安全科学、运筹学、系统学等学科有广泛密切的联系，如图 5-3 所示。

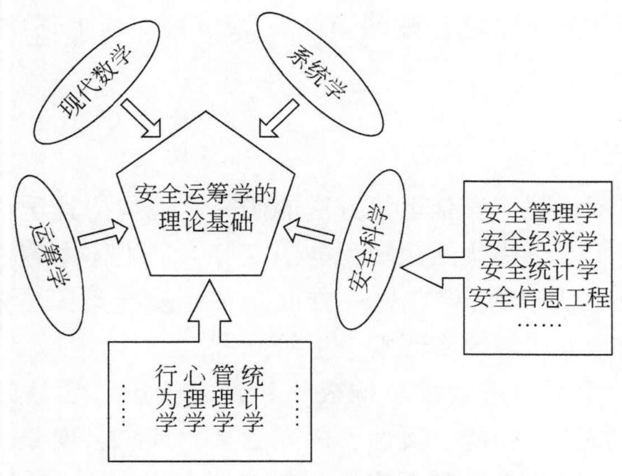

图 5-3 安全运筹学的理论基础

（1）安全运筹学与安全类学科的关系。安全运筹学是为了实现系统安全最优化而发展起来的一门交叉学科，而安全经济学、安全系统工程、安全人机学、安全人体学、安全统计学、安全管理学、安全信息工程和控制论等安全学科的基础目标也是实现系统安全，且学科形成时间均先于安全运筹学。安全运筹学的发展需要应用安全科学的原理和方法对人们生产生活过程中的人、物、管理和环境等方面的危险有害因素进行辨识、分析、评价、控制和消除，因此需要建立在安全类学科的基础上，以此更好地指导安全运筹实践。需要特别指出的是，安全运筹学是二级学科安全系统学下属的三级学科。

（2）安全运筹学与运筹类学科的关系。安全运筹学是运筹学在安全领域的应用学科，其主要方法基础在于运筹学，需要以运筹学领域的运筹规划、决策、管理等理论和方法为指导，解决安全运筹问题。但需要注意的是，安全运筹学绝非运筹学的延伸，而是自觉地综合运用运筹学和相应的科学技术作为工具去解决安全运筹问题，实现系统安全最优化。从安全运筹学的角度看，运筹学是为其服务的，而不是用来限定其应用的。

（3）安全运筹学与系统科学的关系。安全运筹学本身就属于系统科学的范畴，安全运筹学的研究对象是系统安全运筹问题，研究目的是实现系统安全最优化。故研究安全运筹学需要应用系统科学的原理和方法，分析系统内外及系统与系统间的相互影响关系等。

（4）安全运筹学与现代数学的关系。现代数学在运筹学理论体系的建立中具有决定性作用。过去一段时间，人们曾局限于从数学方法上研究运筹学，过分注重建立精巧的数学模型，排斥必要的定性分析，这与创建运筹学时所提出的目标背道而驰，也大大地影响了安全运筹学自身应有的研究思路与应用空间。应当明确地指出的是，安全运筹学虽离不开现代数学，但它绝非现代数学的延伸，而是自觉地综合运用现代数学和相应的科学技术作为工具去解决安全系统的优化问题。从安全运筹学的角度看，现代数学是为其服务的，而不是用来限定其应用的。

（5）安全运筹学与其他学科的关系。安全运筹学是一门综合性交叉学科，其综合性和交叉性并不仅仅体现在安全科学和运筹学的综合和交叉，也体现在与其他领域的学科综合和交叉，如解决安全运筹问题时，通常要考虑其社会效应，需要运用计算数学和统计学的知识等，故安全运筹学与统计学、管理学等其他学科也密切相关。

总言之，安全运筹学是一门综合性的新兴交叉学科，与上述学科都有直接或间接的关联。

2. 主要研究内容

安全运筹学的研究不仅限于安全运筹方法的研究，也包括其学科理论性的研究和将安全运筹方法的成果向现实安全优化问题转化的研究等，其主体内容可概括为两方面：一方面是关于安全运筹学的“认识内容”；另一方面是关于安全运筹学的“应用内容”，即如何运用安全运筹学理论和方法解决实际安全运筹问题。

（1）“认识内容”：主要由三大模块构成。一是安全运筹学基础理论，包括安全运筹学定义、内涵、外延、特征、功能、属性、研究意义、理念、现象、对象、方法等基础理论；二是安全运筹学的学科体系，包括安全运筹学学科分类及其划分、与其他学科关系、学科层次与地位、学科体系框架与层次结构及分支体系内容等；三是安全运筹学的方法论，包括研究安全运筹学学科的方法、解决实际安全运筹问题的运筹方法等的研究，如利用运筹学理论提出的事故分析方法、安全预测方法、安全管理模型等。

（2）“应用内容”：包括在安全运筹学基础理论和方法论指导下制定出来的优化方案及针对安全运筹问题实施组织管理的原理、方法等，可概括为安全运筹实践和安全运筹组织管理，如设备维修和可靠度、应急资源调度、安全库存管理等，安全运筹学可以广泛应用于各行业的安全规划和优化等。

5.2.4 从应用视角构建主要学科分支

从应用视角构建安全运筹学的学科分支，主要从应用学科视角和应用领域视角展开安全运筹学学科分支构建研究。

1. 从应用学科视角构建学科分支

从应用学科视角构建安全运筹学学科分支，即是通过研究运筹学在安全学科中的应用情况从而构建相应的学科分支，如运筹学应用于安全管理学，构建安全管理运筹学分支。基于此种思想及安全学科二级学科划分标准，构建分支学科包括安全规划运筹学、安全管理运筹学、安全经济运筹学、安全信息运筹学、安全物质运筹学、安全教育运筹学等，具体研究内容见表5-1。

表5-1 基于应用学科视角的安全运筹学学科分支划分

学科分支	研究内容
安全规划运筹学	安全规划运筹学是以保障人的身心安全健康为着眼点，为克服人类社会经济活动的盲目性和主观随意性，能够指导未来一段时间内生产、生活和生存活动而做出的时间与空间上的统筹安排所形成的知识体系
安全管理运筹学	将运筹学应用于组织安全管理，研究内容包括管理方法比选、安全组织协调、资源分配、安全人员管理、安全物资管理、安全设备的更新维护等
安全经济运筹学	应用运筹学解决安全经济学问题，量化企业或个体等在生产、生活过程中的安全效益，研究最优安全投入方案，以最优化的安全投入资源分配方法获取最大的安全效益等
安全信息运筹学	应用运筹学理论和方法处理安全信息，通过规划论和图论等方法建立模型、处理数据、优化决策
安全物质运筹学	应用运筹学理论和方法解决安全物质能量相关问题，在人、机、料、法、环中寻求最佳的分配方案等，以达到最优的安全解
安全教育运筹学	应用运筹学理论和方法统筹规划安全教育学问题，在教育资源、资金和预期效果等因素之间寻求最佳最优化的安排
……	……

2. 从应用领域视角构建学科分支

从应用领域视角构建安全运筹学学科分支，即是通过研究运筹学在各安全领域中的应用情况从而构建相应的学科分支，如运筹学应用于物流安全管理，构建物流安全运筹学分支。基于此种思想，构建分支学科包括物流安全运筹学、化工安全运筹学、交通安全运筹学、建筑安全运筹学、机械安全运筹学等，具体研究内容见表5-2。

表 5-2　基于应用领域视角的安全运筹学学科分支划分

学科分支	研究内容
物流安全运筹学	基于物流系统安全辨识与分析结果，运用运筹学方法从总体上根据物流安全需求，优化物流系统，确定物流活动安全保障措施、物流库存等，进行统筹安排和调度，以保障物流活动安全、经济、高效
化工安全运筹学	基于化工系统安全辨识与分析结果，运用运筹学方法从总体上根据化工安全管理需求，解决化工生产中的化学品数量、安全库存位置和安全器材配备等问题，以保障化工生产过程安全高效
交通安全运筹学	基于交通系统安全辨识与分析结果，运用运筹学方法从总体上根据交通安全需求，解决交通路线、红绿灯和警示标志牌等的设置问题，以减少交通事故，进而保障人们安全出行
建筑安全运筹学	基于建筑系统安全辨识与分析结果，运用运筹学方法从总体上根据建筑安全需求，确定安全人员指派、安全警示标志和安全路径等计划，保证建筑施工过程安全、高效
机械安全运筹学	基于机械系统安全辨识与分析结果，运用运筹学方法从总体上根据机械安全需求，确定大型设备放置位置、存储量和安全器材配备等，以实现机械生产制造安全和机械设备运行安全
……	……

5.3　安全运筹学的方法论

方法论是学者基于哲学高度总结与归纳人类构建和使用各种方法的经验，从中寻求关于方法的规律性知识。任何一门科学或技术都会依据其自身的特点，生成一套具有鲜明学科特色的研究思路、原则与理论，进而形成一系列相应的方法，以形成方法体系。安全运筹学虽然是一门应用性学科，但也有其自身的方法论，研究其方法论，可指导安全运筹学的进一步研究。在参考运筹学方法论、安全科学方法论、系统学方法论、安全系统工程学方法论等的基础上，主要对安全运筹学的方法论展开介绍。

方法论并非具体的方法，而是众多方法的抽象和提升，是具有普适性的一般理论，它可分为两种：一种是关于研究实践问题的方法和方式的学说；另一种是研究某一门科学而采用的研究方法和方式的学说。根据方法论的基本含义和安全运筹学的具体内容与学科特性，给出安全运筹学方法论的定义：

安全运筹学方法论是从安全运筹学学科角度和安全运筹实践研究角度，对其开展研究的思路、方式方法、途径、步骤等的概括和总结。此概念有别于一般安全分支学科方法论的定义，这是由于安全运筹学是一门应用性学科，其自身就是研究安全科学的方法学科，故研究其方法论既需要宏观上站在学科研究的方法视角，也需要微观上站在安全运筹具体实践研究的方法视角。

总的来说，因安全运筹学自身是一门方法性学科，从宏观上研究如何完善其学科理论，即如何丰富安全运筹学的方法体系是极其必要的。也正是因为安全运筹学自身的方法特性，从微观上研究解决安全运筹问题的关键步骤——模型构建方法和求解方法，也是不可或缺的。因此本节将对安全运筹学的宏观方法论和微观方法论做具体研究。

5.3.1　宏观层面方法论

从宏观上把握安全运筹学的方法论是指不仅仅拘泥于具体的运筹学方法和模型，而是从整体上和大局上考虑应如何研究安全运筹学，如何丰富安全运筹学理论和方法。对此，本节开展安全运筹学宏观方法论研究，主要回答安全运筹学研究“应持何种思想”、“选取何种研究模式”、“采用何种分析方法”和“最基本的研究方法是什么”四个问题。

1. 基本思想——最优化思想

安全运筹学的基本思想是最优化思想，主要源于两点：一是从安全运筹学的属性看，运筹学的核心思想是最优化思想，安全科学也追求最佳安全状态，故其交叉学科安全运筹学的基本思想是最优化思想；二是从安全运筹学的定义和研究内容看，安全运筹学追求以最优化的方法实现系统安全，或在满足安全的限定条件下，实现经济、效率等其他条件的最优化，故安全运筹学的基本思想是最优化思想。

2. 研究模式——WSR 研究模式

20 世纪 70 年代末，钱学森和许国志将系统工程和运筹学视为“事例”，将运筹学视为硬系统方法，但随着人们认识的加深和运筹学本质的逐渐明晰，开始有学者提出软运筹学的概念，并且认为软运筹学是运筹学未来发展的方向，而软运筹学将更多地运用“物理-事理-人理”方法论，简称 WSR。

对于安全运筹学的研究，这里认为也应采取 WSR 研究模式，主要源于两点：①从安全运筹学的学科属性来看，安全运筹学是采用运筹学的方法解决安全运筹问题，因此会沿袭运筹学的基本理论和方法，加以改进和利用；②从安全运筹学的研究对象来看，安全系统具有综合性和复杂性的特点，因此研究安全运筹学时单单使用“物理”或“事理”或“人理”的研究模式都是不够的，需综合使用 WSR 研究模式，即“物理-事理-人理”方法论。

安全运筹学的 WSR 研究模式可用图 5-4 表示，首先安全运筹学的研究问题是安全运筹问题，当处理安全运筹问题时，首先要考虑处理对象——物的方面，研究物质运动的机理，如安全运筹学的知识库、数据库等。把握物的方面，方能研究事的方面，即这些物如何更好地被运用于事的方面，如何去安排所有的设备、材料和人员，以实现安全状态最优

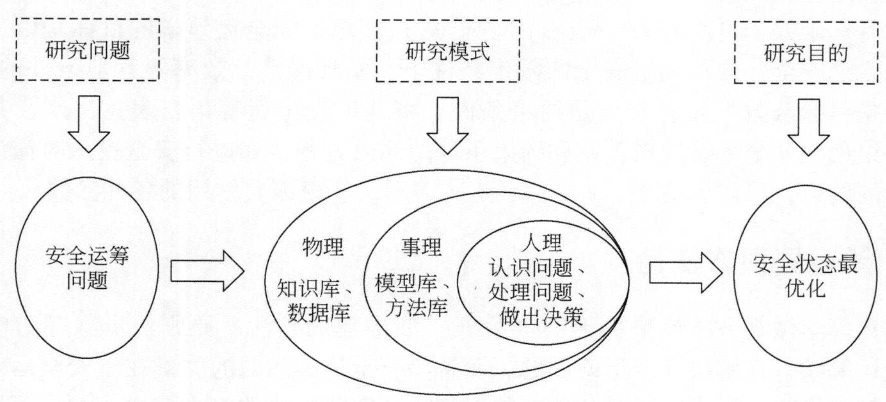

图 5-4 安全运筹学的 WSR 研究模式

化，如安全运筹学研究的模型库、方法库等，便很好地对事理进行了归纳、总结和升华。由于在安全系统中，人亦是系统的一部分，而且认识、处理问题和做出决策的主体都是人，所以研究安全运筹问题也离不开人的方面，即人理，这也是解决安全运筹问题的核心部分。通过 WSR 研究模式研究安全运筹学，解决安全运筹问题，从而实现安全状态最优化，这便是安全运筹学最终的研究目的。

3. 分析方法——定性与定量相结合的系统分析法

由于安全运筹学是安全系统工程的下属分支学科，其研究对象亦是系统安全运筹问题，安全运筹学表现出明显的系统性特征，故安全运筹学的分析方法是系统分析方法。系统分析方法以发挥系统的整体功能为出发点，以寻求问题的最佳决策为目的，这与安全运筹学的思想是一致的。

那么，应采用何种系统分析方法呢？定性、定量还是定性与定量相结合的方法呢？很多人认为“运筹学本身就是一种定量的方法，所以安全运筹学当然要使用定量的系统分析方法”。这种说法既是对运筹学的误解，也是对安全运筹学的误解。首先，运筹学并不是现代数学的延伸，前面已对此做过区分，随着人们对运筹学认识的加深，出现了软运筹学的说法，钱学森也曾提出“从定性到定量综合集成研讨软体系”是软运筹学的基本方法。其次，安全运筹学采用运筹学的方法解决安全运筹问题，其基本方法也应是定性与定量相结合的方法。最后，安全运筹问题复杂，很多情形下，安全运筹问题是无法用纯数学的方法加以描述和解决的，这也是安全运筹学强调定性与定量相结合的根本依据所在。

4. 研究方法——模型方法

在安全运筹学的研究应用中，模型是最基础的方法，也是安全运筹学区别于其他安全学科专业的最大特征。在必要的简化和假设下，模型能够提取出安全系统中各个因素的本质属性或关联，并采用一种直观、简练的形式加以描述，便于研究和运算，也便于透过事物的表面现象把握其本质，从而更容易形成可行方案或对方案进行有针对性的优化。

一个典型的安全运筹学模型包括以下四部分：①一组需要通过模型求解来决定的决策变量，如安全投入经费、安全规划数据等，可用 x_1，x_2，…，x_n 表示。②一个反映安全决策目标的目标函数，可用 $G=G(x_1, x_2, \cdots, x_n)$ 表示。安全运筹学的目标是以最优化的方法实现系统安全，或在满足安全的限定条件下，实现经济、效率等其他条件的最优化，前者安全是目标函数，后者安全是约束条件，将其用安全运筹语言表达出来，并建立模型。③一组反映安全系统逻辑关系和约束条件的约束方程，如进行安全投入时需满足公司最大经费的约束，可用 $f=f(x_1, x_2, \cdots, x_n)$ 表示。④模型要使用的各种参数。

5.3.2 微观层面方法论

安全运筹学微观方法论是关于安全运筹模型构建的方法、原则、步骤等的概括和总结。安全运筹学旨在解决安全运筹问题，而解决安全运筹问题的关键在于安全运筹模型的建立和求解。换言之，安全运筹的成功与否不仅与实际问题的模型建立有关，而且很大程度上由算法的建立和求解决定。

由于安全系统的复杂性、不确定性，且安全系统属于有人参与活动且参与程度极高的系统，需充分考虑人文因素及管理因素等，故仅仅使用数学模型将很难真正达到实现系统安全最优化的目的。同时前面也对运筹学和数学进行了区分，运筹模型并不仅仅指数学模型，亦包括诸如概念模型、算法模型和框图模型等。结合安全运筹学的学科特性及安全系统的特点，本节认为安全运筹模型包括关联模型、概念模型、框图模型、逻辑模型、数学模型五种模型，当然数学模型仍是安全运筹学最重要的运筹模型，但不可否认其他模型的存在，如事故树、决策树等逻辑模型，且在安全运筹学发展研究的过程中，需加强对其他几类模型的构建研究，以形成独特的安全运筹模型，更好地指导实践研究。

1. 安全运筹学模型建立原则

安全运筹学模型的建立不仅需要不断地经受实践检验和加以改进，还需要安全科学工作者在综合运用多种方法的同时遵循一定的构建原则，具体见表 5-3。

表 5-3 安全运筹学模型构建的一般原则

原则	原则释义
简单性原则	建立安全运筹模型求解安全运筹问题的原因是模型可简化安全运筹问题，量化相关因素，故建立安全运筹模型时需遵循简单性原则
有效性原则	能够反映安全系统的基本特征和属性，切忌为建模而建模，建立安全运筹模型需遵循有效性原则，模型能有效反映有关原型的必要信息，并解决安全运筹问题
动态适应性原则	安全系统具有动态性，实际中研究的安全运筹问题往往也不是静态或一成不变的，因此安全运筹模型的建立需遵循动态适应性原则
合理假设原则	真实的安全问题往往比较复杂，因此，为了简化和抽象问题而建立安全运筹模型时，需根据实际情况提出合理的假设，如建立应急资源配置模型时对城市的应急事件发生频率、规模等做出假设原则
可分离性原则	安全系统构成因素、层次、结构复杂多样，各因素、层次、结构间相互关联，但在针对某具体研究目的建立模型时，并不是所有的关联都需要考虑至模型中，这时，需要忽略掉不必要考虑的要素与关联
可检验性原则	任何模型的建立都需遵循可检验性原则，安全运筹模型更是如此。模型建立后需检验其所依赖的理论和假设条件的合理性及模型结构的正确性，只有经检验满足要求，才能认可该安全运筹模型

2. 安全运筹学模型建立步骤

基于系统模型化程序、运筹学模型构建步骤、安全模型构建程序等提出安全运筹学模型建立的一般步骤，如图 5-5 所示。

（1）确定建模目的。针对某个安全运筹问题，首先需明确需要达到的目标，从而确定建模目的。建立模型必须目的明确，解答“为何建立模型”“解决哪些问题”之类的问题。

（2）构思模型系统。根据提出的安全运筹问题和建立安全运筹模型的目的，构思要建立的模型类型、各类模型间的关系，解答“建一些什么模型”“它们之间的关系是什么”之类的问题。

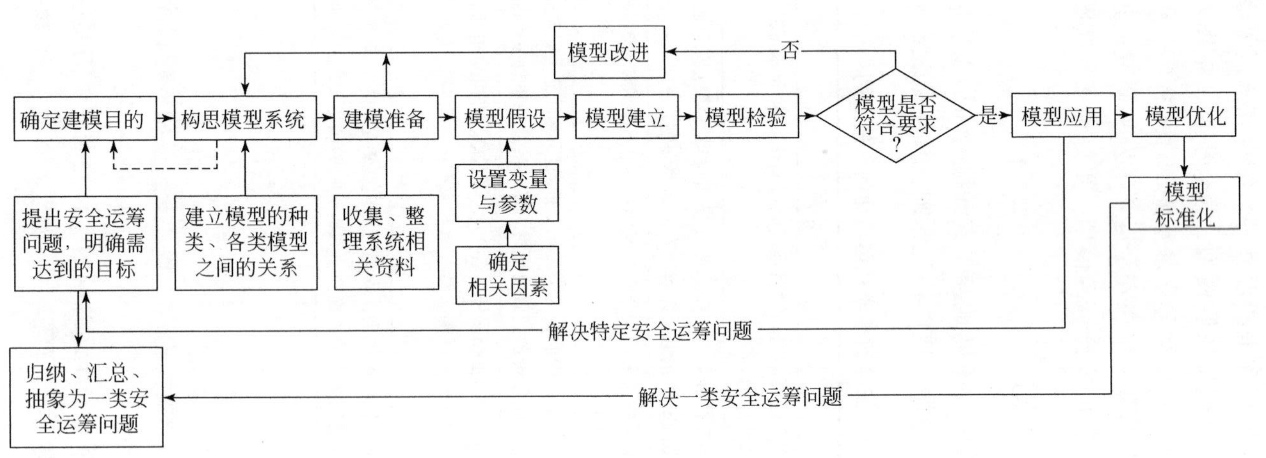

图 5-5　安全运筹学模型构建的步骤

（3）建模准备。依据所构思的模型体系，收集有关资料，解答“模型需要哪些资料”之类的问题。需要注意的是，建模准备与构思模型系统之间有反馈关系，若构思的模型所需的资料很难收集，则需重新修改模型，进而可能影响到建模目的。

（4）模型假设。根据前面几步对安全运筹问题的认识及模型建立的准备，依据可分离性原则确定相关因素，从而设置变量与参数，提出合理假设。通常，提出假设的依据，一是对问题内在规律的认识，二是对现象、数据的分析，以及二者的综合、想象力、洞察力、判断力及经验。该步骤主要解答“需要哪些变量和参数”之类的问题。

（5）模型建立。将变量和参数按变量之间的关系和模型之间的关系连接起来，用规定的形式进行描述，解答“模型的形式是什么”“具体的模型是什么样”之类的问题。

（6）模型检验。模型建立后必须经过检验，若符合要求可进一步应用，不符合要求则需要进行模型改进，即返回至构思模型系统步骤，重新逐步审查，找出问题所在，进行不断改进，直至符合要求。所以模型检验与构思模型系统又构成反馈关系。检验安全运筹模型的正确性，首先应检验所构建的安全运筹模型体系是否能实现建模目的，而后研究每个安全运筹模型能否客观正确地反映出所提问题。安全运筹模型的一般检验方法是试算法，解答“模型是否正确”之类的问题。

（7）模型应用及优化。经过检验符合要求的模型可用以解决该安全运筹问题，同时可将该模型进一步优化，以备后续用以解决其他问题，回答“模型应用情况如何”之类的问题。

（8）模型标准化。针对具体安全运筹问题所建立的安全运筹模型只具有针对性，不具有普适性和通用性，故需将优化后的模型标准化，从而用以解决该安全运筹问题经归纳、汇总和抽象后的一类安全运筹问题，使得模型具有通用性，故该步骤回答“该模型通用性如何”之类的问题。

3. 安全运筹学模型建立和分析方法

基于科学方法论的视角，通过借鉴其他运筹学分支学科的思路和方法，结合安全运筹实践的成果和安全运筹问题的特殊性，分析并归纳安全运筹学模型构建的思路与方法，详见表5-4。另外，考虑到运筹模型多样，算法复杂，亦将安全运筹学模型分析常用方法进行分类汇总，详见表5-5。

表5-4 安全运筹学模型构建方法

方法	解释
直接分析方法	通过对对象系统及安全运筹问题内在机理的认识，选择已有的、合适的运筹学模型，如线性规划模型、排队模型、对策模型等，根据实际情况，适当调整，构建该安全运筹问题的对应模型
类比方法	通过对系统及安全运筹问题的深入分析，结合经验，运用比较原理，运用相似领域、相似系统等的相似问题的已知模型来建立该安全运筹问题的对应模型
模拟方法	对于大型灾难等的运筹分析，可利用计算机程序实现对安全运筹问题的实际模拟，从而得到有用的数据，进行相应的运筹分析
数据分析法	对某些尚未了解其内在机理的安全运筹问题，通过文献法、资料法、调查法等搜集相关数据或通过试验方法获得相关数据，然后采用统计分析等数学方法建立模型

续表

方法	解释
试验分析法	对不能弄清内在机理又不能获取大量实验数据的安全运筹问题，采用局部试验和分析方法建模
构想法	对不能弄清内在机理，缺少数据，又不能做实验来获得数据的安全运筹问题，可在已有的知识、经验和某些研究的基础上，合理地设想和描述安全运筹问题，而后采用已有方法建模，并且不断修改完善，直到满意为止

表 5-5 安全运筹学模型分析常用方法

方法类型	具体方法
与安全规划模型相关的分析方法	单纯形法、对偶单纯形法等
与安全优化模型相关的分析方法	神经网络法、遗传算法、蚁群算法、模拟退火法等
与安全对策模型相关的分析方法	决策树法、期望值法、边际分析法、贝叶斯法、马尔可夫法等
安全评估、决策分析方法	层次分析法、模糊综合评估分析法、逼近理想解的优选法等
与计算机技术有关的分析方法	动态规划法、回溯搜索法、分治算法、分支界定法等
图论和排队论的分析方法	图论法、排队方法、马尔可夫法等
搜索论	遗传算法、启发式贪婪算法

5.3.3 研究步骤及范式体系

1. 实践研究一般步骤

安全运筹学的研究是包含一系列步骤的有序过程。综合系统安全分析和运筹学分析方法，将安全运筹学实践研究的一般步骤概括为：安全运筹问题的分析与表达、建立安全运筹模型、求解安全运筹模型、结果分析与模型检验、制定具体的实施方案与方案实施，具体流程如图 5-6 所示。

(1) 安全运筹问题的分析与表达。明确安全运筹问题是安全运筹学研究最基础的步骤，只有了解安全运筹问题的性质、条件、范围，并准确分析表达出来，才能确定研究的对象和目标。

(2) 建立安全运筹模型。建立模型是安全运筹学分析的关键步骤。由于对象安全系统的特性及其信息量、精确度、目标要求等的不同，可建立各种不同的安全运筹模型。建立安全运筹模型主要有两种思路：一是套用已有的模型；二是应用运筹学的理论方法，结合其他方法，建立新的模型。

(3) 求解安全运筹模型。建立模型后，必须选择合适的方法求解出模型，才能满足人们的要求，求解模型时主要是求出满意解和最优解。值得强调的是，安全运筹模型只是对实际安全情况的抽象和映射，与实际之间仍存在或多或少的差异，因此，安全运筹模型的最优解并非一定是实际安全问题的最优解，只有模型相当准确地反映实际问题时，其解才趋近于实际最优解。

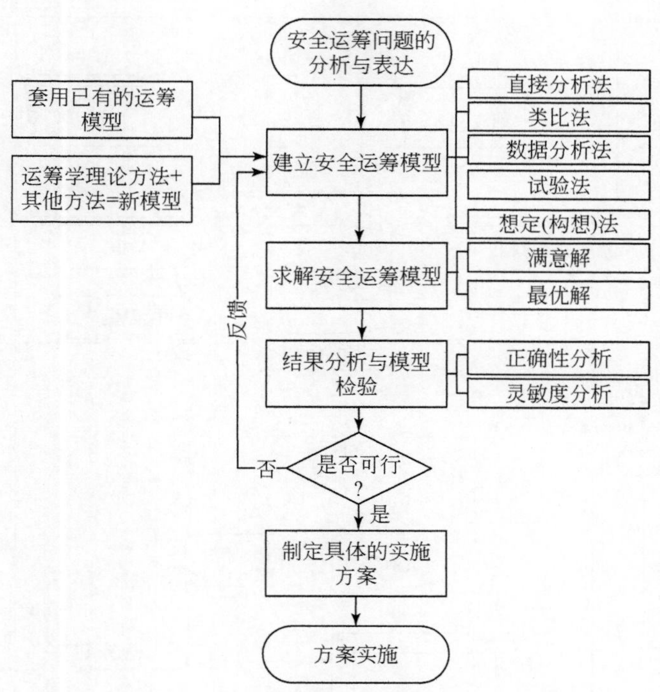

图 5-6 安全运筹学研究的一般程序实例

(4) 结果分析与模型检验。模型建成之后，需要通过试验对建立安全运筹模型所依据的假设条件的合理性和安全运筹模型结构的正确性进行检验。若经检验满足要求，则认可过程的正确性，反之则需经过反馈机制返回至模型建立和修改阶段。检验时一要检验其正确性，将不同条件下的数据代入模型，检验相应的解是否符合实际，是否能够反映实际问题；二要检验其灵敏度，分析参数的变化对最优解的影响，确定在最优解不变的情况下，参数的变化范围，判断其是否在允许的范围内。

(5) 制定具体的实施方案，并实施方案。根据对安全运筹问题的分析表达结果和模型求解结果，并结合实际情况，制定出具体的实施方案，以解决安全运筹问题。但需要注意的是，绝不能把安全运筹学分析的结果简单理解为一个或一组最优解，实际上它还涵盖了获得这些解的方法、步骤和支持这些结果的理论、方法等。

2. 研究范式体系

根据前文对安全运筹学理论的研究及安全运筹学实践研究过程的分析，建立安全运筹学研究的范式体系，如图 5-7 所示。

(1) 安全运筹学研究主要分为理论层面研究和实践层面研究两个部分，两者相互交叉融合。理论研究为实践研究提供理论依据，实践研究充实理论研究，实践研究中形成的某些抽象模型得出的算法、结论、方法等可归纳为方法论，可不断拓展安全运筹学学科理论。总之，安全运筹学研究的理论层面和实践层面相互作用、相互促进，共同推进安全运筹学发展。

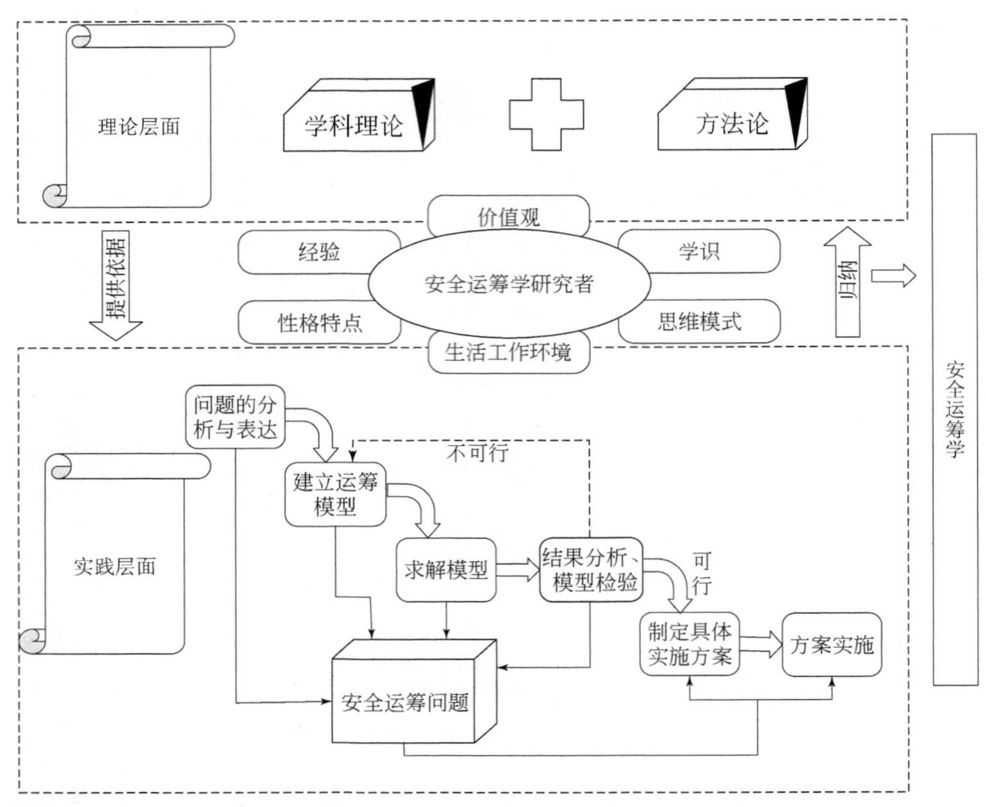

图 5-7　安全运筹学研究的一般范式

（2）理论层面和实践层面，研究的主体都是安全运筹学研究者。安全运筹学研究过程中最关键的步骤是建立安全运筹模型，但由于实际的安全运筹问题具有复杂性和综合性，在解决问题过程中建立的安全运筹模型不可能完全准确地反映现实世界或实际问题，人们在构造安全运筹模型时，往往要根据一些理论的假设或设立一些前提条件来对安全运筹模型进行必要的抽象和简化。人们对问题的理解不同，依据的理论不同，设立的前提条件不同，构造的安全运筹模型也不同。因此，模型构造是一门基于经验的艺术，既要有理论作指导，又要靠不断的实践来积累建模的经验。故建立模型的主体的学识、经验、思维模式、价值观、生活工作环境等影响模型建立的客观性和正确性。

（3）整个实践研究过程中的研究对象是安全运筹问题。分析表达安全运筹问题，针对安全运筹问题建立模型，对建立的安全运筹模型进行求解，对求解出的结果进行检验，若检验结果正确，根据结果制定具体实施方案并实施。

（4）对于典型的安全运筹实践问题和具有代表性的安全运筹模型可归纳为安全运筹学的方法论，反之，安全运筹学方法论也可指导安全运筹模型的创建。

3. 安全运筹学的核心理论

根据对运筹学知识的系统研究并结合安全科学发展的需要，针对可运用至安全领域的运筹学核心理论，归纳安全运筹学的核心理论，主要包括安全运筹规划理论、安全运筹决策论、其他安全运筹理论，其具体内容和层次如图 5-8 所示。有关运筹学理论前面加安全两字的意思只是表达用于安全领域。现有很多被人们广泛接受的安全科学分支学科，都是由某学科的前面加安全两字来表达的。另外，需指出的是，三类核心理论的内容在应用中会有一定程度的交叉。

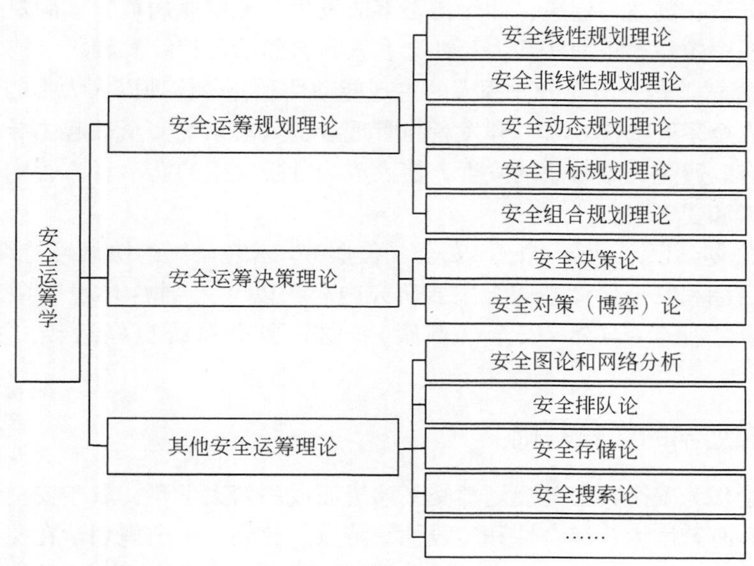

图 5-8 安全运筹学的核心理论层次

5.4 安全规划学

安全规划学可以理解为安全运筹学的主要理论分支。下面从学科建设的高度，基于安全科学、规划学、系统科学等相关理论，梳理安全规划学定义与内涵，论述安全规划学的学科基础、学科性质，以及研究内容、程序和方法，以期系统化安全规划学理论体系，为安全规划提供科学的理论基础，并完善安全科学和规划学的学科体系。

5.4.1 安全规划学的基础

1. 安全规划学的定义与内涵

定义是准确认识和把握对象本质特征的基本方法。一门学科的最基本定义可以揭示该学科的本质和展示该学科的核心。以一门学科的定义为逻辑起点，可演绎和拓展该学科的学科体系。因此，安全规划学的定义对安全规划学理论体系的构建至关重要。

综合安全科学、规划学及科学定义的核心要义，提出安全规划学的定义：安全规划学是以保障人的身心安全健康为着眼点，为克服人类社会经济活动的盲目性和主观随意性，对未来一段时间内生产、生活和生存活动所做的时间与空间上的统筹安排所形成的知识体系。内涵解析如下：

（1）安全规划学以安全规划作为逻辑起点，以安全规划为基础，借助一系列的概念、范畴和原理可构建安全规划学知识体系的逻辑结构。

（2）安全规划学的学科主旨不再局限于事故的预防，而是实现人类生存、生活、生产活动的安全、舒适、高效与健康，即无伤害事故发生、无职业病危害、满足人的心理要求和达到最优的安全效益，进而实现人与社会、人与自然的可持续发展。

（3）安全规划学是一门充分发挥人的主观能动性和充分体现以人为本的学科。人是安全的主体，是安全系统的规划者、开发者与管理者，其对系统安全性起主导作用。科学的安全规划可以有效避免灾难事故的发生，使人成为危险发生的防治者，否则可能就是事故灾害的始作俑者和受害者。

（4）安全规划学以“社会–自然–安全（健康）”宏观系统的协调可持续发展为宗旨，以未来的安全目标和安全保障措施为主要研究内容，以“人–物–环境”微观系统为调控对象，旨在协调“社会–自然–安全（健康）”这一复杂系统良好运转，从而谋求系统和谐。

2. 安全规划学的学科基础

安全规划学作为安全科学与规划学交叉渗透而成的新兴学科，属于安全科学和规划学的学科分支，具有跨度大、综合性和实践性等特点。此外，安全规划学在探讨安全系统本身的状态演变规律的同时需要关注人类社会的组织形式和管理方式，这涉及自然科学、社会科学、工程技术、人文科学等诸多领域。因此，安全规划学具有多层次的学科基础，其理论体系和框架的构建必须借助相关学科的理论支持。

（1）辩证唯物的思想基础。安全规划存在客观性与主观性，客观性体现在进行安全状态发展演化机制的研究需要遵循未来一定时空范围系统安全与危险的转换规律。主观性体现在人既是安全规划的制定者也是安全规划的调控对象。因此，安全规划学需要通过辩证唯物思想将客观性与主观性进行科学统一。

（2）安全科学理论。安全规划学以安全为切入点，利用安全科学原理及安全科学相关基础学科理论对未来的社会经济活动做出统筹安排与布置。在安全科学原理方面，涉及安全自然科学原理、安全社会科学原理、安全生命科学原理、安全技术科学原理、安全系统科学原理。在安全科学基础学科理论方面，有安全经济学、安全社会学、安全统计学、安全系统学、安全管理学、安全运筹学、安全科学方法学、安全文化学、安全物质学等。上述众多学科为安全规划学的创建提供了坚实的基本原理和知识体系，为安全规划学的工程实践提供了丰富的应用背景，为构建与发展安全规划学提供了经验借鉴。

（3）规划学理论。安全规划学需要借鉴规划学的战略思想，以规划学的经典理论与方法为基础已发展出很多分支学科，如城乡规划学、环境规划学、土地利用规划学等。这些学科分支创建的思想都是以各自领域的科学规划为目的，结合规划学理论进行渗透与融合而成的。因此，规划学及相关分支学科的充分发展为安全规划学的创建与实践提供了丰富的经验支撑。

（4）由于不同领域风险的标准和安全容量不同，以及安全规划是以一定的社会经济为背景的，安全规划不仅同该领域的安全水平有关，也涉及人们的主观价值观念和价值判断，因而安全规划不仅是一个自然科学或纯技术的问题，也应是一个社会科学问题。因此，安全规划学同样需要自然科学理论和社会科学理论的支撑。

3. 安全规划学的学科特征

安全规划学还处于构建研究阶段，从科学的角度探讨其学科特征，有利于辨析学科本质。笔者对其学科特征的探讨主要集中在思辨的层面，详见表5-6。

表5-6 安全规划学的学科特征

性质	性质释义
系统性与综合性	安全规划学的系统性与综合性体现在安全规划过程中，安全规划信息的收集、储存、处理与反馈，以及规划评价、安全问题的识别、发展趋势的预测和估计、方案对策的制订、多目标方案的评选、风险决策与适应性反馈调等都需要系统性思维、综合性的措施和各相关部门之间的协调配合。此外，随着人类对安全健康认识的提高和实践经验的积累，安全规划学的系统性与综合性越来越显著
控制性与政策性	作为安全规划学的逻辑起点，安全规划是对未来活动所做的有目的、有意识的统筹安排，是谋求安全发展的向导。因此，安全规划在安全工作总体布局中具有重要的控制性作用。安全规划学在实践过程中，从安全规划最开始的立题，到总体框架和内容的设计，再到最后的多种方案优化，均需要根据我国现行的相关安全生产政策、法律法规、条例和标准进行选择，即安全规划编制的过程是相关安全政策研究、运用的过程，带有政策性
时间与空间的未来性	安全规划学从规划行为特征而言具有明显的时间属性，只是其时间属性更多地关注未来，是根据当前的安全现状和存在的问题，对未来一段时间内安全工作进行预先策划，即安全规划的核心属性是时间上的预测与控制；同时，安全规划学也具有明显的空间属性，尤其是对未来空间的把握。因此，安全规划学的核心内涵是对未来时空的把握，规划的重点是未来，而其他学科更多地关注过去和现在
学术性与实践性	安全规划学与绝大多数学科的名称构成有差异，由“名词（安全）”+“动词（规划）”+“学”组成，这与一般学科的“名词”+“学”的构成不同。这一定程度上意味着安全规划学既有对实践性的强调，也有对安全规划学“学”的属性的挖掘和研究

5.4.2 安全规划学的学科体系与研究内容

安全规划学理论是关于安全规划的普遍性和系统性的理性认识，对安全状态及其时空演变的控制与引导是其本质与核心。安全规划本身的复杂性、综合性与实践性，决定了安全规划理论的多层次性。根据安全规划学的研究对象和研究目的，安全规划学研究可划分为两个层次，即基础理论研究与应用实践研究。

1. 安全规划学的基础理论研究

基础理论研究属于学科的本体研究，是任何学科发展的基本前提，基础研究扎实才能提升应用研究的能力，才能奠定学科发展的坚实基础。安全规划学基础理论关注如何处理安全规划的本质内容、如何认识安全系统及其时空演变，以及如何组织这些内容、依据怎样的思想来进行安全规划。概括可知，安全规划学基础理论研究涉及规划的性质、思想、规划技术和方法，主要包括该学科逻辑体系、原理、方法论等，而最为重要的几个基础研究领域如下：

（1）安全规划学演绎逻辑体系研究。完善的演绎逻辑体系是安全规划学理论成熟的表现，其研究主要包括安全规划学研究的逻辑、规则、程序等，是对安全规划学一系列定理、规律及推论的高度概括。通过科学合理的逻辑起点构建安全规划学演绎逻辑体系，可最大限度地帮助研究者理解该学科知识体系的系统性和内在关联性。

（2）安全规划学方法论研究。方法论是探讨各种方法的性质、作用及各种方法之间的相互联系，进而概括出的关于方法的规律性和一般性总结。任何学科理论的研究都离不开对其方法论的研究，安全规划学方法论是对指导安全规划学研究与实践的一般程序和方法的提炼，是为了解决安全规划学问题而形成的一套关于选择具体方法、程序的思想、原则和步骤的知识体系。

（3）安全规划学原理研究。安全规划学原理主要指在研究安全规划学基础理论、安全规划方法学、安全规划程序与模式等过程中获得的普适性基本规律，是在大量观察、实践的基础上，经过归纳、概括而得出的。安全规划学原理在指导实践的同时必须经受实践的检验，从科学的安全规划学原理出发，在解释安全规划规律的同时也可推演出各种具体定理与命题。

2. 安全规划学的应用实践研究

应用实践研究是在规划学基础理论指导下进行安全规划的编制、实施、评估与考核。按照各个阶段研究的侧重点，安全规划学的实践研究主要包括人–物–环系统设计研究，系统安全容量研究，系统风险分析、评价与预测研究，安全规划的指标体系研究，安全规划实施的监测、评估与考核研究，以及安全规划数据库设计与可视化实现研究等（表5-7）。

表5-7　安全规划学的实践研究内容

研究内容	内容释义
人–物–环系统设计研究	主要包括：①人–物–环交互设计研究，即研究人–物–环之间的物质流、能量流和信息流的交互传递关系，确保人–物–环界面交流的快捷、高效；②人–物–环安全协同研究，利用协同学原理，研究人–物–环及其所含物质、能量、信息等在时间、空间和功能结构上的重组与互补关系；③人–物–环系统管理与控制，针对人–物–环系统组织实施规划、检测及决策
系统安全容量研究	主要包括安全容量原理及其下属原理的研究（如安全容量元素协同效应、安全性能最优化、安全容量元素自组织、安全容量抗扰保稳、安全容量最大阈值、安全可控性、安全有序性、反馈调控、连通交互等），进而为系统安全规划的制定与实施提供理论依据
系统风险分析、评价与预测研究	主要包括：①系统安全与危险状态转换规律研究，运用安全科学和系统科学原理对系统安全现状进行分析，预测系统在未来一定时空的安全状态；②个人风险标准研究，即研究系统内某一时空范围的人员，因受系统内各种潜在风险的影响而受到伤害或死亡的概率；③社会风险标准研究，系统某一子系统引起的社会风险累计频率研究
安全规划的指标体系研究	主要包括：①研究用伤亡数量的负面指标表征安全状态，如绝对指标（事故起数、伤亡人数、直接经济损失等）和相对指标（相对人员、相对产量、相对产值等）的构建研究；②研究用正面指标表征安全状态，如一个地区的居民或一个企业的全体职工的安全观念、安全知识、安全能力的提高程度，或用安全文化水平的高低来衡量

续表

研究内容	内容释义
安全规划实施的监测、评估与考核研究	主要包括：①提出安全规划评估技术体系，如评估逻辑设计原则、总体框架和技术路线；②重点评估内容，如规划目标的实现一致性程度评估、任务完成情况及其作为目标战略的有效性评估、政策措施的制订与贯彻对目标实现与任务完成的支撑程度评估；③在定性描述规划实施情况和定量监测分析基础上形成量化评估结果，评价安全规划实施的总体效果，并对存在的问题进行原因分析，最后提出做好安全规划的对策建议
安全规划数据库设计与可视化实现研究	主要包括：①安全规划数据库设计，主要是通过数据库技术对系统的基础信息、安全信息和地理信息等安全规划基础数据进行信息支撑，便于数据的管理、共享和扩充；②安全规划可视化技术实现，利用计算机仿真技术、虚拟现实技术等实现安全规划的可视化，以便于安全规划工作的自动化和智能化，如安全规划对象的可视化组织与可视化编辑、安全规划结果可视化、危险源危险性可视化等方面的研究

综合安全规划学学科基础、基础理论研究内容和实践研究内容，构建其学科体系，如图 5-9 所示。

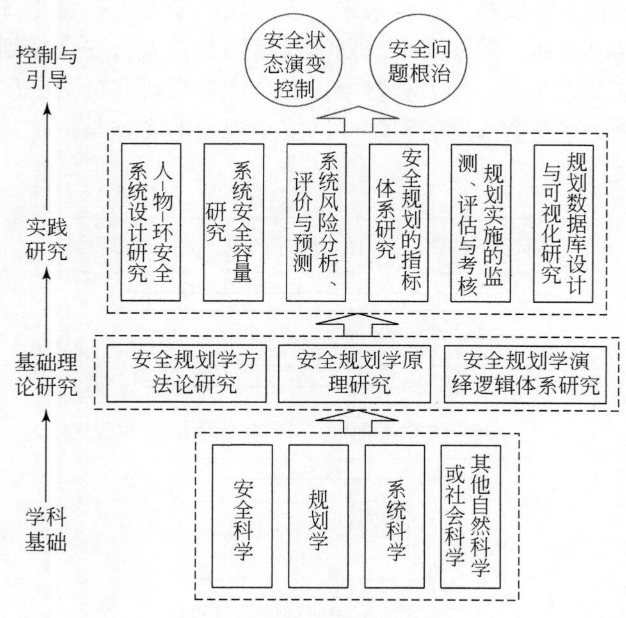

图 5-9 安全规划学学科体系

3. 安全规划学的应用研究划分

按照不同的维度，可划分不同的安全规划类型（表 5-8），这些不同类别的安全规划是实践的重点内容。同时，在实践中需要考虑不同安全规划之间的逻辑关系（如平行关系、上下衔接关系、包含关系等），以便于对不同安全规划之间的目标与内容进行协调，以减少规划之间的冲突。

表 5-8　安全规划学应用研究划分

划分维度	释义
按行业划分	煤矿、金属非金属矿、化工、冶金、建材、石油天然气、建筑、交通等具有行业特色的安全规划
按行政监管级别划分	国家级安全规划、省级安全规划、市级安全规划、县级安全规划、乡镇级安全规划等
按地域划分	区域（港口、码头、园区等）安全规划、城市安全规划、社区安全规划、学校安全规划等
按时间划分	长期（远期）安全规划、中期安全规划、短期安全规划，以及年度、季度、月度安全规划等
按公司层面划分	集团安全规划、分公司安全规划、部门安全规划、车间安全规划、班组安全规划、个人安全规划等
按管理层面划分	安全文化建设规划、安全培训教育规划、安全科技规划、安全投入规划、职业病防治规划、应急管理规划等，以及新建、扩建、改建项目安全规划等
……	……

4. 安全规划学一般研究程序

安全规划是安全的发展战略，是对未来一段时期的安全工作做出统筹安排和部署，属于经济社会发展的专项规划。随着安全规划涉及范围的扩大，安全规划需采取科学合理的研究程序，协调多方面的人力、物力和财力。安全规划学研究分为三阶段：①系统安全状态分析、评价与预测；②安全规划的编制；③安全规划的实施与评估。安全规划学一般研究程序如图 5-10 所示。

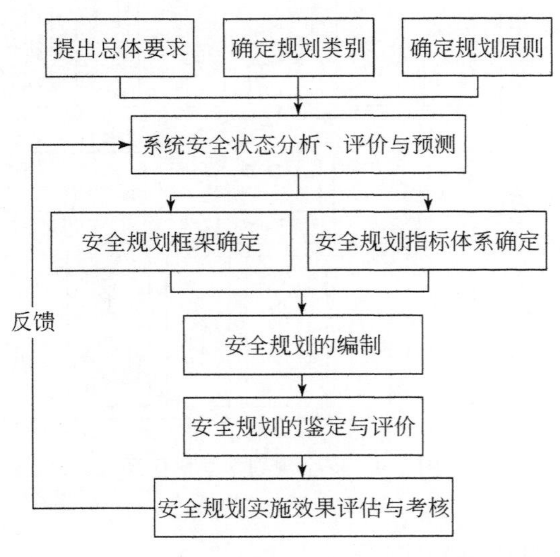

图 5-10　安全规划学一般研究程序

5. 安全规划学一般研究方法

安全规划是综合性多目标规划，需要对大量数据进行统计分析和处理，涉及多种方法和管理工具的应用。安全规划学研究常用方法见表 5-9。

表 5-9 安全规划学一般研究方法

研究阶段	研究方法
系统安全分析、评价	层次分析法、预先危险性分析法、安全检查表法、模糊评价法、危险性与可操作性研究、灰色系统分析法、故障类型与影响分析法、事故树分析法、事件树分析法、因果分析法等
系统安全预测与决策	神经网络预测法、时间序列预测法、灰色预测法、蛛网模型法、回归分析预测法、权熵法、遗传模型法、多目标决策法、决策树、决策矩阵等
安全规划的制定	比较法、运筹法、线性规划法、非线性规划法、基于安全距离规划法、基于后果规划法、基于风险评价法、动态规划法、系统工程法等
安全规划实施评估技术研究	综合评判法、层次分析法、TOPSIS 法、模型法、完成率及历史比较法、进展率及定性评价法、逻辑框架法、因果模块法等

5.5 物流安全运筹学

物流安全学是安全运筹学的一个典型应用。从大安全的视角，厘清物流安全定义及内涵，基于安全科学和运筹学，探讨建立物流安全运筹学，以期系统化物流安全研究问题，并完善安全科学、运筹学和物流工程学科体系。

5.5.1 物流安全运筹学的基础问题

1. 物流安全运筹学的定义

物流安全概念是物流安全理论中的一个关键问题，是物流安全理论及其他问题的基础，它从根本上限定了物流安全运筹学理论体系的构建。现行国家标准术语认为物流是指为物品及其信息流动提供相关服务的过程，物流活动是指物流过程中的运输、储存、装卸、搬运、包装、流通加工与信息处理。物流安全问题贯穿于物流活动的各个环节，任何环节出现问题都可能会带来不同程度的人员伤亡、财产损失。

研究物流安全问题是为了预防和控制物流安全事故的发生，按照事故致因理论，可以把导致物流安全事故的主要因素归纳为人、物、管理和环境这四个主要方面。在对前人有关物流安全的研究进行扬弃的基础上，概括出物流安全含义：物流安全是指物流活动在一定时间、空间范围内，由人的不安全行为、物的不安全状态、管理缺陷、环境因素等所造成的超过人们可接受范围的安全或环境事件，其后果可能导致整个物流活动的终止，也可造成不同程度的人身伤亡、设备破坏、财产损失、环境污染。

综合物流安全相关概念、安全科学理论、运筹学理论、系统科学理论及事故致因理论，提炼物流安全运筹学定义：物流安全运筹学是从物流安全的角度和着眼点出发，以系统科学理论为核心思想，运用安全科学、运筹学、物流工程及其他科学的原理和方法解决物流系统中的安全问题的一门新兴学科。

2. 物流安全运筹学的内涵

基于上述分析，对物流安全运筹学的内涵做如下解析（图 5-11）。

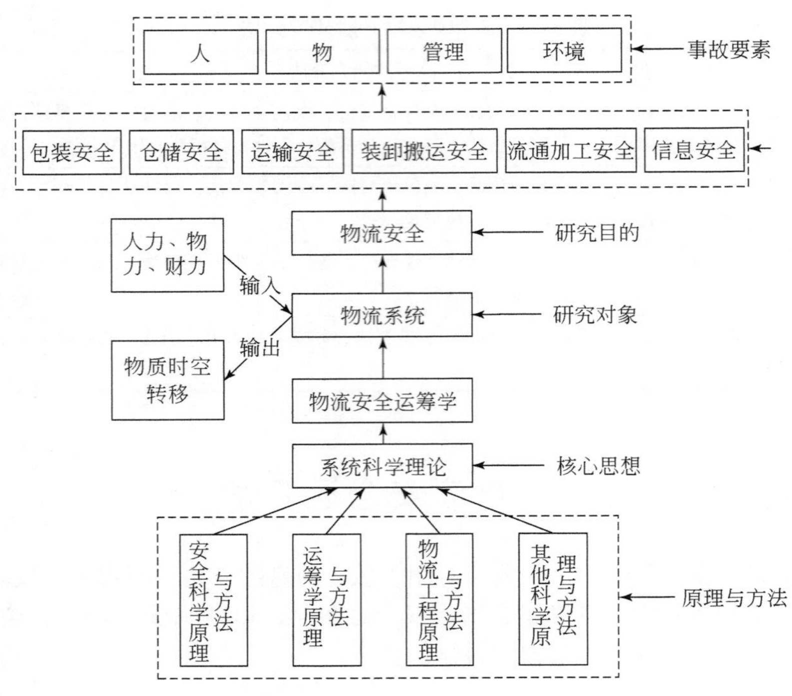

图 5-11　物流安全运筹学内涵结构分析

（1）以物流系统为研究对象。物流系统是一个复杂动态系统，物流系统的总目标是实现物资的时空变化，是一个多目标、多决策函数系统，如希望物流流量最大、物流时间最省、物流服务最好、物流成本最低等，这些目标往往与物流安全形成矛盾，物流系统在这些矛盾中运行，这些矛盾就是物流安全运筹学的研究要点。

从事故致因层面划分，物流系统主要涉及人（物流活动职能人员、周边人员）、物（被运输的物质、运输设备或工具、物流活动保障设备等）、管理（事前预防管理、事中应急救援管理、事后善后管理）、环境（社会环境、自然环境）等；从物流流程划分，主要包括正向物流过程和逆向物流过程；从物流职能划分，可以分为供应物流、生产物流、销售物流、回收与废弃物流等；从活动范围划分，可以分为厂外物流、厂内物流；从运输对象划分，可以分为一般物质物流、危险物质物流等。

（2）以物流系统安全运行为目的，主要包括包装安全、仓储安全、运输安全、装卸搬运安全、流通加工安全和信息安全。物流活动是为了满足人们的生产、生活需求，按照人们的意愿在一定的时空范围内发生的一系列有序活动，物流安全事故的发生可能导致有序的物流活动走向无序和终止，并引起一系列事故。物流安全运筹学是为了提高物流安全水平，使物流活动更好地为人类社会服务。

（3）以系统科学理论为核心思想。系统思想和系统方法为实现物流安全提供理论基础。物流系统中任何一个要素的变化都可能引起其他要素的变化进而影响到整个系统的安全性，物流系统安全或危险状态是其整体涌现性的表现。

（4）运用安全科学的原理和方法对物流过程中的人、物、管理、环境等方面的危险有害因素进行辨识、分析、评价、控制和消除。运用运筹学原理和方法，根据危险有害因素辨识与分析结果，为物流系统的安全规划和设计、物流安全资源配置、物流安全路径优化选择、物流过程安全管控等过程的最优方案和决策提供理论参考。

5.5.2 物流安全运筹学学科基础及研究内容

1. 学科属性与学科基础

在物流安全运筹学研究中，首先要认识其学科属性。从物流安全运筹学定义及内涵可以看出，物流安全运筹学属于典型的综合性交叉学科，是安全科学、运筹学与物流学有机结合、交叉渗透而形成的具有特定功能的知识体系。另外，物流安全运筹学是在人类物流实践活动中产生的，是为了消除物流活动中的危险有害因素从而保障物流安全，使物流活动更好地为人类生产、生活服务的学科，因此实践性是其基本特征。物流安全运筹学学科属性与学科基础如图 5-12 所示。

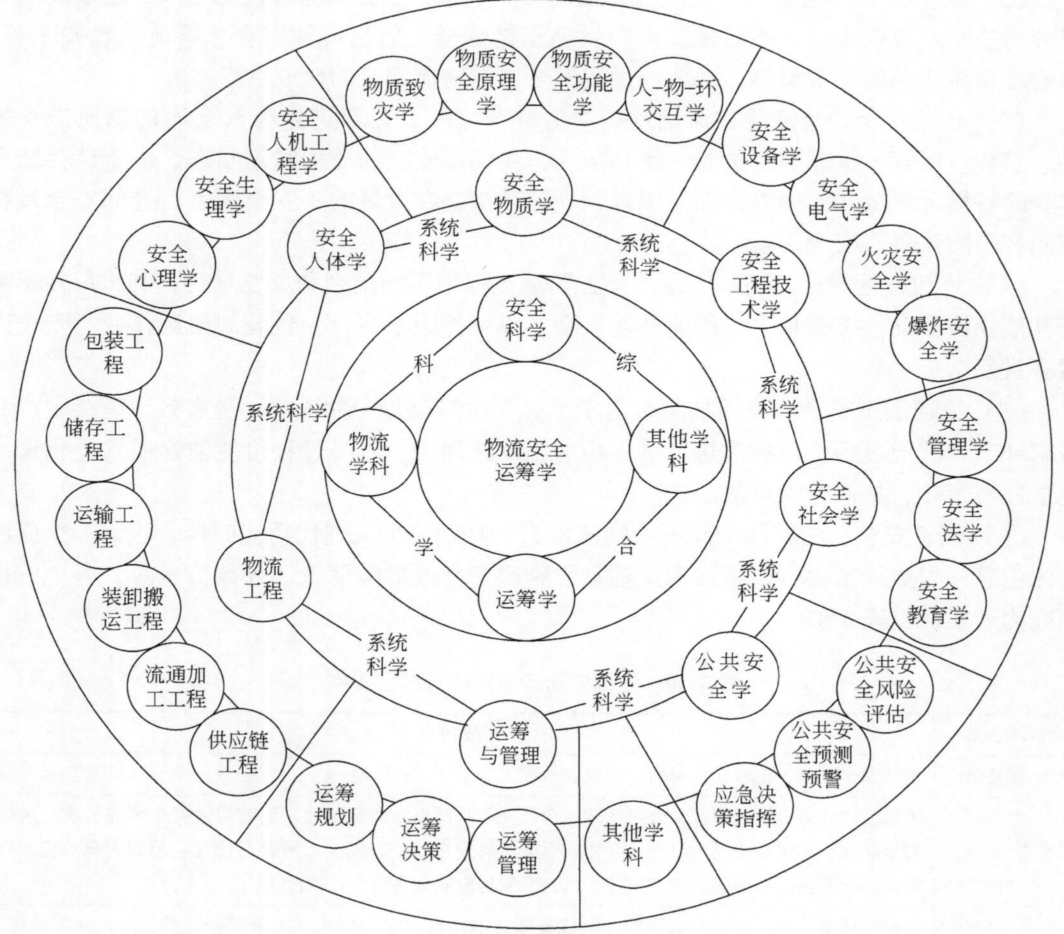

图 5-12 物流安全运筹学学科属性与学科基础

2. 研究内容

基于物流系统安全辨识与分析结果，使用运筹学方法从总体上根据物流安全需求，优化和确定包装计划、运输计划、仓储计划、装卸搬运计划、再加工计划、回收和废弃计划，在此基础上进行物流安全人员、物流安全工具与设备、物流活动安全保障措施等的统筹安排和调度；运用运筹学方法对同时存储多种物质进行安全管理，如库存能力量算、库存量匹配预算、安全库存位置优选等；综合考虑运输成本、安全性、运输工器具等进行运输路径的优化和选择；对物流安全职能人员的需求、人员指派与分配等进行统筹管理。按照物流安全运筹学内涵解析，将其主要研究内容概括为六方面：

（1）包装安全。包装在整个物流活动中具有特殊的地位，处于生产过程的末尾和物流过程的开始，既是生产过程的终点，又是物流过程的始点，也是物流活动的基础。包装材料、形式、方法及外形设计都将对后续物流环节的安全性产生重要影响，因此，包装安全是物流安全的基础。

（2）运输安全。运输主要是改变物质的空间状态，根据运输方式的不同，运输安全可以分为公路运输安全、水路运输安全、铁路运输安全、航空运输安全、管道运输安全等。运输是物流活动的主要流程，因此，运输安全也是物流安全的研究重点。

（3）仓储安全。仓储是物流活动的中心环节之一，是对进入物流仓库的物质进行堆垛、管理、保管、保养、维护等一系列活动，主要是改变物质的时间状态。由于储存物质本身的特性、环境和管理等方面的因素，仓储环节存在大量的不安全因素，仓储安全旨在控制和消除这些不安全因素。

（4）装卸搬运安全。装卸搬运活动在物流过程中不断出现和反复进行，其出现频率高于其他物流活动，工作量大、作业环境复杂、不可控因素多，导致装卸搬运作业不安全因素多且复杂。

（5）流通加工安全。流通加工是为了弥补在生产过程中的不足，更有效地衔接生产和需求环节，流通过程中对物质进行进一步的辅助性加工，这一过程可能使物质发生物理或化学性质变化，从而暗含事故隐患。

（6）信息安全。物流活动离不开物流信息，特别是进入现代物流时期，正确、全面的物流信息显得更加重要，如运输调度信息、物质安全或危险信息、仓储信息等。各个方面研究内容实例见表 5-10。

表 5-10　物流安全运筹学研究内容实例

学科分支	主要内容
包装安全	包装安全技术、包装安全材料、包装安全形式等
运输安全	运输活动的运筹安全管理，公路运输安全研究、水路运输安全研究、铁路运输安全研究、航空运输安全研究、管道运输安全研究，具体如运输工具安全监控、安全运输路径优化、超载安全监控、驾驶员安全监控、物质安全状态监控，以及突发运输安全事故应急救援等
仓储安全	安全仓储量计算、仓储安全管理、仓储安全技术、堆垛安全技术、区域安全监控、闯入报警系统、火灾探测报警系统、自动救灾系统等

续表

学科分支	主要内容
装卸搬运安全	装卸安全操作、搬运安全操作、自动装卸搬运安全作业，以及自动化装卸技术研究等
流通加工安全	主要研究物质在物流过程中的物理化学性质变化可能涉及的危险有害因素，提出预防和控制措施，另外还有装袋、定量化小包装、拴牌、贴标签、配货、挑选、混装、刷标记等作业的安全操作规程研究
信息安全	物流安全管理与调度信息系统研究，运输物质信息自动化识别技术，物质安全信息的标识、识别、存储技术，物流活动过程监测信息、物流数据备份、物流通信加密、物流信息系统恢复等研究

3. 物流安全运筹学研究程序与方法

物流安全运筹学的研究是包含一系列步骤的有序过程。结合物流系统特性，综合系统安全分析和运筹学分析方法，将物流安全运筹学研究的一般程序概括为：明确物流安全运筹问题、问题归类与概念化、建立数学模型、求解模型、结果分析与模型检验、物流安全运筹问题对策措施的提出与实施，如图 5-13 所示。

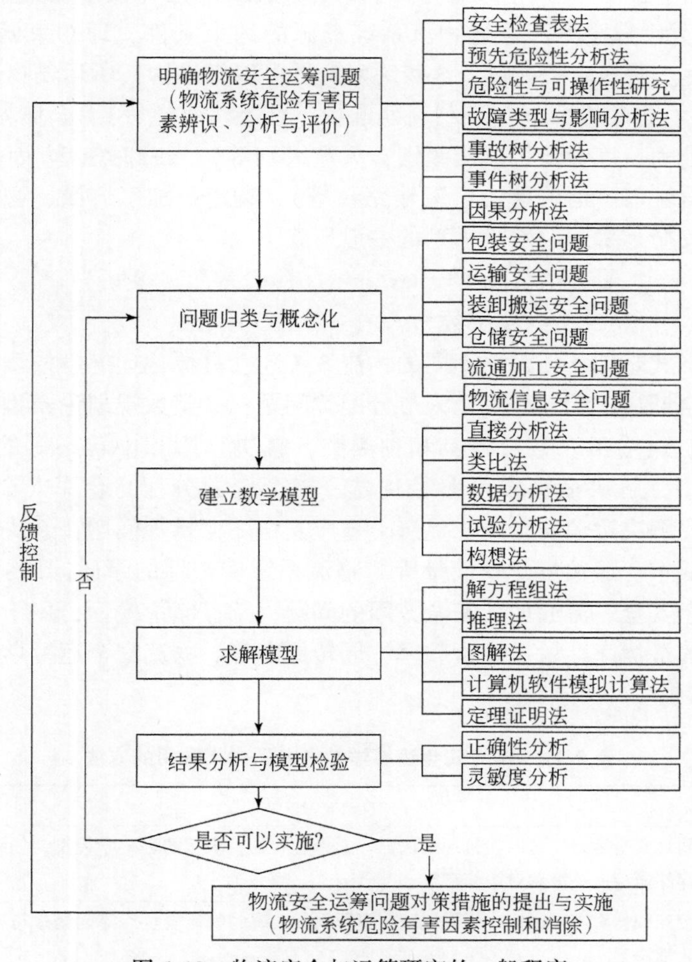

图 5-13 物流安全与运筹研究的一般程序

1）明确物流安全运筹问题

在物流安全系统规划与设计、物流安全系统建立与运行两个阶段，采用系统安全分析方法，对物流系统危险有害因素进行辨识、分析与评价，明确物流安全运筹问题（可控变量、已知参数、随机因素等），主要方法有安全检查表法、预先危险性分析法、危险性与可操作性研究、故障类型与影响分析法、事故树分析法、事件树分析法、因果分析法等。

2）问题归类与概念化

在物流安全运筹问题明确以后，需要对其进行归类，以便于根据不同的运筹问题进行数学建模，可分为以下几个方面：包装安全问题、装卸搬运安全问题、运输安全问题、仓储安全问题、流通加工安全问题、物流信息安全问题。

3）建立数学模型

建模的目的是寻找规律，求解实际问题。物流安全运筹问题的数学建模有两个关键：①用数学方法描述物流系统预定发挥的安全功能，即目标函数（分配函数），用 $G=G(x_1, x_2, \cdots, x_n)$ 表示。物流安全运筹学的目标是使物流系统安全功能最大化（max）或危险性最小化（min），是一个优化问题，通过目标函数最大化（安全功能）或最小化（危险性）来实现。②用数学方法表述物流系统资源的约束条件，即约束函数，用 $f=f(x_1, x_2, \cdots, x_n)$ 表示。在物流系统中，这些约束条件可以归纳为：所运输物质方面（物理化学性质、数量等）、包装方面（包装材料匹配性、性能优劣性等）、仓储方面（仓库位置、建筑结构、库存能力、库存量、抗震级别、火灾级别等）、装卸搬运方面、运输方面（运输成本、车辆安全性能、运输能力、运输路径等）、物流再加工方面、物流信息方面。结合起来可得物流安全运筹问题数学模型的一般形式：

$$\text{目标函数为 } G=\max(\min)G(x_1, x_2, \cdots, x_n) \tag{5-1}$$

$$\text{约束函数为 } f=f(x_1, x_2, \cdots, x_n) \tag{5-2}$$

在模型一般形式基础上，根据不同的物流系统建立具体化运筹学模型：①线性规划模型，解决物资安全调运、配送和安全人员分配等问题；②整数规划论模型，求解物流安全目标所需的人数、运输工人数及器具和种类数，解决仓库和中转站等的安全选址问题；③动态规划论模型，解决运输安全路径优选、安全资源分配、仓库安全库存量等问题；④图论模型，主要解决运输安全路径优选、仓库安全库存量等问题；⑤决策论模型，解决运输时间、安全成本、运输量、仓储量等与物流系统安全性的矛盾问题；⑥排队论模型，主要解决物流信息安全、流通加工安全方面的问题；⑦存储论模型，用于获取在保证物流系统安全条件下的最优库存量、补货频率、周转周期等。物流安全运筹学数学模型建立常用的方法见表5-11。

表5-11　物流安全运筹学数学模型建立常用的方法

方法	解释
直接分析法	通过对物流安全运筹问题内在机理的认识，选择已有的、合适的运筹学模型，如线性规划模型、排队模型、存储模型、决策和对策模型等
类比法（比较法）	运用比较原理，对不同国家、不同地区、不同物流系统的物流安全运筹问题进行比较分析，提炼出可借鉴的数学模型

续表

方法	解释
数据分析法	对某些尚未了解其内在机理的物流安全运筹问题，通过文献法、资料法、调查法等搜集相关数据或通过试验方法获得相关数据，然后采用统计分析等数学方法建立模型
试验分析法	对不能弄清内在机理又不能获取大量试验数据的物流安全运筹问题，采用局部试验和分析方法建模
构想法	在已有的知识、经验和某些研究的基础上，对物流安全运筹问题给出逻辑上合理的设想和描述，然后用已有的方法来建模，并不断修正完善，直到满意为止

4）求解模型

建立的数学模型可以用解方程组法、推理法、图解法、计算机软件模拟计算法、定理证明法等方法求解。求解的结果可以分为：①最优解，即模型的所有可行解中最优的一个，安全功能最好或危险性最小。②满意解，即次优解，对应安全功能可接受。③描述性的解，即对应于描述性的模型，该模型描述物流系统在不同条件下的安全或危险状态，可用于预测和分析物流系统的行为特征。

5）结果分析与模型检验

求得模型解以后，需要进行模型检验，包括模型的正确性分析和灵敏度分析。①正确性分析：将不同条件下的数据代入模型，检验相应的解是否符合实际，是否能够反映实际问题。②灵敏度分析：分析模型中的参数发生小范围变化时对解的影响。通过检验，如果模型不能很好地反映实际问题，则需要对问题进行重新分析并修正模型，直到输出满意结果。

6）物流安全运筹问题对策措施的提出与实施

根据危险有害因素辨识结果和运筹学模型分析结果，从物流安全人员、安全设备、物流安全物质、物流环境等方面提出人-物-环安全交互措施、本质安全措施、工程防护措施、个体防护措施等。若物流系统危险有害因素没有得到有效控制和消除，则反馈到问题归类与概念化阶段，重新进行物流系统安全优化，直到系统缺陷被纠正与完善，确保物流系统安全、稳定运行。

5.6　安全运筹学实践典例分析

安全运筹学是安全科学与运筹科学的交叉学科，其主要功能是为研究安全现象及安全决策提供科学的思路和手段，具有广泛的应用前景。参照安全系统的工程实践范围，结合安全运筹学的基本理论，本研究认为安全运筹学可应用于应急救援、安全管理、安全预测、安全分析等多方面。本节将主要从安全运筹管理、安全运筹应急、安全运筹分析及安全运筹预测四方面进行安全运筹学的实践典例分析（表5-12）。考虑到当前应急管理的重要性及运筹学在应急管理应用中的广泛性，本节将对安全运筹应急进行重点分析。

表 5-12 安全运筹学应用示例

应用方面	举例
安全运筹管理	在安全生产领域，运用运筹学中的图论理论研究安全生产领域监管的量化表达方法；应用博弈论构建组织中的安全风险管理定量模型等
安全运筹应急	基于动态规划论、多目标模糊规划、线性整数规划、动态博弈、存储论等构建相应的应急资源配置与调度模型；基于排队理论建立疏散分析模型；应用存储论为企业应急救援物资建立相应的库存管理模型，优化企业危险物品（原料）安全管理策略等
安全运筹分析	运用图论方法探讨故障诊断的理论，并基于此分析故障建模、故障源定位等问题；运用博弈论方法分析机动车驾驶者违章肇事屡禁不止的主要原因，并从博弈论角度探讨最佳策略等
安全运筹预测	基于图论中最小割边集理论设计安全事故发生可能性等级的预测方法，为有效地控制事故的发生提供预测支持；在网络安全预测监护模型设计中，基于博弈论方法构建多层博弈网络模型，经过动态博弈过程，实现安全监护数据预测最优化
……	……

5.6.1 安全运筹管理

安全管理是为实现安全目标而进行的有关决策、计划、组织和控制等方面的活动，主要包括规划、计划、决策、控制、反馈五个环节，可运用组织行为学、运筹学和现代组织管理理论、方法、手段等对生产安全进行组织、指挥、控制、协调。因此，在安全管理中，经常需要运用安全运筹学的方法。

安全运筹学在安全管理方面的应用主要体现在如下几方面：

（1）运用安全图论和网络分析理论表示安全管理体系，通过图论方法求解最优的安全管理体系图及管理路径图，从而优化安全管理体系。

（2）运用安全博弈论优化安全生产管理方案或分析事故发生原因，在安全管理的过程中建立安全运行成本、罚金、监管机关监管成本和监管效率之间的博弈论模型。例如，在安全管理中，政府、普通个体、企业、安全管理员、普通职工等都各有考量，在管理过程中，往往会存在冲突的双方或者多方，如执行监管任务的政府和被监管的企业等，此时两者相对来说具有博弈性，会展开博弈，以选择自己的最优策略。

（3）运用安全规划论、存储论等合理规划安全资源，优化安全资源或危险物品等的管理策略。

（4）运用安全决策论优化安全管理决策方案，帮助管理者利用安全运筹学方法选择最优安全决策。

（5）运用安全排队论、规划论等建立安全评价模型，对安全管理的多因素变化进行定量的动态评价，为管理部门如何科学选择安全管理及资源配置等方案提供参考，如基于排队论建立船舶锚泊安全性评价模型。

（6）运用安全搜索论查找危险源或搜索设备故障，进而进行故障处理，保证安全运行。

（7）运用安全运筹学理论和模型，结合先进的计算机技术及其他高科技技术，开发构造决策支持系统、紧急事件实时处理和综合管理的软件平台等新型系统，以优化安全管理流程，提高安全管理水平。

5.6.2 安全运筹预测

1．内涵

安全预测是指运用各种知识和科学手段，分析研究历史资料，对安全生产发展的趋势或可能的结果进行事先的推测和估计。安全预测的方法有很多种，主要可分为定性预测方法和定量预测方法。安全运筹预测是指运用运筹学的方法和原理进行安全预测，因涉及模型和运算分析等，故多为定量预测模型。

2．研究步骤

利用运筹学方法和原理进行安全预测包含一系列的步骤，主要可概括为：确定目标、选择安全运筹预测方法、收集和分析安全数据、建立安全预测模型、进行模型分析、利用模型进行安全预测、分析预测结果、形成安全预测报告，具体流程如图 5-14 所示。

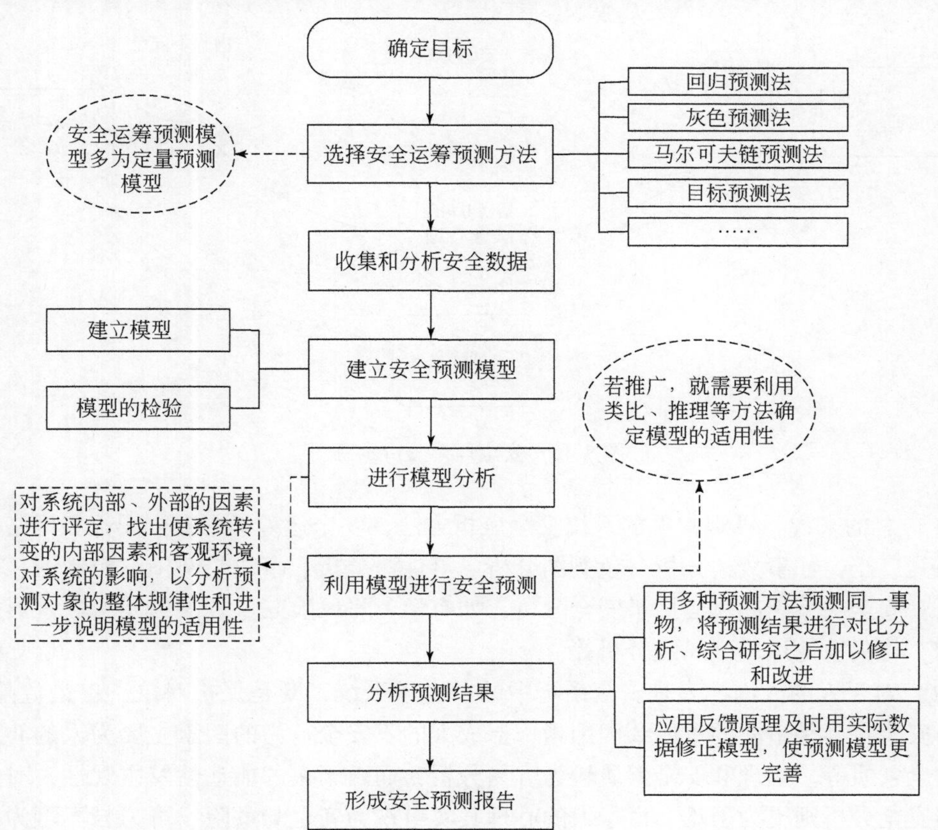

图 5-14 安全运筹预测步骤

5.6.3 安全运筹分析

安全运筹分析是指运用运筹学方法进行安全分析，目前系统安全分析方法有 20 余种，如安全检查表法、事故树分析法等。安全分析的对象主要是系统中的人、物、管理和环境因素，人的不安全行为、物的不安全状态、不合理的安全管理或不安全的外部环境都有可能导致事故的发生，因此，本节主要基于安全分析的因素对运筹学在安全分析方面的运用进行归纳和分析（图 5-15）。

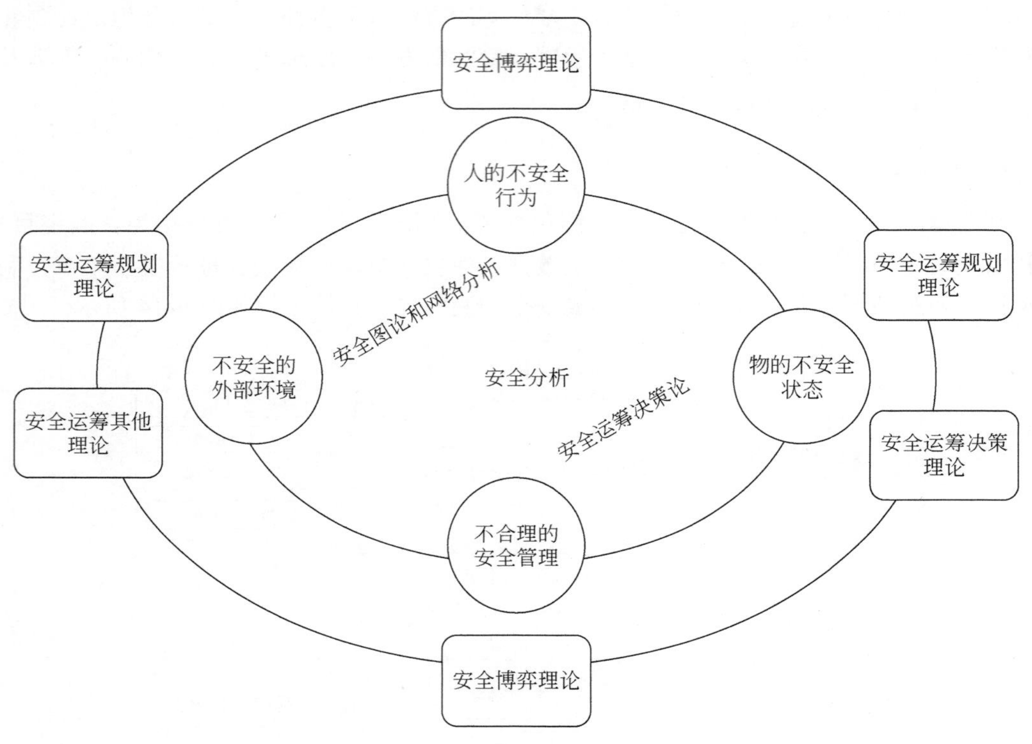

图 5-15　安全运筹分析示意图

（1）总的来说，纵观常见的系统安全分析方法，安全运筹学中安全图论和网络分析的应用最为广泛，如事故树分析、鱼刺图分析、事件树分析、事故趋势图、控制图、主次图等方法；安全决策论亦可运用于安全分析，如有学者将风险三重方法的元素嵌入形式决策理论中，将决策论运用于风险分析等。

（2）对于人的方面，人是安全系统中的一个子系统，既是保护对象，也是危险因素。人的不安全行为是事故的重要致因因素，造成人的不安全行为的因素主要为人的心理、生理、安全素质等。生理和安全素质较为容易分析，而由于人的能动性及主观性，对人心理方面的安全分析则更为困难。由于人的心理其实可视为安全与危险、可为与不可为等的博弈，故对于人的心理方面的安全分析可运用安全博弈理论，分析工人、管理人员、公司领导、安监监管人员等的安全心理，从而制定相应措施和政策，尽可能避免人的不安全行为的发生。

（3）对于物及环境的方面，物的不安全状态及不安全的外部环境是事故发生的直接原因。对于物及环境的安全分析主要可采用安全运筹规划理论和安全运筹决策理论，其他理论包括安全图论和网络分析、安全排队理论、安全存储理论及安全搜索理论等，主要通过运筹学的方法分析物的不安全状态，通过建立模型、设计算法，寻求最佳的物的安全状态。

（4）对于管理方面，就是安全管理不严格，不按有关安全规章制度办事，主要表现在各级领导和业务部门的失职行为等。管理不当是事故发生的主要原因，由于管理方面涉及的主体也是人，同样也可运用安全博弈理论对人的行为和心理进行分析，优化人员安全管理行为；也可运用安全图论分析安全管理体系，优化安全管理流程。

5.6.4 安全运筹应急

应急管理一直以来是安全领域研究的重要组成部分，是在应对突发事件的过程中，为了降低突发事件的危害，达到优化决策的目的，基于对突发事件的原因、过程及后果的分析，有效集成社会各方面的相关资源，对突发事件进行有效预警、控制和处理的过程。应急管理中的很多问题都主要采用了运筹学的研究方法，如资源布局和调配、人员疏散技术与模型等，因此，安全运筹方法是应急管理的重要方法，即运筹学在应急管理方面有着重要的应用。本节将系统研究运筹学在应急管理中的应用，以此推动安全运筹学在应急管理领域中的应用。

1. 内涵

安全运筹应急，是指运用安全运筹学的方法和原理进行应急管理，即从运筹学的角度对应急管理中如救援指派、应急疏散、应急物流等问题开展具体研究，实际上安全运筹学领域有关应急管理的研究是最为丰富和充分的。

国内运筹学在应急管理领域中的研究主要集中在近十几年，说明国内学者逐渐意识到运筹学在应急管理领域应用的重要性，开始加大研究力度，从侧面反映出运筹学在应急管理领域具有重要的应用价值。安全运筹应急主要应用于应急物流（包含应急物资、物资调度、路径选择、选址等关键词）、应急救援等。

2. 研究内容

应急管理可分为减缓、准备、响应与恢复四个阶段，运筹学方法可以应用于应急管理的各个阶段，以便在决策过程中提供科学的方法，如准备和响应阶段主要运用规划论进行应急资源选址、配置、调度等，减缓阶段主要运用概率统计法进行风险分析和需求预测，恢复阶段主要运用模拟方法研究模型发展并进行数据分析等，决策论则可运用于应急管理的整个过程等。

应急主要可分为应急管理系统的构建与完善、应急资源优化配置与调度、应急能力的评估与分析三个模块，基于此，从灾害发生前及灾害发生后应急管理系统的构建与完善、应急能力的评估与分析，灾害发生中及灾害发生后的应急资源优化配置与调度三个模块对运筹学在应急管理方面的应用进行具体分析，如图 5-16 所示。

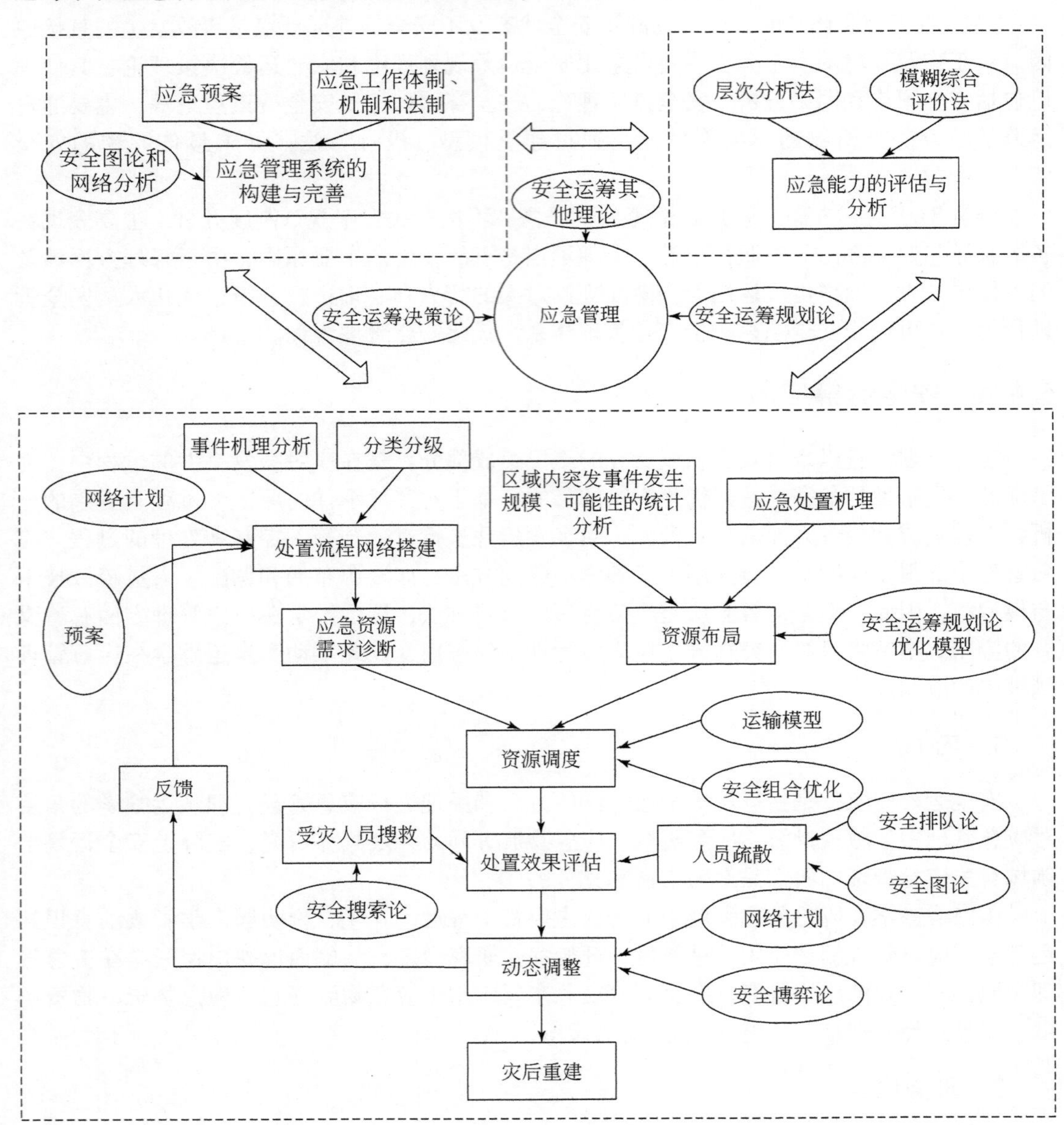

图 5-16　安全运筹应急研究内容模型

椭圆表示所用运筹学方法，方形表示应急内容及步骤等

下面从应急管理全过程、应急管理系统的构建与完善、应急处置、应急能力的评估与分析四方面进行解析。

1）应急管理全过程

突发事件的应急管理应该具备以下特征才可以起到有效消弭事件的负面影响的作用（表 5-13）。

表 5-13　应急管理的特征释义

特征	释义
及时性和有效性	突发事件如地震、洪灾、瘟疫等的发生通常具有极大的危害性，往往能造成严重的后果，而且其发生往往不具备可预测性，且蔓延速度极快。因此，必须及时地采取应对措施，否则可能会造成事故的不断恶化，从而引起应对中的更多和更大的困难。故而及时性和有效性是应急管理极其重要的特征
复杂性	突发事件应急管理与其他管理不同的是，应急管理过程并非单一的任务，它所涉及的任务往往是多专业、多领域、多层面的，因而需要各行各业的专业人士共同完成应急任务，因此可以说应急管理是极其复杂的
网络性	应急管理中的各项资源，如人力、应急物资、应急设备等，可能分布在不同的区域和不同的领域，因此必须把各类资源整合、协同起来，通过相应的平台完成上述资源整合、监控、协同和调度，从而形成一个能够快速反应和灵活应对的网络，即可以在应对者与事件之间建立一种互动的关联关系，事件与各种不同的应对系统及应急处理者之间的关系形成一个网络，从而可将应急管理的各个主体用节点表示出来，其相互关系用点与点之间的连线表示，其间的逻辑用连线上的箭头表示，以此运用图论和网络分析研究应急管理的最佳方案
有限性	突发事件应急管理中所做出的对策和制定的措施往往是具有时效性的，随着事态的不断发展和信息的不断充实与完善，应对措施也将不断调整。因此可认为应急管理具有有限性的特征
动态博弈性	应急管理实际上是动态博弈的过程，事故发生后应急的流程和任务是随着事故状态的变化而不断变化的，这种变化过程可视为应急阶段结果和发展走向的博弈过程

根据应急管理的特征，在应急管理的全过程中均可以采用安全运筹决策论、安全运筹规划论和安全运筹其他理论。应急管理的各个阶段和过程都离不开决策方案的制定与选择，因而需要运用安全运筹决策论做出各项安全决策，对于安全运筹决策论中的安全博弈论应用情况，后面将具体分析；而对于安全运筹规划论并非只应用于应急管理的规划阶段，而是应用于全过程的各个阶段，这是因为即使是在应急的响应、恢复等阶段，依然需要运用安全运筹规划论做出规划，也可以认为规划在应急管理的过程中是无处不在的，自然安全运筹规划论的方法也应用于应急管理的全过程；至于安全运筹其他理论，亦是如此，应急管理具有网络性，因而应急管理的全过程均可采用安全图论和网络分析的理论与方法来表达应急管理各主体之间的关系，从而确定最优的人员安排方案和应急物资配置及调度方案。同时也可运用安全排队论解决应急疏散问题，运用安全搜索论解决人员搜救问题，运用安全存储论解决应急物资存储与控制问题等。

例如，对安全博弈论在应急管理中的应用做具体分析。前面提到应急管理具有动态博弈性，应急管理过程实际上是动态博弈的过程，因而应急管理的全过程均可以采用安全博弈论。事故的发生及事态的发展是我们无法完全预测的，因此信息是不完全的，故而可采用不完全信息动态安全博弈模型来分析应急管理的各阶段和过程，从而寻求最优化的应急管理实施方案。

2）应急管理系统的构建与完善（事前及事后）

应急管理系统的构建与完善是应急的基础，主要包括一案三制，即应急预案、应急工作体制、运行机制和法制，可采用安全图论和网络分析理论、安全运筹博弈论、安全决策论等研究最佳的应急管理体系，如运用安全图论中的树和偏序、二分图和网络、统筹图等表达应急管理体系的纵向结构、横向结构与应急处置流程等，将安全图论中的网络流和统筹图融入应急管理体系，运用安全图论和网络优化的关键路径法等优化应急管理方案。

3）应急处置（主要为事中）

当进入突发事件的警戒状态后，首先通过突发事件的机理分析，运用层次分析法等进行突发事件分类分级，同时确定对资源的需求；其次，采用动态博弈网络技术进行处置方案的网络构建，再根据平时的资源布局信息和合理的运输模型与组合优化来进行资源的调度，同时运用安全搜索论进行受灾人员搜救，运用安全排队论和安全图论等进行人员疏散安排等；最后，根据处置的效果来动态调整资源的调配。

在此过程中，应急资源的优化布局与调度是应急的核心，其中应急资源的优化布局又包括选址和配置两方面的内容，本小节主要就运筹学在应急资源的优化布局与调度方面做简单的总结和分析。

应急资源从获取、选址、配置到调度都是一个很复杂的过程，整个资源的管理其实是一个很复杂的系统工程。应急资源管理过程实质上就是一系列目标约束条件下的决策与决策实施过程的集合，必须借助于运筹学、管理学、数学等学科工具对其进行优化管理，最大化地发挥资源的作用。这一系列决策及其实施的过程，即是“在什么时间，调度什么地方的什么资源，去做什么事情”。

（1）应急资源选址和配置问题的模型与方法。国外学者对应急资源选址问题的研究，取得了较为丰硕的成果，先后提出集覆盖选址模型、线性整数规划模型、最大覆盖选址模型、多层次覆盖选址模型等确定性模型及超立方排队模型、最大期望覆盖模型、最大可利用选址模型、随机集覆盖选址模型等随机性模型，这些模型后期被学者广泛使用，并进一步研究，形成了新的模型。除了上述常规模型外，也先后出现了较多安全运筹选址模型，如安全排队论模型、安全多目标规划模型、安全整数规划模型、安全图论和网络流模型等，现对其总结分析（表5-14）。

表5-14　应急资源选址模型示例

模型及方法	解析
安全排队论模型	运用排队论理论和方法，将突发事件的发生视为顾客的到达，相应的应急服务设施视为服务台，应急服务设施派出服务车队奔赴现场视为对顾客的服务，则构成了简单的排队论模型，从而利用相关理论和模型方法求解最优化的应急设施选址方案。此时，当服务台中的应急服务设施只有1个时，该问题便是一个 $M/G/1$ 排队系统的网络选址优化问题；当服务台中的应急服务设施有多个时，如有 P 个，则该问题就变成 $M/G/P$ 排队系统的网络选址优化问题
安全多目标规划模型	同时需满足多个目标的应急设施选址模型，此类模型相比更为复杂，但其更接近实际应急情形，满足突发事件应急的特性
安全整数规划模型	如设置0或1决策变量，表示应急物资分发点是否开设，通常1表示该应急物资分发点开设，0则表示不开设，以此建立应急选址模型
安全图论和网络流模型	如前面所提到的应急管理具有网络性，便主要表现于应急服务设施选址的问题上，其实质可视为网络图的优化问题，因此可利用安全图论和网络分析的理论与方法，通过建立网络流矩阵，假设应急服务设施点都选在网络图的顶点处，然后根据应急属性建立具有约束条件的运筹模型，从而建立应急服务设施选址模型
……	……

关于应急资源配置问题，纵观国内外应急资源配置模型，若按其构建的理论依据进行分类，可看出大部分是基于运筹学理论构建模型，如基于动态规划论、多目标模糊规划、两阶段随机规划、线性整数规划、动态博弈论、决策论、存储论等构建相应的应急资源配置模型。

（2）应急资源调度问题的模型与方法。应急资源调度是指应急管理机构对各种应急资源进行科学合理的有效调节，并制定相应的应急资源调度方案，确保在第一时间内完成资源运达任务的管理过程。应急资源调度主要包括资源分配和运输工具分配两个方面，一般而言，物资的配送过程可用网络流模型刻画，作为承载物资的运输工具也可以看作一种整数流。在建立应急资源调度模型时，运用较多的方法为规划论、博弈论、安全图论和网络分析方法。

4）应急能力的评估与分析

应急能力的评估与分析是应急的保障，国内外学者采用了很多方法对城市应急能力进行了评价，如层次分析法、模糊综合评价法、德尔菲法、结构方程模型等。这些方法在运用的过程中都不乏安全运筹学的痕迹，如安全图论和网络分析、安全规划论、安全决策论等，具体体现在构造模型、模型表达、求解计算、模型改进等过程中，如结构方程模型便使用安全图论和网络分析理论中的路径图来清晰地描述模型中潜变量与显变量、潜变量与潜变量之间的相互关系，从而根据路径图写出结构方程模型的运筹学方程表达形式，利用结构方程模型对企业应急救援能力进行评价。

6　安全信息学

【本章导读】21 世纪，在诸多安全新理论中，最具代表性的是安全信息科学理论，安全信息科学是指人类活动所涉及的一切领域中能够运用信息于安全目的的科学规律、原理和方法及其应用理论等集成的学科。信息可以关联和表征一切。本章诠释安全信息、安全信息不对称、安全信息学等基本概念；论述安全信息学的学科基本问题、理论基础与体系、传播模式和研究程序；提出安全系统认知方法和认知序；给出安全信息学方法论的定义、原则、研究方法和一般程序；阐述安全信息学原理体系和一级二级安全信息学原理的内涵；最后介绍安全信息不对称下安全规制机制的作用机理和安全规制机制框架。

6.1　安全信息学的构建

信息存在于世间万事万物中，无论从客观的人、物和环境还是主观的精神现象、心理活动和意识形态层面上均为人类提供了浩瀚的信息。正如美国数学家 C. E. Shannon 所言：信息就是能够用来消除不确定性的东西。从认知主体也就是人的角度说明了人可以通过对信息的掌握来了解客观对象，从安全科学角度讲就是消除了由信息缺失导致的误会、错误、事故甚至灾难。安全与信息的联合研究在国内外已有开展，如有观点认为信息安全是一种建立在以密码论为基础的计算机安全。信息及信息学相关研究在计算机和经济学领域比较热门，目前安全学科中相关的只有安全信息工程这门学科，但是它的方法原理也是基于计算机技术和网络技术以实现对目标的监测、控制和预警。对于安全科学与信息学视域下的安全信息不对称理论研究较少，更多的是着眼于解决工程技术问题而不是从学科建设层面考虑。研究均是不同学者从各自研究领域出发对安全信息进行理论分析和应用研究，在安全信息学的定义、内涵、研究内容和程序方面没有形成统一认识。真正从学科角度去研究安全信息学的文献极少。安全科学与信息学结合研究的上游领域存在缺失，从信息本源角度去理解安全问题是值得研究的。本节基于信息不对称理论来提出安全信息学的定义、内涵；探讨安全信息学的意义及研究内容；构建出安全信息学的基本框架体系和一般方法程序，以期完善安全科学学科体系。

6.1.1　安全信息与信息不对称理论

1. 安全信息

信息含义包罗万象，总体而言信息常见定义有几种：从信息来源角度、信息产生和接受对象、信息传输载体等多角度可以给出信息的定义。从安全角度考虑信息的定义如下：

信息就是能够用来消除不确定性的东西。换言之，危险信息被人认知后，有助于人及时采取措施避免风险事件的发生。这里所指的安全信息区别于信息安全或者安全的信息，安全信息包含的内容更多、含义更广。

安全信息是以保护人的身心安全健康为目的，能反映安全领域中一切安全活动或事物产生、发展和变化所依赖的一种资源。如同物质都具有能量属性一样，一切事物均带有复杂的信息资源，这些信息能够在一定程度上影响到人们的决策。利用安全信息可以指导风险决策和安全管理，因此，提供有效、及时且充足的安全信息或指示比只强调安全性能更具有安全性，更能指导人们做出很好的安全决策。安全信息也为安全管理提供决策的依据，企业在编制安全管理方案时需要依据相关安全政策、法律、制度和规程等指令性安全信息和事故预防控制、事故损失等活动性信息。

2. 信息不对称理论

信息不对称理论（information asymmetry theory）产生于 20 世纪 70 年代，是由 G Akerlof、M Spence、J E Stigjiz 三位美国经济学家最早发现并研究的，该理论为市场经济提供了新视角，突破了传统微观经济学对自由竞争市场的认知，成为现代信息经济学的核心。该理论认为在市场经济中，各类人员对有关信息的了解是有差异的。掌握信息比较充足的人员往往处于有利的地位，而信息缺乏的人员则处于不利的地位。市场中卖方比买方更了解有关商品的各种信息，掌握更多信息的一方可以通过向信息贫乏一方传递信息而获益。信息不对称现象普遍是存在的，总会使交易一方因信息缺失而丧失信心，因此对于企业或者个人在做决策时的行为和心理选择也会产生一定影响；信息不对称也会增加企业资本成本，社会责任、风险状况的披露在一定程度上可以降低信息不对称程度；信息不对称还会产生逆向选择和道德风险问题，简单来说逆向选择是指在买卖双方信息不对称的情况下，差的商品必将把好的商品驱逐出市场；道德风险是交易双方在交易协定签订后，其中一方利用多于一方的信息，有目的地损害另一方的利益而增加自己利益的行为。因此信息不对称带来的影响对于个人和企业的决策及经济活动具有重要作用。

6.1.2 安全信息学的提出

1. 安全信息学的定义

基于安全信息的定义提出安全信息学的定义，安全信息学是以一定时空内理性人的身心安全健康为着眼点，围绕安全信息传播系统各要素内部和外部之间的信息传递机制，研究信息不对称系统的结构、功能、演化和协同作用等的一般规律，进而对安全信息开展分析、评价、管理、实践等活动，寻求实践安全信息最优对称化的一门安全学科分支。

安全信息学的定义模型如图 6-1 所示，通过模型构建能清楚地知道安全信息学的研究对象、理论基础、研究内容和学科目标。

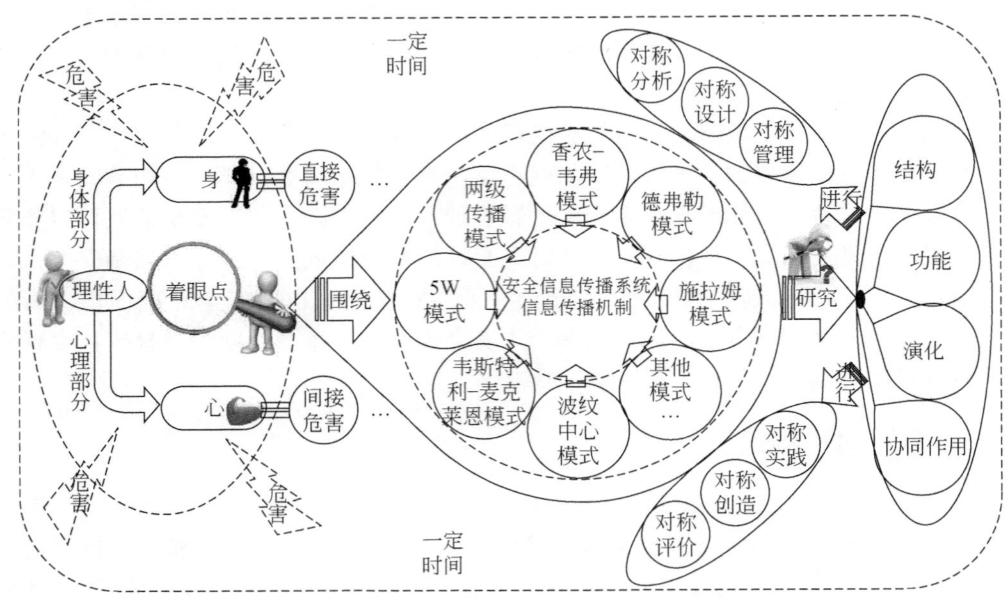

图 6-1 安全信息学的定义模型

2. 安全信息学的内涵

从安全信息学的定义可以看出，安全信息学是一个综合交叉学科，可将信息经济学中的信息不对称理论作为研究安全科学的切入点。由于信息不对称现象在安全活动中普遍存在，安全信息学的理论方法可以渗透到各种不同的安全学科及所有安全领域中。

该学科定义中的概念应具有科学性。因此有必要对安全信息学的定义中的有关概念进行一定解释，以揭示安全信息学的工具、基础、主体、目标等，概念图和简要解释如下：

（1）安全信息学是一门基础理论学科，具有一定的方法论意义。学科中也必然会涉及方法性问题，因此将信息学和传播学作为学科基础。安全信息学是安全科学、信息学和传播学直接交叉渗透融合形成的，如图 6-2 所示。应用在安全科学领域的主要内容有信息的经济作用、经济效果、信息技术和信息经济理论。这里以信息不对称理论为切入点，以传播模型为基础来构建安全信息学。

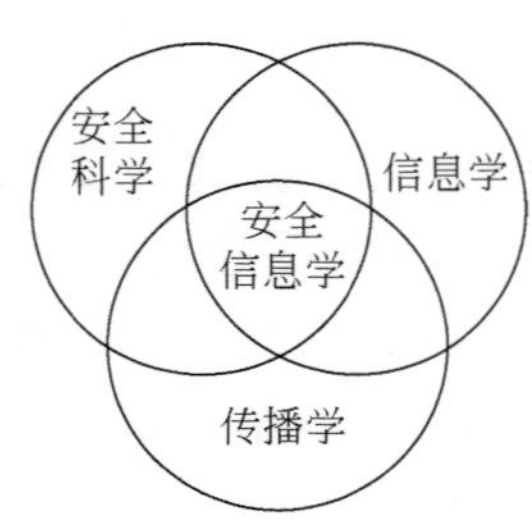

图 6-2 安全信息学的综合交叉学科属性

（2）信息不对称理论作为信息经济学的核心内容，应用于安全科学领域具有前瞻性，这体现在信息不对称理论的现象能诠释安全活动（包括风险防控伤害、职业病诱发、伤亡事故影响等）。在指导安全活动时，信息不对称理论可以从信息角度去抽象化、概括性地指出根源问题。由于隐患载体存在着信源不透明、信息传达不清、信道不畅或信宿故障的状态，一旦这种存在状态发生有形或无形的冲突（碰撞），就会造成事故。事故的根源就是隐患载体与感知者之间存在的信息不对称。一门学科应该有理论基础，故以信息不对称理论作为安全信息学的理论基础。

（3）学科主体就是构建时应该依靠的大方向，安全信息学这门学科也要有学科主体。以理论基础为载体，构建的学科主体也应该基于该理论基础。从安全角度考虑，信息不对称理论的负面影响就是逆向选择和道德风险问题。

（4）安全信息学最终要将理论和实践联系起来解决具体问题。具体而言，安全信息学从信息角度解释和指导安全活动，最终还是要体现以人为本的理念，达到降低事故损失和保障理性人的身心安全健康的目的。避免事故、预防风险发生就体现了该学科的思想高度，这里的理性人就是以经济定义的人，即经济活动中获取最大效益的人。

（5）安全信息学定义中提到的规律涉及传播模式和信息自身的处理机制及环节之间信息的衰减、扰动、噪声、变异等规律的研究；提出的对称包含各环节之间的信息要等量、等质和等时；开展的一系列活动旨在实现信息传播中的最优化均衡，达到信息的对称状态。

3. 安全信息学的意义

安全信息学在安全科学研究中的重要意义主要体现在以下几个方面。

（1）借助于信息学方法，可以从信息学角度理解安全活动。安全信息是一切安全活动和事故的反应，生产活动中，员工一切不安全行为和设备装置的不安全状态信息都可以通过人-机信息流、人-机-环信息流意外释放对人、物造成破坏和伤害。通过获取不利或异常的信息就可以指导控制安全活动的执行，也可以理解安全活动的信息学内涵。

（2）运用信息不对称理论，可以发现新的安全科学现象。将信息不对称理论应用到安全信息学中，通过这种迁移学习可以解释安全活动和日常生活中，如因人对安全标志、安全信号和警示信息的不完全掌握而发生的事故。人们依据自身掌握的信息来进行安全决策，信息不对称理论在安全活动中会发现新的安全科学现象，对科学的安全管理也展示了新视域。

（3）以应用信息学方法为主，可以建立起一些新的安全科学概念和学科。这是对传统安全科学的突破和创新，以信息学视角诠释安全科学时，其相关概念必然需要更新，安全信息学的交叉特征又决定其必然会衍生出一系列交叉学科。例如，安全、事故、风险等概念均需要重新定义，安全信息学中的事故可以理解成由信息的意外释放而导致人身心受到伤害的信息不安全事件，并可拓展出许多新的学科体系，如安全心理信息学研究内容包括意外事件信息对人的心理活动的影响规律、紧急信息和指令信息下人的反应模式、安全信息的宣教效果，以及风险信息视域下人的冒险行为及其测度等。

（4）使用信息不对称理论，可以丰富和发展事故致因理论。“世界上没有两片完全相同的树叶”这句话充分表明，绝对的对称是不存在的，因此运用信息不对称理论不能绝对杜绝事故发生，没有绝对的对称就没有绝对的安全。国内外事故致因理论发展较为深入和成熟，目前存在的事故致因理论从定性和定量等角度均有较多研究。国内对其发展的研究也较多，但是基于信息不对称角度的研究却很少。鉴于此，可以将信息不对称引进事故致因分析中，探索和发展新理论。

4. 安全信息学构建讨论

通过运用信息不对称理论来构建安全信息学科具有深远意义，信息不对称理论视角下的安全信息学构建具有直接现实意义，该作用说明学科的建立发展具有必要性和可行性。

安全信息学不同于信息安全学，安全信息学主要是研究如何利用信息服务于人们的安全生活和安全生产过程等，而信息安全学主要是研究信息本身的安全问题。安全信息学主要属于安全科学领域，而信息安全学主要属于信息科学领域，但两者有一定的交叉。

6.2 安全信息学的学科理论

6.2.1 安全信息学的学科基本问题

1. 研究目的

安全信息学研究既具有理论意义，又具有实践意义。研究的最终目的是实现信息的对称和充分传播，减少风险隐患并控制事故发生。安全信息学的学科属性见表 6-1。

表 6-1 安全信息学的学科属性

学科属性	具体解释与举例
综合性	学科涵盖的范围较广
交叉性	安全科学与信息经济学的交叉性
经济学性	以信息经济学中的信息不对称理论为基础，因此安全信息学也体现出经济学性
基础性	信息不对称现象作为普遍存在的经济现象，具有基础性和本源性。对于安全信息学而言，其本源性反映在安全活动中的一切形式都可以归结为信息的传达和处理
目的性	以降低事故损失、保障理性人的身心安全健康为目标
实践性	安全信息学具有很强的实践性，其方法可以解释和指导具体工作活动
部门性	安全信息学相对于一般信息学，具有部门性

2. 研究对象

安全信息学的研究对象就是外界环境和设备设施等信息流意外加于人所造成的人的身心危害，以信息传播模式各要素内部之间的信息传播机制为重点。由安全信息的类型可知，安全信息学的研究对象主要包括生产、生活过程的安全信息、安全管理信息和指令性信息等。安全信息学的研究对象根据应用范围的不同，可以针对企业生产人员、管理人员、社会生活方方面面，只要能涉及安全问题的均适用。

3. 研究内容

由安全信息学的定义与内涵可知，基于信息不对称理论的安全信息学内容包括物质本身特征信息的不对称、人与人之间的信息不对称、人-物-环的信息不对称和安全管理信息的不对称四方面。安全信息学的主要研究内容如图 6-3 所示。

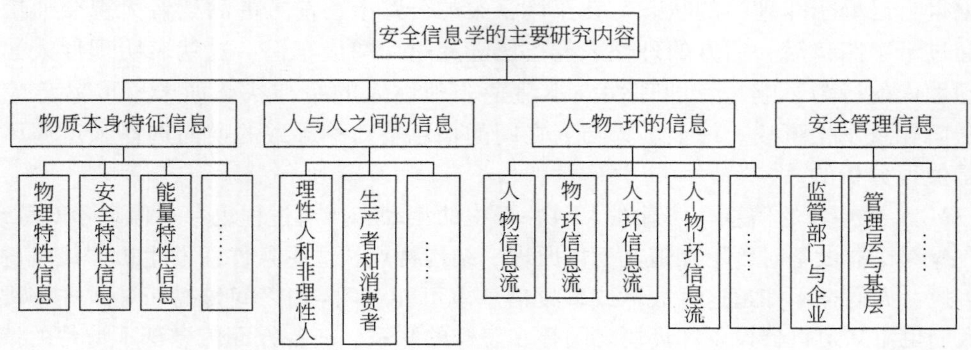

图 6-3 安全信息学的主要研究内容

（1）物质本身特征信息。这里的物质是广义上的客观实体，包括机械设备和各类生产生活设施。现实中的物质安全会表现出多样性，具体包括：①物理特性。这是指人们通过眼观、手摸、耳闻等感觉器官获得的如外形、软硬、气味等特性信息。例如，外形多刺且表面粗糙的狼牙棒本身就有典型安全特征。②安全特性。物质在原料、辅料、工艺、储运和使用环节中，由人为或自然因素造成品质低劣和质量下降，有害有毒物质超标和物质的约束破坏而意外释放等，如塑胶产品的生产工艺控制不合理，使用劣质塑胶铺设而成的毒跑道。③能量特性。物质均存在一定的能量，有的物质能量巨大，其所释放的能量是人们不愿意接受的。原子弹爆炸的能量，需要约束在一定范围内才被认为是安全的，物质本身的能量信息对人类安全具有深远影响，如通过控制核裂变链式反应来实现核能的安全利用。物质本身的信息复杂多样，人们也很难准确了解和掌握这些信息，更难以辨识出物质的安全特性。人们对物质的生产过程、安全和能量特性不完全了解。物质安全信息的难辨识性直接导致了人物之间的信息不对称，那么就需要研究如何减少乃至消除这样的不对称信息。

（2）人与人之间的信息。安全科学研究中一般认为人的行为是完全理性的。然而，在现实生活中也存在非理性人的行为，即机会主义行为。通过信息不对称理论可知，这种机会主义行为往往会带来逆向选择和道德风险问题，逆向选择会导致安全活动出现不利选择。这里的人可以理解为生产者和消费者，也可以理解成理性人和非理性人。前一种情况下消费者未掌握市场知情权和选择权，生产者在追求利润最大化、成本最小化的过程中往往会选用不合格产品以次充好，低价出售给消费者，消费者因不了解产品质量和安全信息及对市场不知情，往往会选择低价产品。消费者和生产者之间就存在信息不对称，这样消费者在不知情的情况下选择了劣质产品。产品存在有毒有害及侵害人健康的危险信息，这就涉及信息不对称带来的道德风险问题。例如，圆珠笔生产中就存在笔帽生产不合格而发生多起儿童误吞窒息事故。生产者为了降低成本不按照要求设计开凿通气孔，消费者在购买时并不知晓笔帽生产者的隐蔽行为，也未能察觉这样的行为，所以会选择廉价且危险的圆珠笔；后一种情况下同样存在逆向选择问题：非理性人往往会追求机会主义，其行为也带有一定的危险性，理性人可能会受其影响而盲从。例如，酒后开车闯红灯是非常危险的行为，饮酒后人的思维迟钝、意识不清，这样的非理性人往往不觉得自己处于非理性的状态。在车流密集的公路上，前方的酒驾者无视交通信号灯高速穿过十字路口后，后方的理性人驾车尾随穿过而酿成车祸，这就表明理性人的行为被非理性人的行为影响了，即理性人不清楚非理性人的精神状态而未采取紧急应对措施，从而导致发生事故。综上，人与人之间的信息不对称导致的逆向选择和道德风险问题也是值得分析的。

（3）人–物–环的信息。信息在人–物–环中的流动和传播过程也存在信息不对称现象，人们在操作机器设备时因不知道其工作原理、结构特点和适用条件而发生机器设备的故障甚至事故；人们也不知道这些故障或事故信息也可能在物–物之间传播而导致连锁耦合故障；人们也不知道机器设备和环境之间存在怎样的联系，在各方面信息都不清楚的情况下去操作设备就容易发生不可控的事故。同样地，人们如果不清楚环境对机器设备的影响，就很难发挥机器设备的最大价值；人们如果不知道环境对自身的影响，也不能适应环境。例如，炼化装置仪表工对装置自身的材料特性、装置内化学反应机理等不甚了解，就不能及时应对化工物质泄漏带来的风险；高温工作机器缺乏环境指标检测显示功能，就不能适应环境突变带来的停机甚至死机故障；煤矿井下工人不监测矿井瓦斯浓度，就极有可能因瓦斯超标而发生爆炸伤亡事故。

（4）安全管理信息。安全监管成本高、耗时费力，导致监管部门疏于监管和控制。企业的安全信息和事故统计情况存在谎报、瞒报甚至不报的情况，监管部门就不会掌握真实安全信息，导致监管部门和生产企业之间的信息不对称，本质上就是安全管理的信息不对称。管理者制定的制度和预案往往不能真正落到实处，基层工人的违章信息又不能及时反馈到管理层。安全管理的信息不畅也会导致信息不对称，在安全信息学中研究如何高效、及时地实现安全管理信息的传播是重要内容。

4. 基于安全信息学推出的安全基础定义新诠释

安全信息学科的基础体系就包括涉及自身的概念，构建新学科就有必要对学科中的基本概念加以重新思考和定义，安全学科中的传统概念在此就能推论出这些概念的新内涵。表 6-2 是对一些安全概念的基础定义表达。

表 6-2　由安全信息学定义推论而来的安全基础定义新诠释

概念	定义的新诠释
安全	安全是隐患载体（即隐患信源，包括人、物、事、组织及其组合等）与感知者（即感知信宿，包括直接涉事人和间接涉事人）之间在一段时间里没有存在信息不对称状态

续表

概念	定义的新诠释
风险	风险是指一定时空内，理性人与物质和环境之间存在信息不对称状态而产生的危害的可能性及其严重度的组合
危险	危险是指一定时空内隐患载体与感知者之间存在信息不对称状态且该状态对理性人的身心可能造成危害
隐患	隐患是隐患载体（即隐患信源，包括人、物、事、组织及其组合等）与感知者（即感知信宿，包括直接涉事人和间接涉事人）之间存在信息不对称状态
事故	事故是指隐患载体存在着信源不透明、信息传达不清、信道不畅或信宿故障等状态而产生的有形或无形的伤害或损失
危害	危害是指由信息不对称而引起的对理性人的伤害或对理性人的身心健康造成负面影响的情况
危险源	危险源是指危害理性人身心健康的一切信息不对称源（包括信源、信道和信宿内部及之间的信息传递壁垒或屏障）
其他概念	在以上基础上有待研究

6.2.2 安全信息学的基础与体系

1. 安全信息学的理论基础

从学科理论角度出发，安全信息学是安全科学的三级学科分支之一，学科的理论基础包括哲学基础、科学技术基础和工程技术基础。安全科学也具有多学科交叉综合性，各学科知识都可以应用和渗透到安全学科中。安全科学学科与信息学和传播学学科交叉综合形成的安全信息学自然具有交叉性特点。安全信息学的学科基础是安全科学、信息学和传播学，其中以信息不对称理论为学科的理论基础。哲学的认识论和方法论是安全信息学的哲学理论基础；安全系统科学、安全物质学、安全人机学、安全社会学、安全关联学、信息经济学等作为科学技术理论基础；系统工程、信息工程、控制工程和设备工程等作为工程技术基础。安全信息学是安全科学与信息学的交叉学科，从信息角度去考察安全问题，涉及的理论基础很庞杂，其他学科为安全信息学提供理论与方法支撑。安全信息学的理论基础如图 6-4 所示。

2. 安全信息学的学科分类

由于信息可以看作客观世界一切变化和特征的反应，也可以看作客观世界这个“形”的“影”，一切事物就都具有信息的属性，信息学自然具有学科本源性。在《学科分类与代码》（GB/T 13745—2009）中，安全信息学与安全科学下属的 11 个二级学科和 50 多个三级学科之间就存在着交叉性（表 6-3）。表 6-3 中体现的理论研究和应用范围均涉及各行各业及各个学科。

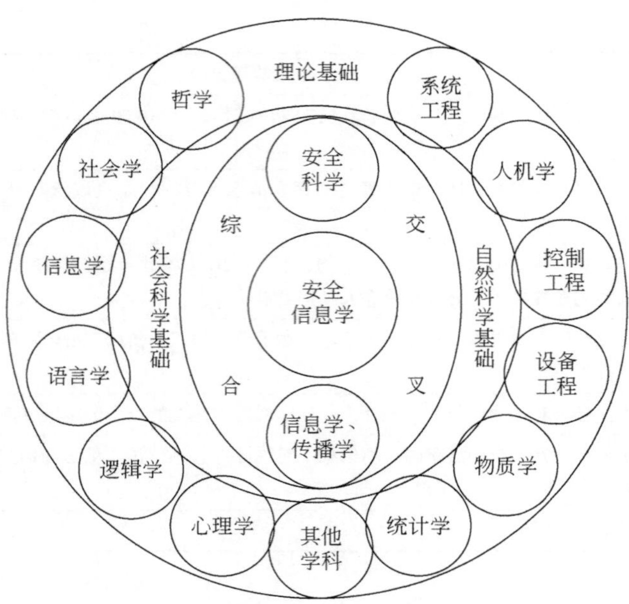

图 6-4　安全信息学的理论基础

表 6-3　安全信息学的学科分支及研究内容事例

交叉学科	研究内容举例
安全哲学信息论	哲学元理论与信息学的结合，从信息角度理解安全哲学话题，吸收哲学的认识论和方法论，研究信息在人类安全认识和方法实践中的作用
安全信息史	中外古代、近代和现代安全信息发生、发展和演变的过程及规律
灾害信息学	研究灾害发生发展过程中信息的产生、传播和利用的规律性，同时为防灾减灾提供相关信息
安全社会信息学	安全社会性、社会结构和安全社会系统与信息的相互作用
安全法信息学	将法律对于安全信息的保护和信息技术方法应用于法律，以支持法律研究及实务
安全信息经济学	信息在实现安全效益和安全投资方面的表达形式和实现条件；非对称信息对安全经济活动或事故的影响规律
安全信息管理学	运用信息管理学理论方法实现安全管理方法、OSHE① 体系和事故统计分析数据的系统模块化与信息化
安全教育信息学	分析安全思想意识、安全法律法规、安全知识与安全技能的教育培训等信息，探索教育信息的产生、传播和储存方式；研究教育信息对人的认知活动的影响规律
安全伦理信息学	安全与财富值的信息博弈、安全与道德的博弈活动和个人权利伦理规范信息化研究
安全信息文化学	安全信息理念和文化的发展规律
安全信息物质学	客观实体物质的信息对人身心健康的影响，如信息熵危害的研究
安全人体信息学	安全人体信息的发展规律，组织或系统机能变化信息对人的安全状态的影响
安全生理信息学	人的生理特征信息与安全行为之间的联系，人体生理信息感知、处理和反馈活动与安全感知、作业效能和安全健康效果的规律探究

① OSHE，即职业（occupation）、安全（safety）、健康（health）、环境（environment）的总称。

续表

交叉学科	研究内容举例
安全心理信息学	意外事故发生信息对人的心理活动的规律；紧急信息和警告指令信息下人的反应模式；安全信息的宣教效果；告知风险信息后人的冒险行为及其测度研究
安全人机信息学	人-机-环之间信息传递或人-机信息交互作用对人安全健康工作的规律研究
安全控制信息学	运用控制学理论来实现安全控制，将控制变量信息化，进而实现受控对象和控制者之间的信息传导
安全信息模拟与仿真学	将人-物-环之间的信息交流通过计算机或者实物模型进行仿真研究
防火防爆信息工程学	人对燃烧与爆炸信息的反应，以及防火防爆信息对职业健康的影响研究
消防信息工程	消防设施设备设计信息、消防设计参数信息、火灾事故统计与分析信息、建筑物防火规范信息等
安全机械设备信息工程	特种设备设计生产使用参数信息、维护保养台账记录信息和机械设备事故案例统计
安全电气信息工程	带电设备装置对人体的伤害信息、防触电警示信息和设备隔离指令信息
安全系统信息工程	对系统风险信息和系统控制预测信息进行收集整理和研究
公共安全信息工程	公共领域安全信息的规律，人群活动统计，城市安全防控信息和风险预警
其他安全信息学	……

6.2.3 安全信息学的传播模式

安全信息学作为安全科学的三级学科，其学科体系具有安全科学其他学科的共性特点。搭建学科框架可以从不同视角着手，围绕学科研究的主要内容和理论基础展开。安全信息学衍生的四大研究内容共同组成安全信息学的学科体系。借鉴传播学中的信息传播模式，通过改造结合形成安全信息学的安全信息传播模式如图 6-5 所示。其中，编码者执行安全信息的加工发出功能，解释者执行解释功能，译码者执行接收的符号解读功能。

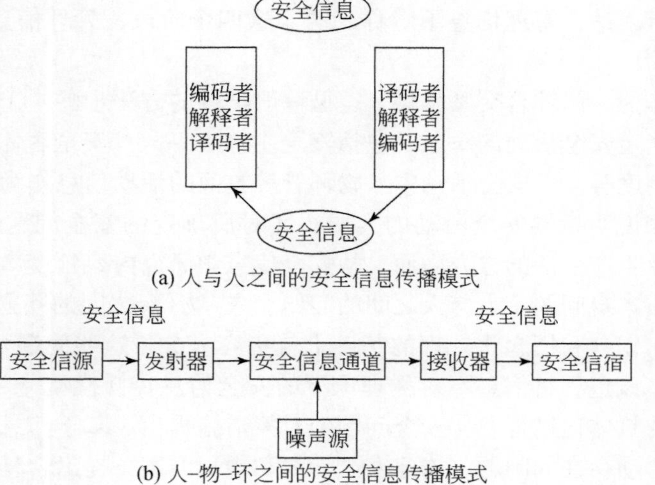

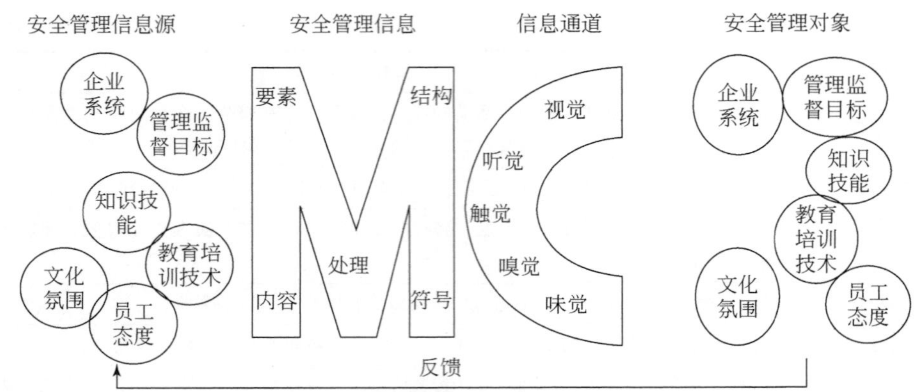

(c) 安全管理的安全信息传播模式

图 6-5　安全信息的几种传播模式

（1）人与人之间的安全信息传播模式。奥斯古德–施拉姆模式体现出人际信息传播的特点，能解释信息不对称的来源。该模型是安全信息在人与人之间传播和影响的机制解释，这里的人包括理性人和非理性人、生产者和消费者等组合关系群体。这里的安全信息不对称体现在编码者与译码者之间存在安全信息传播障碍，编码者和译码者自身对于安全信息的理解加工和解释存在冲突。同时安全信息发出者与接受者之间存在反馈作用，如图 6-5（a）所示。

（2）人–物–环之间的安全信息传播模式。香农–韦弗模式解释了存在于人–物或者人–物–环之间的安全信息传播过程，由物或环境产生的安全信息源通过串联最终到达人的过程会受到噪声干扰，这个噪声可理解为影响人判断物质信息和接受状态的一切外界环境因素。发射器相当于机械设备铭牌、监控仪表盘、控制柜等，接收器就是人的各种感觉器官，安全信源到安全信宿的信息流动过程必定会产生各种信息不对称状况，如图 6-5（b）所示。

（3）安全管理的安全信息传播模式。该模式对安全管理中管理者和被管理者的管理目标与管理内容进行表达，管理信息不对称来源于这四个阶段，管理信息流具有反馈作用，如图 6-5（c）所示。

安全信息学作为一门综合交叉学科，遵循一般学科的方法步骤：①明确安全信息学研究的具体问题。确定安全活动的对象，包括安全主体——人、安全客体——物和环、安全要素——管理和制度等。以安全活动中人物环管等方面的活动信息作为问题的切入点，用信息不对称理论来说明指导安全活动的实质。②对所确定的安全问题进行概念化及条理化。安全问题涉及生产生活的方方面面，从安全信息学研究内容角度考虑，可以将安全科学问题划分为物质本身问题、人与人之间的问题、人–物–环之间的问题和安全管理的问题四类。在进行层次划分和概念化处理的基础上就更容易分析这些问题背后的信息学原因。③问题分析过程。该过程将信息不对称理论下的安全信息传播模型化为易于理解的关系，实现信息不对称的具体化过程。④安全问题的对策措施提出。基于信息不对称理论的安全信息学解决安全活动存在的问题，构建安全计划和规划方案，提出合理措施来实现人的身心健康安全。

6.3 安全信息认知方法论

6.3.1 安全信息认知方法

从安全信息发展的角度看，无论是安全科学各二级和三级学科的构建，还是安全科学与心理学、信息学等其他社会学科的彼此渗透、相互结合，都反映出安全信息学的综合化程度越来越高。多学科交叉综合的特质表明，安全信息学需要融合借鉴其他学科的知识，尤其是当今社会处于信息时代，信息在系统安全中的作用越来越重要，在安全管理中需要将安全信息作为出发点和落脚点。任何系统都由物质、能量与信息三者及其关联关系构成，可通过评价系统运行情况表征系统安全的动态演化过程，而信息是安全系统存在和运动的内在机制。

安全信息认知方法（safety information cognitive method，SICM）用以研究某一系统的安全问题，其中蕴含演化和传播的安全信息认知特征规律，通过分析认知故障进而研究不安全行为产生的基础。系统安全信息认知发生故障，将可能发生各种各样的事故或出现各式各样的不安全行为。安全系统是复杂的非线性系统，对其安全信息的认知问题的研究应该采用综合分析法，通过心理认知方法分析系统安全认知。安全系统信息认知属于思维科学，是研究系统要素及安全信息所要遵循的路线，按照该思路研究能获得对研究问题的科学认识，实现安全信息认知对事故、风险、危害、隐患等安全科学维度下的安全方法的指导。具体方法多种多样，以安全信息认知方法表示已形成安全系统信息认知分析的一般方法体系。

在此基础上，从方法论的角度尝试挖掘并建立安全信息认知独有的方法体系，确定安全信息认知的目的、划分安全系统、提出安全信息认知分析法的原则并建立信息认知分析的具体方法，以期完善安全信息学学科基础并促进其推广。

1. 安全信息认知的目的

安全系统就是一种思维方法，即对于一个事物完整的作用机制的表述方法。例如，从人-物-管三要素实现系统安全目的，用运筹学思维来思考物质性问题，以非物质性信息作为要素，建立物质性和非物质性之间的联系，即管理控制性要素的相互联系作为第三要素。对于复杂的系统其中涉及复杂的单元因素，系统内部携带大量复杂的安全信息相互交织，因此，要厘清系统中的安全信息是颇费周章的事情。鉴于此就有必要先对系统进行合理适当的框定，包括系统的边界和子系统单元的划分两方面。系统就是由相互作用和相互依赖的若干组成部分结合成的具有特定功能的有机整体。这些组成部分称为分系统，其中可以分为人要素、物要素和事要素。

从狭义信息角度讲，系统安全信息就是系统论里的事要素中的信息（数据、图纸、报表、规章、决策等）。但是，随着安全信息含义的泛化，信息的内涵也越来越丰富，安全信息包括以下内容：①人的信息（数量、文化程度、安全培训水平、心理特质、工作技能等）；②物资信息（能源、原料、半成品、成品、土木建筑、机电设备、工具仪表、安全资金和预算投入等所有物质的基本信息和与安全相关的信息库）；③管理信息（安全制度、规范、法律法规和安全指标等信息）。

安全是一个非常复杂的系统问题，站在不同的视角和从不同的问题出发分析安全信息认知系统，所得到的结果是完全不一样的。开展安全信息认知分析活动，首先需要明确分析的目的或达到的目标。掌握和运用正确合理的安全信息认知方法是提高安全状态和改善安全条件的基本目的之一。人的行为失误是事故的直接原因，而人的不安全行为实质上是人的信息认知和处理过程的错误。从安全信息学角度解释为系统的安全信息认知过程存在信息失真或信息不对称，由此导致信宿对风险的错误认知，从而造成错误的行动。

从系统思维来看，安全信息认知的目的包括：①纠偏人的不安全行为；②实现物的本质安全化；③消除环境消极危害；④填补安全管理缺陷。从安全科学发展历程来看，安全信息认知也应该历经技术时代、人的因素、管理系统、跨组织研究和自适应时代五个阶段。从安全科学主体来看，安全信息认知的目的包括：①事故建模与致因分析；②伤害及职业病调查；③工业过程安全；④风险评估；⑤安全管理。以上目的只是从不同视角解读得来的，并不一定全面，但是安全系统信息认知的主要落脚点就包含在其中。

此外，从安全科学研究前沿分析可知：安全行为、安全文化、安全氛围及风险认知在安全科学研究中处于前沿领域，而上述前沿领域与安全信息认知紧密相关。安全信息的本质是安全管理和安全文化的载体，同时也是事故链式演化的载体。安全信息沿一定的信息通道（信道）从发送者（信源）流动到接收者（信宿），形成收集、传递、加工、存储、传播、利用、反馈等安全信息活动。人要实现安全的目的就要充分认知和把握这些安全信息的本质规律，利用好信息来解决安全问题。

2. 安全系统分解

根据安全信息认知方法的不同，将系统划分成若干有限的、范围确定的单元，称为认知单元，即子系统。认知单元的正确划分直接决定整个系统安全信息认知的顺利实施。确定子系统范围或者进行单元划分是获取认知安全信息的基础条件，同时也是高效管理和理解安全信息的基础。进行安全系统分解最终要建立以人为主的信息、知识、智慧的综合集成体系，这也是综合集成方法的体现。安全信息由系统产生并在系统内部传播，因此有必要根据不同原则来划分系统，根据安全信息的产生功能区划分系统类似于风险评价所做的单元划分，但与其又不同，建立的分解单元应该保证安全信息的流动和演化。在某一时间段里，人们在生产或生活中，都处于一个相对确定的空间中。但人们所处的系统往往是一个纠缠在一起的复杂体，即便是在一个较为简单的家庭里，涉及的因素也非常多。为了开展系统安全信息认知分析，需要针对某一个具体的子系统开展分析。对于非常复杂的系统，需要对其进行分解，通常可以把关注的问题作为信源，其他相关的因素作为信噪来处理。具体建立划分时应遵循尺度分解、维度分解、剖面分解和功能分解四大主要原则，以实现对系统的全面把握。

1）根据系统的尺度分解

如果一个系统有尺度特征，我们可以根据其尺度分解成多个子系统，直至分解的子系统适合做安全信息认知为止。这里的尺度可以理解成看待系统的标准，在系统分解时以此为依据。

系统在尺度方面的划分指标参照安全生产统计制度，包括：①信息密度；②风险等级；③系统人员规模。将所生成系统划分成大尺度系统 S_{la}、中尺度系统 S_{me}、小尺度系统 S_{sm}和微尺度系统 S_{mi}四类，根据各指标建立的安全系统三维尺度矩阵如图 6-6 所示。信息密度简单理解为系统所含信息量，借鉴系统动力学中的信息密度来表征系统尺度上的非物质要素特质，系统层次可以刻画为信息密度的稳定、运动、发展和变化四方面情形，对应系统携带信息量依次递增，信息熵依次增大。风险等级是分析评价的结果，系统人员规模越大、越复杂，那么其自身风险水平也越高。

作为系统风险控制的参照来表征安全系统尺度是可行的，一般将风险分为 1 ~ 4 级表示不同系统应采取对应的风控措施。以可能性影响因素、严重性影响因素和敏感性影响因素作为风险评价指标，指标的主观性较强。安全系统可以考虑将风险分为可忽略、可接受、适当控制和立即消除四类，其实质还是传统风险分级。系统人员规模是在工商统计部门系统分级的基础上引入的定量指标，系统复杂性、安全性与其暴露其中的人员数量有关，因此可考虑将企业分级标准指标泛化后纳入安全系统分解体系中。因此，可以按照上述三个指标构建系统尺度矩阵。指标分级标准见表 6-4，根据分级标准建立的安全系统三维尺度矩阵如图 6-6 所示。

表 6-4　指标分级标准

信息密度		风险等级		系统人员规模	
分级	描述	分级	刻画	分级	数量
I^a	稳定	R^a	可忽略	S^a	$s<20$
I^b	运动	R^b	可接受	S^b	$20\leqslant s<300$
I^c	发展	R^c	适当控制	S^c	$300\leqslant s<1000$
I^d	变化	R^d	立即消除	S^d	$s\geqslant 1000$

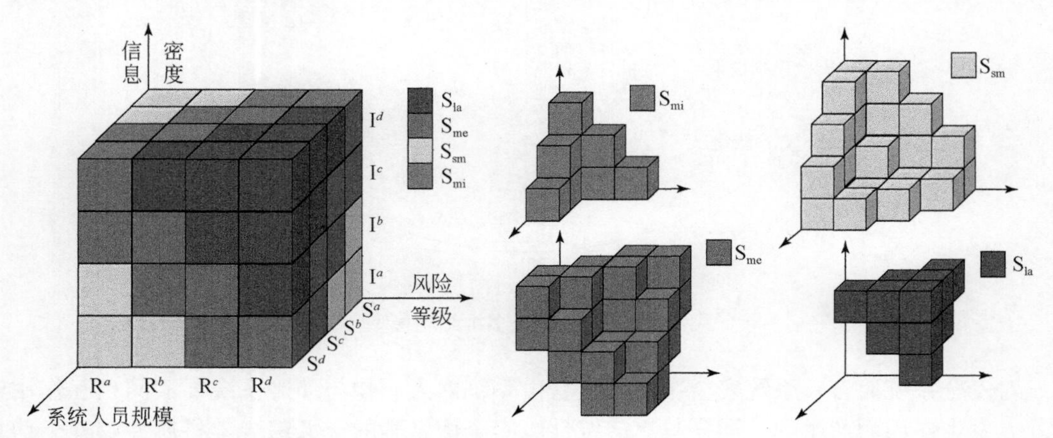

图 6-6　安全系统三维尺度矩阵

系统尺度的划分是从规模和物理量上定性与定量相结合的划分手段，这样分解安全系统的好处在于可以用系统方法考察安全信息认知问题，将安全信息产生的信源具体化并可探明信息流汇聚过程。安全信息的演化和发展本身处于某系统中，因此用安全系统的思维方法研究系统安全信息，以不同等级系统内的各要素关系为切入点，简化人们对系统安全信息的认知，形成整体和综合的安全信息理念。

2）根据系统的维度分解

维是指事物“有联系”的抽象概念，也就是事物的某方面联系。这里指的不是空间维度而是类似于研究方向，是从不同视角来考虑安全系统的方法。如果一个系统没有明显的尺度特征，特别是对于类似知识、技术、文化、氛围等问题，可以根据分析目的，从维度上对系统进行分解或降维。安全系统安全信息认知的目的就是提高人的安全意识、知识和技能，从上游基础理论到中游技术基础再到下游工程应用都需要构建知识、技术和氛围的安全系统。借鉴以往构建的安全维度分解模型，结合安全信息认知的特点就可以从安全信息认识视阈出发，建立信息学意义上的安全系统分解模型，如图 6-7 所示。

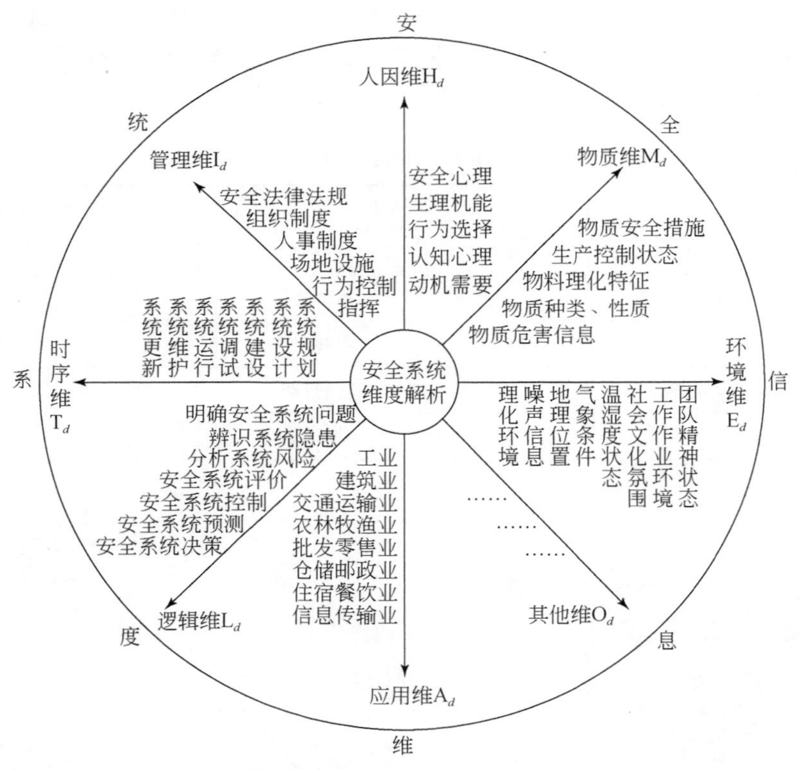

图 6-7 安全系统多维结构模型

对安全系统而言，系统安全影响因素是由系统内人、物与环等系统要素间相互作用或与外界发生作用而产生的，同样具有多维性。安全信息学的交叉综合学科属性及安全信息的复杂性和非线性也表明安全系统具有多维性。近年吴超等提出了安全降维思想，维数在不同学科中的定义不同，维数的增加会使得人们对事物的认识更加系统化。事物的客观属性具有多维性，但是维数的增加会导致认知的困难和复杂性，安全系统同样具有多维性。这里定义安全系统的多维性是指影响系统安全信息产生、传播、演化和认知的多种因素的共存性及其对安全系统的影响。

3）根据系统的剖面分解

这种分解属于横断思维，即从不同的视角剖析分解复杂系统，得到某一个剖面后再进行安全信息认知分析。这种分解方式将安全系统当作一个立方体看待，立方体内包含三类内涵球体，形象地展示了安全系统剖解后的形式。用不同横剖面的形状可以获得不同横断思维下的安全信息认知分析结果，可以将安全系统剖解为学科科学剖面、专业科学剖面、应用科学剖面和特定问题研究剖面。四类剖面分别对应安全上游系统、安全中游系统和安全下游系统，安全主体系统、安全客体系统和安全实现方式系统，安全技术系统、安全方法系统和安全科学系统，安全物质系统、安全能量系统和安全信息系统四类安全系统，具体划分如图 6-8 所示。

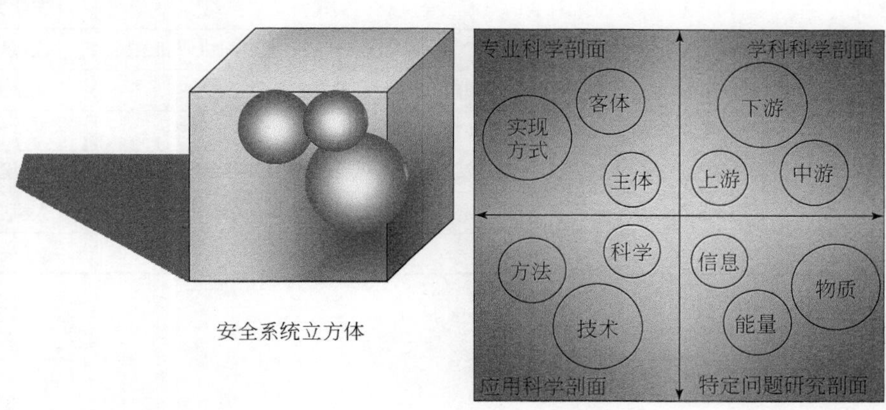

图 6-8 安全系统横断剖解图

上述四大剖面是依据安全科学研究方向确定的，以安全科学来划分系统有助于从安全角度理解系统的特点、功能和规律，尤其是管理和认知系统中的安全信息。通过剖面分解明确安全系统目前的研究处于何种阶段，如从学科科学剖面看，安全系统多是处于下游及中游的研究，结合安全信息的系统研究更是上游甚少见；从特定问题研究剖面看，对于及时应用于物质的研究较多，但是信息认知研究几乎空白，这些从图 6-8 中显示的圆环大小可直观获知。从不同角度对安全系统球体剖解后获得的内部剖面可知目前及以后安全系统的研究侧重点，为系统安全及安全信息认知奠定系统思维下的研究基础理论。

4）根据系统的功能分解

这种分解是按照功能对安全系统的实际应用来进行划分，安全系统功能泛指安全系统的整体表现。安全系统从安全产业角度降低风险、提高管理和加强监控，但是从系统的角度来说，用“输出”或“功效”表征安全系统功能更为贴切。由于不同的系统类型表现的作用不同，可以将安全系统分为生产安全系统、社会安全系统、人机安全系统、安全文化系统、安全管理系统、安全信息系统、安全应急系统、工业安全系统、人体安全系统、环境安全系统、物质安全系统、工业安全系统等。上述各系统及其功能划分见表 6-5。系统功能体现在最终系统的目的上，因此，也可以据此明确安全系统的目的。如果从其他层面按功能划分也可以得到其他分解系统，笔者按照安全系统当前应用和基础研究重点进行划分，安全系统划分的最终目的是以系统思维认识和把握安全信息认知规律，使得人们可以更全面综合地认知安全信息。

表 6-5　安全系统的功能分解

系统分类	功能解释	系统范畴
生产安全系统	保证基础生产领域获取产品及基础产业服务	生产领域
社会安全系统	提供社会人群及管理相关安全方案，实现社会整体安全氛围	生活领域
工业安全系统	保障工业系统内安全，提供生产过程安全保护及防护	安全技术服务系统
安全信息系统	安全信息管理及控制信息	安全信息学
安全管理系统	实现对人、事物的控制的管理效果，对人的行为控制及调节	安全管理学
安全文化系统	构建家庭、企业和社会的全面安全文化，实现安全“三观”	安全文化学
安全应急系统	灾害事故后的应急救援与恢复，政府、企业和公众等层面的组织协调和救援	应急救援
人体安全系统	把控人的心理、生理及认知，调整人的行为，实现人的安全状态	安全人体学
物质安全系统	使物质系统保持动态平衡，实现本质安全化并保持物的安全状态	安全物质学
环境安全系统	工作、自然及社会环境系统对于安全活动的影响控制及不利环境因素的消除	环境领域
人机安全系统	保持人的高效舒适工作，预防疲劳，实现人机和谐关系	人机工程学
其他系统	……	……

6.3.2　安全信息认知序

1. 安全信息时间认知序

我们所要分析的子系统都是处于一个动态的复杂系统之中，因此子系统安全信息认知也是一个动态的过程，不同的时间段内，其安全信息认知分析结果是不一样的。这一点也是区别于已有系统安全分析方法的主要特征。这里研究的时序和传统的时序分析不同，通常由四个要素组成，即人群趋势、生物节律、周期性波动、随机变动。结合时序分析和人的认知规律可知，安全信息认知的人群趋势指，人群的群体心理下的认知选择在一段时间内具有持续性特点；生物节律是人的情绪、体力和智力规律变化会引起人的认知发生节律性变动的特征；周期性变动是指受季节、节假日和天气等周期性因素的影响，人对安全信息认知会出现周期重复性；随机波动是人们的认知在时序中呈现非固定长度的涨落交替的非周期波动现象。

那么，明确了时序的四个主要因素后可以思考并尝试确定系统安全信息认知的时序及时段，在安全系统中人的认知受到以上规律支配，因此能够通过对认知因素和时序因素进行综合考虑来确定时段长度。通常确定的时间区间不宜过长，时间越长，系统的变数越多，分析结果越不准确；同样地，“他系统”对“自系统”（确定分析的子系统）的影响也是动态的，时间越长，“他系统”的影响就越难准确描述。为了扩大系统安全信息认知的时间区间，在适宜的条件下，系统安全信息认知过程可以是一个动态循环过程，类似于计算机编程的循环迭代计算。从事故角度来看，安全信息在时间上的延迟对安全影响很大，时间上的延迟导致信息不对称进而引发事故的发生。

有必要说明的是，安全系统认知的时长确定问题并不仅仅受认知因素影响，同时还受系统复杂程度和人为干预等诸多因素影响，因此不能单一地说多长时间（如十分钟、一小时、早上八九点等）是安全信息认知的最佳时长，这样就缺乏严谨性和科学性。基本认知因素受到源域、目的域和经验基础等多因素影响，不仅与认知因素有关，还和个体的目的及经验相关。这里讨论影响安全信息认知效果的时间因素，安全信息认知的安全期并不是明朗的科学概念，总结出的影响系统安全信息认知的时间因素如图 6-9 所示。

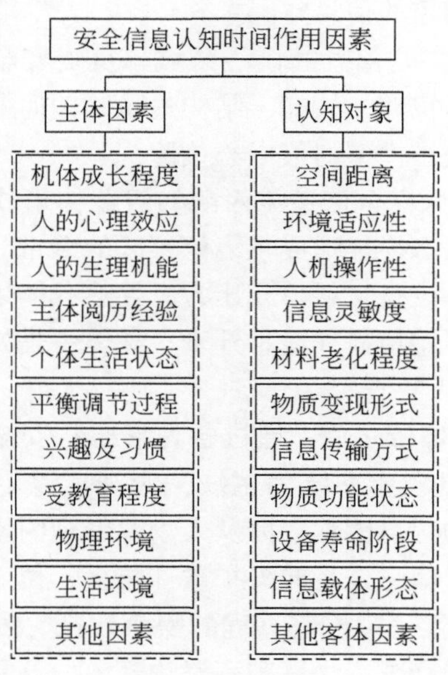

图 6-9　时间视阈下的安全信息认知因素

2. 安全信息空间认知序

安全系统是加工安全信息的机构，具有一定的空间结构。在空间上研究安全信息，界定信息产生传播的范围，对于系统安全信息的认知具有重要价值。只有将信息框定在一定的空间中才能实现安全信息认知的系统性。安全信息的缺失和不对称是不安全的必要条件，表现为时间上的延迟和空间上的错位，空间上的错位可理解为安全信息在传播中出现的非定向传递，导致部分信息未按期望路线传递而误入其他界面引起期望信息的缺失或对其他界面的扰乱。只有及时、广泛、有效地利用安全信息，安全工作才能不断加强。安全信息流因外界影响而出现信息空间或边界范围被扩大，而且外部安全信息传递也有一定的空间限制性，如在给定的一个系统内。信息的边界条件在一定程度上限制了人们对信息认知的理解和研究。要消除这种空间的错位就得首先界定研究的系统边界及空间序，在空间上系统是按一定顺序为安全信息提供流动动力的。安全系统空间上具有有序性、流线性、载体性和多向性的特点，系统是非线性的，因此其中的安全信息也具有明显的非线性特征，因为信息流无时无刻不处于干扰、失真和噪声充斥的复杂环境中，极易发生安全信息紊乱和涡流现象。

可以将安全系统的空间序列大体可分为信核区 A_{co}、载体带 B_{ca}、扩散区 A_{sp}、干扰带 B_{in}、信道区 A_{ch}、负载带 B_{lo}、衍化区 A_{de}、涡流带 B_{vo}、外沿区 A_{oe}，其构成了“五区四带”(five areas & four belts，FAFB）模型，简称 FAFB 模型。其内涵具体阐述如下：基于安全信息认知的系统是对信息传播规律把握下的抽象性构建，该模型与传统系统空间序列分析不同，并不是系统的空间先后顺序，而是将系统中的安全信息认知嵌入其中，进而形成的信息认知规律解构思维下的安全系统空间模型。五区分别指的是信核区、扩散区、信道区、衍化区和外沿区这五个与安全信息密切相关的区域，这里提出的区域概念并不是一般意义的物理空间区域，而是抽象的信息空间。

（1）信核区 A_{co}是系统中安全信息的核心区域，负责安全信息的最初产生，类似于信源这一概念的内涵。系统初始扰动、故障、结构失稳等任何最初的直接不安全状态都是安全信息产生的来源，信核区处于模型的最中心位置。

（2）载体带 B_{ca}是保证信源安全信息传播的初级载体形式，安全信息只有通过载体才能存在和传播，而载体客观状态往往形成包绕信核区的多带状分布。例如，设备内高压内容物泄漏后参数传感监测带、设备材料单元压力、导热载体带、物料控制带均起到信息载体作用，使得初始安全信息开始传播并蔓延开来，载体带是处于信核区和扩散区之间的过渡带。

（3）扩散区 A_{sp}发生于载体带之后，通过各种形态将安全信息扩散出去。安全信息传播以不同路径进行，微观上以物质系统为主线，宏观上以企业、政府和社会等为线条展开。前者是企业内生产系统的信息流程，涉及人物及管理因素，后者是安全信息耦合效应的宏观路径。扩散区承载各式信息进行向外扩散和传播，位于载体带之外。

（4）干扰带 B_{in}顾名思义就是对扩散过程的噪声混杂，安全信息传播中必然会受到许多干扰，以使得安全信息出现衰减、失真和不对称现象。这是由安全系统自身复杂性决定的，因此，各种物理的、人为的、自然的非信息干扰会掺杂进入安全信息流动，一起影响后续信息质量及人的认知效果。安全信息的干扰带位于传播区之外与传播区相伴相生。

（5）信道区 A_{ch}是传播信息的通道，如各种载体提供的传播媒介，包括社会媒体和声光热等物理介质等，抽象上，信道是受干扰安全信息重新传导的介质系统，位置在干扰带之外并外接负载带。

（6）负载带 B_{lo}与之前的载体带不同，它是承载信道区安全信息传播的物质实体，例如，人机界面、电缆、显示器、监控器等显示装置形成的终端区。

（7）衍化区 A_{de}是安全信息耦合和变异的区域，安全信息会因负载状态的变化发生错误的耦合或变异，开始出现衍生安全信息。这些新的信息大部分是人们不愿意看到的伪安全信息，对于安全控制和事故预防是起到消极认知的信息群。

（8）涡流带 B_{vo}是安全信息衍化后出现的信息紊乱传播的现象，安全信息涡流通常是不希望看到的。例如，企业发生重特大事故后采取不当应急措施，导致次生事故发生或者媒体对安全信息的虚假发布引发社会恐慌等现象。

（9）外沿区 A_{oe}是安全系统之外的区域，属于边界外框定范畴。安全信息传播不可能只能封闭在特定安全系统中，会存在信息外溢和蔓延，尤其是对周边社区或整个社会可能产生严重的涟漪效应，这受制于涡流的强度和时长，因此杜绝安全信息涡流发生，可以控制外沿区的存亡和大小。

综上，安全系统的 FAFB 模型刻画出信息认知视阈下的系统空间序列，为安全信息认知的系统理解提供新思路，上述的说明用模型表达为图 6-10 所示。

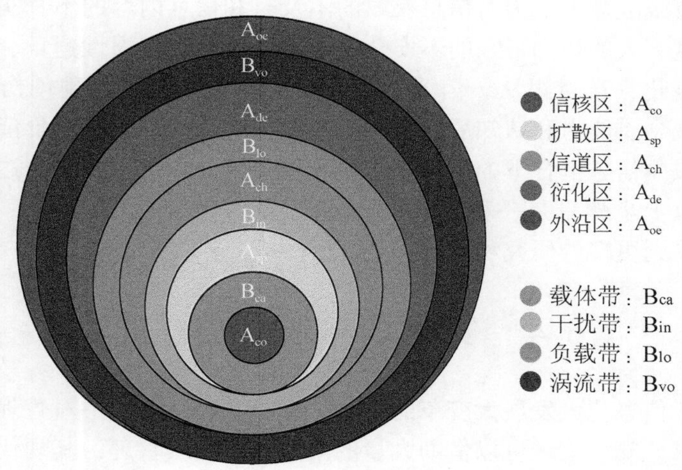

图 6-10 系统空间的 FAFB 洋葱模型

3. 安全信息其他认知序

这里仅简述经济序和约束序两方面，框定经济序和约束序可对分析安全信息认知起到实际应用作用。在现实的生产和生活中，安全是相对的，安全也需要考虑人力、物力、财力的经济问题。系统安全信息认知分析不能超出允许的经济能力。系统安全信息认知往往会受到技术条件的约束。当遇到技术障碍且没有办法找到替代该技术的方法时，则只能等待新技术的开发，或采用其他的安全分析方法。

4. 安全信息认知的一般步骤

上述分析阐明了实施安全信息认知的基本原则方法和前期准备，为了最终实现对安全系统的安全信息认知需遵循以下基本步骤，在此基础上针对具体的系统再细化并具体对待。安全信息认知是人参与下的认知过程，因此外因是事、物、环和管等非人因素的综合体现，而内因是人这一认知主体。因此，只有当外因条件成熟并通过内因起作用时，才可实现认知和再认知，进而对系统安全做出决策、预测和评价。对认知过程影响因素和信息传播规律进行总结，可以提出安全系统的安全信息认知的一般步骤，具体如下：

（1）确定安全认知信源。

（2）明确安全信息载体类型及扩散区。

（3）将安全认知的信源分解为真信源和信源载体。

（4）确定信宿感知信源的方式和功能器官，一般的信宿感知方式包括听、看、触等。

(5) 确定信噪的具体内容，也就是干扰区种类及噪声掺杂形式。

(6) 在信源和信噪确定的情况下，对信宿感知器官可能存在的问题进行分析。

(7) 安全信息的耦合、衍化和涡流效应造成的信息缺失及不对称现象分析。

(8) 评估信宿的观念、意识、知识、能力和技能等。

系统安全信息认知发生故障，将可能发生各种各样的事故或出现各式各样的不安全行为。这些认知障碍或故障表现为对信息获取的不及时和信息内容的不真实两方面，即安全信息的速度和准度。人的认知带来的不安全行为主要体现在习惯性违章、冒险作业、各种消极心理效应外显化、盲目跟从、信谣传谣并恐慌担忧和极端心理创伤等诸多方面。因此，实现对人的观念、能力和认知后果的评估，发挥安全信息的真实价值，消除信息失真和不对称现象，减少信息耦合下的涡流效应是实现系统安全信息认知，达到安全和消除事故的最终目的。以上步骤只是一种安全信息认知，仁者见仁智者见智，会有更普适的方法，同时也需要得到更多的研究和检验。

6.4 安全信息学的方法论

当今世界处于信息化大发展大变革的时代，信息在时空传播中对管理提出了模式变革的思维创新的要求。安全管理可以借助大量的安全信息进行管理，其现代化水平决定信息科学技术在安全管理中的应用程度。信息学理论一直以来都是科学研究的重点之一，信息是标志物质间接存在性的哲学范畴，它是物质存在方式和状态的自身显示，这体现出信息是物质的存在形式。所以，将安全科学、信息学和认知科学等结合起来研究，这样既丰富了安全科学的学科体系，也完善了信息学的研究。目前积极开展安全信息学研究的学者并不多，尽管有些学者对安全信息也进行过有益的探索研究，但是他们均没有从学科的基础性层面进行认知，安全信息学学科内容上还是处于待研究状态。本节旨在获取安全信息学的有效方法，探讨安全信息学方法论的基本问题，为安全信息学科提供有价值的理论。

从安全科学的发展角度看，安全科学几乎都侧重安全技术在生产生活中的应用，而对学科体系的基础理论研究则非常罕见。安全信息学属于安全科学的重要二级学科，其以一定时空内理性人的身心安全健康为着眼点，围绕安全信息传播系统各要素内部和外部之间的信息传递机制，研究信息不对称系统的结构、功能、演化和协同作用等的一般规律，是对人及外界信息传播机理、安全行为和安全策略的信息学研究。从信息入手开展研究才能获得普适性的结果。同时，安全信息学是对安全系统中的各要素及人的认知进行全局性整体研究，对安全信息学的建立、学科定位和发展创新都具有深层次意义。

6.4.1 安全信息方法论的定义

安全信息学是以一定时空内理性人的身心安全健康为着眼点，围绕安全信息传播系统各要素内部和外部之间的信息传递机制，研究信息不对称系统的结构、功能、演化和协同作用等的一般规律，进而对安全信息开展对称分析、对称评价、对称设计、对称创造、对称管理、对称实践等活动，寻求实践安全信息最优对称化的一门安全学科分支。

方法是人们认识世界、改造世界所采用的方式、手段或遵循的途径。安全信息方法论是主要以信息学的思想方法、认知科学学的理论方法、安全信息监测方法、安全信息收集统计方法、安全信息分析处理方法、安全信息预测方法、安全信息决策方法为研究对象的一种方法学。安全信息学的方法论系统结构如图6-11所示。安全信息学是综合学科，其交叉学科属性如图6-12所示。

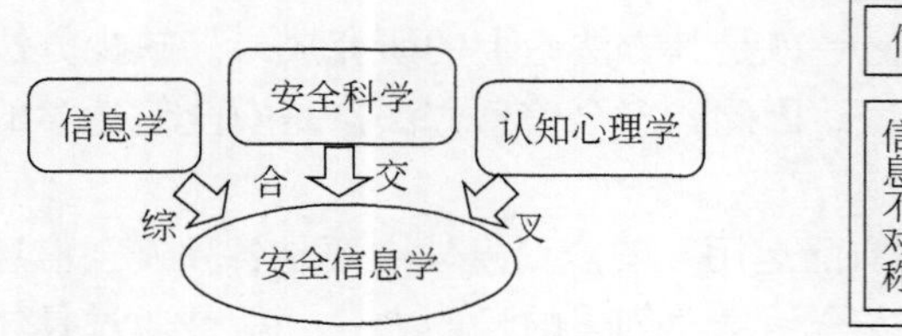

图6-11　安全信息学的方法论系统结构

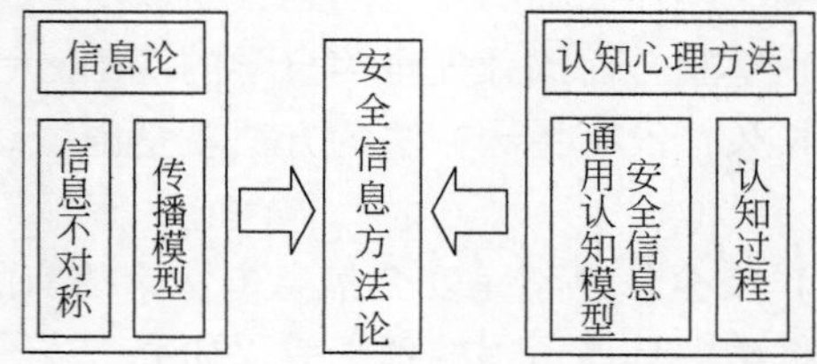

图6-12　安全信息学的交叉学科属性

其内涵可以这样理解：方法论是关于人们认识世界、改造世界的根本方法的学说，任何一门科学或技术都会根据自身的特点，生成一套具有鲜明学科特色的研究思路、原则与理论。安全信息认知考察人的认知层面获得安全信息的能力，在认知心理学中的信息加工法可以对安全信息的认知过程进行分析，明确人的认知能力在处理安全信息时的一系列反应。安全科学是信息学研究的本体对象之一，随着信息论的深入研究，安全信息学的研究对象、研究特征和方法论原则等科学问题对安全科学具有重要意义。

6.4.2　安全信息学的方法论原则

1. 安全信息学与安全信息方法论的关系

为了给安全信息学的研究提供理论指导和方法支持，先了解一下安全信息学与安全信息方法论之间存在的联系。

（1）安全信息方法论是安全信息学的方法理论支持。安全信息方法论是对各种安全信息加工方法进行具体分析、比较研究，总结出各类安全信息方法自身的优缺点及适用范围，根据系统中安全现象的自身特点和系统带有的安全信息意义来选择更恰当的安全信息加工方法，从而达到安全信息学的目的。因此，安全信息方法论为安全信息学提供方法的理论指导。

（2）安全信息方法论是安全信息学体系内的重要部分。安全信息学和安全科学其他安全分支学科一样，是可以深度拓展和挖掘的综合交叉学科，具有广泛的综合性，可以从不同视角创建各具价值的学科，安全信息学囊括安全信息的所有研究，包括理论安全信息学与应用安全信息学。安全信息学基础理论研究的重要部分就是其方法论，因此，安全信息方法论是安全信息学的重要内容之一。

（3）安全信息学为安全信息方法论提供内容指导。安全信息学的主要研究内容是安全信息及其特点，以及安全信息的认知、传播机制和事故致因等。安全信息学的理论基础是信息传播模型、认知心理原理、安全信息通用认知模型和事故致因理论等。无论是从已有理论本身在安全信息学上的适用而言，还是从安全科学自身原理在安全信息学的迁移而言，都需要研究如何运用这些原理理论，以及采取何种手段可以将安全信息应用于安全科学等问题。

（4）安全信息方法论是安全信息学的基础。从安全信息学研究对象可知，学科的建立和发展需要不断地强化其自身理论的合理性，在实践中通过方法论指导去应用安全信息学的理论解决实际面临的安全问题，是该学科的终极目的。上游的基础研究必定要在下游应用中得到检验，而保证安全信息学的基础之一就是其方法论上的研究成果。缺少方法的学科不能长久，没有指导方法的方法就是虚谈。因此，安全信息方法论是安全信息学的重要基础之一。

（5）安全信息学是安全信息方法论的实际运用。安全信息学主要是各种安全信息方法在安全科学中具体运用的理论效果研究。安全信息学创建的目的之一，就是通过具体的安全信息方法在安全科学中的运用，来研究安全信息对安全和事故现象的作用，并以此制定合理的预防措施。安全信息学既是理论科学又是重要的应用学科。因此，安全信息学是安全信息方法论的具体运用形式。

2. 安全信息学的方法论原则

安全信息学的作用旨在于抓住生产生活中影响安全的一切信息这一矛盾，研究安全信息的发生、传播、演变和认知规律，以便使人们有效地预防事故发生，保护安全生产顺利实施及人的生活安康。方法论原则与方法论基础联系密切，甚至在相当程度上由方法论基础决定。根据安全信息学的学科特点，安全信息学应该坚持以下基本原则。

（1）准确性原则。人的认知安全信息并不等同于信源安全信息，信息在传递中存在的缺失、失真或不对称现象，往往就导致最终影响决策的安全信息失去价值意义，其准确性和一致性大打折扣。安全信息的研究者在对安全信息进行分析时必须对收集的安全信息进行去伪存真、去粗取精处理，进行详细的考证分析，以客观态度和准确的信息进行安全分析。总之，安全信息的准确性是保证学科研究的基础，求真求实地来把握安全信息的本质是至关重要的原则。

（2）时效性原则。安全信息从信源产生就一直以载体为形式传播开来，信息及时被感知对于安全分析预测起到决定作用。安全信息数据资料必须是此时此刻最新的信息，必须即时反映此时此刻系统各要素的实时状态，这就对信息收集提出了动态要求。时效性原则是安全信息核心价值之一。

（3）完备性原则。系统的运行由复杂多样的信息构成，安全信息源于系统之中，人的信息认知过程是综合各方面安全信息的权衡行为。因此，缺少某一方面的安全信息，就不能准确把握系统的状态和形成正确的安全认知观，进而难以做出符合要求和避免事故的合理行为决策。

（4）整体性原则。安全信息学研究时要全面考察影响安全信息发展的其他一切因素，并且要整体、全面地把握和分析。既要纵向考虑系统内各单元层之间安全信息的传播机理，又要横向分析系统之间的安全信息模式，整体性原则的作用就体现在安全信息广泛的联系中。

（5）可持续原则。在发展中应该对中游及下游进行全覆盖，中游的具体深入和下游的实践应用在安全信息学中应均有体现，要为中下游的开拓留有余地。因此，为建立安全信息学而创建安全信息学的观念是狭隘和危险的，学科的持续发展需要不断地扩展自身学科链，安全信息学的可持续原则就为该学科的深入持续研究提供了方法论指导。

6.4.3 安全信息学的研究方法

1. 信息及认知学的一般方法

信息学就是将信息观、信息理论作为一种方法来观察和处理问题的。主要的方法包括：①哲学方法，如贝塔朗菲系统论、布鲁克斯知识吸收学和乌勒舒拉的哲学等；②一般科学方法，如经验科学法、理性思维法和横断科学法等，科学抽象与类比和统计数学等具体方法在香农信息论的建立中的典型应用；③信息学本身方法，如信息计量学方法、引文分析方法和信息整序方法等。认知学的方法是信息加工理论，认知方法把认知过程分解成一系列有序阶段。就认知角度而言，信息是研究环境内外人的信息接收、使用和行为方面的过程状态。

2. 安全信息学的具体方法

安全信息学是具有广谱性的综合学科，几乎所有的社会科学和大部分自然科学的研究方法均可以应用于安全信息学中。以安全科学为宗旨，将其他学科的安全知识、经验、技术等经过分离、综合和系统化，为新综合学科提供依据，安全信息学也需要借助其他学科的知识、技术和经验等。其他学科方法也可运用于安全信息学，常用的安全信息学具体方法见表6-6。

表 6-6 常用的安全信息学具体方法

方法名称	方法的主要内涵
描述法	把安全系统内各个要素的所有内容或经验事实或材料等用特定的信息符号体系记录，以符号化描述一切实体
搜集法	通过调查事实的直接经历者或者通过文献、档案、书刊获取，具体有观察法、访谈法、实验法、调查法、统计法和文献阅读法等。搜集资料是安全信息课题研究的基础保障
整理法	整理法就是对大量琐碎的原始安全信息资料进行系统化处理的方法，整理的过程也是去伪存真、去粗取精的过程。主要通过比较、类比、分析、综合、归纳演绎和数学方法等实现整理的目的，进而找出安全信息资料中本质和规律的东西
概括法	即从思维过程中提取事物的共同性形成概念。安全信息的概括可以使得信息条理化，有助于实现分类管理和摸索一般规律。在抽象基础上的概括才能得到安全信息的关系、属性和特征
统计法	对安全信息学研究对象的内容、范围、信息类型、信息源、信噪、心理认知过程引发事故、人因行为的数量与传递关系的研究
因素法	将信息传播过程分为内部和外部，安全信息分为人、物、环境和管理四方面要素，借助分析等方法研究各因素安全信息的关系、局部传播机理，为形成整体安全信息模型提供系统依据

续表

方法名称	方法的主要内涵
比较法	将比较法应用到安全信息学中，对不同种类安全信息、不同信息传播模型和不同安全信息认知模型进行比较，借鉴其各自特点。把比较学、安全信息学结合起来，通过对安全信息学中存在的不同时空下的安全信息认知过程进行对比研究，找出共同的信息传播和认知规律
建模法	安全信息学研究包括信息传播模型和信息认知模型，通过构建一系列有内涵、有价值的安全信息模型可以为学科建立夯实基础，以建模为手段可以逐步具体化、深入化安全信息传播和认知过程，同时也能完善基础理论
数学法	信息的刻画和表示可以实现定量化，如安全信息失真率、延迟时间、信息缺失量、信噪量等，将安全信息认知过程各环节信息进行定量描述，实现定量安全信息分析研究
其他法	……

3. 安全信息学的一般程序

安全信息学研究包含一系列有序步骤的整体过程，结合信息学和认知心理学的研究结论，可以将安全信息学研究划分为如图 6-13 所示的过程。

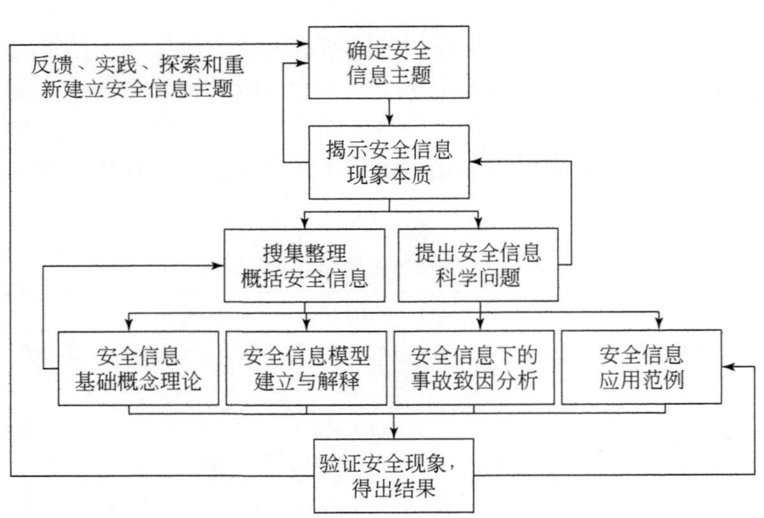

图 6-13　安全信息学研究的一般程序

首先，从研究中的角度可以把握该学科的主体方向，研究者是安全信息学研究目的、对象、内容、方法、思路和主题等的分析主体，其自身学识能力、信息学及认知知识储备、安全科学素养、思维思路、三观、立场等会影响安全信息学的基础研究过程及认知过程的结果。

其次，安全信息学的研究分为 5 个主要步骤，步骤之间结构紧凑、层次分明且存在反馈，安全信息学研究应先确定安全信息主题，如安全信息对人的行为研究，然后通过对安全形象背后的安全信息本质进行综合深入分析，得出一般信息学规律。

再次，通过对安全信息的概括整理提出安全信息科学问题，再进入四项主要内容的研究：安全信息基础概念理论、安全信息模型建立与解释（基于信息传播和认知科学）、安全信息下的事故致因分析和安全信息应用范例研究。

最后，验证安全现象，得出结果。安全系统由人、物、能量和信息四个要素组成，充分可靠的安全信息是安全的基础保障。安全信息学的研究应该具有可行性和可操作性，实践验证应具有重复性和迁移性。安全信息的发展需要从实践中深化理论，在理论中推动实践。

6.5 安全信息学原理

安全信息是安全活动所依赖的重要资源之一，是反映人类安全事务和安全活动之间的差异及其变化的一种形式。随着近些年安全科学的快速发展，安全与信息的交融也越来越广泛。国内外都对安全信息进行了积极的研究，安全信息管理、安全信息系统和安全信息技术等基础和应用研究较多，安全科学原理体系中还欠缺安全信息学原理核心研究，而安全信息学与其他安全学科一样需具有自身的完备学科理论体系才可成立。一门学科之所以能够建立，离不开该学科自身的理论体系的支撑。

随着信息学、认知科学与安全科学的发展，构建具有综合交叉特性的安全信息学的基本条件已经成熟。同时，随着安全信息学研究的概念、内涵、范畴、外延和系统体系的逐步建立，以前针对物质、系统或能量思维下的安全原理已不能完全套用在安全信息学中用以解释、演绎和发展目前针对信息视角下的安全问题。目前，有许多安全问题单用现有思维是难以解释的，因为信息是系统的一切要素及多个系统之间建立关联的唯一纽带。从信息入手开展研究，才能获得普适性和有价值的结果。现有的安全原理著作中介绍的安全科学原理，在层次、逻辑、结构和体系等方面还存在很多不足。安全科学已发展出许多亟待填补的学科空白，学科的基础理论缺乏具体的内容支撑，以前的科学原理是在安全学高度上宏观把握的，且原理内容存在较多的综合性，针对安全信息学的具体原理还有待研究。针对安全信息学必要的学科建设，目前国内外的研究较少。

6.5.1 一级安全信息学原理及内涵

安全信息从属信息学，其研究范畴也涉及自然、社会、管理、心理和人文等其他学科，安全信息学不再是狭隘单纯的信息安全，而成为涉及公共安全层面诸多信息来源及生产安全管理、安全文化建设、事故致因分析和隐患排查治理的核心手段等。安全信息与现代技术发展密切相关，新技术必须能够满足本领域的安全需求才具有可行性。安全信息是安全活动所依赖的资源，只有及时、广泛、有效地利用安全信息，安全工作才能不断加强。

信息学理论一直以来都是科学研究的重点之一，信息是物质存在方式和状态的自身显示，这体现出信息是物质的存在形式。安全信息学是一种跨学科综合交叉学科，是研究安全信息的学科。其以一定时空内理性人的身心安全健康为着眼点，围绕安全系统各要素之间的信息传递机制展开研究。信息不对称是安全信息研究的重点，因为不对称才带来隐患和事故，因而信息的对称研究就显得很重要。研究信息不对称系统的结构、功能、演化和协同作用等的一般规律，进而对安全信息开展对称分析、对称评价、对称设计、对称创造、对称管理、对称实践等活动，寻求实践安全信息最优对称化。通过对安全信息学的基本原理、方法进行研究，进一步明确安全信息学的基础和研究方向。

1. 安全信息三阶段内容

大多数科学的基础研究往往建立在实验或观察的基础上，安全信息学依据安全科学和信息科学的基础理论，推动经济和社会的快速与均衡发展，促进与其相关学科的发展。安全信息管理的有效作用、存在形式、流动途径、网络构成等也成为安全信息学研究内容。安全信息学研究更多地应该从实践资料和大数据统计入手，通过对安全信息现象的观察、收集、整理，提炼并总结安全信息学的安全信息规律，进而形成属于本学科的安全信息系列科学内容。安全信息科学本身就是对安全信息学自然现象的客观规律的揭示，因而安全信息科学就是从安全信息现象到安全信息规律，再形成安全信息科学的过程。具体来说，安全信息现象即由客观物质（信源）变现出来的，可被人们感知（看、听、触、闻等）认知的一切安全或风险情况，它与安全问题是不同的，安全问题多指负面的安全现象，安全信息现象包含的内容则更广。安全信息现象包括安全信息自然现象和安全信息社会信息，分为真信息象和伪信息象。安全信息规律是安全信息现象背后隐藏的客观的、必然的、固定的联系，是与安全相关的一切信息现象的本质体现。安全信息知识是通过对现象、规律的总结得来的理论性和实践性结合的前期科学认知，具有安全认识论的特点。

通过安全学和系统安全视角下的思考，将安全信息学第一层次学科分为六大要素，包括人体、物质、环境、管理、社会和系统：①人体是第一要素，安全信息学的主体是研究人的科学，是以人为本的安全信息认知和传播学科，安全信息学对人体及其安康的研究就是必要和首要的。②物质是人操作和从事安全活动时的必需的外界条件，广义范畴内也将能量纳入其中，其安全价值最依附人而存在，物质的重要性不言而喻。③环境不仅仅是自然环境，还包括影响物质安全的一切因素，对人和物都会产生作用的环境是安全信息学研究的又一重要因素，它会对安全信息传播和感知存在强化或削弱作用。④管理因素在安全信息学中也是非常重要的，对人和物的管理会决定安全信息的形式、内涵与决策，安全的本源就在于管理。⑤社会因素是站在社会科学层面上的因素之一，从社会方面考虑将安全信息的研究以各种社会学手段细化也是安全信息学的重点任务。⑥系统因素要求以系统工程的思维去搭建安全信息学的基础。由此可以看出，人体、物质、环境、管理和社会五个因素组成了一个庞大复杂的系统，需要以系统的视角来研究安全信息学以形成学科属性，系统自然成为第六个重要因素。

人体、物质、环境、管理、社会和系统六大要素和安全信息现象、安全信息规律与安全信息科学三阶段，形成了安全信息学发展过程的三阶段中包含的六类安全信息现象、六类安全信息规律和六类安全信息科学，其相互关系见表 6-7。

表 6-7 安全信息三阶段的具体内容

信息阶段	安全信息现象 p	安全信息规律 l	安全信息科学 s
具体内容	安全人体信息现象 H_p	安全人体信息规律 H_l	安全人体信息科学 H_s
	安全物质信息现象 M_p	安全物质信息规律 M_l	安全物质信息科学 M_s
	安全环境信息现象 E_p	安全环境信息规律 E_l	安全环境信息科学 E_s
	安全管理信息现象 A_p	安全管理信息规律 A_l	安全管理信息科学 A_s
	安全社会信息现象 C_p	安全社会信息规律 C_l	安全社会信息科学 C_s
	安全系统信息现象 S_p	安全系统信息规律 S_l	安全系统信息科学 S_s

由于安全信息学是以人为本的学科，安全信息现象就可以理解为人对安全信息作用的现象，安全信息规律是人对安全信息作用的规律，安全信息知识是人对安全信息作用的知识，安全信息科学是人对安全信息作用的科学。我国事故和灾害多发频发，同时人口众多，在这种国情下需要强调人的地位和重要性，而安全信息学就是将人作为首要对象的安全科学的典型代表之一，由此可以以安全信息四阶段为蓝本展开实践和基础研究。

2. 六类一级安全信息学原理

安全信息现象、安全信息规律和安全信息科学三阶段的对应关系，表明安全信息学的本质就在于揭示安全信息规律，进而建立安全信息科学。安全信息规律的核心为安全信息学原理。原理分类的依据是以系统工程视角将系统分为人机环管四要素，同时从人的视角将系统分为个体（微观）、社会（中观）和系统（宏观）三个层面，物质、环境属客观存在，管理、社会是人类主观构成，人体则是统一主客观形成系统的核心要件。

由表 6-7 可知，信息规律包括安全人体、安全物质、安全环境、安全管理、安全社会和安全系统六大因素，因此可以将安全信息学原理划分为安全人体信息学原理、安全物质信息学原理、安全环境信息学原理、安全管理信息学原理、安全社会信息学原理和安全系统信息学原理六类原理。这些原理构成了安全信息学的核心原理体系，具体见表 6-8。

表 6-8 安全信息学原理、规律和知识的对应关系

安全信息学核心原理	安全信息学规律关系	安全信息学知识关系
安全人体信息学原理	安全人体信息现象中的人体规律—H_l	安全人体信息规律中的人体知识—H_k
安全物质信息学原理	安全物质信息现象中的物质规律—M_l	安全物质信息规律中的物质知识—M_k
安全环境信息学原理	安全环境信息现象中的环境规律—E_l	安全环境信息规律中的环境知识—E_k
安全管理信息学原理	安全管理信息现象中的管理规律—A_l	安全管理信息规律中的管理知识—A_k
安全社会信息学原理	安全社会信息现象中的社会规律—C_l	安全社会信息规律中的社会知识—C_k
安全系统信息学原理	安全系统信息现象中的系统规律—S_l	安全系统信息规律中的系统知识—S_k

从表 6-8 可以看出，安全信息规律和安全信息知识的核心组成就是安全信息学原理，解决安全问题和解释安全现象都应该运用以上六类安全信息学核心原理，把握安全信息学

规律，总结安全信息学知识，最终形成解决安全信息问题的科学学科。安全信息学原理其实蕴藏在安全信息学现象之中，通过安全信息学规律揭示出来，因此，掌握安全信息学规律能更好地把握安全原理和知识。安全信息学规律是连接安全信息现象和安全信息知识的纽带，安全信息学原理则是连接三者的内在核心。安全信息学可以作为独立的学科存在，但要完全掌握安全信息规律，会涉及自然科学、社会科学、人文科学、管理科学、心理科学等学科。从系统的观点和交叉综合的视角看，安全信息学原理和规律具有自身的综合性和独立性，可以成为指导安全信息学的知识。

6.5.2 二级安全信息学原理及内涵

1. 二级安全信息学原理组成

上述6类安全信息学核心原理是最高层次上的一级安全信息学原理，具有提纲挈领的指导意义，一级安全信息学原理自身还可以进行较低层次的划分，这样就会形成更细致的二级安全信息学原理。经过对安全学科和安全原理进行系统性研究分析，以科学方法论为指导提炼出了6类安全信息学核心原理下的30条二级安全信息学原理，这些二级安全信息学原理还包括更多的三级安全信息学原理。具体的二级安全信息学原理对应关系如图6-14所示。

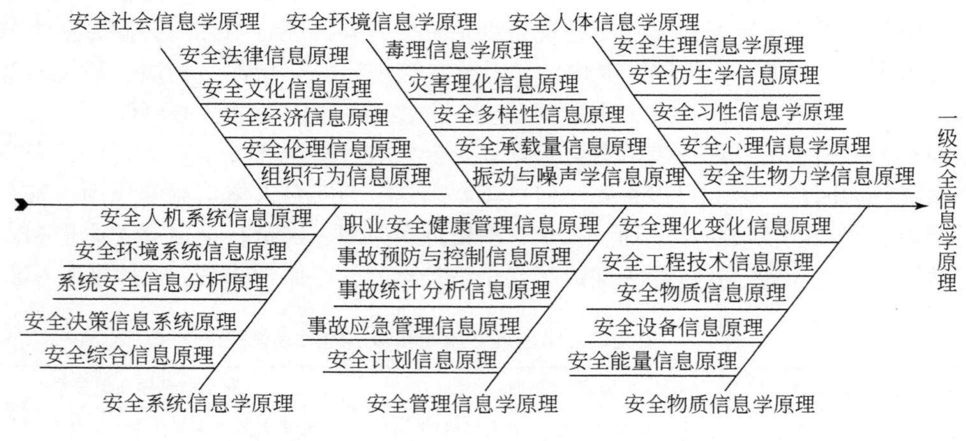

图6-14 一级安全信息学原理下的二级安全信息学原理

2. 二级安全信息学原理内涵

下面对上述提出的6类一级安全信息学原理给出其内涵解释。安全信息学原理由6类一级、30条二级原理组成，每条二级原理下又可以衍生出对应的三级安全信息学原理，三级也可以包含对应的四级原理，以此类推，层层深入，细致入微。安全信息学涵盖所有原理，在揭示安全信息现象和规律乃至建立安全信息学科方面的重要性不言而喻。

1）安全人体信息学原理

安全人体信息学是安全信息学与人体学的交叉学科，研究以人体为对象，同时涉及安全信息现象、规律及行为，以遵循人体规律、保障人的安全和健康为根本目标。安全人体信息学原理将反映人的生命健康和人体特征的信息应用到安全信息学研究中，解释人对安全信息的接收、处理和决策。该原理包括人的生理和心理等多方面人体信息，人的生理测量参数信息对人机安全操作设计是至关重要的。此外，人的认知心理过程机制在安全心理信息原理中可以很好地说明心理认知现象。涉及的主要二级安全信息学原理有安全生理信息学原理、安全仿生学信息原理、安全习性信息学原理、安全生理信息学原理和安全生物力学信息学原理5条二级原理。这些原理相互统一协调，构成了安全人体信息学原理的核心。

2）安全物质信息学原理

这里的物质是泛义上的物质，只是区别于环境社会而言的。安全物质信息学主要涉及的是工程技术、实物设备、能量及物理化学变化等自然科学上的概念，安全物质信息学原理是安全物质学和安全信息学的综合交叉学科核心原理，是物质信息原理在安全科学上的变构移植。安全物质信息学主要研究物质及自然科学现象与安全信息学的关系、安全生产属性、结构，揭示物质因素及过程。把握其规律性，指导安全信息在自然物质的产生、传播和反馈，预防和较少风险事故发生，保证物质安全状态。以安全设备信息原理为例，其能作为安全物质信息学原理下的二级原理，主要是因为设备的本身及其被加工制造后的物质所具有的各式危险性特征信息及物质的危害信息对人是至关重要的，尤其是使用操作这些设备的人员。同样，由设备信息损失或不透明所带来的一系列人的不安全行为和事故是安全物质信息学研究的重点之一，这就有必要在物质信息现象下研究物质信息原理。安全物质信息学原理包括安全理化变化信息原理、安全工程技术信息原理、安全物质信息原理、安全设备信息原理和安全能量信息原理5条二级原理。

3）安全环境信息学原理

安全环境信息学原理用以研究环境因素信息对安全活动或事故灾害的内在作用规律，揭示环境理化因素、毒理及灾害等信息在安全信息模型中的影响。人的环境耐受性，如对振动和噪声的承受能力的研究就属于安全环境信息学原理下的安全承载量信息原理的研究范畴。通过对环境信息的各种类型、状态和属性的研究，可把握环境信息对事故的规律性，并开辟可能的消除环境消极因素的安全措施。要研究如何控制和消除不利环境对人的行为及物的状态影响是该原理的重点，因此就有必要将环境承载量信息纳入安全环境信息学原理中。安全环境信息学原理包括毒理信息学原理、灾害理化信息原理、安全多样性信息原理、安全承载量信息原理和振动与噪声学信息原理5条二级原理。

4）安全管理信息学原理

该原理实质是安全管理学与安全信息学融合产生的指导管理信息的原理。其以安全管理内容为主体，结合信息学理论，研究职业安全健康、事故调查预防、安全计划等相关信息的内在规律和原理，达到通过管理信息手段预防事故的目的，并预先采取管理措施保证安全管理的切实意义。以事故统计分析信息原理为例，事故背后往往隐含大量的安全信息，通过对事故的调查得出基本事实情况和事故数据并对其进行统计学处理，可以对事故的预测和预控做出判定。这些分析信息在挖掘事故规律方面的作用是非常重要的，对于安全管理信息而言是不可或缺的，管理信息中的事故分析信息也是对事故的管理的落实。安全管理信息学原理包括职业安全健康管理信息原理、事故预防与控制信息原理、事故统计分析信息原理、事故应急管理信息原理和安全计划信息原理5条二级原理。

5）安全社会信息学原理

安全社会信息学原理是安全信息学与社会学相关学科原理结合形成的独有安全信息学原理。社会科学信息在安全科学中占主导作用，安全科学的社会学属性决定其本身的社会性和管理性需要依靠社会学支撑。法律信息、文化信息和组织行为信息在安全活动中能起到调节人的心理和规范人的行为的作用，人们对于这些信息的获取、了解及实践程度决定了其安全行为的程度。那么，研究如何发布社会学信息就很有必要。安全法律信息原理、安全文化信息原理、安全经济信息原理、安全伦理信息原理和组织行为信息原理就构成了安全社会信息学原理的核心。

6）安全系统信息学原理

从系统的视角看，安全信息学原理必须将系统信息纳入安全中。安全系统思想也是安全信息学的核心思想，其将人、机、环境、管理等综合起来形成系统性思维去研究系统中的安全现象、安全规律、安全知识和安全原理，解决系统中存在的系统性安全问题。安全系统信息的构成包括人机、环境、系统安全分析、决策和综合信息等因素，解决或解释安全问题时需要权衡把握系统整体安全，不一定要各环节单元均达到最安全，环节之间的整体达到最优状态即可。因此，系统性原理对于解决复杂安全问题而言就是重要方法，安全人机系统信息原理、安全环境系统信息原理、系统安全信息分析原理、安全决策信息系统原理和安全综合信息原理构成安全系统信息学原理的核心。安全系统具有浩瀚的时空和综合属性，必然带有海量的安全信息，将这些安全信息进行整合、归纳和分析并应用到解决系统问题中是安全系统信息学原理要解决的问题。由于任何安全现象背后都有千丝万缕的复杂联系，安全系统信息学原理在诸多联系中可以厘清存在的矛盾，在实际操作中进行的系统安全分析就是其重要工作，借助系统安全分析工具对系统进行的风险信息分析可以使决策者合理及时地采取适合系统的安全措施，实现系统整体的安全状态。

6.5.3 安全信息学原理的“蜂巢”模型

1. 安全信息学原理“蜂巢”模型的构建

安全信息学原理的一、二级原理存在内在的联系，可以形成整体的认知体系，上述所建立的6类一级安全信息学原理和30条二级安全信息学原理之间的作用和整体功能对于最终的安全信息学才具有指导价值。安全人体信息是安全信息学的本源信息，以人为本的思想引领安全信息学的构建；安全物质、安全社会、安全管理和安全环境原理是指导安全信息学的核心思想；安全系统思想是整体安全信息学的基石，支撑安全信息学的独立和发展。安全信息学原理是以安全人体信息学原理、安全物质信息学原理、安全社会信息学原理、安全环境信息学原理、安全管理信息学原理和安全系统信息学原理为边形成的彼此联系、相互融通的封闭六边形“蜂巢”模型，如图6-15所示。

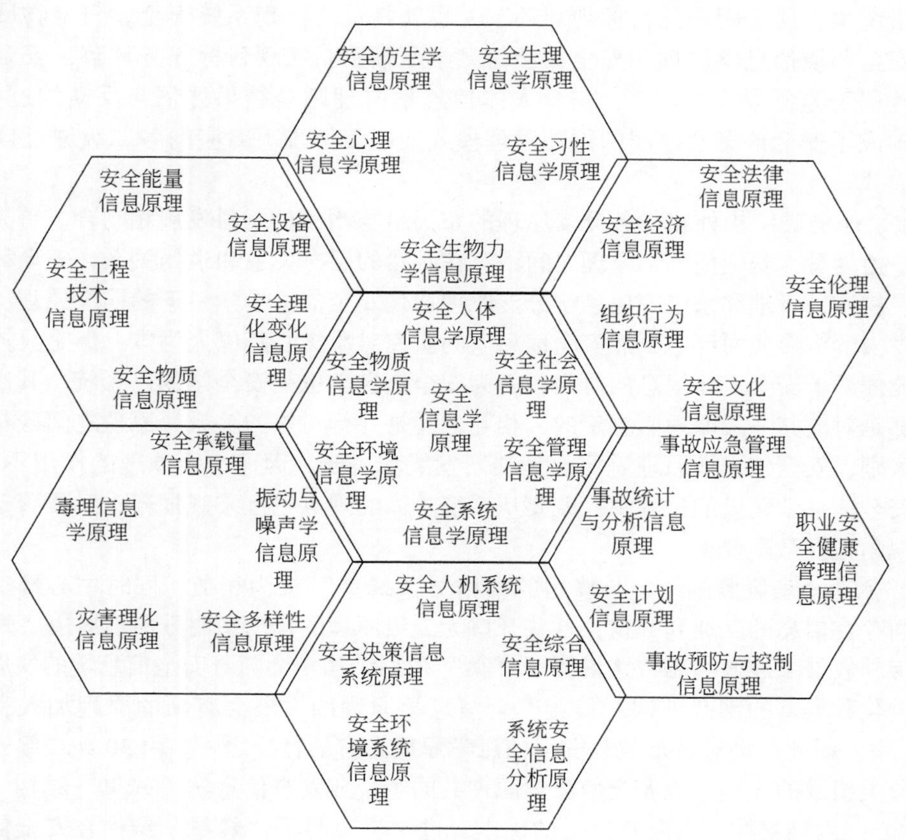

图 6-15 安全信息学原理的“蜂巢”模型

2. “蜂巢”模型解析

图 6-15 所示的安全信息学原理的“蜂巢”模型看似简单，实际上却具有深刻的内涵。借助蜂窝这一实形可以刻画出原理内部及之间的关系，具体的内涵如下：

(1)“蜂巢”结构的内涵与安全信息学自身的信息学特点联系紧密，在信息传播过程中重要的是保证安全信息的时间延迟性尽量小，同时空间错位尽量少，因此有必要将安全信息的传播限制在特定的研究对象系统内进行，而蜂窝自然的封闭性也具有闭环的特点。同时，各类一级原理下的二级安全信息学原理在自身的信息学门类体系下处于封闭稳定的系统中，二级安全信息学原理之间互相依存和联系，互为补充、互为支撑，这造就了原理蜂房结构上的稳定性和坚固性、功能上的完备性和整体性，如同“蜂巢”的稳定的自然优点。

(2) 安全信息学的原理应用到安全科学中的最终目的是实现对安全信息的有效管理，“蜂巢”结构的内涵与安全管理中的闭环思想是十分吻合的。其中一级安全信息学原理之间形成封闭且连通的闭环模式，封闭指的是原理的作用是在一个独立结构中进行的，连通指的是各原理与其对应的二级原理又形成联系。安全系统信息学原理研究的是安全的系统学，属于闭环的目标规划环节，也就是最终实现系统安全。安全物质信息学原理、安全环境信息学原理和安全社会信息学原理则是实现目标任务环节，安全管理信息学原理属于监督考核的环节，安全人体信息学原理则是结果评估与反馈的过程环节，总体就构成了安全信息学原理的闭环管理模式，一级原理下对应的各二级原理体系也适用于该模式。

（3）“蜂巢”结构外在的各分支原理的布局也与当前的学科发展相吻合。首先，无论是从哪一角度看，安全信息学原理之间不存在必然的层次关系和隶属关系，安全科学的安全人体、物质、管理和系统等信息学分支原理均是安全信息学学科下的同级原理，只是从不同维度去解构形成而已。虽然安全信息学的研究对象核心是以人为本，但是具体的原理上却不能偏颇于安全人体信息的研究，因为安全信息学也是安全学的巨系统。其次，二级原理也都是对应其一级原理而界定的，相互之间是并行对等的关系。原理之间既相互联系又相互区别，安全信息学原理需要的是共同发展和进步，因而二级原理的作用不可小觑。在实施安全信息学建设的过程中，既要从系统整体的观点把握宏观框架，又要善于从局部细节的视角把握微观要素。

（4）六个蜂房紧紧围绕中心蜂房的结构与“蜂巢”极为相似，同时中心蜂房与六个蜂房之间存在信息的互通和开口，这些开口为二级原理的作用指明方向。周边“蜂巢”均有一边与外界处于连通状态，这说明“蜂巢”模型结构是会随着安全信息学的发展和深入而不断进化和丰富的动态结构。随着安全信息学原理的发展会有新的原理加入和补充到“蜂巢”中。因此，动态特征就是安全信息学原理必有的特征之一。由 30 条二级安全信息学原理分类组成的 6 类一级安全信息学原理共同组合成安全信息学“蜂巢”结构，该结构“一个中心、六种支撑、六向开口”的优点，进一步说明了“蜂巢”结构在安全信息学原理中的合理性。

6.6 安全信息不对称下的安全规制机制

几乎所有的安全信息活动都存在安全信息不对称问题，安全信息活动对安全投资、事故预防、事故控制、事故处理、事后恢复、事故赔偿等安全经济活动带来很大的影响，本节从应用基础理论的角度，结合经济学中的规制方法，提出安全信息不对称的规制理论，以减轻或消除安全主客体间的安全信息不对称。

规制机制，是政府为合理配置经济资源，解决信息不对称情形下的逆向选择和道德风险问题对经济市场造成的危害而建立的一系列制度和管理体系。规制机制在政府对经济的微观干预方面的作用明显。

由于规制机制能有效解决经济市场中的信息不对称问题，故也可借用规制机制的理论和方法来解决在安全领域广泛存在的安全信息不对称问题。因而建设安全信息不对称的规制机制具备可行性。建设安全信息不对称的规制机制的必要性在于：安全信息不对称极大地增加了安全主体获取完全安全信息的成本与事故发生的概率，对生产和生活领域的安全形成巨大威胁，急需建立有效的干预和管理机制，以解决安全信息不对称问题。因此，为应对安全信息不对称广泛存在于安全领域的严峻现状，研究和建设安全规制机制势在必行。

6.6.1 安全信息不对称的内涵及致因

1. 主客体间安全信息运动机制

安全信息可消除客体运动状态与变化方式等的不确定性，由此定义安全信息不对称指认识主体不完全掌握表征客体运动状态与变化方式等可消除客体不确定性的安全信息。为进一步解释安全信息不对称，根据 Shannon 信息通信模型，构建认识主体与客体间的安全信息运动机制，如图 6-16 所示。安全信息采集者收集客体的表征信息，形成对客体状态的初步认识，并将初步认识信息（感知信息）传至安全信息分析者，其通过对感知信息的进一步处理，达到认知水平，其后的主体根据认知信息采取一系列响应动作。需要指出的是，图中的安全信息采集者、安全信息分析者、安全预测者、安全决策者及安全执行者可以是个体或组织，5 个主体可能是相同个体或组织，亦可能为不同个体或组织（此时，前者为后者的客体，如图 6-16 中虚线所示）。

将安全信息集合 $I=\{I_i|i=1,2,3,\cdots,n\}$ 记为对称信息或完全信息，即 I 可完全表征客体的状态。记 I_E 为实际客体的表征信息，I_S 为安全信息采集者收集到的对客体形成初步认识的信息（安全感知信息），I_C 为安全信息分析者通过对感知信息的进一步处理，得到的对客体的安全认知信息，I_F、I_D 与 I_A 分别为安全预测信息、安全决策信息与安全执行信息。主客体间的安全信息不对称，导致各环节有关客体的安全信息量和实际信息与客体真实状态信息的契合度在逐级消减，即 $I \geqslant I_E > I_S > I_C > I_F > I_D > I_A$。需要说明的是，这里 6 个环节的安全信息量的衰减是相对客体真实状态信息量而言的，即无论是由安全信息量缩小造成的安全信息不对称，还是由安全信息量放大造成的安全信息不对称，客体真实状态信息量总是在逐级消减的。由此观之，主客体间的安全信息不对称可归纳为客体表征信息不对称、安全感知信息不对称、安全认知信息不对称、安全预测信息不对称、安全决策信息不对称及安全执行信息不对称等 6 方面。

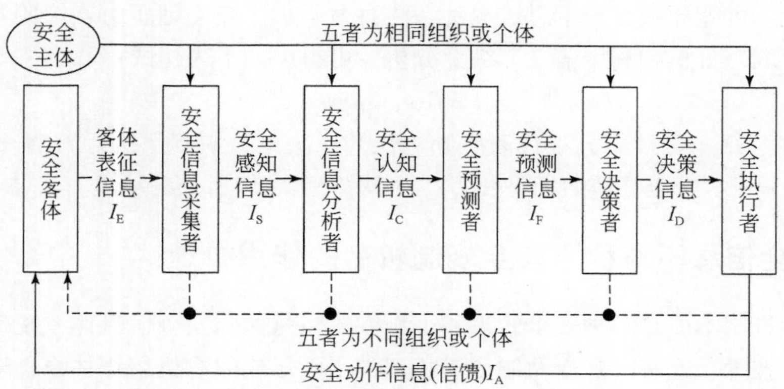

图 6-16 主客体间的安全信息运动机制

2. 主客体间安全信息不对称的致因分析

由主客体间安全信息的运动机制可知，认识主体与客体间的安全信息不对称主要出现在6个环节，为探析安全信息不对称的致因，构建安全信息不对称的致因模型，如图6-17所示。模型的内涵解析如下：

（1）客体可分为人、事、物3类，人包括个体和组织，事包括事件、事故或人、物之间发生关系的方法和形式等，物即具体的实物。3类客体的表征信息搭载的信息载体不同，其被获取或采集的难度也有差异，而安全信息采集者收集的其实是安全信息载体（如数据、文本、图片及其他载体），故当安全信息载体透明度低、难感知、难采集、难识别或其与客体实际状态信息的相符程度低时，安全信息采集者收集的安全信息为残缺信息，与安全客体之间形成信息不对称。

（2）客体表征信息、安全感知信息、安全认知信息、安全预测信息、安全决策信息与安全执行信息需通过信道传给对应主体，信道可理解为安全信息传递的方式和途径，如网络、电视媒体、报纸、口述交流等。信道不畅会造成安全信息的缺失和失真，如网络被病毒攻击、恶意的舆论渲染、电视媒体报道信息时断章取义或媒体为博眼球进行不实报道、企业为自身形象或利益控制信息内容及信息传播范围等，都会造成安全信息传递受阻。此外，安全信息在流动过程中不可避免地会受到无关信息或虚假信息的干扰，使认识主体很难甚至无法提炼出真实有效的信息，造成实际信息与客体状态信息之间的偏差。

（3）安全认识主体的主客观因素也能导致安全信息不对称。①主观原因：安全认识主体自身的知识结构、技能技术与经验阅历是其能否正确感知、认知安全信息并利用安全信息采取正确行动的关键因素。此外，安全认识主体的抗压能力、冷静程度、意识与态度等也是其能否消除安全信息不对称的重要影响因素。②客观原因：安全信息采集技术、安全信息处理技术、安全信息分析技术、安全信息存储技术、安全信息预测技术等安全信息技术发展滞后，跟不上安全信息更新与变化的速度，使得安全认识主体无法借助其正确完成安全信息活动。此外，认识主体所处的环境会影响其情绪、心理、意识、态度、思维能力与观察能力等，可能导致其产生思维混乱、注意力不集中或心理压力剧增等不良反应，从而无法正确获取、分析和利用信息。综上分析，可得出如下表达式：

$$I_i=f(x,y,z,w) \tag{6-1}$$

式中，$i=S$，C，D，F，A（分别代表感知、认知、决策、预测、执行），x表示安全主体的知识结构；y表示安全主体的经验阅历；z表示安全主体所处的环境；w表示其他因素。

6.6.2 安全信息不对称下安全规制机制的作用机理

安全规制机制本质是一种安全管理和干预方式，是保障安全信息体系正常运转的并由组织、人员、技术、经济、法律及制度等相互作用而形成的有机组织体系，安全规制措施是管理和控制安全信息不对称的重要手段和方法。为揭示安全规制机制应用于安全信息不对称中的原理，本节从安全规制机制的功能和作用机理两方面阐述其在安全信息不对称情景下的运行。

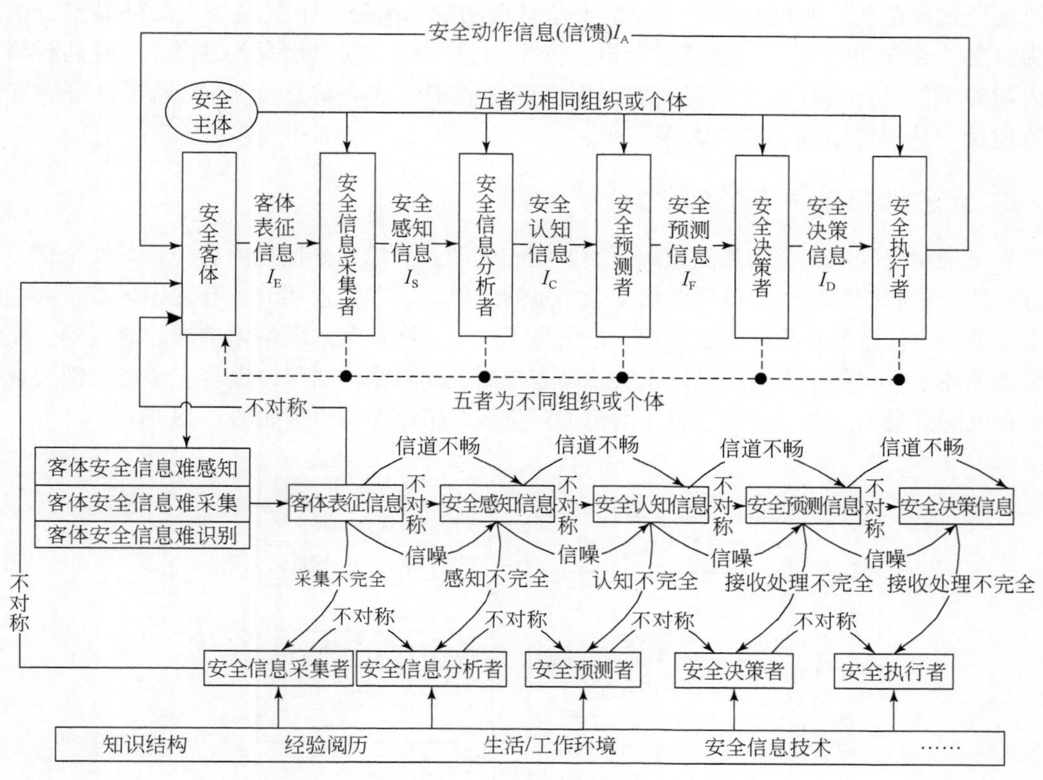

图 6-17　安全信息不对称的致因模型

1. 安全规制机制功能分析

安全规制机制能有效解决安全管理体系不完善、管理措施和方法落实不到位与系统内各要素间彼此分离，配合不密切，同时相互之间缺乏制约，无法形成一个特定整体等问题。安全规制机制的具体功能解释如下：

（1）构建有效的安全规制机制，可干预主客体间的安全信息不对称现象，减轻安全信息的失真和缺失程度。安全规制机制通过有机组织体系建设，将各要素关联在一起，使各要素间能够有机结合，彼此之间既相互配合又相互制约，以形成一个具有特定功能的整体，如同人体的组织和器官的有机结合维持人体正常活动，安全规制机制能够维持安全信息体系的正常运行。

（2）构建有效的安全规制机制，可以提高安全信息管理效率，降低安全信息的管理成本。安全规制机制可贯穿安全信息从产生到被获取、分析和利用的整个周期，对安全信息进行周期管理，并通过建立安全信息系统，对安全信息进行归纳总结，形成不断更新的信息库，实现安全信息的共享，避免安全信息资源匮乏和检索困难，保证足够的安全信息供给。

（3）安全信息从被感知到最后被利用，主体（可能同时为客体）均为人，因而人的因素是安全规制机制体系中的重要考虑因素，必须防止人因导致安全信息不对称。安全规制机制通过规范化、制度化和程序化的安全管理制度和措施，不仅制约人的外显安全信息行为（如安全信息收集、安全信息分析、安全信息发布、安全信息沟通等），而且制约人的内隐安全信息行为（安全信息需要→安全信息需求→安全信息动机），通过良好的安全文化建设，从根源上彻底解决人因问题。

2. 安全规制机制作用机理分析

安全规制机制从安全信息的来源开始监测和管理，并设安全信息内容分析与安全信息活动分析两个中间管理环节，最后评估安全信息的效果，既有输入环节也有输出环节，并检测每个环节安全信息的对称性，若发现安全信息不对称，则及时采取纠偏措施。通过建立实时反馈监测体系，对整个安全信息体系实施动态控制，无限循环纠偏，以将安全信息缺失或失真的程度降到最低。基于安全信息不对称的安全规制机制作用机理如图 6-18 所示。

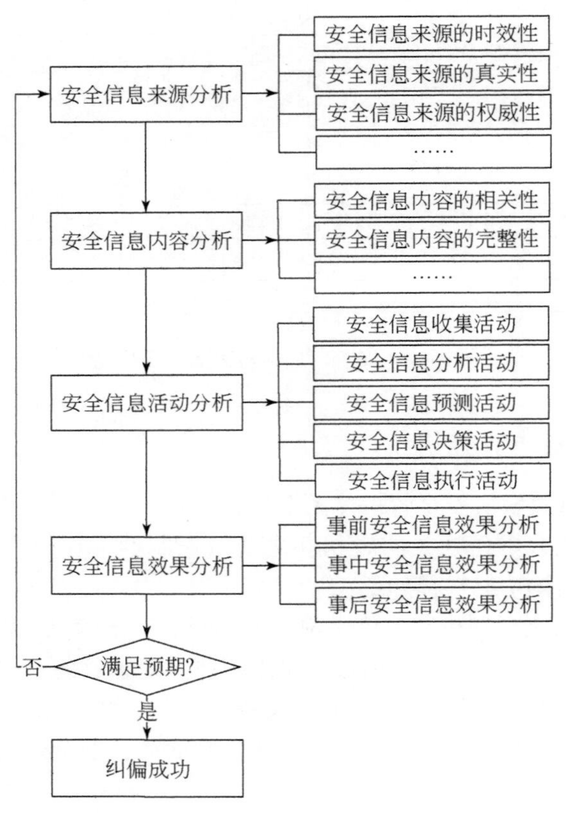

图 6-18　安全信息不对称的安全规制机制作用机理

对图 6-18 的内涵解释如下：

（1）安全认识主体获取客体安全信息的途径和方法众多，如机器监测、媒体报道、政府发布、企业公开、书籍文献记载、报告或调查记录以及现场检查、检测等。毋庸讳言，不同方式获得的安全信息的质量不同，可靠性也存在很大差异。例如，部分机构或组织可能为了自身形象或利益而选择性地公开安全信息，这就直接导致安全信息需求者与其之间的安全信息不对称，而且随着安全信息传递环节的增多，安全信息不对称的程度也会逐渐增大。由此观之，安全信息来源分析是安全规制机制的基础管理对象，必须确保安全信息来源的时效性、真实性以及权威性等，把好安全信息管理的第一道关。

（2）通过来源筛选的安全信息还需经过内容分析，再确定其是否满足安全信息需求者的要求，以避免不符合要求信息的干扰。安全规制机制通过该环节分析安全信息内容与需求者期望的安全信息内容的相关性以及安全信息内容的完整性，对不符合条件的安全信息予以剔除，确保安全信息采集者收集到的安全信息均是满足需要的。与此同时，必须及时补充所需安全信息内容，以满足安全信息内容的完整性要求。

（3）安全信息活动分析是安全规制机制的重要组成环节。首先，应分析安全信息不对称的类型，明确安全信息活动过程中哪两者及两者以上之间存在安全信息不对称。将安全信息不对称类型分为人-物安全信息不对称、人-事安全信息不对称及人-人安全信息不对称，其中，人-人安全信息不对称可进一步分为个体-个体、个体-组织（如消费者和生产企业）与组织-组织（如企业和政府）安全信息不对称 3 类。其次，查明安全信息不对称的原因并评估安全信息不对称的存在给企业的安全效益（包括经济效益和社会效益）带来多大影响（包括对企业现在的影响和未来的影响）。再次，还要综合考虑企业控制安全信息不对称活动的投入和产出情况。最后，针对性地采取纠偏措施，可运用技术、法律、经济、文化等手段实施管理。

（4）安全信息效果分析环节是评估认识主体利用安全信息解决问题的程度，也检验安全信息不对称程度是否得到有效管控。若安全信息效果不满足预设的目标，则将结果反馈给初始环节，再重复进行纠偏，直到安全信息效果满足预设的目标，才认为管理系统对安全信息不对称的纠偏成功，此时，系统结束运行，进入下一次的安全信息对称性监测和纠偏。为准确判断安全信息效果是否达到系统的预设目标，可构建安全信息效果评价指标体系，对其进行定性或定量分析，并将分析结果与预期值进行比较，从而判断安全信息效果是否满足预设的目标。安全信息效果评价指标体系见表 6-9。

安全信息效果评价指标体系由事前安全信息效果、事中安全信息效果与事后安全信息效果 3 个一级指标构成，其中，二级指标和三级指标还有待完善和补充。这里的各级指标主要从事故发展的维度考虑（也可以从安全活动的维度考虑，如安全预测信息效果、安全决策信息效果、安全执行信息效果），旨在评价和显示对称的安全信息（或充分的安全信息）对事故发展这一重要的安全经济活动的影响和作用。

表 6-9　安全信息效果评价指标体系

一级评价指标	二级评价指标	三级评价指标
事前安全信息效果（A_1）	B_{11}（事故预警效果） B_{12}（事故预防效果） ……	C_{111}（认识主体对故障或风险状态的掌握程度） C_{112}（认识主体对故障或风险后果严重性的清楚程度） C_{113}（认识主体明确故障发生的时间、地点、原因等的程度） C_{121}（认识主体根据安全信息采取事故预防措施的及时性） C_{122}（认识主体根据安全信息采取事故预防措施的有效性） ……

续表

一级评价指标	二级评价指标	三级评价指标
事中安全信息效果（A_2）	B_{21}（减少人员伤亡） B_{22}（减少财产损失） B_{23}（防止二次伤害） ……	C_{211}（事故发生过程中，营救者确定受困人员位置的精确度） C_{212}（营救人员基于受困者被困位置进行营救方法选择及难度判断的精确度） C_{213}（应急处置的作用效果） C_{214}（根据安全信息判断事故发展态势，及时疏散人群或组织人群撤离，以减少人员伤亡的程度） C_{221}（根据安全信息确定救援物资有效供给，减少物资浪费的精确度） C_{222}（根据安全信息模拟事故发展态势，及时采取防护措施保护可能波及区域的程度） C_{231}（对二次事故预测的准确性） C_{232}（预防二次事故措施的及时性） C_{233}（预防二次事故措施的有效性） ……
事后安全信息效果（A_3）	B_{31}（理赔和责任认定） B_{32}（对社会公众影响的消除程度） B_{33}（政府或企业形象的恢复程度） ……	C_{311}（事故企业或社会组织或个体的责任认定的准确度） C_{312}（对事故伤亡人员的保险理赔效果） C_{313}（事故波及的企业或机构的定损和赔偿效果） C_{321}（社会公众恐慌平息的程度） C_{322}（对社会公众灾后心理的疏导效果） C_{331}（公共安全事件后政府公信力的恢复程度） C_{332}（企业在生产事故或产品质量安全事件后社会信誉和自身形象的恢复程度） ……

6.6.3　安全规制机制框架设计及具体规制措施

1. 安全规制机制框架设计

安全规制机制设计是一项复杂的系统工程，由不同体系或部门构成，彼此间既相互配合又相互制约，通过系统的整体功能保证安全信息的对称性。安全信息不对称下的安全规制机制框架设计如图 6-19 所示。

对安全信息不对称下安全规制机制设计框架的内涵解释如下：

（1）安全信息不对称下安全规制机制的核心是安全信息体系。安全信息体系是指能够对安全信息进行供给、储存、配置与应用的闭环安全信息系统，涵盖安全信息活动的全过程。安全信息体系由安全信息供给系统、安全信息储存系统、安全信息配置系统及安全信息应用系统构成，形成完整的安全信息链（安全信息供给→安全信息储存→安全信息配置→安全信息应用），从安全信息活动的全周期控制和管理安全主客体间的安全信息不对称。

（2）安全信息供给是解决安全信息不对称和安全信息缺失问题的基础，是安全主体准确掌握客体状态的必要环节，安全主体只有得到及时、准确、充分、有效的安全信息供

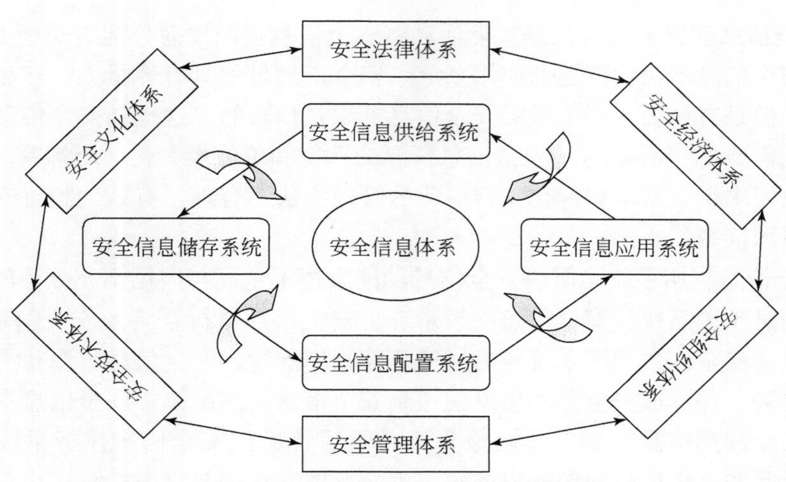

图 6-19 安全信息不对称下安全规制机制框架设计

给，才能保证后续安全信息活动所需的安全信息资源，进而做出正确的响应动作。安全信息供给的途径随科技的发展日益多样化，而且精确性和时效性也不断得到提高，如常规监控监测设备、安全智慧平台、安全云平台、物联网等都能给人们供应大量的安全信息，为解决安全信息供给不足问题提供了越来越多的方案。

（3）安全信息储存系统是对供给的安全信息进行识别、分析、归纳和存储处理的综合安全信息系统。通过不同途径供给的安全信息（多源安全信息）相互之间一般都存在重叠、冲突、互补等关系而且体量大、产生速度快，很难直接利用，故需要对这些安全信息进行一系列的加工处理。首先，系统要设置安全信息识别设备设施，识别输入的安全信息的来源、形式、属性、类别等，对安全信息进行初步处理；其次，将识别的安全信息输送至安全分析系统，利用可视化、可感化、可知化、降维、降容、降变等技术手段分析安全信息，并对安全信息进行降重、去噪等优化处理；再次，利用相关性、关联性、聚类算法等信息处理技术分类、归纳同类同质的安全信息，使安全信息集合由无序状态趋于有序状态；最后，将分类归纳的安全信息输入安全信息储存系统内，形成一个安全信息量巨大且易调用的安全信息库。安全信息储存系统运行机制如图 6-20 所示。

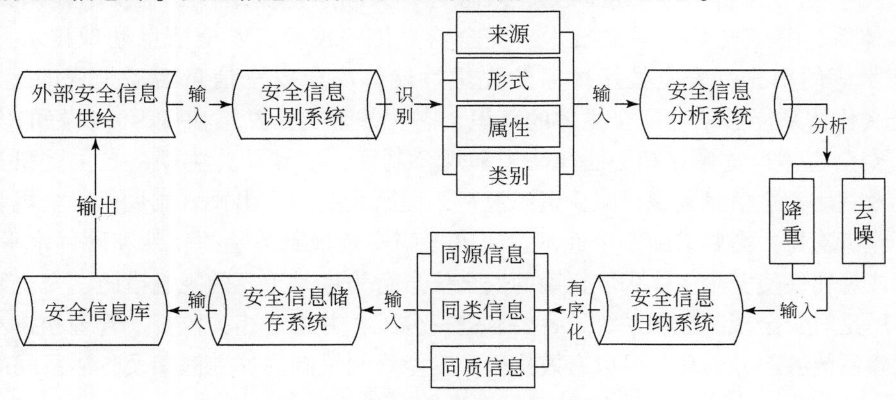

图 6-20 安全信息储存系统运行机制

(4）安全信息配置系统是根据实际活动将安全信息资源按需分配给安全主体，从而解决主客体间安全信息不对称问题的应用系统。安全信息虽然具有体量大、产生速度快、类型多等特点，但是有价值、高质量的安全信息资源是稀缺的，这也是安全信息不对称问题的根源，因此需要将“有限的”安全信息资源的功能和价值最大化，统筹系统全局，精准计算安全信息需求量，采取智能化、智慧化的管理方法，合理、有效地配置安全信息，避免安全信息资源浪费。

(5）安全信息应用系统是解决安全信息功能发挥不全面与应用不充分等问题的综合系统，由安全信息预测系统、安全信息决策系统、安全信息执行系统及安全信息反馈系统 4 个子系统构成。安全信息预测系统是通过安全信息库配置的安全信息资源预测安全系统的状态和发展趋势，并形成安全预测信息输送到安全信息决策系统，安全信息决策系统通过分析和测评安全预测信息得到安全决策方案，然后传输到安全信息执行系统采取响应动作，解决实际问题，最后将问题解决的效果信息反馈到流程起点，检测安全信息的失真环节和失真度，以改善和优化相应流程。安全信息应用系统运行机制如图 6-21 所示。

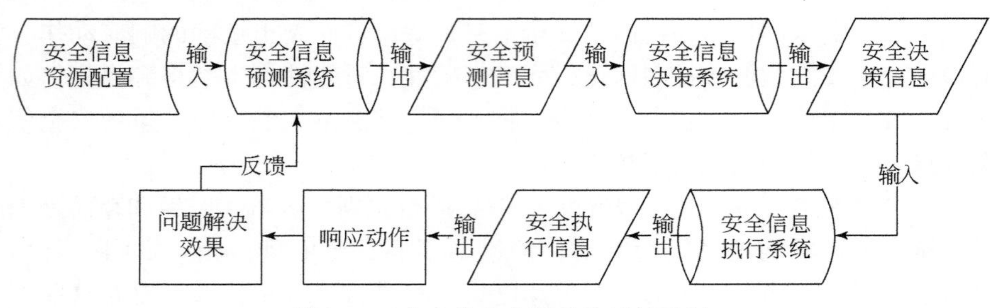

图 6-21　安全信息应用系统运行机制

(6）解决安全信息不对称问题必须依赖“外力”，实现安全信息体系的无差错运转需要安全法律体系、安全管理体系、安全技术体系、安全文化体系、安全经济体系及安全组织体系等外体系的支撑。所有规章制度、标准规范、组织体系等都必须在法律法规的指导下建立，整个系统的有序运行离不开法律法规的规制；安全管理体系具有计划、协调、控制、指挥、优化等功能，统筹整个安全规制机制系统的运行和发展，使法律、技术、文化、经济及组织等要素间能有效融合，共同发挥作用；安全技术体系是指安全信息技术体系，是安全信息采集技术、安全信息传输技术、安全信息处理技术、安全信息存储技术等的集合，安全技术体系的先进性能够决定安全信息活动全程的运转效率；建立安全文化体系能够培养安全主体的意识、态度并影响其思想和行为，良好的安全文化氛围能使安全主体自觉遵守相关法律法规和规章制度，变被动为主动，自主重视安全信息资源，有效利用安全信息资源，减少资源浪费，提高企业的产出投入比值；安全规制机制建设离不开经济支持，需要借助安全经济投入来提高安全规制系统的软件和硬件水平。另外，通过激励或惩罚促使安全主体采取正确的安全信息行为也是重要的规制措施；安全组织体系的主要作用是对安全规制机制系统的各要素进行分工，并组建相关监督、管理和技术部门或机构，保障系统各部分的功能可以有效执行。安全规制机制的外围框架及各体系间的关系如图 6-22 所示。

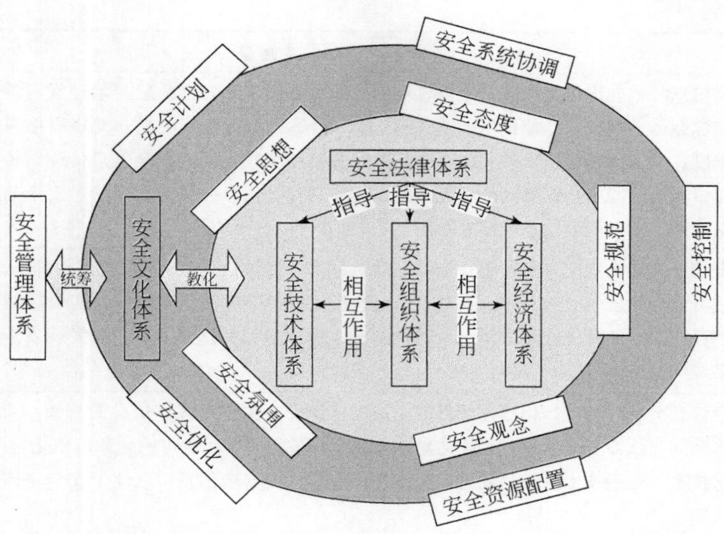

图 6-22 安全规制机制的外围框架及各体系间的关系

2. 安全规制措施示例

安全机制体系离不开有力的安全规制措施，如安全规制机制体系的运转轨道，可以时刻保证安全机制体系的运行方向，防止体系功能偏离预设目标，具体安全规制措施见表 6-10。需要说明的是，表格所示仅为部分示例，限于作者知识和技术水平，无法一一列举，而且随着安全信息的不断变化及新问题的出现，安全规制措施也应具有动态性和发展性特点。

表 6-10 安全信息不对称下安全规制措施示例

安全规制措施	内涵及实施途径
制定安全信息流通政策	指政府根据安全信息流通过程针对性地制定、出台一系列规制措施，利用法律手段抑制安全信息不对称问题。由安全信息经济学专家和政府政策部门梳理安全信息流通过程中可能会导致安全信息不对称出现的情形（主要指人因），然后针对性地制定政策，以约束人的行为
采取激励惩罚措施	激励惩罚机制主要是通过经济措施约束不期望的客体（个体、群体或组织）行为。对刻意隐瞒、迟报、瞒报安全信息的行为予以经济惩罚、行政惩罚、批评或教育，并及时纠正客体不符合有关安全规程和标准要求的信息行为；对主动公开、共享自身安全信息并及时与有关安全主体交流、沟通的客体行为予以经济激励
安全信息共享机制	安全信息共享机制旨在消除“信息孤岛”现象，平衡安全主体间存在的安全信息资源的优劣势差。不同的安全主体可通过开放各自的安全信息系统，授予彼此访问权限，及时共享、补充和更新安全信息库，实现安全信息库间的互联互通，以消除安全主体间安全信息资源的差异，满足不同主体的安全信息需求
安全信息供给机制	安全信息供给机制内容包括安全信息公开和安全信息服务，供给主体（一般为政府和企业）通过公开不涉密、真实、权威的安全信息，使安全主体能够检索和调用充分、及时、有效的安全信息资源，以及时根据客体的表征信息做出响应动作，避免安全主体因安全信息资源不足而延误行动

续表

安全规制措施	内涵及实施途径
安全信息技术建设	安全信息技术先进性是保障安全信息对称性的重要因素，安全信息技术建设可从 3 方面着手：①改进信源载体承载技术，使信源能够搭载正确、合适的载体进行传递，并提高信源载体的透明度与可辨识度；②信道建设技术攻关，减少信道间的错综交叉，规范安全信息传递路径，避免安全信息流方向错乱及不同安全信息间的相互干扰；③提高安全信息监测监控水平、安全信息采集水平、安全信息处理水平及安全信息挖掘水平等
安全信息反馈机制	安全信息反馈机制能有效检测安全信息的对称性。客体信息从被感知到最后被认识主体利用，中间环节可能会出现多级不对称，通过安全信息反馈机制平台，将安全信息实时反馈到安全信息检测中心，进行安全信息契合度分析，及时检测安全信息是否失真或缺失，若发现安全信息不对称，则立即采取纠偏措施
安全信息可感和可知	安全信息可感化和可知化建设的目的是提高认识安全主体对客体信息的感知、认知水平，减轻安全主体感知与认知安全信息过程中的感知与认知偏差。安全信息可感化和可知化建设可借助显示技术、热感技术、遥感技术及其他先进信息技术处理和分析安全信息，以便于安全主体更容易准确地感知和认知
……	……

7 安全复杂理论

【本章导读】很多情况下安全都是复杂问题，特别是对于类似城市这类复杂巨系统或航天航空等这类高科技复杂系统，很多事故灾难不是传统可靠性理论或数学能够解释和计算的，这类问题往往需要复杂系统安全论才能加以解释和表达。本章首先介绍开放式复杂巨系统和一些典型的复杂系统理论及其具体实践；其次分别就安全混沌理论、耗散理论、突变论、自组织理论、协同学理论、分形理论、灰色理论的历史、内涵及其在复杂安全系统中的应用途径一一介绍。

7.1 复杂安全系统概述

对复杂安全系统基本特征与运行机制的新认识，产生了许多新的安全科学理论与方法，这些新理论与方法将重新塑造人们对安全科学技术的认识。复杂系统理论不仅适用于自然科学和工程技术领域，而且更适用于社会科学领域，因为社会系统更加复杂。但由于研究社会科学的绝大多数学者都毕业于文科类专业，他们很难理解复杂系统科学，特别是涉及数学模型时更加手足无措。因而，迄今复杂系统科学大都应用于理工科领域。同样在安全领域，复杂系统科学理论大都应用于安全工程技术领域；管理科学与工程分为文科和理科两部分，故复杂系统科学在管理学科也能得到一些应用。

7.1.1 开放复杂巨系统

开放复杂巨系统，按照钱学森的学科层次结构，这一领域也应该划分为工程技术、技术科学、基础科学和哲学等层次。关于开放复杂巨系统的理论应该包括两个层次，为避免混淆，应用科学（技术科学）层次上称为开放复杂巨系统理论；工程技术层次上称为开放复杂巨系统工程，亦即综合集成工程。目前已有的成果大多属于工程技术和技术科学层次，对于现实世界大量存在的开放复杂巨系统问题，在工程技术层次上已经有了一套可行的具体方法，能够用以解决实际问题；在应用科学层次上，尚未建立起开放复杂巨系统科学体系。

钱学森所说的开放复杂巨系统广泛存在于现实世界中，生态系统、地理系统、经济系统、政治系统、意识形态系统、人体系统、脑神经系统、思维系统等，乃至现代大都市、万维网、世界贸易等，都是开放复杂巨系统。

一个事物被称为开放复杂巨系统，应具备下列特征：

（1）开放性。封闭意味着系统与环境的互动互应被切断，内部差异被压抑，系统只能走向死寂的热平衡，故封闭系统都是简单的。只有与环境交换物质、能量、信息等，系统才可能远离死寂的热平衡，从而将系统内部固有的差异解放出来。只要与环境处于互动互应中，环境的复杂性就会反映到系统自身，转化为系统的复杂性；靠环境提供生存发展的条件，意味着系统受到环境的约束，甚至胁迫，在与环境的互动互应中系统就会由适应性产生复杂性。总之，对环境开放是系统产生复杂性的必要条件。

(2) 规模的巨型性。复杂性与系统的规模有关，具有一定的规模是系统产生复杂性的必要条件。在其他条件相同时，多组分系统比少组分系统要复杂一些，多变量系统比少变量系统要复杂一些，多目标系统比少目标系统要复杂一些，等等。规模大的系统有运转不灵的缺点，就是系统复杂性的一种表现。总之，对于那些被称为开放复杂巨系统的对象来说，规模的巨型性是复杂性的根源之一。

(3) 组分的异质性。简单系统的简单性首先来自组分的单一和同质；复杂系统的复杂性的内在根源首先在于组分的异质性。异质性导致组分之间的互动互应方式多种多样，把它们整合为一个统一整体的方式必定多样而复杂，系统与环境的关系必定多样而复杂，涌现的方式和结果也必定多样而复杂。

(4) 结构的层次性。开放复杂巨系统必定有许多子系统，且子系统之间异质性显著，开放复杂巨系统的子系统一般也是开放复杂巨系统，还原到部分并不能减少复杂性。开放复杂巨系统必定是多层次的，层层嵌套，而且不同层次之间往往界限不清。开放复杂巨系统的巨量组分之间存在复杂的互动互应关系，通过信息反馈形成各种环状结构，环环相扣；通过分叉形成各种树状结构，枝繁叶茂，层层叠置；环与树又纵横交错，形成牵一发而动全身的网络结构，网络性也是复杂性的根源。

(5) 关系的非线性。在开放复杂巨系统不同组分之间的互动关系中，不同子系统之间的互动、不同层次之间的互动，再加上系统与环境之间的互动，基本上都是非线性的。信息反馈是非线性的（信息环路），因果循环是非线性的，网络是非线性的，分叉是非线性的。

(6) 行为的动态性。开放复杂巨系统都是动态系统，其状态和行为不是固定不变的，而是随时间变化而变化的。更准确地说，开放复杂巨系统都是非线性动态系统。各种现象、特征、机制、规律，如时延、瓶颈、同步、振荡、指数放大、指数衰减、突变、非光滑的转折、稳定性交换等，在开放复杂巨系统中应有尽有。它们每一项都给系统带来静态系统不可能具有的复杂性。

(7) 内外的不确定性。由于环境和系统自身不可避免地存在名目繁多的扰动、涨落、噪声及人为的失误，实际的开放复杂巨系统存在各种各样的不确定性、外随机性、内随机性（混沌性）、模糊性、灰色性等，不确定性给系统的性质、行为、状态造成特有的复杂性，显著地增加了认识和驾驭开放复杂巨系统的困难。

对上述七方面中的每一点都进行科学的描述并非易事，迄今为止的科学发展没有提供充分有效的解决办法。如果把开放性、巨型性、异质性、层次性、非线性、动态性、不确定性综合在一起，问题的复杂性可想而知。而现实存在的开放复杂巨系统都具有这些特征。基于这一点，钱学森给出这样的定义：复杂性，就是开放复杂巨系统的动力学特性。或者说，由开放性、巨型性、异质性、层次性、非线性、动态性、不确定性所综合集成的系统特征，就是复杂性。只要所面对的问题同时具有这七方面特点，它必定是一个把开放性、巨型性、异质性、层次性、非线性、动态性、不确定性综合在一起的开放复杂巨系统。

作为一个科学新领域，在两个层次上建立开放复杂巨系统理论都没有现成的路可走。钱学森认为，可行的办法是从研究各个具体的开放复杂巨系统着手，积累资料，提炼思想、概念和方法；由此积累足够丰富的经验材料，就可以建立关于开放复杂巨系统的一般理论。

7.1.2 复杂系统安全理论概述

复杂系统安全理论主要包括复杂安全系统混沌理论、安全耗散结构理论、安全突变理论、安全协同理论、安全灰色理论、安全唯象理论、安全现代数学理论等，有关理论前面加上安全两字主要表达围绕安全问题和在安全方面的应用的含义。

本节经常应用到熵的概念，这里先对熵的意义做一个解释，熵最初是根据热力学第二定律引出的一个反映自发过程不可逆性的物质状态参量，用符号 S 表示，其物理意义是对体系混乱程度的度量。热力学第二定律是根据大量观察结果总结出来的规律：在孤立系统中，体系与环境没有能量交换，体系总是自发地向混乱度增大的方向变化，总使整个系统的熵值增大，即熵增原理。之后，熵概念被运用于很多领域和复杂系统科学之中，在科学技术中熵泛指某些物质系统状态的一种量度或者某些物质系统状态可能出现的程度；在复杂系统科学中，熵可以表达系统的混乱度及其变化趋势，如在封闭系统中的熵总是趋于增加，系统总是趋向更加混乱和均匀的状态，理论上理解熵增会让系统处于更加稳定的状态，而这个稳定不是我们一般意义上理解的稳定运行的概念，而是一种“死亡”的状态。

1. 复杂安全系统混沌理论简介

复杂安全系统混沌理论主要包括复杂安全系统混沌动力学与复杂安全系统混沌控制两部分。

1）复杂安全系统混沌动力学

在复杂安全系统混沌动力学中，安全系统具有五大混沌动力学特性：

（1）有界性。讨论具体的安全问题，通常需要有时空界定。例如，事故致因理论中的轨迹交叉论，复杂安全系统中各元素的运动轨线始终局限于一个确定的区域，这个确定区域的大小与复杂安全系统的范围有密切关系。

（2）内随机性。在人的意识控制下，即使外界对复杂安全系统输入的负熵流是确定的、有序的，在复杂安全系统内也会产生类似事故随机发生的运动状态，这显然是系统内部自发产生的，故称为内随机性，但这种内随机性与通常认为的随机性不同，它是由确定的安全系统对初值的敏感性造成的，是混沌系统特有的确定的随机性，体现了复杂安全系统的局部不稳定性。

（3）分维性。复杂安全系统具有丰富层次的自相似结构，各子系统中事故的发生虽轨迹不一，却又有共同的规律，事故的发生具有分形特征，这是事故的混沌运动与随机运动的重要区别之一。例如，在安全系统的管理子系统中，不同的工矿企业有类似的安全管理体制；在安全系统的人子系统中，同一个工种会包括多个工作性质类似的班组，在不同的班组中又似乎都有一个核心领导者。另外，还可以探讨 $D_S=\frac{\ln b}{\ln a}$ 及 Hausdorff 测度（豪斯多夫测度是为了定量地描述非整数维，豪斯多夫于 1919 年从测量的角度引进了豪斯多夫测度，该测度是对长度、面积和体积等的推广）$H^s(F)=\lim_{\delta\to 0}H^s_\delta(F)$ 在安全系统维度计算中的运用。

（4）标度性。复杂安全系统的混沌运动是无序中的有序态，只要掌握了系统中各变量数值的影响参数，同时测量设备精度足够高，总可以在一定尺度的安全系统混沌域内预测到事故发生的相关信息。

（5）普适性与统计特征。复杂安全系统中事故的发生规律表现出一定的统计特征，总有一些普适的常数，如海因里希的 1∶29∶300，事故规模大于 X 的安全事故与其数目 Y 之间满足如下关系式：$\lg Y=a-bX$，这些普适性与统计性极类似于 Feigenbaum 常数（费根鲍姆常数是学术界认可的一个普适常数，这个常数与混沌现象有关）和 Lyapunov 指数（一般指李雅普诺夫指数，表示相空间相邻轨迹的平均指数发散率的数值特征，是用于识别混沌运动若干数值的特征指数之一）。

既然复杂安全系统具有显著的混沌动力学特性，则在理论上应该存在复杂安全系统的混沌吸引子①，可以在综合各种变量因素的基础上，寻找复杂安全系统中正的 Lyapunov 指数，从而确定复杂安全系统混沌吸引子的存在。另外，以上的这些基本属性还决定着复杂安全系统中事故发生的一些外在现象特性，如突发性事故所表现出的对初始条件的敏感依赖性，地震、滑坡、瓦斯突出等事故所表现出的有限的可预测性等。

在充分认识复杂安全系统的混沌动力学特性的基础上，可将混沌动力学理论用于探索复杂安全系统中某状态变量的演变规律。下面特举一个运用混沌理论中的相空间重构技术处理复杂安全系统的时间序列预测难题，其步骤如下：

（1）由时间序列重构相空间吸引子，提取复杂安全系统动力学特性。设复杂安全系统的一单变量时间序列为 $\{X(t_i),\ i=1,\ 2,\ 3,\ \cdots,\ N\}$，其采样时间间隔为 Δt，则重构相空间

$$X_i(t)=\{x(t_i),x(t_i+\tau),\cdots,x(t_i+(m-1)\tau)\},(i=1,2,\cdots,M) \tag{7-1}$$

式中，$X_i(t)$ 为相空间中的点；m 为嵌入维数；$\tau=k\Delta t$，为时间延迟；M 为相空间中的点数，且 $M=N-(m-1)k$，集合 $\{X(t_i),\ i=1,\ 2,\ 3,\ \cdots,\ N\}$ 描述复杂安全系统在相空间中的演化轨迹，只要 m、τ 选择恰当，在此过程中拓扑等价，Lyapunov 指数、Kolmogorov 熵（简称 K 熵，是刻画混沌系统的一个重要的量，在不同类型的动力学系统中，K 熵的数值是不同的）、分数维等特征量均保持不变。

（2）采用加权一阶局域法进行相空间重构的预测。设中心点 X_k 的邻近点为 X_{ki}（$i=1,\ 2,\ \cdots,\ q$），并且到 X_k 的距离为 d_i，设 d_m 是 d_i 中的最小值，定义点 X_{ki}的权值为

$$P_i=\frac{\exp[-a(d_j-d_m)]}{\sum_{j=1}^{q}\exp[-a(d_j-d_m)]} \tag{7-2}$$

① 吸引子是微积分和系统科学论中的一个概念。一个系统有朝向某个稳态发展的趋势，这个稳态即吸引子。例如，一个钟摆系统，它有一个平庸吸引子，这个吸引子使钟摆系统向停止晃动的稳态发展。不属于平庸的吸引子的称为奇异吸引子，它表现了混沌系统中非周期性、无序的系统状态。吸引子中的奇异吸引子对于混沌系统的研究意义较大。

式中，a 为参数，取 $a=1$，则一阶局域线性拟合为 $X_{ki+1}=ae+bX_{ki}$（$i=1,\ 2,\ \cdots,\ q$），式中 $e=(1,\ 1,\ 1,\ \cdots,\ 1)^{\mathrm{T}}$。当 $m=1$ 时，应用加权最小二乘法有

$$\sum_{i=1}^{q} P_i\ (x_{k+1}\ -\ a\ -\ bx_{ki})^2 = \min \tag{7-3}$$

对式（7-3）求解 a、b，得到预测公式 $X_{k+1}=a+bX_k$，然后构造下一个中心点及其邻近点，继续用上述方法计算下一点的预测值。此外，还可以使用 Kolmogorov 熵法预测复杂安全系统状态变量的确定性时间尺度。

2）复杂安全系统混沌控制

混沌科学的发展大致经历了三个不同的阶段：第一阶段为从有序到混沌，主要是认识自然界混沌现象的普遍性，认识到非线性系统才是最一般的系统，线性系统只是其中的特殊例子；第二阶段是研究混沌中的有序，认识混沌中的几个普适常数（如 Feigenbaum 常数），认识混沌的内在规律性；第三阶段为从混沌到有序，即混沌控制研究，通过对系统参数作小扰动并反馈给系统，实现将混沌系统的轨道稳定在人们预期的一条特定轨道上。

实现复杂安全系统混沌控制是安全混沌学的追求目标，复杂安全系统虽然是复杂的多维系统，但其变量的运动具有一定的规律性，仔细地选择小扰动可对安全系统的长时间行为产生大的有益变化。例如，传统的系统安全分析法中的危险与可操作性分析主要是以关键词为引导，分析工艺过程中状态参数（如温度、压力、流量）的变化，通过对控制参数的调节，稳定系统状态变量，实现系统的安全运行。若将危险与可操作性分析发展为现代的“多维可操作性分析”将会对安全系统混沌控制大有裨益。

2. 安全耗散结构理论简介

1）安全耗散结构理论概述

安全系统是一个多元化多功能多目标、预测和控制非线性、人–机–环各种因素相互作用的复杂系统。相关研究证实，复杂安全系统是以耗散结构形式存在的自组织系统。耗散结构理论主要基于以下分析：

（1）复杂安全系统是一个开放的、动态的系统。复杂安全系统与外界发生物质、能量、信息的交换，从外界引入负熵流来抵消自身内部熵的增加。

（2）复杂安全系统是非线性系统。系统内会产生大量的突变现象而引发事故，同时安全系统内各要素之间存在非线性相互作用。

（3）复杂安全系统是远离原始平衡态的系统。值得强调的是，这里的原始平衡态指的是一种无组织、无纪律状态，在这种状态下，人的不安全行为、物的不安全状态广泛存在，但并不是系统发生事故的概率最大状态，理论上 100% 的事故率同样是一种远离平衡态的状态，是人为的蓄意控制。

（4）复杂安全系统的自组织现象是突变过程中产生的。原始平衡态系统中存在涨落，或者说是扰动，这些涨落按人的价值观可以分为有益的涨落（安全的）和有害的涨落（危险的）。这些本身随机的涨落在系统远离平衡时，通过外界（主要是人）能量流的输入与维持导致平衡态系统处于不稳定的临界状态，其中的某种涨落被放大为“巨涨落”，从而使不稳定的原始系统突变跃迁到新的有序的安全系统状态。

2）涨落理论与安全状态的关系

关于复杂安全系统的涨落，有以下几点需要说明：

（1）与化学耗散结构中涨落的随机性不同的是，虽然以耗散结构存在的复杂安全系统是一种稳定化的巨涨落，但维持复杂安全系统耗散结构的能量流、物质流具有“意识性”，导致本质随机的涨落呈现出一种人为控制下的“可选择的涨落”。

（2）由于复杂安全系统是一个复杂的多维系统，在其运行过程中，除系统内部涨落外，外界环境也会给复杂安全系统输入随机因素，可称之为“外噪声”。

（3）在复杂安全系统中，“事故”可以被定义为“某一偏离安全有序状态的涨落被放大，引起安全系统局部失稳导致的结果”，这一观点可以看作对传统的事故致因理论中的“扰动起源论”即“P 理论”的进一步发展。

3. 安全突变理论简介

1）安全突变理论的定义

事故的发生具有渐变与突变等形式，前者可运用耗散结构理论研究，后者则需要进一步运用安全突变理论进行分析。目前关于突变理论的定义有多种：

（1）突变理论是研究从一种稳定组态跃迁到另一种稳定组态的现象和规律的理论；

（2）突变理论是研究系统的状态随外界控制参数连续改变而发生不连续变化的理论；

（3）突变理论是揭示事物质变方式如何依赖条件变化的理论。

下面用数学模型的方法定义安全突变理论，先做如下假设与推理：

（1）安全系统是复杂的多维系统，决定安全系统状态的变量也是多维的，但可以将多维的内部变量统一转化为以安全熵 S 这一系统状态特征量为标准的一维变量参照系统，即安全系统状态函数 $P=F(S)$。

（2）安全熵 S 可以被看作仅由三个控制参数决定，分别是 u（安全系统内人的因素）、v（安全系统内物的因素）、w（外界的因素），即 $S=f(u,\ v,\ w)$。

（3）根据以上两点，系统的状态变量为 1 个、控制参数为 3 个，并且安全系统本质上是不可逆系统，系统中的突变现象更是不可逆的，故可以选择突变理论中的燕尾突变模型对安全系统进行分析，则此时安全系统突变模型为

势函数 $V_{(s)}=s^5+us^3+vs^2+ws$ （7-4）

突变流形 $\mathrm{d}V_{(s)}=5s^4+3us^2+2vs+w=0$ （7-5）

分叉集由方程 $\begin{cases}\mathrm{d}V_{(s)}=5s^4+3us^2+2vs+w=0\\ \mathrm{d}^2V_{(s)}=20s^3+6us+2v=0\end{cases}$ 消去 s 得到。 （7-6）

通过以上动力学方程可以看出，描述复杂安全系统突变的相空间应该是一个四维的超曲面，这意味着我们并不能像以往那样简单地画出复杂安全系统突变流形图。在以上的假设中，复杂安全系统的混沌动力学方程可写为 $\frac{\mathrm{d}s}{\mathrm{d}t}=f(\{s\},\{u,v,w\})$，方程的右半部分可以表达为势函数 $V(\{s\},\{u,v,w\})$ 的梯度，即 $\frac{\mathrm{d}s}{\mathrm{d}t}=-\frac{\partial V}{\partial S}$，它的定态解由 $\frac{\partial V}{\partial S}=5s^4+3us^2+2vs+w=0$ 解得，求出的定态解 $\{S_0\}$ 在安全系统突变的相空间中表现为奇点。

因此，复杂安全突变理论可被定义为：利用势函数 V 来研究复杂安全系统突变的相空间中的奇点如何随控制参数 u、v、w 变化，以及复杂安全系统势函数 V 与状态变量 $\{s\}$ 和控制参数 $\{u,v,w\}$ 的拓扑不变关系的理论。

2）安全突变理论的应用

安全突变理论目前在许多领域都有实际的应用，如基于事故致因理论的尖点突变评价模型在事故危险性评价中的应用和安全突变理论在岩土工程、采矿工程、水利工程等灾变分析中的应用等。

4. 安全协同理论简介

1）安全协同理论的定义

参考哈肯对协同学的定义，可以认为安全协同理论是研究复杂安全系统中子系统之间是怎样合作以产生宏观的时空结构和功能结构及安全系统中局部事故灾变系统是怎样通过各种致因因素协同作用产生事故的理论。

2）安全协同理论的应用步骤

复杂安全系统是一个高维系统，安全协同理论处理问题的基本思想就是把事故致因机理研究、安全管理要素分析等高维的非线性问题归结为用一组维数很低的非线性方程（即序参量方程）来描述。序参量方程控制着安全系统在临界点附近的动力学行为，安全协同理论的运用主要有以下步骤。

（1）建立安全系统初始动力学方程。设安全系统运动方程为常微分方程组：

$$\frac{\mathrm{d}q_j}{\mathrm{d}t}=f_j(q_1,q_2,\cdots,q_j,\mu)(j=1,2,\cdots,n) \tag{7-7}$$

式中，q 为安全系统状态变量；μ 为控制参数。

（2）对以上动力学方程进行线性稳定性分析，调节控制参数 μ，使安全系统线性失稳、出现分岔，确定稳定模和不稳定模。

（3）运用支配原理消去快弛豫变量或快弛豫模式，得到一个或少数几个由慢变量或慢变模式主导的（非线性随机微分方程，即序参量方程，如果把 n 个状态变量作如下缩写）$q_1(x,t),q_2(x,t),\cdots,q_n(x,t)\equiv q(x,t)$，则安全系统序参量方程为

$$\left.\frac{\partial q}{\partial t}\right|_{(x,t)}=N[\mu,q,\ \nabla,x]=F(t) \tag{7-8}$$

式中，q 为序参量；N 为非线性函数向量驱动力；微分算子 $\nabla=(\partial/\partial x,\partial/\partial y,\partial/\partial z)$；$\mu$ 为控制参数；函数 $F(t)$ 为来自内部或外部的随机涨落力，在上节安全突变理论中认为，安全熵 S 是安全系统重要的序参量。

（4）在忽略涨落和考虑涨落两个情形下求解序参量方程，得出系统的宏观结构方程。根据不完全统计，安全协同理论在洪涝、泥石流、森林火灾、边坡岩土工程灾变、煤矿安全、电力系统大停电事故等灾害预测和控制中都有实际应用。

5. 安全灰色理论简介

大量事实表明，复杂安全系统具有灰度特征，是一典型的灰色系统，主要表现在：表

征复杂系统安全的参数是灰数；影响复杂系统安全的因素是灰元；构成复杂安全系统的各种关系是灰关系。复杂安全灰色理论是指通过对复杂安全系统状态变量白色部分的灰色动态进行建模，得到描述其行为的微分方程，求解微分方程，预测复杂安全系统状态变量灰色部分的行为。

以复杂安全系统状态变量安全熵 S 为例，若已知安全熵 S 的时间序列为

$$S^{(0)}=(S_{(1)}^{(0)},S_{(2)}^{(0)},\cdots,S_{(n)}^{(0)}) \tag{7-9}$$

则可建立安全熵 S 灰色预测的 GM(1,1) 模型，基于一阶微分方程的 GM(1,1) 模型为

$$\frac{\mathrm{d}S^{(1)}(t)}{\mathrm{d}t}+aS^{(1)}(t)=u \tag{7-10}$$

$S^{(1)}(t)$ 是 $S^{(0)}(t)$ 的一次累加结果，方程的微分项为安全熵 S 的时间增量。方程的响应函数为

$$\hat{S}^{(1)}(t)=\left[S^{(1)}(0)-\frac{u}{a}\right]\mathrm{e}^{-at}+\frac{u}{a} \tag{7-11}$$

还原得到预测值：
$$\hat{S}^{(0)}(t+1)=\hat{S}^{(1)}(t+1)-\hat{S}^{(1)}(t) \tag{7-12}$$

关于灰色理论在安全科学领域中的应用已有大量的先例，这里不再赘述。

6. 安全唯象理论简介

唯象理论是指物理学中解释物理现象时，不通过分析其内在原因，而是通过概括试验事实得到物理规律。唯象理论是对试验现象的概括和提炼，没有深入解释的作用。唯象理论对物理现象有描述与预言功能，但没有解释功能。

前面几种安全复杂系统理论都涉及对复杂安全系统微观机理的探讨研究，与上述几种理论不同的是，安全唯象理论是一种对安全系统所表现出的宏观现象的描述，是为了解释一些试验事实而提出的经验型安全理论，如安全科学中的许多经验公式，其推导并不是从科学原理严格导出，也不需要太深奥的数学知识。

复杂安全系统具有混沌属性，对其微观机理的探索是一个漫长的过程，加之在经济社会中生产与安全矛盾的解决具有现实的迫切性，这就使得唯象理论在安全领域的应用与发展具有广阔的空间，安全唯象理论正是基于这一背景被提出的。

传统安全原理中许多系统安全预测与决策方法都属于安全唯象理论的范畴，如安全灰色预测法、马尔可夫链预测法、安全技术经济评价法、模糊决策法等。安全系统中的一些典型事故影响模型与计算，如气体泄漏模型、重气云扩散模型、喷射火灾模型、爆炸模型及事故伤害计算方法所采用的公式理论大都属于安全唯象理论的范畴。另外，类似于安全流变-突变模型，其本质也是对安全系统宏观现象的描述与对运行规律的表达，可看作安全唯象理论的重要实践。

传统观点认为，由于复杂安全系统具有巨大的灰色特征，建立元与系统之间的定量映射关系是不大可能的，但如果充分发展安全唯象理论，对安全科学的定量化发展必将产生积极的作用。

7. 安全现代数学理论简介

安全现代数学理论主要包括安全分形理论、安全拓扑学、安全模糊数学、安全分岔理

论、安全随机数学等。运用现代数学知识对安全系统中的各种现象进行表达与描述，既深化了人们对安全系统本质规律的认识，又为安全混沌学中诸多理论的运用与发展奠定了数学基础。

以安全分形理论为例，安全分形理论主要研究安全系统中的自组织分形特征，早期的部分研究实践已证明安全系统中许多事故的发生都具有分形性质。研究认为如果事故等级 r 与事故数量 N 之间满足关系式 $N=cr^{-D}$，则可认为该事故发生具有分形特征，事故分形维数 $D=c-\frac{\ln N}{\ln r}$，其中 c 为待定常数，如地震灾害、洪涝灾害的发生都满足幂次率关系，即 $N \propto E^{-D}$。此外，关联维数 $D_g=\lim\limits_{\delta\to 0}\frac{\ln C(\delta)}{\ln(1/\delta)}$在安全系统的事故描述中也有广泛应用，式中关联函数 $C(\delta)=\frac{1}{N^2}\sum\limits_{i,j=1}^{N}H\{\delta-\|x_i-x_j\|\}$。

通过对安全分形理论的进一步研究认为，安全系统也许并不存在一个具有普适性的分形维数，仅用一个分形维数描述安全系统复杂的非线性动力学演化过程而形成的结构是远远不够的，还可以引入局部分维 $\alpha=\lim\limits_{L\to 0}\frac{\ln p}{\ln L}$来描述安全系统的多重分形，进而深入探讨由局部分维 α 构成的奇异谱 $f(\alpha)$ 与系统安全熵之间的可能关系 $f(\alpha)=\lim\limits_{L\to 0}\frac{nS(\varepsilon,\alpha)}{\ln(1/L)}$，$L$ 为局部区域线度，ε 为对应线度 L 的标度指数，$S(\varepsilon,\alpha)$为安全熵函数。另外，安全系统是不断发展变化的，其分形维数也不应该是一个定值，所以可以引入广义分形维数 $D(\varepsilon)=-\frac{\mathrm{d}[\ln N(\varepsilon)]}{\mathrm{d}[\ln\varepsilon]}$描述安全系统的动态分形维数，此时的分形维数 D 不再是一个常数，而是标度 ε 的函数 $D(\varepsilon)$。

因为分形是自组织系统的量度，所以安全分形理论的研究同时也是对复杂安全系统具有自组织特征的证明。总而言之，现代数学理论对安全科学的补充与发展具有极大的促进作用。

其他现代数学在安全领域也有很多应用，如采用贝叶斯网络拓扑模型对事故进行分析，得到基于“危险因素-事故-事故危害”的贝叶斯网络拓扑模型；运用灰色拓扑预测方法研究公共聚集场所火灾发生的规律，建立灰色拓扑预测模型，预测火灾发生情况；运用拓扑分析法对生产违章行为的心理原因进行研究，获得违章行为与个体和环境的变化规律，等等。

7.2 安全混沌学及其应用

7.2.1 混沌学理论发展概述

1963 年，美国数学家和气象学家 E. N. 洛伦兹（Edward Norton Lorenz）提出混沌学理论，由于非线性系统具有的多样性和多尺度性，混沌学理论解释了决定系统可能产生随机结果的原因。混沌作为一门科学兴起于 20 世纪 70 年代，其重要标志是 1977 年在意大利召开的第一次国际混沌大会，混沌学甚至被誉为与相对论、量子论齐名的现代科学三大理论之一。混沌学理论的代表性人物有气象学家洛伦兹、化学家普利高津（Prigogine I.）、物理学家费根鲍姆（Feigenbaum M. J.）、数学家曼德勃罗特（Mandelbrot B.）等。混沌学理论的主要研究内容是确定性系统中表现出的非确定性行为，这种确定性系统指的是具有非线性动力学特征的系统，这种非确定性行为表征了运动行为的非线性、随机性、复杂性。此外，混沌学理论还与普利高津的耗散结构理论、勒内托姆（Rene Thom）的突变理论、哈肯（Haken H.）的协同理论及以分形几何、模糊数学、拓扑学、随机数学等为主体的现代数学理论有着极为密切的联系。因此，从广义层面观察，以上诸多理论也可以看作混沌学的一部分。

混沌学自其诞生半个世纪以来，发展迅速，应用广泛。混沌的思想广泛地渗透到自然与社会的各种学科，涉及生物、医学、信息、气象、经济、环境及文艺等众多领域，产生了如混沌图像处理、混沌控制、混沌经济学、混沌医学、混沌艺术等一系列混沌学分支，为交叉与边缘学科的基础理论研究做出了极大的贡献。

安全科学具有综合性与交叉性的学科属性，本身就决定了安全科学基础理论的复杂性。传统的事故致因理论及传统的系统安全分析方法已经不能满足现代安全管理实践的要求。因此，在近一二十年的安全科学研究领域，已经有越来越多的安全学者把研究目光倾注到新的前沿理论的应用方面。值得一提的是，混沌学理论虽诞生于 20 世纪 70 年代，但直到 90 年代才被广泛应用。

据统计，以传统的事故致因理论与系统安全分析方法为代表的安全学原理大都产生于混沌学之前。产生于 1980 年的事故变化论与 1998 年的新安德森模型充分发挥了系统论和扰动论的思想，与混沌学有密切的联系，将安全信息方面的事故致因理论向前推进了一大步。在安全科学学与比较安全学理论思想的指导下，通过对混沌学与安全科学基本属性的比较，通过对混沌动力学理论、耗散结构理论、突变理论、协同理论、分形理论等混沌学理论与事故致因理论、系统安全分析、系统安全评价、系统安全管理等安全科学理论本质特征的比较发现，混沌学与安全学两者之间具有极大的相似性，混沌学中的许多前沿理论都可以在安全科学中得到有效的应用。因此，针对安全科学基础理论发展尚不完善、传统安全学原理实践落后的现状，创建安全混沌学，在新的时代背景下完善安全科学基础理论，使安全学原理的发展焕发新的强大生命力，则显得至关重要。

7.2.2 安全混沌学的定义及其内涵

基于混沌学理论与安全科学理论的发展现状，可以提出安全混沌学的定义：安全混沌学是以现代数学理论为工具，以复杂系统非线性动力学为基础，以复杂安全系统“混沌-耗散-突变-协同-灰色-唯象-分形-拓扑”等理论为主体，以实现复杂安全系统混沌控制、降低事故发生率和负效应为目标，对安全科学基本规律、安全学基本原理进行探索研究的学科。

从安全混沌学的定义可以看出，安全混沌学并非由各种不同的宏观学科构成，而是一门由角度不同却又彼此连通的现代非线性理论组合而成的独立学科；另外，这些理论本身的横断性、综合性，使得安全混沌学可以渗透至各种不同的安全学科甚至安全领域的各个方面。

1. 安全混沌学的意义

安全混沌学作为安全科学中一个新的学科分支，综合运用了混沌科学中一批先进的理论成果，使得其在安全科学研究中主要具有如下方面的意义：

（1）运用安全混沌学思想，可以进一步深化对安全系统本质特征的认识。复杂安全系统具有客观存在性、抽象性、结构性、开放性、动态性，属于远离平衡态的非线性自组织系统，并以耗散结构存在，具有混沌特性，通过认清复杂安全系统的本质，有利于把握复杂安全系统的运行规律。

（2）安全混沌学理论可以衍生出新的事故致因理论和系统安全分析法，是对安全学传统原理的突破与创新。例如，通过安全混沌学的研究，人们可以认为事故是由微小的扰动引起的系统涨落，使安全系统失稳导致的结果；可以定量分析安全氛围的量化作用和机理；另外，在系统安全分析中，可以引入安全熵 S 测量系统的无序程度，还可以引入安全超熵量 $\delta^2 S$ 计算超熵产生 $\delta_x P$ 判定安全系统的稳定性。

（3）运用安全混沌学思想，可以重新塑造人们对安全管理的认识。在确定性的安全系统中，由于事故的发生具有内在随机性，唯有依靠连续不断的安全管理才能监控调节系统的控制参数，将复杂系统的运行稳定在预期的轨道上，实现复杂安全系统的混沌控制。

（4）运用安全混沌学思想，可以产生新的安全评价方法和事故预测手段。例如，尖点突变评价理论、模糊综合评价理论及安全灰色预测理论，为复杂安全系统的分级、综合评价、聚类分析和事故预测整理出了较系统的解决办法。

（5）安全混沌学对于安全科学的研究还具有重要的哲学指导意义，可以使人们认识到复杂安全系统确定性与事故发生随机性的统一，为安全科学理论研究中工具的选择与方法的运用指明了方向。

2. 安全混沌学方法的应用

安全混沌学方法可以有如下几类应用：

（1）将安全混沌学方法应用于安全领域的不同方面，如可在工业生产安全、道路交通安全、食品卫生安全、自然灾害安全、国防军事安全、经济社会安全等不同领域中分别建立与之相适应的安全混沌学模型。

（2）将安全混沌学方法应用于安全研究的不同环节，如可在复杂系统安全分析、系统安全管理、系统安全评价、事故统计及调查研究等不同环节中分别采用安全混沌学理论进行研究。

（3）在同一环节交叉应用安全混沌学中不同的理论方法，如可在对象系统的安全分析中同时运用安全突变理论、安全协同理论、安全灰色理论、安全唯象理论对系统状态进行多角度分析，加强结论的可靠性。

3. 安全混沌学的研究步骤

作为一门新的学科分支，其研究步骤的确立应该是一个不断探索的过程，在此对安全混沌学应用于实践中的研究步骤仅做一种方法论陈述。

（1）分析所需要研究的对象系统的特点，选择安全混沌学中具体的理论；

(2) 基于所选择的理论，建立相应的安全系统混沌动力学方程（组）；

(3) 收集安全系统状态变量数据序列、控制参数数据序列，代入模型计算处理；

(4) 根据分析结果，做出安全决策并指导安全管理等；

(5) 监测系统安全动态，不断反馈，与实测值进行比较，若误差较小，则返回至第二步修正混沌动力学方程，再次计算，若误差较大，则返回至第一步重新选择分析理论。

安全混沌学的一般研究流程如图 7-1 所示。

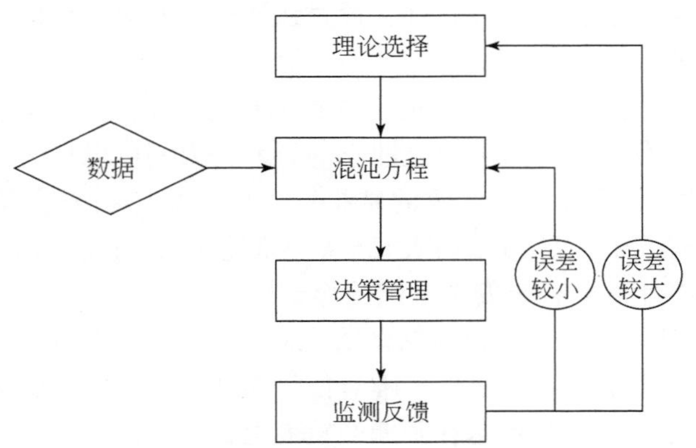

图 7-1　安全混沌学的一般研究流程

4. 安全混沌学的主要研究内容

安全混沌学是以现代数学理论为工具，以系统非线性动力学为基础，以安全系统“混沌-耗散-突变-协同-灰色-分形-拓扑”等理论为主体，以实现安全系统混沌控制、降低事故发生率和负效应为目标，对安全科学基本规律、安全科学基本原理进行探索研究的学科。运用安全系统混沌学思想，一方面，可以使得我们进一步深化对安全系统本质特征的认识，重塑人们对安全管理的认识；另一方面，新的事故致因理论与系统安全分析方法、新的安全评价与事故控制方法也会在安全混沌学的研究中应运而生。

安全混沌学作为安全系统自组织原理的重要理论支撑，对其核心内容的梳理，将会对自组织原理的深入解析产生重大的意义，该学科主要包括安全系统混沌动力学与安全系统混沌控制学两个部分，具体内容详见表 7-1。

表 7-1　安全系统混沌学主要内容

<table>
<tr><td rowspan="2">安全系统混沌动力学</td><td>有界性</td><td>内随机性</td><td>分维性</td><td>标度性</td><td>普适性与统计特性</td></tr>
<tr><td>安全各元素运动轨迹确定域</td><td>体现安全局部不确定性</td><td>自相似结构，发生规律相同</td><td>掌握变量参数，预测事故发生</td><td>事故发生规律表现出的统计特性</td></tr>
<tr><td>安全系统混沌控制学</td><td colspan="5">通过对控制参数的调节，稳定系统状态变量，实现系统的安全运行，是安全系统混沌学研究的主要目标</td></tr>
</table>

5. 安全管理系统的混沌控制

人-机-环系统中存在无限变化的扰动与涨落，复杂安全系统本身所隐藏的混沌属性与其所隐藏的复杂非线性动力学运行机制，导致事故的发生表现出有限的可预测性，人们对于安全管理的效果似乎只能停留在对事故后果统计比较后的综合评价上，从而对具体事故进行积极预测与控制。借助大数据、数字化技术、物联网、互联网等对安全系统中的各种状态变量实时监控，运用新的安全理论技术调节处理变量参数，开展定量化安全管理，是解决问题的突破口。根据复杂系统安全理论思想，在确定性的安全系统中，由于事故的发生具有内在随机性，唯有依靠连续不断的安全管理才能监控调节系统的控制参数，将系统的运行稳定在预期的轨道上，实现安全系统的混沌控制。

针对安全系统人、机、环境三要素的有效控制，安全复杂系统理论应用可从以下几个方面着手：

（1）向安全系统耗散结构中不断输入负熵流，对安全系统进行实时熵计算，其中高效的安全管理是负熵流的重要组成部分；

（2）监测安全系统内可能的扰动，及时减少有害扰动与涨落，如减少人的不安全行为，消除物的不安全状态，控制环境中某变量的参数变化；

（3）阻止事故致因因素的协同，事故的发生通常由几种不同的因素协同作用导致，可行的办法是除掉某种诱因或者避免各种灾害因素运行轨迹的交叉；

（4）延缓突变现象的到来，事故的发生通常以突变的形式表现出来，可行办法是通过监控尽可能延长安全系统流变阶段的时间；

（5）调节安全系统的控制参数，实现安全系统的混沌控制，如将传统 HAZOP 发展为现代的“多维可操作性分析”，分析安全系统中各种状态变量的参数变化，通过对控制参数的及时调节，稳定安全系统状态变量，实现系统的安全运行。

6. 混沌理论在安全技术系统中的应用

已有的研究例子很多，如通过分析安全系统的自组织特性，探讨现代自组织理论在技术风险评价与安全检查中的应用，将非线性理论引进传统的安全系统分析中；研究混沌理论在事故分析及预测中的应用，突破对初始条件的敏感依赖性和事故的长期不可预测性，利用相空间重构技术和 R/S 分析法对安全事故统计资料进行有效的分析；对瓦斯爆炸事故的混沌特性及混沌控制，建立瓦斯爆炸事故混沌分析模型；研究确定事故过程的混沌性分析方法和计算步骤；研究矿井火灾过程的混沌分析方法和对事故过程的系统状态进行连续分析；运用混沌理论探讨电力安全系统的灾变，确定电力系统灾变临界点和跳跃性灾难；利用混沌理论对洪水灾害动力机制进行研究，探讨洪水突发性和洪水的混沌动力系统特征，以及洪峰流量的时间序列分布等。

7.3 耗散结构理论及其在安全领域的应用

7.3.1 耗散结构理论内容

比利时的普里戈金（I. Prigogine）在非平衡热力学系统的线性区的研究的基础上，又开始探索非平衡热力学系统在非线性区的演化特征。在研究偏离平衡态热力学系统时发现，当系统离开平衡态的参数达到一定阈值时，系统将会出现“行为临界点”，在越过这种临界点后系统将离开原来的热力学无序分支，发生突变而进入一个全新的稳定有序状态；若将系统推向离平衡态更远的地方，系统可能演化出更多新的稳定有序结构。普里戈金将这类稳定的有序结构称作耗散结构，从而在1969年提出了关于远离平衡态的非平衡热力学系统的耗散结构理论。

德国的哈肯、日本的久保–铃木等学派为远离平衡态的耗散结构理论的建立与发展做出了重要贡献。耗散结构理论已用于研究流体、激光等系统、核反应过程，生态系统中的人口分布、安全与环境保护问题乃至交通运输、城市发展、人文社会等课题。

1. 理论内容

耗散结构理论指出，系统从无序状态过渡到这种耗散结构有几个必要条件，一是系统必须是开放的，即系统必须与外界进行物质、能量的交换；二是系统必须是远离平衡态的，系统中物质、能量流和热力学力的关系是非线性的；三是系统内部不同元素之间存在非线性相互作用，并且需要不断输入能量来维持。

在平衡态和近平衡态，涨落是一种破坏稳定有序的干扰，但在远离平衡态条件下，非线性作用使涨落放大而达到有序状态。偏离平衡态的开放系统通过涨落，在越过临界点后“自组织”成耗散结构，耗散结构由突变而涌现，其状态是稳定的。耗散结构理论指出，开放系统在远离平衡态的情况下可以涌现出新的结构。地球上的生命体都是远离平衡态的不平衡的开放系统，它们通过与外界不断地进行物质和能量交换，经自组织而形成一系列的有序结构。

广义的耗散结构可以泛指一系列远离平衡态的开放系统，它们可以是力学的、物理的、化学的、生物学的系统，也可以是社会的经济系统。耗散结构理论的提出，对于自然科学乃至社会科学，已经产生并将持续产生积极的重大影响。耗散结构理论促使科学家特别是自然科学家开始探索各种复杂系统的基本规律。

2. 结构特征

远离平衡态的开放系统，通过与外界交换物质和能量，可能在一定的条件下形成一种新的稳定的有序结构。耗散结构的特征是：

（1）存在于开放系统中，靠与外界的能量和物质交换产生负熵流，使系统熵减少形成有序结构。耗散即强调这种交换。对于孤立系统，由热力学第二定律可知，其熵不减少，不可能从无序产生有序结构。

（2）保持远离平衡态。贝纳特流中液层上下达到一定温度差的条件就是确保远离平衡态。

（3）系统内部不同元素之间存在非线性相互作用。在平衡态和近平衡态，涨落是一种破坏稳定有序的干扰，但在远离平衡态条件下，非线性作用使涨落放大，达到有序状态。

3. 开放系统

开放系统是产生耗散结构的前提，耗散结构理论强调系统的开放性。例如，对于一个企业而言，开放是至关重要的，它需要与外界环境永不间断地交换。例如，它需要从外界采购生产资料和先进的技术设备；企业需要受到国家法律法规及政策的制约，也需要受到工商局的监督和税务部门的审核并按时纳税；为了正常赢利和发展，企业需要时刻关注同类产品市场中的竞争对手，从而采取相应的竞争策略；企业需要以各种途径了解消费群体，与之进行有效沟通，从而采取相应的营销策略；企业需要加强自身形象设计，通过广告宣传，增加自身品牌的受众等。整个企业的发展过程都在与外界发生着物质、信息的交换，从采购到生产再到营销，无一不显露出作为系统看待的一个企业对外界开放是至关重要的。因此，耗散结构理论中的开放性思想对一个企业的管理起到了宗旨性指引作用。

4. 耗散结构理论强调非平衡态是有序之源

这一点也明显地体现在企业发展的过程中，如裁员增效、竞争上岗机制，就是一种非平衡态。同时在企业内部，非平衡态也是存在的，工作人员为了获得更高的工资或提升自身级别职称，会更加积极地努力，扩充自己的知识，提高自己的业绩，最终会使企业的整体生产效率得到提高。另外，企业对其生产产品的定价管理也是一种非平衡态，当受外界市场的影响，产品价格相对过高而不占优势时，企业就不得不将其价格降低，并达到一种临时性的相对稳定。

5. 耗散结构理论提出“涨落导致有序”的观点

它强调系统中某个微小的变化会带来大的结果性偏差。例如，在禽流感突如其来之时，全国大量禽蛋类产品出现滞销，那么禽类养殖企业就会宰杀并囤积大量家禽，并投资引进清洁设备，同时实施裁员增效，有的企业甚至由于资金不能顺利周转而纷纷倒闭。作为这些企业的管理者，完全应该在亚洲出现禽流感首例事件时就能预见到这样的后果，并及时采取措施——低价抛售所有禽类并发展养猪或养牛等第二行业。这便是“涨落导致有序”给人们在管理过程中的提示。

“涨落导致有序”告诉人们系统中的任何一个元素都有可能随时发生变化，而且任一元素的微小变化都能使得整个系统中的其他元素发生变化，并最终形成一个新的相对稳定状态。具体反映在企业管理中，管理者应该重视发生在企业中的任何意外和变化，并及时采取措施，对相应问题进行整体性宏观调整，从而能够维持企业稳定地发展。

7.3.2 耗散结构理论在安全领域的应用

1. 耗散结构理论视角下的企业安全管理

耗散结构理论在管理领域应用比较广泛，在安全管理领域也有诸多应用。例如，王磊（2014）研究企业组织的耗散性对安全管理带来的一系列启示。

1）企业组织必须保持良好的开放性

企业要发展，必须守住安全这条底线。要做好企业的安全管理工作，首先必须保持组织的对外开放性。开放是组织有序化的前提，是耗散结构形成、维持和发展的首要条件。封闭会导致组织内部熵增，并陷入极度混乱中；开放能从外界吸收负熵流来抵消自身熵增，使总熵逐步减少，维持组织有序或从无序到有序的演化。一个良好的企业组织，必然是一个有序、开放的自组织系统，通过对外界开放，不断地与外界进行人员、资金、物资和信息等多方面的交流，保持新陈代谢，才能有适应环境的能力和旺盛的生命力。

一个充满活力、健康发展的企业，要改进和加强安全管理，就应不断从外界吸纳优秀人才、积极引智，并通过理念导入、机制创新，健全组织各项安全责任制，完善组织各项安全管理制度，提高组织安全科技装备水平，使组织内部的管理者、被管理者，乃至全体员工的安全思想在交流中得到更新。另外，新员工的加盟和新知识、新机制等的流入，带来了新的理念和行为方式，以崭新的视角和方法开展安全管理工作，从而打破一些原有的、僵化的思维和行为定式，激活企业组织，使其远离平衡，给企业安全管理带来新的活力。如果企业永久封闭，内部员工可能会受一些惯性思维的影响，懒于看或看不到企业安全管理工作中的有待改进之处，也缺乏甚至不会有变革和提高的意识、激情与动力，就会使整个组织缺乏危机意识和创新氛围，形成一潭死水。此外，组织的开放与交流，还可以在无形中给内部员工带来压力，激发其斗志，实现组织员工整体安全素质的循环提升。

需要指出的是，并非所有的开放组织都能达到有序，因为一个开放组织从外部所得的既可能是负熵流，也可能是正熵流。而后者非但不会促使组织形成耗散结构，反而可能会加速组织无序化的进程。例如，企业兼并是组织系统提高竞争力并与外部环境进行物质、能量和信息等交换的一种方式，也是打破封闭、建立开放组织的重要手段。但兼并有可能会导致两个结果：一是通过兼并，企业吸纳了能与组织产生协同效应、提高安全管理的良性要素，生成负熵，使原有企业安全管理工作由混沌走向有序或由有序走向更高一层的有序。二是企业对新事物的消化和融合能力有限，在安全文化和理念的灌输与互融方面，包括诸多外界环境不良因素的导入，都会导致正熵增加，使企业组织的安全管理工作走向混沌无序。兼并的背景和形式不同，其开放度不同、资源的交换不同、熵的大小不同，对应的企业组织的有序状况也不同。故对开放的企业组织，应积极导入能够遏制组织内部熵增的负熵流，防止正熵的导入。

2）非平衡态使企业组织迈向有序之源

由耗散结构理论可知，耗散结构只存在于非平衡系统中，仅在远离平衡时才可能出现。耗散的企业组织一定是一个远离平衡态的系统。组织若处于平衡态或近平衡态，其内部各要素间无温度和浓度之差别或仅有微小之差别，不存在势能差。而无势能差的平衡系统服从势能最小原则，故其必为一个低功能系统。而一个充满内在活力、健康发展的企业组织，其必定是一个非平衡、有差异的系统。组织只有远离平衡，才能使其功能更加完善。反之，处于平衡态的企业，其内部的混乱度最大，无序性最高，信息量最小，若维持该状态不变，其安全管理也会因惯性思维及缺乏危机而陷入停滞的局面，很难取得前进和发展。这种表面上的平衡，实际上会对组织的安全管理起到极大的阻碍作用，将会导致安全隐患直至发生事故。动态、远离平衡的有序结构应是企业安全管理机制完善的标志，是企业应力求实现的目标。

3）企业组织是其内部各要素相互调节、相互作用的非线性自组织系统

要实现从无序向有序发展并使系统重新稳定到新的平衡态，组织在保持开放及远离平

衡态的前提下，还需通过其内部诸要素间复杂的、非线性的相互作用和反馈机制来完成，并实现小的安全管理投入能产生大的成效。这样才可能使组织的安全管理更具自我放大机制，产生突变行为和相干效应，重新组织自己，实现安全管理新的有序。相反，若仅具线性作用，组织内诸要素间的作用将只能是简单的线性叠加，安全管理难以产生飞跃，也很难实现功能更加完善的新的有序。

4）涨落形成新的有序

依照耗散结构理论，企业组织内部诸要素时刻处于涨落的动态变化中，从而启动诸要素间复杂的、非线性的相互作用，使得组织脱离原有状态发生质的变化，跃迁到一个新的稳定有序状态，形成耗散结构。涨落的形成为一随机过程，依来源可分为两个类别：一个是组织自身产生的内部涨落；另一个是由外部引起的涨落，被称作外部噪声。当组织处于远离平衡态的临界点时，涨落则不再是普通的干扰因素，可通过非线性相关作用及连锁效应被迅速放大，从而形成宏观上的“巨涨落”，触发并最后促使动态组织产生质的飞跃，达到新的宏观有序态，形成一种耗散结构。

企业及其管理者应始终坚持“以人为本、安全第一、预防为主、综合治理”方针，切实落实主体责任，不断完善管理制度，优化决策，调配资源，识别和导入负熵流，使涨落引发非线性相关作用，促进组织向着有利于形成功能更加完善的、耗散有序结构方向演化发展，遏制正熵膨胀，推动企业“自组织”功能不断得到修正和完善，确保企业的生产安全。

总之，耗散结构理论给了我们诸多启示，对我们在安全管理实践中深入透彻地认识和分析企业，掌握其内在发展规律，具有现实的指导意义，其思想体系为我们守住安全底线、加快创新驱动、实现科学管理、推进企业安全健康发展构建了一个良好的平台。

2. 基于耗散结构理论的城市社区风险模型

目前，封闭社区仍是我国许多城市的基本构成单元，社区涉及人的生活、工作、环境等各个方面，涵盖了交通、工作场所、公共场所、学校、老年人、儿童、家庭、体育运动等诸多领域。佟瑞鹏和翟存利（2017）基于耗散结构理论，研究社区由封闭到开放的风险演化及其影响因素，可为社区安全管理提供理论依据，对于开放社区推行也具有实际意义。

1）社区类型与社区风险

（1）社区类型。社区是指在一定的区域范围内，由某种特定关系的人们所组成的社会共同体，至少包括居民、地理区域、社会互动、社区认同 4 个要素，并且社区内有满足居民生活的建筑物和公共配套设施等物质基础，也有维持社区生活关系的协调机构，还有维系社区居民关系的精神纽带。社区开放与封闭是根据社区道路与城市道路连接的紧密程度而划分的：①封闭社区是指社区道路与城市道路没有连接性，社区整体用有形的障碍物围挡起来，并设置出入口，限制非本社区居民或车辆进入，形成一个独立的板块，成为城市道路的“丁字路”或“断头路”。②开放社区是指社区道路与城市道路相连接，与城市区域相融合，并且社区内的设施、场所成为城市公共设施和空间的一部分。完全开放社区内路网布局完全融入城市道路体系中，社区内的游乐设施、休憩场所等活动场地为非社区居民共享，社区内的建筑类型满足城市功能多样化的需求。③半开放社区介于完全开放社区与封闭社区之间，社区内仍保留部分实体围墙，仅是主要道路作为城市道路体系的延伸，其周边的建筑满足城市功能多样化的需求，社区内公共设施、场所与非社区居民共享，允许非社区居民、车辆进出。

（2）社区风险。社区虽小，但连着千家万户，做好社区工作十分重要，应加强全民安全意识教育，健全公共安全体系。社区安全属于公共安全体系的一部分，社区安全工作是做好社区其他工作的保障，了解社区风险构成是社会管理工作的基础。在社会工作领域中，风险被定义为在可能失去的情况下所发生的相对变数，这些因素可以降低危险情形发生的概率。社区风险可以理解为在社区特定的环境下，可能造成经济财产损失、心理健康和人员伤亡等危害的状态或行为，可以通过采取有效措施将其控制在安全范围内。在分析问题时，要从个人因素、环境因素、个人与环境之间的关系因素等方面分析讨论。社区风险系统可分为人和社区环境两类风险因素，两者之间相互联系、相互作用，推动社区风险的演变。人的风险因素包括社区居民、外来人员、社区管理人员等所表现的所有生理、心理、行为等；社区环境风险因素包括社区建设、社区服务体系、社区管理体系、邻里关系、家庭、与外界的联系等所组成的整体。

2）社区风险熵变模型

（1）社区耗散结构。社区风险系统是一个复杂的开放系统，与外界存在着信息传输、物质交换和能量流动。信息传输包括知识交流、技术扩散、舆论传递、政策学习等；物质交换包括生活用水供应、垃圾处理等；能量流动则是无形的，包括精神交流、文化传递等。人和社区环境两类社区风险因素，因其复杂多样性及影响不确定性，促使各因素之间形成相互影响、相互制约的非线性关系。在与外界不断交流的过程中，系统内各因素之间相互作用，产生正熵，正熵的增加增强了系统的混乱无序性，使社区风险熵增大。通过与外界进行能量、物质、信息的交流，不断向系统内输入负熵，中和正熵的增加，使系统向稳定有序的趋势演化，降低社区风险熵。当正熵被负熵完全中和时，系统处于平衡态，外界继续向社区内输入负熵，此时，一小部分的负熵就会使系统形成大的涨落，使社区远离平衡态，社区风险熵 S 减小到某个阈值 T，系统演化成耗散结构，即社区风险向稳定有序、可控制的方向演化。社区风险耗散结构形成过程如图 7-2 所示。社区风险熵 S 是负熵中和正熵的程度。社区风险熵影响着社区风险系统从无序到低级有序或从低级有序向高级有序的变迁，系统突变到稳定有序的状态需要社区风险熵小到某个阈值。因此，应找到耗散结构突变的阈值，分析各风险因素对社区风险熵影响的大小，采取相应的对策措施，把社区风险控制在安全范围内，提高社区的安全性。

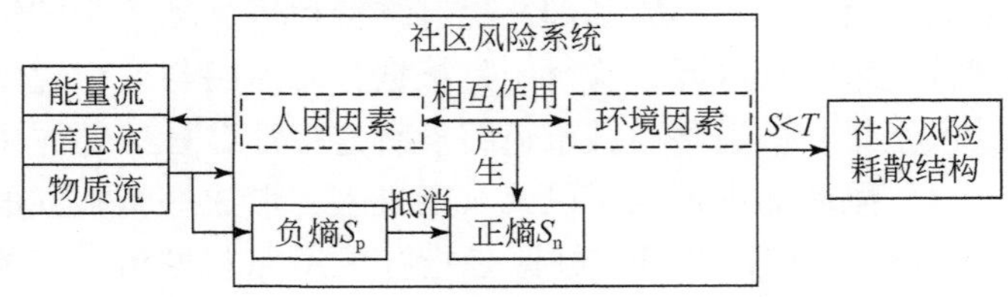

图 7-2　社区风险耗散结构形成过程（佟瑞鹏和翟存利，2017）

（2）社区风险熵变模型的构建。梳理出社区风险的候选影响因素集，总结出社区风险影响因素集。利用相关分析、主成分分析进行主成分和独立性的设置筛选，得出社区转型前后对社区风险影响有变化的影响因素集。确定社区风险正熵变因素集为组织结构、管理制度、开放空间、社区居民 4 个方面，社区风险负熵变因素集为物质基础、技术保障、精神状态 3 个方面。系统中正熵的增加是系统无序的根本原因，外界负熵的流入是其有序之源，社区风险的正熵和负熵共同决定了社区风险的变化趋势。以社区风险熵变因素为基础，构建社区风险熵变模型，如图 7-3 所示。

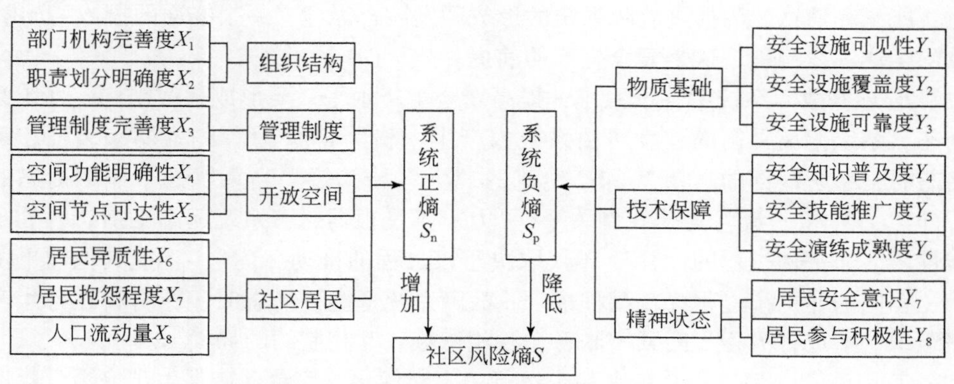

图 7-3　社区风险熵变模型（佟瑞鹏和翟存利，2017）

由社区风险熵变模型可以进一步研究社区风险耗散结构的判别方法，得出封闭社区、半开放社区和完全开放社区的风险变化情况。基于耗散结构理论的社区风险评估方法，可以动态分析社区风险系统，直观发现社区风险演化中的重要影响因素，从而采取针对性的改进措施，为不同时期社区风险管控提供可靠的依据。

3. 基于耗散结构理论的系统故障分析与控制

王从陆等（2005）利用耗散结构理论，对故障系统的耗散参量和耗散条件进行研究，得到其稳定、安全运行的基本条件，为预防故障、促进系统安全运行和提高日常安全管理水平提供指导；通过对故障系统的耗散行为进行分析，得出了故障发生的原因及演化规律，为减少故障发生和安全状况的持久改进提供了新途径和理论依据。故障系统与耗散系统之间的对比关系如图 7-4 所示。

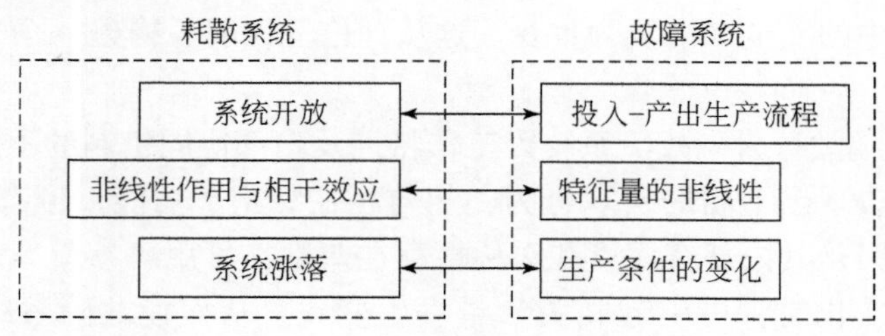

图 7-4　故障系统与耗散系统之间的对比关系

从图 7-4 可以看出，耗散系统与故障系统存在相似之处，耗散系统通过控制 3 个内、外部的条件，可以形成新的耗散结构，它与原耗散结构相比，更加有序，系统的熵更低；同理，故障系统也可以通过对其系统内、外参量的控制，形成更加有序、熵值更低、更加安全的系统。

（1）建立开放的故障系统，搞好投入–产出生产流程建设，确保安全生产。为确保生产高效、安全地进行，就必须对故障系统中的人、财、物进行严格的管理，减少生产过程中的各种故障，确保系统同外界贯通，使故障系统源源不断地获得自身存在和发展所需要的物质、能量和信息。为促进故障系统的形成和发展，需建立一个畅通的投入–产出体系，即具体的生产工艺流程，这是安全生产的前提。

（2）管理好故障系统中各子系统，提高安全生产水平。要形成耗散结构，系统必须远离平衡态。系统偏离平衡的程度可由系统内产生“流”的“力”的强弱来表征。系统处于平衡态时，系统内部的“流”和产生流的“力”皆为零。当系统处于非平衡态的线性区时，即“力”和“流”为非线性关系，“力”不是很弱时，系统远离平衡态，处于非平衡非线性区。非平衡过程的“流”不仅取决于该过程的推动“力”，还受其他非平衡过程的影响，不同的非平衡过程存在某种耦合。故障系统远离平衡态时，原材料在各生产流程中有序组织，形成各流程之间紧密联系，互相依赖、互相制约的局面。

（3）克服涨落，使故障系统在稳定运行中不断优化、完善，确保生产安全。耗散结构必须在外界参数控制下才能形成，系统在涨落的作用下并不总是朝我们需要的方向形成稳定结构，这要求我们首先要充分了解系统的涨落，然后在此基础上充分利用涨落，提高和优化系统的功能。对故障系统而言，系统状态参量为故障系统中各个工艺流程中的管理现状、设备运行、维修情况、职工技能、工作态度及加工对象的相关信息等表征的系统状态参量集合。故障系统中的涨落因素比较多，主要由两部分组成：源于系统内部和来自外界环境的扰动。系统内部的涨落因素主要有：设备运行工况的波动及对设备管理、检修、维修不够而导致的物的不安全状态；职工生理、心理、疲劳、健康状态的波动；管理中的漏洞和疏忽，管理体系不健全；职工培训不够导致的误操作；相关人员缺乏相关的安全基本知识而导致的不安全行为等。当故障系统被外界参量控制在远离平衡态时，系统在涨落的影响下形成耗散结构，它是一种稳定态，系统内部各子系统之间存在着协同作用力，这种作用力越大，越有利于形成高度稳定有序的结构。根据耗散结构理论，一个稳定的耗散结构具有抗干扰的能力，外界因素引起的系统的波动会被结构本身吸收，与低层次系统相遇，通过耗散结构的吞并融合，保持其特性不变。故障系统中各种各样的波动无处不在，这一点对确保生产中的安全来说极为重要。这从理论上说明了构建一个安全的生产系统的可能性。

（4）故障系统耗散行为。故障系统因工作特性及内部协同机制的不同，可形成许多不同的相。不同的相表现出不同的宏观行为，相与相在结构、功能、形态等方面存在差异。引起这种差异的原因是其内部有序度和对称性存在差别，可用序参量来表征。故障系统中某个状态参量发生变化时，可引起相关参量发生变化，从而使故障系统内部状态不断变化、相互融合吞并及调节。当这种变化到达特定的值时，系统内部的有序度可能发生突变，发生故障。在定态系统中，大量子系统相互弥补和抵消，保证了故障系统总的宏观状态显现稳定性，即确保生产的连续性，而这种稳定性需要源源不断的耗散物质、能量和信息来维持。

4. 耗散结构理论在安全领域的更多应用

关于安全耗散结构理论的实践还很不够，耗散结构理论在安全科学方面的应用目前较少，更多的是偏重于与安全相关的岩土工程方面的研究。但目前已经有部分学者在这方面做了开创性的工作，如通过对安全系统本质特征的研究，证明安全系统以耗散结构形式存在，论述安全系统的负熵流，分析安全系统耗散结构的形成过程；利用耗散结构理论对故障系统的耗散参量和耗散条件进行研究，为预防故障、促进系统安全运行和提高日常安全管理水平提供指导；通过对应急避难场所环境影响评价的研究，证明应急避难场所是典型的耗散结构非平衡态系统，利用耗散结构理论分析应急避难场所的规划设计等。

7.4 安全突变论及其应用

突变论是一种主要基于数学而建立的系统演化理论，它并非自组织理论的分支，而是非线性动力学的一个分支。因为突变不是自组织过程特有的现象，他组织过程也可能有突变，突变理论是自组织理论和他组织理论共用的数学工具。

7.4.1 灾变与突变论

1. 突变论的内涵

突变论对哲学上量变和质变规律的深化，具有重要意义。很长时间以来，关于质变是通过飞跃还是通过渐变，在哲学上引起重大争论，历史上形成三种观点：“飞跃论”、“渐进论”和“两种飞跃论”。突变论认为，在严格控制条件的情况下，如果质变中经历的中间过渡态是稳定的，那么它就是一个渐变过程。质态的转化，既可通过飞跃来实现，也可通过渐变来实现，关键在于控制条件。

突变论认为，系统所处的状态，可用一组参数描述。当系统处于稳定态时，标志该系统状态的某个函数就取唯一的值。当参数在某个范围内变化，该函数值有不止一个极值时，系统必然处于不稳定状态。托姆指出：系统从一种稳定状态进入不稳定状态，而参数的再变化，又使系统从不稳定状态进入另一种稳定状态，那么，系统状态就在这一刹那间发生了突变。突变论给出了系统状态的参数变化区域。

突变论认为，高度优化的设计很可能有许多不理想的性质，因为结构上最优，常常意味着对缺陷的高度敏感性，就会产生破坏性，以致发生真正的“灾变”。在工程建造中，高度优化的设计常常具有不稳定性，当出现不可避免的制造缺陷时，由于结构高度敏感，其承载能力将会突然变小，而出现突然的全面的塌陷。突变论不仅能够应用于许多不同的领域，也能够以许多不同的方式来应用。

在自然界和人类社会活动中，除了渐变的和连续光滑的变化现象外，还存在着大量的突然变化和跃迁现象，如水的沸腾、岩石的破裂、桥梁的崩塌、地震、细胞的分裂、生物的变异、人的休克、情绪的波动、战争、市场变化、经济危机等。突变论正是试图用数学方程描述这种过程。突变论简单地说，是研究从一种稳定组态跃迁到另一种稳定组态的现象和规律。

通过突变论能够有效地理解物质状态变化的相变过程，并建立数学模型。例如，通过初等突变类型的形态可以找到光的焦散面的全部可能形式；应用突变论还可以恰当地描述捕食者-被捕食者系统这一自然界中群体消长的现象；过去用微积分方程式长期不能合理解释的，通过突变论能使预测和实验结果很好地吻合；突变论还对自然界生物形态的形成做出解释，用新颖的方式解释生物的发育问题，为发展生态形成学做出了积极贡献。

应用突变论还可以设计许许多多的解释模型。例如，经济危机模型，它表现了经济危机在爆发时是一种突变，并且具有折叠形突变的特征，而在经济危机后的复苏则是缓慢的，它是经济行为沿着“折叠曲面”缓慢滑升的渐变。此外，还有社会舆论模型、战争爆发模型、人的习惯模型、对策模型、攻击与妥协模型等。

2. 突变论的基本内容

突变论主要以拓扑学为工具，以结构稳定性理论为基础，提出了一条新的判别突变、飞跃的原则：在严格控制条件下，如果质变中经历的中间过渡态是稳定的，那么它就是一个渐变过程。例如，拆一堵墙，如果从上面开始一块块地把砖头拆下来，整个过程就是结构稳定的渐变过程。如果从底脚开始拆墙，拆到一定程度，就会破坏墙的结构稳定性，墙就会倒塌下来。这种结构不稳定性就是突变、飞跃过程。再如，社会变革，从封建社会过渡到资本主义社会，法国大革命采用暴力来实现，而日本的明治维新就是采用一系列改革，以渐变方式来实现。

对于这种结构的稳定与不稳定现象，突变论用势函数的洼存在表示稳定，用洼取消表示不稳定，并有自己的一套运算方法。例如，一个小球在洼底部时是稳定的，如果把它放在突起顶端时是不稳定的，小球就会从顶端处，不稳定滚下去，往新洼地过渡，事物就发生突变；当小球在新洼地底处时，又开始新的稳定，所以势函数的洼存在与洼消失是判断事物的稳定性与不稳定性、渐变与突变过程的根据。托姆的突变论，就是用数学工具描述系统状态的飞跃，给出系统处于稳定态的参数区域，参数变化时，系统状态也随着变化，当参数通过某些特定位置时，状态就会发生突变。

突变论提出一系列数学模型，用以解释自然界和社会现象中所发生的不连续的变化过程，描述各种现象为何从形态的一种形式突然地飞跃到根本不同的另一种形式，如岩石的破裂、桥梁的断裂、细胞的分裂、胚胎的变异、市场的破坏及社会结构的激变等。按照突变论，自然界和社会现象中的大量的不连续事件，可以由某些特定的几何形状来表示。

突变的主要特性包括突发性、多向性、稳定性和不可逆性、周期性、随机性。

突变论能解说和预测自然界和社会中的突然现象，无疑它也是软科学研究的重要方法和得力工具之一。突变论在数学、物理学、化学、生物学、工程技术、社会科学等方面有着广阔的应用前景。突变论的应用在某些方面还有待进一步的验证，在将社会现象全部归结为数学模型来模拟时还有许多技术细节要完善，在参量的选择和设计模型方面还有大量工作要做。此外，突变论本身也还有待于进一步完善，在突变论的方法上也有许多争议之处。目前，突变论在许多领域已经取得了重要的应用成果。随着研究的深入，它的应用范围在不断扩大。

7.4.2 托姆原理及应用

1. 托姆原理

长期以来，人们总以为突发性事件是没有规律可循、无法预言的。突变论的出现改变了人们的看法，使人们认识到突发性事件同样有规律可循，可以对此做出预言。特别是当对象是有势系统时，托姆原理以严格的逻辑性对突变发生的条件、类型、个数进行完备的论述。其要点如下：

（1）当控制参数不大于4时，有且只有7种不同性质的基本突变，即折叠形、尖顶形、燕尾形、蝴蝶形、抛物形脐点、椭圆形脐点、双曲形脐点；

（2）当控制参数不大于5时，有且只有11种不同性质的基本突变，除上述7种外，还有印第安人茅舍形、符号形脐点、第二椭圆形脐点和第二双曲形脐点；

（3）当控制参数更大时，不同基本突变的类型也更多。

详细论证需要较为艰深的数学知识。表7-2给出了11种突变类型的基本特征，它们都是数学中常见的多项式函数。在此需先解释几个必要的概念。

（1）突变芽。托姆证明的部分引理指出，有势系统的势函数可以分解为两部分：一部分与突变之类的奇异行为无关，称为莫尔斯部分；另一部分与奇异行为有关，称为非莫尔斯部分，研究突变现象无须看势函数的莫尔斯部分。经过适当的数学变换，势函数可以表示为式（7-13）：

$$V \approx G(r) + M \tag{7-13}$$

式中，G为突变芽；r为控制参量的数目；M为莫尔斯部分。突变芽是x^k型的多项式，如x^3、x^4等。

（2）突变函数。顾名思义，突变芽就是生成突变现象之幼芽，是突变现象的种子。没有突变函数，有势系统不会发生突变。但只有幼芽还不够，幼芽经过发育或展开而形成突变函数，才能够代表现实存在的具有突变行为的系统。

表7-2 突变函数例子

名称	控制参数	突变芽	突变函数
折叠形	1	x^3	a_1x+x^3
尖顶形	2	$\pm x^4$	$a_1x+a_2x^2\pm x^4$
燕尾形	3	x^5	$a_1x+a_2x^2+a_3x^3+x^5$
蝴蝶形	4	$\pm x^6$	$a_1x+a_2x^2+a_3x^3+a_4x^4\pm x^6$

续表

名称	控制参数	突变芽	突变函数
印第安人茅舍形	5	x^7	$a_1x+a_2x^2+a_3x^3+a_4x^4+a_5x^5+x^7$
椭圆形脐点	3	x^2y-y^3	$a_1x+a_2y+a_3y^2+x^2y-y^3$
双曲形脐点	3	x^2y+y^3	$a_1x+a_2y+a_3y^2+x^2y+y^3$
抛物形脐点	4	x^2y+y^4	$a_1x+a_2y+a_3x^2+a_4y^2+x^2y+y^4$
第二椭圆形脐点	5	x^2y-y^5	$a_1x+a_2y+a_3x^2+a_4y^2+a_5y^3+x^2y-y^5$
第二双曲形脐点	5	x^2y+y^5	$a_1x+a_2y+a_3x^2+a_4y^2+a_5y^3+x^2y+y^5$
符号形脐点	5	$x^3\pm y^4$	$a_1x+a_2y+a_3xy+a_4y^2+a_5xy^2+x^3\pm y^4$

由表7-2可看到，不仅线性系统不可能产生突变，而且至少要含有立方项 x^3 的强非线性系统才能够产生突变。如果给定 x、y 的范围和步长并用计算机作图，可以看出这些突变函数的形状。

2. 突变论在安全领域的应用

安全突变论的应用较多，涉及安全评价、安全经济、交通安全、社会安全等各个方面，但大多集中于突变论在安全评价中的应用，在系统安全分析、系统安全管理中应用较少。例如，建立事故过程的突变模型，对工业事故率变化的非线性动力学作用进行分析，证明非线性模型比传统的线性模型在分析事故方面更具有有效性；通过研究突变论在安全工程中的应用，探讨事故过程突变分析的流形与势函数分析方法，分析系统安全动态模糊突变，对危化品储库进行安全评价；建立了油库火灾爆炸尖点突变模型，对油库安全状态的模糊动态进行分析与评判，证明运用突变评价模型可以避免评价指标权重的确定问题，减少评价人员主观因素的影响；运用突变论分析社会安全中人群拥挤现象的形成机理，建立拥挤人群的尖点突变模型，描述人群状态的非连续性现象，控制拥挤人群的安全状态；运用突变论分析事故的发生机理，建立事故潜势突变模型，阐述事故潜势是事故发生的本质特征；对建筑火灾中的轰然现象进行突变动力学研究，建立轰然现象的突变流形方程，获得系统控制参数和工况条件之间的关系；针对安全演化过程具有流变-突变的特点，建立理论模型，为揭示事物的安全本质提供新路径等。

7.5 安全自组织理论及其应用

7.5.1 自组织理论概述

1. 复杂系统自组织理论的形成

自组织行为是指在非线性动力系统中复杂有序结构的自发形成、演化与分化；而系统在输入非特定的能量、物质或信息后，通过其内部要素的反馈机制，并最终达到系统静态平衡的临界状态所对应的即为自组织系统。由其定义可知，自组织理论由来已久，可追溯至中国古代的"无为而治"统治思想，近代"市场——一只无形的手"这一经典理论，以及我们所熟悉的学习型组织、柔性管理，乃至国家层面的科学发展观都从不同角度体现出该思想。

自组织理论的形成与发展过程可概述为：以研究演化系统的非平衡、非线性热力学为主的耗散结构理论为理论基础；20 世纪 70 年代出现的协同学、超循环理论、突变论、混沌理论和分形理论，则从对复杂系统认识的角度上，认识了系统演化动力机制，从而较为深入地发展了系统自组织原理。由于自组织现象频繁出现在物理、化学、生物领域（如细胞动态特征，以及交通控制、城市发展和人口控制等方向），从不同的角度来研究自组织现象则会形成不同的理论观点，它们相互借鉴、补充，共同构成自组织理论。因此，目前系统自组织理论已在自然科学与社会科学，乃至科学与人文综合方面发挥重要作用。

复杂系统最本质的特征就是各组分在一定程度上具有智能性，即可以通过了解系统所处的环境，从而预测其变化，并按预期目标采取行动。所以，自组织作为复杂系统的重要组成部分，在组织的组元分析中发挥特殊的作用，同时可揭示复杂系统演化的规律和特征。

2. 自组织原理中的信息传递

信息的传递使系统成为整体并形成运动，因而信息系统传输作为安全系统的脉络，不仅可以消除安全系统中的混乱无序，也可以影响组织发展的方向。一个系统能否有序地运行，取决于信息被组织的程度。安全系统应该有完备的通信系统，因为对有效信息的获取、处理、传递能力，是保障复杂安全系统内在稳定性的重要依据。在复杂系统中信息的传输及作用机制例子分别如图 7-5 和图 7-6 所示。

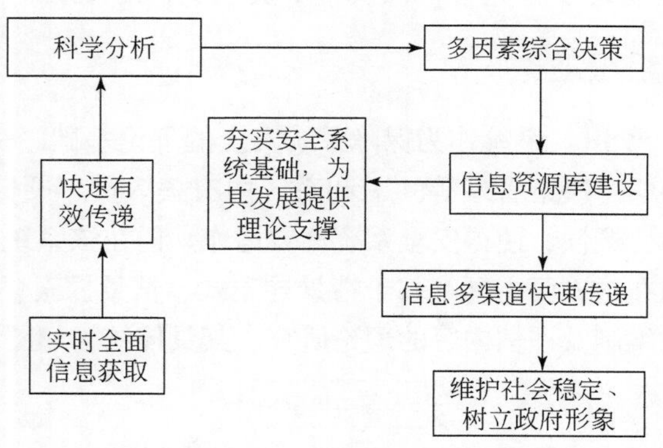

图 7-5　复杂系统通信网络信息反馈过程例子

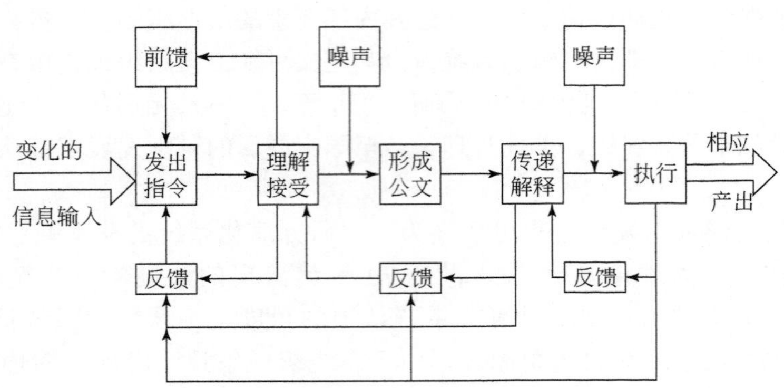

图 7-6　系统中信息处理模型例子

7.5.2　安全系统自组织原理

安全系统与自组织原理有着密不可分的联系。由上述内容介绍可知，自组织原理中的核心机理与安全系统学所体现的重要思想，有很好的相容性，二者所遵循的原则也具有一致性，所以从系统的角度而言，二者相互作用的地方包括：一方面，安全自组织系统在内力的作用下，使原本无序混沌的状态，演变为一种在时间、空间或功能上的有序状态，进而使得系统不断更新、完善；因此，安全学科理论的发展也离不开对自组织原理的深入探索与运用。另一方面，自组织原理的强大理论性能也需要在安全系统这一巨系统的运用中得以检验和进一步发展。

对于安全系统自组织原理研究的意义可简要地表述如下：从自组织的角度来研究安全系统，可以更好地认识安全本质，升华安全哲学的内涵；可以引入新的方法来研究安全系统，从系统内在发展的规律来预测事故，并指导相应新理论、新技术的生成，丰富安全科学基础研究，促进安全管理学科完善，以及整个安全学科的发展。

1. WSR 系统自组织理论

物理-事理-人理（WSR）系统作为保障系统安全的理论基础之一，是一种系统方法论，它将科学技术、社会科学、决策管理等知识和系统内有关人员、硬件及软件知识有机结合，提高了安全系统的整体协调性，使得安全系统高效运作。但在该系统中，物理和事理之间的联系也同等重要，目前在这方面主要有基于情景导向式、情景探索、情景演化、情景应对等一系列关于应急预案的编制及评估内容的理论研究。其具体结构如图 7-7 所示。

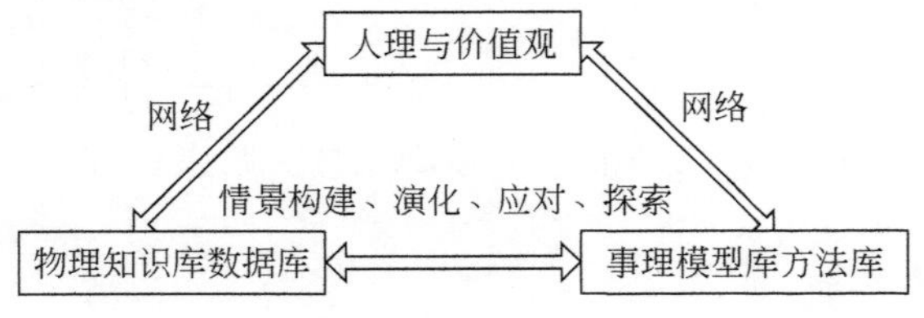

图 7-7　WSR 系统方法论

复杂系统经营管理中涉及物理、事理和人理三类因素。设备、资金、技术等是物理因素，一般都能够用自然科学、工程技术和硬系统方法加以描述和解决。人与物、部门与部门、活动与活动、过程与过程之间关系的协调属于事理因素，事理涉及心理、社会、文化等因素，带有主观性，单纯的自然科学、工程技术和硬系统方法不行。人的感知、心理、利益、得失、偏好、经验、习惯、爱恨、人与人的关系等属于人理因素，自然科学、工程技术和硬系统方法对于描述人理更无济于事。实际上，物有物理，事有事理，人有人理，它们都在人类活动系统中发挥作用，社会系统的运行发展是物理、事理和人理交互作用形成的统一体，忽视和违背哪一方都不行。以这些认识为基础形成的一套方法论，称为物理-事理-人理方法论，用三类因素前三个字的拼音第一个字母命名，简记作 WSR，基本原则就是在经营管理中坚持做到懂物理、明事理、通人理。

物理、事理和人理三者是相互联系、相互制约的，WSR 系统方法论强调把物理、事理、人理统一起来，核心是理顺各种关系，让物的因素、事的因素和人的因素产生良性互动，以产生整体大于部分之和的涌现性。物理因素基本上是硬性的，事理因素很大程度上是软性的，人理因素几乎都是软性的。软性的一大特点是不确定性、易变性，事理特别是人理具有权变性。所以，WSR 属于典型的软系统方法论。应用 WSR 方法包括领会意图、调查情况、制定目标、收集方案、决策评价等步骤。

需要指明的是，讲人理不是提倡人情大于理性，以人治代替法治；而是在以系统思想观察和解决问题时，要坚持以人为本，重视人的因素，不要见物不见人、见事不见人，努力理顺系统内外的人际关系，设法避免人为的相互牵制，这样才能充分调动人的积极性。如果系统工程师接受一项任务后，主要依据使用方的好恶倾向来拼凑模型，那就意味着以人情取代事理，以官本位取代科学。

2. 安全系统自组织

自然界存在的系统即使具有控制中心，组织行为和组织过程也是自发的。唯有人是具有自觉能动性的存在物，人一旦认识了客观规律，就会形成理论、计划、方案、方法，并付诸行动，自觉地改造自然环境。个人或人类群体在某种理论、观念、信念的指导下，选定某个明确的目标，按照明确的计划、方案、程序付诸行动。人们的各种行动，用物、操作、驾驶，规划、设计、施工，维修、治病、教育、管理、指挥、领导、创作、研究、发明，等等，都是自觉的他组织。从史前到现在，人类不仅积累了极其丰富的实践经验，而且提出了种种理论，如领导科学理论、设计科学理论、管理科学理论、工程科学理论、创作理论等，这些都是具体的他组织理论。

一个系统在不受外力特定驱使的情况下，要想通过内部要素自主协调而达到高度有序局面，实现系统自组织管理，不可缺少的就是要充分调动人的主观能动性。作为安全系统中重要的子系统——人子系统在保障系统安全程度的同时，也在改变着管理的模式，掌握着系统运行的大方向。由安全价值观和安全行为准则构成的安全文化，目的在于保护人的健康，珍惜人的生命，实现人的价值文化。当人员具有很高的安全意识时，人类的安全事业将上升到一个较为和谐的层次，此时系统的自组织性能也会较高，表现也更为秩序化。安全文化的大力发展，不仅体现出了人类安全意识和素养的提高，同时也可以约束和指导人们安全的工作、生活，进而促进社会自组织系统和谐发展。因而，安全文化的建设不仅是安全科学研究的重要部分与安全系统发展的必然结果，同时也是系统自组织原理不断深化、完善的重要环节。

7.6 安全协同学及其应用

从安全科学理论研究的视角出发，以生产系统为研究对象，以正确处理各个子系统之间的信息、能量和功能结构在时间与空间上的重组与互补关系为研究目标，引入安全协同学的概念。安全协同学是跨学科的横断领域，旨在寻求有生命、无生命及有生命和无生命的混合系统自组织的普适原理。

7.6.1 安全协同学的基本概念与起源

1. 安全协同学的基本概念

安全协同是一种求同存异的协同，是一种多样性的协同效应，为实现整个安全系统的存在与发展，通过衡量大多数安全子系统的共同目标，合理地进行彼此关系的协调以实现系统在时间和空间上的合作、互补、重组。基于上述描述可以大致总结安全协同理论的内涵：安全协同理论是描述安全系统有序度增加的内在机制的系统理论，从安全的角度出发运用安全协同的理论思维去设计、开发、优化安全系统，着重探析人–物–环境及其相互间能量、信息、物质等在时间、空间和功能结构上的重组与互补等关系，旨在把握安全系统的演化时机和方向，以实现人们安全、健康、舒适地工作，并取得满意工作效果的一门安全系统基础理论。

系统由大量子系统组成，在一定条件下，受子系统相互作用和协作的影响，系统逐渐发展演变，进而呈现新的宏观结构。在此过程中需要特别解释以下几个概念：

（1）序参量和相变。系统在发生相变前序参量为零，随着子系统之间的关联度的不断增大而增大，序参量支配着子系统协同运行，系统的运作依赖于这样的“表达式”，若这样的“表达式”是无序的，进而系统一定做无序运动，序参量可分为快参量和慢参量，快参量对系统的运作影响甚微而慢参量对系统的行为起着主导主用。与此同时，它也是系统发生相变前后最主要的标志，表示系统的结构和类型，是所有子系统对协同运动做出贡献的总和，也是子系统介入协同运动程度的集中体现。相变则用以描述系统在“阈值”前后的两个不同状态。

（2）涨落。任何一个系统都不会是绝对稳定、有序、安全的，也就是说，各个子系统无规则的独立运动不会绝对停止。简而言之，任何一个系统的稳定、有序、安全都是各子系统在时间、空间上的局部耦合作用，表现出一定的宏观瞬时值的特征，随着外界条件的波动或内部自身的波动，这个宏观瞬时值也在一定范围内波动，而这种上下起伏的现象就叫涨落。值得注意的是，当这个涨落超过某一“阈值”时系统便发生了相变，且其运动状态呈现出一定的不可预知性。

（3）自组织。系统状态的转变需要外界提供的控制参量（物质流或能量流）达到转变的阈值才有可能实现，然而大多数情况下外界并未参与到这样的转变中，或是没有提供某种控制参量来使系统维持某种功能或结构运行，而是由系统自身内部组织起来，以各种形式的信息反馈来控制并维持这种组织的结果。

2. 安全协同学的核心范畴

安全协同理论作为安全系统学的重要分支和应用理论，处于许多科学理论和专业技术的结合部位。这决定了安全系统协同并非单一维度上的协同，而是多维度的相互协同。之所以以往人类在生产生活中屡屡发生安全事故，就是由实践目标和选择的单一性造成的。例如，有的人只注重当前利益而忽略了安全投入在未来产生的经济效益，有的人只看到科学技术带来的便利而将生态环境抛诸脑后，造成了当前的环境恶化。安全是将不同层次、不同性质、不同功能的部分分解成有序的目标加以优化组合。安全目标关联维度可以表征安全目标在安全系统空间、时间、途径、序参量上的协同统一，以此来揭示安全系统有序度结构形成的规律，并利用规律调动各个组成结构的资源分配，这是安全协同理论的研究核心范畴。

（1）时间维。人对任何一个新的事物的认知都有一个进步的过程。人对安全系统本身的认识也经历了从概念认识到重视的发展过程，在这个过程中安全系统也由简单的元、部件发展到更加复杂完善的巨系统，这大致可以分为以下几个步骤，即安全系统发现、安全系统认识、安全系统丰富、安全系统优化。在这个复杂化的过程中，安全协同发挥了重要的作用，通过安全协同能将各种不同的安全子系统、安全元件、安全部件有效地融入大安全系统中。

（2）空间维。安全系统在空间上由安全元件、安全部件、安全构件、安全子系统逐步发展到安全系统，由简单向复杂逐渐发展，任何一个点的安全隐患都会殃及整个系统的安全运行。安全系统追求的是全系统的本质安全，用协同的观点审视整个系统元素间的相互协同与制约作用，增加保护性协同，减少、消除危险性协同，可创造出更可靠的安全系统。

（3）途径维。安全系统发展和防护的途径有多种，其中不同途径——科学技术、安全管理、个人安全素质、企业安全文化、安全法律法规的应用原理和方法均有所差别，但是其最终目标都是获得更高级的安全系统，只有各方面安全因素高度协调统一才能更好地实现系统安全。

（4）安全序参量。安全序参量是决定安全系统向有害或有利的有序结构转变的主导因素，安全系统与生产大系统及社会、国家大系统息息相关。影响安全系统的序参量包括经济序参量、文化序参量、政治序参量、企业序参量和社会序参量 5 个方面。

安全目标关联维度是安全系统产生的不同性质、范围和层次的参量，安全协同学的主要研究目的就是将所有的参量有机地整合到一起，即不仅仅要实现维度内的协同更需要实现各维度间的协同，它是安全实践目标和选择方式趋于统一和最优化的有效途径。

3. 安全协同学的理论渊源

每个学科都有其自身独特的理论、框架体系和解决实际问题的思想方法，安全协同学引入了每个相关专门领域不同的概念、特性和方法丰富其内涵。物理学家总是将安全与速度、能量、势能等看成影响安全因素的首要因素，而数学家往往倾向用数学方程的方式描述系统之间的相互联系和发展趋势，并进行一定的定量预测。信息论则是注重对现有的系统资料进行分类、处理，尽量从现有的信息挖掘出更多可用的信息对系统的安全性进行无偏估计。控制论要求系统按照事先编写的程序做指定运动，由协同学的知识可知涨落因子对系统的安全运行起着至关重要的作用，然而动力系统理论则忽略了涨落在分叉点处对系统相变选择的影响，即动力系统理论最好应用在没有外界扰动或涨落的情况下。所以说，安全协同学是一门交叉横断学科，主要研究系统中各个子系统如何合作以产生宏观的空间结构、时间结构或功能结构，这便从本质上要求将现有的各类学科的理论知识引入安全协同学的构建中。只有将被人类认可的理论科学作为理论基础，安全协同学才有可能被接受和发展。安全协同学的发展是从无到有的，最先是引入其他学科的知识，随着各个领域的理论知识的发展，从事与安全相关工作的学者引入的学科理论越来越多，安全协同学原理也随之壮大和成熟。

7.6.2 安全协同学基本原理及其内涵

通过系统性地分析和归纳现有的理论成果后，结合安全协同学的定义、研究内容和理论渊源所设计的相关内容，本节总结出了 7 条与安全相关的基本原理，即安全伺服原理、安全自组织原理、安全序参量原理、安全涨落原理、安全协同竞争原理、安全不稳定性原理、安全协同效应原理，并加以详细地分析其内涵。

1. 安全伺服原理

一般情况下，我们所要研究的系统大多都是复杂的系统，影响系统安全性能的因素也极其众多和复杂，安全伺服原理就是找出众多难解的因子（序参量）进行“化简”得到其中最主要的一个或多个项（快变量），使原有的复杂性变成人们所乐于见到的简单性，影响系统安全的因素的重要程度就变得清楚明了。此时，系统的信息量被大大地压缩，将一些对系统运行影响较小或与系统当前运行无关的信息剔除，得到主要影响系统自组织结构的因素，对其加以处理并对系统现阶段或近阶段做出相应的无偏估计，有助于解决主要问题，提高工作人员的效率。

2. 安全自组织原理

安全自组织原理是在一定的条件下，系统自身通过各种形式的信息反馈和控制实现特定的功能，并保证系统相对安全的理论思想。安全自组织原理是安全协同学的核心理论，自组织通过序参量来维持，不管系统发生怎样的转变，自组织是所有系统的最终归宿。自组织透过系统的外部现象，挖掘出了其共同遵循的普遍规律。例如，一个生产流水线在没有外部指令的情况下，每个工作人员彼此之间达成默契独自完成规定的任务或特定的使命，使得这个生产线得以安全地正常运行，对于这个过程的描述即为安全自组织原理。

3. 安全序参量原理

影响系统安全性的因素众多复杂，并非单一因素造成系统的相变。结合信息论的相关理论观点，安全序参量在系统安全自组织过程中起着双重作用，它负责给各个单元或子系统发放指令，告知其该如何运作，同时又告知观察者系统的宏观运行情况，系统行动反过来决定安全序参量的性质。因此，分析任何一个系统的安全性时，必须抓住其内在本质——影响系统安全的内在因素，只有认识到真正的“幕后操控手”才能采取有效的解决措施，系统的安全性才能得以保证。

4. 安全涨落原理

每个涨落都包含着一种宏观结构，大多涨落得不到其他大多数子系统的响应便表现为阻尼大而很快衰减下去，只有那个得到其他大多数子系统很快响应的涨落，才能由局部波及系统，成为推动系统进入新的有序状态的巨涨落。对于安全而言，这种涨落的内容势必会引起系统安全系数的起伏，这种偏离平均安全值的起伏现象即为安全涨落。从随机论来看，涨落是形成有序结构的动力；从动力学来看，系统演化的结局是由边界条件决定的。虽然各种内容的涨落的出现是偶然的，但只有符合边界条件的涨落才会得到响应和放大，才能转变为支配系统的序参量。安全涨落原理有助于准确找出主要的控制系统安全的控制参量进而建立序参量方程。

5. 安全协同竞争原理

协同是指系统各部分的协同工作，是系统整体性和相关性的内在表现，包括人与人之间的协作、人与机器之间的协作、人与不同应用系统之间的合作。竞争是协同的基本前提和条件，是系统演化的最活跃的动力，从开放系统的角度来看，竞争一方面造就了系统远离平衡态的自组织演化的条件，另一方面推动了系统向有序结构的演化。竞争和协同不仅相互依赖，而且在一定的条件下可以相互转化。通过涨落放大，原有的涨落竞争、创造性转化为新的稳定协同，系统进入新的状态。安全协同竞争原理揭示了与系统安全性相关的元素彼此之间的发展关系，随着时空的改变，各元素的地位和作用也随之改变，系统的安全性能也处在动态变化之中，通过改变能量、信息等在时间、空间和功能结构上的重组与互补关系等特定条件，可以将不利因素转化为有利因素。

6. 安全不稳定性原理

不稳定性是相对于稳定性而言的，安全协同学区别于其他理论，它侧重于研究安全系统的稳定性，认为任何一个新系统的诞生都意味着旧的状态不能再维持，在系统的结构有序化和安全化演化中起着建设作用。当一种旧的模式不再适合当前社会需要时，就需要一种激进的推力将系统推向失稳点，创建有利于满足人类生存发展需求的新模式或新系统，这就是安全协同学的安全不稳定性原理的基本含义。它不仅仅局限于揭示安全系统的内在基本属性，还给予了人们思维上的启示，任何一个和人们生活生产活动相关的安全系统都会随着时间、空间的推移而发生改变，当前的安全状态不是绝对的，只有用发展的眼光审视系统的设计、生产、使用、维修直至报废全过程，才能达到满足人类需求的安全状态。

7. 安全协同效应原理

协同效应最初为一种物理化学现象，是指两种或两种以上的组分相互作用在一起，所产生的作用效果大于各种组分单独应用的效果的总和。简而言之就是1+1>2 的效应。在安全协同学中，协同效应是指构成宏观整体系统的各子系统之间相互竞争、相互影响又相互合作所产生的安全效果和大于这些因素单独地、彼此孤立地发挥效应的效果和。

7.6.3 安全协同学的双模型应用

1. 安全协同学的数学模型例子

应用数学公式或数学模型解决现实问题是最直接有效的方式，但在建模过程中，如何做出正确的简化和假设是异常困难的，也是最具挑战性的过程，它代表着建模者解决问题的基本思路和对真实情况的了解过程。协同学的发展大约经历了半个世纪，其间很多著名学者将数学建模的思想引入协同学的发展中，以阐述系统的自组织现象。协同学理论在许多领域取得了良好的效果，如在大量实验、观察和校正的基础上，从足球场上足球的不规则运动中推导出有效朗之万方程：

$$mv' = -\gamma v + \psi(t) \tag{7-14}$$

两边同除 m 后得

$$v' = -\alpha v + F(t) \tag{7-15}$$

其中，

$$\alpha = \frac{\gamma}{m} \tag{7-16}$$

$$F(t) = \frac{1}{m}\psi(t) = \frac{\varphi}{m}\sum_j \delta(t-t_j)(\pm 1)_j \tag{7-17}$$

式中，γ 为球场的摩擦系数；$\psi(t)$ 为球受到的冲击力。上述方程阐述了系统发展变化的必然性，即新结构取代旧结构。当某些控制参量改变时，结构稳定性可能发生改变而出现新型的组织结构。一个系统的状态失稳时可能发生相当大的变化，原有状态的不稳定性会导致出现一个新的平衡位置，这种变化会推动形成宏观规模的新结构。

序参量能够生动地描述系统相变的过程，是其他方法和理论不可比拟的，将数学建模的基本思想引入安全协同学的应用中，可以将高维问题经过“化简”转化为低维问题，在很大程度上降低了问题的复杂性，同时也为安全科学领域提供了定量计算的理论基础，符合科学与社会协同的观念。找出系统的快变量和慢变量，建立系统的数学模型，找出主导系统安全的序参量，得到系统演化的安全序参量方程。最后分析和求解安全序参量方程，将求解的数学结果还原成对应的系统问题，寻求解决措施，其基本思路如图 7-8 所示。安全协同学原理的数学模型的应用直接而有效，有待于得到更多理论性的突破。

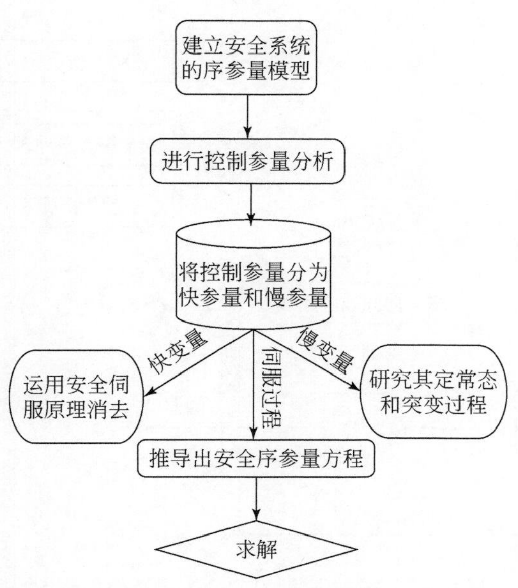

图 7-8　安全协同学的数学模型求解步骤

2. 基于安全协同学原理的逻辑模型

逻辑思维是人的理性认识阶段，是人运用概念、判断、推理等思维类型反映事物本质与规律的认识过程，也是人用科学的抽象概念、范畴揭示事物的本质，表达认识现实的结果的过程。安全协同学原理的 7 条原理，在整个原理体系结构中分别扮演着不同的角色，各个原理之间相互联系而又相互区别，各自具有独特的生命内涵。它们各自都在整个体系中占有举足轻重的地位，是研究安全协同学和解决实际问题的理论依据。如图 7-9 所示，根据安全协同学原理自身的内涵和各个基本原理的逻辑联系，对安全组织系统发展的不同阶段所起的不同功能和作用做出简要的概述：旧的安全组织系统 T 由于自身属性的缘故存在安全的不稳定性，各个安全序参量之间相互竞争和协同，当系统和外界存在能量交流时安全系统发生涨落现象，可以由安全涨落原理分析得出系统的发展路径：一是通过安全协同效应原理再次达到系统协同，最后系统回归到初始状态 T，这个过程没有产生新的组织系统；二是当系统阈值高出系统临界阈值时，建立安全序参量方程或从宏观的角度分析系统本身的缺陷，找出影响安全组织系统 T 平衡的主要因素并加以改造，创造出更加高级、稳定、高效的安全组织系统 T’。随着人类对社会的认知水平不断提高，安全协同学原理运行机制依然存在，人类所组织的安全系统在这样的原理指导下不断完善人们生产生活中的安全系统，从而满足人类对于组织系统的安全要求。

3. 安全协同理论的更多应用

安全协同理论虽然在矿业工程、水利工程、自然灾害、电力系统等与安全科学相交叉的领域有一定的应用，但在纯安全科学领域应用较少。目前安全协同理论的实践大多偏向

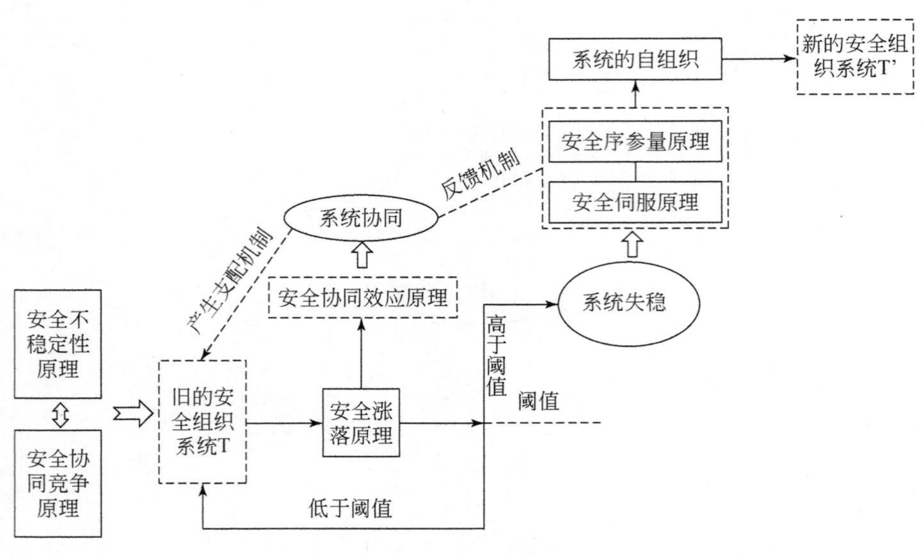

图 7-9　安全协同学原理的逻辑运作机制图

于安全管理等软科学方面的应用，对安全系统序参量方程的建立、控制参数的调节等定量化研究较少。例如，通过事故调查研究，分析技术进步与职业事故之间的关系，研究它们之间的函数关系和演变规律，证明职业事故率在众多因素的协同作用下会发生变化；应用协同学原理和方法对煤矿安全状况与经济发展的协同特性进行定性分析，预测煤矿安全状况与经济发展从无序到有序的协同发展的定量关系，建立煤矿安全与经济协同发展的协调度评价指标体系；应用协同理论研究灾害管理能力及其影响因素，了解灾害管理能力的建设依靠因素，明确灾害战略管理的目标定位；对城市重大事故应急协调的机理进行研究，建立城市重大事故应急系统的协同关系模型，为应急协调性的量化奠定基础；研究灾害链演变过程的似序参量，用协同理论的序参量表示灾害链演变的参数等。

7.7　分形理论及其在安全领域的应用

7.7.1　分形理论与安全组织结构

1. 分形理论概述

结合社会学的相关研究方法，引入分形理论作为一种新的手段为安全社会学的研究提供了新的思路。分形理论是当今十分风靡和活跃的新理论。分形的概念是美籍数学家本华・曼德博（Benoit B. Mandelbrot）首先提出的。分形理论的数学基础是分形几何学，即由分形几何学衍生出分形信息、分形设计、分形艺术等应用。

分形理论的最基本特点是用分数维度的视角和数学方法描述与研究客观事物，即用分形分维的数学工具来描述研究客观事物。它跳出了一维的线、二维的面、三维的立体乃至四维时空的传统屏障，更加趋近复杂系统的真实属性与状态的描述，更加符合客观事物的多样性与复杂性。

1967 年，Mandelbrot 在美国 *Science* 杂志上发表了题为《英国的海岸线有多长？统计自相似和分数维度》的著名论文。海岸线作为曲线，其特征是极不规则、极不光滑的，呈现极其蜿蜒复杂的变化。我们不能从形状和结构上区分这部分海岸与那部分海岸的本质差异，这种几乎同样程度的不规则性和复杂性，说明海岸线在形貌上是自相似的，也就是局部形态和整体态具有相似性。在没有建筑物或其他东西作为参照物时，在空中拍摄的 100 公里长的海岸线与放大的 10 公里长的海岸线的两张照片，看上去会十分相似。事实上，具有自相似性的形态广泛存在于自然界中，如连绵的山川、飘浮的云朵、岩石的断裂口、粒子的布朗运动、树冠、花菜、大脑皮层等。Mandelbrot 把这些部分与整体以某种方式相似的形体称为分形。1975 年，他创立了分形几何学。在此基础上，形成了研究分形性质及其应用的科学，称为分形理论。

20 世纪 80 年代初分形作为一种新的概念和方法，在许多领域被广泛应用。分形几何是描述大自然的几何学，对它的研究也极大地拓展了人类的认知疆域。世界是非线性的，分形无处不在。分形几何学不仅让人们感悟到了科学与艺术的融合、数学与艺术审美的统一，还有其深刻的科学方法论意义。

2. 安全组织结构

安全社会学研究社会中的各种安全问题，按照“沃特斯社会学视角”可以将其划分为安全行动、安全结构、安全理性、安全系统四个方面。按照安全结构可划分为安全的人口结构、安全的家庭结构、安全的就业结构、安全组织结构、安全的城乡结构、安全的区域结构、安全的阶层结构、安全的利益结构、安全的消费结构、安全的文化结构等。其中，安全组织又可以划分为政府的安全组织与各行业的安全组织，并且有各自的安全组织结构。

政府的安全组织结构可以细化为国家安全生产组织结构、国家食品药品安全组织结构等；行业的安全组织结构可以细化为采矿业的安全组织结构、建筑业的安全组织结构、制造业安全组织机构、交通运输业安全组织机构、住宿和餐饮业安全组织结构等。

我们将安全组织结构的研究作为安全社会学研究的切入点，同时引入了分形理论分析安全组织结构的分形特征。分形理论通过对不规则图形的研究揭示了形态各异的自然事物结构的复杂性，借助于相似原理洞察隐藏于混沌现象中的精细结构，为人们从局部认识整体、从有限认识无限提供了新的方法论，为不同学科发现规律性提供了崭新的语言和定量的描述。利用分形理论可以对安全组织结构进行分析与优化。

组织结构是企业的组织意义和组织机构赖以生存的基础，是企业组织的构成形式，即企业的目标、协调、人员、职位、相互关系、信息等组织要素的有效排列组合方式。

组织设计的实质是对管理人员的管理劳动进行横向和纵向的分工。组织结构就是由组织内部的部门划分、责权关系、沟通方法和方式构成的有机整体。

安全组织结构是一个企业组织结构中重要的组成部分。安全组织结构是为了实现安全职能而建立起来的组织结构，目的在于协调安全部门内部关系，使安全部门成为一个由承担各种责、权角色的人员有机结合起来的团队。

按照企业的规模，可分为大型企业安全组织结构、中型企业安全组织结构与小型企业安全组织结构三种，图 7-10 是不同企业规模的安全组织结构。

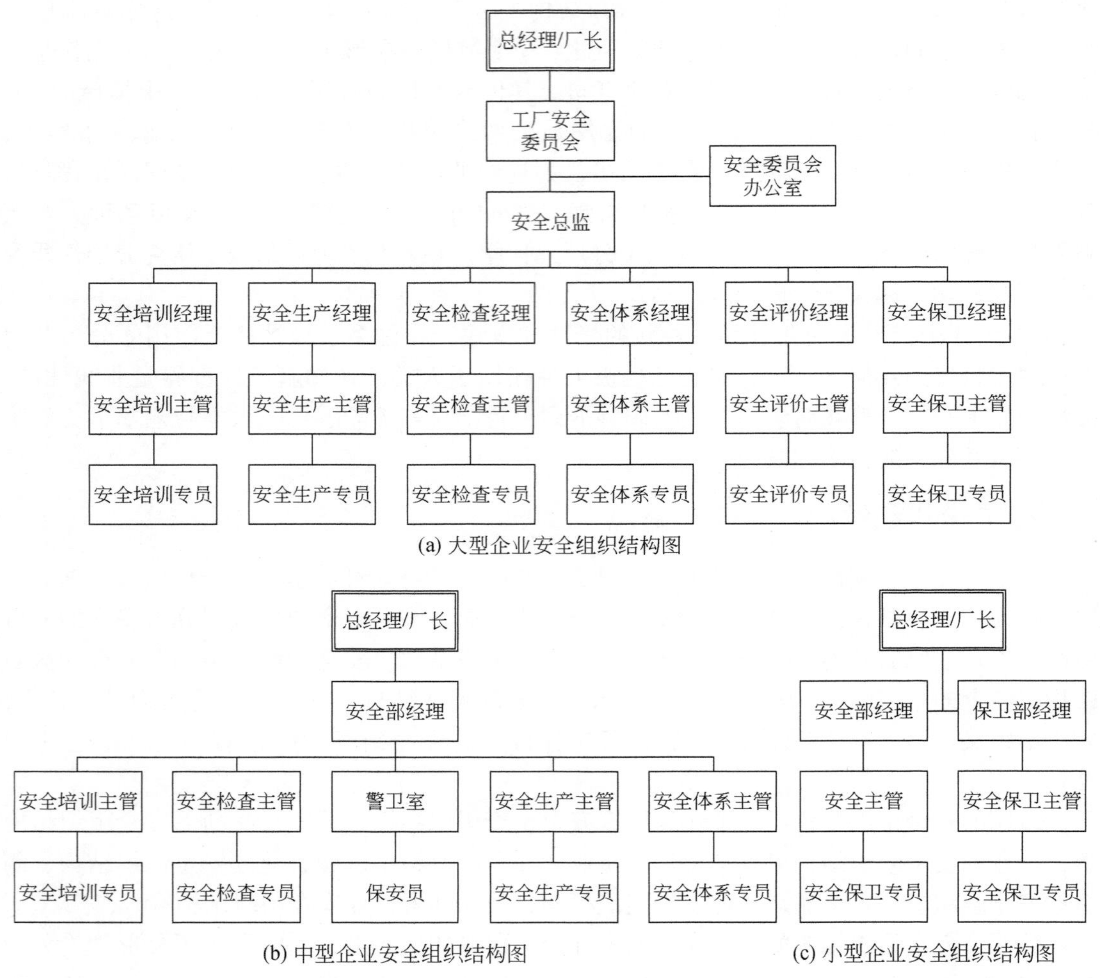

图 7-10　不同企业规模的安全组织结构

7.7.2　安全组织结构与分形比较

早在 1992 年，德国学者瓦内克（Warnecke）根据分析理论提出了一种新的企业组织模式，其目的是使一个公司的企业组织结构可以适应巨变的外部环境。在此基础上形成了分形公司的概念，分形公司是按分形理论组织的公司。结合分形企业的相关理论，本研究提出了分形安全组织机构的概念。

1. 分形安全组织结构的提出

无论企业还是政府的安全组织结构都具有一定的模式，然而企业的安全组织机构是否与企业生产模式、企业结构、企业管理制度及不可预测的外部环境相协调，政府的安全组织结构是否与法律法规、国家的政策及社会的发展相协调，这些都是需要进行动态分析的过程。

分形安全组织结构的实质是借用分形几何中"系统是部分按照某种规律的组合"的基本思想，将复杂的安全管理系统划分成简单的"分形单元"，又称为基本组织单元。

分形安全组织结构是由若干行动独立、目标调整具有自相似性的基本分形单元构成的开放式系统，分形单元通过动态的组织结构而形成充满活力的整体。分形单元具有高度自治性，同时相互配合协作。分形安全组织结构建立在分形理论的基础上，充分地体现了安全组织结构的自相似性、自优化性与自组织性。

2. 分形安全组织机构的基本特点

1）自相似性

自相似性是分形理论最重要的性质之一。一个系统的自相似性是指某种结构或过程的特征从不同的空间尺度或时间尺度来看都是相似的，或者某种系统或结构的局域性质或局域结构与整体相似。

安全组织结构的自相似性强调自主，即能自我形成符合和有利于安全管理总目标的战略与战术，可以改变自身形成新的分形单元。

安全监管体系纵向结构的树如图 7-11 所示。从图中可以比较直观地看出，安全组织结构设置形式的整体结构与部分结构在机构设置的延伸与扩展方面类似于经典分形的三分 cantor 集（图 7-12），从组织机构树上任取一部分进行放大，结果发现它与该管理层次的上一层次或下一层次均具有结构上惊人的相似性，但这种自相似性只是在某种程度上成立，完全的自相似性是不存在的，这样，安全组织机构设置与 cantor 集的随机构造比较吻合。

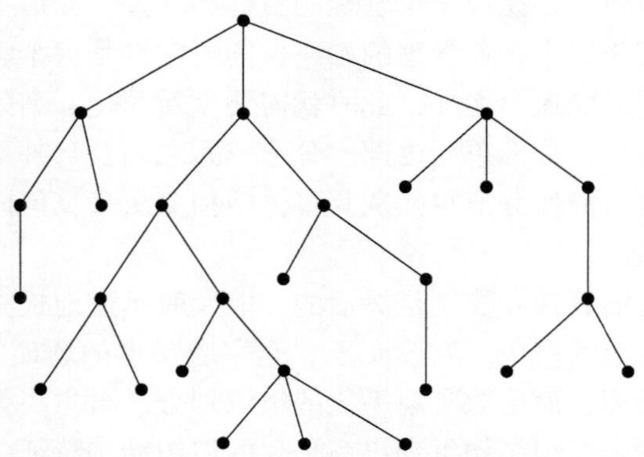

● 代表安全生产监督管理局或安全监管机构； —— 代表各安全生活监督管理机构间的从属关系

图 7-11　安全监管体系纵向结构的树

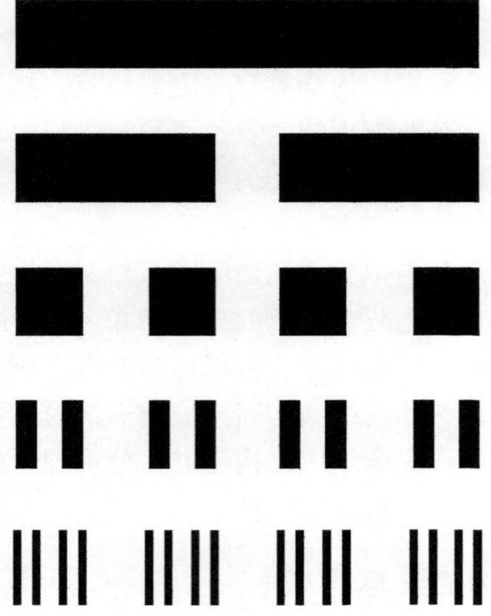

图 7-12　三分 cantor 集

这种自相似性不仅体现在结构方面，还体现在创造价值的方式方法、目标的形成和实现等方面，甚至要求安全部门内每个职工的理想、思维及行为方式都具有相似性。

2） 自组织性

分形单元可自我形成符合有利于安全管理总体目标的战略和战术。分形单元中的组织结构能进行自我调整和优化，优秀的思想和方案易于付诸实施。

在分形单元之中，职工的工作和生产任务也是自组织的，其组织体系简单，工作人员相互之间可自由交流与协同工作，而无须上级的批准。工作中出现的问题通常在现场进行决策和处理，企业班组中的成员实行自我规划、自我决策和自我管理。企业为职工提供一定的自我支配资源的余地，有利于他们充分发挥主动性。

3） 扁平化结构

面对错综复杂的环境，要完成安全管理的目标和任务，分形单元本身必须保持简洁有序。简单化的原则贯穿于整个企业管理的始终，同时它也是一个动态化的过程，系统运作一段时间后其复杂程度可能还会增加，此时就需要重新简化。高效的信息交流网络是分形安全组织结构存在的前提，分形单元内部、分形单元之间及与外部环境之间都要求有效的信息保障，信息网络有可能使分形单元从其母体中独立出来，但同时仍然保持相互之间原有的动态业务合作关系。

分形安全组织结构的管理和控制是灵活的，能及时迅速地检查其运行状态是否满足目标要求，并进行及时有效的修正。它改变了“金字塔”形的烦琐的信息结构、复杂的计划方式和缺乏自主性的局面，而采取了扁平化的组织划分、自主决策机制、有效的通信和信息保障，因此，分形安全组织结构呈现出扁平化的组织结构特征。

3. 分形安全组织结构的动态结构

分形安全组织机构的动态结构亦称为可重构结构，当遇到安全突发事件时，它可以适应变化并根据挑战驱动提升自身能力。动态结构使安全管理系统能自组织、抗干扰和面向目标，以及有效、合理地利用资源。

分形安全组织机构的动态结构具有两种能力：①当环境稳定变化或安全管理变化可长期预测时，系统结构随之稳定演变发展；②当环境稳定变化或安全管理变化不可长期预测时，系统结构可以快速彻底重组以适应环境变化。

分形安全组织结构灵活的重构能力依赖于非集中式的分形单元的高度协作。通过定义总的组织结构的目标可以减少分形单元的高度自治与相互协作间的矛盾。所有的分形单元都为共同的总目标而努力，从而保证分形安全组织结构可以实现预期的协作目标。这些目标反映了公司的安全管理策略。分形安全组织结构具有总体管理策略，可避免由分形单元的自治而导致混乱。分形安全组织结构的动态重构过程是通过自相似、自组织和自优化来实现的。

4. 安全组织结构随机分形网络模型

企业绩效的好坏与其组织结构的设计有着不可分割的联系。组织结构设计合理，组织便能高效地运行，组织结构中不同层次、不同岗位的组织成员也可以更好地协调工作，从而使得全体成员为同一目标服务。

同样，安全组织结构的设计合理与否关系到安全管理制度的执行效果的优劣。矿业、建筑施工单位及高危的化工行业，存在安全组织僵化、机构臃肿、多头领导、越级指挥、职能缺乏、职责不清、权限过于集中或分散、分工不合理、安全员士气低落等一系列问题。解决这些问题的关键点就在于设计一个针对性强、更为合理的安全组织结构。

由图7-13可知，传统的企业安全组织结构形式多为塔式结构示意图。如图7-13所示，

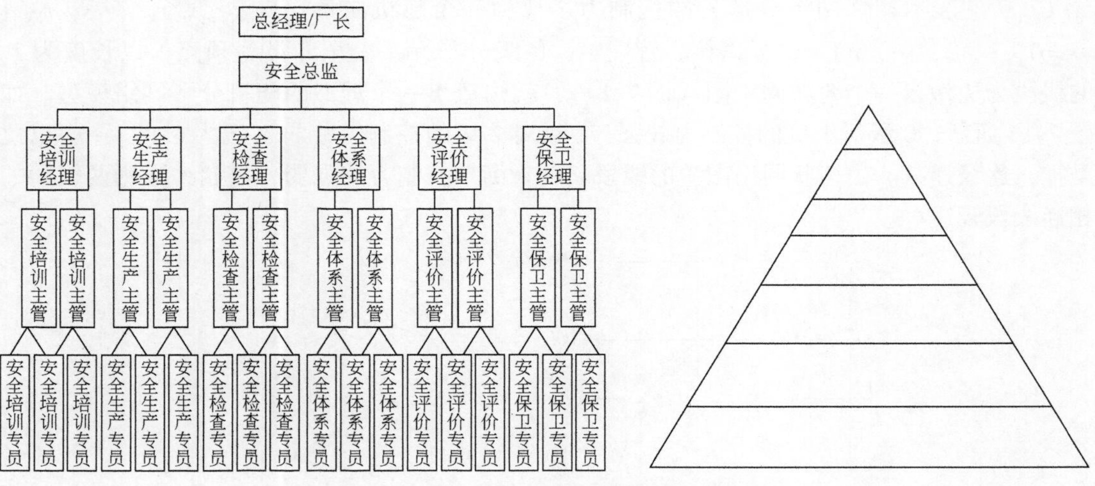

图7-13 企业安全组织结构及塔式结构示意图

管理层次多、面窄，各级管理人员所领导的下属相对较少，博弈方减少，因而有较多的时间、精力对下属进行细致的指导和监督。这种权力自上而下的组织结构形式，控制力很强。但正因为管理层次多，组织中信息流动则异常缓慢，且易造成信息失真。

塔式结构的不足之处还在于信息失真将大大制约组织结构的运行效率。因此，在管理学中提出了一个概念，即组织结构的扁平化。组织结构的扁平化，就是通过破除公司自上而下的垂直高耸的结构、减少管理层次、增加管理幅度、裁减冗员来建立一种紧凑的横向组织，使组织变得灵活、敏捷、富有柔性、具有创造性，它强调系统、管理层次的简化及管理制度的增加与分权，目的是打通组织，实现实效沟通。但是，值得注意的是，扁平化组织结构中的管理人员易为事务缠身而疏于对下属进行有效的监督，从而易造成权利的失控。

随着现代企业的发展，企业内安全组织结构的扁平化调整是必然的趋势。但企业的实际情况不同，其调整程度也不同。因此，我们需要对安全组织结构进行定量分析。

5. 安全组织结构的随机分形网络模型

采用分形安全组织结构，把安全管理系统中的子系统或各个部门，甚至每个员工都视为一个分形单元，从而将复杂的安全管理系统划分成简单的分形单元，使其结构和功能具有分形的自相似性和自组织性。

我们首先对分形安全组织结构进行简化抽象，认为分形安全组织结构的每一级分形单元都由多个子分形单元组成，每一个分形单元都与上一级分形单元有结构和功能上的相似性，因此我们可以用一个结构简单的随机分形网络模型来描述安全组织结构：假定安全组织结构从最高的核心管理层到基层的安全专员共有 $n+1$ 个层级，用 0 表示核心领导层，用 1，2，…，n 表示有 n 级分形单元，“$n+1$”表示安全专员。假设每个 k 级分形元都将面对 N_k 个第 $k+1$ 级分形元（$k=0$，1，2，…，n），N_k 为随机变量，用 L_k 表示第 k 级分形元对第 $k+1$ 级分形元的控制力（$k=0$，1，2，…，n），L_k 为随机向量，$L_0=1$，$L_k \geqslant L_{k+1}$，$R_k=L_k/L_{k+1}$，它表示相邻两级分形元的控制力之比为一个随机向量，$R_{k=}(r_{k1}, r_{k2}, \cdots, r_{kN_k})$（$k=0$，1，2，…，$n$）。这样以核心管理层、各级分形元、安全专员为顶点，以长度为 L_k 的线段为边做出一个树状网络图（图 7-14），就构造出一个近似的随机分形网络模型。如图 7-14 所示，0 级对 1 级的控制力较强，1 级对 2 级的控制力减弱（记为 0.8）……以此类推，逐级递减。由树状网络图中的线段长度来衡量控制力的强弱，控制力强则两级间的相连线段较短。

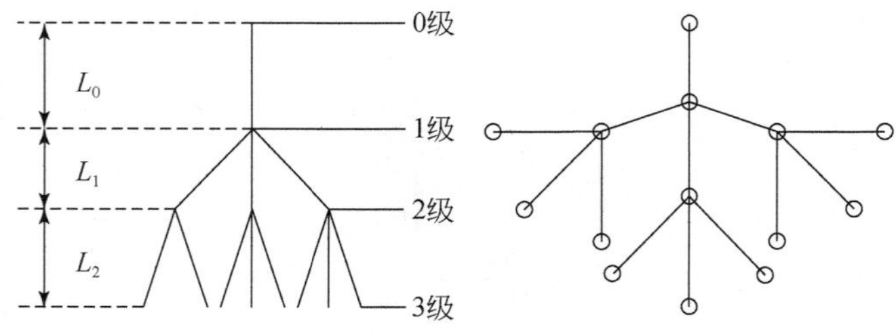

图 7-14　安全组织结构的树状网络图

6. 模型分形维数的计算

分形维数是分形理论中最重要的一个概念，它是对非光滑、非规则、破碎的等极其复杂的分形客体进行定量刻画的重要参数，它表征了分形体的复杂程度、粗糙程度，即分形维数越大，客体越复杂、越粗糙，反之亦然。分形维数分为相似维数、容量维数、信息维数、关联维数及豪斯道夫维数，采用不同的维数来计算分维，所得的结果也不相同。本研究采用豪斯道夫维数来计算分维，它的计算方法为：对于某客体，沿其每个独立方向皆放大 L 倍，若新客体为原客体的 K 倍，那么必有 $K=L^{D_{\mathrm{f}}}$，于是该客体的维数 D_{f} 为 $D_{\mathrm{f}}=\ln K/\ln L$，称 D_{f} 为豪斯道夫维数。

可设该树状网络图由随机元素（N_k，R_k）=（N，r_1，r_2，…，r_N）生成，为了说明分形维数在企业安全管理中的含义，将上面建立的安全组织结构分行网络模型进行简化。

设随机变量 N 为常数，$r_1=r_2=\cdots=r_N=r$ 也是常数，这时随机分行网络变成了一个自相似的网络，其分形维数 $D=\min\{s:\ N_r^{-s}\leqslant 1\}$ 即 $D=\ln N/\ln r$。

假定上级对下级的控制能力随着其所在管理层级的增加而减小，即 $r\leqslant 1$，$r=1$ 时表示上级对下级的控制能力不因其所在的管理层级的变化而变化。由上面分形维数的表达式可知，N 增加或 r 减少都导致 D 增大。N 增加，说明安全管理项目多、分布广；r 减少，说明安全管理能力比较低。由上面对分形维数的介绍可以知道，分形维数表征了分形体的复杂程度、粗糙程度，即分形维数越大，客体越复杂、越粗糙，因此一个安全组织结构的分形维数越大，则该安全管理部门越难管理。

设 $N=3$、$r=1.5$，代入 $D=\ln N/\ln r$ 得 $D\approx 2.710$。将安全组织结构扁平化，则 N 的取值将增大，上级对下级的控制力减弱，即 r 减小，分形维数 D 将增大，不利于安全部门的管理。由此可知，盲目地进行组织结构扁平化将不利于企业的管理和发展。

7. 分形理论的更多应用

如利用水文数据资料研究洪水的分形特征；利用分形理论研究地区地震震级的时间尺度属性，证明区域地震的分形特征；利用关联维数的基本原理，对事故时间序列进行分形特征分析，建立事故时间序列的预测模型；利用分形几何的手段分析瓦斯涌出严重程度与地质构造之间的定量关系，表明井田地质的分形特征对瓦斯区域预测的价值；研究奇异分形现象对地震、旱涝、火山喷发、滑坡、泥石流、海啸等自然灾害的分形特征；研究裂纹扩展的分形运动学特征，对材料力学有指导意义。对于安全分形理论的应用，目前比较局限于事故发生特征的研究，需进一步拓展到对安全系统本身的分形特征研究，从而真正深化对安全系统的认识，指导安全管理实践。

7.8 灰色理论及其在安全领域的应用

20 世纪 70 年代末以后，华中科技大学的控制论学者邓聚龙提出灰色性、灰色系统、灰色控制、灰色决策等概念，形成了一套独具特色的灰色系统理论，填补了这个空白。这也是为应对复杂性而形成的理论。

7.8.1 灰色性及其数学刻画

1. 灰色与灰色系统的概念

现实世界中大量存在这样一类对象：或者输入和输出信息不完备，或者状态信息不完备，或者输入、输出、状态信息都不完备，运筹学、控制论提供的方法均无法应用。这就是灰色现象或灰色问题。灰色性有三种含义：其一指对象信息的不完备性；其二指对象信息的不确定性；其三指两者兼而有之的情形，信息既不完备，又不确定。显然，灰色性也属于复杂性的一种表现形式，一种认识论意义上的复杂性，不能应用运筹学和控制论那种精确的定量化方法进行描述和处理。

基于对灰色性的上述界定，可以把一类具有灰色性的系统称为灰色系统，简称灰系统。例如，农业发展强烈依赖于获得土壤、气象、生态等方面的信息，但事实上人们所能获取的这类信息很难是完备而确定的，故农业属于灰色系统。再如，人体的身高、体重等外部参量和血压、体温等内部参量是已知的，但穴位的多少及其生物化学特性等不是完全已知的，即具有灰色性，故人体是灰色系统。这类系统广泛存在于现实世界中，特别是社会、经济、环境、人文等领域，与人类的生产和生活休戚相关，系统科学不能长期置之不理。从哲学上讲，我们生活在一个灰色世界中，外部世界无法缺少灰色性，人的内心世界和思维过程中也无法缺少灰色性。灰色系统理论正是从这里找到自身的切入点。

可以说，灰色系统是把系统概念灰化的结果。灰化，就是赋予概念内涵以信息不完备性、不确定性，或增加内涵的信息不完备性和不确定性。系统科学的现有概念经过灰化处理，可以成批地得到相应的灰色概念，如灰色过程、灰色模型、灰色决策、灰色预测、灰色评估、灰色控制、灰色规划等，从而形成一套灰色系统理论。

2. 灰色性的数学刻画

灰色系统理论尽管在精确性、严格性和数学化方面有所弱化，但它仍然致力于对系统进行定量描述，力求通过建立和求解数学模型，得出量化的结论，而不是一种解释性系统理论。这就要求有一套刻画灰色性的数学工具，而现有数学不能满足这一要求。因此，建立灰色系统理论的前提之一是推广数学概念，建立一套处理灰色系统的数学方法。

模糊数学以模糊集合论为基础，通过把现有数学的概念和方法模糊化，形成一套特有的概念体系，称为模糊数学。灰色系统理论没有相应的“灰色集合论”为基础，没有建立相应的“灰色数学”，但提出灰化概念，通过对现有数学概念的灰化处理，得出了一系列描述灰色性的数学概念。

7.8.2 灰色理论在安全领域的应用

灰色系统理论的实际应用主要是解决灰色系统的预测、决策和控制问题。要对灰色系统进行定量化的预测、决策或控制，首先要给系统建立灰色模型。

1. 灰色系统建模

鉴于系统的信息不完备、不确定，灰色建模必须采取定性与定量相结合的方法论原则，找出表征系统特性的各个灰色因素和灰色量（指灰色数的命题化表达形式，一种在一定范围内变动的量），理清其间的相互关系，最后用一定的数学形式（灰色量之间的一组数学关系）表示出来，就是灰色模型，记作 GM。

灰色系统建模的步骤包括：①明确待解决问题的目的、方向、因素、关系等，并用简练的语言描述出来，称为语言模型。②找出语言模型中所有显然的和潜在的因素，区分前因后果，一对因果关系代表一个环节，如图 7-15 所示；再把所有环节按照它们在系统中的关系连接成为一个总方框图，称为系统的网络模型，如图 7-16 为一个三环节网络模型。网络模型只反映定性关系。③找出各个环节中因与果的具有灰色性的数量关系（如投入与产出关系、输入与输出关系等），填入网络图中，得到系统的量化模型。④模型的动态量化阶段，找出各环节前因后果的动态关系，建立系统的动态模型。⑤求解动态模型，分析模型解以了解系统发展态势，如果不满意，可以通过增加环节、改变参数、移动作用点等手段，改进系统，找出优化解。

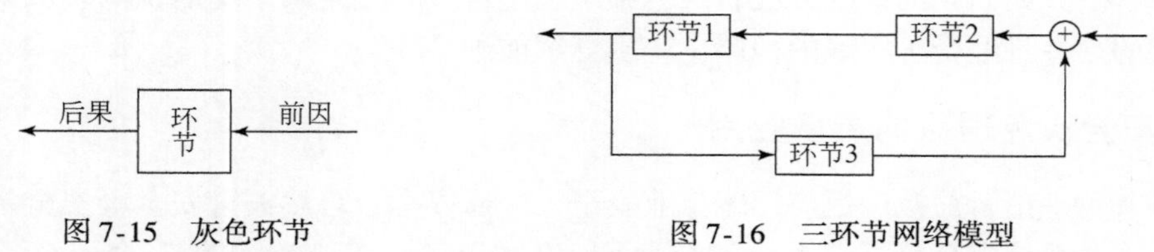

图 7-15　灰色环节　　　　图 7-16　三环节网络模型

2. 灰色预测

人们从事生产劳动、经商、社会公益事业、服务业，以及军事、政治、外交活动，都要首先进行预测，包括短期的、中期的、长期的预测。其中所涉及的系统或多或少都具有灰色性，所需信息不完备或不确定，不能使用运筹学等通行的精确方法进行预测。

利用灰色模型对事物的时间分布、数值分布进行预测，所得结论带有灰色性，故称为灰色预测。灰色预测包括：对一般数据列发展变化的预测，称为数列预测；对发生在特定时区内的异常值的时间分布进行预测，称为灾变预测；对事件发展呈离乱的非单调波形的预测，称为波形预测；当系统涉及多个因子的发展变化时，按一定模式对其动态协调关系进行预测，称为系统预测。

3. 灰色决策

决策可视为由事件（待决策的对象或问题）、对策（行动方案）和效果三个要素构成的系统，查明事件所要解决的问题，找出各种可行方案，分析计算各种对策的可能效果，从不同的可行方案中做出选择，这个操作过程和结果就是决策。灰色决策是在具有灰色性的诸多可行灰色方案中做出选择。具体步骤是：描述事件，建立决策模型，确定决策准则，求解模型，找出所有可行对策，效果测度，做出优化选择。灰色系统理论提出了一套定量化的分析计算方法，但灰色决策还需要发挥人的智慧，灵活机动地解决问题，不可完全依赖于数学和计算。

4. 灰色控制

基于灰色控制思想、利用灰色模型设计和实施的控制，称为灰色控制。当控制对象为经济、社会、人口等复杂系统时，控制量、状态量、输出量都或多或少具有灰色性，传统的控制理论和方法（灰色理论称之为白控制）不能有效解决问题，需要使用灰色控制的理论和方法。灰色控制论也使用状态矩阵、控制矩阵、观测矩阵等工具，但它们都存在灰元。基于对系统自身灰色性的深入考察，建立相应的灰色状态矩阵、灰色控制矩阵、灰色观测矩阵，据此分析系统动态品质与含灰元的参数矩阵的关系，了解系统动态特性如何改变，特别是怎样得到一个白色控制函数以改变系统品质，并控制系统的变化，这些就是灰色控制论要解决的基本问题。能观性、能控性、稳定性、过渡过程特性等也是灰色控制系统的基本品质特性。这些都是将白色控制理论灰化的结果。

灰色系统理论与前面几种系统理论具有某些共同点：都是应对复杂性的一种理论方案，都对理论描述的精确性、严格性要求有所放松，都重视定性方法与定量方法相结合。作为一种解决具体问题的系统方法，灰色系统理论对于一类复杂系统的预测、决策和控制还是有效的，并且经受了实践的检验，应当继续前进。

5. 安全灰色理论的更多应用

安全灰色理论目前被广泛应用于工业安全、交通安全、自然灾害安全等安全领域的不同方面，以及系统安全分析、系统安全评价、安全决策、事故预测等安全研究的不同环节。在此举几个有代表性的例子，如在城市道路交通安全评价研究中，应用灰色系统理论对道路交通安全指标进行归纳和计算，判断各城市所属的灰类，更合理地评价各城市的交通安全状况；运用灰色关联度分析法分析影响安全生产状况的经济社会发展指标，得出各行业产值占 GDP 的比例对安全生产状况的影响比例，得到科技和教育经费的投入指标对安全生产状况的影响效果，为解决安全生产问题提供新思路；用灰色理论建立安全投资-效益系统关联模型，判断影响安全投资效益的关键因素，为安全投资方向提供决策依据；用灰关联度确定事故造成的人员伤亡和经济损失等各属性指标权重，利用聚类分析对事故进行分类等。

下　　篇

安全系统科学专题理论

8 安全认同理论

【本章导读】安全就是生命，生命无价，因此安全无价。但在保险业等现实中，生命是有价的，因而安全又是有价的。总之，生命和安全的价值在现实中是非常复杂的问题，对安全的认同度越高，安全的价值就越大，从而安全的砝码也会越重。因此，安全认同是提升安全水平的原动力。本章介绍安全认同研究现状、安全认同的定义与特征功能和相关术语；阐述安全认同机理定义及其特征，给出安全认同机理模型；分析个体和群体安全认同过程与促进方法；从安全认同的主体、客体、环体、介体几个方面分析安全认同评价的内容；在此基础上，把安全认同理论应用于安全管理的促进之中。安全文化建设离不开安全认同理论的指导。

8.1 安全认同概述

8.1.1 现状概述

从古至今认同现象普遍存在，心理认同、组织认同、宗教认同、社会认同、文化认同、族群认同、政党认同与制度认同等在心理学、管理学、社会学、文化学、人类学与政治学等社会科学领域高频出现，一直是备受国内外学界关注的概念。安全观念教育是安全教育三大基本内容（还包括安全知识教育和安全技能教育）之一，且发挥着引领带动作用，但目前学术界尚未明晰其重要性与本质。其实，安全观念教育的实质及其重要性在于驱使人对科学安全价值观的认同，进而变“被动”为“主动”，变“观念”为“行为”。综上所述，“安全认同”理应是安全社会科学领域（安全管理学、安全心理学、安全教育学、安全文化学、安全法学与安全社会学等学科的交叉领域）中的一个非常值得关注的概念。

随着人类社会步入信息化时代，本质安全学理论得以发展，安全管理正由科学管理到文化管理转变，管理模式呈人本型管理趋势，提倡“自我规控”“主动激励”，管理重心转变为事前预防。当人本复归成为管理理论与实践的新背景和主体，尤其在安全管理领域，强调需以人为主体，以调动人的积极性为根本的当下，结合安全科学和社会科学，从安全科学视角，开展安全认同促进理论及其应用研究意义重大。

安全认同在使理性人在观念与行为等诸多方面产生理性的安全契约感与责任感的同时，也会使人产生非理性的安全归属感与依赖感，进而形成安全感。由此可见，加强安全教育，促进全民安全认同，提升民众安全感是当前总体国家安全观背景及社会新型安全形势下的必然要求。

王秉等人于2017年首次提出安全认同概念，认为安全认同应该是安全社会科学领域一个非常值得关注且应引起学界重视的概念。在此以前，学界尚未正式提出安全认同这一概念，更谈不上深入研究与实践，过去仅有少数研究者对安全工作的认同感做简单论述和对安全文化认同做少量研究，因此，急需为促进人的安全认同提供理论依据与指导，同时为学界对安全认同的进一步研究奠定理论基础。

现如今，关于安全与认同的融合、交叉与运用已有众多研究，但大多为各类认同（文化认同、身份认同、价值认同、组织认同等）中安全问题（意识形态安全、语言安全、食品质量安全、心理安全等）的研究，其下游的理论研究更是占据了研究总量的绝大部分。国外关于安全认同的研究文献甚少，多集中于探讨职业健康与安全专业认同、安全专业人员职业认同及其他行业中涉及安全问题的职业认同影响等。简言之，目前将“认同”与安全科学相结合的研究存在研究不成体系、停留于理论层面而缺乏应用实践的问题。一般而言，科学研究的理论对实践具有指导作用，理论是实践高效科学进行的保障，而目前的研究存在过多的各类关于认同与安全的理论探讨，不成体系且无法应用于实践的困境。因此，对于安全认同促进理论及应用的研究，需要更加深入细化，一方面需从目前已有的大量各类认同研究中提取一般规律，形成安全认同理论体系，以填充中上游理论研究的空白；另一方面，应理论结合实践，合理科学地运用更高层次的理论来科学指导安全认同促进理论的应用，并不断完善和提升理论水平。

认同是当今社会的关键词之一，心理学、历史学、社会学、政治学、哲学等学科，从各自的视域对认同的概念进行了规定。各学科从认同的维度表达了各自所关注的问题：①心理学维度的认同是指个人与他人、群体或模范人物在感情上、心理上趋同的过程，弗洛伊德把认同这一概念运用于精神分析学派的自我防御理论中，用认同来描述个人通过接受模范人物的行为、风格和特征来实现自我提升的趋向。②历史学维度的认同是指群体中的成员在认知与评价上产生了一致的看法及其感情。一般来说，群体中会产生两种情况的认同，一种是自觉的认同，另一种是被动性的认同，即在群体压力下，为避免被群体抛弃或受到冷遇而产生的从众行为。③社会学维度的认同是指社会共同体成员拥有同种信仰和情感，这是维系社会共同体的内在凝聚力。④文化学维度的认同是指个人自觉投入并归属于某一文化群体的程度。⑤管理学维度的认同是指组织成员对组织各种目标与制度等的信任、赞同及愿意为之奋斗的程度。上述表明，尽管各个学科对认同的界定不同，但不容置疑，认同已成为当代社会的一个极其重要的问题，安全科学作为一个具有巨大时空领域属性的学科，与“认同”结合的研究探讨不可避免。

8.1.2 安全认同的定义与特征功能

1. 安全认同的定义

王秉等（2017）基于大安全视角，从安全科学角度出发，首次正式提出安全认同的概念，并通过参考、借鉴其他学科领域中对认同的定义，对安全认同进行了定义，即安全认同是指理性人对安全价值及保障条件或要素等认可的态度与行为。可以从以下3个方面理解该定义：

（1）何人产生了安全认同？即安全认同的主体是谁？因为非理性人与理性人对安全价值及保障条件或要素等的认知存在巨大差异，且在社会群体中绝大多数为理性人，所以此定义中强调以理性人对安全状态的评判为基准来定义安全认同。

（2）对何物进行安全认同？即安全认同的客体是什么？基于诸多认同的定义，不难得出安全认同其实应该有一个目标对象。在该定义中，对象正是安全价值（安全的重要性与必要性）及安全的保障条件或要素（如安全工程技术措施、安全法治措施、安全教育措施与安全文化措施）等。需要格外指出的是，定义中提及的“安全价值”与目前安全经济学中的“安全价值”二者的含义存在些许差异，此处的“安全价值”主要强调安全的重要性与必要性，意指面更为广泛，而后者是基于经济学中的价值工程理论，认为其是安全功能与安全投入的比值，侧重强调安全的经济价值，涵盖面较为局限。

（3）安全认同形成的表现是什么？安全认同形成后最终表现为对安全价值及安全的保障条件或要素的理解、信任与赞同，以及自愿为保障安全努力的态度与行为，即实现了安全自觉性（包括自律性与主动性）。

由定义可知，人们对安全价值及安全的保障条件或要素形成正确认知，并相互承认形成共识，是形成安全认同的基础和前提。但是，虽然是一种共识，但安全认同并不是一种群体性的盲目从众行为，它是个体经独立思考、认知后产生的积极结果，而群体性的盲目从众仅仅是迫于群体压力的结果，但其与群体压力又存在一定的内在联系，因而它是比群体从众现象层次更高的心理与行为现象。

2. 安全认同的特性

基于安全认同的定义可从不同角度思考得知安全认同所具有的特性，其至少具有独特性、群体性（或社会性）、动态性、可塑性、层次性、多样性及统一性 7 个重要特性，具体解释见表 8-1。

表 8-1　安全认同的特性

特性	基本内涵
独特性	不同的理性人个体之间会存在知识、阅历、地位等方面的差异，因而其各自生成的安全认同过程及结果等也会表现出其各自的独特性
群体性（或社会性）	一般来说，理性人个体的安全认同形成会受其所处群体（社会）整体安全氛围的影响，同时就提出背景来说，它也是一种集体性态度与行为，因此，安全认同具有群体性（或社会性）
动态性	安全认同不会一成不变，它会在时间推移的过程中呈现动态发展与变化的态势。例如，从前与现在相比，不同时代背景下人们对安全（包括健康）的需求是大不相同的，从前可能更注重安全的经济价值，后来受人本观念影响可能会更注重生命价值
可塑性	安全认同的动态性也证明了其具有一定可塑性，不仅如此，还可根据实际需要对理性人个体（群体）进行有针对性的安全认同的塑造与培育。安全认同的可塑性更体现了研究安全认同现象的重要目的之一，即通过塑造与培育来促进人们的安全认同
层次性	从安全认同的定义来看，“理解、信任、赞同的态度”及“行为”是安全认同的形成表现，其也表明了安全认同是一个有层次的过程，是一个内化而后外显的过程，并不是一蹴而就的，所以安全认同具有层次性

续表

特性	基本内涵
多样性	从定义来看，安全认同的目标对象及内容具有多样性，单从安全价值方面来理解，就有狭义上的定义及涵盖面更广的指代，而安全的保障条件及要素也是多样的，因此安全认同具有多样性
统一性	安全认同表现为态度与行为的统一，即人们在心理与行为上同时认可并支持安全价值及安全的保障条件或要素等；安全认同是客观社会存在与个体意识共同作用产生的，既是个体意识作用的结果，同时也依赖客观社会存在的一些条件

3. 安全认同的基本功能

安全认同对于保障社会或组织安全发展具有相当重要的意义与较为明显的作用。基于安全认同的定义，提炼出其 6 项基本功能共同构成安全认同基本功能的“四层”结构（图 8-1），包括基础层、心理层、行为层和外延层 4 个层次。各基本功能彼此影响、相互促进，共同体现安全认同的重要价值。其中，基础层提供基础和保障；心理层起支撑作用；行为层则是基本功能的外显表现，助力营造良好的安全认同氛围、安全文化氛围；外延层是基本功能的升华和延伸，实现个体的安全自觉性。

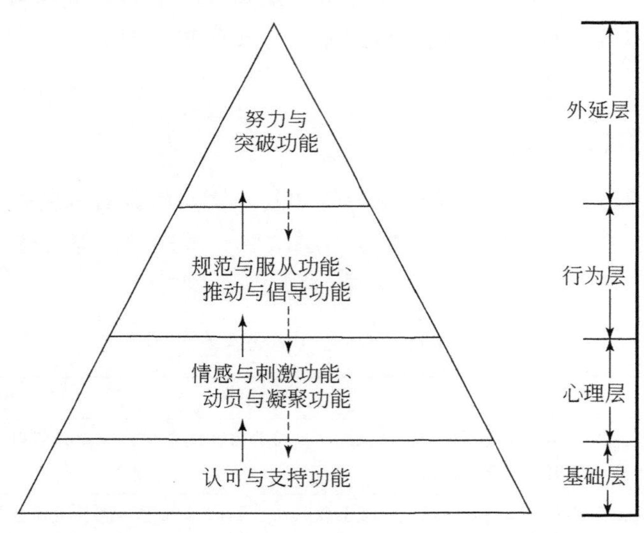

图 8-1　安全认同基本功能的“四层”结构

（1）认可与支持功能。形成安全认同的理性人相信并承认安全本身具有巨大价值，且同样认为安全保障条件或要素不可或缺，在思想上、行动上重视、支持或亲身参与各项安全活动。

（2）情感与刺激功能、动员与凝聚功能。安全认同的形成会让人产生安全归属感与依赖感，热爱与支持各项安全活动，个体间的情感相互刺激，产生强烈的安全意愿，增强个体乃至群体的安全热情、安全责任与安全意识。

（3）规范与服从功能、推动与倡导功能。安全认同使人加深对“安全”的各种理解，如对其所肩负的安全责任、需遵守的各项安全法律、法规的认识和理解，进而从被动地“要我安全”过渡至主动地“我要安全”最终形成一种“我会安全”的信念。该过程中人们会自觉规范个人行为，并服从安全管理，推动安全工作的顺利进行，倡导安全理念。

(4) 努力与突破功能。安全认同最终能鼓励人最大限度地发挥个体的自主保安价值，实现组织安全水平的突破与安全管理方法或安全技术的创新。

8.1.3 安全认同的相关术语

1. 安全态度

在心理学上，态度是指个人对某一对象所持有的评价和行为倾向。将态度延伸至安全科学领域，便有了安全态度这一概念。

(1) 安全态度的定义。安全态度是指个体对安全生产所持的稳定概括的反应倾向，是对安全生产重要性的认知、贯彻安全方针的情感及执行安全规章制度的承诺的集合。而黄玺和吴超（2018）从更为广泛的角度出发，认为安全态度是指人对所在社会组织中的不安全因素、安全状态及其保障措施所具有的认识、情感倾向和内隐的行为反应。基于大安全视角及安全认同的定义，本节中对安全态度的定义采纳后者观点。

(2) 安全态度的内涵。黄玺和吴超（2018）建立了安全态度内涵结构框架（图 8-2)，并对其进行了阐述。安全态度的主体是其持有个体，相比 Cheyne 等对安全态度的定义中所强调的涉及安全生产的个人，其不再仅仅局限于安全生产领域的人员，大到国家、小到社会团体，任何社会组织的人都有可能是安全态度的主体。形成安全态度的前提是感知安全系统中的人（安全状态)、物（不安全因素)、环（不安全因素）及管理（安全保障措施）等因素。安全态度是内在反应，因此只能通过生产劳动、日常生活、学习、人际交往等实践活动外显出来。根据安全心理学，安全态度不仅包括个体在安全方面的价值判断和

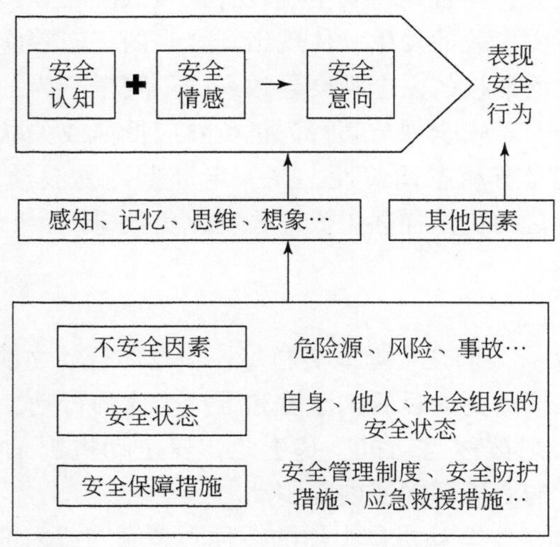

图 8-2 安全态度的内涵结构框架

感情倾向，也包括其对安全意义进行评价后产生的看法和意向，所以安全态度既包括认知评价成分和感情成分，也包括意向成分。个体是否会在某种安全态度下表现出相应的外显行为，还受其他因素（如环境因素、社会准则、其他心理因素等）影响。

(3) 安全态度的影响。基于安全态度的定义与内涵，不难得出其对安全绩效、安全行为等具有一定影响。例如，消极的安全态度作为一种不良安全心理来说，是生产中工人表现出不安全行为的重要原因之一；在交通安全领域中，驾驶人员所持有的安全态度能通过其个性影响安全驾驶行为，且安全态度对工人的安全绩效也能产生显著影响。综上所述，培养人员形成积极的安全态度，有利于从本质上避免不安全行为及安全管理的畅通实施，预防安全事故的发生。

2. 安全观

(1) 安全观的定义。欧阳秋梅和吴超在综合梳理了安全科学领域中不同学者从各自特定视角出发对安全观的定义后，从安全科学理论层面的高度出发，整合已有定义研究，并立足于安全行为，给出了更具有普适性的安全观定义：安全观是指人们对安全相关各事项所持有的认识和看法，并最终指导行为安全的具有积极效应的安全认识体系。

(2) 安全观的内涵。由定义中可知，其不仅是安全问题的认识表现，更是安全行为的具体体现，人的认知、思维、信仰、态度、行为方式等都会受其影响，其内容范畴宽广，即涵盖了与安全相关的所有安全科学领域。安全观并不是多种安全观念等简单堆砌，而是指若干安全观念以独特的方式相互联系而构成的一个有特定功能的有机整体。安全观是指一定时空范围内的人具有的最终指导安全行为倾向的安全认识，是安全观念、安全意识等的正负效应相互作用的结果，具有阶段性。

(3) 安全观的影响。安全观并不一定都具有正向的安全效应，就像安全态度，其也受一些特定因素的影响，如时间属性、客观环境、安全知识、安全技能等。因此，在不同情况下会呈现不同的安全效应，换言之，安全观具有正负效应之分，正面积极的安全观能指导人的安全行为，从而减少事故的发生，体现出安全观的正向效应，此时安全观与行为表现呈现正关联；相反，负面消极的安全观会导致人的不安全行为，最终酿成事故，体现出安全观的负向效应；此外，若安全观与某行为正负效应抵消或关联度小时，则表现为一种平衡效应。因此，安全观具有动态调节性，在一定周期内是波动的，随时间变化具有正向、负向效应，但是最终目的仍是加强正效应，弱化负效应。

3. 安全动机

(1) 安全动机的定义。人们在自觉地实施每一项具体行动之前，必然会明确地意识到实施这一行动的原因及预期达到的目的，激发和维持个体的行动，并使行动导向某一目标的心理倾向或内部驱动力则被称为动机。基于此，安全动机则是指激发个体履行安全行为，并使其导向安全目标的心理倾向或内部驱动力。

(2) 安全动机的内涵。安全动机是个体的一种心理倾向或内部驱动力，只能通过其安全行为进行外显。基于定义可知，安全动机具有三类效用，分别为激发功能（激发个体产生某种行为）、指向功能（行为具有目标导向性）及维持和调节功能（维持个体的行为并调节行为的方向等)。三项功能共同存在确保了安全动机的完整性。

(3)安全动机的影响。安全动机可分为两类，分别为受控安全动机、自主安全动机。受控安全动机指个体出于内部(内疚)或外部(安全法律、法规等要求)压力而做出安全行为的动机，自主安全动机则指个体出于其本身的意愿和自由选择(如对安全的兴趣、个人安全观念等)而做出安全行为的动机。安全领域的研究发现，自主安全动机能够促进员工的安全遵守和安全参与行为，而受控安全动机也与安全遵守行为有一定程度的正相关关系。即总的来说，安全动机有助于激发期望的行为方式，提升安全绩效。

8.1.4　安全认同与相关术语的关系

安全认同是指理性人对安全价值及安全的保障条件或要素等认可的态度与行为，它表示个体对安全价值及安全的保障条件或要素的理解、信任与赞同，并自愿为保障安全而努力的态度与行为。基于此，不难得出安全认同与安全态度、安全观及安全动机之间是有一定联系的，如图8-3所示。

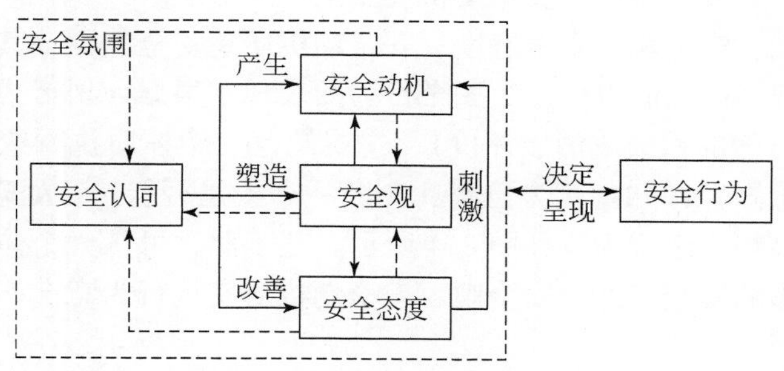

图8-3　安全认同与其他安全术语的关系

(1)与安全态度的关系。安全认同的形成表明了一种为保障安全而自愿努力的态度，即个体形成安全认同后，会改善原来的安全态度，形成一种正面的、积极的安全态度，态度倾向会变为倾向安全；而这种积极的安全态度一旦形成，也会反作用于安全认同，进一步加深安全认同，其详细作用机理会在后面的安全认同机理中进行更为详细的阐述。

(2)与安全观的关系。安全认同代表了对安全价值及安全的保障条件、要素等的承认、赞同，而安全观是对安全相关各事项所持有的认识和看法，以及在此基础上形成的认识体系，两者具有相同的对象；且安全观在其他塑造过程和自塑造过程中需要有认同感的参与，由此可见，安全认同有助于安全观形成过程的积累与其最终的塑造；积极正面的安全观能进一步促进安全认同，循环往复，使两者同时到达一个能产生正向安全效应的状态。

(3)与安全动机的关系。安全认同能刺激安全动机的形成，尤其是自主安全动机。自主安全动机分为三个类型，分别为认同调节、整合调节、内部调节。个体形成安全认同后，对安全的保障条件及要素是承认并赞同的，也就是说个体会认为安全的工作环境是很重要的，安全行为和安全活动也应该为了这个目标而进行，这就是自主安全动机类型中的认同调节；同时安全价值观此时已与其自我完全同化了(整合调节)，个体喜爱并有兴趣地、自愿地参与安全行动，认为其能带来乐趣与满足感（内部调节）。

（4）安全观与安全动机及安全态度的关系。安全观是个体自身安全意识、安全观念、所处环境、安全技能等自身安全问题的综合反映，对安全动机的模式具有决定性影响；同时安全动机也能反向影响安全观的塑造，其能促使个体学习安全知识，接受安全教育从而积累安全观，有助于安全观的塑造。安全态度是指人对所在社会组织中的不安全因素、安全状态及其保障措施所具有的认识、情感倾向和内隐行为，安全观所代表的个体对各安全有关事项的认识体系就会影响安全态度定义中所提到的“认识、情感倾向和内隐行为”过程，即安全观影响安全态度；而安全态度也对安全观的积累与塑造有影响，积极的安全态度无疑有助于个体接受安全教育、安全管理等安全观的他塑造因素。

（5）安全认同、安全动机、安全态度及安全观与安全氛围的关系。安全氛围是个体所处环境外在表现的总结。个体如果形成了安全认同，也就意味着其同时具备了一定的安全动机、积极的安全态度与正确的安全观，群体中多个这样的个体相互影响、相互促进，会逐渐形成一种良好的安全氛围，良好的安全氛围也会促使主体约束自我的行为，有利于促进安全认同，从而助力安全态度、安全动机及安全观的形成。

无论是安全认同、安全观、安全态度、安全动机还是安全氛围，其效用结果最终都是通过安全行为来呈现，而它们也决定了安全行为的表现。根据计划行为理论，信念通过影响行为态度（个体行为的积极或消极评价）、主观规范（个体对执行或不执行行为所施加的一般社会压力的感知）和知觉行为控制（判断一个人是否能执行处理预期情况的活动）来影响行为意向，最终决定行为，如图 8-4 所示。基于此，可认为个体安全认同最终形成的安全信念，通过影响安全态度、安全观、安全动机对安全行为意向产生影响，最终决定了安全行为发生与否。

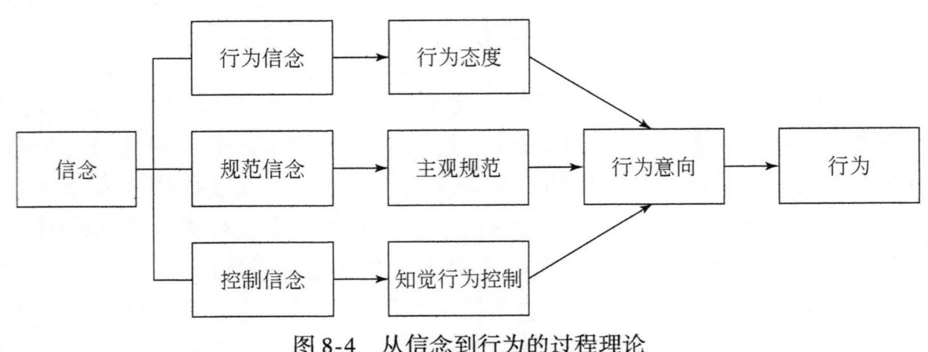

图 8-4　从信念到行为的过程理论

8.1.5　安全认同属下的相关概念

安全认同促进理论中，有多个与安全认同紧密相关的重要概念。

1. 安全认同主体

1）安全认同主体的定义

主体在哲学上的范畴是指与客体相对的、有意识的人，是认识者和实践者。基于此，结合安全认同的定义，可以认为安全认同主体是指与安全价值及安全的保障条件与要素产生安全认同的理性人。例如，对一个组织来说，安全认同主体就是这个组织中存在的所有理性人，包括组织的高层结构、中层结构及基层结构。高层结构指组织的最高决策指挥机构，如董事长及董事会董事、各专门业务总监（尤其是企业安全负责人）等；中层结构较为复杂，如子公司经理、分部部长与总部的安全职能机构的负责人等都属于组织的中层结构；基层结构则由广大员工构成，是企业组织的基础。

2）安全认同主体的内涵

理性人作为安全认同主体，其最终的实践活动（行为表现）是形成安全认同的最终评价尺度。由此可见，强调安全认同主体是因为在安全认同过程中，认同的情况与主体有着很密切的关系，甚至可以说主体起着决定性的作用，因为一旦失去了认同主体，那么安全价值和安全的保障条件及要素就失去了意义。安全认同主体具有以下三方面的特性：①理性人自身的现实结构和规定性，主要是指人是社会存在与社会意识的统一，是成为主体的前提条件；②理性人在其对象性关系中的“为我”倾向，如安全认同主体总是以客体是否能够满足其需要为标准来评价其价值；③理性人的主动自为性，安全认同主体是主客体关系的首动者，并通过一定行为去改变现实，用各种方式力求保持自己在这一主客体关系中的主动地位。

2. 安全认同客体

（1）安全认同客体的定义。根据马克思主义所主张的“主客体关系是人类社会最普遍的现实关系”，安全认同也属于主客体关系范畴，相应地也存在安全认同客体。基于安全认同的定义，可认为安全认同客体是指主体认同的对象，即主体表示理解、信任与赞同的对象，包括安全价值（安全经济价值及安全对个人、家庭、组织与社会等的价值，即安全的重要性与必要性）及安全的保障条件、要素等。

（2）安全认同客体的内涵。安全认同反映的也是一种主客体关系，表明安全认同客体的存在、作用及其变化对安全认同主体需要及其发展需要一致性。在安全认同过程中，毋庸讳言，虽然是否认同主要由主体来决定，但认同客体本身也在一定程度上影响着安全认同的过程及结果。安全认同客体是客观存在的，与安全认同主体在结构上是对立的，但认同过程中两者又是相互依赖、相互联系、相互影响的。

3. 安全认同介体

（1）安全认同介体的定义。安全认同不是一蹴而就的，而是一个复杂的过程，包含在人们相互交往的社会关系中，产生于各种安全活动中，一旦形成便可引导和规范人们的各种安全活动。如同古代人到了现代不能短时间内就接受现代的价值观一样，个体不可能自发地、一步到位地生成先进的观念，需要外部的“灌输”和引导。因此，安全认同介体就是指安全认同形成及促进安全认同过程中一系列方式方法的总和，如安全“3E+C”对策，即工程技术对策、法治对策、教育对策与文化对策等。

（2）安全认同介体的内涵。安全认同介体是连接安全认同主体与客体的纽带，即安全认同介体就是把安全认同客体的内容、内涵等通过各种方式、途径、手段传导给安全认同主体，同时促进其思想观念上的转化、认同，带动其产生归属感及信任感等一系列中间环节的综合。安全认同介体实质上在安全认同过程中起着连接安全认同主体与客体的引渡作用。

4. 安全认同环体

（1）安全认同环体的定义。环体即为环境，是环境的另一种表述。环体是围绕着某一事物，并对其产生影响的，相对存在于某事物周围的各种因素的总和。环体是事物得以存在和发展、行为得以发生和进行的条件。基于此，可认为安全认同环体是指理性人进行安全认同过程中所处的、对其产生影响的外部条件和因素的总和，包括自然、社会及人文条件（因素）。

（2）安全认同环体的内涵。安全认同环体是客观存在的，任何人都不能无限制地选择自己所处的环体，如时代背景、国情、风俗传统等，都是无法选择的。中国传颂已久的“孟母三迁”的佳话中，孟轲的母亲为了给他创造良好的教育环境，多次搬迁。“近朱者赤，近墨者黑”也体现了环体对人的影响，所以安全认同的形成及促进，也要注重安全认同环体，选择其中的积极因素，尽量避免消极因素的影响。

综上所述，可以认为安全认同主体、安全认同介体、安全认同客体及安全认同环体共同构成了安全认同系统。对于安全认同的产生来说，这四个部分是必不可少的，而其又包括了更为细分的内容，从安全系统工程学的角度来看，安全认同无疑是一个复杂的系统问题。

5. 安全认同感

（1）安全认同感的定义。认同感是个人与某一对象进行相互作用后内心产生的一种感受，若要对认同情况进行研究，离不开对认同感的调查，因此，认同感与认同紧密相关。类比至安全认同，安全认同感无疑是与其紧密相关且值得关注和引起重视的概念，其是指理性人与安全价值及安全的保障条件或要素等发生相互影响和互动后出现的一种现实而具体的感受，且此感受还是一种会对保障个体或群体安全产生积极或消极影响的感受。

（2）安全认同感的内涵。由安全认同感的定义可知，其侧重于强调理性人对安全价值及安全的保障条件或要素等的心理层面的肯定与支持，且安全认同感的强弱直接影响人的安全态度与安全自觉性等。

6. 安全认同度

（1）安全认同度的定义。关于认同研究中，对认同度的调查与评价是众多学者趋之若鹜的方向，其也是对认同进行量化的重要概念，基于此，可认为安全认同度亦是与安全认同紧密相关的重要概念之一。王秉和吴超给出的安全认同度定义为：安全认同度是指理性人对安全价值及保障条件或要素等认知、信任、赞成、认可与努力的程度。简言之，安全认同度就是理性人的安全认同程度，即对安全认同程度高低的衡量或度量。

（2）安全认同度的内涵。由安全认同度的定义可知，安全认同度不仅强调认同主体对客体（即安全价值及保障条件或要素等）在心理层面上的评价，也强调其对客体在行为层面上的支持与努力。此外，安全认同度的提出为安全认同的量化研究提供了途径与条件。基于学界对认同度的测量研究，如有学者将组织认同依照认同路径划分为四个维度，分别为认知维度、情感维度、评价维度及行为维度，安全认同度可在不同视角下划分为不同的维度，以便进行安全认同的测量。

8.2 安全认同机理

8.2.1 安全认同机理概述

安全认同是一种情感上的归依，在一定程度上超越了认同主体与安全之间简单的认识关系，甚至改变了其对安全的认识与态度，确保认同主体做出符合安全价值、安全观等的决策。安全认同度越高，在面对各类活动中涉及安全的困扰与问题时，内心越可以坚定自己对安全的理解和“我要安全”的信念。为加强大众安全认同，急需对其安全认同的机理进行研究，明晰安全认同产生的原因、机理及规律。从认识发生论出发，安全认同作为一种主体对客体的认识过程，属主客体关系范畴，它既不是起因于有自我意识的理性人主体，也不是起因于将自己烙印在主体意识中的客体，而是起源于安全认同主体与客体之间的相互作用，并涉及安全认同介体、环体，其是不断生成和发展、从低级向高级、不断丰富和拓展的过程。

有鉴于此，本节将基于发生学、认知科学、传播学等理论对个体安全认同机理进行补构，梳理安全认同这一复杂的系统工程，认为个体安全认同遵循“由外到内”再到“由内到外”的认同过程，以期为安全认同机制的建构提供理论依据，从而提高大众安全认同度。

1. 安全认同机理的定义

安全认同机理为安全认同与机理组合而成的复合概念，为明晰其定义，首先应厘清何为安全认同，何为机理。由前述可知，安全认同的定义之一为：理性人对安全价值及安全的保障条件或要素等认可的态度与行为。而机理一词，在百度检索该词条，给出的定义为：机理是指为实现某一特定功能，一定的系统结构中各要素的内在工作方式及诸要素在一定环境条件下相互联系、相互作用的运行规则和原理，以及事物变化的理由和道理。从其概念分析，机理应包括形成要素和形成要素之间的关系两个方面。

基于以上定义，可对安全认同机理进行定义：理性人对安全价值及安全的保障条件或要素等认可、接受、内化、效仿、遵循等态度与行为倾向过程中的内部运行原理及其内在联系。鉴于个体安全认同是从低级向高级不断变化的动态性过程，本节将该过程分为生发、接受、内化、外化四个阶段。

2. 安全认同机理的特征

从上述定义可以察知到机理的一些特征：存在于事物的内部且具有固定性，不会以人的意志而转移。因此，安全认同机理至少具有客观性、唯一性、稳定性 3 个特征，其具体内涵阐述见表 8-2。

表 8-2 安全认同机理的特征

特征名称	具体解释
客观性	安全认同机理的存在是客观的，不同于机制，其并不是人为创造、建构的，不能对其进行改变，更不能使其消灭。它是安全认同过程中的内部运行原理及其内在联系，不管我们是否认知它、感知它、接受它、认同它，它都存在
唯一性	对于安全认同这一特定的有机体（过程），其所蕴含的原理与规律（即机理）是唯一的，理性人及认同主体本身无法自由地选择其他机理遵循并完成安全认同
稳定性	对理性人来说，如无意外（外部认知环境动荡、主体精神状态突变等）安全认同机理总是稳定地推动认同过程中的要素环节之间的相互联结；另外，其要素环节之间的作用，总是稳定地受其机理的影响；遵循特定唯一的规律有序完成整个安全认同过程

为提高组织安全认同度服务，以安全管理为目的建构了组织安全认同机制模型，若将安全认同机制与安全认同机理进行对比即可更好地理解上述安全认同机理所具备的特征。在社会学视角中，安全认同机理内涵可表述为：在正视事物各个部分的存在的前提下，协调各个部分之间的关系以更好地发挥作用的具体运行方式。基于此，从时间维度上看，安全认同机理的存在早于安全认同机制，可根据安全认同机理的诉求，有目的、有针对性地建构安全认同机制。组织安全认同机制构建具有一定主观性：其表达形式可以有其他方式，不同研究者也会得出不同的观点，所以其应具有多样性；安全认同机制能依据外部环境或时代发展等而做出改变，就相应地体现了其流变性。

8.2.2 两个个体安全认同机理模型

1. 基于心理学的个体安全认同环形机理模型

王秉等（2017）以心理学中的认知理论与原则为依据，采用严密的逻辑推理方法，认为个体安全认同全过程包括安全认知、安全信任、安全意愿、安全妥协、安全支持、安全努力 6 个环节，将其依次排序从而构建了基于心理学的个体安全认同环形机理模型，如图 8-5 所示。个体安全认同的一个完整过程实质是一个由“心理安全认同”到“行为安全认同”的过渡过程。此外，个体安全认同并非一个简单的单一过程，而是一个循序渐进的不断循环的过程，这是因为个体安全认同度的提升实则是个体的安全认知度、安全信任度、安全意愿度、安全妥协度、安全支持度与安全努力度不断提升的过程，即是一个多环节多次往复的过程。例如，个体的安全努力就需要以其更深层的安全认知为基础，只是在后期循环过程中个体安全认知更侧重于安全知识与安全技能学习。

2. 安全信息视阈下的个体安全认同机理模型

图 8-5 对个体安全认同环形机理模型的构建着重于认同开始后的主体内化至外化过程，而安全认同产生伊始需要一个“契机”，即主体进行安全认同需要一定的动机或动因，可将该阶段称为“生发”。安全认同生发之后则是安全认同主体对安全认同客体的接收过程，而后再开始内化直至外化。基于安全信息流动过程，构建安全信息视阈下的个体安全

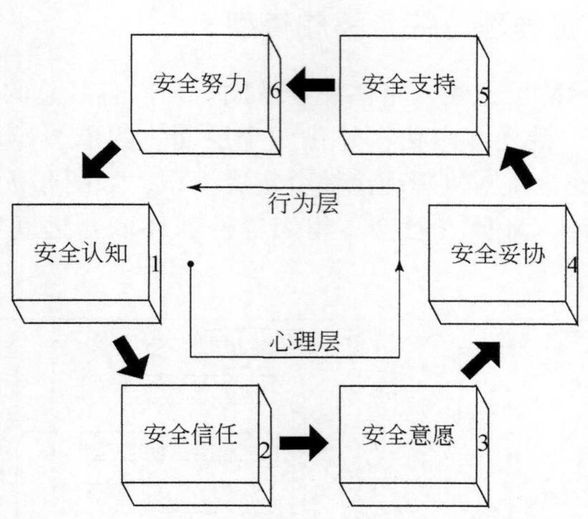

图 8-5　基于心理学的个体安全认同环形机理模型

认同机理模型，如图 8-6 所示。

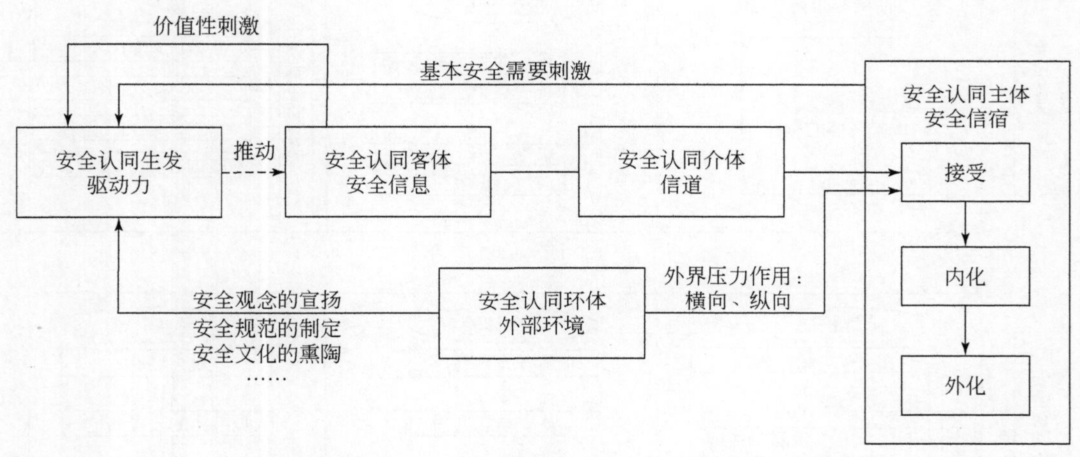

图 8-6　安全信息视阈下的个体安全认同机理模型

随着信息化时代的到来，在安全科学领域，其“信息学化”特征亦日趋明显，是一类无处不在、无时不有的研究对象，“信息就是安全，安全就是信息”已成为现下被广泛认可的、最基本和最重要的现代安全管理思想和理念。根据认识论，安全认同客体内容本身可视为一种安全信息，于是安全认同介体即认同方式、方法则为信道，安全认同主体则是通过信道对安全信息进行接收、认知的安全信宿。该种安全信息流动伊始需要一个驱动力，此驱动力即为安全认同生发。在驱动力的推动下，安全认同客体所承载的安全信息开始流动，被主体接受、内化至外化，从而使安全认同主体完成安全认同。

3. 个体安全认同机理理论综合集成模型

将安全认同产生伊始阶段也纳入个体安全认同机理内容，总的来说，个体安全认同机理主要包括宏观的生发、接受、内化、外化四个层面。四个关键环节层层递进，有机统一。基于此，构建个体安全认同机理理论综合集成模型，如图 8-7 所示。个体安全认同生发是安全认同主体、客体、环体（社会、组织等外部环境）之间相互影响、相互作用的过程。

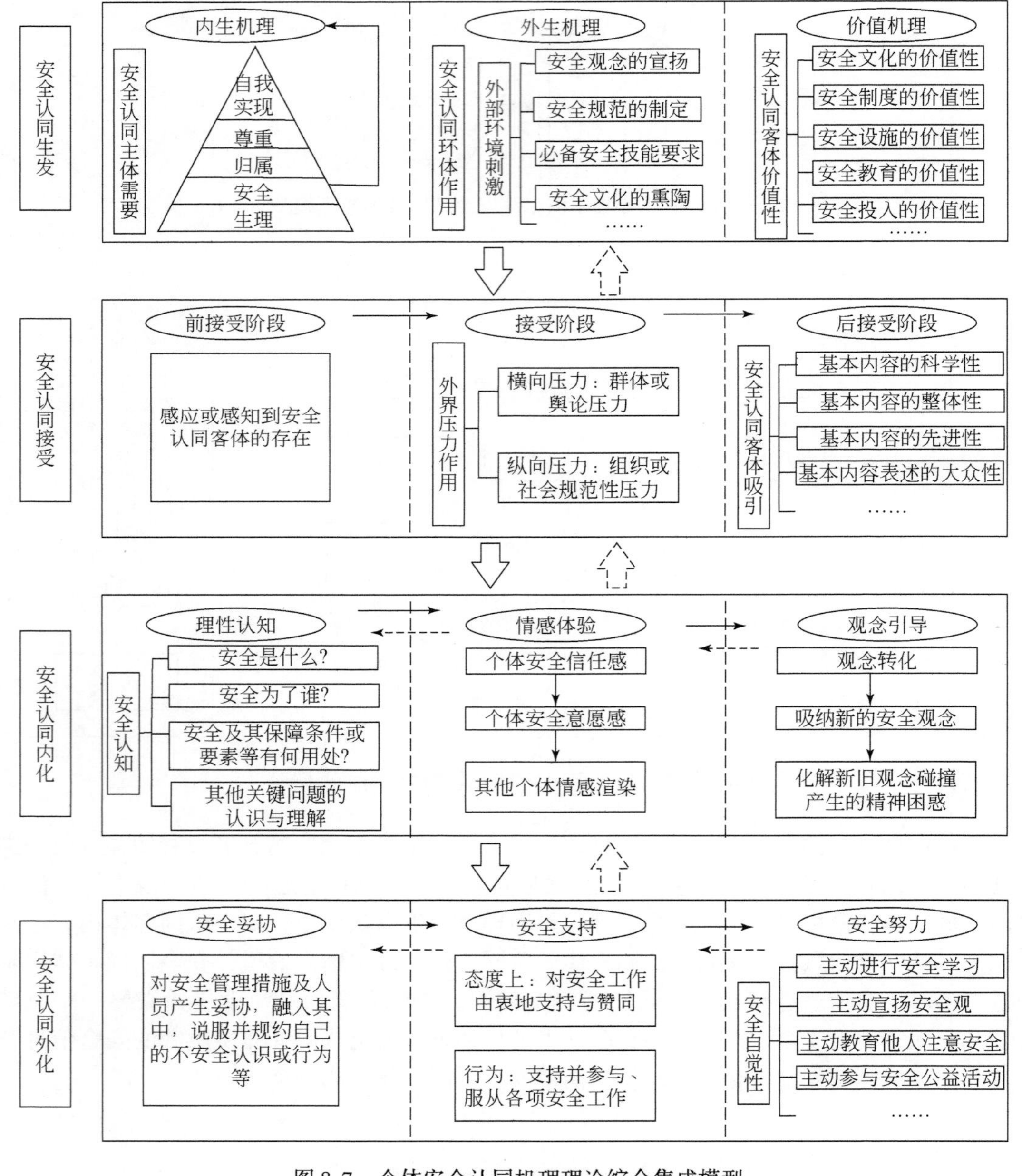

图 8-7　个体安全认同机理理论综合集成模型

8.2.3 个体安全认同机理分析

1. 安全认同生发

大众（群体）由众多个体组成，研究大众安全认同机理应以个体安全认同机理为基础。

（1）从安全认同机理的生发层面可知，人的安全认同动机是促进大众安全认同的立足点与内驱力。从内生机理角度出发，可以通过刺激大众的安全需要，如正面安全教育法或者反面安全教育法，通过一些含有事故惨状或美好安全蓝图的安全宣教内容、方式方法唤醒人的安全需要进而激发其进行安全认同。从外生机理角度出发，可以通过宣扬正向积极的安全理念，营造良好的安全文化氛围并对所需要的安全技能做出明文规定等方法，使大众周围自然而然形成一种“氛围”，从而激发大众安全认同的外部需要。从价值机理角度来看，加强安全认同要使大众认识到安全认同客体的价值性，满足其利益需要。法国启蒙思想家霍尔巴赫说：“利益是人的行动的唯一动力”，人对利益的诉求推动其生产力的发展。以食品安全为例，从食品安全治理利益相关者各自的利益诉求出发所建立的食品安全治理利益机制，实现了利益与食品安全公共价值最大化的博弈均衡。安全效益的隐蔽性与滞后性使安全认同客体内容的价值性无法直观体现，那么就需要一些外部激励手段间接地使主体认识到其价值性，如一些设置物质奖励或精神奖励（正面典型安全认同个体的表彰）的安全知识、技能的竞赛。

（2）从安全认同环体角度出发，其也会对认同主体进行作用。主体所处的外部社会环境与主体安全认同生发有着密切的关系。人是社会性的，其本身的存在就代表一切社会关系的总和。基于心理学与社会学等学科理论，主体安全认同是由社会的期望（外界期待）及其社会化适应的需要两者共同作用引起的。

（3）从安全认同客体角度出发，其本身所具有的价值性从利益角度来说，也满足了认同主体进行安全认同的动机。价值形成的基础是安全认同主体与客体之间存在需要和满足。前面已对安全认同客体的定义与内涵进行了阐述，其指安全价值及安全的保障条件、要素等，安全认同客体的价值性体现在其内容能否满足认同主体的需要方面。从物质方面的价值来看，安全科学领域中的一些安全工程、技术，确实能产生直接经济利益，实现安全生产的高回报，而这类安全工程、技术措施，确实属于安全的保障条件、要素范畴，因此，从某种程度上来说，安全认同客体是具有物质价值的。而从另一个角度来看，社会中广泛认可的一个理念是“生命是无价的”，此时的“无价”正体现了生命的价值性。推崇安全第一，将风险控制在可接受范围内甚至做到零伤亡，是安全伦理道德观念中“生命至上”的体现，这也是安全认同客体的精神价值性的表现。安全认同客体的内容从精神及物质两方面满足了安全认同主体的需要，充分彰显了其价值性。

2. 安全认同接受

当大众因基本安全需要、社会化需要、利益需要等开始“决定”进行安全认同后就开始了安全认同接受，即对安全认同客体感应、吸收、接纳的过程，其可划分为三个阶段：

前接受阶段、接受阶段和后接受阶段。从逻辑顺序来说，三个阶段是层层递进的。

（1）依据认知科学、社会学等学科的知识，在前接受阶段，主体感应或感知到安全认同客体的存在，此为安全认同接受的初级阶段。个体接受安全认同客体内容，并开始安全认同的前提是能感应或感知到它的存在，如若不能，那后续阶段根本无从谈起。安全认同客体的内容作为一种安全信息，对个体而言，可视为一种刺激，而主体前接受阶段的开始，正是对该种刺激做出的反应。

（2）在接受阶段，个体把安全认同客体内容与其他事物或属性相区别进行选择和吸收，为接受的生发阶段。个体之所以接受安全认同客体，是受到一定压力的。从字面意义上理解，压力指外在环境对人的强制性力量，不同于生发阶段时，环体是通过作用主体使其产生自发的内部需要。个体处于社会（群体）中，或多或少地都会受到一定压力，不可否认的是，一定程度的压力是有益的。压力可分为两类，即横向压力（群体或舆论压力）及纵向压力（组织或社会规范性压力）。安全认同过程中的群体或舆论压力是指个体所处群体或舆论有倾向安全并有以安全为本进行活动的趋势等，而组织或社会规范性压力就是指个体所处的组织甚至社会，已有的安全法律法规或伦理道德标准等的要求。

（3）到了后接受阶段，安全认同客体内容因其科学性、先进性、整体性、大众性等使客体本身具备吸引力使主体最终完成接受，既是结果过程的最后环节也是内化阶段的开始。个体能否接受安全认同客体的内容，与其是否具有吸引力息息相关。吸引指“将物体、力量或别人的注意力转移到某一方面来”，简单来说，就是某物对其他物体（人）的“诱惑力”。显然如果安全认同客体本身不具备一定吸引力，则无法使个体完成安全认同接受。而安全认同客体是否具有吸引力，取决于其是否科学、先进等特质，如果安全认同客体本身不具备科学性与先进性，显然无法使当下科技时代的人接受，但如果过于深奥，表述缺乏大众性，也无法使普通大众大范围接受。从安全认同生发到安全认同接受，是大众安全认同的重要开端，是大众安全认同从无到有和从萌发到生长、发展的重要节点。

3. 安全认同内化

内化，即接纳、吸收与合并外部东西为自身的一部分，个体安全认同内化是指其如何将安全认同客体内容吸收和接纳，并且融入自己精神世界的内部工作原理或过程，是个体认同的重要转折，更是其外化于行的前提。内化主要经过三个阶段，即理性认知→情感体验→信念引导。

（1）理性认知（理性认同）。个体进行理性认知时，其结果受其认知结构影响。认知结构是指人关于现实世界的内在的编码系统，用以感知外界的分类模式，是新信息借以加工的依据，也是人的推理活动的参照框架。个体原本的认知结构由其经验、期待、需要状况等构成，无论是对安全价值及其保障条件、要素等全无任何理解的“新人”，还是已有一定了解的“入门者”来说，这都是其初次进行安全认同或促进安全认同的前提。对安全认同客体进行理性认知，是指对安全本身（安全的内涵与价值等），以及与安全相关的人、事、物等的了解与认识，其侧重于对“为什么要安全?”“安全为了谁?”等与安全价值有关的关键问题的认识与理解。此阶段为理性思考，在其原本认知结构的背景下理性思考安全认同客体的内容“值得”与否。

（2）情感体验。在理性认知后进行情感体验并产生共鸣，产生安全信任感（相信并承认“安全具有巨大价值”及“安全及保障条件、要素等不可或缺”）与安全意愿感（表现出对安全的喜爱、热爱与渴望），同时个体与个体之间也会被彼此表现出来的安全信任感、喜爱、渴望等情感所感染。情感源于认知，但与此同时，又可以强化认知。对于安全认同的顺畅进行来说，情感共鸣是关键的，如果没有产生情感上的认同，个体安全认同只能停留在表面的认知上，不会产生一种自愿感，那么就更谈不上安全认同的最终目的是实现其安全自觉性了。此阶段，对安全认同客体产生积极、正面的情感是至关重要的。

（3）信念引导。在理性认知与情感体验的基础上，个体思想观念开始发生转化，即开始把安全认同客体内容中蕴含的安全价值观念融入自己原有的价值观念中，对已有的安全观进行重新组合和建构，此时个体的心理和观念发生了质的变化。个体重新组合其价值观后，需进行一定的心理调适，新旧安全观念碰撞产生的精神困惑被化解，用新的、正确的安全观发现自身发展过程中存在的问题。经过前面的阶段，社会成员已在心理上接受安全认同客体内容，紧接着需要做的是自觉践行与固化，使其最终成为自身良好的行为习惯，也就是即将进入个体安全认同外化阶段。

理性认知、情感体验与信念引导其实是一个循环往复的过程，个体在这整个内化过程中通过不断的循环，纳新、重建、构建新的安全观，实现安全认同的价值认同与情感认同。

4. 安全认同外化

外化指个人将内部的道德心理活动转化为外部活动形式的过程。其是进行道德沟通的基础，一个人的道德品质只有通过这种外化才能被他人感知、评价。可以说，个体最终的表现行为才是判断其是否完成安全认同的最终依据，因为内化过程发生在个体内部，无法被观测。安全认同沿“价值认同（理性认同）→情感认同→行为认同”的路径而递进式展开，真正的安全认同的落脚点在于践行，也就是外化为个体的行为。个体安全认同指其将内化于心的安全认同客体内容转化为符合安全价值观、安全伦理道德观等要求的具体行为，养成相应的行为习惯，最终实现安全自觉性的过程。具体过程包括：①安全妥协，即以安全为基本前提与原则，对安全法律法规、规章制度等安全管理措施及安全管理人员逐渐产生妥协，开始说服并规约自己的不安全认识及行为；②安全支持，即在态度和行为上都表现出由衷的赞同并支持安全工作的开展，给予各类安全活动最大的配合；③安全努力，即实现安全自觉性，自发地、主动地为保障个人、他人、组织或社会等的安全而努力，如主动进行安全学习、主动参与安全公益活动等。行为表现由开始的被动安全行为过渡至偶尔安全行为直至最终演变成自觉主动的习惯性安全行为，完成安全认同的最高层次认同及行为认同。三个层次也是循环往复的，从而使整体的行为认同进一步加深。

5. 生发、接受、内化及外化的统一

大众安全认同的生发、接受、内化及外化各阶段之间的关系是并列平行、前后相继且有机统一的。

（1）并列平行指四个阶段不分主次、互不包含、互不决定，而是并列的、平行的关系。四个阶段在个体安全认同机理中的地位都是平等的，发挥的作用也都是一样的，这四个阶段只在逻辑上有先后之分，下一个阶段接着上一个阶段进行，但四个阶段是互不包含且没有任何交集的。

（2）前后相继指四个阶段逻辑运演上表现出的时序性、链条性、发展性。四个阶段在时间上有先后次序之分，即个体安全认同按照生发→接受→内化→外化的逻辑运演阶段产生作用，不会产生时间顺序上的错乱，环环相扣，相互承接。

（3）有机统一指四个阶段相互依赖，彼此互为条件，不可分离，同时也相互制约，前一阶段的存在和变化决定下一阶段的存在和变化。大众的安全认同并非一个简单的单一过程，而是一个循序渐进、多次循环往复的过程，安全认同的外化行为要求标准的提高，意味着需要更深入的安全认同内化，自然也需要重新对外界刺激进行感应（安全认同接受），也会使需要发生转变（安全认同生发）。

8.2.4 群体安全认同过程

安全认同促进的对象并不仅仅局限于单个个体，其更应该在更大范围内进行推广、普及，实现整个组织甚至整个社会的安全认同，因此，研究群体安全认同过程是有必要的。个体安全认同是群体安全认同的基础，但群体安全认同并非个体安全认同的简单叠加。可认为群体安全认同有其独特的机制与模式，主要包括群体安全认同精英出现、安全认同骨干群体形成、大多数成员安全认同和全体成员安全认同 4 个先后阶段。

1. 群体安全认同精英出现

“物以类聚，人以群分”，人是群居动物，总是出于各种各样的原因或目的聚集成群体。群体与个体相对，是个体的共同体，不同个体按某种特征结合在一起，进行共同活动、相互交往，就形成了群体。而在安全管理过程中，多个个体有着共同的安全目标，根据其不同的角色、分工进行安全活动，此时成为群体。因为个体安全素养参差不齐，在安全认同过程中，最终实现安全自觉性的个体的出现一定有先后次序，而群体安全认同精英就是指群体中最先对安全内涵与价值，以及安全保障条件、要素等的重要性与必要性等认识深刻，并信任与赞同它们的那部分个体，即起初群体中安全认同度较高的那部分个体。这部分个体热爱、认可安全工作，并可指导、教育与保护其他成员免受伤害，因此，他们深受群体成员爱戴，有威信与安全影响力，由此可使他们在群体安全认同过程中发挥其带头、示范与领导等作用。

2. 安全认同骨干群体形成

美国心理学家阿尔伯特·班杜拉（Albert Bandura）提出社会学习理论，强调人在行为获得过程中观察学习的重要作用，他认为人的多数行为是通过观察别人的行为和行为的结果而获得的，通过观察学习可以迅速掌握大量的行为模式。同时社会学习理论中也提到了不可忽视榜样的作用，尽管人的行为可以通过观察学习的方式获得，但是获得怎样的行为及行为表现如何，则有赖于榜样的作用。基于此，可认为群体中最先出现的安全认同精英具有榜样作用，其是群体安全认同过程中的至关重要也是最先开始的一个环节，有了他们，群体中的其他个体才有参照去进行学习。安全认同骨干群体就是指最先积极拥护群体安全认同精英的一群人，是群体中的群体，作为群体中的一部分群体，已形成了自己的良好安全认同氛围，小部分群体安全认同氛围对整个安全认同氛围的形成起着支撑与辅助作用。

3. 大多数成员安全认同

德国心理学家勒温提出了群体动力理论，引入物理学科中场的概念，认为人的心理及行为取决于内部需要和环境的共同作用，随后将该理论应用于群体行为的研究，其中关于群体典型驱动力的观点指出，群体中处于核心的典型个体与群体的稳定密不可分，同时也能引起各成员情感上的共鸣，产生感召力成为群体的驱动力。而安全认同骨干群起及其所拥护的群体安全认同精英则是这类“典型”，其所产生的感召力使更多的成员均进行安全认同，实现自主安全，此时实现了大多数成员安全认同。

4. 全体成员安全认同

实现大多数成员安全认同后，其可在群体安全认同中继续发挥群体动力作用。该作用实则是群体安全认同氛围或安全规范等给予群体成员的压力（如舆论压力与惩罚压力等），从而对少数安全认同度低的成员形成压力，压力的作用结果是从众，即采取与大多数成员相一致的安全态度与安全行为。基于前面所述个体安全认同机理，剩余个体受这种横向与纵向压力的影响，也会进行安全认同。若构成组织的每个群体均具有较高的安全认同度，则组织整体自然就会形成良好的安全认同氛围，即实现全体成员安全认同。

8.2.5 层级安全认同

群体通过整合成为组织，但组织层级的安全认同过程不同于群体认同过程。一般而言，组织可分为高层、中层与基层3个不同层次。组织层级安全认同过程通常是从高层向基层逐渐递进式展开的。基于此，建立由个体安全认同经由群体安全认同最终实现层级安全认同的三维机理模型，如图8-8所示。

组织高层享有充分的权力，当他们具有较高的安全认同度时，才会积极支持组织各项安全工作，进而促进其他组织成员的安全认同。而组织中层作为基层与高层间的过渡层，其成员对待安全及其保障条件、要素等的态度，不仅影响中层本身的安全认同感，还影响组织高层对安全工作的信心，以及基层成员增强其安全认同感的积极性。组织的基础就是由绝大多数组织成员组成的基层，一般而言，若每个基层组织均具有较高的安全认同感，则表明整个组织已基本形成良好的安全认同氛围，而一般一项行动需要普及开来，一定是自上而下、层层落实到基层的，安全认同也不例外，当组织高层及基层都对安全价值及其保障条件、要素形成行为上的认同后，即已拥有一定的安全认同度，必定会主张及极力支持在基层普及安全认同，最终实现基层安全认同。组织安全认同的三维机理模型表明，组织安全认同涉及个体安全认同、群体安全认同与层级安全认同3个维度（或层面），其共同影响组织安全认同度，且每个维度安全认同的过程与机理存在差异。

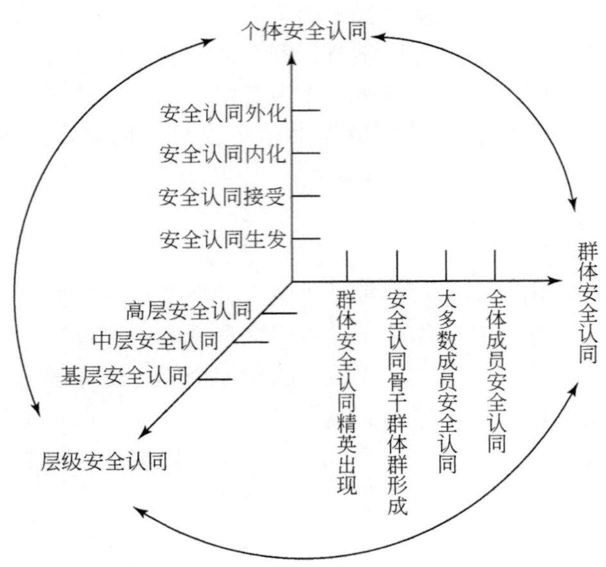

图 8-8　组织安全认同的三维机理模型

8.2.6　基于心理学理论的安全认同对策

由安全认同的路径及其存在惰性所产生的原因可知，正确的安全认知是安全认同的前提与基础。因此，促进安全认同的重要途径是通过安全教育、安全宣传与安全文化等手段教育并引导人正确认识“安全价值”、“安全效益的隐蔽性与滞后性” 和 “事故的偶然性”等，这主要依赖于安全观念与安全知识教育。此外，人的安全认同动机才是促进人的安全认同的立足点与内驱力。因此，究其更深层次的安全认同促进对策，即为能够激发或增强人的安全认同动机的对策，而这主要依赖于一些心理学方法。

鉴于此，从心理学角度，根据相关心理学知识和人性需求，提炼出 13 条驱动人的安全认同动机的理论依据和与之相对应的一些具体方法（表 8-3）。需说明的是，这些驱动人的安全认同动机的理论依据、具体方法等并不是相互独立的，在应用过程中应根据实际情况选择一种或多种配合使用，这样会取得更佳的促进效果。

表 8-3　安全认同动机驱动的心理学理论依据与具体方法

理论依据	具体方法和途径
重情心理	情感启迪式安全教育法，从人们一致在乎的感情（亲情、爱情、友情等）着手，刺激、唤醒人的安全意愿和责任，进而促进人的安全认同
恐惧诉求	“敲警钟” 式安全教育法，通过强调事故的严重性或安全的重要性，唤起人的安全意愿、意识与责任，并促成其在态度和行为上形成的强烈安全认同
群体心理	安全认同氛围感染法（或称为群体安全认同施压法），通过营造良好的群体安全认同氛围，发挥群体效应和群体环境压力驱动作用，从而促成人的安全认同

续表

理论依据	具体方法和途径
求好心理	批评安全教育法或赞扬安全教育法，对与非安全认同相关的认识、态度与行为等贴上一个不好的标签，或对与积极的安全认同相关的认识、态度与行为等进行正面肯定和赞扬
求真心理	证词法或转移法，用安全科学理论来简洁论证安全及其保障条件、要素等的重要性与必要性，或利用某机构（或人）的权威、影响力来代言宣传安全及其保障条件、要素等的重要性与必要性，使人深信安全价值
满足心理	根据当前社会关注度极高的安全问题或需迫切解决的安全问题，设置与之相对应的安全宣传教育内容来阐释安全及其保障条件、要素等的重要性与必要性，进而促进人的安全认同
联想心理	联想式安全教育法，从人们熟悉且关注度高的安全事故案例着手，解释并宣传其所造成的严重后果，这容易使人产生联想到事故的严重性或安全的重要性，有助于促进人的安全认同
娱乐心理	幽默式安全教育法等，设置诙谐幽默的安全宣教内容或采用形象、活泼而富有美感的安全宣教形式或媒介等，这容易引起人的兴趣，并由此对安全本身与安全工作产生喜爱与热爱之情，进而产生安全认同感
安全需要	正面安全教育法或反面安全教育法，通过一些含有伤害、事故惨象或美好安全图景的安全宣教内容、形式，唤起人强烈的安全需要，进而促进人的安全认同
褒扬需要	期望激励安全教育法与“立榜样”安全教育法，安全宣教内容要体现对与积极的安全认同相关的认识、态度与行为等安全表现的期待和正面激励，或通过树立安全认同榜样促成人的安全认同
尊重需要	互动式安全教育与管理法，指安全管理者与被管理者间要实现平等交流，也要符合礼貌原则，表示对被管理者的尊重，此外，安全宣教内容也需注意这点，这有助于人对安全管理工作与安全宣教内容产生认同感
关怀需要	祝愿法与换位法，组织领导、安全管理者或安全宣教内容要体现对受众的安全关爱和祝愿，或通过换位方式将安全管理者与被管理者置于同一处境来解释安全问题，这对被管理者理解并支持安全工作非常关键
体验需要	体验式安全教育法（演练法、练习法、情景模拟法与角色扮演法等），设置可以让人参与并亲身体验的安全教育内容与形式，让人们在实际体验中领会安全的价值及重视安全的重要性，进而促进人的安全认同

8.3 安全认同影响因素分析与对策

安全认同的整个过程有赖于安全认同主体、客体、环体、介体四者的共同作用，同时安全认同生发、接受、内化及外化四个阶段缺一不可。要充分发挥安全认同主体、客体、环体及介体四者的共同作用，使主体的安全认同效率最大化，并不断加深、促进其安全认同，就必须尽力避免安全认同过程中受到各影响因素的消极影响。安全认同过程，往往或多或少地会受到影响，导致安全认同的效果不甚理想，无法实现其本来的目的，削弱了安全认同的作用，从而影响到安全管理甚至其他安全活动的有序开展。安全认同在主体、客体、介体与环体相互作用中产生，在完成后发挥作用，安全认同主体、客体、环体及介体都是不可或缺的重要元素。因此，对安全认同影响因素的研究主要从这四个方面分析。

8.3.1 从安全认同主体方面分析安全认同促进对策

安全认同的认同情况如何，与主体有着很重要的关系，甚至可以说主体起着决定性的作用，因为一旦失去了认同主体，那么安全价值和安全保障条件、要素就失去了意义，所以，从安全认同主体角度出发分析安全认同影响因素是必要途径之一。

1. 通过影响安全认同动机影响安全认同

由前面所述安全认同机理可知，安全认同主体在其对象性关系中存在“为我”倾向，如安全认同主体总是以客体是否能够满足其需要来评价其价值。而动机是指由人的特定需要引起的，且人欲满足此需要而产生的特定状态和意愿。动机是个体的内在心理过程，而行为是这种内在心理过程的外显体现，两者具有极大的一致性，即动机是人们产生某种行为或从事某种活动的内在驱动力。因此，极有必要深入剖析主体的安全认同动机影响因素。

1）利益获得性

根据价值理论，人的一切行为、思想、情感和意志都以一定的利益或价值为原动力，在日常生活中，价值是一个非常普通的概念，人们的一切行为都需要考虑其实际意义，在进行任何一项工作时，总是在不断地权衡，某项工作是否有价值，是否有意义，是否值得，是否划算等价值学意义。在当前的社会主义市场经济条件下，整个社会的方方面面或者说人在各种各样的社会实践活动中，必然都受到利益的影响和驱动，安全认同自然也不例外。安全认同的生发阶段，如果主体没有一定的内在需要，产生一定的动机，那么安全认同一定无法生发。安全认同主体即利益主体，其对自身利益的强烈追求是人的行为驱动力，且其对安全认同的效用价值的评价越高，追求的努力程度和强度也会越强，则其产生的行为驱动力就越强。可以说利益驱动是人类既普遍又深刻的一条基本规律，高度地趋利避害是人类作为高等动物与其他动物的本质区别所在。

人的行为受其需要和动机支配，而人的需要和动机于本质上又是对利益的追逐，人完全是按照价值判断的利益取向来选择行为目标，且利益驱动是需要和动机的有效激励作用点，也是个体行为的基础和起点，因而安全认同主体在安全认同过程中，其利益获得性是安全认同的影响因素之一。如果其主观判定结果为安全价值及其保障条件、要素等的效用价值是值得的，那么其就会秉持一种积极的态度，从而产生安全认同的动机，如果其一开始就对安全价值及其保障条件、要素持一种无感态度甚至消极抵抗态度，依靠其自主产生安全认同的动机则是不可能的，此时需要外部利益刺激，如奖励机制，驱使其产生内部需要及安全认同动机，进行安全认同。而影响主体安全认同利益获得性的原因又可总结为以下两个方面。

（1）大多数时候，安全价值具有隐蔽性，即安全价值大多数时候的体现形式是隐性的，意即为隐形价值，其是通过避免或消除各类危险的、有害的因素对人、机与环境等造成损伤、伤害的价值来体现的，不容易被直接察觉到，更不容易直接被物化和用统一的标准去量化。除此之外，安全的社会价值（安全伦理道德观念等）更是容易被大多数人低估甚至忽略。正是由于安全价值的这一隐蔽性特征，人的安全认同利益获得感被减弱，从而影响主体的安全认同。

（2）安全效益（即安全收入）具有间接性、延时性、滞后性与潜在性。安全效益并不直接体现为经济效益，其主要通过事故损失表现出来，无事故则不损失，此为安全效益的间接性；在各种劳动保护和职业卫生等方面做出一定安全投资后，其所带来的安全效益潜藏在对象的“健康”中，往往需要较长的时间才能显现出来，此即为安全效益的潜在性、延时性及滞后性的体现。正是安全效益的这些固有特征，影响了主体的利益获得感，从而减弱了安全认同的动力。

2）安全认同惰性

惰性是人的本性之一，惰性是指因主观上因素而无法按照既定目标行动的一种心理状态，当一个人有惰性心理时，做事就会迟迟无法开始行动，或在行动中拖延。而安全认同惰性则是指因安全认同主体主观因素而无法从态度与行为上认同安全价值及保障条件或要素等的一种状态，它是阻碍人安全认同的因素之一，其产生原因主要有以下两点。

（1）事故具有偶然性。事故的偶然性，是指事故在什么时候发生、在什么地方发生及在什么样的情况下发生往往是偶然性的，并且事故终点引起的伤亡和损失的受害人、方式及严重性常常也是难以预料的。事故所具有的这种偶然性特征，极易使人产生消极错误的安全认识，以及心存侥幸觉得偶然性太大应该不会降临到自己头上，这对人的安全认同会产生巨大的负面影响。

（2）人固有的安全人性弱点。安全人性是由生理安全欲、安全责任心、安全价值取向、工作满意度、好胜心、惰性、疲劳、随意性等多种要素构成的。安全人性弱点体现的是对安全人性的消极看法，突出了人对安全的不良认识、思想和行为，马虎、侥幸、逆反、鲁莽、投机、逞能、浮躁、懒散、盲从与急功近利等，对安全活动有巨大消极影响的性格特征都是人固有的安全人性弱点，人固有的这些安全人性弱点会助长人的安全认同惰性，从而遏制其安全认同动机，减弱安全认同的动力。

2. 安全认同主体的安全素质

现实社会中个人的素质、素养对整个社会的发展极为重要。没有个人素质、素养的提高，就不会有全社会道德水平的提高。而安全认同实现的过程就是认同主体与客体、介体及环体之间互动和相互作用的过程，这个实现过程与安全认同主体的安全素养紧密相依，要求主体具备与安全认同活动相适应的素质，从而能够认识、内化和践行安全价值及其保障条件、要素，最终实现安全认同。有鉴于此，不难得出安全认同主体的安全素质的高低对能否实现安全认同及安全自觉性有着不可估量的影响。个体的安全意愿、安全意识、安全态度、安全责任、安全知识与安全技能等个体安全素质的构成要素均对个体安全认同的态度及行为具有显著影响，如果安全认同主体已具备一定水平的安全素质，那么在对其进行安全教育或安全管理时，他们就能很好地接受，进而逐渐增强自身对安全价值及其保障条件、要素等的认知和认同，并最终实现安全认同，具备安全自觉性。

同时，安全认同主体的安全素质差异也体现在其各自的社会背景、学历、工作经历与安全认知等方面，这些都导致不同的个体具有其各自的安全态度倾向，而其已具备的安全态度倾向（主要分为肯定与否定两种）则直接影响其安全认同。

8.3.2 从安全认同客体方面分析安全认同促进对策

在安全认同这一实践活动中，毋庸置疑，各类安全活动中的理性人均是安全认同的主体，而安全价值及其保障条件、要素等是安全认同的客体，虽然是否进行安全认同总是由主体来决定，但安全价值及其保障条件、要素等作为安全认同客体，其本身也制约着主体认同的程度和范围。安全认同客体作为一种发展变化的客观存在，其与安全认同主体需要相联系，以满足不同认同主体在安全活动中的需要，同时也需满足科学性、整体性和针对性要求，三者与安全认同的效果紧密相关。

1. 安全认同客体内容的科学性

安全认同客体内容的科学性系指其内容、理论等需具备说服力、可信度，为个体的安全认同提供明晰的目标导向。关于安全认同客体（安全价值及其保障条件、要素等）的理论研究就成为安全认同急需解决的重要问题之一，因为只有科学性的、有说服力的理论才能令人信服，加深促进人的安全认同，可以说深入研究安全认同客体的内容、结构与功能，可以提高理论的说服力，为人们的安全认同提供明确的目标导向。目前学界对安全价值、安全保障条件、要素等（3E+C 原则，安全工程对策、安全教育对策、安全法制对策及安全文化对策等）进行了大量研究，取得了众多理论成果，综合归纳起来，这些理论成果纳入安全认同客体的内容，其科学性主要源于对以下问题进行了回答：

（1）安全究竟具有哪些价值（安全的重要性）？狭义理解下的安全价值，系指一种运用价值工程的理论和方法，依靠集体智慧和有组织的活动，通过对某些安全措施进行安全功能分析，力图用最低的安全寿命周期投资，实现必要的安全功能，从而提高安全价值的安全技术经济方法。而作为安全认同客体内容的安全价值，其含义远不止于此，其更代表了一种认可安全重要性的价值观念，安全价值不能被简单地用金钱进行物化或量化，毋庸讳言其可以带来一定的经济价值，但更应该被重视的是它的非经济价值，如伦理道德价值，它象征着对生命的敬畏与重视。安全事故与安全问题是忽视伦理道德价值的必然结果。

（2）安全保障条件、要素等究竟有何必要性？众多安全科学领域的研究表明，事故的发生源于人的不安全行为及物的不安全状态，而造成人的不安全行为和物的不安全状态的主要原因可归纳为技术、教育、身体状态及态度、管理四个方面，针对这四个方面的原因，可以采取 4 种防止对策，即安全工程技术对策（engineering）、安全教育对策（education）、安全法制对策（enforcement）及安全文化对策（culture）即所谓 3E+C 原则，它们是安全的保障措施及对策，是安全的条件与要素，能从人、机、环境、管理四方面全方位地保障系统的安全状态。正是因为有了这四类安全保障措施及对策，安全的价值才得以体现，因此安全保障条件、要素等是十分必要的。

2. 安全认同客体内容的整体性

安全认同客体内容的整体性系指其需在时间推移过程中，进行动态发展的处理、优化。安全认同的提出，反映当下安全科学领域中一种新的目标方向，促进人的安全认同是人本复归时代背景下，优化安全管理的最直接的手段和途径。为了应对时代变迁带来的安全观的改变（如从前的传统安全观变为现下的总体国家安全观），安全认同客体的内容一定要在这样的变迁过程中进行动态发展的处理与优化，取其精华，去其糟粕。如果随着时代的进步，一直强调将一些一成不变的、明显已经与时代脱节的安全观念作为安全认同客体内容的一部分，必然不能引起主体的共鸣，更谈不上认同了。

安全价值及其保障条件、要素等内涵一直在处于变化与发展中。第一次工业革命时，随着大规模机器化生产的普及，安全生产事故也频繁发生，但此时并没有系统的安全保障条件及对策，机器的设计重点在于提高产量并非安全；20 世纪初，随着现代工业的兴起与快速发展，一系列造成大量人员伤亡及巨大经济损失的重大生产事故和环境污染事件相继发生，此时人类才开始对安全有系统全面的认识，随后才意识到安全教育的重要性，并颁布了一系列安全相关的法律法规；从前关于事故预防的原则只强调 3E 原则，随着安全文化学的发展，"C" 安全文化原则也被安全科学领域关注。这些都体现了安全认同客体内容随着时代的发展而发生的变化，且这些变化一定要是进步的、合乎当下发展趋势的，才能更好地被人认同。因此，安全认同客体内容的整体性也影响着人们的安全认同，而且一旦为人们所接受和认同，就具有一定的稳定性，因此只有实现与时代的同步发展，才能不断丰富和发展自身；同时也要处理好其与各种社会道德观念的关系，实现协调发展。

3. 安全认同客体内容的针对性

安全认同客体内容的针对性指需要根据不同认同主体进行凝练、表达，使内容具有亲和力，它与安全认同度紧密相关。安全认同的认同效果既受其客体理论内容本身的限制，也受实践中话语表达形式的影响。若理论上过于学术化，高深莫测，就会脱离一般个体的实际认知水平；若表达方式呆板生硬，人们也会疲于接受与认可，从而安全认同对于认同主体来说也会显得遥不可及，无法实现安全自觉性。

（1）内容上应具有针对性。不同认同主体间社会分工角色有着一定的差异，同时其安全认知水平也良莠不齐。例如，一个企业的安全管理活动包括两类角色，即安全管理者（主动）与被管理者（被动）。合格的安全管理者是经过专业安全教育、良好安全文化熏陶的高层管理人才，而多数被管理者则可能只是接受过上岗前的安全培训，缺乏对安全的理解与认识及安全公民行为与意识。所以，两方与安全相关的教育经历差异，使其各自的安全观念和安全意识水平有着明显差别。例如，工作场所中，安全管理者会要求被管理者穿戴整齐的防护装备进行生产作业，但被管理者可能因为其侥幸心理、安全人性中的消极成分，为了图方便而阳奉阴违，以至于违规操作而需接受处罚，内心却无法接受这样的后果，产生郁结、不甘心、愤愤不平等负面情绪。正是这种认知水平的差异，决定了安全认同客体内容应具有针对性，通过各种各样的方式促成或促进不同认知水平层次主体的安全认同时，其内容应具有针对性，应根据其实际情况进行取舍、凝练。

（2）安全认同客体内容的表达方式应具有针对性。为了扩大安全认同的范围，使广泛大众都进行安全认同，应让安全相关理论走进生活，用大众化的语言进行表述，这是发挥安全相关理论作用、满足人们安全需要的一个实现途径，也是安全理论工作者应该努力做好的一项工作，目前安全宣教正是这项工作的重要体现之一。不仅安全认同客体所包含的理论应具有针对性，其在表达形式上也应具有针对性，针对一般群众与安全从业者，表达形式是不同的。对一般群众来说，要为群众所乐于接受、易于理解，即要让群众能够听得进、记得住、用得上。要善于运用和发现人民群众喜欢参加的文化形态与形式，让人们在精神愉悦和艺术气氛浓厚的氛围中受到安全认同客体内容的熏陶，从而实现一定程度的安全认同。例如，近年来知识问答类电视节目做得较好，中南大学每年开展的安全文化周系列活动中的安全知识问答比赛就是科普安全理论知识，促进非安全专业群体安全认同的表达形式之一。而各种新媒体的兴起与发展，更是提供了更为大众化的表达途径。而微信、微博等全民普及的平台上对各种公共安全相关的社会热点事件的热烈讨论及正确安全观念的传递，为安全认同建立了良好的舆论氛围。我们应当积极探索把安全价值及其保障条件、要素等安全认同客体的内容融入群众性活动的方式和方法，实现更大范围的安全认同。

8.3.3 从安全认同环体方面分析安全认同促进对策

安全认同环体是指理性人进行安全认同过程中所处的、对其产生影响的外部条件和因素的总和，包括自然、社会及人文因素，可以从自然、社会及人文因素分析影响安全认同的环体因素。

1. 自然因素

此处自然因素主要指安全认同主体所处环境中的物质条件等硬件条件。根据马斯洛层次需求理论，理性人最为基本的需要是温饱等生理需要，仓廪实而后才知礼节，优越的物质条件是安全认同的前提，只有最基本的需要即物质需求得到满足时，才会产生对安全等更高层次需求的追求。所以，高度的安全认同是建立在经济高度发展的基础之上的。经济的形态和经济的发展阶段对社会的政治、文化起着决定性的作用，这意味着它也决定了人们对安全的看法与重视程度。前面已经对安全认同主体的利益获得感这一影响安全认同的因素进行了阐述，主体行为很大一部分程度上是由利益驱动的，只有外界物质条件满足了主体的基本需求，其才会“有余力”进行安全认同；如果外界提供了额外的实质物质条件的奖励，还能进一步促进其进行安全认同。

2. 社会因素

舆论是指在一定社会范围内，消除个人意见差异，反映社会知觉和集合意识的、多数人的共同意见。营造良好的安全伦理道德舆论环境是促进安全认同的重要任务，让安全认同主体在潜移默化中受到教育和熏陶。建立具有明确安全道德舆论导向的、具有丰富感受的社会安全文化形态，以此积极影响各主体的安全认同。近年来，因安全认同缺失（安全自觉性）而引发的公共安全事件、热点事件相继发生。重视安全的社会舆论环境为安全认同提供了沃土，社会舆论环境对安全认同的影响可见一斑。

除外部社会舆论压力会对安全认同有影响之外，社会规范性压力也会对安全认同产生影响。合理科学的安全政策、法律法规或某组织内部的安全制度、行为规范等，都是人们日常生活、安全生产的重要保障。这种规范性的纵向压力，对安全认同也有着深刻影响。无规矩难以成方圆，没有一定的强制规范来约束人们的行为，当前社会也不会形成稳定的秩序，正是“法”的作用，才使得今日社会井然有序。对于一些忽视安全、漠视生命的风险决策者来说，安全法律、法规的作用正是约束其不做出损害他人、牺牲他人安全的决策，它规定了每个人关于安全的权利和需要履行的义务（职权和职责），从而使其正视安全、了解安全，迫使其进行安全认同，从被动安全变为主动安全。当前的安全法律法规、制度仍在不断地更新、完善，其赋予人们更加丰富的安全权利，但人们在享受权利的同时也应该履行与之对应的义务，这种强制性的、对人们具有约束力的规范性压力，对安全认同的影响是不可忽视的，其可以成为加深、促进安全认同的策略方向。

3. 人文因素

此处影响安全认同的外部人文因素指的是安全文化。安全文化集安全观念、理念、制度与设施等于一体，其重要功能之一就是促进群体安全认同。因此，安全认同主体所处外部环境中安全文化的传播强度会显著影响其安全认同。安全文化最早指核安全文化，这一概念最先于切尔诺贝利核灾难后提出，国际核安全咨询组（International Nuclear Safety Advisory Group，INSAG）在 INSAG-1（后更新为 INSAG-7）报告中提到苏联核安全体制存在重大的安全文化的问题。随后于 1991 年出版的 INSAG-4 报告中对安全文化进行了定义：安全文化是存在于单位和个人中的种种素质和态度的总和。切尔诺贝利核灾难震惊全世界，即使采取了“纵深防护”策略，但系统本质安全程度非常高的核电站还是发生了事故，对此 INASG 提出了以安全文化为基础的安全管理原则，随后安全文化理念的发展不再局限于核安全领域。文化是人类精神财富和物质财富的总称，安全文化和其他文化一样，也是人类文明的产物，可以为生产、生活、生存活动提供安全生产的保证。

安全文化具有导向功能、凝聚功能、激励功能及约束功能。从其功能体现上来看，其通过提倡共同的、具有明确导向的安全价值观念、理念，凝聚众多不同认同主体，对其进行激励和约束从而实现安全认同。

单从词语组成上来看，安全与文化是两个毫不相关的词语，但从其本质上看，安全其实就是一种文化，是最原始的文化，从远古时代起，人类就会通过点燃火把利用明火驱赶野兽保护自己的安全，其可以说是人类一切文化的始祖。到如今科技高度发展的现代社会，在历史悠久的人类文化宝库中，安全文化亦是其重要的组成部分之一。世界著名企业杜邦公司一直以“本公司是世界上最安全的地方”著称，可以说，其拥有超前的安全文化，它的安全管理理念一直处于领先阶段，其安全绩效亦一直位于世界前列。正是有了如此完善、先进的安全文化，杜邦公司自成立至今在业界一直久负盛名，也一直是其他组织学习的对象。由此可见，安全文化是保护、发展生产力的重要保障，也是保护人的身心健康，实现安全、舒适、高效活动的理论与实践指南，还是社会文明的重要标志与人文伦理、文化教育等社会效力的体现。

8.3.4 从安全认同介体方面分析安全认同促进对策

安全认同介体是连接认同主体与客体的桥梁。安全认同是理性人通过一系列安全活动及相互交往形成的对安全价值及其保障条件、要素等的认同，是人们对自身在社会生活、工作中的安全观念的导向，并在一定程度上表现为共同安全观的形成。安全认同主体与客体间相互作用形成安全认同的过程和方式方法就构成了安全认同介体，安全认同的形成是介体功能的实现。因此，可以认为安全认同介体，即实现或促进安全认同的方式的选取也是安全认同的主要影响因素之一。根据前面对个体安全认同机理的阐述，可知心理认同即内化的关键是产生情感共鸣即情感认同，于是所采用的安全认同方式是否引起主体的情感认同是其最终能否实现行为认同的关键；同时选取的认同方式过于单一也会引起主体的认同疲乏，多样化的认同方式及其与时俱进的创新也与安全认同的形成紧密相关。

1. 安全认同介体的情感渲染

从微观层面来理解，安全认同的心理认同过程（内化）是个体心理和情感的动态变化过程，是一种渐进的、逐步完成的体验和感悟。通俗地讲，安全认同的心理认同就是个体对安全认同客体的认同并由此而产生的一种既能使个体产生肯定性的情感，又会成为其驱动力的心理状态。因此，只有建立在心理认同基础上的安全认同才是稳定的。安全认同表现为主体自愿接受、认可安全价值及其保障条件、要素等的态度，以及并为愿意为之努力的行为；要实现个体的安全认同，必须遵循其心理发展的规律。一般来说，个体的安全认同，始于被动地转变自己原有的认知结构和价值取向，随后自愿接受安全认同客体所代表的观点和看法，并以此为标准来相应地修正自己的观念与行为，最后从内心深处表示认可与接受，并把这些新的观念、观点纳入个体的安全认知结构中，成为自身安全观体系中的一个有机组成部分。

遵循人们心理发展的规律，其最为紧要的重点在于个体安全认同过程中的情感认同。情感是人类心理最为特别及强大的动力因素，具有强烈的凝聚力和感染力。人的感情是人追求其目标的驱动力，正是因为情感源于认识，同时又能强化认识，当个体对安全认同客体产生心情愉悦的情感时，其才会自愿深入理解安全认同客体，进一步理解安全的重要性与必要性，并内化为自己认知体系的一部分；情感体验也影响着人们的认知和行为走向，有助于帮助个体本身形成安全认同。因此，安全认同介体的情感渲染，可以通过把握人们的情感特点，充分调动和激发人们的积极情感，使其从被动安全转变为主动安全，实现安全的自觉性。情感是个体安全认同的重要因素，安全认同介体的情感渲染与安全认同效果息息相关，情感渲染强的方式，可以通过情感消除个体的负面消极情绪，强化其正面情绪体验，促进及巩固安全信任感、意愿感等情感能力，并使之自觉形成安全认同。

2. 安全认同介体的多样化及创新

安全认同介体即实现、促进安全认同的方式方法有多种，如安全教育培训、安全文化宣教及安全法规、制度、标准实施等，需要明晰的是，此时作为安全认同介体的“3E+C”对策，强调的是其实施过程及其实施目标旨在于实现安全认同，可以理解为一个延续进行时的动作时态；而其作为客体内容时，强调的是其本身的象征含义（安全必要性），可以理解为一个静止的名词状态。以最为直接的安全认同方式即安全教育为例，大量研究表明，单一的安全教育方式的成效并不显著，科技的发展带来了更多样化的技术手段以用于安全教育，就安全教育这一安全认同方式而言，抛开单一的理论知识教授，采取各种多媒体手段进行教育，将比照本宣科的成效更为显著。除了实施安全教育这一方式之外，其他方式可多方位进行安全认同的促进，由此可使得个体的安全认同度比单种安全认同介体方式下更为深化。由此可见，安全认同介体的多样化也是安全认同的影响因素之一。

同时，增强安全认同的效果，安全认同介体即认同的方式和方法也必须结合安全认同主体的需求和时代的发展不断进行创新。随着社会历史的发展，从前老旧的安全教育方法在当前的时代背景下并不适用，为了获得更好的安全认同效果，就必须对安全认同的方式方法进行创新，如将 VR、AR 技术应用于安全教育、建立安全教育实景模拟培训基地等，这些都体现了安全认同介体创新的重要性。人们总是对新鲜稀奇的事物有更高昂的兴趣与热情，安全认同介体与时俱进的创新能更好地加深、促进安全认同。

8.3.5 安全认同的评价

基于前述安全认同影响因素分析，可按照因素间的相互关联影响及隶属关系将因素按不同层次聚集组合，形成一个安全认同评价多层次的分析结构模型，如图 8-9 所示。中间层将安全认同影响因素分为安全认同主体因素、安全认同客体因素、安全认同介体因素、安全认同环体因素，其下又各细分为不同因素。需要明晰的是，依据不同场景，各细分因素下仍可设更为具体的指标进行考察，如主体安全素质可能受其学历、专业、年龄等影响，主体安全认同的动机则受外部是否有相关奖励机制等的影响。第三方安全服务咨询类机构在对不同委托组织（群体）依据该影响因素下设定指标进行客观评价（预估）时，

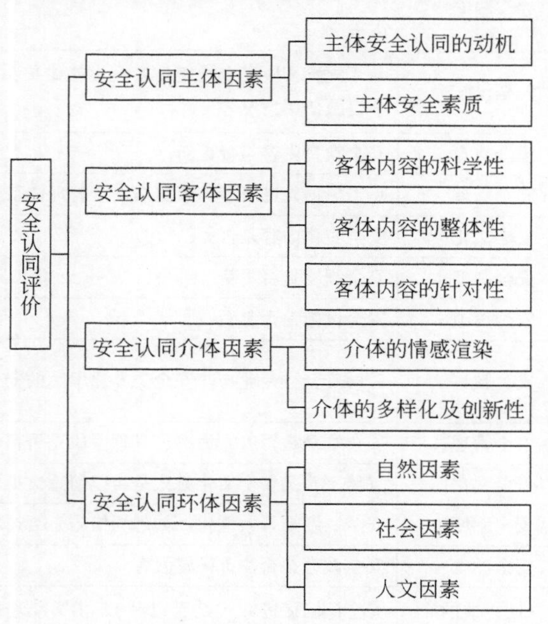

图 8-9 安全认同评价多层次的分析结构模型

可先根据实际需要设置更为细分、具体的指标，依据模糊综合评价等方法打分，再基于该节所得各因素的权重进行整体计算，进行安全认同情况的评价，并可得出有针对性的安全认同促进方向。

以高校研究生群体安全认同评价为例，基于前述理论分析和图 8-9，建立了一个高校研究生群体安全认同评价指标体系（表 8-4）。

表 8-4　高校研究生群体安全认同评价指标体系

<table>
<tr><th>一级指标</th><th>二级指标</th><th>三级指标</th><th>评价内容</th></tr>
<tr><td rowspan="6">安全认同主体因素</td><td>主体安全认同的动机</td><td>安全认同外部激励机制</td><td>促进研究生群体安全认同的相应奖励机制，如安全认同榜样表彰（精神激励及物质激励）</td></tr>
<tr><td rowspan="5">主体安全素质</td><td>安全知识储备</td><td>是否通过基础安全知识测试</td></tr>
<tr><td>安全技能掌握</td><td>是否学习基础安全技能</td></tr>
<tr><td>安全教育参与态度</td><td>是否积极参与安全培训、安全教育等活动</td></tr>
<tr><td>安全管理参与态度</td><td>是否积极配合安全管理工作、是否遵守各类安全制度等</td></tr>
<tr><td>安全设施维护态度</td><td>是否在使用安全设施时注意维护安全设施</td></tr>
<tr><td rowspan="11">安全认同客体因素</td><td rowspan="5">客体内容的科学性</td><td>安全教育</td><td>是否开设安全教育，安全教育内容是否科学、是否必需，内容安排是否合理等</td></tr>
<tr><td>安全管理</td><td>是否有科学的安全管理体系、安全管理职责划分是否清晰、安全管理工作是否落实等</td></tr>
<tr><td>安全文化</td><td>是否形成独有安全文化、安全文化内容是否正面向上、是否对提高安全意识起到积极作用</td></tr>
<tr><td>安全制度</td><td>是否制定全套安全制度、安全制度是否合理、安全制度遵守或违反情况等</td></tr>
<tr><td>安全设施</td><td>是否配置相应安全设施、安全设施维护情况、安全设施需求情况、安全设施使用情况等</td></tr>
<tr><td rowspan="5">客体内容的整体性</td><td>安全教育</td><td>安全教育内容是否更新</td></tr>
<tr><td>安全管理</td><td>是否依据先进管理理念更新安全管理体系</td></tr>
<tr><td>安全文化</td><td>安全文化内容是否更新</td></tr>
<tr><td>安全制度</td><td>安全制度是否更新</td></tr>
<tr><td>安全设施</td><td>安全设施是否更新</td></tr>
<tr><td>客体内容的针对性</td><td>安全教育</td><td>针对安全类专业与非安全类专业学生的安全教育内容安排情况等</td></tr>
<tr><td rowspan="5">安全认同介体因素</td><td rowspan="4">介体的情感渲染</td><td>安全管理</td><td>安全管理是否以人为本、管理手段是否粗暴等</td></tr>
<tr><td>安全文化</td><td>宣传、普及安全文化方式是否以情感渲染为主</td></tr>
<tr><td>安全制度</td><td>安全制度是否人性化，如惩罚措施是否过于严格等</td></tr>
<tr><td>安全教育</td><td>安全教育是否注重情感教育</td></tr>
<tr><td>介体的多样化及创新性</td><td>认同方式的多样化及创新</td><td>安全认同促进方式是否以“3E+C”结合形式、安全教育媒介是否创新、安全文化宣传方式是否多样化、是否结合新技术促进安全认同等</td></tr>
</table>

续表

一级指标	二级指标	三级指标	评价内容
安全认同环体因素	自然因素	物质条件	各类高校基础设施是否完善、学生基本需求是否满足等
	社会因素	安全舆论环境	安全舆情情况等
	人文因素	安全文化环境	各类安全文化活动的举办频率、安全文化氛围、安全文化普及情况等

需要明晰的是，在考虑图 8-9 中各项指标的权重时，针对不同类型的组织（群体），其具体权重也会发生相应的变化，需根据研究的具体对象和借助专家咨询法等来确定。同样地，表 8-4 的高校研究生群体安全认同评价指标体系亦只作参考，仅提供指标分类及确定的方向，更为科学合理的指标还需要根据具体的研究对象的实际情况而制定，以此形成安全认同评价指标体系。

8.4 基于安全认同促进的安全管理理论

安全管理作为一项系统工程，是为实现安全目标而进行的有关决策、计划、组织和控制等方面的活动。随着人类生产活动及社会经济水平的发展，安全问题也日渐突出，对安全管理的要求也越来越高，从而促进了安全管理理论与实践方面的发展，并取得了一定成果，不同领域、不同国家的安全管理理论、方法也不断更新。王秉等（2017）在安全管理领域提出了一种新的安全管理方法，即循证安全管理（evidence-based safety，EBS），研究发现其为一种新的能有效指导安全管理实践的方法。当人本复归成为管理理论与实践的新背景和主体，尤其在安全管理领域，强调需以人为主体，以调动人的积极性为根本的当下，将安全认同融入安全管理，强调安全认同在安全管理中的应用及功能是时代进步与需求的体现。个体的安全认同能使其产生意愿感、归属感、认同感等积极情感，从而表现为喜爱、支持安全管理工作，同时保持一种平衡的理性思维，这属于正向情感思维。基于安全认同的安全管理应用，主要研究安全认同所产生的正向情感思维应用于安全管理中的设计模式及组织安全认同机制的构建，以期优化安全管理效果，同时也能进一步促进个体及组织安全认同。

8.4.1 基于安全认同情感思维的安全管理模式

情感思维作为一种思维方式，在人类社会实践活动中起着重要作用，如将情感思维应用于企业管理、医学、公安科学领域，甚至对人工智能的发展也有着重要意义。情感思维是一种情感化的思维方式，以主体的丰富情感为“细胞”，运用叙述、联想、想象、抒情等方式反映客观现实，控制着人们的心理及实践活动，在展现了情感的巨大能动作用的同时，也制约着思维方式的发挥程度，直接影响人的行为效果。既然安全管理中的人本原理强调人的主观能动作用，且研究指出正向情感思维主要由安全感和满足感产生，那么基于情感思维的安全管理研究将给予安全管理新的方向与启示，在一定程度上能为安全管理的开展提供改进思路，从而提高安全管理效率，提升安全管理效果。

1. 情感思维定义及内涵

情感作为心理状态和人格特质贯穿于人的整个思维过程，同时其本身包含着丰富的认知因素和背景，这种基于情感的思维即为情感思维，是指人在加工和处理传入信息的同时运用情感来统合信息并做出反应或决策的思维方式与能力，即思维作用于情感，情感承载着理性，如情感让人富有激情，勇于创造，形成强烈的动机，但思维让人谨慎计划，落实动机。安全管理的各类活动都离不开人，安全管理者负责进行设计、组织、计划、决策管理高层所进行的活动，而被管理者负责落实执行。安全管理中有人参与的方方面面都必将涉及情感思维。可以从以下两个方面理解情感思维的内涵：

（1）情感思维是情感理性化和理性情感化的辩证统一。情感思维区别于绝对理性和绝对情感的思维方式，从情感理性化上来说，情感是无时无刻都存在的非理性因素，具有无序性及无规律性，但在价值理性的引导下才具有了积极效用，如果情感失去理性思维的控制，安全活动将陷入无序且缺乏道德约束和控制的混乱状态，可能因为过分追求利益忽视安全而造成事故频发甚至人员伤亡；从理性情感化上来说，人在对客观安全信息进行接收、加工、存储、输出的过程中，都离不开自身的情感作用，完全脱离人的基本情感体验的纯理性思维是不存在的，人们“以情取舍、以情评价、以情而作”。由辩证唯物主义可认为，情感理性化和理性情感化两者是辩证统一的，情感思维正是两者的融合统一。

（2）情感思维是情感化的思维方式。情感思维是一种在一定时代背景下的理性认识方式，按照一定结构、方法和程序把思维诸要素结合起来的相对稳定的思维运行模式，其特点是情感化，这是因为随着社会实践活动不断发展丰富，情感在其中所起的作用越来越不可忽视。人是情感的存在，情感拥有强大的感召力，如热情使人富有创造性与积极性，甚至彼此感染迁移以致使整个群体兴致高涨；同时情感作用的实现需依赖于人的思维方式，即人在特定观念、客观条件指导下发现、思考、分析、解决问题的相对稳定的方法和程序的模式。

2. 情感思维在安全管理中的功能

情感思维过程中，情绪和情感控制着信息的流动，促进或阻止工作记忆、推理操作和问题解决，情感体验所构成的恒常心理背景或一时的心理状态，都对当前进行的信息加工起组织与协调的作用。从情绪的适应性出发，情感使人有导向地选择信息进而与环境相适应，并运用思维能力调控行为改变环境。例如，人在心情愉快的状态下工作，思维敏捷，具备迅速解决问题的能力；但在心情低沉郁闷的状态下工作，则思路凝滞，操作迟缓，缺乏创造性。持久而热烈的情绪能激发人能动地进行思维加工活动，完成特定任务；但某些时候强烈情绪会骤然中断正在进行的思维活动，阻碍任务的完成。情感思维在安全管理中具有以下功能，具体阐述见表 8-5。

表 8-5 情感思维在安全管理中的功能

功能名称	内涵解释
动力和强化功能	人的情感思维具有两面性（积极、消极），在内部形成一种强大的内驱力，推动或阻碍人决策、计划、组织和控制等方面的安全活动；在情感的传递过程中受理性思维影响，起到强化或减弱（负向强化）情感的作用
调控和选择功能	人通过思维调节和控制自身的情感以克服各项安全活动过程中的各种干扰，保证安全活动的顺利进行；情感思维引导人的安全观价值取向，影响其活动指向和侧重点（安全）从而影响对信息的选择，如侧重关注相关安全信息
信号和疏导功能	人的情感思维结果外显为一种信号的表情语言而使自身具有了传递安全信息的功能；经过情感化的思维方式作用，人容易接受外来安全信息，并主动对其进行复杂加工，而发生与之相应的心理变化
感染和迁移功能	人的情感在思维作用下，具有对他人情感施予影响的效用；在对客体的情感迁移过程中，对与客体相关的对象产生影响的效能，如爱屋及乌
保健和协调功能	安全活动中人的情感思维发展变化将总是会导致内部生理因素发生变化，它对一个人的身心健康具有增进的保健作用或损害的破坏作用；情感能感染他人形成协调的人际氛围

3. 情感思维在安全管理中的功能建模

上述情感思维的 5 种功能，给安全管理带来的最直观的积极作用体现就是能调动人的积极性，驱使人产生动力去实现安全目标，同时通过动力和强化功能、调控和选择功能、信号和疏导功能、感染和迁移功能、保健和协调功能强化驱动力，基于此，构建情感思维在安全管理中的功能作用理论模型，如图 8-10 所示。将情感思维分为正向情感思维及负

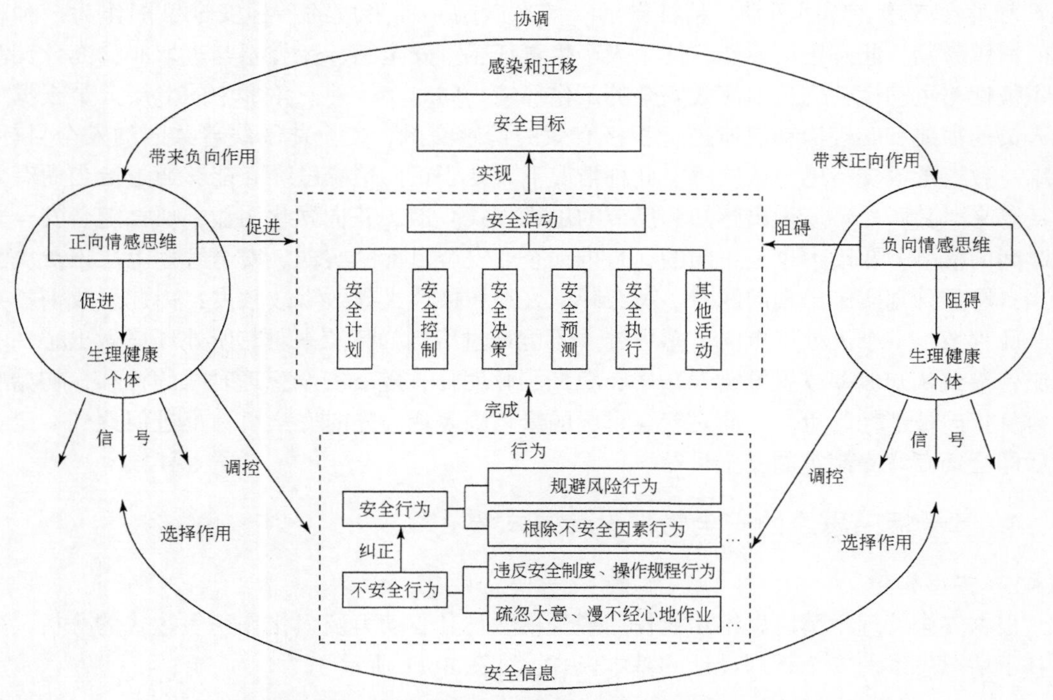

图 8-10 情感思维在安全管理中的功能作用理论模型

向情感思维，这种划分不同于单纯的积极与消极情感划分，因为在特定的情景中积极情绪并不一定对思维起到促进作用，反之消极情感也不一定对思维起到阻碍作用；如在面临突发安全事故的情况下，恐惧的情感可让人快速作出判断和反应，体现了对其认知和行为的正向作用。

（1）为简化分析，模型中只体现了两个分别具备正向情感思维及负向情感思维的个体，体现情感思维带来的感染和迁移功能及信号和疏导功能；需要明确的是，在安全管理过程中，存在多个个体，多个个体形成网状的情感感染和迁移及信号传递的关系。

（2）个体事实上并不会单一地维持一种情感思维（正向及负向）不变化，安全管理中时间的推移、外力（激励手段）的干预等因素都可能导致其情感思维状态发生变化，模型中只选取某段时间内个体情感思维所处的状态进行说明。

（3）具有正向情感思维的个体通过情感思维的感染和迁移功能为具有负向情感思维的个体带来正向积极的作用，但后者亦能对前者造成负向作用；个体通过情感的信号和疏导功能形成外显行为作为安全信息，个体间通过情感思维的选择功能对安全信息进行选择接收，同时通过调控功能对其行为进行调整与控制，纠正不安全行为，完成安全活动；正向情感思维促进个体的生理健康，负何情感思维阻碍个体的生理健康；总的来说，正向情感思维促进安全活动，负向情感思维阻碍安全活动。个体间通过情感思维 5 种功能的综合作用，促进或阻碍安全活动，从而影响安全目标的实现。

情感思维的 5 种功能综合作用，形成达到安全目标的驱动力及强化作用，因此下面将对情感思维带来的驱动力和强化功能进行分析，以期为提高安全管理的效果提供思路。

正向情感思维主要由安全感和满足感产生，安全管理中通过共同的价值观念（实现安全）和外在激励（物质激励、精神激励、信息激励）而形成的一种安全氛围作为一种积极的情感激励，起到正面效能，使个人产生责任感、安全感、荣誉感与进取心，充分调动其积极性与主动性，创造出高效安全的工作环境。同时，管理三角形中的上层人员根据底层人员的需要和心理活动规律进行积极有效的情感交融，使全体围绕着共同的安全目标，团结一致，形成支持感与认同感。此种情况下人处于正向情感思维（能够通过恰当而有效的情感来对其所处环境做出感知和反应的思维方式）时，正向强化明显，那么随着安全管理时间的推移，驱动力也是正向的，将推动企业安全目标的实现。安全管理上层人员决策不当，管理计划实施出现问题时，就会降低人的积极性，导致事故频发，由此形成消极氛围。此种情况下个人处于负向情感思维（不能通过恰当的情感来对其所处环境做出感知和反应，导致认知偏差或思维错误）时，负向强化明显，随着安全管理时间的推移，初始驱动力从正向被消耗为负向；而对安全目标的影响则表现为先向安全目标推进但达到一定程度后即会逐渐背离制定的安全目标。

4. 基于情感思维的安全管理设计基本模式

1）模型构建

根据安全管理中情感思维功能作用理论模型与其驱动力及强化作用表达式的分析，建立基于情感思维的安全管理设计的基本模式，如图 8-11 所示。

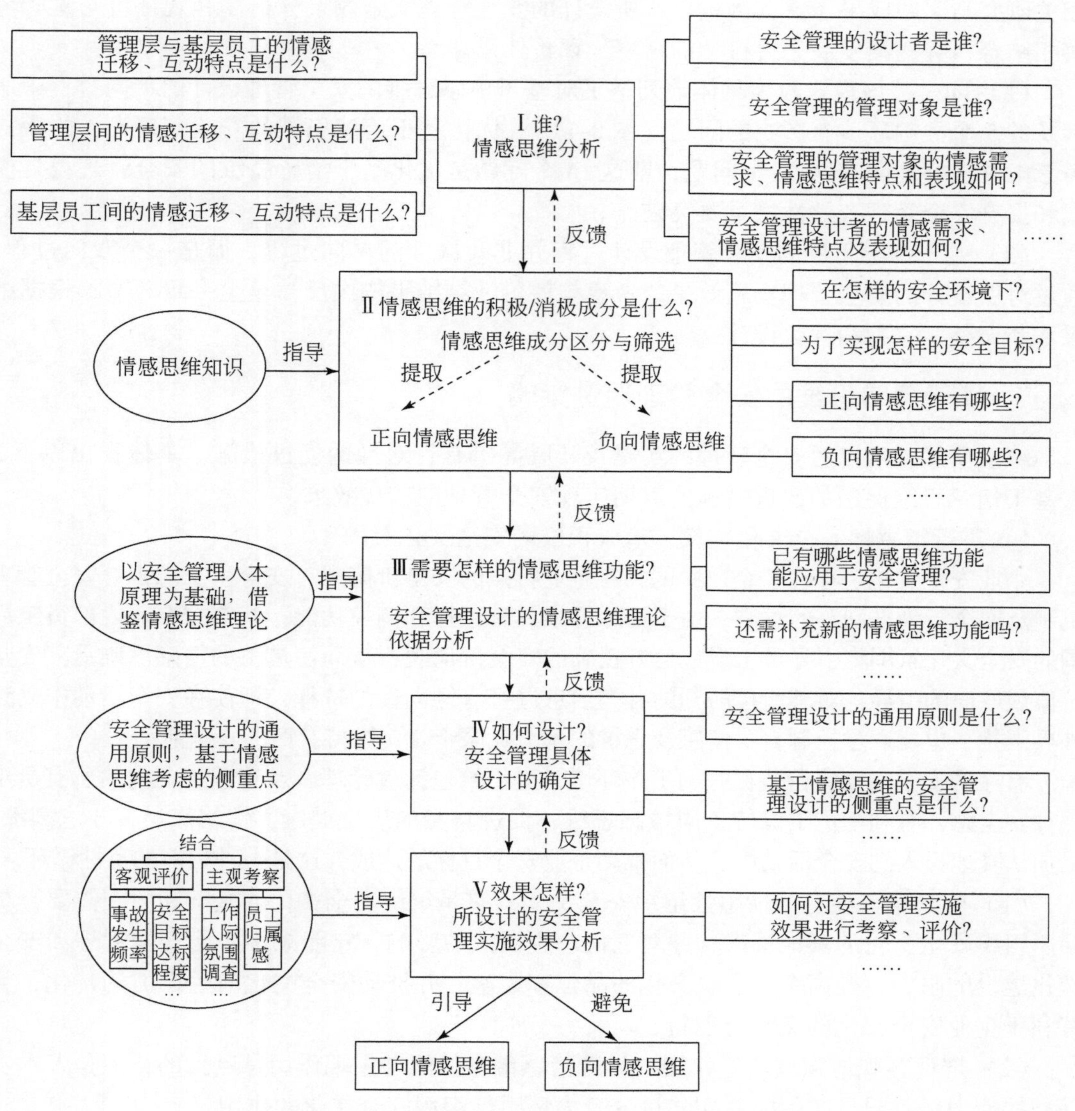

图 8-11 基于情感思维的安全管理设计的基本模式

2）内涵解析

（1）基于情感思维安全管理设计的单项过程中按照先后顺序共有 5 个关键环节，依次为：情感思维分析、情感思维成分区分与筛选、安全管理设计的情感思维理论依据分析、安全管理具体设计的确定、所设计的安全管理实施效果分析。这 5 个环节比较完整地说明了基于情感思维的安全管理设计的过程，意味着这 5 个要素对安全管理的实施具有决定性作用。其中，情感思维成分区分与筛选需以情感思维相关知识为指导；安全管理设计的情感思维理论依据分析需以安全管理学人本原理为核心基础，并应借鉴相关情感思维理论研究；安全管理具体设计的确定需以安全管理设计的通用原则为基础，并应基于情感思维的相关研究与实践成果考虑其侧重点；所设计的安全管理实施效果分析需客观评价与主管考察相结合，并逐渐发展完善科学的考察、评价体系。

（2）同时，该模式较为具体地列举了对基于情感思维的安全管理设计的单向过程中所涉及的5个关键环节有影响的问题（图8-11），优化基于情感思维的安全管理设计的模式需考虑并较好地回答这16个问题，即这16个问题是优化基于情感思维的安全管理设计模式和提升安全管理有效性的重要突破点。

（3）基于情感思维的安全管理设计过程并非一次性的单向过程，而是一个双向过程。通过对所设计的安全管理实施效果的考察与评价，将结果依次反馈至上一级环节，根据结果不断调整、完善和优化设计。

5. 基于情感思维的安全管理促进策略

综上所述，可以对安全管理的实施及开展提出有针对性的促进措施。具体提出以下3点基于情感思维促进的改进措施，以期实现安全管理的较优效果。

1）进行情感性安全文化宣教，形成积极的安全文化氛围

企业安全文化是存在于企业中的具有企业特点的安全价值观、安全生产意识、安全管理机制及安全行为准则等的总和。由于情感思维具有选择和调控功能，萦绕在企业内部员工周围的安全文化氛围将引导员工形成良好正确的安全价值观，从而使员工的情感思维受其安全价值观取向的引导，对其所接触到的各类信息进行有倾向性的选择，即使在安全活动中受到外界干扰，也能通过控制自身情感及思维的调节克服干扰，维持有序的安全活动。

有序的安全活动将营造良好的工作环境，提供给包括被管理者及管理者在内的所有员工一种安全感，有利于员工保持正向情感思维，促进自身的生理健康，情绪高昂，斗志高涨，更加认真地投入到安全活动中，从而推动企业安全目标的达成，这是一种积极的良性循环。

（1）建立企业独有的情感性组织安全文化，它是组织安全文化的基础和内在需要，贯穿于组织安全文化的其他层次，并对它们产生巨大的影响。它能减小企业安全管理和安全文化建设的阻力，提高企业安全文化的品位和层次，并推动安全文化向生产力的转化，且有利于企业安全文化的突破与创新。

（2）辩证客观地强调情感作用，尽管情感带来的能动主观作用是巨大的，但是人本身具有的能力是有限且实际的，切勿过分夸大情感性组织安全文化的作用。

2）适用各类情感激励手段，调动员工积极主动性

正向情感思维主要由满足感产生，当人精神及物质上获得满足时，积极性将大大提高。适当的外力情感激励能增强员工满足感，使正向情感思维发挥其动力功能，从而化被动为主动，有意识地去进行安全活动，完成安全任务；同时也不会被情感蒙蔽理智，失去判断力，从而造成认知偏差，形成安全隐患，这正是理性思维对情感起到的弱化（负向强化）作用的体现。

（1）物质激励方面，企业应当毫不吝啬，当全年安全目标按预期甚至超出预期完成时，需对全体员工进行物质奖励，如发放额外奖金或额外福利等。因为人的情感容易被利益驱使，但其理性思维也会考量利益价值是否值得自己的付出，适当的物质激励在让人产生动力的同时也不会让其过分忘我而失去理智。

（2）精神激励方面，企业应该形成良好的企业安全文化，制定合理的安全目标，有效授权员工的同时在内部建立良性的竞争机制，使员工拥有认同感、责任感，能充分调动员工的积极性、主动性、创造性和争先创优意识，也会使其自发调动情感思维进行安全活动，在创造效益的同时保证安全，从而全面地提高企业活力。

3）定期组织正向情感思维促进活动，营造轻松的工作环境

情感思维在现代快节奏、高压力职业环境中显得越来越重要。员工如果长期面临巨大的工作压力，其情感必然是压抑的、消极的，这种情况下，思维的调节能力也是有限的，长此以往，员工必然形成负向情感思维，阻碍安全活动的开展。同时，压力源影响情感思维的保健和协调功能，从而影响其生理健康，违背了人本原理，也会阻碍企业安全目标的实现。

为了让员工减压，企业可定期组织娱乐团建活动，生动活泼的室内安全教育和户外实地体验活动都可适用，过分强调生产目标，迫使积极性不高的员工仍卖力工作是错误的安全管理方式。这样的活动可以激发员工的自信心、好胜心、进取心和责任心，锻炼其思维能力，活动过程中，情感思维的感染和迁移功能正向效应明显，使员工群体都处于轻松的状态，抛开压力，放松自我，实现在情感中提升自己，在思维中超越自己，有利于安全管理的顺利开展和安全目标的实现。

8.4.2 基于安全认同促进的安全管理应用

1. 基于安全认同的安全管理设计模式

组织内部理性人个体实现安全认同后所产生的信任感、赞同感、意愿感、责任感等积极情感，意味着其具备正向情感思维。综合上述安全管理中情感思维的应用理论，安全认同应用于安全管理是可行的，其安全管理模式设计在遵循上述理论路径的同时，也应该以安全认同理论为基础，建立基于安全认同的安全管理设计的基本模式，如图 8-12 所示。

（1）基于安全认同安全管理设计的单项过程中按照先后顺序同样共有 5 个关键环节，依次为：安全认同主体与客体分析、安全认同介体设计、安全认同功能分析、安全管理具体设计的确定、所设计的安全管理实施效果分析。这 5 个环节比较完整地说明了基于安全认同的安全管理设计的过程，意味着这 5 个要素对安全管理的实施具有决定性作用。其中，安全认同介体即安全认同的方式方法需依靠创新机制进行必要的创新以适应主体需要与客体内容；安全认同功能分析需以安全管理基本原理为核心基础，并需结合安全认同理论研究；安全管理具体设计的确定需以安全管理设计的通用原则为基础，并应基于安全认同的相关研究与实践成果考虑其侧重点；安全管理实施效果分析需客观评价与主管考察相结合，并逐渐发展完善科学的考察、评价体系。

（2）同时，该模式较为具体地列举了对基于安全认同的安全管理设计的单向过程中所涉及的 5 个关键环节有影响的问题（图 8-12），优化基于安全认同的安全管理设计模式需考虑并较好地回答这 16 个问题，即这 16 个问题是优化基于安全认同的安全管理设计模式和提升安全管理有效性的重要突破点。

（3）基于安全认同的安全管理设计过程并非一次性的单向过程，而是一个双向过程。

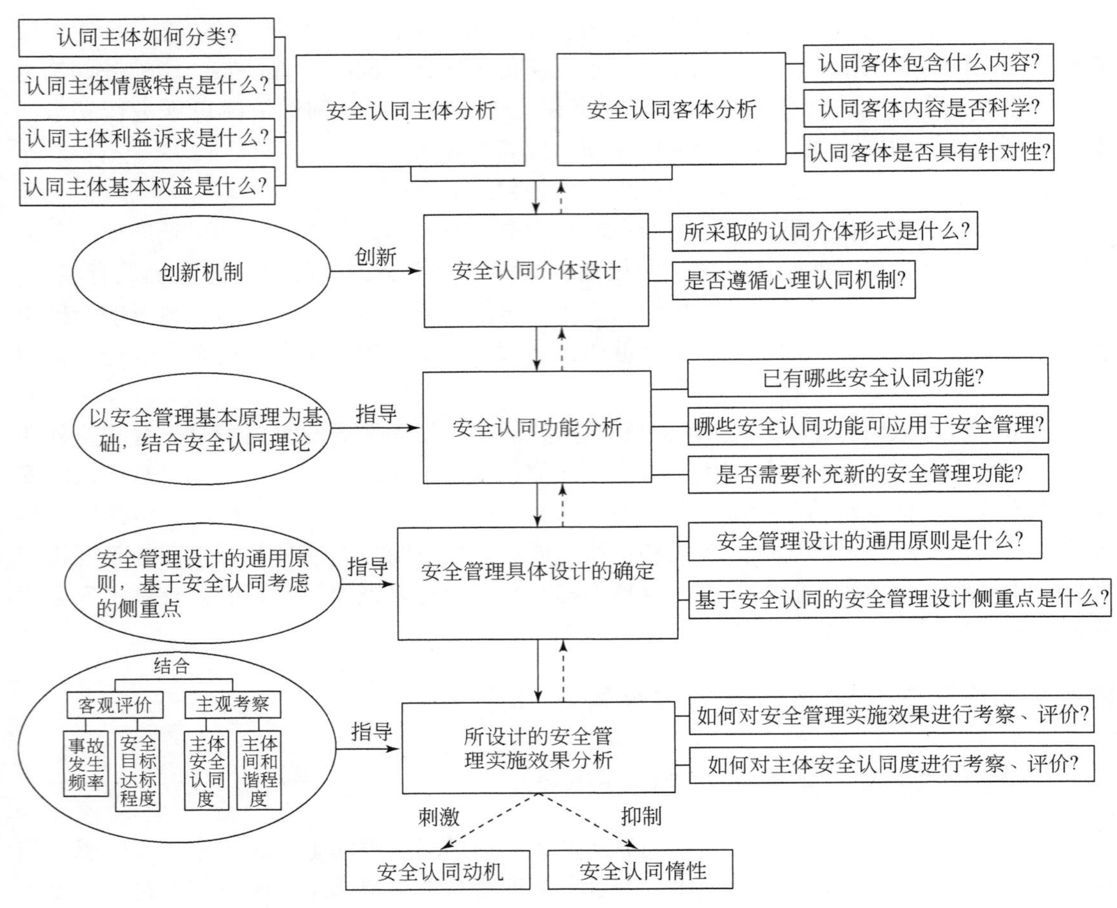

图 8-12　基于安全认同的安全管理设计的基本模式

通过对所设计的安全管理实施效果的考察与评价，将结果依次反馈至上一级环节，根据结果不断调整、完善和优化设计。

2. 组织安全认同机制

安全认同具有认可与支持功能、情感与刺激功能、动员与凝聚功能、规范与服从功能、推动与倡导功能及努力与突破功能，若能在安全管理全过程中建构安全认同机制，对提高员工安全认同感，促进其安全认同，减少和预防事故，促进本质安全化具有重要意义。鉴于此，本节基于安全认同理论的基础性问题，对安全管理中的安全认同机制建构进行研究，以期完善安全认同促进理论，为安全管理的开展提供改进思路，从而提高安全管理效率，提升安全管理效果。

组织安全认同的形成与促进，需建立一系列机制紧密配合、运行。从安全认同主体角度出发，认同主体安全认同的形成需经其心理认同后，输出心理认同结果，而认同主体在组织安全认同中享有绝对主要地位，意味着需要其他机制来保证主体的这种地位，因此利益机制及保障机制是不可或缺的。安全认同主体通过认同方式（安全认同介体）对安全认同客体进行认同活动，结果表现为输出认同行为；为提高安全认同度，认同方式的设计需遵循主体的心理认同过程，以其为依据，同时在不断实践中通过创新机制对其进行创新；主体输出认同行为需通过组织践行机制形成行为上的认同，其也是对主体心理认同结果的巩固。从安全认同客体角度出发，其独立包含 3 种机制，后面将对其内涵进行更详细的解析。综上所述，构建组织安全认同机制理论模型，如图 8-13 所示。

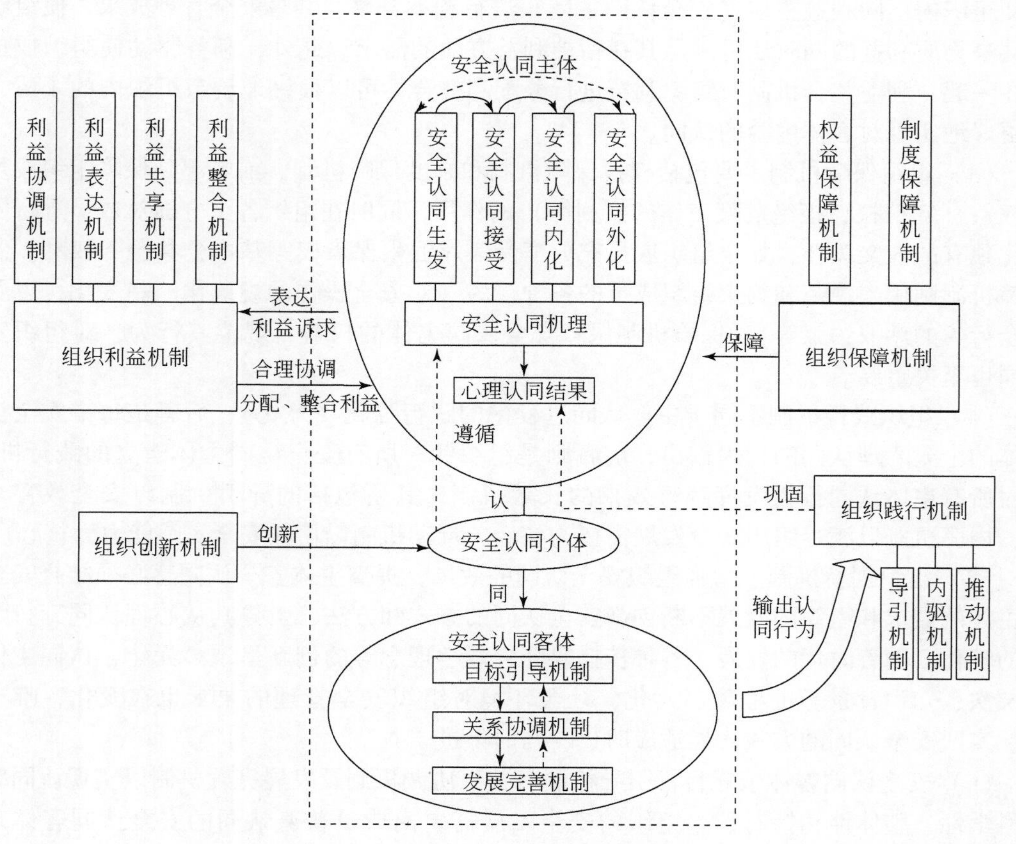

图 8-13　组织安全认同机制理论模型

（1）安全认同主体心理认同过程。安全认同的本质是理性人沿着生发→接受→内化→外化的认同机理路径而递进式展开的，逻辑上表现为理性认同→情感认同→行为认同，即通过认知、情感、意志、信念和行为等要素之间的相互作用来实现。这个过程首先是安全认同主体对安全认同客体的基本内容（安全文化、安全价值等）进行理性的认知，而在理性认知的基础上，安全认同的关键环节是引起认同主体情感上的共鸣，使其对组织产生归属感，对组织安全目标、安全活动等产生赞同感，之后思想发生转化，开始把安全认同客体所含内容（如安全价值观）收纳到自己原有价值观念中，进行一定心理调适，化解所接受客体内容与以往观念矛盾而产生的精神困惑，进而用新的、正确的安全观引导发现自身发展过程中存在的问题。当主体心理上接受安全认同客体的内容后，将自觉践行与固化，使其最终成为自身良好的行为习惯。

（2）组织利益机制主要包括利益协调机制、利益表达机制、利益共享机制和利益整合机制。从满足安全认同主体利益、需要入手，可刺激其产生安全认同动机。通过利益协调机制可缓解组织高层、中层及基层成员在安全生产过程中产生的对立、矛盾和分歧（如高层追求的企业效益与基层成员对安全投入的要求之间的矛盾）。组织成员通过利益表达机制可以合理地表达出自己的意愿及利益诉求，更好地维护自身的正当利益。利益共享机制可使组织内不同利益主体（安全认同主体）进行利益分享，共享安全管理成果，使组织成员共享物质利益的同时还可满足其在精神利益方面的需求。此外，利益驱动使组织成员联系在一起，利益整合机制对组织利益进行分配和整合，可以很好地调节组织内的矛盾，从而更好地实现对客体内容的认同。

（3）组织保障机制主要包括权益保障机制和制度保障机制。前者起到保障组织成员基本权益（知情权、拒绝危险工作的权利等）的作用，同时在组织各个方面对成员进行安全文化独有的人文关怀，如令组织成员充分享受医疗卫生保障权等基本公共服务权利。制度保障机制则用来规范和约束组织成员的各种行为（对安全操作的规范化、制度化，以及不安全行为的惩戒约束等）。保障机制保障安全认同主体的权益，规范其行为，对组织安全认同也至关重要。

（4）组织践行机制不同于主体认同过程中的践行强化（外化），后者是每个安全认同主体的个人心理认同的行为输出，前者则是组织针对所有安全认同主体建立的践行机制，是对所有主体认同行为发挥践行效果的长效机制；其所包括的导引机制以安全教育为核心，内驱机制以满足组织安全发展需要为核心，推动机制以培养安全实践能力为核心。

（5）组织创新机制。增强组织安全认同的效果，提高主体安全认同感必须结合安全认同主体的需求和组织的发展不断创新安全认同的方式和方法，引导其从心理认同到行为认同的转化。随着时代的发展，各种传播媒介、教学理念等的创新呈现多元化，认同主体因其层次、知识背景等也呈现多元化，社会环境对组织安全管理的要求也在变化，唯有创新、实践安全认同的方式才能适应时代，与时俱进。

（6）安全认同客体依靠目标引导机制、关系协调机制及发展完善机制以实现认同客体的科学性、整体性和针对性。组织的安全发展需要由成员普遍认同的安全认同客体来维系，其居于核心地位并发挥主导作用，是组织内部力量整合所必需的要素，是推动安全发展的精神动力。例如，组织在一定安全周期内会有一个需要实现的安全目标，依据安全目标的导引（目标引导机制）来制定计划、做出决策。在此基础上，安全认同客体内的安全精神、观念建设内容，需与发展效益协调关系（关系协调机制），此外还需与社会环境、国家政策等协调关系，平衡稳进发展。安全认同客体的内容需要在时间推移、不断发展的过程中，进行适应时代、生产力、社会观念等变化的发展完善（发展完善机制）。三种机制依次运行，但并非一次性的单向过程，而是一个双向过程，认同客体内容完善后的结果，依次反馈经过上两级进行调适，使安全认同客体内容呈动态发展。

基于以上安全认同机制建构过程，可知将安全认同应用于安全管理至少应遵守以下 3 方面原则：

（1）保障安全认同主体的绝对主体地位。组织安全认同机制的构建，核心便是安全认同的主体，利益机制协调各类主体间的利益的同时，认同主体也通过其表达利益诉求，满足其安全认同动机；保障机制保障主体的各种权益的同时也规范其行为举止，抑制其安全认同惰性；安全认同客体的内容使得主体认同才有意义，安全认同介体的设计及采用，需遵循认同主体的心理过程才能提高效率，增进安全认同。

（2）安全认同客体及介体应适应时代、符合组织需要。组织特有的安全文化、安全价值观等作为安全认同客体的内容，对安全认同的影响是巨大的，其应一直处于动态发展中，吸收学习先进的安全文化，科学内化为特色鲜明的组织安全认同客体内容；安全教育等促进安全认同的方式方法，可以运用如 VR、AR 等新媒体、技术，尽可能结合新的教育理念如情境设置和体验，科学地应用于促进主体的安全认同。

（3）建立组织安全认同机制，并在实践中不断健全、完善。安全认同的完成需要安全认同主体、客体及介体的参与，缺一不可，组织安全认同机制的建立可保证安全认同的形成及加深。组织保障机制及组织利益机制保证主体地位及不同主体间的和谐关系，组织创新机制使安全认同介体得以发展、进化，安全认同客体也因目标引导机制等 3 类机制而进行完善，顺应主体、组织需要。但事物并不是一成不变的，组织安全情况多变，决定了安全认同机制需不断健全、完善，适应新变化，动态发展，不断提高组织安全认同主体的安全认同度。

9　安全容量理论

【本章导读】安全容量在某种程度上可以形象地表征安全系统，分散化解系统风险是安全降容理论的典型应用。本章介绍安全接受阈、安全容量的由来及研究现状；阐述安全容量的新内涵、安全容量的维度属性；提出基于风险维度的安全容量研究方法和安全新理论；归纳安全容量的最大阈值、安全系统平衡扰动、系统安全的可控性、安全空间的层序性、安全系统的反馈调控、安全系统的连通交互等安全容量原理；给出安全容量风险维度的挖掘途径和安全容量降维方法。

9.1　安全容量概述

9.1.1　安全容量的相关问题

目前安全容量在实践活动中虽被广泛提及，但与其相关的知识大多是具体领域的特定方向，对其内涵的界定并没有普适性的系统概括。安全科学领域从理论的层面对安全容量的研究鲜有开展，过去大都将安全容量类比容量来研究系统安全容量，容量的类比在安全研究中早有体现，现有安全容量的认知也多来源于容量认知，即安全接受阈。

1. 安全接受阈

安全被定义为“可接受的危险”，即安全本身也隐含一定程度的危险，安全是没有超过允许限度的危险，而这种允许限度就被理所当然地视为判别安全与危险的标准。安全是一个相对主观的概念，安全是一种心理状态。因安全接受阈的不同，对于同一事件是安全还是危险的认知，不同的人是不一样的，继而相应的应对行为也是不一样的；即使同一个人当其具有不同的心理状态、不同的立场、不同的目的时，对危险的认识也是不同的。当前安全定性评价研究的基础正是基于这种安全的接受阈——即以安全接受阈来评价系统的安全性。但是这种依赖接受阈的安全研究存在一定的局限性。

依据马斯洛需求理论，行为动机在一定程度上也受到需求的影响。安全作为一种相对主观的状态，接受阈也是一种相对主观的允许状态，用个人安全认知下允许限度的接受阈来限定不安全行为是不科学的。因此，以安全接受阈标榜行为不仅存在主观意愿上的不确定性，某种时候还会否定行为的道德属性，即有时事故维度的不安全行为在道德维度上反而是安全行为，如见义勇为。

安全接受阈以可接受的允许限度定义并判别安全，这种定性的安全认知很大程度上制约了人们对安全本质的认知。单纯地以容量类比安全，安全容量在各安全领域的引入，更加深了这种片面的安全认知。容量即物体能够承载的最大量，即容量是一个数量值；而一个系统中自然环境、经济、人文条件对灾害和事故的承载力也是有一定限度的，这个限度也是一个量值，从而得出安全容量是取其最小限度的那个量值，即安全容量也是一个直观的数量值。

以安全接受阈来判别风险，赋予了安全定量研究的可行性，但理性的安全认知有时也会受到感性需求的影响，单纯的安全阈认知存在着局限性；另外，类比容量的安全容量又因为系统自身的复杂性，以薄弱环节来反映系统安全也存在一定的局限性。

2. 容量的内涵

容量简单来说就是指物体或者空间所能够容纳的单位物体的数量，用以衡量物体或空间的容纳能力。容量于容具的意义就在于保障容具可容纳性的基础上进一步保证容纳被容纳物，即容量具有两方面的容纳意义——可容纳性与被容纳量。可容纳性是指容具本身所具有的承载容纳能力，是特定的容具所特有的容量属性；被容纳量是指容具所承载的被容纳物的数量，同一容具被容纳物不同，被容纳量也各异。一般而言，二者经常容易被混淆，使得人们对容量的认知出现偏差。

容具存在的意义就在于容纳，可容纳性是容具的特有属性，以容量来度量，可以很好地将这种容纳性直观化——简单的容量认知就是物体具有体积，容具具有容量，体积小于容量，物体可被容纳。这种狭义的容量认知具有一定的局限性，忽视了容具与被容纳物自身的可靠性。例如，考虑容具容纳体积能力时，相同体积因密度不同，不同被容纳物的重量就存在差异，容具对重量的容纳能力也必须被重新考量进来。实际上是因为在讨论容量时一般将容具理想化，以适应被容纳物的容具为前提，只有需要具体针对某些被容纳物时才会考虑容具的因素，如存储特定的化学药剂时。

衡量容具的可容纳性时还要考虑容具与被容纳物之间的可靠关系，即容量只有结合容具和被容纳物才有实际意义，容纳能力不仅仅取决于容具，也受被容纳物的影响。

3. 安全容量的研究简况

安全容量即系统风险的承载能力，实质就是对系统风险的安全评价，当前研究主要涉及危险品的储存和运输、污染物的浓度含量、有限空间的人口容量等危险源的风险评价方面，多见于化工园区的安全容量研究、污染物安全阈值研究及安全人口容量研究等。

国外安全容量的研究基本上侧重于风险评价新模型的构建，如事故危险指数体系，用于全面地评估化工过程中事故造成危害的大小进而衡量可能发生事故的风险的大小；用安全指标模型来评价厂区在初步设计阶段的内在安全水平，并有助于设计者设计更安全的厂区；基于 GIS 结合事故现场构建了危险品运输风险评价和决策体系，提出事故概率和死亡人数评估模型，并提出关于危险品运输风险分级的指数评价法；研究了模糊评价在风险评价中的应用等。

国内很早就提出了油罐储存油品时不能按油罐的总容量储存，必须有一定的油高限制，这就是油罐的安全容量。城市安全容量的概念定义为在一段时期内城市灾害不会对城市社会、经济、环境、文化等保障安全的系统带来不利的无法接受的影响的最高限度，此时人口总数对城市造成的压力不超过城市各项承载能力的某个最小项。针对旅游景区的安全容量，有研究者提出安全容量的多维化特征，即旅游景区接待旅游人数的最大容量就是物质容量、环境容量、心理容量、社会容量及经济容量这五个维度中的最小限值。化工园区安全容量被定义为“在可承受的风险值范围之内，由运输、生产、使用、存储等风险综合确定的一个危险品的临界总量”。

现阶段对系统安全容量分析的趋势一般是从含危险装置的工业系统的整体角度出发，考虑多个危险源的综合作用，建立相关风险评价指标体系，进而评价衡量系统风险和社会风险水平的关系。通过国内外文献查阅发现，以往人们对安全容量的应用基本停留在具体针对性的安全领域方面，可以说安全容量研究就是基于安全评价展开的，很长时间内安全容量和安全评价被人们混淆。系统具有承载风险的能力，安全容量是系统的安全属性，而安全评价则是衡量系统承载能力的方法。现今国内外对安全容量的研究大体有两个方面：

（1）多止步于具体特定的某一领域，安全容量与某一维度相混淆，如安全人口容量、危险化学品承载量等，其实质仅是对系统薄弱维度的信息表征，因为权重的关系有些维度就被选择性忽视，毕竟从薄弱环节改善系统安全是最有效率的。但效率性只是安全容量的优势改善点，并不足以代表安全容量本身，薄弱维度的信息可以在一定程度上反映整体安全信息，但并不能成为安全容量的内涵。

（2）等效系统安全评价研究，安全容量容易与安全评价相混淆，忽视评价结果仅是安全容量的趋近，安全容量内涵认知模糊，频繁地构建新的安全评价指标体系，是一种后知后觉的安全研究模式。

被混淆的安全容量已经不适应当前大安全系统的发展需要，这里将安全容量纳入安全学科，作为安全科学的术语，在学科的角度上给予系统性的阐述，首先是出自吴超和杨冕（2012）的《安全科学原理及其结构体系研究》一文，文章中把安全容量定义为：在某一确定的系统中，允许各种人、物、环境及其组合作用下的各种非正常变化或活动引起的“扰动”，当这种“扰动”达到最大时系统仍然安全的最大允许值。这一定义将安全容量脱离了研究领域的框架，使其不再附属于某一领域的某一方面，有着普适性的意义。定义中同样指出安全容量是一个与风险相关的临界量，这是由安全特有的相对性决定的，人们定义安全为可接受的风险，因此安全容量本质上就是衡量某一特定系统承载风险扰动能力大小的风险容量，它由各个具体的生活和生产活动环境中的风险综合决定。

以风险评价体系构建的具体安全领域内的安全容量研究，得到了国内外学者的不断推进；但安全容量作为系统特有的属性，以安全学科的视角，其安全内涵的研究却鲜有开展。这里结合系统科学及相似理论尝试系统地阐述安全容量的特征和内涵，帮助人们更好地认清系统的安全容量属性。

9.1.2 安全有限性的理性诠释

1. 安全的有限理性

按一般的理解，安全是指没有伤害、损害或危险，不遭受危害或损害的威胁，但并不存在这种理想的安全，安全更是一种使伤害或损害的风险限制在可以接受的水平的状态，即没有超过允许限度的危险就是安全。安全系统工程中对安全的定义充满了主观性，这种可接受的允许限度对于每个人、每个组织、每个系统、每种状态都各有差异。实际安全研究中，为了减少这种主观性，往往采用统计学的方法，通过多方位的视角处理大量的数据，得到社会普遍认可的允许限度，构建较权威的安全标准。但安全主观性的本质决定了这种权威数据仅能作为参考，尽管安全标准不断重构，对保障系统安全的信心也不断增强，但这种可接受的允许限度对安全始终不能予以肯定的保证。因此我们对安全始终隔着一层看似一捅就破的纱，即安全的有限理性。

知识的局限性决定了在不同人中知识的分散性，面对社会中知识的分散化，决策者按新古典式的理性计算成本就太高，理性人的现实表现就是尽可能采用经验规则或制度，通过规则来降低协调失灵的可能性。因此，决策存在有限理性。Simon 在 1959 年提出的有限理性理论指出：在复杂的决策环境中，人的理性是有限的，作为有限理性的决策者不可能掌握完全的信息和知识，处理信息的能力也有限，对每一方案后果的预期不可能是完整和确定的，也并没有一套明确、完全一贯的偏好体系，人们对于风险的认知有着一定的主观依赖性。

正是这种主观有限性决定了安全本身就是一个概率问题，对于安全即使我们进行了充分的研究，也只能说有很大把握，其实质就是应用统计中的置信区间问题。相对性的安全为理性人的安全决策不可避免地带来了不确定性因素，安全决策实质上就是一种风险决策。安全系统工程学很明确地指出安全系统不存在最优解，只有具有一定灰度的可接受的满意解。安全存在某种程度上的模糊性，即意味着一方面安全行为偶尔也可能导致危险，另一方面不安全行为反而偶尔能带来安全。可接受的满意解同样也会随着时间变成问题解，没有绝对永恒的安全——这是安全研究的共识。

2. 有限理性在安全行为模式上的体现

风险决策的前提是风险感知，风险感知属于心理学范畴，是个体对外界的客观风险的感受和认识，并强调个体由直观判断和主观感受获得的经验对感知的影响，主观性的感知具有有限理性，从而可能导致一次安全行为危险接受域的误判。由风险感知触发的安全行为模式有两种：①风险接受型，安全的结果给予信心维持行为的现状。②风险回避型，对事故后采取安全的改进，如图 9-1 所示。

从图 9-1 可以看出，这种行为模式以事故为核心推动循环的进行，用事故来检验和改善安全。即后续安全行为依赖于对事故的认识分为上述两种行为模式。模式①因为无负反馈信息，使得原行为得到强化，但是循环结果并不能降低行为的不确定性，很难确保事故的不发生，直到事故发生进入模式②；模式②由于事故的发生，通过事故的回溯研究，意识到纠正行为的重要性，此时为了避免类似事故的复发，修正行为力求避免和降低事故的损失，尽管对同类事故能起到很好的借鉴预防作用，但不能有效改变新行为中事故的不确定性，循环重新转入模式①，直到新事故的发生。

图 9-1 揭示了安全的有限理性的两个方面，一方面是对风险感知的有限理性，由于受到安全意识水平及安全信息传递和安全注意力差异等感知能力的限制，人们对风险的认知

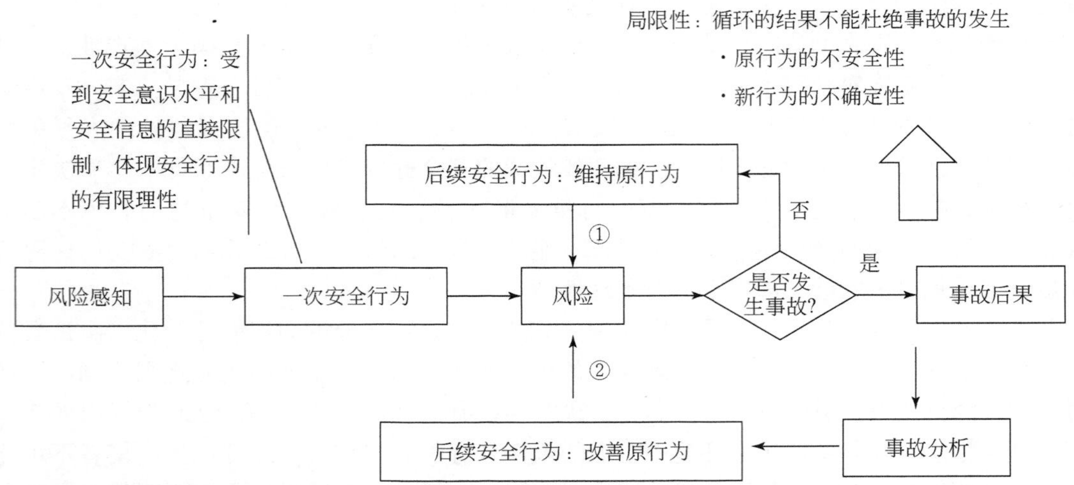

后续安全行为：由负反馈决定，是安全决策所研究的行为，基于对事故的分析体现了安全决策对事故研究的依赖

图 9-1　传统的安全行为模式及局限性

必然存在一定的差异，从而会对风险接受域产生误判，继而决定一次安全行为；另一方面对于安全决策存在着有限理性，不同于信息感知的有限性，这是由关注角度不同所带来的偏好体系的转变，使得行为人的理性受到限制，往往导致启发式的决策偏见。

有限理性在安全研究上最直观的体现就是，人们没有信心杜绝事故，却有信心由事故分析其产生机理，以事故来验证安全，这无形中就存在了对安全的事故偏见，即安全决策建立在事故分析的基础之上。

3. 安全行为有限性的解释

对于安全研究，海因里希理论指出，由不安全行为带来的重大事故发生概率较低，即1/330，更加上生产实际中很多人一生基本上都不会遇上很大的生产事故，忽视安全所带来的大事故发生概率很低，不安全行为带来的事故是小概率事件。前景理论指出，在实际决策中人们有着高估小概率事件的理性偏见，从而解释了在对事故的严重度分析时，人们总会下意识地重视重大事故的原因。另外，安全的模糊性决定了人们对事故概率认识的主观性，与客观概率不同的是，前景理论指出概率权重之和小于 1，即事故概率权重和安全概率权重并不满足传统意义下的概率之和为 1，而以事故研究安全本身就建立在安全与事故互相对立的基础之上，这就是安全决策的事故偏见。

安全决策的事故偏见决定了，即使是经历过验证的后续安全行为，也只是被验证过的那时的安全，并不能保证以后的安全，在一定时空条件下安全可以与不安全相互转化，这就是安全具有有限理性的本质所在，人们有意识地放弃对部分安全知识的了解，甚至有意识地采取一种直觉的或冲动的行为方式来研究安全，即理性无知。

有限理性下行为模式的局限性表现在两个方面：一次安全行为的不安全性和后续安全行为的不确定性。对于原行为，人们通过社会一贯认可的允许限度，即“社会允许危险”，构建安全指标，界定安全接受阈，约束原行为以保障行为的安全。但认知的有限理性并不能确保安全接受阈的绝对性，制约原行为的接受阈终会失效，直到事故发生，人们认识新的风险，重构安全指标，重新界定新的安全接受阈。相较于原安全行为，新的后续安全行为同样存在不确定性。

正如前面所述，这种局限性本质上就是片面的安全接受阈，通过大量安全案例的借鉴界定出安全接受阈，正因为安全接受阈的界定，系统能够承载风险保障安全，系统安全体现了容量属性；另外，由于安全的有限理性，系统对我们而言始终是个"黑箱"，我们有信心分析事故，却没有信心杜绝事故，新的风险不可能穷尽。受到主观制约的安全有限性决定了系统安全容量必然是开放的，通过安全接受阈定义的安全容量在表征系统安全信息时无疑就是片面的。人们在研究安全容量时，以安全接受阈着手将安全容量类比容具的容量，通过马斯洛需求理论及安全行为模式的研究发现，仅从安全具有容量属性的角度，不足以诠释安全容量的系统性。因此安全容量在表征系统承载风险的能力时，只有作为开放式的向量才能同时体现其系统性和有限性，其系统性决定安全容量必须包含所有风险维度上的安全接受阈；有限性不仅表现在对某一风险维度上安全接受阈认知的有限性，更体现在对系统风险维数认知上的有限性。安全容量是有着 n 个风险维度的 n 维的向量，其所属的向量空间是开放性的。

9.1.3 安全容量的维度属性

容量反映容具承载能力在一定程度上就是为了保障容具的可容纳性，从安全的角度考虑容量，可容纳性即为容具的安全性，即容量具有安全属性。对于容量，我们往往很直观地研究其某一方面，如当我们考虑物体承重能力时，此时容量代表的就是物体的重量；当我们研究液体的存放时，容量代表的是体积；当我们研究计算机的内存时，容量代表的是相应的硬盘容量等。如果用系统的观点来看待容量，容具不仅有承重能力，同时也有空间容纳能力、信息储存能力等，进而从安全系统的视角来看，容具的这些承载能力也是其安全性的体现。系统安全容量衡量的是系统各个维度的容纳能力，而各个维度正是安全系统性的体现。

系统的观点决定了安全容量并不能被视为一个数量值（从统计学的角度，一维数值对反映系统信息方面来说，自身就存在很大程度的信息缺失），安全容量无论从安全的视角，抑或容量的视角，都决定了其多维的空间属性，即安全容量反映系统承载风险的能力，是由系统各风险维度的安全容量共同决定的，安全容量是一个多维空间向量。

安全容量的内涵实质仍是对风险的安全接受阈，但这一接受阈并不是前面所提的片面理性认知下的接受阈，也不是薄弱环节的接受阈，而是多维系统全面的接受阈。安全容量具有维度属性，安全信息是高维信息，一方面在各维度存在相应的安全接受阈，而权重维度的接受阈能更有效率地反映和改善系统安全，另一方面对系统风险维数认知的局限性，决定了系统安全容量的模糊不确定性，这正是事故呈现突发性的缘由——在事故预防中，即使其他维度确保安全，但总可能会有所忽视的那一维度风险扰动超过安全阈值。

因此，安全容量更确切的定义应为：在某一确定的系统中，允许各种人、物、环境及其组合作用下的各种非正常变化或活动引起的不同维度的“扰动”，当这一系列“扰动”均达到最大时系统仍然安全的最大允许值，将此时由各风险维度最大允许值构成的安全容量定义为安全极限容量；将由任一维度（或任 n 维度）的最大允许值与其他维度在对应的最大允许值范围内的任意值所组成的安全容量定义为安全临界容量，则安全容量作为一个 n 维的空间向量，其构成的向量空间代表了系统的安全空间，这一安全空间的范围由安全临界容量决定。安全容量以向量的形式表示为（x_1，x_2，…，x_n），其中 x_1、x_2 等代表系统各风险维度上的接受阈，n 代表系统的风险维数，n 取决于对该系统风险的认识程度。由于自身想象力的限制超过三维的空间很难能用图像描述，这里仅以只具有三个风险维数的理想系统为例来说明安全容量，如图 9-2 所示。

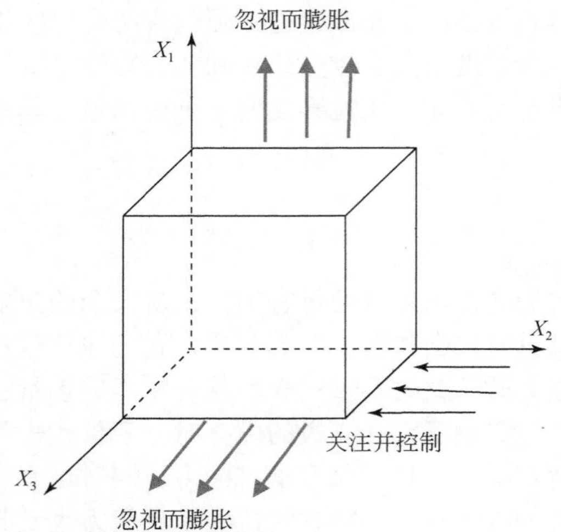

图 9-2　基于三个风险维度的安全容量的解读

如图 9-2 所示，对权重值较大的维度 X_2 的关注仅保证了该维度的安全，而事故仍可能因为对其他维度认知的不足，最终在另一维度以另一形式爆发，进而呈现其较难预知的突发性。关注某一维度的安全很容易忽视其他维度，作为 n 维向量的安全容量，每一维度上的取值固然关键，但决定安全空间本质的却是维数值。不同风险维数决定的安全容量所处的向量空间维数不同，安全是高维的，并不存在特定的 n 值，风险维数直接受到对具体系统安全认知的限制，有些系统研究程度较高，可考虑的风险维数就比较多，而相应的安全容量空间维度就比较高，即 n 值较大。高维的安全容量的维数是开放的，这正是安全有限理性的本质所在。

9.2 安全容量的研究方法

9.2.1 基于安全维度的研究方向和发展模式

1. 基于安全维度的安全研究两个方向

通过上述分析可知，系统安全容量实质就是系统的容量。但如果仅从容量的角度，按照以往容量的研究方式，这在安全容量研究上是行不通的。对安全容量，容量并不仅仅只针对系统的人口、环境、机器、能量、行为以及生理和心理等其中的任一维度，只有系统化考虑的容量才是安全容量。正是由于系统中风险维度的不确定性以及各维度的互不相容，系统化就必然导致了系统容量的空间属性，安全容量（系统容量）是一个 n 维的空间向量，将系统安全容量记为 R_n，即 $R_n=(x_1,\ x_2,\ \cdots,\ x_n)$。

对系统而言，因为不确定性的风险具有不同的维度，有需求维度的风险、能量维度的风险、物质维度的风险、时间维度的风险以及心理维度的风险等，这些不相容的维度在衡量相应风险容量方面有着不可替代的意义，且只有同一维度的容量才有大小之分，接受阈只是针对某一具体维度而言的。

安全容量是在对系统各风险维度进行全面研究的基础上，评价系统安全性的一个全新安全术语。在反映系统承载风险能力的方面上，安全容量作为一个 n 维的向量，系统安全性的优劣不仅取决于每一维容量的增减，还与系统可能存在的风险维数，即 n 值的大小，有着密切关系，且这种关系表现为当系统所能考虑的风险维数越多（n 值越大）时，系统的安全性就越好。通过对安全容量维度内涵的定义，可以很直观地认清安全研究所遵循的方向，如图 9-3 所示，安全容量研究的两个途径：对风险维数的挖掘和对风险维度的改善。

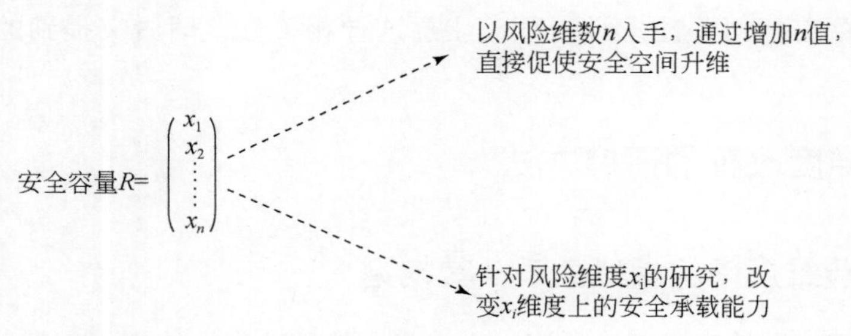

图 9-3 基于安全维度的安全容量研究的两个方向

2. 安全发展的弧式阶梯模式

安全容量作为 n 维向量，不同系统因安全认知的局限性，其风险维数必然存在差异，因不同系统的风险维数不同，所以系统安全容量只有针对特定系统才有意义。当前最具有普适性的系统风险维度认知就是人、机、环境和管理这四个维度。在研究评价某一系统安全水平时，首先考虑的也正是系统的风险维数，对于安全容量而言，正因为人们对风险认知的有限性，任何系统都不可能穷尽风险维数，决定了安全评价的相对性和时效性。技术的革新或事故的推动使得新的风险维数被挖掘重视，系统安全等级得到大幅提升，安全的发展正是建立在安全容量的不断升维过程中，如图 9-4 所示，其发展模式大致呈弧式的阶梯形。

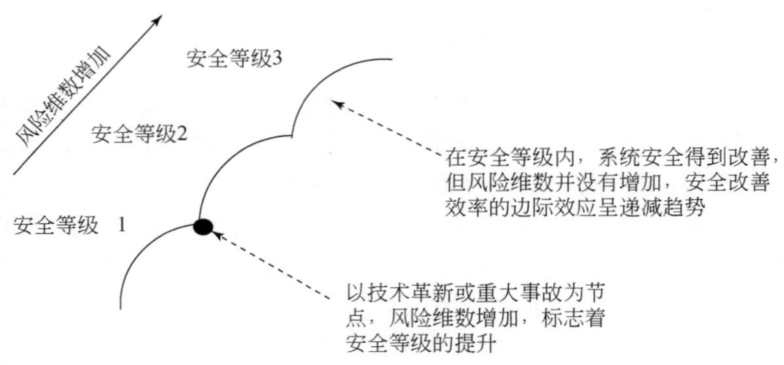

图 9-4　安全发展的弧式阶梯模式

如图 9-4 所示，虽然维数增加能带来系统安全的跃变，但因对系统的认识受到现有水平的制约，相应风险维数的挖掘需要巨大的推动力，相较于节点的突变，人们对安全的研究一般致力于弧形的渐变上，在现有风险维数下研究相应的优势维度。即通过权重分析找出优势维度（对系统安全性重要度高的维度），改进提高其相应的容量，进而改善系统整体的安全性。

另外，对于风险维数首先必须明确其相对意义，即系统分析得出的不同的风险维度仅仅是直观上的“互不相干”，因为系统内部具有复杂的关联性，即使系统剖解得再细致，也不可能完全切断这种联系。风险维数的认知将复杂系统分解在不同维度上以便于研究，但不同维度间仍存在着相关性，研究时应注意这种相关性，即后文提到的系统间的交互现象。

9.2.2　基于维度改善的研究方法

1. 系统风险维度间的相似关系及其挖掘

基于风险维度挖掘的安全理论的演化，本质上就是理论间的相似创新。安全容量的维度挖掘需要以相似理论为指导，遵循相应的相似准则，从理论间的相似探究出发，与系统相似现象相验证，继而不断探寻安全容量新的风险维度，构建新维数空间下的安全理论体系。

相似系统理论认为，任何事物都客观存在一定的属性和特征。有些属性和特征并不是事物绝对特有的特性，事物间存在着普遍的联系，即事物间存在共有特性，称这种共有特性为相似特性。当事物间存在相似特性时，事物间存在相似性。对于相似特性，其外部表现形式即为相似现象。相似理论在安全科学中已早有体现，如具有普适性的安全标准体系的构建和应用；参照现有工程项目对目标项目进行的安全预评价；前车之鉴的事故教训汲取和已验收项目的经验总结。

组成系统的要素构建的安全空间，其安全容量是高维的，对系统安全的认知决定了其风险维数，不同的系统、不同的认知都会带来这种维数的差异，进而得出了不同的向量空间。一方面空间维度的提出使得安全容量研究不再局限于某一维度层面，传统接受阈的局限性得到了解释，但另一方面空间维数的引入使得研究的难度增大，姑且不提空间维数认知的有限性，不同系统间空间维数的不一致及同一系统空间维数的增减变动，都给传统的安全认知带来了新的挑战。

以点、线、面为例，虽然其所属空间维度不同，但无论是线上的点还是面上的线，相应的属性并没有发生变化，即高维中存在着低维的属性，不同向量空间存在相似特性，这就为系统间安全容量研究提供了思路。同样系统内不同维度间因存在着复杂的交叉综合，不可能绝对地剥离开，这种维度间的交互影响也存在着相似性，如图 9-5 所示。

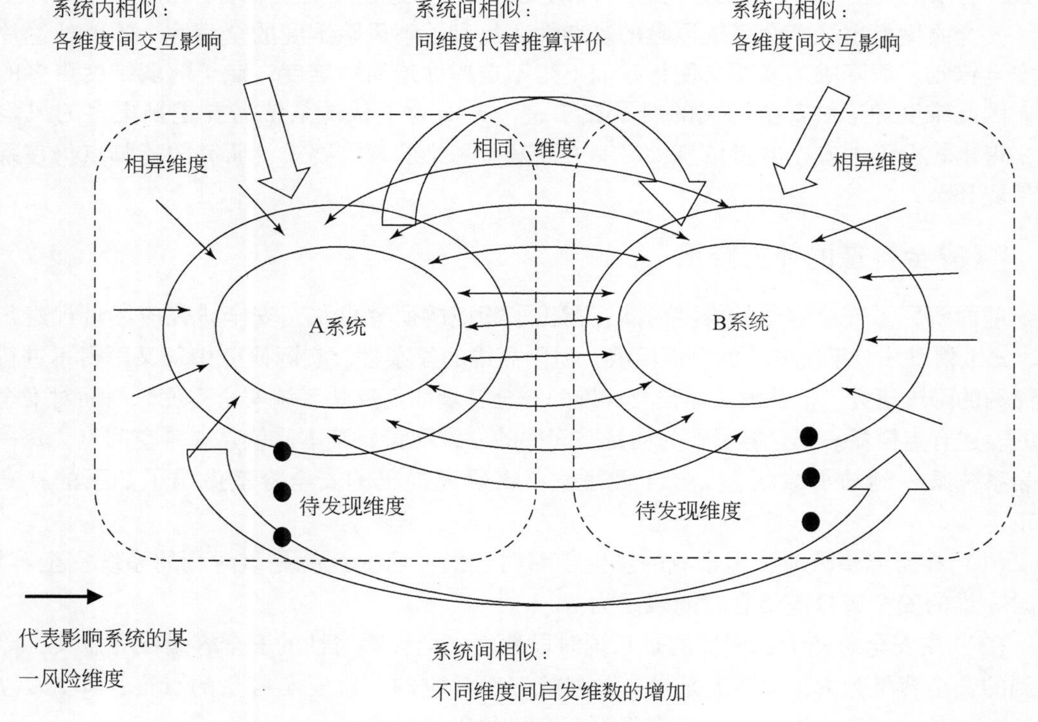

图 9-5 系统风险维度间的相似关系

如图 9-5 所示，A 系统和 B 系统风险维数存在差异，属于不同的安全空间，如果依据标准的指标体系通过权重分析构建相同的向量空间，将维数简约甚至归一，虽然为研究提供了方便，但降维尤其是安全层面的降维必须慎重，因为伴随信息的缺失，安全表征存在模糊性。提出维度思路就是试图在尽可能保留安全信息的前提下更准确地探究安全容量，在此基础上引入相似理论，通过系统间同维度的相似代替和不同维度间的相似启发，回避不同系统间维数不一致的向量空间；进而探究系统内风险维度间交互影响下的相似关系，提出了安全容量维度研究的可行性。

安全研究一方面是系统风险认知的研究，致力于新风险维度的挖掘，但另一方面认知的目的是更好地改善系统安全性，增加系统承载风险的容纳能力，而系统风险维数的膨胀使得安全信息处理面临很大的困难。对系统的安全改善不可能兼顾各个风险维度，因此改善的落脚点在于针对性的改善，从系统的优势维度（薄弱维度）入手轻重缓急地研究安全系统。

安全降维只是一种研究手段，但在实际应用中很容易被人们本末倒置，过度关注薄弱环节和优势维度，在有效率改善系统安全的同时，却进入了效率的误区，错误地认为有效率的改善就是安全容量的内涵，忽视其系统的维度属性，直到技术革新或重大事故发生，又被动地认识到新的优势维度，然后重构系统安全指标，进入新一轮的有效率的改善。如图 9-5 所示，降维研究本质上就是在当前安全认知基础上有效率的改善，表现为图中的弧形渐变，这种安全效率的边际效应会随时间递减，即风险维数内的安全改善效率终会有失效的一天，有限的安全维数认知必然导致有限的安全效率，这也是安全降维研究需要明确的。

安全维度指出了安全系统风险的复杂性，只有了解风险维度的全面性，才能杜绝片面的安全错觉，而降维的需要又使得我们不得不选择性地简约维度，赋予薄弱维度更多的关注。因此维度理论对安全研究的启示在于，一方面为了认清系统需要挖掘更多的风险维度，得出较全面的安全容量信息，另一方面基于降维的现实要求，研究的落脚点仍在系统的薄弱环节。

2. 安全容量的补充修正

前面解释了安全容量的维度内涵，指出了相应的研究思路，安全研究应尽量规避归一化，n 维信息才是系统安全的全面反映，但因高维的复杂性，实际研究中却又不得不进行维数简约的降维研究。但并没具体提及 n 维的安全容量如何反映系统安全程度，前面对安全容量的表述有点模糊。安全容量作为向量空间中的 n 维向量，其本质就是 n 维空间点，每一点代表系统某一刻的承载状态。基于此理念，本研究提出的安全容量做出了如下的补充和修正：

（1）在研究事故时，因事故的发生是瞬时性的，研究点就是该时刻的系统安全容量，此时 n 维的安全容量应结合时间表示为 $R_{(n,t)}$。

（2）在安全研究中，考证的是系统时段性的安全，瞬时性的安全容量没有意义，此时提到的安全容量为 R，实际上是指一系列状态所对应的 n 维安全容量的点集，即 $R=\{R_1, R_2, \cdots, R_m\}$，表示系统 m 个状态下安全容量的集合。

（3）安全容量 $R=\{R_1, R_2, \cdots, R_m\}$，即为系统的安全空间，如图 9-2 所示的立方体的内部空间，系统安全接受阈指的正是这一空间。但因实际降维归一处理，安全接受阈一般被理解为一维的数值区间。

（4）这里提及的提高系统安全容量，指的就是增加 $R=\{R_1, R_2, \cdots, R_m\}$ 的点，扩大点集，即扩大系统安全空间。

后面还会多次反复提及安全容量，对于瞬时概念的安全容量，可以理解为某种状态的安全容量，对应于 n 维空间中的点；表征系统安全程度时提及的安全容量实质是指 n 维空间中点的集合空间。

9.3 安全容量原理

在明确安全容量维度内涵的基础上，围绕安全的维度属性，通过相关安全现象，探究其本质机理，在原有安全理论的基础上重新诠释了维度内涵下的容量原理。本节内容是安全容量研究的核心，对安全容量相关原理的总结归纳，一方面使得其维度内涵更加清晰，另一方面结合相关原理更进一步提出了新视角下安全容量研究的新思路。

一般而言系统具有安全承载能力、安全缓冲能力及外部干预调控的能力，基于对这些能力的理解，人们选择性地做出相关的安全行为，而这些理解就是人们对系统最基础的安全认知。现有的安全认知的立足点往往忽视了安全的维度属性，前面多次反复强调的片面的安全接受阈就是最为明显的例子。现以系统的视角重新看待类比短板效应的系统薄弱环节，图 9-6 为某一系统简化的安全信息，此安全系统存在人机环管四个子系统，将四个子系统简化视为四个基本事件。

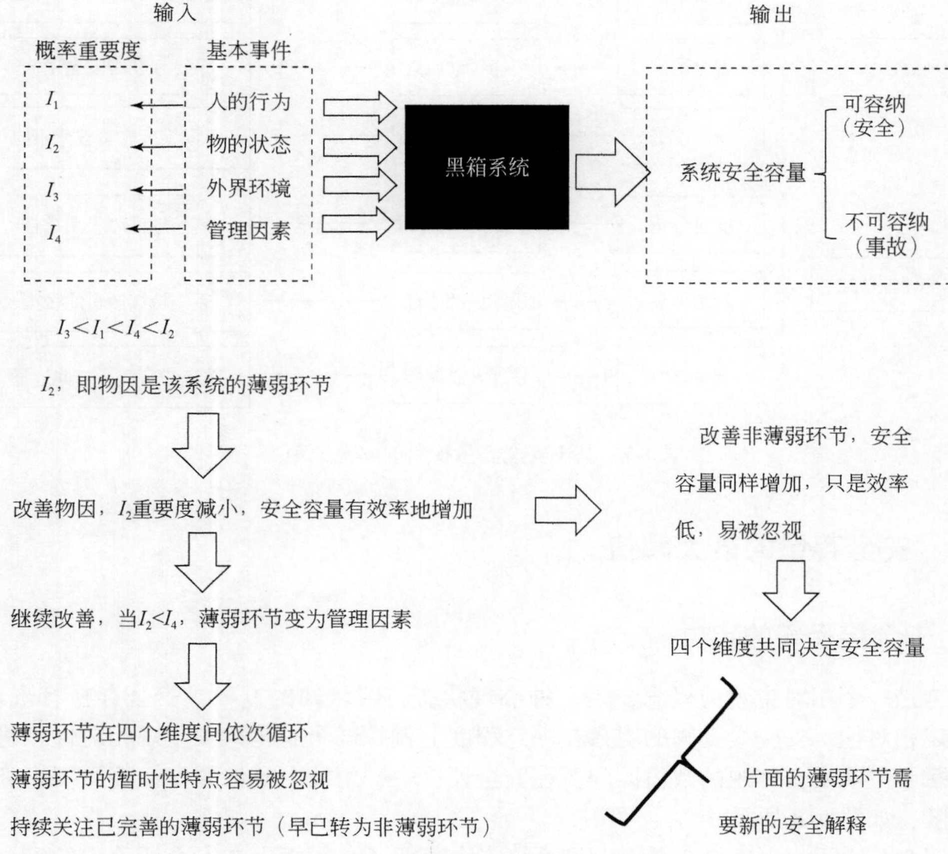

图 9-6 某系统简化的安全信息分析

在图 9-6 中，系统的薄弱环节随着相应的完善不断发生转变，一方面需要反复地进行系统分析以确定变化的重要度，安全是相对的，薄弱环节也是相对的；另一方面因为反复研究的重复性和复杂性，不能准确地把握系统每一个状态下的安全重要度，因转变难以把控，默认选定的薄弱环节具有相当的时效性，这样新薄弱环节的更替就具有严重的滞后性。在改善系统安全容量上，传统薄弱环节认知存在滞后性，这种滞后性本质上就是片面性的体现，薄弱环节可以有效率地改善安全，但不能决定安全，只有整个系统各个维度的综合交互才能决定系统的安全承载能力。因此，n 维的安全容量需要以系统空间为立足点，仅以片面的短板效应不足以诠释其内涵，在重新定位安全容量的基础上，以往安全认知下的安全容量原理急需改进和完善。

将安全认知总结为两方面：感性认知和理性认知，前者是指人们常常会主观地评价系统承受风险的限度、行为活动适应的范围、安全的改进对策；后者帮助人们探求安全的本质，如何有效地分析安全及安全信息的传递、安全的交互影响。相对应这些认知，总结归纳成六条安全容量原理，即最大阈值原理、平衡扰动原理、安全可控性原理、安全有序性原理、反馈调控原理和连通交互原理，如图 9-7 所示。

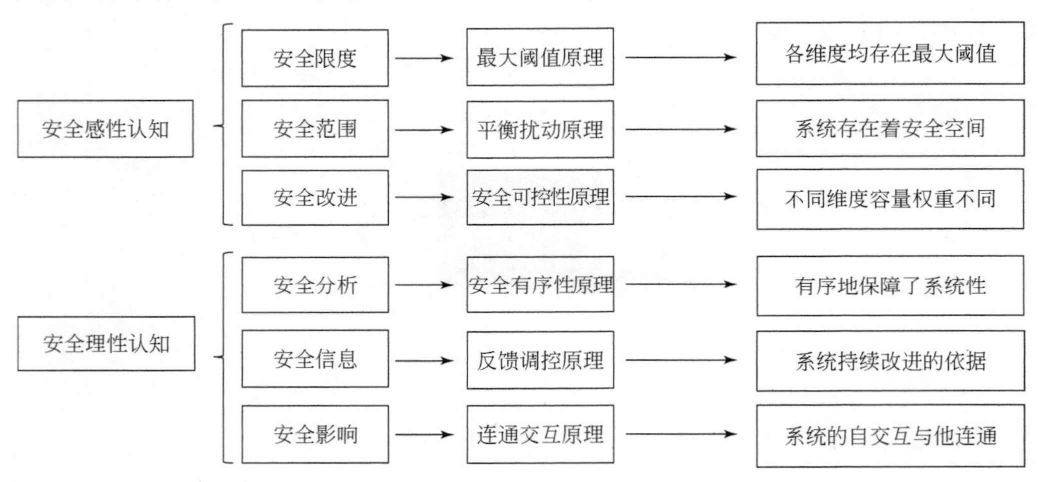

图 9-7　基于安全容量视角的安全原理

9.3.1　安全容量的最大阈值

1. 安全接受阈的定位

安全是一个相对主观的概念，是一种心理状态，因认知的差异，安全存在有限理性，呈现主观相对性。安全接受阈的引入在一定程度上就是试图弱化这种主观相对性，将安全量化，赋予主观安全客观的数值区间。在安全评价中，用社会允许的安全接受阈来判别安全与危险，如图 9-8 所示。

如图 9-8 所示，以安全接受阈判别系统安全程度，必须指出在安全评价中的安全接受阈关注重点在于其上限值，即风险扰动达到最大时系统风险仍被接受的最大允许值。在理

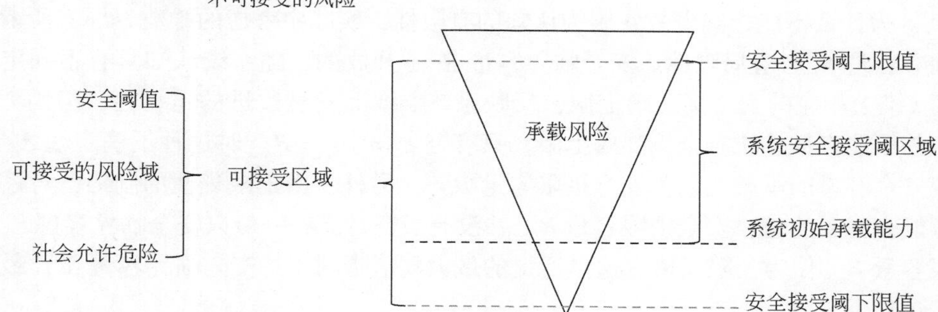

安全接受阈上限值：系统承载风险能力的上限，超过上限风险不可接受

安全接受阈下限值：系统具有承载风险的能力，其意义如同空置的容具

系统初始承载能力：位于安全接受阈下限值之上，这是后续安全改善的前提和基础

图 9-8　安全接受阈的内涵

想状态下系统所有风险维度均被认知，安全能够得到全维度的保证，系统达到绝对的安全，此时安全接受阈上限即为正无穷，系统无风险；同时安全依托于系统而言，系统存在伊始风险也伴随出现，系统从无至有，风险也从无至有，安全接受阈下限即系统空置状态。一般系统的演化都是趋于完善，在系统初始承载能力的基础上，系统承载风险的能力越来越强，安全接受阈得到不断拓宽。

当系统承载的风险不超过其接受阈上限时，即处于系统安全接受阈内，此时尽管系统活动带来风险，但系统可以承受这种风险从而表现出相当的可靠性。这就是安全研究的两个思路：一方面通过界定安全接受阈，将系统活动控制在安全接受阈上限之下；另一方面改善系统可靠性，增大上限值，拓宽系统安全接受阈。那事故的突发性特点又从何解释？既然存在安全接受阈，那么控制在安全接受阈内，事故就可以避免。正是基于此种矛盾，通过深入探究安全特性，才提出了安全维度的思想，进而得出维度视角下的最大阈值原理，对事故的突发性予以解释。

2. 最大阈值原理

为了更好地描述最大阈值原理，这里重新表述安全容量的几个概念，具有 n 维风险维数的系统安全容量 $R=\{x_1,\ x_2,\ \cdots,\ x_n\}$，如果每一个维度 $x_i(i=1,\ 2,\ \cdots,\ n)$ 的风险承载量均达到安全接受阈上限，此时系统安全容量达到安全极限容量 $R_{\max}=\{x_{1-\max},\ x_{2-\max},\ \cdots,\ x_{n-\max}\}$，若 n 维风险承载量存在达到相应维度安全接受阈上限时，即某一个或几个维度风险承载量超过上限，此时系统安全容量达到安全临界容量 $R_l=\{x_{1-\max},\ x_{2-\max},\ \cdots,\ x_{l-\max},\ x_{l+1},\ \cdots,\ x_n\}$，$l=1,\ 2,\ \cdots,\ n$，当且仅当 $l=n$ 时，$R_l=R_{\max}$。

因事故的发生总是某一个或几个维度上的风险承载量超过上限，n 维的安全容量接受阈上限被误以为是安全临界容量 R_l，即当 l 个维度的风险承载量超过上限，系统崩溃发生事故。以安全临界容量 R_l，确实可以很直观地解释事故，但反过来既然可以确定安全临界容量 R_l，为什么不能杜绝事故？因为认知的有限性，实际中考虑的维数 $l \ll n$，所谓确定的安全临界容量 R_l 有着局限性。安全临界容量 R_l 是开放的，随系统认知具有不确定性，仅能表征 l 维上相应的安全接受阈上限，反映系统 l 维上安全改进的迫切性，但因 l 的不确定性，并不能表征系统安全接受阈上限。只有当 $l=n$、$R_l=R_{max}$ 时这种不确定性才会消除，即系统安全容量的承载上限为安全极限容量 R_{max}。另外，由于限理性的制约，对系统的研究不可能穷尽 n 的值，安全极限容量 R_{max} 并没有研究意义，一般以安全临界容量 R_l 替代安全极限容量 R_{max} 作为上限阈值。这里所提的最大阈值指的正是安全临界容量 R_l，最大阈值原理表述如下。

在一定的时间、空间、自然条件及社会经济条件的制约下，特定系统维持一定的稳定状态与功能时，其所能承受的能量、物质和信息是有限的。当系统风险水平的安全容量骤然超过其最大允许容量时，系统的安全结构就可能会遭到破坏，无法保障安全。在这里最大阈值对应于系统 n 维的安全容量，并不需要每一个维度的安全容量都超过其最大阈值，即使是任何一个或几个风险维度的安全容量超过其最大阈值，都可能会造成系统的崩溃。最大阈值即系统的安全临界容量，系统安全容量所构成的安全空间正是由安全临界容量所决定的，直观上系统的各维度扰动处于此安全空间内则系统活动安全，若任一个维度（或 n 维）的扰动越过此空间则系统活动不安全。最大阈值是针对系统安全容量限度而言的，是风险濒发时的一个瞬间的状态量，此时系统安全的崩溃是在有限的时空内某几维风险扰动瞬间过高所导致的结果。

安全容量以风险扰动考证系统安全，即将系统活动限制在相应的安全空间之中。对事故发生的解释就变得很简单——系统活动不在安全空间内。直观上，限制系统活动在安全空间内就可以保障系统安全，但实际活动中风险维度的不确定性、对安全临界容量认识的局限性，往往会导致事故预防的片面性，进而产生一种安全的错觉。最大阈值揭示了事故突发性的本质——即使其他维度确保安全，但总会有所忽视的那一维度扰动超过阈值。

3. 最大阈值原理的应用

安全本身就是不断发展、不断否定的过程，过程中系统面临越来越多的考验，在不断拓宽接受阈上限的同时，也对原有接受阈安全承载上限进行否定。对安全的否定有两个层次，第一层次因承载能力的需求，改善关注维度上的安全，否定了关注维度上的接受阈；第二层次因技术革新或重大事故推动，否定了当前关注维度，转而开始寻求他维度上事故发生的解释。当前安全研究的核心在于第一层次的安全否定，即致力于关注维度上边际效应不断减小的安全研究；小概率的重大事故后，才反思现有安全维度，转入第二层次的安全否定的研究，引入新维度重新定义最大阈值。最大阈值的两个否定层次的研究模式，如图 9-9 所示。

当前最大阈值的研究，关注点多止步于衍生的片面安全接受阈，即第一层次的安全否定，尽管安全研究承认其时效性，但在实际中却因有限的认知混淆了这种时效性，以关注维度上安全接受阈的时效性等效于关注维度的时效性。第一层次的安全否定指出，我们可以领先于所在的关注维度，并在相应维度上进行安全否定，提高该维度的承载上限，改善系统安全，预防并控制可能在该维度上导致的事故。对于第二层次的安全否定，我们不可

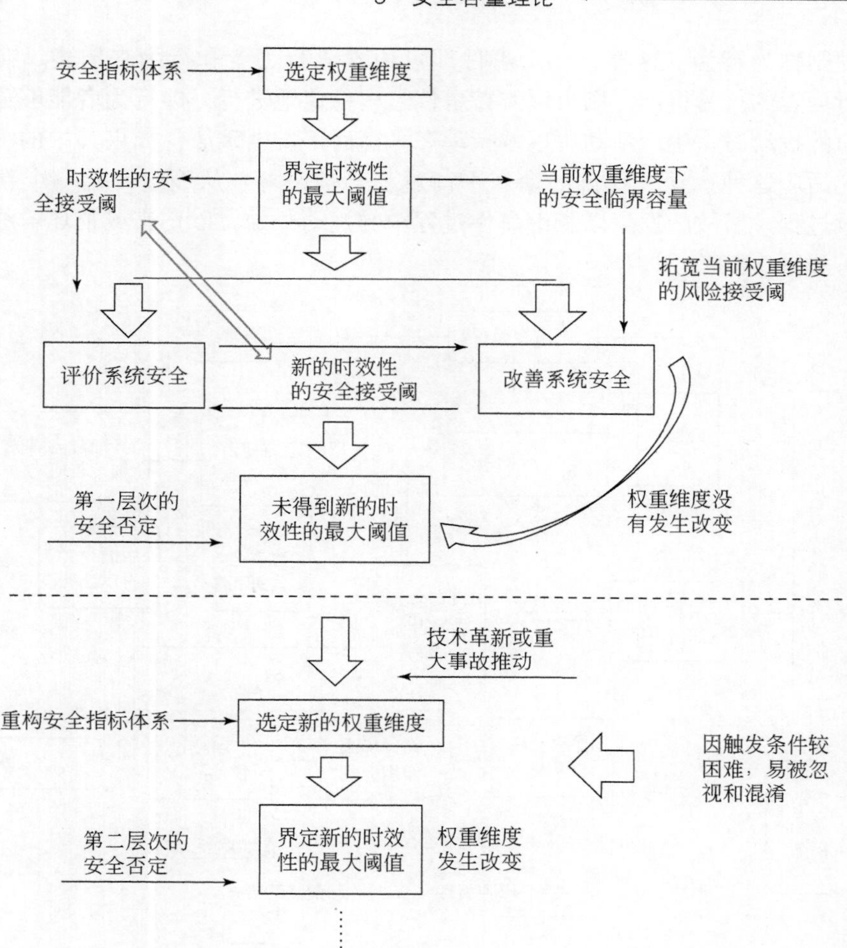

图 9-9 安全研究中两个层次的安全否定

能领先于系统的风险维数，即对系统风险的认知不可能穷尽，所关注的维度具有时效性，事故总会在忽视的维度上爆发，不能杜绝系统事故，如图 9-9 所示。

最大阈值原理以安全容量维度属性为前提，指出了安全研究的两个否定层次，对于系统安全临界容量 $R_l=\{x_{1\text{-max}}, x_{2\text{-max}}, \cdots, x_{l\text{-max}}, x_{l+1}, \cdots, x_n\}$，一方面可以改善第 i 维度上安全的承载力，即增大 $x_{i\text{-max}}(i=1, 2, \cdots, l)$ 的值；另一方面否定当前关注维度，改变关注维数 l，彻底否定原有的安全临界容量。

9.3.2 安全系统的平衡扰动原理

1. 安全扰动理论

Benner 认为事故过程包含着一组相继发生的事件，并将有关的人或物统称为行为者；

其举止活动则称为行为。这样，一个事件即可用术语行为者和行为来描述。在生产活动中，如果行为者的行为得当，则可以维持事件过程稳定地进行，即行为者能够适应不超过其承受能力的扰动时，生产活动可以维持动态平衡而不发生事故；如果其中的一个行为者的行为不能适应这种扰动，则自动动态平衡过程会被破坏，从而会开始一个新的事件过程，即事故过程。事故的发生以相继事件过程中的扰动开始，以伤害或损坏告终，这就是扰动理论，如图 9-10 所示。

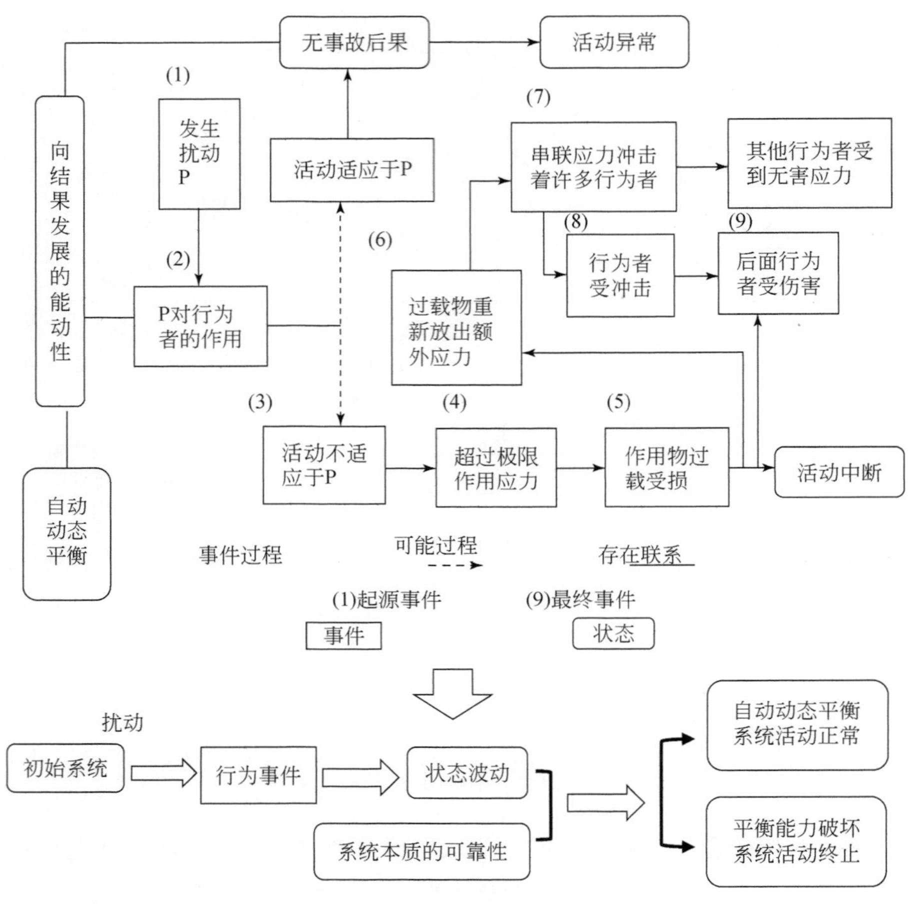

图 9-10　安全扰动起源模型

如图 9-10 所示，扰动理论强调了事故的链式模式，在这一模型中扰动刺激了系统事件相继的链式反应，尽管扰动导致了与初始状态不同的异常，但因为相继事件行为能够适应这种异常，生产活动就可以维持动态平衡而不发生事故，而这种系统自身向结果发展的能动性正是系统本质安全的体现。

2. 本质安全理论

本质安全源于 20 世纪 50 年代的宇航技术，指电气系统所具备的防止可能导致可燃物质燃烧所需能量释放的安全性，本质安全是系统自身具有的抵消扰动恢复平衡的能动性，体现出系统自适应的内在安全性。本质是指事物中存在的永久的不可分离的要素、质量或属性。在构建系统时必须考虑到本质安全，该理念指出预防事故的最佳方法不是依靠更加可靠的附加安全设施，而是在系统构建之初，基于系统自身特性、规律，消除或减少系统中存在的危险物质或危险操作的数量，提供系统抵抗扰动保障安全的可靠性，从而内在自发地降低事故发生的可能性和严重性。如图 9-11 所示，已构建系统的本质安全程度越高，系统自适应动态平衡能力越强，抵抗扰动的安全缓冲能力越强，对外界干预的依赖程度越小。

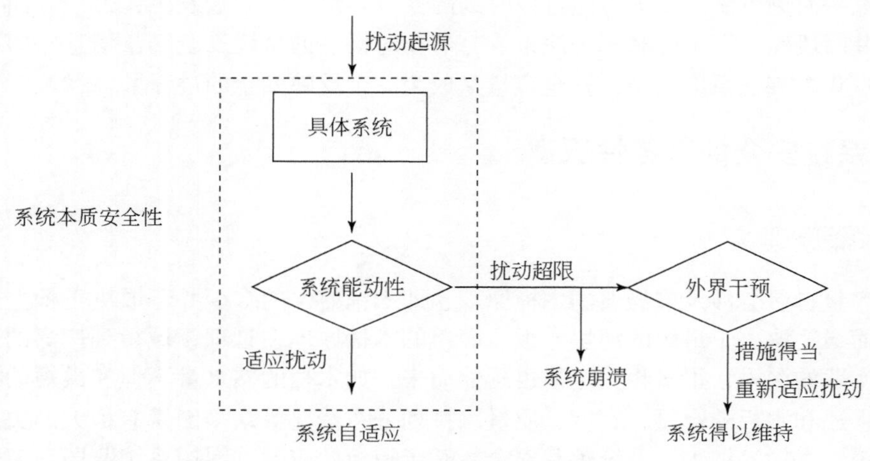

图 9-11　系统本质安全作用模式

3. 平衡扰动原理

开放性的动态系统具有能够适应不超过其承受能力的扰动的安全缓冲能力，即系统的本质安全性。在一个合理的扰动区间内，系统的活动可以维持动态平衡而不发生事故。作为安全容量的研究对象，系统是由各种组成部分结合而成的动态有机体，系统的各要素间、各要素与环境间不断地进行内部和外部的能量、物质及信息的交换，系统时刻承受着这一系列交换所带来的扰动，系统适应扰动从而保持动态平衡，这决定了系统安全容量的每个维度都是一个伴随扰动的动态量。它随时间和空间的变化而变化，变动中的本质安全保障了系统能适应扰动而维持安全，安全容量的这一系列变化就构成了安全空间。由所允许的各风险维度的扰动决定的安全容量所构成的空间表征着系统的可靠性程度，即系统本质安全程度。系统安全容量空间越大，系统的本质安全程度越高，自适应能力越强，扰动发生时对外界干预的依赖程度越低，且系统在受到外界扰动影响的情况下越容易恢复并维持稳定。

安全容量空间由最大阈值即安全临界容量界定，这一安全空间正是系统安全的接受阈空间，前面提及的最大阈值意义下的安全接受阈是安全研究的维度简约，关注点仅在于某几个维度的优势风险维度。安全容量作为 n 维的向量，优势维度的探究始终存在“管中窥豹”的片面性，但这也是安全有限理性制约下的无奈。

平衡扰动原理补充了最大阈值下以优势维度对安全接受阈的表征，是对 n 维安全容量构成的安全空间的解释。系统安全容量随扰动在安全空间内变动，因安全临界容量的约束，系统处于安全的动态平衡状态。同时，各维度的风险扰动决定了系统安全容量只有作为过程量才有研究意义，即系统某一时刻的安全容量对应于 n 维安全空间上的一个空间点，但因扰动的影响，下一瞬的安全容量就变为另一点，n 维安全容量空间点时刻在变动，因此系统安全容量就是这一系列变动的点集，即系统安全空间。一方面系统承载风险，以安全容量表征其承载能力，对应于任一时刻系统具有相应的安全容量，安全容量是瞬间量，某一时刻系统承载能力超过该时刻的安全容量，则事故发生；另一方面系统研究针对的是其时段性，不可能时刻关注系统，需要时段性的系统安全容量信息，即以 n 维安全容量的点集来表征系统安全，安全容量又成为一个反映安全的过程量。

9.3.3 系统安全的可控性原理

1. 木桶原理

提到容量自然会涉及最经典的木桶原理，即木桶盛水的多少并不取决于桶上最长的那块木板，而最终取决于最短的那块木板。简单的木桶原理在管理领域得到广泛的应用，随着讨论和实践的深入，很多相关定律也延伸而来，如木桶的储水量不但和最短的那块木板密切相关，还和木板的数量、宽度、质量、排列分布情况等众多因素有很大的关系。以木桶类比系统，木桶容纳水，系统承载安全，基于短板效应，试图用系统薄弱环节表示系统安全容量，其中存在以下问题：

（1）系统作为一个复杂巨系统对我们而言就是一个黑箱，薄弱环节的确定从本质上已经存在了一定的模糊性，而以这种模糊性去定义安全容量，会不会使模糊的误差逐级放大？这样安全容量还存在表征安全信息的意义吗？

（2）如果以系统薄弱环节表示系统安全容量，那改善系统的非薄弱环节后，再重新分析系统安全容量，此时系统薄弱环节并没有改变，但系统的安全程度得到改善，安全容量必然会发生变化。

（3）木桶原理中仅提到了短板对容量的决定作用，但并未表明木桶具体的储水量和短板的关系，短板没有表示木桶容量。短板的意义只是在于可以更有效率地提高木桶容量，而木桶容量仍是由整个木桶系统共同决定的。那同样安全容量也应由整个安全系统决定，那应如何表示安全容量？

关于这三个问题，在前面已给出一些解释。本节重新阐述了木桶原理，虽然短板效应不足以说明安全容量的内涵，但和短板一样，系统薄弱环节决定着系统安全容量这一说法是成立的。木桶原理于安全的意义在于如何有效率地改善安全，从而在某种程度上预防并控制安全，相对的安全存在可控性。

2. 安全可控性

可控性是控制论的基本概念，由于现实系统中存在各种不可控环节的作用，实现完全可控是一种理想状态。找到系统的不可控环节，将其控制在许可的范围内，使其符合工程控制的基本要求，是每一个工程项目所追求的目标。同样可控性是安全研究的意义所在，安全认知的存在就是为了追求风险的可控。

系统安全容量并不像精密容具那样，一旦确定其容积就不可更改，根据木桶短板效应，系统安全容量取决于其最薄弱的环节，这正好表明了安全容量能得以调控提升的可能——改善其薄弱环节。对于特定系统，人们可以通过外界干预增减相应能量、物质及信息的流动，从而有目的地针对系统的薄弱环节，使其得以优化，提高系统薄弱环节的安全临界容量，从而提高系统的安全水平。

没有绝对安全的系统，也没有绝对危险的系统，我们可以在现有认知的基础上不断完善安全。如前面所述，安全可控的研究思路主要有两个方面：

（1）系统安全容量作为一个 n 维的空间向量，不同维度均存在相应的允许上限，通过提高维度上的安全允许上限，进而提高系统安全。但由于维度认知的复杂性，以及不同维度上最大允许安全容量的提高对增加系统安全容量的绩效大小可能并不相同，安全研究一般着眼于优势维度（即薄弱环节）上的安全改善。

（2）系统安全容量作为一个 n 维的空间向量，其风险维数认知对于系统安全至关重要，即优势维度（薄弱环节）的认知直接影响后续维的安全改善。通过研究挖掘系统风险维数，转变当前优势维度认知，重新确定系统新的薄弱环节。

9.3.4 安全空间的层序性

1. 系统的层序性

系统都是有序的，这是系统有机联系的反映。稳定有序的联系决定了系统发展变化的规律性。把握事物间的联系，重要的是把握规律性的联系，规律反映出事物间普遍的、本质的、必然的联系。对系统层序性的研究，需更好地开辟发现规律的途径。系统的层序性表现为系统发展的时间顺序性和系统空间结构的层次性。任何系统都要经历孕育、诞生、发展、成熟、衰老、消亡的过程，不存在永恒的系统，系统均有其相应的生命周期。空间结构的层次性是指，任何一个系统都是更高一级的系统的一个要素，同时任何一个系统的要素本身，往往又是较低一级的系统。即系统可以分成若干子系统和更小系统，而该系统又是其所属系统的子系统。

安全系统工程的研究正是按照系统时间和空间两个跨度有序展开，有序性使得系统安全容量有迹可循，对安全容量研究可以通过一层层子系统的有序分析，制定安全指标，结合层次权重确定研究的优势维数，即系统薄弱环节，从而界定出安全临界容量。系统安全容量是对应于系统各风险维度坐标系并可以通过系统相应的安全分析得出的 n 维几何空间。

另外，这种层序性还体现在，安全研究中对系统的子系统分解，实际上是在风险维度认知的基础上有序进行的，各风险维度本质上就是对各子系统的表征，即安全容量的各风险维度同样具有层序性。如图 9-12 所示，安全容量风险维度的层序性为安全容量两方面的研究提供了可能，实际安全研究构成了这种对角线循环模式。

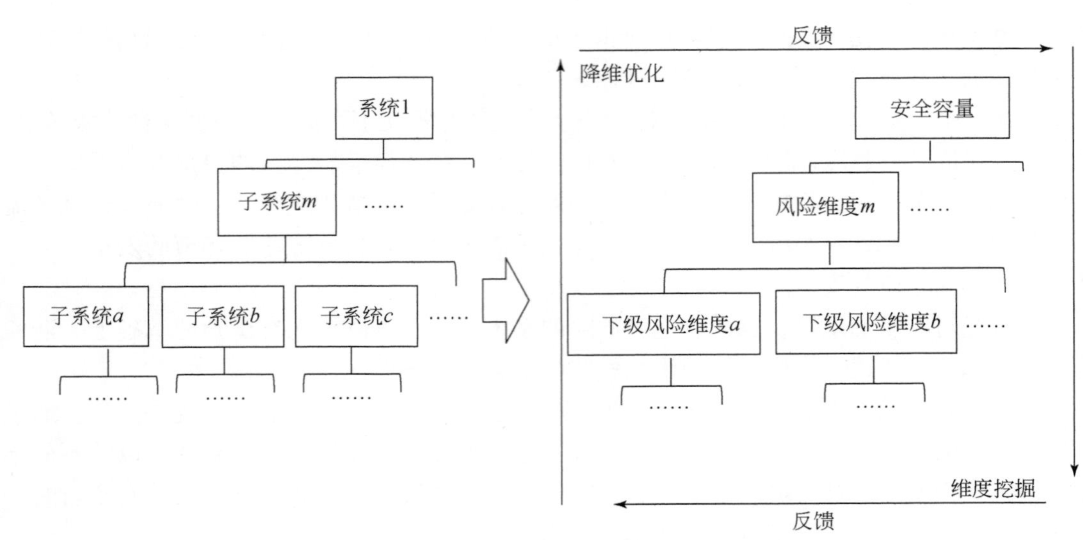

图 9-12　基于层序性的安全容量对角线研究模式

2. 事故分析的有序性

对于容具而言，有序的状态可以更好地拓展其容纳能力，类比安全，这种有序性同样能提高系统承载风险的能力。面对相对复杂的安全时，有序性能更好地认识系统本质规律，在系统事故分析中有序性尤为重要。遵循因果关系的有序性，事故的发生是一系列有序事件链导致的，通过事故回溯遍历事故演化的过程，进而挖掘关键事件和路径，探寻事故萌发的源头，对事故发展演化的了解为事故的预防控制提供了可靠依据（图 9-13）。

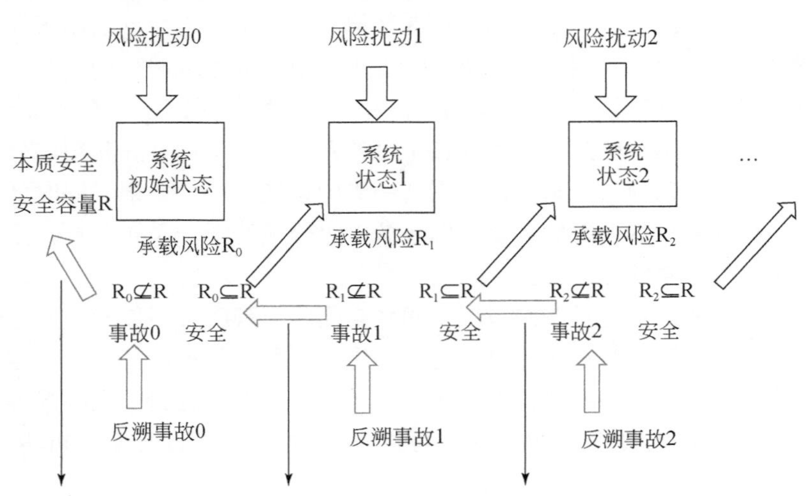

图 9-13　事故的有序分析模式

在图 9-13 中，系统在有序的演化过程中所承载的风险随事件链有序增大，事故的反溯可以有效地找到系统承载风险失效的环节事件，即当 $R_i \not\subset R$ 时，系统承载风险能力超出安全容量空间，无法保障安全，事故发生。通过分析第 i 环节处系统所受扰动的大小，对比前一环节，实施安全控制措施干预扰动，从而很好地预控类似事故的发生。

系统安全程度的提高正是基于有序事件链认识的基础，理清事故致因环节，结合事故树分析，找出薄弱环节，然后有针对性地改善系统本质安全并提供有效的外界干预措施。

没有有序的条件作为保障，对系统的分析就不可能准确且全面，对事故的控制预防就可能顾此失彼。这种有序性还体现在意识层面领域，安全容量不仅仅是一个简单的衡量系统承载风险能力的指标，其作为系统的分析方法，由点到面，将抽象的安全理论转化为具体的安全分析，犹如物理中的“场”论，可以使得安全思维立体化、形象化。

9.3.5 安全系统的反馈调控

1. 安全行为的反馈调节

反馈指的是输入端输入信息和资源作用于系统，经由系统接收处理后，产生相应的结果信息和资源，再将这种结果信息和资源送回输入端，影响输入端新一轮信息和资源的输入，进而影响系统输出，如此反复循环发生的过程。简单而言，原因导致了结果，结果又反过来影响了原因（加强或减弱），如图 9-14 所示。

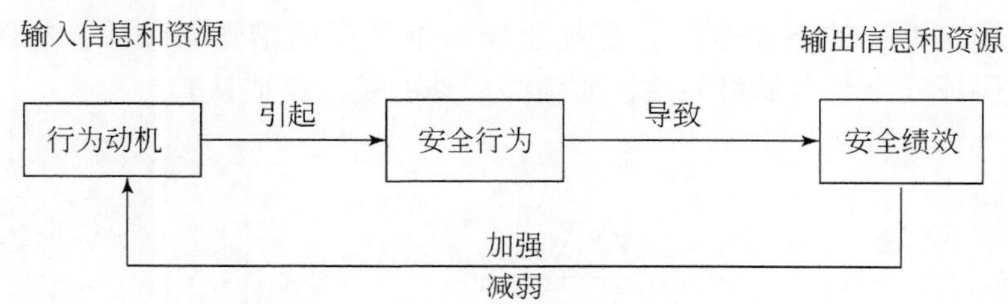

图 9-14 行为动机、安全行为与安全绩效关系的定性描述

以安全行为为例，进一步阐释这种反馈机理对安全研究的意义。在安全行为之前发生的事件与在安全行为发生之后的事件，对应于系统的安全决策过程，即行为动机与安全绩效。行为动机是一个系统发展存在的前提，系统接收处理动机信息并作出相应安全行为；安全绩效是安全行为之后的输出结果，通过反馈调节影响行为动机（加强或者减弱），进而影响行为的加强或减弱，如图 9-14 所示。

如图 9-14 所示，行为动机引起安全行为，安全绩效反过来影响行为动机，这就是安全行为的反馈模式。针对反馈信号的加强或减弱，具体的安全行为的顺时针与逆时针反馈模式如图 9-15 所示。

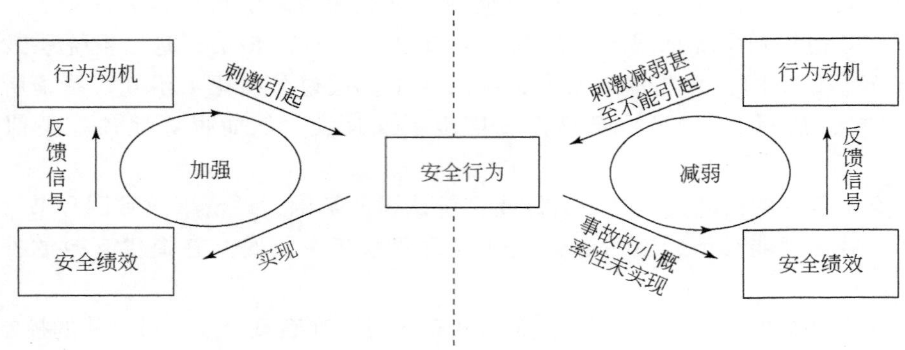

图 9-15 安全行为的顺时针与逆时针反馈模式

如图 9-15 所示，在顺时针反馈模式下，行为动机引起安全行为，安全行为实现安全绩效，安全绩效强化行为动机，这是安全行为的良性循环，但是由于事故的小概率规律，即使不安全行为也不一定能导致事故，此时安全行为的安全绩效没有体现，弱化了行为动机对安全行为的影响，不安全行为开始频发，进入恶性的逆时针循环，直到事故发生。

“趋利避害”是生物的本能，我们不可能自发主动地做出自己所认为的不安全行为，不安全行为产生是由主观认知决定的安全接受阈的差异导致的，而这些主观差异的本质，就是图 9-15 的逆时针反馈模式。即使存在强烈的安全动机，但因为对事故认知的有限性，有时行为动机却不能引起安全行为，安全反馈信息具有不确定性。而实际行为过程中反而依赖这种虚假的反馈信息，将不安全行为误认为安全行为从而变相加强。海因里希法则指出事故是小概率事件，小概率事故是屡次不安全行为导致的结果，但根据反馈机制，应有的安全认知是屡次发生的不安全行为正是小概率事件反馈错觉导致的，如图 9-16 所示，安全研究必须保证安全数据的可靠性，避免滞后性的错觉反馈认知。

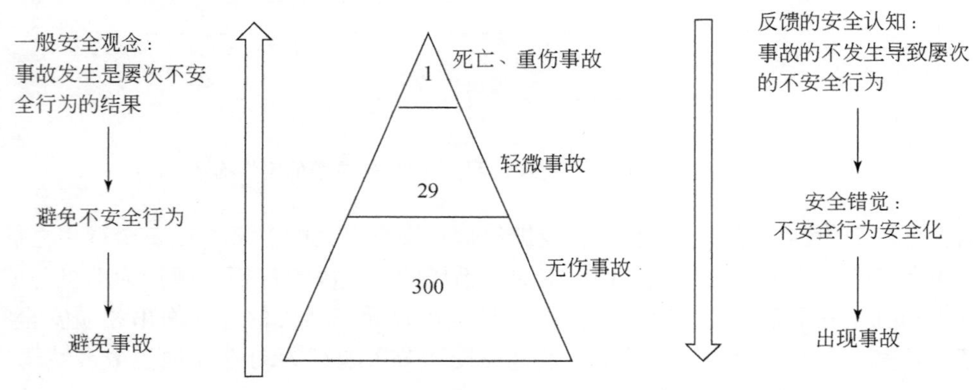

图 9-16 海因里希法则基于实际反馈的认知

2. 安全容量的反馈调控

对容具而言，容量说明其具有一定的容纳能力，而其容纳能力的大小则是该容具本身所特有的，所以在度量过程中，往往会利用到各种具有不同量程的容具，容具的正确选用正是根据其所要测量物体的特异性反馈出的结果。例如，我们常用的体温计、温度计、湿度计等，因用途不同均有标准规格的量程要求，而这些量程的设计都是由被量取物的大致经验信息反馈决定的。

对于特定系统来说，系统的可靠程度决定了其安全容量空间，而安全容量体现了系统保障安全生产的能力。在系统中生产生活活动释放的能量需要限定在一定的安全容量空间内，而这个安全容量则是我们对系统的人机环境各子系统进行综合分析得出的，由优势维度确定的安全临界容量所界定的安全空间。因此对系统而言也是具有量程的特殊容具，我们生产生活活动所要释放的能量需要符合系统安全容量的量程，其量程就是安全容量空间。不同于普通容具的量程，普通容具的量程一般是固定的，容易被设计出不同规格以适应被容纳物的容积。但系统远比容具复杂，不可能随便否定放弃某一个系统，安全研究在构建安全系统的同时更致力于对系统安全的持续性改善。

一方面安全研究在构建系统时给予系统初始的风险承载能力，即安全的容纳“量程”，这一“量程”通过已存在的安全系统和已发生的事故案例的安全反馈信息确定。另一方面在系统的发展过程中，受扰动的影响，系统所承载的风险不断增加，仍需不断通过持续更新其他系统安全信息的外界反馈及系统自身安全现状的内部信息反馈来时刻调控系统“安全量程”，使系统风险处于可承载范围。

无论是安全系统的构建，还是系统安全的改善都需要大量的持续性的安全信息的反馈。系统安全容量反馈调控机制如图 9-17 所示。

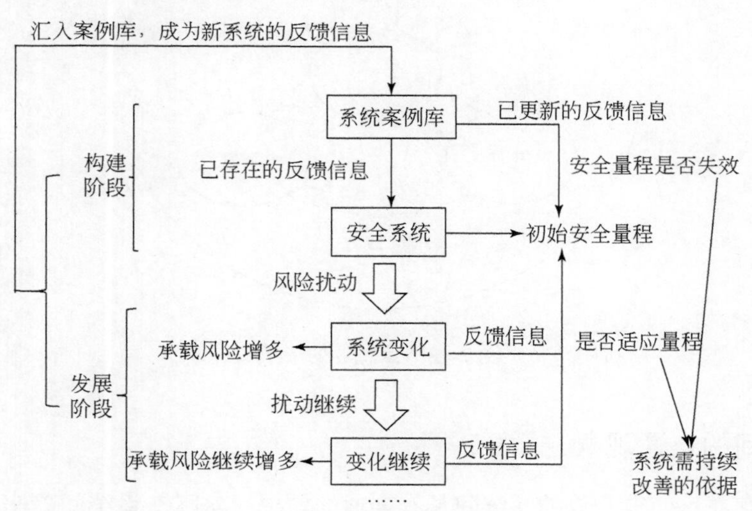

图 9-17 系统安全容量反馈调控机制

9.3.6 安全系统的连通交互原理

采用比较研究的方法研究安全容量，以容器类比安全系统，一方面发现了容量的安全属性，进而引入安全维度的概念，重新定位了安全容量的内涵；另一方面类比容器中存在的两个经典原理，即短板效应和连通器原理，探究与安全容量相关的原理。其中短板效应在前面已详细介绍，本节以连通现象入手归纳提出安全系统的连通交互原理。

以连通器原理为例，由于大气压的作用，底部连通的两个敞口容器，内部装满同一液体，等液面稳定时，两端液面相平，即连通器原理，相关的容器称为连通器。连通器在生产实践中有着广泛的应用，如自动饮水器、卫生间下水道、水渠的过路涵洞、工程测量用的液面计、水银真空计、液柱式风压表及日常生活中所用的茶壶、洒水壶等都是连通器。连通器原理和相关实践应用非常丰富，多是些专业领域内的定量研究，这里仅借鉴连通器的思路来思考安全系统方面的现象。

1. 信息场概念

首先连通的前提是存在某种连通渠道，如U形管底部通过玻璃管连通。对于相互独立的系统，尽管不存在物质性的连通渠道，但仍能以另一种形式连通，即信息连通。任何系统都能传递信息，成为信息源，同时任何系统也能接收信道中的信息，成为信宿。实际看似独立的系统相互间借由信息传播的渠道时刻联系构成信息场，如同大气环境，信息场就是系统所处的环境，如图9-18所示。

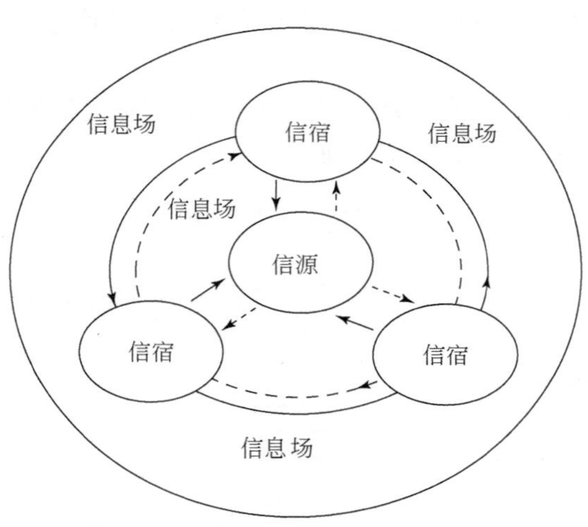

图9-18 信息场的形成

2. 系统间的连通现象

信息场的存在，使得开放的系统间具有连通的前提，实际上系统间确实存在着连通现象。安全程度低的系统，通过与安全程度高的系统的连通，学习相应的活动模式，可以很快且有效率地改善其安全性，如某种安全生产模式在不同系统中的推广、大数据在各领域的广泛应用等。如图9-19所示，通过类比将安全容量的连通简单描述为，系统间由连通引起安全容量变动，稳定后各系统之间达到相同的安全容量。

需要指出，不同于连通器，系统安全容量更为复杂，对于安全的连通现象，进行三点补充，如下：

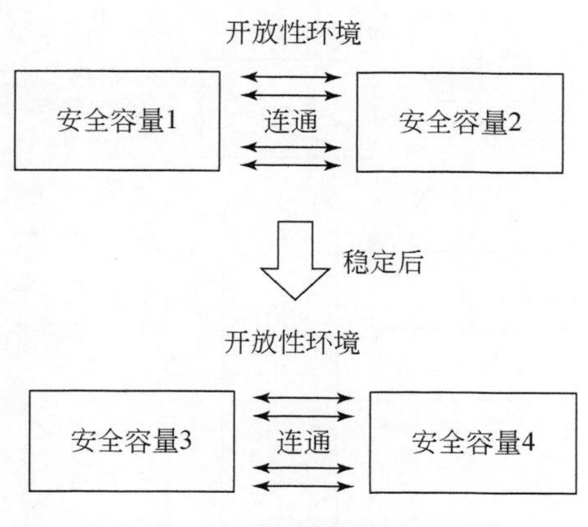

图 9-19 系统间安全容量连通

（1）因系统不同，安全容量自然存在不同风险维数的可能，此时两系统间安全容量处于不同的向量空间，但因存在着相同指向意义的风险维度，系统间可以连通。在连通的过程中，为了实现最终的“相平”，系统会进行维数的“缺补”，即安全程度低的系统会借鉴补充安全程度高的系统的新的风险维度。

（2）通过连通，两个系统安全容量只会增大，系统安全程度只会提高。

（3）理想状态下，经过充分连通交互，两系统间安全容量终会实现“相平”，但实际中系统间连通稳定的周期很长，一般不会实现“相平”。

3. 连通原理

由于风险维数的不同，不同系统的安全容量并不是同一空间的向量（即 n 的值不一定相同）。但不同的维数中也可能存在着相同指向意义的风险维度，这就构成了不同系统容量间在同维度上连通的可能。当然这种连通是有前提的，系统均为开放性系统，且系统间通过某种渠道（如物质、能量或信息）相互联系。

系统间的连通原理可以表述为，通过系统间物质、能量或信息的交换，在时间允许且外部环境稳定的条件下，系统间的连通从相同风险维度开始，系统在同一风险维度上因连通相互启发带动，安全水平得以提升，进而促使该维度上的安全容量阈值在提高的基础上趋向平衡，这一过程是系统间连通的第一层次。时间允许且外部条件稳定，系统继续连通，随着第一层次的完成，相同维度上的安全均得到改善，此时系统间会出现维数的“缺补”现象，通过相互间差异维度的启发，系统会吸收缺少的风险维度甚至补充衍生出新的风险维度，最终系统同时达到较高维数的安全容量水平，即系统间连通的第二层次（图 9-20）。

该原理对安全研究的启示在于，合理地利用这种系统间的安全带动作用，可以很有效率地改善系统的安全性：在构建新的生产系统或欲改善安全程度低的系统时，可以参考借鉴已有的安全程度较高的系统，起到事半功倍的效果；欲改善安全程度高的系统存在困难时，可考虑与其相连的其他系统的风险维度，人为地进行维数的“缺补”，加快系统间连通的进程。

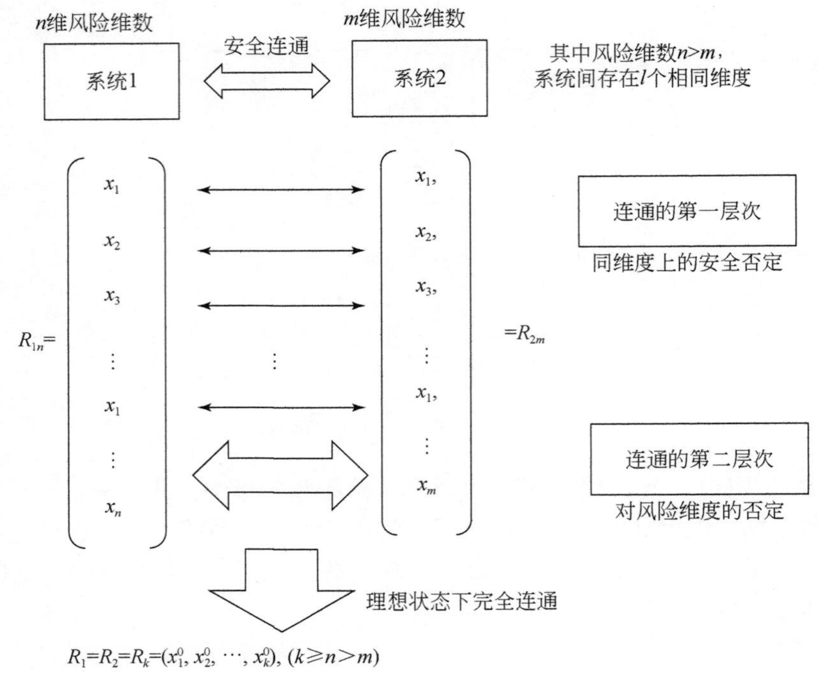

图 9-20　系统连通基于安全否定的两个层次

4. 系统内的交互现象

如果将安全系统简分为四个维度，即人、机、环境和管理，则系统安全容量表示为 $R=(x_1, x_2, x_3, x_4)$，其中 x_1 表示人的维度，x_2 表示机的维度，x_3 表示环境维度，x_4 表示管理维度。则安全极限容量：$R_{\max}=(x_{1\text{-max}}, x_{2\text{-max}}, x_{3\text{-max}}, x_{4\text{-max}})$，安全临界容量：$R_1=(x_{1\text{-max}}, x_2, x_3, x_4)$；$R_2=(x_{1\text{-max}}, x_{2\text{-max}}, x_3, x_4)$；$R_3=(x_{1\text{-max}}, x_{2\text{-max}}, x_{3\text{-max}}, x_4)$；$R_4=(x_{1\text{-max}}, x_{2\text{-max}}, x_{3\text{-max}}, x_{4\text{-max}})=R_{\max}$，其中，每一维度上的接受阈下限默认为社会普遍认可的最低限度的安全水平。

现从 x_1 维度入手，对该安全系统进行安全改善，如进行人员安全培训，提高人因承载风险的能力，增大 x_1 维度上的接受阈上限，使 $x'_{1\text{-max}}>x_{1\text{-max}}$，此时因 x_1 维度上接受阈上限的提高，系统安全程度改善，反映在安全容量空间上即为安全空间得到拓展。另外，因 x_1 维度上接受阈上限的提高，人的本质安全得到提升，面对同样的物因（或环境、管理）时，其可靠性增加，反映在系统安全容量空间上，表现为 x_2（或 x_3、x_4）维度上接受阈上限的提高，即 $x_{2\text{-max}}$（或 $x_{3\text{-max}}$、$x_{4\text{-max}}$）增大。此时尽管安全改善没有涉及 x_2（或 x_3、x_4）维度，但 x_1 维度上的安全改善，同样会带来 x_2（或 x_3、x_4）维度上的安全改善。

如果忽视 x_1 维度上的风险，如酒后作业，降低人因承载风险的能力，减小 x_1 维度上的接受阈上限，使 $x'_{1\text{-max}}<x_{1\text{-max}}$，此时因 x_1 维度上接受阈上限的降低，系统安全程度恶化，反映在安全容量空间上即为安全空间得到缩减。另外，因 x_1 维度接受阈上限的减小，人的本质安全降低，面对同样的物因（或环境、管理）时，其可靠性减小，反映在系统安全

容量空间上，表现为 x_2（或 x_3、x_4）维度上接受阈上限的减小，即 x_{2-max}（或 x_{3-max}、x_{4-max}）减小。此时因 x_2（或 x_3、x_4）维度上接受阈区间的缩小，系统承载风险在 x_2（或 x_3、x_4）维度上超限，事故反而于 x_2（或 x_3、x_4）维度上发生。

5. 交互原理

一方面安全研究致力于系统风险维数的认知，从人因-物因到人-机-环-管，从不同的视角不断分解系统，挖掘系统存在的“互不相容”的风险维度；但另一方面安全研究又强调其系统性，人因-物因存在轨迹交叉，人机环管间同样存在系统性的关联，为了研究方便可引入模糊评价专家打分，将“不相容”的维度归一。结合上述内容，安全容量研究中必须认识到这种交互关联，并总结为系统内不同维度间的交互原理。

对特定系统，其容量的每一维即为该系统某一承载能力的体现，是该系统所固有的属性，即使仅改变其中某一维度的容量，系统也会相应得到改变：安全性改善或恶化，此时对于这个改变后的新系统，其他维度的容量也同样会受到影响，而表现为相应的增大或减小。从各子系统间交互综合的角度分析，互不相容的不同维度间存在着这样的“同增共减”关系，这就是系统内的风险维度的交互原理。

该原理对安全研究的启示在于，一方面对系统中所关注的某一风险维度上的安全容量改变较为困难时，可以试图通过改变那些较容易改变的风险维度，当然这样的改善对于该关注维度可能效率不高，具体还要结合各风险维度间的关系。例如，对系统作业环境方面风险维度的改善，可以很好地带动系统中人因维度和物因维度上的安全改善；当环境和物因维度因技术水平限制时，可以通过优化管理模式改善人因维度上的安全，继而也可以带动环境和物因维度上安全的改善。另一方面系统活动中不要轻视任何风险维度的安全容量，因为它的降低也可能会导致整个系统安全容量大幅缩减。例如，过度依赖机器的可靠性、酒后作业、疲劳作业等，导致人因维度上的安全容量缩减，即使机器设备的本质安全程度再高，其保障能力也会降低，即物因维度上安全容量缩减，进而引起整个系统安全容量的大幅缩减，系统安全程度大幅降低，安全恶化。

9.4 安全容量风险维度的挖掘

9.4.1 事故致因理论发展中维度挖掘的体现

在安全理论中，最经典的莫过于事故致因理论，这里简单总结了事故致因理论的演化过程（图9-21），用于论证事故致因演化的内在推动力——对系统风险维度的挖掘。

安全理论随风险维度的挖掘而不断接近系统安全本质，对风险维度的挖掘并不是盲目的，不管是第一层次的安全否定还是第二层次的安全否定，都是以现有安全理论为借鉴，承继其优缺点，结合已发展的新认知，合理地构建新理论体系，可以看出系统风险维度挖掘的一种有效的工具就是类比推理。

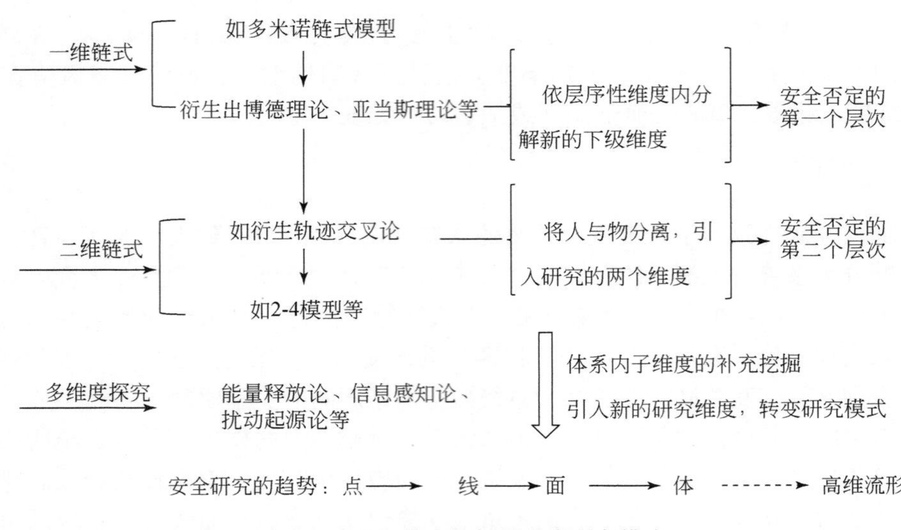

图 9-21　基于维度挖掘的安全研究模式

9.4.2　安全研究中的类推原理

类比推理是一种经常使用的逻辑思维方法，常用来作为推出一种新知识的方法，在安全研究中有着特殊的意义。类比推理是根据两个或两类对象间存在的某些相同或相似的属性，从已知对象还具有某个属性来推出另一个对象具有此种属性的一种推理，安全比较也是利用这种推理来研究安全系统的。

其基本模式为：A、B 表示两个不同对象，A 有属性 P_1，P_2，…，P_m，P_n，B 有属性 P_1，P_2，…，P_m，则 A、B 的类比推理如图 9-22 所示。

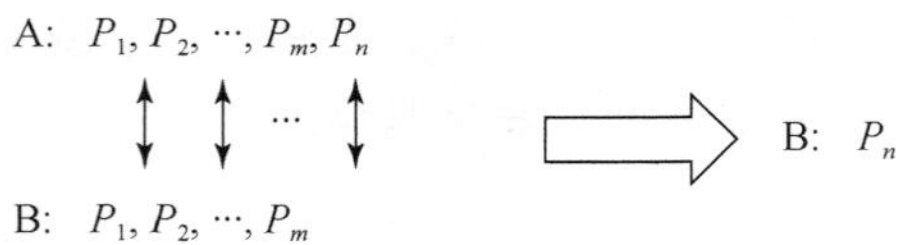

图 9-22　类比推理原理图示

这种类比推理的结论有着或然性，实际安全研究中为了提高结论的可靠性，一方面需要尽可能地列举共有或共缺属性，另一方面需要尽可能挖掘两个对象间本质的共有属性。表 9-1 列举了类比推理原理在安全研究中的应用。

表 9-1　安全类比推理方法实例

安全类比推理方法	方法概述	应用实例
平衡推算法	根据相互依存的平衡关系来推算所缺的有关指标的方法	利用海因里希事故法则 1∶29∶300，在已知重伤死亡数据的情况下，推算轻伤和无伤事故数据
代替推算法	利用具有密切联系（或相似）的有关资料、数据，来代替所缺资料、数据的方法	对新建装置的安全预评价，可使用与其类似的已有装置资料和数据进行安全评价

续表

安全类比推理方法	方法概述	应用实例
因素推算法	根据指标间的联系，从已知因素的数据推算有关未知指标数据的方法	已知事故发生概率 P 和事故损失严重度 S，利用风险率 R 与 P、S 的关系，求风险率 $R=PS$
抽样推算法	根据抽样或典型调查资料推算系统总体特征的方法	以定期抽取的系统安全数据来反映系统阶段性安全
比例推算法	根据社会经济现象的内在联系，用某一时期、地区的实际比例，推算另一类似时期、地区的指标的方法	各行业安全指标的确定，通常是根据前几年的年度事故平均值来进行确定的
概率推算法	采用事故概率来预测未来系统发生事故可能性的大小，以此衡量系统危险性大小的方法	商用核电站的风险评估

类比推理建立在两个类比对象间存在共有属性的前提下，以已知研究程度较高的系统去推算他系统。正是共有属性的存在使得两个对象在外部表现出相当的相似现象，进而进入类比推理的范畴，类比推理本质上就是对象间的相似研究，即安全的类比推理研究实际上正是以相似理论为核心的相似研究。

9.4.3 安全容量基于相似理论的维度挖掘

1. 系统间风险维度的相似

前面重点介绍了安全容量的维度内涵，即将系统安全容量视为 n 维的向量，这一说法本质上就是系统分解的思想。安全容量的各个风险维度对应于系统的各构成要素，而系统间安全容量的研究正是系统间各要素的相似研究。

设 A 系统具有 k 个风险维度，B 系统具有 l 个风险维度，则某时刻系统 A、B 的安全容量分别为 $R_a=(x_1, x_2, \cdots, x_k)$，$R_b=(x_1^0, x_2^0, \cdots, x_l^0)$，其中相同的风险维度有 n 个，相同维度间安全特性相同，但安全特征值不同，即系统在相同维度间相似。因此基于相似理论，系统 A、B 的相似元可用风险维度表示为 $u=\{x_i, x_i^0\}$。

每一维度上风险同样存在许多特征，将每个特征上的安全评价值作为其相对于特征的特征值，如简单维度认知上的人因维度，该维度上存在心理和生理等特征；因系统的层序性，生理和心理特征又隶属于深层次的维度认知，在心理维度上存在感知、记忆、情绪、态度、动机等主观特征，在生理维度上又存在身高、体重、视觉、反应能力等客观特征；而这些特征依层序性又隶属于更深层次的维度认知。对系统维度的区分建立在对系统风险认知的前提下，随研究不断向深层次进行，一方面每一风险维度上存在许多安全特征，另一方面每一风险维度又作为更高一级风险维度上的特征而存在，这就是安全容量有序性基于相似理论的解释，如图 9-23 所示。

通过相似理论，系统间相同风险维度构成一个安全相似元 $u=\{x_i, x_i^0\}$，设风险维度上存在 m 个安全特征，因此处探究的是系统的安全相似性，需要对特征权数进行适当调整，应根据这 m 个安全特征对该维度上安全的影响程度，给出相应的安全特征权数 d_j，即

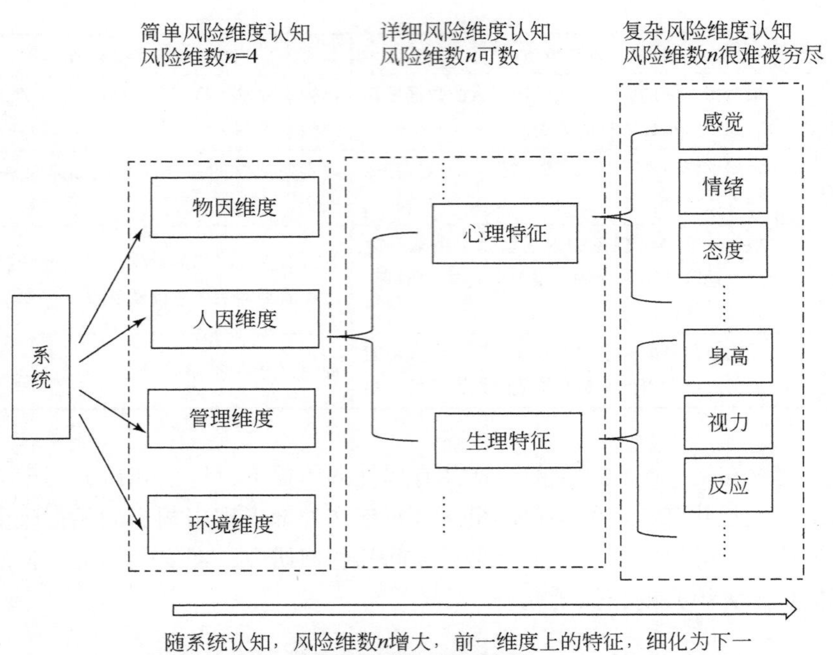

图 9-23　安全容量风险维度的层序性

d_j 表示第 j 个安全特征对该维度安全影响程度的权重值。

$$q(u_i)=d_1r_{i1}+d_2r_{i2}+\cdots+d_mr_{im}=\sum_{j=1}^{m}d_jr_{ij},\quad 0<q(u_i)\leqslant 1 \tag{9-1}$$

式中，$0\leqslant d_j<1$，$d_j=0$ 表明该特征不是此维度上的安全特征，对此维度安全没有影响；$0<d_j<1$，可表明安全特征对安全权重的大小，d_j 越接近于 1 说明该特征对该维度上安全的影响越关键；因维度上安全的复杂性，不可能仅具有一个安全特征，所以 d_j 不可能为 1。

（1）安全相似元值 $q(u_i)$ 不同于一般相似元值，$q(u_i)$ 不可能为 0，因为安全相似元存在的前提就是相同的风险维度，即相似要素间存在相同的安全特征。

（2）$0<q(u_i)<1$，$q(u_i)$ 越接近于 1，系统同维度间安全相似程度越高。

（3）$q(u_i)=1$，系统同维度间安全程度相同。

同维度安全相似元的研究，相似元值 $q(u_i)$ 越接近于 1，该维度上不同安全特征值的比例系数越趋向于 1，即安全特征值的差异性就越小；$q(u_i)=1$，安全特征值对应相同。而一系列不同的安全特征值决定了该维度的安全现象，安全特征值差异越小，安全现象越趋于一致。相似理论基于同维度安全相似元的分析，对安全研究有以下两方面的启示：

（1）如果系统在某一维度上欲达到他系统中该维度上较高的安全现象，应尽量消除与他系统在该维度上相关安全特征值的差异性。

（2）如果两个系统在该维度上已知安全特性的特征值均趋于一致，但系统间仍然存在相当的安全差异现象，表明系统在该维度上的安全特性认知急需完善，通过差异现象反溯，进一步比较系统的相似性，通过特性的“缺补”，挖掘新的共有的安全特性，进而改善这种差异性。

系统的风险维度包涵许多安全特征，相同维度间构成一个安全相似元。就整个安全系统而言，依据其层序性，每个风险维度又作为更高一级风险维度上的特征而存在，因此系统安全相似度的得出和维度上安全相似元值的得出方法一致。

系统安全相似度的意义和安全相似元值的意义类似。

（1）如果系统欲达到他系统中较高程度的安全现象，应尽量消除与他系统风险维度安全特征值上的差异性。

（2）如果两个系统在各已知风险维度上安全特征值均趋于一致，但系统间仍然存在相当的安全差异现象，表明系统的维度认知急需完善，通过差异现象反溯，进一步比较系统的相似性，通过维度的“缺补”，进而改善这种差异性。

因为安全自身的能动性，系统通过某种程度上自发性地去适应较高安全程度的他系统，进而体现出系统间的连通现象。系统适应是指一系统适应另一或一些系统。在多系统共存的环境中，一系统能通过对另一或一些系统的适应而得以进化。在进化过程中，系统出现特性的变异，衍生出新的共同特性，以适应进化。例如，雀形目小鸟，啄食野牛、斑马等身上的寄生虫，使得鸟嘴变得细而长，那么对于相同捕食对象、捕食方式的鸟类，就会出现嘴形相似的现象，而相似现象是由相似特性导致的，即对于这些鸟类系统而言，通过适应进化衍生出了新的相似特性。

一个系统通过适应他系统得以进化，这种进化一方面体现在相似特性上特征值的改进，另一方面系统会在进化中产生特性的变异，衍生新的相似特性。这就是安全容量连通原理基于相似理论的解释，通过系统间同维度上特征值的相似代替和不同维度间的相似“缺补”，系统在连通中相互适应，实现安全的“共进化”。

2. 系统内风险维度的相似

对于系统内各风险维度的相似研究同样也可根据上述方法，因为系统的层序性，每一个风险维度又可以看成一个子系统，系统内不同风险维度间自相似的研究本质上就是子系统与子系统间的相似研究。而系统维度间自相似同样也能实现子系统间的“共进化”，不同风险维度间通过相似适应的影响，存在着“同增”的安全现象，即某一维度上安全程度的改善会促进他维度上安全程度的改善。

但是不同于系统间维度的相似促进，因为系统间自适应能选择性地向着优化的方向，即单向的共进化，系统会效仿借鉴他系统中的优势方面，实现系统自身安全程度的提升。而系统内各子系统（各风险维度）并不是严格意义的分离子系统，各子系统间存在着复杂的有机联系。各子系统间的联系不仅仅涉及信息连通，还可能涉及能量连通。因能量连通的存在，系统内各子系统间的连通速度比系统间的连通速度快，能很快地从一个维度将改善传递到其他维度；但同时能量连通也导致了当某一子系统安全恶化时会直接强制性地传递到其他子系统，从而出现维度间安全程度的“共减”现象。系统他相似连通和自相似连通的比较如图 9-24 所示。

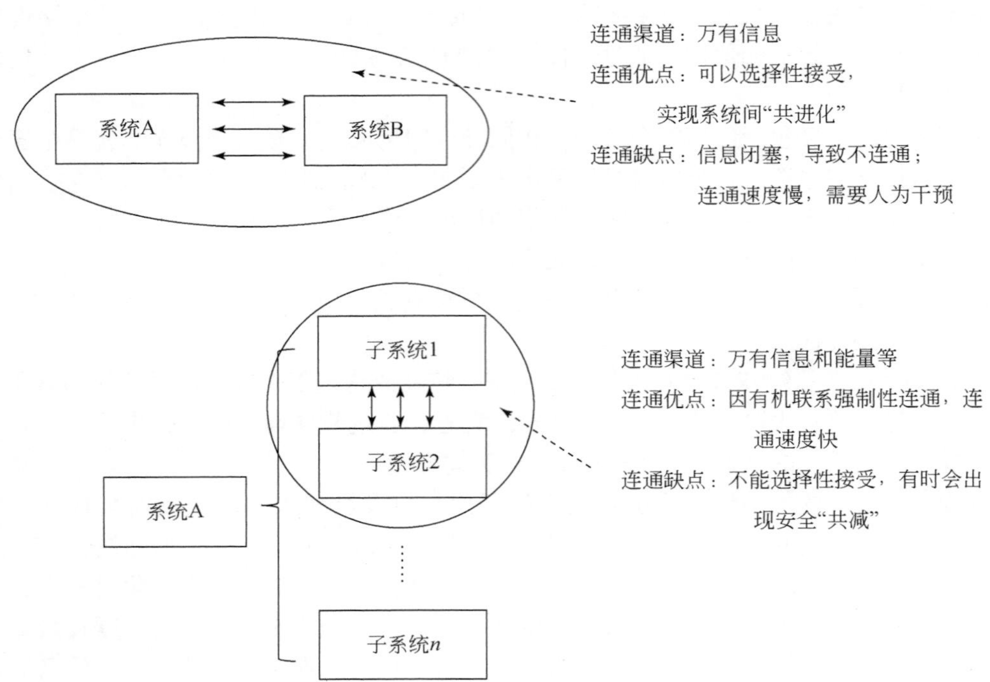

图 9-24　系统他相似连通和自相似连通的比较

9.5　安全容量的降维

因系统风险认知的有限性，在某种程度上系统不存在准确的安全容量。本研究所定义的 n 维的安全容量，其维数是开放的，为了回避这种开放性，安全容量的研究前提就是基于对系统风险的认知，因为相对于不同风险认知，系统安全容量维数也不同。风险认知能力越高，系统安全容量维数越大，对系统安全的表征越趋于完全。在安全发展的前期，因认知能力的提高带来的风险研究维数的增加，对于系统安全的研究效应也不断增强，较完全的安全信息在系统安全改善上发挥了更显著的作用；随着认知能力的进一步提高，"爆炸式"地挖掘出大量的风险维数，对系统安全信息的描述也越趋于完全，但这种"维数爆炸"带来了高维数据处理的困难，而当前信息的处理能力远远落后于高维安全容量信息的处理需求，除非新的高维数据处理方法出现。风险维数与安全信息及相应研究效应的关系如图 9-25 所示。

因受数据处理能力的制约，较全面的高维安全信息在某种程度上致使安全研究变得复杂而难以开展，实际研究中我们不得不对高维安全信息进行维数的简约，即安全降维。当然降维并不是简单地减少风险维度，应遵循相关安全降维原则，在尽可能保留原有数据安全信息的基础上，降低数据的处理难度。

数据降维本质上也是一种高维数据的处理手段，在计算机领域有着广泛的应用，对高维数据应用统计学方法进行科学的维数简约，从而在受益于高维数据信息的同时，又可以

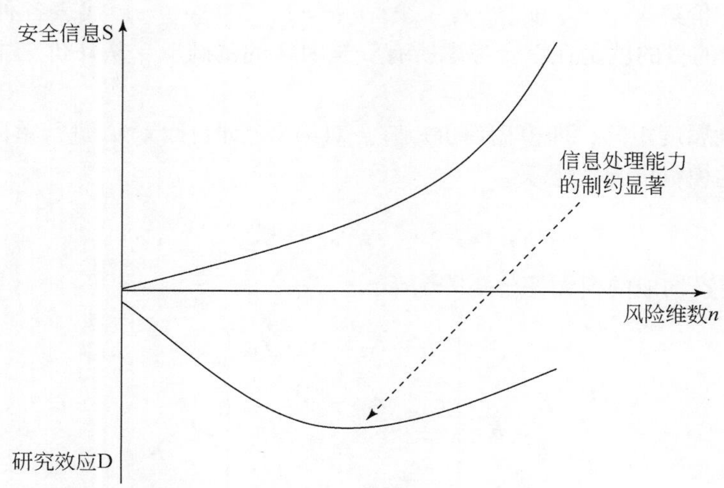

图 9-25 风险维数与安全信息及相应研究效应的关系

合理地制约维数灾难的影响，如人脸识别系统就是降维理论的应用。因数据降维算法研究领域具有很强的专业相关性，很难直接应用于安全研究，这里仅借鉴其降维思想来定性地讨论安全系统的降维研究。

9.5.1 安全系统中存在的降维方法

安全具有高维属性，高维是其交叉综合的必然结果，只有涵盖各个风险维度的安全信息才是对系统安全的准确表征。而维数的膨胀使得数据处理面临很大的困难，所以对应安全研究需通过降维的方式进行维数的简约。安全降维在安全研究中早有体现，甚至当前系统安全研究的所有方法中都暗含降维思想。

安全系统工程作为一门科学技术，有其相应的研究对象，不同的研究视角决定了其研究对象的差异性。整体性研究要求以系统整体性为原则，相应研究对象是整个系统；横断研究以系统的某一局部为切入点，相应研究对象为系统的某一横断面，如系统某一优势子系统；分解研究致力于对整体的分解，以合理的方式将复杂系统简化为若干相关的子系统，转而以子系统为研究对象来研究系统。现基于这三种不同的研究视角，选取具有代表性的三种安全研究方法，介绍其安全降维方法。

1. 基于安全评价归一化安全降维

模糊评价作为一种较常见的安全评价方法，用于评价系统的安全性，是一种整体性安全研究方法。通过构建系统各因素对评价集的隶属度矩阵，结合各因素权重集，进而将各因素的评价模糊归一，实现系统整体的评价。具体方法如下：

（1）确定系统的因素集 $U=\{u_1, u_2, \cdots, u_m\}$，$u_i(i=1, 2, \cdots, m)$ 代表系统中存在的安全因素（即风险维度），因实际中风险维度的主观性，因素 u_i 存在相当的模糊性。

（2）确定评价集 $V=\{v_1, v_2, \cdots, v_n\}$，$v_i(i=1, 2, \cdots, n)$ 代表各种可能的评价结果。而模糊评价的目的就是在综合考虑所有安全因素的基础上，从评价集中得出一个最佳评价结果。

（3）建立隶属度矩阵，即模糊评价矩阵。对第 i 个评价因素 u_i 进行单因素评价，得到一个相对于 v_i 的模糊向量 $\boldsymbol{R}_i$：

$$\boldsymbol{R}_i=\{r_{i1}, r_{i2}, \cdots, r_{in}\}, \ i=1, 2, \cdots, m \tag{9-2}$$

则各安全因素构成的模糊评价矩阵为

$$\boldsymbol{R}=\begin{bmatrix} r_{11} & r_{12} & \cdots & r_{1n} \\ r_{21} & r_{22} & \cdots & r_{2n} \\ \vdots & \vdots & \cdots & \vdots \\ r_{m1} & r_{m2} & \cdots & r_{mn} \end{bmatrix} \tag{9-3}$$

该评价矩阵的每一行是对每一个单因素的评价结果，整个矩阵包含了评价集 V 对系统评价的全部信息。

一般来说，系统各安全因素对系统安全的影响程度是不一样的，为了反映其重要程度，赋予每个安全因素相应的权重值，得到权重向量 $W=(w_1, w_2, \cdots, w_m)$。权重值的确定和前面的相似理论特征权重确定类似。

（4）将各因素评价结果归一，得到系统最终评价结果，即：

$$B=W\times\boldsymbol{R}=(b_1, b_2, \cdots, b_n) \tag{9-4}$$

这是最简单的模糊评价，将系统 m 行评价信息矩阵，结合相应权重值，归一得到最终的评价结果 B，其本质就是信息的降维。

当然常见的安全评价法还有很多，而且国内外安全容量的研究多是基于安全评价展开的，评价方法大体都是构建指标体系，然后得出相应分析指标的权重值，评价结果依据权重值归一化处理。安全容量指出这种结果本身就有着相当的模糊性，仅是当前安全评价的参考，具有相当的置信度，并不能成为系统安全容量的表征，因为降维缺失了很多安全信息，但实际安全研究中对这种安全信息的缺失处理又不得不进行。

2. 基于事故树分析的安全降维

事故树是一种常见的系统横断研究，以某一顶上事件为研究的切入点，通过逆时序的演绎，探寻顶上事件发生的原因，进而研究系统安全。假设有一事故树的逻辑表达式如式（9-5），下面说明其中暗含的降维思想。

$$\begin{aligned} T &= A_1 = A_2A_3 = (A_4+A_5)(X_5+X_6) \\ &= (X_1X_2+X_3+X_4)(X_5+X_6) \\ &= X_1X_2X_5+X_1X_2X_6+X_3X_5+X_3X_6+X_4X_5+X_4X_6 \end{aligned} \tag{9-5}$$

如式（9-5），该顶上事件的最小割集为 $K_1=\{X_1, X_2, X_5\}$，$K_2=\{X_1, X_2, X_6\}$，$K_3=\{X_3, X_5\}$，$K_4=\{X_3, X_6\}$，$K_5=\{X_4, X_5\}$，$K_6=\{X_4, X_6\}$。最小割集是指能够引起顶上

事件发生的最小数量的基本事件的集合。通过事故树演绎确定最小割集，然后对最小割集中的各基本事件进行重要度分析，将各基本事件对顶上事件的重要程度进行排序。事故树中各基本事件的结构重要度计算公式如下：

$$I_{\phi(i)} = 1 - \prod_{x_i \in k_j}\left(1 - \frac{1}{2^{n_j - 1}}\right) \tag{9-6}$$

式中，n_j 表示第 i 个基本事件所在 K_j 的基本事件总数。

经计算得结构重要度排序为：$I_{\phi(1)} = I_{\phi(2)} < I_{\phi(3)} = I_{\phi(4)} < I_{\phi(5)} = I_{\phi(6)}$，继而得出安全改进的优势顺序：$X_5 = X_6 > X_3 = X_4 > X_1 = X_2$，同时在系统研究中因实际需要也可依基本事件的重要度而剔除劣势基本事件（如 X_1、X_2），重点关注优势基本事件（X_5、X_6），从而有效率地改善系统安全。选择性的忽视可以帮助我们有针对性地关注系统薄弱环节，提供更有效的系统研究思路，但这种忽视并不是绝对意义上的。因为系统的改善又必然会带来基本事件重要度的变化，不存在绝对优势的基本事件，对薄弱环节的研究应注意到研究对象的相对性，因此又决定了安全研究必须要有系统性。通过事故树分析明确系统的薄弱环节，剔除对系统安全影响小的因素，降低分析的复杂性，对安全进行有效率的研究，这正是降维思想的体现。

不同于归一化的安全降维，侧重于薄弱环节的安全降维，选择性（暂时性）地剔除劣势维度，研究初始就已经放弃了系统中权重值不大的安全信息，以有限的资源针对性地处理更有效的安全信息，是系统安全改善最核心的方法。

3. 基于子系统归类化安全降维

系统分解研究将复杂系统分解为若干有机结合的子系统，然后在对这些子系统研究的基础上，实现对复杂系统的研究。研究的前提建立在对系统子系统认知的基础之上，实现系统的分解，类似于前述安全容量在各风险维度上的分解。对于系统的分解，依循其层序性，分解后的子系统又可以继续分解出下一级的子系统，如此分解下去反而将复杂系统变得更为复杂。因此，一方面对系统进行分解，借助子系统将系统研究从整体性的一维上升到各子系统维度，赋予系统更多的维度以包涵更详细的安全信息；另一方面为了避免维数增加带来信息处理的困难，又要求系统不能无止境地分解下去，研究中应恰到好处地分解系统，选择合适的维数以囊括高维安全信息，在升维分解的同时注意降维的现实需要。

最常见的系统分解认知就是人–机–环–管的归类，即系统可分解为人子系统、机器子系统、环境子系统和管理子系统，其中管理子系统体现着系统人机环三个子系统的有机结合，相当于系统中“无形的手”，实质上也算系统的一个子系统。图 9-26 为系统基于人机环管的分解研究思路。

图 9-26 并未对人机环管四个子系统进行详尽的分解，仅列举了几个代表性的维度，而且必须指出这些维度间因复杂的有机联系本质上并没有完全剥离，尤其是系统分解得越细致，这种相互间的联系就越难以表达。在某种程度上人机环管四个子系统分解是对系统有机联系剥离程度最大的，因此，系统在不断分解升维研究的同时也在不断地努力向人机环管四个维度进行降维的归类。

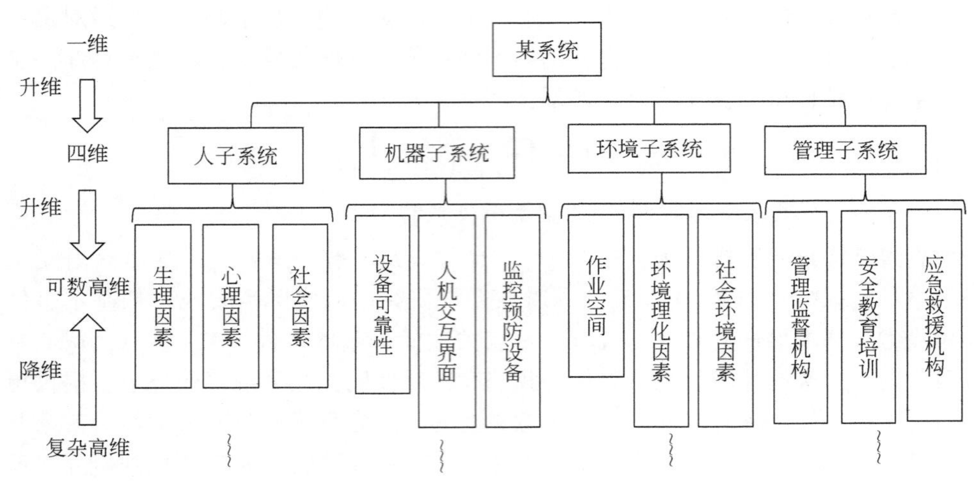

图 9-26　系统基于人机环管的分解研究思路

9.5.2　安全降维思想在安全容量中的应用

基于以上分析在安全研究中普遍存在着降维思想，一方面赋予安全更高的维度，以更全面地表达系统安全信息；另一方面实际信息处理的约束，要求高维安全信息进行降维转化。因此，安全降维是以升维为前提的维数简约。在安全容量研究中，通过对风险的认知明确系统的风险维数，将各维度上的安全信息以向量的形式表示，即 n 维的安全容量。这 n 维的安全容量作为系统安全信息的表征，其维数越多，囊括的安全信息越全面，对系统安全的认知越趋于完全。但维度的复杂性、维数的增加，导致安全信息采集难度提升，对采集之后系统安全信息的分析的处理难度更因其高维属性受到当前安全研究能力的限制。安全降维是安全容量研究中必须存在的关键环节。安全容量基于风险维度研究的对角线模式如图 9-27 所示。

实际研究中，n 维安全容量各风险维度在降维过程中一般使用归类整合和劣势剔除的方法。归类整合是指将各风险维度综合归一化处理，以更大的风险维度去囊括，实质上就是系统分解的逆序；劣势剔除就是指对于当前安全研究着眼于系统的优势维度，用对系统安全有决定意义的少数优势风险维度去近似表示系统的安全容量。

安全容量研究存在如图 9-27 所示的对角线模式，这种研究模式是由安全相对性决定的。随着对系统认知程度的加深，所了解到的风险维数会越多，而维数对数据处理能力的制约也会越显著，研究的现实决定了安全信息不得不降维转化。安全降维是当前安全研究的输出结果，实质上一维数值的安全特征值就是通过相应安全研究方法求得的高维安全信息的最终降维结果。正是对这种研究模式的习惯性，使得人们很容易忽视安全的高维本质，总是习惯性地囿于已构建的风险维度体系，致力于该模式框架下的安全改善，以安全否定的第一层次视角进行安全降维研究，直到巨大推动力的促使（如重大事故、技术革新），才被动地进入安全否定的第二层次，引入新挖掘的风险维度来重构安全体系。安全降维只是高维安全数据的处理手段，却往往被固化为安全研究的方法，不能准确认识安全

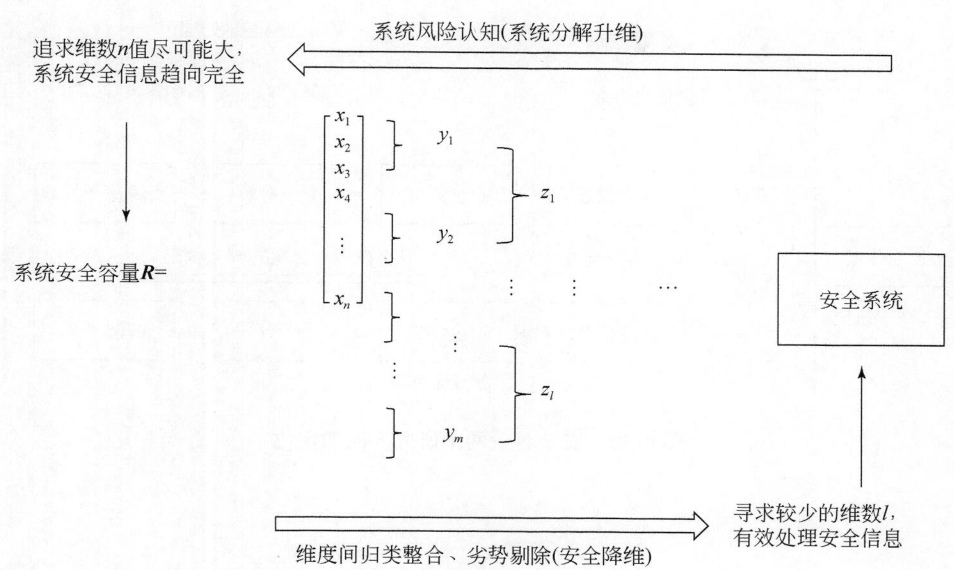

图 9-27 安全容量基于风险维度研究的对角线模式

的系统性、开放性，这正是当前安全研究所面临的认识缺失的难题。

安全容量风险维度的开放性指出，安全研究所说的主观能动性的安全预防严格来说是不存在的，事故不可避免。一方面没有事故的发生就不可能有标准的改善，就不可能有安全水平的提升，就不可能有安全之说，安全依托事故存在；另一方面安全始终是被动于事故的，安全预防只是对事故的反馈预防。安全降维使得安全的被动性在面临新维度上的风险时就愈发明显，因为作为安全降维前提的安全空间已随维数发生改变，相应降维得出的安全特征值也就失去了其安全的意义。

安全降维仅是为了便于对当前安全系统高维安全信息进行安全改善的转化处理手段，对系统安全认知的提升意义不大，实际研究中经常被错误地定位成系统研究的目的，很容易与安全评价相混淆。安全评价仅是安全容量的一个方面，安全评价建立在对系统安全认知的基础上，在安全研究中人们下意识地忽视安全的开放性，轻易满足于当前安全认知程度。安全研究最大的意义是在对系统安全认知的基础上进行安全改善，系统的安全认知才是安全研究的实质追求。安全容量两个研究方向的定位如图 9-28 所示。

图 9-28 中安全降维仅是数据处理优化的范畴，对系统信息的挖掘没有太多意义，而数据处理的前提正是基于对系统安全深入的维数认知。不同的系统风险维度的认知决定着不同的安全评价模型，而对应于原有安全体系的降维研究，其数值结果就不在可接受的准确度范围，需在新的风险维数空间重新降维处理，但降维的方法并没有改变，如一维空间中的数据处理方法同样可以适应于二维空间中。安全降维方法的改进可以更有效准确地处理系统高维安全信息，但对于系统更本质的认知需进行不断的维度挖掘才能更为趋近。

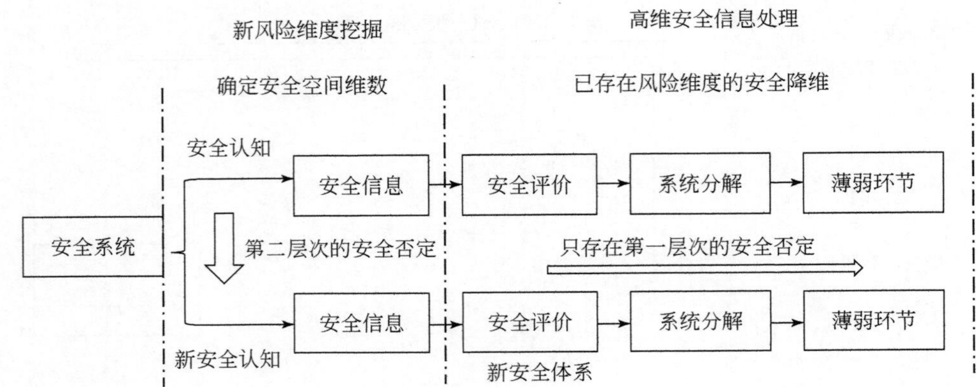

图 9-28　安全容量两个研究方向的定位

10　安全信息管理理论

【本章导读】信息表征和关联一切。安全信息管理是现代安全管理的核心内容。本章阐述安全信息管理的意义、管理视域的信息和安全信息特性、信息管理与安全信息管理等基础理论；给出安全信息资源定义及内涵和安全信息资源流及其资源过程；阐述安全信息活动管理的模型构建和实例；分别介绍全信息视角下的系统安全信息活动模型的定性和定量分析方法与过程，并分析其应用的方法和领域；给出基于安全信息管理系统的分析与评价方法；最后还给出基于安全信息的事故致因分析理论、模式、防控思路和优化方法。

10.1　概　　述

10.1.1　安全信息管理的意义

随着社会的发展，信息逐步成为当代社会的一大重要资源。信息为人类社会带来重大利好的同时，也为人类社会带来了一些新的挑战。信息地位的日益凸显和信息技术的日益发展，使得作为科学研究对象的系统发生了变化：一方面，系统内部的组成要素变得多元繁杂，系统内部各要素间的联系和作用机制变得隐匿复杂，系统内部活动干扰因素增多；另一方面，各个系统变得复杂化和巨大化，各个系统间的联系变得纷繁复杂。总而言之，系统识别、分析和管理变得复杂和困难。

社会的发展，伴随着信息资源重要性的日益凸显和信息技术的高度发达，为科学研究带来了机遇（信息作为可利用的重要资源，信息技术的高度发达）和挑战（系统变得复杂化和巨大化，系统识别、分析和管理难度提升）。当代安全研究，尤其是安全管理，应善于抓住机遇，借鉴、综合和运用信息科学与技术，有准备地迎接安全管理工作在当代社会所面临的挑战。

1．安全信息管理的理论意义

（1）安全信息管理研究是安全科学与信息科学综合交叉的研究，体现了安全科学的综合交叉性质。安全信息通过借鉴并融合信息科学的先进理论与技术，可充实安全管理学的内涵，完善安全管理学的理论与方法，为安全管理学研究注入信息学的思想、理论和方法，充实安全科学研究的思想、理论和方法。

（2）安全信息管理研究是基于安全信息和安全信息过程的研究，安全与信息相结合的研究可以充实安全信息论这一学科分支的研究，同时也可以填充安全信息学这一新兴学科分支的研究空白，从而充实和完善安全学科体系。

（3）安全信息管理是基于安全信息过程（主要为安全信息的获取、传递、认知、再生、升华、施效和组织过程）的先进管理方法。已有的安全管理方法——基于风险的安全管理方法，因其基于风险（风险信息）感知和认知进行安全管理具有预先性、主动性和有效性而被学界推崇。安全信息管理也是基于安全信息的感知和认知的管理，因而同样具有预先性、主动性和有效性。因此，安全信息管理理应是能得到学界认可与推崇的管理方法，是顺应安全管理发展趋势的管理方法。安全信息管理将成为安全管理的又一科学、有效的管理方法。

（4）全信息视角下的安全信息管理研究，密切联系信息科学，围绕“全信息”（涵盖语法信息层次、语义信息层次和语用信息层次）这一视角，紧抓信息的本质（本体论信息和认识论信息），深度研究信息及信息活动过程，探究信息活动过程的一般规律，并运用于安全管理。全信息视角下的安全信息管理研究，将以严谨的标准进行研究，便于将已有的研究按照统一、严谨的标准进行整合，并进行升华，从而实现零散化研究的体系化和升华。

2. 安全信息管理的现实意义

安全管理学是一门应用性的学科，其主要目的是指导安全管理活动。其现实意义主要有以下 4 个方面。

（1）安全系统分析方面。全信息视角下的安全信息管理，时刻紧抓信息和信息过程这两大重要对象，通过信息将系统内各个要素和各个系统连接起来，甚至通过信息统一系统分析的各个要素，并利用信息运动过程表征系统的演化过程和行为的机制，为安全系统分析提供了新的视角、新的对象、新的方法，便于进行复杂巨大化的安全系统分析时，兼顾系统各个要素，清晰化系统演化过程，使安全系统分析更加简单化、科学化、高效化和现代化。

（2）安全系统控制方面。安全管理工作内涵丰富，既包括日常事务的安全管理，也包括及时性的风险识别、预警与事故处理，安全系统控制即属于后者。全信息视角下的安全信息管理认为风险是信息活动过程中任一环节存在或者易发的缺陷，事故是由系统中的信息不对称导致的。在这一前提下，风险的识别与事故的处理就变得更加明晰化，只要厘清信息活动过程，识别出各个环节可能存在的缺陷，找出信息不对称出现的环节和涉及的对象，就能够快速地、有的放矢地进行风险的预警与事故的预防、控制和处理。全信息视角下的安全信息管理为安全系统的控制提供了简单、明晰、科学、可行的思路和方法。

（3）安全系统优化方面。全信息视角下的安全信息管理认为风险是信息活动过程中任一环节存在或者易发的缺陷，事故是由系统中的信息不对称导致的。这一规律揭示了风险和事故发生的机理，同时也揭示了风险预防、事故预防和系统优化的思路。要进行系统的优化，就要保障系统信息活动过程的各个环节都不能存在缺陷，就要保障系统内不存在信息的不对称。只有对可能导致系统信息不对称的因素和环节提前进行分析和处理，才能实现系统的优化。全信息视角下的安全信息管理为安全系统的优化提供了科学可行的思路与方法。

（4）安全经济效益方面。一方面，信息的应用，必将创新安全管理的思维和方式方法，为安全管理目标的实现提供可靠的技术和管理手段，将极大地降低事故的发生率，减少事故带来的经济损失。另一方面，信息已成为国家的重要生产要素和基础性战略资产，其本身潜在的价值若被深度挖掘或重复使用，所带来的经济效益将是不可估量的。因而，全信息视角下的安全信息管理能够有效促进安全经济效益的提升。

10.1.2 管理视域的信息和安全信息特性

在进行深入的全信息视角下的安全信息管理研究前，有必要对所涉及的基本概念进行辨析，以形成坚固的研究基础，确保后续研究的有序顺利进行。全信息视角下的安全信息管理研究所涉及的相关基础概念主要有信息、安全信息、全信息、信息管理、安全信息管理、安全管理等。有关信息等概念在第6章已经进行了阐述，本节将不予重复，主要针对以上几项基本的概念进行详细的解释辨析。

1. 信息的分类

信息的分类结果因分类标准的不同而有所不同。从信息的来源、信息的记录内容、信息的地位、信息的作用和信息的逻辑意义、信息源和信息载体等角度出发，按照对应的分类准则将信息进行分类。信息的分类实例如图10-1所示。

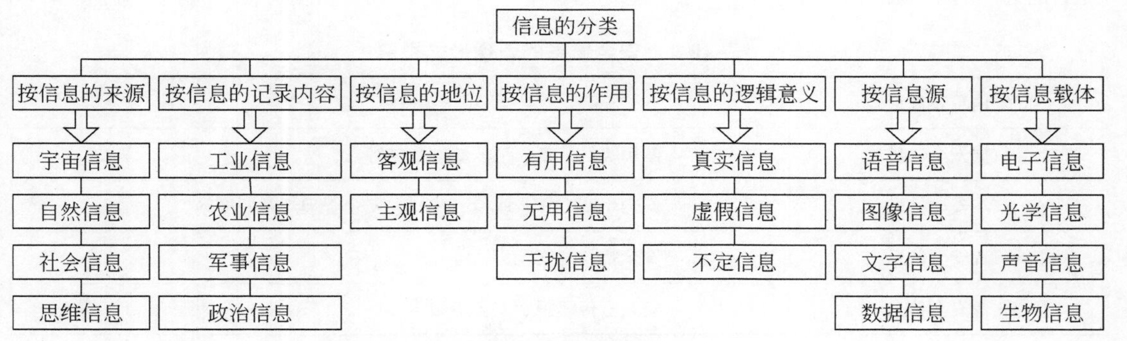

图10-1 信息的分类实例

2. 管理视角的安全信息定义

安全信息是在一定特殊条件约束下的信息，是与安全、安全活动、安全系统等相关的信息。据此，对比信息的本体论定义和认识论定义，可将安全信息定义如下：

（1）安全信息的本体论定义。安全系统（包括安全系统中的要素、活动等）所呈现的系统安全状态。

（2）安全信息的认识论定义。安全主体所表述的安全系统的安全状态，包括安全主体感觉和理解到的系统安全状态及具有一定目的性的安全行为，即认识论意义上的安全信息涵盖了安全主体所感知和认知的系统安全状态及安全主体的安全行为所产生的新的系统安全状态。简言之，认识论的安全信息指安全主体的思维信息和行为信息。

3. 安全信息的分类

按照不同的分类标准，可将安全信息进行分类，安全信息的分类实例如图 10-2 所示。

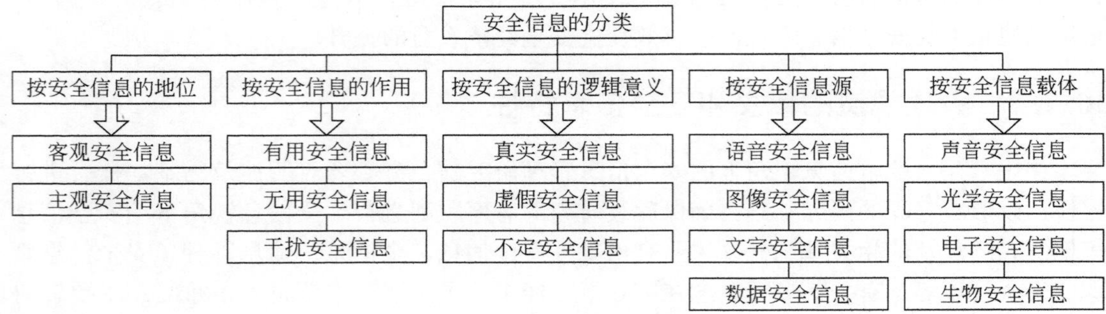

图 10-2　安全信息的分类实例

4. 安全信息的表现形式

安全信息的表现形式按照安全信息源的性质可分为数据、文本、声音和图像 4 个类别，前面已进行较为详细的阐述，此处不再赘述。为充分理解，将每种表现形式下的典型安全信息列举于表 10-1 中。

表 10-1　安全信息的表现形式举例

安全信息表现形式	举例
数据安全信息	隐患统计数据、事故统计数据等
文本安全信息	安全生产方针、政策、法律、安全管理规章制度等
声音安全信息	安全指令、安全广播等
图像安全信息	安全宣传海报、安全板报等

10. 1. 3　信息管理与安全信息管理

1. 信息管理

管理，是指管理主体面向管理客体，运用行政、经济、法律、思想教育等方法，实施一系列的计划、组织、指挥、协调、控制等活动，以期实现既定目标的活动过程。

《信息安全辞典》中对“信息管理”的定义如下：信息管理是面向信息资源及信息活动的管理，即对人类社会信息活动的各种相关因素（主要指人、信息、技术和机构）进行科学的计划、组织、指挥、控制和协调，以实现信息资源的合理开发与有效利用的过程，既包括微观上对信息内容的管理——信息的组织、检索、加工、服务等，又包括宏观上对信息机构和信息系统的管理。

综上可知，信息管理是信息系统主体（个体或组织）针对信息资源和信息活动，综合运用现代信息技术和管理技术，对信息资源涉及的各个要素（信息、技术、人员、设备、机构等）和信息活动的整个过程（信息的获取、传递、认知、再生、思维、施效、组织等过程）进行科学的计划、组织、控制和协调，以实现信息资源的合理开发和有效利用及信息活动的及时控制与反馈，最终实现信息系统的既定目标的过程。

2. 安全信息管理

安全信息管理可视为特殊约束条件下的信息管理，此时的系统为安全系统，此时的信息为安全信息，此时的管理为安全管理。对标信息管理的定义，经比较分析，可给出安全信息管理的定义，对安全信息管理所涉及的管理主体、管理客体、管理方法、管理过程、管理目标五大要素的分析如图 10-3 所示。

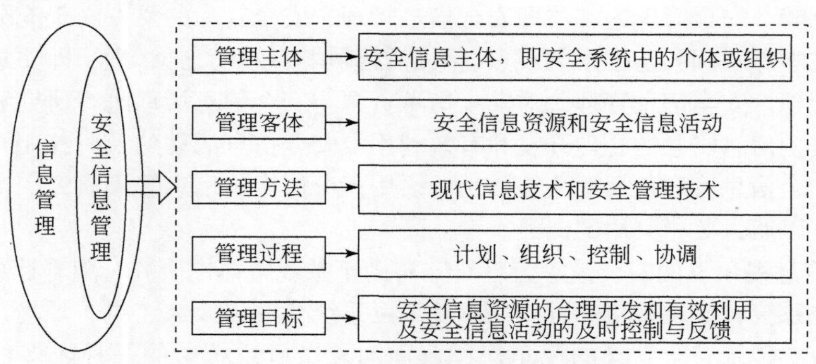

图 10-3 安全信息管理的五大要素分析

安全信息管理是安全信息系统主体（个体或组织）针对安全信息资源和安全信息活动，综合运用现代信息技术和安全管理技术，对安全信息资源涉及的各个要素（安全信息、技术、人员、设备、机构等）和安全信息活动的整个过程（安全信息的获取、传递、认知、再生、思维、施效、组织等过程）施以计划、组织、控制和协调等管理活动，以实现安全信息资源的合理开发和有效利用及安全信息活动的及时控制与反馈，最终实现安全系统的既定的安全目标的过程。

3. 安全信息管理的研究内容

全信息视角下的安全信息管理核心理论与方法研究，基于全信息的视角，从语法信息层次、语义信息层次和语用信息层次入手，基于“全信息”（涵盖语法信息层次、语义信息层次和语用信息层次）这一视角，紧抓安全信息的本质（本体论信息和认识论信息），深度研究安全信息及安全信息活动过程，探究安全信息资源过程和安全信息活动过程的一般规律，并对安全信息资源管理和安全信息活动管理的基础理论及其典型应用进行研究，以期给出现代安全管理的新视角、新思想、新理论与新方法。

全信息视角下的安全信息管理研究的缘由主要体现在如下几个方面：

(1) 开展全信息视角下的安全信息管理研究，是社会发展和科技发展背景下的必然趋势。在网络信息时代，“信息”和“数据”成为当今社会的两大特有标签。同时伴随着信息技术的不断发展和成熟，信息科学理论与技术不断渗透到科学研究与实践的各个领域。“信息学化”成为社会和科技飞速发展背景下各个学科研究的主流趋势。安全和信息的结合研究与实践成为必然，作为安全科学的重要研究方向之一的安全管理与信息的结合研究也成为必然。

（2）全信息视角下的安全信息管理研究是消除安全管理发展瓶颈的必要手段。在信息技术、互联网技术的冲击下，安全管理水平和管理效率得到了提升，安全信息在安全管理中的重要性日益凸显，但是系统的安全信息分析与管理方法的缺乏，使得现代安全管理出现了瓶颈——安全系统中个体或组织与安全系统之间出现“信息孤岛”和安全信息缺失、安全信息不准确、安全信息不一致、冗余信息干扰等问题。现代安全管理所遇到的种种问题，急需系统、科学、有效的安全信息管理理论与方法来一一消除。

（3）安全管理的实质是安全信息管理，全信息视角下的安全信息管理是安全信息管理的更深层次范畴。安全管理的本质即安全信息管理，安全管理的要点在于充分可靠的安全信息，这是被学界所认同与推崇的观点。要进行科学有效的安全管理，即要进行科学有效的安全信息管理。安全信息管理，对安全信息资源与安全信息活动进行研究和管理，其目的在于实现安全信息资源的合理开发和有效利用及安全信息活动的及时控制与反馈。全信息视角下的安全信息管理包括语法、语义、语用三个层次的信息管理研究，恰好体现了知其然，知其所以然，更尽其用的内涵。

（4）全信息视角下的安全信息管理研究有助于系统整体性研究。随着社会和科技的飞速发展，研究系统日益复杂化和巨大化。复杂巨系统往往涉及人、机、环境、管理等多重要素或子系统。传统安全管理的视角往往仅面向复杂巨系统中的一种或多种要素或子系统，往往难以兼顾整个系统，也难以兼顾所有要素和子系统；传统安全管理方法往往仅适用于复杂巨系统中的一种或多种要素或子系统，难以适用于整个系统，难以兼顾所有要素和子系统。传统的系统安全研究或安全管理研究缺乏系统性、整体性，而安全信息是连接一切子系统或系统要素的有效纽带，如安全信息可基本统一所有事故致因因素，以及系统中的人能根据系统中的机器或物质所表述的信息，经安全预测和决策，做出相应的动作，进行安全管理活动。概括而言，安全信息能够使系统各要素和各子系统间建立关联，安全信息视角有助于开展系统整体性研究，同时全信息的视角可实现安全信息管理理论与实践的有效结合，有助于开展系统性、整体性的安全管理研究。

（5）全信息视角下的安全信息管理研究有助于提升安全管理水平。前面已提及在信息时代和大数据时代背景下，复杂巨系统安全管理面临的瓶颈（安全系统中个体或组织与安全系统之间出现“信息孤岛”和安全信息缺失、安全信息不准确、安全信息不一致、冗余信息干扰等问题），而系统的安全信息管理正是消除这些问题的有效对策。另外，已有的基于经验、理论、标准、风险、事故、对策和行为的安全管理中，基于风险感知和认知的安全管理因其具有预先性、主动性、正向性、可靠性等特征而成为最受学界推崇的安全管理方法之一。究其本质，基于风险感知和认知的安全管理，其实质是对安全信息的正确感知和认知。简言之，安全信息管理能够有效消除安全管理发展瓶颈，是被认可被推崇的有效的安全管理方法。此外，全信息视角下的安全信息管理既强调安全信息管理的含义、形式，更强调安全信息管理的效用及安全信息管理的理论与实践的综合。综上，全信息视角下的安全信息管理研究，有助于提升安全管理的水平。

（6）全信息视角下的安全信息管理研究有助于安全系统信息资源的利用。信息作为现代社会的重要资源，正日益成为重要的生产要素和社会财富，信息掌握的多寡成为一个国家软实力和竞争力的重要标志。安全信息是安全系统的连接纽带，是认识安全事物的媒介，是安全个体、安全事物和安全系统间交流的工具，是安全管理决策的基础。安全信息资源在安全系统中有着不可替代的作用。全信息视角下的安全信息管理，涵盖安全信息资源管理和安全信息活动管理，不仅仅是对安全信息管理的缘由、基础、原理、理论等进行研究，更注重安全信息管理方法与实践的研究，以期实现安全信息资源的合理开发和有效利用及安全信息活动的及时控制与反馈。

（7）全信息视角下的安全信息管理研究有助于系统安全信息化管理。传统安全管理，着重以物质和能量作为研究视角，随着社会发展和科学技术的发达，信息成为新的研究视角，信息技术成为新的技术新的工具。安全信息管理研究，为安全科学和安全管理学带来了新的视角、新的理论、新的方法，有助于信息科学与技术在安全科学中的渗透运用。全信息视角下的安全信息管理研究，基于“全信息”（涵盖语法信息层次、语义信息层次和语用信息层次）这一视角，紧抓安全信息的本质（本体论信息和认识论信息），深度研究安全信息资源及安全信息活动过程，探究安全信息活动过程的一般规律，开展系统的研究，以期实现安全信息资源的合理开发和有效利用及安全信息活动的及时控制与反馈，以实现系统的安全信息化管理。

（8）全信息视角下的安全信息管理研究有助于丰富系统安全学、安全管理学和安全信息学等学科的研究内容。全信息视角下的安全信息管理研究，将融合信息科学、系统安全学、安全管理学和安全信息学开展研究，综合借鉴各个学科的理论与方法，进行创新研究。这将极有力地丰富系统安全学、安全管理学和安全信息学的研究内容，为各个学科的发展注入新的“血液”、新的“力量”，充实与完善各个学科的内容，促进各个学科的发展。

10.2　安全信息资源管理的基础理论

全信息视角下的安全信息管理基础理论及其典型应用研究，是针对生产安全系统的上游安全理论研究。全信息视角下的安全信息管理基础理论及其典型应用研究，基于全信息的研究视角，对安全信息管理涵盖的安全信息资源管理和安全信息活动管理的基础理论进行研究，并探讨如何应用安全信息管理的基础理论解决系统安全问题（包括系统分析、系统安全控制和系统安全优化），以期实现系统既定的安全目标。安全信息管理包含对安全信息资源和安全信息活动的管理。安全信息资源指人类生产生活活动中积累的安全信息、安全信息生产者、安全信息技术、安全信息设备设施等。安全信息活动包括安全信息的获取、传递、认知、再生、思维、施效、组织等过程。全信息视角下的安全信息管理研究旨在对安全信息资源管理和安全信息活动管理进行分部和分步的研究，归纳和总结安全信息资源管理和安全信息活动管理的一般规律和原理，再进行综合形成系统安全信息管理的核心理论体系。本章将先对安全信息管理中的安全信息资源管理的核心理论进行研究。

10.2.1 安全信息资源定义及内涵分析

安全信息资源作为安全信息资源管理的对象，有必要对其进行全方位的了解。本节将重点阐述安全信息资源的定义、存在形式及分类、特性，以期对安全信息资源有一个完整的了解。

1. 安全信息资源的定义

资源是指存在于自然界和人类社会中，具有一定的积累量的、可以用于创造物质财富和精神财富的客观存在形态，如我们所熟知的人力、物力、财力等资源。一般而言，资源分为自然资源和社会资源，自然资源如阳光、空气、水、土壤、植物、动物、矿藏等资源，社会资源如人力资源、信息资源和经劳动创造出的各种物质财富与精神财富等。

信息资源是信息时代的重要的社会资源。狭义意义上讲，信息资源指信息本身；广义意义上讲，信息资源除了信息本身外，还包括信息的来源，如信息生产者、信息技术、信息设备、信息机构等信息活动要素的集合。为了研究的准确性和完整性，研究时主要选取信息资源的广义定义进行分析研究。

安全信息资源是指与安全相关的信息资源。安全信息资源包括安全信息本身、安全信息生产者、安全信息技术和安全信息设备，其内涵如图 10-4 所示。

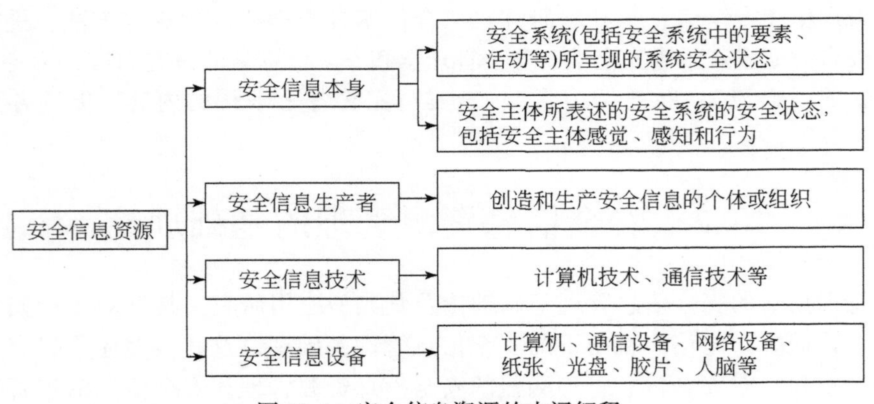

图 10-4 安全信息资源的内涵解释

2. 安全信息资源的存在形式及分类

如前所述，安全信息资源包括安全信息本身、安全信息生产者、安全信息技术和安全信息设备等要素，这些要素也可理解为安全信息资源的多种存在形式。

多种存在形式的安全信息资源，进行综合后再分类，可将安全信息资源按照不同的分类标准进行分类，分类实例如图 10-5 所示。

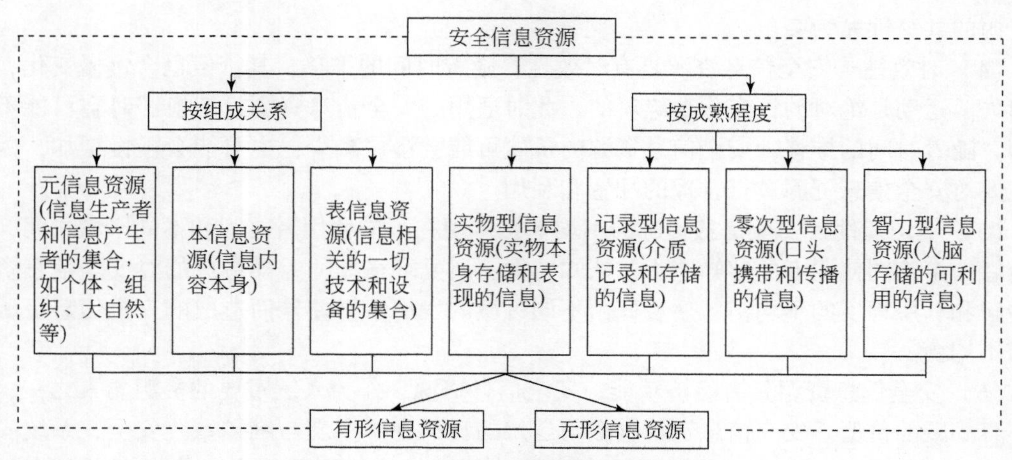

图 10-5　安全信息资源的分类实例

安全信息资源可按照不同的分类标准得到不同的分类结果，但综合来看，安全信息资源可分为有形的安全信息资源和无形的安全信息资源。有形的安全信息资源主要包括：①安全信息人力资源，主要指安全信息的生产者、开发者、使用者、管理者等个体与组织机构等；②安全信息介质，如纸张、光盘、胶片等；③安全信息设备，如计算机与通信设备。无形的安全信息资源指安全信息本身、安全信息系统软件、安全信息系统运行机制等。要实现安全信息资源的有效管理与利用，理应寻求无形的安全信息资源与有形的安全信息资源之间的联系纽带。

3. 安全信息资源的特性

安全信息资源是安全信息资源管理的研究对象，安全信息资源本身具有其独有的特性。对安全信息资源的特性进行全方位的研究，有助于更好地了解安全信息资源，从而有助于安全信息资源管理的合理有效进行。

安全信息资源的特性，概括而言有如下几点：

（1）潜在性。安全信息资源以一种潜在的方式存在，只有被合理利用时，其作用才能充分体现出来。例如，安全科学的众多书籍文献，都是实物形的安全信息资源，只有当我们去阅读去理解后，这些安全信息资源才能发挥其作用，使我们形成安全知识，帮助我们进行安全预测、决策与行为执行。

（2）可塑性。安全信息资源的价值不在于其本身，更重要的是安全信息资源如何利用，如何发挥价值。如果安全信息资源被忽视，那么安全信息资源将一文不值；如果安全信息资源被合理解读、合理利用，那么安全信息资源对于系统安全就是极具价值的。因此，安全信息资源的价值取决于其利用程度，换言之即安全信息资源具有可塑性。

（3）共享性。安全信息资源在一定条件下可视为公共产品，能被系统共享和共用。随着人类社会和科学技术的发展，计算机技术、通信技术和网络技术极大地实现了安全信息资源的共享，不同时空的个体和组织都可共用相关的安全信息资源。在信息时代，安全信息资源的共享性尤为突出。

（4）时效性。安全信息资源具有时效性，随着时间的推移，其价值也会慢慢变化，直至消失。运动是绝对的，变化是绝对的，此时适用的安全信息资源，变换了时空可能不再适用。随着时间的推移，安全信息资源的价值可能会慢慢减少，也可能会慢慢增加，因此我们要对安全信息资源进行合理的配置和利用。

（5）不均衡性。安全信息资源的不均衡性体现在不同使用者之间和不同区域之间，其中前者即由不同使用者的感知能力、认知能力、所处环境等的差异造成的对安全信息资源的理解和利用程度的不均衡；后者即由不同区域的发展水平差异而造成的安全信息资源的分布不均衡。

（6）安全信息资源具有经济功能。安全信息资源，作为系统重要的资源要素之一，具有不容小觑的价值。安全信息资源存在与运用的目的在于实现与维护系统安全，系统安全本身就是一种成本，实现与维护系统安全就节约了成本，因此，安全信息资源具有经济功能。

（7）安全信息资源具有管理协调功能。安全信息资源由安全信息资源的生产者流向使用者，根据安全信息和安全信息资源的定义可知，安全信息资源能够反映系统安全状态，能够为管理者提供判断依据、预测依据、决策依据和知识，有助于系统管理的有序协调进行，因此，安全信息资源具有管理协调功能。

（8）安全信息资源具有优化预测决策功能。根据安全信息和安全信息资源的定义可知，安全信息资源能够反映系统安全状态。系统安全状态的显示，能够实现安全预测、决策的预见性；同时，安全信息资源不断地在生产者和使用者之间流动，能够实现安全预测、决策等行为的及时反馈。因此，安全信息资源的合理利用能够实现预测和决策的优化。

10.2.2 安全信息资源流及其资源过程

1. 安全信息资源流

安全信息资源在安全系统中，总是按照一定的方向，由安全信息的生产者、控制者流向安全信息的使用者。安全信息资源在安全系统中总是源源不断地、有方向性地流动着。安全信息资源在安全系统中的存在和使用，均以“流”的方式进行，它不同于物质流，也不同于能量流，是安全信息资源独特的流动方式。这些具有方向性的、源源不断流动着的安全信息资源，称为安全信息资源流。安全信息资源由安全信息生产者和安全信息控制者流向安全信息使用者的过程则称为安全信息资源交流。安全信息资源交流过程（简称安全信息资源过程）由安全信息资源采集、整序、存储、检索和利用等环节构成，如图 10-6 所示。

2. 安全信息资源过程管理

安全信息资源过程管理，旨在通过对安全信息资源流的采集、整序、存储、检索和利

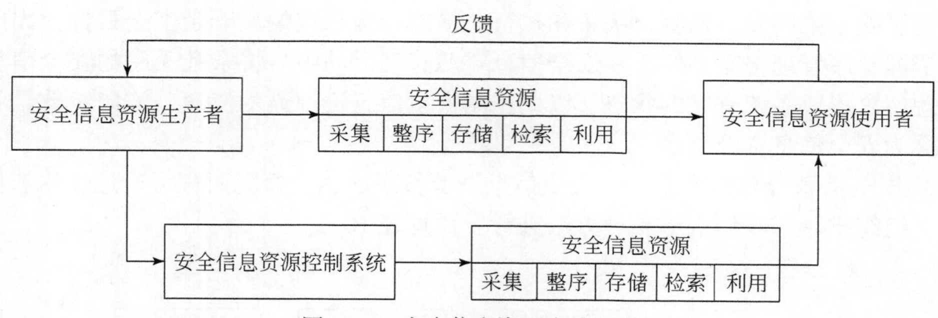

图 10-6 安全信息资源交流过程

用等环节进行计划、组织、指挥、协调和控制等活动，使安全信息资源流可控有序，在一定时空条件下流向既定的目的地，实现安全信息资源的优化配置和合理利用，最终实现系统既定的安全目标。

安全信息资源的优化配置和合理利用，是安全信息资源管理的原则，也是安全信息资源管理的最终目的。本节将对安全信息资源流的各个环节的管理进行研究，剖析安全信息资源流各个环节的本质，并对各个环节的合理有效管理进行研究。

1）采集管理

安全信息资源采集是指将分散在不同时空的有用的安全信息资源集聚起来以达到既定安全目标和要求的过程。安全信息资源采集管理有如下几个要点：

（1）安全信息资源采集路径。安全信息资源采集路径，即安全信息资源的获取渠道，可分为安全系统内与外，既有来自自系统的安全信息资源，又有来自他系统的安全信息资源。

（2）安全信息资源采集方法。安全信息资源采集方法多种多样，而对于公开与非公开的安全信息资源，其采集方法是不同的。一般而言，对于公开的安全信息资源，可通过问卷调查、参观考察、专家咨询等方法获取；对于非公开的安全信息资源，则可通过访问交谈、交换索要等方法进行采集。

（3）安全信息资源采集原则。安全信息资源采集原则，是引导安全信息资源采集可靠有效的思想准则，同时也是安全信息资源管理的原则与目标。安全信息资源采集的流程实例如图 10-7 所示。

（4）安全信息资源采集管理要点。在安全信息资源采集环节，最关键最主要的要素主要有安全信息资源需求分析、安全信息资源采集路径、安全信息资源采集方法和安全信息资源采集原则。

2）整序管理

安全信息资源整序，是安全信息资源交流过程的又一重要环节，广义的安全信息资源整序贯穿安全信息资源交流的整个过程。安全信息资源整序就是将杂乱无章的安全信息资源加以整理，使之形成系统有序的状态，从而实现安全信息资源的合理有效的利用。

身体机能若混乱无序，则健康不畅；感知若混乱无序，则感知不畅；思维若混乱无序，则思维不畅。现代社会，安全信息数量激增、流速加快、分布零散、优劣掺杂，若安全信息资源混乱无序，则安全信息资源交流过程不畅，安全信息资源无法得到合理的利用，最终影响系统的安全预测、决策和执行，最终导致系统偏离既定安全目标。因此，安全信息资源整序管理很有必要。在安全信息资源管理活动中，将杂乱无序的安全信息资源进行整理使之形成系统有序的状态，以期控制安全信息资源流的流速、流向、数量和质量的活动称为安全信息资源整序。

（1）安全信息资源整序方法。安全信息资源整序活动，概况而言可通过优化选择、确定标识、组织排序和改编重组 4 种方法进行，详见表 10-2。

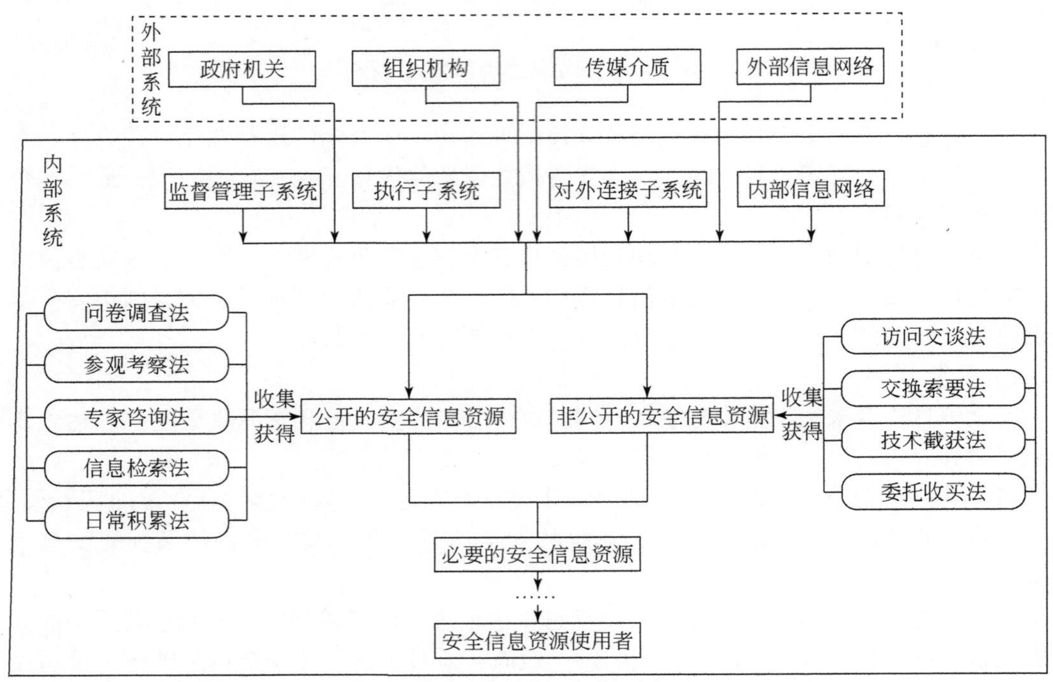

图 10-7　安全信息资源采集的流程实例

表 10-2　安全信息资源整序方法

整序方法	内涵	阐述
优化选择	优化选择的标准	优化选择的标准应具有关联性、可靠性、先进性与适用性
	优化选择的方法	优化选择的方法可有比较法、分析法、核查法、专家评估法
确定标识	数据项确定	信息外表特征和内容特征描述
	信息外表特征加工	物理载体承载的信息的外表特征描述
	信息内容特征加工	信息内容属性描述
组织排序	分类组织	依照类别特征组织排列信息资源
	主题组织	依照主题特征组织排列信息资源
	时空组织	依照信息资源产生、存在或涉及的时空特性进行组织排列

续表

整序方法	内涵	阐述
改编重组	汇编法	对信息资源的编排加工
	摘要法	对信息资源的主要内容进行简要摘录
	综述法	对信息资源进行分析、归纳、综合，使其具有高度浓缩性和简明性

(2) 安全信息资源整序要求。安全信息资源整序要求，是安全信息资源整序的指导思想，也是安全信息整序最终所要追求的目标。安全信息资源整序活动，出发点是要降低安全信息资源的混乱程度，提高安全信息资源的质量和价值，以便系统对安全信息资源更好地利用，以实现系统既定的安全目标。安全信息资源整序是安全信息资源交流过程中不可或缺的重要环节，其基本要求主要包括安全信息资源内容有序化、安全信息资源流流向明确化、安全信息资源流流速合理化、安全信息资源数量精约化、安全信息资源质量最优化。根据以上分析，安全信息资源整序描述如图 10-8 所示。

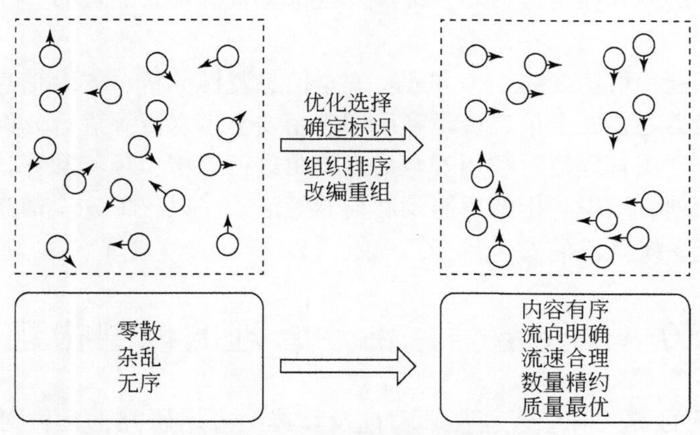

图 10-8 安全信息资源整序描述

(3) 安全信息资源整序管理要点。安全信息资源整序即通过优化选择、确定标识、组织排序、改编重组等方法步骤，使采集到的零散、杂乱、无序的安全信息资源变得内容有序化、流向明确化、流速合理化、数量精约化和质量最优化，使得安全信息资源契合系统的安全信息资源需求并得到合理利用，最终实现系统的既定安全目标。安全信息资源整序管理，即通过对安全信息资源整序的各个要素和各个环节采取计划、组织、指挥、协调和控制等活动，以保证安全信息资源整序的有效进行，最终实现系统的既定安全目标。安全信息资源整序所涉及的重要因素及环节有安全信息资源需求分析、安全信息资源整序方法和安全信息资源整序原则，安全信息资源整序管理实质即是对以上重要因素和环节的管理。

3）存储管理

安全信息资源存储是针对所采集的安全信息资源进行科学有序的存放、保管的过程，以方便后期的使用，安全信息资源的存储可看作安全信息资源在时间上的传递。安全信息资源的可靠有效存储，使得系统在有安全信息资源需求时，能够及时地获取相关的安全信息资源；能够实现系统安全信息资源在不同时空下的共享；能便于进行不同阶段的研究，供管理决策时使用。

安全信息资源存储管理，即采取计划、组织、指挥、协调和控制等活动对安全信息资源存储的各要素和过程进行管理，以规范安全信息资源的存储，使安全信息资源存储可靠有效。

4）检索管理

网络时代，信息共享，我们处在海量信息的系统中，即便经过采集、整序和存储后的信息，依旧是海量而繁杂的。在存在海量的安全信息资源的系统中，真正符合我们的需求的信息是有限的，我们需要快速查找出这样的信息。从大量相关安全信息资源中快速地搜寻满足系统需求的安全信息资源的过程即安全信息资源检索。

安全信息资源检索管理，即对安全信息资源检索涉及的各个要素和各个环节实施计划、组织、指挥、协调和控制等活动，确保安全信息资源检索的可靠有序进行。

5）利用管理

安全信息资源利用可体现在三个方面：安全信息资源分析、安全信息资源预测和安全信息资源评估。简言之，安全信息资源利用即利用安全信息资源进行分析、预测和评估。

安全信息资源利用管理指对利用安全信息资源进行分析、预测和评估活动的各个要素和各个环节施以计划、组织、指挥、协调和控制等活动，以保证安全信息资源利用的可靠和有效，最终实现系统既定的安全目标。

10.3 安全信息活动管理的模型构建

全信息视角下的安全信息管理基础理论及其典型应用研究，是针对生产安全系统的上游安全理论研究。全信息视角下的安全信息管理基础理论及其典型应用研究，基于全信息的视角，对安全信息管理涵盖的安全信息资源管理和安全信息活动管理的基础理论进行研究，并探讨如何应用安全信息管理的基础理论解决系统安全问题（包括系统分析、系统安全控制和系统安全优化），以期实现系统既定的安全目标。安全信息管理包含对安全信息资源和安全信息活动的管理。安全信息资源指人类生产生活活动中积累的安全信息、安全信息生产者、安全信息技术、安全信息设备设施等。安全信息活动包括安全信息的获取、传递、认知、再生、思维、施效、组织等过程。全信息视角下的安全信息管理研究旨在对安全信息资源管理和安全信息活动管理进行分部和分步的研究，归纳和总结安全信息资源管理和安全信息活动管理分部和分步的一般规律与原理，再进行综合形成系统安全信息管理的核心理论体系。本章将对安全信息管理中的安全信息活动管理的核心理论进行研究。

10.3.1 信息活动的内涵及其建模

全信息是同时考虑事物运动状态及其变化的外在形式（称为语法信息）、内在含义（称为语义信息）和效用价值（称为语用信息）的认识论信息。全信息作为研究视角，能够实现信息活动各个环节的有效沟通与连接，有助于实现信息系统完整的研究。本节将通过建模分析，运用模型对系统信息活动的涉及要素、环节、逻辑等进行抽象的描述，通过模型对系统信息活动的内涵进行阐述分析。

1. 系统信息活动最简模型构建

根据信息的本体论和认识论定义可知，信息活动主要涉及的对象为系统中的客观事物和认识主体，信息活动即信息在客观事物和认识主体之间的流动。将客观事物和认识主体提取出来，对其间的信息流动进行表示，就构建了系统信息活动最简模型，如图 10-9 所示。

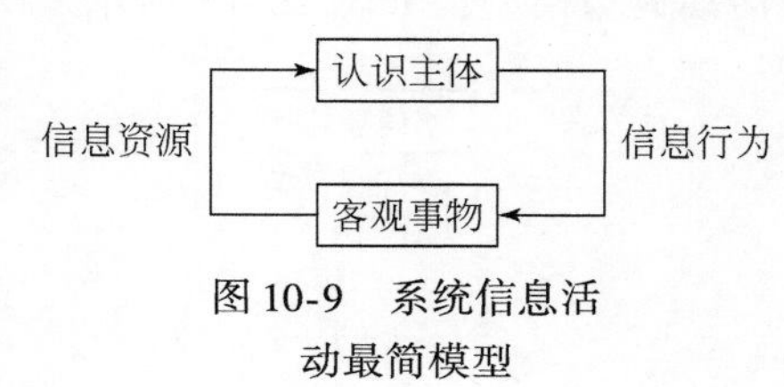

图 10-9 系统信息活动最简模型

由系统信息活动最简模型可知，系统中的信息活动即客观事物和认识主体间关于信息的循环过程：客观事物的运动状态及其变化方式即成为提供给认识主体的信息资源，认识主体依据客观事物呈现的信息资源产生信息行为，信息行为作用于系统与客观事物，客观事物再产生新的信息资源，认识主体再产生新的信息行为，如此循环往复。

系统信息活动最简模型，依据信息的本体论和认识论定义对信息活动涉及的主要对象和主要过程进行了最简单化的抽象表达，并未对详细的要素和环节进行细致的研究分析，但实质上信息活动涉及的要素、环节等是复杂的，可基于最简模型进行进一步的细致研究。

2. 系统信息活动基本模型构建

根据系统信息活动最简模型，将认识主体进行展开分析可知：认识主体的信息行为主要包括信息感知、信息认知、信息决策和信息执行。据此，将认知主体的行为进行展开，得到系统信息活动基本模型，如图 10-10 所示。

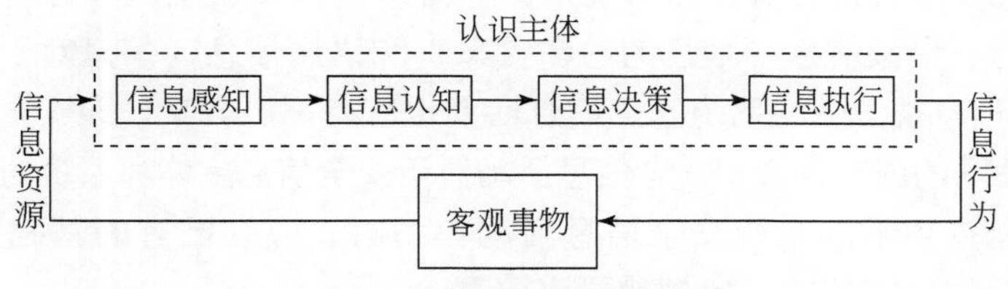

图 10-10 系统信息活动基本模型

系统信息活动基本模型以系统信息活动最简模型为原型进行展开，将认识主体的行为划分为信息感知、信息认知、信息决策和信息执行。客观事物为认识主体提供信息资源，认识主体对客观事物所呈现的信息资源进行处理，输出信息行为，作用于系统，反馈作用于客观事物。客观事物源源不断地生产着信息资源，认识主体在动态变化的系统中不断作出反应与反馈，信息活动在系统中不断地循环进行。

3. 系统信息活动典型模型构建

系统信息活动基本模型在系统信息活动最简模型的基础上，将认识主体的行为进行了细化分析。在信息系统中，在整个信息活动过程中，认识主体在不断地进行有计划有目的的行为，信息也在不断地流动。据此，在系统信息活动基本模型的基础上，将信息的流动过程考虑进来进行分析。在信息使用者和信息管理者的引导下，信息在系统中按照系统既定的计划和目标进行有方向性的流动，总体而言，信息的流动分为信息获取、信息传递、信息处理/再生、信息施效等过程，将这些过程细化分析并加以抽象呈现，可构建系统信息活动典型模型，如图 10-11 所示。

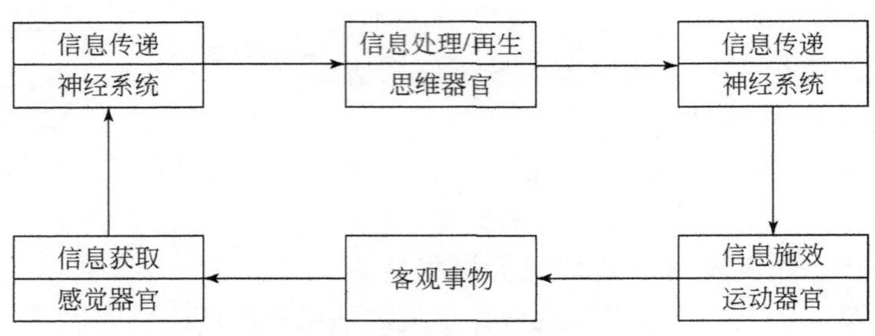

图 10-11　系统信息活动典型模型

系统信息活动典型模型，在系统信息活动最简模型和系统信息活动基本模型的基础上进行了细化改进，基于语义层和语用层意义的信息活动进行了建模，将信息活动的行内在含义及其效用进行了表述，即信息活动的行为发生和作用于感觉器官、神经系统、思维器官和运动器官的信息的获取、传递、处理/再生和施效。

10.3.2　全信息视角下系统安全信息活动建模及分析

安全管理的实质是基于充分可靠的安全信息的管理。安全信息活动作为安全信息管理的研究对象之一，有必要对其本质进行完整全面的分析研究。

全信息是系统安全信息活动研究的视角，全信息包含了信息的三层含义，即语法信息（信息的外在形式）、语义信息（信息的内在含义）和语用信息（信息对于主体而言的效用价值）。同理，全信息视角下的系统安全信息活动也应有三层含义，即安全信息活动的外在形式、安全信息活动的内在含义和安全信息活动对于安全信息主体和系统的效用价值。

在构建全信息视角下的系统安全信息活动模型时，应在已有的基础上进行扩充与完善，以期构建系统的、完整的、典型的研究模型。

1. 系统信息活动的语法层模型引入

在构建全信息视角下的系统安全信息活动模型时，应首先引入系统信息活动的语法层模型。

信息科学中指出信息的流动过程包括信息的产生、获取、传递和处理等过程。有关信息的流动，信息科学中给出了众多模型，较典型的是香农的一系列通信模型。香农通信模型将信息活动通过信源—信道—信宿的流动过程进行表述，描述了信息活动的外在形式。基于香农通信模型，运用信息流动的相关概念，可提取通用的系统信息活动的语法层模型，如图 10-12 所示。

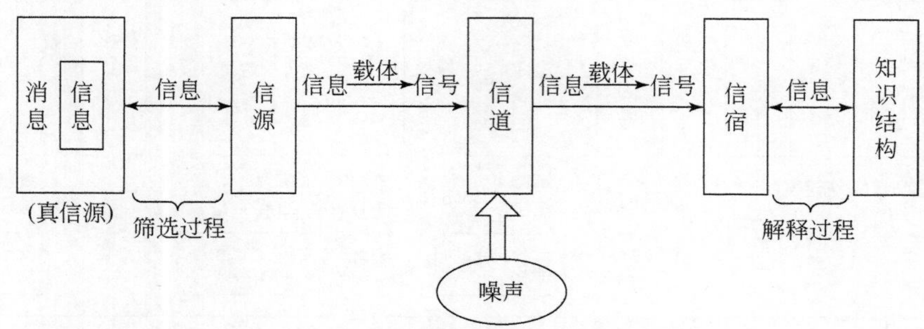

图 10-12 系统信息活动的语法层模型

由图 10-12 可知，消息的集合称为真信源，消息是信息的外壳，从消息中提取可得到信息。信源在消息中进行筛选，选择其中有意义、可被理解的信息，将其加载到载体上形成信号。信号通过信道传达到信宿，在传递的过程中，可能会受到噪声的影响，在此我们将噪声理解为影响信息传递的一切外部因素。信宿接收到信号后，通过信宿的知识结构等进行一系列的解释过程。最终，信宿依据其获得的信息对行为作出指导，进行一系列的预测、决策、执行行为。上述即为信息流动的一般过程，也就是系统信息活动的语法层模型。

2. 全信息视角下的系统安全信息活动模型构建

全信息视角下的系统安全信息活动模型应全面完整地描述系统安全信息活动的三层含义，即安全信息活动的外在形式、安全信息活动的内在含义和安全信息活动对于安全信息主体和系统的效用价值。

系统安全信息活动的三层含义包括：①安全信息活动的外在形式，可简单表述为信源—信道—信宿的流动过程；②安全信息活动的内在含义，即安全信息的获取、传递、处理/再生和施效；③安全信息活动对于安全信息主体和系统的效用价值，可概况为引导安全信息主体的感知、认知、决策和执行。

根据上述基本思路，可进行全信息视角下的系统安全信息活动建模。全信息视角下的系统安全信息活动模型构建如图 10-13 所示。

全信息视角下的系统安全信息活动包括三个层次，即语法信息层的安全信息活动、语义信息层的安全信息活动和语用信息层的安全信息活动。语法信息层的安全信息活动即安全信息活动的外在形式，可简单表述为信源—信道—信宿的流动过程；语义信息层的安全信息活动即安全信息活动的内在含义，即安全信息的获取、传递、处理/再生和施效等过程；语用信息层的安全信息活动即安全信息活动对于安全信息主体和系统的效用价值，可概括为作用于安全主体的感觉器官、神经系统、思维器官和效应器官，引导安全信息主体

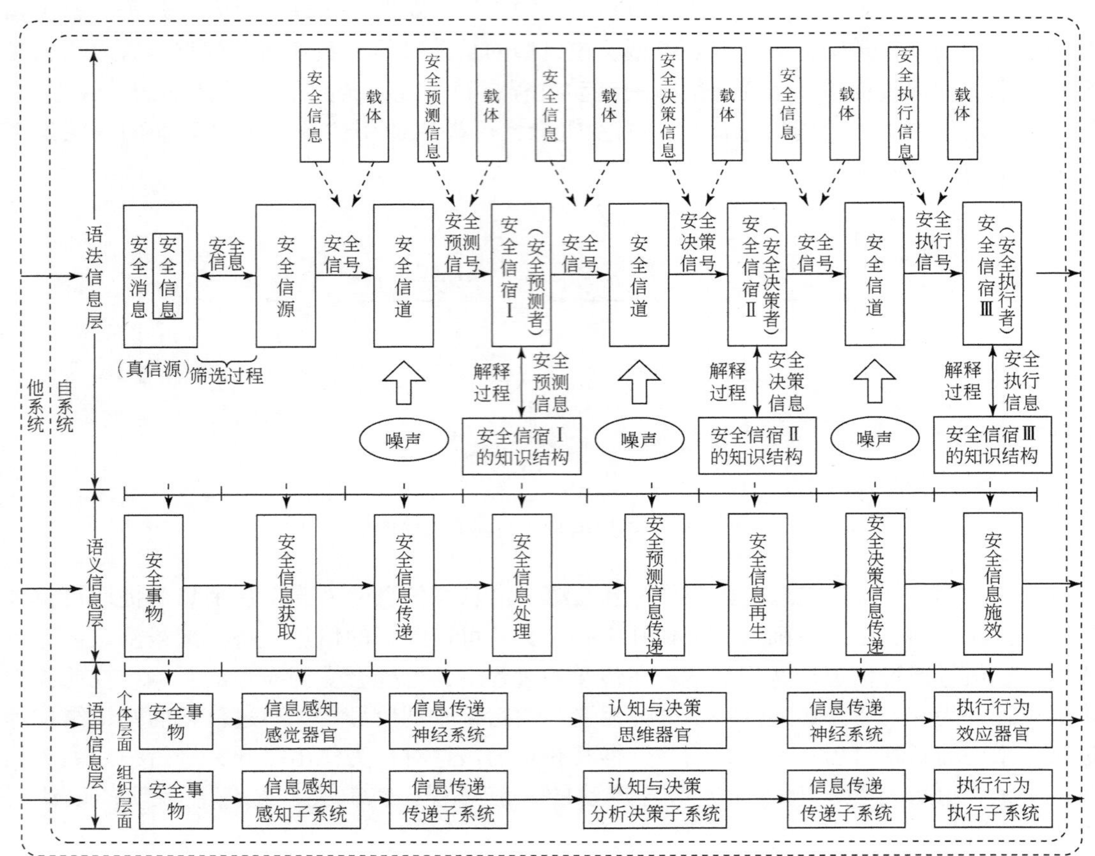

图 10-13　全信息视角下的系统安全信息活动模型

的感知、认知、决策和执行。

在构建模型时，紧扣上述思想，构建了包含三个层次的完整模型。为了便于后期的模型分析与应用，在此有必要对模型进行相关定义解读。

1）语法信息层要素定义

在该层面的系统安全信息活动即安全信息活动的外在形式，可简单表述为信源—信道—信宿的流动过程。语法信息层安全信息活动相关概念解析见表 10-3。

表 10-3　语法信息层安全信息活动相关概念解析

相关概念	解释
真信源	系统中安全事物和安全活动产生的所有消息的集合
安全信源	筛选并发布有意义的、可被理解的安全信息的实体
安全信号	安全信息及其承载载体的结合体
安全信道	安全信息的传递通道

续表

相关概念	解释
安全信宿	安全信息的接收者
载体	安全信息加载的形式，如电、光、声、热、色、味、形等
噪声	影响安全信息传递的系统内外影响因素

2）语义信息层要素定义

该层面的系统安全信息活动即安全信息活动的内在含义，即安全信息的获取、传递、处理/再生和施效等过程，换言之即语法层的安全信息在信源、信道和信宿间的流动，其流动的内在含义即安全信息的获取、传递、处理/再生和施效过程。语义信息层安全信息活动相关概念解析见表 10-4。

表 10-4　语义信息层安全信息活动相关概念解析

相关概念	解释
安全事物	客观系统或思维世界，即为本体论信息和认识论信息的来源
安全信息获取	信息的感知和识别，本体论信息向认识论信息的转换和辨识分类
安全信息传递	信息的发送处理、传输处理和接收处理，包括空间和时间的传递
安全信息处理	为达到各种既定目的对安全信息进行的变换和加工
安全预测信息传递	安全信息处理过程中产生的安全预测信息的时空传递
安全信息再生	利用已有安全信息产生新的安全信息的过程
安全决策信息传递	安全信息处理和再生过程中产生的决策信息的时空传递
安全信息施效	安全信息发挥效用的过程，如利用安全信息实施系统控制和优化

3）语用信息层要素定义

即安全信息活动对于安全信息主体和系统的效用价值，可概括为作用于安全主体的感觉器官、神经系统、思维器官和效应器官，引发安全信息主体的感知、认知、决策和执行。语用信息层安全信息活动相关概念解析见表 10-5。

表 10-5　语用信息层安全信息活动相关概念解析

相关概念	解释
安全信息感知	安全信息主体依据其信息敏感性和知觉能力提取安全信息的过程
安全信息传递	安全信息的发送、传输和接收处理，包括空间和时间上的传递
认知	由安全信息提炼加工形成知识的过程
决策	安全信息主体依据获取安全信息、自身的知识结构和系统既定安全目标做出行为计划的过程
执行	安全信息主体依据行为计划做出相应行为动作的过程

续表

相关概念	解释
感觉器官	接受来自体内外信息的器官，如眼、耳、鼻、舌等
神经系统	接受刺激、传导和储存刺激，并对功能活动起主导、调节和控制作用的系统
思维器官	主要指安全信息主体的大脑
效应器官	对刺激做出反应行为的器官，如手、脚等运动器官

10.4 全信息视角下的系统安全信息活动模型定性分析

本节将对构建的全信息视角下的安全信息活动模型进行较为全面的定性分析。

10.4.1 建模思想和逻辑

1. 建模思想

构建模型的思想，即构建模型的目的。安全信息管理是安全科学与信息科学两门学科的综合交叉研究，理应紧扣两门学科的核心理论与方法。目前学界已有众多关于安全信息的研究，但研究出自不同学者，研究的视角、分析的角度、选取的标准自然就各有不同，因此造成了研究成果众多但却零散的现象。微观而言，信息和信息活动的内涵是极其丰富的。例如，信息的定义就有本体论信息定义和认识论信息定义，有语法层面的意义也有语义和语用层面的定义。如果只截取其中某一方面或某一层次进行分析，那么分析就是片面的、不完整的，就难以被认同。因此，紧抓信息的定义，提出全信息研究视角，从语法信息、语义信息和语用信息层面进行建模，既分层次，最终又综合形成完整系统，以此来实现系统安全信息活动研究的全面性和准确性。

2. 建模逻辑

建模逻辑，即模型构建的思维逻辑过程。在构建模型的过程中，基于全信息的研究视角，先确定全信息视角下的各个层次所包含的内容，再对各个层次间的联系进行分析，最终形成完整的、系统的逻辑系统。首先，是关于全信息所包含的各个层次的内容逻辑的分析：

（1）语法信息层的安全信息活动即安全信息活动的外在表现形式，即安全信息的信源—信道—信宿的流动过程。安全系统中，所有安全消息的集合称为真信源，安全信源从安全消息中筛选出有意义的、可被理解的安全信息，将其加载到载体上形成安全信号，安全信号经安全信道传达到安全信宿。安全预测者、安全决策者和安全执行者（安全预测者、安全决策者和安全执行者可为同一个体或组织，也可为不同的个体和组织）通过其知识结构对接收的安全信息进行解释以指导并进行安全预测、决策和执行行为。安全信息在安全信源、安全信宿之间层层传递，循环往复，进而使系统的安全行为井然有序进行。

（2）语义信息层的安全信息活动即安全信息活动的内在含义，即安全信息的获取、传递、处理/再生和施效等过程，换言之即语法层的安全信息在信源、信道和信宿间的流动，其流动的内在含义即安全信息的获取、传递、处理/再生和施效过程。安全事物作为安全信息的来源，可以是产生本体论信息的客观事物，也可以是产生认识论信息的思维世界。系统安全信息主体（系统中安全信息的使用者和管理者等，可以是个体也可以是组织）对产生和存在的安全信息发挥其主观能动性，对安全信息进行感知和识别，以其自身对于安全信息的敏感性和知觉能力获取的安全信息，并加以识别和鉴定，提取真正有用的安全信息。获取的安全信息经传递到达思维系统，安全信息在空间上的传递称为信息通信，安全信息在时间上的传递称为存储记忆。安全信息传递至思维系统后，系统安全信息主体对安全信息进行加工处理，既包括浅层次的加工，如识别、对比、纠错、压缩、加密等；又包括深层次的加工，如认知、优化等。安全信息主体经对安全信息的处理，生成知识，并在此基础上有了对系统安全状态的预测。安全预测信息经进一步的传递和处理，生成决策信息，即由已有的安全信息生成了新的安全决策信息，即安全信息的再生过程。安全信息活动过程的最后一个环节即安全信息施效，即安全信息经一系列的感知、识别、处理、加工、认知、再生等过程，最终实现其价值，即指导安全信息主体的行为和安全系统的发展，实现系统控制和优化。此即语义信息层的安全信息活动的全过程。

（3）语用信息层的安全信息活动，强调的是安全信息的效用价值。即安全信息活动对于安全信息主体和系统的效用价值，可概况为作用于安全主体的感觉器官、神经系统、思维器官和效应器官，引导安全信息主体的感知、认知、决策和执行。系统内外的安全信息作用于系统内安全信息主体的感觉器官，安全信息主体产生对安全信息的感知，通过识别和鉴定，提取安全信息集合。感觉器官感知到的安全信息，经神经系统传导，传递至安全信息主体的思维器官，安全信息主体的思维器官对传导而至的安全信息进行进一步的加工处理，经认知将安全信息转换为安全信息主体的知识。安全信息主体依据获取的安全信息、自身的知识结构和系统既定安全目标做出安全行为计划，即做出决策。经决策得到的安全行为计划经神经系统，传递至安全信息主体的效应器官。在安全信息的作用下，效应器官开始有计划有目的地执行安全行为，最终实现系统的控制和优化。此即语用信息层的安全信息活动全过程。

在各个层次之间，虽然表述形式各自不同，但其实都是对系统安全信息活动的表述，其实质是相同的。因此，不同层次之间能够找到一一对应关系，并不是独立不同的。

基于以下两点引入自系统和他系统的概念：①作用于分析系统的安全信息，既有系统外部的安全信息又有系统内部的安全信息。因此，虽然分析研究的对象是自系统，但其实自系统和他系统（可理解为系统内部和外部）并不是独立的，而是相互作用、相互联系的一个整体。②安全信息资源在研究系统中的流动是具有方向的，并不是绝对的单向流动，而是处在一种动态的、相互的流动状态，即具有信息反馈的过程。信息的反馈，既作用于自系统，也作用于他系统，在这一个大的整体系统中是相互作用、相互协调控制的。因此，基于以上两点，引入自系统和他系统的概念，最终形成了一个巨大的系统。

基于以上分析，确定了模型构建的思路和方向，并对模型的大概框架有了较为明晰的认识。

10.4.2 模型内涵

基于图 10-13 的分析可知，建立的全信息视角下的系统安全信息活动模型包含丰富的内涵，列举一些需要特别说明的关键点如下：

（1）语法信息层的安全信息活动包括四个主要要素（安全信源、安全信道、安全信宿和噪声）和两个主要过程（筛选过程和解释过程）。四个主要要素和两个主要过程的最佳存在状态和有序进行是语法信息层安全信息活动有序可靠进行的保障条件。当四个主要要素和两个主要过程存在缺陷或故障时，将影响安全信息在系统中的正常作用，阻碍安全行为的预测、决策和执行，影响系统既定安全目标的实现，进而可能引发事故。

（2）语义信息层的安全信息活动主要包括安全信息的获取、传递、处理/再生和施效 5 个环节，这 5 个连续环节的有序可靠进行是保障语义信息层的安全信息活动可靠有效进行的必要条件，某一或某些环节的缺陷或错误都可能导致无法完成系统既定的安全目标，进而可能引发事故。

（3）语用信息层的安全信息活动，涉及两条对应的主线，即安全信息主体（或安全信息系统）的功能子系统和安全信息的作用过程。安全信息作用于安全主体的感觉器官（对应于系统的安全信息感知子系统），引发安全信息感知；安全信息作用于安全主体的神经系统（对应于系统的安全信息传递子系统），引发安全信息的传递；安全信息作用于安全主体的思维器官（对应于系统的安全信息分析决策子系统），引发安全信息的认知与决策；安全信息作用于安全主体的效应器官（对应于系统的安全信息执行子系统），引发安全行为的执行。两条主线中的任一主线中的任一环节存在缺陷或错误，都将导致系统无法完成既定的安全目标，进而可能引发事故。

（4）语法信息层的安全信息活动、语义信息层的安全信息活动和语用信息层的安全信息活动，其实是层层递进和不断深化的。语义信息层的安全信息活动，是对语法信息层的安全信息活动的实质揭露，是更深层次的概况。语用信息层的安全信息活动，着重于安全信息的效用分析，因为针对某一对象开展一项研究，不仅是对研究对象的实质等进行全方位的研究，最重要的是发掘研究对象的利用价值，从而知道如何利用研究成果来指导实践。

（5）安全信息是来自自系统和他系统的繁杂、巨量的安全消息中的可能有用的消息集合。经筛选过后的安全信息集合即成为安全信息活动的安全信源。因此，流动于分析系统的安全信息，既有来自自系统的安全信息，又有来自他系统的安全信息。

（6）在通信理论中，安全信息的传递是需要以载体作为承载进行的，安全信息加载于载体形成能够进行传递的安全信号。正如在日常生活中，我们通过望、闻、问、切来获取相关的信息，实质对应的就是接收到了传递而来的光、声、气、形等作为载体的信号。

（7）安全信息传递的通道称为安全信道，安全信道犹如我们日常行走的道路，是我们到达目的地的关键要素，正确选择道路且道路畅通顺利，是到达既定目的的必要条件。因此，安全信道的可靠可行，是安全信息活动有序进行的必要保障条件，具有关键意义。

（8）安全系统中的安全预测者、安全决策者和安全执行者，可以是同一个体或组织，也可以是不同的个体或组织。预测、决策和执行是连续的行为，层层递进，相互影响。

（9）噪声是指来自系统内外，对安全信息传递活动过程有不良影响的因素，可以是某个事物、某个动作、某个系统等。噪声作用于安全信道上的安全信息传递过程，将影响安全信息的正常传递，影响传递对象间传递的安全信息的可靠性，进而导致系统既定安全目标无法正常实现。

10.5 全信息视角下的系统安全信息活动模型定量分析

信息和信息资源都具有相对性、时效性和不均衡性。相对性即作为信息主体的个体或组织因为感知能力和认知能力的差异而导致信息或信息资源的分配具有相对性。时效性即信息和信息资源及系统都是在动态变化的，因而某一存在状态具有时效性。不均衡性即作为安全信息主体的个体或组织因为感知能力差异、认知能力差异、所处环境的差异，导致信息和信息资源配置的不均衡性。

由信息和信息资源的相对性、时效性和不均衡性等特性可知，信息和信息资源的表征可以具有数字特征，可引入相关的数学概念来对信息和信息资源的相对性、时效性和不均衡性等进行表征。

虽然相对性、时效性和不均衡性是信息和信息资源具有的普遍特征，但是也具有阈值和一定的可接受范围。若是存在无限制的相对性、时效性和不均衡性，必然造成系统的混乱，进而对系统造成严重的影响。

全信息视角下的安全信息活动模型的定量分析，旨在引入一系列数学指标对安全信息活动的各要素和环节进行描述和评估，以期找到系统可接受的各指标的阈值，便于安全信息管理的有效高效进行，保证系统既定安全目标的实现。

10.5.1 系统安全信息活动定量分析指标的引入

根据信息和信息资源的相对性、时效性和不均衡性等普遍特性得知，对安全信息活动进行定量的分析是很有必要的。对系统安全信息活动定量分析，实质上是紧紧围绕安全信息的时效和质量两个概念展开分析的。在定义相关指标前，先对相关概念进行解析。

1. 相关概念解析

系统安全信息活动的定量分析，由安全信息时效和安全信息质量两个概念开始，并紧紧围绕这两个概念进行，因而有必要对这两个概念及其相关概念进行解释说明。

（1）安全信息时效：系统是动态变化的，而安全信息是安全系统（包括安全系统中的要素、活动等）所呈现的系统安全状态及安全主体所表述的安全系统的安全状态。安全系统是动态的，安全信息又是表征动态的概念，因而，安全信息只能代表客观系统或思维世界的某一瞬时。因此，表征过去某一瞬时的安全信息，在动态的安全系统中的价值是有时间限制的。只有当安全信息的产生和施效的时间差在可接受范围内时，安全信息的施效才是有用的。

（2）安全信息质量：安全信息用户获取的安全信息与其安全需求之间的契合程度，是安全信息准确性、完整性和一致性的评价指标。

（3）安全信息需求：安全信息用户在解决系统安全问题时对于安全信息的渴求，是一种对安全信息的必要感和不满足感，是对安全信息的追求。

2. 定量分析指标引入

安全科学中进行安全课题研究与分析时，涉及的人均指理性人，即具有一定的感知能力、思维能力、判断能力、行动能力的人。在此条件下，对系统安全信息活动定量分析涉及的主要指标进行定义与解释。

（1）安全信息需求：安全信息用户在解决系统安全问题时对于安全信息的渴求，是一种对安全信息的必要感和不满足感，是对安全信息的追求。将能达到既定安全目标的安全信息用户的安全信息需求标记为 I_d，I_d 因既定安全目标的不同而不同。

（2）先验安全信息：因为安全课题分析与研究中的人均考虑为理性人，作为研究对象的安全信息用户是具有一定感知能力、思维能力、判断能力、行动能力的，同时还具有其本身特有的知识结构。因而，安全信息用户在感知相关安全事物之前可能已具有对该安全事物的认识。将安全信息用户关于特定安全事物 X 具有的先验安全信息标记为 $I_p(X)$，先验安全信息既与安全事物本身的运动状态及其变化方式有关，也与安全信息用户的主观因素有关。引入先验安全信息的概念，可为后期对安全信息用户的研究奠定基础。

（3）实在安全信息：实在安全信息是指安全信息用户所真实拥有的安全信息，包括特定安全事物传递至安全信息用户的安全信息及安全信息用户原本拥有的对该特定安全事物的先验安全信息，两者之和即为安全信息用户实际拥有的安全信息，将实在安全信息标记为 I，在定量分析中，不过分探讨实在安全信息的组成，对实在安全信息的组成进行阐述的目的在于丰富后期安全信息管理分析的内容。

（4）安全信息不对称：安全信息活动涉及的要素和环节是错综复杂的，每一个要素和环节都是正确和顺利的，实在安全信息恰好契合安全信息需求，这是理想的状态。实际上，安全信息活动的错综复杂的要素和环节中，每一个要素或环节都可能存在缺陷或错误，这些缺陷或错误最终将导致实在安全信息和安全信息需求之间存在差异，将这种现象称为安全信息不对称，安全信息不对称标记为 ΔI，安全信息不对称量为安全信息需求和实在安全信息之间的差，可表示为式（10-1）：

$$\Delta I = I_d - I \tag{10-1}$$

安全信息不对称可分为安全信息缺失、安全信息失真和安全信息冗余 3 种情况，下面将对其进行一一的解释说明。

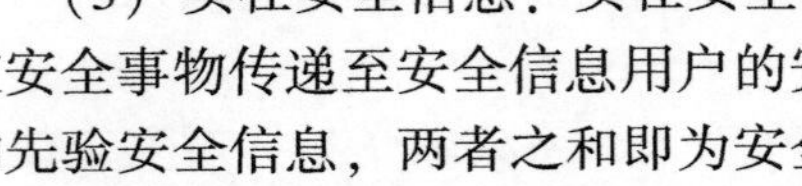

安全信息需求	I_1	I_2
实在安全信息	I_1	

图 10-14　安全信息缺失图例

（5）安全信息缺失：安全信息缺失是安全信息不对称的一种情况，其重点在于信息的缺失。可借助简单图例进行解释说明，如图 10-14 所示。

如图 10-14 所示，通过简单图示对安全信息缺失进行了描述。安全信息缺失是安全信息不对称的一种情况，安全信息不对称量为安全信息需求和实在安全信息之间的差，将安全信息需求 I_d 表示为式（10-2），实在安全信息 I 表示为式（10-3），安全信息缺失情况下的安全信息不对称 ΔI 表示为式（10-4）：

$$I_d = I_1 + I_2 \tag{10-2}$$

$$I = I_1 \tag{10-3}$$

$$\Delta I = I_d - I = (I_1 + I_2) - I_1 = I_2 \tag{10-4}$$

由上述分析可知，安全信息缺失即安全信息用户的实在安全信息相较于其安全信息需求，缺失了部分必要安全信息。

（6）安全信息失真：安全信息失真是安全信息不对称的一种情况，其重点在于信息失真。可借助简单图例进行解释说明，如图 10-15 所示。

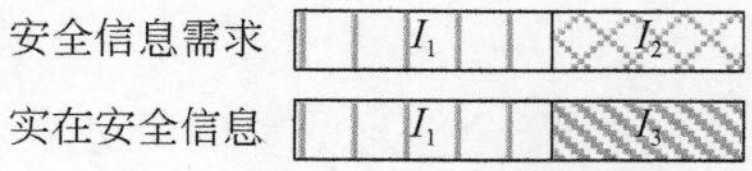

图 10-15 安全信息失真图例

如图 10-15 所示，通过简单图示对安全信息失真进行了描述。安全信息失真是安全信息不对称的一种情况，安全信息不对称量为安全信息需求和实在安全信息之间的差，将安全信息需求 I_d 表示为式（10-5），实在安全信息 I 表示为式（10-6）：

$$I_d = I_1 + I_2 \tag{10-5}$$

$$I = I_1 + I_3 \tag{10-6}$$

需要特别说的是，安全信息失真，是指部分实在安全信息与安全信息需求相比是已经变形的，是完全不相符的。如图 10-15 所示，其中 I_2 与 I_3 是完全不同的。因此，可理解为实在安全信息除去与安全信息需求相符的部分安全信息外，相较于安全信息需求来说，缺少的是 I_2 部分的必要安全信息。因此，安全信息失真情况下的安全信息不对称 ΔI 表示为式（10-7）：

$$\Delta I = I_2 \tag{10-7}$$

由图例和公式分析可知，安全信息失真是不同于安全信息缺失的一种安全信息不对称情况。由上述分析可知，安全信息失真即安全信息用户的实在安全信息除去与安全信息需求相符的部分必要安全信息外，缺失与安全信息需求剩余部分相符的必要安全信息。

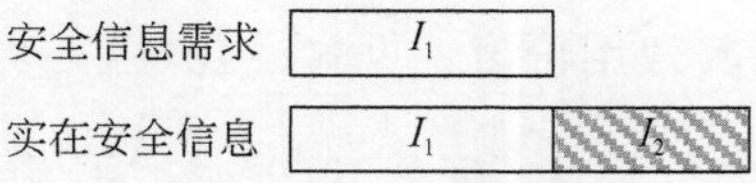

（7）安全信息冗余：安全信息需求可视为理想状态下理应获得的安全信息，因此，若安全信息用户的实在安全信息多于安全信息需求时，多出的安全信息即为多余的、冗余的、无用的甚至有害的。借助简单的图例对安全信息冗余进行表述，如图 10-16 所示。

图 10-16 安全信息冗余图例

安全信息冗余是安全信息不对称的一种情况。安全信息不对称量为安全信息需求和实在安全信息之间的差，将安全信息需求 I_d 表示为式（10-8），实在安全信息 I 表示为式（10-9），安全信息冗余情况下的安全信息不对称 ΔI 表示为式（10-10）：

$$I_d = I_1 \tag{10-8}$$

$$I = I_1 + I_2 \tag{10-9}$$

$$\Delta I = I_d - I = I_1 - (I_1 + I_2) = -I_2 \tag{10-10}$$

安全信息需求是理想状态下安全信息用户理应获得的安全信息，因此，获得的比安全信息需求更多的安全信息，实质上是多余的、冗余的、无用的甚至是有害的。若多余的安全信息，对于系统安全信息活动并无超出阈值的影响，则将多余的安全信息视为无用安全信息；若多余的安全信息，对于系统安全信息活动产生了不良的影响，则将多余的安全信息视为干扰信息。

(8) 安全信息不对称率：安全信息不对称量是一种绝对的概念，安全信息不对称率是一种相对的概念。一般而言，相对的概念更具有研究意义。安全信息不对称率是一种相对比值，为安全信息不对称量与理想的安全信息需求之间的相对比值。将安全信息不对称率用 η 表示，表述为式（10-11）：

$$\eta = \left| \frac{\Delta I}{I_{\mathrm{d}}} \right| \tag{10-11}$$

(9) 安全信息活动时间差：根据信息和信息资源的时效性特征可知，安全信息因其本身表征的是动态变化的状态且作用于动态变化的系统中，因此，安全信息的效用与价值是具有时效性的。若其时间差超出了可接受的范围，则安全信息将失去其利用价值，成为无用安全信息，甚至成为有害的干扰安全信息。

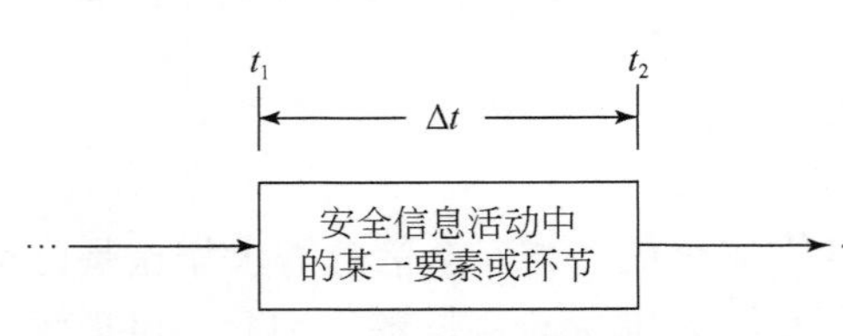

图 10-17　安全信息活动时间差图例

为了更加直观地表述，将安全信息活动时间差用图 10-17 的简单标注方法进行描述。

由图 10-17 所示，安全信息传递至系统安全信息活动中的某一要素或环节，在该要素或环节对传递而来的安全信息进行处理加工之前的时刻为 t_1，该要素或环节对传递而来的安全信息进行处理加工之后，开始传递至下一要素或环节的时刻为 t_2，则这一环节中对安全信息加以处理加工所经过的时间差 Δt 可用式（10-12）进行表述。

$$\Delta t = t_2 - t_1 \tag{10-12}$$

由信息和信息资源的时效性可知，当时间差在可接受范围内时，安全信息依旧能保持其效用价值，若不在可接受范围内，则安全信息将失去其效用价值。将安全信息活动时间差最大允许值标记为 Δt_0，简言之有以下两种情况：

安全信息活动时间差在可接受范围内，安全信息保持其效用价值，见式（10-13）。

$$\Delta t \in [0, \Delta t_0] \tag{10-13}$$

安全信息活动时间差不在可接受范围内，安全信息失去其效用价值，见式（10-14）。

$$\Delta t \notin [0, \Delta t_0] \tag{10-14}$$

10.5.2　系统安全信息活动要素和环节的定量表述

上节引入了系统安全信息活动定量分析的概念、定义及数学表达。有了基础后，下一步将讨论如何将这些概念用于活动过程中。需要特别说明的是，语法信息层的系统安全信息活动，展示的是安全信息活动的外在形式，可以最直观地呈现系统安全信息活动过程，着重截取这一层次的系统安全信息活动进行分析，是最具代表性的、最直观易懂的。因此，在进行系统安全信息活动要素和环节的定量分析时，主要以语法信息层的安全信息活动为标准进行分析，辅以语义信息层的安全信息活动和语用信息层的安全信息活动进行补充分析。

在定量分析的各个指标中，相对性质的指标比绝对性质的指标更具有研究意义。在前面所述的各种定量指标（安全信息需求、实在安全信息、安全信息不对称量、安全信息不对称率、安全信息活动时间差）中，相对性质的指标有安全信息不对称率和安全信息活动时间差，因此将这两个最具研究意义的定量指标标注到语法信息层的系统安全信息活动的各个要素和环节中，如图 10-18 所示。

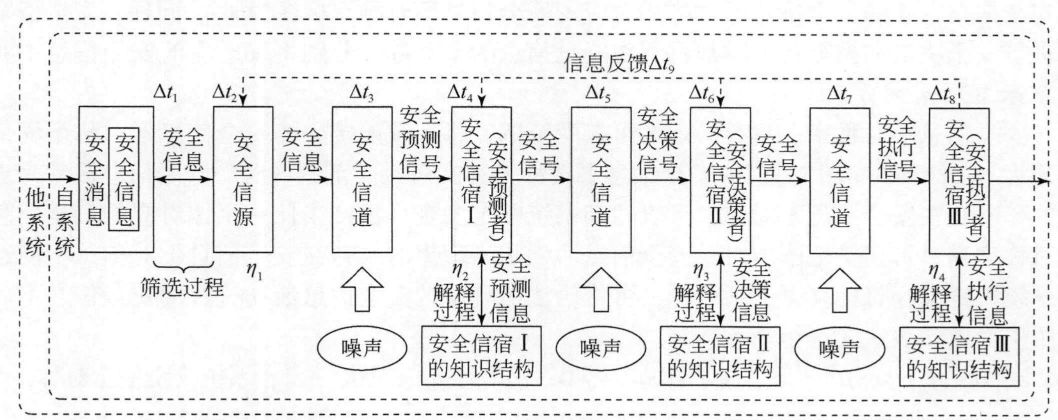

图 10-18　语法信息层的系统安全信息活动定量分析模型

因为语法信息层的安全信息活动直接呈现了安全信息活动的外在形式，能最直观反映安全信息活动的细节，因此，在进行定量分析时，选取该信息层的安全信息活动进行分析。同时，在各种定量分析研究指标中，选取相对具有研究意义的相对性指标进行标注和后期的分析研究，在语法信息层的安全信息活动中，对各个要素和环节对应的安全信息不对称率和安全信息活动时间差进行标注。

根据安全信息的时效性、相对性和不均衡性等特性，对安全信息活动的定量分析可分为两条主线，一条为安全信息不对称分析，即基于安全信息不对称率进行的定量分析；另一条为安全信息活动时间分析，即基于安全信息活动时间差进行的定量分析。

1. 安全信息不对称分析

安全信息不对称主要涉及安全信息需求和实在安全信息两个指标，安全信息不对称分析面向的对象应同时具有安全信息需求和实在安全信息。因此，经筛选分析可知，在语法信息层的安全信息活动模型中所涉及的要素和环节中，同时具有安全信息需求和实在安全信息的对象有安全信源和安全信宿（包括安全预测者、安全决策者和安全执行者）。

安全信源作为安全系统的安全信息采集者，其采集行为并不是漫无目的的，而是基于系统安全信息需求的，目的是要使采集到的安全信息尽量能使系统实现既定的安全目标。安全信源在大量的、繁杂的安全消息集合中，经过采集、筛选、整理加工等过程，获取可能有用的安全信息集合，并向系统传递。因此，安全信源是同时具有安全信息需求和实在安全信息的主体，则在其安全信息需求和实在安全信息之间必然存在安全信息不对称，将安全信源的安全信息不对称量对应的安全信息不对称率标注为 η_1。

安全信宿是安全信息的使用者，基于获取的安全信息进行安全预测、决策和执行行为。安全信息预测者、决策者和执行者，可以是同一个体或组织，也可以是不同的个体或组织。进行安全预测行为时，安全信宿需要基于充分可靠的安全信息进行可靠的预测行为，即安全预测行为进行时，安全信宿具有作用于安全预测行为的安全信息需求。安全信宿进行预测行为时，实际获取的安全信息则为实在安全信息。安全信宿在进行安全预测行为时，其安全信息需求与实在安全信息之间必然存在不对称的现象，将安全预测行为过程中安全信宿存在的安全信息不对称量对应的安全信息不对称率标注为 η_2。同理，安全信宿在进行安全决策和执行行为时都将存在安全信息的不对称，分别将其对应的安全信息不对称率标注为 η_3 和 η_4。

安全信息不对称率也具有一定的可接受范围，将系统能接受的安全信息不对称率阈值标记为 η_0。当每一主体对应的安全信息不对称率都在可接受范围内时，安全信息活动是理想的，不存在安全信息不对称，可以达到系统既定安全目标；当任一主体对应的安全信息不对称率超过可接受范围内时，安全信息活动是不理想的，存在安全信息不对称，不能达到系统既定安全目标。据上述分析，可将语法信息层的安全信息活动过程的安全信息不对称用下面数学表达式进行表示：

$$\begin{cases}\eta_1 \in [0,\ \eta_0] \text{ 且 } \eta_2 \in [0,\ \eta_0] \text{ 且 } \eta_3 \in [0,\ \eta_0] \text{ 且 } \eta_4 \in [0,\ \eta_0]\text{，系统安全信息对称；} \\ \eta_1 \notin [0,\ \eta_0] \text{ 或 } \eta_2 \notin [0,\ \eta_0] \text{ 或 } \eta_3 \notin [0,\ \eta_0] \text{ 或 } \eta_4 \notin [0,\ \eta_0]\text{，系统安全信息不对称。}\end{cases}$$

2. 安全信息活动时间分析

安全信息传递至系统安全信息活动中的某一要素或环节，在该要素或环节对传递而来的安全信息进行处理加工之前的时刻为 t_1，该要素或环节对传递而来的安全信息进行处理加工之后，开始传递至下一要素或环节的时刻为 t_2，则这一环节中对安全信息进行处理加工所经过的时间差为 Δt。当 Δt 在可接受范围内时，安全信息的效用价值不会消失，可能实现系统既定的安全目标；当 Δt 不在可接受范围内时，安全信息的效用价值将消失，系统既定的安全目标将无法实现。

由分析可知，安全信息差存在于安全信息处理加工过程的前后，因此，在对系统安全信息活动的安全信息活动时间差进行分析时，着重分析每一环节的安全信息处理加工过程。

在语法信息层的安全信息活动过程中，安全信源对安全信息进行筛选的过程可能存在安全信息活动时间差，标记为 Δt_1；经筛选后的安全信息，由安全信源进入安全信道的过程中，可能存在安全信息活动时间差，标记为 Δt_2；安全信息在安全信道的传递过程中，可能存在安全信息活动时间差，标记为 Δt_3；安全信宿根据获取的安全信息进行安全预测的过程中，可能存在安全信息活动时间差，标记为 Δt_4；安全信息由安全预测环节进入安全决策环节，可能存在安全信息活动时间差，标记为 Δt_5；安全信宿根据获取的安全信息进行安全决策的过程中，可能存在安全信息活动时间差，标记为 Δt_6；安全信息由安全预测环节进入执行环节，可能存在安全信息活动时间差，标记为 Δt_7；安全信宿进行安全执行的过程中，可能存在安全信息活动时间差，标记为 Δt_8；安全信息的反馈过程也会存在安全活动的时间差，标记为 Δt_9。

安全信息活动的时间差，在一定范围内是允许存在的。若各个环节的安全信息时间差均在允许范围内，则安全信息活动整个过程中，安全信息的效用价值不会消失，系统可能达到其既定的安全目标；若任一环节的安全信息时间差不在允许范围内，则安全信息活动的过程中，存在安全信息效用价值消失的情况，系统将不能达到其既定的安全目标。

可用下面的数学表达式进行表达：

$$\begin{cases}\Delta t_1 \in [0,\ \Delta t_0] \text{ 且 } \Delta t_2 \in [0,\ \Delta t_0] \text{ 且} \cdots \text{且 } \Delta t_9 \in [0,\ \Delta t_0]\text{，系统可能达到既定目标；}\\ \Delta t_1 \notin [0,\ \Delta t_0] \text{ 或 } \Delta t_2 \notin [0,\ \Delta t_0] \text{ 或} \cdots \text{或 } \Delta t_9 \notin [0,\ \Delta t_0]\text{，系统不能达到既定目标。}\end{cases}$$

10.6 系统安全信息活动的管理要点分析及应用领域

10.6.1 系统安全信息活动的管理要点分析

安全信息不对称和安全信息活动时间差的存在，将可能导致系统安全信息的不对称和安全信息在系统安全活动中失去其效用价值，最终都将导致系统既定安全目标不能实现。因此，对于系统安全信息活动的管理很有必要。

系统安全信息活动的管理，旨在避免系统安全信息不对称和安全信息活动时间差，保障系统既定安全目标如期实现。要避免系统安全信息不对称和安全信息活动的时间差，需要追本溯源进行分析，对导致安全信息不对称和安全信息活动时间差的要素或环节进行分析，加以控制和改善。

因此，进行系统安全信息活动管理的重点在于管理要点的准确分析。

系统安全信息活动管理涉及的主要要素或环节及其影响因素如图 10-19 所示。

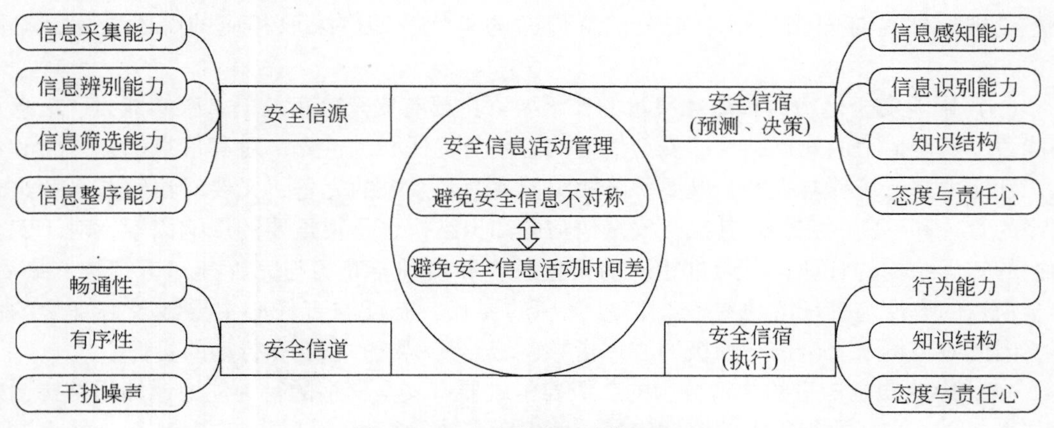

图 10-19 安全信息活动管理要点

（1）系统安全信息活动管理的要点在于避免系统安全信息不对称和避免安全信息活动时间差，在对系统安全信息活动管理涉及的要素进行分析时，紧扣两个重要点，深挖两个重要点所对应的重要因素。

（2）系统安全信息不对称的产生主要涉及安全信息需求和实在安全信息两个指标，安全信息不对称面向的对象应同时具有安全信息需求和实在安全信息。在安全信息活动中所涉及的要素和环节中，同时具有安全信息需求和实在安全信息的对象有安全信源和安全信宿（包括安全预测者、安全决策者和安全执行者）。因此，可以确定安全信源和安全信宿（包括安全预测者、安全决策者和安全执行者）为系统安全信息活动管理需要重点关注的对象。

（3）安全信息传递至系统安全信息活动中的某一要素或环节，在该要素或环节对传递而来的安全信息进行处理加工之前具有一个特定的时刻，该要素或环节对传递而来的安全信息进行处理加工之后，开始传递至下一要素或环节也具有一个特定的时刻，两个特定时刻的差即安全信息活动时间差。产生安全信息活动时间差涉及的安全信息过程主要有安全信源的筛选过程、安全信源对安全信息的处理过程、安全信道的安全信息传递过程、安全信宿对安全信息的处理过程、安全信息的反馈过程，提取这些过程涉及的主体可知，主要涉及安全信源、安全信道和安全信宿。

综上分析可知，进行系统安全信息活动管理涉及的主要一级要素有安全信源、安全信道和安全信宿。

确定进行系统安全信息活动管理涉及的主要一级要素后，可将一级要素逐一展开，以进行更加细致深入的研究。

（1）影响安全信源这一一级要素可靠性的二级要素主要有安全信源的信息采集能力、信息辨别能力、信息筛选能力和信息整序能力。影响安全信源的这些二级要素，实质上都是安全信源的功能，因此更重要的是对安全信源结构的优化、能力的培养和提升等。

（2）影响安全信道这一一级要素的可靠性的二级要素主要有安全信道的畅通性、有序性和安全信道中是否存在干扰噪声。因此，对于安全信道的管理，一方面要尽量为安全信息的传递创造有序畅通的安全信道，为安全信息的有序高效传递创造必要条件；另一方面要尽量排除外界对安全信道中安全信息传递的干扰，即应采取相应的降噪技术，排除干扰。

（3）影响安全信宿的预测和决策的二级要素主要有安全信宿的信息感知能力、信息识别能力、安全信宿的知识结构、安全信宿的态度与责任心。首先，对其信息感知能力和信息识别能力进行培养与提升，既要保障相关器官或者系统的完备，又要对器官或系统进行有序的管理和不断的完善。其次，安全信宿的知识结构也是很重要的影响因素，对于安全信宿的知识结构的管理，可通过相应的安全教育和培训，充实与完善其知识结构。最后，安全信宿的态度与责任心也是安全信息管理的要点，态度与责任心主要涉及心理学的内容，因此应当给予安全信宿积极的心理指导，培养其积极的态度和行动的责任心。

（4）影响安全信宿的执行行为的二级要素主要有安全信宿的行为能力、知识结构、态度与责任心。进行执行行为的安全信宿，要保障其执行行为的可靠，应对其行为能力进行管理，一方面要保证其行为器官或系统的完备可靠，另一方面要对行为器官或系统进行不断的完善。

10.6.2　系统安全信息活动的管理的应用领域

全信息视角下的安全信息管理基础理论及其典型应用研究，是针对生产安全系统的上游安全理论研究。全信息视角下的安全信息管理基础理论及其典型应用研究，基于全信息的视角，对安全信息管理涵盖的安全信息资源管理和安全信息活动管理的基础理论进行研究，并探讨如何应用安全信息管理的基础理论解决系统安全问题（包括系统分析、系统安全控制和系统安全优化），以期实现系统既定的安全目标。安全信息管理研究，一方面要对作为主要研究对象的安全信息资源和安全信息活动有深入的了解，并知道如何对安全信息资源和安全信息活动进行分析和管理，以保证安全信息资源和安全信息活动的充分与可靠；另一方面要知道如何运用充分可靠的安全信息资源管理和安全信息活动管理的基础理论，将理论付诸实践应用，解决系统安全问题，实现系统既定安全目标。

安全信息管理的典型应用研究，就是要研究如何运用安全信息资源管理的基础理论和安全信息活动管理的基础理论来解决安全问题，即研究如何基于安全信息管理的基础理论来实现系统既定的安全目标。

有待解决的系统安全问题，概括而言有 3 个方面，即系统安全分析、系统安全控制和系统安全优化，如图 10-20 所示。

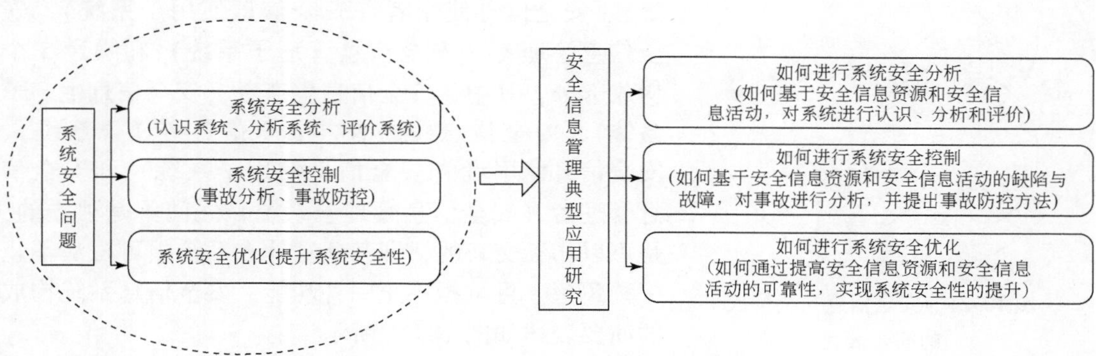

图 10-20　安全信息管理方法研究思路

（1）系统安全分析研究。如何进行系统分析的研究，即基于安全信息的视角研究如何基于安全信息资源和安全信息活动，对系统进行认识、分析和评价。

（2）系统安全控制研究。如何进行系统安全控制的研究，即基于安全信息的视角研究如何基于安全信息资源和安全信息活动的缺陷与故障，对事故进行分析，并提出事故防控方法。

（3）系统安全优化研究。如何进行系统安全优化的研究，即基于安全信息的视角研究如何通过提高安全信息资源和安全信息活动的可靠性，实现系统安全性的提升。

10.7　基于安全信息的管理系统分析

基于安全信息的系统分析研究主要有 3 个方面的内涵，即基于安全信息的系统认识、系统分析和系统评价。本节将对以上所述的 3 个方面进行较为全面的分析研究。

10.7.1　管理系统认识

作为安全问题分析研究的对象——系统，其间包含了数量庞大的安全信息资源，充满着错综复杂的安全信息活动，安全系统就是安全信息系统。

对安全信息系统的全面的认识，是进行安全信息管理的前提。对安全信息系统认识越深入、越透彻，则越能找到安全信息管理的关键点，越能促进安全信息管理的可靠高效进行。

对安全信息系统的认识，应从系统构成、系统逻辑和系统功能等方面进行，涵盖系统的方方面面。

1. 安全信息系统构成分析

安全系统学中，将安全系统的构成分为人、机、环境、管理等要素。类比分析，依据安全信息资源的流动过程和安全信息活动过程，可将安全信息系统划分为安全信息生产者（安全信息生产子系统）、安全信息传递者（安全信息传递子系统）、安全信息使用者（安全信息使用子系统）、安全信息管理者（安全信息管理子系统）和噪声 5 个构成部分，其中，安全信息生产者（安全信息生产子系统）、安全信息传递者（安全信息传递子系统）、安全信息使用者（安全信息使用子系统）和安全信息管理者（安全信息管理子系统）之间不是独立的，是可以相互交叉的，即某些主体在系统中可扮演不止一种角色，可承担不止一种功能。安全信息系统构成的简要表述如图 10-21 所示。

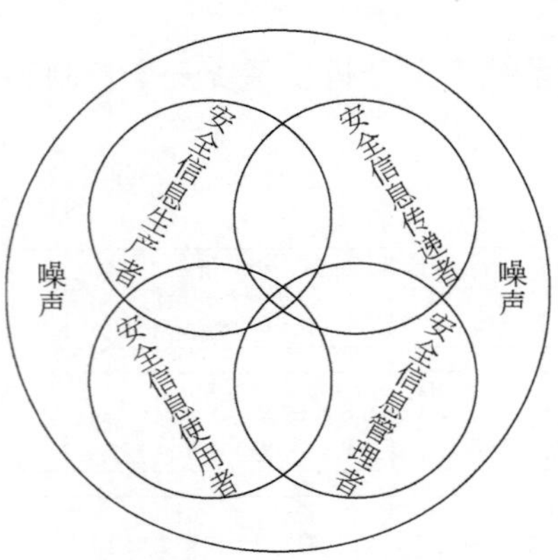

图 10-21 安全信息系统构成的简要表述

（1）安全信息生产者，或称安全信息生产子系统。安全系统中充满了庞大数量的安全信息和错综复杂的安全信息活动。安全信息不会凭空地出现或消失，本体论意义上的安全信息是安全系统（包括安全系统中的要素、活动等）所呈现的系统安全状态。认识论意义上的安全信息是安全主体所表述的安全系统的安全状态，包括安全主体感觉和理解到的系统安全状态与具有一定目的性的安全行为，即认识论意义上的安全信息涵盖了安全主体所感知和认知的系统安全状态及安全主体的安全行为施效产生的新的系统安全状态。由安全信息的定义分析可知，安全信息的来源包括客观事物和人或组织的思维与行为。系统内外的安全信息最终都可能作用于分析系统，因此安全信息的来源包括自系统和他系统的客观事物及人或组织的思维和行为。

（2）安全信息传递者，或称安全信息传递子系统。安全信息资源在系统中通过流动的方式进行交流，安全信息从空间中或时间轴上的某点流动到另一点的过程称为安全信息传递。安全信息传递者可理解为实现安全信息传递的事物，也可理解为安全信息的载体或传递介质。

（3）安全信息使用者，或称安全信息使用子系统。安全信息不会凭空产生也不会凭空消失，安全信息均是有其去处的。作为分析对象的安全信息，是安全系统中具有效用价值的安全信息，也是能辅助实现系统既定安全目标的安全信息。因此，分析系统中的安全信息最终都将流向安全信息的使用者，发挥其效用价值。系统中，借助安全信息进行安全预测、决策、执行等行为的个体或组织及其构成的子系统，称为安全信息使用者或安全信息使用子系统。

（4）安全信息管理者，或称安全信息管理子系统。要实现系统的既定安全目标，就要保证安全信息发挥其应发挥的效用价值，保证其流向正确的目的地。安全信息是并列于物质和能量的概念，不会像人一样具有思维能力，因此，安全信息活动很大程度上需要人为指引。安全信息系统中，规范安全信息资源的交流和安全信息活动过程的个体或组织及其构成的子系统，称为安全信息管理者或安全信息管理子系统。

（5）噪声。尽管安全信息生产者、使用者和管理者会在安全信息活动中规范安全信息活动过程，使系统中的安全信息具有高利用价值，但系统内外存在的安全信息量是庞大的，难免存在无用或有害信息，对安全信息活动的正常进行造成威胁。系统内外存在的无用信息和干扰信息，作用于分析系统中，会对系统安全信息活动的正常进行造成干扰和威胁，这些无用信息和干扰信息的集合称为噪声。

2. 安全信息系统逻辑分析

安全信息系统中的各个组成部分，不是独立的部分，也不是通过简单的排列组合形成系统，而是通过错综复杂的关联成为整体。安全信息中各个组成部分之间的关联关系，即安全信息系统的逻辑。安全信息系统各组成部分的逻辑关系可用图 10-22 表示。

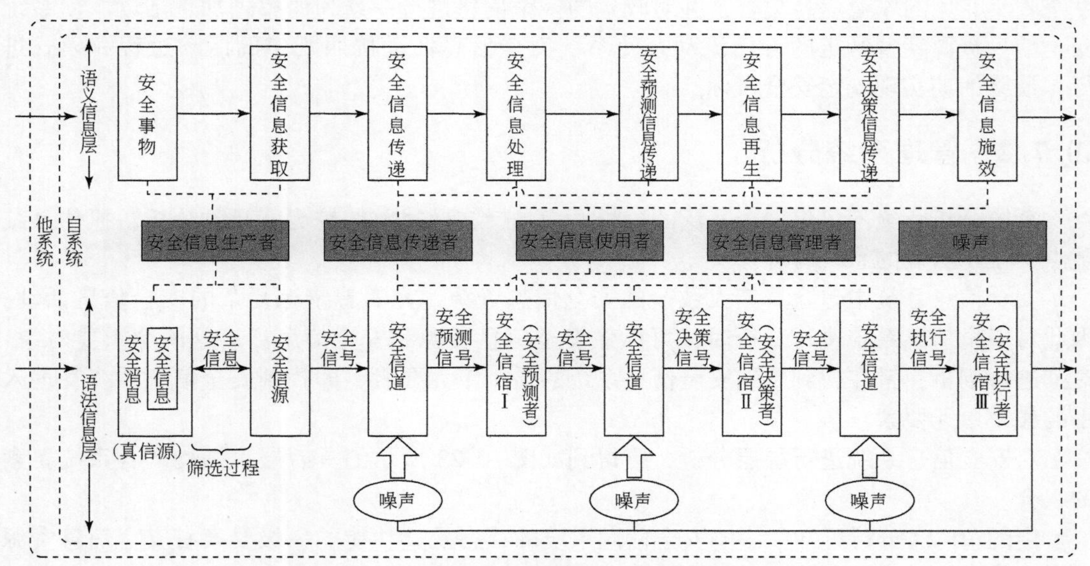

图 10-22 安全信息系统各组成部分的逻辑关系

由图 10-22 可知，安全信息生产者承担着系统安全信息采集获取的责任，安全信息生产者采集到的安全信息，经安全信息传递者在系统中传递，安全信息使用者获取到经安全信息传递者传递的安全信息，进行一系列的信息加工处理活动，安全信息管理者获取到经安全信息传递者传递的安全信息，进行一系列的控制协调活动，在整个过程中，可能受到噪声的干扰。此即安全信息系统的逻辑，安全信息系统按照上述逻辑关系不断循环往复，维持系统的生命力。

3. 安全信息系统功能分析

由前面分析可知，安全信息系统各组成部分均具有其特定的功能，详见表10-6。

表10-6　安全信息系统各组成部分的功能分析

组成部分	功能
安全信息生产者	产生安全信息，或采集安全信息
安全信息传递者	实现安全信息的时空传递
安全信息使用者	利用安全信息进行预测、决策、执行等，可实现系统既定安全目标
安全信息管理者	规范安全信息的活动过程
噪声	对安全系统产生干扰的副作用

安全信息系统各组成部分都具有其特定功能，对于安全信息系统来说，安全系统呈现的功能并不是系统各个部分功能的简单相加，安全信息系统的整体功能大于系统各个部分功能之和。

安全信息系统是为实现既定安全目标而存在的，安全信息系统的功能即通过相关的子系统收集有用的安全信息集合，并对收集的安全信息进行一系列的整理加工活动，使系统安全信息资源朝着既定的方向流动，使系统安全信息活动按照既定的活动过程和模式进行，最终如期实现既定安全目标。

10.7.2　管理系统分析

系统分析，绝不仅仅限于宽泛的分析，而是旨在通过前期较为宽泛的分析，抓住系统重点，便于后期的系统管理。

安全信息系统中包含着庞大数量的安全信息资源，充满着错综复杂的安全信息活动，因此对安全信息系统进行分析时，可抓住安全信息资源和安全信息活动这两个重要对象，对其进行剖析，旨在找到影响安全信息系统的最小单元要素，即找到安全信息系统管理入手的最小单元要素。

对安全信息系统进行层层分析，可得到如图10-23所示的具有层次结构的各系统要素的组合。

由图10-23分析可知，影响安全信息系统的状态及其功能的一级要素有安全信息资源和安全信息活动，对两个一级要素进行细化分析，从而可得到对安全信息系统产生影响的二级要素和三级要素。

对安全信息系统进行自上而下的影响要素分析，既方便于形成对于安全信息系统的从宏观至微观的认识，也方便于对于安全信息系统的分析。

10.7.3　安全信息系统的定性和定量评价

对于安全信息系统的评价，应包括定性评价与定量评价，其中定性评价应是对系统状

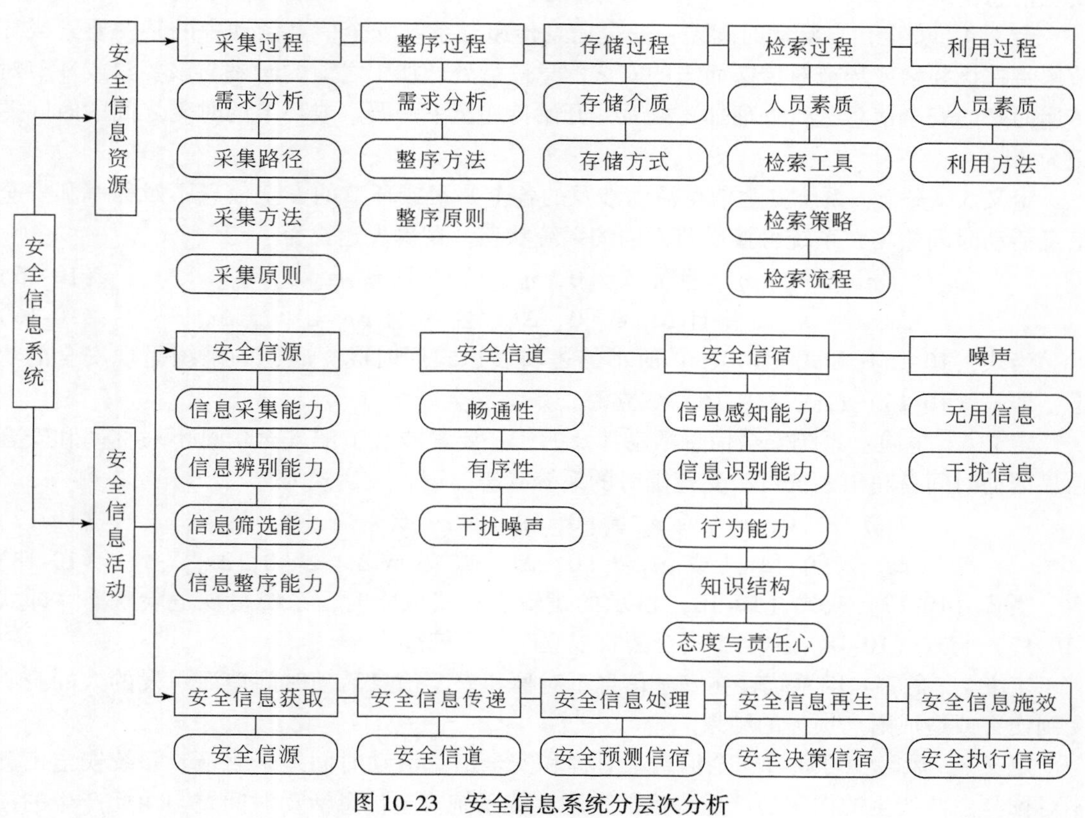

图 10-23　安全信息系统分层次分析

态的定性描述，鉴定系统所处的安全状态；定量评价则是对系统状态的定量描述，通过数据鉴定系统所处的安全状态。

1. 安全信息系统定性评价

对安全信息系统进行定性评价之前，有必要对安全信息系统的各个状态及各个状态的影响和评价指标进行阐述。

在此提出安全信息系统定性评价的 10 个指标和概念。

定义 1　安全信息需求：安全信息用户在解决系统安全问题时对于可靠且充分的安全信息的渴求，是一种对安全信息的必要感和不满足感，是对安全信息的追求。将能达到既定安全目标的安全信息用户的安全信息需求标记为 I_{d}，I_{d} 因既定安全目标的不同而不同。

定义 2　实在安全信息：安全信息用户所真实拥有的安全信息，包括特定安全事物传递至安全信息用户的安全信息及安全信息用户原本拥有的对该特定安全事物的先验安全信息，两者之和即为安全信息用户实际拥有的安全信息，将实在安全信息标记为 I。

定义 3　安全信息不对称：实在安全信息和安全信息需求之间的差异现象称为安全信息不对称，包括安全信息缺失、安全信息失真和安全信息冗余 3 种安全信息不对称情况。

安全信息不对称的表征用安全信息不对称量 ΔI 和安全信息不对称率 η 表示。

定义 4　安全信息活动时间差：安全信息传递至系统安全信息活动中的某一要素或环节，将在该要素或环节对传递而来的安全信息进行处理加工之前的时刻与该要素或环节对传递而来的安全信息进行处理加工之后并开始传递至下一要素或环节的时刻之间的时间差记为 Δt。

定义 5　安全：系统安全信息活动涉及的各个要素或环节的安全信息不对称率和安全信息活动时间差均在系统可接受范围内的系统状态。逻辑表达式为

$$\eta_1 \in [0,\ \eta_0] \text{ 且 } \eta_2 \in [0,\ \eta_0] \text{ 且 } \cdots \text{ 且 } \eta_n \in [0,\ \eta_0] \tag{10-15}$$

$$\Delta t_1 \in [0,\ \Delta t_0] \text{ 且 } \Delta t_2 \in [0,\ \Delta t_0] \text{ 且 } \cdots \text{ 且 } \Delta t_n \in [0,\ \Delta t_0] \tag{10-16}$$

当式（10-15）和式（10-16）所示的逻辑表达式同时成立时，则系统呈现安全的状态，即式（10-15）且式（10-16）成立时，系统安全。

定义 6　危险：系统安全信息活动涉及的任一要素或环节的安全信息不对称率和安全信息活动时间差超出系统可接受范围时的系统状态。逻辑表达式为

$$\eta_1 \notin [0,\ \eta_0] \text{ 或 } \eta_2 \notin [0,\ \eta_0] \text{ 或 } \cdots \text{ 或 } \eta_n \notin [0,\ \eta_0] \tag{10-17}$$

$$\Delta t_1 \notin [0,\ \Delta t_0] \text{ 或 } \Delta t_2 \notin [0,\ \Delta t_0] \text{ 或 } \cdots \text{ 或 } \Delta t_n \notin [0,\ \Delta t_0] \tag{10-18}$$

当式（10-17）或式（10-18）所示的逻辑表达式成立时，系统呈现危险状态，即式（10-17）与式（10-18）中至少一个公式成立时，系统危险。

定义 7　危害：因系统存在安全信息不对称和安全信息活动时间差而引发的人的身心受到伤害或造成财产损失的结果。

定义 8　风险：可通过安全信息不对称和安全信息活动时间差来表征。系统安全信息不对称与由此产生的损害的严重程度的乘积，或系统安全信息活动时间差与由此产生的损害的严重程度的乘积的逻辑表达式为

$$R_I = \Delta I \times S_I \tag{10-19}$$

$$R_t = \Delta t \times S_t \tag{10-20}$$

式中，R 表示系统风险度；R_I 表示由安全信息不对称表征的系统风险度；R_t 表示由安全信息活动时间差表征的系统风险度；S_I 表示由安全信息不对称产生的损害的严重程度；S_t 表示由安全信息活动时间差产生的损害的严重程度。系统风险可由式（10-19）或式（10-20）表示。

定义 9　事故：系统由安全信息不对称或安全信息活动时间差而造成损害的事件。

定义 10　隐患：可能造成系统事故的安全信息不对称或安全信息活动时间差现象。

综上分析可知，对于安全信息系统的定性评价，可对照上述 10 个相关概念进行分析，借助上述的相关概念对安全信息系统的状态进行评价。

2. 安全信息系统定量评价

对安全信息系统的定量评价，即借助相关数据或数学表达式，对安全信息系统的状态进行表征。根据前面已有的研究分析可知，对安全信息系统的定量评价，主要由安全信息不对称和安全信息活动时间入手，详见 10.5.2 节。

结合以上分析，可有如下结论：

（1）系统安全信息活动涉及的各个要素或环节的安全信息不对称率和安全信息活动时间差均在系统可接受范围内时，逻辑表达式为

$$\eta_1 \in [0,\ \eta_0] \text{ 且 } \eta_2 \in [0,\ \eta_0] \text{ 且 } \cdots \text{ 且 } \eta_n \in [0,\ \eta_0] \tag{10-21}$$

$$\Delta t_1 \in [0,\ \Delta t_0] \text{ 且 } \Delta t_2 \in [0,\ \Delta t_0] \text{ 且 } \cdots \text{ 且 } \Delta t_n \in [0,\ \Delta t_0] \tag{10-22}$$

当式（10-21）和式（10-22）所示的逻辑表达式同时成立时，则系统呈现安全的状态，即式（10-21）且式（10-22）成立时，系统安全。

（2）系统安全信息活动涉及的任一要素或环节的安全信息不对称率或安全信息活动时间差超出系统可接受范围内时，逻辑表达式为

$$\eta_1 \notin [0,\ \eta_0] \text{ 或 } \eta_2 \notin [0,\ \eta_0] \text{ 或 } \cdots \text{ 或 } \eta_n \notin [0,\ \eta_0] \tag{10-23}$$

$$\Delta t_1 \notin [0,\ \Delta t_0] \text{ 或 } \Delta t_2 \notin [0,\ \Delta t_0] \text{ 或 } \cdots \text{ 或 } \Delta t_n \notin [0,\ \Delta t_0] \tag{10-24}$$

当式（10-23）或式（10-24）所示的逻辑表达式成立时，系统呈现危险状态，即式（10-23）与式（10-24）中至少一个公式成立时，系统危险。

10.8 基于安全信息的管理系统安全控制

安全管理，既有日常管理，也有应急状态下的管理。系统安全控制即安全管理中的事故应急管理。系统安全控制方法研究，即如何进行系统安全控制的研究，也就是基于安全信息的视角研究如何基于安全信息资源和安全信息活动的缺陷与故障，对事故进行分析，并提出事故防控方法。

基于安全信息的系统安全控制研究主要包括两方面：一是关于事故的分析，包括事故致因研究和事故模式研究；二是关于事故防控的研究。

10.8.1 基于安全信息的事故致因分析

安全信息系统若发生事故，即安全信息系统不再安全，则安全信息系统的既定安全目标将不能实现。

前面的研究分析已简单提及影响安全信息系统安全状态和影响系统既定安全目标实现的两个直接要素，即系统安全信息不对称和系统安全信息活动时间差。一方面，当安全信息系统中每一主体对应的安全信息不对称率都在可接受范围内时，安全信息活动是理想的，不存在安全信息不对称，可以达到系统既定安全目标；当任一主体对应的安全信息不对称率超过可接受范围内时，安全信息活动是不理想的，存在安全信息不对称，不能达到系统既定安全目标。另一方面，若各个环节的安全信息时间差均在允许范围内，则安全信息活动过程中，安全信息的效用价值不会消失，系统可能达到其既定的安全目标；若任一环节的安全信息时间差不在允许范围内，则安全信息活动过程中，存在安全信息效用价值消失的情况，系统将不能达到其既定的安全目标。

本节将基于以上分析，对安全信息系统事故的事故致因进行详细的分析研究。

1. 安全信息不对称的事故致因

系统是由相互作用、相互依赖的若干组成部分，因为某种目的，按照某种关系，组成的具有特定功能的整体。系统之所以能成为系统，是因为具有特定的目的。安全信息系统的存在，也是因为其具有某种特定的目的，而目的的实现，需要有特定的条件和作用的加载。安全信息系统是具有既定安全目标的系统，安全信息系统既定安全目标的实现，需要特定的具有一定外在和内在内容特征的安全信息作为保障条件，将这些所需的特定的具有一定外在和内在内容特征的安全信息称为安全信息系统或安全信息主体的安全信息需求。安全信息需求是一种理想的安全信息拥有状态，而实际在动态的安全信息系统中流动和作用的安全信息，往往与理想状态具有一定差异。因此，对于安全信息系统的相关分析，总是离不开安全信息需求和实在安全信息这两个对应的概念。

将安全信息需求与实在安全信息之间存在差异的现象称作安全信息不对称。安全信息不对称的产生缘由、作用机制和对于系统的影响，将在接下来的研究中逐一进行详细的分析。

1）安全信息不对称的产生缘由

安全信息需求，是安全信息用户对于安全信息的渴望和不满足感，也是一种由思维创造的感觉。因此，安全信息需求应发生于具有思维能力的安全信息主体。实在安全信息，是先验安全信息和实际获得的安全信息的集合，由安全信息用户的知识结构和信息素养（安全信息用户对于安全信息的获取、处理、再生和施效能力的总称）决定。

由以上分析可知安全信息不对称涉及的系统要素和安全信息不对称的缘由，详见表 10-7。

表 10-7　安全信息不对称涉及的系统要素和安全信息不对称的缘由

涉及的系统要素	安全信息不对称的缘由
安全信源	安全信息漏采；对必要安全信息辨识不力；筛选不当；整理加工混乱不当
安全预测信宿	安全信息感知缺陷；安全信息识别不力；知识结构不完善；欺骗行为或责任心不强
安全决策信宿	安全信息感知缺陷；安全信息识别不力；知识结构不完善；欺骗行为或责任心不强
安全执行信宿	行为能力缺陷；欺骗行为或责任心不强
安全信道	安全信道无序，方向错误；安全信道不畅；噪声干扰

由表 10-7 可知，引发安全信息不对称或产生安全信息不对称的主体统一称为安全信息不对称涉及的主体，主要有安全信源、安全预测信宿、安全决策信宿、安全执行信宿和安全信道。需要特别说明的是，在特定安全信息系统中，安全预测信宿、安全决策信宿和安全执行信宿，可以是同一个体或组织，也可以是不同的个体或组织，此处所称的安全预测信宿是指主要进行安全预测行为的信宿，同理，安全决策信宿为主要进行安全决策行为的信宿，安全执行信宿为主要进行安全执行行为的信宿。

若安全信源存在安全信息漏采、对必要安全信息辨识不力、筛选不当或整理加工混乱不当问题时，将在安全信源处产生安全信息不对称，进而还会导致后续各主体和各环节的安全信息不对称。若安全预测信宿存在安全信息感知缺陷、安全信息识别不力、知识结构不完善、欺骗行为或责任心不强等问题时，将导致安全预测信宿处产生安全信息不对称，进而导致后续各主体和各环节的安全信息不对称。若安全决策信宿存在安全信息感知缺陷、安全信息识别不力、知识结构不完善、欺骗行为或责任心不强问题时，将导致安全决策信宿处产生安全信息不对称，进而导致后续各主体和各环节的安全信息不对称。若安全执行信宿存在行为能力缺陷、欺骗行为或责任心不强问题时，将导致安全执行信宿处产生安全信息不对称，进而导致后续各主体和各环节的安全信息不对称。若安全信息的传递通道存在安全信道无序、方向错误或安全信道不畅和噪声干扰时，将影响安全信息活动整个环节的安全信息传递效果，进而在整个安全信息活动过程中导致安全信息不对称。语法信息层的安全信息不对称的作用机制如图 10-24 所示。

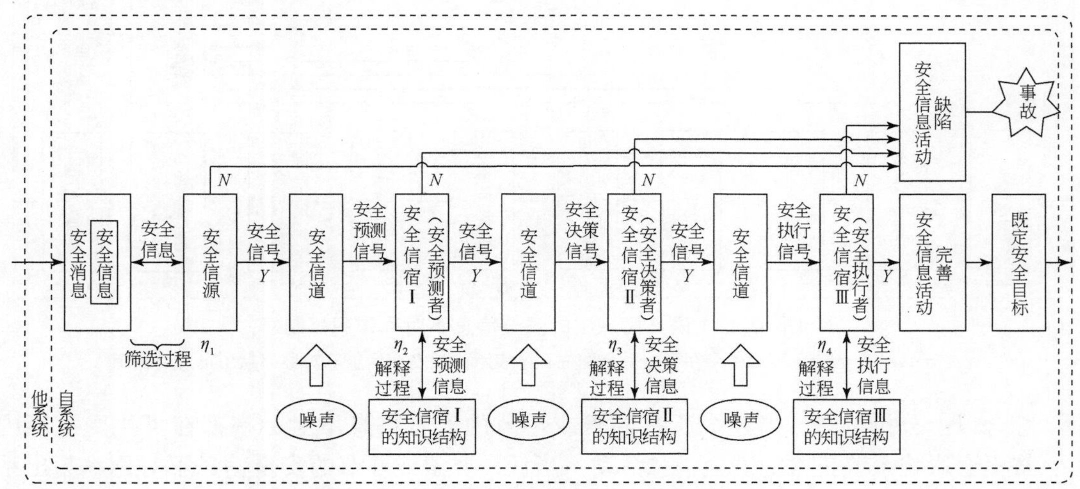

图 10-24　语法信息层的安全信息不对称的作用机制

Y 表示该处安全信息不对称率在可接受范围内；*N* 表示该处安全信息不对称率超出可接受范围

2）安全信息不对称的作用机制

由图 10-24 分析可知，安全信源在内外影响的作用下会产生安全信息不对称，当其安全信息不对称率在可接受范围内时，将不会影响正常的安全信息活动；当其安全信息不对称率超出可接受范围时，将影响后续安全信息活动的准确有效进行，直接导致安全信息活动缺陷，系统无法完成既定的安全目标。安全预测信宿在内外影响的作用下会产生安全信息不对称，当其安全信息不对称率在可接受范围内时，将不会影响正常的安全信息活动；当其安全信息不对称率超出可接受范围时，将影响后续安全决策信宿、安全执行信宿的安全信息活动的准确有效进行，直接导致安全信息活动缺陷，系统无法完成既定的安全目标。安全决策信宿在内外影响的作用下会产生安全信息不对称，当其安全信息不对称率在可接受范围内时，将不会影响正常的安全信息活动；当其安全信息不对称率超出可接受范围时，将影响后续安全执行信宿的安全信息活动的准确有效进行，直接导致安全信息活动缺陷，系统无法完成既定的安全目标。安全执行信宿在内外影响的作用下会产生安全信息不对称，当其安全信息不对称率在可接受范围内时，将不会影响正常的安全信息活动；当其安全信息不对称率超出可接受范围时，将直接导致安全信息活动缺陷，系统无法完成既定的安全目标。

将上述安全信息不对称的作用机制上升到语义信息层的安全信息活动，将其进行简化，即成为图 10-25。由图 10-25 所示的语义信息层的安全信息不对称作用机制分析可知，安全信息不对称可产生并作用于安全信息活动的安全信息获取、传递、处理、再生和施效阶段。若各个环节的安全信息不对称率都低于系统可承受阈值，则系统安全信息活动可正常进行；若任一环节的安全信息不对称率超出系统可承受阈值，则系统将发生事故。

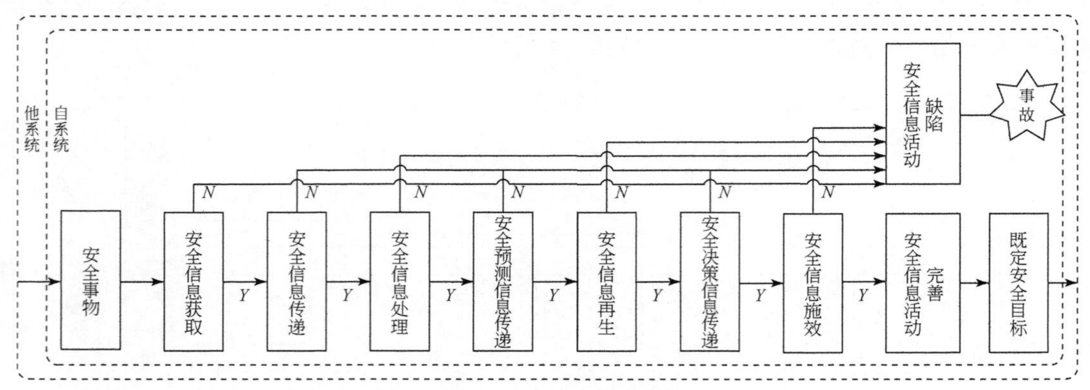

图 10-25 语义信息层的安全信息不对称作用机制

Y 表示该处安全信息不对称率在可接受范围内；N 表示该处安全信息不对称率超出可接受范围

综合以上分析可知，当系统所有要素或环节的安全信息不对称率都在可接受范围内时，将不会影响系统正常的安全信息活动；当任一要素或环节的安全信息不对称率超出系统可接受范围时，将直接影响后续的安全信息活动，使得安全信息系统的既定安全目标无法实现，最终导致事故。

简言之，即：

$$\begin{cases}\eta_1 \in [0,\ \eta_0] \text{ 且 } \eta_2 \in [0,\ \eta_0] \text{ 且}\cdots\text{且 } \eta_n \in [0,\ \eta_0]\text{，实现既定安全目标；} \\ \eta_1 \notin [0,\ \eta_0] \text{ 或 } \eta_2 \notin [0,\ \eta_0] \text{ 或}\cdots\text{或 } \eta_n \in [0,\ \eta_0]\text{，事故发生。}\end{cases}$$

上述即为安全信息不对称的事故致因理论，是基于安全信息的安全管理的事故分析的事故致因新理论。

2. 安全信息活动时间差的事故致因

安全信息活动时间差的概念是基于安全信息的时效性提出的，表征动态的安全信息在动态的安全系统中，其效用价值具有时效性，可理解为安全信息效用价值的“保质期”，若超出这个“保质期”，安全信息将失去其效用价值，变为无用安全信息甚至是干扰有害安全信息。而无用安全信息和干扰有害安全信息，对系统安全信息活动无益，会影响系统既定安全目标的实现，进而可能导致系统事故发生，此即安全信息活动时间差的事故致因理论的雏形。下面将对其进行详细的解释说明。

1）安全信息活动时间差的产生缘由及其基本概念

安全信息活动，本质是安全信息资源在安全系统中的流动交流，是安全信息的一系列加工处理与利用环节构成的过程，可简单理解为是一种“运动”。在动态的安全系统中，这样的“运动”是绝对的，“运动”常常会伴随时间的概念，“运动”不是一瞬间的，而是会持续一定的时间，只不过持续时间有长短区别。因此，安全信息资源在安全信息系统中的流动和安全信息在安全信息系统中的一系列活动环节的时间是不可忽视的。

根据安全信息的时效性这一特性可知，安全信息的效用价值是有时效性的，若超出时效性的限制，原本有效的安全信息可能变得无用或有害。因此，对安全信息时间差的研究是不可忽视且十分重要的。

安全信息既有宏观的在系统中的流动活动，也有其自身的微观变化，这种微观变化就是由时间而导致的其效用价值的变化。安全信息的时效性表示如图 10-26 所示。

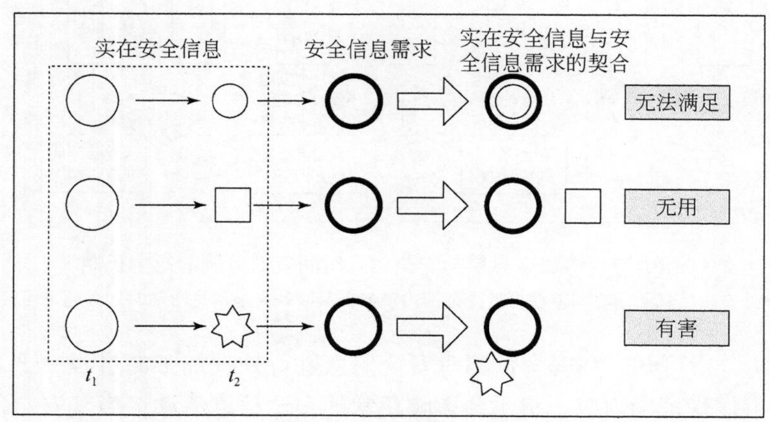

图 10-26　安全信息的时效性表示

如图 10-26 所示，因为安全信息具有时效性，当安全信息经某一主体或在某一环节的处理加工时，处理加工前后的时刻分别记为 t_1 和 t_2，此时会产生一个时间差。在短短的时间差内，安全信息自身也在发生变化，其外在形式和内在内容都在发生变化，在时间差内产生自身微观变化的安全信息，可能无法完全满足安全信息需求，由此可能变为对于系统来说根本无用的安全信息，也可能变成对系统有害的干扰噪声。

由上述分析可知，由于安全信息的时效性和安全信息活动时间差的存在，原本具有效用价值的安全信息可能产生与原本安全信息需求不对称的情况，也可能出现干扰系统的情况。这为安全信息活动时间差的分析提供了两条主线，即安全信息活动时间差可能导致安全信息不对称和增加系统噪声。

2）安全信息活动时间差对系统的影响

安全信息活动时间差会导致安全信息的效用价值的变化，进而可能导致系统安全信息活动中出现安全信息不对称，也可能增加安全信息系统的噪声。当安全信息活动时间差在系统可接受范围内时，可避免以上情况的发生；当安全信息活动时间差超出系统可接受范围时，将导致系统安全信息活动中出现安全信息不对称，也可能增加安全信息系统的噪声，对安全信息系统产生不良影响。

安全信息在安全信息活动时间差下产生的不良影响，只有作用于安全信息主体时才会有所体现，因此分析安全信息活动时间差时，应着重基于安全信息主体对安全信息的利用进行分析。语法信息层的安全信息时间差对系统的影响机制如图 10-27 所示。

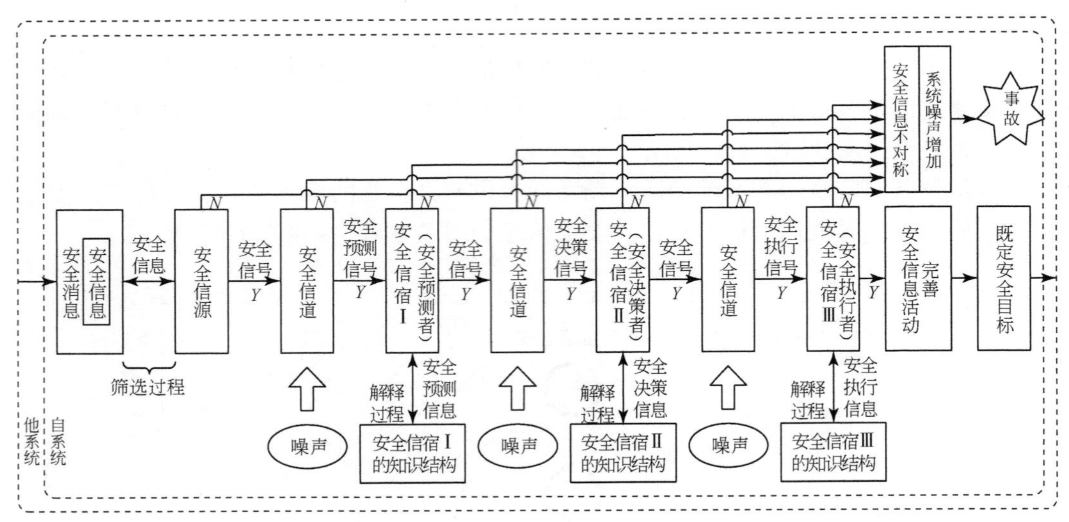

图 10-27　语法信息层的安全信息时间差对系统的影响机制

Y 表示该处安全信息活动时间差在可接受范围内；*N* 表示该处安全信息活动时间差超出可接受范围

由图 10-27 分析可知，在安全信源对安全信息进行处理加工的过程中，当其安全信息活动时间差在可接受范围内时，将不会影响正常的安全信息活动；当其安全信息活动时间差超出可接受范围时，将影响后续安全信息活动的准确有效进行，造成安全信息不对称或增加系统噪声，导致系统无法完成既定安全目标，最终导致事故发生。同理，在安全信道和安全信宿对安全信息进行处理加工的过程中，当其安全信息活动时间差在可接受范围内时，将不会影响正常的安全信息活动；当其安全信息活动时间差超出可接受范围时，将影响后续安全信息活动的准确有效进行，造成安全信息不对称或增加系统噪声，导致系统无法完成既定安全目标，最终导致事故发生。

将上述安全信息活动时间差的作用机制上升到语义信息层的安全信息活动，将其进行简化，即成为图 10-28。由图 10-28 所示的语义信息层的安全信息活动时间差的作用机制分析可知，安全信息活动时间差可产生并作用于安全信息活动的安全信息获取、传递、处理、再生和施效阶段。若各个环节的安全信息活动时间差都低于系统可承受阈值，则系统安全信息活动可正常进行；若任一环节的安全信息活动时间差超出系统可承受阈值，则系统将发生事故。

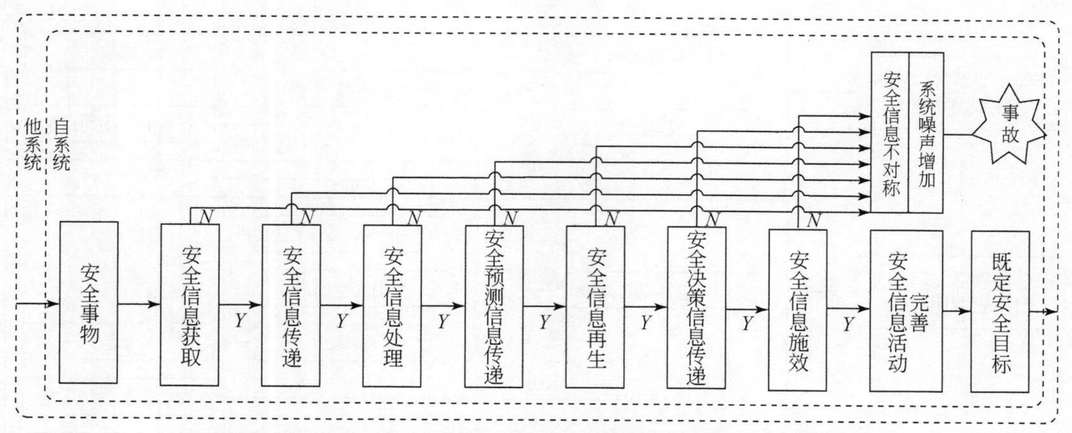

图 10-28 语义信息层的安全信息时间差对系统的影响机制

Y 表示该处安全信息活动时间差在可接受范围内；N 表示该处安全信息活动时间差超出可接受范围

综合以上分析可知，当系统所有要素或环节的安全信息活动时间差都在可接受范围内时，将不会影响系统正常的安全信息活动；当任一要素或环节的安全信息活动时间差超出系统可接受范围时，将直接影响后续的安全信息活动，使得安全信息系统的既定安全目标无法实现，最终导致事故。

简言之，即：

$$\begin{cases}\Delta t_1\in[0,\ \Delta t_0]\text{ 且 }\Delta t_2\in[0,\ \Delta t_0]\text{ 且}\cdots\text{且 }\Delta t_n\in[0,\ \Delta t_0]\text{，实现既定安全目标；}\\ \Delta t_1\notin[0,\ \Delta t_0]\text{ 或 }\Delta t_2\notin[0,\ \Delta t_0]\text{ 或}\cdots\text{或 }\Delta t_n\in[0,\ \Delta t_0]\text{，事故发生。}\end{cases}$$

上述即为安全信息活动时间差的事故致因理论，是基于安全信息的安全管理的事故分析的事故致因新理论。

10.8.2 基于安全信息的事故模式分析

上面构建的基于安全信息的两种新型事故致因，即安全信息不对称的事故致因理论和安全信息活动时间差的事故致因理论。两种新型的事故致因理论之间具有一定的联系，可将其间的联系表示如图 10-29 所示。

分析可知，基于安全信息提出的安全信息不对称的事故致因理论和安全信息活动时间差的事故致因理论，其间具有密切的联系。安全信息不对称的事故致因理论，是基于安全信息需求与实在安全信息之间的差异提出的事故致因理论，当安全信息不对称超出系统可接受范围时，即发生事故。安全信息活动时间差的事故致因理论，是基于安全信息活动的时间差提出的事故致因理论，安全信息活动时间差导致安全信息可能成为不完全契合安全信息需求的信息和无用安全信息，最终导致安全信息不对称，同时安全信息活动时间差还可能使安全信息成为系统的噪声，最终导致事故。

简言之，安全信息不对称的事故致因理论和安全信息活动时间差的事故致因理论均指出：安全信息系统的事故是由安全信息不对称或过量的噪声导致的。接下来基于安全信息

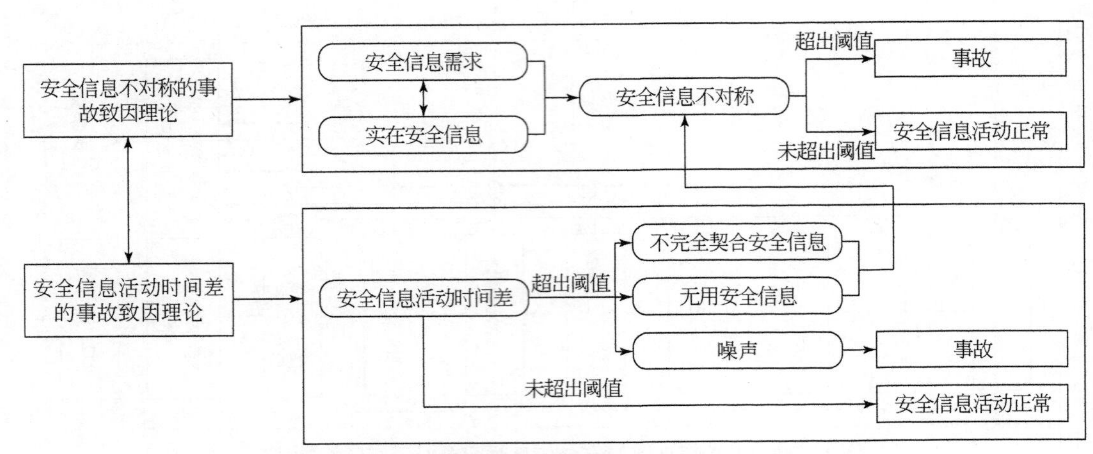

图 10-29　基于安全信息的事故致因理论间的联系

的事故致因理论，对安全信息系统的事故模式进行分析。

由安全系统中存在信息不对称的相互对应主体的不同角色，分析其间信息不对称原因，可构建出信息不对称导致事故的 3 种模式。

1. 真信源–安全信源信息不对称事故模式

当安全系统中真信源与安全信源间的安全信息存在不对称的分布状态时，将形成真信源–安全信源信息不对称事故模式（图 10-30）。

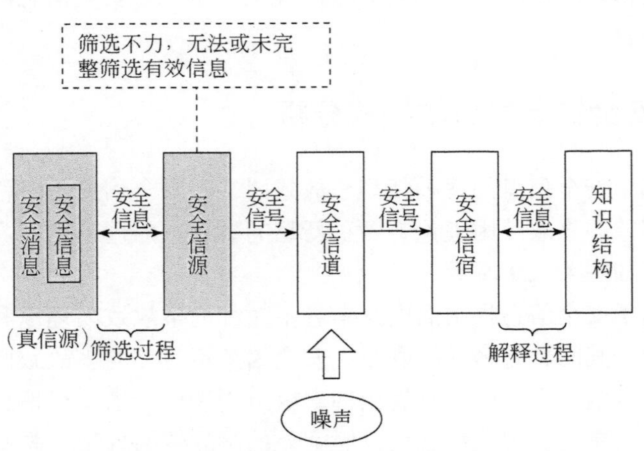

图 10-30　真信源–安全信源信息不对称事故模式

系统中安全信源筛选不力时，安全信源无法或未完整筛选有效信息，导致真信源所包含的、需要被识别的安全信息与安全信源所筛选的安全信息不对称，将影响安全信宿对安全信息的感知、识别和对动作的指导，进而影响系统中的一系列安全预测、决策、执行活动，最终导致事故。此即真信源–安全信源信息不对称事故模式。

2. 安全信源–安全信宿信息不对称事故模式

当安全系统中安全信源与安全信宿间产生信息不对称时，则该模式称为安全信源–安全信宿信息不对称事故模式（图10-31）。

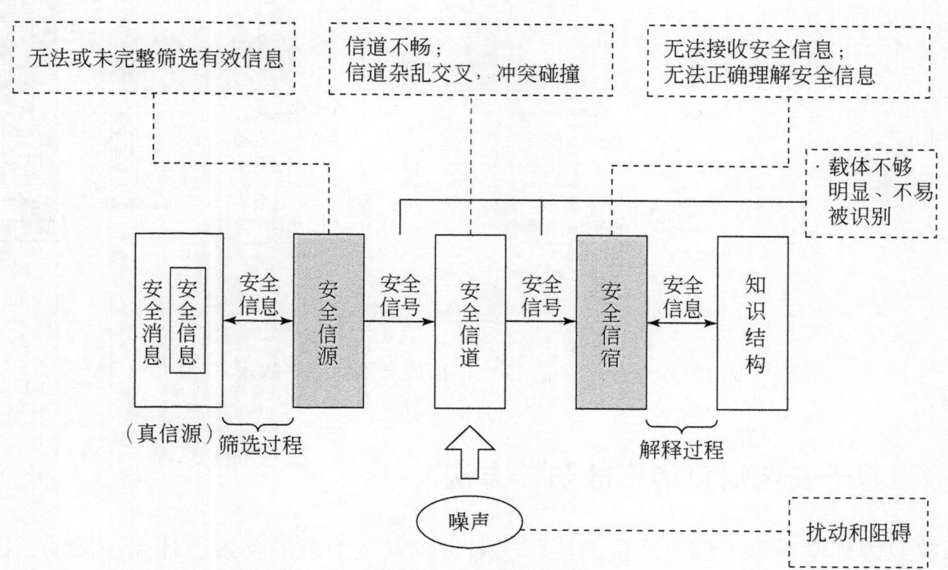

图10-31 安全信源–安全信宿信息不对称事故模式

系统中安全信源、安全信道、安全信宿、载体和噪声中的一个或多个对象存在一个或多个缺陷或故障时，安全信源与安全信宿之间会产生信息不对称，安全信宿接收不到完整的、对称的信息，将影响一系列安全预测、决策、执行活动，最终导致事故。此即安全信源–安全信宿信息不对称事故致因模式。

3. 安全信宿–安全信宿信息不对称事故模式

当系统中存在多个安全信宿时，若安全信宿间出现信息不均匀、不对称的分布状态，将形成安全信宿–安全信宿信息不对称事故模式（图10-32）。

当系统中存在多个安全信宿时，系统中安全信道、安全信宿、载体和噪声中的一个或多个对象存在一个或多个缺陷或故障，将造成安全信息在多个安全信宿间的分布不对称，安全信宿间无法传递完整的、对称的信息，多个安全信宿间产生混乱状态，影响一系列安全预测、决策、执行活动，最终导致事故。此即安全信宿–安全信宿信息不对称事故模式。

根据构建的事故模式，可对具体事故案例进行具体的对照分析，从而更好地分析事故、预防事故和控制事故。

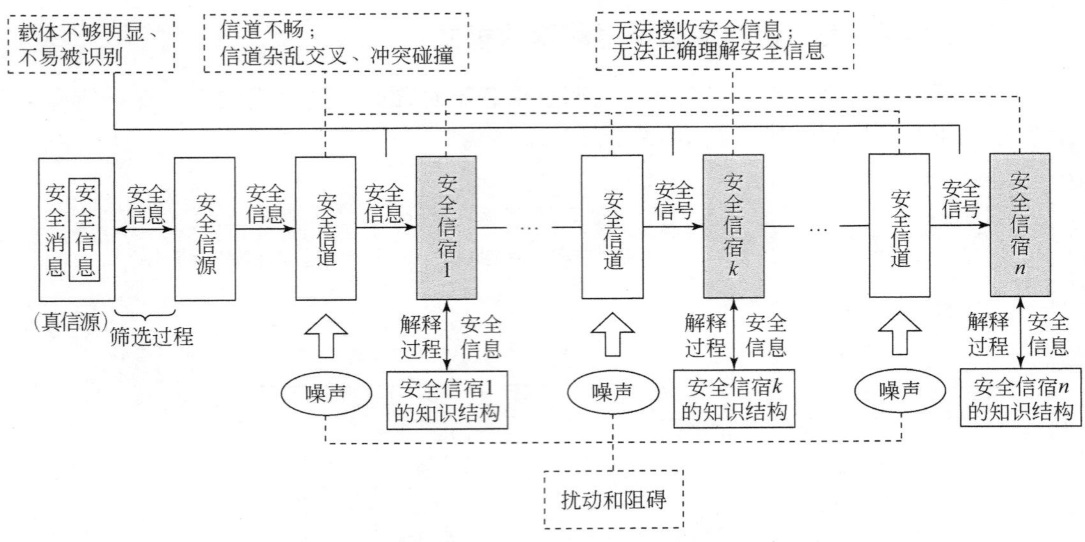

图 10-32　安全信宿–安全信宿信息不对称事故模式

10.8.3　基于安全信息的事故防控方法

事故致因理论揭示了事故发生的机理，对事故发生涉及的要素、环节、活动，以及事故的发展进行了阐述。事故防控，即要进行事故的预防与控制，避免发生事故，避免事故扩大影响。事故防控其实是事故发生的逆向过程。因而，基于安全信息不对称和安全信息活动时间差的事故致因，可提出基于安全信息的事故防控方法。基于安全信息不对称和安全信息活动时间差的事故致因，梳理事故致因涉及的要素和安全信息活动环节，并提出基于安全信息的事故防控方法（图 10-33）。

由图 10-33 可知，基于安全信息的事故防控，关键在于避免超出系统可接受范围的安全信息不对称和安全信息活动时间差。要避免超出系统可接受范围的安全信息不对称，可从安全信息不对称涉及的主体（安全信源、安全预测信宿、安全决策信宿、安全执行信宿）入手，避免各个主体产生超出可接受范围的安全信息不对称。要避免超出系统可接受范围的安全信息活动时间差，可从安全信息活动时间差涉及的各个环节（安全信源信息收集过程、安全信道传输过程、安全信宿的安全信息处理加工过程）入手。

基于以上事故防控思路，可对应提出基于安全信息的事故防控方法。基于安全信息的事故防控方法要点简要描述如下：

（1）系统安全信息需求的准确分析、解读与划分。系统的安全目标是安全信息系统运作的规范、指导和目标。因此，安全信息系统的管理子系统应确立准确可行的安全信息系统目标，并基于此解读系统安全信息需求，并对安全信息需求进行准确的传达和配置。

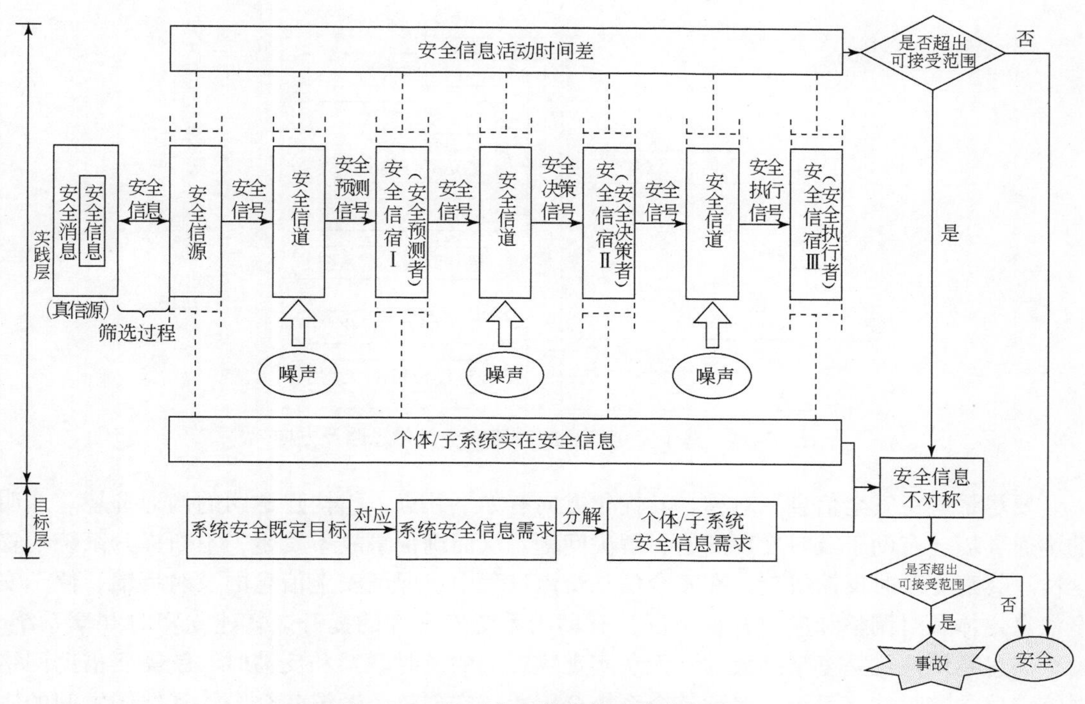

图 10-33　基于安全信息的事故防控方法

（2）提升安全信息生产系统的可靠性。安全信息的生产系统即安全信源，需要通过一些可靠的技术手段保证其安全信息的采集能力、辨识能力、筛选能力和整序能力。

（3）通过安全教育和培训，提升系统安全信息主体的安全信息素养。安全信息系统中的安全信息主体包括承担着不同功能的个体或组织，通过安全教育和培训，对其安全信息采集能力、感知能力、识别能力、行为能力、信息态度、工作态度等进行积极的引导，以提升其各方面的能力，从而保证安全信息活动各个环节的可靠性。

（4）安全信道管理。要保证安全信息的有效可靠的传递，就需要有通畅可靠的安全信道。对于安全信道的管理，一方面要尽量创造良好的信息传递环节，另一方面要尽量避免噪声的干扰。

（5）信息设备和信息技术的有效运用。安全信息系统是依靠安全信息连接的系统，要善于运用先进的信息设备和信息技术，保证安全信息系统的高效可靠运转。

10.8.4　基于安全信息的管理系统安全优化

基于安全信息的系统安全优化思路及方向如图 10-34 所示。

系统安全优化，是在保证系统不发生事故的基础上，对系统的安全性进行再提升再优化。基于安全信息的系统安全优化，其思路依旧是尽量避免安全信息不对称和安全信息活动时间差。事故防控是将安全信息不对称和安全信息活动时间差尽量规范至可接受范围内，而系统安全优化则是尽量避免安全信息不对称和安全信息活动时间差。

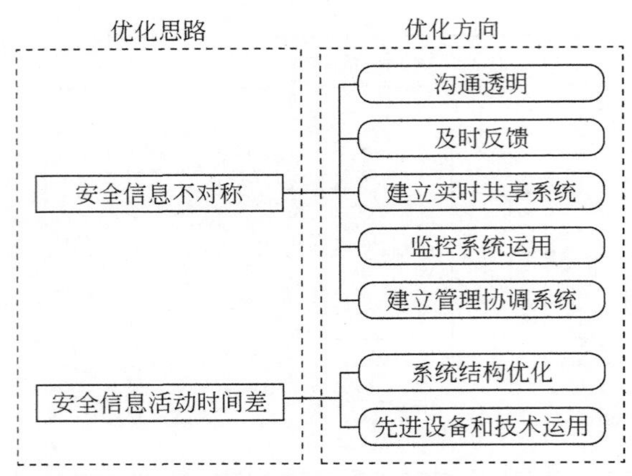

图 10-34　基于安全信息的系统安全优化思路及方向

要尽量避免安全信息不对称，其优化方向有如下几点：①构建透明的沟通环境。透明的沟通环境，有助于及时发现问题、解决问题，从而确保事故不发生，不断提升系统的安全性。②建立及时反馈机制。在安全信息交流过程中，保证安全信息的及时反馈，便于安全信息主体及时调整和应对各种情况，有助于系统安全性的提升。③建立实时共享系统。安全信息系统往往是复杂巨大的，无法实现物理上的及时联系和反馈时，就需要借助网络系统，建立实时共享系统，保证整个系统全覆盖，实现整个系统各个个体和组织之间的实时交流与反馈，有助于提升安全信息活动的可靠性，提升安全信息系统的安全性。④监控系统的运用。若系统条件不允许实时共享系统的建立与运营，应尽量构建监控系统，实现远程监控，实现问题的及时发现、反馈与应对，实现安全信息活动的高效可靠进行，有助于提升系统安全性。⑤建立管理协调系统。将安全信息活动的管理协调责任交由专门的系统进行，便于更好地、更及时地管理安全信息系统，保证安全信息活动的可靠高效，有助于提升安全信息系统的安全性。

要尽量避免安全信息活动时间差，可从以下两个方向进行优化：①系统结构优化，即对不必要的环节、不必要的路径、不可靠的环节等进行优化，保留最可靠最高效的环节和路径，减少安全信息在不必要的环节中的传递和作用，尽量缩短安全信息活动的时间差。②先进设备和技术的运用，要尽量避免安全信息活动时间差，可通过缩短各环节的作用时间来实现，但同时还要保证各环节安全信息活动的质量，因此，需要借助先进的设备和技术来实现安全信息的高效传输和加工处理等。

综上分析可知，基于上述的优化思路和优化方向，可实现基于安全信息的系统安全优化。

11 安全信息行为理论

【本章导读】 系统的涌现性源于信息，人们对风险的感知和认知与决策源于信息，因而，获得有效精准信息及其控制对安全极为重要。本章介绍安全信息素养及其作用机制、安全信息素养的评估和提升方法；分析安全信息感知过程的不确定性机理，构建安全信息感知不确定性的雪球模型，获得提升安全信息的策略；建立安全信噪的基本概念，给出安全信噪的生命周期及其演化规律和治理策略；阐述精准安全信息的意义及其实现路径和策略；给出多级安全信息认知模式分析与优化的模型；最后以安全舆情为例，阐述安全舆情的内涵、演化过程和引导管理方法。

11.1 安全信息素养的促进机理与策略

11.1.1 安全信息素养及三重叠加作用

安全信息可以关联系统和表征安全系统的一切，人的安全信息素养在安全管理中起着至关重要的作用。具备高水平安全信息素养的人是组成安全性系统的一个必要条件。原来的研究以人的安全素养促进系统安全状态的提升。然而，安全素养的范围太广，没有针对性，对减少安全信息不对称的帮助较小。而安全信息素养是影响安全信息流动的重要因素，可以极大地降低安全信息不对称程度。因此，本节的目的是从安全信宿出发减少由安全信息不对称引起的事故，提高安全信息的可靠性和利用率。

一方面，安全信息素养是安全信息对称的内在动力。当安全信宿的安全信息素养得到提高后，各阶段的安全信息流动阻滞会减少，安全信息流动会更顺畅。信息流动的三重叠加作用，使得从安全信宿着手改善安全信息不对称，效果更优。对现场工作人员、安全从业人员和负责人等培养安全信息素养，有利于其更加深刻地理解和更好地利用安全信息，从而更好地认识安全信息的内涵和表征安全状态，减少由人为因素引起的安全不对称的加剧，减少系统风险。

另一方面，安全信息素养能减少事故发生概率。当人的安全信息素养提高，安全信息流动效率增加后，能准确认识和把握物的安全信息，从而更好地实现对物的安全管理。进一步来说，当人的安全信息素养足够高时，与物的本质安全一样，人发展成为系统的又一道安全屏障。当物即将或已经发生失效和破坏时，人能及时准确地认识并正确进行处理，称为人的修正安全。安全信息素养很大程度上会对安全信息的理解、认识和反应产生影响，可以促进修正安全的实现。

提高安全信息素养，减少安全信息不对称，会提高修正安全状态，从而大幅减小事故概率。因此，对安全信息素养进行研究很有必要。

1. 安全信息素养

人是独立于客体之外的、能对客体调节并改变系统安全状态的认知主体。由于人的主观能动性，人的变化最常见和活跃，而安全是要维持系统的状态不变或尽量少变化。安全信宿在整个安全信息流动过程中扮演着重要角色，而且安全信息素养贯穿整个安全信息流动过程，影响安全信息不对称的程度，故从安全信宿的安全信息素养开展研究。

安全信息素养由两个概念组成：安全素养和信息素养。安全素养表示对系统安全状态能正确认知和处理，信息素养表示对信息能正确收集、分析和处理。联合国教育、科学及文化组织（United Nations Educational，Scientific and Cultural Organization，UNESCO）和美国图书情报学委员会 2003 年发表的《布拉格宣言：走向信息素养社会》指出："信息素养能确定信息需求，能够去搜索、评价、组织、利用和创造信息，以解决实际的问题"。有学者指出，信息素养是指个体能够了解自身的信息需求，并对获得的信息进行质量评估，能够有道德地使用已提取的信息，并运用信息去创造和传播知识。因此，安全信息素养要求具备对表征系统状态的安全信息正确收集、分析、处理和认知的能力。安全信息素养包括两个方面：对表征安全状态的信息的敏感度和思辨能力、对安全状态变化的应变能力。安全信息素养包括五个方面的能力要求，即安全信息素养的知识、安全信息素养的技能、安全信息素养的意识、安全信息素养的态度、安全信息素养的伦理。

安全信息素养是指安全信宿认识到对安全信息的需求，并获取、评价、管理、分析和利用所需安全信息以改善系统安全状态的能力。安全信息素养主要是指安全信宿具备的利用安全信息进行安全管理的能力。具体来说，安全信息素养指安全信宿具有收集安全信息、评估安全信息质量、处理和管理安全信息、分析安全信息内在关联和规律、解释和展示安全信息、根据安全信息进行正确安全执行和反馈的能力，即对安全信息有足够的收集、分析、处理和利用的理解力和敏感度，能利用安全信息及时处理和应对安全事件、风险变化和事故分析等。

安全信息素养包括 3 个元素，即安全信息素养培养对象、外在激励、内部激励。安全信息素养培养对象是指安全信息素养缺失的安全信宿；外在激励是通过物质、福利待遇、环境和氛围等，能激发培养对象提高安全信息素养；内部激励是人的自我需要、内部觉醒和个人价值追求等内在需求，能促使培养对象自觉提高安全信息素养；外在激励和内部激励两个元素能促进培养对象的安全信息素养养成。

安全信息素养是通过外在激励和内部需求来激发人对安全信息的能动性，从而动态提升和管理系统安全性的能力。安全信息素养在一定程度上影响安全信息的价值和作用。培养对象的安全信息素养越高，接收的安全信息越多，对安全信息的认识和理解越深刻，利用得越充分，越能够挖掘同一组安全信息中的安全价值，从而洞悉系统安全状况的细微变化和规律，为系统管理和风险防控提供最有利的证据，最终做出科学的决策，减少事故和伤害。

2. 安全信息素养的三重叠加作用

安全信息流动大体分为 3 个过程，包括输入、分析、输出。安全信息素养影响安全信息流动的整个过程，对安全信息流动过程的各个环节都有相应的能力要求。在安全信息流动过程中，安全信息素养包括 3 个方面的能力：安全信息收集和评估能力、安全信息分析和解释能力、安全信息决策和执行能力。3 类安全信息素养综合决定安全信息的利用率和对称性。

安全信息收集和评估能力是安全信息输入过程中安全信息素养的能力，安全信息分析和解释能力是安全信息分析过程中安全信息素养的能力，安全信息决策和执行能力是安全信息输出过程中安全信息素养的能力。也就是说，安全信息素养贯穿安全信息流动的整个过程，安全信息素养能推动安全信息的流动，减少安全信息在流动环节中的损失和遗漏，使得安全信息的流动率和利用率变大，从而减少安全信息的不对称，增加安全信息的可靠性。

每个阶段的安全信息量的等级串联起来，就是整个安全信息流动过程的综合安全信息量等级。若每个阶段的安全信息量得分为 1 分、2 分和 3 分，得分越高代表安全信息越多，那么在该评分体系下，综合安全信息量最高得分是 27 分，最低得分是 1 分，综合安全信息量的最高分和最低分差距明显，故有很大的提升空间。也就是说，当安全信息素养提高时，每个阶段的安全信息素养都得到了提高，从而每个阶段的安全信息量变多，综合安全信息量得到了三重叠加提高。

安全信息素养的三重叠加作用：若从人的角度提高安全信息素养，相当于每个阶段人的安全信息能力都有所提高，并且每一个阶段安全信息量都有所提高，这样把多个阶段串联起来，相当于累积安全信息传递效率大幅提高。也就是说，安全信息素养的提高对安全信息对称有三重叠加增大的功能，使得每个阶段的安全信息都会增多，形成累积增大效应，最终得到的安全信息变得更多。

如图 11-1 所示，ΔR_1是输入节点由于安全信息素养提高而增加的安全信息量，ΔR_2是分析节点由于安全信息素养提高而增加的安全信息量，ΔR_3是输出节点由于安全信息素养提高而增加的安全信息量，蓝色圆环部分是安全信息素养的作用效果。对三个安全信息流动节点来说，安全信息量每次都有所提高，累积提高了三次，综合提高效果明显。通过图 11-1 可以直观地看出，安全信息素养的作用是促进安全信息的对称，在安全信息流动过程中减少安全信息的流失和变化，保证安全信息的质量和可用性。

提高安全信息素养能增加安全信息流通数量，增大安全信息流通容量，加快安全信息流通速度，减少安全信息不对称。从内容上来说，可以增加与真实安全信息的重合程度；从时间上来说，可以对重要安全信息作出快速的反应，及时避免事故的发生，发挥人的能动性进行创造和管理。

安全信息流动会经过安全信源、环境和安全信宿，之所以单从人因方面提出安全信息不对称的对策和措施，主要有以下 3 条原因：

（1）在具体的安全认知过程中，对环境、安全信源进行控制，存在一定困难；对安全信宿进行安全信息素养的培养可以通过内外激励和文化氛围的熏陶来实现。如果将环境中与安全认知无关的因素移除，可能会干扰正常的工作和生产。如果对安全信源进行监测，需要增加额外的装置和大量投入。

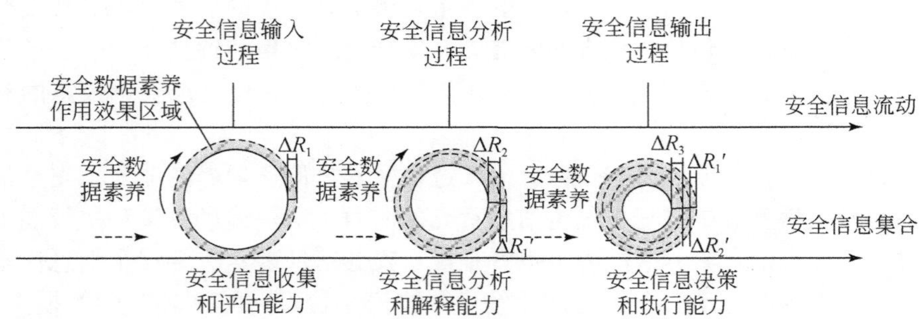

图 11-1　安全信息素养的三重叠加作用

（2）提高人的安全信息素养，会提高修正安全状态，从而减小事故发生概率。当系统安全状态发生变化时，人就能很敏锐地观察到，并且能够及时正确地处理，减少事故发生。从物的方面出发，有本质安全来保证系统的安全；从人的方面出发，安全信息素养能实现人的修正安全，修正系统安全状态。

（3）安全信息素养的提高对安全信息量有三重叠加作用。人的安全信息素养是贯穿整个安全信息流动过程每个节点的要素，从人的角度提高安全信息素养，可以使每一个阶段的安全信息都增多，从而获得整体的累积效应。

因此，从人因角度出发，以安全信息素养为切入点减少安全信息不对称是最好的选择，其具备实施方便且效果好的优点。

11.1.2　安全信息素养作用机制

由于安全信息素养对安全信息对称起促进作用，像主动轮对从动轮的驱动作用一样，所以选择带轮系统来描述安全信息素养的作用机制。在对安全信息素养作用进行分析的基础上，结合安全信息素养的驱动力，利用带轮传动结构构建安全信息素养作用机制模型。

安全信息素养作用机制的绘制思路具体如下：首先，分析安全信息素养的 5 个要素，确定代表安全信息素养的从动轮 2；其次，分析安全信息素养的驱动力，也就是影响安全信息素养培养的因素，确定代表安全信息素养驱动力的主动轮 1；最后，分析安全信息素养的作用，即对安全信息对称的三重叠加作用，确定代表安全信息素养作用效果的从动轮 3。因此，可以建立一个包含 3 个带轮的运转体系。

在描述安全信息素养作用机制的基础上，对 3 个带轮进一步分析：

（1）主动轮 1 是安全信息素养的驱动轮，包括个人觉醒、基础设施、安全信息、法规政策、文化感染和安全管理。阳富强等（2009）提出，安全专业人士的决定因素有 9 个，包括个人属性、安全气候和文化、信息基础设施、信息技术（IT）、人力资源、生产技术和管理，以及国家信息政策、法律和伦理。结合安全管理的人机料法环，本研究把安全信息素养的驱动力归纳为个人觉醒、基础设施、安全信息、法规政策、文化感染和安全管理。主动轮 1 是安全信息素养的影响因素和驱动力，包含的 6 方面内涵都能使安全信息素养提高，是安全信息素养培养的方法。其中，个人觉醒驱动力是由于安全信息素养的追求和需要而产生的自觉提高安全信息素养的行为，属于内部激励；基础设施驱动力是指与安全信息传播相关的设备设施投入，属于外部激励；安全信息驱动力是指安全信息内容、形式等本身属性使安全信宿能接收和愿意接收吸引力，属于外部激励；法规政策驱动力包括政府颁布的相关法律、法规和鼓励政策等，属于外部激励；文化感染驱动力是外部激励的内容，包括安全文化、安全管理和信息素养等的熏陶；安全管理驱动力是指安全管理水平和技术的提高能使安全信宿重视安全，属于外部激励。主动轮 1 只选取了主要影响因素，其他因素对安全信息素养的影响体现在传动带的滑动率中，滑动率表示除了主动轮 1 外，其他因素对安全信息素养的影响。

（2）从动轮 2 是安全信息素养轮，包括安全信息素养的知识、技能、意识、态度、伦理 5 个要素。根据美国大学与研究图书馆协会的信息素养能力标准及信息素养的 3 方面内容（信息知识、技能和态度），提炼出安全信息素养的 5 个要素，即安全信息素养的知识、技能、意识、态度、伦理。这 5 个要素是对安全信息素养进行评估的 5 个指标，能衡量安全信宿的安全信息素养的高低。

（3）从动轮 3 是安全信息对称轮，其包含的要素是安全信息流动过程的安全信源、安全信道、安全信噪、安全信宿和安全信馈。根据吴超提出的安全信息认知的通用模型，安全信息对称过程包含 5 个要素，即安全信源、安全信道、安全信噪、安全信宿和安全信馈。因为安全信息素养的效果主要体现在安全信息对称上，它也是安全信息素养的作用效果轮，安全信息素养的三重叠加效应在该轮上起作用。随着安全信息素养的提高，安全信息丢失得比较少，安全信宿对安全信息的认识和理解更加全面深刻，利用的安全信息和系统产生的安全信息二者的对称程度更高，即安全信息的对称程度提高。另外，安全信息素养能减少安全信息不对称，但不是安全信息不对称的唯一影响因素，安全信息素养只是减少安全信息不对称的重要手段。除了从动轮 2 外，其他因素对安全信息对称的影响在传动带的滑动率中有所体现。

综上所述，3 个带轮间互相依赖、互相促进，成为一个完整的传动系统。对安全信息素养来说，第一个带轮是驱动力，第二个带轮是安全信息素养的构成要素，第三个带轮是作用效果。主动轮 1 和从动轮 2 组成轮系 1，从动轮 2 和从动轮 3 组成轮系 2（图 11-2）。两个轮系的动力来源都是主动轮 1，当主动轮 1 对从动轮 2 的激励力失效时，整个系统将瘫痪。

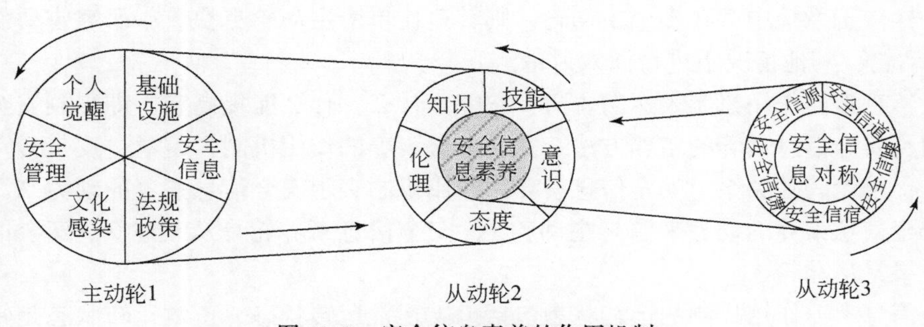

图 11-2　安全信息素养的作用机制

从轮系角度来分析安全信息素养作用机制：

从轮系 1 角度而言，其由主动轮 1 和从动轮 2 组成，两个轮之间的关系是主动轮 1 带动从动轮 2 运转。主动轮 1 的转速影响从动轮 2 的转速，而且主动轮 1 为从动轮 2 提供动力。若主动轮 1 停止转动，则从动轮 2 也停止转动。这意味着如果驱动力轮不提供动力，安全信息素养的水平就会非常低。故驱动力轮决定安全信息素养的高低，若要对安全信息素养进行提高，则需要加快驱动力轮的运转速度。另外，除主动轮 1 外，其他因素对从动轮 2 的影响，体现在传动带的滑动率上。

从轮系 2 角度而言，其由从动轮 2 和从动轮 3 组成，两个轮之间的关系是从动轮 2 带动从动轮 3 运转。安全信息素养与安全信息对称直接相关，成正比例关系，安全信息素养对减少安全信息不对称有很大的作用。安全信息素养的提高能减少安全信息传递阻滞，使得安全信宿有更强的能力去挖掘安全信息中的情报、规律和知识，从而提高信息的利用率，促进安全信息对称。另外，除从动轮 2 外，其他因素对从动轮 3 的影响，体现在传动带的滑动率上。

从整个带轮系统来说，对安全信息素养作用机制进行分析：整个安全信息素养的作用机制由前后两个带轮系统组成，一共 3 个带轮。主动轮 1 带动其他两个轮的转动，是整个系统的发动机。它首先带动从动轮 2 转动，然后从动轮 2 再带动从动轮 3 转动，使得整个系统运转起来。若第一个轮系失效，则第二个轮系也随之失效。由于安全信息的对称性与带轮系统 1 和 2 相关，随着安全信息素养的提高，从动轮 3 的转速也有所提高。根据传动比的关系，增大从动轮 2 的转速之后，从动轮 3 的转速也随之增大。也就是说，随着主动轮 1 和从动轮 2 运转起来，从动轮 3 也会运转。因此，通过激励措施可以提高安全信息素养与安全信息对称程度，从而更大限度地使安全信息发挥对系统安全的价值和作用。因此，安全信息素养驱动力的提高，能够使安全信息素养程度降低，避免因安全信息素养引起的事故发生的可能性。也就是说，通过提高轮系 1 的转速，安全信息对称程度也有所提高，下面着重对轮系 1 进行研究。

以上讨论的内容主要是以带轮 1 作为主动轮带动带轮 2 和带轮 3 转动，而 3 个带轮之间是互相作用的过程，存在驱动的反馈过程。也就是说，安全信息素养会促使驱动力更强，信息对称会驱动安全信息素养更高。3 个带轮都成为主动轮，都产生相同方向的动力，互相激励促进，形成一个良性循环的过程。相同地，当带轮 2 为主动轮时，带轮 1 和带轮 3 也相应被带动起来，当转速不断提高时，3 个带轮都会成为主动轮。带轮 1 成为主动轮也一样。若系统中存在多个主动轮，则转速比单个主动轮更快。本研究主要研究带轮 1 作为主动轮，其他情况不进行深入讨论。

安全信息素养作用机制表达的含义：它能干什么？什么能提高它？即得到安全信息素养的作用及安全信息素养的培养方法。安全信息素养的作用机制，是通过皮带传动的方式来表现 3 个带轮间的关系。安全信息素养的作用机制表示安全信息素养的动力来源和作用效果，安全信息素养的动力来源是主动轮 1，安全信息素养轮是从动轮 2，安全信息素养的作用效果是从动轮 3。

安全信息素养作用机制的运转状态包括：①正常运转状态。正常运转状态是带轮系统呈现匀速运行的状态，皮带与带轮之间无相对滑动，3 个带轮之间的互相作用正常。也就是说，外部和内部驱动力能正常激励安全信息素养提高，而安全信息素养也能使安全信息的不对称程度减轻。②带轮失效状态。皮带与带轮发生显著的相对滑动，带轮处于系统的打滑状态。这意味着除外部激励、个人觉醒和文化氛围外，其他因素对安全信息素养的培养起负面作用，或者除安全信息素养外，其他因素对安全信息对称起负面作用。打滑导致代表安全信息素养的带轮不转动或运转速度降低，使得安全信息不对称加剧。大量的有效且蕴含内在关系的安全信息被隐藏起来，不能及时被发掘，也不能及时了解系统安全状态变化，使得安全系统处于高风险之中。从动轮 2 的转速即代表安全信息素养的作用机制的运行状况：从动轮 2 匀速且高速运转，则代表安全信息素养水平有所提高并维持在稳定状态；从动轮 2 转速变小或为 0，则代表安全信息素养的作用机制失效。

11.1.3 安全信息素养的评估方法

安全信息素养包括 5 个要素，即安全信息素养的知识、安全信息素养的技能、安全信息素养的意识、安全信息素养的态度、安全信息素养的伦理。为了对安全信息素养进行评估，把安全信息素养的 5 个要素作为评价指标分别进行判定，得到综合等级。

对安全信息素养 5 个要素的含义进行详细分析：

（1）安全信息素养的知识。这是指安全信宿具备能通过安全信息理解系统安全状态的知识。具体来说，安全信息素养知识指安全信宿具有安全信息接收、安全信息处理和安全利用等的理论知识。

（2）安全信息素养的技能。这是指安全信宿能通过其具备的操作和技能，实现安全信息接收、安全信息分析和决策，并有实现安全决策的安全执行的能力。

（3）安全信息素养的意识。这是指安全信宿对安全信息的需求、关注度和敏锐性。

（4）安全信息素养的态度。这是指对安全信息的接收、处理和执行积极主动，重视程度高，或对安全信息有科学严谨、批判求是等的良好态度。

（5）安全信息素养的伦理。这是指安全信息的来源正规，在使用和管理安全信息的过程中遵守法律和道德底线。

下面通过绘制安全信息素养培养矩阵，以安全信息素养的 5 个要素作为评价指标，对安全信息素养进行综合评估，建立安全信息素养综合评估的蛛网模型：安全信息素养的综合评估是对安全信息素养程度的综合评价，把安全信息素养的知识、安全信息素养的技能、安全信息素养的意识、安全信息素养的态度和安全信息素养的伦理 5 个指标分为 4 个等级。对每个指标分别评级，连线组成蛛网模型，蛛网模型的面积表示安全信息素养的高低（图 11-3）。

0 级表示安全信宿不具备安全信息素养的该项指标；1 级表示安全信宿具备指标素养，但是指标素养较低，还需要培养；2 级表示安全信宿具备指标素养且指标素养较高；3 级表示安全信宿具备指标素养且指标素养非常高，不需要培养。为了对 5 个指标等级的离散程度进行比较，定义蛛网模型周长 L 来表示 5 个参数取值的参差性。为了计算方便，取蛛网模型的等级之和表示综合素养系数 K。

如图 11-3 所示，安全信息素养的知识、安全信息素养的技能、安全信息素养的意识、安全信息素养的态度、安全信息素养的伦理的等级为（3，2，1，1，2），由五边

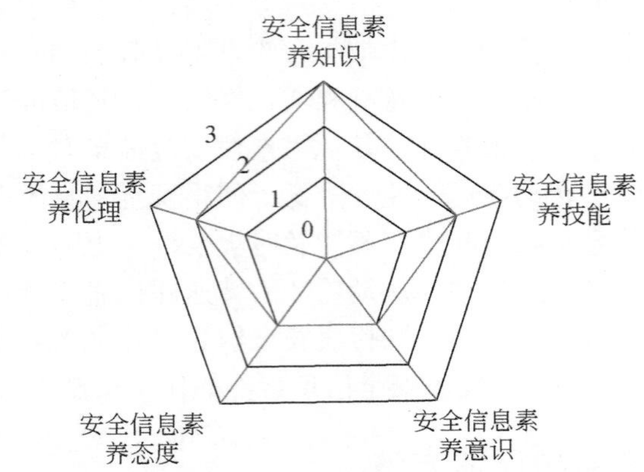

图 11-3　安全信息素养的综合评估蛛网模型

形面积可知安全信息素养的大小，由五边形周长可知安全信息素养 5 个指标等级的离散程度较小。

根据蛛网模型面积，将素养情况分为三个等级：综合素养系数 K 范围在（0，5）的安全信息素养为一级素养；综合素养系数 K 范围在（5，10）的安全信息素养为二级素养；综合素养系数 K 范围在（10，15）的安全信息素养为三级素养。这意味着等级越高，安全信息素养越高。

安全信息素养综合评估蛛网模型的作用：

（1）综合分析和评价安全信宿的安全信息素养，得到安全信息素养的综合评估等级。蛛网模型是对安全信息素养情况进行系统分析的一种有效方法。这种方法是从安全信宿的安全信息知识、安全信息技能、安全信息意识、安全信息态度、安全信息伦理 5 个方面分析安全信宿的素养程度。同时其将这 5 个方面的有关数据用等级表示出来，填写到一张能表示各自比率关系的等比例图形上，再连接各自比率的结点后，根据组成五边形的面积进行综合评级，来表现一个安全信宿各项安全信息素养等级的情况，使用者能一目了然地了解安全信息素养指标的变动情形及其好坏趋向，从而实现对安全信息素养的综合等级判断。

（2）寻找安全信息素养的优势和劣势。安全信息素养 5 个指标的最值，从图上可以看出安全信息素养状况的全貌，一目了然地找出安全信息素养的薄弱环节，为下一步安全信息素养的提升与促进打下基础。

（3）通过安全信息素养的综合评估等级，可以对不同安全信宿进行比较。就各指标来看，若接近最小五边形即（1，1，1，1，1）或处于其内，说明此安全信宿的安全信息素养处于极差状态，是安全信息素养的危险标志，应重点加以分析改进；若处于（2，2，2，2，2）外侧，说明该安全信宿的安全信息素养处于理想状态，应加以巩固和发扬。

另外，为了对不同情况进行灵活判断，可以在雷达图的基础上进一步扩展，对 5 个指标乘以权重系数，坐标系不变而蛛网模型的顶点发生变化，再计算权重五边形的面积，利用综合素养系数互相进行比较，有侧重点地对安全信息素养进行综合评定。

11.1.4 安全信息素养的培养矩阵与方法

安全信息素养的提高与轮系 1 相关，也就是通过对带轮 1、带轮 2 和传动带的改变，提高从动轮 2 的转速。

从驱动力形式的角度来分析，结合安全信息素养的影响因素，分析安全信息素养的提高策略：

（1）提高主动轮转速——加强安全信息素养的强度，如增加激励种类和途径。

（2）增大主动轮直径——增加安全信息素养的辐射范围。

（3）减少从动轮的直径——缩小安全信息素养培养对象的目标范围，即缩小安全信息素养评估对象的范围，使培养具有针对性。

（4）减少滑动率——减少安全信息素养的其他干扰，如环境、安全信源。

安全信息素养的培养思路：利用合适形式的内部激励、外部激励，使得安全信息素养作用机制高速运转起来，提高培养对象的安全信息素养，使其变为具备安全信息素养的安全信宿。

（1）从驱动安全信息素养的带轮系统 1 出发，结合安全信息素养的驱动力内容和驱动力形式，对安全信息素养的提高策略进行分析：从驱动的内容角度来看，促使安全信息素养运转的驱动力分为 6 个方面，即个人觉醒、基础设施、安全信息、法规政策、文化感染和安全管理；从驱动的形式角度，根据传动比公式，有 4 个相关因素对安全信息素养的提高有影响，即可以得到 4 种提高安全信息素养的手段。因此，从安全信息素养的内容维和形式维出发，绘制安全信息素养的发展路径矩阵图。以安全信息素养提高的驱动内容作为 x 轴，以安全信息素养提高的驱动形式作为 y 轴，绘制安全信息素养的培养矩阵，得到提高安全信息素养的 24 种培养途径。

（2）结合 x 轴和 y 轴，安全信息素养的 24 种培养方法有：增加个人觉醒的强度，扩大辐射范围，确定个人觉醒的目标培养对象范围要小，减少其他因素对个人觉醒的干扰；增加基础设施建设和投入的强度，增加使用的人群范围，缩小使用评估对象的范围，减少其他因素对基础设施建设和投入的干扰；增加安全信息的强度，扩大辐射范围，缩小安全信息评估对象的范围，减少其他因素的干扰；增加安全信息素养法规政策的强度，扩大辐射范围，确定的法规政策目标评估对象范围要小，减少其他因素对法规政策实施的干扰；增加文化氛围的强度，扩大文化氛围的辐射范围，缩小文化感染评估对象的范围且确定目标对象的文化感染效果好，减少其他因素的干扰；增加安全管理的强度，增加安全管理的人群范围，缩小安全管理评估对象的范围，减少其他因素对安全管理的干扰。

（3）通过安全信息素养培养矩阵，可以对安全信息素养培养矩阵现状进行评估，得到现阶段安全信息素养培养的不足之处，从而对不足之处进行发展促进，即为安全信息素养促进途径。通过培养前后的比较，可以进一步得到安全信息素养培养效果，以及继续进行安全信息素养培养的方向。

（4）通过安全信息素养的发展矩阵，可以直观地看出系统安全素养的不足和提高方法。如图 11-4 所示，白色小方块表示目前安全信息素养培养没有实现的内容，蓝色小方块表示内容与形式相契合，所有内容满足形式的小方块面积的总和为安全信息素养发展面积。在示例中，安全信息素养的培养实现了外部激励的大氛围辐射，而且外部激励的目标范围较小；所以，若要提高安全信宿的安全信息素养，可以通过其他两种方法进行。

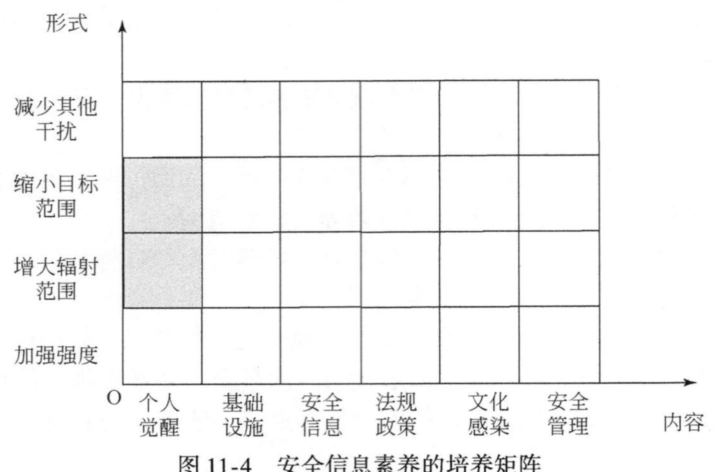

图 11-4　安全信息素养的培养矩阵

安全信息素养的培养矩阵体现了安全信息素养培养的方法和方式，内容维表示安全信息素养培养的方法，形式维表示安全信息素养培养的实施方式。它可以对安全信息素养发展进行评估、比较和提升，维护带轮系统的稳定长期运行，同时也表明了安全信息素养培养的现状和缺失，指明了安全信息素养的提升路径。

安全信息素养培养的目的是减少安全信息不对称，控制事故发生。安全信息素养培养的依据是根据安全信息素养作用机制得到安全信息素养的培养矩阵，并将该培养矩阵作为具体场景中安全信息素养培养的工具。安全信息素养培养适用于人参与的安全信息流动过程。

安全信息素养培养的程序：

（1）确定安全信息素养的培养对象——选择安全信息流动经过的安全信宿。

（2）确定安全信息培养的目标节点——分析培养对象安全信息不对称发生的节点。

（3）确定安全信息素养等级——对安全信宿的安全信息素养进行评估。

（4）确定安全信息素养的培养顺序——根据评估结果，从安全信息素养等级低的安全信宿依次开始。

（5）确定安全信息素养的培养方法——建立安全信息素养的培养矩阵，并根据培养矩阵中的空白方块进行安全信息素养的提升。

11.2　安全信息感知的不确定性分析与建模

国内外的研究大多停留在风险感知、信息感知，很少有对安全感知信息的研究。故以此为切入点，对安全信息感知过程和不确定性进行分析，确定安全信息感知不确定性的变化特点和机理。

11.2.1 安全信息感知过程

安全信息感知是通过感觉和知觉对安全相关的信息进行接收和处理的过程。以人为着眼点，以人的视觉、听觉、嗅觉、味觉、肤觉五大感觉为支柱，以神经系统为通道和处理核心进行安全信息感知。人作为安全信息感知的主体，安全感知信息作为客体。安全信息感知的研究内容包括安全信息产生和传播、安全信息接收和处理、安全信息偏差和失真等。安全信息感知过程会影响安全决策和行动，分析和研究安全信息感知过程，可减少安全信息感知失误，从安全信息的角度提高人机系统的可靠性。

1. 安全信息感知阶段

安全信息感知过程，包括安全信息感觉过程和安全信息知觉过程，主要表现为安全信息的输入和处理过程。即在外界安全信息的刺激下，主体通过感受器接收刺激，引起电位差的变化，进而产生神经冲动，通过神经系统传导到神经中枢形成感觉。安全信息感觉过程，包括安全信息接收和安全信息储存过程。在感觉产生的基础上，不同的安全信息作用于不同的感受器，产生不同的感觉，进而刺激大脑皮层对不同信息进行加工处理，得到安全信息的不同属性和不同部分间的关系，从而产生主体对客体的整体知觉。安全信息知觉过程，包括安全信息的传送和处理过程。把安全信息感知的具体过程分为 4 个阶段，分别为安全信息接收、安全信息储存、安全信息传送、安全信息处理。

安全感知信息的流动过程：当安全信息产生后，经由介质传播至人体并由感受器接收，此阶段称为安全信息接收阶段；接收的安全信息储存为瞬时记忆，通过大脑注意力筛选的瞬时记忆变为短期记忆，可通过肢体记忆储存，此阶段称为安全信息储存阶段；由短期记忆储存的安全信息经神经系统传送到神经中枢，为安全信息传送阶段；安全信息传送至神经中枢，大脑将会根据记忆系统和主体创造性对其进行处理和加工，处理结果会再存入记忆系统，此阶段为安全信息处理阶段。

从安全信息感知的过程进行分析，发现在安全信息产生和传播过程中会发生信息融合，即部分无效信息、干扰信息和有效信息会一起传播，这将会影响有效信息的准确接收；在安全信息接收阶段，由于主体心理因素（如注意力）、生理状况等影响，会产生没有接收、少接收、误接收、延时接收等现象；安全信息传送过程中会产生有效信息丢失或延时传送现象，安全信息处理过程中会产生误差、误解、延时处理或不处理现象。安全信息感知过程的关键环节归纳如图 11-5 所示。

2. 安全信息感知过程的影响因素

通过对安全信息感知过程的影响因素进行研究，发现内因、外因将联合影响有效信息量的变化。其中，内因主要包括心理因素和生理因素。当影响因素对安全信息感知有促进作用或积极影响时，认为该因素对感知过程有正面效应；当影响因素对安全信息感知有消极或阻碍的作用时，则认为该因素对感知过程有负面效应。

为了描述不同的点（x，y，z）对应不同的正负作用和影响效果，建立三维坐标体系。假设（0，0，0）点处的安全信息感知状态为：外界无干扰因素，也无有益因素；正常生

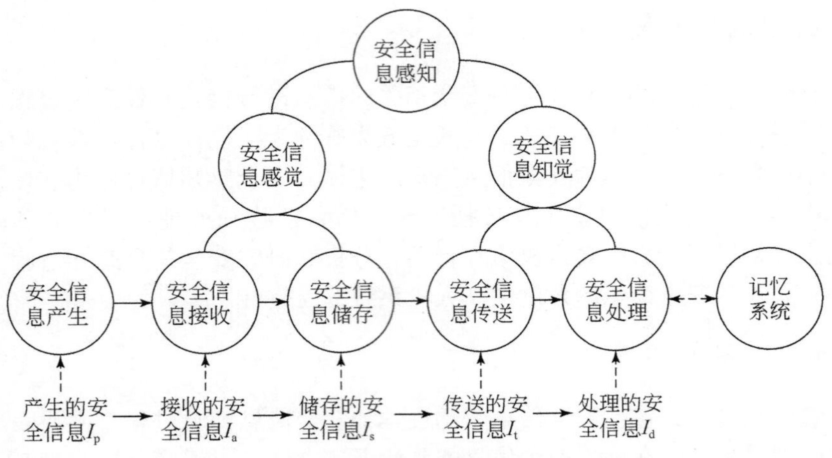

图 11-5　安全信息感知过程的关键环节归纳

理状况，不疲劳，能无障碍进行安全信息感知活动；心理状态正常，注意力集中程度、重视程度正常。点与坐标轴构成的长方体体积大小表示三个因素的整体影响程度，坐标分量表示该坐标分量的影响程度，与不确定性程度有关；正负表示三个因素的正负效应，坐标轴正方向表示正面效应，负方向表示负面效应。负效应越大，表示不确定性程度越大；正效应越大，表示不确定性程度越小。

理想情况下，心理因素、生理因素、外界因素都对安全信息感知过程产生正面影响或无影响。如图 11-6 所示，A 点的心理因素、生理因素、外界因素都为正面效应，就意味着外界状态有利于安全信息感知，安全感知氛围良好，且主体注意力集中、重视程度高，情绪主动积极，身体状态好并且有利于安全信息感知。而理想情况对安全信息感知条件的要求过于苛刻，正常情况是三种因素会有正面效应或负面效应，甚至都是负面效应；如点 B，心理、生理因素都为正面效应，外界因素为负面效应，意味着主体注意力程度高，生理、心理状态有利于安全感知，而外界干扰因素较多。

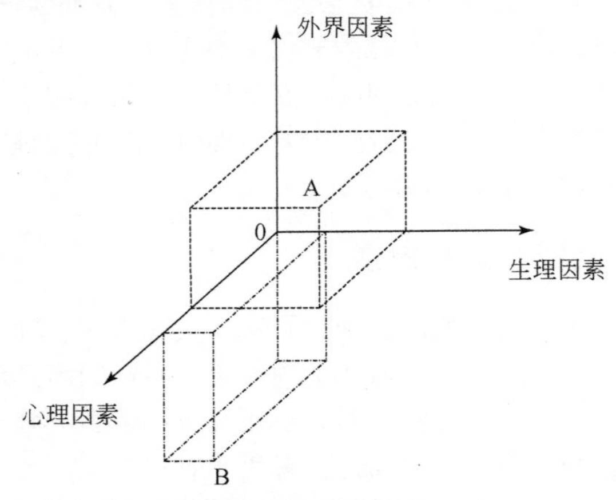

图 11-6　安全信息感知影响因素的正负效应维度作用示意图

在安全信息感知过程中存在部分不可避免的信息限制因素，即不可避免的负面效应，如感知距离、无关信息的干扰、瞬时记忆的丢失、长时间注意力下降等，最终导致处理的安全信息一定会比产生的安全有效信息少。因此在正常情况下，必然存在安全信息感知的负面效应，并且正负效应抵消时，负面效应影响程度比较大。当负面效应过大地影响感知准确性时，就需要提高安全信息有效性，安全措施的选取可以从这三类影响因素考虑。

11.2.2　安全信息感知不确定性的雪球模型

安全信息感知影响因素的负面效应，会引起安全感知过程的信息偏差，导致安全感知信息失真，从而出现隐患和危险。安全信息感知过程的风险，通过安全信息失真的累积，由错误安全决策和安全行为体现出来。现在对由负面效应引起的不确定性进行分析。

1. 安全信息感知不确定性模型

如图 11-7 所示，在安全信息感知过程中，有效安全信息越来越少，信息失真越来越明显，不确定性也越来越大。随着安全信息感知过程的进行，出现由信息失真引起的安全感知信息不确定性累积现象，称为雪球效应。

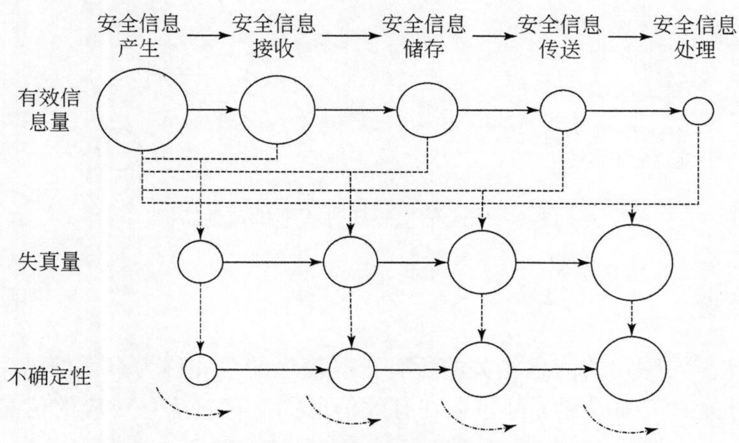

图 11-7　安全信息感知不确定性的雪球效应模型

雪球效应说明不确定性具有如下特点：安全信息感知过程中，前面感知阶段的不确定性会随着传递过程而逐渐累积。也就是说，当接收阶段产生信息失真时，由于储存阶段中内因的干扰作用，储存阶段获得的有效信息将变得更少，发生错误的可能性将更大，即不确定性增大。其他阶段类似。

雪球效应描述信息失真的不断累积过程，信息失真可能隐藏在没有发生事故的安全隐患中；另外，当隐患达到一定的临界点，形式上表现为从没有事故到事故发生，体现了不确定性从量变到质变的产生过程。若要控制事故，就要控制不确定性。基于雪球效应模型，信息失真会使处理结果的不确定性不断扩大，为了控制不确定性，就要从不确定性产生阶段开始控制，安全措施往前移，避免不确定性的累积，从而达到控制事故的目的。

另外，基于雪球效应理论，在人与人之间的安全信息传递过程中也可能会产生信息失真。例如，以讹传讹，把不准确的安全感知信息更加不正确地传播出去，形成不确定性的扩大效应。

现在讨论安全感知信息累积的不确定性程度。假设安全信息接收阶段产生的不确定性等级为Ⅰ，并且每个阶段产生的不确定性等级都为Ⅰ，对1个量的安全信息进行感知，则整个过程最后阶段的不确定性等级为Ⅳ。同理，当不确定性在安全信息储存阶段产生，则整个过程的不确定性等级为Ⅲ；安全信息传送阶段产生对应的不确定性等级为Ⅰ，整个过程对应的不确定性等级为Ⅱ。不确定性等级越高，表示危险越容易发生。从整个过程最后的结果来看，安全信息处理阶段的不确定性等级与不确定性产生阶段有关，不确定性产生得越早，最后累积的不确定性等级越大。安全信息感知过程不确定性特征如图11-8所示。

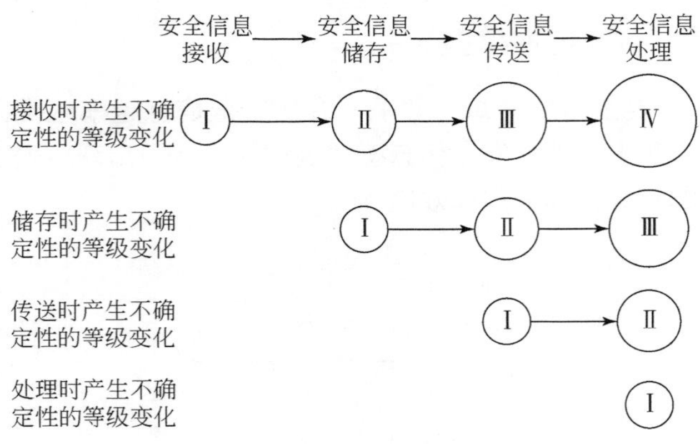

图11-8 安全信息感知过程不确定性特征

2. 构成要素

（1）与主体需要感知的信息相关的所有正确信息的总和称为有效信息。信息源产生的信息、其他人有关的正确提醒等都包含在有效信息中；有效信息对应的信息量，称为有效信息量。

（2）安全感知信息失真指两个安全感知阶段传递之间出现信息差的现象，失真量为两阶段信息量的差值。

（3）安全信息感知的不确定性，是指由安全感知信息失真导致的安全信息感知结果的不确定性，包括事故发生与否不确定、事故发生时间不确定、事故后果不确定等。

安全信息感知过程中，当有效安全信息量减少时，安全信息失真就会出现，此时即认为安全信息感知的不确定性产生。即只要存在安全感知信息的偏差和失真，就认为存在安全信息感知不确定性。与产生的有效安全信息量比较，对应有效信息减少得越多，不确定性越大。

（4）安全信息感知的不确定性分析，是对安全感知有效信息失真的分析，是对安全信息感知过程的各阶段信息的变化规律进行分析。

安全信息感知过程存在的很多不确定性因素导致安全感知信息失真后，主体只能通过安全感知阶段得到的部分有效信息来进行决策和执行相关行为，这会降低正确决策和执行的可能性，造成安全信息执行的风险概率增大，从而增大错误操作的可能性。因此需要对安全信息感知不确定性进行评估。

3. 安全信息感知不确定性指标

从整个过程来看，安全信息感知过程存在很多不确定性的环节，需要对不确定性环节进行详细研究，得到各阶段的信息失真率，从而准确地对不确定性进行有效控制。现在对安全信息感知不确定指标性进行分析。

（1）由于安全信息感知不确定性与有效安全信息量有关，所以建立安全感知不确定性与有效安全信息量的函数式，得到两者之间的数学表达式。

安全信息感知阶段 i 的不确定性 R_i：

$$R_i = f(I_p,\ I_i) = k_i \cdot v_i \tag{11-1}$$

式中，R_i为安全感知信息产生到阶段 i 之间的安全感知信息不确定性；I_p为产生的安全有效信息量；I_i为阶段 i 的安全有效信息量；k_i为 i 阶段不确定性系数，与具体安全信息感知过程相关；v_i 为阶段 i 的信息失真率。

L_i为 i 阶段与产生阶段的有效信息差值，安全感知信息从产生到处理的失真量为 L_d：

$$L_d = I_p - I_d \tag{11-2}$$

则整个安全感知信息不确定性表达式为

$$R_d = f(I_p,\ I_d) = k_d \cdot v_d \tag{11-3}$$

式中，R_d为整个安全信息感知过程的不确定性；I_p为产生的安全有效信息量；I_d为处理的安全有效信息量；k_d为安全信息处理不确定性系数；v_d为整个感知过程的信息失真效率，见式（11-4）。由式（11-1）可知，安全感知信息不确定性与产生和处理的安全信息量有关，与安全信息差异量成正比例关系。不确定性越大，错误感知的可能性越大，危险性越大。

另外，可以制定不确定性等级表，不同的安全信息感知不确定性等级，对应系统不同的安全状态。通过整个安全感知信息的不确定性 R_d，确定对应的整个安全信息感知过程的不确定性等级。不确定性等级越高，意味着发生危险的可能性越大。判断整个安全信息感知过程是否需要提高安全信息传递效率，从而有针对性地制定安全措施，发挥措施的最大价值。

（2）为了衡量阶段安全感知信息的偏差大小，定义安全感知信息阶段失真率。

安全感知信息阶段失真率 v_i：

$$v_i = \frac{I_p - I_i}{I_p} \times 100\% = \frac{L_i}{I_p} \times 100\% \tag{11-4}$$

式中，v_i为从安全信息产生到某个安全信息感知阶段 i 的安全感知信息阶段失真率，通过与产生的安全信息进行比较来确定。安全信息处理阶段的安全信息阶段失真率 v_d，表示整个感知过程的信息失真效率。而安全信息接收阶段失真率为 v_a，表示从产生到接收过程的信息传递效率。通过安全感知信息阶段失真的比率，可以衡量阶段信息传递的效率和失真程度。

(3) 为了比较安全信息感知阶段间的偏差效率，定义安全信息失真 w_i，表示 i 阶段和前一个阶段间的传递效率。

$$\text{安全信息接收失真率 } w_a\text{：}w_a = v_a \tag{11-5}$$

$$\text{安全信息储存失真率 } w_s\text{：}w_s = v_s - v_a \tag{11-6}$$

$$\text{安全信息传送失真率 } w_t\text{：}w_t = v_t - v_s \tag{11-7}$$

$$\text{安全信息处理失真率 } w_d\text{：}w_d = v_d - v_t \tag{11-8}$$

由于失真率是百分数，通过各安全信息感知阶段安全信息失真率的排序和比较，可以清楚地知道哪个阶段的安全感知信息失真较大。若通过不确定性等级的判断，认为需要提高整个安全信息感知过程的信息传递效率，那么根据安全信息失真率排序，首先从失真率最大的安全信息感知阶段入手，制定安全对策。

(4) 从安全感知信息的传递效率和有效性角度考虑，对安全感知信息有效率进行定义。

$$y_i = 1 - w_i \tag{11-9}$$

式中，y_i为安全信息感知的阶段 i 与前一个阶段间的安全感知信息传递有效率。

同样地，整体安全感知信息有效率为

$$y = 1 - v_d \tag{11-10}$$

为了对概念有清晰的认识，现通过梳理的方法来厘清各概念间的关系。本研究主要围绕不确定性和失真程度展开，认为不确定性与失真程度成正比。失真程度的指标有失真量、失真率，其中又分为阶段和整体两种，从准确性角度又提出了有效率的概念。

安全感知信息量的测量，可以参考信息论、人机工程学、生物学等的测量和实验方法得到。

4. 安全信息感知的雪球推动力模型和内涵

继续对图 11-7 进行分析，安全信息感知不确定性的雪球效应模型有以下内涵：

(1) 通过圆圈的大小和面积来表示安全感知信息量的多少和变化过程。箭头表示感知过程或信息传递过程。图 11-7 表示各安全感知阶段对应的有效信息量、失真量、不确定性的变化。

(2) 有效信息量为安全信息感知的核心，贯穿整个安全信息感知过程。从信息流动角度来看，在安全感知过程中，由于受三类影响因素的负面效应干扰，安全感知信息有效信息量在各阶段流动过程中逐渐减少。

(3) 不确定性是一种隐患和潜在危险，与安全感知信息失真有密切联系。安全信息感知失真是安全信息感知出现问题的主要原因，包括安全感知信息的丢失、替换和增添等。安全感知信息失真量等于两阶段间有效信息量的差，不确定性等于失真量与不确定性系数的乘积，意味着三个量间有一定的内在联系。

(4) 由于安全感知信息会经过 4 个传递阶段，相当于经过 4 个关卡。关卡的大小与影响安全信息感知的 3 类因素有关。每个关卡都会限制有效信息通过，也都会减少有效信息。与过关卡前相比，过的关卡越多，丢失的有效信息越多，不确定性越大，就呈现一个不确定性滚雪球的现象。

（5）影响安全信息感知的 3 类因素为雪球模型提供动力，推动雪球滚动，如图 11-9 所示。3 类因素负面效应越大，最后不确定性积累得就越大，雪球滚得就越大。

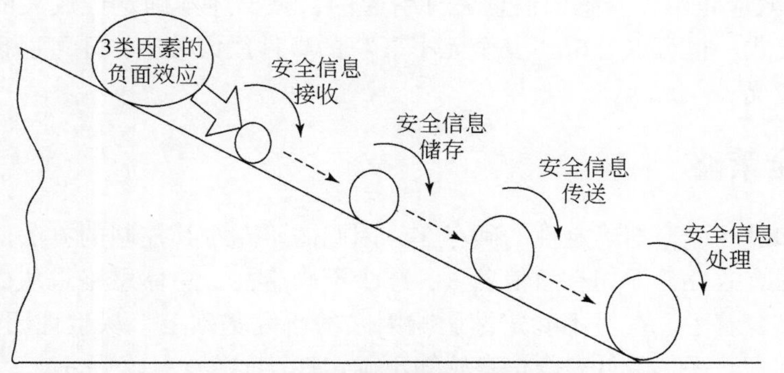

图 11-9　安全信息感知的雪球推动力

（6）安全感知过程可能存在串联、并联或混联的情况。多个主体对同一个客体的安全状态进行感知，为安全感知的并联。在第一阶段中，一个主体对一个客体进行安全感知；在第二阶段中，第一阶段的主体变为第二阶段的客体，向第二阶段的主体传递信息，这个过程称为安全感知的串联。在安全感知网络中，串联、并联同时发生，任意两个主体互相传递信息、互相影响，就形成了复杂的混联过程。

（7）当安全感知发生串联、并联或混联时，雪球效应表明不确定性会随着感知过程在多个主体、客体间积累。传声筒游戏是多个安全信息感知过程的叠加，第一个安全信息感知的主体变成第二个安全信息感知的客体，以此类推，一直传递下去；在这个过程中，有效信息不断减少，同时不确定性也不断累积。

（8）不确定性存在并不意味着事故一定会发生。不确定性越大只表示有效信息越少，信息失真越严重，正确安全感知和安全反应的可能性越小。在少量安全感知信息的基础上，依然有可能进行正确决策并产生正确反应。

（9）安全信息感知过程，应该是 4 个阶段同时工作，如一边接收一边处理。从信息流的角度分析，1 个量的安全感知信息经过 4 个阶段，与此同时，其他量也被感知，也就是说各阶段同时进行的客体是不同的。安全信息感知是一个不断进行的过程，也是对客体的安全状态持续关注的过程。

（10）安全信息感知过程不确定性有雪球效应，失真量也有雪球效应。不确定性、失真量都是和产生阶段安全信息状态进行比较，都是由 3 类负面效应引起的，也都是误差不断扩大的过程，只是两者存在一个倍数关系。

（11）根据安全信息感知过程 4 个阶段的信息量，绘制离散点状图，若以最小二乘法进行拟合，则发现拟合曲线和遗忘曲线的变化规律类似。初期安全信息接收阶段的有效信息量会骤减，此后安全信息失真率会逐渐减小，这与遗忘曲线的变化规律基本吻合。另外，可以参考遗忘曲线参数的测量方法，确定具体各阶段的信息量大小和比率，进一步分析安全信息感知过程的其他参数，从而能更好地认识整个安全信息感知过程。

（12）利用安全信息感知不确定性雪球效应，对从业人员进行安全教育和培训，可加深主体对安全感知过程的认识，提高主体安全感知能力和安全意识，减少误动作的发生。

（13）雪球效应是由安全感知信息失真引起的，是描述不确定性放大的情况，可以分析谣言的传播模式，也可以分析“安全无小事”的事件放大效应，还可以也推广到其他感知信息失真的情况。

11.2.3 安全策略

在安全感知过程中，不确定性的确存在，因此需研究对其控制的方法。为了提高安全信息感知过程的有效性，增加有效信息量，减少不确定性，总体思路是从内部因素、外部因素两个角度综合着手。在对不确定性影响因素的研究基础上，从生理因素、心理因素、外界因素 3 个方面着手，降低安全信息感知不确定性，如图 11-10 所示。

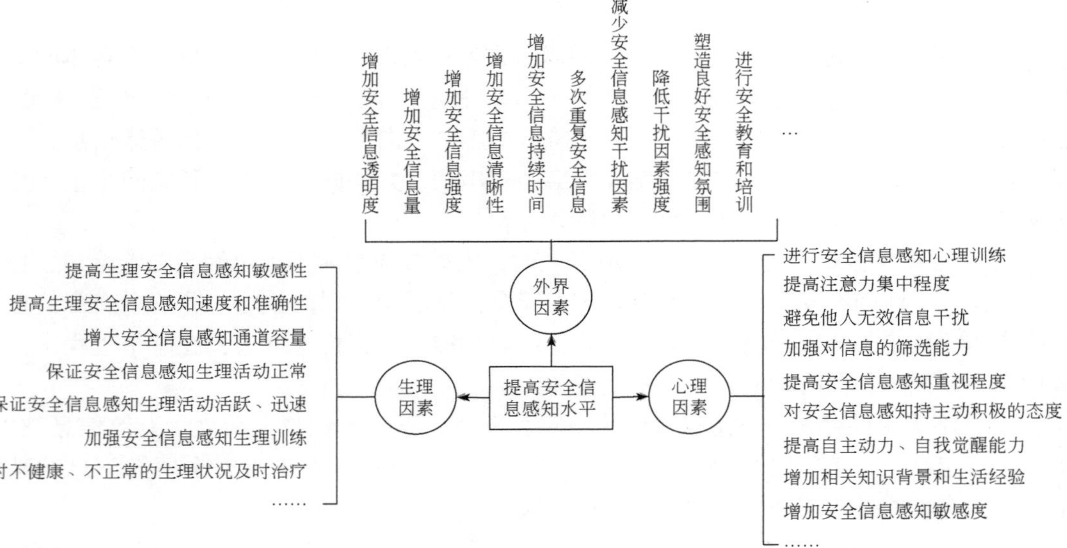

图 11-10 在安全信息感知过程中降低不确定性的策略

另外，根据雪球模型，安全策略应往前移，在安全信息感知不确定性产生阶段就应该采取措施控制。首先从安全信息产生和安全信息接收环节开始控制，根据 3 类影响因素的正负效应，哪个因素负面效应程度大，就从哪个入手；若为正面效应，则不需要控制；其次对安全信息储存环节进行分析，以此类推。如此，可以确定执行安全策略的顺序：

安全信息产生的外界因素控制措施>安全信息接收的最大负效应因素控制措施>安全信息接收的第二大负效应因素控制措施>安全信息储存的最大负效应因素控制措施>安全信息储存的第二大负效应因素控制措施>……>安全信息处理的第二大负效应因素控制措施。

11.3 通用原理视域下的安全信噪生命周期理论

为了提高安全信息认知的准确性和效率，对信息污染进行治理，从安全信噪的角度出发，深入分析安全信噪生命周期，并提出降噪建议。首先，分析了安全信噪的定义、主要特点，并定义安全信噪比来表征安全信息环境的特点；其次，在霍顿对信息生命周期研究的基础上，划分了安全信噪的生命周期阶段，进一步分析安全信噪占比、安全信噪比、风险3个参量在安全信噪生命周期中的变化规律；最后，在安全信噪生命周期变化规律的基础上，从图形变换的角度分析降噪策略，提出阶段移动、上下平移和放缩变换3种方法，以期为减少安全信息不对称提供科学合理的建议。结果证明：在安全信息认知过程中，安全信噪与安全信息关联紧密，并且可以从3个方面来采取降噪策略。

安全信噪是干扰安全认知的主要因素，为安全信息的区分带来难度，是安全信息失真的主要原因之一。安全信噪活跃于安全信息认知的各个阶段，对其进行研究和分析，从而提出科学的防治安全信噪的措施，提高安全信息认知效率和准确性，有效减少风险，规避不必要的损失，对及时、准确认识和把握系统状态及事故的预防和控制有重大意义。

11.3.1 安全信噪和安全信噪比的基本概念

1. 安全信噪

安全信噪是影响安全信宿对系统安全状态正确认知的不利信息。它是干扰安全信宿对安全信源认知的因素，存在于安全信息环境中，限制、蒙蔽、干扰和影响安全信宿的认知，使得安全认知过程的失真程度加重。安全信噪包括无关信息和干扰信息。无关信息是安全信息环境中虽然正确但是与安全目标并不相关的信息。干扰信息是安全信息环境中正确程度低的信息。影响系统安全状态可视化的主要因素是安全信息的污染，包括对准确认知造成影响的干扰信息、无关信息。

安全信息环境是安全认知过程中安全信宿和安全信源所处的环境，是信息角度下安全认知的环境，并起传递安全信息的作用。安全信息环境把安全信源和安全信宿联系起来，成为安全信息传递的媒介。从信息角度来看，安全信息环境由安全信息和安全信噪组成，安全信息和安全信噪是并列的概念，即安全信息环境中除了安全信息之外就是安全信噪。安全信息是能够引发主体创造思维，并且能够体现系统安全状态的正确的信息。

在未来的安全管理趋势中，避免事后处理，强调事故的前期管理。当安全信息透明化程度高、安全认知通道通畅、安全信息滤噪能力高时，安全信噪对安全信息的干扰作用下降。通过降噪策略，加强安全信息透明化程度，在事故前期就控制风险，使事故减少。在人类未来安全理论发展中，研究的对象不止事故，更会扩展到危险，甚至是风险。随着安全研究和安全科学的发展，安全信噪会被认为是一种新危险源，因为安全信噪过多会导致安全信息认知有困难或不能被认知；由安全信噪引起的安全信宿不能准确认知安全信息的状态属于新风险。安全信噪的主要特点见表11-1。

表 11-1　安全信噪的主要特点

特点	含义
普遍性	对特定的安全信息认知目标来说，其他的信息都被认为是安全信噪；也就是说，安全信噪普遍存在
转换性	当安全目标转换的时候，安全信息和安全信噪也会互相转化
伴随性	在整个生命周期中，安全信息与安全信噪交织在一起，一起经历从产生到消逝的整个过程
差异性	对安全信噪的识别能力，与安全信宿的安全素养等因素有关，不同个体具有差异性
危害性	安全信噪会帮助危险因素隐蔽起来，为安全信宿认知带来困难，使得系统风险性增大

2. 安全信噪比

安全信噪与安全信息的关系：一方面，安全信噪与安全信息相伴传递、相互依存、密不可分，一起传递、接收、处理、决策和执行；安全信噪与安全认知过程密不可分，渗透于安全认知的各个阶段，干扰安全认知的正常进行。无关信息主要在安全信息处理阶段被大量过滤，干扰信息主要在安全信息接收、处理和决策阶段被大量过滤。另一方面，安全信噪与安全信息又处于对立关系，安全信噪会影响安全信息的准确认知，造成安全信宿对安全信息的误解。

为了厘清安全信噪和安全信息量的关系，类似信噪比，定义安全信噪比。安全信噪比指系统中安全信息与安全信噪的比例。安全信噪比越高，代表安全信息认知效率越高、认知越准确，所以安全信息环境中安全信噪比越高越好。安全信噪比越低，代表认知的安全信噪的比例越大，对系统正确决策、执行的可能性越低，认知的风险越大。

安全信噪比是体现安全信息环境状态的参数，其公式如下：

$$n = \frac{I}{N} \tag{11-11}$$

式中，n 表示安全信噪比，在 0 到 ∞ 之间取值；N 表示安全信噪量；I 表示安全信息量。

安全信噪比与系统风险相关，当安全信噪比较低时，系统中的安全信息占比较小，安全信噪占比较大，安全信宿正确认知系统安全状态的可能性降低，安全认知信息失真的可能性增大，系统风险增加。由此给出风险和安全信噪比的关系，具体表达式如下：

$$R = \frac{k}{n} \tag{11-12}$$

式中，R 表示系统风险；k 表示比例系数，其大小由其他影响安全信息认知的因素确定，如安全信宿的认知状态。当 n 无限小或趋近于 0 时，系统中安全信噪的占比接近 100%，风险趋近无穷大；当 n 趋近于 ∞ 时，系统中安全信息的占比接近 100%，几乎没有安全信噪，系统风险趋近于 0，安全认知过程处于安全状态，事故不会发生，这与现实情况相符。另外，当信息透明化程度足够高时，安全信宿能认知到所有的危险，会本能规避风险，所以事故就不会发生，伤害也可以避免。

安全信噪占比越大，安全信息占比越小，安全信噪比越小，风险就越高；安全信噪占比越小，安全信息占比越大，安全信噪比越大，风险就越低。

上述公式的提出，是为了厘清安全信噪与风险的关系：从内容的角度来分析，安全信噪与安全信息的关联性和相关程度越高，安全信宿越难区分，安全信噪起作用的阶段和时间越长；从数量的角度来分析，过多认知安全信噪会使得安全信宿的决策和行为错误的可能性增大，风险增加。

11.3.2 安全信噪的生命周期及其演化规律

1. 生命周期的框架

在霍顿对信息生命周期的研究中，信息生命周期被分为定义、收集、传递、处理、储存、传播、利用7个阶段。基于此，对安全信噪的生命周期阶段进行分析和划分。安全信噪生命周期是安全信噪从产生到消逝的整个过程，表示安全信噪生命阶段随时间产生的变化。安全信噪的整个生命周期经历激活、传递、接收、作用和沉寂5个过程。在安全信噪的生命周期中，阶段临界点有5个，即激活临界点、传递临界点、接收临界点、作用临界点、沉寂临界点；临界点表示阶段的开始或结束。安全信噪的生命周期如图11-11所示。

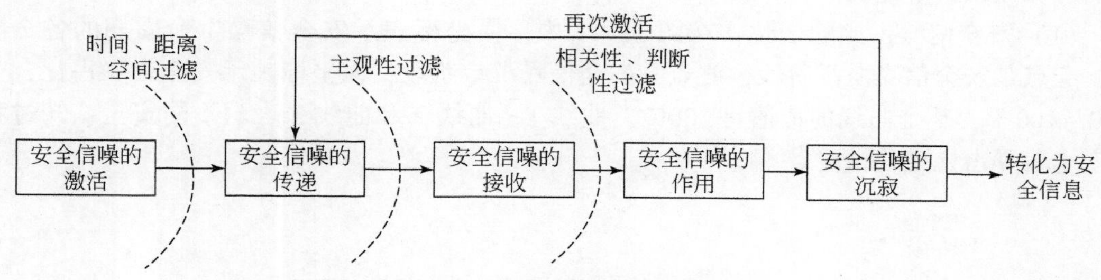

图11-11 安全信噪的生命周期

对安全信噪的生命周期进行研究，以期对安全信噪有一个完整的了解。接下来对安全信噪的5个生命周期阶段进行详细分析：

（1）安全信噪的激活。当安全信息认知目标确定后，相应的安全信息即被确定，其他安全信息会自动成为安全信噪，安全信噪被激活。也就是说，安全信噪已产生，并且安全信噪和安全信息从概念上已被区分开，各自扮演自己的角色。

（2）安全信噪的传递。安全信噪的传递阶段是指安全信噪激活和传递节点间的过程，安全信息和安全信噪同时通过介质在安全信息环境中被传递。经过时间、距离和空间3个方面的过滤，其对安全信噪的过滤能力很强，所以传递过程中会减少大量的安全信噪。

（3）安全信噪的接收。安全信噪的接收阶段是指安全信噪传递和接收节点间的过程。经由安全信宿的主体选择、相关性过滤，安全信噪被进一步筛选，被选中的安全信噪与安全信息一起被安全信宿接收。

（4）安全信噪的作用。安全信噪的作用阶段是指安全信噪传递和接收节点间的过程。安全信噪的作用过程是对安全信噪的加工和实施过程，包括分析、处理、预测、决策、记忆和执行等过程。安全信噪与安全信息一样，被安全信宿处理、分析；安全信宿根据处理结果，形成并执行安全决策。这个阶段作用的安全信噪，数量上来说比较少，但是干扰性很强，会影响安全信宿的行动，改变系统安全状态。也意味着安全信噪对安全信宿的安全认知起作用，成功干扰了安全信宿的安全认知。

（5）安全信噪的沉寂。安全信噪的沉寂阶段是指安全信噪作用和沉寂节点间的过程，安全信噪不起作用，系统处于理想的完全透明化的安全信息环境。安全信息沉寂临界点是指一个安全信噪生命周期完成后与新周期开始的一个极短的临界时间段状态。在安全认知执行之后，安全信噪完成自己的使命进入沉寂状态。它不会消失，可能作为安全信噪被再次激活，也可能转化为安全信息；如果再次认知的安全目的是相同的，再次激活的安全信噪仍然是安全信噪，但由于安全认知过程发生变化，前后两次周期的曲线起点、幅度可能不同；当目的不同时，安全信噪可能转化为安全信息。

2. 生命周期的规律

在对安全信噪占比、安全信噪比和风险分析的基础上，结合安全信噪的生命周期，依据安全信息失真程度的累积规律，研究在安全信噪各个生命周期中 3 个参数的变化情况，绘制图形并进行横向和纵向的比较分析，以期了解各阶段 3 个参数的变化规律和特点，从而为降噪提供科学建议。

（1）安全信噪占比的变化：在图 11-12 中，横坐标表示安全信噪生命周期的各个阶段，起点是安全信噪激活阶段，终点是安全信噪沉寂阶段；纵坐标表示安全信噪占比，介于 0～100%，整个曲线的最值是 100%。曲线 1、曲线 2 和曲线 3 表示不同安全认知过程的安全信噪占比变化情况。

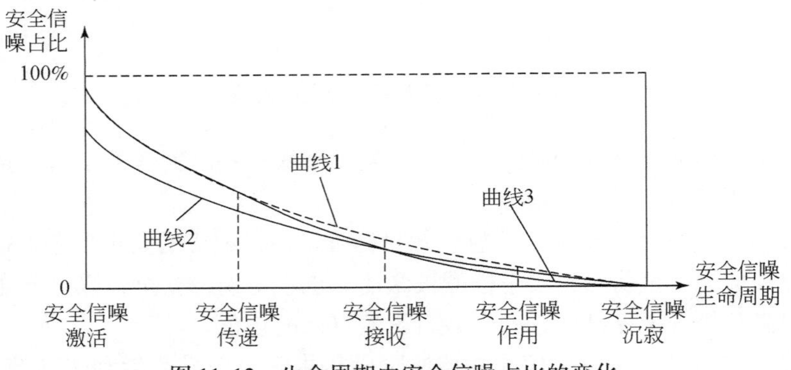

图 11-12　生命周期中安全信噪占比的变化

在安全信噪周期中，安全信噪激活阶段的起点有高低区别，安全信噪占比大的起点高；当安全信息环境中安全信噪占比变大时，安全信噪占比曲线会上移。随着安全信噪的生命进程，由于距离、时间和空间的过滤作用，过滤网最密，筛选去除的量最大，安全信噪激活阶段安全信噪减少的幅度相对后几个阶段最大。在安全信噪接收过程中，由于安全信宿的相关性、主观性过滤，安全信噪被进一步筛选掉，安全信噪筛选掉的量比安全信息筛选掉的量大，所以安全信噪占比进一步降低，而且降低幅度较大，曲线斜率较大。安全信噪的作用过程中，由于安全信宿的相关性、判断性过滤，对安全信噪继续筛选；当安全信宿的判断性过滤能力更强并且安全素养更高时，曲线更陡并且下压，更接近横坐标。

不同的安全认知过程的抗噪能力不同，得到的安全信噪占比的变化曲线也不同。但安全信噪占比曲线的大体趋势是一样的，在整个安全认知过程中，逐渐减少，直到变为0。每层屏障的筛选能力不同，但都会减少安全信噪，逐渐筛选出安全信宿认知的信息。最后筛选出安全信噪和安全信宿的滤噪能力、安全认知环境、安全信噪相关性等因素。

总的来说，图11-12显现安全信噪占比逐渐变少的过程，曲线逐渐变缓，意味着过滤的安全信噪量和比例逐渐变少，减少速率逐渐放缓。曲线1和曲线2相较而言，两条曲线存在起点不同、终点相同的关系，曲线1的起点高，在曲线2的上方，各阶段安全信噪占比都大于曲线2，也就是说，曲线2的安全认知环境、过程和效果较优。曲线1和曲线3的起点和终点都相同，并且前半段曲线趋势也相同，但是后半段曲线3的安全信噪占比更低，安全认知过程和效果较优。对曲线2和曲线3来说，通过两条曲线和坐标轴围成的面积比较，表明曲线2的认知效果是3条曲线中最好的。

（2）安全信噪比的变化：如图11-13所示，就曲线4和曲线5两个周期而言，起点不同，趋势相同，存在平移和伸缩的关系，周期长度被压缩。就整体趋势而言，随着生命周期，均呈现安全信噪比越来越大的规律，安全信噪比的最值为∞，横坐标的起点不同，终点的纵坐标相同。在安全信噪沉寂阶段，安全信噪不起作用，安全信噪比接近于∞。

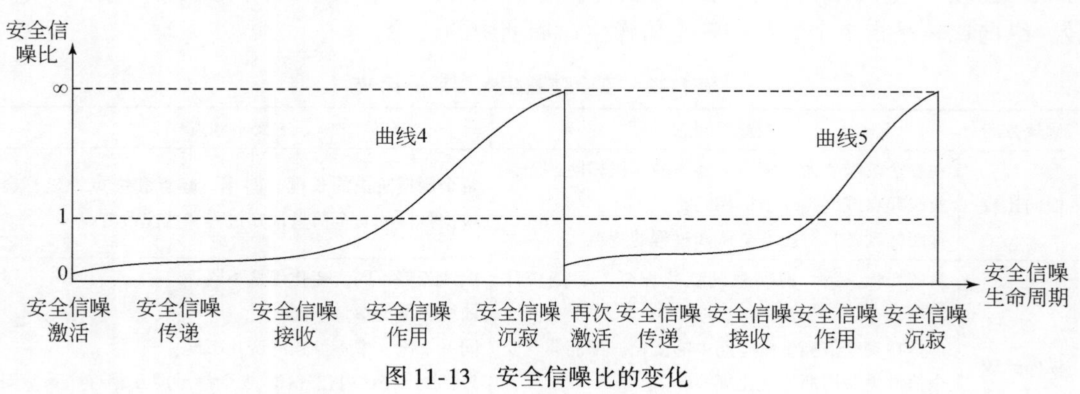

图11-13 安全信噪比的变化

（3）风险的变化：根据风险与安全信噪比的关系，得到风险在安全信噪生命周期中的变化情况，即曲线的整体趋势呈现逐渐变小的规律，风险的最值为∞，最小值为0，如图11-14所示。也就是说，风险随着安全信噪的生命周期的进行不断减少，最后在沉寂临界点变为0。事故界限和危险界限根据具体的安全信息环境和认知过程来确定。例如，精密仪器的安全信息认知过程要求更高的安全性，危险界限下移。

图11-12～图11-14是概念曲线，表示生命周期参数的大体趋势，具体的数值还需要通过采集数据进行计算。图11-13和图11-14的曲线只是举个例子，说明安全信噪的生命周期中的规律。

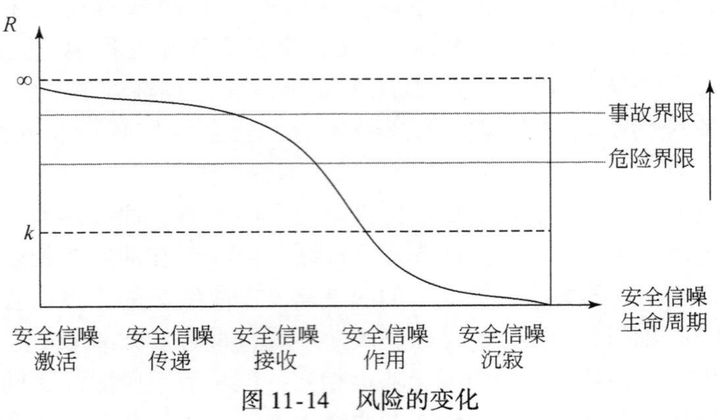

图 11-14 风险的变化

3. 生命周期的比较研究

通过安全信噪相关参数在生命周期曲线的对比，来得到一些规律，以期指导安全信息环境的治理，追求更高的系统安全状态认知过程的安全性。通过安全信噪生命周期的比较，来了解参量的变化趋势、变化量、变化快慢和最值的一些规律与关系，分为横向比较和纵向比较（表 11-2），横向比较表示同一个参数的不同周期或不同安全认知情况的比较，纵向比较是指 3 个参数在安全信噪生命周期中的比较。

表 11-2 安全信噪生命周期的比较

比较方向	主要相同点	主要不同点
横向比较	在安全信噪生命周期中，经历的阶段相同； 曲线起点或终点纵坐标相同； 都能体现各自对应安全认知过程的特点	每个周期阶段的长度、斜率、起点和终点纵坐标会根据具体的安全信息认知过程和状况改变
纵向比较	量的变化一致：前期量的变化剧烈，后期变化缓慢； 都是在安全信噪生命周期中的变化，都能体现安全信噪生命周期的变化规律； 都是安全认知过程中的参数，都能体现安全信息环境和过程的动态变化	曲线趋势不同，变化规律不同； 曲线表征的参量不同； 同一个阶段中各参数的变化不同； 3 个曲线存在内在规律，3 个参量间互相有联系。安全信噪占比和风险的变化趋势相似，和安全信噪比规律相反

安全信噪生命周期的优点：它只考虑时间和安全信噪两个因素，将安全信噪分成不同的时期，对应不同的变化规律；在此基础上，可针对各个阶段不同的特点而采取不同的降噪策略；根据安全信噪与其他变量的关系，可以得出其他变量与时间的关系，也就是其他变量在安全信噪生命周期中的变化特点。另外，在生命周期研究的基础上可以对故障进行分析：当采取措施把外界的安全信噪比降下来时，曲线是下压还是上升；哪个阶段安全信噪比过小；哪个阶段需要采取措施等。

11.3.3 安全信噪的治理策略

安全信噪占比的变化，会引起参数图形的变化；反过来，通过对图形进行有目的性的调整，来控制安全信噪，就可以使系统的风险降低。总的来说，安全信噪治理策略是依据上述研究得到生命周期曲线图和图形变换理论得到的。

从图形变换的方法来分析，图形变换有平移、放缩等方式。从平移和放缩的含义、实现方法、效果和启发等方面，对安全信噪生命周期进行研究，并分析降噪措施的建议：

(1) 阶段移动。阶段移动是通过从安全信宿、安全信源和安全信息环境 3 个方面进行安全认知的优化，即一个或多个安全信噪生命周期阶段的临界点发生上下移动，并且曲线终点不变的过程。阶段移动是指对安全信噪生命周期曲线一个或多个阶段的移动，是通过一定措施使安全信噪比和风险曲线向下移动，安全信噪比曲线向上移动的过程。在图 11-12 中，曲线 1 表示现有安全认知过程，曲线 2 表示通过 3 个方面优化实现的阶段移动，4 个阶段临界点都发生变化；曲线 3 表示安全信宿优化实现的阶段移动，两个阶段临界点都发生变化。阶段平移的作用是减少安全信息不对称，使安全认知过程风险性降低。

(2) 上下平移。上下平移是指对风险曲线（图 11-14）中事故界限和危险界限的平移。其含义是通过提高系统韧性，提高系统对安全信噪占比的可接受程度及对风险的容忍度。当界限上移后，相对来说现阶段的风险变低。

(3) 周期放缩。周期放缩是指曲线纵坐标的起点、终点和曲线规律不变，某一个或多个阶段的长度发生变化。特点是横坐标变化，纵坐标的差值不变。由图 11-15 可知，安全认知时间拉长后，周期拉长效果并不明显，而且周期长的曲线的安全信噪占比变大，并没有对安全认知过程进行优化，反而风险更大。也就是说，因为安全认知时间变长，安全信息与安全信噪被认知的量同时增加，而安全信噪增加的量更多，使得安全信噪占比增加；另外，安全认知环境中，安全信噪占比大于安全信息占比，当安全认知时间拉长，安全信噪被认知的可能性大于安全信息，所以随着时间的拉长，安全信噪占比增加。因此，在一定程度上，安全认知过程的时长需要适度，不能过长。

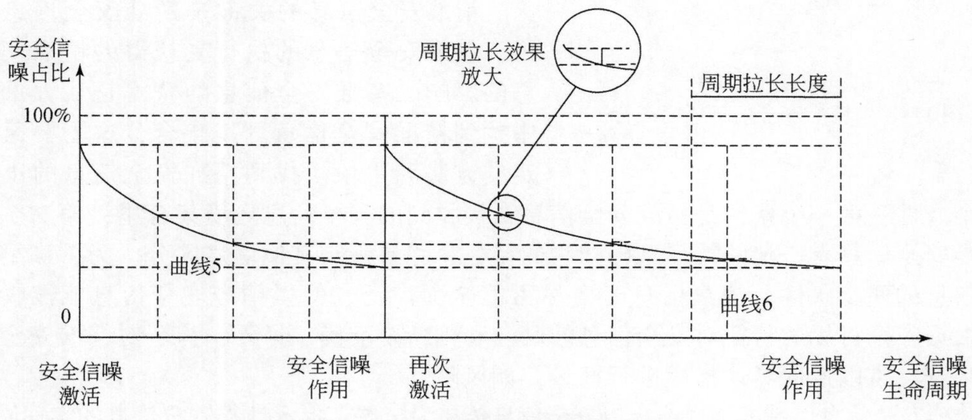

图 11-15　周期放缩的效果示意图

11.4　精准安全信息的实现策略

随着智慧安全理念的倡导，安全信息逐渐进入大众视野。安全信息贯穿安全工作的始终，是安全信宿进行获取、分析、决策和执行的基础。然而，海量安全信息及安全信息间的错综复杂的关系，使得安全信息的利用存在困难。只有在安全信宿精准地了解系统，厘清系统安全缺陷的基础上，才能实现精准的安全管理。如何精准地获取并使用安全信息进行安全管理是一个急需解决的问题。

11.4.1　精准安全信息

1. 基础定义

精准安全信息是指安全信宿根据安全目标从系统中精准地认知到正确的具有很高安全价值的信息。实际上，精准安全信息是关键的安全信息，它表征的是系统安全状态的重要变化，在很大程度上可以反映事故的发生与否。根据精准安全信息进行一系列的安全行动，其行动的结果大多会提高系统安全性。

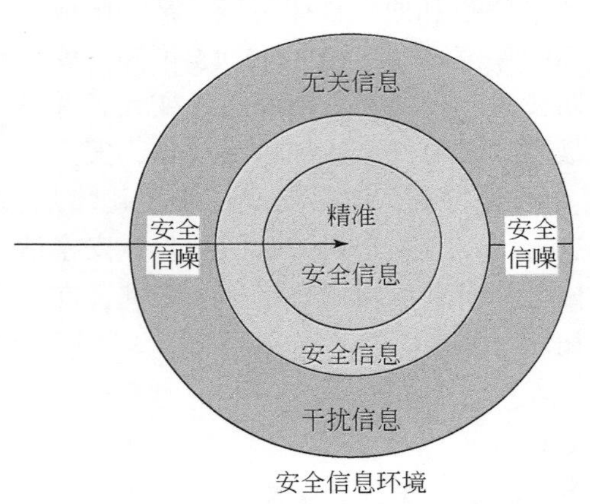

图 11-16　精准安全信息环境集合

安全信息环境包括安全信息和安全信噪。安全信噪是干扰安全信息认知的信息，包括正确程度低的干扰信息、正确但与安全目标无关的无关信息。安全信息是正确程度高并且与安全目标相关的信息，精准安全信息是安全信息环境集合中安全价值和重要程度高的信息。从概念上来区分，精准安全信息的主要特点是安全价值高。精准安全信息环境集合如图 11-16 所示。

精准安全信息的关键是精准安全信息的获得，精准安全信息的执行受获得的精准安全信息的影响。精准安全信息的获得是从大量信息中找到精准安全信息环境集合，这需要通过特定的方法和手段。找到精准安全信息的小集合有两个条件：第一个条件是精准安全信息在接收到的安全信息环境集合里；第二个条件是精准安全信息有一定的特征且已知它的特征，并易于与其他信息区分。为了满足精准安全信息的两个条件，搜集信息时要尽可能全面广泛，使得精准安全信息能被收集完整；根据安全目标的特征对安全信息的区分和判断要准确。另外，为了对精准安全信息进行区分，可以选取具体指标进行衡量，如风险。

精准安全信息以精准为主线，以安全信息传递为扩展，揭示精准安全信息的实现原则和路径，建立精准安全信息的实现框架，解决安全信息不对称的问题。精准安全信息理念可以帮助安全信宿更好地理解安全信源，减少安全信噪的影响，避免安全信息错误的产生，减少安全信息认知过程中的风险，提高安全管理水平，为安全信息的研究提供新的思路。

2. 特点与作用

精准安全信息的特点如下：

（1）目的性。精准安全信息是为了区分并挑选最有价值的安全信息。另外，根据安全目标的不同，精准安全信息是不同的，具有“一对一”的特点。

（2）有利性。精准安全信息能帮助安全信宿准确地认知安全系统，帮助实现安全信息的价值，对安全管理有很大的作用。

（3）抗干扰性。精准安全信息通过对安全信源、安全信宿和传播环境的优化，能降低安全信噪的干扰性。

（4）广泛性。精准安全信息的应用十分广泛。在日常安全工作中，精准安全信息的应用包括日常风险源辨识、组织安全信息流动、事故分析和预防等；在公共安全工作中，精准安全信息的应用包括安全事件舆情、突发事件风险防控等；在国家安全工作中，精准安全信息的应用包括国家安全情报的获取和分析等。

精准安全信息的作用：

（1）精准安全信息通过去噪、降噪和抗噪等手段，可以减少安全信噪的干扰。

（2）精准安全信息通过加强安全信息的强度和频率，可以提高安全信息认知效率。

（3）精准安全信息可以减少安全信息认知过程的风险；精准安全信息概念的提出可以减少安全信息认知过程中的安全信息的损失和扭曲，减少安全信息认知的偏差。

（4）精准安全信息为安全信息认知的发展提供新的思路，为安全信息失真提供了解决方法。同时，精准安全信息可以推进精准安全的研究。

11.4.2 精准安全信息的实现路径

在射箭过程中，为了精准地射中靶心，需要技艺高超的射箭人、完好的弓箭和距离合适的靶子；同样地，为了在安全信息环境集合中找到核心的精准安全信息，需要安全信宿具有精准认知安全信息的能力、准确有效的传播环境和安全信息呈现完整的安全信源。相反地，通过去除外部安全信噪的干扰也能提高安全信息的精准性。当安全信息环境集合中的安全信噪被完全去除，也就意味着安全信宿认知到的都是精准安全信息。安全信息认知过程中，存在安全信噪干扰安全信宿的认知，可能会使得安全信息产生扭曲、改变，甚至相悖。在大量浩渺的安全信息系统中准确认知到安全目标所需的安全信息，是一件非常难的事情。借鉴精准传播等的研究，实现精准安全信息需要减少其他因素对目标的干扰，减少安全信噪和其他安全信息认知的不利影响。在一定程度上，精准安全信息是对安全信息的去伪存真，即在很多不相关的信息中找到安全目标需要的安全信息，进而为系统安全分析和管理提供支撑和帮助，实现安全信息的价值。精准安全信息的干扰因素是安全信噪，因此去除和减少安全信息环境集合中的安全信噪也是实现精准安全的方法之一。

精准安全信息的传播路径是从安全信源经过环境到达安全信宿。精准安全信息要求在特定的安全目标下，安全信宿能准确认知到所有需要的正确的、高价值的安全信息。精准安全信息的目的是对症下药，针对安全目标精准地区分、识别、分析、管理和执行高价值安全信息。精准安全信息含有反映系统安全性的所有核心信息，以及对安全管理有重要作用的信息。理想的精准安全信息状态是所有的精准安全信息都被接收，而安全信噪被隔离和屏蔽。精准安全信息的实现思路是加强安全信息，去除安全信噪。

精准安全信息实现的路径有两条：①安全信息路径。在安全信息传播中，安全信息路径要求参与安全信息传播的 3 个元素具备相关的特点，分别为安全信源需要信息完整、传播环境需要准确有效、安全信宿需要具备准确认知的能力。在安全信息执行中，安全信息路径要求参与安全信息传播的 3 个元素也具备相关的特点，分别为安全信宿需要具备精准执行的能力、传播环境需要准确有效、安全信源需要动态变化。从安全信息角度出发，通过加强安全信息的方式寻找精准安全信息。加强安全信息的强度和频率，对价值高的关键安全信息设置第三方监管。②安全信噪路径。在安全信息传播中，安全信息路径要求参与安全信息传播的 3 个元素具备相关的特点，分别为安全信源需要进行去噪，使得安全信噪减少或隔离；传播环境需要降噪，对环境的传播进行清理和净化；安全信宿需要具备抗噪能力，能准确识别和筛除安全信噪。在安全信息执行中，安全信息路径要求参与安全信息传播的 3 个元素也具备相关的特点，分别为安全信宿需要具备精准执行的能力、传播环境需要准确有效、安全信源需要动态变化。为了寻找精准安全信息，从安全信噪角度出发，首先去掉不正确的信息（即干扰信息），其次寻找与安全目标相关的信息（即去掉无关信息，筛选安全信息），最后在相关的安全信息中寻找价值高的信息（即精准安全信息）。

精准安全信息的两条路径，一条是增加安全信息环境集合中的安全信息，另一条是减少安全信息环境集合中的安全信噪。二者不冲突，且同时进行可使得安全信息的精准性得到更高提升。安全信息路径是利用安全信息传播过程的参与元素实现的，安全信噪路径是利用干扰安全信息传播的因素实现的。通过对安全信息的传递过程进行分析，结合精准安全信息的要求，厘清两条精准安全信息的实现路径，可以为安全信息的效率提高提供方法。精准安全信息的实现路径如图 11-17 所示。

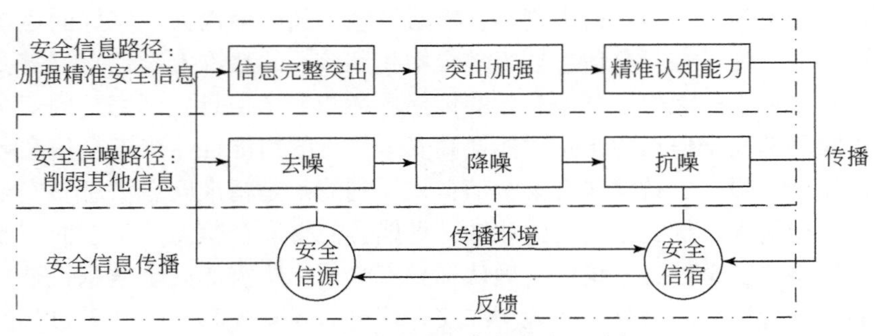

图 11-17　精准安全信息的实现路径

11.4.3　精准安全信息的实现原则与策略

1. 实现原则

安全人机工程是对显示面和操作面的设计，而精准安全信息的认知也包含这两个人机界面的交互。安全人机工程的研究内容包含根据人体的特性在信息认知过程中对人、机和环境进行研究和优化，使信息流通顺畅，显示明显，操作更方便（吴超和李思贤，2019）。提高安全信息的效率也是精准安全信息的研究目的，因此精准安全信息的实现可以从安全人机的角度来研究。精准安全信息是正确程度高并且与安全目标相关的价值高的信息，精准安全信息的实现是利用安全人机工程的知识在安全信息传播过程中实现对精准安全信息的筛选。精准安全信息是安全信宿对安全信源准确了解并进行高效交互的过程，通过利用显示和控制界面设计的知识使安全信息的传递效率更高，实现精准安全信息的目标。

通过安全人机工程的设计，有目的地布置安全信源和传播环境，保证安全信息处于安全信宿的认知阈值内，并得到安全信宿认知最高效的安全信源和传播环境的状态。根据安全人机工程的原理，得到精准安全信息的实现原则：

（1）安全信源优化原则——安全信源传递选择合适的显示方式。安全信源的显示要符合安全信宿的感知特性，信息完整且去噪，尽量实现适宜刺激。另外，把安全信息和安全信噪区分显示，加强安全信息强度，并削弱安全信噪。

（2）安全信宿优化原则——提高安全信宿的安全信息素养，能有目的地加强安全信息强度，并削弱安全信噪。

（3）传播环境优化原则——安全信息传播环境要传播效率高且降噪，减少无关干扰，从而加强安全信息强度，并削弱安全信噪。

（4）安全信源和安全信宿匹配原则——安全信源的设计要可操作性强，易于安全信宿执行和反馈。安全信息分析和输出要符合人的生理、心理和生物力学特性，尽量选择反应速度快、执行准确性高的方式。

（5）安全信源和传播环境匹配原则——安全信源传递要选择合适的传递方式和通道。

（6）安全信宿和传播环境匹配原则——安全信宿要选择合适的安全信息输入方式，使安全信道具有抗噪能力，使安全信宿尽可能地接收安全信息，并能准确筛选。

2. 实现策略

精准安全信息的实现需要安全信宿有选择性地认知安全信源。理想的精准安全信息认知是在没有信噪的环境中适宜刺激的安全信源传递安全价值高的安全信息给安全信息素养高的安全信宿认知，并正确分析、决策和执行，最终提高系统的安全状态。精准安全信息与其他安全信息的不同之处主要在于：精准安全信息对安全信息认知过程有更高的要求。一方面，精准安全信息认知过程更复杂，只有安全信息认知过程更加精细才能实现精准安全信息认知；另一方面，精准安全信息认知过程对参与元素有要求。为了强化精准安全信息，根据安全人机工程学原理，对认知过程的参与要素进行设计。

安全信息路径实现策略主要指在精准安全信息传递过程中强化精准安全信息。安全信息路径实现策略主要有以下 3 个方面。

（1）安全信源：通过对安全信源的设计来强化精准安全信息，增大精准安全信息在安全信息环境中的占比。

（2）传播环境：增加精准安全信息传递方式和通道，适当提高传递的自动化程度。

（3）安全信宿：通过对安全信宿的训练和教育，加强安全信宿的筛选和辨识能力，提高安全信宿的安全信息素养；另外，还可以采取类比、相似、比较、推理、相关性等方法，再次对安全信息和安全信噪进行区分。

安全信噪路径实现策略主要指在精准安全信息传递过程中削弱其他信息。安全信噪路径实现策略主要有以下 3 个方面。

（1）安全信源：通过对安全信噪的管理来去除安全信噪对精准安全信息的影响，通过对安全信源的设计来削弱其他信息，减少其他信息在安全信息环境中的占比。

（2）传播环境：限制安全信噪的传递方式和通道，减少安全信噪的强度。

（3）安全信宿：提高安全信宿的安全信息素养，并提高安全信宿的筛选能力和抗干扰能力，使安全管理不受安全信噪的负面影响。

在精准安全信息实现路径和原则的基础上，从精准安全信息认知元素展开，结合安全人机工程，通过对精准安全信息 3 个要素及其之间的匹配设计，得到精准安全信息的实现策略，如图 11-18 所示。图 11-18 的中心是本研究目标所在，精准安全信息实现策略的核心是使精准安全信息被全面接收并筛选出来；接下来的第一层是精准安全信息认知的 3 个参与要素，包括安全信源、传播环境和安全信宿，要素间的箭头表示互相匹配的安全人机设计，详见表 11-3；第二层是不同要素的精准安全信息实现路径，包括增强精准安全信息和削弱其他信息两种方法；第三层即最外层是精准安全信息的实现策略，表示不同精准安全信息要素实现路径对应的实现方法。

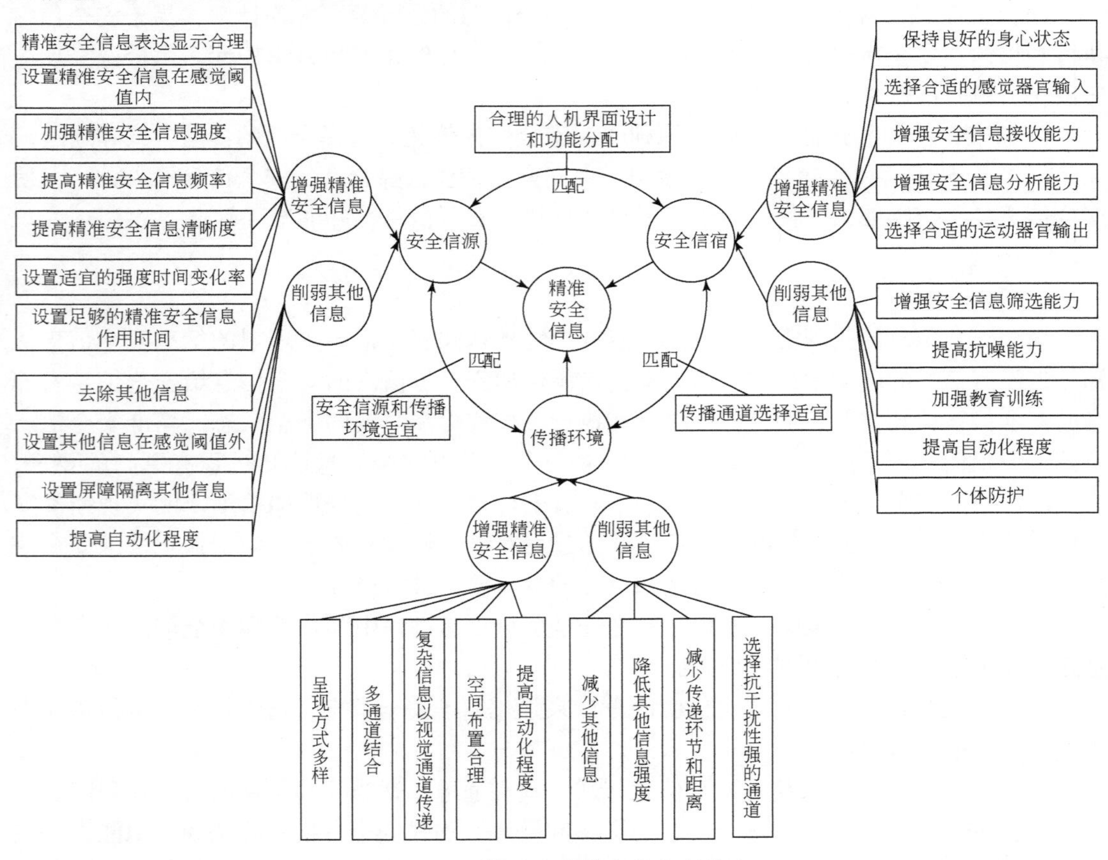

图 11-18　精准安全信息的实现策略

表 11-3 精准安全信息的安全人机设计

传播要素	理想状态	安全人机设计
安全信源	精准安全信息突出且全面； 无其他信息	通过对安全信源的显示界面和操作界面进行设计，实现安全信源与安全信宿的交互通畅； 根据安全原理对安全信源进行管理，实现去噪的目的
传播环境	多方式传递； 无其他信息	选择可靠性高且与安全信宿匹配的安全信道进行精准安全信息传递； 根据空间布置原理，利用降噪技术对传播环境的其他信息进行管理
安全信宿	精准安全信息全面； 无其他信息	提升安全信宿的精准安全信息能力和素养； 提高安全信宿的抗干扰能力和筛选能力

因此，图 11-18 体现了精准安全信息的参与要素、实现路径和实现策略。精准安全信息的参与要素根据安全信息的认知过程而得到，实现路径根据安全信息环境集合分析而得到，实现策略根据参与要素和实现路径并结合安全人机工程原理而得到。精准安全信息实现策略为精准安全信息的实现提供理论基础，为提高安全信息传递效率提供安全人机工程的解决方法。

11.5 多级安全信息认知模式分析与优化

从信息流动的角度出发，对多级安全认知过程进行深入分析，厘清多级安全认知过程的安全信息流动规律和影响因素，提出优化传递策略，对提高多级安全认知信息传递效率有重要作用，对事故分析有较强的实践意义。以安全认知通用模型为基础，根据贝叶斯网络结构，对多级安全认知过程进行分解，将多级安全认知形式归纳为串联、并联、聚合和混联 4 种不同的结构，从含义、安全信源个数、安全信宿个数、安全信息流动规律、提高安全信息有效性措施等方面，比较分析不同结构的特点。在此基础上，通过对 4 种安全认知结构进行组合，得到多级安全认知网络模型，对安全信息的优化策略进行深入分析，并定义相关概念，得到多级安全认知信息优化模型。最后，以江苏响水爆炸谣言为例对优化模型进行应用说明。研究发现，优化模型为多级安全认知的分析和研究提供了理论基础，其可阐述安全信息在安全信宿和信源间的流动过程，并可据此进行安全信息传递路线的优化，减少安全信息失真。

11.5.1 安全信息认知模式

现实世界的安全认知过程和模式复杂多样，安全认知信息链交错连接，类似六度分隔理论。为了对安全认知信息链进行分析，本研究归纳出安全信源与安全信宿间的 4 种安全认知模式，以期揭示多级安全认知模式的特点和规律。

1. 安全认知模式分类

安全信源是指安全信息认知过程中的客体，主要对安全信息进行传递。安全信宿是指安全信息认知过程的主体，主要对安全信息进行接收，也可以把接收到的安全信息传递给下一个主体。安全认知模式是安全信源和安全信宿间交流的形式。安全信息链是指安全信息流动经过多个安全主体、客体，在安全主体、客体间构成有先后顺序的链条流动过程。安全有效信息是安全信源传递的正确信息，安全信息传递效率指单位时间内传递的安全有效信息。

从安全信息链角度，针对安全信息认知模式进行分类，类似于贝叶斯网络结构，分为串联、并联、聚合和混联安全认知模式：

（1）串联安全认知模式类似于传声筒游戏，安全信息从安全信源 1 流向安全信宿 2，再从安全信宿 2 再流向安全信宿 3，以此类推，传递下去，如图 11-19 所示。

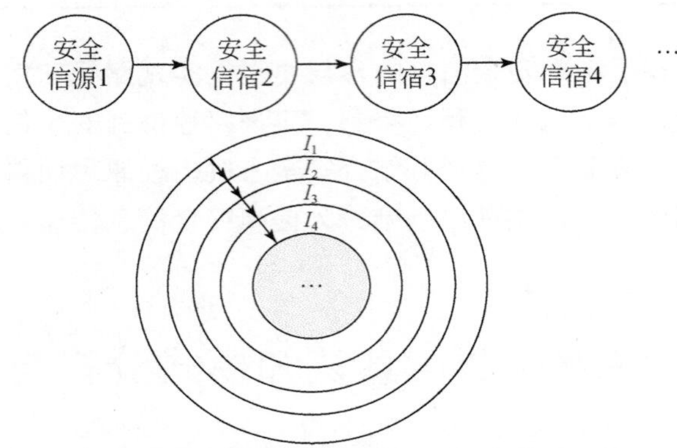

图 11-19　串联安全认知模式和安全有效信息变化

（2）并联安全认知模式是指多个安全信宿对同一安全信源进行安全认知，是一对多的传递过程，如图 11-20 所示。

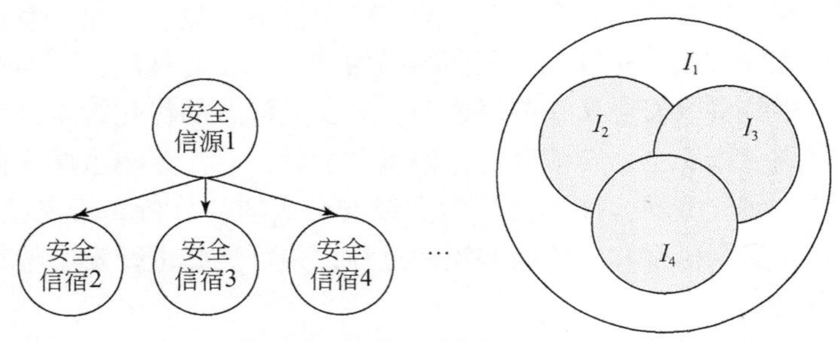

图 11-20　并联安全认知模式和安全有效信息变化

（3）聚合安全认知模式是并联结构的相反形式，表现为多对一的安全信息传递过程，即多个安全信源对一个安全信宿传递，安全信宿同时从不同安全信源处接收到的信息会相互影响，如图 11-21 所示。

（4）混联安全认知模式是串联、并联和聚合安全认知模式的复杂组合。聚合与混联是两种不同的形式，聚合是“多对一”的安全信息传递形式；混联是多种安全信息传递模式组合起来的，可能包含聚合形式，也可能包含串联、并联。

在实际情况中，安全信息认知往往是多层级的，一级向下一级传递，然后不断向更多

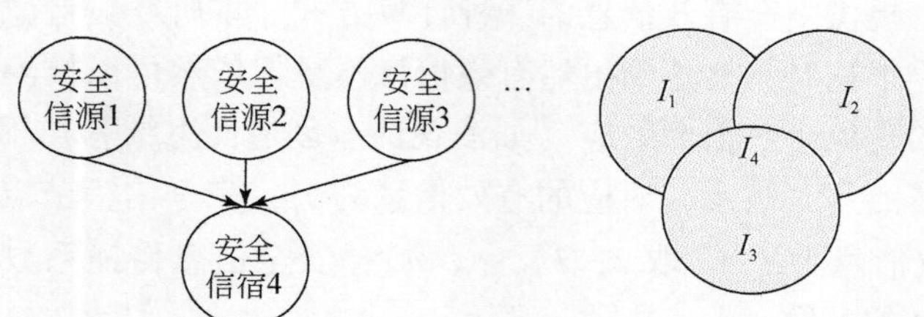

图 11-21 聚合安全认知模式和安全有效信息变化

安全信宿传播，也就形成了多级安全认知过程。多级安全认知过程是多个安全主体、客体间的安全信息传递过程，是由串联、并联和聚合三种结构混联而成的复杂过程。通过 4 种模式的结合，多条安全信息链交织，就形成了多级安全信息认知的网状结构。

根据安全认知模式的分类和定义，结合图论的知识，对 4 种安全认知模式的特点进行比较，详见表 11-4。

表 11-4 安全认知模式比较分析

模式	含义	信源数	信宿数	顶点数	边数	有向树	安全信息传递规律	提高安全信息传递效率的措施
串联	一个安全信宿认知后，把安全信息传递给另一个安全信宿	1	n	n+1	n	出树	安全信息有效性逐渐减小	减少传递环节；加强安全信息强度，延长出现时间，增加出现频率；加强安全信宿的安全信息的接收和传递能力
并联	多个安全信宿对同一个安全信源的认知过程	1	n	n+1	n	出树	n 个安全信宿对应的安全有效信息大致服从正态分布	对同一层级接收安全信息少的安全主体进行训练，或者用安全信息接收能力强的主体去替换
聚合	多个安全信源对一个安全信宿的信息传递	n	1	n+1	n	入树	n 个安全信源对安全信宿的影响是相互补充、相互削弱，再由安全信宿筛选判断的过程	提高安全主体的安全信息选择、判断能力
混联	串联、并联和聚合中 2 种或 3 种结构的联合	n	n	2n	具体情况	混合	多种安全认知模式对应的安全信息变化复杂	参考其他 3 种措施

2. 安全信息认知传播系数

为了描述每两级间的安全信息传递关系，定义安全信息传播系数，也就是每两级间的有效信息传递百分比。安全信息传播系数表示安全认知主体的认知能力，安全信息传播系数越大，表示安全认知主体的认知能力越强，接收的安全信息越多。安全信息传播系数与安全信宿的生理、心理状态、接收能力、传播方式和安全信息状态等因素相关。通过定义安全信息传播系数，提供安全有效信息的一种计算方式。本研究只考虑安全信息传递的负面效应，当安全素养很高时，能达到虽然有效信息不足但依然可以推测其他有效信息的效果，这是正面效应的现象，对正面效应（如涌现性、创造性思维等）不予讨论。

单一安全信源节点用 v_1 表示，对应的有效信息为 I_1；安全信宿节点用 v_i 表示，定义安全信宿 i 接收的有效信息为 I_i（i 取 2，3，…，n），安全信息传播系数为 k_i，$0<k_i<1$，其中，i、n 都为大于 0 的整数。

传播系数得到的办法有两种，包括实验测量和安全认知状态估计法。由于安全信息的定量存在一定困难，每两级之间的有效信息百分比都用实验测量方法得到是不现实的，可以对安全信息认知状态进行评估，建立等级表，对安全主体、客体和传播条件的状态分级，每个级别对应一个传播百分比，实际应用时通过查表来确定即可。

3. 安全有效信息传递关系

通过安全信息传播系数定义每两级安全主体、客体间的关系，再明确不同模式间的安全信息传递关系，就可以得到整个网络间有效信息的关系。现对各种模式中安全主客体间有效信息的关系进行分析。

（1）串联结构：安全信息在安全信源和安全信宿间传递，在串联形式中，安全有效信息变少。安全信源、安全信宿间安全有效信息成正比例关系，故存在关系式：

$$\begin{aligned} I_2 &= k_2 \times I_1 \\ I_i &= k_i \times I_{i-1} \end{aligned} \tag{11-13}$$

对图 11-19 进行分析，若安全信源的有效信息为 I，则 $I_2=k_2\times I_1$，$I_3=k_3\times I_2$，$I_4=k_4\times I_3$。其中，k_2、k_3、k_4 表示安全信宿 2、安全信宿 3 和安全信宿 4 分别对应的安全信息传播系数，I_2、I_3、I_4 表示对应安全信宿接收的安全信息的量。

（2）并联结构：并联结构可以认为是多个串联结构的组合，I_1 表示单一安全信源的有效信息，根据串联的关系式可得

$$I_1 = \frac{I_2}{k_2} = \frac{I_3}{k_3} = \frac{I_4}{k_4} = \cdots = \frac{I_n}{k_n} \tag{11-14}$$

（3）聚合结构：安全信源和安全信宿的安全信息间存在主体选择关系，定义以下关系：

$$I_4 = k_4 \times (I_1 + I_2 + I_3 + \cdots) \tag{11-15}$$

（4）混联结构：混联结构的安全有效信息计算方法，同样符合以上 3 种计算。通过 4 种结构的安全认知有效信息计算关系，可以应用于任意复杂网络，从而预测某个节点的安全有效信息。

通过安全有效信息的计算，可以明确各节点安全有效信息，清晰地显示出所研究节点与其他节点的关系，以及影响目标节点安全有效信息的因素，也可以优化安全信息流动过程。通过相关安全有效信息，可以预测整个安全有效信息传播网络和规律，为安全决策和安全管理提供理论依据。另外，安全信息流动规律对系统安全有很重要的意义，有利于事故预防。

11.5.2 多级安全信息认知模式优化

基于上述对4种结构的讨论，安全信息传递效率和安全主体、安全客体、传播环境等因素相关，并且可以从这3个方面提高信息有效性。另外，除了这3种方法外，在其他条件不变的情况下，希望通过对网状传递过程进行分析，对网络的节点分布、传播路线进行研究，来得到提高安全信息传递效率的新方法，以及提高关键节点和整个网络有效安全信息的策略，这种提高安全信息传递效率的方法称为安全认知信息的优化。理想优化结果是中心节点到目标节点的距离是最短路径且路径的传播系数较大。

1. 多级安全信息的优化策略

安全信息传递效率的评价分为两个方面，包括传递的有效性和时效性，两个指标分别描述传递安全有效信息的准确程度和传播速度；从宏观和微观角度，传递效率又分为整体网络传递效率和目标节点传递效率。本研究仅从安全信息传播结构方面分析，并假设每两级间传递信息的时间相同。定义相关概念：

（1）节点。中心节点为安全信源；一级节点为离中心节点最近的安全信宿，也就是到中心节点的最短距离只需要传递一次；二级节点为到中心节点的最短距离只需要传递两次；以此类推，定义n级节点，n级节点为到中心节点的最短距离只需要传递n次的节点。

（2）关键节点。把出树多的节点即传出信息链多的节点，称为关键节点，关键节点的安全信息准确性影响信息链中之后节点的安全信息准确性。

（3）重要节点。度最大的节点称为重要节点，即节点传出和传入链条数的总和，可以体现该节点在网络中与其他节点连接的紧密程度。度是指节点i与其他节点连接的数目。

（4）最短路径。即连接两节点且经过节点数最少的路径，是体现安全信息传播速度的指标。最短路径的安全信息是安全信宿最先接收到的安全信息。

（5）节点间顺序传递。指高层级向低层级传递，可以经过一层或多层。从中心节点开始，每一级都会向下一级传递安全信息，i级节点向i+1级节点传递，i级节点为任意一级节点。更靠近中心节点的节点层级更高，i级节点比i+1级节点层级高。若两级传递层级差大于或等于2且层级由高向低传递，则层级低的节点升级为层级高的节点的下一级。

（6）节点升级。指提高节点的层级，这是缩短最短路径的主要方法。节点升级就是目标节点离中心节点更近，这样安全信息有效性就会越高，从而提高安全信息传递效率。

（7）节点间乱序传递。由任意节点间的安全信息交互而引起，低层级和高层级间节点会发生安全信息传递，即i级节点传递给j级节点，i级节点为比j级节点层级低的任意一级节点。

多级安全信息优化的参数有4个，包括关键节点、重要节点、最短路径和目标节点。多级安全信息的优化分为两个方面，首先对网络进行优化，其次对目标节点进行优化。对目标节点来说，从安全信息传递结构角度，提高其传递效率的方法有3种：从中心节点出发，缩短最短路径，直接让目标节点对中心节点进行安全认知，或对目标节点进行升级，缩短传播路径和传播时间；从邻近的上级节点出发，关键节点的传播系数大、可靠性高、信息准确，目标节点进行安全决策时，以关键节点和最短路径作为主要依据；从同级节点出发，促进与同级节点间的互相交流，单一的安全信息接收可能发生误解，通过同级交流使信息更准确。整个网络的优化策略与此类似。安全信息传播的优化指标体系和优化策略如图 11-22 所示。

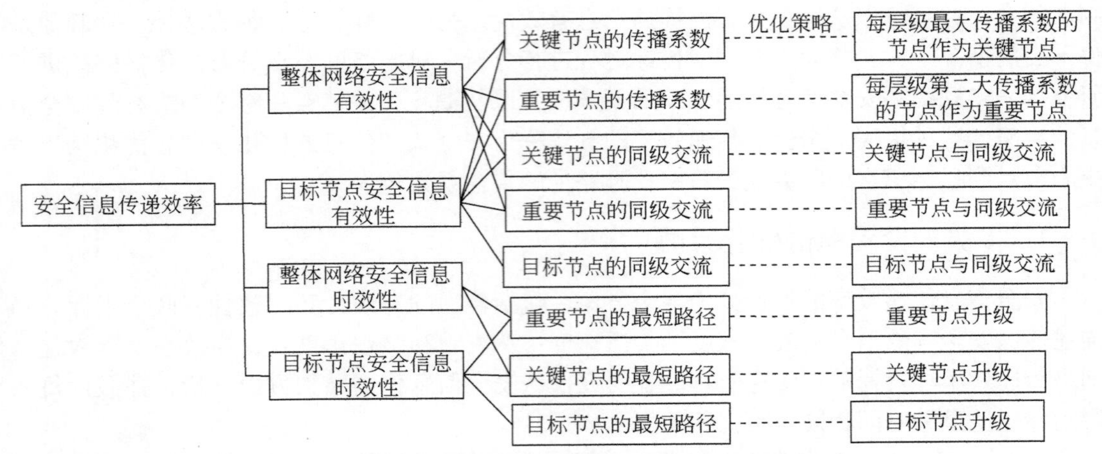

图 11-22　安全信息传播的优化指标体系和优化策略

2. 多级安全信息传递的优化模型

根据上述讨论，结合 4 种安全认知模式、传播系数、有效信息关系和优化策略，建立多级安全认知信息传递的优化模型，如图 11-23 所示。

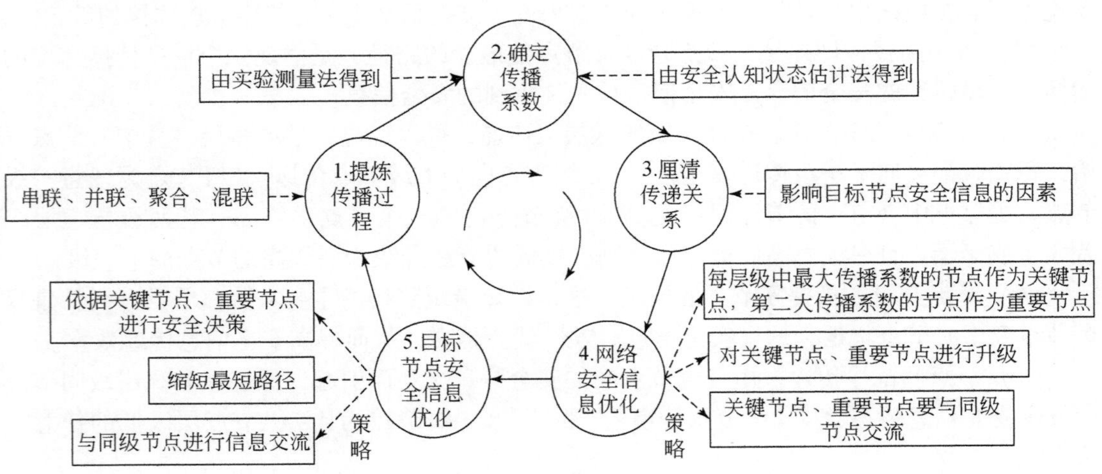

图 11-23　多级安全认知信息传递的优化模型

对多级安全信息的优化具体步骤进行分析：

（1）提炼传播过程。根据具体的安全信息传播过程，画出安全信息链，链条交织形成多级安全信息认知网状结构。对网状结构中的节点和结构进行分析，找出关键节点和重要节点。

(2) 确定传播系数。确定每两个传播节点之间的传播效率，这样整个传播过程的每段、每个路径间的关系都可以厘清。从结构角度来看，中心节点的有效信息、传播路径经过节点的传播系数和目标节点的传播系数 3 个因素影响目标节点的有效信息。

(3) 厘清传递关系。通过 4 种结构的有效信息关系，计算得到网络中其他节点间的关系。即可得到节点有效信息的影响因素，从而有针对性地制定提高信息有效性的措施。

(4) 网络安全信息优化。通过网状结构，分析重要节点、关键节点和最短路径 3 个优化相关的参数，通过这 3 个参数确定优化的方法。

(5) 目标节点安全信息优化。在网络优化的基础上，只需要对目标节点进行优化。目标节点优化与网络优化方法类似，除了考虑以上 3 个参数外还要考虑目标节点的状态。第一轮优化的效果评估，通过再次启动优化步骤，由前后两次比较得到。

多级安全信息认知优化模型的目标是提高安全信息传递效率，安全信息传递优化的手段是通过对节点和路径间顺序进行调整，直接把整个传播过程节点互相调换、调整或者升级。优化方法可行性高，实施简单有效，打破了对安全主体、安全客体、传播环境进行改变的常规方法。在一轮优化循环结束之后，优化效果的评估是重新开始提炼网状图分析，通过对比的方法，确定优化有没有达到目标效果。

11.6 安全舆情的概念、演化过程和管理方法

随着互联网时代的到来，安全事件信息的传递更加广泛，更多公众参与和讨论安全事件，安全舆情随之产生。安全舆情对公共安全的影响存在双面效应，有必要对安全舆情进行深入研究。在安全舆情的扩散路径上接收到的安全事件信息会影响公众的安全心理和安全行为，安全舆情也能影响社会稳定和公共安全，改变人的安全心理状态，甚至使人做出非理性的安全行为。

11.6.1 安全舆情的内涵

1. 内涵释义

安全舆情是公众围绕某件或系列安全事件表达的群体观点、意见和态度的总和。安全舆情是围绕安全事件展开的，某件或某系列安全事件是安全舆情的导火索。公众是安全舆情的主力军，推动安全舆情的孕育、发展和衰减。安全舆情是人们关注社会公共安全的表现，它是公众对社会安全现象、事件和问题表达观点、意见和态度的过程。安全舆情是公众对特定安全事件的态度，也就是公众对风险认知的反应。当公众对安全事件认知后，安全事件的风险程度会反映在公众的安全心理和行为上。

舆情安全和安全舆情两个概念侧重的对象和含义都不同。舆情安全是以舆情为对象展开的安全管理，是在舆情发展过程中维护舆情的安全演化，以减少舆情的负面效应，保证舆情的安全演化；安全舆情是指所有的安全事件都可能发生的关于安全事件的意见讨论，以安全事件展开的舆情讨论。

由于安全事件信息泛滥，很难从中辨别出真实的安全信息；另外部分利益和其他阻碍因素使得安全事件信息被隐藏，导致公众的安全信息缺失。一方面公众缺乏安全事件的真实信息，心理安全感降低，另一方面安全需求促使公众想获取更多的安全信息以正确应对相关安全事件，减少伤亡和损失，两方面的矛盾推动了安全舆情的发展。为了使得安全舆情健康发展，减少安全舆情的负面效应，需要加强安全信息的量，打破安全事件信息壁垒。真实的安全信息越多，安全谣言越少，安全舆情的负面效应越少。实际上，安全舆情的管控是一个安全信息问题。

从安全信息的角度出发研究安全舆情，有以下几个原因：首先，在安全舆情的发展过程中，安全信息作为安全舆情发展的血液，能够把安全舆情参与者和相关的要素联系起来。其次，安全信息是安全舆情发展的动力之一，安全信息量的变化会推动安全舆情的进程。安全舆情发展的主要原因是公众对安全事件的安全信息有需求。最后，用安全信息表征安全舆情的发展，可以划分安全舆情的阶段，并体现不同阶段安全舆情的特点。在安全舆情发展过程中，不同阶段的安全信息具有不同的作用和特点，从安全信息的量和内容的变化能准确判断安全舆情的发展情况，从而更科学地引导安全舆情。

因此，安全舆情与安全信息息息相关，安全信息的变化会影响安全舆情的演化，安全信息的流动效率影响安全舆情的正负效应。在安全舆情的发展过程中，安全信息量可以作为一个重要指标来衡量安全舆情的健康发展状况。因此，安全信息在安全舆情中有很重要的作用。

2. 参与要素

安全舆情形成过程中的基本要素包括：①特定的安全事件是必要的，因为安全舆情的所有讨论都是围绕安全事件建立的。②需要安全信息传播者来传播特定的安全事件，以便公众了解，如媒体和新闻传播工作者。另外，与安全事件相关的是利益人，他们站在自己的角度把安全事件相关的安全信息传播给公众。③安全舆情发展过程中应有一些负责监督和引导的管理人员，如相关政府部门的人员。④公众是安全舆情的主要要素。公众讨论是安全舆情的主要力量，是安全舆情不可或缺的一环。

安全舆情的要素包括安全事件、政府、媒体、利益人和公众。安全舆情的扩散类似于太阳系运行轨迹，在运行系统中，所有的层都围绕安全事件运转；部分公众同时围绕意见领袖层、政府层、媒体层和利益层运行，呈现放射状与环状的复合运行特点。在安全事件以安全信息的形式辐射其他层的同时，部分层级为了自身利益等设置安全信息壁垒，阻止部分安全信息辐射到其他的层级，只传递安全事件的某个断面的信息。离安全事件越远的节点，接收到的精准安全信息越少。若重建安全事件辐射的顺序，安全信息的分布就会改变。以特定目标重新排列分布节点，使得安全舆情传递过程可控，安全舆情健康发展。

安全舆情的最终效果与基本要素的作用效果息息相关。对安全舆情的要素进行分类，根据安全舆情形成的最终形态，每个要素都分为3类：利益层分为安全舆情形成的正面作用利益层、无作用利益层和负面作用利益层；政府层分为安全舆情形成的正面作用政府层、无作用政府层和负面作用政府层；媒体层分为安全舆情形成的正面作用媒体层、无作用媒体层和负面作用媒体层；公众层分为安全舆情形成的正面作用公众层、无作用公众层和负面作用公众层。不同类型的安全舆情基本要素组合起来，会形成各种不同的安全舆情呈现效果和形式。安全舆情的要素如图 11-24 所示。

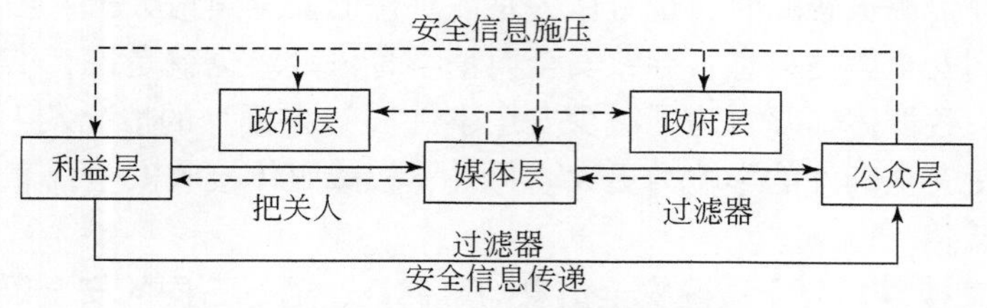

图 11-24　安全舆情的要素

实线表示安全信息传递过程，虚线表示安全信息施压过程

安全舆情的信息流从安全事件开始，通过媒体的简化编码和政府的批准传播给公众。公众对收到的安全信息进行解码和表达，形成公共安全意见，即安全舆情。随后，政府和有关组织实施安全舆情的决策，处理安全事件，安全舆情沉寂。随后公众聚焦和讨论新的安全事件，进而产生新的安全舆情。

安全舆情的宏观演化过程是一个双向作用过程，正向进行安全信息传递，反向进行安全压力传递。存在作用力与反作用力的现象：一方面，在安全舆情形成阶段，公众会接收其他渠道的安全信息，以了解安全事件。同时，其他渠道会争取公众的支持和理解，以影响安全舆论导向，因此各渠道会对公众有争取力。为了使公众站在自己的阵营，各渠道会使用断章取义等手段局部放大安全事件中需要的方面，而故意隐瞒或避而不谈其他方面。另一方面，在安全舆情讨论阶段，公众会根据接收到的安全信息树立自己的安全观点，对安全事件责任人、政府和媒体施加安全舆论压力，迫使其解决安全事件或改正安全行为，使得类似安全事件不再发生。

在安全舆情形成过程中，公众被其他要素传递安全信息，反过来还会对其他参与要素施加压力。这就实现了安全信息转化为压力的过程，两条平行但传播方向相反的路线，形成封闭反馈回路。安全信息传送路线以压力的形式传递回去，使安全信息路径上的人改变他们的安全行为，提高安全状态，减少不安全行为。

11.6.2　安全舆情的演化过程

1. 演化阶段

安全舆情演变阶段的划分，方式多样。安全舆情的传播过程，实际是安全信息的传播过程，并且安全信息影响安全舆情的进程，因此本研究以安全信息认知理论为基础，从安全信息的角度，结合安全舆情参与要素，划分安全舆情的 5 个演化过程，具体如下：

（1）安全事件确定。当安全舆情源头聚焦特定安全事件时，安全事件的安全信息就被确定为安全信源。在安全事件确定阶段，公众处于安全信息缺失状态。公众可以接收到部分安全事件信息，但是外部和内部因素导致安全舆情事件信息不能被完全接收，在安全需要的驱使下公众会寻找其他的安全信息。当此环节出现失效时，安全舆情在源头上会被引入歧途，导致初始安全舆情传递建立在一个错误安全信息的基础上。应该对安全信源加强审核，减少安全舆情的错误传递。换言之，源头治理能更直接有效地控制安全舆情的负面效应。若安全事件信源被忽略时，也可认为是该事件的安全舆情夭折。当安全舆情被忽略时，公众接收不到安全舆情信息，导致安全舆情孕育失败。也就是说，安全舆情未能发展起来，只能被极少数群体知晓。为了减少安全事件被“雪藏”的情况发生，应由权威媒体发布安全事件，使安全事件的影响力更大。另外，权威媒体接收安全信息的渠道应该更广泛，门槛应该降低。

（2）安全信息搜寻。公众质疑安全信息的可靠性，通过不同的安全渠道去搜寻安全信息，补充事件相关安全信息，增添讨论支持素材。全民参与拼图游戏，提供线索，寻找安全事件的真相。若不搜寻安全信息，只表达安全观点和情绪，属于典型的“后真相”现象。安全事件和公众之间存在安全事件信息传递的过程，通过不同传播媒介，不同公众接收到的安全事件信息视角不同。当此环节出现失效时，安全信息缺失，安全信息真相不能被揭露，谣言泛滥，从而安全舆情的负面效应会影响社会安全和稳定。因此，应该提高公众的安全信息搜寻能力，提高安全信息出现频率和强度。

（3）安全信息分析。对安全事件相关的所有素材进行分析和讨论，集中整理安全意见。此阶段使得安全信息变为安全意见。在公众和个人安全意见之间存在安全事件信息分析的过程，由于公众间的知识背景和价值观念存在差异，在不同安全事件信息的基础上会形成各种个人安全意见。个人接收到的安全信息影响个人安全意见的形成，因此公众的安全意见也受接收到的安全信息的影响，即安全舆情受安全事件信息的影响。

（4）安全信息交流。根据安全意见对安全事件进行决策，以期正确处理此次安全事件，并对以后类似安全事件进行预防，对公众进行安全教育，为类似安全事件提供经验。在个人安全意见和公众安全意见之间存在安全事件信息讨论的过程，在不同安全意见的基础上形成大多数人认可的安全舆情。在安全舆情的形成过程中，个人对安全事件形成自己的态度，通过与群体交流，进而形成群体态度。群体安全态度可能与个人安全态度相反，也可能会加强个人安全态度，还可能在两种意见中保持中立。当此环节出现失效时，公众的安全信息没有交流，安全信息接收渠道单一，出现错误安全信息的概率增大；错误安全交流会产生错误的决策，增加安全事件的风险，并为公众树立错误的安全处理方式。应该增加公众的安全信息接收渠道，并鼓励公众加强安全信息交流，强化安全信息交流意识；应该对安全决策加强审核和引导，在安全专家意见的基础上进行决策。在安全舆情形成之后会存在安全信息衰减，公众在获得了满意的安全答复后，便失去兴趣和偏好，则参与主体减少，进而呈现安全舆情衰减状态。

（5）安全信息施压。即当安全舆情演化时，公众和安全舆情会对相关利益人、涉事群体和管理部门传递压力，从而敦促其管理安全事件，杜绝相关危险事件的发生。安全舆情的传播过程除了正向的安全信息传递外，还有反向的安全舆情压力的传导。相关单位和部门执行安全决策的结果，公众监督和推进安全舆情执行效果。安全舆情的执行结果会影响安全事件的发展，对安全事件有反馈作用。当此环节出现失效时，安全执行出错或不起作用，安全事件风险增大，可能发生二次事故。应该对安全执行加强监督，全民参与，减少安全舆情的错误执行。

如图 11-25 所示，在安全舆情的演化过程中，安全信息随着安全舆情的传递逐渐增加，公众对真实安全事件了解得更加清楚。为了对安全舆情的发展进行调控，需要对安全事件信息的内容、数量和速度进行控制。增加安全事件信息的量，能确保公众了解安全事件真相，加强安全舆情的正面效应，并对公众有安全教育意义；控制安全事件信息内容，能减少安全舆情负面效应产生的可能性；加快安全信息流动速度，缩短安全信息传递时间，有利于正确的安全舆情的快速传递，减少安全谣言的滋生时间，减少恐慌，提高公众的心理安全感。

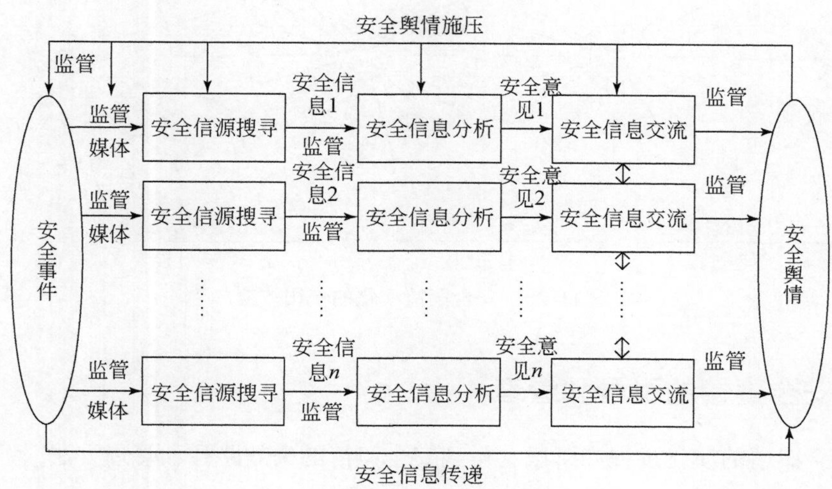

图 11-25　安全舆情的演化过程

2. 作用效应

在安全舆情演化过程中，不同的演化阶段具有不同的作用效应。根据舆情研究得出安全舆情存在聚焦、扩焦、散焦和失焦过程，如图 11-26 所示。聚焦是确定安全事件信息的过程，扩焦是搜寻安全事件信息的过程，散焦是安全信息分析和讨论交流的过程，失焦是安全舆情消减的过程。随着安全舆情阶段的进行，公众离安全事件的真相越来越近，可以知晓更多的安全信息，公众的安全信息总量呈现大体增加的趋势。

安全舆情演化阶段的作用效应包括：

（1）聚焦效应。当安全事件确定之后，公众会通过各种渠道收集相关信息，形成全面关注、收集和监控安全事件的过程。聚焦效应形成于安全舆情的安全事件确定阶段。

（2）扩焦效应。在安全事件信息传递过程中，安全舆情呈现膨胀式的传递和讨论。扩焦效应形成于安全舆情的安全信息搜寻阶段。

（3）散焦效应。在公众收集信息的过程中，会把相关的人、事、结果纳入讨论和参照的范围，相关衍生事件会被讨论，从而形成散射、漫射和衍射的现象。散焦效应形成于安全舆情的安全信息分析和讨论交流阶段。公众会不断挖掘事件的本质，收集安全事件的不同的断面，形成从局部到总体的认识。这样，安全舆情讨论的内容就会增加。

（4）失焦效应。当公众得到满意的安全事件处理方法，便没有必要继续关注和了解；也可能是事件已经明朗，公众将注意力转移到其他事情，安全舆情由此自然地消失；也可能是政府或者其他的机构制止了其扩散，实现了人为的衰减。失焦效应形成于安全舆情的安全信息施压阶段。安全事件慢慢淡出人们的视线，失去焦点。安全事件信息不会消失，只会存在于公众的记忆中，以后可能会对其价值观有一定的影响。

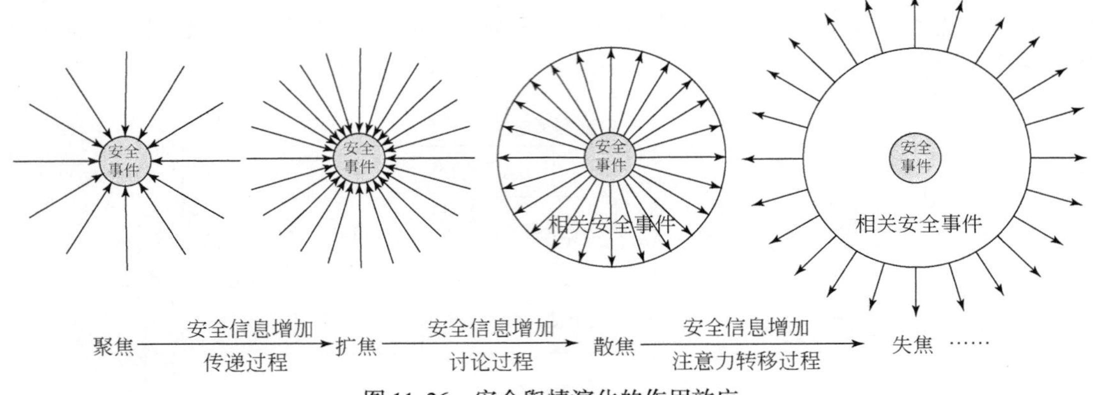

图 11-26　安全舆情演化的作用效应

11.6.3　安全舆情的引导和管理

根据安全舆情的演化过程和阶段，得到安全舆情的失效路径和管理方法。

1. 负面安全舆情的产生路径

当安全舆情某个阶段出问题时，会产生负面安全舆情。以安全舆情的演化过程为基础，分析负面安全舆情产生的路径：

（1）政府监管失效-安全事件确定失效：意味着政府对安全舆情的监管失效，并且通过安全事件确定不能得到准确的安全信息。

（2）政府监管失效-安全信息搜寻失效：意味着政府对安全舆情的监管失效，并且通过安全信息搜寻不能得到准确的安全信息。

（3）政府监管失效-安全信息分析失效：意味着政府对安全舆情的监管失效，并且通过安全事件的安全信息分析不能准确得到安全信息表征的安全状态，从而出现错误的行动和反应。

（4）政府监管失效-安全信息交流失效：意味着政府对安全舆情的监管失效，并且通过安全信息交流不能得到准确的安全信息。

（5）政府监管失效-安全信息施压失效：意味着政府对安全舆情的监管失效，并且安全舆情讨论结果没有被落实。

安全舆情演化过程若存在上述 5 条失效路径，则安全舆情可能出现负面效应。在失效路径中，可能同时存在多条路径，这意味着安全舆情的失效非常严重，需要对安全舆情进行调控。

2. 安全舆情的管理方法

在5条安全舆情失效路径的基础上，为了避免负面安全舆情的出现，制定安全舆情的管理策略：

（1）加强各阶段的政府监管，时时关注安全舆情的演化。在安全舆情发展的5个阶段中，政府设置了针对安全舆情负面作用的5道防线。相关政府部门没有及时处理和应对，使得安全舆情没有管控地产生，此时的安全舆情需要进行引导，判断5个阶段安全信息的正确性，公布安全事件真相，并有针对性地针对5个阶段的安全信息进行说明和披露。同时，利用政府现象和政策解释引导法，采取多种形式的高频率报道和宣传，使得公众容易接收到官方发布的安全事件真相。

（2）加强安全事件确定阶段的安全信息透明程度。安全事件确定阶段的安全信息极大地影响着安全舆情传递之后阶段的安全信息，设置权威信息引导，需要提高安全信息的可靠性，如在安全信息确定阶段联络多个安全事件相关的专家。

（3）加强安全信息搜寻阶段的安全信息透明程度。可以从安全信息的主体、客体和环境出发，参考安全信息效率提高方法。增加安全信息的总量，如在安全信息搜寻阶段设置多个持有正确安全信息的意见领袖；提高安全信息的传递效率，如在安全信息搜寻阶段提高民众的安全信息搜寻能力，加强安全文化感染和情感引导；减少安全信噪，如切断安全谣言的源头。

（4）加强安全信息分析阶段的分析能力。通过对公众的安全信息分析能力的加强，减少由错误分析导致的安全舆情的负面效应。

（5）加强安全信息交流阶段的安全信息透明程度。增加安全信息的总量，如在安全信息交流阶段联络多个持有正确安全信息的意见领袖；提高安全信息的传递效率，如在安全信息交流阶段提高民众的安全信息交流意识和能力；减少安全信噪，如切断安全信息交流阶段的安全谣言。

（6）加强安全舆情的执行。对所有爆发安全舆情的安全事件，都要切实反省，努力提高和改进公共安全水平。将具体安全事件的安全舆情讨论结果，落实到安全事件的相关利益人，使其改正不安全行为，并对其加强安全监管和培训，使参与安全舆情的公众也受到安全教育和启发。

12　安全信息经济理论

【本章导读】信息就是资源，精准信息就是财富，信息经济成为信息时代的新经济。以此类推，安全信息也是资源和财富，安全信息经济也是信息时代的重要新经济。本章介绍安全信息与安全经济的互为关系和安全信息经济的理论意义；给出安全信息经济学基本概念、定义及内涵、理论基础及研究内容与类型；阐述安全信息经济学的核心原理、原理体系结构，安全信息经济学方法论和研究范式；给出安全信息经济效益评价定义和基础问题，安全信息经济效益的评价原则、方法和指标体系及程序。

12.1　概　　述

12.1.1　安全信息与安全经济的互为关系

安全信息正成为安全经济活动中越来越重要的部分，正对安全经济活动产生越来越深刻的影响，极有必要进行安全信息的经济学研究，这既是时代发展的需要，也是安全科学“信息学化”的要求。随着大数据时代的到来，信息不断渗透、融入各个经济领域，成为重要的生产要素。在此背景下，信息经济必将得到更迅猛的发展，成为主要的经济形态，互联网、物联网、人工智能等都是信息经济发展的强劲推力。而安全是经济和社会发展的前提条件，安全信息也势必将在安全领域产生巨大的经济作用，且安全科学也正在呼唤安全信息经济学的研究，安全信息经济正迎来重要的发展契机。

安全信息经济存在于经济发展的各个阶段，并随之发展，分别经历了沉默期（安全信息经济存在，但人们并未充分认识其功能和作用）、过渡期（安全信息经济逐渐受到重视，发展模式和产业结构开始进入调整期）和成熟期（经济社会全面转型升级，安全领域生产、生活等活动全面信息化、数字化、网络化、智能化、平台化）。不同经济形态下安全信息经济的演化与发展如图 12-1 所示。

安全信息经济学的本质是研究安全信息与安全经济之间的互为关系。安全经济活动时刻都在产生大量的安全信息，而这些安全信息反过来又对安全经济行为或活动产生影响，或提高安全决策效率，或优化安全投入和安全资源配置，或准确监测安全系统运行情况，或减轻事故损失等。当然，安全信息利用不当，也能损害系统的安全效益（经济效益和社会效益），如安全信息失真、安全信息缺失、安全信息不对称等都能给系统造成不同程度的安全效益损失。安全信息与安全经济的互为关系辨析具体如下：

（1）安全信息对安全经济活动的作用。现代安全经济活动具有多样性、复杂性、不确定性等特点，如安全投入的多样性（“硬件”投入和“软件”投入）、安全资源配置的不

经济形态	生产要素	生产工具	社会环境	安全研究	安全信息经济演变	
信息经济	知识、信息	网络、计算机	信息化	基于大数据的安全研究	全速发展，安全信息渗透安全领域，安全信息产业兴起	成熟期
工业经济	资本、技术、矿产资源	机器	工业化	基于小数据的安全研究	前期发展缓慢，主要为技术安全科学；后期随着计算机的出现，发展明显加快	过渡期
农业经济	人力、土地	农具	原始化+低工业化	通过经验总结实现安全	发展缓慢，人们通过安全信息的积累形成安全经验，保障生命财产安全	沉默期
采猎经济	人力、动植物	石器、木材	原始化	通过本能反应，获得生存	发展缓慢，人们对安全信息的认知能力弱，安全信息价值主要体现在采猎安全工作中	沉默期

图 12-1 不同经济形态下安全信息经济的演化与发展

均衡性（存在“资源优势”和“资源劣势”现象）、复杂巨系统本身存在各种难以预见甚至无法预见的风险，从而给安全预测、安全决策等安全经济活动带来不确定性等，而安全信息对安全经济活动具有纠正、优化及消除不确定性等作用，能够提高安全效益，实现最优安全经济目标，这就需要研究安全信息影响安全经济活动的方式方法、安全信息对安全经济活动的具体作用机制、安全信息成本、安全信息流通、安全信息分配等内容。

（2）安全信息是安全经济重要的研究对象。安全的“信息化”趋势不可阻挡，过去的物质、能量、行为研究等均能通过信息联系和解释，故安全经济研究的实质可以理解为对系统人、机、物、环境、管理及其之间相互关系（包括事故、损失、风险等）的信息的经济学研究。将安全信息作为主要抓手，能关联到一切安全现象，使得安全经济研究更具普遍性和统一性，也更具深度和广度。

（3）安全信息是重要的生产要素（也可理解为安全信息是进行安全生产活动时需要的基本因素）。安全经济活动离不开组织和管理，组织需要计划、执行、协调、控制等行为综合作用，管理是通过计划、组织、指挥、监督和调节等职能来协调个体或组织的活动。安全信息是保障每个环节有效开展的关键，也是将各个环节紧密联系在一起的“黏合剂”。换言之，安全经济活动中的组织和管理均是基于安全信息的组织和管理，在达到最优安全经济阈值前，安全信息资源投入越多，产生的安全经济效益越大。

（4）安全信息促进安全经济发展。在信息时代，一方面，安全信息产品和安全信息服务等产业兴起，能促进安全产业的发达，对安全经济发展产生深远影响；另一方面，安全信息技术的应用，对于个体而言，能大大降低其因工伤和职业病等带来的可劳动时间损失；对于企业而言，能增加其生产运营的时间，从而提高企业生产效益。

（5）安全信息活动需要安全经济理论指导。安全信息收集、处理、分析、管理、认知、响应等活动过程均存在成本、价格、效益等经济问题，这就需要安全经济的理论和方法加以指导和分析，深入挖掘安全信息活动过程中的经济规律，以更好地利用安全信息，使安全信息产生更大的经济价值，实现更多安全效益。此外，通过经济学分析，也能更合理地分配安全信息资源，避免安全信息活动过程中的信息资源浪费。

12.1.2 安全信息经济的理论意义

安全信息经济学作为安全经济学、安全信息学、信息科学、经济学、信息经济学等融合、交叉形成的综合学科，研究其学科理论不仅有利于自身的发展，对安全科学及其他科学的完善与壮大也有重要意义，具体分析如下：

（1）安全信息经济学学科理论研究是安全信息经济学自身发展的需要。一门学科的发展离不开其学科理论的建设，完善的学科理论能指导学科体系建设，从而构建科学的学科分支。只有形成坚实的理论基础支撑，安全信息经济才能更好地应用与实践。此外，安全信息经济学学科理论研究从上游层面清晰地解释了安全信息经济学“为什么要发展”及“为什么能发展”的问题，能促进学科科学与持续发展。

（2）安全信息经济学学科理论研究是安全信息经济应用和实践的基础。系统、完善的学科理论，能较全面地概括该学科自身的学科体系、学科原理和方法论，从理论的高度审视学科相关内容应用与实践的合理性和科学性。当然，学科理论的正确性和有效性也需要通过应用和实践来进行实证，两者是相互印证、相互统一的，都必不可少。

（3）安全信息经济学的建立能完善安全学科体系，促进安全科学“信息化”进一步发展。安全问题是古老的问题，但是安全学科却还是一门崭新的学科，且安全学科是大综合、大交叉学科，涉及工、文、法、理等众多学科知识，目前安全学科体系还尚不完善，急需补充。安全信息经济学是一门融合了安全科学、信息科学、经济学、信息经济学等多门学科知识的综合学科，能极大地丰富安全学科体系，填补安全科学在相关领域研究的空白。此外，安全信息经济学研究能凸显安全信息的重要性，推动安全“信息化”发展。

12.2 安全信息经济学的学科基础问题

构建一门新的学科，需先明晰该学科的基础问题，包括基本概念辨析、学科定义、研究对象、学科性质、学科特征、学科功能、理论基础、研究内容等，只有先研究清楚这些问题，才能更深层次地研究更高层面的学科原理和方法论方面的内容。

12.2.1 基本概念界定

安全信息经济学是典型的综合交叉学科，从大的学科交叉来看，安全信息经济学由安全科学、信息科学和经济学融合而成，学科体系构建可直接参考信息经济学。所以有必要辨析安全信息、安全经济、安全经济信息、信息经济及安全信息经济 5 个重要的名词概念，由于目前学界对相关概念的见解还不尽相同，本研究尽量借鉴目前认可度较高的观点，同时适当从安全科学、信息科学和经济学等学科交叉的角度进行综合分析，使其具有安全信息经济学特色。

1. 安全经济视域下的安全信息

从安全经济的视角给出的安全信息的定义是：消除安全系统及系统内外各组成要素的不确定性以实现系统安全的资源。安全信息的定义分析框架如图 12-2 所示。

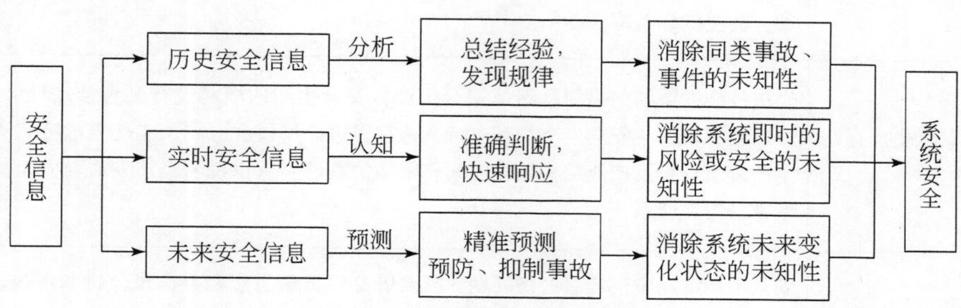

图 12-2 安全信息的定义分析框架

2. 安全经济

显然，安全与经济之间有着千丝万缕的联系，要正确认识安全经济，首先要厘清安全与经济的互为关系，发现两者之间的相互作用和影响机理。从安全需要投入、安全是一种资源、安全是一种资本、安全是一种产品、经济活动离不开安全、经济发展与安全生产存在内在联系、经济学思想和方法可应用于安全生产活动 7 方面来论述安全与经济的互为关系，详见表 12-1。

表 12-1 安全与经济的互为关系

关系表述	关系释义
安全需要投入	实现人类生存、生产和生活的安全，必须要投入一定的人力、物力、资金等资源，否则无法进行安全活动，也无法实现安全产出效果
安全是一种资源	安全并不是所有人都拥有的，不同身份、职业、地位、地区、国家的人拥有的安全度也不同。所以从经济学角度来看，安全是一种资源，既能使安全主体免受外界因素的伤害，也能增加安全主体的经济收益，如在生产安全领域，安全能增加个体或组织的可劳动时间，从而增加其经济收益
安全是一种资本	在经济学中，资本是指行为主体用于投资得到利润的本金和财产。通过“安全是一种资源”的分析，不难推断出结论：安全是一种资本。在生存、生产和生活领域进行合理的安全投资，其收益是巨大的，如预防事故、减少人员伤亡和财产损失、提升企业或国家的形象、维持社会安定、推动国民经济发展等
安全是一种产品	产品是指能够被人们使用和消费，而且可以满足人们某种需求的东西，它可以是有形的也可以是无形的。根据马斯洛需求层次理论，安全需求是人的底层需求之一，加之“安全是一种资源”和“安全是一种资本”的论断，安全是可以被使用和消费的，这就具备了可以称为产品的条件，所以安全是能够被人们使用和消费，并能满足人们最根本的需求——安全需求的产品

续表

关系表述	关系释义
经济活动离不开安全	安全存在于一切实践活动中，缺失安全，所有的实践活动都无以为继。人的安全、物的安全、事的安全是经济活动持续进行的前提，任何一个要素出现问题，都会影响经济活动，甚至破坏经济活动
经济发展与安全生产存在内在联系	经济社会发展的前提和基础是安全生产，安全生产的顺利进行又会推动社会经济发展，所以经济发展与安全生产相互支持、相互促进。据研究，我国工伤事故死亡人数与国内生产总值数据及产业结构变化之间有密切关联性，这也说明经济发展与安全生产存在着紧密的内在联系
经济学思想和方法可应用于安全生产活动	安全生产活动中充满着经济问题，需要借鉴经济学思想和方法来分析和解决。例如，安全生产活动中的安全投入（成本）、安全产出、安全效益、安全效率、事故损失、伤亡保险、事故保险等都是经济学问题，离不开成熟的经济学理论的指导和应用

通过分析安全与经济的互为关系，可以发现安全与经济是相互作用、相互促进的两个方面，基于此，可给出安全经济的一般定义：安全经济是研究安全的经济问题及如何借鉴和吸收经济学理论与方法并将其运用于安全生产活动中的一门学问。

3. 安全经济信息

上述分析从新的视角对安全信息和安全经济进行了解释，结合这两个概念来审视安全经济信息，可以理解其内涵。本节对安全经济信息进行辩证的理解和剖析，分别从安全信息和安全经济的角度进行阐述，具体内容如下：

（1）从经济的角度来看，安全经济信息是对安全经济活动的状态和变化的表征。根据前述内容，也可从历史安全经济信息、实时安全经济信息和未来安全经济信息 3 个方面进行分析，分析思路基本相同，此处不再赘述。安全经济信息同样会产生成本、损耗与效益等，并且不同的安全经济信息认知和运用主体，各方面也都会有差异。为更具体地了解安全经济信息，本研究根据安全经济的分类（即宏观安全经济、中观安全经济和微观安全经济），将安全经济信息进行了详细的划分，因为安全经济的分类实质是有关安全经济活动的分类，据此对安全经济信息进行划分是合理和科学的。安全经济信息分类实例如图 12-3 所示。

（2）从信息的角度来看，信息包含安全信息，安全信息包含安全经济信息，故安全经济信息具有信息和安全信息的特定功能与特征，如可传递性、时效性、动态性、依附性、系统性、计量性等，但安全经济信息一般不具备普遍共享性，涉及机密级别的安全经济信息是不予公开和共享的。安全经济信息的形式多样，如安全经济情报、安全经济信号、安全经济数据、安全经济资料、安全经济消息等，或能直接成为安全经济信息加以利用，或需要进行加工处理后形成安全经济信息加以利用。在此视角下，可将安全经济信息定义为：安全经济信息是消除安全经济活动过程中的不确定性的资源。

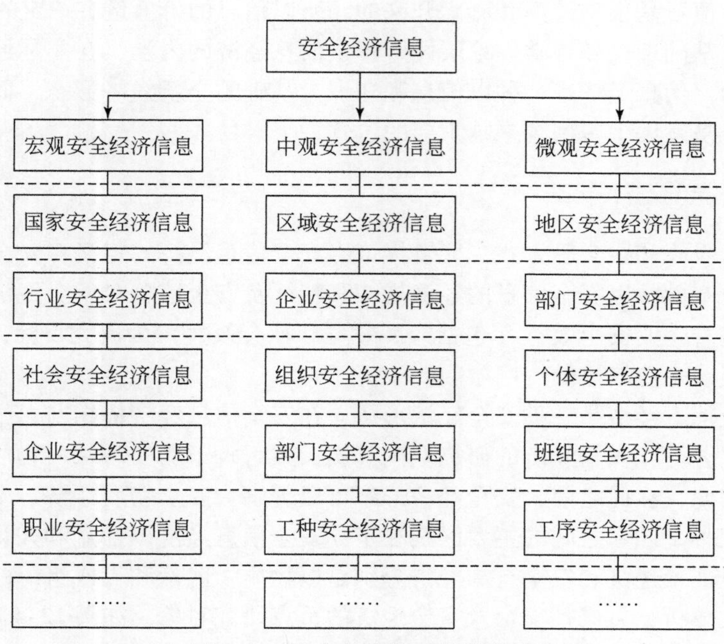

图 12-3　安全经济信息分类实例

4. 信息经济

信息经济主要关注信息的经济规律和特征，重视信息对经济活动的影响。乌家培教授[80]指出信息经济研究可分为信息的经济研究和信息经济的研究两个方面，信息的经济研究包括信息的效用和费用、信息资源的分配和管理及信息系统的经济评价等，信息经济的研究包括信息产业相关方面、信息经济的测度方面、信息技术对经济发展的影响等。综合上述分析不难看出，应用性是信息经济的重要性质和显著特征，这也是安全信息经济学的典型学科性质之一。

为进一步理解信息经济，从信息的价值角度来进一步分析，分别从效用价值、费用价值及效益价值 3 个方面论述，详见表 12-2。

表 12-2　信息的价值辨析

信息价值	含义
效用价值	指在进行决策时，有信息资源和无信息资源两种情形下所产生经济效果的比较
费用价值	指在进行信息传递、流通、应用等活动过程中耗费的活劳动（处于流动状态的人类劳动）所创造的价值
效益价值	指在进行信息活动过程中，经济所得与成本支出的差额，亦可以理解为使用信息所创造的利润

理论上，可以从以上 3 个方面对信息的价值进行考量，但在实践活动中，又往往无法精确计算信息的价值量，因为在信息活动过程中，几乎全程都有其他要素的参与和配合，

而这一部分的价值量是很难计算和剥离开来的，所以信息的价值量有一定的不确定性。

上述内容从基础理论和哲学理论层面解释了信息经济的内涵，在实际经济社会中，信息经济可理解为：信息经济是一种以信息和知识为基础的全新经济形态，而且其发展非常迅速，在国民经济发展中占据越来越重要的位置。

5. 安全信息经济

通过比较、吸收和融合等方式，能够提炼出安全信息经济的定义：安全信息经济是以安全信息为研究基础，以安全信息的经济规律和特征及安全信息对安全经济活动的影响为研究对象，以提升企业安全效益（包括经济效益和社会效益）为研究目标，从而实现安全优化、系统减损或企业增益的一门学问。

显然，安全信息经济是一种安全经济形态，在安全信息经济提出前，根据安全领域的主要研究对象来分析，安全经济的研究基础其实大致可理解为三种——物质、能量和人或组织的行为，因此，在此之前，安全经济形态可以理解为安全物质经济、安全能量经济和安全行为经济三种。四者之间的主要区别在于，安全信息经济以信息和知识为基础，安全物质经济、安全能量经济和安全行为经济分别是以物质、能量和人或组织的行为为基础的安全经济。据此分析，可概括安全及安全经济的重点研究对象，如图 12-4 所示。

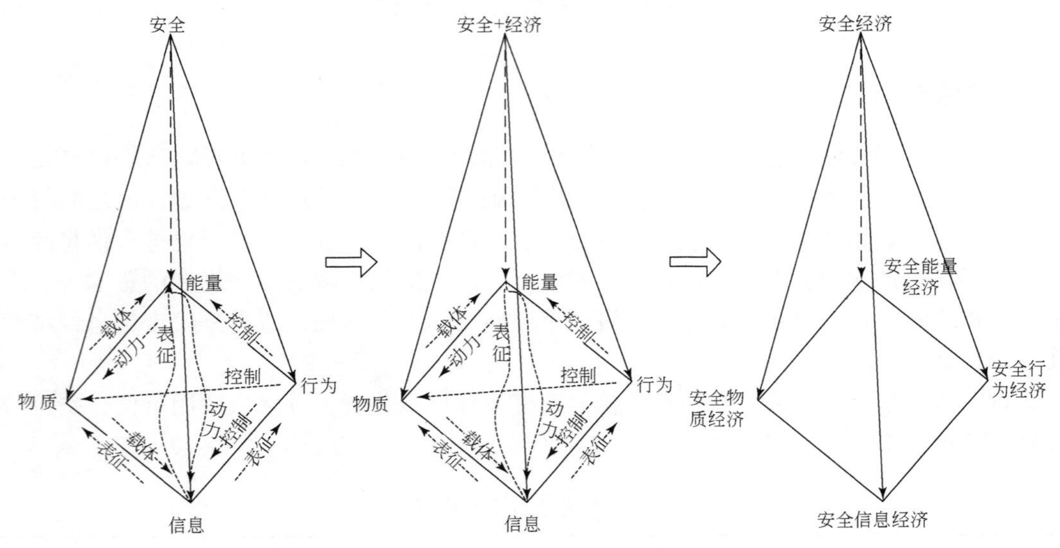

图 12-4　安全及安全经济的重点研究对象分析

12. 2. 2　安全信息经济学的定义及内涵

厘清安全信息、安全经济、安全经济信息、信息经济及安全信息经济等基本概念的定义和内涵是研究安全信息经济学学科基础问题的关键，共同为解释安全信息经济学的定义及内涵提供指导。

1. 安全信息经济学定义

安全信息经济学科有明显的交叉性和边缘性，涉及广泛的学科群，如安全科学、经济学、信息科学、安全信息学、安全经济学、信息经济学等，可以为完善安全信息经济学的理论体系提供重要参考。由于交叉学科众多，无法一一枚举，这里仅论述安全信息学、安全经济学及信息经济学的学科定义，并通过3门学科的交叉融合，给出安全信息经济学的学科定义。

参考文献，重新给出安全信息学的定义，安全信息学是以安全科学和信息科学的学科理论为研究基础，以安全信息为直接研究对象，关注安全信息收集、挖掘、处理、储存、传递、显现等过程，了解和认知安全系统的系统安全状态，以消除安全隐患、减少事故发生为终极研究目的的一门安全科学分支学科。

安全经济学是研究安全的经济形式和条件，通过对人类安全活动的合理组织、控制和调整，达到人、机、环境系统最佳安全效益的科学。安全经济学既是一门特殊经济学，又是一门以安全工程技术活动为特定应用领域的应用学科，研究对象主要有事故和灾害对社会经济的影响、安全活动的效益规律、安全经济学的宏观基本理论等。

信息经济学是以信息科学和经济学为学科基础，以信息及信息活动为研究对象，以信息与信息活动的经济特征和经济规律、信息与信息活动对经济活动的影响为重要研究内容，以揭示信息与经济的相互作用关系和促进经济形态转型为研究任务，以推动社会进步和国民经济发展为研究目的的综合交叉学科。

综合安全信息学、安全经济学和信息经济学及其他学科的相关理论，提炼安全信息经济学定义：安全信息经济学是以提升系统安全效益为着眼点，以促进安全信息价值显现和实现安全优化、系统减损或企业增益为研究目的，运用安全科学、经济学、信息科学及信息经济学的学科原理和方法，从多维度研究安全信息经济现象和安全信息对经济活动的作用，揭示安全信息的经济属性和经济特征（包括安全信息的价值及安全信息开发、流通和利用等经济规律），以适应安全信息资源的开发利用和管理需要的一门学科。

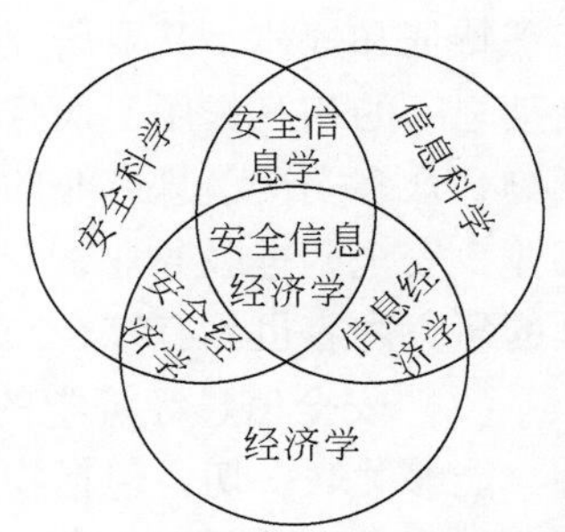

图 12-5 安全信息经济学学科交叉属性

安全信息经济学是安全科学、信息科学和经济学之间相互融合、相互渗透的学科产物，其目的是通过对大量安全信息资源的分析和研究，掌握其本质和特征，在安全信息获取、分析、传递、反馈等过程中，不断深入认知安全系统，发现系统薄弱点，从而采取措施优化安全资源配置、改进安全管理、指导安全投入、改善安全决策、降低事故损失，提升企业的安全效益（包括经济效益和社会效益）。安全信息经济学学科交叉属性如图 12-5 所示。

2. 安全信息经济学内涵

1）安全信息经济学的研究目的

在保障系统安全的前提下，提升企业的经济效益和社会效益（如优化系统的安全投入和产出，提升安全管理、安全教育等安全行为效率，利用安全信息的事故控制和预测功能延长企业的生产运营时间，提升企业的社会形象，推动社会经济发展等），以及通过安全信息经济研究推动安全信息产业发展，丰富安全产品和服务形式（随着时代发展将出现越来越多的安全信息产品，催生越来越多样的安全信息服务，以丰富安全产品和安全服务）增加企业收益是安全信息经济学的重要研究目的。此外，安全信息经济学研究也力图实现安全信息价值最大化，充分利用稀缺的安全信息资源（虽然安全信息体量巨大，但有用的安全信息稀缺，而且安全信息的缺失是事故发生的重要原因），并通过构建完善的学科理论和应用基础体系为安全信息资源投资、开发和配置等活动提供理论指导。

2）安全信息经济学的学科性质

安全信息经济学的学科性质可概括为综合交叉性、系统性、实践性和目标性。具体分析如下：

（1）安全信息经济学的综合交叉性。从理论基础方面看，安全信息经济学融合了哲学的辩证统一原理和发展与联系原理（方法论也是哲学研究范畴），经济学的价值分析、投入-产出分析、机会成本分析、宏观-微观分析等原理和方法，信息科学的系统论、识别论、决策论，以及安全科学的安全预测、安全决策、安全评价、安全系统分析等原理和方法等；从学科层面看，可从宏观和微观两个角度分析，宏观角度方面，安全信息经济学是安全科学、信息科学、经济学、运筹学、系统科学、管理科学等众多学科的交叉学科；微观角度方面，安全信息经济学是安全信息学、安全经济学和信息经济学相互融合和渗透形成的一门新的学科；从研究内容看，安全信息经济学既要研究安全信息及安全信息活动的经济特征和规律，又要研究经济活动中安全信息的作用和价值，还要研究安全信息和经济活动之间的相互作用，而且可以进一步延伸到研究安全信息技术对安全发展和经济发展的影响、众多安全信息产业的发展和繁荣（如安全数据库业、安全咨询服务业、安全影像图书业、安全调查服务业、安全预测业、安全教育和安全知识产业等），因而安全信息经济学的研究内容也具有综合交叉属性，需要研究安全信息、经济、技术、行业发展等内容。

（2）安全信息经济学的系统性。安全信息经济学的重要观点就是安全信息具有普遍性，能够关联一切，包括物质、能量和人的行为都能用信息表达。因此，安全信息经济学的核心要素——安全信息本身就是系统的概念。此外，安全信息经济学研究安全信息和安全信息活动的经济规律及安全信息对经济活动的影响，这也是系统研究的问题，不能把每个阶段或时段割裂分析，也不能只研究某个要素或部分，最后都要上升到对系统的影响。

（3）安全信息经济学的实践性（应用性）。安全信息经济学旨在实现安全最优化、有效防灾减灾和降低损失、提高安全工作效率、凸显安全信息经济效益等目标，而评判这些目标是否实现的唯一标准是能否有效利用安全信息经济的理论和方法影响并指导实践活动，如运用安全信息经济学中的运筹规划理念统筹安全系统全局，以有效配置资源，合理进行安全投资，实现安全最优化；运用安全信息经济学中的博弈理论实现多源安全决策信息的有效融合，以提高安全决策效率；安全信息在安全生产活动中的效用实现、安全信息产品和安全信息服务的生产与消费、安全信息产业的出现和发展等都体现了安全信息的经济效益。因此可以推导出安全信息经济学具有实践和应用的属性。

（4）安全信息经济学的目标性。一门学科只有在建立之初有明确的目标，才能构建学科的发展思路和框架，解释“为什么要建立”和“为什么能建立”的问题，这也是学科生命力的体现，没有明确的学科目标，就无法吸引后来者的研究热情，也无法引起学界的关注，学科也就无法得到更好的发展。安全信息经济学是有明确目标的学科，其学科目标是揭示安全信息的经济属性和经济特征，凸显安全信息经济效益，促进安全和经济发展。

3）安全信息经济学的研究任务

根据安全信息经济学的定义可知，安全信息经济学主要研究安全信息的经济特征和规律及安全信息对经济活动的影响，直接研究目标是揭示安全信息的经济属性和经济特征，促进安全价值显现。基于此，可得出安全信息经济学的研究任务：掌握安全信息的经济规律，明晰安全信息活动与经济活动的相互作用机制，构建科学、完善的理论和方法体系，并有效应用到安全实践活动中，从而实现安全最优化，提升系统安全效益。

4）安全信息经济学的功能

安全信息经济学有其自身的学科功能，能在多个方面显现学科的价值。安全信息经济学的学科功能详见表 12-3。

表 12-3　安全信息经济学的学科功能

学科功能	功能释义
优化系统安全	安全信息在安全经济活动中具有认识、导向、组织和调控的作用，安全经济活动也能对安全信息产生影响。安全信息经济学通过对安全信息活动和安全经济活动的相互作用关系研究（如安全信息对安全投资的作用、安全经济活动中的安全信息资源浪费现象），可以优化安全系统中人、物、事的安全工作、安全状态和安全关系，实现系统安全的最优化
提升安全效益	安全效益可分为安全的经济效益和社会效益，经济效益包括合理配置安全资源、优化安全投入-产出、事故预防和减损等；社会效益包括保障国家、企业声誉，维护社会安定，以及推动国民经济发展等。安全信息经济学通过对安全信息的经济学研究及经济活动的安全信息研究实现安全效益的提升
促进安全信息学研究	安全信息经济学作为安全信息学的重要学科分支，既完善了安全信息的学科体系，也从经济角度突出了安全信息的安全价值和经济价值，能促进各界对安全信息学的关注和研究
促进安全科学的应用	安全科学的研究目的就是发现和解决人类生产、生存和生活领域的安全问题，应用性是安全科学的基础属性。安全信息经济学是应用和实践性很强的学科，能够直接应用于安全实践活动中，从而进一步加强安全科学的实际应用

5）安全信息的经济现象和经济过程

安全信息是对安全系统现在和未来安全状态的反映，其本质是安全管理、安全技术、安全教育与安全文化的载体。安全信息的价值增值、激励作用和社会效益等经济现象和经济过程体现于安全管理和安全教育行为、安全技术应用和安全文化形成或提升等环节，以及通过这些过程直接或间接地防灾减灾、降低事故损失、优化安全工作、优化安全投资等。

6）安全信息的价值、流通和利用

安全信息是安全活动所信赖的资源，能够渗透到生产安全、社会安全、自然灾害、公共卫生等各个维度。安全信息在安全主体感知、认知、响应、传递、共享等过程中的流通，以及安全信息产品和安全信息服务从生产领域向应用领域的流通等都会产生经济效益。需要指出的是，不存在抽象的安全信息价值，只存在具体的安全信息价值，即不能笼统地概括“安全信息值多少钱”，而是要区分安全信息的类型和实际使用环境，具体问题具体分析。例如，红色在绘画中向人们表达的可能只是一种颜色，但在交通系统中却是传达禁止通行的信息，在机器操作中表示机器故障或禁止操作等关乎人的生命安全的信息。在这两种情况下，红色向人们所传达的信息的价值是完全不等同的，更无法用钱来统一衡量。

综合上述分析，可总结安全信息经济学的内涵，如图 12-6 所示。

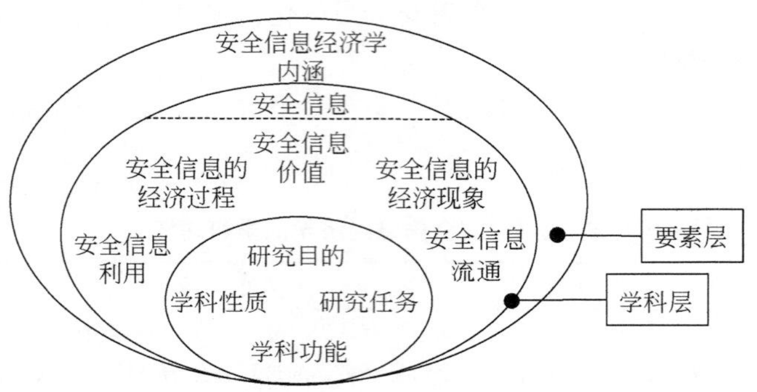

图 12-6　安全信息经济学的内涵解析

12.2.3　安全信息经济学的理论基础及研究内容

1. 安全信息经济学理论基础

安全信息经济学既是一门理论性很强的学科，有着自身的原理和方法，也是一门应用性学科。安全信息经济学的综合交叉属性决定了安全信息经济学能够有效“借力”其他成熟学科来促进自身发展，在学科建设方面，也能综合其他的相关学科理论来夯实自身理论基础。

（1）安全信息经济学为安全增值和减损两大基本功能的研究提供新途径。基于信息要素来开展经济研究更能关联与解释一切，更加符合现代信息社会的需求与发展需要。安全信息经济学研究既要用安全经济学的观点来研究安全信息的一般问题，又要用信息科学的理论和方法来探讨安全经济活动的一般规律，可用比较分析法，结合系统科学、信息科学和经济学及其他学科的相关理论进行研究。

（2）由于信息具有极大的不确定性和模糊性，所以在对其进行定量研究时往往存在着一定的困难，而安全信息是安全信息经济学研究的基础要素和必要要素，无论是讨论安全信息的价值衡量还是经济效益测评，均需综合应用处理不确定问题的概率统计方法、模糊数学法、非线性动态理论、灰色系统理论等方法和理论。换言之，这些方法和理论为安全信息经济学研究和解决安全信息经济问题提供了基础和重要支撑。

（3）安全信息经济学根据哲学中发展与联系的原理，揭示安全系统对象之间的普遍信息联系，同时运用质与量辩证统一的观点，从大量个别对象的信息收集、处理和价值分析中，总结出系统中安全活动的效益。

（4）安全信息经济学还需要控制论、运筹学、宏观经济学、微观经济学、安全管理学、事故调查与分析、安全统计学、安全信息技术、博弈论、社会科学、系统科学、安全大数据等相关理论和学科的支撑。换言之，安全信息学理论应源于以上学科理论的融合和渗透。安全信息经济学的理论基础如图 12-7 所示。

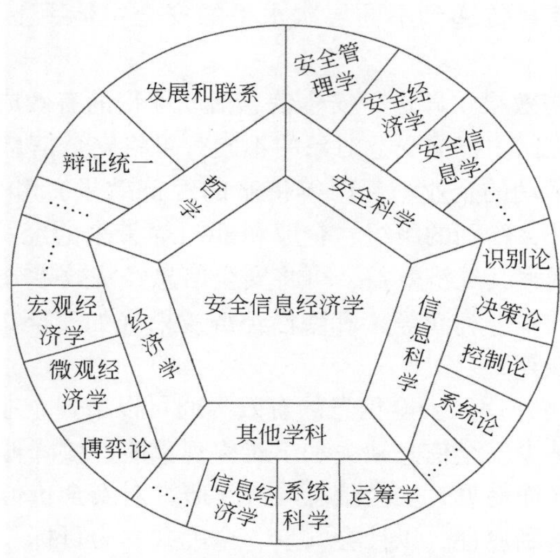

图 12-7 安全信息经济学的理论基础

2. 安全信息经济学研究内容

安全信息经济学研究旨在通过及时、准确的安全信息来反映组织的安全管理状况、企业的安全文化建设状况、安全技术的先进程度和应用水平、事故灾难的总体特征、危险源的即时状态等，采取优化或改进措施，把握制约安全主体获取完整、准确的安全信息的影响因素，在维持整个系统稳定的条件下，寻求安全信息输入与价值输出之间的关系。综合安全经济学和安全信息学的研究内容，并考虑安全信息经济学学科自身的特殊性，将其主要研究内容概括如下 6 个方面：

（1）安全信息经济理论研究。安全信息经济理论是对安全信息经济学发展合理性和可行性的研究，主要论述学科性质、学科目的、学科功能等内容。安全信息经济学研究能够促进安全价值显现，安全具有经济属性和经济价值，但现实中对安全的重视程度显然不足以支撑“安全第一”的理念。究其原因是人们对安全如何创造经济价值、能创造多大的经济价值及如何实现经济价值的基础理论研究不够深入，急需填补和完善相关理论。安全信息经济学从经济学的角度看待安全信息，重视安全信息创造的经济效益和社会效益，安全信息作为安全的重要研究对象，也必然有巨大的经济效益和社会效益，所以安全信息经济学能够促进安全价值显现，安全信息经济理论是促进安全价值认识理论的重要补充。

（2）安全信息的成本和价值。安全信息转换为安全信息资源需要经过人为地挖掘、开发、认知、加工和生产等过程。同其他经济资源一样，安全信息资源在转换过程中需要一定的安全投入，没有人为的介入，安全信息无法转换为具有共享价值和使社会受益面更加宽泛的安全信息资源。安全信息资源的价值体现在其非垄断性（共享性）、有限性和时效性等方面。

（3）安全信息质量。对安全信息资源的合理分析和充分利用是体现其价值的关键。换言之，就要判定安全信息的质量优劣与否。安全信息质量指的是安全信息的时效性、真实性、确定性和可靠性及其数量。安全信息质与量的评判取决于安全信息本身和安全主体两方面，不同质量的安全信息传递到不同层次水平的安全主体手上，发挥的价值会有很大差别。

（4）安全信息的经济效果。即进行安全信息活动取得的有效成果与活动过程中消耗的全部人力、财力和物力之比。根据受益对象的不同，可将安全信息经济效果分为直接经济效果（给进行安全信息活动的企业、部门等带来的经济效果）和间接经济效果（除了安全信息活动的实施者之外，给别的组织、企业和部门等带来的经济效益）；根据进行安全信息活动后，能否易于观察其经济效益，可将安全信息经济效果分为显性经济效果（如事故降低率、人员伤亡降低率、利润等）和隐性经济效果（如安全文化的提升、工作人员安全意识和安全素质的增强等）。

（5）安全信息的经济作用。安全信息的有效沟通可以增强企业文化，安全信息的及时反馈有助于事故预防，减少安全信息缺失和不对称现象能有效降低事故发生率，安全信息的经济效益和社会效益显而易见，安全信息经济学研究对安全价值显现有着重要作用。此外，安全信息具有非纯盈利属性，以社会共享、全民共享为目标，这决定了安全信息具有巨大的经济作用。

（6）安全信息管理。安全信息管理是安全信息活动的关键，贯穿整个安全信息活动过程。高效的安全信息管理系统能够提高人的安全信息能力（人对安全信息的获取、识别、存储、利用、创造等能力），也能最大限度地减少安全信息资源浪费和重复建设，解决安全信息内容混乱、检索困难等问题。

安全信息经济学研究内容实例详见表 12-4。

表 12-4　安全信息经济学研究内容实例

学科分支	研究内容实例
安全信息经济理论	安全信息经济学的作用、目的、意义、对象、内容、方法、原理、规律等
安全信息的成本与价值	安全信息成本和价值的定性及定量分析、安全信息成本和价值的关系、安全信息的成本特征（显性成本和隐性成本）、安全信息的价值表现形式等
安全信息质量分析	安全信息完整与否，安全主体的专业水平的高低和综合素质情况，完美的安全信息传递到专业水平高、综合素质好的安全主体手中发挥的价值，完美的安全信息传递到专业水平低、综合素质差的安全主体手中发挥的价值，以及有缺陷的安全信息分别传递到两类不同的安全主体手中能发挥的价值等

续表

学科分支	研究内容实例
安全信息经济效果评价	安全信息经济效益的计量和考核、安全信息的社会效益、安全信息经济效果的影响因素、提升安全信息经济效果的方法和途径等
安全信息经济作用过程	安全信息在国计民生中的地位、安全信息的经济属性、安全信息与安全管理、事故预防和安全资源配置等的关系、安全信息经济研究对安全产业的推动作用、安全信息系统的建设和发展的经济效益等
安全信息管理	安全信息资源收集、安全信息资源组织、安全信息资源检索、安全信息资源开发利用、安全信息资源共享、安全信息交换等，提高人的安全信息能力，促进系统经济增长

12. 2. 4 安全信息经济的类型

分类分析是安全科学研究中重要的研究方法，从不同维度考量研究对象，能使研究更加细致和深入，通过比较不同视角下研究内容的异同，更容易了解和辨识研究对象。了解安全信息经济不同维度的分类，便于研究者或工作者将其运用在不同情景中。安全信息经济的分类详见表 12-5。

表 12-5 安全信息经济的分类

一级分类	二级分类	三级分类
理论研究分类	事故类型	火灾事故、爆炸事故、中毒事故、病毒传染、自然灾害、恐怖袭击等的安全信息经济研究，即研究安全信息在具体事故中的经济学问题
	安全行为	安全信息在安全管理、安全教育、安全预测、安全评价、安全评估、安全规划等安全行为活动中的经济规律和特征
	学科类型	在不同的安全学科下可继续开展对应的安全信息经济研究，如化工安全信息经济学研究、机械安全信息经济学研究、电气安全信息经济学研究、建筑安全信息经济学研究等
	……	……
应用与实践分类	政府应用	安全信息经济理论和方法在国家安全活动、城市安全活动和社区安全活动实践中的应用
	行业应用	安全信息经济理论和方法在化工、建筑、核工业、交通、航空航天等具体行业实践中的应用
	企业应用	安全信息经济理论和方法在企业安全、部门安全、班组安全、个体安全信息活动中的应用
	……	……

12.3 安全信息经济学的核心原理及方法论

学科的核心原理和方法论是学科理论和方法应用于实际的基础，前者在大量的观察、实验、统计、比较、归纳、总结等基础上，提炼出学科普适性的原理，揭示学科的基本规律；后者总结学科相关问题的一般原则和理论体系，一般包括问题阐述、研究原则、研究方法和研究程序等内容。两者既指导实践活动，也需要接受实践活动的检验。

12.3.1 安全信息经济学的核心原理

通过查阅文献和书籍，参考经济学、信息经济学、安全科学等学科的普适性原理，并结合安全信息自身的经济规律和特征及安全信息在经济活动中的实践表现，归纳总结出安全信息价值原理、安全信息不对称原理、安全信息经济系统性原理、安全信息经济的博弈原理、安全信息经济管理原理及安全信息经济评价原理 6 方面的安全信息经济学原理，以期以此为基础，构建科学、完善的安全信息经济学原理体系，有效指导实践活动。

1. 安全信息价值原理

前面已经详细论述安全信息作为重要的资源，其在经济活动中的表征、预测、传播和关联作用，能够提升系统安全效益，满足安全主体的安全需求，这是安全信息的价值体现。安全信息的价值受多因素影响，如安全信息的内容、安全信息的数量、安全信息的质量、安全信息的规范性、安全信息的时效、安全信息的共享等。安全信息价值原理旨在揭示安全信息的价值规律，指导安全信息的收集、生产、运用等实践活动。为进一步理解该原理，从以下 3 个方面具体阐述：

（1）安全信息的效用价值。安全信息的效用价值是指在进行安全活动时有安全信息和无安全信息两种情形下所产生的结果在经济上的比较。就安全决策活动来说，显然，安全主体在有安全信息（指反映决策对象状态的、有价值的安全信息）的条件下，比在无安全信息的条件下做出正确决策的概率更大，从而产生更好的安全效益（包括经济效益和社会效益）。

假设安全主体在有安全信息情况下的预期效用为 V_y，在无安全信息情况下的预期效用为 V_n，两种情况下的预期效用之差为 E，E 即是安全信息的效用价值体现，用公式表示为

$$E = V_y - V_n \tag{12-1}$$

举例说明上述公式，安全管理者在进行安全决策时不知道某一系统是否存在安全隐患：如果系统存在安全隐患，在未来会发生事故，则需要采取安全防护措施；如果系统不存在隐患，处于安全状态，则不需要采取安全防护措施。假定系统存在安全隐患并采取了安全防护措施的效用为 1，没有采取安全防护措施的效用为 -1。安全管理者在无任何辅助信息的情况下，判断系统存在隐患还是处于安全状态的概率都是 1/2，此时预期效用 $V_n = 1/2\times1+1/2\times(-1)=0$。如果有充分的安全信息辅助决策，根据安全信息分析结果，判断系统存在安全隐患的概率为 4/5，此时预期效用 $V_y=4/5\times1+1/5\times(-1)=0.6$，得出预期效用之差 $E=0.6-0=0.6$，即为安全信息的效用价值。

（2）安全信息的费用价值。安全信息的费用价值是指凝结在安全信息产品中的人类抽象劳动。根据经济学中的商品价值构成，可认为安全信息的费用价值由3部分构成，即不变成本（C）、可变成本（V）和剩余价值（M）。不变成本包括安全信息被加工成安全信息产品的过程投入的物质材料价值和信息材料价值；可变成本包括同类性质的体力劳动者的体力劳动支出和具有创造性的脑力劳动支出；剩余价值指安全信息产品生产者给社会创造的效益和价值。安全信息的费用价值（W）可用如下公式表达：

$$W = C + V + M \tag{12-2}$$

（3）安全信息的效益价值。安全信息的效益价值（B）指安全信息产品给安全主体带来的经济所得（S）与生产安全信息产品过程中投入的所有成本（C）的差额。经济所得包括安全信息产品交易的收益和防止事故发生、减少事故损失、社会效益提升等的量化，成本包括安全信息生产、加工过程中的资金投入、物质材料投入和消耗及信息材料投入。换言之，安全信息的效益价值由安全信息产品创造的净效益体现，可用式（12-3）表示：

$$B = S - C \tag{12-3}$$

2. 安全信息不对称原理

安全信息不对称是安全信息经济学的重要原理，安全信息经济学承认安全信息不对称现象在经济活动中是客观存在的，并且影响经济活动。例如，在事故发生初期，企业为了维护社会形象、管理者为了逃避安全责任选择瞒而不报或漏报谎报，因此政府消防部门、公安部门、卫生医疗部门等应急救援力量未及时得到充分安全信息，错失应急救援的最佳时机，导致事故扩大，提升经济损失程度和社会负面影响。上述例子中正是由事故企业和事故应急救援部门之间的安全信息不对称（企业为安全信息资源“优势方”，应急救援部门为安全信息资源“劣势方”）导致事故后果的加重，企业安全效益受损。由此可见，非对称安全信息是影响系统安全效益的重要因素。

安全信息经济学的安全信息不对称原理旨在认知、约束并降低安全主体间安全信息的不对称，从而减少事故发生（安全信息缺失是事故发生的共性原因），以提升系统的安全效益。可构建安全信息资源优势方披露安全信息的模型进一步理解和分析：安全信息资源优势方披露的安全信息量为x，对应披露安全信息量的安全总收益（包括减损和增益）函数为$P(x)$，对应披露的安全信息量的生产、加工和披露等过程的总成本函数为$C(x)$，则安全信息资源优势方披露安全信息量x时对应的安全效益（T）可用式（12-4）表示：

$$T = P(x) - C(x) \tag{12-4}$$

认知安全信息不对称可从安全信息的流通过程（获取、处理、传递、运用等）入手，分析每个环节的影响因素，从而总结出安全信息不对称的一般性和特殊性原因。若安全信息不对称是由人的主观行为造成的，约束安全主体间的安全信息不对称方面，可通过签订安全契约、构建安全文化、塑造安全观等“软”的方法和途径使人主动披露安全信息，降低安全信息不对称程度；降低安全信息不对称方面，可通过设计有效的规制机制，如设计激励机制和惩罚机制、制定规章制度、出台法律法规等“刚性规则”约束安全主体，使其披露安全信息，降低安全主体间因人的主观行为造成的安全信息不对称。若安全信息不对称是由信源、信道、信噪等非人的主观行为造成的，则可以通过技术手段予以修复和消除。安全信息不对称原理如图 12-8 所示。

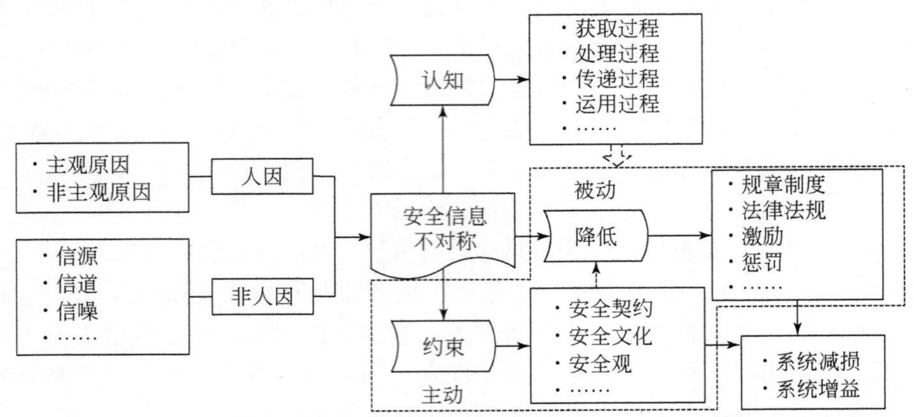

图 12-8　安全信息不对称原理

3. 安全信息经济系统性原理

安全信息经济离不开安全信息的获取、处理、加工、生产、传播、交换、消费等过程，也离不开社会经济的发展。由此观之，安全信息经济是一个包含人、物、信息、能量、技术、社会环境等众多要素的系统，各要素相互依赖、相互作用，共同推动安全信息经济运行和发展，这就是安全信息经济系统性原理。

安全信息经济系统根据其构成要素又可划分为人的系统、物的系统、能量系统、环境系统、技术系统、安全信息系统等子系统，每个子系统都承担着各自特定的功能，如人的系统主要负责协调和控制其他子系统的运行及安全信息加工、生产、管理和配置等工作；物的系统主要为安全信息流通的全过程投入必要的物质材料及充当安全信息的载体；能量系统主要为各子系统的运行提供动力；环境系统可分为安全信息经济内部环境系统和安全信息经济外部环境系统，前者反映系统内各构成要素间的协调、配合情况，后者反映系统外的社会经济环境；技术系统主要发挥工具功能，如通过计算机、网络、互联网、通信系统、监控监测设备、模拟分析软件、数据挖掘软件、搜索查询软件等进行安全信息的收集、处理、加工、生产、传播和分享等；安全信息系统是人机一体化系统，由人、机、信息、技术等要素组成，以处理安全信息流为目的，主要任务是对企业的人、财、物、安全等资源进行信息管理和分配，如为安全管理者提供及时、有效的安全信息，使其做出有效预测和决策，提高系统安全水平，提升系统安全效益。

4. 安全信息经济的博弈原理

博弈论是现代数学的一个新分支，也是运筹学重要的学科分支，博弈论是经济学中研究冲突和合作局势分析的标准分析工具之一，可用在某种对抗性或合作性的场景下，两个及以上的参与者各自根据研究对象做出决策，并使自己的一方在冲突中得到尽可能有利的结果。

安全信息经济的博弈原理主要指不对称安全信息下安全系统中理性人的博弈和多源安

全信息情形下的安全决策信息博弈，具体解释如下：

（1）不对称安全信息下安全系统中理性人的博弈。安全信息不对称客观存在于经济活动中，这必然会形成安全信息资源“优势方”和安全信息资源“劣势方”。不对称安全信息场景下的博弈，会使得安全信息资源“劣势方”在应对系统安全事故时无法及时获知处理对象的状态，在做出响应动作时十分被动，从而造成安全损失。

例如，在企业和工作员工之间，企业掌握的安全信息资源明显优于员工各自的安全信息资源，因此如果企业为了减少安全投入，选择无视系统存在的隐患和风险，会对员工的安全造成威胁，而员工若有足够的安全信息资源，了解系统处于不安全状态，必然希望企业能够进行安全投入，以保障自身安全。

再如，1986 年，苏联切尔诺贝利核电站事故初期是第 4 号反应堆出现故障，但操作人员在不知道反应堆的实际状态的情况下，违反安全操作章程继续试验，后续工程师仍未意识到风险，加之控制板也未能显示出反应堆的状态，继续进行不当处理，导致反应堆发生爆炸，最后形成严重的核泄漏事故，造成巨大的人员伤亡和经济损失。通过事后分析，可

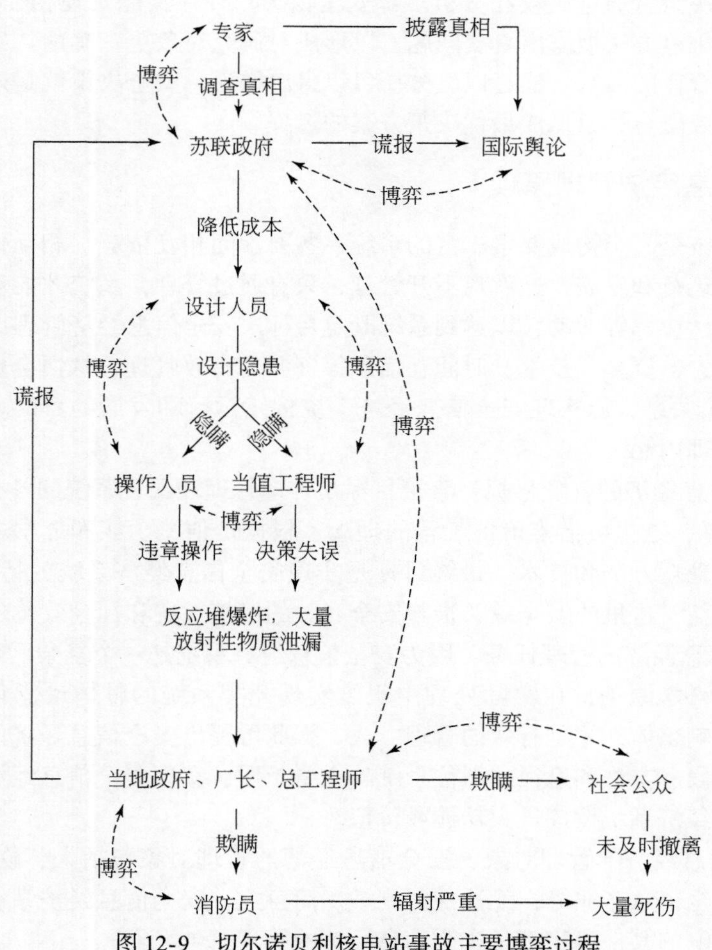

图 12-9 切尔诺贝利核电站事故主要博弈过程

以梳理出整个事故发展过程中都存在着安全信息不对称，多个局中人（有安全决策权的参与者，这里的局中人可以表示个体、群体或组织）为了各自的利益和目的不断进行博弈，选择性披露切尔诺贝利核电站事故的安全信息，严重影响不同决策者的决策有效性，从而导致事件失控，波及范围越来越大，酿成人类史上的重大灾难。切尔诺贝利核电站事故主要博弈过程如图 12-9 所示。

（2）多源安全信息情形下的安全决策信息博弈。安全主体进行安全决策时需要查阅、调取、参考、分析相关安全信息，但是获取安全信息的方法、途径的不同，导致安全主体获取的是来源广泛的安全信息。该类安全信息之间必然存在冗余、矛盾、互补、合作等多种关系，为更好地进行安全决策，就必须要厘清多源安全信息间的相互关系并对其进行合理处理，从而确定系统状态，以做出有效的安全决策，这就是多源安全信息情形下的安全决策信息博弈原理。

根据博弈论原理，将多源安全信息视为局中人，不同来源的安全信息间形成了博弈，每一条安全信息都期望安全决策者能够利用其进行安全决策，此时安全信息之间存在冲突。但是，安全决策者通过比较和分析多源安全信息，往往又能发现相互之间的关联性，再利用挖掘、降维等方法披露出真实问题，以形成对研究对象更正确的认知，这时安全信息之间是互补和合作的关系。通过以上分析可以得出结论：安全决策就是采取不同策略使多源安全信息有效融合，以形成最优决策方案的过程。

5. 安全信息经济管理原理

安全信息经济是一个构成要素丰富的系统，各要素间相互依赖、相互作用以维持安全信息经济的正常运行和发展，这就离不开管理，只有通过管理，系统才能对各要素有效地进行计划、组织、协调等活动，以达到系统既定目标。安全信息经济管理原理就是通过对系统内人力、物力、资金、技术、时间、信息等资源的有效管理，从而合理配置资源，不断优化投入–产出关系，以实现安全信息经济系统持续运行和发展的目的。可从以下 4 个方面具体阐述原理内涵。

（1）安全信息经济的管理目标：直接目标是合理管理和配置系统的各类资源，不断优化投入–产出关系，这里可借鉴价值工程的理念，根据价值、功能和成本之间的定量计算结果，不断完善管理方法和技术。最终目标是实现安全信息经济系统的持续运行和发展，不断提升安全效益，这里的安全效益指与安全有关的经济效益和社会效益。

（2）安全信息经济的管理任务：因为安全信息经济系统是一个复杂巨系统，根据吴超教授提出的安全科学原理，在实际处理中很难实现此类系统的整体最优化，应从部分入手，从部分去影响整体，才是有效的管理方式。据此可提出安全信息经济的管理任务：通过有效的管理手段、方法和途径，抓住系统的主要矛盾，实现安全信息经济系统的局部和谐，使安全信息经济系统发挥最大功能或价值。

（3）安全信息经济的管理对象：安全信息经济的管理对象包括人、物、信息、时间、资金、技术、安全信息产业等，无法一一列举。简言之，安全信息经济系统的构成要素和能对系统产生影响的其他事物都是安全信息经济的管理对象。

（4）安全信息经济的管理手段：安全信息经济的管理手段是丰富多样的。例如，颁布法律法规、制定规章制度、规定行为准则、建立企业文化、构建有效的组织机构、建立信息系统（利用信息进行管理）、借助计算机硬件和软件、采用监控监测设备等都是安全信息经济的管理手段，可根据管理对象的特征和性质，实施针对性的管理。

6. 安全信息经济评价原理

评价是检验理论和实践的重要方法。安全信息经济学的理论是否能够用于指导实践、实践效果如何、应用结果是否达到了预期目标等；在现实的安全信息经济实践活动过程中，显现的安全信息经济规律是否印证了安全信息经济理论、提炼的实践活动原理是否与科学原理相契合等，这些问题都需要通过评价来解决，既可以定性评价，也可以定量评价，具体可根据评价对象的实际情况进行选择。安全信息经济评价原理的研究方法如图 12-10 所示。

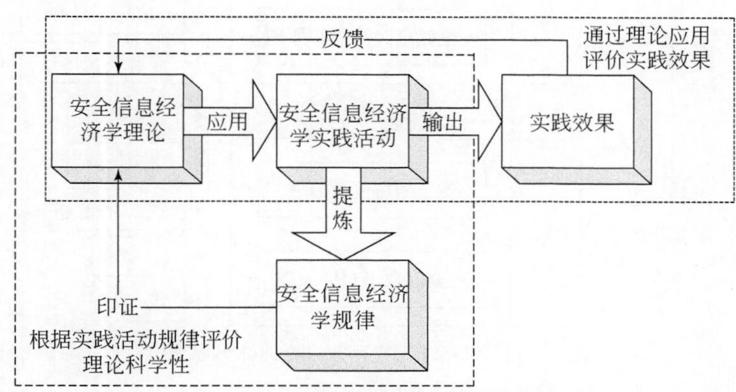

图 12-10　安全信息经济评价原理的研究方法

安全信息经济评价原理就是定性或定量评价安全信息经济的理论科学性和实际应用效果（如安全信息系统、安全信息产品或服务的经济效益和社会效益评价），并进行反馈和调节，以促进自身的科学发展。

12.3.2　安全信息经济学原理体系结构

安全信息经济的 6 条核心原理之间不是彼此独立和割裂的，而是相互依赖、相互作用、相互检验和证明的关系，这 6 条核心原理共同构成了安全信息经济学原理体系结构，如图 12-11 所示。

安全信息经济学原理体系结构由要素研究、规律研究和实践研究构成，具体解释如下。

（1）要素研究：安全信息是安全信息经济的重要元素，也是安全信息经济活动的基础，所以在开展安全信息经济的相关研究时，安全信息应是研究的起点和切入点。基于此逻辑，研究安全信息经济核心原理体系结构，应先关注安全信息经济中安全信息的核心原理，其既揭示安全信息经济中安全信息的特征和规律，也体现安全信息对经济活动的影响。

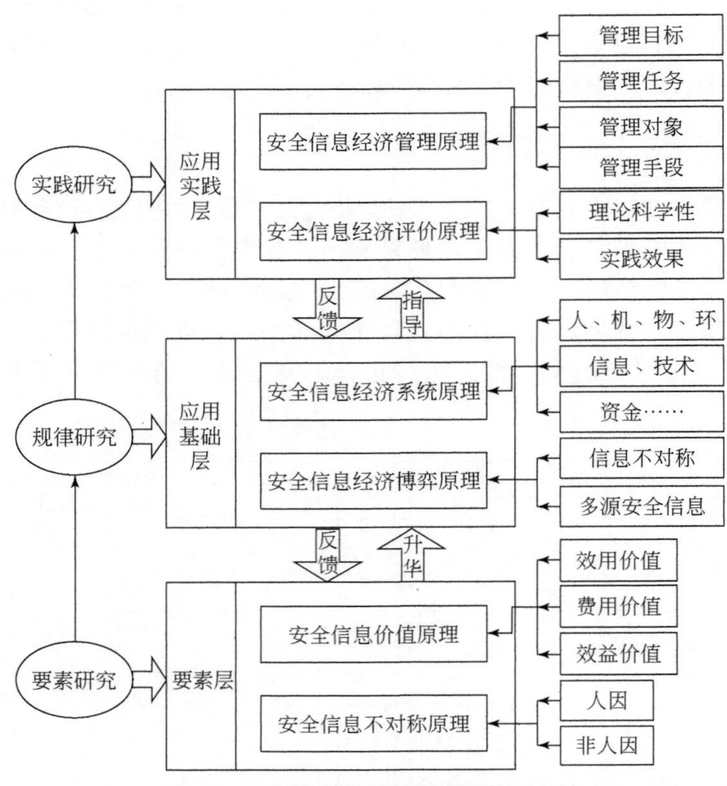

图 12-11　安全信息经济学原理体系结构

（2）规律研究：规律研究层主要关注安全信息经济应用基础方面的规律和原理，提出的安全信息经济博弈原理和安全信息经济系统原理是对安全信息经济应用特点的总结，能够利用博弈原理去发现和解决安全信息活动中的信息不对称问题与多源安全信息下的安全决策问题，利用安全信息经济系统原理可以从整体和局部两个角度考虑安全信息经济的运行和发展问题。

（3）实践研究：应用实践层建立在前两个层次的基础上，无论是管理原理还是评价原理都是基于元素和应用规律展开的，没有前两个层次的支撑，管理和评价都无从开展或者说管理和评价的效益与效率都会大打折扣。反之，管理和评价也是对前两个层次所提出理论的反馈和证明，所以各层次原理之间存在密切的内在联系，共同构成安全信息经济学原理结构体系。

12.3.3　安全信息经济学方法论

为进一步理解安全信息经济学方法论，给出安全信息经济学方法论的定义：通过对安全信息经济学的研究原则、研究方法、研究程序的系统性研究，以揭示认识和解决安全信息经济学问题的一般性途径和逻辑。

1. 安全信息经济学研究原则

方法论原则是方法论体系研究的重要内容之一，因为方法论本身也是一个哲学概念，和世界观是相互联系的，世界观解决“认识”的问题，方法论解决“处理”的问题，所以方法论原则研究的基础性原则应该是辩证分析及发展与联系。科学辩证地分析问题，并运用发展和联系的眼光去看待问题，是正确认识研究对象的根本。此外，结合安全信息经济学的学科特征、性质、原理等内容，提炼出安全信息经济学研究应遵循以下几个原则。

（1）客观性原则：客观性原则是进行其他原则研究的基础，研究者只有保持客观的态度，遵循事物的客观规律，才有可能得出科学的结论和成果。在安全信息经济学研究中，安全信息的不对称、安全信息对经济活动的影响、安全信息的价值性等现象和属性都是客观存在的，研究者应该承认并以此为切入点进行更深入的分析和挖掘，以使安全信息经济理论和应用更完善。

（2）系统性原则：安全信息经济本身是一个内涵丰富、构成要素复杂的系统，所以应以系统的观点来研究安全信息经济学，既要研究每一个重要因素对安全信息经济的影响，如单独要素的功能、结构、状态等对安全信息经济的影响（从局部到整体），也要关注安全信息经济系统的整体结构和功能，以发现各要素间的联系及其共性和特性等问题（从整体到局部）。

（3）相关性原则：相关性原则是指应该以联系和关联的思想来看待安全信息经济问题。因为安全信息的重要性质之一就是能够关联一切和表达一切，所以在研究安全信息经济问题时，不能仅局限于信息这一个概念，要将物质、能量、行为等用信息统一起来研究，这样得出的结论更具有普适性，也能广泛借鉴物质、能量、行为等领域的研究成果，以促进安全信息经济自身发展。

（4）比较和类比原则：安全信息经济学是典型的综合交叉学科，其建立和发展不是偶然的，而是各母学科进步和融合发展的必然，以适应社会和时代变革的需要。这就要求在研究安全信息经济问题时需要有比较和类比的意识，每个问题都可能涉及其他学科的理论和知识及其他学科解决相类似问题的经验，运用比较和类比的方法，能够快速找到解决问题的途径和思路。

（5）抓主要矛盾原则：抓主要矛盾是研究复杂系统的重要原则，系统的结构、内容、问题的复杂性，导致在实际活动中很难协调和解决好各方问题，实现全系统、全要素的最优化，所以抓住系统的主要问题，针对性地提出解决方法和解决措施，实现“主要部分”的最优化，往往是发挥系统最优功能和最大价值的可取之法。因此，抓主要矛盾原则也是安全信息经济学研究的重要原则。安全信息经济学研究的原则体系如图 12-12 所示。

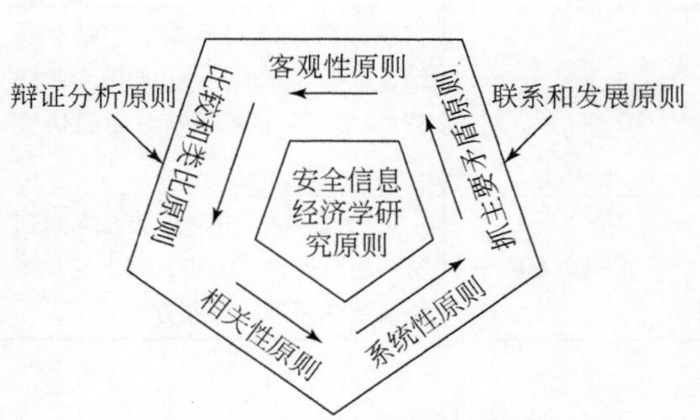

图 12-12 安全信息经济学研究的原则体系

2. 安全信息经济学研究方法

研究方法是解决理论问题与实践问题的工具，研究方法体系的确立是一门学科发展成熟的重要标志。安全信息经济学科由于其综合交叉属性和深厚的理论基础，可借鉴安全科学、信息科学和经济学等学科的相关原理和方法进行本学科的方法论建设。安全信息经济学的主要研究方法见表 12-6。

表 12-6　安全信息经济学的主要研究方法

研究方法	方法内涵	安全信息经济学中的应用
归纳演绎方法	归纳是从特殊或个别事物中总结出一般原理和方法，演绎是根据一般现象和原理推断出个别事物的特征和属性	在安全信息经济学研究中，可以通过调查研究和资料收集等，由某地区或企业的安全信息在经济活动中的影响和作用机制，归纳出区域、国家或行业安全信息的一般经济规律
比较分析方法	比较分析方法是根据两个及以上对象的相同、相似或具有可比性的方面来揭示事物的本质和规律	通过不同国家、不同地区、不同部门安全信息经济活动的横向比较或同一国家、同一地区、同一部门不同时期的安全信息经济活动的纵向比较，总结出安全信息经济活动的规律
因素分析方法	科学分解安全信息经济系统，提炼出系统中的主要因素，然后分析各因素的特征、功能及其相互关系，以逆向认识整个系统	利用因素分析法可将安全信息经济系统分为安全信息系统、物的系统、能量系统、技术系统、环境系统等子系统，然后对各子系统再次进行细分，层层解构，直到能通过分析子集较全面地认识安全信息经济系统为止
机会成本方法	在面临多种决策方案需择一决策时，被放弃方案中的最高价值者即为机会成本	根据安全决策信息形成的安全决策方案，可以选择不予处理、采用“软件”资源处理（安全培训、安全教育、警示标语等）、采用“硬件”资源处理（增加安全防护装置、更换设备设施、工作环境治理等）等，考量每一种方案的成本及可能产生的价值增值
逆向思维方法	逆向思维方法是从研究对象或目的的相反面来分析影响因素和限制条件等的研究方法	安全信息经济学的重点是研究安全信息资源的价值，正向研究（安全保障）不能完全展现安全信息的价值。故需要采用逆向思维方法，从安全信息的不对称或缺失给系统带来的损失角度研究安全信息的价值
定性研究方法	定性方法是通过观察、归纳、总结、提炼等方式，得出研究对象的特征、属性、原理等内容的研究方法	研究安全信息经济学的定义、内涵、理论基础、研究内容、研究任务、研究目标等基本问题及方法论和学科核心原理都需要运用定性研究方法
定量研究方法	定量研究方法是用数学方法对数据资料进行处理和分析，得出定量结论或数学模型的研究方法	研究安全信息活动过程中的人力资源投入、资金投入、安全投资收益、事故损失、人员伤亡、安全信息经济的测度计算、安全信息活动的投入产出分析等

3. 安全信息经济学研究程序

安全信息经济学研究需按一定步骤有序进行。结合安全信息经济的作用过程，综合系统科学和经济学的分析方法，将安全信息经济学的研究程序概括为：明确安全信息经济问题、确定安全信息价值算法、进行安全信息处理、形成安全决策信息、制定策略方案、计算每种策略方案的可能得益、做出决策、执行方案、实施效果评价。安全信息经济学的研究程序如图 12-13 所示。

（1）明确安全信息经济问题。明确要分析和解决的问题，是整个程序运行的前提。通过监测、监控、市场调查等手段和技术，采用系统分析和数理分析方法，对安全信息收集、生产、加工、分配、交换、重组、利用等过程进行分析和研究，以明确安全信息经济问题，如安全信息成本、安全信息消耗量、安全信息价值、安全信息输入量、安全信息输出量、安全信息增量、系统安全效益等。

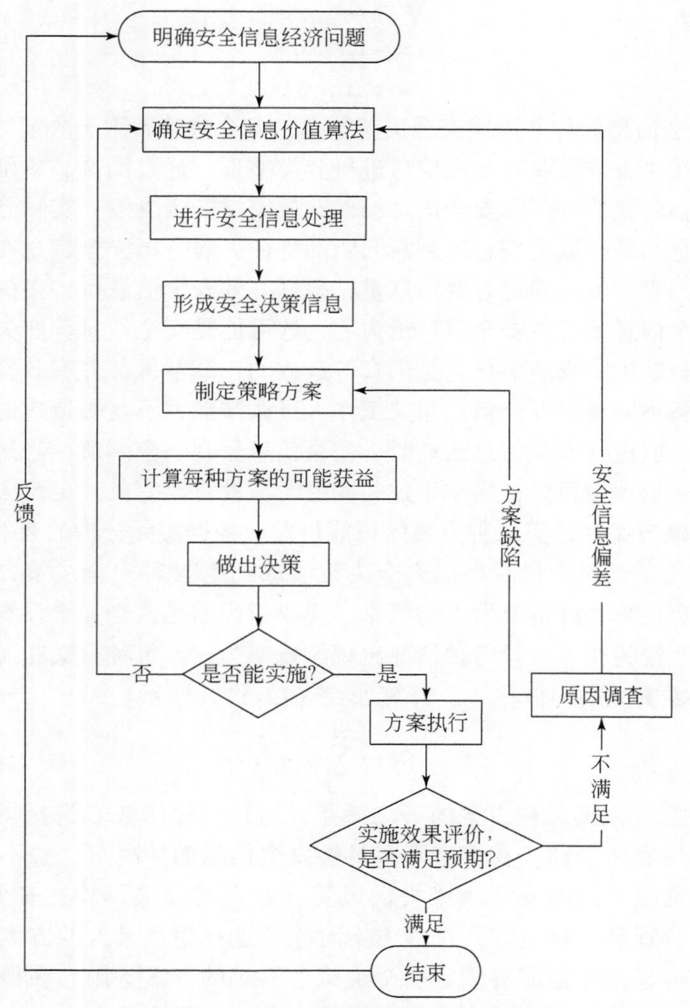

图 12-13　安全信息经济学的研究程序

（2）确定安全信息价值算法。在其他条件不变的情况下，输入较多的与某项安全活动相关的信息量（信息量饱和之前），系统输出的价值量就会产生一个增值，这样就可以得到一种安全信息价值的增值算法。记某项安全活动原有的信息量为 I_1，该活动创造的价值

为 V_1，成本为 E_1。获得新信息后，在新状态下该安全活动具有的安全信息量、创造的价值和成本分别记为 I_2、V_2 和 E_2。则安全信息增量（ΔI）、价值增量（ΔV）和成本增量（ΔE）分别可用式（12-5）～式（12-7）表示：

$$\Delta I = I_2 - I_1 \tag{12-5}$$

$$\Delta V = V_2 - V_1 \tag{12-6}$$

$$\Delta E = E_2 - E_1 \tag{12-7}$$

安全信息净价值（ΔP）、安全信息价值率（v）和安全信息成本率（e）可分别按式（12-8）～式（12-10）计算：

$$\Delta P = \Delta V - \Delta E \tag{12-8}$$

$$v = \Delta V/\Delta E \tag{12-9}$$

$$e = \Delta E/\Delta I \tag{12-10}$$

（3）进行安全信息处理并形成安全决策信息。安全决策者用于决策的安全信息一般都来源广泛，所以在决策前需要对安全信息进行分类整理，通过筛选、鉴别、聚类、降维等处理过程，有效融合获取的多源安全信息，以有效支撑安全决策。实际分析是针对具体问题，通过已有信息和新获取的信息来判断问题的特征，需分析安全信息在传递、响应等过程中的变化量和失真程度以确定有效信息量，根据有效安全信息量的多少可分为：①完全没有掌握有效安全信息或有效安全信息量为零，这可能是安全信息获取失败、认知完全错误、安全信息完全缺失、安全信息完全失真等造成的；②掌握部分有效安全信息，这可能是检测或探测设备不完善、安全信息相关工作人员认知能力不足等造成的；③掌握足够或全部安全信息，一般进行安全信息活动时，安全信息量有一个阈值，当达到或超过这一阈值时，便可有效完成预设目标，当小于这一阈值时，就难以完成甚至无法完成预设目标。

（4）制定策略方案和计算每种方案的可能得益。根据实际分析的有效安全信息量，归纳出 M 种可能出现的情况，最后根据安全决策信息制定 N 种安全决策方案，并根据获得的安全信息量确定估算每种情况发生的概率。需要指出的是，当完全没有信息时，应将每种情况出现的概率视为相等。设每种情况出现的概率为 p_i，每种方案在对应情形下的得益为 g_{ij}，计算每种方案的平均得益 G_j，计算如式（12-11）所示：

$$G_j = \sum_{i=1}^{M} g_{ij} p_i \tag{12-11}$$

（5）做出决策。根据每种方案的平均得益，通过目标函数 G 选择得益最大的方案并分析方案的可行性和风险性，在没有掌握足够安全信息的情况下，并不能完全确定问题特征，因而需要面临一定的安全决策失误风险，如经济损失风险、安全投入错位风险、安全资源配置不合理等，换言之，选择方案时除了选择得益最大的方案，还需要选择得益稍小或其他综合起来考虑能够满足安全决策者要求的方案备用，在得益最大的决策方案无法实施时，需要尽快反馈至形成安全决策信息的阶段，检查安全决策者在融合或处理安全信息时是否出现了失误，导致安全决策信息不正确或有效性低。同时，如果事态紧急，要尽快启用备用决策方案，及时执行，降低系统风险或损失。目标函数 G 的计算公式如式（12-12）所示：

$$G = \max(G_1, G_2, G_3, \cdots, G_N) \tag{12-12}$$

（6）实施效果评价。方案实施后，应尽快对方案的实施效果进行定性或定量评价，评估实施效果是否达到安全决策者的预期。若达到预期，则反馈结果，总结经验；若没有达到预期，则事后需要调查效果没有达到预期的原因，可简要分为两种原因，第一种原因是用于决策的安全信息有偏差，未能充分反映决策对象的状态，导致后续错误；第二种原因是安全决策信息满足要求，但安全决策者制定的策略方案有缺陷，导致实施效果不达预期。

4. 安全信息经济学研究范式

通过对安全信息经济学的研究全程分析，可以总结出以下几点：

（1）安全信息经济学的研究主体是安全信息经济研究者，其经验、知识和思维等能力、世界观和价值观的倾向性及生活环境、科研环境等外部影响因素都能影响最后研究成果和结论的科学性、客观性和正确性。

（2）研究路径方面，可分为学科理论研究和实践应用研究，学科理论研究可按学科定义及内涵、学科研究内容、学科理论基础等基础问题研究→学科原理研究→学科方法论研究→学科应用基础研究的路径进行；实践应用可按实际情况，判断问题范畴，遵循既定的研究程序进行，12. 3. 3 节已总结出安全信息经济学的研究步骤，其中的确定安全信息价值算法→安全信息处理→形成安全决策信息→制定策略方案→计算每种方案的可能得益 5 个步骤可归结为安全信息经济理念和方法植入，在实践活动中根据研究对象的不同，这个部分可以有所调整，以契合实际。另外，需要对实践效果进行评价反馈，旨在完善和优化理论和实践研究。

（3）无论是理论研究还是实践应用，最终目的都是完善安全信息经济学学科体系和促进安全信息经济学科学发展，补充安全科学在信息科学和经济学交叉领域的研究空白，增强安全科学的应用性和实践性。

综合以上分析，可构建出涵盖研究主体、研究路径和研究目的 3 方面主要内容的安全信息经济学研究的范式体系，以期指导安全信息经济学的理论研究和实际应用。安全信息经济学研究范式如图 12-14 所示。

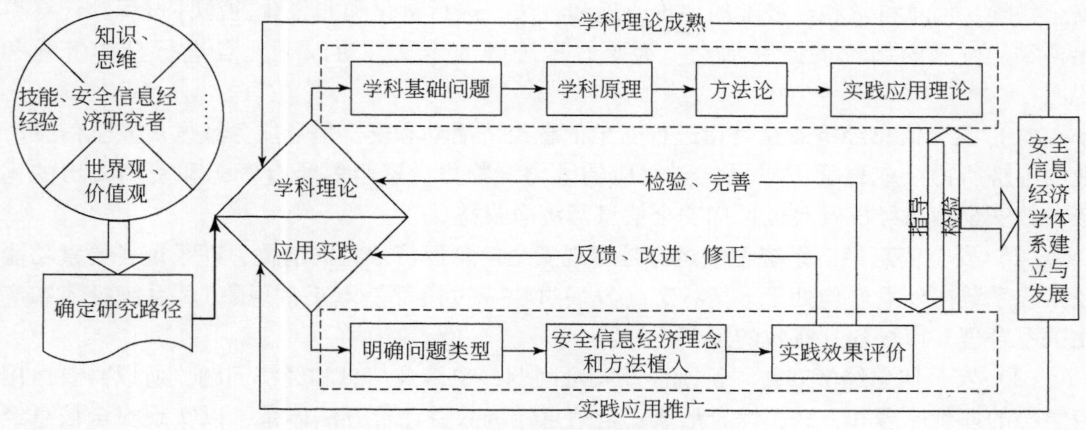

图 12-14 安全信息经济学研究范式

12.4　安全信息经济效益评价的基础问题及方法论

安全信息经济效益是衡量安全信息产业、安全信息服务、安全信息产品与整个安全信息活动（收集、生产、加工、流通、分配、消费等）在经济上是否合理的指标。

安全信息经济效益的表现形式可以是由安全信息或安全信息活动的作用带来的安全生产效率提高、安全资源节约、事故后果减轻、安全预测准确度提高、安全决策改善、安全执行效果提升、系统安全优化、应急响应时间缩短、企业社会形象提升、企业员工安全感的提升等方面，也可以是安全信息产品和安全信息服务产生的经济效益，还可以是安全信息产业获得的经济效益。

开展安全信息经济效益评价的直接目的是评估安全信息产业、安全信息产品和服务、安全信息活动的投入和产出情况，是否以尽可能小的投入，获得了尽可能大的产出，系统是否实现了经济效益的最大化。最终目的是促进安全信息经济良性发展和科学发展，能够为人们持续创造价值。

12.4.1　安全信息经济效益评价定义及5个基础问题

为给安全信息经济效益评价活动提供科学、清晰的理论指导，本节详细研究和论述安全经济效益评价的定义及评价主体、评价对象、评价类型、评价特点、评价目的等基本问题。

1. 安全信息经济效益评价定义

评价是指评价者按一定标准和要求对评价对象进行各个维度的分解或综合分析，再根据评价标准进行量化和非量化的测量过程，最终得出一个可靠的并且符合逻辑的结论。结合安全信息经济效益的基本定义，可总结提炼安全信息经济效益评价的定义：安全信息经济效益评价是正确认识安全信息活动的投入和产出关系，反馈安全信息经济系统运行存在的问题，从而制定针对性的战略和策略，以实现最小投入达到最大产出为目的，综合运用安全科学、信息科学和经济学的评价原理和方法，进行量化和非量化的测评过程，最终得出科学、可靠的结论的研究活动。为更好地理解此定义，对以下几点进行具体解释和说明：

（1）安全信息经济效益是指进行安全信息经济活动和安全信息服务或发展安全信息产业的经济所得（或称货币成果）与对应的人力、物力、资金等所有资源和费用支出的比较，故安全信息经济效益也可称安全信息经济净收益。

（2）安全信息经济系统正常运行是实现安全信息经济效益的前提，即系统各要素功能正常、系统内外发展均处于平衡状态（发展过快或过慢都是不正常现象）、系统投入和产出关系合理、市场建立有效的运营机制等。

（3）安全信息经济效益评价既涉及安全问题，也涉及信息和经济问题，所以需要运用各学科的评价原理和方法，综合形成安全信息经济效益评价方法体系，以实现安全信息经济效益评价的全面性、合理性和科学性。

(4) 安全信息经济效益很难完全量化，如提升企业的社会形象方面，影响的社会范围、社会影响的程度等无法准确统计，量化的难度很大，所以应根据实际情况合理运用定性评价或定量评价方法来评判安全信息经济效益。

2. 评价主体

评价主体是指安全信息经济效益评价活动的施行者，根据评价目的和性质的不同可将安全信息经济效益的评价主体分为国家或政府、企业和第三方机构。

国家或政府进行安全信息经济效益评价主要是为了考察安全信息经济活动对各领域安全效益的影响、对社会效益的影响及对国民经济发展的影响，从宏观层面上测评安全信息经济效益。

企业进行安全信息经济效益评价的首要目的是评估企业的投入和产出情况是否符合预期，安全信息是否为企业带来了经济效益及带来了多大的经济效益（包括防灾减灾、改善决策、优化安全投资等逆向的经济效益），以便决定后期对安全信息经济活动的投资和建设力度。

第三方机构或中介机构进行安全经济效益评价主要是受国家、政府或企业的委托。当然，也有公益或研究性质的第三方评价机构，如高校、研究院等。安全信息经济效益评价主体如图 12-15 所示。

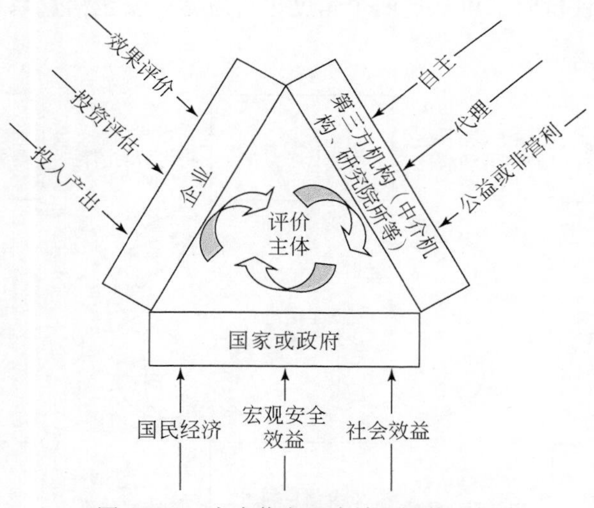

图 12-15 安全信息经济效益评价主体

3. 评价对象

安全信息经济效益评价的评价对象应该是某一确定范围内安全信息的经济效益情况，但是由于安全信息的应用目的和应用领域不同，评价的方式方法及评价的工作量都是有差异的，所以为了评价的针对性、精确性和便于实际操作，有必要对评价对象进行合理划分。根据安全信息的经济效益主要体现形式，可将安全信息经济效益评价对象分为安全信息系统的经济效益（从企业安全生产活动过程中安全信息的经济效益角度考虑）、安全信息产品或服务的经济效益（从微观具体考虑，指组织或者个体为实现自身需求而生产的安全信息产品或使用的安全信息服务）、安全信息产业的经济效益（从行业角度宏观考虑安全信息的经济效益）。需要指出的是，3 个部分之间有一定的渗透和重叠，如安全信息系统和安全信息产业运行与发展过程中必定伴有安全信息产品和安全信息服务，安全信息产业也离不开安全信息系统（此时安全信息系统主要为安全信息产业发展服务，与为企业生产安全服务的安全信息系统有所不同），所以在评价时应对 3 个部分进行整体和综合考虑，避免重复评价和漏评、错评。

（1）安全信息系统的经济效益。安全信息系统是涵盖安全信息收集、安全信息处理、安全信息储存、安全信息流通、安全信息利用、安全信息反馈 6 个环节的安全信息活动全周期的综合系统，安全信息系统的经济效益是指各环节运行过程中的总消耗（即活劳动消耗和物化劳动消耗）与取得的成果（显性成果与隐形成果）的比较，既可以考虑安全信息活动整体的全局效益，也可以拆分为安全信息活动各个环节的局部效益。通过对安全信息系统内涵的解释，不难发现，安全信息系统具有输入、处理、存储、输出、控制、指导等功能，且需要与外界进行物质、能量和信息的交换来维持自身的有序运行。从安全信息角度分析，只有安全信息系统有序、正常运行，才能保证企业安全效益的实现，任何一个环节出现错误，都可能导致认知误差或决策失误，从而给企业带来经济损失，反之，若各个环节都无差错运行或出现的差错在可容忍范围内，则能避免或减轻企业损失，在进行安全信息系统经济效益评价时，可从这两个角度进行思考。安全信息系统结构及运行机制如图 12-16 所示。

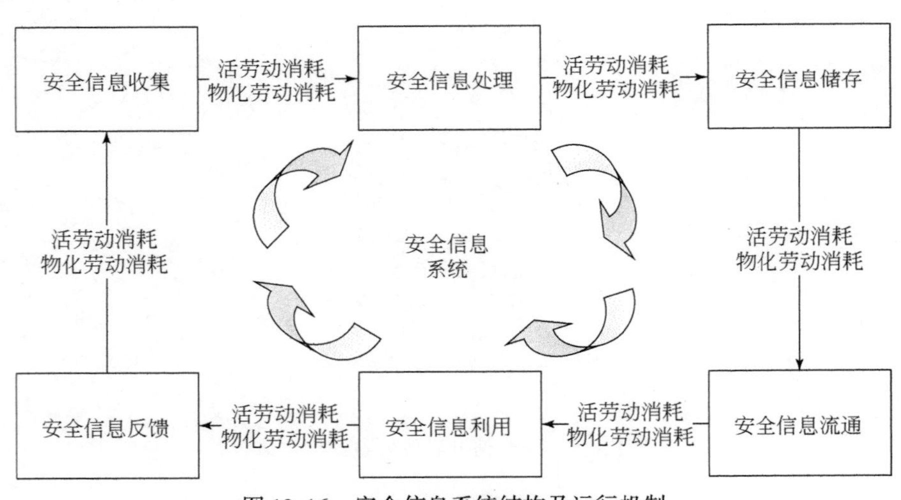

图 12-16　安全信息系统结构及运行机制

（2）安全信息产品或服务的经济效益。安全信息产品或服务产生经济效益的前提是安全信息产品或服务由生产领域流通过某种市场途径流向应用领域或消费领域，如安全信息产品或安全信息服务是否被市场需要（安全预测、决策、执行等安全活动对安全信息产品或服务的需求量和质量要求）、安全信息产品或安全信息服务是否被安全信息用户有效利用（安全管理者或生产者是否利用安全信息产品或服务进行了有效的安全管理、安全教育、安全文化传播、事故预防、事故控制和事后恢复等）、安全信息产品或安全信息服务是否实现了效用（安全信息产品或安全信息服务是否满足了人们对安全、减损、增益的需求）等。安全信息产品或安全信息服务的经济效益产生过程如图 12-17 所示。

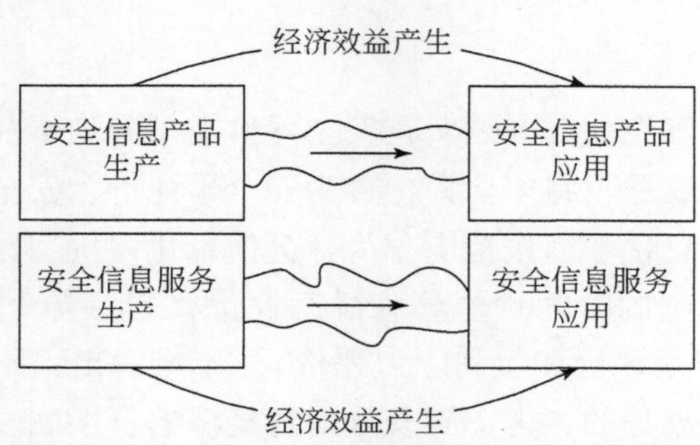

图 12-17 安全信息产品或安全信息服务的经济效益产生过程

（3）安全信息产业的经济效益。参考信息产业“六分法”，可将安全信息产业划分为安全信息开发经营业、安全信息传播报道业、安全信息流通分配业、安全信息咨询服务业、安全信息技术服务业、安全信息基础设施业六大支干产业。由安全信息带动的安全信息产业发展和繁荣也是安全信息经济效益显现的重要方面，安全信息经济效益评价不仅要关注安全信息产业整体及各支干产业的发展周期性变化、发展速度、分布区域和经济效益

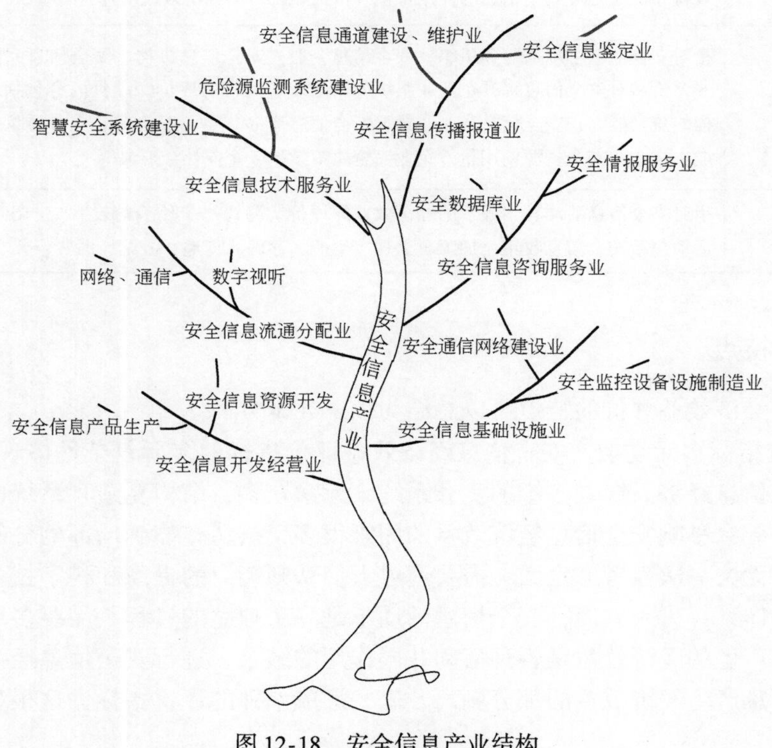

图 12-18 安全信息产业结构

情况等，还要关注安全信息支干产业的子产业发展情况，测评各自的经济效益，进行横向的对比，发现发展效果的差异，从而制定相应的措施和制度等，以促进安全信息产业更快、更好地发展。安全信息产业结构如图 12-18 所示。

4. 评价类型

安全科学中根据事故发生的时间逻辑将安全评价类型分为事前评价、事中评价和事后评价；根据研究对象的发展逻辑将安全评价分为安全预评价、安全现状评价和安全验收评价。信息化评价工作中信息化涵盖按范围分为社会信息化评价、国防信息化评价和经济信息化评价。经济学中按资金的时间价值分为静态评价（包括盈利能力评价和清偿能力评价）和动态评价（包括费用评价和盈利能力评价）。不难看出，不同领域的评价类型都是结合其特征并按一定逻辑划分的，考虑到安全信息经济的复杂属性，从系统的角度划分评价类型，将安全信息经济效益评价类型划分为宏观安全信息经济效益评价、中观安全信息经济效益评价和微观安全信息经济效益评价，具体解释详见表 12-7。

表 12-7　安全信息经济效益评价类型

评价类型	含义
宏观安全信息经济效益评价	指对安全信息产业或安全信息产业与其他安全产业相互联系的整体或安全信息活动全过程的经济效益进行的评价和对安全信息促进行业安全涌现的效益进行的评价。宏观安全信息经济效益评价应是对安全信息的使用价值和价值相统一的经济效益的评价
中观安全信息经济效益评价	指对安全信息生产或服务组织、安全信息企业、安全信息机构、安全信息系统等的经济效益的评价和对安全信息提升企业或组织的安全效益进行的评价，评价内容包括组织、企业或机构的盈利能力、安全信息产品质量、安全信息产品成本、安全信息服务质量、安全信息服务成本、企业安全资源使用量、企业安全决策效率、企业社会形象等
微观安全信息经济效益评价	指对安全信息活动每个环节的经济效益的评价，测评每个环节的投入与产出情况，安全信息活动包括安全信息收集、加工、处理、生产、存储、传递、分配、消费、共享等环节

5. 评价特点

安全信息经济效益评价的特点可以总结为以下几个方面。

（1）评价指标多元复杂。安全信息经济效益评价指标的多元复杂性体现在两个方面：一方面，安全信息经济系统是多维的复杂系统，元素众多、结构复杂且系统内外环境处于动态变化中，导致影响安全信息经济效益的因素很多，按从整体到局部的分解方法，有无穷多种结果，无法一次性考虑全面，需要通过人们认知能力的提高和科学技术的进步不断完善评价指标体系；另一方面，安全信息活动不是一个独立的过程，需要多种活动的配合和辅助，所以产生的经济效益是各种活动共同作用的结果，进行安全信息经济效益评价就需要把安全信息产生经济效益的部分剥离开来，形成单独的评价指标，这很显然是一个极其复杂的过程。

（2）评价方法灵活多样。由于安全信息经济的交叉融合性质，可借鉴多学科的评价方法对安全信息经济效益进行评价，如信息经济效益的投入-产出评价法（总收益-总支出）、信息经济效益的比较评价法（期望信息经济效益/实际信息经济效益）、经济学的生产函数评价法、价值工程评价法等，可结合实际情况灵活选用合适的评价方法，得出最接近实际的评价结论。

（3）评价主体存在局限。评价主体受自身的知识、经验、技能、态度、主观倾向性等因素的影响，导致评价主体对安全信息经济效益评价的结论有一定局限性，很难得到完全客观和完全符合实际的结论。但为了使结论更贴近实际，在开展评价活动时，应该选择权威性高、经验丰富、在评价工作开始前与评价对象无不良相关关系的评价人员进行安全信息经济效益评价。

（4）评价空间边际预设。安全信息经济是一个复杂系统，其在时空和地域范围上具有无限性和广阔性。不同的空间范围内，安全信息经济效益有很大差异。例如，在不同时代，因为人的安全信息认知和应用能力、信息技术、社会经济环境等的不同，安全信息经济效益肯定存在差异；在不同范围内，安全信息产业、安全信息企业的安全信息经济效益也是不一样的。由此可见，安全信息经济效益应该关注安全信息在某一有限范围内的投入和产出问题，有限范围包括时间有限和空间有限。换言之，需根据研究者的研究目的合理设定安全信息经济边际，进行安全信息经济效益评价。

6. 评价目的

基于安全信息经济效益评价的定义及特点，并结合安全信息经济效益评价的实际功效，总结出 3 点安全信息经济效益评价目的，具体如下。

（1）反映安全信息经济系统存在的问题：通过安全信息经济效益评价，能够发现安全信息经济系统运行过程中存在的问题，如系统运行机制是否完善和有效，系统的投入和产出是否满足预期，安全信息产品和服务是否满足社会需要，安全信息是否实现了预期效用，安全信息活动全周期中是否存在重复采集、重复加工和重复建库等问题，公益和盈利部门或机构设置是否符合市场规律等。

（2）指导安全信息经济效益优化工作：根据安全信息经济效益的评价结论，可以针对性地制定战略和策略，优化安全信息经济系统的投入和产出机制，以尽可能少的投入达到尽可能多的产出，或者在投入不变的情况下增加产出，或者在产出不变的条件下减少投入。需要指出的是，不能只考虑安全信息的显性经济效益，也要考虑安全信息的隐性经济效益（如通过关联关系为其他活动带来经济效益、改善人们的生活质量、提升人们的安全感等）。

（3）凸显安全信息经济的重要作用：在很多人的思维认知中，安全信息和空气、阳光一样每个人都能享有，这其实只反映了安全信息资源的共享性，并没有充分反映安全信息资源的稀缺性，同时也忽视了安全信息可以产生经济效益。安全信息能够渗透到安全生产者、安全管理者、安全生产机器、安全生产环境等要素之中，实现各部分资源的整合与集成，从而在保障系统安全的前提下，降低物质与能量的消耗，优化安全系统的投入与产出。安全信息经济效益评价表明，一方面安全信息经济运行过程中存在着成本和效益问题、投入和产出问题，另一方面其也可以凸显安全信息产品和服务、安全信息产业发展及安全信息活动给人们带来的巨大显性和隐性经济效益，从而使人们认识到安全信息经济的重要性。

12.4.2 安全信息经济效益评价原则

安全信息经济效益评价是一项涉及多因素的、多维度的复杂系统工程，要客观评价安全信息活动的投入和产出及其约束关系，需要遵循一定的评价原则，以评价原则为指导，得出的评价结论才更科学可靠。

从近期效益与远期效益相结合原则、宏观效益与微观效益相结合原则、静态效益与动态效益相结合原则、显性效益与隐性效益相结合原则4个方面总结了安全信息经济效益评价原则，但结合实际操作，安全信息经济效益评价工作应该还要满足科学性、客观性、合理性、可操作性等原则，因为这些原则广泛适用于各类研究工作，前面及其他研究者对此已进行过详细解释，这里就不再赘述。

1. 近期效益与远期效益相结合原则

近期效益与远期效益（或称短期与长期）是指安全信息经济效益的延续时间和安全信息经济效益的产生时间，两者是相对而言的，没有绝对的时间长短。

近期效益和远期效益有两层含义，第一层含义是安全信息经济效益产生时间相同，但安全信息经济效益延续时间不同。例如，某企业建立两个安全信息系统A和B，系统A能连续1年有产出，系统B能连续5年有产出，则系统A的安全信息经济效益延续时间为1年，系统B为5年，就可将前者视为近期（短期）经济效益，将后者视为远期（长期）经济效益；第二层含义是安全信息经济效益延续时间相同，但安全信息经济效益产生时间不同。例如，某企业建立C和D两个安全信息系统，假设系统C和系统D的安全信息经济效益延续时间都是5年，但是系统C近期就能产生安全信息经济效益，而系统D要在3年后才能开始产生安全信息经济效益，则可以将前者视为近期经济效益，将后者视为远期经济效益。

以上论述可以说明安全信息资源根据安全主体的期望被用于不同用途或被加工生产成不同产品时，其产生经济效益的时间和经济效益延续的时间是截然不同的，这就要求安全信息经济效益评价者在进行评价时必须坚持近期效益与远期效益相结合的原则，既考虑短期的经济效益，也考虑长期的经济效益，前者可能在评价时已经产生，后者可能在评价时还未产生，但是两者都能促进企业安全发展并产生安全效益，所以两者兼顾才能使评价过程和结论更加合理和科学。

2. 宏观效益与微观效益相结合原则

宏观效益是安全信息活动全局的经济效益，微观效益是安全信息活动某一个环节或部分的经济效益，微观效益下降，宏观效益肯定会受影响，但每个环节或部分效益都很好，也不代表宏观效益能达到其总和，因为宏观效益还受各环节之间的融合和促进程度及内外环境的影响，而不是简单的微观效益的叠加。总而言之，宏观效益和微观效益互相补充、互相促进并有机融合（欧阳秋梅等，2016），共同反映安全信息的经济效益情况。

需要指出的是，在宏观效益和微观效益相冲突时，应该以宏观效益为主。例如，安全信息产业的某一支干产业经济效益不理想，但是对安全信息产业整体的经济效益影响不太大，这时相关政策、制度、战略或策略应该根据宏观效益表现来制定，而不是依据个别支干产业的经济效益表现来制定。同理，当在安全信息经济效益评价过程中部分和整体有冲突时，应按部分服从整体的原则进行评价。

3. 静态效益与动态效益相结合原则

静态效益是指在评价时安全信息活动全局或部分的经济效益，即在某一时间点安全信息活动的经济效益；动态效益是指安全信息活动全局或部分随时间的变化，即安全信息活动全局或部分的状态及经济效益的变化情况。静态效益评价反映安全信息当期经济效益和安全信息经济系统当前运行情况，动态效益评价能揭示安全信息经济的周期性变化规律及未来的变化趋势。

关于静态效益和动态效益评价还可以从另一方面来理解，即对安全信息经济效益影响因素的考察，这里的因素包括外部因素和内部因素。静态效益评价指对影响安全信息经济效益因素的静态评价，这种评价是针对每个因素的单独分析和测评，此时可认为评价因素是静态的；动态效益评价是对影响安全信息经济效益因素的动态评价，这种评价针对的是各因素间的动态联系，其从辩证法的发展变化原理出发，对安全信息经济效益影响因素进行动态分析和测评。

通过以上两个方面的分析，可以对静态效益与动态效益相结合原则的功能、作用或目标进行总结：静态效益评价与动态效益评价相结合能够全面反映、描述和预测安全信息经济的运行情况。

4. 显性效益与隐性效益相结合原则

安全信息往往要被安全信息用户消化和吸收后才能在安全用户所在领域（安全预测、安全决策、安全投入、风险防控等）发挥作用和体现价值，这时人们关注的其实就是安全信息的显性效益，即安全信息活动给安全信息用户从事的领域或工作成效带来了多大的改善，而且这种改善是能够观察、监测和衡量的。反之，安全信息活动产生的间接效益，即在目标达成的过程中，由安全信息活动给其他方面带来的附加的、增值的效益，这种效益往往是很难观察和测量出来的，故称为安全信息隐性效益。

由于人性的趋利避害倾向，人们最先探索和认知的基本都是安全信息的显性效益，关心安全信息活动给安全领域或国民经济领域带来了多少“肉眼可见”的货币成果，如安全信息活动给系统节约了多少资源、节省了多少资金、消除了多大隐患、控制了多少起事故等。因此，人们忽视了或没有过多关注安全信息的隐性效益，对安全信息活动给生产、生活带来的潜移默化的改善不太关心。但安全信息隐性效益是很重要的，而且也是实实在在存在的，如安全信息活动增强了人们安全行为的有效性（组织管理更加精准，预测、决策更加迅速准确等）、安全信息活动加快了安全文化建设和传播、安全信息活动提升了企业和社会人员的安全感、安全信息活动改善或修复了企业和社会的形象、安全信息活动过程中安全信息资源的持续积累等，都是安全信息活动的间接效益表现，其和安全信息活动的直接效益是辩证统一的，在讨论和分析时，不能片面地强调显性效益而忽视隐性效益。

综上所述，在进行安全信息经济效益评价时，应秉持安全信息显性效益与隐性效益相结合原则，两相兼顾，才能完整、全面地评价安全信息经济效益。

12.4.3 安全信息经济效益评价方法

安全信息经济效益评价方法包含定性评价和定量评价两种，对于无法量化或量化难度大或不要求高准确度评价结果的评价对象，可以采用定性评价的方法；对于可施行量化或有量化要求的评价对象，可以采用定量评价的方法。但是两种方法不是独立和分离的，而是相互融合和渗透的，在多数情形下还需要结合使用，如对定性评价的内容赋予权重进行测评，对量化的结果进行理性分析等。

1. 定性评价

定性评价以思维分析为主，以数学方法加工为辅，需观察、调查、描述评价对象并对其做出定性的结论。需要指出的是，多数定性评价含有相对较强的主观性，依赖于评价者的知识、思维、经验、技能等，导致评价结论精确性不是很高。

定性评价工作常需要应用分析和综合、比较和分类、归纳和演绎等逻辑分析方法，有时还要结合定量计算方法对评价对象进行考量和评论。在不同领域，评价工作采用的评价方法有所不同，本研究在安全信息经济学的交叉学科评价方法基础上，提炼出安全信息经济效益定性评价方法及其内涵（表 12-8）。

表 12-8 安全信息经济效益定性评价方法

评价方法	方法解释	适用场景
鱼刺图分析法	首先选定影响安全信息经济效益的主要原因；其次列举影响主要原因的次要原因，层层分解分析，直至不能分解为止；最后找出影响安全信息经济效益的细致原因	鱼刺图评析法可用于分析某一系统或某一特定范围内安全信息经济效益升高或降低的原因，由主及次、由表入里深入分析
影响因素分析法	首先采用系统分割的概念，将待评价系统分割成若干子系统，再将各子系统进一步分割；其次分析各子系统对系统安全信息效益的影响及彼此之间的联系对系统整体的影响	影响因素分析法可用于分析某一安全信息经济系统各子系统的结构、运行等对整体运行或效益的影响及子系统之间的联系对整体运行或效益的影响
专家评议法	专家评议法主观性较强，主要靠领域内的专家根据自身的知识、经验和技能通过对选定的评价对象的评价指标打分、评级的方式得出评价结果	在评价难以准确量化的评价对象时（如安全信息隐性经济效益），可邀请安全信息经济研究领域内的专家通过打分和评级的方式进行安全信息经济效益评价
比较评价法	通过收集、整理的统计数据和文献资料分析评价对象的投入和产出情况，然后比较评价对象在不同时期的效益或对与评价对象类似的另一对象的效益进行比较来评价安全信息经济效益情况	该方法适用于方案选择和决策，如在评价新方案的使用效果时，可以设定相应指标，然后比较采用新方案和原方案时各指标的表现情况，从而对方案做出评判

续表

评价方法	方法解释	适用场景
系统动力学方法	该方法是通过建构仿真模型表达评价对象的结构关系、运行机制及变量间（如投入-产出）的因果关系等，再利用仿真分析得出评价对象的投入和产出变化情况	该方法结合了定性评价和定量评价，适用于分析系统投入和产出的运行机理，可构建安全信息经济系统的投入产出系统动力学模型，模拟系统随着投入的变化而出现的效益变化情况
平衡计分卡法	从企业或机构的财务、用户、内部运营和员工培养4个维度建立测评体系，进行绩效考核，使战略制定和战略执行之间有效衔接，兼顾短期效益和长期效益	平衡计分卡评价法主要是企业管理人员使用，用于企业的发展管理。在安全信息经济中可用此方法评价相关战略和策略的执行情况及分析长期和短期效益
层次分析法	层次分析法结合了定性评价和定量评价，其通过决策问题分析列举出与决策问题有关的因素，然后按因素间的关系将其分层聚集组合，形成一个层次结构模型，再赋予权重进行计量，根据计量结果选出最优方案	AHP是辅助选择方案的有力工具，在涉及多目标方案决策问题时都可以考虑此方案。例如，由于安全信息隐性效益涉及面广泛，且难以量化，在评判对各方面产生效益大小时，可用此方法进行分析
经济增加值法	经济增加值法强调使用资本需要付费（成本），通过设置一系列指标评估资本的收费，用企业净收益减去资本费用就是经济增加值。换言之，该方法关注企业收益和企业资本之间的转化关系	该方法能够评价企业经营者有效使用资本的能力，考虑资本费用后，增加了总成本，这就要求经营者做出更有效的决策和管理，可用于安全信息产业的绩效评估
总体经济影响法	总体经济影响法是一种风险评估方法，考虑潜在效益和延迟效益，不是只关注直接成本和收益，从而为管理者提供决策支持	通过对成本、收益和柔性3个指标的评估及风险确定来分析一些很难确定收益的项目，对不同的方案进行测评，以便于决策
价值工程方法	价值工程追求以最低的成本实现最大的功能。功能是指产品、系统或企业的效用，可以理解为使用价值，一般难以量化，需要采取如评分、设定系数等方法进行处理	在安全信息经济学中可用此方法评价系统获得最佳安全信息经济效益的途径，即在成本尽可能低和功能尽可能高之间寻求一个最佳平衡点
实物期权评估法	实物期权是企业管理者对企业所拥有的实物资产进行决策时所具有的柔性投资策略，换言之，实物期权法是对企业现有资产使用与未来投资机会两方面的评估。企业管理者可运用实物期权评估法在不确定环境下进行资源配置和项目评估	评价人员可采用实物期权评估法在不确定状态下进行战略制定和投资决策，如某一安全信息系统的开发在当前可能产生的效益较小，但在未来回报的潜力很大，投资这类项目是很有价值的，这时就可以采用实物期权评估法处理这类未来项目的“选择权”

2. 定量评价

安全信息经济效益定量评价是根据评价主体（政府、企业等）的偏好或关注点从不同侧面和不同角度量化考察安全信息的经济效益情况，通过查阅文献，了解各定量评价方法的特点，结合安全信息经济的特征，从经济学计算方法、指数（指标）分析法、函数模型法、其他定量评价方法4个方面归纳总结了安全信息经济效益定量评价方法，如图12-19所示。

需要指出的是，4个方面之间不是严格独立开来的，而是有一定程度的交叉和重叠，本研究为了清楚表达各方法的特点，主要从方法呈现的不同方式（即从经济公式计算、指数分析、函数模型分析和其他方法4个方面考虑）进行分类。

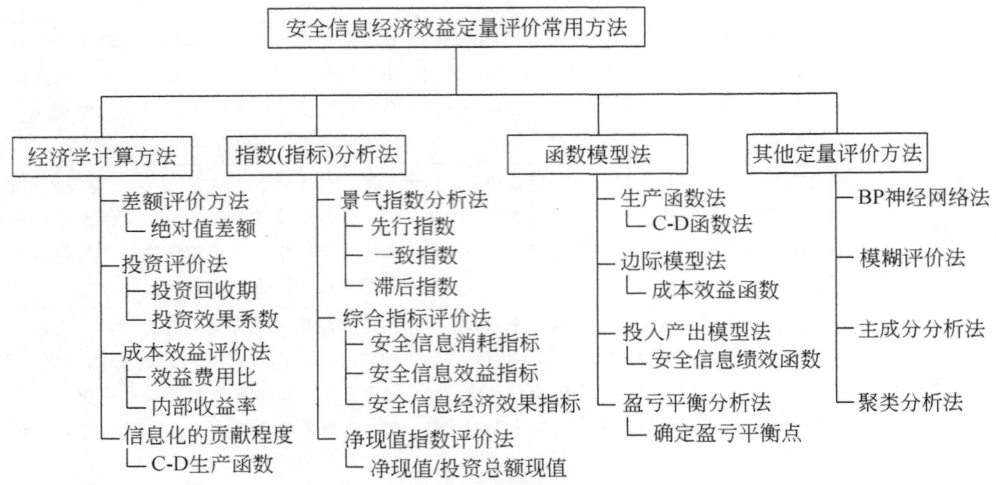

图 12-19　安全信息经济效益定量评价方法

可以看出，安全信息经济效益定量评价方法众多，评价主体可根据实际选取合适的评价方法，本研究具体介绍以下几种评价方法。

1）差额评价方法

安全信息经济效益的差额评价是指用安全信息产出收益与投入成本之间的差额来评价安全信息经济效益，多采用净现值（net present value，NPV）计算，净现值是指投资方案所产生的现金净流量以资金成本为贴现率（按企业最低投资收益率确定）折现之后与原始投资额现值的差额，NPV不但考虑了资金的时间价值，而且考虑了资金流入量和流出量，计算公式如式（12-13）所示：

$$\mathrm{NPV} = I - O = \sum_{t=1}^{n}\left[I_t(1+d)^{-t}\right] - \sum_{t=0}^{n-1}\left[O_t(1+d)^{-t}\right] \tag{12-13}$$

式中，NPV表示安全信息经济活动的净现值；I表示安全信息经济活动寿命期内的资金流入量，即整个周期结束时所有的资金收入，在安全信息经济活动中可理解为安全信息产品和服务等的销售收入；O表示安全信息经济活动寿命期内的资金流出量，即整个周期结束时所有的资金支出，包括在安全信息经济活动中安全信息资源开发、基础设施建设等资金支出；I_t和O_t分别表示t年资金流入量和流出量；d表示贴现率（贴现率的意义是：将在t年支付的资金换算为现值的利率）；n表示安全信息经济活动寿命周期，可理解为此经济活动在第t年不再产出效益（这里的效益主要指资金收入，不考虑非货币收益）。

差额评价方法的评价准则为：若评价对象为单一方案或项目，则当NPV≥0时，表明方案或项目的未来收益率能达到或超过预设的基准折现率水平，能够满足收益要求，可以选择该方案或投资该项目；反之，当NPV<0时，表明该方案或项目不可选择。若评价对象是多个方案或项目，要选择其中最佳的方案或项目，则应该选择NPV最大的方案或项目。

2）成本效益评价法

（1）效益费用比：效益费用比是指安全信息经济活动的效益现值总额 NPV（B）与费用现值总额 NPV（C）之比。若安全信息经济活动各时期的效益额和费用额分别为 B_1，B_2，B_3，…，B_n和 C_1，C_2，C_3，…，C_n。则 NPV（B）和 NPV（C）分别可用式（12-14）和式（12-15）表示：

$$\mathrm{NPV}(B)=\frac{B_1}{(1+d)}+\frac{B_2}{(1+d)^2}+\cdots+\frac{B_n}{(1+d)^n} \tag{12-14}$$

$$\mathrm{NPV}(C)=\frac{C_1}{(1+d)}+\frac{C_2}{(1+d)^2}+\cdots+\frac{C_n}{(1+d)^n} \tag{12-15}$$

则效益费用比（benefit cost ratio，BCR）可用式（12-16）表示：

$$\mathrm{BCR}=\frac{\mathrm{NPV}\ (B)}{\mathrm{NPV}\ (C)} \tag{12-16}$$

此评价方法的评价准则为：当 $\mathrm{BCR}<1$ 时，说明效益现值总额小于费用现值总额，企业的获益水平未达预期；当 $\mathrm{BCR}=1$ 时，说明效益现值总额等于费用现值总额，企业的获益水平刚好达到预期；当 $\mathrm{BCR}>1$ 时，说明效益现值总额大于费用现值总额，企业的获益水平超过预期，效益情况很好。

（2）内部收益率：内部收益率是指当净现值等于零时的贴现率，即企业在不盈不亏时的贴现率。内部收益能够对方案或项目进行评估和选择，内部收益率越高，成本越低，收益越高。求解内部收益率是求解高次方程的过程，很难直接计算出来，一般采用内插法求近似解。

3）景气指数分析法

景气指数能够反映评价对象的当期状态和未来发展趋势，利用统计方法计算可得到景气指数，景气指数介于 0～200，其中 100 为景气指数临界值，当景气指数大于 100 时，说明安全信息经济发展景气；当景气指数小于 100 时，说明安全信息经济发展不景气。

景气指数一般包括先行指数、一致指数和滞后指数。先行指数是对安全信息经济未来发展趋势的预测，一致指数反映安全信息经济当期发展状态，滞后指数是对安全信息经济历史发展规律的刻画。

该方法结合了定性和定量分析，各指标的选取和确定由定性分析得来，再采用统计学方法计算合成景气指数，是信息经济评价中的常用方法。

4）C-D 生产函数法（全称 Cobb-Douglas 生产函数或称科布-道格拉斯生产函数法）

生产函数是企业每个时期各种投入要素的使用量与利用这些要素所能生产某种商品的最大数量之间的关系。最初的生产函数表达式如式（12-17）所示：

$$Q=f(L,\ K,\ N,\ E) \tag{12-17}$$

式中，Q 表示商品产量；L、K、N、E 分别表示劳动力投入、资本投入、土地资源投入和企业家才能。

C-D 生产函数是在生产函数基础上改进的一种经济数学模型，其考虑了技术资源，主要研究产出和劳动与资本投入之间的关系，其表达式如式（12-18）所示：

$$Y_t=e^{\mu}\cdot L_t^{\alpha}\cdot K_t^{1-\alpha} \tag{12-18}$$

式中，Y_t表示在 t 时间内的总产出；e 表示技术要素；μ 表示技术进步因子；L_t表示 t 时间内的劳动力投入；K_t表示 t 时间内的资本投入；α 表示劳动力产出的弹性系数（即由单位劳动力的变化引起的总产出的变化）。

在安全信息经济效益评价中，μ 表示安全信息，若确定了某一经济系统的产出、资本和劳动力的变化，则能够求解出安全信息 μ 对经济效益的影响，进而评估安全信息的经济效益（或者理解为安全信息对系统经济效益的贡献度）。

5）边际模型法

边际模型法通过构造成本效益函数，得出边际效益、边际收益、边际成本的函数表达式，从而得到效益和边际效益随中间变量的变化曲线。构造成本效益函数如式（12-19）所示：

$$B(x) = A(x) - C(x) \tag{12-19}$$

式中，B 表示安全信息经济活动的经济效益；A 表示安全经济活动的总收益；C 表示安全信息经济活动的总成本；x 表示中间变量，可以是安全信息质量、安全信息数量、安全信息规范程度、安全信息服务水平，安全信息管理水平等。在此函数模型中安全信息经济活动的成本、收益、效益都与中间变量 x 相关，要研究三者分别随 x 的变化量，需要对式（12-19）两边同时求微分，得到式（12-20）：

$$\frac{\mathrm{d}B(x)}{\mathrm{d}x} = \frac{\mathrm{d}A(x)}{\mathrm{d}x} - \frac{\mathrm{d}C(x)}{\mathrm{d}x} \tag{12-20}$$

式（12-20）就是安全信息经济效益评价的边际模型，$\frac{\mathrm{d}B(x)}{\mathrm{d}x}$为边际效益，$\frac{\mathrm{d}A(x)}{\mathrm{d}x}$为边际收益，$\frac{\mathrm{d}C(x)}{\mathrm{d}x}$为边际成本。根据函数关系可做出安全信息经济效益评价的边际模型曲线图，如图 12-20 所示。

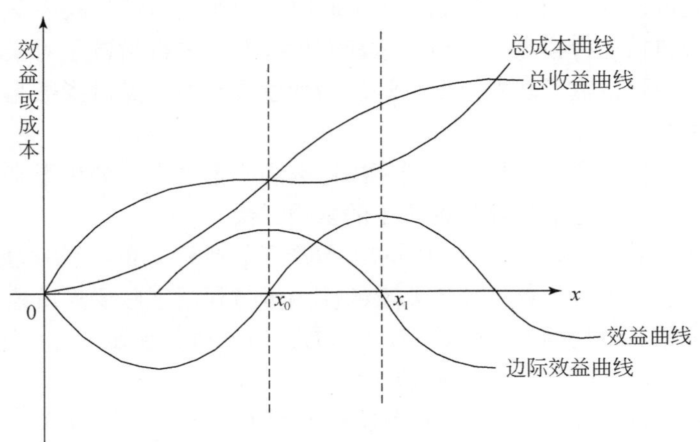

图 12-20　安全信息经济效益评价边际模型曲线图

从图 12-20 中可以看出，当 x 取值 x_0时，安全信息经济效益为零，边际效益取得最大值，显然此时需要增大 x；当 x 增大到 x_1时，总收益取得最大值，总成本最小，此时安全信息经济效益最大，边际效益为零。换言之，当安全信息经济活动的边际收益等于边际成本时，安全信息经济效益达到最大值。

需要说明的是，这里的分析都是在假设 x 可以完全量化的情况下进行的，但实际活动中 x 并不容易完全量化，在不同环境中量化的标准也不同，这就需要评价者根据实际合理取值 x。

6）其他定量评价方法

其他定量评价方法，如 BP 神经网络法、层次分析法、模糊评价法等都需要首先构建较为完善的指标体系，其次将指标量化，赋予指标合理的权重进行计算，最后通过对计算结果的分析得到评价结论。由于这些方法几乎通用于所有评价活动（这里主要是是指复杂系统或多目标决策活动），众多学者对此类方法的研究原理、研究步骤、实例分析等已有过大量介绍，这里就不再赘述。

12.4.4 安全信息经济效益评价指标体系构建

评价安全信息的经济效益首先要有一套科学、完整、可发展的指标体系，既能考虑到安全信息现在的经济效益，也能考虑到安全信息的潜在经济效益，既能包括当下全面的安全信息经济效益指标，也能包括随着时间发展而出现的安全信息经济效益的新的影响因素，构建的指标体系既要有通用性，又要能考虑到在不同场景下个别指标的特殊性。

1. 安全信息经济效益评价指标体系构建的原则

为使制定的评价指标体系合理、有效，评价者需按一定的原则构建安全信息经济效益评价指标体系。参考其他相关学科的评价原则并结合安全信息经济的自身特点，本研究总结得出安全信息经济效益评价指标体系构建需遵循科学性原则、系统性原则、层次性原则、可操作原则和可发展原则，具体见表 12-9。

表 12-9 安全信息经济效益评价指标体系构建的原则

构建原则	原则含义	应用举例
科学性原则	科学性原则是指相关组织或人员在制定安全信息经济效益评价指标时要符合安全信息经济发展现状及时代和环境背景，不能脱离现实，需遵循科学客观规律，公正、严谨地制定指标	例如，随着信息时代的到来，安全信息技术日新月异，在制定安全信息技术对安全信息经济效益的影响的相关指标时，就要遵循社会发展现实，及时将旧的已淘汰的技术指标更新为新的技术指标；再如，在制定相关指标时必须科学评判工作人员的知识和技能素质是否达到安全信息经济评价工作的要求，这是指标制定是否科学的第一道关卡
系统性原则	制定安全信息经济效益评价指标体系本身就是一项系统工程，各项指标相当于各子系统或构成要素，要构建完整的指标体系，需以系统性的思维，将指标体系视为一个系统去分析和思考各构成指标	在评价安全信息经济效益时按评价对象范围的不同，从微观、中观到宏观可分为安全信息产品和安全信息服务的经济效益评价（产品角度）、安全信息系统的经济效益评价（企业角度指企业安全生产）、安全信息产业的经济效益评价（产业角度）

续表

构建原则	原则含义	应用举例
层次性原则	基于安全信息经济的复杂性和多维性提出层次性原则，构建安全信息经济效益评价指标体系时，需将不同的指标按属性、类别、范围等标准有序分层，形成多层次的指标体系，以确定权重	例如，在评价安全信息产品的经济效益时，将指标体系第一层分为投入层和产出层，投入层进一步分为活劳动投入和物化劳动投入，产出层进一步分为货币成果产出和非货币成果产出，按此规律进行逐层分解，直到符合要求，然后赋予权重定量计算
可操作性原则	可操作性原则是指制定的指标含义需明确，并且能够概括和描述影响安全信息经济效益的某一方面。另外，制定的指标要便于处理，能够统计或测量，或具有可比性，能够与历史指标进行对比分析	制定指标时尽量做到精炼准确，并尽量采用专业名词，对于能够收集和统计数据的指标详细说明数据收集和统计的来源和方法；对于无法取得数据的指标，详细说明量化的标准和方式，并说明指标评价的处理方式
可发展性原则	可发展性原则也可称为动态性原则，要求构建的指标体系有一定的变化空间，能够随着安全信息经济的发展而动态调整相应指标，如时间的变化、环境的变化、技术的变化等	安全信息经济的内外部环境是处于动态变化状态的，适用于过去或现在的评价指标体系不一定适用于未来，可能有新因素的加入，所以在构建指标体系时要有一定的弹性，可采取设置发展系数、给出合理预期等方式

2. 安全信息经济效益评价指标体系的构建

目前还未有学者构建较为完善的安全信息经济效益评价指标体系，这主要是由于安全信息经济学还正处于起步阶段，随着安全信息经济学逐渐发展，各模块内容都将得到填补和完善。本研究借鉴信息经济效益评价指标并结合自身的思考和研究，尝试构建安全信息经济效益评价指标体系，旨在抛砖引玉，期待更多的学者加入安全信息经济效益评价指标体系的相关研究中，以建立更加科学、完善、有效的安全信息经济效益评价指标体系。

因为安全信息的普遍性，所有的安全活动都有安全信息的参与并发挥着正向或负向的作用，对最终的产出成果有或多或少的影响，所以安全信息产生的经济效益几乎遍布企业或社会的各个层次和各个方面。正因为此，想逐一找出每一个与安全信息经济效益有关的指标是不切实际的，故需要采取“抓主要矛盾”的方法，分析安全信息经济效益的主要指标，放弃对安全信息经济效益评价结果影响不大且难以从其他经济活动中分离开来的指标。

通过查阅一些专家学者的研究文献，将他们探讨的信息经济效益内容与安全信息经济效益特点进行对比分析，可总结提炼出适用于安全信息经济效益评价的指标，具体见表 12-10。

表 12-10　安全信息经济效益评价指标

指标	指标释义	指标细分
安全信息活动的成本收益率	指组织或个体对安全信息活动的投入与最终该安全信息活动取得收益的比率	成本指标可分为开发成本、运行成本、管理成本、维护成本等；收益指标可分为货币收益和非货币收益，也可分为显性收益和隐性收益等

续表

指标	指标释义	指标细分
安全信息效果	指组织或个体在开展某一经济活动时，有安全信息参与和无安全信息参与取得的效果的比较	安全信息效果可根据安全信息使用的场景具体细分，如运用在事故防控中，可将安全信息效果分为事前安全信息效果、事中安全信息效果与事后安全信息效果
安全信息经济效益额	可从两方面理解，一方面指组织或个体开展一项安全信息活动获得的收益与开展该安全信息活动投入的成本的差额；另一方面指组织或个体利用安全信息资源取得的收益与获取该安全信息资源付出的成本之间的差额	成本指标仍可分为开发成本、运行成本、管理成本、维护成本；这里的收益一般指显性收益，即通过安全信息资源获得了多少资金收益或减少了多少资金损失
安全信息经济效益系数	指组织或个体利用安全信息取得的经济效益占其全部经济活动的经济效益的比例	这里的经济效益与上述经济效益的意义相同
安全信息的时间效益	指组织或个体利用安全信息后，对其生产经营时间的延长或管理决策时间的缩短	时间可细分为生产员工的可劳动时间增加、生产企业的生产经营时间延长、企业管理者的决策时间缩短、决策效率提高等
安全信息的效用	指组织或个体利用安全信息后，安全信息满足组织或个体需求的程度	安全信息产品或安全信息服务满足人们对安全、减损、增益、精确等需求的程度（一般量化为 –1、0、1）
安全信息的潜在效益	指组织或个体投资或利用的安全信息资源，在未来某一时段或时间点的经济效益显现	这里的经济效益指经济效益与社会效益的集合，经济效益的指标可细分为贴现率、收益时间、收益率等；社会效益的指标可细分为企业形象、社会形象、社会福利等
安全信息技术的效益	指组织或个体在安全信息活动中采用先进的安全信息技术对生产效率或工作效率的提高	安全信息技术的效益可细分为生产效率提高程度、工作效率提高程度、安全信息技术的销售额等
外部环境对安全信息经济效益的影响	指组织或个体随着社会环境的变化对安全信息资源的重视程度和投资开发力度的提高，由此带来的对安全信息经济效益的影响	外部环境对安全信息经济效益的影响指标可分为人员观念转变、国家政策导向、安全生产要求等

通过表 12-10 不难看出，该指标体系既考虑了安全信息的成本、收益、效用等相对静态的指标，也考虑了时间、环境、技术等随着时代变化而改变的指标；既考虑了直接效益指标，如效益额、效益系数，也考虑了间接效益指标，如时间效益、安全信息效果，整个指标体系动静结合，兼顾现实性与发展性，具有一定的层次性和科学性。需要指出的是，该指标体系不是一成不变的，要根据社会和时代的发展不断做出变化和调整，而且通常不同的评价对象或同一评价对象不同的评价范围，所采用的指标体系也有差异，需要对以上指标进行排序和调整。

12.4.5 安全信息经济效益评价的基本程序

安全信息经济效益评价需按一定规则和程序进行，这既是评价工作规范化、程序化的要求，也是安全信息经济学分析科学性和系统性的要求。通过对安全信息经济效益评价理论和应用基础的分析，将安全信息经济效益评价的基本程序归纳为确定评价目标、评价前准备、制定评价方案、分析评价方案并构建指标体系、综合评价、二次评价及形成评价报告等步骤，如图 12-21 所示。

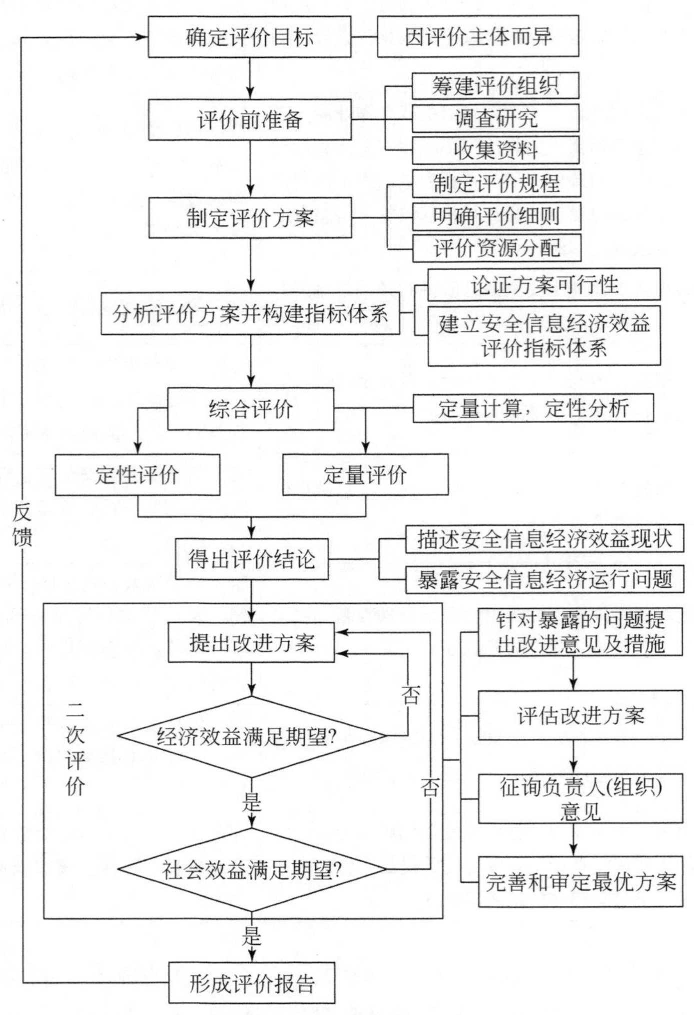

图 12-21　安全信息经济效益评价的基本程序

对图 12-21 的内涵进行具体解释与说明如下：

（1）确定评价目标。确定评价目标是整个评价流程开始的起点，直接影响评价的难度和评价耗费的时间、人力和物力等。例如，评价某一行业安全信息经济活动效益与评价全社会安全信息信息经济活动效益，显然涉及的评价范围、统计的数据量及耗费的各项资源和成本都是有差异的，故只有确定了评价目标，后续的步骤才能更有针对性，也能避免因目标不明确造成的资源浪费。

（2）评价前准备。正式开始评价前，首先，要组建专业、权威的评价专家组，保证评价过程及评价结论的专业性和说服力。其次，要进行深入调查研究和资料收集，掌握评价范围内安全信息经济活动的所有数据和表现情况，如安全信息相关的投入产出、安全信息技术变革、安全信息产业发展、安全信息产品和服务的效用、安全信息活动对系统安全的影响等。

（3）制定评价方案。评价方案应该包括评价规程、评价细则、评价资源分配等内容。评价规程主要申明评价对象的背景介绍、评价的规章制度、评价人员的权限责任等；评价细则主要包括评价的原则、任务、要求、标准、技术、方法等内容；评价资源分配是指时间进度安排和人力、物力配置及资金拨付安排等。

（4）分析评价方案并构建指标体系，同时进行综合评价。可通过组织专家评审会、召开头脑风暴会等形式论证已制定评价方案的可行性。评价方案通过后，首先需要结合评价对象的特征确定准确的评价指标，其次构建系统、全面的安全信息经济效益评价指标体系，最后选择合适的评价方案，或定性分析，或将指标量化结合数学方法对指标体系进行定量评价。

（5）得出评价结论。评价结论应至少包括两方面内容，一方面需要描述和反映评价对象现状，根据定性和定量评价的结果呈现企业或社会的安全信息经济效益现状；另一方面通过定性和定量评价过程暴露出安全信息经济运行过程中存在的问题，并分析出现这种问题的深层次原因，然后提出相应的解决方案。

（6）二次评价。二次评价是指对评价组针对安全信息经济运行的问题提出的解决方案的评价，一般需要经过如下流程：方案评估，就方案内容征询政府或企业相关负责人或组织的意见，征得同意或修改征得同意后，组织专家对方案进行完善和审定，最后汇总所有内容形成评价报告，结束评价工作。

（7）最后，需要补充说明的是，安全信息经济效益评价主体、评价原则、评价对象、评价特点、评价目的、评价类型均为安全信息经济效益评价工作的基础，为安全信息经济效益评价工作提供理论和应用指导，而且与安全信息经济效益评价的基本程序共同构成了安全信息经济效益评价的方法论体系，以指导人们开展合理、科学、规范的安全信息经济效益评价实践活动。

13 安全大数据理论

【本章导读】 大数据是科学技术的一场新革命，在各行各业都得到了广泛应用，安全科技领域也不例外，复杂安全系统的许多难题解决需要大数据技术给予支撑。本章介绍大数据在安全科学领域的应用现状，安全大数据与安全小数据的比较分析及局限性；阐述安全大数据的新内涵和规律及其方法论；给出大数据应用于安全科学领域的基础原理和内涵及其结构体系；介绍安全生产大数据的5W2H采集法及其模式与使用方法；分析安全大数据共享影响因素及其模型，探讨基于数据场的安全大数据降维存储模型和安全系统降维方法，并进一步展望了安全大数据应用前景。

13.1 概　　述

13.1.1 大数据应用于安全领域的概述

大数据已经从单一的技术概念逐渐转化为新要素、新战略、新思维。计算机技术和互联网技术使数据实现了数字化和网络化，并赋予了大数据新含义，这更多地体现在质和量的共同变化上。近几年来大数据已引起学术界重新评估科学研究的方法论并在科学思维和方法上引起了一场科学革命。*Nature* 和 *Science* 等著名杂志也先后发起大数据话题，探讨大数据带来的机遇与挑战。尽管现在还存在“大数据的出现是否推动了科学研究的第四范式（即数据密集型科学研究）的产生”的质疑，但不可否认的是，大数据作为人类认识世界的一种新方法与新工具，在改变我们的生活、工作和思维方式的同时，也对科研思维和科研方法产生了深远影响，即产生了数据密集型和驱动型科研方法。可以说，大数据的潜在应用范围广泛，在安全科学领域也是如此。为此，国家安全生产监督管理总局于2014年提出要建立安全生产统一数据库，强调大力提升安全生产大数据的利用能力。

目前大数据在安全科学领域应用过程中还存在诸多问题，如以人工采集为主，数据规模小，难以在采集的数据中捕捉有效的信息，表现为“堵”；安全生产数据集分散在不同生产部门，未实现有效关联整合，表现为“独”；安全生产数据采集支撑环境较弱，缺乏实用的安全生产数据分析工具，表现为“慢”；重要的数据未实现及时采集与更新，表现为“漏”。此外，传统的安全生产数据采集多依赖采集人员的经验，经验是对过去的度量，诸多经验信息的质量还有待考究和验证。

以上诸多现象均可概括为信息不对称的表现形式，在安全生产数据采集过程中可进一步概括为：①对安全生产本质特性认识存在信息不对称；②使用主体和采集者存在信息不对称；③采集者与采集对象存在信息不对称；④信息流通过程中存在信息不对称。大数据的特有优势能解决传统方式诸多无法解决的困难，因此需将大数据的理论、方法、技术和思维纳入安全生产活动中。

在大数据的研究及应用中，工业需求和对大量数据价值挖掘的要求，使得工业应用领域先于学术研究领域。毋庸置疑，大数据应用广泛。在安全科学领域，亦有着不可忽视的应用前景，如大数据在石化行业、职业卫生与医疗、交通安全等领域的应用。大数据在安全领域应用的同时，也会产生“数据噪声”积累及虚假关联等消极影响，在计算可行性和算法稳定性方面带来不确定因素。

综上，安全科学具有综合属性，涉及人类生产生活的方方面面，与每个人息息相关。目前，大数据在安全科学领域的应用现状依然严峻。在大数据战略发展形势下，为促进大数据在安全科学领域应用的推广与实践，从安全科学理论高度探讨如何实现大数据在安全科学领域的有效应用具有非常重要的现实意义。

国内外关于大数据在安全科学领域的研究一直在深入，目前已有的研究视角集中在以下方面。

（1）优化或提出新的系统安全理论模型，大数据技术的兴起对传统安全科学思维和安全理论建模方法带来了挑战和变革，弥补传统安全理论建模缺陷，促使安全理论建模适应新时代、新技术背景下的复杂系统安全需求，如利用大数据的全数据模式特性，在统计分析大量典型事故的基础上，提出新的事故致因理论模型。黄浪等提出基于大数据的系统安全理论建模新范式，在技术路径方面，将大数据分析技术分为“一次分析技术”（文本数据分析技术、音频数据分析技术、视频数据分析技术、社会媒介数据分析技术等）和“二次分析技术”（描述性分析技术、调查性分析技术、预测性分析技术、决策性分析技术、执行性分析技术），在逻辑主线上概括为安全现象→安全数据→安全信息→安全描述→安全解释→安全预测→安全决策→安全执行。

（2）在具体行业中的应用，如大数据在交通安全中的运用；大数据在煤矿安全中的应用前景及挑战；大数据在职业卫生、智慧医疗等方面的应用现状。大数据技术和应用的发展，给安全生产企业和监管带来了全新的思维方式和视角。虽然目前安全生产大数据还存在不少问题，但数据的逐渐丰富、应用的逐渐增加、智能化程度的逐渐提升，势必改变安全生产和监管模式，为“零死亡”目标的实现提供可靠的技术和管理手段。在大数据应用思路上，应与物联网和云计算相结合，进行智能安监体系建设、安监大数据标准和系统建设、面向社会的安全生产大数据开放机制建设；在大数据技术手段上，采用端到端的分层大数据架构与分布式内存计算技术，能够有效支撑安全生产大数据的实时访问，大大缩短安全隐患的发现时间，有效提升安生产大数据的应用效果。

（3）通过大数据平台研发出风险管理、应急管理等软件，建立起管控一体化系统和企业 HSE 管控平台，同时研发出安全物联网设备、事故应急救援设备等服务产品。

（4）从安全科学高度出发，讨论大数据在安全科学领域的应用前景及其挑战，如有学者指出安全大数据为深入分析事故类型、评估失效模式和风险带来了新的曙光。此外，在安全生产、典型事故致因机理、安全经济学、安全人机学、安全系统学、安全社会学、安全信息学、安全统计学等领域均有涉及。

（5）从“3E 对策”角度来看：①在安全管理方面，大数据实现了个人自我管理、政府精细化安全监管、公共事物智能安全管理；②在安全教育方面，大数据改变了安全教育的教学模式、管理模式和学习模式、评估模式等；实现了生动逼真、异地同步教学的环境，方便了全球安全教育数据资源存储、管理、共享等。③在安全技术方面，通过大数据平台研发了风险管理、工业过程安全、本质安全、应急救援处置和指挥等技术；研发出风险管理、应急管理等软件；建立起管控一体化系统和企业 HSE 管控平台；研发出安全物联网设备、事故应急救援设备等服务产品。

（6）从事故发展过程角度来看：①在事前预测方面，通过将大数据存储、挖掘、整合等技术运用到安全科学领域，进而对安全科学领域数据进行存储和分析，找出事故发生的规律和特征，能够发现被忽略的数据和事故间的联系，捕捉潜在的危险信息，及时掌控事态，提前预测预警，为安全决策提供参考意见。②在事中应急方面，模拟和仿真事故发生发展全过程，并将各措施数据结果可视化，为事故决策提供有力保障；通过在海量的数据中探究数据背后的模式和规律，发现安全问题的本质和规律，为事故预测和安全决策提供数据支持，对事故隐患制定应急救援预案时应达到降低事故后果的目的。③在事后恢复方面，大数据技术在事故调查、损失评估、工艺数据收集、灾后重建计划和决策、事后受灾群众的心理干预等方面发挥重大作用。

（7）从人-机-环子系统角度来看：①在人子系统方面，可统计群体人性特性和行为规律，统计规章制度是否符合人的特性及是否被人接受；②在机子系统方面，从人体测量参数数据库、心理和生理过程模型参数数据库出发对机器部件设计提出要求；建立事故模型并计算不同情况下的事故概率从而优化人机系统；③在环境子系统方面，全面掌握和理解噪声、振动、有毒气体等的理化性质，建立数据库可实现全球共享、实时更新；根据危险源特性分别建立数据库，实现安全智能管理。

综上可知，安全大数据研究多集中在实际应用层面，多集中于某个领域或某个行业，侧重于通过间接依托于计算机科学、信息科学等学科实现“信息安全”，或是局限于某一安全行业或部门间实现安全，缺乏对安全大数据内涵、原理、方法、应用影响因素、作用机理等具有广泛适用性、指导性和实践性的研究。换言之，大数据在安全科学领域应用的实践研究先于理论研究，其理论基础部分存在空白，亟待填补。

13.1.2 大数据应用于安全生产领域的展望

（1）安全科学工作内涵丰富，既包括日常事务管理，又包含及时性的风险识别与预警。安全数据是进行安全决策的基础，是创建安全渐进发展认知模型的前提，在大数据发展战略下安全大数据的概念及其内涵不断丰富。通过哪些途径和方法可实现安全数据的有效收集，是大数据应用于安全生产领域中亟待解决的问题。

（2）安全重大事件具有破坏性大、持续性久和影响范围广等特性，具体表现为事件原因难确定、演化扩散机理难预测、对特定区域内造成重大危害等。安全学科具有综合属性，安全大数据需在不同计算机、不同国家、不同领域之间进行交流与共享。目前安全数据分布于多行业、多部门、多地域，资源分散，缺少工具对信息资源进行整合，导致出现信息不对称现象，同时符合市场规律的共享机制尚未建立，重复建设、信息封闭现象也依然存在。在大数据时代，安全协同治理已成为各国政府和学界高度关注的安全议题，而安全信息共享能力建设已成为发展战略亟待解决的问题。

（3）目前国内针对大数据在安全科学领域的理论研究和应用研究还不成体系，处于初级阶段，因此，有必要对其应用现状进行整理归类，结合现有的安全统计学方法论和结构体系，用比较安全学的理论、方法等，对比分析大数据与安全小数据，进一步揭示安全问题的本质和异同，发现安全科学中隐藏的规律和原理，以期为大数据在安全科学领域的后续研究和应用发展提供理论依据，同时也可极大地丰富安全科学理论研究的内涵，并为安全科学的研究提供新思维、方法论和技术支持。

（4）要最大限度地实现大数据的安全价值，使大数据在安全科学领域的应用更加广泛、科学，需先总结和提炼在现阶段下安全大数据和安全小数据的新内涵，在此基础上探求大数据和小数据挖掘安全规律的模式及其互为利用的方法，以形成安全科学原理进而指导安全工作顺利运行。

（5）安全数据的采集、存储、共享等活动均是一项复杂的安全系统工程，属于安全系统范畴。通过采集与存储安全数据，可形成巨大的安全数据场，此后需使用安全大数据技术与思维对安全大数据集进行分析与降维处理。安全数据集之间并非简单的串联、并联关系，其复杂的多维关联关系犹如黑箱，导致寻求安全系统的薄弱环节存在模糊性。从数据场视角出发，通过分析数据场在不同层面产生的作用效应，引入自组织和他组织概念，简化安全大数据的存储机制，为安全大数据降容、降变、降维理论提供理论论据。

（6）大数据思维使得人们开始从整体性研究安全科学领域的相关问题；研究范围涵盖自然、社会、人造系统等大范畴领域；研究方法越来越注重模糊理论、大数据挖掘等现代科学技术和方法；安全认识论由系统安全阶段进入了安全系统阶段；凭借大数据强大的数据收集、整合、分析能力和以大数据为支撑平台的建立，在对大量典型事故统计分析的基础上，产生了大量新的事故致因理论模型。

（7）事故预防与控制方面。将大数据存储、挖掘、整合等技术运用到安全科学领域，通过对安全科学领域数据进行存储和分析，找出事故发生的规律和特征，发现被忽略的数据和事故间的联系，捕捉潜在的危险信息，及时掌控事态，提前预测预警，为安全决策提供参考意见；模拟和仿真事故发生发展全过程，并将各措施数据结果可视化，为事故决策提供有力保障；通过在海量的数据中探究数据背后的模式和规律，从而发现安全问题的本质和规律，为事故预测和安全决策提供数据支持，对事故隐患制定应急救援预案时应达到降低事故后果的目的。大数据技术在事故调查、损失评估、工艺数据收集、灾后重建计划和决策，尤其在事后受灾群众的心理干预方面发挥着重大作用。

（8）安全经济效益方面。一方面，大数据的应用，必将创新安全监管监察的方式方法，为“零死亡”目标的实现提供可靠的技术和管理手段，将极大地降低事故的发生率，减少事故带来的经济损失；另一方面，大数据已成为国家的基础性战略资产，其本身潜在的价值若被挖掘或重复使用，所带来的经济效益将是不可估量的。

（9）安全管理方面。大数据技术不仅可以实现个人自我管理、政府精细化安全监管、公共事物智能安全管理，也可以改变安全教育的教学模式、管理模式和学习模式、评估模式等，还可以形成生动逼真的教学环境，方便异地同步教学，实现全球安全教育信息共享，并方便于数据资源存储、管理、共享等，如基于 SCORM 的远程教育管理系统。基于大数据平台可以研发出风险管理、工业过程安全、本质安全、应急救援处置和指挥等技术及风险管理、应急管理等软件，也可以建立起管控一体化系统和企业 HSE 管控平台，还可以研发出安全物联网设备、事故应急救援设备等服务产品。

13.2 安全大数据与安全小数据的比较分析

大数据面向社会各界，参与度高，几乎成为一个家喻户晓的词汇，因此，要大力提升安全生产大数据利用能力。从安全科学和统计科学的性质和属性出发，可以这样理解大数据：它是指人类在安全生产、生活过程中，预防和控制各种危害或危险时，通过借助主流软件工具和技术，分析、整合而产生的复杂安全数据的集合，是一种不同于传统数据统计的数据计算理论、方法、技术和应用的综合体。大数据时代下，安全科学领域的数据量大，其来源也多种多样，有安全监管机构、企业、中介机构和个人等；安全数据内容多而杂，包括事故信息、安全管理信息、视频动态信息、各种报告等；安全数据类型和格式繁多，且以非结构化数据为主。大数据时代下的安全数据特征决定了基于小样本的传统安全数据统计方法已不能很好地解决安全科学领域的相关问题，它要求人们用发展、辩证的眼光看待大数据未来的研究趋势。

目前国内针对大数据在安全科学领域的理论研究和应用研究还不成体系，处于初级阶段，因此，为了使大数据的理论、方法、技术等更好地应用于安全科学研究中，通过比较法找出安全大数据与安全小数据在理论、研究方法、具体分析方法和处理模式 4 个方面的区别，以期为大数据在安全科学领域的后续研究和应用发展提供理论依据。

13.2.1 安全大数据与安全小数据的比较分析

运用文献综述法和比较法，可分别归纳出安全大数据与安全小数据在理论、研究方法、具体分析方法和处理模式 4 个方面的主要区别。

1. 理论方面比较

基于样本即总体的安全大数据与基于小样本的安全小数据不同，表 13-1 从 15 个不同的角度作了比较。必须明确的是，大数据不是万能的，它不排斥安全小数据，也不能替代安全小数据所具有的安全功能和安全价值。

表 13-1 大数据与安全小数据理论方面的比较

区别	安全小数据	安全大数据
哲学基础	同质性	异质性
数据运行模式	人力为主，机器为辅	机器为主，人力为辅
主要数据类型	结构化数据	半结构化和结构化数据

续表

区别	安全小数据	安全大数据
数据状态	静态性	动态性
数据维数	单维	多维
数据收集重点	非场景化数据	场景化数据
研究工具产生基础	规模性	长尾性
数据关系模型	因果关系	相关关系
数据使用方式	描述性	预测性
数据组织和存储方式	关系型数据库	非关系型数据库
数据结构	面向对象	面向主题
数据存储管理方法	SQL 数据库技术	NOSQL 数据库技术
数据生命周期	随研究过程的结束而终结	不随研究过程的结束而终结
数据样本容量	部分样本	所有样本
数据整合与研究过程的关系	密切联系	脱离，关系不大

2. 研究方法比较

安全大数据与安全小数据在理论方面的不同，必然决定了各自的研究方式方法存在显著差异。表 13-2 列举了安全大数据和安全小数据几种典型的研究方法及其特性、适用范围及优缺点。结果显示，在现阶段，应根据安全问题的具体条件，理性选择相应的一种或者几种研究方法，得到的结果才会更加科学合理。表 13-3 对安全大数据与安全小数据具体分析方法进行了比较。

表 13-2　安全大数据与安全小数据研究方法方面的比较

方法		特性	适用范围	优缺点
安全小数据典型研究方法	大量观察法	大量性、变异性	对同类安全现象进行调查和综合分析	样本数量足够多，接近整体情况；需耗费大量人力、物力，数据少，结论没有代表性
	统计分组法	相似性、差异性	统计总体有变异性	组内同质、组间差异，从不同角度分析和研究问题；分组不同结果存在差异，易忽视组间相邻两个数的关联性
	统计推断法	推断性、可控性	安全现象间存在普遍的因果关系	一种样本资料可用于安全统计研究的多个领域；错误的数据易导致错误的推断结论
	实验法	随机性	判断样本信息与原假设是否一致	在减少实验次数的基础上提高精度；因具有随机性而易忽略个别因素

续表

方法		特性	适用范围	优缺点
安全大数据典型研究方法	系统模拟法	可视化、实感性	对真实安全系统有一定了解，可通过相似原理建立模型	界面友好，便于复杂系统安全问题的解决；要求建模可信度和精确度高，模拟结果需进一步检测
	数量分析法	全面性、完整性	有关安全现象的数据量大且价值密度相对较高	定性和定量分析相结合，通过数学模型能得到很好的预测结果；需借助计算机强大的计算和整合技术
	综合分析法	整体性、客观性	需已知安全现象的各种属性特性	能对现象间的相互联系进行定性和定量分析；易忽视个别特殊的数据；不易观察现象的偶然性
	动态测定法	动态性、变异性	安全数据需具有延时性	可反映数据时间顺序及单位数据内各个时间标志值的变化情况；指标范围、内容及其各时期数列长短对结果影响较大

3. 具体分析方法比较

传统安全小数据统计一般是先根据统计目的来确定控制变量，统计重点是对安全数据的收集；大数据分析的样本为全体数据，其统计重点是对安全数据的处理。不同的背景下要求两者的分析方法也会有所不同，表 13-3 是安全小数据和大数据几种典型的具体分析方法的比较。结果表明，两者的数据分析方法都有其应用价值和局限性，在现阶段大数据分析方法还不能解决安全领域的所有问题，两者的分析方法在各自的适用范围内仍占据着举足轻重的地位。

表 13-3 安全大数据与安全小数据具体分析方法比较

方法		用途	优缺点
传统安全数据统计分析常用方法	聚类分析法	用于安全统计数据或样本的分类，可定量阐述安全问题间的关联性	可对没有先验知识的多变量进行分类，客观、科学；要求数据量多，不能确定各要素在事故中的贡献度和组合规律
	灰色统计法	鉴别安全系统内各因素间发展趋势相关程度，寻求安全系统变动规律	适用于小样本、贫信息、具有不确定性的安全数据；可判断安全统计指标所属灰类；操作性强，分辨率高；需进行灰化和灰统计，只针对小样本数据
	空间自相关法	可分析出安全问题的扩散效应、发生概率、普遍程度、易发环境	可用一些量化指标，揭示事故发生的空间格局；要求两个变量且必须是随机的，变量间存在不确定的依存关系
	回归分析法	主要用来确定两种或两种以上安全现象之间相互依赖的定量关系	可准确计量各安全因素间相关程度与回归拟合程度的高低；要有“先验”知识知道安全数据间的影响机制；适用于确实存在一个对因变量影响作用明显高于其他因素的变量的情况

续表

方法		用途	优缺点
传统安全数据统计分析常用方法	A/B 测试（水桶测试）	主要用于比较和评价针对安全问题的两种方案的优劣程度	可执行多次有关安全现象的测试，可分析大量安全数据；技术成本和资源成本高；通常适用于具有多个变量的复杂环境
安全大数据分析常用方法	Bloom filter	主要用于查询和检索某个安全数据是否在全体样本数据中	独特之处在于它可以表示安全数据全体，查询速率高；有一定的误识别率，删除困难；适用于允许低误识别率的大数据场合
	Hashing（散列法）	主要用于安全数据的快速搜索和数据的加密解密过程	具有快速的读写和查询速度；只能进行单项操作；适用于可以容易找到良好的 Hash 函数的情况
	索引法	主要用于对安全数据的增、删、改、查	可提高增、删、改、查速率、减少磁盘读写开销但需要额外的开销存储索引文件，需要根据数据的更新而进行动态维护；适用于结构化数据的传统关系数据库，也适用于半结构化和非结构化数据库
	Trie 树（字典树）	主要用于对安全数据的查找、插入和删除，根据需求进行排序	是 Hash 树的变种形式，查询效率更高；多被用于快速检索和词频统计，同时在信息检索和匹配方面有广泛的应用
	并行计算	随时并及时地执行多个程序指令，节省复杂问题的解决时间	将多任务分解到不同计算资源中，耗时少于单个计算资源下的耗时，要求同时使用多个计算资源完成运算，并由若干个独立的处理器协同处理

4. 处理模式比较

基于大数据的安全数据统计是区别于传统安全数据统计的一种新处理模式，最突出的标志是数据挖掘和人工智能。表 13-4 将两者在处理模式方面进行了比较。尽管处理模式上存在不同，但其目的都是揭示安全问题的本质和一般规律，在对安全生产、生活规律进行预测和决策时提供理性而准确的参考意见。

表 13-4 安全大数据与安全小数据处理模式方面比较

比较对象	传统安全数据统计	基于大数据的安全数据统计
统计重心	收集安全统计数据（加法）	处理安全统计数据（减法）
统计难点	如何获取安全数据	如何选择有用的安全数据
统计特点	以小见大	由繁入简
统计主要途径	因果分析（“为什么”）	相关分析（“是什么”）
统计模型	预测分析	非预测分析、模糊预测分析

续表

比较对象	传统安全数据统计	基于大数据的安全数据统计
统计对象	与安全问题有关的样本数据	与安全问题有关的全体数据
统计场景	随机现象一般规律性	全样本特征
统计方法基础	概率论和数理统计方法	信息统计方法
统计研究工作过程	设计-收集-整理分析-开发与应用	整理分析-积累、开发与应用
统计分析思路	先提出假设，再建立关系	先建立关系，再验证假设
统计质量管控机制	事后检验	事先预测
统计结果要求	精确求解	近似求解
统计数据来源	人工录入为主	机器实时记录
统计数据类型	结构性数据为主	非结构性数据为主
统计结果表现形式	结果数据多，过程数据较少	结果数据和过程数据均较多
统计作用	发现安全问题	发现并解决安全问题
统计成本	较高	低

为更加形象化明晰安全大数据和安全小数据的具体区别，基于表 13-1 ~ 表 13-4 将安全大数据和安全小数据在理论、研究方法、具体分析方法、处理模式方面的主要区别图形化，如图 13-1 所示。

需明确的是，安全数据产生速度快，安全大数据与安全小数据之间并没有明确的划分标准，大与小只是一个相对的概念，安全大数据并不一定比安全小数据的数据量大。尽管两者存在很大不同，但都是通过对安全数据分析，科学总结与发现其中蕴含的模式，以揭示安全问题的一般联系和发展规律，以此来还原安全问题的本来面目，探求安全问题的本质。

安全大数据区别于安全小数据必须具备三个特性：

（1）“全体”特性，即在一定条件下与安全有关的全体数据，即具有“规模”指标。

（2）“可扩充”特性，即安全数据容量可扩充，换言之，任何数据一旦出现就可以被记录、被吸收、被储存。

（3）“可挖掘”特性，以往有意收集有限的样本数据过程就是数据价值的利用过程，大数据时代下安全数据只有在挖掘以后，其潜在的巨大价值才可能被发现。同样，安全小数据并不是说数据量小，而是指有针对性的并可用于进行安全分析、安全决策、安全控制的高质量数据，其算法简单、计算可行，但当数据达到一定程度时，一般的计算机方法和技术不能对其进行处理。

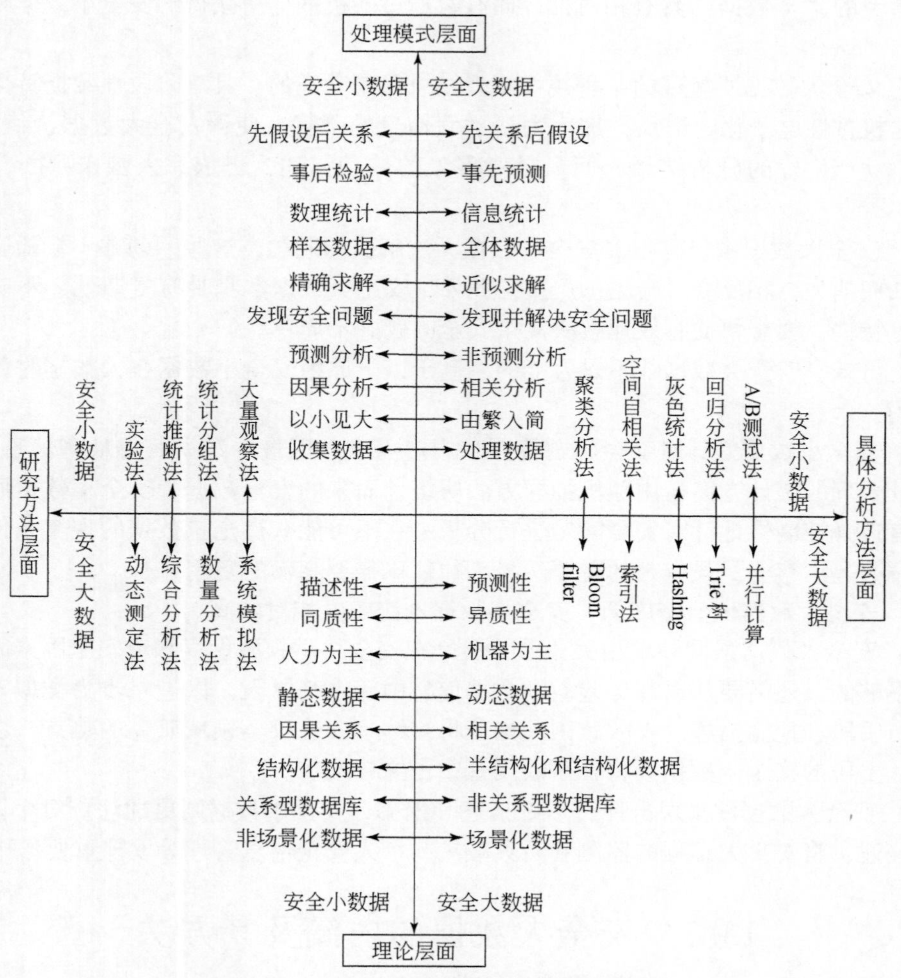

图 13-1 安全大数据与安全小数据的比较

13.2.2 安全大数据的局限性

通过比较分析可以发现，相较于安全小数据，安全大数据的优势如下：

（1）安全大数据具有数量体大、数据多样性等特性，并可以呈现小样本未能呈现的某些规律。

（2）安全大数据可以覆盖样本不足以捕捉的某些弱小信息。

（3）安全大数据可以认可样本中被认为是异常的值。

图 13-1 表达的安全小数据和安全大数据常见的 5 种典型的具体分析方法，在数据分析中都有其应用价值和局限性，安全大数据并不是万能的，其仍有很多无法忽视的问题。并不是说在大数据时代就可以完全摒弃基于小样本的安全小数据，安全大数据不排斥安全小数据，也不替代安全小数据所具有的安全功能和安全价值，可从以下视角分析：

（1）安全大数据更多情况下来源于计算机平台，有时只能收集到反映特定群体的特征，所参考的“全数据”具有相对性，而有时通过随机抽样所获得的安全小数据则更能反映全貌。

（2）安全大数据所呈现的某种规律或者结果只是动态的、具有阶段性数据特征的重复结果，是机械性电子化的记录，加上大量虚假信息的干扰，使得安全大数据价值密度低，并不会自动产生好的分析结果，而只是对现象的一种描述，仍依靠人脑来判断、分析和使用。

（3）安全大数据中仍有很多安全小数据无法解决的问题，这些问题并不会随安全数据量的增加而消失，相反有时会更加严重。此外，安全大数据本身具有复杂性、不确定性和涌现性等特性，要想快捷有效地解决复杂安全问题并不简单。

由上可知，安全大数据并不是万能的，基于以下原因安全小数据在大数据时代仍将发挥其作用：

（1）安全小数据是针对安全问题特性和用户需求，以最少数据获得最多信息为原则，通过设计合理的统计方案运用随机抽样方法所统计而来的安全数据。安全小数据面向用户需求，有选择控制性地针对安全问题进行分析，在不可能获得全量数据的现实条件下，随机抽样调查是洞察全量最有效的首要选择，往往不需要高额的费用。

（2）安全大数据价值密度低，安全小数据价值密度相对较高。

（3）安全大数据强调寻求相关关系，但是在安全科学领域仅仅知道安全因素间的相关关系是不够的，还需要从以往经验教训数据信息中探求其原因，以进一步为类似安全现象提供预防手段和控制措施。事故致因理论还将继续是安全科学领域研究的热点，以因果关系为统计手段的安全小数据仍将在事故调查中占主导地位。

（4）安全大数据注重对群体行为的描述和挖掘，安全小数据则更加注重对个体行为的记录和描述，将对重大工程的监测和防灾减灾、个人安全信息管理等发挥重要作用。

13.3　安全大数据的内涵及其方法

计算机技术和互联网技术使数据实现了数字化和网络化，赋予了大数据新含义，这更多地体现在质和量的共同变化上。我国于 2014 年提出要建立安全生产统一数据库，强调大力提升安全生产大数据的利用能力，并提出于 2017 年底前形成跨部门数据资源共享共用格局。在大数据发展战略下，探讨如何从大数据中挖掘安全规律从而实现其安全价值具有重要意义。

从安全科学理论层面高度研究大数据在安全科学领域的应用发现，大数据在安全科学领域应用的实践研究先于理论研究，其理论基础部分还存在空白亟待填补。

13.3.1　安全大数据新内涵

1. 安全数据

不妨将与安全科学领域相关的数据简称为安全数据，将传统基于小样本的安全数据简称为安全小数据，将大数据时代下基于“样本即总体”的安全数据简称为安全大数据。从统计科学和安全科学的属性出发，可以这样理解安全大数据：它是指在人类在安全生产、生存、生活过程中，为预防和控制各种危害或威胁，需要借助主流软件工具及技术进行分析整合而产生的复杂安全数据的集合。

对应地，安全小数据可以理解为：在人类安全生产、生存、生活过程中，基于人工设计、借助传统统计方法而获得的有限、固定、不连续、不可扩充的结构型数据。从统计学的角度来看，安全小数据是一种基于概率论和数理统计的传统统计方法，而安全大数据是一种基于大数据的信息统计方法。

以往普遍认为安全数据是与安全生产密切相关的数字化的信息记录，范围多局限于安全生产活动中，更多地体现在安全数据体量方面；如今，安全数据是指企业安全生产、政府安全监管、社会个人参与及与此关联的全过程所形成的文本、音频、视频、图片等所有存储在计算机里的各类信息的集合，范围扩展到安全生产、生活、生存等领域，属于大安全观下的思想范畴，其越来越关注量和质相结合的变化。安全数据的来源对象包括监管机构、安全生产委员会成员单位、个人、企业、中介机构、互联网等；安全数据内容涵盖范围广，包括事故信息、安全管理静态信息、安全管理动态信息、视频动态信息、生产图纸信息、调查报告等（图 13-2）。

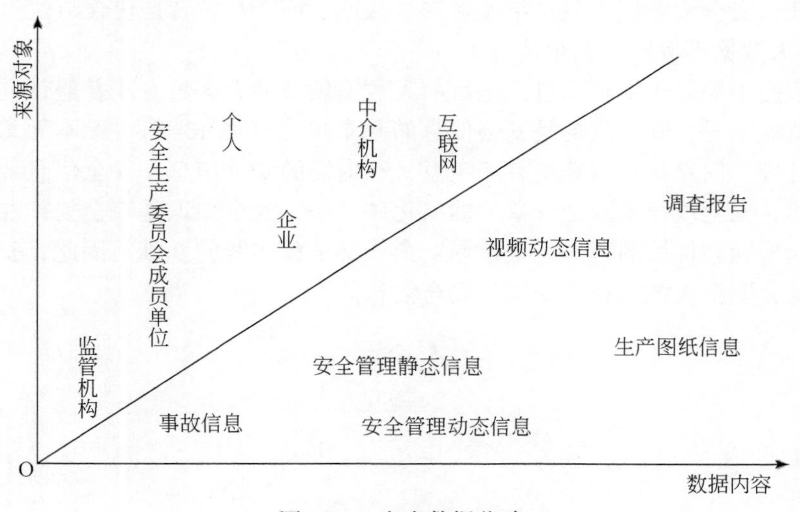

图 13-2　安全数据范畴

安全数据根据不同的分类指标可以分为不同的类别，如按安全状态可以将安全数据分为静态安全数据和动态安全数据，静态安全数据可以是已发事故的数据、已有职业病数据、安全管理静态数据等，安全动态数据可以是视频动态数据、安全监管监测动态数据等；按数据系统来源可以分为自系统数据（安全系统内部数据）和他系统数据（非安全系统内部数据）；按研究对象可以分为人本相关数据、物本相关数据、事本相关数据等。可以看出，随着信息化进程的加快，安全数据研究范畴将更广泛、更具体、更全面。

2. 安全大数据内涵辨析

1）安全大数据不等于海量安全数据

一般认为，大数据具有“4V”特征，它涉及体量、类型、速度、价值 4 个基本特征，其共同确定大数据的概念。此外，安全科学具有广阔的时空属性，其应用领域涉及社会文化、公共管理、建筑、矿业、交通、食品等人类生存、生活、生产的各个领域，具有丰富的学科内涵，亦绝非仅体现在数量上。

造成“安全大数据即海量安全数据”这样的误解的原因，可从以下两个视角进行解释：①从体量层面出发计算并可视化数据的字节数更直观、易获取，而其他 3 个基本特征至今未有公众广泛接受的计算和评价方法，通常需经历冗长的标准检查程序或计算机测试进行验证；②安全大数据的基础理论研究滞后于应用实践活动，科学的安全大数据思维还未得到广泛的宣传与教育，导致人们片面地理解安全大数据的内涵，误认为收集与安全相关的海量安全数据即可解决所有安全问题。

安全大数据包含 3 个基本要素，即安全大数据集、安全大数据技术及安全大数据思维，其相辅相成，互为基础。而海量安全数据即安全大数据集，仅是安全大数据的基本要素之一。因此，安全大数据不只是指海量安全数据，前者与后者是包含与被包含的关系。

2）安全大数据不等同于安全信息

安全大数据不等同于安全信息，是目前大数据领域的大多数专家普遍认同的观点。从安全数据价值流来看，安全数据是安全信息的基本单位（图 13-3）。原本无意义的安全数据通过数据处理、信息认知后获得有一定意义和内涵的安全信息，安全信息经过信息加工生成安全规律，安全规律是安全现象的抽象化和升华，安全知识是安全规律在实践中通过安全现象不断检验和提炼的精华，是指导安全科学工程实践的基础。因此，安全数据不等同于安全信息，安全大数据亦不等同于安全信息。

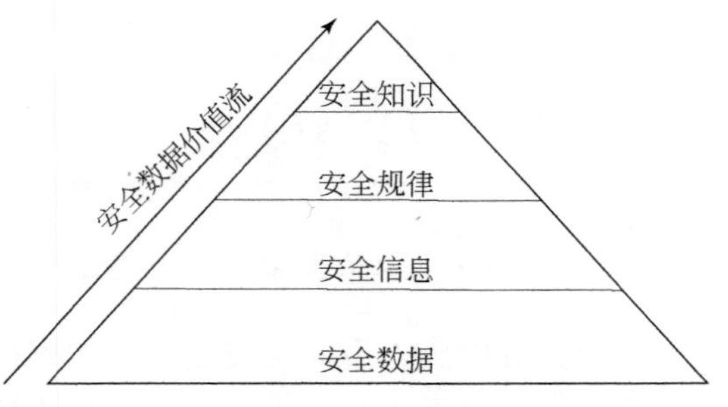

图 13-3　安全数据和安全信息的关系

3）安全大数据不替代安全统计学

如果将此处的安全统计学理解为传统意义上狭义的安全统计学，则安全大数据则是在信息化时代全民参与的安全统计学。由此可知，安全统计学和安全大数据都是基于数理统计或提炼或发展而来的，其本质和最终的目的是一致的。换言之，安全大数据和传统安全统计学是在不同时代特点下发展起来的，均可用于表征安全现象的本质特征（包括位置、大小、速度、位移、密度、影响因子等），以实现最终解决安全问题的目的。

在现阶段，大数据时代下的安全统计学依然发挥着不可或缺的作用，安全大数据不替代、不排斥安全统计学的特性、功能。

4）安全大数据属于安全系统范畴

如上所述，安全大数据包含3个基本要素，即安全大数据集、安全大数据技术、安全大数据思维。因此，可从安全大数据的3个基本要素出发，论述安全大数据属于安全系统范畴。

从安全大数据集来看，海量安全数据集以爆炸式方式增长，未来安全大数据集的量将不可估量。如此庞大的数据集，需要运用系统思维看待未来安全大数据集的发展，而如何对海量数据进行有序分类存储、如何将非结构化或半结构化数据转换成结构化数据是大数据时代必须考虑的话题，而其最基本的方法即系统方法。

从安全大数据技术来看，如何从海量安全数据集挖掘有价值的安全信息，如何进行安全大数据集的采集工作，如何将采集后的安全数据集进行清洗、分类、转化、存储，如何实现安全大数据的共享能力建设等均依赖于安全大数据技术的提高和功能扩展。安全大数据若要实现“来源可知”、“去向可追”与“价值可循”，首要任务即进行系统管理。

从安全大数据思维来看，安全大数据囊括了安全科学思维和大数据思维，是两种思维相互摩擦、相互碰撞的结晶。安全科学思维是解决安全问题的根本法宝，安全科学思维中核心的思维即系统思维。

由上分析可知，安全大数据属于安全系统范畴。若要实现大数据在安全科学领域中的广泛应用，还需依赖系统管理、系统工程技术、系统思维。

13.3.2 大数据应用于安全的规律与方法

1. 安全大数据与安全小数据运用的一般规律

安全工作最基础的研究就是对事故进行分析，找到事故发生的本质原因与发展演化规律，并提出有效预防和控制措施。理性对待大数据浪潮带来的转变，在进行安全数据分析时，需要明确安全科学领域是否和大数据有关系，要思考哪些数据可支撑达到安全科学目标、是否已先从现有的安全小数据中获得最大的价值、通过何种方式可以再从安全大数据中获取更大的价值等问题，从而理性科学地进行安全科学研究。基于安全科学学科特性及现阶段安全技术现状，可归纳出以下4条安全大数据和安全小数据运用的一般规律：

（1）安全大数据思维，安全小数据运用。Mayer-Schonberge 指出，大数据带来了总体思维、容错思维、相关思维和智能思维等，尤其是从自然思维到智能思维的转变，使得数据处理模式自动化、智能化和信息化。但事故具有普遍性、随机性、因果相关性、突变性、潜伏性、危害突出性和可预防性等特性，安全科学研究就是要从这种偶然性中找到安全规律，从必然性中挖掘隐藏的偶然现象，关注事故发生的“万一”小概率事件。安全科学学科的这种特殊属性，要求必须重视和运用好安全小数据。

（2）从大数据中得到安全规律，用小数据去匹配和检验安全现象。大数据能收集海量数据，通过分析后归纳出一般性、普适性的安全规律；代入具体安全现象去检验总结出的安全规律是否科学、合理、全面，若不适用则作为安全大数据的补充。例如，人体测量收集到的数据标准是通过大数据面向一般普通健全人收集所得，但关于残疾人、少数民族、小孩等特殊人群的数据却是空白的，为人机匹配设计带来不便，针对个人或小群体建立小数据库是对参数标准的补充和完善。

（3）从大数据中挖掘预测群体行为，从小数据中跟踪分析个体行为。研究表明，大数据具有安全预测功能。通过找出事故发生的规律和特征，能够发现被忽略的数据和事故间的联系，捕捉潜在的危险信息，及时掌控事态，提前预测预警。百度研究院大数据实验室基于百度数据和大数据智能分析技术可以从不同的角度对某些事件进行数据化描述，他们发现，相关地点的地图搜索请求峰值会早于人群密度高峰几十分钟出现，至少可能提前几十分钟预测出人流量峰值的到来。安全小数据是个体化的安全数据，尤其对重大工程的防灾减灾及安全评价、个体化自我管理及诊断治疗等均发挥重要作用。

（4）把安全大数据作为探索性分析工具，把安全小数据作为安全大数据分析的对照基础和验证依据。大数据的相关分析能从混杂的数据中探索出关联性规律；安全科学领域仍需以抽样调查方式来获取安全数据，但需要适当拓展数据收集方法的功能，将探索、验证、对照程序化，实现安全小数据大利用。

2. 安全大数据与安全小数据互为利用的一般方法

在安全数据中寻求一般安全规律，需要运用安全统计学的理论和方法。安全统计学主要研究人们在生产、生活中与安全问题相关信息的数量表现和关系，揭示安全问题的本质与一般规律，它具有客观描述安全现象数量特征的功能，以形成数据-信息-知识统计关系链，从而发现安全现象各因素间的规律和关联关系。

传统安全小数据的量化处理已经有一整套较为完整的方式与过程，在大数据时代，传统的安全小数据理论、方法和技术已不能很好地解决巨型复杂安全系统的问题，而安全大数据理论、方法体系和技术还未完全建立；安全科学的发展，需要紧跟时代步伐，与时俱进，需要将安全大数据思想、理论、方法体系和技术运用到安全科学研究中，安全大数据自身局限性需要与安全小数据相互补充与融合。基于安全科学领域本身的学科特性，需要寻求安全大数据和安全小数据互为借鉴、互为利用的思维方式和一般方法。

（1）归纳推断法和演绎推断法并用。归纳推断法是一种从个别安全现象中概括推断出一般安全规律的思维方法，能从大量以往事故等数据中找出普遍特征；演绎推断法是通过运用一般安全科学原理对个别或特殊的安全现象进行深入、具体分析、推断，从而发现更深层次的关联关系的思维方法。利用安全大数据快速收集数据的特性，用归纳推断法概括出一般安全规律，再运用演绎推断法对安全小数据进行匹配，并对该安全规律进行检验判断。综合运用归纳推断法和演绎推断法，可从安全大数据的偶然性（价值密度低，概率小）中发现安全小数据的必然性（有针对性，概率大），并归纳成一般安全规律，又可以利用该安全规律去观察、认识、检验、利用偶然性。

（2）相关分析法和因果分析法并重。大数据时代相关关系将取代因果关系，即“是什么”将取代对“为什么”的探索。基于安全科学的学科属性，事故致因理论始终是安全科学研究的基础和热点，要对事故原因进行溯源分析就必须运用因果分析方法。若只探求相关关系而放弃因果关系，则一旦发生事故就无从下手，而因果关系的研究需以相关关系为基础，利用安全大数据找出各安全因素间的不易察觉的关联模式，再利用安全小数据对该关联模式进行深层次分析。相关分析法和因果分析法不是相互对立、相互取代的关系，而是相互补充的关系。

（3）安全系统思想和整体统计分析相结合。随着安全数量体增多，加之安全数据的涌现性、复杂性和多样性，需要对安全数据进行分布式存储、并行计算等碎片化处理。首先根据统计目的，按照安全系统思想和整体统计分析的要求，科学合理地对收集到的安全数据进行子系统划分；其次通过并行计算等方法挖掘各子系统中所隐藏的信息，整体归纳出一般的安全规律。

（4）研究方法和具体分析方法互用。每种研究方法和具体分析方法都有其优越性和局限性，只运用某一种方法而忽视其他方法往往不能科学有效地解决安全问题，因此在对安全问题进行研究时应根据实际情况综合选择运用某一种或几种方法。各研究方法间的思维模式可以相互借鉴、利用以不断拓展其应用空间，不断完善和创新统计方法体系。

（5）传统统计技术和现代计算机技术融合。目前，我国在对安全数据进行应用时还存在很多问题，如安全数据采集的基础支撑环境较弱、缺乏统一的数据交互标准规范、企业信息化能力弱、数据分析工具缺乏等，以及需考虑成本、效率等因素。现阶段对安全科学进行研究时，要继续坚持“科技兴安”战略，继续采用传统统计方式方法收集特定需要的数据，统计部门要以提高安全数据质量为重心，在不断创新和发展统计技术的同时，又要善于利用现代网络信息技术和各种数据源收集一切相关的数据，达到优势互补的效果。

13.4 大数据应用于安全科学领域的基础原理

大数据已成为各国重要的战略资源。目前大数据在安全科学领域应用过程中还存在诸多问题，如安全数据采集支撑环境较弱、存储分散或冗余、管理格式标准不一致，安全监管部门部分信息未有效关联分析、缺乏实用的安全数据分析工具，以及安全企业信息化能力较差、协调能力待提高等。在大数据发展战略下，从安全科学理论高度探讨如何实现大数据在安全科学领域的有效应用具有非常重要的现实意义。

为推广大数据在安全科学领域的应用，首先分析安全大数据应用原理的内涵；其次基于安全大数据应用的 3 个价值来源，提炼出安全数据全样本原理、安全数据核心原理、安全数据隐含原理、安全科学导向原理、安全价值转化原理、安全关联交叉原理、安全资源整合原理、安全超前预测原理、安全容量维度原理 9 条安全大数据应用的基础原理；最后建立安全大数据应用原理的理论体系，以及基于安全大数据处理流程的作用框架，9 条安全大数据应用的基础原理的提出及其理论体系和作用框架的构建可为大数据在安全科学领域的应用提供理论指导，进一步丰富安全科学理论研究内容。

13.4.1 安全大数据应用的基础原理和内涵

安全大数据可理解为：在进行与安全有关的活动过程中，通过一定方式获取到的可反映安全问题本质、特性、规律的数据集，以及对安全数据集进行加工所使用的大数据思维和大数据技术。安全大数据包含安全大数据集、安全大数据技术和安全大数据思维3个基本要素。

借鉴系统科学、信息科学、计算机网络等理论与技术，研究大数据在安全科学领域应用的行为特性和行为表现，进而提炼出普适性规律，即为安全大数据的应用原理。以实现安全目标为导向，运用安全大数据的应用原理可实现以下4种价值：

(1) 透过安全现象挖掘并提炼出安全规律，并进一步整合以形成安全科学理论；

(2) 通过关联分析、趋势分析，开展安全决策、安全预测、安全控制等活动，及时预警或控制风险，以减少事故发生；

(3) 将安全数据解析形成安全信息，提炼出具有普适性的安全知识；

(4) 分析小群体（或个体）特征，以加强组织（或个体）管理，提供个性化服务。

安全大数据应用价值有3个不同来源，即安全大数据集、安全大数据技术和安全大数据思维，其中，安全大数据集是安全大数据应用的基础和前提，安全大数据技术是安全大数据应用的支撑和保障，安全大数据思维是安全大数据应用的导向。

基于安全大数据应用的价值来源，可归纳出9条安全大数据应用的基础原理，即从安全大数据集视角提炼出安全数据全样本原理、安全数据核心原理和安全数据隐含原理，从安全大数据思维视角提炼出安全科学导向原理、安全价值转化原理及安全关联交叉原理，从安全大数据技术视角提炼出安全容量维度原理、安全超前预测原理及安全资源整合原理，如图13-4所示。

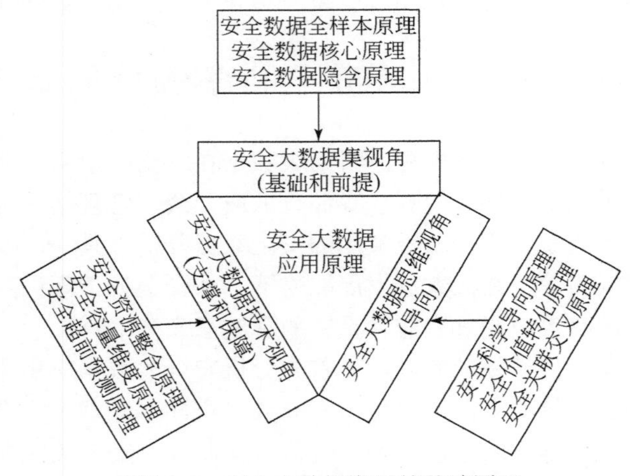

图13-4　安全大数据应用的基础原理

1. 安全数据全样本原理

研究表明，大数据基础上的简单算法比小数据基础上的复杂算法更有效。安全大数据的特征之一是处理方式由以往的抽样统计模式转变为“全样本”模式。统计数据表明，海量安全数据混杂，安全数据错误率也随之增加，但当数据体量足够大时，可弥补因安全数据量增加所带来的错误。

安全数据全样本原理强调从精确性转变为模糊性的思维模式，安全大数据体量大且杂，若要提高安全问题的解决效率，则需调整对安全数据的容错标准，通过海量安全数据以快速获得安全问题的大概轮廓和发展脉络。例如，在进行人机工程设计时，现有人体测量收集到的数据是由大数据面向一般普通健全人通过特定途径收集所得，其统计对象的范围被精确限定，容错范围较小使得那些不属于该统计范畴里的数据全部剔除，导致关于残疾人、少数民族、小孩等特殊人群的数据出现空白，给人机匹配设计带来不便。

因此，针对个人或小群体建立小数据库是对人体测量参数标准的补充和完善。通过哪些途径和方法可实现安全数据全样本的有效收集，是安全大数据应用研究过程中亟待解决的问题。

2. 安全数据核心原理

开展安全大数据应用研究任务之一，便是探究那些可反映安全大数据应用行为特性和表现的安全数据间的数量表现和数量关系。安全数据既是安全现象的记录与描述，也是挖掘安全规律的基础，还是进行整个安全活动的基石和核心。只有获得了安全数据才能获得确定的判断，从而创建渐进发展的认知模型，以实现量变到质变的飞跃。

此外，海量安全数据中的“噪声”导致安全数据质量存在差异，需对安全数据进行清洗和质量控制等预处理操作以保证安全数据的质量。此外，采用何种工具和技术对安全数据进行存储和管理也是安全大数据应用研究的重点之一。

运用安全数据核心原理，要以海量安全数据为研究对象，探究安全数据间的表现特征及其关联关系，并合理选择安全大数据技术挖掘安全现象中隐含的安全规律，达到实现安全大数据价值的目的。

3. 安全数据隐含原理

安全数据隐含原理是指所有一般数据中隐含着安全数据，安全数据中又隐含着新的安全数据，它对安全数据采集和预处理起指导作用。安全现象是安全规律的外在表现，要想获知安全规律的内在联系，需对安全现象进行具体分析，概括出一系列的安全数据特征，再抽象归纳出一系列的安全原理，综合安全大数据目标再提炼出安全科学原理。

运用安全数据隐含原理，可从安全现象中收集安全数据、进一步解释形成安全信息、实现安全信息整合和获得安全规律的全数据价值。例如，通过传感器实时监控所获得的海量安全数据不仅可以描绘安全状态，经数据分析挖掘后还可用于安全评价、安全决策、超前预测、个性化管理等活动。

从安全数据隐含原理出发，可提炼出安全大数据应用的相关论题，如从安全现象提取安全规律的途径及其方法设计，从典型城市生活大数据中挖掘安全规律的途径及其方法设计，小事故引发灾难性事故的实证研究及其规律性分析等。

4. 安全科学导向原理

进行安全活动离不开安全科学理论、技术和思维，安全大数据应用亦离不开安全科学的指导，应根据具体安全问题的特征进行分析。安全学科具有综合属性，安全活动涉及人类生产、生活和生存的各个领域。安全科学原理涵盖安全生命科学、安全自然科学、安全技术科学、安全社会科学及安全系统科学5个范畴，是进行安全科学研究的指导方针。

运用安全科学导向原理，要求以安全科学理论为导向，坚持“以人为本”原则，以安全系统思想为核心思想，以安全科学方法论、系统工程方法论为方法论基础，以比较法、相似法、关联法、统计法等为主要途径，综合运用安全科学技术、大数据技术、统计学技术、网络信息技术及系统工程技术等手段，旨在全面认识安全问题特征、结构、功能、属性及其规律。

5. 安全价值转化原理

安全数据本身价值密度低，只有对其进行存储、分析、挖掘及应用后才能将其隐藏价值显现出来。安全大数据价值遵循“飞轮效应”规律，即在安全数据规模小时价值密度低，当安全数据积累到一定程度时可实现质变从而体现安全规律。

安全价值转换原理要求有大数据-大资源-大安全观念。在大数据时代，安全数据价值的衡量标准不仅强调最基本的功能用途，还关注未来潜在的数据用途。安全数据潜在价值可通过以下3种最为常见的方式释放出来：

（1）再利用，即安全数据不局限于用于特定目的，还可选择性地不断被用于其他目的，实现数据的资源化；

（2）再重组，通过将多个安全数据集重组，实现安全数据总和的价值大于部分价值；

（3）再扩展，即所收集的安全数据集及其处理时所运用的安全大数据技术既满足用户要求，又充分考虑技术可升级的需求。

6. 安全超前预测原理

传统安全抽样统计主要用于解决实际安全问题，一般不具有预测性，而安全大数据可实现超前预测。从事故发展过程（事前预测、事中应急、事后恢复）角度看，通过实时监控、趋势分析后可对事故隐患进行风险规避，超前预测危险源的动态发展趋势以实施预警；通过模拟事故发生全过程并将各措施结果可视化，进而提供科学的安全决策以防止事故后果恶化。

此外，安全超前预测原理还可对人们的生产与生活行为发挥指导作用。以“12.31”上海踩踏事件为例，事故发生后，百度研究院大数据实验室基于百度数据和大数据智能分析技术，从不同的角度对当时情况进行数据化描述分析发现，相关地点的地图搜索请求峰值会早于人群密度高峰几十分钟出现，至少可能提前几十分钟预测出人流量峰值的到来。

7. 安全关联交叉原理

安全大数据强调事物之间的相关关系，通过挖掘一系列特征得到本质安全特征。安全关联交叉原理，体现了解决安全问题的两种思维途径，即正向思维和逆向思维。

从理论研究出发通过因果关系推演出逻辑框架，并在此基础上得出结论，属于正向思维途径；从安全大数据出发通过相关关系得出目标的若干特征，再总结提炼出一般安全规律，属于逆向思维途径。

从关联性角度看，通过从目标表象中找出一个与之最相关的事物作为关联物，从该关联物出发探寻目标的一系列特征，属于逆向思维；从交叉性角度看，通过安全数据之间相关特性交叉和组合来探寻目标的新价值，属于正向思维。

8. 安全容量维度原理

大数据的应用价值很大程度上取决于将非结构化数据或半结构化数据转化为结构化数据的能力。随着降维理论和降容理论不断丰富，可从价值维度和容量维度来理解大数据概念。安全大数据的安全容量维度主要表现在对安全现象的一种大记录和描述，其表现形式以非结构化数据为主，将非结构化数据转化为结构化数据（即安全小数据）是最大限度地实现安全大数据应用价值的处理方法，如图 13-5 所示。

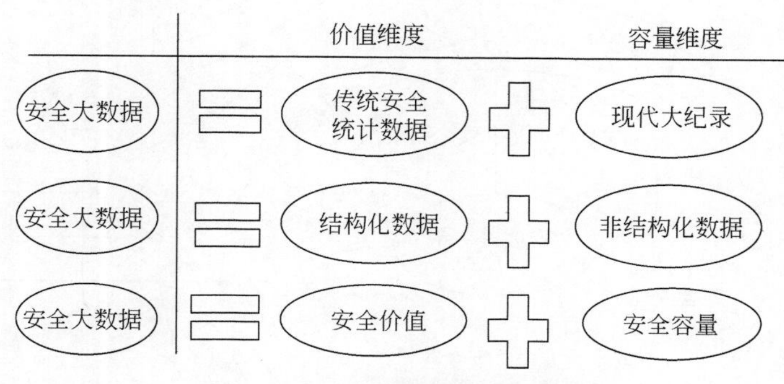

图 13-5　安全容量维度原理释义

安全容量维度原理主要体现在安全数据的存储、分类、管理等方面，安全容量决定了安全数据存储和处理方法的选择，体现安全大数据的深度；安全容量维度指导安全大数据的分类与管理，体现安全大数据的广度。

9. 安全资源整合原理

安全资源包括安全数据、安全技术、安全思维及相关的人员、设备、资金等各资源要素。安全资源整合是指对各资源要素进行优化重组，以使各部门数据关联、信息交互和资源共享，是各部门实现业务系统化、技术信息化、途径多样化的有效手段之一。

安全资源整合原理以大数据技术为依托，结合云计算、物联网等新一代信息技术实现各资源要素间有效互联，形成和谐安全系统。例如，利用云计算使得设备硬件和信息数据有效整合，再利用仿真、可视化等技术呈现安全数据的表现及关系，逼真、形象、多维度地反映各类安全生产、生活规律，从而为政府决策、企业发展、公共服务提供更好的平台，有利于智慧城市、智能公共管理等建设，为安全活动的开展提供便利。

13.4.2　安全大数据应用原理的结构体系及分析

1. 安全大数据应用原理的理论体系结构

由图 13-6 可知，安全大数据应用的基础原理相互影响，相互支撑，形成稳定的“倒三角”结构。安全大数据的应用旨在描述过去的安全状态、分析现在的安全现象及预测未来的安全趋势，要始终以安全科学导向原理为指导思想，安全数据全样本原理是安全大数据应用的基础，安全数据核心原理体现安全研究方法的转变，安全数据隐含原理、安全价值转化原理及安全超前预测原理体现进行安全大数据挖掘的必要性，安全资源整合原理、安全容量维度原理及安全关联交叉原理是安全大数据应用的技术保障。

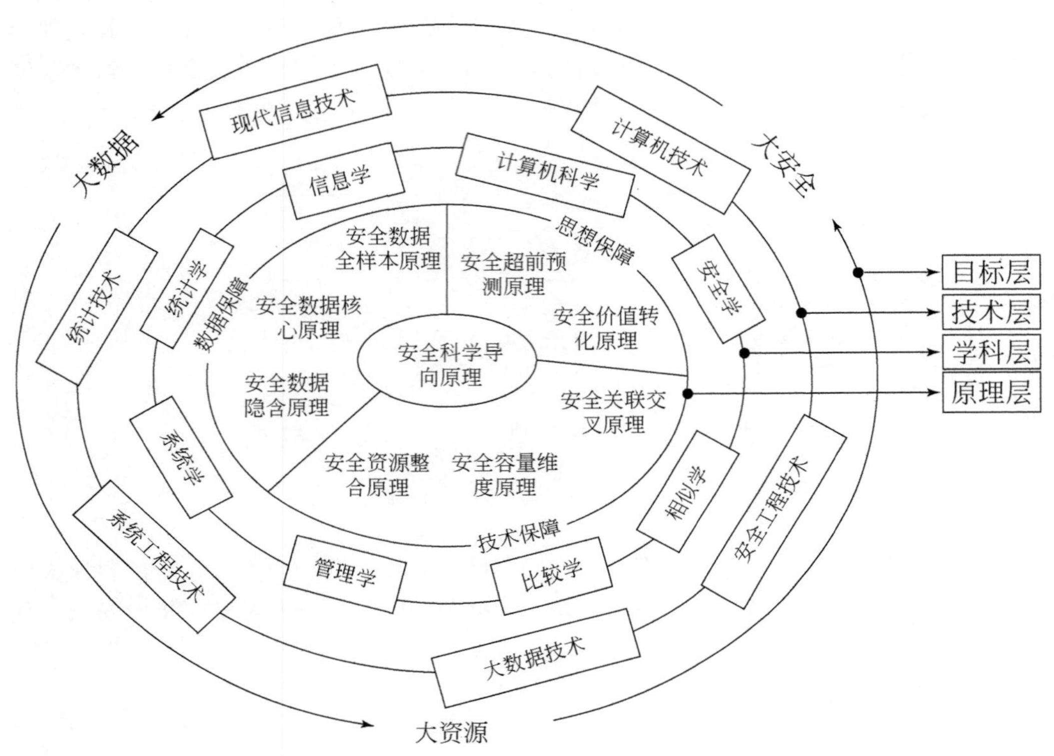

图 13-6　安全大数据应用原理的理论体系

安全大数据在安全科学领域的应用需集安全目标、学科理论、工程技术和安全大数据应用原理于一体，基于此，从安全大数据应用原理出发，由各个原理外推综合得出实现原理功能需使用的科学理论和工程技术，建立图 13-6 所示的安全大数据应用原理的理论体系，共同实现大数据–大资源–大安全目标。

2. 安全大数据应用的基础原理在数据处理中的作用框架

横向维和纵向维是研究过程中认识事物的两种基本研究路径。安全大数据应用离不开安全数据的处理与分析，借鉴大数据处理一般流程，基于 9 条安全大数据应用的基础原理，以安全大数据流程为主线、以安全问题需求和安全大数据思维为导向、以安全大数据技术为支撑及以安全大数据手段和内容为研究重点共同构成技术路线的基本逻辑要素，构建安全大数据应用的基础原理在数据处理中的作用框架，如图 13-7 所示。

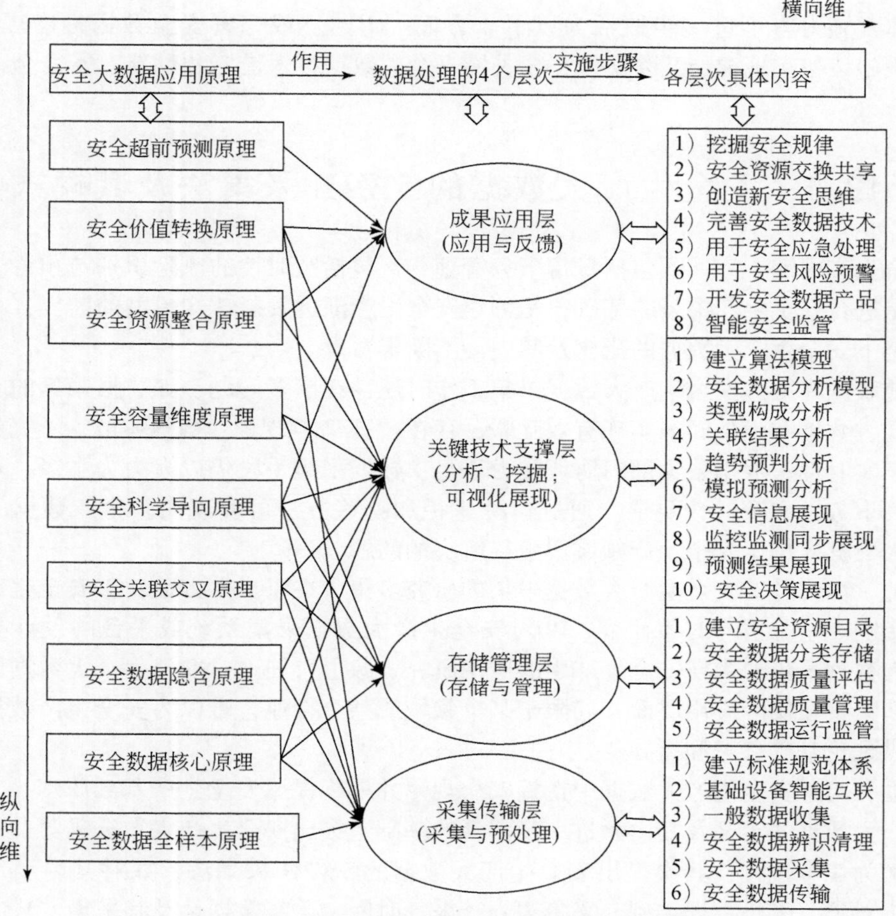

图 13-7　安全大数据应用的基础原理在数据处理中的作用框架

（1）从横向维看，基于安全大数据应用原理，可实现安全大数据的应用原理和数据处理及其具体实施步骤相关联，体现安全大数据应用原理作用于数据处理的整个过程，表明安全大数据应用原理的实用性。

（2）从纵向维看，使用还原论的方法分别将安全大数据应用原理、数据处理层次及各层次具体内容进行细化和深化，表明三者各自又有着丰富的内容，进一步体现安全大数据应用的基础原理作用在数据处理中的可行性。

（3）图 13-7 隐含了从安全现象中采集安全大数据、安全大数据进一步处理和解释形成安全信息、从安全信息中挖掘安全规律的全过程，最终实现安全大数据的安全价值。

（4）数据处理的 4 个层次层层递进、相互依托，安全问题最终能否快速解决取决于各阶段能否和谐运行；各层次间存在明显反馈（如可视化展现取决于计算分析模型的建立，而计算分析模型能否建立又取决于安全数据是否完整规范等）。

（5）需要明确的是，图 13-7 中只标注出各阶段所采用的主要核心原理，各原理间也存在交叉互用，在解决安全问题时需要结合实际情况合理选择相应的一种或几种原理。

(6) 针对目前安全大数据应用现状，基于大数据应用的基础原理，在不同应用阶段提出的具体实施内容可进一步概括为以下 4 方面：①建立或完善安全数据标准规范体系；②基础设施设备实现智能互联交换；③关键安全大数据技术借鉴和创新；④安全人才资源建设等。

13.5 安全生产大数据的 5W2H 采集法及其模式

安全生产内涵丰富，既包括日常事务管理，又包括及时性的风险识别与预警。安全生产数据是进行安全生产决策的基础，是创建安全生产渐进发展认知模型的前提，在大数据发展战略下安全生产大数据的概念及其内涵不断丰富。

目前我国在推进安全生产大数据采集工作时还存在诸多问题，如数据采集的基础支撑环境较弱，数据和设备间未实现有效互联，存在“孤岛”现象；数据零散、不完整、不准确、缺乏实时性；数据采集部门协调能力不足；数据采集手段仍以人力为主等，难以满足安全生产事务性和及时性要求。通过何种途径和哪些方法可实现安全生产数据的有效收集，是大数据应用于安全生产领域中亟待解决的问题。

目前，国内外对安全生产大数据采集的研究多集中在以下 3 方面：①安全生产大数据采集的影响因素分析与对策研究；②对安全生产大数据采集系统或平台的设计与改进研究；③大数据采集技术在安全生产中的应用研究。综上可知，对安全生产大数据的采集模式研究多集中在实际应用层面，局限于某个领域或某个行业，难以为安全生产数据的采集模式提供理论基础参考和指导。

综上，为从安全生产大数据中挖掘安全规律并最终提炼安全生产基础原理，首先在对安全生产大数据的定义及其内涵进一步阐释的基础上提出安全生产大数据采集的定义，并将其分解为 3 个过程；其次提出安全生产大数据的 5W2H 采集法，并对其内涵（采集原因、采集对象、采集数据类型、采集边界、采集时间、采集数据量及其采集方法）进行详细分析；最后以思维路径为主、以过程路径和技术路径为辅建立安全生产大数据采集的一般模式。结果表明，安全生产大数据采集模式可为安全生产大数据的存储、处理及其应用提供基础。

13.5.1 安全生产大数据及其采集

1. 安全生产大数据

1) 概念分析

安全生产大数据是指在进行与安全生产相关的活动时通过一定方式获取到的可反映安全生产本质规律、体现安全生产基础理论价值的安全生产数据集，以及对安全生产数据集进行处理所使用的大数据思维和大数据技术。

使用安全生产大数据的目的可概括为以下 3 方面：

(1) 通过分析安全生产数据集间的数量表现、数量关系及数量界限，获取生产安全现象的位置、状态、规模、水平、结构、速度、趋势、比例关系及其依存关系，进一步探寻生产力、生产关系等对安全生产的影响机制和作用原理；

（2）运用大数据技术模拟事故动力学演化过程，总结安全生产事故发生机理及其控制理论；

（3）在国家、行业、企业及个人之间实现信息对称，促进安全生产长效发展。

2）属性分析

从安全生产大数据的概念和目的出发，可归纳出安全生产大数据的 4 条基本属性，详见表 13-5。

表 13-5　安全生产大数据基本属性及其释义

属性特征	属性特征释义
多时空尺度	包括多时间尺度和多空间尺度；多时间尺度是指安全生产大数据随时间发展不断积累与挖掘，使生产安全现象呈现不同的形态特征，多空间尺度是指在采集安全生产大数据时无地域边界限制。因此，需将安全生产大数据从时空一体化进行统筹管理，尽可能将数据还原于安全生产场景
多专题类型	根据不同的目的对不同类型数据进行集中采集与整理，形成多种多样的安全生产专题，分别反映安全生产不同维度下的现状与发展趋势。因此，在数据采集过程中应依据采集目的采用不同的标准进行多维度分类，以便数据存储与质量管理
多来源对象	采集原因与目的往往与多个相互关联的采集对象有关，使得安全生产大数据来源于多个采集对象。因此，在采集过程中需灵活配置采集资源，采用恰当的采集方式与手段，同时可通过不同数据源获得的信息进行交叉验证以分析结果是否准确、有效
价值折旧属性	指安全生产大数据中的思维、技术等均有生命周期，数据随时间推移会失去部分用途，某些大数据思维和技术也并不是在任何时空领域均适用，因此，需合理选择与运用安全生产大数据来解决安全生产问题，不可盲目套用方法

3）类型分析

安全生产大数据包含海量数据集，通过分类能方便安全生产状况的认知与管理。按不同的分类标准分为不同的类别，详见表 13-6。

表 13-6　安全生产大数据分类

分类指标	分类类别	说明
按状态	安全生产静态数据	已发生的、可用于建立数据库进行利用的生产事故数据、职业病数据等，或是安全生产现象间在同一条件下的状态表征，反映安全现象本质与现象之间的固有关系
	安全生产动态数据	可表达生产现象的发展变化程度、强度、结构、普遍度或比率关系等，反映安全现象变化规律的安全生产数据
按来源	内部安全生产数据	如企业安全规章制度、隐患排查数据、应急管理数据、员工个人数据等
	外部安全生产数据	如相关方管理数据、政府监管数据等

续表

分类指标	分类类别	说明
按形态	一次生产安全数据（原始数据）	生产运行过程中的实际运行状况的客观安全数据，如安全生产实时监控视频等
	二次生产安全数据（深加工数据）	对客观数据加工处理后所得出的适用于各级管理层需要的加工数据，以及对安全数据长期总结而制定出的安全法规、条例、政策、标准等
按运行周期	常规性安全生产数据	如安全生产政策法规文件等
	周期性安全生产数据	如安全生产年度数据报告、季度安全生产数据汇总
	动态性安全生产数据	如开展安全生产大检查，实时发布的安全生产数据等
	突发性安全生产数据	发生安全生产事件生成的安全生产数据，如安全生产应急管理数据等
按用途	风险隐患排查治理数据	如危险源实时监控数据、安全生产检查报告、事故模拟视频等
	生产安全运行监控数据	如设备、设施可靠性评估报告及员工上岗操作数据
	生产安全预警应急数据	如应急救援数据、事故责任追究数据等
	生产安全日常管理数据	安全生产标准化数据、安全教育培训数据、安全生产技术标准数据
按数据流	人–人安全生产数据	包括人的行为表现是否符合制度规定
	人–机安全生产数据	如人机界面设计参数数据、人机匹配适应度数据
	人–环安全生产数据	如人对生产环境的适应能力的数据、生产环境标准制度
	机–环安全生产数据	如生产设备对生产环境隐患的自动预警和自动控制的数据
按采集时间性	集中采集安全生产数据	如节假日前后安全生产检查数据等
	实时采集安全生产数据	如安全生产日常运行监控数据等

2. 安全生产大数据采集

数据采集是以使用者需求为出发点，从系统外部获取数据并输入系统内部接口的过程，因此，可将安全生产大数据采集理解为：以安全科学原理为导向，以安全生产实践为指导，通过利用大数据技术和大数据思维获取并传输安全生产数据集的过程。

安全生产大数据采集一般可分为 3 个过程：

（1）对采集对象植入采集工具（如各种传感器、信息阅读器、数据提取器等具有采集数据功能的设备）；

（2）安全生产设备与采集装置连通，建立安全生产大数据采集法律法规及标准化体系等，发挥信息传递通道的作用，实现泛在化的深度互联；

（3）将感知到的数据通过信息通道传递至存储器，并在存储器进行初步汇总与整合。

以采集某危化品实时状态参数来进行日常监督管理为例，以传感器为采集工具，以储罐为采集对象，其实施采集步骤为：①将传感器安装在储罐或其管道周围；②通过相关设置生成数据传递通道，使传感器与储罐互联并可表达出储罐的实时监控数据；③将传感器获取到的储罐数据传输存储到该危化品数据库。需强调的是，安全生产大数据采集是时刻以采集目的为导向的活动。

13.5.2 安全生产大数据采集的5W2H法及其内涵分析

安全生产大数据5W2H采集法主要包括采集原因（why）、采集数据类型（what）、采集边界（where）、采集时间（when）、采集对象（who）、采集方法（how）及采集数据量（how much）7方面，其应用过程和内涵分析如下：

1. Why（采集原因）

目前传统的安全生产数据采集还存在诸多问题，主要表现为“堵”、“独”、“慢”与“漏”，具体表现为：

（1）以人工采集为主，数据规模小，难以在采集的数据中捕捉有效的信息，表现为“堵”；

（2）安全生产数据集分散在不同生产部门，未实现有效关联整合，表现为“独”；

（3）安全生产数据采集支撑环境较弱，缺乏实用的安全生产数据分析工具，表现为“慢”；

（4）重要的数据未实现及时采集与更新，表现为“漏”。

此外，传统的安全生产数据采集多依赖采集人员的经验，经验是对过去的度量，诸多经验信息的质量还有待考究和验证。

以上诸多现象均可概括为信息不对称的表现形式，在安全生产数据采集过程中可进一步概括为：

（1）安全生产本质特性存在信息不对称；

（2）使用主体和采集者存在信息不对称；

（3）采集者与采集对象存在信息不对称；

（4）信息流通过程存在信息不对称。

2. Who（采集对象）

安全生产大数据的采集对象包括使用主体、采集者、被采集对象。根据不同的采集对象，其采集目的、范围等有所不同。

使用主体进行数据采集的出发点是解决安全生产问题，从信息不对称的4种表现形式出发，其包含政府安全监管机构、质检机构、企业安全决策者、企业安全管理者、企业安全生产者、安全生产科研组织、个人等，其目的可包括安全监管、安全决策、安全控制、安全预防和防护、安全评价、安全应急和事故后的安全心理干预等。

采集者的直接目的可分为两种：①为己所用，即根据自身要求采集自身及他人的数据后，进行综合分析以提高自身已有数据的精准度；②为他人所用，即将自身的数据共享于他人以提高他人数据的精准度。

被采集对象包括安全行业、某领域的相关企业、普通群体、科研专家等。因此，在进行采集活动时需要明确数据使用主体，不同的数据使用主体依据不同的目的选择不同的采集对象和采集方式。

综上，安全生产大数据采集活动始终是根据使用主体的数据要求和目标来确定和合理分配采集对象，不能机械地套用方法与指标。需明确的是，安全生产大数据采集活动往往不局限于一个采集对象，通常针对多个相关联的对象进行采集、汇总与整合。

3. What（采集数据类型）

安全生产大数据的价值折旧属性要求采集者要有自主思考和辨识能力，并不是随意采集数据。由表 13-6 可知，安全生产大数据有诸多类别，在明确了采集原因、采集目的和采集对象后，在采集数据前还需思考和明确采集数据类型。此外，安全生产大数据采集活动不局限于采集对象系统内部数据，还应利用数据之间的相关性多途径收集与采集对象紧密相关的数据。

同时，相对于静态描述数据，采集基于客观现实的动态场景数据更能多维度准确反映安全生产的真实信息与需求。例如，在安全监管活动中通过云计算技术研发多点碰撞应用系统以形象记录检查时间、地点、检查结果、处理意见、再审查结果等数据信息，可为事故动力学演化模拟提供基础，有利于总结安全生产事故发生机理及其控制理论。

4. Where（采集边界）

安全生产大数据具备的多时空尺度、多来源对象尺度和多专题尺度等属性，使得安全生产数据来源广泛，可来自采集对象的几何特性和空间关系，如国家监管机构、安全行业、安全企业或与安全相关的企业、个人等，也可来自多个采集对象的历史、现在和未来，如某安全企业生产过程中某区域重大危险源排查报告、实时监控、趋势预判分析及模拟预警分析；还可来自事故调查报告、安全管理文本、动态视频和安全生产图片等专题，以及互联网、物联网、传感器、监控设备、移动终端等设备。

由此可知，安全生产大数据采集来源无边界，采集过程复杂。通过哪些途径和方法可实现从海量数据中采集、筛选并提取所需的安全生产数据集，是安全生产大数据采集研究过程中亟待解决的问题。

安全生产大数据的价值体现在可还原于具有时空一体化的安全生产场景中，只有将具有某特性的孤立数据还原于安全生产场景中，才能真实反映安全生产问题的本质。因此，安全生产大数据采集活动应从安全生产场景出发，结合用户需求从小应用着手搭建数据框架，再根据不同场景来灵活采集数据。

5. When（采集时间）

由安全生产大数据的折旧属性可知，安全生产数据有一定生命周期，从时间维度出发以数据价值为标准，可分为历史价值、实时价值和预测价值，即大数据不仅能够基于大量历史数据或“实时”监控采集场景数据进行生产状况的描述，还能基于历史数据或实时数据通过整合、挖掘与模拟等实现对未来生产状况、发展进程的预测，以开展科学的决策活动。

大数据虽有强大的整合能力，但不可采取“先收集数据，需要数据再拿出来用”的模式。由表 13-6 可知，从采集时间维度看安全生产大数据采集形式可分为两类：①集中采集安全生产数据，它一般适用于在企业季节性、节假日等期间或者在特定时间段以安全科研或安全决策为目的的采集活动；②实时采集安全生产数据，主要针对危险化学品、重大危险源等的日常管理监控与预警数据采集。

因此，安全生产大数据的采集只有明确了采集原因、采集目的、使用主体和采集对象、采集数据类型及采集边界等因素后，才更具有目的性和针对性。此外，安全生产大数据采集过程中存在反馈，某个因素变化可引起其他因素变化，从而导致采集步骤反复循环，应始终以采集目的为出发点，以实现采集目的为终止点。

6. How much（数据采集量）

在海量数据面前衡量收集多少数据才足够是大数据盲点之一，采集的安全生产数据并非越多越好，安全生产大数据采集的数据量应全面、细致。

从全面视角出发，目前所收集的大数据多以条数据形式出现，而块数据（一种基于条数据的关联与融合形成的数据）可打破传统信息不对称和信息流动的限制，这就要求在进行采集活动时，不仅要关注某领域或行业内纵深数据的集合，还需使用比较法和相似法采集横向交叉领域中的关联数据。

从细致视角出发，需评价和检验采集的安全生产数据集之间的关联度大小，其程序可简化为如下：将数据或数据串放于安全生产场景中，通过数据框架分析数据与安全生产决策间的关系，若放入数据框架的数据反映决策与行动可达到目标，则实现了安全生产大数据的采集目的，否则需检查数据是否足够、数据间关联性是否强、是否还有数据未考虑进去等问题。

综上可知，安全生产大数据量不在于多，而在于数据间的关联程度、串联价值及其在场景中的作用。

7. How（采集方法）

在明确了“5W1H”后，进一步分析在具体实施采集活动时可采用的方式、工具、方法、技术与采集思路。安全生产大数据采集是传统安全统计和大数据背景下数据采集在理论、技术、思维等方面的融合。

（1）采集方式。安全生产大数据的采集活动应充分利用大数据在思维、方法和技术等方面的特有优势，其采集方式包括：①以机器为主、人工为辅的采集方式；②以自动为主、被动为辅的采集方式；③以直接为主、间接为辅的采集方式；④以无线为主、有线为辅的采集方式等。

（2）采集工具。采集工具包括数据采集卡、数据采集模块、数据采集器（如火车采集器、八爪鱼采集器等）、第三方统计软件（如百度统计、网络神采等）等。

（3）采集方法。安全生产大数据的采集方法不仅要利用以往传统意义上的采集方法，还要将大数据背景下衍生的典型常用方法纳入其中，如基于传感器的数据采集、基于穿戴设备的数据采集、基于遥感技术采集、基于倾斜摄影的三维数据采集、基于网络的数据采集等。

（4）采集技术。采集技术包括 Web 信息采集技术、3S 技术、感知技术、物联网技术、传感器技术等。

（5）采集思路。首先在已对“5W1H”进行分析与明确的前提下，从关键问题出发，在复杂数据中抽象出能反映关键问题的核心点；其次以核心点为基础，将紧密相关的数据串联放入数据框架中进行数据处理与应用，直到达到解决问题的目的。

在上述过程中会产生新的、不同维度的数据，这些数据经过在整个循环中的适应过程，再被使用，并改变原有的生产结构和方式。一般将因解决生产安全问题而被动收集数据的方式称为“采集”，将主动收集数据的方式称为“养数据”，“采集”和“养数据”形成一个不断获取和反馈的自循环系统。

13.5.3 基于5W2H分析法的安全生产大数据采集模式构建

安全生产大数据采集需遵循全面、精细、相关联的原则，从多种数据源把场景的一系列维度信息尽可能多地记录下来，以反映生产安全现象的位置、状态、规模、水平、结构、速度、趋势、比例关系及其依存关系。

安全生产大数据采集模式以5W2H分析法为思维路径，以物联化-互联化-智能化为技术路径，以感知-互联-存储为过程路径，以“问题为导向被动采集数据以解决问题”为出发点，以最终达到“主动收集（‘养数据’）以实现数据完善与创新”目的作为主线，构建安全生产大数据采集的一般模式，如图13-8所示。

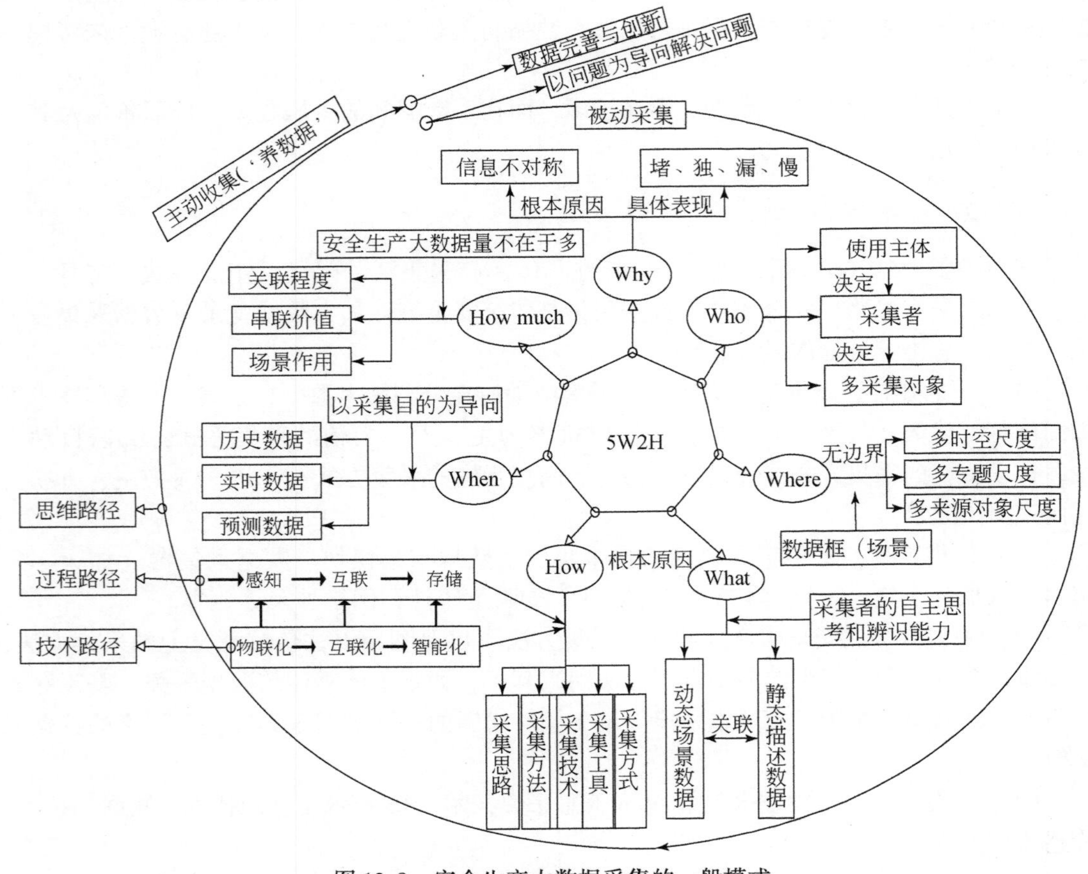

图13-8　安全生产大数据采集的一般模式

此采集模式的具体内涵可释义如下：

（1）整个实现路径是一个自循环螺旋上升的过程，因安全生产大数据采集模式需不断与外界进行信息交换以保证信息对称，使得出发点和终止点之间形成一个自循环的开环系统；

（2）整个实现路径以思维路径为主，以过程路径和技术路径为辅，主要从方法论的高度阐述安全生产大数据采集的一般模式，不局限于某一行业领域，具有普适性；本模型定位为主要从逻辑思维基础上阐述采集模式中的顶层设计（即大框架和程式等）。

（3）该模式始终强调安全生产大数据间的关联关系，衡量安全生产大数据的价值需考虑数据之间的关联程度、串联价值及其在场景中的作用；

（4）该模式在以问题为导向被动采集数据时，假定安全生产数据集是稳定、可靠的；在以数据完善与创新为目的的主动收集过程中，假定数据均是可获取的；

（5）整个实现路径要求采集者不仅有自主思考和辨识能力，还需有将大数据思维运用于安全生产领域的研判能力。

13.6　安全大数据共享影响因素分析及其模型构建

为促进安全大数据共享能力建设，以打破传统安全信息不对称困境，最终塑造完善的安全大数据共享观，首先对安全大数据及其共享的内涵进行分析，其次运用文献综述法，从安全大数据共享的困境（“不愿、不全、不会、无保障”）出发，从安全大数据共享观念文化、数据有效性、技术环境和制度政策 4 个视角归纳出 12 个影响因素，再次对安全大数据共享机理进行详细分析，最后以 12 个影响要素为出发点、以安全大数据共享互动流程为路径、以共享平台建设为着重点建立安全大数据共享模型，以期为安全大数据共享流程化提供参考。

13.6.1　安全大数据共享

安全大数据作为一种资源，具有可重复利用、广泛共享、可建设、可增值等特性。从安全学科属性和安全大数据的价值链及其挖掘方法、原理出发，安全大数据有狭义和广义之分，狭义上是指可反映安全状态、发展趋势和本质规律的大数据集，广义上还包括处理安全数据集所运用的大数据技术和大数据思维。

结合对共享的定义，安全大数据共享可理解为：在一定规范、原则、标准和原理基础上，运用大数据技术及其他新兴技术，使安全大数据集、安全大数据技术和安全大数据思维在“在一定条件下”与“指定第三方”实现交流与共享的互动活动。它包含的两个限制条件使其不等同于开放与公开，其共享对象主要涉及自然灾害、事故灾害、公共卫生、社会安全等与公众密切相关的公共安全大数据，这就要求在安全大数据共享时应寻求与数据安全、数据隐私的平衡点。

安全大数据共享也有狭义和广义之分，狭义上是指不同机构、不同区域、不同领域之间的安全数据集的关联与共享；广义上是指在符合法规政策规定条件下，不同机构、不同区域、不同领域之间的安全数据集、安全大数据技术和安全大数据思维之间的相互关联、共享与碰撞。前者是后者的前提与基础，后者是安全大数据共享实现社会化的基本要求和最终目的，因此，以狭义安全大数据共享为出发点，以广义安全大数据共享为落脚点探讨安全大数据共享的影响因素及其模型构建。

安全大数据共享效率和共享程度受多层次、多维度因素共同作用的影响，呈现明显的多样化与动态化特征。目前国内外关于资源共享影响因素的研究不少，但还不成体系，加之结合安全科学的学科属性，要求安全大数据共享研究需有针对性，不可随意和机械套用影响因素指标。安全大数据共享要解决的首要问题是“不全、不愿、不会、无保障”的共享困境，其中“不愿共享”是安全大数据思维观念层面的因素，“共享不全”是安全大数据集层面的因素，“不会共享”是安全大数据技术层面的因素。借鉴已有研究中对资源共享影响因素的探索，结合现阶段安全大数据的共享现状，可从共享观念文化、共享数据有效性、共享技术环境、共享制度政策 4 个视角进行分析，阐述“不愿、不全、不会、无保障”共享困境的深层原因。

1. 共享观念文化视角

从观念文化视角出发，安全大数据共享活动受共享意愿、共享动机、共享风险等约束，导致资源拥有者“不愿”将手中资源共享，同时需求者不敢轻易使用共享资源，具体表现可归纳为以下两种情况：①安全大数据共享后的预期利益的不确定性，即安全大数据作为资源，是否可获得共享活动后的认可及互利互惠是拥有者对安全大数据共享是否能带来预期利益的判断条件。②安全大数据共享活动本身带来或将带来的风险，共享安全大数据集本身存在敏感性、隐私性等问题，拥有者考虑到使用者身份资质、资源被误用的可能性等因素，同时使用者无法获知安全大数据来源使其无法辨别安全大数据是否存在信息安全问题，使得安全大数据在源头上未能实现共享。

共享观念的欠缺使得安全大数据共享活动从源头上未能得到保障，因此，有关机构需完善与共享活动相关的政策法规，明确共享各方权益和共享层次，塑造规范的共享环境，保障共享数量和质量，共同塑造完善的安全大数据共享观。

2. 共享数据有效性视角

大数据时代以“样本即总体”为数据统计特征，安全大数据具有多时空尺度、多来源对象尺度和多专题尺度等特性。安全大数据共享的方向是全、细、可读与便利，不仅强调在可共享的数据集中尽可能共享多种数据源下的多维度、多层次数据集，还强调保证数据集的可读性和无障碍访问、查询、检索和获取共享数据信息。但目前安全大数据集多以安全领域、行业为单位，存储分散或冗余，形成数据“孤岛”和数据垄断现象，使得收集到的安全数据集维度单一、层次简单、格式多样、以非结构化数据为主，导致使用时数据结构化操作困难。目前标准化相关组织通过制定数据类型相关标准，以期实现数据全生命周期的标准化、结构化、规范化。

3. 共享技术环境视角

已有的研究多集中于共享组织双方之间的资源共享影响因素。在大数据形势下，将安全系统原始数据整合到统一的数据共享平台是普遍认同的数据平台建设模式，安全大数据共享平台在资源拥有者和需求者之间发挥桥梁作用，充当资源协调者和资源保存者的角色，所涉及的共享平台技术不仅包括安全数据处理的全过程（数据采集与预处理、存储、挖掘与数据可视化），还包括如何实现资源在拥有者和需求者之间的有效传播。安全大数据共享平台通过依托大数据脱敏、模式识别、标签化、结构化、整合及可视化等技术形成更具开放、互联、泛在等特征的共享环境，推动建立远程共享与虚拟共享体系，实现资源共享服务、配置和管理等一体化服务。

4. 共享制度政策视角

与安全大数据共享相关的政策与制度可保障共享效率和共享程度。从安全大数据制度政策视角出发可从以下 4 方面进行分析：①安全大数据共享标准化，即建立一套跨部门、跨领域、跨行业的包含安全大数据描述、交互、存储、管理等一体化的安全大数据共享与交换标准规范，明确共享数据接口、共享平台、共享协同方式及机制等，尤其是元数据和数据仓储标准的建立，可在源头上避免同类数据的异质，与事故隐患排查治理、危险源监测检测、应急救援、事故责任追究等信息实现共建共享。②安全大数据共享资助政策，以往的资助机构或企业只是促进安全大数据在某些机构或部门之间的共享，且大部分是鼓励

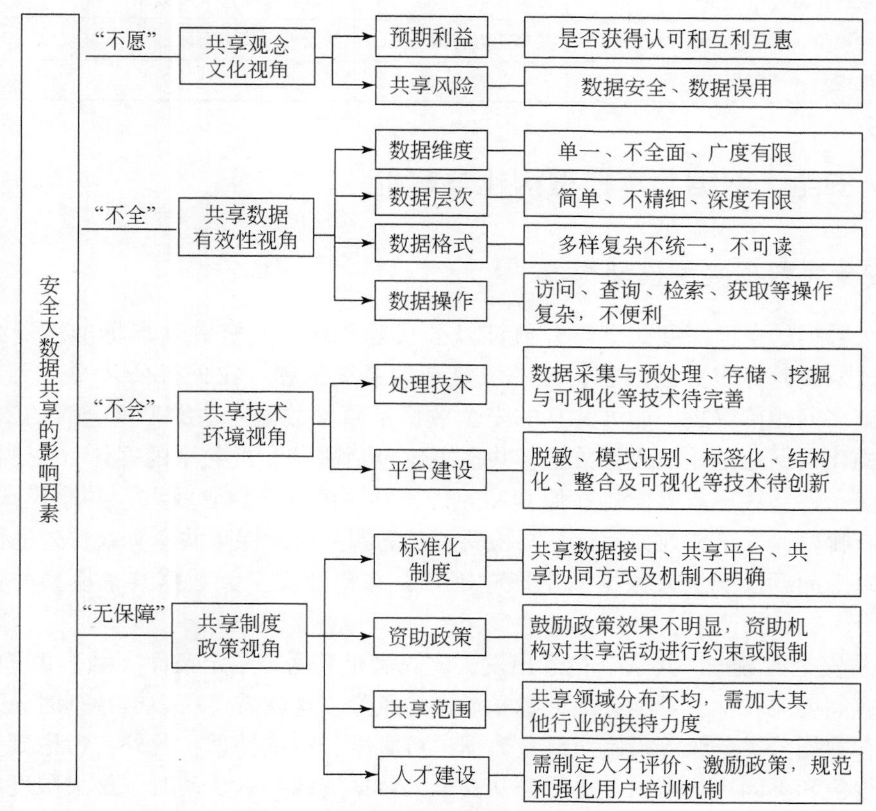

图 13-9 安全大数据共享的影响因素

而非强制进行共享活动，同时考虑到企业利益，资助的企业一定程度上会限制共享行为。③目前安全大数据共享活动存在着学科分布不均现象，多集中在计算机科学、图书馆学、教育学、信息科学、管理学、经济学等学科，共享活动涉及的广度不够，因此需加强开放共享体制法规环境塑造，加强多学科、多领域、多行业、多维度和多层次的共享。④加强安全大数据人才建设，一方面结合共享服务标准建立合理的安全资源共享专业化人才评价和激励机制，另一方面规范和强化教育培训机制，提升共享操作能力，促进安全大数据开放共享专业化人才队伍建设和稳定。

综上，可总结出安全大数据共享的12个影响因素，如图13-9所示。

从图13-9可知，安全大数据实现全民共享还存在诸多问题。若将共享对象分为拥有者和需求者，则四个视角下的困境可分别导致的结果详见表13-7，加之共享渠道信息化能力弱、传播途径受阻，则安全大数据实现有效共享不仅需要更多的专业人才的参与，还需要转变参与共享活动的共享对象之间的思维。

表13-7　安全大数据共享困境的影响概述

视角	数据拥有者	数据需求者
共享观念文化视角（“不愿”）	数据垄断	模糊资源不敢用，需求资源无处可寻
共享数据有效性视角（“不全”）	资源有限	不敢轻易使用安全数据
共享技术环境视角（“不会”）	共享能力有限	挖掘处理能力有限
共享政策制度视角（“无保障”）	无专业人才	无专业人才

13.6.2　安全大数据共享模型构建与解析

1. 安全大数据共享模型构建

安全大数据的全面深度共享与开放涉及公民隐私保护、资源共享标准、资源共享模式、共享成效检验等多方面内容，是一项复杂的系统工程。在进行公共安全大数据共享时，还有诸多问题待解决，如可共享的安全数据是原始数据还是加工整合后的安全数据、类型是结构化数据还是非结构化数据、共享主体包括哪些、被共享的客体（资源使用者）需满足什么条件、共享需遵循哪些原则和原理、共享的内容包含哪些、共享模式是怎样、共享渠道有哪些、共享成效如何评估与检验、还需哪些机制保障共享有效长久进行等。

基于以上问题及安全大数据共享影响因素，在构建安全大数据共享模型前可做如下分析：

（1）从安全大数据“共享”概念出发，应先满足其两个限定条件。由于共享的安全大数据集具有高度关联性，可能会加大隐私泄露的风险。这就需要在数据共享时先采用数据脱敏技术和数据分类分级等措施对海量数据进行脱敏和清洗处理；此外，考虑到安全大数据的潜在价值和不同用户需求，进行公共安全大数据资源共享活动时应最大限度地共享那些脱敏后不具有隐私信息的“二次原始活数据”，它们可以是结构化数据也可以是非结构化数据。

(2) 进行安全大数据共享的主体不限，包括政府、企业、组织或个人等。就目前现状而言，安全政府部门应在安全大数据共享活动中发挥主导作用，以统一的安全大数据共享交换模式和管理方式为基础，通过政府引导和资源共享模式创新来实现资源的深度融合，进一步推动企业、组织、个人均能以常态化、免费且便利的方式开展共享活动。

(3) 在进行安全大数据共享活动时，共享内容需满足可读、有效与便利等基本原则，综合运用安全科学导向、安全价值转换、安全关联交叉、安全资源整合等应用原理，主体先按照一定标准和规范对数据集进行预处理，然后对资源需求者进行“资格审查”，若审查合格后共享双方需对双方责任和权利有所规定与约束，采用“契约式”共享模式保障资源流通安全。

(4) 安全大数据共享的内容包含多方面，既包括需求者所需的安全大数据集、安全大数据技术和安全大数据思维，也包括进行共享活动前的机制、责任、权利的确立及共享后资源共享成果的检验、评估与反馈。

(5) 根据数据流动和数据开放分析，安全大数据共享模式可以是狭义的安全大数据共享，共享主体以政府为主，把非涉密的政府数据及安全基础数据进行共享；也可以是广义的安全大数据共享，它包括：①从点到点的双边共享到多边共享，再到统一的资源共享平台。②借助安全大数据共享平台力量，通过开放安全大数据的基础处理和分析平台，吸引具有安全大数据思维的人才参与大数据的共享与使用，实现安全大数据基础设施的共享与开放。③实现价值提取能力的共享，即充分利用现有数据科学家的专业知识帮助共享多方建立一个连通领域和专业技能的桥梁。

(6) 安全大数据共享活动还需有其他手段推动，包括：①根据安全发展形势建立健全与安全大数据共享有关的法律法规、标准、制度等；②明确共享多方的职责与权利，塑造良好的共享氛围；③以政府为主导，引导和鼓励多方参与，共同形成整个安全大数据资源共享-开放-公开的良性数据链；④完善专业化人才培养机制，加强对专业人才的扶持力度，共同推动安全大数据共享观普遍化。

基于以上对安全大数据资源共享机理的分析，以安全大数据共享影响因素为出发点，以安全大数据资源拥有者、需求者和共享平台（协调者和保存者）构成的安全大数据共享互动流程为研究路径，以安全大数据共享平台建设为着重点，建立公共安全大数据共享模型，如图 13-10 所示。

2. 安全大数据共享模型解析

(1) 该模型有针对性地分别罗列出共享多方在共享活动过程中克服不利影响需采取的措施，具有指导性和实践性。

(2) 安全大数据具有价值隐含原理和价值转换原理，点对点的双方共享不足以体现的价值，当数据集数聚达到一定量时可显现出其潜在价值，因此安全大数据共享平台建设是挖掘数据价值的必然选择，而着眼于安全大数据共享平台构建共享模型，具有普适性和前瞻性。

(3) 该模型是针对目前安全大数据资源共享现状与困境而提出的，在实施共享活动时

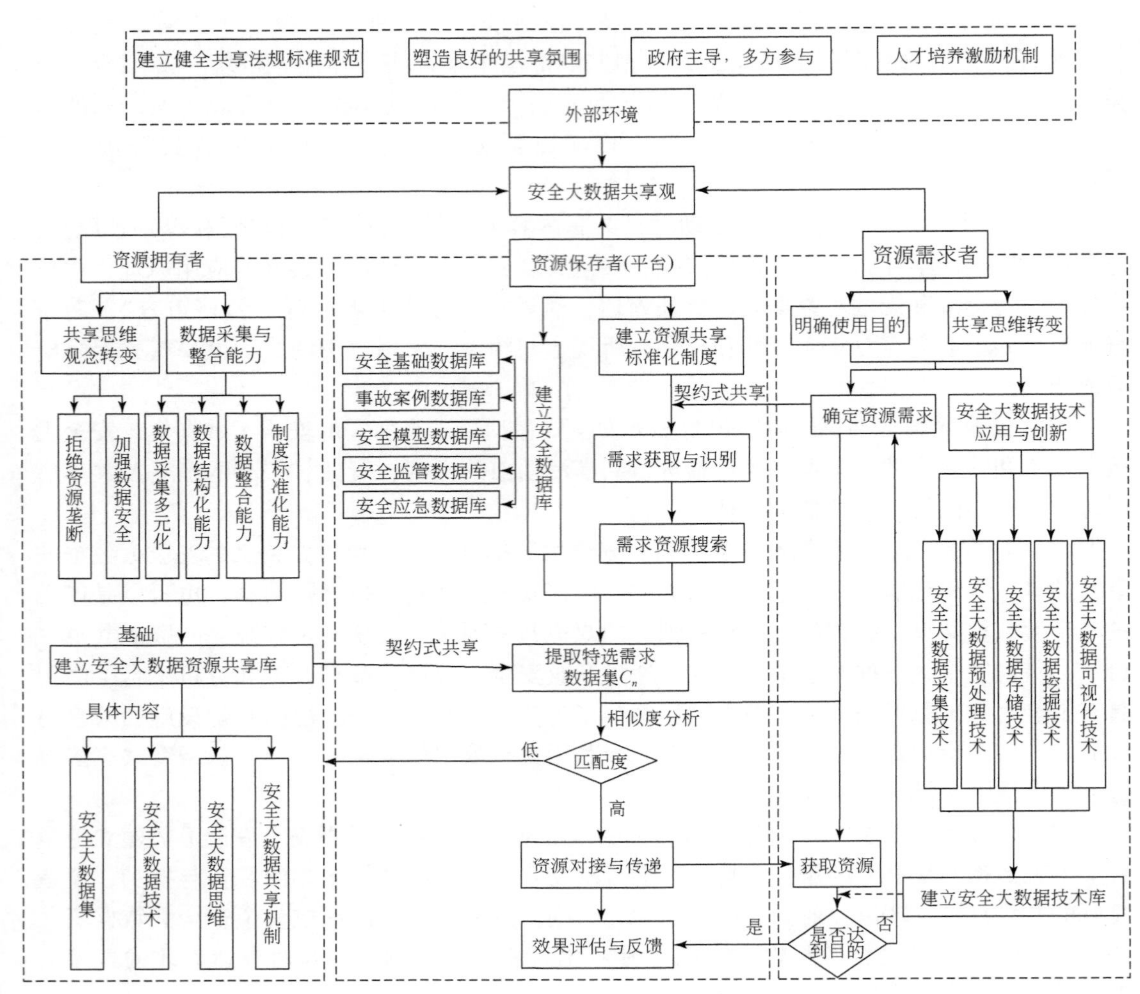

图 13-10　安全大数据共享模型

不可一蹴而就，应始终以安全系统方法为指导思想逐步开展共享活动，在进行共享活动时要始终保障公民隐私权，从共享安全基础数据集逐步实现公共安全大数据的整个价值链共享，并逐步从共享走向开放与公开。

（4）该模型可通过不同数据集在共享平台上的汇聚、多维共享、碰撞、关联与比较分析，打破以往安全数据信息不对称和信息流通的限制。

（5）该模型整个共享流程涉及安全数据集的采集、传输、清洗、转换、脱敏、组织、标签化、建模、模式识别、抽取、集成、挖掘、可视化等多个环节，要求不断提升资源处理能力，打破技术瓶颈。

（6）安全大数据共享流程中会出现多次判断和循环，因此，共享多方不仅需要掌握共享的流程、模式和技术，还需要有自主思考和辨识能力。

13.7 基于数据场的安全大数据降维存储模型

近年来，重大安全事故依旧频发，因此，找出小事件引发重大事故的规律性，挖掘重大事故的相似特性，有针对性地开展安全预制活动，是减少事故发生的有效途径。人作为安全系统的基本构成要素，决定着安全系统的复杂性、动态性与开放性，体现了多层次、多级别、高维度等特性，涵盖时间、物质、环境、管理、心理、生理、信息等众多维度。安全系统的多维属性，一方面宜于从不同视角认知系统的本质，另一方面，其复杂性又可导致对安全系统认知的模糊性，这就要求在复杂性与多维性之间寻求一个平衡点，既不破坏原有关联体系，又不影响对安全系统的认知。简言之，对复杂安全系统进行合理的降维处理，对全面认知安全本质、探求事故发生的相似规律具有重要意义。

为探索复杂安全系统降维方法和模式，基于安全系统数据场视角，对复杂安全系统降维理论模型开展研究。首先，将数据场概念引入复杂安全系统，并从宏观和微观两个层面具体阐述安全系统数据场的内涵及其 4 个基本要素；其次，分析数据场在安全系统中产生的 3 种效应模式及其导致事故发生的内在机制；最后，以复杂安全系统降维过程中的降维、降变和降容为主线，构建复杂安全系统降维理论模型，以期为复杂安全系统的规律性研究及其降维理论提供新思路。

13.7.1 安全系统数据场的内涵

1. 概念分析

数据场是任何事物周围的数字信息场。安全空间可简化为因安全数据之间的信息、价值等的关联关系所形成的数据信息网，而存在于安全空间中的数据场是对安全数据间相互作用的一种形象化表达，可从以下两个层面分析其概念。

1）宏观层面

宏观层面下的安全数据场是指安全空间在大数据影响下显现出的场景效应。将人的行为看作原点，用数据的形式记录、描述、分析人的行为，包括行为类型、行为主体、行为时间、行为地点、行为致因、行为过程与行为频率 7 个维度，即用一系列安全数据表达安全场景，是一定时空下人与周围环境的总称。

引入关联思想和理论，通过提取数据记录，分析安全场景中各要素的安全功能、结构、时间、位置、组织、影响与趋势关系，以还原安全场景，并预测可能出现的安全事件，该过程如图 13-11 所示。

2）微观层面

类比于物理学中“场”的概念、思想及其描述方式，它是指有安全价值的数据质点（0 维度）由于数据、信息、价值之间的关联关系，在安全空间形成的数据场，位于场内的任何数据对象都受到其他对象的联合作用。

首先，数据质点在安全空间进行多维度、无界限、无规则的叠加运动，进而产生数据力，它表征数据间安全信息关联性的强弱程度。其次，同一性质、维度的数据质点快速流

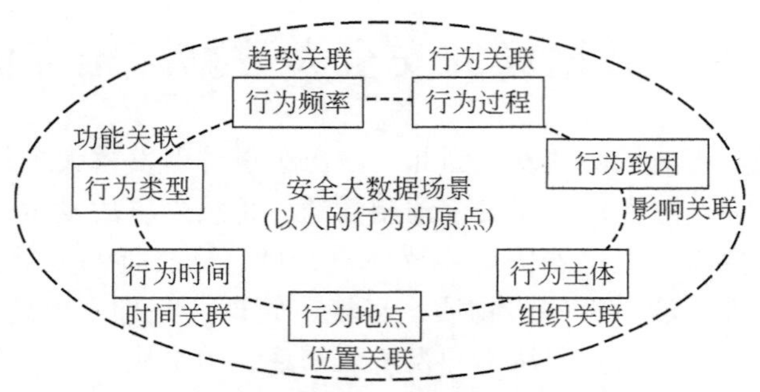

图 13-11　宏观意义上的安全空间数据场

动会产生数据流（线型的一维向量），数据流具有方向性，并可传递能量，其大小取决于数据质点价值关联性的强弱。

另外，单个数据无意义，只有将数据放入数据场中才可产生关联性。独立的安全数据进入数据场后，由原来的离散状态变为连续状态，这种关联性进一步促使数据的安全价值发生变化（增值或折旧），并可实现低维直接向高维的跃迁，表达出新的关联特性与安全价值，其形成过程如图 13-12 所示。

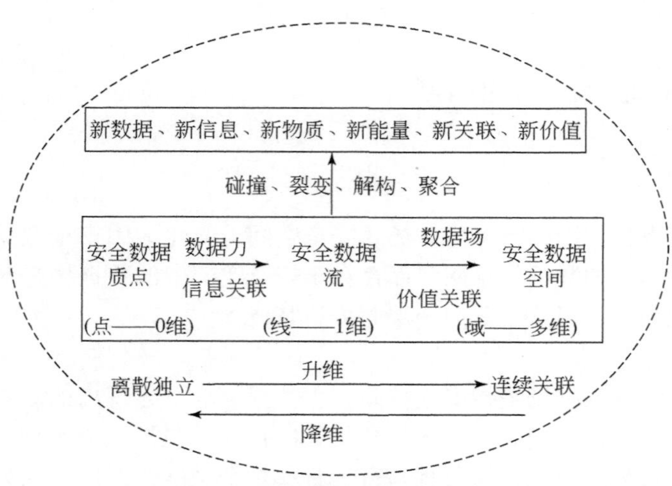

图 13-12　微观意义上的安全空间数据场

安全数据的多维特性决定了其可能同时存在于多个数据场（多维空间域）中，这些数据场通过场连接杂糅在一起。换言之，微观层面的安全空间以场连接形式，通过宏观层面的安全场景得以显现。每个安全空间或安全场景均是一定时空条件下的安全系统，具有非线性、多维度的复杂网络结构。

综上，安全系统数据场通过运用关联思维，将所有与安全相关的数据“数据化”、“场景化”与“能量化”，最终实现“安全化”管理与控制。

2. 要素分析

安全空间数据场构成要素包括 4 方面，详见表 13-8。只有其基本要素协同合作，才可使安全物质、安全信息、安全能量三者紧密相连，最终使复杂安全系统涌现和谐。

表 13-8　安全空间数据场构成要素

要素	作用
感知器	对安全空间各要素植入的采集工具（如传感器、信息阅读器、数据提取器）、信息传递通道、存储空间等设备，将系统中的安全状态或行为特征以数据形式表征，实现安全数据的自动采集、深度互联与智能管理
感知界面	人-机-环交互界面，将数据场产生的效应通过界面予以展现，充分实现安全场景的可视化、可感化与可知化，是微观层面过渡至宏观安全场景的必要条件
技术支撑	主要包括大数据与安全工程技术，关键步骤是将采集的高维非结构化数据集存储、分析并解读为低维结构化数据。通过安全工程技术和大数据技术还原安全场景，赋予数据以个性化、情景化意义
安全数据	与安全相关的数据，是安全场景的基本构成单位。安全数据是安全现象的数据化描述，安全现象是安全规律的外在表现形式，因此，从安全数据中挖掘安全规律符合客观规律

13.7.2　安全系统数据场效应表达

当安全系统形成数据场，可对安全系统产生一定的效应，基于安全系统数据场不同层面的内涵，可将数据场效应分为微效应、中效应和宏效应。

首先，安全数据质点受数据场的作用，在安全空间不断碰撞、组合、裂变与聚合，在重组过程中打破原来的维度格局，形成新的网线、节点、脉络与逻辑运行规律，同时产生新数据、新信息，改变物质结构、能量释放方式、价值关联度等，此为数据场在安全空间产生的微效应。

其次，安全数据质点在数据场作用下形成高维安全数据空间，当若干个安全数据空间从不同方向连接，并通过感知器采集、感知界面可视化时，显现出宏观层面上的安全场景，它将场景中所涵盖的 7 个维度以人的行为为原点串联，构成具有时空维度的安全数据集，这种高维属性决定了系统风险的不确定性，将会引起间接的不确定性与经典统计推断失效问题，此为数据场在安全空间产生的中效应。

最后，当微效应产生的新成分未得到有效识别与控制，或中效应中各关联关系未得到有效关联分析（包括意识流分析、认知流分析、反应流分析等），则可能导致宏观上安全系统的事故涌现。新产生的安全数据或信息在安全空间的数据场中的无规则运动及其传递的数据能量可破坏原有的平衡状态，使得原有的数据场出现扰动；此外，通过原有的数据场产生并表达出的中效应场景数据不再和变化后的安全系统空间匹配，导致安全信息不对称现象，并由此引发关联分析结果与实际观测到的安全现象不匹配，安全隐患得不到及时有效控制，引发事故出现，此为数据场在安全空间产生的宏效应。

综上，可将以上 3 种效应的形成过程串联成为一个整体，如图 13-13 所示。从微观的安全数据质点到中观层面形成一定时空内的安全场景，到最后的宏观事件涌现（安全涌现或事故涌现）过程，反映了微小事件引发重大安全事故的规律，表明基于数据场视角研究安全问题、挖掘事故发展规律具有可行性。

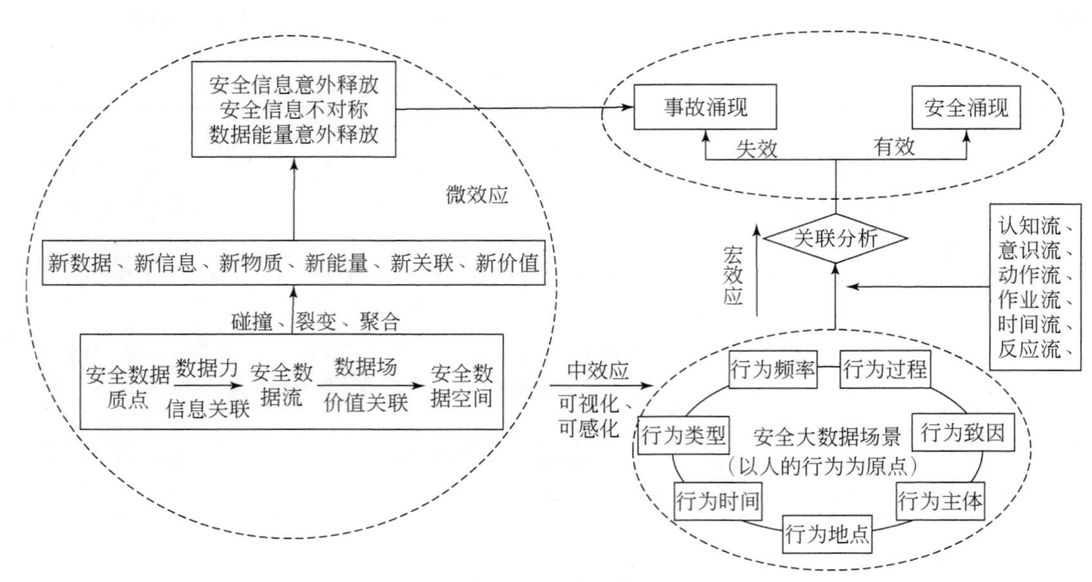

图 13-13　安全空间数据场效应表达

13.7.3　基于数据场的安全系统降维模型

1. 安全系统降维

安全科学具有学科交叉属性，安全现象所反映的安全问题涉及面广，具有多维属性，这种多维性一方面可全方位促进安全本质化认知，另一方面维数增加，可导致安全系统认识模糊化和“工程化”。“安全无小事”，安全管理人员需在众多隐患因素中挖掘判断、抓住主要矛盾，并针对其进行有效的安全监管与控制，从源头上将引发重大事故的小事件控制在合理范围内。而探求小事故引发重大事故的安全规律，寻求安全系统的薄弱环节，从安全数据到安全信息、安全知识的表征规律等，均可从数据场视角，通过对安全系统降维进行描述与研究。

安全数据的采集、存储、共享等活动均是一项复杂的安全系统工程，属于安全系统范畴。通过采集与存储安全数据，可形成巨大的安全数据场，此后需使用安全大数据技术与思维对安全大数据集进行分析与降维处理。安全数据集之间并非简单的串联、并联关系，其复杂的多维关联关系犹如黑箱，导致寻求安全系统的薄弱环节存在模糊性。

基于数据场表征安全视角，安全系统降维有两种含义：①指对海量高维安全数据集进行“简约”处理，②运用大数据技术和思维对安全系统进行降维处理。此外，安全系统降维过程包括以下 3 个层面：

（1）降维。每个安全数据具有多维性，决定了安全数据的超高维属性。安全数据降维最基本的含义是在不改变原始数据的性质特征前提下，通过将安全数据映射到低维空间以降低安全系统的维度，消除冗余以简化安全系统和安全现象的认知层次，挖掘潜在的重要关联关系。目前的降维方法可分为两类，即适用于线性模型的投影法及非线性的隐性映射法。

（2）降容。安全大数据集呈指数飞速增长，一方面对安全存储设备的性能提出更高要求，另一方面数据集中的虚假数据亦会相应增加，对数据处理技术提出更高要求。安全容量处理是反映系统承载风险的指标，是在确保系统中各要素在自系统或他系统“扰动”时仍可保持原来的安全状态与性能的过程。系统安全容量由系统各个维度的安全容量共同决定，并非传统统计意义上的一维具体数值，因此，在降容过程中需关注各个维度的安全阈值，不可随意进行降维处理（图 13-14）。

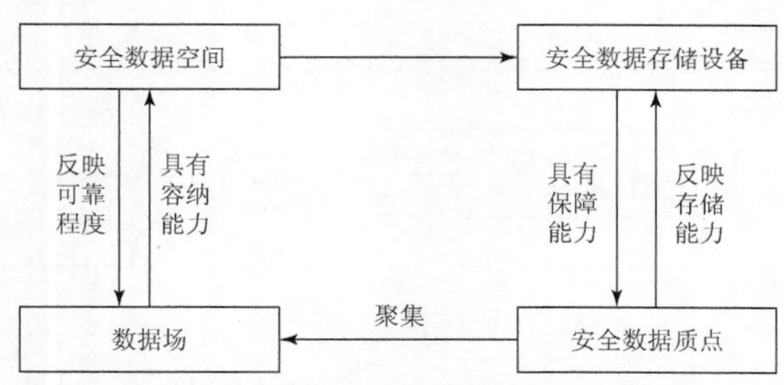

图 13-14　降容理论应用于安全大数据降维

（3）降变。如图 13-15 所示，安全数据集以非结构化数据为主，而安全价值的挖掘需通过结构化处理。因此，在对非结构化数据进行数据转换时，仍遵守原来的判断法则并保持原有的关联关系。在进行降变过程中，需以人为着重点，研究人的身、心、境的变化及其对安全系统产生的扰动，通过分析其范围、速度、形式、特征等变化规律，采取合理的安全控制、隔离、阻化、催化等措施。

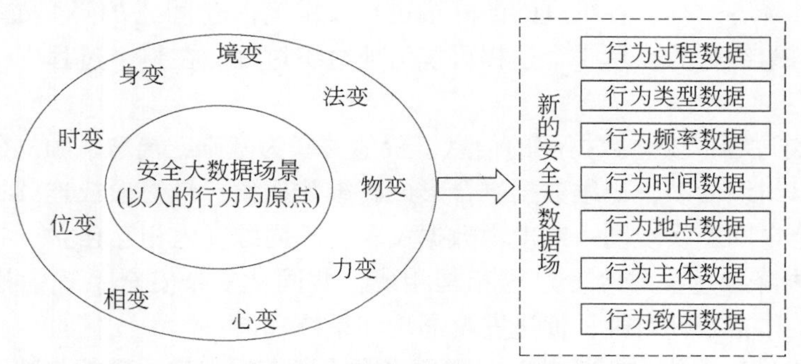

图 13-15　降变理论应用于安全大数据降维

综上可知，安全复杂系统降维过程的 3 个层面均是从不同视角对安全大数据系统进行简约处理，可统一规定为“维度”的降低与简化。

2. 基于数据场的安全系统降维模型构建

复杂安全系统具有高维度、巨容量、开放性等特性，基于数据场在安全空间（或场景）中的效应模式，将复杂安全系统进行简约化降维处理，并分别将降维、降容、降变过程纳入其中，建立安全系统降维理论模型，如图 13-16 所示。

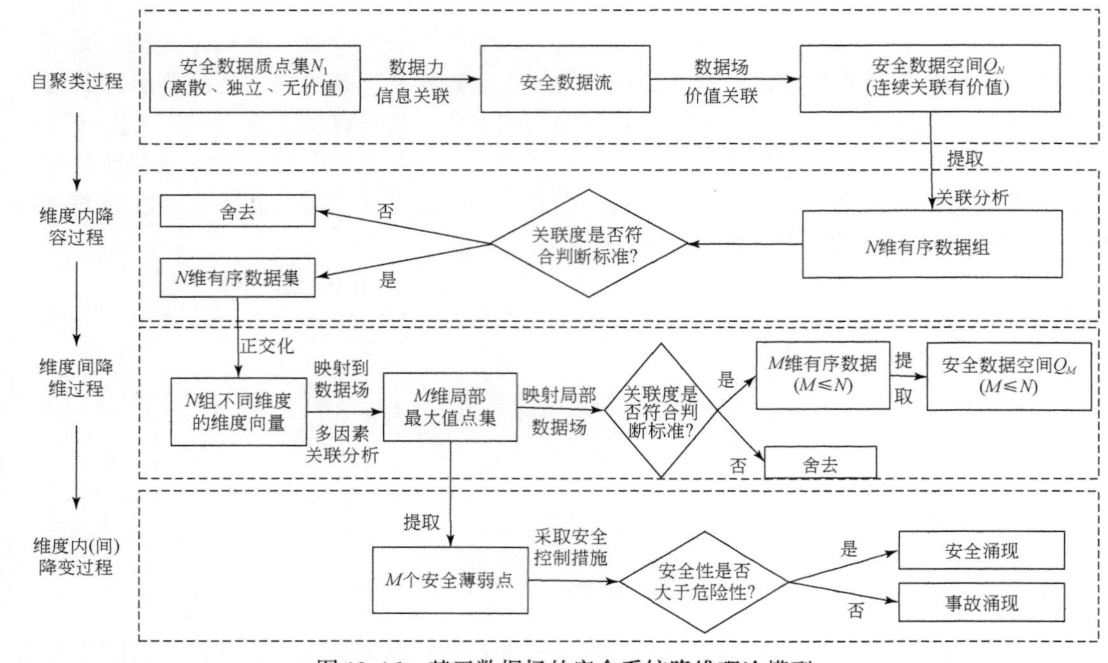

图 13-16 基于数据场的安全系统降维理论模型

由图 13-16 易知，基于数据场的安全系统降维理论模型具有丰富的内涵，具体解释如下：

（1）该模型涵盖 4 个过程，即安全数据质点在数据场中完成的自聚类过程、安全数据集各个维度内的降容过程、各维度间的降维过程及维度内（间）的降变过程。其中，第 1 个过程可视为自组织行为，后 3 个过程可视为他组织过程。在整个过程中，关联思想与分析方法贯穿始终。

（2）自聚类过程以安全数据间的信息、价值关联为基础，离散、独立的安全数据质点在数据场进行自组织活动，低维数据聚合形成高维数据集，最终形成连续、相互关联、有安全价值的安全空间，实现同一维度内数据关联，不同维度内相互独立。

（3）维度内降维过程与降变过程相辅相成，共同从复杂安全系统中找出系统薄弱环节，使得安全工作富有针对性，促进安全涌现和系统和谐。

（4）实施维度间降维过程活动时，需要多次将所获得的安全数据集映射于相应的数据场中，不断估计并优化数据，减少因不同的非线性变换对局部极大值大小和位置分布的影响，并提取局部极大值点组成特征向量。该过程的难点为高维安全数据的特征如何归一化表达并进行提取。

（5）该模型存在明显的判断、循环、反馈环节，需以安全理论与实践为基础，从具体问题出发，设置、更新判断标准与条件，这就要求在进行降维活动时有自主思辨能力，并同时拥有安全和数据处理相关技能。

13.8 大数据在安全领域的应用前景

13.8.1 大数据在安全科学理论与实践的典型应用问题

大数据虽然是近几年才逐渐被重视，但是大数据在安全科学领域的应用并不少见。可按照不同的分类方式将大数据在安全科学领域的应用进行归类分析，如可按安全理论和应用、“3E 对策”、事故发展三过程（事前预测、事中应急、事后恢复）、不同的行业、安全系统工作过程（安全分析、安全评价、安全决策、安全措施等）等角度进行分类。

1. 在安全科学理论方面的应用

大数据极大地丰富了安全科学理论研究的内涵，并为安全科学的研究提供了新思维和新方法论。

（1）新思维。大数据思维使得人们开始从整体性研究安全科学领域的相关问题，研究范围涵盖自然、社会、人造系统等大范畴领域，研究方法越来越注重模糊理论、大数据挖掘等现代科学技术和方法，安全认识论由系统安全进入安全系统阶段。大数据强大的数据收集、整合、分析能力和以大数据为支撑平台的建立，在对大量典型事故统计分析的基础上，产生了大量新的事故致因理论模型。

（2）新方法论。大数据技术为传统科学方法论带来了挑战和革命，大数据方法论突出事物的关联性，使得非线性问题有了解决的捷径。大数据背景下的安全科学从大安全观出发，建立了安全科学原理和结构体系，为安全科学理论原理研究提供了指导。近年来，随着信息化技术发展，学者对安全的认识和研究不断深入，提出了新的事故致因理论模型。此外，我国在安全人性原理、安全心理学原理、安全多样性原理、安全容量原理、安全文化原理、安全和谐原理等研究领域有了很大发展。

2. 在安全科学实践方面的应用

（1）从“3E 对策”角度来看。在安全管理方面，大数据实现了个人自我管理、政府精细化安全监管、公共事物智能安全管理；在安全教育方面，大数据改变了安全教育的教学模式、管理模式和学习模式、评估模式等，实现了生动逼真、异地同步教学的环境，方便了全球安全教育数据资源存储、管理、共享等。在安全技术方面，通过大数据平台研发了风险管理、工业过程安全、本质安全、应急救援处置和指挥等技术；研发出风险管理、应急管理等软件；建立起管控一体化系统和企业 HSE 管控平台；研发出安全物联网设备、事故应急救援设备等服务产品。

（2）从事故发展三过程角度来看。在事前预测方面，通过将大数据存储、挖掘、整合等技术运用到安全科学领域，进而对安全科学领域数据进行存储和分析，找出事故发生的规律和特征，能够发现被忽略的数据和事故间的联系，捕捉潜在的危险信息，及时掌控事态，实施预测预警，为安全决策提供参考意见。在事中应急方面，模拟和仿真事故发生发展全过程，并将各措施数据结果可视化，为事故决策提供有力保障；通过在海量的数据中探究数据背后的模式和规律，发现安全问题的本质和规律，为事故预测和安全决策提供数据支持，对事故隐患制定应急救援预案时应达到降低事故后果的目的。在事后恢复方面，大数据技术在事故调查、损失评估、工艺数据收集、灾后重建计划和决策、事后受灾群众的心理干预等方面发挥重大作用。

（3）从人-机-环子系统角度来看。在人子系统方面，可统计群体人性特性和行为规律，统计规章制度是否符合人的特性及是否被人接受。在机子系统方面，从人体测量参数数据库、心理和生理过程模型参数数据库出发对机器部件设计提出要求；建立事故模型并计算不同情况下的事故概率从而优化人机系统。在环境子系统方面，全面掌握和理解噪声、振动、有毒气体等的理化性质，建立数据库以实现全球共享、实时更新；根据危险源特性分别建立数据库，实现安全智能管理。

13.8.2 大数据在安全科学应用的一些热点问题

由上述可知，大数据理论、方法、技术和应用深刻影响安全科学理论的内涵，并为安全科学研究提供新的思想和方法论。大数据在不断推广的过程中，总是伴随着挑战。紧扣安全科学研究热点和重点，用辩证思维论述大数据应用于安全科学研究时的发展前景及所带来的挑战。

1. 安全生产基础理论研究

安全生产基础理论研究就是要揭示安全生产的本质，要在现有基础上进一步通过大数据理论、方法和思维，总结出安全生产社会科学基础理论、生产事故发展三过程理论、安全生产长效机制理论等，特别是分析生产力、生产关系、经济基础和上层建筑对安全生产的影响与作用。安全大数据不仅是安全决策的基础，也是创造渐进发展模型的前提。大数据更加侧重挖掘变量间的相关关系，可定性和定量解释安全生产现象的特征参数，包括位置、规模、水平、结构、速度、发展趋势、比率及依存关系等，从而为安全生产基础理论研究提供思路、方法和技术支持。

同时，需要注意的是，大数据时代的安全生产过程中仍存在不明朗的迷雾，如工业事故模型的理论基础是什么，能否找到普适的事故链模型及其长效控制机制，安全生产过程中生产力、生产关系、经济基础三者之间的逻辑关系及其相互影响机制如何，以及基于安全大数据是否有更有效、更快捷的方法来综合评估企业安全生产水平等。以上这些问题不仅是未来安全生产基础研究的挑战，同时也是大数据时代安全研究工作者不得不面对和突破的研究方向。只有理清大数据时代下安全生产研究的基本问题，才能保证安全生产活动长效久治稳定。

2. 典型事故发生机理、动力学演化过程及其控制理论研究

如何找出事故发生、发展演化过程及其影响机理和破坏强度，是事故调查阶段的重点和难点。结合目前比较完善的风险应急管理软件、管控一体化系统、安全服务产品（如安全物联网设备、事故应急救援设备等），加上大数据本身强大的数据采集、数据

预处理、数据混合计算、场景仿真模拟、结果可视化等能力，能深入分析事故的类型特征、演化规律和失效模式，从而探究出事故发生机理，还将进一步发展、完善和创新基于实时监控信息的重大工程的安全评定和损伤控制理论，为发展防灾减灾理论和技术提供可能。

然而，对于那些不适合实时监测的重大工程项目，仍需要扩展安全大数据的应用范畴以满足需求。此外，一些非公共活动（如事故调查、损失评估、灾后重建、心理干预等，特别是外部心理创伤评估等）也需要更强大的大数据技术作为支撑，尤其在数据采集和共享活动中应注意研究对象的隐私保密话题，在安全信息和信息安全之间找到平衡点。

3. 安全经济理论研究

结合安全管理学、安全经济学、安全比较学、安全统计学等学科知识，大数据时代可采集不同企业、行业、各个国家乃至全世界不同层面的安全数据。大数据时代下的安全经济理论研究取得了很大的进展。

仍值得探索的是，大数据是否打开了深入研究安全经济理论的新视角，从而为政府、企业的安全决策提供数据支持。例如，大数据时代下，安全生产经济规律和宏观调控机制之间的相关关系与影响机制是否有转变？国家政策的制定和出台对安全生产的投入-产出的基本规律有何影响？其新的影响机制又是什么？大数据能否为构建完善的定量安全经济评估指标及其相应的评估模型带来更大的可能性？此外，经济信息安全话题也引起了商业界、政府和公众的关注，而关于此话题至今鲜有相关研究成果。

4. 安全人机学研究

上述比较分析表明，大数据可通过字典树法、检索法、并行计算法预处理后建立模型，应用相关系统平台进行模拟仿真分析；借鉴已有技术方法分别以人子系统、机子系统、环境子系统为研究对象，挖掘人与其他因素的相互影响和作用机制，可进一步完善安全人机学的理论和方法。如随着大数据进程的推进，人们开始探索利用自我管理系统来进行自我生理成长历程、行为、心理状态的及时记录，来了解和分析自我的健康状态，最终实现个人自我管理。

大数据时代下的安全人机学研究可从以下问题出发：①评估现有的安全规律是否适用于人机学参数特征；②从人体测量参数数据库出发，挖掘人的心理和生理过程，建立事故模型和计算事故率，通过优化人机界面降低事故发生率；③通过采集人的行为特征和机器运作效率，分析物理化学参数（如粉尘、噪声、振动、有毒气体及其他危险源等）的不同影响机制。

5. 安全系统学研究

结合软系统方法论、动态非线性系统理论、复杂网络理论及开放巨系统理论，大数据可帮助洞察和理解安全系统的复杂性、模糊性、不确定性与紧急程度，从而丰富安全系统理论及其分支学科。系统思想是安全系统理论的核心思想，比较和相似思维是认知安全系统的重要思想途径。

大数据以安全系统为处理对象，分析生产、生活过程中的人、机、环境的客观安全性和事故后的现场信息，分析法律法规、条例、政策、安全规划、事故分析报告等全面的安全信息。大数据强大的计算处理模式、深度挖掘技术、可视化仿真技术将加快数据的获取、加工处理、存取、传送等全运作过程，丰富数学建模理论和方法，影响安全信息论、安全控制论、安全运筹学、安全系统动态学、安全仿真学等分支学科的发展，同时大数据思维使人们从整体观、系统观出发认识并研究安全科学领域的相关问题。

6. 安全社会学研究

大数据时代的社会学理应获得更多关注。安全社会学侧重于个人或组织（群体）的安全行为，更集中于安全结构、教育学、伦理学等领域。从宏观层面看，通过分析内在定量关系和预测可能的风险，大数据可缓解不同时期的安全问题；从微观层面看，大数据有益于创造社会学的分析模型，从而获得社会结构、社会特征、社会功能、社会指标等。

大数据时代下的安全社会学基础研究也存在一些重要并且紧急的话题，如社会结构的转变对未来安全可持续发展的影响，从安全社会学和社会安全视角如何提炼与认知社会结构特征，如何平衡安全结构、安全建设和安全发展之间的和谐关系，如何有效消除大数据冲击对安全社会结构和功能的影响，以及除现有的社会网络分析法、模糊数学和灰色理论等常规研究方法，是否还有其他研究社会调查的定量方法等。

7. 安全信息学和信息安全基础研究

一方面，安全数据是安全信息的基础单元，安全决策依赖于安全信息。因此，在大数据时代研究安全信息亦是不可忽视的研究方向，其课题包括基于信息不对称理论的安全信息学学科构建及其复杂安全系统模型构建、信息意外释放的内涵及其控制方法、基于大数据的安全信息平台创建、安全信息的资源共享模型。

另一方面，随着信息安全和个人隐私话题的持续升温，以下列举的热门议题也被学界热烈讨论，如对于相同信息和知识的途径和权限管控；如何构建安全信息的共享模型，以实现信息有效应用与信息滥用之间的平衡；以及大数据技术带来的负面效应等。

8. 安全统计学研究

尽管在大数据的浪潮下，统计学研究者日益淡出社会媒介和政府最高级会议的讨论，但近年来统计学仍取得了很大的进展，其内涵不断丰富。从另一个角度论证了在大数据时代，大数据和传统安全统计方法都是安全研究中不可或缺的分析方法。统计学仍将在大数据时代发挥重要作用，统计学研究者需要优化和辩证看待大数据冲击下的统计学方法论。同样，安全科学研究也有待解决的开放话题，如安全统计学和安全大数据的协同效应，安全统计学和数据科学的关系，以及安全统计学在社会结构、安全文化、公共安全与健康、安全成果、安全经济、外因心理创伤等方面的具体应用。

参 考 文 献

曹中平，黄月胜，杨元花．2010. 马斯洛安全感–不安全感问卷在初中生中的修订［J］. 中国临床心理学杂志，18（2）：171-173.

陈忠，盛毅华．2005. 现代系统科学学［M］. 上海：上海科学技术文献出版社．

陈庄，刘加伶，成卫．2011. 信息资源组织与管理［M］. 北京：清华大学出版社．

丛中，安莉娟．2004. 安全感量表的初步编制及信度、效度检验［J］. 中国心理卫生杂志，28（2）：97-99.

邓聚龙．2005. 灰理论基础［M］. 武汉：华中科技大学出版社．

方巍，郑玉，徐江．2014. 大数据：概念、技术及应用研究综述［J］. 南京信息工程大学学报（自然科学版），6（5）：405-419.

冯志纲．2007. 浅谈信息污染及其控制［J］. 图书馆理论与实践，（5）：42-43.

傅贵，张江石，许素睿．2004. 论安全科学技术学科体系的结构和内涵［J］. 中国工程科学，6（8）：12-16.

顾基发，唐锡晋，朱正祥．2007. 物理–事理–人理系统方法论综述［J］. 交通运输系统工程与信息，7（6）：51-60.

郭玉翠，刘思奇，雷敏，等．2013. 基于一般系统论的信息安全系统的理论研究［J］. 电子科技大学学报，42（5）：728-733.

哈肯．1989. 高等协同学［M］. 北京：科学出版社．

何学秋．1998. 安全科学基本理论规律研究［J］. 中国安全科学学报，18（2）：3-5.

华佳敏．2020. 安全信息经济学的学科理论研究［D］. 长沙：中南大学．

华佳敏，吴超．2018. 安全信息经济学的学科构建研究［J］. 科技管理研究，38（21）：264-269.

华佳敏，吴超，黄浪．2018. 安全系统降维理论研究及其应用［J］. 中国安全科学学报，28（3）：50-55.

黄浪，吴超．2016. 物流安全运筹学的构建研究［J］. 中国安全科学学报，26（2）：18-24.

黄浪，吴超，贾楠．2016a. 安全理论模型构建的方法论研究［J］. 中国安全科学学报，26（12）：1-6.

黄浪，吴超，王秉．2016b. 安全规划学的构建及应用［J］. 中国安全科学学报，26（10）：7-12.

黄浪，吴超，王秉．2018a. 安全系统学学科理论体系构建研究［J］. 中国安全科学学报，28（5）：30-36.

黄浪，吴超，王秉．2018b. 大数据视阈下的系统安全理论建模范式变革［J］. 系统工程理论与实践，38（7）：1877-1887.

黄浪，吴超，王秉．2019. “流”视域下的系统安全协同理论模型构建［J］. 中国安全科学学报，29（5）：50-55.

黄淋妃．2018. 安全运筹学的学科理论研究［D］. 长沙：中南大学．

黄润生，黄浩．2000. 混沌及其应用：第二版［M］. 武汉：武汉大学出版社．

黄玺，吴超．2018. 安全态度的转变过程及方法研究［J］. 中国安全科学学报，28（6）：55-60.

贾楠，吴超．2018. 安全相似系统学［M］. 北京：化学工业出版社．

贾楠，吴超，黄浪．2016. 安全系统学方法论研究［J］. 世界科技研究与发展，38（3）：500-504，511.

康良国，黄锐，吴超，等 . 2017. 安全心理大数据的基础性问题研究 [J]. 中国安全生产科学技术，13 (7)：5-10.

康良国，吴超，王秉 . 2019. 企业员工心理安全感的基础性问题研究 [J]. 中国安全生产科学技术，15 (7)：20-25.

莱文森 . 2015. 基于系统思维构筑安全系统 [M]. 唐涛，牛儒译 . 北京：国防工业出版社 .

雷海霞 . 2016. 安全系统科学原理与建模研究 [D]. 长沙：中南大学 .

雷海霞，吴超 . 2016. 安全系统和谐原理体系构建研究 [J]. 世界科技研究与发展，38 (1)：26-30.

雷雨 . 2020. 安全信息失真的解决策略及其应用研究 [D]. 长沙：中南大学 .

雷雨，吴超 . 2019. 安全数据素养的作用机制及其促进研究 [J]. 情报杂志，38 (9)：192-197，207.

雷雨，吴超，冯宴熙 . 2018a. 通用原理视域下的安全信噪生命周期理论研究 [J]. 情报杂志，37 (11)：137-142.

雷雨，吴超，闪顺章 . 2018b. 多级安全信息认知模式分析与优化 [J]. 情报杂志，37 (4)：135-140，165.

雷雨，吴超，闪顺章，等 . 2018c. 安全信息感知的不确定性分析与建模 [J]. 情报杂志，37 (5)：154-160.

李美婷，吴超 . 2015. 安全人性学的方法论研究 [J]. 中国安全科学学报，25 (3)：3-8.

李思贤 . 2019. 全信息视角下的安全信息管理基础理论及其典型应用研究 [D]. 长沙：中南大学 .

李思贤，吴超，王秉 . 2017. 多级安全信息不对称所致事故模式研究 [J]. 中国安全科学学报，27 (7)：18-23.

廖伯超 . 2013. 企业分形安全组织结构的构建方法和模型优化及实践研究 [D]. 长沙：中南大学 .

廖伯超，吴超 . 2012. 企业分形安全组织结构的构建方法与模型优化 [J]. 中国安全科学学报，22 (3)：3-9.

林崇德，杨治良，黄希庭，等. 2003. 心理学大辞典 [M]. 上海：上海教育出版社 .

凌复华 . 1988. 突变理论及其应用 [M]. 上海：上海交通大学出版社 .

刘玲爽，汤永隆，张静秋，等 . 2009. 5 · 12 地震灾民安全感与 PTSD 的关系 [J]. 心理科学进展，17 (3)：547-550.

刘潜 . 2010. 安全科学和学科的创立与实践 [M]. 北京：化学工业出版社 .

刘潜，张爱军 . 2009. “安全科学技术”一级学科修订 [J]. 中国安全科学学报，19 (11)：5-11，2.

刘星 . 2007. 安全伦理学的建构：关于安全伦理哲学研究及其领域的探讨 [J]. 中国安全科学学报，17 (2)：22-29，1.

刘星 . 2008. 安全道德素质：缺失与建设 [J]. 中国安全科学学报，18 (3)：88-94.

卢厚清，蔡志强，贾林枫，等 . 2003. 软运筹学研究的回顾与展望 [J]. 运筹与管理，12 (4)：68-72.

罗通元 . 2019. 安全信息学的学科理论研究及其在信息风险评价中的应用 [D]. 长沙：中南大学 .

罗通元，吴超 . 2017a. SIC 思维下的事故致因模型构建与实证分析 [J]. 中国安全科学学报，27 (10)：1-6.

罗通元，吴超 . 2017b. 安全信息学的方法论研究 [J]. 中国安全生产科学技术，13 (11)：5-10.

罗通元，吴超 . 2018a. 安全信息学的基本问题 [J]. 科技导报，36 (6)：65-76.

罗通元，吴超 . 2018b. 安全信息学原理的体系构建 [J]. 科技导报，36 (12)：76-85.

罗通元，吴超 . 2018c. 伤害事故安全信息认知建模与机理研究 [J]. 中国安全生产科学技术，14 (6)：154-159.

罗云 . 1993. 安全经济学导论 [M]. 北京：经济科学出版社 .

罗云，许铭，范瑞娜 . 2012. 公共安全科学公理与定理初探 [J]. 中国公共安全（学术版），(3)：16-19.

马浩鹏，吴超 . 2014. 安全经济学核心原理研究［J］. 中国安全科学学报，24（9）：3-7.
苗东升 . 2007. 系统科学大学讲稿［M］. 北京：中国人民大学出版社 .
明俊桦，杨珊，吴超，等 . 2016. 安全人性与安全法律法规的互为影响关系研究［J］. 中国安全生产科学技术，12（9）：182-187.
倪光南 . 2013. 大数据的发展及应用［J］. 信息技术与标准化，（9）：6-9.
欧阳秋梅 . 2018. 大数据应用于安全科学领域的方法论及其模型构建［D］. 长沙：中南大学 .
欧阳秋梅，吴超 . 2016a. 安全观的塑造机理及其方法研究［J］. 中国安全生产科学技术，12（9）：14-19.
欧阳秋梅，吴超 . 2016b. 安全生产大数据的 5W2H 采集法及其模式研究［J］. 中国安全生产科学技术，12（12）：22-27.
欧阳秋梅，吴超 . 2016c. 从大数据和小数据中挖掘安全规律的方法比较［J］. 中国安全科学学报，26（7）：1-6.
欧阳秋梅，吴超 . 2016d. 大数据与传统安全统计数据的比较及其应用展望［J］. 中国安全科学学报，26（3）：1-7.
欧阳秋梅，吴超 . 2017a. 安全大数据共享影响因素分析及其模型构建［J］. 中国安全生产科学技术，13（2）：27-32.
欧阳秋梅，吴超 . 2017b. 复杂安全系统数据场及其降维理论模型［J］. 中国安全科学学报，27（8）：32-37.
欧阳秋梅，吴超，黄浪 . 2016. 大数据应用于安全科学领域的基础原理研究［J］. 中国安全科学学报，26（11）：13-18.
钱学森 . 2007. 论系统工程：新世纪版［M］. 上海：上海交通大学出版社 .
邵国培，徐学文，刘奇志，等 . 2013. 军事运筹学的过去、现在和未来［J］. 运筹学学报，17（1）：10-16.
沈昌祥，张焕国，冯登国，等 . 2007. 信息安全综述［J］. 中国科学：E 辑　信息科学，12（2）：129-150.
沈小峰等 . 1987. 耗散结构论［M］. 上海：上海人民出版社 .
慎昀 . 2015. 信息系统安全等级保护实践与思考［J］. 电子技术与软件工程，（17）：217-218.
施波，王秉，吴超 . 2016. 企业安全文化认同机理及其影响因素［J］. 科技管理研究，36（16）：195-200.
隋鹏程，陈宝智 . 1988. 安全原理与事故预测［M］. 北京：冶金工业出版社 .
佟瑞鹏，翟存利 . 2017. 社区封闭到开放过程的风险演化研究：基于耗散结构理论［J］. 天津大学学报（社会科学版），19（5）：426-433.
万百五 . 2008. 控制论创立六十年［J］. 控制理论与应用，25（4）：597-602.
王秉，吴超 . 2017. 安全认同理论的基础性问题［J］. 风险灾害危机研究，（3）：101-116.
王秉，吴超 . 2018a. 安全文化学［M］. 北京：化学工业出版社 .
王秉，吴超 . 2018b. 安全信息供给：解决安全信息缺失的关键［J］. 情报杂志，37（5）：146-153.
王秉，吴超 . 2018c. 安全信息视域下 FDA 事故致因模型的构造与演绎［J］. 情报杂志，37（4）：120-127，146.
王秉，吴超 . 2018d. 心理安全契约理论的基础性问题［J］. 风险灾害危机研究，（2）：152-166.
王秉，吴超，黄浪 . 2017. 基于安全信息处理与事件链原理的系统安全行为模型［J］. 情报杂志，36（9）：119-126.

王从陆，蔡康旭，伍爱友 . 2005. 基于耗散结构理论的故障分析与控制［J］. 湘潭师范学院学报（自然科学版），（4）：79-82.
王凯全 . 2019. 安全系统学导论［M］. 北京：科学出版社 .
王磊 . 2014. 耗散结构理论视角下的企业安全管理［J］. 理论导报，（1）：34-36.
王先华 . 2000. 安全控制论原理和应用［J］. 工业安全与防尘，（1）：28-31.
王续琨 . 2002. 安全科学：一个新兴的交叉学科门类［J］. 科学学研究，20（4）：367-372.
魏宏森 . 2013. 钱学森构建系统论的基本设想［J］. 系统科学学报，21（1）：1-8.
吴超，华佳敏 . 2019. 安全信息不对称下安全规制机制研究［J］. 情报杂志，38（2）：110-115.
吴超，黄浪，贾楠，等 . 2018a. 广义安全模型构建研究［J］. 科技管理研究，38（1）：250-255.
吴超，黄浪，王秉 . 2018b. 新创理论安全模型［M］. 北京：机械工业出版社 .
吴超，黄淋妃 . 2017a. 安全运筹学的学科构建研究［J］. 中国安全科学学报，27（6）：37-42.
吴超，黄淋妃 . 2017b. 城市应急研究综述［J］. 灾害学，32（4）：138-145.
吴超，贾楠 . 2016a. 安全人性学内涵及基础原理研究［J］. 安全与环境学报，16（6）：153-158.
吴超，贾楠 . 2016b. 相似安全系统学的创建研究［J］. 系统工程理论与实践，36（5）：1354-1360.
吴超，李思贤 . 2019. 安全降变原理及 C-S-R 事故致因新模型［J］. 安全，40（9）：18-25，5.
吴超，刘爱华 . 2009. 安全文化与和谐社会的关系及其建设的研究［J］. 中国安全科学学报，19（5）：67-74.
吴超，孙胜，胡鸿 . 2016. 现代安全教育学及其应用［M］. 北京：化学工业出版社 .
吴超，王秉，谢优贤 . 2019. 安全降维理论的深度研究［J］. 安全，40（11）：40-46.
吴超，王秉 . 2017. 安全关联学的创建研究［J］. 科技管理研究，37（20）：254-261.
吴超，王秉 . 2018a. 40 种安全管理思维［J］. 现代职业安全，（3）：67-71.
吴超，王秉 . 2018b. 安全科学新分支［M］. 北京：科学出版社 .
吴超，王秉 . 2018c. 近年安全科学研究动态及理论进展［J］. 安全与环境学报，18（2）：588-594.
吴超，王秉 . 2019. 安全经济学应用原理及新观点［J］. 安全，40（10）：27-33.
吴超，王婷等 . 2014. 安全统计学［M］. 北京：机械工业出版社 .
吴超，杨冕，王秉 . 2018. 科学层面的安全定义及其内涵、外延与推论［J］. 郑州大学学报（工学版），39（3）：1-4，28.
吴超，杨冕 . 2010. 安全混沌学的创建及其研究［J］. 中国安全科学学报，20（8）：3-16.
吴超，杨冕 . 2012. 安全科学原理及其结构体系研究［J］. 中国安全科学学报，22（11）：3-10.
吴超，易灿南，曹莹莹 . 2014. 比较安全学［M］. 北京：中国劳动社会保障出版社 .
吴超 . 2007a. 安全科学学的初步研究［J］. 中国安全科学学报，（11）：5-15.
吴超 . 2007b. 安全科学学与安全学前沿问题思考［A］//中国科学技术协会学会学术部 . 新观点新学说学术沙龙文集 15：发展中的公共安全科技：问题与思考［C］：24-25，124-125.
吴超 . 2011. 安全科学方法学［M］. 北京：中国劳动社会保障出版社 .
吴超 . 2012. 安全工作十公理［J］. 湖南安全与防灾，（12）：58.
吴超 . 2016. 安全科学方法论［M］. 北京：科学出版社 .
吴超 . 2017a. “安全第一”的逻辑思辨［J］. 企业经济，36（9）：5-11.
吴超 . 2017b. 安全信息认知通用模型构建及其启示［J］. 中国安全生产科学技术，13（3）：5-11.
吴超 . 2018. 安全科学原理［M］. 北京：机械工业出版社 .
吴超 . 2019a. 安全科学学科建设理论研究［J］. 安全，40（1）：1-6，81.
吴超 . 2019b. 安全学科体系构建综述研究［J］. 安全，40（1）：7-13.
吴超 . 2019c. 安全研究的预设和途径及新观点［J］. 安全，40（8）：32-37，42.

吴超 . 2019d. 基于安全学科属性建设一流安全专业［J］. 安全，40（12）：59-64.

吴超 . 2020a. 城市复杂系统安全问题［J］. 安全，41（3）：54-58.

吴超 . 2020b. 一组表达安全创新的新概念及其关联问题［J］. 安全，41（2）：65-72.

谢优贤 . 2017. 安全容量的内涵及风险维度挖掘与安全降维的理论探究［D］. 长沙：中南大学 .

谢优贤，吴超 . 2016. 安全容量原理的内涵及其核心原理研究［J］. 世界科技研究与发展，38（4）：739-743，831.

徐志胜 . 2011. 安全系统工程［M］. 北京：机械工业出版社 .

许国志 . 2000. 系统科学［M］. 上海：上海科技教育出版社 .

许洁，吴超 . 2015. 安全人性学的学科体系研究［J］. 中国安全科学学报，25（8）：10-16.

许铭，吴宗之，罗云 . 2015. 安全生产领域安全技术公理［J］. 中国安全科学学报，25（1）：3-8.

许庆斌，邓级 . 1985. 安全经济学初探［J］. 技术经济，（5）：29-34.

阳富强，吴超，覃妤月 . 2009. 安全系统工程学的方法论研究［J］. 中国安全科学学报，19（8）：10-20.

杨觅 . 2013. 运筹学在安全决策中的应用［J］. 大观周刊，（8）：289.

杨冕 . 2012. 基于安全混沌学思想的安全系统管理研究［D］. 长沙：中南大学 .

叶立国 . 2013. 国内系统科学内涵与理论体系综述［J］. 系统科学学报，21（4）：28-33.

叶立国 . 2014. 国外系统科学内涵与理论体系综述［J］. 系统科学学报，22（1）：26-30.

余斌斌，胡汉华，付瑞霞 . 2015. 安全容量原理及其量化研究［J］. 中国安全科学学报，25（10）：3-8.

张景林，王晶禹，黄浩 . 2007. 安全科学的研究对象与知识体系［J］. 中国安全科学学报，2007，17（2）：16-21.

张舒，史秀志，吴超 . 2010. 安全系统管理学的建构研究［J］. 中国安全科学学报，20（6）：9-16.

章雅蕾 . 2020. 安全认同促进理论及其应用研究［D］. 长沙：中南大学 .

章雅蕾，吴超，王秉 . 2018. 基于情感思维的安全管理模式研究［J］. 中国安全生产科学技术，14（3）：34-40.

章雅蕾，吴超，王秉 . 2019. 安全情报素养：总体国家安全观背景下安全人员的必备素养［J］. 情报杂志，38（3）：33-38，113.

赵理敏，吴超，李孜军 . 2017. 安全协同理论的基础性问题研究［J］. 科技促进发展，13（5）：388-394.

周欢，吴超 . 2014. 安全人性学的基础原理研究［J］. 中国安全科学学报，24（5）：3-8.

周美立 . 2013. 相似系统和谐：生存发展之道［M］. 北京：科学出版社 .

朱华，姬翠翠 . 2011. 分形理论及其应用［M］. 北京：科学出版社 .

Bar-Tal D，Jacobson D. 1998. A psychological perspective on security［J］. Applied Psychology，47（1）：59-71.

Huang L，Wu C，Wang B，et al. 2018a. A new paradigm for accident investigation and analysis in the era of big data［J］. Process Safety Progress，37（1）：42-48.

Huang L，Wu C，Wang B，et al. 2018b. Big-data-driven safety decision-making：a conceptual framework and its influencing factors［J］. Safety Science，109：46-56.

Huang L，Wu C，Wang B. 2019. Challenges，opportunities and paradigm of applying big data to production safety management：from a theoretical perspective［J］. Journal of Cleaner Production，231：592-599.

Luo T Y，Wu C. 2019. Safety information cognition：a new methodology of safety science in urgent need to be established［J］. Journal of Cleaner Production，209：1182-1194.

Maslow A H. 1942. The dynamics of psychological security-insecurity［J］. Journal of Personality，10（4）：331-344.

Ouyang Q M, Wu C, Huang L. 2018. Methodologies, principles and prospects of applying big data in safety science research [J]. Safety Science, 101: 60-71.

Sklet S. 2004. Comparison of some selected methods for accident investigation [J]. Journal of Hazardous Materials, 111 (1): 29-37.

Sundeen R A, Mathieu J T. 1976. The fear of crime and its consequences among elderly in three urban communities [J]. The Gerontologist, 16 (3): 211-219.

Wang B, Wu C. 2019. Safety culture development, research, and implementation in China: an overview [J]. Progress in Nuclear Energy, 110: 289-300.

Wang B, Wu C, Huang L. 2018. Emotional safety culture: a new and key element of safety culture [J]. Process Safety Progress, 37 (2): 134-139.

Wang B, Wu C, Huang L, et al. 2019a. Using data-driven safety decision-making to realize smart safety management in the era of big data: a theoretical perspective on basic questions and their answers [J]. Journal of Cleaner Production, 210: 1595-1604.

Wang B, Wu C, Huang L. 2019b. Data literacy for safety professionals in safety management: a theoretical perspective on basic questions and answers [J]. Safety Science, 117: 15-22.

Wang B, Wu C, Shi B, et al. 2017. Evidence-based safety (EBS) management: a new approach to teaching the practice of safety management (SM) [J]. Journal of Safety Research, 63: 21-28.

Wu C, Huang L. 2019. A new accident causation model based on information flow and its application in Tianjin Port fire and explosion accident [J]. Reliability Engineering and System Safety, 182: 73-85.

Yang F Q. 2012. Exploring the information literacy of professionals in safety management [J]. Safety Science, 50 (2): 294-299.